ATZ/MTZ-Fachbuch

In der Reihe ATZ/MTZ-Fachbuch vermitteln Fachleute, Forscher und Entwickler aus Hochschule und Industrie Grundlagen, Theorien und Anwendungen der Fahrzeug- und Verkehrstechnik. Die komplexe Technik, die moderner Mobilität zugrunde liegt, bedarf eines immer größer werdenden Fundus an Informationen, um die Funktion und Arbeitsweise von Komponenten sowie Systemen zu verstehen. Fahrzeuge aller Verkehrsträger sind ebenso Teil der Reihe, wie Fragen zu Energieversorgung und Infrastruktur.

Das ATZ/MTZ-Fachbuch wendet sich an Ingenieure aller Mobilitätsfelder, an Studierende, Dozenten und Professoren. Die Reihe wendet sich auch an Praktiker aus der Fahrzeug- und Zulieferindustrie, an Gutachter und Sachverständige, aber auch an interessierte Laien, die anhand fundierter Informationen einen tiefen Einblick in die Fachgebiete der Mobilität bekommen wollen.

Jarosław Pytka

Terramechanik und Geländefahrzeuge

Reifen-Boden-System, Messmethoden, Fahrzeugtechnik

Jarosław Pytka
Kraftfahrzeugtechnik/Fakultät für Maschinenbau
Technische Universität Lublin
Lublin, Polen

Die Veröffentlichung wird aus dem polnischen Staatshaushalt im Rahmen des Programms des Ministers für Bildung und Wissenschaft mit dem Titel Excellent Science, Projektnummer DNM/SP/513833/2021, Kofinanzierungsbetrag: 35.000 PLN, Gesamtprojektwert: 39.620 PLN, kofinanziert.

ISSN 2628-104X ISSN 2628-1058 (electronic)
ATZ/MTZ-Fachbuch
ISBN 978-3-658-32012-6 ISBN 978-3-658-32013-3 (eBook)
https://doi.org/10.1007/978-3-658-32013-3

Die Deutsche Nationalbibliothek verzeichnet diese Publikation in der Deutschen Nationalbibliografie; detaillierte bibliografische Daten sind im Internet über https://portal.dnb.de abrufbar.

Planung/Lektorat: Markus Braun
Springer Vieweg ist ein Imprint der eingetragenen Gesellschaft Springer Fachmedien Wiesbaden GmbH und ist ein Teil von Springer Nature.
Die Anschrift der Gesellschaft ist: Abraham-Lincoln-Str. 46, 65189 Wiesbaden, Germany

Das Papier dieses Produkts ist recyclebar.

Inhaltsverzeichnis

1 Einführung in die Terramechanik 1

1.1 Problemstellung 2

1.2 Schwerpunkte der Terramechanik 4

1.2.1 Wechselwirkung Reifen – Boden 4

1.2.2 Reifenmodellierung 5

1.2.3 Bodenverdichtung 6

1.2.4 Messtechnik und Messmethodik 7

1.3 Die ISTVS 13

2 Der Boden 15

2.1 Allgemeine Charakteristik des Bodens 15

2.1.1 Häufig angetroffene Bodenarten 17

2.1.2 Bodenkarten 19

2.2 Bodenphysik 22

2.2.1 Körnung 22

2.2.2 Gefüge 25

2.2.3 Wechselwirkungen zwischen Wasser, Luft und Boden 30

2.2.4 Die Gasphase im Boden 42

2.2.5 Das thermische Verhalten des Bodens 43

2.3 Elemente der Bodenmechanik 45

2.3.1 Einführung 45

2.3.2 Eine mikromechanische Interpretation der Kräfte im Boden 46

2.3.3 Kräfte in Kontaktpunkten 47

2.3.4 Hypothese der Bodenmechanik 49

2.3.5 Drucksetzung 55

2.3.6 Das Fließverhalten und rheologische Modelle des Bodens 57

2.3.7 Stochastische und probabilistische Modelle des Bodens 63

2.3.8 Ausgewählte physikalische Größen zur In-situ-Beschreibung der mechanischen Festigkeit des Bodens 64

2.3.9 Schotterwege 67

2.3.10 Fazit 71

2.4 Auswirkungen der Pflanzenvegetation 72
2.4.1 Moschus 72
2.4.2 Auswirkungen der vom Menschen gepflanzten Vegetation 74
2.4.3 Einfluss grüner (oberirdischer) Pflanzenteile 78
2.4.4 Einfluss der Vegetation auf die Fahrzeugleistung 81
2.4.5 Grasflugplätze 82
2.4.6 Schlussfolgerungen 88
2.5 Geometrie der Bodenoberfläche 90
2.5.1 Definition der Geländeunebenheiten 90
2.5.2 Oberflächenprofil 92
2.5.3 Analytische Methoden zur Bestimmung des Geländeprofils 93
2.5.4 Experimentelle Methoden zur Bestimmung des Geländeprofils 95
2.6 Terramechanische Charakteristik von Schnee 100
2.6.1 Einführung 100
2.6.2 Eine allgemeine Charakteristik des Schnees 100
2.6.3 Die mechanischen Eigenschaften des Schnees 101
2.6.4 Mikromechanik von Schnee 104
2.6.5 Statistische Methoden 107
2.6.6 Wintertraktion 107
2.7 Charakteristik des Gesteinsplanetenbodens und ihre Simulanten 109
2.7.1 Simulationen des Mondbodens 110
2.7.2 Mars-Regolith und seine Simulationen 113
2.7.3 Experimentelle In-situ-Forschungen des Gesteinsplanetenbodens 116
Literatur 120

3 Wechselwirkungen im Reifen-Boden-System 125
3.1 Einführung 125
3.2 Zur Mechanik des Reifen-Boden-Systems 126
3.2.1 Zu formschlüssigen Mechanismen der Reifen-Boden-Wechselwirkung 128
3.2.2 Zur Mikromechanik der Wechselwirkungen im Reifen-Boden-System 130
3.2.3 Mechanik der Radbewegung auf einer verformbaren Oberfläche 139
3.3 Forschungsverfahren zur Untersuchung der Wechselwirkungen im Reifen-Boden-System 142
3.3.1 Experimentelle Forschungsverfahren zur Bestimmung der Wechselwirkung im Reifen-Boden-System 143
3.3.2 Empirische und halbempirische Methoden 151
3.3.3 Physikalische Methoden 162
3.3.4 DEM- und FEM-Methoden 168

3.4 Kontaktfläche und Druckverteilung im Latsch 185
3.4.1 Reifen-Boden-Kontaktfläche 185
3.4.2 Rechnungsmethoden zur Bestimmung der Reifen-Boden-Kontaktfläche 189
3.4.3 Experimentelle Verfahren zur Bestimmung der Reifen-Boden-Kontaktfläche und Fahrspurgeometrie 193
3.4.4 Druckverteilung in der Berührungsfläche 200
3.4.5 Fazit 205
Literatur. 205

4 Spannung und Verformung im Boden unter fahrenden Fahrzeugen und Maschinen 209
4.1 Einführung 209
4.2 Theoretische Überlegungen 210
4.2.1 Spannung in einem Körper 210
4.2.2 Mechanische Verformungen 212
4.3 Eine kurze Übersicht der Messmethoden 213
4.3.1 Messwertaufnehmer für Spannungsmessungen. 213
4.3.2 SST. 216
4.3.3 Messmethoden für Bodenverformung 219
4.4 Spannungen im Boden unter Radfahrzeugen. 220
4.4.1 Analyse der Hauptspannungen 221
4.4.2 Analyse oktaedrischer Spannungen 239
4.4.3 Verformungen im Boden unter Radfahrzeugebelastung 243
4.4.4 Auswirkung wiederholten Überfahrens auf die Bodenverformung 244
4.5 Spannungs- und Deformationszustand im Boden unter Belastung von Raupenfahrzeugen 250
4.5.1 Einführung 250
4.5.2 Feldexperimente. 250
4.5.3 Ergebnisse 253
4.5.4 Diskussion 267
4.6 Spannungszustand im Schnee unter fahrenden Fahrzeugen und Maschinen. 269
4.6.1 Einführung 269
4.6.2 Experimente. 269
4.6.3 Ergebnis und Diskussion 274
4.6.4 Fazit 279
4.7 Spannungen im Boden unter Belastung eines Flugzeugfahrwerks 279
4.7.1 Einführung 279
4.7.2 Experiment. 280
4.7.3 Ergebnisse der Messungen. 282

4.8 Modelle und Rechensysteme für den Spannungszustand im Boden 287
4.8.1 SOCOMO 287
4.8.2 Terranimo® – ein Online-System zur Simulation von Bodenspannungen 288
4.8.3 TASC 293
4.8.4 SoilFlex 294
4.8.5 Soilphysics R-Package 295
4.9 Zusammenfassung 296
Literatur 298

5 Mobilität im Gelände 303
5.1 Einführung 303
5.2 Mobilität im Gelände und ihre Bedingungen 304
5.2.1 Bodencharakterisierung für Verkehrsfähigkeit 304
5.2.2 Geländecharakterisierung für Mobilität 305
5.2.3 Geländeform 306
5.2.4 Wasserhindernisse 307
5.2.5 Tiefe der Wasserläufe und Wasserflächen 309
5.3 Methoden zur Bestimmung der Mobilität im Gelände 310
5.3.1 VCI/RCI-Methode 310
5.3.2 NGP- und MMP-Modelle 312
5.3.3 Karten der Geländebefahrbarkeit 316
5.3.4 Bestimmung des IOP-Index 317
5.4 Einfluss von Wetterfaktoren auf die Mobilität eines Geländewagens 319
5.4.1 Zusammenhang Fahrzeugmobilität-Bodenfeuchtigkeit 325
5.5 Das „GARFIELDS“-System 327
5.5.1 Einführung 327
5.5.2 GARFIELDS-Systembeschreibung 328
5.5.3 Technischer Support für das GARFIELDS-System 331
5.5.4 Systemvalidierung und -entwicklung 334
5.6 Fazit 334
Literatur 335

6 Messtechnik der Terramechanik 337
6.1 Einführung in die Metrologie 337
6.1.1 Messaufnehmer 338
6.1.2 Systeme der Datenerfassung 340
6.1.3 Kalibrierung des Messsystems 341
6.1.4 Durchführung der Messungen 342
6.1.5 Messfehler und Messunsicherheit 342
6.2 Messmethoden und -geräte zur Bestimmung der mechanischen Eigenschaften des Bodens 345

6.2.1 Messmethoden und -geräte zur Ermittlung der mechanischen Festigkeit des Bodens ... 345
6.2.2 Bevameter ... 355
6.2.3 CBR ... 357
6.3 Messmethoden und -geräte zur Erfassung der Wechselwirkung Reifen-Boden ... 359
6.3.1 Messmethoden zur Bestimmung der am Rad wirkenden Kräfte und Momente ... 359
6.3.2 Messmethoden zur Bestimmung der Kontaktfläche und Druckverteilung ... 370
6.3.3 Messmethoden zur Messung des Bodenspannungszustandes ... 373
6.3.4 Bodenverformungsmessgeräte ... 390
6.3.5 Mobile Ausrüstung für die Messungen der Reifen-Boden-Wechselwirkungen ... 397
6.4 Messausrüstung ... 402
6.4.1 Geräte und Systeme zur Speicherung der Messdaten ... 402
6.4.2 Stromversorgung für Messsysteme ... 408
6.5 Testfahrzeuge und Prüfstände ... 410
6.5.1 Testfahrzeuge ... 410
6.5.2 Einzelradeinrichtungen ... 415
6.5.3 Bodenrinnenprüfstände ... 420
6.6 Messverfahren und Feldprozeduren ... 422
6.6.1 Vorbereitung der Messungen ... 423
6.6.2 Auswahl und Vorbereitung des Messfeldes und der Messstelle ... 425
6.6.3 Planung der Messungen ... 427
Literatur ... 429

7 Geländefahrzeuge ... 433
7.1 Konzept ... 433
7.2 Rechtliches ... 434
7.3 Landwirtschaftliche Fahrzeuge und Maschinen ... 435
7.3.1 Emissionsgrenzwerte ... 437
7.3.2 Erntemaschinen ... 438
7.4 Militärfahrzeuge ... 439
7.4.1 Kampffahrzeuge: Panzer und Infanteriefahrzeuge ... 439
7.4.2 Panzerspähwagen ... 443
7.4.3 Logistik- und Technikfahrzeuge ... 445
7.4.4 Leichte und unbemannte Militärfahrzeuge ... 447
7.4.5 Baufahrzeuge und Arbeitsmaschinen ... 448
7.5 Geländewagen ... 453
7.5.1 Konzept ... 453
7.5.2 Konstruktive Kriterien für Geländewagen ... 454

7.5.3 Klassifikation der Geländewagen ... 455
7.5.4 Probleme der Geländewagen ... 477
7.5.5 Einsatz ... 480
7.6 Offroad-Motorräder ... 485
7.6.1 Typen von Offroad-Motorrädern ... 487
7.6.2 MTB-Mountainbikes ... 491
7.7 ATV und Buggy ... 493
7.7.1 Quad ... 493
7.7.2 Buggy ... 495
7.8 Planeten-Rover ... 497
7.8.1 Sowjetischer Mond-Rover Lunokhod ... 497
7.8.2 Amerikanische Rover ... 498
7.9 Busch-Flugzeuge ... 501
7.9.1 Wilga-DRACO ... 502
7.9.2 Pilatus PC 24 ... 503
7.9.3 Flugzeuge mit Skiern ... 504
7.10 Fazit ... 506
Literatur ... 507

8 Antrieb von Geländewagen und SUV ... 509
8.1 Der Motor ... 509
8.1.1 Verbrennungsmotoren ... 509
8.1.2 Beispiele für Antriebsaggregate in Geländewagen und SUV ... 515
8.2 Grundgetriebe ... 520
8.2.1 Beispiele für Grundgetriebe in Geländefahrzeugen ... 521
8.3 Antriebsstrang ... 523
8.3.1 Manuell zuschaltbarer Allradantrieb ... 524
8.3.2 Permanenter Allradantrieb mit variabler Kraftverteilung ... 529
8.3.3 Allradantrieb mit steuerbarer Kraftverteilung ... 536
8.4 Übersicht steuerbarer Allradantriebssysteme von verschiedenen Fahrzeugherstellern ... 543
8.4.1 Daimler-Benz 4MATIC ... 543
8.4.2 BMW xDrive ... 550
8.4.3 Toyota ... 552
8.4.4 Suzuki AllGrip ... 555
8.4.5 Mitsubishi 4WD ... 556
8.4.6 Symmetrical AWD Subaru ... 557
8.4.7 Audi Quattro ... 559
8.4.8 Volkswagen 4Motion ... 560
8.5 Torque Vectoring ... 562
8.5.1 Einführung ... 562
8.5.2 Strategien der Antriebsmomentverteilung bei Radnabenmotoren ... 562

8.5.3 Beispiele für Torque-Vectoring-Systeme in Allradfahrzeugen 567
8.5.4 Beispiele für Komponenten des TV-Systems 570
8.5.5 Fazit 576
8.6 Elektroantriebe der Geländewagen und SUV 576
8.6.1 Geländewagen und SUV mit Elektroantrieb 578
8.6.2 Elektroradnabenmotor 582
8.6.3 Entwicklungsprobleme und Tendenzen 584
8.7 Hybridantrieb der Geländewagen und SUV 585
8.7.1 Hybridantriebe in Geländewagen und SUV 587
8.8 Fazit 591
Literatur 592

9 Fahrwerk der Geländewagen 595
9.1 Radaufhängungen und Achsen 595
9.1.1 Anforderungen und Betriebsbedingungen 596
9.1.2 Beschädigungen und Verschleiß 597
9.1.3 Konstruktions- und Betriebsmerkmale von Unterbaugruppen und Baugruppen 598
9.1.4 Optimierung des Komforts und der Querdynamik eines Geländewagens 601
9.1.5 Beispiele für Rad- und Achsaufhängungslösungen in Geländefahrzeugen 602
9.2 Bremssystem in Geländewagen 617
9.2.1 Technische Anforderungen und Betriebsbedingungen 618
9.2.2 Konstruktions- und Betriebsmerkmale der Baugruppen und Elemente des Geländewagenbremssystems 619
9.2.3 Lösungsbeispiele 622
9.3 Lenksystem in Geländewagen 626
9.3.1 Anforderungen und Betriebsbedingungen 626
9.3.2 Konstruktions- und Betriebsmerkmale von Baugruppen des Lenksystems 628
9.3.3 Beispiele für Lenksysteme in Geländefahrzeugen.............. 631
9.4 Reifen der Geländewagen 634
9.4.1 Anforderungen 634
9.4.2 Reifenbauweise 638
9.4.3 Die gebräuchlichsten Arten von Offroad-Reifen 642
9.4.4 Michelin MTB-Reifen 644
9.5 Zusammenfassung 647
Literatur 647

10 Fahrdynamik und Fahrverhalten des Geländewagens . . . 649
10.1 Einführung . . . 649
10.1.1 Definition von Koordinatensystemen. . . . 651
10.2 Reifeneigenschaften . . . 652
10.2.1 Reifeneigenschaften in vertikaler Richtung . . . 653
10.2.2 Reifeneigenschaften in Umfangsrichtung . . . 655
10.2.3 Reifeneigenschaften in Seitenrichtung . . . 659
10.2.4 Kombinierte Längsseiten-Reifeneigenschaften . . . 661
10.2.5 Dynamische Reifeneigenschaften . . . 661
10.2.6 Kräfte, die auf ein Geländefahrzeugrad wirken . . . 663
10.2.7 Kräfte am Fahrzeug . . . 664
10.3 Modellierung und Simulation der Fahrdynamik . . . 664
10.3.1 Fahrzeugmodellierung . . . 665
10.3.2 Reifenmodellierung . . . 669
10.3.3 Modellierung und Simulation der Fahrdynamik mittels MKS-Systeme . . . 670
10.4 Experimentales Testverfahren für Fahrdynamik . . . 689
10.4.1 Einleitung . . . 689
10.4.2 Testverfahren für Längsdynamik . . . 689
10.4.3 Testverfahren in der Kreisfahrt . . . 690
10.4.4 Messmethoden für Übertragungsverhalten . . . 693
10.4.5 Testverfahren für die Fahrdynamik von Geländefahrzeugen . . . 695
10.4.6 Messgrößen . . . 703
10.4.7 Querdynamik . . . 705
10.4.8 Messgeräte für Fahrdynamiktests . . . 709
10.4.9 Fahrdynamikfahrzeuge . . . 717
10.4.10 Ausblick . . . 718
10.5 Experimentelle Untersuchungen von Kräften und Momenten im Laufelement-Boden-System . . . 719
10.5.1 Kraftmessungen mit der Radmessnabe am Fahrzeug . . . 719
10.5.2 Ergebnisse . . . 731
10.5.3 Kräfte am Rad eines auf der Grasoberfläche rollenden Flugzeuges . . . 742
10.6 Messung der Kräfte am Fahrzeug . . . 751
10.6.1 Zugkraft am Fahrzeug – ein militärischer LKW . . . 751
10.6.2 Fazit . . . 759
10.7 Rollwiderstand des Fahrzeuges . . . 759
10.7.1 Schlepptest – ein militärischer LKW . . . 760
10.8 Rollwiderstand der Flugzeugräder . . . 763
10.8.1 Einführung . . . 763
10.8.2 Sommerbedingungen – Grasflugplatz . . . 763
10.8.3 Winterbedingungen – schneebedeckter Flugplatz . . . 765

10.8.4 Schlepptest ... 766
10.8.5 Messungen ... 767
10.8.6 Ergebnisse ... 768
10.8.7 Flugtestmethode ... 771
10.9 Experimentelle Forschung der Querdynamik und Fahrstabilität des Fahrzeuges im Gelände ... 775
10.9.1 Querdynamik eines Fahrzeuges im Gelände ... 775
10.9.2 Modellierung der Querdynamik mittels der Systemidentifikationsmethode ... 787
10.9.3 Fahrstabilitätstests nach der Systemidentifikationsmethode ... 795
10.10 Fazit ... 806
Literatur ... 807

1 Einführung in die Terramechanik

Die Problematik des Überfahrens von unwegsamen Gelände ist tatsächlich ein uraltes Phänomen. Nach der Erfindung des Rades bei Sumerern, ca. 3200 v. Chr. im Zweistromland, gab es das ständige Ärgernis mit der Traktion, beispielsweise im tiefen Sand. Sehr schnell wurde die wichtige Rolle der Fahrwiderstände deutlich, besonders der größte von ihnen, der Rollwiderstand. Europäische Gelände waren damals für Reisende eine noch größere Herausforderung. Im Vergleich zu dem steinigen, trockenen Boden des Zweistromlandes, waren die grünen Wiesen und Wälder noch schwerer zu überschreiten, besonders nach starken Regenfällen. Damalige Reisende erfuhren hautnah, wie die Nachgiebigkeit des Bodens bei Nässe das Fahrverhalten, den Komfort und die Sicherheit beeinflussten (siehe Abb. 1.1).

Der Begriff *Terramechanik* wurde offiziell zum ersten Mal in Torino, Italien, im Jahr 1962 während einer internationalen Konferenz verwendet. Experten mehrerer Staaten berieten sich dort rund um das Problem der allgemeinen Mobilität von Fahrzeugen und Maschinen im Gelände. Professor Mieczyslaw Gregory Bekker, der zu der Zeit mit der Konstruktion des Mond-Rovers für die amerikanische NASA betraut war, verwendete den Begriff der Terramechanik erstmals. Heute wird Professor Bekker als Vater der Terramechanik bezeichnet. Auf der Konferenz in Torino wurde aber nicht nur über die Besonderheiten bei Fahrten auf dem Mond, sondern vielmehr über landwirtschaftliche und militärische Anwendungen der neuen Disziplin diskutiert.

Zwar ist die heutige Verkehrsinfrastruktur gut entwickelt, dennoch gibt es viele Plätze auf der Erde, die nur mit einem Geländewagen erreichbar sind. Darüber hinaus werden auch in den Industrienationen vor allem in der Landwirtschaft und im Bauwesen abseits der befestigten Straßen gefahren. Vielleicht einer der am stärksten von der Terramechanik abhängigen Bereiche ist das Militär. Ein typisches Kampffahrzeug ist immer ein Geländewagen, der mindestens mit mehraxialem Antriebstrang und speziellen Reifen ausgerüstet ist. Gerade die aus dem Militär in den Bereichen Terramechanik und Geländefahrzeugtechnik gewonnenen Erkenntnisse (durch praktische Erprobung auf dem Truppenübungsplatz oder sogar im Krieg) dienen der Weiterentwicklung in zivilen Bereichen. Die heutige Begriff

J. Pytka, *Terramechanik und Geländefahrzeuge*, ATZ/MTZ-Fachbuch,
https://doi.org/10.1007/978-3-658-32013-3_1

Abb. 1.1 „Die Reise", Tadeusz Szczepanik. (*Private Sammlung des Verfassers*)

Terramechanik dient als Oberbegriff und hat vielfache Aufwendungen (Abb. 1.2). So lässt sich sagen, dass der heutige Ackerbau, die Forstwirtschaft, die Bautechnik, die motorisierte Infanterie und Logistik, aber auch der Motorsport oder die Planetenexploration unter diesem Oberbegriff zusammenzufassen sind. Die wichtigsten Aspekte dieses Oberbegriffs werden in den nächsten Kapiteln dargelegt.

1.1 Problemstellung

Der wahrscheinlich größte Unterschied zwischen einer befestigten Straße und dem Gelände liegt in der Bodenverformbarkeit. Ausschlaggebend sind hier zum einen die Volumenverformung, die sich aus der Normalspannung ergibt, sowie die Gestaltverformung des Bodens, die aus der Scherbelastung der Räder resultiert. Generell ist die Höhe des Rollwiderstandes des Rades eine Folge der Volumenverformung, wogegen eine niedrige Haftung einen Effekt der Scherdeformation darstellt. Beides verursacht jedoch eine verminderte Befahrbarkeit des Bodens oder, im Extremfall, eine komplette Immobilität. Als sekundäre Folgen einer schlechten Wechselwirkung zwischen Reifen und Bodenbeschaffenheit sind eingeschränktes Lenkverhalten, reduzierte Fahrsicherheit, verminderter Komfort und höherer Kraftstoffverbrauch zu nennen. In der Landwirtschaft kann eine schlechte Wechselwirkung große Nachteile in puncto Bodenverdichtung und Erosion haben. Aus diesem Grund hat die Analyse der Reifen-Boden-Interaktion in der Terramechanik eine sehr große Bedeutung, zumal die Berechnung der

Abb. 1.2 Typische Anwendungsgebiete der Terramechanik (von oben nach unten): Ackerbau, Bautechnik, Militär

Reifen-, und somit der Fahrzeugleistung, im Gelände deutlich komplexer ist im Vergleich zu der Berechnung der Leistung im regulären Straßenverkehr. Um die Fahrleistungen des Reifens auf einem weichen Untergrund zu bestimmen, ist dieser Untergrund mechanisch zu klassifizieren. Hierzu definiert man diverse Kombinationen von Bodenarten, Bodenstrukturen und deren physikalische Eigenschaften mit einem großen Wertebereich. Als Beispiel kann man hier Sand und Löss betrachten, welche sehr häufig in Europa auftreten. Ein sandiger Boden, besonders ein sehr trockener, hat beinah keine Kohäsion (Zusammenhalt) und seine mechanische Festigkeit rührt mehrheitlich von der inneren Reibung her. Ein wässriger Lössboden hingegen ist fast fließfähig und hat eine sehr niedrige innere Reibung. Dennoch generiert sich die Antriebskraft auf solchem Gelände überwiegend durch Viskosität und Kohäsion.

1.2 Schwerpunkte der Terramechanik

1.2.1 Wechselwirkung Reifen – Boden

Aufgrund der Interaktion Reifen – Boden von Bodeneigenschaften, Reifencharakteristik abhängt sowie das Fahrverhalten eines Fahrzeuges stark beeinflusst, ist diese Wechselwirkung wahrscheinlich das wichtigste in Terramechanik Abb. 1.3. Während auf der starren Straße Kräfte auf das gesamte Fahrzeug durch die Reibung zwischen Reifen und Fahrbahn übertragen werden, sind im Gelände, auf weichen Grund, Scherkräfte im Bodenvolumen sowie die Reifenelastizität das maßgebliche physikalische Phänomen. Daher sind beide Phänomene gemeinsam dreidimensional und als instationärer Prozess zu analysieren. Die folgenden Mechanismen sind hier zu berücksichtigen:

- Formung der Reifen-Boden-Kontaktfläche und Kontaktdruck;
- eine elastische oder hyperelastische Reifenverformung, längst, vertikal und quer;
- Druckfortpflanzung im Boden, Scher- und Volumenverformung des Bodens.

Abb. 1.3 Wechselwirkung Reifen – Boden spielt wahrscheinlich die wichtigste Rolle in Terramechanik

Durch die obengenannten Einordnungen ist es möglich, Kräfte am Rad bei unterschiedlichem Radschlupf sowie verschiedenen Geschwindigkeiten zu bestimmen, um darüber Prognosen über die auf das Gesamtfahrzeug wirkenden Kräfte sowie die Fahrleistungen aufzustellen. Ebenfalls lässt sich berücksichtigen, ob es sich um ein frei rollendes oder ein angetriebenes Rad handelt. Als Verbindungsglied zwischen dem Fahrzeug und dem Boden bestimmt der Reifen maßgeblich das Fahrzeugverhalten. Daher ist es wichtig, ein möglichst genaues Reifenmodell zu verwenden. Ebenso ist es wichtig zu wissen, welche Eigenschaften und Charakteristiken der Boden aufweist, hierzu stehen Bodenmodelle zur Verfügung.

1.2.2 Reifenmodellierung

In der Fahrzeugtechnik werden drei Modellarten der Reifenmodellierung verwendet: empirische, halbempirische und physikalische Modelle. Diese sind auch für die Terramechanik verwendbar. Die einfachen empirischen Modelle, die hauptsächlich mit Regressionen arbeiten, haben einen hohen experimentellen Aufwand bei guter Genauigkeit und hoher Anzahl benötigter Eingangsparameter. Auf Herleitungen aus Messkurven basierende halbempirische Modelle, deren Funktionsprinzip auf bekannten Gesetzmäßigkeiten und deren mathematischer Anpassung beruht, benötigt man weniger Eingangsparameter, was zu einer Reduzierung des experimentellen Aufwands führt. Simple physikalische Modelle sind auf Basis der einfachen mechanischen Ersatzmodelle konstruiert und benötigen wenige Parameter, sind aber in ihrer Genauigkeit etwas schlechter. Durch die physikalische Analyse bieten diese Modelle jedoch bereits einen besseren Einblick in mechanischen Prozessen und das Reifenverhalten. Komplexere physikalische Modelle, die den Reifen sehr fein diskretisieren und seinen Aufbau berücksichtigen, benutzen die Finite Elemente Methode (FEM) als Rechnungswerkzeug. Diese Modelle haben eine sehr hohe Genauigkeit bei relativ hohem Parameterbestimmungsaufwand und bieten einen sehr guten Einblick in das Reifenverhalten (Abb. 1.4). Im Gegensatz zu den meisten empirischen und halbempirischen Modellen verwenden die physikalischen Modelle den Schlupf nicht als Eingangsgröße, da sie diesen als Ergebnis der Kraftwirkung in der Aufstandsfläche betrachten. Durch die Diskretisierung des Reifens können auch die Schwingungen des Reifens selbst und seine Eigenfrequenzen dargestellt werden. Auch ist es möglich, Hindernisüberfahrten sowie das Überrollen kurzwelliger Fahrbahnunebenheiten zu simulieren.

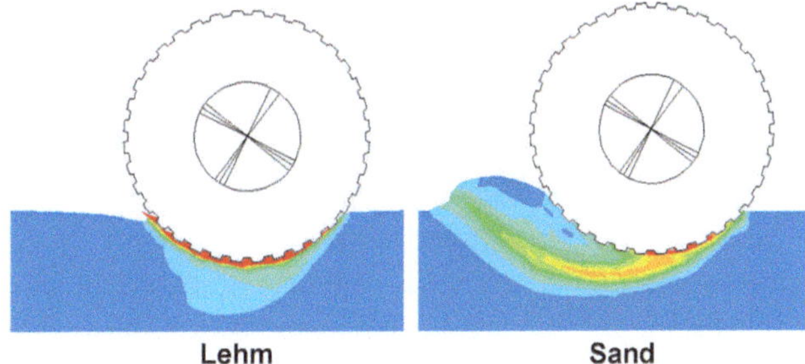

Abb. 1.4 Die finite Elemente Methode (FEM) ermöglicht Modellierung der Reifen-Boden Interaktion

Das an der Universität Hohenheim entwickelte dynamische Modell dient zur Beschreibung landwirtschaftlicher Reifen auf fester Fahrbahn. Das ist ein hybrides Modell, denn es benötigt neben Feder- und Dämpferkennlinien auch empirisch ermittelte Reifen-Boden-Kennlinien als Parameter. Das Reifenmodell berechnet die Verformungsgeschwindigkeit und die Verformung des Reifens, die als Eingangsgrößen für Feder-Dämpfer-Elemente eingesetzt werden. Die in diesen sogenannten *Voigt-Kelvin-Elementen* berechnete Kraft dient anschließend zur Berechnung des vorherrschenden Schlupfes und Schräglaufwinkels. Ein anderes Beispiel ist das FTire Modell von Professor Michael Gipser aus der Hochschule Esslingen. Das FTire ist ein physikalisches, strukturmechanisches Modell, in dem der Stahlgürtel des Reifens durch einen flexiblen, dehnbaren Ring dargestellt wird. Dieser ist in allen drei Raumrichtungen über Federelemente mit der Felge gekoppelt. Der Ring selbst ist in eine definierte Anzahl kleiner, sogenannter Gürtelelemente aufgeteilt, die mit Federelementen miteinander verbunden sind. Durch diese physikalische Beschreibung des Reifens wird ein wesentlich breiterer Einsatzbereich als bei empirischen Modellen erreicht und ermöglicht auch verschiedene Offroad-Reifen strukturell zu modellieren. Das FTire Modell ist kommerziell verfügbar.

1.2.3 Bodenverdichtung

Generell wird von einer Bodenverdichtung gesprochen, wenn die Bodendichte infolge Rad- oder Kettenbelastung bei der Überfahrt mit einem Fahrzeug zunimmt. Der Anteil der luftgefüllten Grobporen wird dabei verringert. Es ist daher wichtig zu bestimmen, unter welchen Bedingungen es zu einer Schadenverdichtung kommt. Dazu dienen die Schad-Verdichtungs-Gefährdungsklassen (SVGK) des Zentrums für Agrarlandschafts- und Landnutzungsforschung e.V. (ZALF). Die Grundannahme ist, dass mit Schadverdichtung zu rechnen ist, wenn die Bodenbeanspruchung die Bodenbelastbarkeit übersteigt. Dann werden die für das optimale Pflanzenwachstum ausschlaggebenden Faktoren wie Wassergehalt, Bodenluft, Wärmehaushalt sowie Speicherung und Transport von Nährstoffen vermindert. Es wird daher deutlich, dass das Thema Bodenverdichtung bei der Landwirtschaft besonders wichtig ist, hierbei kann die Terramechanik mit der Analyse, Modellierung und Verminderung der Bodenverdichtung erfolgreich helfen, Lösungen für diese Problematik zu generieren.

Ein Interessenkonflikt liegt dabei immer darin, dass eine gute Tragfähigkeit des Bodens dem richtigen Pflanzenwachstum entgegensteht. Da in der modernen Agrartechnik Traktoren und Landmaschinen immer schwerer werden, ist es eine der wichtigsten Aufgaben der heutigen Terramechanik, eine optimale Lösung für diesen Konflikt zu finden. In den vergangenen Jahren wurden mehrere Forschungsprojekte an Universitäten oder Instituten durchgeführt. Eine große Zahl von Ergebnissen, Publikationen und Büchern in diesen Bereich illustriert die Wichtigkeit des Problems, obwohl es bisher noch nicht danach aussieht, dass sich eine finale Lösung herauskristallisiert hat.

Eine einfache Weise, um Bodenverdichtung zu vermindern, ist die Benutzung von breiten Reifen oder Doppelrädern. Dadurch wird erreicht, dass die Kontaktfläche größer und infolgedessen der Kontaktdruck minimiert wird. Das funktioniert aber nur gut bei pflanzenlosen Feldern, da die breiten Reifen ansonsten die brüchigen Erträge überrollen würden.

Außerdem ist das Fahrverhalten mit breiten Reifen, besonders im Hinblick auf die Querdynamik, schlechter. Ein wesentlich einflussreicher Faktor bei der Bodenverdichtung ist der Feuchtigkeitsgehalt. Je mehr Wasser sich im Boden befindet, desto intensiver ist der Prozess, unabhängig von der Bodenart.

Die *International Soil and Tillage Research Organisation* (ISTRO) ist eine weltweite Organisation mit dem Ziel, Land- und Bodennutzung so zu verbessern, dass eine ökologische Degradierung des Bodens reduziert wird. Eine Sammlung erprobter Praktiken in der Landwirtschaft wird bei ISTRO veröffentlicht. Die hier hinterlegten Dokumente informieren, wie die Bodenverdichtung bei einem intelligenten Management kontrolliert werden kann. Sie beinhalten zum einen Empfehlungen zur Reduzierung der negativen Effekte des Bodenüberfahrens einschließlich Verminderung von Radlast und Bodendruck sowie zum anderen Hinweise zur Abwicklung der Ackerarbeiten nur in Zeiträumen, in denen die aktuelle Bodenfeuchtigkeit weniger als 60 % der Feldkapazität beträgt. Ebenfalls erhält man Anregungen zu einer konservierenden Bodenbearbeitung sowie zu dem Einsatz eines kontrollierten Feldverkehrs.

1.2.4 Messtechnik und Messmethodik

Die Terramechanik als eine gewachsene wissenschaftliche Disziplin, hat eigene spezielle Methodik. Dazu gehören besondere Messgeräte und Sensoren, Messmethoden und Prozeduren, sowie Dateiauswertungsmethoden. Aus der Sicht des Forschungsvorhabens, teilen sich die oben genannten in boden- und fahrzeugorientierte Methoden. Bei den ersten Methoden, den bodenorientierten, liegt der Fokus auf der klassischen Bodenmechanik mit Messgeräten wie Ödometern, Dreiachsapparaten, Porosimeter und den dazugehörigen Prozeduren. Diese Messgeräte dienen dazu, die grundlegenden physikalischen und mechanischen Bodeneigenschaften und -koeffizienten zu bestimmen. Da die Wechselwirkung zwischen Reifen und Boden ein komplexer Prozess ist, ist eine spezialisierte Messausrüstung zwingend erforderlich. In Verbindung mit seinem semi-empirischen Berechnungsmodell entwickelte Prof. Bekker ein Bevameter. Dieses Gerät erfordert einen mechanischen Antrieb und ist meistens an einem Traktor oder leichten LKW installiert (Abb. 1.5). Das Bevameter gibt Bodenkoeffizienten für die Parametrisierung des Rechnermodells von Prof. Bekker aus. Ein anderes, typisch terramechanisches Messgerät ist das Penetrometer, mit dem man die Tragfähigkeit des Bodens bestimmen kann. Es gibt mehrere auf dem Penetrometer basierende Bewertungsmethoden, z. B. CI oder VCI (*Cone Index, Vehicle Cone Index*), die besonders im Militär nützlich sind (Abb. 1.5). Zu anderen bodenorientierten Messgeräten gehören Bodendrucksensoren, Bodenverformungssensoren und Feuchtigkeitsmesser.

Die wahrscheinlich größte methodische Probleme in der Terramechanik betrifft die Inhomogenität des Bodens. Messungen eines Punktes des Versuchsfelds können sich deutlich, sogar um 20–30 %, im Vergleich zu einem anderen Messpunkt ändern. Um dieser Einfluss auf Messergebnis zu vermindern, führt man vielfache Messungen in statistisch ausgewählten Punkten des Feldes durch. Dies macht die experimentelle Forschung sehr kostspielig und zeitintensiv. Deswegen ist es Ziel einiger heutiger Messmethoden in der Terramechanik, auf erweiterte, statistikbasierte Auswertungsmethoden zurückzugreifen.

Abb. 1.5 Das Kegelpenetrometer und der Bevameter sind eindeutig mit der Terramechanik verbunden

Des Weiteren können wesentliche Schwierigkeiten bei dem Einsatz von Bodensensoren auftreten, die sich meistens aus nicht ausreichendem Kontakt zwischen Boden und Sensor ergeben. So benutzt man beispielsweise beim Stress State Transducer und Bodendruckmessungen DMS-basierte Sensoren mit starren Aluminiummembranen (Abb. 1.6), die viel steifer als der Boden sind. Als Ergebnis erhält man dann überhöhte Ausgabewerte des Bodendrucks.

Die fahrzeugorientierten Messmethoden in der Terramechanik sind im Prinzip sehr ähnlich zu den Test- und Bewertungsmethoden, welche für Straßenfahrzeuge im Einsatz sind. Bei den fahrdynamischen Messungen werden Zeitverläufe von physikalischen Größen aufgezeichnet, die die Fahrzeugbewegung in allen Freiheitsgraden sowie Kräfte zwischen den Rädern und dem Boden beschreiben. Dazu dienen unter anderem Geschwindigkeitssensoren, Beschleunigungsaufnehmer, Faserkreisel, Messlenkräder, Radmessnaben und Zugkraftsensoren. Sensoren, die zur Messung der oben genannten Größen benutzen werden, sind entweder leicht modifizierte Standardgeräte oder spezielle Messsysteme. Als Beispiel der ersten Gruppe dient hier der optische Geschwindigkeitsaufnehmer CORREVIT L400 (Abb. 1.7). Eine Modifikation liegt in der Erhöhung der Messentfernung in vertikaler Richtung bis zu einer Höhe von 400 mm. Diese Eigenschaft ist besonders beim Befahren eines Bodens mit großen Unebenheiten erforderlich.

Die Radmessnaben dienen für die Messung der Radkräfte bei dynamischen Fahrbedingungen. Es existieren zwar einige kommerziell verfügbarer Lösungen, dennoch werden im Rahmen von Uni-Forschungsprojekten (Abb. 1.8) ungewöhnliche Spezialanfertigungen der Messnaben selbst konstruiert.

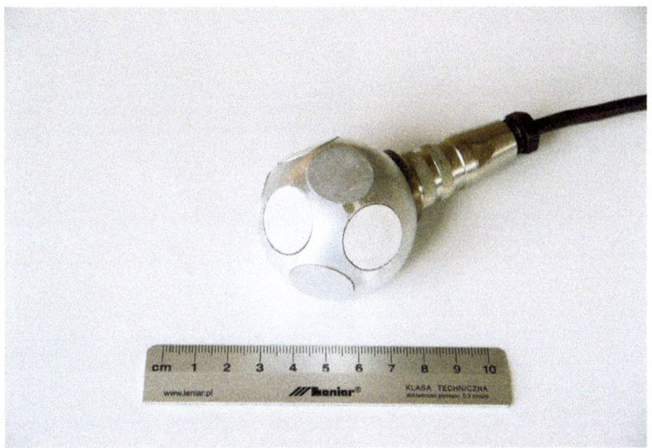

Abb. 1.6 Der SST – Soil Stress Transducer für Bodendruckmessungen

Abb. 1.7 Der CORREVIT L400 Geschwindigkeitssensor, installiert am einem Testfahrzeug zum Feldmessungen

Zu den speziellen Messgeräten oder Messsystemen gehören Flachbandprüfstände und Einzelradmesseinrichtungen, die zur Bestimmung der Kräfte zwischen einem einzelnen Rad und dem Boden eingesetzt werden (Abb. 1.9). Das höchst komplizierte Messsystem ist ein Testfahrzeug, das mit mehreren Sensoren, einem Datenerfassungscomputer, einem drahtlosen Kommunikationssystem und einem Steuerroboter ausgestattet ist.

Terramechanische Messungen werden normalerweise auf einem Prüfgelände durchgeführt. Bei den Erprobungsgeländen handelt es sich zum größten Teil um Naturstrecken, deren Eigenschaften sich permanent durch Witterungseinflüsse oder Streckenabnutzung ändern.

Die Gesamtfahrzeugerprobung erfolgt meist auf komplexem Prüfgelände mit verschiedenen Messstrecke, diversen Bodenbeläge, Steigungshügeln, usw. Ein Beispiel hierfür ist das Gerotek Erprobungsgelände neben Pretoria, Südafrika. Bei der Erprobung einzelner Fahrzeugsysteme im Gelände, besonders bei Rad- oder Fahrwerkstests, reicht ein kleines, provisorisches Testfeld aus. Solch ein Testfeld kann entweder auf einem Ackerboden oder Militärgebiet realisiert werden (Abb. 1.10, 1.11).

Abb. 1.8 Komponenten der von TU Lublin entwickelten Radmessnaben: die für einen SUV geeignete (links) und für eines leichten Flugzeug (rechts)

Abb. 1.9 Einzelradmessausrichtung für große Traktorreifen aus der Harper Adams University, England

Abb. 1.10 Feldexperimente auf einer provisorischen Erprobungsstrecke auf einem Militärgebiet. (WITPIS Sulejówek, Polen)

Abb. 1.11 Prüfgelände unter dem Dach. (Harper Adams University, England)

Abb. 1.12 Ein Testfahrzeug beim Erprobungsfahrt im tiefen Sand

Testmanöver bei Gesamtfahrzeugerprobung im Gelände sind standardisiert. Hier liegt der Schwerpunkt auf den Themen Befahrbarkeit bei verschiedenen Bodenarten und -feuchtigkeit, Lenkbarkeit und Stabilität bei höheren Geschwindigkeiten, Befahrbarkeit unterschiedlicher Hindernisse und die Durchführung von Fahrmanövern mit definierten Geschwindigkeiten. Hier sind beispielsweise die Testmanöver für Fahrdynamikmessungen zu nennen. Diese Tests beinhalten Ausweichmanöver in der Ebene und in einer Steigung, Spurwechsel in einer Steigung und die Slalomfahrt in der Ebene Abb. 1.12.

Bei forschungsorientierten Testfahrten ist es wichtig, das definierte Manöver vielmals zu wiederholen. Um diese definierte Wiederholbarkeit zu erreichen, ist der Einsatz eines Steuerroboters sinnvoll, um bei verschiedenen Manövern definierte Fahrtgeschwindigkeiten sowie Lenkradwinkel zu realisieren. Bei speziellen Forschungsvorhaben wie der Messung der Druckfortpflanzung im Boden, kommen einzigartige, selbst definierte Testfahrten zum Einsatz. Der Forschungsingenieur hat hierbei die Aufgabe, einen für diesen Einsatz optimalen Testablauf zu entwickeln. Als ein Beispiel ist das Anfahren mit definierten Radschlupf auf einem Bodendruckmesspunkt zu nennen. Das erfordert ein Team aus zwei Fahrzeugen sowie eine sehr gute Synchronisierung zwischen den beiden Fahrern.

Der Entwicklungsprozess in terramechanischen Messmethoden schreitet immer weiter voran, im Folgenden werden einige Tendenzen hier aufgeführt:

- Automatisierung der Messungen und Vernetzung der Sensoren, Datenauswertungszentralen;
- zunehmender Einsatz von drahtlosen Sensoren;
- Einsatz autonomer Messsysteme (z. B. in einem Planetenrover);
- Verwendung berührungsloser Systeme, z. B. optische Sensoren, LIDAR.

1.3 Die ISTVS

Während der Ersten Internationalen Konferenz zur Mechanik von Fahrzeug-Bodensystemen (*First International Conference on the Mechanics of Soils-Vehicle Systems*) in Torino, Italien, 1961, stellten drei Professoren (Norman Radforth, James Murray und Mieczyslaw Bekker) die Idee der Gründung einer Organisation von Spezialisten aus den Gebieten Fahrzeugtechnik, Bodenmechanik und Agrarwissenschaften vor. Das Ziel machte Professor Bekker in seinem Vortrag deutlich. Die damals neue Organisation sollte, nach der Meinung des Redners, eine Verbindung zwischen den Experten weltweit schaffen, um sich zu theoretischen und praktischen Aspekten der Forschung, des Designs, der Entwicklung und Einsatz von denjenigen Fahrzeugen und Maschinen auszutauschen, die in Landwirtschaft, Forstwirtschaft, Bauwesen, Planetenexploration sowie innerhalb des Militärs verwendet wurden. Des Weiteren wurde der Einsatz neuer, standardisierter Methoden angeregt, die einer Vorhersage der Fahrleistungen auf bestimmten Bodentypen ermöglichte, die die Ingenieure in Praxistests zugrunde legen könnten. Auch eine Vereinheitlichung des Fachwortschatzes sowie die Einführung von Publikationen im Bereich der Terramechanik war Ziel dieser Organisation. Daher wurde eine Sozietät, genannt International Society for Terrain-Vehicle Systems (ISTVS) gegründet. Schnell wurde deutlich, dass eine nächste Konferenz benötigt wurde. Sie war der Beginn einer langen Tradition von Konferenzen, die bis heute alle zwei bis drei Jahre regelmäßig stattfinden. Heute hat die ISTVS etwa 400 Mitglieder in der ganzen Welt. Die Organisation hat ein Präsidium, welches alle drei Jahren neu gewählt wird. Es besteht derzeit aus dem Präsidenten Professor Peter Kiss aus Ungarn, den Vizepräsidenten Professor Hiroshi Nakashima aus Japan und Professorin Corina Sandu aus den USA, sowie den Generalsekretären Professor Junya Yamakawa aus Japan, Dr. Sally Shoop aus den USA und Dr. Lutz Richter aus Deutschland. Seit 1962 wurden insgesamt 45 Konferenzen organisiert. Im Jahr 2011 fand eine Jubiläumskonferenz zum 50-jährigen Bestehen in Blacksburg, USA, statt. Die aktuelle, sechzehnte europäisch-afrikanische ISTVS-Konferenz wird im Jahr 2023, in Lublin, Polen, stattfinden und hat die folgenden Schwerpunkte auf ihrer Agenda: Boden, Wechselwirkung Reifen-Boden, Mobilität im Gelände, Militär- und Geländefahrzeuge, Landwirtschaft, Robotik und Planetenrover, Innovatives Design und Messtechnik der Terramechanik. Es fanden Ausstellungen, Shows und ein technischer Ausflug statt (Abb. 1.13).

Abb. 1.13 Die 2023 ISTVS-Konferenz in Lublin, Polen

Der Boden

2

2.1 Allgemeine Charakteristik des Bodens

Der Boden ist eine poröse Oberflache der Erde und besteht aus drei Phasen: fest, flüssig und gasförmig. Er wurde durch verschiedene Prozesse in Tausenden von Jahren geformt, der häufigste davon ist die Verwitterung. Das Rohmaterial für diese Prozesse ist ein Ausgangsgestein, entweder ein solider Fels oder ein lockeres Sediment. In der primären Bodenbildung bewirkt die jahrelange Einwirkung von Wind, Sonne und Niederschlägen unter verschiedenen Temperaturen, dass das Ausgangsgestein physikalisch und chemisch in immer kleinere Teile zerlegt wird. In der Vergrößerung unter einer Lupe sieht der Boden wie ein komplexes Gebilde aus, in dem mehrere natürliche physikalische, chemische und thermische Prozesse ablaufen, die die Veränderungen physikalischer Bodeneigenschaften verursachen. Die mineralischen Bestandteilen des Bodens, die aus Körnern verschiedener Größen und Formen bestehen, bilden Strukturen mit Poren. Die Bodenart beschreibt den Boden in Bezug auf die Korngrößenzusammensetzung der mineralischen Bodenteile (Körnen). Davon geht eine primäre Klassifikation der Böden aus, in der die nachfolgenden Bodenarten unterschieden werden: Sand, Schluff, Ton und Lehm. Bei der sekundären Bodenbildung geht es überwiegend um verschiedene Vorgänge, die die Humusbildung beeinflussen, wie z. B. Vergleyung oder Pseudovergleyung oder Auswaschung von Bodenbestandteilen in tiefere Schichten. Unterschiedliche Erscheinungsformen von Böden, die sich in Form von Bodenhorizonten zeigen (Abb. 2.1), werden als Bodentypen bezeichnet und werden weltweit in der Bodenklassifikation bzw. der Bodensystematik nach verschiedenen Systemen klassifiziert.

Dank des Vorhandenseins von Luft, Wasser und Mineralien finden im oberen Bodenstreifen verschiedene Lebensformen ihr Heim: Mikroben, Bakterien, Pflanzen, Insekten und auch kleine Tiere. Man spricht über die sogenannten organischen Materien, die den Boden zwar langsam, aber wesentlich prägen. Seit mehreren Jahrhunderten wird der Boden

J. Pytka, *Terramechanik und Geländefahrzeuge*, ATZ/MTZ-Fachbuch,
https://doi.org/10.1007/978-3-658-32013-3_2

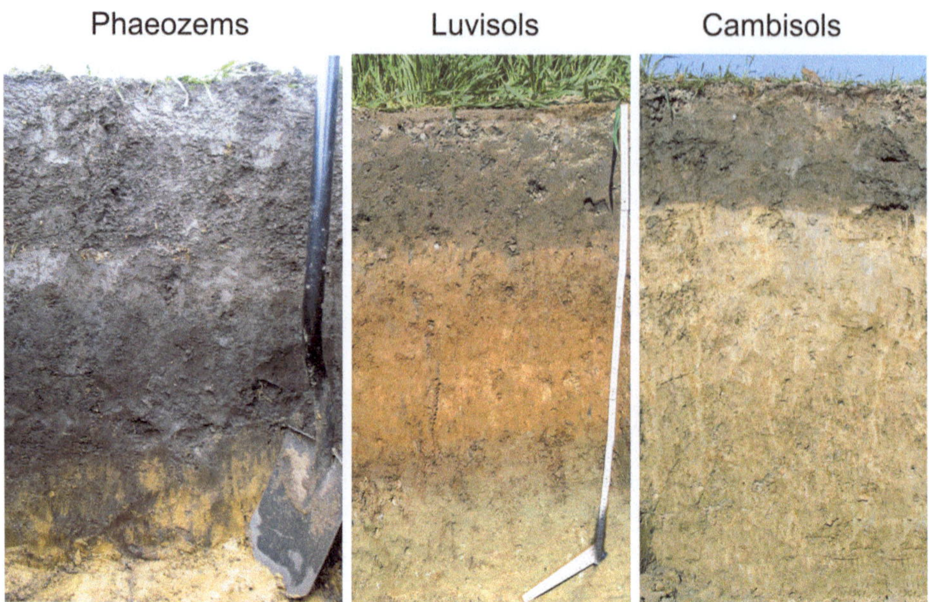

Abb. 2.1 Beispiele für Bodenprofile und Bodenhorizonte

von Menschen mehr und mehr intensiv genutzt, die Folgen von Ackerbau, Gartenbau, Forstwirtschaft, aber auch Geländeverkehr sind deutlich zu sehen. Hinzu kommen die atmosphärischen Bedingungen mit Niederschlägen, Temperatur, Sonne und Wind, die die oben beschriebenen Prozesse beeinflussen. Schließlich kann man den Boden als einen lebenden, natürlichen Reaktor mit einer begrenzten physikalischen und chemischen Stabilität betrachten. Als die Bodenverformungsprozesse beeinflussender Faktor zu berücksichtigen ist außerdem noch die große Variation der Bodentypen. Für die Terramechanik am wichtigsten sind mechanische Bodeneigenschaften, die auf das Traktionsverhalten des Bodens Einfluss nehmen. Natürlich ist der Boden kein guter Fahrbahnbelag für Fahrzeuge ohne spezielle Konstruktion, worüber beispielsweise Geländewagen verfügen. Die mechanische Stabilität des Bodens ist zu schwach um die dynamische Belastung eines fahrenden Fahrzeuges zu übernehmen. Unter dem Rad bildet sich eine Fahrspur, die eine Folge von Scherung, Druck und räumlicher Verlagerung ist. Diese drei mechanischen Verhaltensformen des Bodens sind von den oben genannten Bodeneigenschaften und Faktoren abhängig und sollen für die richtige Auswertung der Fahrdynamik und Fahrzeugleistungen analysiert werden [1]. Da der Boden nicht nur als Fahrbahn, sondern auch als Pflanzenstandort dient, müssen die physischen Eigenschaften des Bodens bekannt sein, um einer möglichen Gefährdung vorzubeugen und die Risiken bei Befahrung je nach Bodenzustand vorhersagen zu können. Um diese komplizierten Aufgaben zu lösen und die Ergebnisse praktisch ausnutzbar zu machen, ist ein exakter und disziplinierter Ansatz notwendig. Daher wird in diesem Abschnitt der Boden als verformbare Fahrbahn mit seinen wichtigsten Eigenschaften auch aus dem terramechanischen Blickwinkel vorgestellt und diskutiert.

2.1.1 Häufig angetroffene Bodenarten

Es gibt vier Hauptbodenarten: Sand, Lehm, Schluff und Ton. Sandige Böden haben Körner mit einem Durchmesser von 0,063 mm bis 2 mm. Diese Böden haben einen hohen Grobporenanteil und einen geringen Mittel- und Feinporenanteil. Dadurch verfügen sie über eine gute Durchlüftung und Wärmeleitfähigkeit und gelten als „warme Böden". In trockenem Zustand hat Sand keine oder nur eine sehr kleine Kohäsion, sodass Festigkeit nur aus innerer Reibung entsteht. Sand ist nicht bindig, haftet nicht am Finger, ist nicht formbar, seine Einzelkörner sind gut sicht- und fühlbar, rau. Man kann die folgenden vermischten Bodenarten unterschieden: schluffiger, lehmiger und toniger Sand. Schluffiger Sand ist nicht bindig, mehlig-stumpf mit etwas Feinsubstanz, die in den Fingerrillen erkennbar ist. Lehmiger Sand ist etwas bindig, schwach schmierig und schlecht formbar. Er reißt und bricht bei Verformung, Einzelkörner sind gut sicht- und fühlbar und die Feinsubstanz ist deutlich erkennbar. Toniger Sand ist schwach bis ausreichend bindig, schlecht bis mittel formbar, mit Einzelkörnern gut sicht- und fühlbar.

Lehmige und schluffige Böden haben einen hohen Mittelporenanteil und einen hohen Anteil an pflanzenverfügbarem Wasser und Nährstoffen. Körner dieser Böden haben Durchmesser von 0,002 mm bis 0,063 mm. Zu den lehmigen Böden gehören sandiger, schluffiger und auch toniger Lehm. Sandiger Lehm kann schwach bis mittel bindig sein, klebrig, formbar, bis etwa bleistiftdick ausrollbar. Sandkörner sind gut sicht- und fühlbar. Dieser Boden enthält viel Feinsubstanz. Schluffiger Lehm ist typischerweise bindig, klebrig, formbar. Der Boden wird beim Ausrollen rissig. Einzelkörner der Sandfraktion sind nicht oder nur schwach sicht- und fühlbar. Mit viel Feinsubstanz ist dieser Boden etwas mehlig. Toniger Lehm ist bindig, zähplastisch, klebrig als auch gut form- und ausrollbar. Schwach glänzende Reibflächen sind erkennbar, während meist nur wenige oder keine Sandkörner sicht- und fühlbar sind. In tonigem Lehm ist sehr viel Feinsubstanz enthalten. Von den schluffigen Bodenarten können drei Unterarten unterschieden werden: sandiger, lehmiger und toniger Schluff. Diese Böden sind schwach bis mittel bindig, schlecht bis mittel formbar. Sandiger Schluff kann samtartig-mehlig sein mit Einzelkörnern des Sandanteils, die sicht- und fühlbar sind. Lehmiger Schluff hat viel Feinsubstanz und ist mehlig. Toniger Schluff hat stumpfe Gleitflächen und haftet deutlich in den Fingerrillen. Einzelkörner der Sandfraktion nicht sicht- und fühlbar.

Löss ist ein durch Wind verfrachtetes Sediment der Schluff- beziehungsweise Feinsandfraktion. Die Körner sind schwach zementiert und bilden Klumpen oder Waben. Im Löss formen sich senkrechte, manchmal ganz hohe Böschungen. Sackungen können bei Wasserzutritt oder hoher Auflast auftreten. Abb. 2.2 zeigt eine Lössschlucht mit annähernd senkrechten Wänden.

Tonige Böden haben einen geringen Anteil an Grob- und Mittelporen und ihre Partikel verfügen über einen Durchmesser von kleiner 0,002 mm. Das bewirkt, dass diese Böden stark verdichtungsgefährdet sind. Die Durchlüftung und Wärmeleitfähigkeit sind schlecht,

Abb. 2.2 Eine Lössschlucht in Kazimierz Dolny, Polen

weshalb man von „kalten Böden“ spricht. Diese Böden sind typischerweise bindig, stark plastisch, klebrig. Sie sind gut formbar und erhalten glänzende Reibeflächen. Sandiger oder schluffiger Ton ist bindig, zähplastisch, klebrig. Der Boden formt sich gut und zeigt schwach glänzende Reibflächen. Er enthält sehr viel Feinsubstanz, Sandkörner sind in diesem Boden sicht- und fühlbar.

Lehmiger Ton ist ähnlich wie sandiger Ton, aber etwas stumpfer, d. h. mehr mehlig. Sandkörner sind nicht oder kaum sicht- und fühlbar und auch er enthält sehr viel Feinsubstanz.

2.1.1.1 Klassifikation der Böden nach USCS

Das Unified-Soil-Classification-System (USCS) ist ein Bodenklassifizierungssystem, das in den Ingenieurwissenschaften und der Geologie zur Beschreibung der Textur und der Korngröße eines Bodens verwendet wird. Das Klassifizierungssystem kann auf die meisten nicht konsolidierten Materialien angewendet werden und wird durch ein aus zwei Buchstaben bestehendes Symbol dargestellt. Jeder Buchstabe wird in der Tab. 2.1 beschrieben.

Die Böden sind in zwei Hauptgruppen unterteilt: grobkörnige und feinkörnige Böden. Wenn mehr als 50 % der Bodenpartikel auf dem Sieb 200 verbleiben, gehört dieser Boden zur ersten Gruppe. Andernfalls ist der Boden feinkörnig.

Zu den grobkörnigen Böden gehören Kies und Sand. Sauberer Kies kann gut oder schlecht bewertet sein: GW oder GP. Zu den Feinkieseln zählen schluffiger Kies und toni-

Tab. 2.1 Schema der USCS-Bodenklassifikation

Erster Buchstabe	Boden	Zweiter Buchstabe	
G	Kies	P	Schlecht abgestuft
S	Sand	W	Gut abgestuft
M	Schluff	H	Hohe Plastizität
C	Lehm	L	Geringe Plastizität
O	Organischer Boden		

ger Kies (GM und GC). Ebenso können saubere Sande gut oder schlecht sortiert sein (SW, SP), Sande mit Feinanteilen sind schlammiger Sand oder toniger Sand (SM, SC).

In der Gruppe der feinkörnigen Böden finden wir sowohl Schluffe mit geringer oder hoher Plastizität (ML, MH) als auch Tone (CL, CH).

Wenn der Boden 5–12 Gew.-%-Feinanteile aufweist, die ein Sieb 200 passieren, haben sowohl die Korngrößenverteilung als auch die Plastizität einen signifikanten Einfluss auf die technischen Eigenschaften des Bodens und die Doppelschreibweise kann für das Gruppensymbol verwendet werden. Zum Beispiel entspricht GW-GM „gut abgestuftem Kies mit Schlick".

Wenn mehr als 15 Gew.-% des Bodens auf einem Sieb Nr. 4 zurückgehalten werden (R Nr. 4 > 15 %), liegt eine erhebliche Menge Kies vor, und der Gruppenname kann mit dem Zusatz „mit Kies" versehen werden, das Gruppensymbol ändert sich nicht. Zum Beispiel könnte SP-SM sich auf „schlecht abgestuften Sand mit Schlick" oder „schlecht abgestuften Sand mit Schlick und Kies" beziehen.

2.1.2 Bodenkarten

Bodenkarten sind seit Langem bekannt. Physikalische Karten waren ihr Vorläufer und zugleich die geodätische Grundlage. Meistens wurde der Typ oder die Art des Bodens auf den Karten markiert, und die Unterscheidung wurde unter Verwendung eines Farbcodes durchgeführt. Auf diese Weise wurden Karten im Maßstab 1:1.000.000 oder weniger erhalten. Sie waren in Form von Tafeln im Format DIN A1 oder A0 sowie in Form von Atlanten erhältlich. Die kartografischen Dienste der meisten Länder der Welt entwickeln und aktualisieren ihre eigenen Bodenkarten. Im Zeitalter der universellen Digitalisierung wurden elektronische Bodenkarten entwickelt, wobei die ersten auf direkten Scans von Originalkarten basierten. Die nächste Stufe in der Entwicklung der Bodenkartografie waren bearbeitbare digitale Karten, deren Nützlichkeit viel höher war. Karten dieser Art sind universell und stellen eine geodätische Basis für eine Vielzahl von Zwecken dar. Heutige Bodenkarten werden in vielen Bereichen verwendet, in der Land- und Forstwirtschaft, im Bauwesen, im Militär und schließlich auch in der Terramechanik.

2.1.2.1 Bodenkarten von der Bundesanstalt für Geowissenschaften und Rohstoffe

Die deutsche Bundesanstalt für Geowissenschaften und Rohstoffe (BGR) entwickelt und bietet eine Vielzahl von Bodenkarten und Datenbanken. Dies sind beispielsweise Bodenübersichtkarten in den Maßstäben 1:200.000 und 1:1.000.000. Die 55 Blätter der 1:200.000 Übersichtkarten (interaktive Blattübersicht) stehen als jeweils analoge oder digitale Karte mit Blattrandlegende im Produktcenter der BGR zum Download bereit. Die Legendeneinheiten enthalten flächengewichtete Informationen zu Bodentypen und Bodenausgangssubstraten mit deren Schichtung.

Eine Software zu Betrachtung der Karten ist das Programm Geoviewer. Mit dem Geoviewer können die von der BGR angebotenen Geodatendienste verschiedener Kartengrundlagen aus mehreren Fachgebieten betrachtet und untereinander kombiniert werden (s. Themen unten links). Die Geodaten können zu den Karten auch heruntergeladen werden. Je nach Kartenwerk variiert dabei der vorgegebene sichtbare Maßstabsbereich. Falls einzelne Themen ausgegraut sein sollten, kann man durch Hineinzoomen in die Karte oder Herauszoomen aus der Karte in den jeweils sichtbaren Bereich gelangen. Der Geoviewer unterstützt auch mobile Geräte wie Smartphones. Abb. 2.3 zeigt die von BGR entwickelte Bodenübersichtkarte Deutschlands Abb. 2.3.

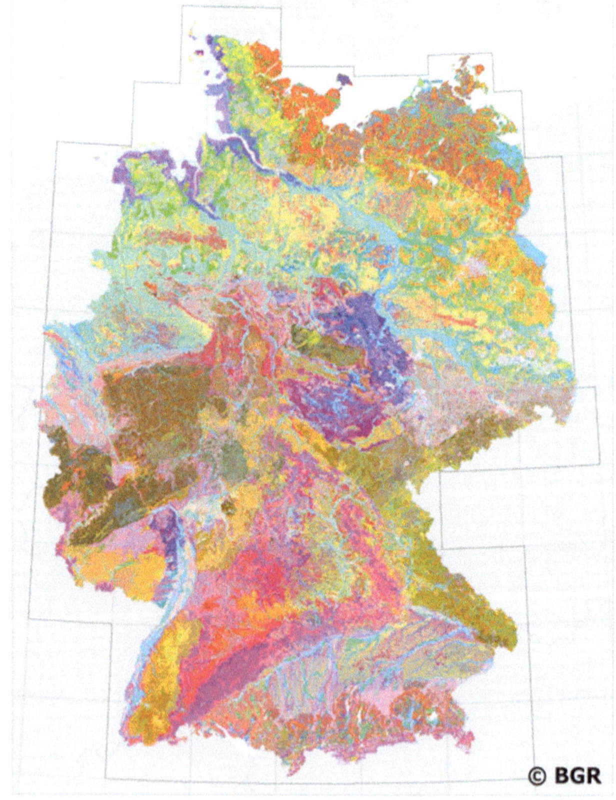

Abb. 2.3 Eine von BGR entwickelte Bodenübersichtskarte Deutschlands (© BGR Hannover)

2.1.2.2 IUNG – virtuelle Bodenkarte für Befahrbarkeit

Bei der Entwicklung der aktiven Befahrbarkeitsbodenkarten im Institut für Bodenkunde und Pflanzenernährung (IUNG) in Puławy, Polen, wurden landesweite landwirtschaftliche Bodenkarten als Basisreferenz verwendet. Der räumliche Datensatz wurde durch Digitalisierung der traditionellen Bodenkarten erstellt, die vom Institut in den 1960er- und 1970er-Jahren während der Bodenklassifizierungs- und Kartierungsanstrengungen erstellt wurden. Die Kartierung führte zur Erstellung von Bodenkarten im Maßstab 1: 5000, die das gesamte Land abdecken. Die Bodenkarte wird ergänzt durch eine räumlich georeferenzierte Datenbank von Referenzbodenprofilen und ist durch zahlreiche Variablen wie Textur (gemessen im Labor mit hydrometrischen Methoden), Bodentyp, Habitat, Lage in der Landschaft, Hang sowie hydrologische Merkmale gekennzeichnet. Von der Karte 1:5000 wurden die Bodenkarten von Polen 1:25.000, 1:100.000 und 1:500.000 erstellt. Ab dem Jahr 2002 war der größte Maßstab der verfügbaren Bodenkarten, die in einen räumlichen GIS-Datensatz digitalisiert wurden, die 1:100.000-Bodenkarte.

Um die Tragfähigkeit des Bodens zu erfassen, mussten mehrere Experimente und Messungen durchgeführt werden. Die Grenzwerte in Bezug auf Tragfähigkeit des Bodens und die Fähigkeit, den Verkehr aufrechtzuerhalten, wurden untersucht und die folgenden Bodenparameter wurden experimentell bestimmt:

- Die Lagerungsdichte des Bodens unter Verwendung von direkten Gewichtsmethoden
- Das primäre und sekundäre Deformationsmodul
- Die natürliche Bodenfeuchte in fünf verschiedenen Tiefen: zwischen 0,3 und 1,5 m alle 0,3 m
- Die optimale Bodenfeuchte, gemeint als Wert der maximalen Verdichtung des Bodenskeletts
- Die passive Kapillarität, basierend auf den beiden Phänomenen Wasseradhäsion und Wasserspannung
- Die Verdichtungsfähigkeit von Böden unter statischen und dynamischen Belastungen
- Indirekte Bodenkohäsion, Klassifizierung in vier Klassen: lockere Böden und drei Klassen bindige Böden, basierend auf dem Plastizitätsindikator
- Die Bodenzustandsfeuchtigkeitsschwellen
- Die Fließfähigkeitsschwelle, basierend auf Standardexperimenten, die unter Verwendung der Casagrande-Apparatur durchgeführt wurden
- Die Plastizitätsschwelle, basierend auf einem Standardwalztest

Ein Schlüsselparameter bei der Bestimmung der Bodenbefahrbarkeit ist die vorhandene Bodenfeuchte. Folglich ist eine genaue Bestimmung der Bodenfeuchtigkeit auch für die Bodenkartierung wichtig. Die IUNG-Forscher haben die folgenden drei Methoden verwendet.

1. Direkte Messung im Feld mit einem manuellen TDR-Bodenfeuchtesensor (Feuchtigkeit gemessen in zwei Tiefen: 0,3 m und 0,6 m) oder eine Anordnung von drahtlosen

Sensoren mit einem Georeferenzierungsmerkmal, verteilt über den Operationsbereich mit z. B. Drohnen.
2. Modellierung des Bodenwasserhaushalts basierend auf dem klimatischen Wasserhaushalt aus der Infrastruktur von Wetterstationen.
3. Indirekte Messung mittels Fernerkundungstechniken, insbesondere frei verfügbare Landsatdateien oder ERS-Radar mit einer Auflösung von nicht weniger als 30 m.

Als Ergebnis wurde eine aktive Bodenkarte mit einer Vorhersagbarkeitsfunktion der Bodenbefahrbarkeit erhalten. Ihre Verwendung kann sowohl für Militärfahrzeuge gelten, wo die Manövrierbarkeit wichtig ist, als auch für das Überfahren des gegebenen Abschnitts in der kürzest möglichen Zeit, aber auch für Traktoren und Landmaschinen. Im zweiten Fall hilft die Verwendung einer aktiven Bodenkarte in Abhängigkeit von den aktuellen Bedingungen, einschließlich der Bodenfeuchtigkeit, Entscheidungen über den Beginn der Feldarbeit zu treffen oder sie zu verzögern. Es ist wichtig, dass Belastungen durch Räder die geringste Bodenverdichtung verursachen, die weitgehend durch Feuchtigkeit bedingt ist. Daher ist eine aktive Bodenkarte als ein Werkzeug in der praktischen Hinsicht der Terramechanik von großer Wichtigkeit [2].

2.2 Bodenphysik

2.2.1 Körnung

Die feste Phase des Bodens besteht aus Einzelteilchen, die als Körner bezeichnet werden. Die Größe von Bodenkörnern ist sehr unterschiedlich und deckt einen sehr weiten Bereich ab. Die Korngrößenverteilung reicht von feinsten Kolloidteilchen bis zu großen Blöcken, dies entspricht einem Bereich von etwa 0,0002 mm bis 2 m. Man muss jedoch daran erinnern, dass die Korngrößenverteilung nur die prozentuale Verteilung der Körner auf Feinerde (<2 mm) und Skelettanteil (>2 mm) charakterisiert. Die weite Spanne wird in Fraktionen unterteilt, im Skelettbereich haben wir Kies, Steine und Blöcke, und im Feinerdebereich Sand, Schluff und Ton. Die Körnungsklassen zusammen mit der Korngrößen sind in der Tab. 2.2 dargestellt Tab. 2.2. Es existieren noch andere Bezeichnungen der Körner, wie zum Beispiel Gruß, Mehlsand oder Staubsand, die aber meist eher Bezug zu einer Form oder einer genetisch bedingten Bildungsweise haben. Bei der Bestimmung der Korngrößen besteht eine Schwierigkeit mit unregelmäßig geformten Teilchen. An-

Tab. 2.2 Die Körnungsklassen und Korngrößen

Klasse	Ton			Schluff			Sand			Kies			Steine			Blöcke
Untergruppe	F	m	G	f	m	g	f	m	g	f	m	g	f	m	g	
ÄD*	0,2	0,63	2,0	6,3	20	63	0,2	0,63	2	6,3	20	63	200	630	2000	>2000
	in [µm]						in [mm]									

ÄD = Äquivalentdurchmesser, f = fein, m = mittel, g = grob

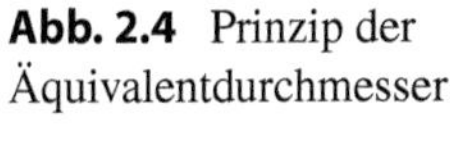

Abb. 2.4 Prinzip der Äquivalentdurchmesser

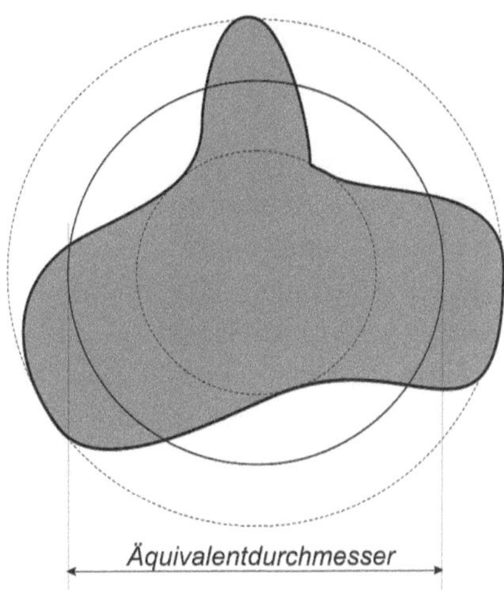

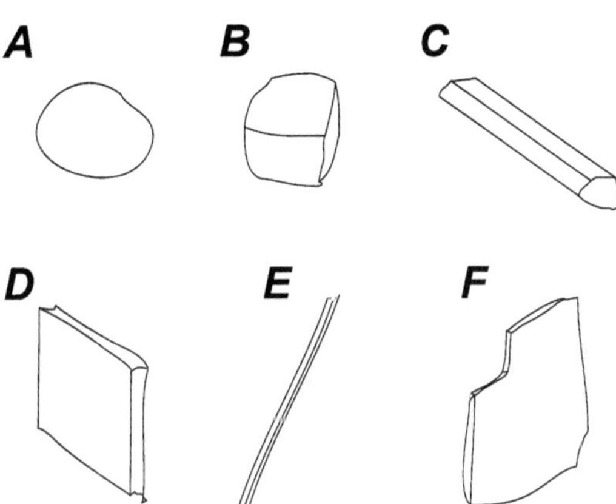

Abb. 2.5 Typische Kornformen des Bodens

stelle einer genauen Ermittlung der Oberfläche wird ein Ersatzwert angegeben. Auch bei sehr stark von der Kugelform abweichenden Bodenteilchen wird eine Äquivalentdurchmesser angenommen (siehe Abb. 2.4) [3].

2.2.1.1 Kornformen

Im Abb. 2.5 häufig angetroffene Kornformen sind gezeichnet Abb. 2.5. Es werden kugelförmige, runde und auch plattenförmige Körner gefunden. Generell entstehen Kornformen bei der Verwitterung, wenn anfallende Gesteins- und Mineralbruchstücke durch Abrieb und Abschliff beim Transport abgerundet werden, insbesondere wenn großes Gewicht auf eine punkförmige Kontaktstelle einwirkt. Runde Formen werden oft getroffen, wenn Körner rollend und rutschend langzeitig verfrachtet worden sind. Dazu gehören Blöcke, Steine, Kiese und Sand. In der Schlufffraktion ist der Abrundungsgrad deutlich geringer und es werden meistens splittrige oder scherbige Formen getroffen. Im Bereich von kleinsten Korngrößen, d. h. der Tonfraktion, sind plattige Formen die häufigsten.

2.2.1.2 Korngrößenverteilung

Ein typischer, natürlicher Boden ist eine Mischung aus mehr oder weniger Kornfraktionen. Rein theoretisch gibt es zahlreiche mögliche Mischungen, alle sind statistisch gleich häufig anzutreffen. Die Verteilung der Körner wird mittels Häufigkeitsverteilungen und Summenkurven beschrieben. Eine in der Bodenkunde häufig verwendete Version ist die Durchgangssummenkurve. Diese Darstellung hat den Vorteil, dass einfach abzulesen ist, welcher Anteil der Körner kleiner oder größer als der Grenzwert ist. Die zweite Darstellungsweise, die Häufigkeitsverteilung, zeigt die Ableitung der Summenkurve, wo ersichtlich ist, welches Maximum bei dem Äquivalentdurchmesser mit der größten Steigung oder beim Wendepunkt der Summenkurve liegt. Der Vorteil ist, dass die Veränderung in den verschiedenen Kornfraktionen deutlicher hervortritt. Die Korngrößenzusammensetzung kann in Form eines Dreiecksdiagramms dargestellt werden, und zwar können entweder die Prozentanteile der drei Hauptfraktionen (Sand, Schluff und Ton) oder nur zwei Fraktionen in ein gleichseitiges oder rechtwinkliges Körnungsdreieck eingetragen werden. Die grafische Darstellung eines solchen Dreieckes zeigt die Abb. 2.6. Wie bereits erwähnt, kommen trotz statistisch möglichen vielen Korngrößenverteilungen einige häufiger vor als andere. Das ist eine Folge davon, dass die Körner durch den Wasser- und Windtransport sortiert werden. Die Geschwindigkeiten dieser beiden Transportvorgänge sind unterschiedlich, und zwar insbesondere für verschiedene Korngrößen, sodass sehr selten die benachbarten Korngrößen in einer Mischung zusammenbleiben. Deshalb werden oft Lehm, schluff- und tonarme Sande angetroffen, während reine Tone, Schluffe oder schlufffreie Sande fehlen [3].

Es gibt viele Methoden zur Bestimmung der Korngrößenverteilung, man muss sich aber bewusst sein, dass aufgrund der großen Spanne von Korngrößen die angewandte

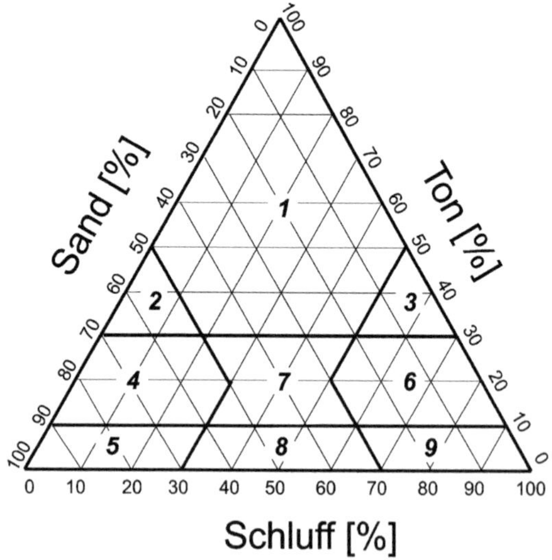

Abb. 2.6 Vorstellung der Korngrößenverteilungen mit dem Körnungsdreieck

Methode an die gegebene Kornfraktion angepasst sein muss. Bei den groben Fraktionen verwendet man die Siebung, bei den feineren die Sedimentation.

Die Körnung der Böden ist für die Terramechanik von sehr großer Bedeutung. Als erste Information und die am häufigsten verwendete Charakteristik des Bodens hat die Körnung Korrelationen mit anderen Bodeneigenschaften, vor allem mit dem Wassergehalt. Je nach Korngrößenverteilung verändert sich die gesättigte Wasserleitfähigkeit. Während Wasser in einem Sandboden sehr schnell versickert, verbleibt die Feuchtigkeit in einem Lehmboden sehr lange. Das hat große Bedeutung für das Pflanzenwachstum – ein trockener Sandboden ist kein guter Standort für die landwirtschaftliche Nutzung, ist aber auch wichtig für die mechanische Festigkeit des Bodens. Hier spielen die Aggregatsbildung und Aggregatstabilität eine wesentliche Rolle. Im Allgemeinen verkleben sich dank des Wassergehaltes die Bodenkörner und als Folge der Viskosität bekommt der Boden seine Festigkeit. Das gilt für einen bestimmten Wassergehaltsbereich, beim Überschreiten dieses Bereiches wird der Boden plastisch oder sogar flüssig und verwirkt seine mechanischen Eigenschaften. Die Grenzen, bei denen diese Prozesse auftreten, hängen sehr stark von der Korngrößenverteilung ab [3].

2.2.2 Gefüge

Das Gefüge eines Bodens, auch Struktur genannt, wird von Körnern bestimmt und durch Faktoren wie Ablagerung und räumliche Anordnung der Partikel werden die Gefügeentwicklung sowie das Porensystem wesentlich beeinflusst. Generell werden die Gefüge in drei Gruppen eingeteilt:

- Einzelkornstruktur, darin liegen die Partikel lose und unabhängig voreinander
- Kohärentstruktur, hier verkleben alle Teilchen und bilden eine homogene Masse
- Aggregatstruktur mit geformten Fragmenten der kohärenten Struktur

In manchen Böden trifft man Übergänge zwischen diesen Strukturen, beispielsweise Aggregate, in einer Einzelkornstruktur. Einzelkorn- und Kohärentstrukturen im A-Horizont stellen typische Ausgangszustände während einer weitergehenden Aggregierung der Bodenteilchen dar. Bei Einzelkornstrukturen werden die Teilchen zu Aggregaten verklebt, in dieser Weise entwickelt sich ein Sandboden. Bei Kohärentstrukturen wird das Ausgangsmaterial zu kleineren Aggregaten aufgeteilt. Die Aggregierung beginnt mit senkrechten Rissen. So entwickelt sich ein typischer Tonboden. Diese Prozesse finden im B-Horizont statt. Der A-Horizont beider Böden besteht meistens aus Aggregaten. Bewegungsvorgänge der Aggregate im A-Horizont bewirken, dass die Bodenpartikel innerhalb von Aggregaten sich immer weiter annähern und die Abstände zwischen Aggregaten zunehmen, deswegen ist die Lagerung der aggregierten Strukturen heterogener als in der Kohärent- oder Einzelkornstruktur. Durch Zerstörung der aggregierten Strukturen wird die Lagerung homogenisiert [3].

2.2.2.1 Die Lagerungsdichte

Die Lagerungsdichte gibt an, wie viel Festsubstanz in einer Volumeneinheit eines getrockneten Bodens enthalten ist, sie wird als Bodenmasse pro Volumen definiert. Weitere Bezeichnungen dieses Wertes sind Volumengewicht, Raumgewicht, scheinbare Dichte oder Schüttdichte. In der Fachliteratur wird die Lagerungsdichte mit ρ_B mit [g/cm^3] als Einheit bezeichnet. Die Lagerungsdichte variiert über die Bodentiefe und beeinflusst die terramechanischen Bodeneigenschaften. Die lockeren Schichten mit einem höheren Anteil an Grobporen und überwiegend eingeschlossener Luft neigen bei geringen Lasten zur Verdichtung und werden als verdichtungsempfindlich eingestuft. Vorverdichtete Böden oder tiefe Bodenschichten weisen eine höhere Tragfähigkeit und Scherfestigkeit auf, hauptsächlich durch eine größere Reibfläche zwischen den Bodenpartikeln.

Wie früher erwähnt wird die Lagerungsdichte durch Austrocknen des Bodens bestimmt, man kann sie sowohl im Labor als auch im Freiland messen. Dazu wird ein Messzylinder mit einem Durchmesser von 10 cm und einer Höhe von 3 bis 8 cm mittels eines Handgerätes in den Boden gedrückt und dann mit dem innerhalb befindlichen Boden herausgenommen. Vor dem Austrocknen wird der überstehende Boden, gewöhnlich mit einem Messer, entfernt, um das genaue Volumen zu erhalten. Nach dem Austrocknen, das typischerweise in einem Elektroherd bei 105 °C, 24 h dauern soll, wird der getrocknete Boden (ohne Zylinder) gewogen.

Die pyknometrische Methode besteht darin, eine Bodenprobe mit gegebenem Gewicht in einem Pyknometer (Gefäß mit einer Kapillare in einem Stopfen – siehe Abb. 2.7) mit

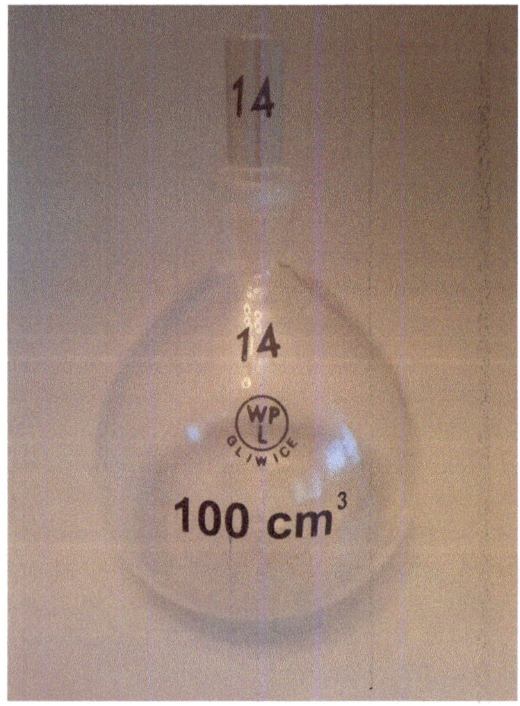

Abb. 2.7 Das Pyknometer

Tab. 2.3 Häufigste Werte für Lagerungsdichte der Böden

Böden	Sandböden	Lehmböden	Schluffböden	Tonböden	Organische Böden
Lagerungsdichte	1,20–1,70	1,20–2,00	1,20–1,50	0,90–1,30	0,15–0,60

destilliertem Wasser zu ergänzen und zu wiegen sowie das gleiche Pyknometer und ein nur mit Wasser gefülltes Pyknometer zu wiegen. Die Ergebnisse, die in eine geeignete Formel eingesetzt wurden, erlauben es, die Dichte der festen Phase zu berechnen. Häufigste Werte für Lagerungsdichte sind in Tab. 2.3 enthalten.

2.2.2.2 Porosität des Bodens

In den vorangegangenen Abschnitten wurde der Boden als poröses Material mit einer strukturierten Festsubstanz und eingeschlossenem Hohlraumvolumen beschrieben. Die Entstehung der Poren beginnt mit der Ablagerung eines Sediments oder beim Verwittern eines Gesteins. Die Größe der Poren hängt von verschiedenen Faktoren ab. Je größer die Einzelteilchen, desto größer die Poren, soweit sie nicht mit kleineren Teilchen ausgefüllt werden. Die feinsten Poren entstehen in Tonen und reichen bis in den Mikro- oder Nanometerbereich. In der Regel bilden die Poren eine kontinuierlich die Bodenmatrix durchziehende annährend isotrope Struktur. Neben bei der Körnung existierenden Primärteilchen gibt es auch Primärporen, die korngrößenbedingt sind und sich abhängig von der Korngrößenverteilung verteilen. Natürlicherweise bildet sich auch ein sekundäres Porensystem, und zwar im Verlauf der Bodenentwicklung, bestehend aus flächigen Schrumpf- und Scherrissen und auch aus zylindrischen Wurzel- und Tiergängen. Dieses sekundäres Porensystem ist anisotrop und ist umso stärker, je kleiner und stabiler die Aggregate sind.

Die Porengrößenverteilung im Boden wird aufgrund der sehr ungeordneten und unregelmäßigen Lagerung der Teilchen und Aggregaten sowie der kontinuierlichen Porenstruktur mittels des Äquivalentdurchmessers praktisch beschrieben. Er bezieht sich auf den Durchmesser einer Kreiskapillare, unter deren Meniskus bei vollem Kapillaraufstieg der identische Unterdruck generiert wird wie in der gegebenen Pore (siehe Abb. 2.8). Eine Summenkurve der Äquivalentdurchmesser wird Wassergehaltskurve genannt und informiert über die Wasserspeichereigenschaften eines Bodens. Sie ist sehr wichtig für die landwirtschaftliche Nutzbarkeit der Böden, aber auch für die Analyse der mechanischen Eigenschaften des Bodens als Fahrbahn unter verschiedenen Witterungsbedingungen. Die Be- und Entwässerungsdynamik hängt nämlich sowohl von dem Gesamtporenvolumen als auch von der Porenverteilung ab und hat Auswirkungen auf die resultierende Belastbarkeit und Festigkeit [3].

Sowohl aus der Sicht der allgemeinen Bodenkunde als auch für die Bodenmechanik und Terramechanik ist es wichtig, die Bodenporen zu beschreiben und zu parametrisieren.

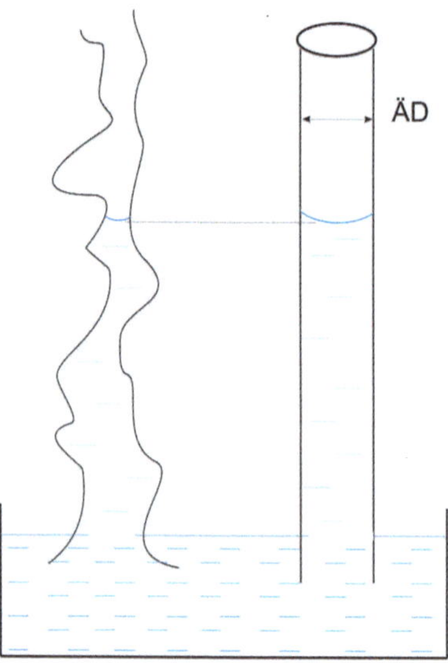

Abb. 2.8 Äquivalentdurchmesser einer Bodenpore

Das Porenvolumen *PV* und auch der Porenanteil kennzeichnen das Verhältnis des mit Luft und Wasser gefühlten Hohlraumvolumens, V_{ges} zum Gesamtvolumen im Boden:

$$PV = \frac{\left(V_{ges} - V_F\right)}{V_{ges}} \tag{2.1}$$

mit: V_F – Volumen der Festsubstanz.

In der Bodenmechanik wird am häufigsten die Porenziffer ε angewandt, wobei das Volumen der Poren auf das Volumen der Festsubstanz bezogen ist:

$$\varepsilon = \frac{\left(V_{ges} - V_F\right)}{V_F} \tag{2.2}$$

Verwendet man anstatt der Volumina die Dichten ρ_F und ρ_B, dann sind die Gleichungen wie folgend:

$$PV = \frac{1 - \rho_B}{\rho_F} \tag{2.3}$$

$$\varepsilon = \frac{\rho_F}{\rho_B - 1} \tag{2.4}$$

Schließlich ist der Zusammenhang zwischen dem Porenvolumen und der Porenziffer wie folgt:

$$PV = \frac{\varepsilon}{\left(1 + \varepsilon\right)} \tag{2.5}$$

$$\varepsilon = \frac{PV}{1 - PV} \tag{2.6}$$

Je nach Bodenart liegt das optimale Porenvolumen zwischen 40 und 47 Vol.-% des Bodenvolumens. Als Methode zur Bestimmung der Bodenporen werden Messgeräte wie Porosimeter verwendet. In der Praxis werden Gas- und Quecksilberporosimeter verwendet. Die Quecksilberporosimetriemethode besteht in der Injektion von Quecksilber in die Poren der zu untersuchenden Bodenprobe. Quecksilber als hydrophobe Flüssigkeit dringt nicht spontan in die Bodenporen ein, daher muss der entsprechende Druck aufgebracht werden. Wenn der Wert des Drucks steigt, dringt Quecksilber in immer kleinere Poren ein. Diese Abhängigkeit spiegelt sich in der Washburn-Gleichung wider, die die Berechnung des kritischen Durchmessers der Kapillare ermöglicht, in die Quecksilber unter einem bestimmten Druck eindringen kann. Als Ergebnis werden Porengrößenverteilung, Porenoberflächenverteilung und Porenform erhalten. Abb. 2.9 zeigt das Quecksilberporosimeter vom Institut für Agrophysik, Lublin, Polen.

Abb. 2.9 Quecksilberporosimeter

Die Porosität des Bodens spielt auch eine wesentliche Rolle in der Terramechanik. Bei einem hohen Feststoffanteil und somit hoher Lagerungsdichte ist der Porenanteil geringer, wodurch der Boden tragfähiger ist. Eine praktische Methode zur Erhöhung der Befahrbarkeit des Bodens ist einfach eine künstliche/maschinelle Verdichtung, wodurch die Porosität abnimmt. Diese Situation ist zwar günstig bei Geländefahrzeugen zur Nutzung als Fahrbahn, jedoch nicht optimal bei der landwirtschaftlichen Nutzbarkeit der Böden oder sogar inakzeptabel bei Umweltschutzmaßnahmen. Die Poren sind für ein optimales Pflanzenwachstum erforderlich, da sie Durchwurzelung, Wasserverfügbarkeit, Erwärmung und Durchlüftung des Bodens erleichtern. Sie enthalten Wasser und Luft, notwendig für die im Boden vorhandenen Lebewesen und das Pflanzenwachstum. Im nächsten Abschnitt wird die Wechselwirkung von Wasser und Boden vorgestellt, und welche terramechanischen Eigenschaften des Bodens dadurch hervorgerufen werden. [3].

2.2.3 Wechselwirkungen zwischen Wasser, Luft und Boden

Wasser im Boden kann in zwei Formen auftreten, und zwar als Flüssigkeit und als Gas (Wasserdampf) sowie in verschiedenen Konfigurationen relativ zum Bodenskelett:

- Gebundenes Wasser, einschließlich hygroskopisch, Film- oder Kapillarwasser
- Freies Wasser: Infiltrationswasser, persistentes Wasser, Regenwasser, grobes Wasser

Gebundenes Wasser tritt in der Belüftungszone auf, während freies Wasser am häufigsten in der Sättigungszone gefunden wird. Ein allgemeiner Überblick der Wanderung des Wassers im Boden ist in Abb. 2.10 schematisch präsentiert. Es ist zu erkennen, dass Wasser hauptsächlich durch atmosphärischen Niederschlag in den Boden gelangt, während es den Boden durch Evaporation verlässt. Die Wasserbewegung sowie der Wassergehalt im

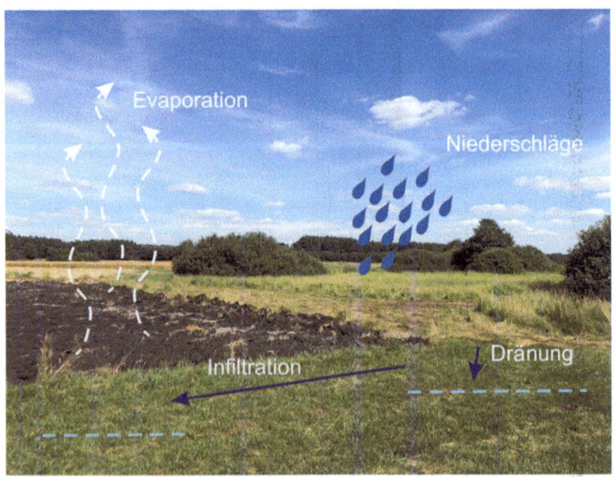

Abb. 2.10 Wanderung des Wassers im Boden

Boden sind kompliziert. Bei der Betrachtung der Wasser-Boden-Wechselwirkungen ist es zu Beginn notwendig, die Phänomene zu beleuchten, die mit dem Auftreten von Oberflächeneffekten an der Grenze zwischen flüssigen und festen Phasen verbunden sind [3]. Diese werden kurz im Folgenden beschrieben.

2.2.3.1 Adsorption

Die Kontaktfläche zwischen der festen Phase und der flüssigen Phase im Boden wird als Grenzfläche bezeichnet. Das Verhältnis der Grenzflächengröße pro Volumeneinheit wird als die spezifische Oberfläche definiert. Beispielsweise hat Sand mit einem Korndurchmesser von ca. 1 mm eine spezifische Oberfläche von ca. 6 mm^2/mm^3, während ein typischer Ton eine spezifische Oberfläche von 2000 bis 6000 mm^2/mm^3 aufweist.

Die Adsorption von Wasser im Boden erfolgt an der Grenzfläche. Die Ionen, die an der Grenzfläche auftreten, sind in einem unausgewogenen Zustand, daher neigen sie dazu, sich mit wasserhaltigen Ionen oder Molekülen mit umgekehrtem Vorzeichen zu verbinden, die das Teilchen umgeben. Auf diese Weise werden zwei Schichten von gebundenem Wasser auf der Oberfläche des Teilchens gebildet: hygroskopisches Wasser und Filmwasser.

Das adsorbierte (hygroskopische) Wasser wird durch elektrostatische Kräfte, Van-der-Walls-Bindungen und Wasserstoffbrücken an die Oberfläche des Bodenteilchens gebunden, zusammen können diese Faktoren einen Wert von etwa 2500 MPa erreichen. Das adsorbierte Wasser gefriert bei −78 °C. Da die einzelnen Wassermoleküle in ihrer Bewegungsfreiheit eingeschränkt sind, können sie im Vergleich zu freiem Wasser nicht in gleichem Maße Energie aufnehmen. Infolgedessen tritt eine Verminderung der Wärmekapazität von absorbiertem gegenüber freiem Wasser auf. Deswegen kommt es zur Herabsetzung des Gefrierpunkts.

Das zweite gebundene Wasser, das Filmwasser, ist viel weniger an das Teilchen gebunden und kann sich ungeachtet der Schwerkraft von einem Teilchen zum anderen bewegen, bis die Dicke der Wasserschicht auf beiden Teilchen ausgeglichen ist.

2.2.3.2 Peptisation und Koagulation

Unter bestimmten Bedingungen kann der Boden als eine wässrige Lösung oder Aussetzung von kolloidalen Teilchen behandelt werden, dies wird dann ein Sohl genannt. Sohlen können hydrophob sein, wenn sie Substanzen enthalten, die in Wasser unlöslich sind, und ihre Moleküle ziemlich klein sind, sodass die Brownsche Bewegung verhindert, dass sie sich absetzen. Hydrophile Sohlen enthalten gelöste Substanzen, deren Moleküle ziemlich groß sind, um als Kolloid betrachtet zu werden. Im ersten Fall handelt es sich um die Koagulation oder Flockung, im zweiten Fall um die Peptisation. Die Neigung zur Koagulation hängt vom Gehalt der Salzlösungen im Boden ab, je höher sie ist, desto schneller findet die Koagulation im Boden statt.

Für die physikalischen Eigenschaften des Bodens spielt die Viskosität kolloidaler Aussetzungen, die von der Größe der Teilchen und ihrer Form abhängt, eine wesentliche Rolle. Wenn die Teilchen unregelmäßige Formen aufweisen, wie beispielsweise bei Tonen, erhöhen sich die Reibungskräfte, weil der Wasserfluss kontinuierliche Störungen der

Partikelorientierung verursacht und als Folge davon die Viskosität ansteigt. Wenn sich die Konzentration der Teilchen bis zu dem Punkt erhöht, an dem die Wasserbewegung turbulent wird, ändern sich die mechanischen Eigenschaften beträchtlich. Trockener Ton ist hart und spröde, nach Zugabe einer mäßigen Menge Wasser wird er plastisch. Bei weiterer Wasserzufuhr entfernen sich die Partikel voneinander und der Ton wird feucht und klebrig, bis er schließlich den Zustand einer flüssigen Aufschlämmung (Schlamm) erreicht. Mit c bezeichnen wir einen Teil des Bodenvolumens, der von gelösten oder ausgesetzten Teilchen besetzt ist. Feuchter Sand verhält sich wie eine dicke Paste, wenn $c>0{,}65$, und wie eine Newtonsche Flüssigkeit, wenn $c<0{,}6$. Wenn wir auf nassem Sandstrand gehen, bemerken wir trockene Flecken um die Fußspuren herum. Der Sand entspannt sich unter Last des Fußes und das Wasser wird von der Oberfläche abgesaugt, um die ausgedehnten Poren zwischen seinen Körnern zu füllen [3].

2.2.3.3 Kapillarität (Benetzungseigenschaften)

Wasser im Boden, typischerweise in Bodenporen, kann im Zusammenhang mit dem Verhalten von Gasen und Flüssigkeiten in Objekten mit kleinen charakteristischen Dimensionen kapillare Phänomene aufweisen. Diese Phänomene hängen mit Grenzflächenspannung zwischen den drei Phasen gasförmig-fest, fest-flüssig, flüssig-gasförmig zusammen. Nach dem Prinzip des geringsten Widerstands strebt die Summe aller Grenzflächenspannungen ein Minimum an. Dies geschieht, indem die Grenzfläche mit der höchsten Spannung zugunsten der jeweils anderen Grenzfläche verkleinert wird. Diese Wechselwirkungen zwischen den drei Phasen determinieren eine Eigenschaft, die mittels des Parameters α, des Kontaktwinkels, physikalisch beschrieben ist. Wenn der Kontaktwinkel null ist, wird die Körperoberfläche durch Wasser (oder eine andere Flüssigkeit) vollständig benetzbar, und der Körper wird als hydrophil bezeichnet. Andernfalls, wenn der Kontaktwinkel mehr als null ist, ist die Körperoberfläche nicht vollständig benetzbar und kann als hydrophob bezeichnet werden. Die Benetzbarkeit hängt stark von der Größe des Raumes ab, in dem sich die Flüssigkeit befindet, was für den Boden wesentlich ist, da die Poren des Bodens von Nanometern bis zu Millimetern reichen können. Schematisch ist der Benetzungswinkel in Abb. 2.11 dargestellt.

Die Wirkung von Kapillarphänomenen ist unter anderem die Bildung des Meniskus, konvex oder konkav. Der Meniskus in der Öffnung des hydrophilen Körpers ist konkav und die Flüssigkeitssäule wird auf eine Höhe angehoben, die von der Abmessung der Öffnung abhängt. Dies ist der Fall bei Wasser in kleinen Bodenporen. Der Meniskus wird konvex, wenn die Flüssigkeit die Wände des Spalts nicht benetzt und der Flüssigkeitsspiegel im Vergleich zur Oberfläche der freien Flüssigkeit abnimmt. So verhält sich Quecksilber in einer Glaskapillare.

In Bodenkapillaren steigt das Wasser infolge der Oberflächenspannungskräfte und Adhäsionskräfte zwischen Wasser und der Oberfläche von Bodenteilchen über den Grundwasserspiegel. Das Wasser steigt so weit in den Bodenkapillaren auf, bis das Gewicht der Kapillarwassersäule die Oberflächenspannung kompensiert. Dies wird durch die Gleichung veranschaulicht:

$$H_k = \frac{2\sigma_{Fl}}{r_k\,\rho_w\,g} \tag{2.7}$$

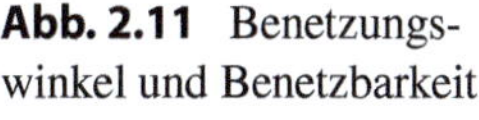

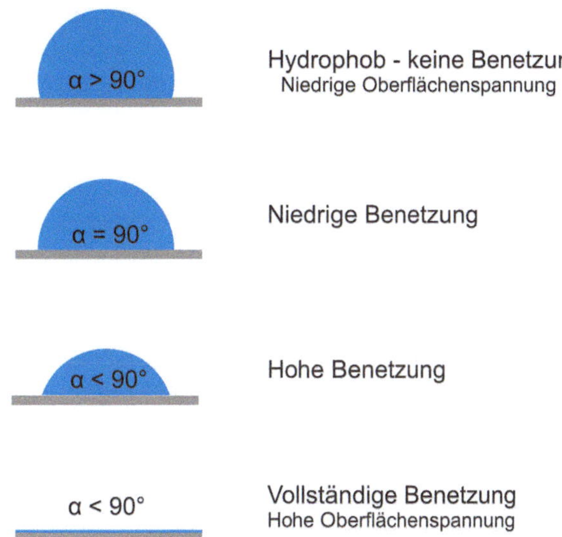

Abb. 2.11 Benetzungswinkel und Benetzbarkeit

mit: H_k – Höhe des kapillaren Wasseranstiegs [m], r_k – der Radius der Kapillare [m], ρ_W – Wasserdichte [kg/m^3], g – Schwerkraftbeschleunigung [m/s^2], σ_{Fl} – Oberflächenspannung von Wasser, ca. 0,073 N/m bei 10 °C.

Ein praktisches Beispiel für die Kapillarwirkung kann man am Strand beobachten. In Sandböden bei niedrigem bis mittelmäßigem Wassergehalt tritt ein Phänomen der scheinbaren Kohäsion auf, was die Befahrbarkeit erhöht. Deswegen ist es besser, ein Quad am äußersten Rand des Meeres zu fahren als am Strand, wo der Sand trocken und kohäsionsfrei ist. Nach dem Fluten mit Wasser wird daraus eine lose, feuchte Masse, weil sich die Sandkörner dann voneinander entfernen. Die Bodenkanäle werden so breit, dass die Oberflächenspannungskräfte das Gewicht der Wassersäule nicht ausgleichen und der Sand verliert seine Kohäsion und Tragfähigkeit.

2.2.3.4 Thixotropie

Das Phänomen der Thixotropie betrifft bestimmte kolloidale Systeme, auch Böden, insbesondere Lehm. Es handelt sich um eine isothermische (reversible) Übertragung von Sohl in ein steifes Gel und umgekehrt unter dem Einfluss mechanischer Wechselwirkungen. Die größten intermolekularen Anziehungskräfte treten zwischen den Kanten und Oberflächen von Tonpartikeln auf, da Kationen an den Kanten und Anionen auf flachen Oberflächen fixiert sind. Die Tonpartikel in dem Sohl mit niedriger Konzentration sind in der Lage, freie (einschließlich Rotations-) Bewegungen auszuführen, dann nach einer bestimmten Zeit aufgrund von Stößen, die von den vibrierenden freien Wassermolekülen (thermischen Bewegungen) erzeugt werden, zu arbeiten; sie berühren sich senkrecht und erzeugen eine zellulare Struktur (Gel).

In der Praxis besteht Thixotropie darin, dass die kolloidale Lösung oder Aussetzung unter dem Einfluss der mechanischen, insbesondere periodisch auftretenden Einwirkung (mechanische Schwingungen, Stöße, Ultraschall) einer Verdünnung unterliegt, jedoch nach dem Ende der Einwirkung in ihren vorherigen Zustand zurückkehrt. Im täglichen Leben können wir den Effekt der Thixotropie in wässrigen Dispersionsfarben, die Kolloide enthalten, sehen, wo es notwendig ist, die Farbe vor dem Gebrauch zu mischen, nur um die thixotropischen Effekte zu brechen und Farbe zu verflüssigen. Ketchup muss meist geschüttelt werden, bevor er aus der Flasche läuft, und verfestigt sich nach kurzer Ruhezeit wieder [4].

Thixotropische Eigenschaften weisen Böden mit kolloidalen Teilchen unter 0,0002 mm auf, wobei das Bodenskelett auch größere Teilchen enthalten kann. Die thixotropische Struktur des Bodens kann beispielsweise durch wiederholtes Überfahren von Baumaschinen und Fahrzeugen sowie durch Vibrationen des laufenden Arbeitsmotors eines stehenden Fahrzeuges beeinflusst werden. Dies kann zu einer signifikanten Plastifizierung und sogar Verflüssigung des Bodens bis zu der Tiefe von 40 cm unter den Rädern führen.

2.2.3.5 Potenzial des Bodenwassers

Das Verhalten des Wassers im Boden hängt von den Resultierenden aller Kräfte ab, die auf die Wasserteilchen wirken. Aus den vorhergehenden Kapiteln ist bekannt, dass verschiedene Arten von Kräften und Spannungen auf das Bodenwasser einwirken, abhängig von mehreren Faktoren. Die Veränderung der Position des Bodenmoleküls im Boden ist mit einer Veränderung der Gleichgewichtsbedingungen dieser Kräfte verbunden und erfordert daher Arbeit. Wenn wir den Bodenhalbraum als Äquipotenzialfeld behandeln, definieren wir das Bodenwasserpotenzial als die Menge an Arbeit, die benötigt wird, um die Einheitsbodenwassermasse von dem Referenzniveau zu dem ausgewählten Niveau in dem Halbraum zu bewegen. Unter isothermen Bedingungen ist die Ursache der Wasserbewegung im Boden der Potenzialgradient. Das Gesamtpotenzial besteht aus den Komponentenpotenzialen:

$$\psi = \psi_m + \psi_G + \psi_p + \psi_O + \psi_\Omega \tag{2.8}$$

mit: ψ_m – Matrixpotenzial, ψ_G – Gravitationspotenzial, verbunden mit dem Einfluss der Schwerkraft, ψ_p – das Potenzial, das durch den Unterschied des Wasserdrucks und des atmosphärischen Drucks der dieses Wasser umgebenden Luft verursacht wird, ψ_O – osmotisches Potenzial, das ohne Konstanz der Elektrolytkonzentration auftritt, ψ_Ω – Potenzial verursacht durch die Gasphasen-Hypertonie im Boden.

Das Wasserpotenzial im Boden wird in $J \cdot m^{-3}$ in Druckeinheiten Pa, Bar, Atm ausgedrückt. Das Matrixpotenzial entspricht der Arbeit, die verrichtet werden muss, um eine Mengeneinheit Bodenlösung dem Boden in einer bestimmten Höhe zu entziehen, unter den Gasdruck- und Temperaturbedingungen an dieser Stelle. Es wird mit einem Tensiometer gemessen (Abb. 2.12).

Zwischen dem Potenzial des Wassers im Boden und der Wassermenge besteht im Bereich der Matrixpotenziale ein Zusammenhang, der als Bodenwassercharakteristik oder pF-Kurve bezeichnet wird. Dies ist ein wichtiges Charakteristikum des Bodens, besonders

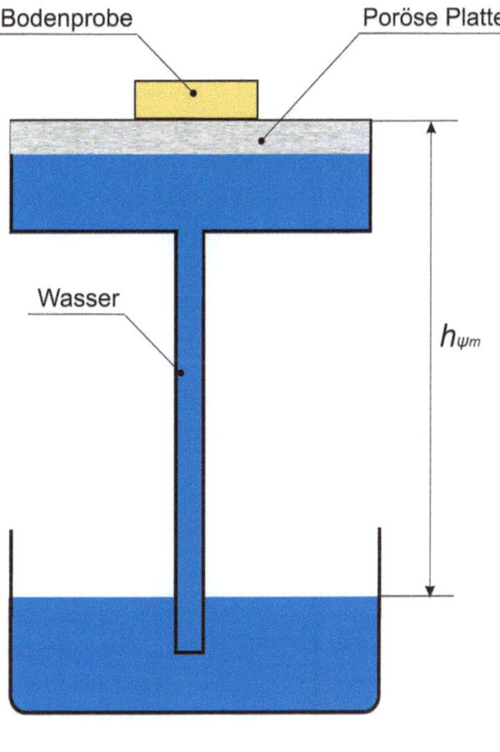

Abb. 2.12 Tensiometer zur Bestimmung des Matrixpotenzials

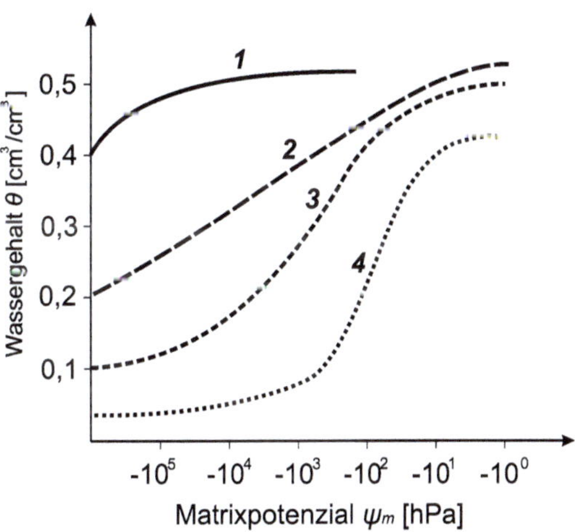

Abb. 2.13 Typische pF-Kurve eines Bodens

für die landwirtschaftliche Nutzung, da es über Wasserhaushalt und die den Pflanzen zur Verfügung stehende Wassermenge informiert. Abb. 2.13 stellt ein Beispiel der pF-Kurve dar. Die pF-Kurve wird von verschiedenen Faktoren beeinflusst, wie Körnung und Gefüge. Zu den Bestimmungsmethoden gehören eine Zentrifuge, Druckluftmethode, Wassersäulenmethode oder die *Time-Domain-Reflectometry* (TDR)-Methode [5].

2.2.3.6 Wasserbewegung im Boden

Die Anwesenheit von Wasser in einem ausgewählten Halbraum des Bodens ist das Ergebnis vieler Phänomene und Prozesse, einschließlich atmosphärischer Niederschläge, Transpiration, aber auch der Bewegung von Wasser im Boden. Unter natürlichen Bedingungen ist der Hauptgrund für die Wasserbewegung im Boden die Schwerkraft, die darauf abzielt, den Wasserstand in den Bodenkanälen zu nivellieren. Dies ist der Fall, wenn der Aquifer auf einer undurchlässigen, geneigten Schicht sitzt. Dann hängt die Dynamik der Wasserbewegung im Boden des Grundwasserleiters von der Größe der hydraulischen Neigung und dem Koeffizienten der Wasserdurchlässigkeit (Filtration) k des Bodens ab. Nach dem Gesetz von Darcy ist die Geschwindigkeit der laminaren Strömung von Wasser in Boden v:

$$V = k\,i \tag{2.9}$$

Der Wert des Koeffizienten k ist charakteristisch für einen bestimmten Boden und hängt unter anderem von der Temperatur ab wie in der folgenden Beziehung:

$$k = k_{10} - \frac{k_T}{(0{,}7 + 0{,}03T)} \tag{2.10}$$

mit: k_{10}-Wert des Filtrationskoeffizienten entsprechend der Wassertemperatur von + 10 °C.

Beispielwerte des Filtrationskoeffizienten für verschiedene Böden sind in Tab. 2.4 enthalten. Die Wasserleitfähigkeit erfasst alle Einflüsse, die der Boden auf die Fließbewegung des Wassers ausübt. Betrachtet man den Kennwert $1/k$, so kann dies als der Fließwiderstand der Bodenprobe gegenüber dem Wasserfluss in Abhängigkeit von Porosität, Porengrößenverteilung, Porenkontinuität und -konnektivität und der spezifischen Oberfläche betrachtet werden. In der Literatur wird der Parameter k als hydraulische Leitfähigkeit oder Wasserdurchlässigkeit gleichgesetzt und mit der Dimension einer Geschwindigkeit am häufigsten verwendet, um aufgrund von Wasserstandhöhen, die im Freiland gemessen werden, die Gradienten von Flüssen zu berechnen. Bodenwasserleitfähigkeit ist eine Materialeigenschaft, die aufgrund der Struktur des Bodens räumlich und zeitlich sehr unregelmäßig ist. Deswegen können Veränderungen in der Wasserleitfähigkeit als Maß der Strukturstabilität herangezogen werden. Zur Bestimmung wird ein Stechzylinder (Abb. 2.14) oder eine Bohrlochmethode verwendet. Abb. 2.15 zeigt die Veränderungen

Tab. 2.4 Ungefähre Werte des typischen Bodenfiltrationskoeffizienten, *k*

Boden	*k*-Wert [m/s]
Feiner Kies	$4–5 \times 10^{-3}$
Grobsand	$1{,}5–5 \times 10^{-3}$
Feinsand	$1{,}5 \times 10^{-3}–1{,}5 \times 10^{-5}$
Staubiger Sand	$1{,}5 \times 10^{-6}–1{,}5 \times 10^{-7}$
Löss	$1{,}0 \times 10^{-5}–1{,}5 \times 10^{-9}$
Staub	$1{,}5 \times 10^{-6}–5 \times 10^{-7}$
Ton	$1{,}5 \times 10^{-8}–1{,}5 \times 10^{-11}$
Lehm	$1{,}5 \times 10^{-10}–1{,}5 \times 10^{-12}$
Torf	$5 \times 10^{-5}–1{,}0 \times 10^{-8}$

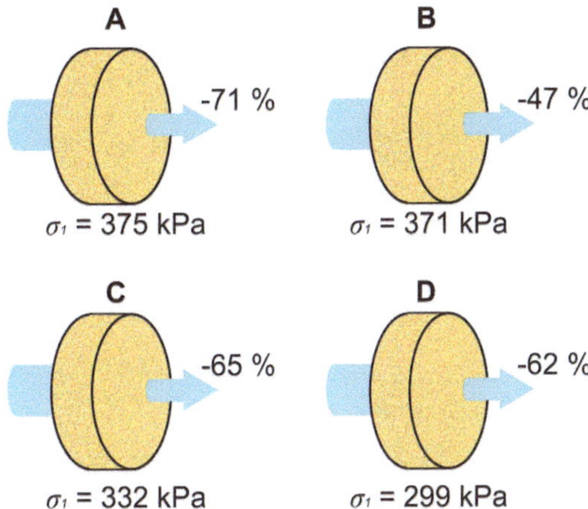

Abb. 2.14 Messgerät für die Messung der Wasserleitfähigkeit des Bodens

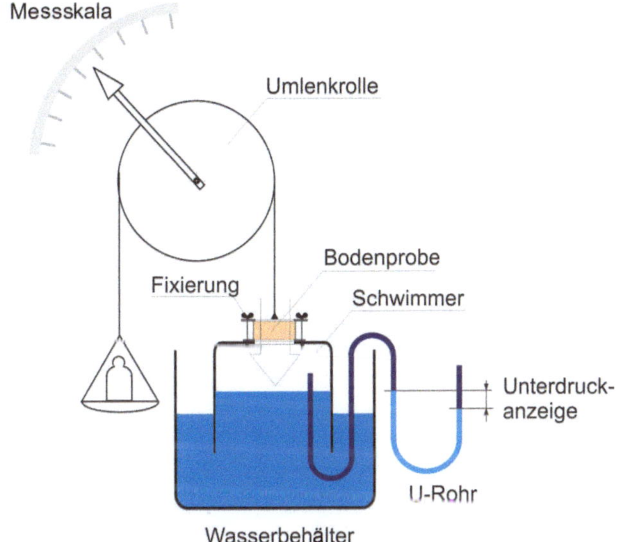

Abb. 2.15 Veränderung der Bodenwasserleitfähigkeit eines Bodens infolge einer mechanischen Belastung

von *k* eines Bodens vor und nach einer mechanischen Belastung. Die Wasserleitfähigkeit des Bodens kann sowohl im Freiland als auch im Labor gemessen werden [3].

Das Gesetz von Darcy erlischt, wenn die Durchflussrate den Grenzwert überschreitet und die Wasserbewegung im Boden turbulent ist. Dann wird das Gesetz der Fließformel verwendet, das auch als das Chézy-Krasnopolski-Gesetz bekannt ist:

$$V = K\sqrt{i} \tag{2.11}$$

mit: V – Fließgeschwindigkeit, K – Fließkoeffizient

Die bisherige Darstellung der Wasserbewegung wurde für eine vollständige Wassersättigung durchgeführt. Die vollständige Sättigung im Bereich des Bodenprofils kommt jedoch kaum vor, Wasser kann sich auch im ungesättigten Boden bewegen. Bezüglich der Beschreibung dieses Prozesses wird hier auch die Fließgleichung nach Darcy verwendet.

2.2.3.7 Infiltration

Unter Infiltration durch eine Bodenoberfläche versteht man eine nicht stationäre, eindimensionale und ungesättigte Wasserbewegung. Es sind dabei drei damit assoziierte Phänomene zu betrachten: die kumulative Infiltration, die Infiltrationsrate sowie die Vorrücktiefe der Befeuchtungsfront. Die kumulative Infiltration ist die Menge Wasser, die in einen Boden infiltriert in [mm] oder [cm]. Die Infiltration ist ein Gesamtprozess der Wasserverteilung von der Bodenoberfläche in die Tiefe durch vier Zonen: Sättigungszone, Übergangszone, Transportzone und Befeuchtungszone. Natürlich ist die Infiltration vom Boden abhängig, und zwar wird sie im Tonboden relativ lange von den Matrixpotenzialgradienten beherrscht, wobei die Eindringtiefe der Befeuchtungsfront gering ist. Im Schluffboden mit höherer Wasserleitfähigkeit dringt die Befeuchtungsfront schneller vor und die Eindringtiefe ist etwas größer. Im Sandboden, dessen ungesättigte Wasserdurchlässigkeit sehr gering ist, bleibt der laterale Wassertransport weitaus kleiner als bei den beiden anderen Böden, während die vertikale Infiltration in den Vordergrund tritt.

Aus dem Zusammenhang zwischen der Infiltration mit den terramechanischen Bodeneigenschaften wird offensichtlich, dass sowohl die Bodenfestigkeit als auch die Reifen-Boden-Wechselwirkungen und daraus resultierende Fahrleistungen von der Bodenfeuchtigkeit sehr stark abhängig sind. Im Fall von Regenniederschlag bestimmt der Infiltrationsvorgang den Wassergehalt in den verschiedenen Schichten des Bodenprofils zu einem bestimmten Zeitpunkt nach dem Auftreten des Niederschlages. Sowohl während als auch nach Ende des Niederschlages ist die Wasserbewegung im Boden und die daraus resultierende Veränderung der Bodenfeuchtigkeit durch eine Dynamik gekennzeichnet, die von den Infiltrationseigenschaften des Bodens abhängt. Es ist daher möglich, existierende Bodenbedingungen im Zusammenhang mit Bodentraktionseigenschaften zu bestimmen sowie eine Verbesserung oder Verschlechterung dieser Bedingungen in einer Zeitperspektive vorherzusagen. Daher ist das betrachtete Phänomen der Infiltration von großer Bedeutung, wenn die Dynamik von Änderungen der Traktionseigenschaften modelliert werden soll.

2.2.3.8 Dränung

Ein Wasserverlust des Bodens in Richtung Grundwasser kann als Dränung definiert werden. Dies kann entweder natürlich oder durch künstliche Absenkung der Grundwasseroberfläche auftreten. Dränmaßnahmen dienen in erster Linie der Belüftung des Bodens, durch sie werden die mechanische Festigkeit und die Erwärmbarkeit verbessert. Technisch kann die Dränung mittels offener Gräben oder überdeckter Dränrohre realisiert werden, jedoch ist nicht bei allen Bodenbedingungen das Resultat positiv. Bei feinkörnigen Böden führt Dränung zu Schrumpfungen und Sekundärporenbildung, wodurch sich die Struktur im Lauf der Jahre verändert. Man spricht über Reifung, die sich ähnlich wie bei der Käseproduktion als Verhärtung, Alterung und Degradation des Bodens manifestiert.

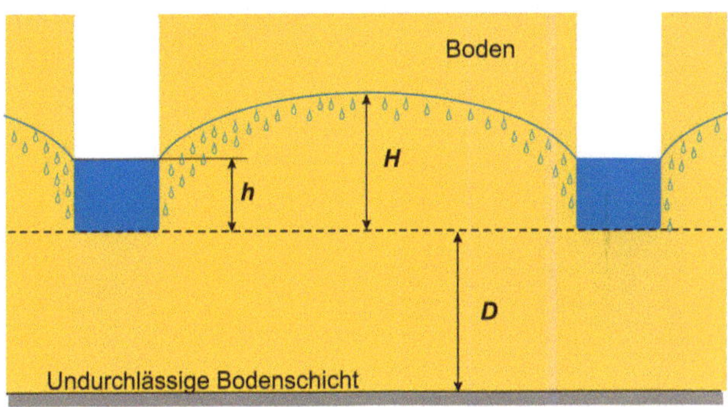

Abb. 2.16 Dränmodell nach Dupuit-Forchheimer

Bei technischen Dränungsmaßnahmen ist zu entscheiden, wie die Dränrohre oder Gräben platziert werden sollen. Die Dupuit-Forchheimer-Gleichung bildet die theoretische Basis, während die folgende Formel als praxisnahes Berechnungsmodell benutzt werden kann:

$$S^2 = \frac{4k}{\frac{N}{t}}\left[(D+H)^2 - (D+h)^2\right] \tag{2.12}$$

mit: k – Bodenwasserleitfähigkeit, N – Niederschlagsmenge [cm], t – Zeit [s], D, H und h – geometrische Parameter des Dränmodells mit offenen Gräben (siehe Abb. 2.16).

Obwohl die Dränung ihre Hauptanwendung in der Entwässerung, der Landwirtschaft und dem Straßenbau findet, ist die Kenntnis ihrer Mechanismen und Faktoren auch von Bedeutung für die Terramechanik. Die Implementierung eines einfachen Entwässerungsgrabens kann die Traktionseigenschaften des Bodens signifikant verbessern und die Fahrleistungen im Gelände vorübergehend erhöhen. Dies gilt insbesondere für Militärfahrzeuge, bei denen die Mobilität zu einem bestimmten Zeitpunkt kritisch sein kann. Anderenfalls, in einem hügeligen, unebenen Gelände, sollte der Weg durch Hügelkämme oder Erhebungen des Geländes gewählt werden, da diese Orte natürlich abgedränt und trockengelegt sind und der Boden trotz in den Vertiefungen liegenden Wassers trocken und fest ist. Dies wird in der Abb. 2.17 veranschaulicht.

2.2.3.9 Evaporation

Evaporation ist ein natürlicher Prozess der Wasserabgabe aus einem Boden in die Atmosphäre und wird sowohl durch meteorologische Faktoren als auch von den Bodeneigenschaften bestimmt. Nach Bachmann et al. [3] wird die Evaporation in drei Phasen geteilt. Die erste Phase kommt hinsichtlich der Evaporationsintensität dem Verhalten einer freien Wasseroberfläche sehr nahe. Die Evaporationsrate weist periodische Schwankungen infolge der Tag-/Nachtzyklen der Sonnenstrahlung auf. Während dieser Phase erwärmt sich der Boden kaum, weil die Strahlungsenergie durch die Verdunstungswärme weitgehend aufgezehrt wird. Deswegen kann der Zeitpunkt der beginnenden Erwärmung als der Anfang der zweiten Phase angesehen werden. Die Dauer der ersten Phase ist durch die

Abb. 2.17 In einem unebenen Gelände soll der Weg richtig ausgewählt werden

Bodenporenverteilung der Oberschicht und die Zufuhr des Grundwassers bedingt, weil die Wasserfilme auf den der Oberfläche am nächsten liegenden Bodenpartikeln dünner oder dicker werden sowie die Menisken sich ändern können. Infolgedessen kann die Wassertransport zur Oberschicht stark beeinflusst sein. Die Evaporationsrate der zweiten Phase wird deutlich weniger intensiv, bis ihr Minimum in der dritten Phase erreicht ist. Der ausgetrocknete Boden kann kaum noch Wasser an die Bodenoberfläche nachliefern und stellt somit eine Evaporationsbarriere dar. Der eigentliche Evaporationsvorgang findet an der Bodenoberfläche statt. Dort wird ungefähr ein Drittel der eingestrahlten Energie als Verdunstungswärme verbraucht. Soweit die Evaporation als Wärmeabfuhr und Wasserverlust behandelt wird, besteht die Evaporationsenergie aus zwei Teilen, nämlich einem Wärmehaushaltsglied und einem Ventilationsglied. Das erste Glied beschreibt den Umstand, dass für den Evaporationsvorgang durch direkte Sonnenstrahlung zugeführte Wärme verbraucht wird. Das zweite Glied beschreibt die Energie oder die Arbeit für den Abtransport der von Wasserdampf gesättigten Luftmasse. Die Evaporation kann durch die fehlende Ventilation in und unmittelbar über dem Boden verhindert werden, dies kann bei einer laminaren Grenzschicht geschehen. Bei turbulenten Luftströmungen in oberflächennahen Bodenschichten wird der Evaporationsvorgang deutlich durch die Aggregatgröße beeinflusst, hauptsächlich infolge der zunehmenden Sekundärporen. Eine ähnliche Wirkung auf die Evaporation haben Schrumpfrisse. Diese bilden gut belüftete, mit der Bodenoberfläche direkt verbundene Transportwege, die die Verdunstung ermöglichen.

Aus der Sicht der Terramechanik und der Traktionseigenschaften von Böden ist die Verdunstung von großer Bedeutung. Die Reduzierung der Feuchtigkeit der Bodenoberfläche durch Evaporation wirkt sich einerseits positiv auf die unmittelbare mechanische Festigkeit aus und gewährleistet andererseits eine optimale Kräfteübertragung. Daher ist Sonnenstrahlung in Tageszyklen ein positiver Faktor für Böden des gemäßigten Klimas. Es gibt jedoch Fälle, in denen eine Verdunstung und übermäßige Austrocknung des Bodens die Fahrleistungen des Geländefahrzeugs negativ beeinflussen kann. Beispielsweise verliert der sandige Boden im trockenen Zustand die sogenannte scheinbare Kohäsion und ihre mechanischen Eigenschaften verschlechtern sich. Ein weiterer Fall sind die negativen Auswirkungen der Verdunstung auf den Vegetationsabbau einschließlich der Wurzelsysteme, wodurch die Traktionseigenschaften des Bodens verschlechtert werden können, wie beispielsweise auf Grasflugplätzen. Im Sommer kommt es zu einem Verklumpungsprozess von Gras und somit zu zahlreichen Oberflächenunregelmäßigkeiten, die die dynamische Belastung des Flugzeugfahrwerks beeinträchtigen. Im Winter, wenn die Sonneneinstrahlung gering ist, ist die Evaporation weniger intensiv und der hohe Wassergehalt im Boden führt zu einer Verringerung der mechanischen Festigkeit der Bodenoberfläche. Das gilt besonders für Tonböden aber diese ungünstige Situation kann durch die Vegetation verbessert werden.

Die Schlussfolgerung ist, dass die Erhaltung der Vegetation, insbesondere in Gebieten, die von Dürre bedroht sind, nicht nur den allgemeinen Zustand des Ökosystems Boden-Pflanze-Umwelt verbessert, sondern indirekt auch die Befahrbarkeit positiv beeinflusst.

2.2.3.10 Schlussfolgerungen

Die Anwesenheit von Wasser im Boden ist von großer Wichtigkeit für das Wachstum von darin lebenden Pflanzen und Organismen. Deshalb sollte die Bodenstruktur im Allgemeinen locker sein und eine gewünschte Porosität aufweisen. Dies steht jedoch im Widerspruch zu den Anforderungen an den Boden im Sinne der Traktionseigenschaften. Daraus folgt ein grundlegender Interessenkonflikt, der verschiedene Probleme verursacht, aber gleichzeitig eine Inspiration für die Erforschung und Entwicklung neuer Fahrzeug- und Maschinenkonstruktionen ist.

Der Einfluss der Wasser-Boden-Wechselwirkungen auf die mechanischen Bodeneigenschaften ist sehr ausgeprägt Bei hohem Wassergehalt, besonders im Grobsand, wirkt das Wasser generell destabilisierend, da sich ein Gleitfilm zwischen den Bodenteilchen bildet und damit die Verschiebung der Bodenteilchen erleichtert wird. Eine niedrige Bodenfeuchte kann sich positiv auf die Bodenfestigkeit auswirken. Die mechanische Bodenstabilität hängt von der Ausbildung von Wassermenisken zwischen den Mineralteilchen ab. Bei einem geringen Wassergehalt wird die Stabilität des Bodens erhöht, da die Oberflächenspannungskräfte stärker wirken. Bei kleinen Bodenteilchen ist die Teilchenoberfläche größer und bietet deshalb eine größere Kontaktfläche für die Wassermenisken. Trocknet ein Tonmineral aus, so erhöht sich die Spannung und es entstehen festere Bodenaggregate. Bei Laborversuchen wurde bestätigt, dass ein steigender Wassergehalt eine geringere Bodenstabilität zur Folge hat. Der Effekt wird umso größer, je kleiner die Ausgangsdichte der Bodenprobe ist. Auch viele andere Forschungsarbeiten bestätigen, dass die Kenntnis von Phänomenen, Prozessen und Faktoren, die die Boden-Wasser-Beziehungen beeinflussen, von grundlegender Bedeutung für die Terramechanik ist.

2.2.4 Die Gasphase im Boden

Die Gasphase des Bodens ist die dritte Komponente des Dreiphasensystems. Sie besteht aus der Luft in den Hohlräumen, die nicht durch Wasser besetzt sind. Bodenluft ist notwendig, um die Wurzeln von Pflanzen und die Bodentiere mit Sauerstoff zu versorgen. Die Atmungsprozesse von Bodenmikroorganismen und Pflanzenwurzeln tragen zur Bodenatmungsaktivität bei. Die Gasphase steht in Abhängigkeit von Feuchtigkeitsgehalt, Temperatur, und Verfügbarkeit von Zutaten, einschließlich organischer Substanz, Menge und Qualität der Pflanzen und deren aktivem Leben. Die chemische Zusammensetzung der Bodenluft unterscheidet sich von der atmosphärischen Luft. Während der Anteil an Sauerstoff in der Atmosphäre jenem des Bodens ähnlich ist, ist der Gehalt an Kohlendioxid in der Bodenluft mehrfach höher als in atmosphärischer Luft. Dies liegt an der Intensität der Lebensprozesse von Mikroorganismen und an der langsamen Vermischung der Luft. Außerdem entstehen auch erhebliche Mengen an Methan (CH_4), hauptsächlich aufgrund der Aktivität von organischen Substanzen, geringe Anteile an H_2S, NH_3 und H_2O sowie ferner H_2 und Kohlenwasserstoffe.

Transportprozesse in der Gasphase des Bodens können mit zwei Mechanismen erfolgen, nämlich als diffusiver Gasfluss oder als Konvektion. Konzentrationsunterschieden in der Gasphase aufgrund der schwankenden CO_2-Produktion im Jahres- und Tagesrhythmus als auch des O_2 Verbrauches führen zu Ausgleichsbewegungen, und wenn kein lokaler Gasgesamtdruckunterschied entsteht, lassen sich die auftretenden Gasflüsse durch das 1. Ficksche Gesetz ausdrücken, das der oft verwendeten Darcy-Gleichung bei Wassertransport entspricht. Der diffusive Gastransport im Boden kann mit dem Diffusionskoeffizienten beschrieben werden. Der Koeffizient steht in enger Abhängigkeit nicht nur von Wassergehalt und resultierendem Luftdruck im Boden, sondern auch von der Vorgeschichte der Feuchteumverteilung, nämlich in der Hysteresis der Matrixpotenzials- und Wassergehaltskurve. Der zweite Mechanismus des Gastransports, der konvektive Massenfluss, kann nur auftreten, wenn innerhalb des betrachteten Bodenvolumens infolge Wasserinfiltration, Temperaturschwankungen oder Luftdruckunterschieden Gasdruckunterschiede entstehen.

Besonders bei Rasenflächen, wie beispielsweise auf Grasflugplätzen, spielt die Gasphase eine wichtige Rolle und erfordert nachhaltige agrotechnische Tätigkeiten und Pflegebehandlungen, um die Belüftung des Bodens zu verbessern. Als Beispiel gilt das Walzen des Grasflugplatzes. Dies ist einerseits notwendig, um lokale Unebenheiten der Oberfläche auszugleichen, andererseits sollte es sehr sorgfältig durchgeführt werden, da der Boden zu stark verdichtet und die Belüftung beeinträchtigt werden könnte (siehe Abb. 2.18). Dabei sollen auch Behandlungen mit Belüftungsmaschinen, sogenannten Belüftern, mit verschiedenen Konstruktionslösungen durchgeführt werden. Unter dem Einfluss der Belüftung erhöht sich die Masse der Graswurzeln signifikant und der Grasrasen wird ausgeglichen. Systematische Belüftung trägt zur Verringerung von Verlusten bei, die durch übermäßige Verdunstung von Wasser, effektiveren Einsatz von Düngemitteln, Er-

Abb. 2.18 Die Rollung des Grasflugplatzes sollte sehr sorgfältig durchgeführt werden

höhung der Durchschnittstemperatur des Bodens in der Wurzelzone, Erhöhung der Flexibilität des Rasens und Verbesserung der Regenerationsfähigkeit verursacht wird.

2.2.5 Das thermische Verhalten des Bodens

Das thermische Verhalten des Bodens wird hauptsächlich durch Energieaustauschprozesse und die Masse von Stoffen, die auf der Bodenoberfläche aufliegen, sowie durch Übertragung und Änderungen des Wärmegehalts im Bodenprofil beeinflusst. Thermische Bodeneigenschaften, wie Wärmekapazität und thermische Leitfähigkeit, zeigen eine große Variabilität in Raum und Zeit, die mit der Vielfalt des Bodenmaterials sowie mit Veränderungen des physikalischen Zustands unter dem Einfluss verschiedener Bedingungen (Klima, Bodenbearbeitung usw.) verbunden ist.

Die Wärmekapazität des Bodens, die mit C_V [Jm^{3}°C^{-1}] gekennzeichnet wird, entspricht der Wärmemenge, die ein Einheitsvolumen Boden um 1 °C erwärmt und kann durch die Volumenanteile aller Einzelkomponenten berechnet werden:

$$C_V = w_{Luft} C_{VLuft} + w_{Wasser} C_{VWasser} + w_{Quarz} C_{VMin} + w_{Org} C_{VOrg} \tag{2.13}$$

mit: w_{Luft}, w_{Wasser} und w_{Min} – prozentuale Volumenanteile der drei Bodenphasen, w_{Org} – Anteil der organischen Phase.

Tab. 2.5 Volumetrische Wärmekapazität der Bodensubstanzen

Substanz	C_V [J · m³ · °C⁻¹]
Quarz	2.000.000
Ton	2.000.000
Kaolinit	2.440.000
Granit	2.090.000
Basalt	2.690.000
$CaCO_3$	2.310.000
Fe_2O_3	3.620.000
Wasser	4.190.000
Luft	260
Eis	1.880.000
Organische Substanz	2.510.000

Tab. 2.5 umfasst Werte der volumetrischen Wärmekapazität von wichtigen Bodenkomponenten, Mineralen, Gasen und Flüssigkeiten.

Die thermische Leitfähigkeit oder Wärmeleitfähigkeit, gezeichnet mit λ, $[J{\cdot}m^{-2}{\cdot}s^{-1}]$, erfasst den Einfluss des Bodens auf den durch Leitung ermöglichten Wärmetransport. Analog der Wasserleitfähigkeit ist die thermische Leitfähigkeit von der geometrischen Verteilung der unterschiedlich leitenden Substanzen sowie vom Wassergehalt abhängig. Da die körnige Bodenmatrix nur punktförmige Kontakte aufweist, ist der gesamte Leitfähigkeitskoeffizient niedriger als die Werte für reine Minerale, und je trockener der Boden, desto größer ist dieser Unterschied. Wenn kein Wasser im Boden enthalten ist, werden die Hohlräume nur mit Luft gefüllt und die ganze Struktur wirkt als Wärmeisolator. Die Wärmeleitfähigkeit des Bodens ändert sich mit der Tiefe ebenso wie der Wasser- und Luftgehalt und die Lagerungsdichte. Die Verringerung des Wassergehalts, beispielsweise durch Dränung oder Verdampfung, führt zu einer Änderung der Wärmeleitfähigkeit, einer Abnahme der Wärmekapazität und einer Erhöhung der Oberflächentemperatur. Wirtschaftliche Bodenbehandlungen, wie das Pflügen, haben zur Folge, dass die obere Bodenschicht locker wird und eine geringere Wärmekapazität hat. Daher ist die Ackerschicht wärmer am Tag und kühler in der Nacht, ebenso sind für die Ackerschicht die täglichen und jährlichen Temperaturschwankungen höher als bei einer Brache.

Die Wärmetransport im Boden erfolgt durch Strahlung, Leitung und Konvektion über die Wasser- und Dampfphase. Die Strahlung ist der wichtigste Prozess im Wärmetransport im Falle der Bodenoberfläche. Aufgrund der Grenze zweier Zentren (Boden-Atmosphäre) sind sowohl die Bestrahlung des Bodens durch die Sonne als auch die nächtliche Abstrahlung von großer Bedeutung für den resultierenden thermischen Zustand des Bodens.

Die Wärmeleitung spielt eine wesentliche Rolle bei niedrigen Temperaturen, während bei zunehmenden Temperaturen der Kondensationswärmetransport des Phasenwechsels Wasser/Dampf zusätzlich auftritt. Die Dynamik der Konvektion ist vom Transportmedium abhängig und im Fall des Bodens sind das die zwei Medien Wasser und Gas. In den meisten Fällen findet der Wärmetransport im Konvektionsprozess über die flüssige Phase statt. Jedoch hat der Wasserdampftransport auf den Wärmehaushalt auch einen großen Einfluss, ebenso wenn die Luftvolumina im Porenraum nicht kontinuierlich verbunden sind. Das erfolgt dank der Kondensation von Wasserdampf zu Wasser im Bereich der niedrigen Temperatur. Diese Verdunstungswärme wird auch auf mikroskopisch kleinen Strecken transportiert, was summarisch den Fluss von Wasserdampf und die Kondensationswärme spürbar erhöht [3].

Es ist interessant, wie niedrige Temperaturen den Boden beeinflussen. Im Falle einer konstanten Temperatur unter null tritt sogenannter Permafrost- oder Dauerfrostboden auf. In Nordamerika oder Nordasien gibt es Gebiete, in denen im Unterboden ständig Temperaturen unter 0 °C herrschen, und diese Zone kann bis in 400 m Tiefe reichen. Der Oberboden kann dort durchaus im Sommer so auftauen, dass er Tundren mit Waldvegetation trägt. In den meisten Fällen in gemäßigten Klimazonen handelt es sich jedoch um vorübergehendes Gefrieren des Bodens unter dem Einfluss negativer Temperaturen im Winter. Dann kommt es zum Einfrieren von Wasser im Boden. Die Tiefe und die Geschwindigkeit des Einfrierens hängen von der Temperatur der umgebenden Luft sowie von der Dauer der Kälte, aber auch von der Struktur des Bodens ab. Über der Gefriergrenze entstehen sogenannte Eislinsen, die durch Anziehen von Wassermolekülen aus niedrigeren Tiefen gebildet werden. Sie verursachen einige Probleme in der Bauindustrie und im Straßenbau (sogenanntes „Strahlen"). Die Tiefe der Gefrierzone kann einige Zentimeter bis 1,20 m betragen. Im Frühling, wenn die Kälte nachlässt und die Lufttemperatur ansteigt, beginnt der Boden zu tauen und es kann passieren, dass der Boden ungleichmäßig auftaut, wodurch Wasser aus dem geschmolzenen Eis auf der gefrorenen Bodenschicht entsteht. Dies ist eine besonders ungünstige Situation für die Befahrbarkeit. Shoop [6] hat gezeigt, dass die Einfriertiefe die Traktionseigenschaften des Bodens sowie die resultierende Fahrleistung des Geländefahrzeugs beeinflusst. Der Winkel der inneren Bodenreibung nimmt mit zunehmender Einfriertiefe ab, ebenso wie die Reifen-Boden-Antriebskraft. Diese Abhängigkeiten sind exponentiell und sind zusätzlich abhängig von der Bodenfeuchte und auch dem Reifen-Boden-Kontaktdruck, der bei aufgetautem Schnee (Wasser) seine Gültigkeit verliert.

2.3 Elemente der Bodenmechanik

2.3.1 Einführung

Das grundlegende Thema der angewandten Mechanik ist die Beschreibung des Verhaltens eines ausgewählten Materials während der Be- und Entlastung sowie die Bestimmung seiner Festigkeit. Materialien, die in der Natur vorkommen, sowie alle Arten von Kunststoffen unterliegen bestimmten Verformungen infolge der Einwirkung der externen Lasten. Es wird durch die sogenannten konstitutiven Gesetze für ein gegebenes Material, d. h. Spannungs-Dehnungs-Beziehungen, beschrieben. Abhängig von der Art des Materials sowie seinem momentanen Zustand können Verformungen unterschiedlichen Charakter haben [7]. Zum Beispiel verformt sich Stahl bei Raumtemperatur elastisch, ebenso Wasser unter der Einwirkung einer Druckkraft in einem geschlossenen Behälter. Wenn eine Stahlprobe auf eine bestimmte Temperaturgrenze erwärmt wird, tritt eine plastische Verformung unter dem Einfluss einer äußeren Kraft auf wie im Fall des Schmiedens. Ein anderes Beispiel ist Gummi, der sich unter normalen Bedingungen hyperspastisch verformt. Mehrphasen- oder Mehrkomponentenmaterialien haben in gewissen Grenzen mechanische Eigenschaften, die eine Synthese der Eigenschaften der Komponenten darstellen. In diesem Abschnitt werden die grundlegenden mechanischen Eigenschaften des Bodens vorgestellt und diskutiert. Unter Berücksichtigung der Betrachtungsskala (Mikro-/Makroskala) werden ausgewählte Fragen der Bodenmechanik behandelt, insbesondere die Beschreibung des Bodenverhaltens unter Punktlast, was zu Kompression und Scheren führt, wie es auch beim Reifen-Boden-System der Fall ist [8–10].

2.3.2 Eine mikromechanische Interpretation der Kräfte im Boden

Im Abschn. 2.2 wurde der Boden als ein System einander berührender Körner und Poren vorgestellt, die mit Flüssigkeits- oder Gasphasen gefüllt werden können. Grundsätzlich haben die Körner unterschiedliche Formen und Abmessungen und sind nicht dauerhaft miteinander verbunden, sie kommen nur in Kontakt. Das Vorhandensein der flüssigen Phase in den Kanälchen (Poren) mit einem kleinen effektiven Durchmesser ist förderlich für das Auftreten von Kapillarphänomenen, während der Gehalt an Kolloiden eine thixotrope Verstärkung bewirken kann. Die relative Bewegung von Wasser- und Bodengerüstpartikeln unterliegt den Gesetzen der Viskosität. Die oben genannten Faktoren haben einen wesentlichen Einfluss auf die Verteilung von Kräften und Dehnungen in Böden, die äußeren Belastungen ausgesetzt sind. Im Folgenden werden die grundlegenden mechanischen Prozesse auf der Mikroskala physikalisch interpretiert [11, 12].

Bei teilweise gesättigtem Boden wird die auf die Oberfläche A einwirkende Kraft, die Summe aus Eigengewicht und äußerer Kraft des Bodens durch folgende Komponenten übertragen:

- Kräfte an den Kontakten zwischen Teilchen
- Wasserdruck in den Poren
- Luftdruck in den Poren
- Tangentiale Kraft des klebrigen Teilchens in der Flüssigkeit
- Adhäsions- und Kohäsionskräfte

Dies ist schematisch in Abb. 2.19 dargestellt. Im Folgenden werden die im Boden auftretenden Kräfte kurz vorgestellt.

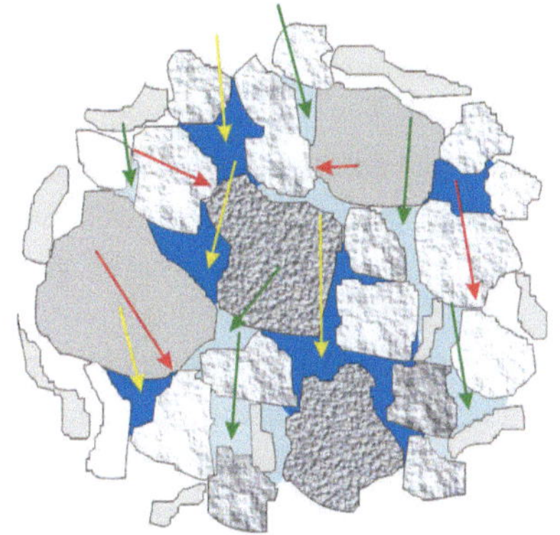

Kräfte in Kontaktpunkten
Über die gasförmige Phase übertragene Kräfte
Über die flüssige Phase übertragene Kräfte

Abb. 2.19 Durch die Bodenpartikel übertragene Kräfte

2.3.3 Kräfte in Kontaktpunkten

Eine Belastung, die auf ein Bodenvolumen einwirkt, verursacht die Verteilung der gesamten Kraft auf alle Kontaktpunkte der Bodenteilchen hin zu elementaren Auflagekräften. Abgesehen davon, inwieweit eine Belastung vertikale oder seitliche Kraftkomponenten generiert, sind ihre Richtungen sowie Werte variabel. Das Auftreten dieser Kräfte ist mit elastischen Verformungen im Boden verbunden. Die direkte Kontaktkraft verursacht eine Reaktion in Form von Verformung in den Bodenkörnern und aufgrund der mechanischen Eigenschaften der Mineralien ist diese Verformung elastisch. Ein Anteil der Elastizität beruht auf dem mechanischen Charakteristikum des Bodens.

Pukos [13] zeigte, dass die Kontaktkräfte zwei Größenordnungen größer sind als die Summe der Kräfte, die vom Volumen (makroskopische Probe) des Bodens übertragen wird. Somit wird ein großer Teil der Energie der Last auf dem Weg der viskosen Bewegung der Partikel in der flüssigen Phase abgeführt.

2.3.3.1 Über die flüssige Phase übertragene Kräfte

Diese Kräfte können in zwei Gruppen unterteilt werden: statische und dynamische. Die durch Wasserverdichtung in den Poren und elastische Verformung des Folienwassers erzeugten Kräfte können als hydrostatische Kräfte klassifiziert werden. Da die Wasserverdichtung in den Poren auf elastische Weise abläuft, können hydrostatische Kräfte als Komponenten der Bodenelastizität behandelt werden, wohingegen Kräfte, die bei einer gegenseitigen Verdrängung von Partikeln und flüssiger Phase auftreten, hydrodynamische Kräfte sind, und beispielsweise durch die viskose Reibungskraft dargestellt werden können. Ihre Eigenschaften sind nicht linear, was unter anderem aus der Irreversibilität viskoser Dämpfungsphänomene resultiert, sodass sie nicht zur elastischen Reaktion des Bodens beitragen. Die viskose Reibungskraft ist eine der größten, es gibt auch eine andere Komponente, die mit der Wirkung des strömenden Mediums wirkt, nämlich die, die auf Geschwindigkeitsunterschieden des fließenden Mediums basiert und eine Verlagerung in Richtung einer höheren Geschwindigkeit fördert oder auch die Schubbeanspruchung, der die Bodenteilchen ausgesetzt sind, wenn der Wasserstrom an der Grenzfläche einer körnigen Matrix durch deren Rauigkeit abgebremst wird.

2.3.3.2 Über die gasförmige Phase übertragene Kräfte

Zu diesen Kräften gehört die Druckkraft, die infolge einer Verdichtung der in Bodenporen geschlossenen Luft oder Wasserdampf generiert wird. Diese Kraft ist von statischem, nicht linearem Charakter. Außerdem eine Kraft der aus den Bodenporen austretenden Luft. Sie hat einen dynamischen und nicht linearen Charakter. Die gasförmige Phase des Bodens generiert auch die mit der Wirkung des strömenden Mediums verbundenen Kräfte wie oben geschrieben. Generell weist die gasförmige Phase nicht lineare mechanische Eigenschaften auf, hauptsächlich aufgrund signifikanter volumetrischer Verdichtung und Zeitverzögerungen sowie des Hysterese-Phänomens, das durch die Dissipation von Energie im Wärmemodus verursacht wird. Daher erzeugen Kräfte, die durch Luft und andere Gase im Boden übertragen werden, viskose Deformationen.

2.3.3.3 Molekulare Kräfte

Molekulare Kräfte sind das Ergebnis elektrostatischer Anziehung zwischen Atomen, die sogenannten Van-der-Waals-Kräfte. Die Reichweite ihrer Wirkung ist sehr kurz, ihre Werte nehmen schnell mit der Entfernung ab. Im Boden hängen diese Kräfte von vielen Faktoren ab, unter anderem von der Art und Menge der austauschbaren Ionen, dem Salzgehalt, der Ionenzusammensetzung, dem pH-Wert sowie von der Art und Menge der organischen Substanzen. Ein Beispiel ist die Kraft der Oberflächenspannung, die am Berührpunkt zweier angefeuchteter Bodenpartikel eine Druckspannung erzeugt. Diese Spannung bewirkt, dass die Partikel durch den Meniskus gegeneinander gedrückt werden. Ein anderes Beispiel für molekulare Kräfte ist die Adhäsion, die sich in der Anwesenheit von Kräften zeigt, die auf die sogenannte Grenzfläche wirken, mit einer Dicke in der Größenordnung einzelner Atome. Die Intensität der Adhäsion hängt vom energetischen Zustand der Oberflächen der miteinander in Kontakt stehenden Körper ab. Eine weitere Quelle von molekularen Kräften, die bei der Übertragung von Belastungen auf den Boden eine Rolle spielen, ist die Kohäsion oder innere Kohärenz. In der Natur gibt es im Wesentlichen drei Arten von interatomaren Bindungen, nämlich ionische, kovalente und metallische Bindungen. Die in den Bodenmineralteilchen auftretenden interatomaren Bindungen widerstehen einer Trennung dieser Teilchen während der Belastung. Ein Beispiel ist Quarz, dessen kristalline Struktur für hohe Konsistenz sorgt, wodurch Kräfte mit signifikanten Werten übertragen werden.

2.3.4 Hypothese der Bodenmechanik

Die Berücksichtigung aller oder zumindest der Mehrzahl der oben beschriebenen Phänomene und Mechanismen der Lastübertragung über bestimmte Elemente des Bodenaufbaus ist eine äußerst schwierige Aufgabe, wenn sie überhaupt durchführbar ist. Eine mathematische Beschreibung in Form von nicht linearen Gleichungen würde eine sehr komplizierte Form annehmen, und eine Lösung, analytisch oder numerisch, würde viel Zeit erfordern. Ein gesondertes, nicht weniger wichtiges und schwieriges Thema wäre die Parametrisierung oder die Bestimmung von Materialkonstanten und aller Faktoren, die notwendig sind, um eine spezielle Lösung zu erhalten. Sowohl in der Bodenmechanik als auch in der Terramechanik werden deshalb Modelle verwendet, die eine Art Vereinfachung darstellen, wobei die Synthese mechanischer Eigenschaften des Bodens auf einen bestimmten Fall reduziert wird. Die Festigkeitshypothesen für den Boden sowie die Modelle, die auf diesen Hypothesen basieren, werden nachstehend beschrieben. Sie stellen die Einführung und die Grundlagen der Terramechanik dar, die als Spezialfall der Bodenmechanik behandelt wird.

2.3.4.1 Boussinesq-Hypothese

Eine der ersten Hypothesen zur Verteilung von Spannungen im Boden war die Winkler-Hypothese. Die Spannungen gemäß dieser Hypothese sind konstant in jeder Tiefe und gleich der wirkenden Last, während das Absetzen des Bodens nur in der Richtung der Belastung stattfindet. Die Ergebnisse der Berechnungen, die auf der Winkler-Hypothese beruhen, sind nur bei stark verdichteten Böden gültig. Die zweite Hypothese betrifft die gleichmäßige Verteilung von Spannungen und nimmt an, dass sich Spannungen im Boden in allen Richtungen in einem Winkel α zur vertikalen Richtung ausbreiten. In jeder Tiefe breiten sich die Spannungen gleichmäßig aus. Diese Hypothese wird in vorläufigen Berechnungen und Schätzungen verwendet.

Gegenwärtig haben praktische Anwendungen sowohl für Forschungs- als auch für Entwicklungsaufgaben Lösungen, die auf der Theorie der Elastizität beruhen, aber aufgrund ihrer Komplexität wird der verallgemeinerte Lösungsansatz, der für einen elementaren spezifischen Fall erhalten wird, gewöhnlich aufgegeben. Einer dieser Fälle ist die Lösung von Boussinesq [14] für die Verteilung von Spannungen im elastischen Halbraum, der durch konzentrierte Kraft auf die Grenzfläche belastet wird. Die folgenden Annahmen wurden übernommen:

- Der Halbraum des Bodenzentrums ist mit der Ebene oben begrenzt, in anderen Richtungen ist er unbegrenzt.
- Der Boden ist ein isotropes Material, schwerelos.
- Es besteht eine lineare Beziehung zwischen Spannung und Bodenverformung.
- Die Superpositionsregel gilt.
- Nach dem St-Venant-Prinzip wirkt sich das Aufbringen der Last nur in unmittelbarer Nähe zum Angriffspunkt auf die Spannungsverteilung aus.

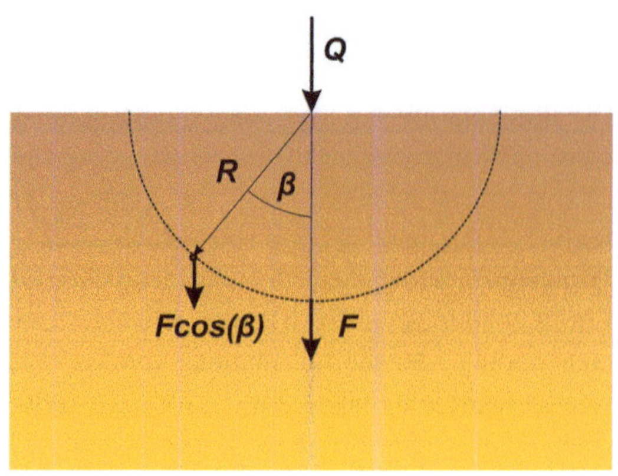

Abb. 2.20 Schema der Boussinesq-Hypothese

Die Boussinesq-Hypothese kann man sich so vorstellen, dass die Spannungen im Boden auf der Oberfläche einer Halbkugel angeordnet sind, die sich unter der Last um die gleiche Strecke ausdehnt (siehe Abb. 2.20). Daher wird die Ableitung der Formel an den Wert der Spannung an jedem Punkt des Halbraums des Bodenmediums am einfachsten unter Verwendung der Polarkoordinaten *R, β* durchgeführt. Zu diesem Zweck sollten elementare Spannungen, die auf die Oberfläche der Hemisphäre wirken, bestimmt werden:

$$\sigma_Z = \sigma_R \cos^2 \beta \tag{2.14}$$

dann multipliziere sie mit Flächen:

$$A = \frac{4}{3}\sigma_{R0}\, R \tag{2.15}$$

und summiere und vergleiche dann mit dem Wert der Belastungskraft Q:

$$Q = \frac{\pi AR}{2} = \frac{2}{3}\sigma_{R0}\, \pi\, R^2 \tag{2.16}$$

$$\sigma_{R0} = \frac{3}{2}\frac{Q}{\pi R^2} \tag{2.17}$$

In der endgültigen Version kann natürlich eine Lösung in rechtwinkligen Koordinaten unter Verwendung von Abhängigkeit bereitgestellt werden:

$$z = R \cos \beta \tag{2.18}$$

Letztendlich erhält:

$$\sigma_R = \frac{3}{2}\frac{Q}{\pi z^2}\cos^3 \beta \tag{2.19}$$

$$\sigma_Z = \frac{3}{2}\frac{Q}{\pi z^2}\cos^5 \beta \tag{2.20}$$

Die Ergebnisse von Berechnungen, die unter Verwendung der Gl. 2.19 und 2.20 durchgeführt wurden, entsprechen nicht immer vollständig der Realität. Insbesondere in sandigen, pulvrigen Böden zeigen Messungen, dass die Spannungen mehr auf der vertikalen Achse zentriert sind. Dies ist teilweise darauf zurückzuführen, dass Böden weder komplett elastisch noch komplett plastisch reagierende Stoffe sind, sondern elastisch-plastische Eigenschaften haben. Deswegen führte Fröhlich [15] einen texturabhängigen Konzentrationsfaktor ν ein, und zwar variiert sein Wert zwischen 3 für feste Substrate, Sand und 9 für weiche, plastisch verformbare Böden.

Die Boussinesq-Hypothese wurde und wird oft verwendet, um die Spannungsverteilung im Boden unter der Belastung von fahrenden Fahrzeugen und Maschinen zu bestimmen. Im Allgemeinen zeichnet sie sich durch Einfachheit und ziemlich gute Korrelation von Berechnungsergebnissen mit Messergebnissen aus. Auf dieser Hypothese basieren bekannte Modelle, die den Einfluss von Rädern auf das Bodenzentrum beschreiben, einschließlich des SOCOMO-Modells, das von van der Akker [16] eingeführt wurde. Das grundlegende Problem bei der Anwendung der Bousinessq-Hypothese ist die Auswahl des Konzentrationsfaktors ν, der Gegenstand vieler Forschungsarbeiten war und ist. Der größte Nachteil dieser Hypothese ist, dass sie keine Information über die Bodenverformungen liefert.

2.3.4.2 Coulomb-Hypothese

Die Bodenscherfestigkeit oder die maximale übertragbare Scherspannung hängt von dem Druck ab, der auf den Boden einwirkt. Dies liegt daran, dass besonders sandige Böden eine lockere, körnige Konsistenz haben. Je dichter die Bodenpartikel gepackt sind, desto stärker rutschen sie gegeneinander. Coulomb sah dies als Erster und behandelte die plastische Verformung des Bodens als bloßen Widerstand gegen Reibung, die, wie wir wissen, vom Druck abhängt. Der wichtige Faktor sind die Kohärenzkräfte zwischen Körnern, die im vorherigen Unterabschnitt beschrieben wurden. Schließlich bestimmt die Formel der sogenannten Coulomb-Hypothese oder der Coulomb-Plastizitätszustand die Scherspannung im Boden. Sie hat die Form von [17]:

$$\tau = C + \sigma \tan \Phi \qquad (2.21)$$

mit: C – Bodenkohäsion, Φ – Winkel der inneren Reibung.

Die plastischen Eigenschaften des Tons werden durch einen einfachen Test bestimmt, indem die kurzen kreisförmigen Walzen axial zwischen den flachen Enden zusammengedrückt werden. Bruch tritt auf, indem er auf einer Ebene gleitet, die als Gleitlinie bezeichnet wird, in einem Winkel Θ, die die Bedingung erfüllt:

$$\Theta = \frac{\pi}{4} + \frac{\Phi}{2} \qquad (2.22)$$

Der Bruch tritt in der Ebene der höchsten Scherspannung auf. Die Bodenparameter werden vom Labor mit einem in Kap. 7 beschriebenen Triaxialapparat bestimmt. Das Experiment wird für viele verschiedene hydrostatische Druckwerte wiederholt und die Ergeb-

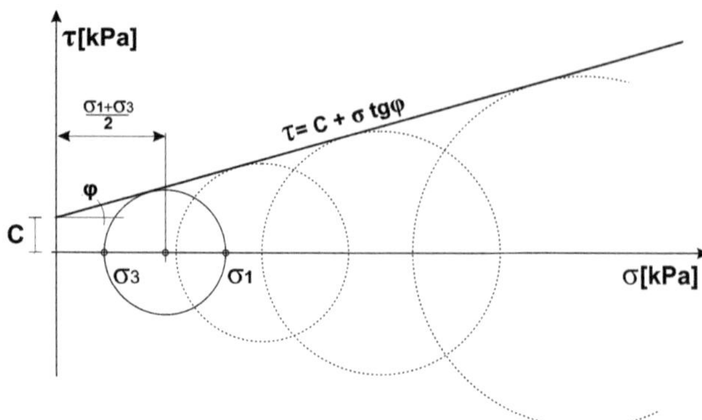

Abb. 2.21 Die Mohrschen Kreise

nisse werden grafisch durch die sogenannten Mohrschen Kreise dargestellt [18]. Die Tangente zu den Halbkreisen stellt die Coulomb-Bedingung dar: Sie hat eine Steigung Φ und schneidet die vertikale Achse am Punkt C (siehe Abb. 2.21).

In diesem Punkt kann die Plastizitätsgrenze definiert werden, und zwar ist sie ein Wert der Scherspannung, die einen plastischen Bruch des Bodens verursacht. Der Boden gibt auf einer spezifischen Fließfläche nach, entweder einer zylindrischen Fließfläche beim Mises-Kriterium oder einer sechseckigen zylindrischen Fließfläche beim Tresca-Kriterium. Für einen nassen Ton haben wir nur Kohäsionseffekte, die innere Reibung ist null. Dann wird die Coulomb-Gleichung ein Tresca-Kriterium [19].

2.3.4.3 Elastoplastizitätstheorie

Wie oben erwähnt, liefert der Mohr-Coulomb-Ansatz keine Informationen über die Bodenverformung. Ein Konzept, das die Verformung des Bodens unter Belastung beinhaltet, basiert auf den kombinierten elastischen und plastischen Eigenschaften des Bodens. Im Allgemeinen besteht der Zweck der Einführung der Plastizitätstheorie darin, die plastische Verformung eines gegebenen Materials zu definieren, und dies geschieht mit den folgenden Grundelementen:

- Elastische Eigenschaften zur Definition der reversiblen Verformung
- Eine mathematische Oberfläche zur Definition der Fließgrenze zwischen elastischem Verhalten und plastischem Materialverhalten
- Ein plastisches Fließpotenzial zur mathematischen Definition der plastischen Verformung (auch plastisches Fließgesetz genannt)
- Eine Ver- bzw. Entfestigungsregel, die die Bewegung (Ausdehnung oder Kontraktion) der Fließfläche während der plastischen Verformung definiert

Das grundlegende Modell des elastisch-plastischen Ansatzes wurde erstmals von Drucker und Prager [20] vorgeschlagen. Es wurde die kritische Höhe einer vertikalen Bank unter Verwendung entweder einer ebenen oder einer logarithmischen Spiralfließfläche berechnet. Ihr Fließkriterium wird heute als Drucker-Prager-Fließkriterium bezeichnet.

Die Fließfläche wird als spannungsinvariante Funktionen der Normalspannung σ_i und der Scherspannung τ_{ij} beschrieben, wobei i und j die Richtungen x, y und z sind und Hauptspannungen darstellen, wenn $i = 1, 2$ oder 3 ist. Basierend auf der Elastizitätstheorie [21] sind die Spannungsinvarianten definiert.

Roscoe et al. [22, 23] erweiterte die Plastizitätstheorie um das Modell des kritischen Zustands und definierte entweder eine kontraktile oder dilatante Deformation von porösem Material als eine Funktion seines spezifischen Volumens oder Hohlraumanteils. In der kritischen Zustandstheorie wird diese Regel um das Prinzip eines „kritischen Zustands" herum entwickelt, bei dem die plastische Scherverformung bei einem konstanten Volumen auftritt. Das vielleicht berühmteste Modell des kritischen Zustandes, das Cam-Clay-Modell, wurde basierend auf dem Verhalten von Tonen entwickelt. Das original Cam-Clay-Modell basiert auf der Annahme, dass der Boden isotrop ist, elastoplastisch, sich als Kontinuum deformiert und durch Kriechen nicht beeinflusst wird. Die kritische Zustandslinie trennt dabei Bereiche von Entfestigung und Verfestigung. Sie wird durch die Steigung M und die Zugfestigkeit t bestimmt.

Der Unterschied zwischen dem Cam Clay und dem Modified Cam Clay (MCC) besteht darin, dass die Fließfläche des MCC durch eine Ellipse und damit mit dem plastischen Dehnungsinkrementvektor (der senkrecht zur Fließfläche steht) für den größten Wert beschrieben wird. Jener der mittleren effektiven Spannung ist horizontal, und somit findet keine inkrementelle deviatorische plastische Dehnung für eine Änderung der mittleren effektiven Spannung statt (für rein hydrostatische Spannungszustände). Dies ist sehr nützlich für die konstitutive Modellierung in der numerischen Analyse, insbesondere für die Finite-Elemente-Analyse, bei der numerische Stabilitätsprobleme wichtig sind (da eine Kurve kontinuierlich sein muss, um differenzierbar zu sein).

Eine Synthese zwischen dem Drucker -Prager-Modell und dem Cam-Clay-Modell ist ein Mehrflächen-Plastizitätsmodell, das durch zwei unabhängige Fließflächen charakterisiert ist. Auf der Zugseite der hydrostatischen Achse wird eine normal gelegene zu der Fließfläche definiert, die sich mit zunehmender Plastizierung zum Ursprung bewegt. Im Druckbereich dehnen sich die tropfenförmigen Fließflächen im Zuge der Materialverfestigung aus und nähern sich im Grenzfall an die durch das Drucker-Prager-Modell beschriebene kegelförmige Fließfläche an. Dieses Modell wurde von Mundl et al. [24] entwickelt und zu der Modellierung der Reifen-Schnee-Wechselwirkung eingesetzt.

Fließflächen verschiedener Modelle sind in Abb. 2.22 dargestellt. Der Tropf auf der Fließfläche definiert das dilatante Verhalten des Materialversagens, wenn sich der Tropf ausdehnt und zusammenzieht. Der Tropf ist im Allgemeinen kugelförmig oder ellipsenförmig und das Material härtet entweder aus oder erweicht durch Ausdehnung oder Zusammenziehen des Tropfes. Dieses Verhalten ist in der Drucksetzungsbeziehung definiert, die als Verfestigungsgesetz bezeichnet wird. Die Verfestigung ist ein Phänomen, das für Materialien wie lockeren Boden oder Schnee charakteristisch ist. Ein triviales Beispiel für eine Verfestigung aufgrund plastischer Verformung ist das Anhaften von Schneebällen. Die Drucksetzungsbeziehung ist oft exponentiell und kann daher mit einem exponentiellen

Abb. 2.22 Fließflaschen verschiedener Plastizitätsmodelle

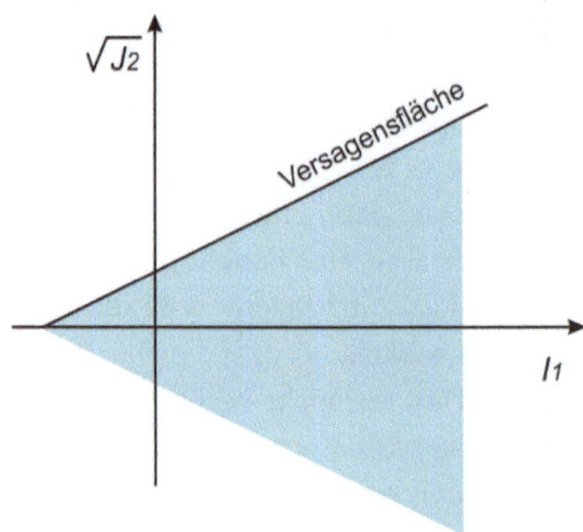

CAM - CLAY MODELL

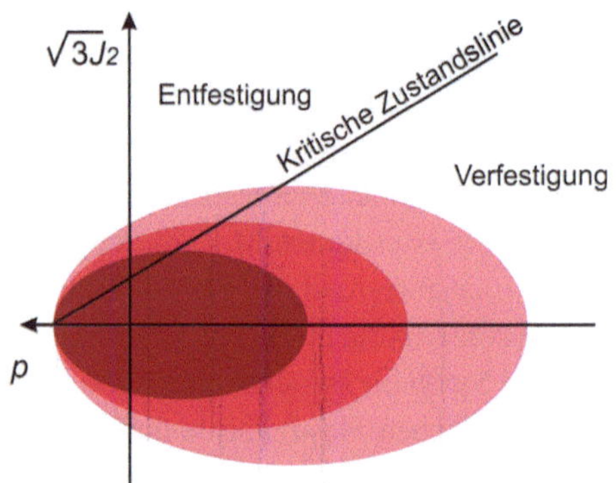

MEHRFLÄCHEN - MODELL

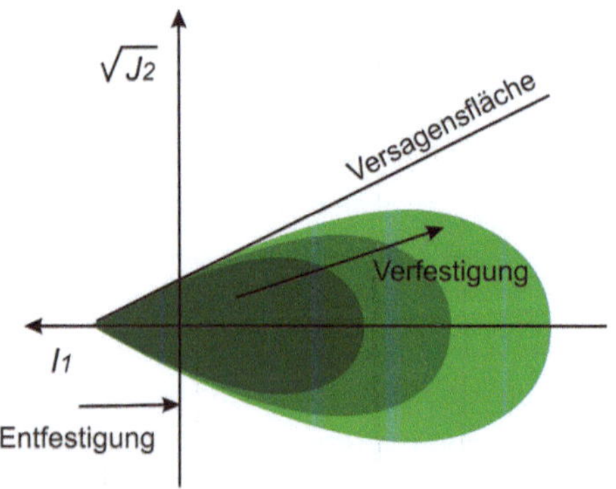

Verfestigungsgesetz modelliert werden. In Fällen, in denen die exponentielle Verfestigung nicht gut ist, wie es in Böden üblich ist, kann das Verfestigungsgesetz auch mit den experimentellen Daten stückweise linear dargestellt werden.

2.3.5 Drucksetzung

Die logische Konsequenz der Einwirkung äußerer Kräfte auf den Boden ist die volumetrische Verformung. Die Prozesse, die während des Ladevorgangs im Boden stattfinden, können in zwei Gruppen unterteilt werden, nämlich divergente und scherende. Unter Divergenz versteht man die als Änderung des Volumens quantifizierbare Verdichtung oder Lockerung der Bodenpartikel, ohne dass diese ihre Position zueinander verändern. Bei der Scherung wird die Form verändert unter gleichzeitigem Erhalt des Volumens.

Der Druckverlauf hängt in erster Linie von der einwirkenden Belastung ab, kann jedoch je nach Wasser- und Luftleitfähigkeit einen unterschiedlichen Charakter haben. Böden mit geringer Leitfähigkeit zeichnen sich durch langsameres Absinken aus, da das Auspressen von Wasser und Luft aus den Poren länger dauert. Eine hohe Leitfähigkeit des Bodens bewirkt eine Verformung fast unmittelbar nach dem Aufbringen der Last. Dies ist am Beispiel von losem landwirtschaftlichen Boden gut sichtbar, der sich unmittelbar unter den Rädern des Traktors oder der Maschine verformt. Deformationen, die die globale Bodendrucksetzung ausmachen, können in elastische und plastische (permanente) unterteilt werden. Elastische Verformung tritt infolge der Elastizität von Bodenfeststoffpartikeln und auch von Filmwasser auf, während permanente Verformungen aus dem Krümmen von Bodenpartikeln und der Bewegung von Partikeln in die Hohlräume der Poren resultieren.

Eine typische Druckverlaufskurve besteht aus zwei Teilen, einer Wiederverdichtungsgeraden, die einer elastischen Verformung entspricht, und einer Erstverdichtungsgeraden, die eine plastische Verformung darstellt. Diese zwei Geraden sind in einem Übergangspunkt, der Vorbelastung genannt wird, verbunden. Die Steigung der Erstverdichtungsgeraden wird als Kompressionsindex C_C bezeichnet (siehe Abb. 2.23). Die Drucksetzungskurve dient zur Bestimmung wichtiger Bodeneigenschaften, wie unter anderem

- dem ödometrischen Verdichtungsmodul,
- dem Verdichtungskoeffizienten,
- dem Modul der Erst- und Wiederverdichtung,
- dem Entlastungsmodul.

Der Druckverlaufstest wird mit einem Ödometer durchgeführt, dabei werden zylindrische Bodenproben verwendet. Es ist auch möglich, die Druckverlaufskurve basierend auf Messungen mit einem Plattenpenetrometer zu bestimmen. Beide Geräte sind in Kap. 7 beschrieben.

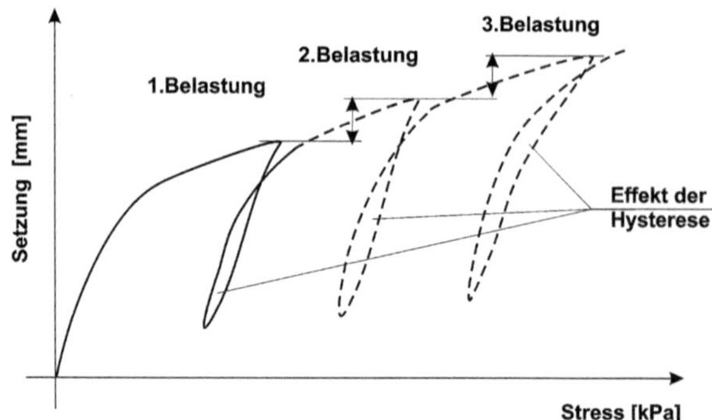

Abb. 2.23 Drucksetzungskurve mit der Wieder- und Erstverdichtungsgeraden

Abb. 2.24 Grafische Darstellung der Vorbelastung

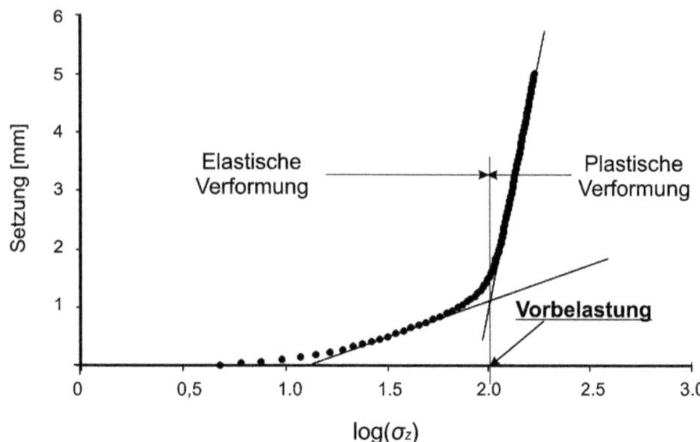

2.3.5.1 Vorbelastung

Einer der wichtigen mechanischen Parameter des Bodens ist die Vorbelastung. Die Vorbelastung kann als Grenze zwischen dem elastischen Verformungsbereich und dem plastischen Verformungsbereich definiert werden (siehe Abb. 2.24).

Die zur Bestimmung der Vorbelastung notwendigen Daten werden üblicherweise im Labor bei einer einachsigen Bodenverdichtung mittels eines Ödometers gewonnen oder mittels einer Testmaschine. Die Methoden zur Bestimmung (Berechnung) der Vorbelastung basieren auf der Analyse der Korrelation zwischen dem Parameter, der den Zustand der Bodenverdichtung kennzeichnet, und dem ausgeübten Druck. Die Casagrande-Methode [25] wird am häufigsten angewendet und gilt als Bezugspunkt. Ein Subjektivismus der Casagrande-Methode wird jedoch sichtbar, wenn die grafische Konstruktion dieser Methode angewendet wird. Einer der Hauptmängel ist die Auswahl des Punktes auf der Versuchskurve mit dem kleinsten Krümmungsradius. Die Versuche, die subjektiven Faktoren zu eliminieren, wurden auf verschiedene Weise durchgeführt, wobei diese Methoden jedoch immer noch unbefriedigende Ergebnisse liefern. Insbesondere wenn die erhaltenen Daten sehr variabel sind, sind die Proben nicht homogen und die Verformungskurve ist flach ohne ein klares „Knie“.

Die empirischen mathematischen Modelle zur Vorhersage der Vorbelastung des Bodens werden durch Auswahl der Regressionsgleichungen für einen bestimmten Variabilitätsbereich der untersuchten Böden erstellt. Die Bestimmung der Variabilitätsbereiche der Böden erfordert eine Annahme ihrer Gruppierung (Klassifizierung). Es ist zu beachten, dass es nicht ratsam ist, für diesen Zweck die Symbole der markierten Bodensorten zu verwenden. Dies liegt daran, dass die derzeit verwendeten Systeme die Bodenformationen auf der Grundlage ihrer Körnung klassifizieren und daher möglicherweise signifikant unterschiedliche Böden in derselben granulometrischen Gruppe umfassen oder nahezu identische Böden in unterschiedliche Gruppen einteilen könnten. Błażejczak et al. [26] haben versucht, eine Methode zur Gruppierung von Böden zu entwickeln, um deren Vorkompressionsbelastung vorherzusagen, die von den bestehenden Klassifikationen unabhängig ist. Im Vergleich zu den Ergebnissen anderer Autoren wurden bei diesem Versuch Ergebnisse mit einem geringeren Vorhersagefehler erzielt. Die vorgeschlagene Methode der Bodengruppierung wurde auf der Grundlage der unter Verwendung der empirischen Methode ermittelten Werte für die Vorspannung entwickelt und verifiziert, deren Verwendung teilweise vom subjektiven Faktor abhängt.

Die Bodenverdichtungsfestigkeit kann durch die Vorbelastung charakterisiert werden. Informationen über die Vorbelastung des Bodens zusammen mit der Verteilung der Spannungen aus den auf die Oberfläche ausgeübten Drücken können die Belastungswerte der Antriebsmechanismen vorhersagen. Das Überschreiten bestimmter Belastungswerte erhöht die Gefahr der Bodenverdichtung [3, 16, 27].

2.3.6 Das Fließverhalten und rheologische Modelle des Bodens

Wenn wir einen Druckverlaufstest bei mehreren verschiedenen Belastungsgeschwindigkeiten durchführen, stellt sich heraus, dass sich die Ergebnisse unterscheiden. Der Unterschied ergibt sich aus einigen mechanischen Eigenschaften der Böden, die als rheologisch bezeichnet werden. Der Begriff Rheologie wurde von Eugene Bingham 1920 unter dem Einfluss des Vorschlags von Markus Reiner vorgeschlagen, inspiriert von der berühmten Aussage von Heraklit „*panta rhei*“, was „alles fließt“ bedeutet. Reiner (1960) führte die folgenden Postulate ein [28]:

1. Jeder Körper, der im Inneren keine Poren oder Hohlräume hat, verhält sich unter isotropischer Belastung wie ein vollkommen elastischer Körper.
2. Jedes reale Material hat alle rheologischen Eigenschaften, wenn auch in unterschiedlichem Maße.
3. Die rheologische Gleichung des einfacheren Körpers kann aus der rheologischen Gleichung eines komplexeren Körpers durch Gleichsetzen der Operation der entsprechenden Parameter des zusammengesetzten Körpers mit null erhalten werden.

Die Rheologie ist die Lehre der isothermischen Formänderungen der Flüssigkeiten und plastischen Körper. Rheologische Verfahren basieren auf der Analyse der Kräfte zwischen den Partikeln. Die rheologischen Effekte können in Form von Spannungsrelaxation sichtbar sein, denn die Spannung nimmt mit konstanter Belastung ab, oder von Kriechen, das sich als eine Zunahme der Verformung im Laufe der Zeit aufgrund der Wirkung von konstanter Spannung manifestiert. Eine andere Art von rheologischem Effekt ist der Einfluss der Verformungsgeschwindigkeit, beispielsweise Scherung, auf ihren Verlauf. Die Modellierung rheologischer Materialien erfolgt mit Hilfe der sogenannten mechanischen Analogien oder virtuellen Eigenschaften von Materie, Elastizität, Plastizität und Viskosität [29].

2.3.6.1 Mechanische Analogien

In der Mechanik werden drei Haupteigenschaften der Materie berücksichtigt: Elastizität, Viskosität und Plastizität. Wir haben schon erkannt, dass der Boden teilweise alle drei Eigenschaften besitzt. Der Boden ist in der Lage, die Energie der elastischen Verformung zu akkumulieren, um die äquivalente Energie der Arbeit der inneren Reibungskraft zu absorbieren und abzuleiten, und schließlich, wenn er belastet wird, und wenn die Festigkeit überschritten ist, beginnt sich zu verformen. Da zu erwarten ist, dass sich diese Eigenschaften auf das synthetische mechanische Verhalten von Böden unter Belastung von Rädern und Raupen auswirken können, werden sie in den folgenden Abschnitt kurz diskutieren.

2.3.6.1.1 Elastizität

Die Elastizität wird als Eigenschaft bezeichnet, da die Änderung des Spannungstensors von einer vollständig reversiblen Änderung des Verformungstensors begleitet wird. Bei hinreichend kleinen Werten von Spannungen σ und Dehnungen ε, können Abhängigkeiten zwischen den Komponenten beider Tensoren mit linearen Ausdrücken geschrieben werden, die auf das Hookeschen Gesetz reduziert werden:

$$\sigma = E\,\varepsilon \tag{2.23}$$

wobei: E der Proportionalitätsfaktor ist (Elastizitätsmodul des Materials).

Die elastischen Eigenschaften des Bodens sind hauptsächlich auf die feste Phase zurückzuführen. Im Mikromaßstab kann der Boden erst nach größeren Vereinfachungen als elastischer Körper behandelt werden. In der elastischen Theorie müssen wir die Annahme unendlicher kleiner Deformationen irreversiblen Charakters respektieren. Darüber hinaus ist bei elastischen Körpern das mechanische Verhalten keine Funktion der Verformungsrate. Dies schließt Ackerböden aus und nur hoch verdichtete Böden und Fundamente können als quasi-elastische Materialien bezeichnet werden.

2.3.6.1.2 Viskosität

Diese Eigenschaft existiert rein in Newtonschen Flüssigkeiten und nur ein sehr feuchter Ton kann als viskoser Körper behandelt werden. Die Einführung der Viskosität führt zu einer Abhängigkeit von Verformungszuständen der Belastung und der Zeit und reagiert daher auf dynamische Probleme. Wir sollten eher mit viskoser Elastizität in weichen Ackerböden unter normalen Feldbedingungen rechnen. Wie auch immer, der Wassergehalt im Boden führt zu einem gewissen viskosen Verhalten, was zu zeitlichen Einflüssen auf das Gleichgewicht von Spannung und Dehnung führt. Zusätzlich kann ein Hysterese-Effekt beobachtet werden. Der Einfluss der Zeit erscheint in der schleichenden oder Spannungsrelaxation.

2.3.6.1.3 Plastizität

Wenn ein Belastungszustand in einem Körper eine gegebene Grenze überwindet, verursacht er den Bruch dieses Körpers. Solche Deformationen finden im gesamten Volumen eines Körpers statt und es findet keine elastische Verformung statt. Unter plastischer Verformung verstehen wir eine irreversible Volumen- oder Formdeformation. Die zu überwindende Grenze der Festigkeit wird als Plastizitätsgrenze bezeichnet und es gibt einige Kriterien dafür, wie dies zu bestimmen ist. Die folgende Gleichung für die größte Tangentialspannung wird als St.-Venant-Bedingung der Plastizität bezeichnet oder als Zustand von Tresca oder Huber:

$$\sigma_{\max} = \frac{1}{2}(\sigma_1 - \sigma_3) = -\Theta \tag{2.24}$$

$$\sigma_1 \geq \sigma_2 \geq \sigma_3 \tag{2.25}$$

womit σ_1, σ_2, σ_3 – Hauptspannungen, θ – Fließgrenze.

Aufgrund des Bauschinger-Effekts (Plastizitätsgrenze für Kompression/Plastizitätsgrenze für Spannung) ist der Boden nicht als theoretisch plastisches Medium zu beschreiben [30].

Unter Bodenplastizität versteht man die Anfälligkeit, verschiedene Formen anzunehmen und zu erhalten. Trockener Boden ist zerbrechlich und nicht plastisch, während feuchter Boden eine neue Form annehmen kann. Plastische Böden enthalten kolloidale Anteile, d. h. lehmige und tonige Anteile, die weniger häufig staubig sind. Bodenhumus beeinflusst die Zunahme der Plastizität, kann aber in einigen Fällen zu ihrer Verringerung beitragen.

Wenn es erforderlich ist, einen bestimmten Boden zu klassifizieren, bezieht man sich auf gemessene Atterberg-Grenzen des Bodens, wobei die Plastizität durch den Plastizitätsindex (PI) definiert ist. Der Plastizitätsindex ist die Größe des Bereichs des Wassergehalts, in dem der Boden plastische Eigenschaften aufweist. Der *PI* ist die Differenz zwischen der Flüssigkeitsgrenze und der plastischen Grenze (*PI = LL-PL*). Böden mit einem hohen *PI* neigen dazu, Lehm zu sein, Böden mit einem niedrigeren *PI* neigen dazu, Schlamm zu sein, und Böden mit einem PI von 0 (nicht plastisch) neigen dazu, wenig oder keinen Schlamm oder Lehm zu haben.

Böden können im Begriff der *PI* in folgende Plastizitätsklassen eingeordnet werden:

(0) – nicht plastisch
(<7) – leicht plastisch
(7–17) – mittlere Plastizität
>17 – hochplastisch

Ausgehend von der Annahme, dass die Modellierung der mechanischen Eigenschaften des Bodens die oben genannten drei Elemente berücksichtigt, werden Modelle durch die Kombination der drei oben genannten Eigenschaften in Serie oder parallel, wie das Bauen mit Blöcken, erstellt. Bei der Erstellung rheologischer Modelle gelten die Regeln für die Kombination einzelner Elemente:

1) Wenn die Modelle in Reihe geschaltet sind, ist die Spannung in jedem von ihnen identisch wie im gesamten Modell und die Spannung ist die Summe der einzelnen Verformungen.
2) Wenn die Elemente des Modells parallel verbunden sind, dann ist die Verformung jedes von ihnen identisch mit dem gesamten Modell und die Spannung im gesamten Modell ist die Summe der Spannungen in seinen einzelnen Elementen.

Dies sind Regeln, die sich aus dem Superpositionsprinzip ergeben. Die grafische Darstellung mechanischer Elemente (Analoga) ist in Abb. 2.25 gezeichnet.

2.3.6.2 Die ausgewählten rheologischen Modelle

Die einfachsten Modelle mit zwei Parametern, die komplexere Modelle bilden, sind das Maxwell-Fluid-Modell und das Kelvin-Voigt-Körpermodell [31]. Das Maxwell-Modell ist eine serielle Verbindung des Hooke-Newton-Modells (siehe Abb. 2.26). Das Maxwell-Modell reproduziert das Phänomen der Relaxation von Spannung und Kriechen, es beschreibt jedoch nicht das Phänomen der elastischen Verzögerung oder Volumenverformung, sodass es kein geeignetes Modell für den Boden sein kann. Das Kelvin-Voigt-Modell hat eine kriechende und elastische Verzögerung, aber es gibt kein Phänomen der Spannungsrelaxation. So kann das Kelvin-Voigt-Modell wie das Maxwell-Modell die mechanischen Eigenschaften des Bodens nicht gut beschreiben [32].

Die Konstruktion eines Modells, das Bodeneigenschaften anhand von drei grundlegenden mechanischen Analogien genau beschreibt, ist nicht möglich. Kisiel [29] führte ein zusätzliches Element ein, die sogenannte kapazitive Viskosität, die in Kombination mit den Modellen Maxwell und St. Venant das M/V–Modell erzeugt. Es berücksichtigt das Phänomen der Konsolidierung und Filtration. Wenn die Fließgrenze nicht überschritten wird, ist das M/V–Modell ein Standardmodell (Zener-Modell). Die Fähigkeit, sich im

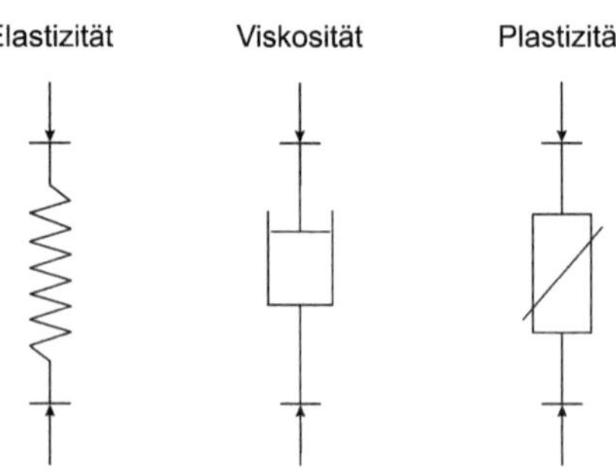

Abb. 2.25 Grafische Bezeichnung der drei mechanischen Analoga

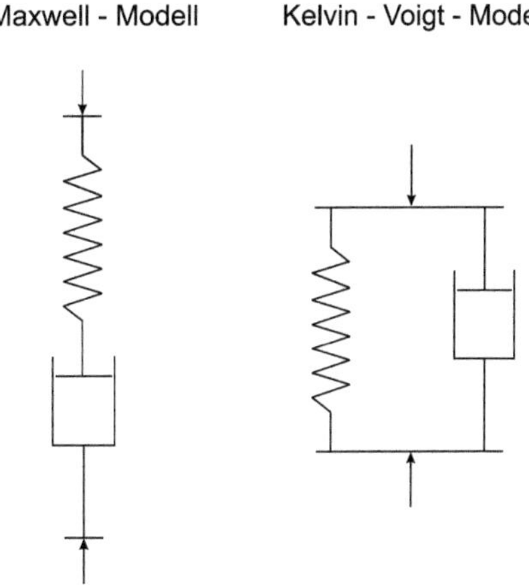

Abb. 2.26 Maxwell-Fluid-Modell und Kelvin-Voigt-Körpermodell

M/V–Modell sofort zu verformen, repräsentiert die Elastizität von G_1 und G_2. Im Fall einer kleinen sofortigen Besiedlung (dichte Sande, Tone) ist die Summe von $G_1 + G_2$ groß. Im Gegensatz dazu ist im Fall von losem Sand, Schlamm, schwachem Ton und Torf die Summe von $G_1 + G_2$ klein. Wenn das Verformungswachstum über die Zeit signifikant ist (sandige, tonige Böden), dann ist die Viskosität η im M/V-Modell klein. Umgekehrt ist η für Tonböden groß. Wenn der Wert der Dehnung im Laufe der Zeit die elastische Verformung weit übersteigt, dann ist G_2 klein, sonst (Sandböden, Schotter) ist G_2 groß. Beim Auftreten von plastischer Strömung bei niedrigen Lasten ist θ klein (Lehmböden, Torf). Der hohe Fließpunkt θ liegt bei mittelkörnigem und grobem Sand sowie hartem Ton vor. Daraus folgt, dass das M/V-Modell ein universelles Werkzeug bei der Modellierung der mechanischen Eigenschaften von Böden sein kann. Das erweiterte M/V-Modell, vorgeschlagen von Szwaj [31], enthält Elemente zur räumlichen Struktur des modellierten Bodens, dank derer eine dreidimensionale Modellierung möglich ist. Der Vorteil dieser Lösung ist die Möglichkeit, Anisotropie und Heterogenität zu beschreiben, die in Böden sehr häufig vorkommen. Ein ganz wesentlicher Nachteil des Szwaj-Modells ist seine große Komplexität.

2.3.6.3 Das Eyring-Pukos-Bodenmodell

Unter vielen Modellen, die zur Beschreibung der Spannungs-Verformungs-Beziehung für Boden verwendet werden, berücksichtigt das Poynting-Thomson-Modell alle rheologischen Effekte, weist jedoch eine einfache mathematische Notation auf. Die folgende Gleichung:

$$E_1 E_2\, e(t) + (E_1 + E_2) v \frac{de}{dt} = E_1 F(t) + v \frac{dF}{dt} \tag{2.26}$$

bezieht sich auf Bodenspannung F und Verformung e zusammen mit ihren Derivaten (E_1, E_2 sind Bodenmodule der Elastizität und ν ist Bodenviskosität). Pukos [33] zeigte, dass rheologische Modelle die Bodenmechanik bei hoher Deformationsrate nicht beschreiben konnten. Dies lag hauptsächlich an der Linearität dieser Modelle. Auch die Verknüpfung von Modellen lieferte keine guten Ergebnisse. Die Dynamik der bodenmechanischen Eigenschaften während der Verformung funktioniert nicht mit einer linearen Viskoelastizitätstheorie. Eine Anpassung einer statistischen Eyring-Theorie für Viskosität und Elastizität von Pukos führte zu den folgenden Ausdrücken, die den Einfluss der Zeit erklären:

$$v = \frac{A\,F(t)}{\sinh\left(B(t)\right)} \tag{2.27}$$

$$E = \frac{C\,F(t)}{\sinh^{-1}\left(D\left(F(t)\right)\right)} \tag{2.28}$$

wo: *A, B, C, D* Bodenkonstanten sind. Die Basisgleichung wurde von Mitchell [4] vorgeschlagen, um die Viskosität von nassem Lehm in Bezug auf die Temperatur auszudrücken:

$$v = \frac{F l_1 h \exp\left(\frac{E_S}{kT}\right)}{2 l_0 k T \sinh\left(\frac{F l_0 l_2 l_3}{2kT}\right)} \tag{2.29}$$

wobei: l_0 – Abstand zwischen zwei Punkten des Gleichgewichts eines Lehmmoleküls in Flüssigkeit (Wasser), l_1, l_2, l_3 – Abstände zwischen Lehmmolekülen in drei zueinander orthogonalen Richtungen, E_s – Energie von Wassermolekülen, k – Boltzmann-Konstante, h – Planck-Konstante, F – Stress, T – Temperatur.

Die Bodenkonstanten *A, B, C* und *D* wurden eingeführt, um die oben beschriebenen Ausdrücke durch Bodenmodule zu ersetzen, die experimentell bestimmt werden können. Im vorliegenden Ansatz wurde das Modell vereinfacht und verwendet nur *A*- und *B*-Konstanten. Unter der Annahme, dass die Bodenverformungsrate die Viskosität beeinflussen kann, können wir diese Beschreibung vereinfachen und die Elastizitätsmodule als Konstanten einstellen. Die Gl. 2.27 wird in 2.26 gesetzt, was zu folgender Differenzialgleichung führt:

$$E_1 E_2\, e(t) + \left(E_1 + E_2\right) \frac{A F(t)}{\sinh\left(B\,F(t)\right)} \frac{de}{dt} = E_1 F(t) + \frac{A F(t)}{\sinh\left(B\,F(t)\right)} \frac{dF}{dt} \tag{2.30}$$

Gl. 2.30 wird numerisch gelöst, da sie eine nicht elementare Funktion ist. In Kap. 3 ist eine Lösung für eine Vorderachse mit gelenkten Rädern auf Sandboden basierend auf diesem Modell enthalten.

2.3.7 Stochastische und probabilistische Modelle des Bodens

Pukos [32] unterscheidet vier Methoden zur Modellierung der mechanischen Eigenschaften von Böden. Die erste ist die deterministische Methode, bei der der Boden als homogenes und mathematisch kontinuierliches Zentrum behandelt wird. Spannungen werden als Ableitungen $\sigma = dF/dS$ berechnet, wobei $\varepsilon = d(\Delta l)/dl$, während für Prozesse, die im Boden auftreten, die lineare Thermodynamik irreversibler Prozesse und das Osnager-Prinzip vertretbar sind. Andere Bedingungen, die erfüllt sein müssen, sind die Existenz von laminaren Strömungen, die parabolische Natur von Potenzialen, Verzerrungen und Gradienten und ihren Derivaten im Laufe der Zeit muss infinitesimal sein und der Zustand funktioniert differenzierbar. Das gesamte System sollte in einem thermodynamischen Gleichgewichtszustand sein. Das Ergebnis ist die Linearität von Gleichungen, die das Verhalten und die Prozesse im Medium beschreiben, was offensichtlich die Möglichkeit ausschließt, die Struktur und ihre Veränderungen während der Verformung zu berücksichtigen. Somit ist dieses Modell eine ziemlich dichte Annäherung an den realen Zustand, insbesondere im Fall von signifikanten Verformungen, die bei hohen Verformungsgeschwindigkeiten auftreten.

Die zweite Methode der Modellierung basiert auf den Gesetzen der statistischen Thermodynamik, die die Gültigkeit des Ergodentheorems annehmen. Dieser Ansatz ermöglicht die Definition von Spannung und Dehnung als Summe realer Effekte für ein Element und ausreichend nahe an den nicht linear-statistischen konstitutiven Gleichungen des thermodynamischen Gleichgewichtszustands, was eine realistischere Annäherung an das Bodeninnere darstellt. Die Strukturbeschreibung in diesem Verfahren basiert auf einem diskreten System identischer Elemente, während Spannungen und Dehnungen als ein Gesamteffekt auf alle Strukturelemente betrachtet wird.

Die Verwendung von Wahrscheinlichkeitstheoriemethoden erlaubt die Einführung einer dritten Methode, die probabilistische Methode genannt wird. Bei dieser Methode gelten die probabilistischen Gesetze, die für die Elemente der Struktur formuliert sind. Da die meisten physikalischen Größen, die für die Beschreibung der Struktur der dreiphasigen Zentren relevant sind, zufällig sind, kann die Verwendung von Zufallsvariablen oder ihrer Funktionen zu einer noch besseren Annäherung an das tatsächliche Bodeninnere führen. Werte von Zufallsvariablen, die das Innere beschreiben, hängen mit der Geometrie und der Festigkeit der Strukturelemente zusammen, wobei diese Elemente nicht als identisch modelliert werden müssen. Spannungen σ und Verformungen ε werden als Integrale berücksichtigt:

$$\sigma = \int F dS \tag{2.31}$$

$$\varepsilon = \int dl \tag{2.32}$$

Die vierte stochastische genannte Methode beschreibt das Medium basierend auf multi-sinusförmigen, messbaren Signalen, die in das sogenannte weiße Rauschen des Mediums eingebettet sind. Die Parametrisierung und experimentelle Überprüfung des stochastischen Modells erfordert einen Apparat mit hoher Selektivität. Prozesse im modellierten Inneren werden als stochastisch behandelt. Funktionen, die die im Inneren stattfindenden Prozesse beschreiben, können im Zeitbereich oder im Raumbereich definiert werden – man spricht dann von einem Zufallsfeld. Ein Beispiel für ein zufälliges Feld ist die Bodenpartikelverteilung oder die Porenverteilung im Boden. Ähnlich wie bei der vorherigen Methode basiert die Beschreibung des Inneren auf Zufallsvariablen oder deren Funktionen, während der stochastische Charakter von Prozessen im Inneren des Bodens durch die Multidimensionalität der Zufallsvariablen bestimmt wird.

2.3.8 Ausgewählte physikalische Größen zur In-situ-Beschreibung der mechanischen Festigkeit des Bodens

Der Boden, ein Material mit komplexer Struktur und variablen Eigenschaften, ist mit bekannten Methoden, z. B. aus der Werkstoffkunde oder dem Maschinenbau, hinsichtlich der mechanischen Festigkeit schwer zu bestimmen. Während Bodeneigenschaften in Form eines Spannungs-Deformations-Verhältnisses bestimmt werden können, ist die Bestimmung von Festigkeitsparametern nach bekannten Methoden nicht möglich. Andererseits wäre der Ausdruck der mechanischen Festigkeit des Bodens mit einem einzelnen Parameter in der Terramechanik sehr günstig. Eine optimale Lösung wäre zudem eine Methode, bei der diese Parameter in einem einfachen Feldtest mit einem handlichen und einfach zu bedienenden Messgerät ermittelt werden könnten. In der bodenkundlichen Praxis gibt es verschiedene Methoden zur Bestimmung der mechanischen Festigkeit von Böden. Einige von ihnen erfüllen die oben genannten Anforderungen in hohem Maße und sind zur Grundlage für die Befahrbarkeits- oder Reifen-Boden-Wechselwirkungsmodelle geworden. Die vier Methoden und die daraus resultierenden physikalischen Größen, die nach Ansicht des Autors praktisch sind und gleichzeitig einen exakten Ansatz repräsentieren, werden in diesem Kapitel beschrieben.

2.3.8.1 Druckstempelversuch

Die theoretischen Grundlagen der Druckbelastung wurden in Unterabschnitt 2.3.6 als eine Eigenschaft dargestellt, die den Mechanismus der Bodenlastübertragung und -verformung beeinflusst. Unter Last setzt sich der Boden ab, aber tatsächlich ist es ein komplexer Mechanismus, nämlich die Bodenverdichtung und -scherung, insbesondere entlang der Kanten des Fahrelements, die die Last auf die Bodenoberfläche übertragen.

Das Druckbelastungsverhalten des Bodens hängt sowohl mit dem Einsinkverhalten des Reifens als auch mit dem Bewegungswiderstand zusammen. Das Bilden einer Fahrspur verbraucht Energie, um den Boden zu verdichten, und dieser Energieverbrauch ist der Hauptbestandteil des Rollwiderstands des Rades. Der für terramechanische Untersuchungen durchgeführte Druckstempelversuch unterscheidet sich von dem aus der klas-

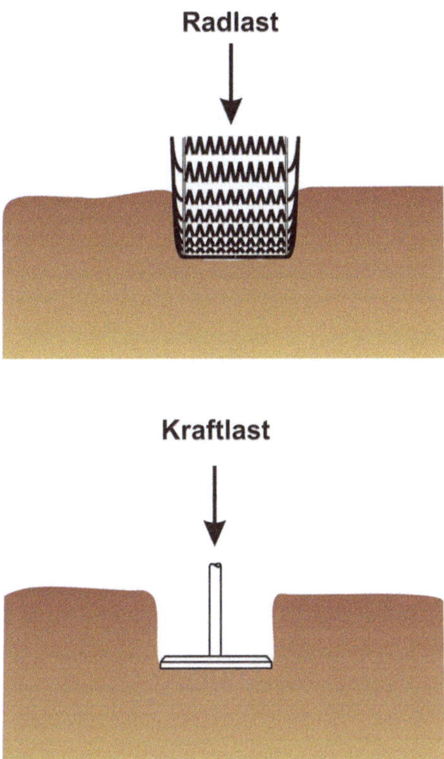

Abb. 2.27 Druckstempelversuch simuliert die Einsinkung des Rades in den Boden

sischen Bodenmechanik (Abb. 2.27). Der erste Unterschied ist die Fläche der Platte, die bei terramechanischen Anwendungen größer sein sollte und groß genug ist, um den Kontaktweg des Reifens zu simulieren. Dieselbe Platte wird verwendet, um die Mobilität von Kettenfahrzeugen vorherzusagen. Sie entspricht nicht der Gesamtfläche einer Kette, sondern simuliert die Kontaktflächen der Kettenglieder, die die Spitzenlasten tragen. Der zweite Unterschied besteht darin, dass der Test unter Bedingungen durchgeführt wird, die eine seitliche Verformung ermöglichen. In der Regel werden große monolithische Bodenproben oder Feldversuche verwendet.

Der Druckstempelversuch zusammen mit der Messung des Scherfestigkeit wird in einer bekannten Vorrichtung zur Geländecharakterisierung verwendet, die als Bevameter (Bekkers-Value-Meter) bezeichnet wird. Bei einem Bevameter wird der Druckstempelversuch zur Messung der Tragfähigkeit verwendet. Das Prinzip des Bevameters wird in den Kap. 3 und 7 vorgestellt. Kurz gesagt können auf der Grundlage der Bevameter-Werte sechs wichtige Bodenparameter (C, φ, K, n, k_C und k_φ) bestimmt werden. Diese Parameter werden in Bekkers semiempirischem Modell zur Vorhersage der Fahrzeugleistung im Gelände verwendet.

2.3.8.2 Scherfestigkeit

Die Scherfestigkeit ist wahrscheinlich der wichtigste Mechanismus für die Wechselwirkung zwischen dem Fahrelement und dem Boden. Die maximale Antriebskraft, die ein bestimmtes Fahrelement auf einem bestimmten Boden entwickeln kann, hängt von der Höhe der Scherfestigkeit ab. Die Bodenscherung beschreibt die oben angegebene Coulomb-Gleichung. Die Scherfestigkeit hängt von vielen Faktoren ab, einschließlich der Art und des Zustands des Bodens, seines Feuchtigkeitsgehalts und einer Reihe physikalischer Eigenschaften. Daraus ergibt sich die Notwendigkeit von In-situ-Tests.

Wie im Fall des Druckstempelversuchs, wurde ein klassischer Scherversuch, der im Unterkapitel 2.3.4.2 beschrieben ist, modifiziert und für die terramechanischen Anwendungen übernommen. Es wurden verschiedene Feldmethoden entwickelt, darunter eine Scherfahne, ein Schaufelkegel, ein Cohron-Schergraph, ein ringförmiger Scherring und eine Grouser-Scherplatte. Alle diese Geräte ermöglichen es, die Scherfestigkeit des Bodens in situ, also vor Ort, zu bestimmen.

2.3.8.3 Bodenzugfestigkeit

Die Zugfestigkeit ist wahrscheinlich das nützlichste Maß für die Festigkeit einzelner Bodenaggregate. Diese Nützlichkeit liegt darin begründet, dass sie durch einfache Tests ermittelt werden kann, dass sie in einem weiten Bereich von Aggregatgrößen gemessen werden kann und dass die Zugfestigkeit ein sehr empfindlicher Indikator für den Zustand eines Bodens ist. Die Zugfestigkeit von kugelförmigen Partikeln kann durch einen einfachen Quetschversuch bestimmt werden. Eine Kraft F, die über die Pole eines Partikels wirkt (siehe Abb. 2.28), bewirkt eine elastische Verformung des Partikels. Dies erzeugt eine proportionale Zugspannung im Mittelteil des Partikels in Richtungen senkrecht zur Aufbringungsrichtung von F. Die Polarkraft F_P wird progressiv erhöht, bis die innere Zugspannung die Zugfestigkeit des Partikels erreicht, woraufhin der Partikel auf einer Ebene durch den polaren Durchmesser zerbricht.

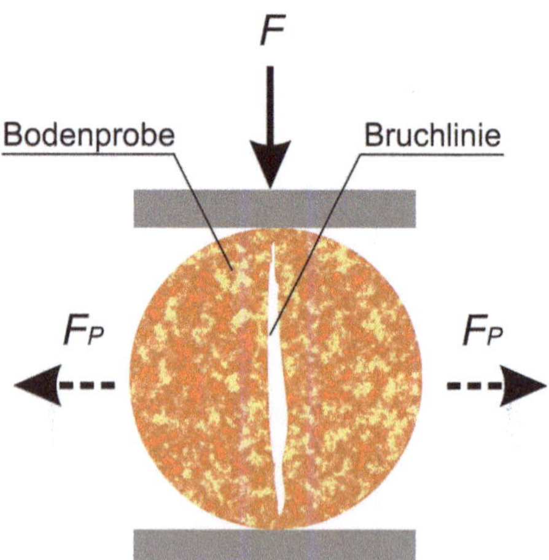

Abb. 2.28 Prinzip des Zugfestigkeitsversuchs

Die Methode wurde auch mit einer statistischen „Schwachstellentheorie" zur Bodenfestigkeit kombiniert, um ein quantitatives, physikalisch basiertes Maß für die Bodenbrüchigkeit zu erhalten. Dieses Maß für die Bröckeligkeit wurde verwendet, um den Einfluss einiger physikalisch-chemischer Eigenschaften der Oberflächen von Bodenpartikeln auf das mechanische Verhalten von Böden im Allgemeinen zu bestimmen.

2.3.8.4 Penetrationstest

Der Penetrationstest wird in vielen Bereichen der Technik eingesetzt, unter anderem bei Materialhärteprüfungen und Schmierstoffprüfungen. Das Prinzip des Penetrationstests ist, dass die kalibrierte Spitze des Penetrators (Kugel, Kegel oder andere Form) in das Testobjekt gedrückt wird. Folgende Größen werden gemessen: Eindringkraftwert, Eindringtiefe, Form und Größe der Abdruckfläche. Für den Boden wird der Penetrationstest mit einem kegelförmigen Penetrometer, dem Kegelpenetrometer, durchgeführt, das wahrscheinlich das häufigste Forschungsinstrument der Terramechanik ist. Damit wird der Eindringkraftwert erhalten. Diese Methode hat sowohl in der wissenschaftlichen Forschung als auch in der Ingenieurpraxis eine sehr breite Anwendung gefunden, weil sie die drei oben beschriebenen mechanischen Größen Scherfestigkeit, Druckstempelversuch und Bodenzugfestigkeit im physikalisch-mechanischen Sinne kombiniert. Ein sehr wichtiger Vorteil ist auch die Einfachheit des Penetrationstests und die Möglichkeit, unter Feldbedingungen zu arbeiten. Basierend auf den Ergebnissen, die mit einem Penetrometer erzielt wurden, gibt es viele Modelle, die die Traktionseigenschaften des Bodens, die Mobilität von Geländefahrzeugen sowie die Dynamik des Geländefahrens beschreiben (siehe Kap. 5 und 6). Methodische Aspekte des Penetrationstests sowie der verwendeten Geräte werden in Kap. 7 vorgestellt.

2.3.9 Schotterwege

Eine Schotterstraße ist eine unbefestigte Straße, die mit Zuschlagstoffen (Aggregaten) bedeckt ist. Als Material für die Oberfläche wird verwendet:

- Kies – loses Gestein verschiedener Zusammensetzung und Korndurchmesser 5 bis 60 mm
- Kiesmischung – eine natürliche Mischung aus Kies und Sand
- Schotter mit einem Korndurchmesser von 5 bis 25 mm wird in Fraktionen sortiert
- Splitt mit einem Korndurchmesser von 5 bis 25 mm, es wird nicht in Fraktionen sortiert
- Feinsplitt mit einem Durchmesser von 5 mm
- Schutt – Schotter mit einem Korndurchmesser von 25 bis 120 mm

Scharfkantige Materialien sind wünschenswerter, da sie sich aufgrund der Antriebskraft beim Fahren nicht wesentlich bewegen. Steine mit abgerundeten Kieselkanten sind anfälliger für Bewegung und Abwaschen durch Wasser. Schotterstraßen sind einfach und billig zu bauen. Sie benötigen keine spezielle Ausrüstung für ihre Konstruktion, die schrittweise von mehreren Schichten von Zuschlagstoffen oder Steinen ausgeführt wird. Schotterstraßen erfordern viel mehr Wartung, insbesondere nach Regenperioden und bei erhöhter Verkehrsbelastung. Die Wirkung der Räder von Fahrzeugen drückt das Material nach außen, was zur Bildung von Spurrillen, Schlaglöchern und letztendlich zur Zerstörung der Straße führt.

Die Kiesoberfläche sollte auf einen Untergrund gelegt werden, der verhindert, dass kleine Bodenpartikel in die Oberflächenschicht eindringen. Eine abgedichtete Schicht oder Geotextilien sollten auf den zusammenhängenden Boden unter der Kiesoberfläche gelegt werden. Das Aufbringen einer Trennschicht sollte gemäß der Formel gewährleisten, dass feine Bodenpartikel nicht in die Fahrbahnschicht eindringen:

$$\frac{D_{15}}{D_{85}} \leq 5 \tag{2.33}$$

mit:

D_{15} – die Größe des Siebs, durch den 15 % der Trennschicht verlaufen
D_{85} – die Größe des Siebs, durch das 85 % der Bodenkörner ins Substrat gelangen

Die Mindestdicke der Fahrbahnschicht nach der Verdichtung darf 7 cm nicht unterschreiten. Das Aggregat sollte mit einem Fertiger oder Grader in einer Schicht gleicher Dicke verteilt und mit einer glatten, statischen Walze mit einem Druck von mindestens 30 kN/m^2 verdichtet werden. Die Verdichtung kann erst beendet sein, wenn sich vor der Walze keine Wellen mehr bilden und das Korn mit einer Abstufung von weniger als 40 mm unter dem Druck des Rollenrads nicht in die Oberfläche drückt, sondern sich darauf zerquetscht. Die Schicht sollte mit einem Keil mit einer Korngröße von 4 bis 20 mm eingeklemmt werden, und dann mit Pulver 0,075 bis 4 mm. Ein Querschnitt einer typischen Schotterstraße ist in Abb. 2.29 dargestellt. Die Korngröße der Schotterstraße sollte variiert werden (innerhalb von 1 bis 5 mm), um ein besseres Kornkeilen zu gewährleisten und die Haltbarkeit zu erhöhen. Lose, größere Körner (nicht auf die Fahrbahn bezogen) behindern die Abkühlung und führen zu Unebenheiten. Um die Straße an größere Lasten anzupassen, wird ihre Dicke erhöht. Dadurch wird die Last auf eine größere Oberfläche übertragen.

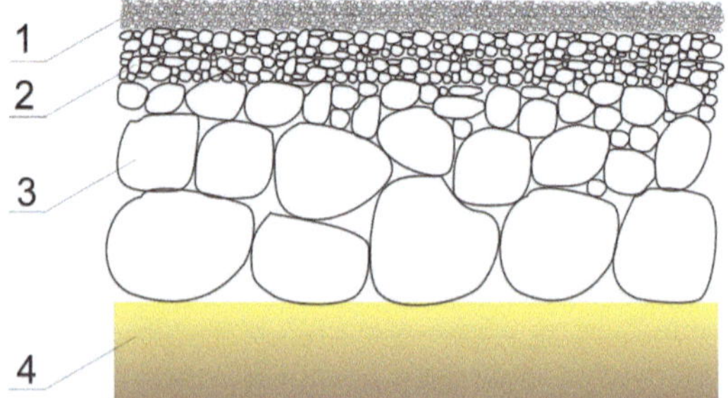

Abb. 2.29 Querschnitt einer typischen Schotterstraße. 1 – Kiesmischung, 2 – Keilsteine, 3 – Steine, 4 – Boden

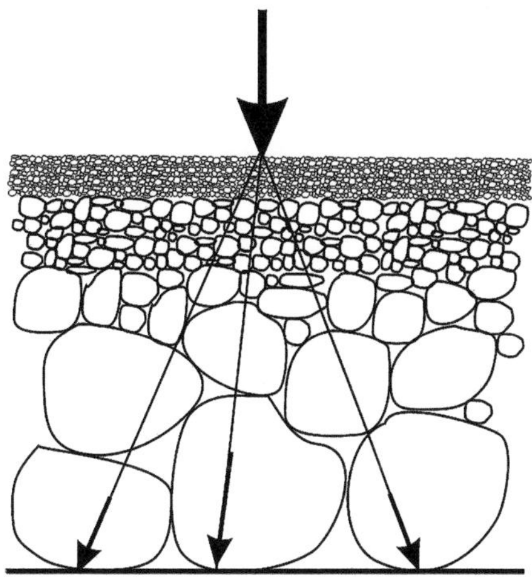

Abb. 2.30 Kraftverteilung durch Schichten der Schotterstraße

Dies verhindert die Verformung sowohl der Oberfläche als auch des Bodensubstrats (Abb. 2.30). Die beste Kraftverteilung wird durch Stapeln von Schichten unterschiedlicher Korngrößen erzielt, beginnend mit der größten. Die nächsten Schichten sollten Unebenheiten gegenüber den vorherigen ausgleichen, was zu einer mechanischen Verbindung zwischen den Körnern führt, hauptsächlich durch Verkeilen.

Schotterstraßen können in harte (oft leicht felsige oder schotterige) oder weiche unterteilt werden. Im ersteren Fall ist eine größere Ungleichheit zu erwarten. Das Fahren selbst unterscheidet sich nicht wesentlich vom Fahren auf einer Asphaltoberfläche, mit Ausnahme des kleineren Kraftschlusses. Auf weichen Schotterstraßen müssen jedoch die längere Reaktionszeit des Fahrzeugs auf Lenkbewegungen berücksichtigt werden. Andererseits sind die Ungleichheiten weniger auffällig. Gut ausgebaute und ebene Schotterstraßen eignen sich für Fahrgeschwindigkeiten von bis zu 100 km/h. Auf einer Schotterstraße kann man beispielsweise im Vergleich zu einer Sandstraße nicht stecken bleiben, sodass keine Untersetzungsgetriebe und Allradantrieb erforderlich sind. Das Fahren auf einer Schotterstraße erfordert jedoch viel mehr Aufmerksamkeit. Aufgrund der abwechslungsreichen Fahrbahn ist es leichter, die Kontrolle über das Auto zu verlieren. Neben Schlaglöchern, Spurrillen und langen felsigen oder sandigen Graten an den Rändern oder in der Mitte der Straße bestehen auf Schotterstraßen Probleme mit Steinen, die die Reifen einschneiden oder durchstoßen können. Darüber hinaus können von den Rädern aufgeschleuderte Steine das Fahrgestell, die Leuchten oder die Scheiben des Fahrzeugs beschädigen. Wenn zwei Fahrzeuge mit hoher Geschwindigkeit aneinander vorbeifahren, verringert Staub, der unter den Rädern entsteht, die Sicht.

Die Schotterstraße erzeugt Staub. Die Art und die Menge des erzeugten Staubes variiert je nach Art des zum Bau der Trennschicht verwendeten Materials sowie der Art und der Intensität des Autoverkehrs. Die Summe der jährlichen Niederschläge ist signifikant. In Bereichen, die durch viel Feuchtigkeit gekennzeichnet sind, ist in der Nähe solcher Straßen viel weniger Staub sichtbar. Staub kann das Fahren erheblich behindern und die

Gesundheit und das Leben von Mensch und Tier gefährden (Lungenstaubkrankheiten). Die Staubeigenschaften können je nach Qualität und Zusammensetzung des verwendeten Kieses variieren. Beispielsweise kann etwas Kalksteinkies während der Trockenzeit erhebliche Staubmengen produzieren. Einige natürliche Gesteinsarten mit einem gewissen Tongehalt haben bessere Bindungseigenschaften und daher wird beim Fahren auf solchen Oberflächen weniger Staub erzeugt. Es ist jedoch zu beachten, dass eine geringe Menge Feuchtigkeit die Staubproduktion erhöht. Es gibt Methoden, um die Bindung des für den Bau einer Schotterstraße verwendeten Materials zu erhöhen, sie sind jedoch mit höheren Bau- und Wartungskosten verbunden. Zu diesem Zweck werden Calcium- oder Magnesiumchloride mit hygroskopischen Eigenschaften verwendet, die die Luftfeuchtigkeit aufnehmen und auf der Fahrbahnoberfläche halten. Es können auch Harze verwendet werden, die als Nebenprodukt der Zellstoffindustrie entstehen. In tonigen Gebieten werden natürlich vorkommende Tone verwendet, deren Plastizität auch das Risiko der Staubbildung verringert. Die genannten Materialien können zur Oberflächenbehandlung verwendet oder mit etwas Kies gemischt werden.

Auf Schotterstraßen können unebene Oberflächen auftreten, die dazu führen können, dass Fahrer die Kontrolle über das Fahrzeug verlieren oder Fahrzeuge aufgrund übermäßiger Vibrationen beschädigt werden. Unebenheiten treten am häufigsten in der Nähe von Kreuzungen auf, da sie beim Anhalten oder Bremsen entstehen. Sie können sich auch bilden, wenn die Straßen von schweren Lastwagen benutzt werden. In Gebieten mit höherem Niederschlag können das für die Entwässerung erforderliche Straßenprofil und die offenen Gräben an den Straßenrändern dazu führen, dass Fahrzeuge mit hohem Schwerpunkt umkippen. Dies gilt insbesondere dann, wenn sich das betreffende Fahrzeug nicht in der Nähe der Straßenkrone befindet. Viele Schotterstraßen sind nur einen Fahrstreifen breit oder nur ein wenig mehr, was bei höheren Geschwindigkeiten besondere Vorsicht erfordert. Unabhängig davon, ob die Straße glatt oder holprig ist, muss die Geschwindigkeit um mindestens 20 % unter dem Grenzwert gehalten werden.

Beim Fahren eines Autos auf Schotterstraßen ist fast immer ein Radschlupf vorhanden, insbesondere an den Antriebsrädern. Unkontrolliertes Schleudern führt zum Verlust der Kontrolle über das Auto. Die Laufleistung hängt von den Eigenschaften des Fahrzeugs ab, die als Über- und Untersteuern bezeichnet werden. Übersteuern bedeutet, dass die Vorderachse zu jedem Zeitpunkt mehr Traktion hat, sodass zuerst an den Hinterachsrädern ein Schleudern auftritt. Untersteuern ist das Gegenteil von Übersteuern: Die Räder der Vorderachse rutschen geradeaus, ohne das Fahrzeug zu kontrollieren. Die Überprüfung des Reifendrucks ist sehr wichtig. Der richtige Druck hängt vom Gewicht der Last ab. Für ein leicht beladenes Fahrzeug beträgt der optimale Reifendruck ca. 1,8 Bar.

Wenn bergauf gefahren wird, ist es wichtig, am Straßenrand zu bleiben. Während des Abstiegs sollte sich das Auto jedoch nicht ungebremst bewegen dürfen. Wenn die Fahrgeschwindigkeit zu hoch ist (das Auto beschleunigt aufgrund der Schwerkraft), sollte vorsichtig gebremst werden, insbesondere vor dem Abbiegen, um die Geschwindigkeit auf ein sicheres Niveau zu reduzieren.

Beim Fahren eines Motorrads auf einer Schotterstraße ist die richtige Fahrerposition wichtig. Eine stehende Position ermöglicht es, in einem viel größeren Bereich zu balancieren, wodurch ein unebenes Gelände sicher überwunden werden kann. Das Arbeiten mit den Beinen und nicht mit den Händen ist eher für das Lenken auf derart befestigten Fahrbahnen geeignet. Bei hohen und mittleren Geschwindigkeiten sollten sie vorrangig für die Richtungswechsel verwendet werden. Wenn man sich beispielsweise nach rechts dreht, versteift man das rechte Bein leicht und verlagert sein Gewicht darauf, während das linke Knie leicht gebeugt wird. Der Schwerpunkt verschiebt sich dann nach rechts, wodurch das Motorrad nach rechts abbiegt. Das Arbeiten mit Gas, Kupplung und Bremsen ist eine weitere Tätigkeit, die beim Befahren von Schotterstraßen wichtig ist. Hierbei ist zu beachten, dass das Vorderrad in schwierigem Gelände leichter rutschen kann. Deshalb ist eher die Hinterradbremse zur Geschwindigkeitsreduzierung zu nutzen. Zur Verringerung der Geschwindigkeit sollte das Gaswegnehmen nicht eingesetzt werden, da dies zu einem Verlust des Grips führen kann. Es ist sinnvoller, das vom Motor auf die Räder übertragene Drehmoment durch Anziehen der Kupplung zu reduzieren. Deswegen sollte der Kupplungshebel mit einem oder zwei Fingern gehalten werden, damit die anderen Finger den Lenker festhalten können. Beim Fahren auf losen Oberflächen wie Schotter ist der Hinterradschlupf natürlich. Während des Schleuderns sollte der Auslenkungswinkel des Hinterrads durch Gegensteuern des Lenkers und das Arbeiten mit der Kupplung gesteuert werden. Es ist eine schlechte Angewohnheit, die Kupplung nicht zu benutzen und Gas wegzunehmen, wenn der Auslenkungswinkel zu groß ist, da dies einem unkontrollierten Ausbrechen des Motorrads in die entgegengesetzte Richtung führen kann.

2.3.10 Fazit

Modelltheorien ersetzen das Material unbekannter Struktur durch ein Modell, das sich dem realen Material ähnlich verhält. Die Elemente des Modells haben keine Entsprechungen im realen Material und darüber hinaus repräsentieren sie die Eigenschaften perfekter Körper, die in der Realität nicht existieren. Sie sind daher mathematische Idealisierungen und dienen zur Veranschaulichung eines Systems von Differenzialgleichungen, die die mechanischen Eigenschaften des betrachteten Körpers beschreiben.

Aus praktischer Sicht ist es wichtig, wie kompliziert die mathematische Beschreibung des Verhaltens des getesteten Materials ist, und zwar im Hinblick auf die Schwierigkeit, eine Lösung für den gewünschten speziellen Fall zu erhalten. In der Regel sind Integrallösungen komplexer Differenzialgleichungssysteme nur durch numerische Näherungen möglich. Je komplexer das Modell ist, desto größer ist die Anzahl der erforderlichen Iterationen. Daher ist es das Ziel, auf der einen Seite das optimale Modell, das möglichst genau die Eigenschaften, die von Interesse sind, beschreibt, und auf der anderen Seite die einfachste mathematische Beschreibung zu wählen.

Im Kap. 3 werden verschiedene Modelle des Zusammenwirkens zwischen dem Rad bzw. dem Kettenglied und dem Boden vorgestellt. Es wird sowohl sehr einfache als auch komplizierte Modelle geben. Grundsätzlich basieren alle auf den im obigen Kapitel vorgestellten Modellen. Ein separates Thema sind Computerprogramme, die sowohl für technische als auch für Forschungszwecke verwendet werden.

2.4 Auswirkungen der Pflanzenvegetation

Abhängig vom lokalen Klima und der beabsichtigten Nutzung des Gebiets gibt es eine vielfältige Vegetation, die von großer Bedeutung für die mechanische Bodenfestigkeit ist und die Mobilität beeinträchtigt. Im Allgemeinen kann man bewachsene und karge Gebiete, beispielsweise Wüsten, unterscheiden. Das Gebiet kann entweder mit wild lebenden Pflanzen bewachsen sein, ohne dass Menschen eingreifen müssen, oder mit Ackerflächen, Wiesen und Weiden, auf denen der Mensch durch landwirtschaftliche Eingriffe die Vegetation beeinträchtigt. Im Allgemeinen ist die Verkehrsfähigkeit des Ackerlandes leichter zu bestimmen als die der Wildnis. Ein Beispiel für ein wildes Gebiet sind Torfmoore.

2.4.1 Moschus

Moschus (Muskeg) ist ein Begriff, der verwendet wird, um einen bestimmten Bodentyp zu beschreiben, der in Moorlandschaften vorkommt. Es hat einen hohen Säuregehalt und einen schlechten Nährstoffgehalt. Die Landschaft rund um Moschusböden ist häufig von Feuchtgebieten, Torf, Sphagnummoos und verkümmerten Nadelbäumen geprägt. Moschus entsteht in Bereichen, in denen das Wasser aufgrund einer Schicht aus Ton, Permafrost oder Grundgestein im Boden nicht abfließen kann [34, 35].

Um als Moschus eingestuft zu werden, muss der Torf im nicht abgetropften Zustand mindestens 450 mm und im abgetropften Zustand mindestens 300 mm dick sein und einen Aschegehalt von weniger als 80 % aufweisen Abb. 2.31. Aus terramechanischer Sicht ist Torf oder Moor im Vergleich zu den meisten mineralischen Böden stark komprimierbar

Abb. 2.31 Typisches organisches Gelände. (**a**) Oberflächenvegetation, (**b**) Matte aus lebenden Wurzeln, (**c**) Torfmoos, (**d**) anorganischer Boden

und zeichnet sich durch einen sehr hohen Wassergehalt und eine extrem niedrige Tragfähigkeit aus. Die Befahrbarkeit von Moschus hängt in hohem Maße von der Stärke der Vegetationsmatte ab, die über dem weichen Torf oder Moor darunterliegt. Die Mobilität eines Fahrzeugs hängt vom Erfolg des Fahrzeugs ab, die Stärke der Matte effektiv zu nutzen, ohne sie zu zerreißen oder zu zerbrechen. Zum Beispiel hat die schwedische Armee Pflanzen als Indikatoren für die Befahrbarkeit von Gelände verwendet. Sie erhielten Daten unter Verwendung eines Kegelpenetrometers, einer Scherflügelsonde und eines Bevameters sowie einer Pflanzenidentifikation zusammen mit Verkehrsfähigkeitsmessungen und stellten fest, dass die Vegetation der Hauptfaktor für die Verkehrsfähigkeit war. Da die vegetative Matte sehr weichen Torf überlagert, hängt der Grad der Fahrzeugmobilität von der Flotation und Traktion ab, die von der Matte bereitgestellt werden. Darüber hinaus kann durch wiederholtes Befahren der Matte feinkörniges Moor auf die Mattenoberfläche gepumpt werden, wodurch die Traktion durch Rutschgefahr verringert wird. Die Fähigkeit der Matte, Fahrzeuge zu stützen, wird durch die Gesamtzugfestigkeit der Vegetation und die ineinandergreifenden Wurzelstämme gewährleistet.

Ein Klassifizierungssystem für Moschus wurde von Radford vorgeschlagen (in: Shoop et al. [34]). Das Klassifizierungsschema basiert auf der Vegetation, dem enthaltenen Torf oder Moor, dem darunter liegenden materiellen Boden und der Topografie. Dies ist in das System von neun Deckungsklassen für reine Vegetation integriert, wie in Tab. 2.6 dargestellt. Da die Vegetation normalerweise gemischt ist, wird das Gelände durch Kombinationen von zwei oder mehr Klassen gekennzeichnet, die Bezeichnung beginnt mit einem Buchstaben der bekanntesten Klasse. Tab. 2.6 enthält sieben gängige Moschusfässer Tab. 2.7.

Tab. 2.6 Strukturelle Klassifizierung der Pflanzendecke von Moschusfass

Pflanzendecke	Symbol	Textur	Form	Beispiel
Bäume > 5 m	A	4,5 m	Baumform	Fichte, Lärche
Bäume < 5 m	B	1,5–4,5 m	Junger oder zwergartiger Baum oder Busch	Fichte, Lärche, Weide, Birke
Strauch 0,5–2 m	D	0,6–1,5 m	Hoher Strauch oder sehr zwergartiger Baum	Weide, Birke, Labrador-Tee
Strauch	E	0,5 m	Niedriger Strauch	Heidelbeere, Lorbeer
Kriechender Strauch Breitblättrige Kräuter	G	Bis zu 0,6 m	Einzelne oder lose Assoziation	Orchidee, Kannenpflanze
Segge 1–3 m	C	0,6–1,5 m	Hoch, grasartig	Gräser
Seege <1 m	F	Bis zu 0,6 m	Matten, Klumpen oder Flecken	Seggen, Gräser
Moos	I	Bis zu 0,1 m	Oft Endlosmatten	Moose
Flechte	H	Bis zu 0,1 m	Endlosmatten	Flechten

Tab. 2.7 Eigenschaften von sieben gemeinsamen Moschusgebieten

Symbol	Topografische Merkmale	Unterirdische Torfstruktur
AE	Unregelmäßiger Torf	Grob, faserig, holzig
AEH	Unregelmäßiger Torf, Felsgehege	Holzig, grobfaserig
DFI	Ufer des Baches	Holzpartikel in feinen Nichtholzfasern
DIE	Ufer des Baches, Grate	Holzpartikel in feinen Nichtholzfasern
EH	Ebene Torfplateaus	Holzige und nicht holzige Partikel in faserigen
EI	Grate, Hügel	Holzpartikel in nicht holzigen Feinfasern
FI	Hügel, geschlossene und offene Teiche, Niederungen	Amorph, körnig, nicht holzig, feinfaserig

Die Anwendung von Messtechniken auf Moschus ist problematisch. Viele der herkömmlichen Techniken zur Messung der Bodenfestigkeit liefern kein ausreichendes Maß für die Zugfestigkeit der Vegetationsmatte und charakterisieren daher das Gelände für die Verkehrsfähigkeit nicht ausreichend. Trotzdem wurden einige Erfolge mit dem Kegelpenetrometer, der Scherflügelsonde und dem Bevameter verzeichnet. Es gibt Instrumente, die speziell zur Messung der Zug- oder Reißfestigkeit von Moschus- und Vegetationsmatten entwickelt wurden. Zum Beispiel das Muskeg Fluke, das aus mehreren Stacheln besteht, die in die Vegetation eingesetzt und an einem Kabel befestigt sind, auf das eine Kraft ausgeübt wird. Ein anderes Beispiel ist eine vertikale Platte, die in die Vegetationsmatte eingefügt wird und auf die eine Kraft durch Ziehen mit einer an einem Fahrzeug montierten Winde aufgebracht wird. Einige Ergebnisse zeigten, dass die Vegetationsbedeckung eine drei- bis fünfmal höhere Reißfestigkeit aufweist als der Boden (Sand).

Ein zusammenfassender Bericht, der mehrere Jahre Forschungsarbeit für Waldoperationen auf Torfgebieten in Finnland beschreibt, legte nahe, dass die traditionellen Festigkeitsmessungen singuläre Werte ergeben, während kontinuierliche Informationen für die Abschätzung der Fahrzeugmobilität besser geeignet sind. Basierend auf der Bewertung von Torfmooren unter Verwendung von Kegelpenetrometern, Scherflügeln und Bevametern sowie eines Bodenradars zur Bewertung von Torftiefe und Wassergehalt stellen sie fest, dass die Stärke von Torf in direktem Zusammenhang mit dem Feuchtigkeitsgehalt und der Tiefe steht. Ein Verkehrsfähigkeitsindex basierend auf der Scherfestigkeit der Schaufeln und der Klasse der Oberflächenfeuchten wurde entwickelt [34].

2.4.2 Auswirkungen der vom Menschen gepflanzten Vegetation

Die oben beschriebenen Aspekte der Bodenverfestigung durch Torfvegetation beziehen sich auf natürliche Bedingungen, unter denen sich die Vegetation ohne menschliches Zutun entwickelt. Es ist jedoch möglich, das Gelände mit speziell ausgewählter Vegetation zu bepflanzen, um den Boden zu verstärken. Eine solche Situation tritt bei Hängen, Gefällen, Straßenrändern, unbefestigten Zufahrtsstraßen oder Grasflughäfen auf. In den folgenden Abschnitten analysieren wir den Einfluss des Wurzelsystems und grüner (oberirdischer) Pflanzenteile auf die mechanischen Eigenschaften des Bodens und seine Befahrbarkeit [36].

2.4.2.1 Einfluss des Wurzelsystems auf die Bodenfestigkeit

Da die meisten Böden eine sehr geringe Zugfestigkeit aufweisen, wirken die Wurzeln der Oberflächenvegetation wie ein Fasernetzwerk und verleihen den Böden eine Zugfestigkeit, die der des Betonstahls entspricht. Dies ist besonders hilfreich in gesättigten Böden, in denen die Spannungsfestigkeit noch geringer ist. Die Stabilisierung von Hängen zur Minimierung von Erdrutschen gehört zur Verwendung von Vegetation als Bodenverstärkung. Aber nicht nur. Freizeitgräser sind beispielsweise solche, mit denen hochwertige Grünflächen wie Parks, öffentliche Straßenränder oder grasbewachsene Flugplätze angelegt werden.

Das Entwurzeln ist ein wichtiger Faktor, wenn die Bodenverstärkung durch eine bestimmte Vegetation in Betracht gezogen wird. Basierend auf den Ergebnissen von Ennos [37] ist die Verankerungskraft der Wurzeln proportional zu ihrer Länge, jedoch nur bis zu einer kritischen Länge. Wurzeln, die länger sind, reißen, bevor ihre unteren Regionen gedehnt werden.

Bei der Bestimmung des Einflusses der Vegetation auf die Bodenfestigkeit und die Verkehrsfähigkeit sollte die Rolle sowohl der Wurzelsteifigkeit als auch der Wurzel-Boden-Haftung berücksichtigt werden. Eine Methode ist der Schertest, der an Bodenproben mit Wurzeln durchgeführt wird. Eine andere ist der Scherversuch des Bodens mit Vegetation in situ. Basierend auf der allgemeinen Coulomb-Gleichung schlugen Gray und Barker [38] ein Modell der Scherfestigkeit τ_W von Wurzelböden vor:

$$\tau_W = C + \Delta\tau + \sigma \tan\Phi \tag{2.34}$$

Der Ausdruck $\Delta\tau$ kann durch die folgende Gleichung ausgedrückt werden:

$$\Delta\tau = t_W \left(\sin\Theta + \cos\Theta \tan\Phi\right) \tag{2.35}$$

Beim Scheren eines wurzelverstärkten Bodens sind drei verschiedene Reaktionsszenarien möglich, nämlich Wurzelbrechen, Dehnen und Rutschen.

2.4.2.1.1 Wurzelbruchmodus

In diesem Modus ergibt sich die Erhöhung der Bodenfestigkeit aus der vollständigen Mobilisierung der Zugfestigkeit der Wurzelfasern T_W. Die mobilisierte Zugspannung t_W der Wurzelfasern pro Flächeneinheit des Bodens ist in diesem Fall gegeben durch:

$$t_W = T_W \frac{A_W}{A_B} \tag{2.36}$$

Das Einsetzen von Gleichung (2.5) in Gleichung (2.4) ergibt die vorhergesagte Zunahme $\Delta\tau$ der Scherfestigkeit aufgrund der vollständigen Mobilisierung der Wurzelzugfestigkeit:

$$\Delta\tau = T_W \frac{A_W}{A_B}\left(\sin\Theta + \cos\Theta \tan\Phi\right) \tag{2.37}$$

2.4.2.1.2 Wurzeldehnungsmodus

Das Fehlen einer ausreichenden Faserdehnung in Verbindung mit den Anforderungen an die Dehnungskompatibilität kann die Mobilisierung der Zug- oder Bruchfestigkeit der Wurzelfasern verhindern. In diesem Fall wird die mobilisierte Zugfestigkeit t_R durch den Betrag der Dehnung bestimmt. Das Faserzugmodul ist in dieser Situation ein kritischer Faktor. Eine Kraft-Gleichgewichts-Analyse liefert folgende Ausdrücke für die mobilisierte Zugspannung t_W pro Flächeneinheit Boden [38]:

$$t_W = k\beta \frac{A_W}{A_B} \tag{2.38}$$

womit:

$$k = \sqrt{\left(4z\tau_B \frac{E_W}{D}\right)} \tag{2.39}$$

und

$$\beta = \sqrt{\left(\sec\Theta - 1\right)} \tag{2.40}$$

Durch Einsetzen der Gl. 2.35, 2.37 und 2.39 in die Gl. 2.36 wird die vorhergesagte Erhöhung der Scherfestigkeit durch Mobilisierung des Wurzelzugwiderstands durch Dehnen gegeben durch:

$$\Delta\tau = k\beta \frac{A_W}{A_B}\left(\sin\Theta + \cos\Theta \tan\Phi\right) \tag{2.41}$$

Dieser Ausdruck zeigt an, dass die Zunahme der Bodenscherfestigkeit umgekehrt mit der Quadratwurzel des Wurzeldurchmessers variiert. Dementsprechend sind bei gleichem RAR zahlreiche Wurzeln mit kleinerem Durchmesser wirksamer als einige wenige große Wurzeln.

2.4.2.1.3 Wurzelrutschmodus

Wenn die Wurzeln sehr kurz und natürlich und geringen Zwangsspannungen ausgesetzt sind, können sie beim Scheren des Wurzel-Boden-Verbundstoffs leicht rutschen oder gleiten. Sie werden jedoch weiterhin zur Verstärkung beitragen. Bei beginnendem Schlupf ist die maximale Spannung in einer Wurzelfaser T_N gegeben durch:

$$T_N = 2\tau_B \frac{L}{D} \tag{2.42}$$

2.4.2.1.4 Laboruntersuchungen zur Scherfestigkeit von Wurzelböden

Goldsmith (in: Shoop et al. [34]) testete Feldproben in einer Laborscherbox auf Segge, Rutenhirse und zwei Baumarten. Der Bodenproben bestand aus lehmigem Sand, der aus Ablagerungen von Gletscherspülungen und Lacken stammte. Es wurde eine relative Festigkeitssteigerung von 472 % für Switchgrass, 445 % für Black Willow, 262 % für Tussock Sedge und 216 % für Cottonwood bei gleicher Verdrängung gefunden. Die Scherspannung in den meisten Wurzelblöcken stieg am Ende des Tests immer noch an (maximale Verschiebung von etwa 15 cm), was darauf hinweist, dass während der Schertests kein Wurzelzugversagen auftrat. Wurzeldehnung oder -abrutschen statt -bruch war die häufigste Bedingung während des Versagens.

Pirnazarov et al. [39] und Pirnazarov und Sellgren [40] entwickelten einen neuen Laborschertest für baumwurzelverstärkte Böden, bei dem die Scherung auf zwei Ebenen angewendet wird und verschiedene Wurzelanordnungen berücksichtigt werden (Abb. 2.32). Dies simuliert die Rad-Boden-Wechselwirkung, bei der Scherung in zwei vertikalen Ebenen auftritt, die parallel zur Richtung der aufgebrachten Radlast und senkrecht zur Wurzelschicht (für Bäume) verlaufen. Das Hauptzweck bestand darin, den Prozess für die Entwicklung von leistungsstarken und umweltfreundlicheren Forstmaschinen der neuen Generation zu unterstützen.

Vorläufige Ergebnisse von Messungen mit dem Gerät zeigen, dass die normale Scherspannung in einem bewurzelten Boden proportional zur Anzahl der Wurzelproben und zum Verhältnis der Wurzelquerschnittsfläche zur Bodenfläche der Scherebenen zunimmt. Wurzeln können auch als zusätzlicher Faktor für die Bodenbindung behandelt werden, ohne die Bodenreibung zu beeinträchtigen, solange die Wurzeln ungebrochen bleiben. Die Autoren schlugen eine durchwurzelte Bodentragfähigkeit vor, die auf einer Fahrspurtiefe von weniger als 0,1 m basiert:

$$Q_W = (C + 2\Delta\tau)N_C + 0{,}1\gamma_B N_\Phi + \frac{B}{2}\gamma_B N_\gamma \tag{2.44}$$

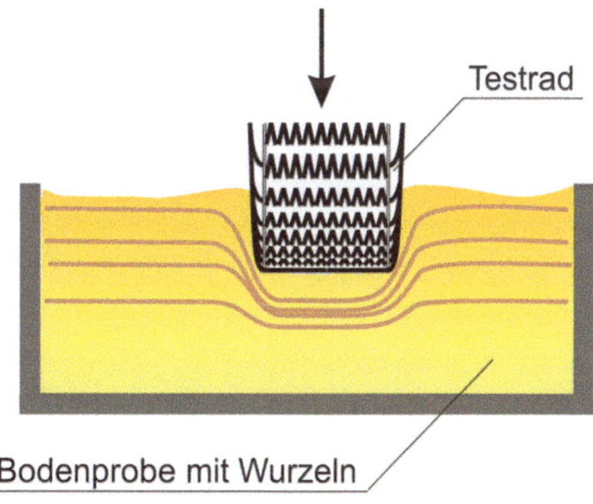

Abb. 2.32 Laborschertest für baumwurzelverstärkte Böden nach Pirnazarov et al. [39]

womit: B – Breite der Belastungsfläche [m], C – Bodenkohäsion [kPa], N_c, $N_\varnothing$, N_γ – Bodentragzahl, Q_W – Endtragfähigkeit des wurzelpenetrierten Bodens [kPa], $\Delta\tau$– Bodenverstärkung durch Wurzeln [kPa], γ_B – Bodengewichtsdichte [N/m3].

2.4.3 Einfluss grüner (oberirdischer) Pflanzenteile

Das OPAL-Programm (Optimal Allocation Land for Training and Non-Training Uses) der US-Armee umfasste Forschungsaktivitäten zu den Auswirkungen der Vegetation auf die mechanischen Eigenschaften des Bodens und die Leistung des Fahrzeugs im Gelände. Affleck et al. [41] und Shoop et al. [36] untersuchten den Einfluss der Bodenbedeckung, auch als Biomasse bezeichnet, auf die Bodenoberflächenfestigkeit. Sie verwendeten vier verschiedene Testmethoden, nämlich den Godwin-Fallkegel (auch als dynamisches Fallkegel-Penetrometer bekannt), das Kegelpenetrometer, den Clegg-Schlaghammer (CIH) und die Pilcon-Scherflügelsonde. In diesem Projekt wurden sechs Testfelder aus drei Böden errichtet: Feinsand-, Lehmlehm- und Lehmböden mit oder ohne Vegetation (Saat- oder Grasnarben). Die Messungen wurden am U.S. Army Engineer Research and Development Center, Cold Regions Research and Engineering Laboratory (ERDC-CRREL), in Hanover, NH, durchgeführt. Die Forscher verwendeten entweder Raster- oder Pfropfenvegetationsprobentechniken, um die ober- und unterirdische Biomasse zu quantifizieren, und analysierten dann die Beziehungen zwischen verschiedenen Biomassequantifizierungsparametern und den vier mechanischen Bodenfestigkeits-/Schermessungen für diese spezifischen Vegetationsbedingungen.

Bei Sand wurde durch Messung mit der Pilcon-Scherfahne festgestellt, dass für nahezu alle Biomassemessungen ein Anstieg der Biomasse zu einer erhöhten Scherfestigkeit führte. Bei Ton hingegen wurde die Scherfestigkeit nur durch die oberirdische Biomasse mit dem Gewicht der Blätter beeinflusst. Die unterirdische Biomasse zeigte keinen Einfluss auf die Scherfestigkeit des Tons.

Zusätzlich wurde im Rahmen dieses Teils des OPAL-Programms eine neue Methode zur Messung und Quantifizierung der vegetativen Bodenscherfestigkeit entwickelt, nämlich der Vegetation and Soil Shear Tester (VASST). Die Trends in den mit dem VASST gesammelten Daten folgen denen in den Daten, die mit vier oben genannten Standardinstrumenten zur Bodenfestigkeit (Godwin-Fallkegel, Kegelpenetrometer, CIH und Pilcon-Scherflügelsonde) gesammelt wurden. Die vorläufige Bewertung ergab, dass die VASST-Daten in enger Beziehung zur Pilcon-Scherflügelsonde standen und dass VASST im Allgemeinen gegenüber Vegetation empfindlicher war als herkömmliche Bodenstärkemessungen (MacDonald und Shoop [42]).

Die Forschung von Shoop et al. [36] widmete sich den Zusammenhängen zwischen der Biomassemenge und allen drei Festigkeitsmessungen. Diese Autoren stellten fest, dass die oberirdischen Biomasseparameter im Allgemeinen bessere Indikatoren für den Einfluss auf die Festigkeit waren. Zu diesen Indikatoren gehören:

- Das oberirdische Blattgewicht
- Die Blattlänge
- Die Blattoberfläche

2.4.3.1 Analyse und Messungen der mechanischen Eigenschaften von Grünpflanzenteilen

Chan et al. [43] haben eine Untersuchung der Variation der Biegemomentkapazität entlang der Grasschicht durchgeführt. Die Biegetests wurden an einem einfachen Trägerrahmen (Abb. 2.33) durchgeführt, bei dem die Probe mit der oberen Epidermis nach unten von zwei vertikal einstellbaren Aluminiumblechen in einem Abstand von 100 mm gehalten wurde.

Die Last wurde in der Mitte der Spannweite durch einen Aluminiumbügel auf den markierten Mittelpunkt jeder Probe aufgebracht, und die Last bis zum Bruch allmählich erhöht. Die Biegeachse wurde so angeordnet, dass sie das normale Biegen von Gras in seinem natürlichen Zustand simuliert, wo sich die Grashalme durch ihr Eigengewicht nach hinten biegen.

Da die Mittelrippe des Grases im Querschnitt ungefähr elliptisch ist, wird ein einfaches Modell der Mittelrippe vorgeschlagen, bei dem das Mittelrippensegment einem elliptischen Ringabschnitt mit den Durchmessern D_1 und D_2 angenähert ist, wobei $0{,}8D_1$ der Durchmesser der Hauptachse und $0{,}8D_2$ der Durchmesser der Nebenachse sind. Anhand dieses Modells wurde der Biegefestigkeitsindex S des untersuchten Grases wie folgt bestimmt:

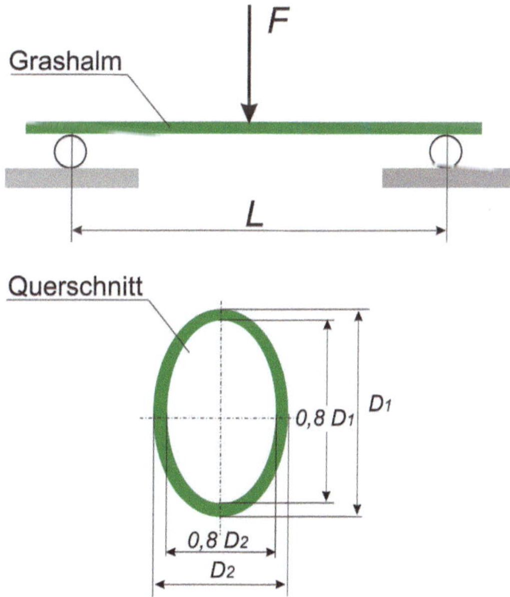

Abb. 2.33 Die Biegetests für Gras nach Chan et al. [43]

$$S = \frac{\pi}{32}\left(1-0{,}8^4\right)D_1^2 D_2 \tag{2.45}$$

Die Biegefestigkeit B des Grashalmes ist definiert als die Beanspruchung, bei der ein Versagen auftritt. Sie entspricht den durch die Versagenslast P induzierten Biegemomenten:

$$B = \frac{8PL}{\pi\left(1-0{,}8^4\right)D_1^2 D_2} \tag{2.46}$$

Tests haben gezeigt, dass die Biegemomentkapazität im distalen Drittel sehr gering ist, sich jedoch linear zum mittleren Drittel erhöht und im proximalen Drittel im Allgemeinen konstant ist. Unter Verwendung des Strukturmodells für die Mittelrippe zeigen die Ergebnisse, dass die maximale Biegespannung der Mittelrippe über die Länge des Grases ziemlich konstant bleibt.

Kolowca et al. [44] untersuchten die mechanischen Eigenschaften des Miscanthusgrases. Sie führten Festigkeitsprüfungen durch, bei denen eine Strohprobe mit bekannten Querschnittsabmessungen und bekannter Länge statisch be- und entlastet wurde. Sie maßen die Auslenkung des Strohhalms unter Last. Basierend auf den Messergebnissen ermittelten sie das Elastizitätsmodul und die Biegefestigkeit für einzelne Internodien entlang des Halmes.

2.4.3.2 Modellierung der Grasoberflächen

Einfache Konstruktionsmodelle berücksichtigen Gras als homogenen Schadstoff auf der Pistenoberfläche und beschreiben ihn anhand des Rollwiderstandskoeffizienten oder des Bremsreibungskoeffizienten. Ein wichtiger Faktor ist die Graslänge, ein weiterer ist die Feuchtigkeit. Stinton [45] gibt eine Klassifikation des Grases an und unterscheidet kurzes trockenes und kurzes nasses Gras, langes trockenes und langes nasses Gras, wobei die jeweiligen Werte der Rollwiderstandskoeffizienten angegeben werden. Dieselbe Literaturstelle führt die folgende Graslängenskala wie folgt ein: frisch geschnittener, kurzer, typischer Sommerflugplatz, lang, aber brauchbar, üppig: zu lang mit entsprechenden Blattlängen in Zoll (0–2, 2–4, 4–6), 6–10 und 10–12) mit der Warnung, dass die Länge der Grashalme nicht der Standhöhe entspricht. Es besteht jedoch keine Korrelation zur Radleistung. Nach landwirtschaftlichen Handbüchern weist Gras messbare physikalische Eigenschaften wie Biege- und Verdichtungsfestigkeit und Reibung auf. Für eine bestimmte Grasart besteht ein starker Zusammenhang zwischen den physikalischen Eigenschaften der Grashalme und ihrer Feuchtigkeit. Diese Eigenschaften sind für die Auslegung von landwirtschaftlichen Geräten wichtig und können wahrscheinlich bei der Vorhersage der Leistungen eines Flugzeugs hilfreich sein. Beispielsweise kann nach Kanafojski [46] die Biegefestigkeit eines einzelnen Grashalms nach folgender Gleichung bestimmt werden:

$$EJ = \frac{FL^3}{3f} \tag{2.47}$$

wobei: E – Elastizitätsmodul, J – Massenträgheitsfaktor, F – auf einen Grashalm ausgeübte Kraft, L – Abstand zwischen dem Boden und einem Punkt, an dem die Biegekraft ausgeübt wird, f – Durchbiegung des Halmes.

Die Werte des EJ in Ncm^2 variieren zwischen $1{,}5 \times 10^2$ und 10^3 für Grasblätter sowie zwischen 10^4 und 10^5 für Grashalme. Kanafojski [46] gibt auch Beispielwerte für Reibungskoeffizienten für Grashalme und verschiedene Materialien (Stahl, Gummi, Holz) sowie für die innere Reibung zwischen Grasarten an. Darüber hinaus wird in derselben Literaturstelle der Einfluss der Geschwindigkeit auf die Grasstahlreibung angegeben. Innerhalb des Geschwindigkeitsbereichs von 10 bis 300 mm/s ändert sich μ von 0,15 bis 0,30, wobei die Beziehung exponentiell ist. Diese Daten haben eine fundamentale Bedeutung, während Cenek et al. [47] Werte für Reifen-Gras-Reibungskoeffizienten angegeben haben. Diese Autoren haben zwei Messmethoden angewendet, das Ziehen von Reifen und das Bremsen mit arretiertem Fahrzeug, die in den beiden Tests erhaltenen μ-Werte variieren signifikant (0,59 gegenüber 0,17 für ein Grasmuster). Białczyk et al. [48] haben die Zugkraft auf einem mit normalen und grasartigen Reifen ausgestatteten Gartenbautraktor gemessen, der über Oberflächen von vier verschiedenen Grasarten gefahren wurde. Die Ergebnisse des Experiments zeigen, dass die μ-Werte für die untersuchten Rasenflächen relativ hoch waren (zwischen 0,69 und 0,91). Ein Einfluss von Grasarten wurde ebenfalls beobachtet.

2.4.4 Einfluss der Vegetation auf die Fahrzeugleistung

Shoop et al. [34, 49] haben den Einfluss der Vegetation auf die Antriebskraft am Rad und den Rollwiderstand untersucht. Mit dem CRREL Instrumented Vehicle haben sie die Reaktion des Fahrzeugs auf die verschiedenen Biomassebedingungen auf den OPAL-Testfeldern gemessen, die im vorherigen Unterkapitel beschrieben wurden. Die Ergebnisse zeigten, dass sich Biomasse positiv auf die Befahrbarkeit sandiger Böden auswirkte und eine Zunahme der Biomasse eine Zunahme der Antriebskraft am Rad verursachte. Es bestand eine lineare Korrelation zwischen Biomasseparametern und Traktion, wobei das Blattgewicht im Sand den stärksten Einfluss aufwies. Darüber hinaus wirkten sich auch die Blattoberfläche und die Wurzellänge positiv auf die Bodenbefahrbarkeit aus. Erhöhte Biomasse wirkte sich ebenfalls, wenn auch gering, auf den Rollwiderstand der sandigen Böden aus.

Für Lehmböden zeigten die in den Experimenten erhaltenen Ergebnisse, dass sich die Erhöhung der Biomasseparameter im Allgemeinen positiv auf die Antriebskraft auswirkte und einen geringeren Rollwiderstand verursachte. Diese Ergebnisse wurden jedoch nicht mit zusätzlichen Daten belegt. Der deutlichste Trend zeigte sich als Abnahme des Bewegungswiderstands bei Zunahme des Wurzeldurchmessers.

2.4.5 Grasflugplätze

Gras auf einer Landebahnoberfläche eines Flugplatzes beeinflusst die Leistungen eines Flugzeugs. Eine zusätzliche Widerstandskraft wirkt sich beim Rollen auf die Fahrwerksräder aus. Dieser Effekt ist auf das Verbiegen (oder Brechen) der Grashalme sowie auf die Verdichtung des Grases unter einem rollenden Reifen zurückzuführen. Ein weiterer Effekt ist die geringere Reibung zwischen Reifen und Gras, was zu einer weniger intensiven Bremswirkung führt. Schließlich ist ein positives Ergebnis von Gras auf einer Landebahn eine geringere dynamische Belastung beim Aufsetzen auf die Fahrwerksräder und auf der gesamten Flugzeugstruktur und eine geringere Abnutzung des Reifenprofils.

Im Allgemeinen haben grasbewachsene Flugplätze schlechtere mechanische Parameter als befestigte Landebahnen. Einige Probleme ergeben sich aus geschwächten Oberflächenbedingungen, die durch Witterungseinflüsse verursacht werden. Daher sind diese Flugplätze in der Regel in den Wintermonaten geschlossen, da die Oberflächenbedingungen unzuverlässig sind. Vorfälle und Unfälle werden hauptsächlich durch mangelnde Erfahrung der Piloten und durch Unkenntnis des Standorts verursacht. Ein sehr wichtiger Faktor ist jedoch, dass es keine offiziellen Richtlinien für die Verwendung von Flugplätzen mit Gras in Bezug auf die Flugplatzleistung und die Auswirkungen des Wetters gibt (Abb. 2.34).

Abb. 2.34 Grasbewachsene Flughäfen werden in vielen Ländern genutzt

2.4.5.1 Auswirkungen des Wetters auf den Bodenfeuchtigkeitsgehalt auf einer grasbewachsenen Landebahn

Die Dynamik der Bodenfeuchte auf einer grasbewachsenen Landebahn beeinflusst sowohl die Leistungen des Flugzeugs als auch die Organisation des Flugbetriebs erheblich. Aufgrund des Mangels an Informationen über die Bedingungen auf der grasbewachsenen Landebahn ist nicht bekannt, wann Flüge abzusagen sind, und wann sie wieder aufgenommen werden können. Dies führt zum einen zu gefährlichen Situationen (zu „mutiges“ Verkehrsmanagement am Flughafen) und zum anderen zu einer langen Sperrung des Flugplatzes.

Die Bedingungen auf einer grasbewachsenen Landebahn können sich in weniger als einer Stunde ändern. Es sind Situationen bekannt, in denen sich die Bedingungen am grasbewachsenen Zielflugplatz während des Fluges so geändert haben, dass die Landung gefährlich wurde. Es kann auch vorkommen, dass die grasbewachsene Landebahn eines Transitflughafens aufgrund von Feuchtigkeitszufuhr nach Konvektionsregen nicht zum Abheben des Flugzeugs geeignet ist, um die Reise fortzusetzen. Unter Berücksichtigung der beschriebenen Situationen wurde vom Autor eine Analyse der durchgeführten Feuchtemessungen hinsichtlich der Dynamik durchgeführt.

In den Frühlingsmonaten herrscht in Mitteleuropa üblicherweise die höchste Dynamik der Bodenfeuchte, die mit starken konvektiven Niederschlägen sowie hohen Lufttemperaturen und Sonneneinstrahlung einhergeht. Darüber hinaus trägt die noch kleine, wachsende Vegetation sowohl zu einer intensiven Bewässerung durch Niederschläge (weniger Wasseraufnahme durch Vegetation) als auch zu einer schnellen Verdunstung des Wassers durch Windeinwirkung bei. Daher wurde für die Analyse der Zeitraum vom 15. bis 30. Mai 2014 ausgewählt und als Zeitpunkt des Auftretens eine hohe Dynamik der Bodenfeuchte auf einer Grasbahn angenommen.

Der Bodenfeuchtigkeitsgehalt wurde auf einer grasbewachsenen Landebahn des Flugplatzes Radawiec in der Nähe von Lublin im Südosten Polens mit einem TDR-Handmessgerät gemessen (siehe Abb. 2.35). Das Zeitintervall zwischen den Messungen betrug typischerweise drei Stunden. Gleichzeitig wurden Wetterbeobachtungen durchgeführt: Lufttemperatur, Wind und Wolkenbedeckung wurden gemessen. Für die Analyse wurden einige charakteristische Zeitabschnitte ausgewählt, in denen intensive Einflussfaktoren auf die Dynamik der Bodenfeuchte (konvektiver Niederschlag, hohe Lufttemperatur, starker Wind) beobachtet wurden [50, 5].

Die Ergebnisse der Bodenfeuchtigkeitsmessung der Landebahn wurden grafisch dargestellt und umfassen durchschnittliche Bodenfeuchtewerte sowie Trendlinien und Fehlerbalken. Sie sind in den Abb. 2.36, 2.37, 2.38, 2.39, 2.40 dargestellt.

Abb. 2.36 zeigt die gemittelten Werte der stündlich gemessenen Bodenfeuchte. Die Messung wurde nach einem sehr starken Niederschlag (ca. 30 l/m^2) gestartet. Wie man sieht, ist die Dynamik der Bodenfeuchteänderungen hoch, innerhalb von 5 h nahm die Feuchtigkeit von 36,62 auf 32,84 % ab. Eine derart intensive Veränderung in dieser Zeitspanne trat auf, obwohl die atmosphärischen Bedingungen nicht günstig waren: Lufttemperatur um 18 °C, volle Bewölkung, schwacher Wind. Es ist jedoch zu beachten,

Abb. 2.35 Tragbares TDR-Messgerät zur Messung der Bodenfeuchtigkeit an einem Grasflughafen. Der kleine Helfer überwacht die Durchführung der Messungen

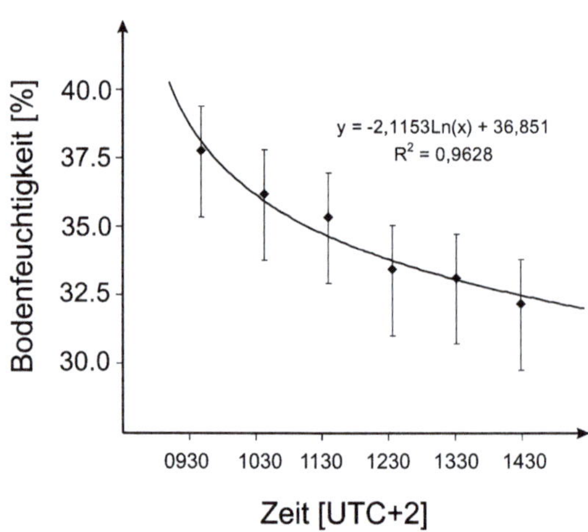

Abb. 2.36 Dynamik der Bodenfeuchtigkeit in der Graslandebahn am 17. Mai 2014 [5]

dass der Anfangswert der Bodenfeuchtigkeit sehr hoch war (36,62 %, der höchste absolute Durchschnittswert der während der Untersuchung registrierten Feuchtigkeit), was zu einer anfänglich sehr intensiven Wasserbewegung im Boden führte. Der Verlauf der gemittelten Werte wird durch eine logarithmische Kurve beschrieben, die sich durch eine sehr gute Übereinstimmung mit den experimentellen Ergebnissen auszeichnet ($R^2=0{,}96$).

Die nächste Abbildung (Abb. 2.37) zeigt den Verlauf der Durchschnittswerte der Bodenfeuchte am zweiten Tag nach dem Niederschlag. Die Messungen wurden alle drei

Abb. 2.37 Dynamik der Bodenfeuchtigkeit in der Graslandebahn am 19. Mai 2014 [5]

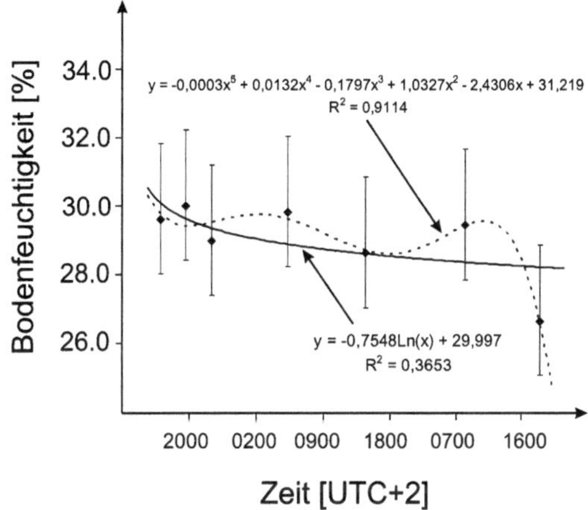

Abb. 2.38 Dynamik der Bodenfeuchtigkeit in der Graslandebahn vom 19. bis 21. Mai 2014 [5]

Stunden durchgeführt. Die meteorologischen Verhältnisse waren ähnlich wie am Vortag, nur die Temperatur war etwas höher und betrug 19 °C, zusätzlich gab es tagsüber Pausenintervalle. Es ist zu bemerken, dass die Dynamik der Bodenfeuchtigkeitsänderungen nur etwas geringer ist als zuvor. Die logarithmische Kurve, die den Verlauf der Messwerte beschreibt, zeichnet sich durch einen deutlich geringeren Anpassungskoeffizienten $R^2 = 0{,}76$ aus, der auf tagesfeuchtebedingte Schwankungen und damit eine intensivere Verdunstung von Wasser aus Boden und Pflanzen hinweist.

Abb. 2.38 zeigt ausgewählte Ergebnisse von Messungen, die vom 19. bis 21. Mai durchgeführt wurden. Die Messungen wurden in verschiedenen Zeitintervallen durchgeführt. Im besprochenen Zeitraum war der Himmel stark bewölkt, tagsüber lag die Temperatur bei 19 °C, nachts fiel sie auf ca. 14 °C. Am ersten Tag, dem 19. Mai, gab es gegen 20:00 Uhr (UTC + 2) einen Konvektionsregen mit einer Intensität von 20 l/m². Am zweiten Tag, dem 20. Mai, fiel am Abend ein Regen ähnlicher Intensität. Zusätzlich wurde am

Abb. 2.39 Dynamik der Bodenfeuchtigkeit in der Graslandebahn vom 22. bis 24. Mai 2014 [5]

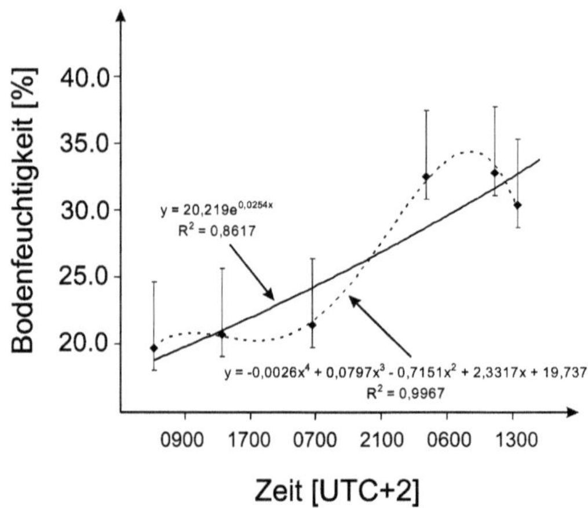

Abb. 2.40 Dynamik der Bodenfeuchtigkeit in der Graslandebahn vom 27. bis 30. Mai 2014 [5]

21. Mai morgens Gras gemäht. Die Ergebnisse werden durch zwei Kurven beschrieben, eine logarithmische, die sehr schwach ist ($R^2=0,36$), und das Polynom 5. Ordnung. Im Fall des Polynoms ist die Übereinstimmung sowohl des R^2-Koeffizienten als auch der Kurvenform in Bezug auf die Messpunkte in der Grafik viel besser.

Der Verlauf der Bodenfeuchteänderungen vom 22. bis 24. Mai ist in Abb. 2.39 dargestellt. Die atmosphärischen Bedingungen waren in diesen Tagen unterschiedlich: am ersten Tag zunächst warm, fast heiß (23 bis 30 °C), dann am nächsten Tag Abkühlung auf ca. 18 °C, bewölkter Himmel. Am 24. Mai abends (18:00 UTC + 2) gab es einen kleinen Niederschlag. Die signifikante Dynamik der Bodenfeuchte im untersuchten Zeitraum wurde durch atmosphärische Faktoren verursacht. Am Ende des untersuchten Zeitraums sank der Feuchtigkeitsgehalt des Bodens auf ca. 20 %. Ähnlich wie zuvor (Abb. 2.32) wurde im Fall einer Polynomkurve eine viel bessere Anpassung erhalten, diesmal wurde jedoch ein Polynom 4. Ordnung verwendet.

In Abb. 2.40 ist eine Situation dargestellt, in der die durchschnittlichen Werte der Bodenfeuchtigkeit infolge der Bewässerung des Bodens durch Niederschlag zunehmen. Nach einer Periode stabilen Wetters vom 25. bis 27. Mai trat in den Morgenstunden des 28. Mai ein konvektiver Niederschlag auf, der jedoch nicht sehr intensiv war. Um Mitternacht kam es zu sehr starken Niederschlägen (ca. 40 l/m^2). Dies führte zu einem deutlichen Anstieg der Bodenfeuchte, sie erreicht 31,2 %. Die analytische Beschreibung des Bodenfeuchtigkeitsverlaufs erfolgte anhand einer Polynomkurve, die Passung ist sehr gut, $R^2=0{,}99$.

Auf dem Grasflugplatz in Radawiec werden hauptsächlich Schulungsflüge mit Leichtflugzeugen und Segelflugzeugen durchgeführt. Aufgrund praktischer Beobachtungen wurde festgestellt, dass die optimale Bodenfeuchtigkeit ohne wesentliche Auswirkungen auf die Bodenleistung, bei der sichere Flugbewegungen durchgeführt werden, etwa 18 bis 23 % beträgt. Die maximal zulässige Luftfeuchtigkeit liegt bei 30 %. Bei diesen Bedingungen verschlechtert sich die Leistung des Flugzeugs beim Start oder bei der Landung, was sich durch ein längeres Rollen am Boden beim Start bemerkbar macht. Der absolute Höchstwert der Bodenfeuchtigkeit in der Saison 2014 betrug 42 %, als der Luftbetrieb eingestellt wurde. Die vorgestellten Untersuchungen zeigen, dass die Bodenfeuchte einer Grasbahn mit einer Häufigkeit von mindestens einer Maßnahme pro Stunde überwacht werden muss. Dies ist auf die beobachtete Dynamik von Änderungen der Luftfeuchtigkeit zurückzuführen, insbesondere bei starken Regenfällen, hohen Außentemperaturen und Sonnenschein. Es kann festgestellt werden, dass insbesondere bei der Analyse von Feuchtigkeitsänderungen an mehr als einem Tag die Beschreibung des Verlaufs mit einer Polynomfunktion der 4. oder 5. Ordnung viel vorteilhafter ist als mit einer logarithmischen Kurve [5].

Eine gute Zusammenfassung dieser Art von Forschung wäre die Erstellung eines Modells, das all diese Faktoren berücksichtigt. Bisher bekannte Modelle der Bodenfeuchtedynamik berücksichtigen vor allem die Bewegung von Wasser im Boden und die Wasseraufnahme durch Pflanzenwurzeln (Anderson et al. [51]). Es gibt jedoch keine Modelle, die Wetterfaktoren wie Wind, Sonnenschein, Umgebungslufttemperatur zusammen mit Boden-MC auf dynamische Weise berücksichtigen. Eine Schwierigkeit ist der Mangel an Methoden und Ergebnissen der Echtzeitforschung. Eine teilweise Lösung für diese Situation ist der Vorschlag eines Feldsensors, der Daten über die Bodenfeuchtigkeit des Grasflugplatzes und die Höhe des Grases liefert.

2.4.5.2 Design eines Feldsensors für Bodenfeuchtigkeitsfernmessungen

Die hohe Dynamik der Bodenfeuchtigkeit auf grasbewachsenen Flugplätzen erfordert häufige Messungen, um alle Auswirkungen korrekt zu überwachen. Dies setzt andererseits voraus, dass eine Person, die den TDR bedient, während der Messkampagne fast immer zur Verfügung steht. Eine gute Alternative ist ein Fernmesssystem, das tatsächlich im Handel erhältlich ist. Für die Radleistung und die Fahrdynamik ist aber zusätzlich zur Bodenfeuchtigkeit auch die Grashöhe von Bedeutung. Daher war es eine Idee des Autors, einen feldintegrierten Sensor für Bodenfeuchtigkeit und Grashöhe zu entwerfen und zu entwickeln, der autonom arbeitet. Das Konzept geht davon aus, dass der Sensor wartungsfrei sein sollte und die gemessenen Daten von überall auf der Welt gesammelt werden können, sodass kein Bediener an Ort und Stelle der Messungen anwesend sein muss. Ein weiteres Merkmal wäre, dass die Installation des Sensors auf dem Flugplatz den Bodenverkehr von Flugzeugen nicht stört, und dass andererseits die mechanische Konstruktion belastbar ist, wenn er von Rädern von Fahr- oder Flugzeugen oder Füßen von Personen getroffen wird. Der Sensor sollte leicht zu installieren und zu entfernen sein und bei Umgebungstemperaturen von über – 10 °C im Freien gelassen werden können.

Im Allgemeinen würde das Feldsensordesign aus zwei Teilsystemen bestehen [78]:

- Ein TDR-Sensor zur Messung des Bodenfeuchtigkeitsgehalts
- Ein Sensor für Grashöhemessung

Der für das Design vorgesehene TDR-Sensor ist eine im Handel erhältliche Einheit mit einigen Modifikationen, die einen fehlerfreien Betrieb unter Feldbedingungen gewährleistet. Diese Änderungen umfassen:

- Hinzufügen eines wasser- und staubresistenten Gehäuses mit höherer mechanischer Festigkeit, um einen sicheren Betrieb auf dem Feld zu gewährleisten
- Installation einer hocheffizienten Stromversorgung mit hoher Kapazität, die einen Langzeitbetrieb ermöglicht
- Hinzufügen von Kommunikationsanschlüssen für die Verbindung mit externen Geräten und einem Miniatur-USB-Anschluss (Universal Serial Bus)

Das Grashöhen-(Längen-)Messmodul würde einen optischen Sensor zum Erfassen des Vorhandenseins von Grashalmen in einer gegebenen Höhe über dem Boden verwenden. Die Messmethode ist die digitale Unterscheidung basierend auf der Lichtdurchlässigkeit der Grashalme [5]. Abb. 2.41 zeigt den Entwurf mit Details.

2.4.6 Schlussfolgerungen

Daraus folgt, dass die natürliche oder vom Menschen gepflanzte Vegetation einen erheblichen Einfluss auf die mechanischen Eigenschaften des Bodens hat. Die Scherfestigkeit nimmt zu, was auf eine Zunahme der Wandfestigkeit, der Zugfestigkeit und folglich der Bodenbelastung hinweist. Die oben genannten Trends wirken sich positiv auf die Bodenhaftung aus, was sich in einer verbesserten Fahrzeugleistung in bewachsenem Gelände niederschlägt.

Auf der anderen Seite ist jedoch anzumerken, dass die Fortschritte in Wissenschaft und Forschung in diesem Bereich sehr begrenzt sind. Schwierigkeiten, die sich aus dem Fehlen eindeutiger Maßnahmen zum Nachweis von Biomasse im Boden oder derzeit vorhandenen Mängeln ergeben, führen dazu, dass die verfügbaren Testergebnisse nur mit großer Vorsicht angewendet werden können. Die meisten bodenmechanischen Forschungsmethoden

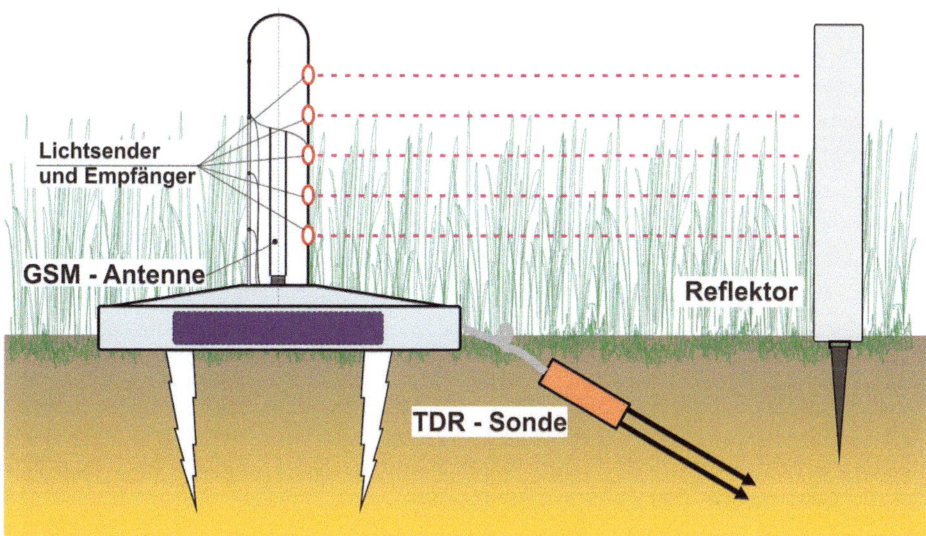

Abb. 2.41 Der integrierte Feldsensor zur Überwachung des Bodenfeuchtegehalts und der Grashöhen [5]

beziehen sich auf homogenes Bodenmaterial ohne Wurzeln und vor allem ohne oberirdische Biomasse. In ähnlicher Weise verursacht das Testen der mechanischen Eigenschaften von Grünpflanzenteilen viele methodische Probleme, zumal in diesem Fall die Auswirkung der Wetterbedingungen sehr wichtig ist. Es ist daher notwendig, neue Methoden zu entwickeln und zu standardisieren, die die Zusammensetzung des Bodens mit Vegetation berücksichtigen.

Obwohl der Einfluss der Vegetation auf die mechanischen Eigenschaften des Bodens vielfach Gegenstand von Untersuchungen war, deren Ergebnisse als etwa zufriedenstellend angesehen werden können, fehlen Forschungsarbeiten und Forschungsprojekte vollständig, die die Mechanismen der Zusammenarbeit des Fahrelements mit den oberirdischen (grünen) Pflanzenteilen, z. B. mit Gras, beschreiben. Nach Ansicht des Autors gibt es zwei mögliche Lösungen. Das erste Modell basiert auf Pacejkas „Reifenbürsten"-Modell und modelliert das Reifengrassystem als Lauffläche aus einem homogenen Material, wobei das Gras mit Hilfe von Bürstenborsten simuliert wird. Hypothetisch erlaubt das Modell die Bestimmung von Kraftschluss, jedoch ohne die Möglichkeit, Bodendeformationen zu bestimmen. Die zweite Lösung ist ein Grasoberflächenmodell, das aus einem homogenen Bodenmedium mit viskoelastischen Eigenschaften besteht, in dem Grashalme und -blätter aus einem Material mit viskoelastischen Eigenschaften befestigt sind, das mit Elementen simuliert wird, die Drahtstücken ähneln. Die Modellparametrisierung erfolgt anhand von Bodenproben mit Graswurzeln in einem dreiachsigen Apparat und anhand eines Biegeversuchs ausgewählter Teile grünen Grases. Die virtuelle Rasenfläche arbeitet mit einem Gummirad, das hyperelastischen Verformungen unterliegt.

Zukünftige Forschungsprojekte im Bereich des Einflusses der Vegetation auf die mechanischen Eigenschaften und die Traktionseigenschaften des Bodens könnten eine zusätzliche Bedeutung haben. Es geht um die wohltuende Wirkung von Grünflächen auf den gesamten Wasserhaushalt der Umwelt. Das schnelle Wachstum von gepflasterten Oberflächen (Straßen, Gehwege, Plätze usw.) führt dazu, dass die Wanderung von Wasser zwischen dem Boden und der Atmosphäre ungünstig wird. Es gibt Zonen, an denen es nach Niederschlag zu viel Wasser gibt, wodurch die Bodenerosion gefördert wird. Andererseits sind immer mehr Gebiete von Dürre bedroht. Grünflächen sind ein natürliches Wasserreservoir, daher ist es ratsam, infrastrukturelle Objekte, beispielsweise Straßen, Wege, Plätze und auch Flughäfen, mit Rasenflächen zu befestigen, anstatt sie mit undurchlässigen, harten Oberflächen zu versiegeln. Damit dies jedoch gelingt, müssen die mechanischen Parameter dieser Art von Grünflächen genau definiert werden, um sie an die spezifischen Einsatzbedingungen (z. B. das Befahren mit Autos) anzupassen, ohne die Pflanzen zu schädigen. Für Spezialisten auf dem Gebiet der Terramechanik ergibt sich eine neue Chance.

2.5 Geometrie der Bodenoberfläche

Die Oberfläche eines natürlichen Geländes ist niemals ideal eben oder flach. Stattdessen treten Unregelmäßigkeiten verschiedener Art ziemlich häufig auf. Der Ursprung der Unebenheit der Geländeoberfläche sind natürliche Prozesse, die eine Verformung des Bodens bewirken, typischerweise die Bodenerosion. Auf der anderen Seite verursachen Fahrzeuge und Maschinen, die auf einer weichen, deformierbaren Bodenoberfläche fahren, sekundäre Ungleichmäßigkeiten, meistens entlang der Fahrtrichtung.

In diesem Unterkapitel werden die Charakteristiken von Geländeunebenheiten sowie Methoden zu ihrer experimentellen und analytischen Bestimmung vorgestellt.

2.5.1 Definition der Geländeunebenheiten

In Bezug auf die Terramechanik können wir Geländeunebenheiten mit den folgenden Merkmalen unterscheiden (Abb. 2.42):

- Mikrounebenheiten in der Größenordnung von 1 bis 10 cm, die die Befahrbarkeit geringfügig beeinflussen, sie können jedoch den Fahrkomfort und die Querdynamik verschlechtern, sie sind mehr für den Straßenbau wichtig
- Mugel, Unregelmäßigkeiten in der Größenordnung von 20 bis 80 cm, die dazu führen können, dass das Fahrzeug durch den Zusammenbruch des Straßenrandes unbeweglich wird (Abb. 2.42 oben), und in der Regel das Fahren mit einer Geschwindigkeit von mehr als 10 km/h verhindern
- Große Unebenheiten, deren horizontale Größe die Länge des Fahrzeugs überschreitet, stellen zu überwindende Rampen dar. Die kritischen Parameter sind der Annäherungswinkel und der Rampenwinkel, deren Wert ein mögliches Aufsetzen des Fahrzeugs bestimmt, wie in Abb. 2.43 gezeigt wurde.

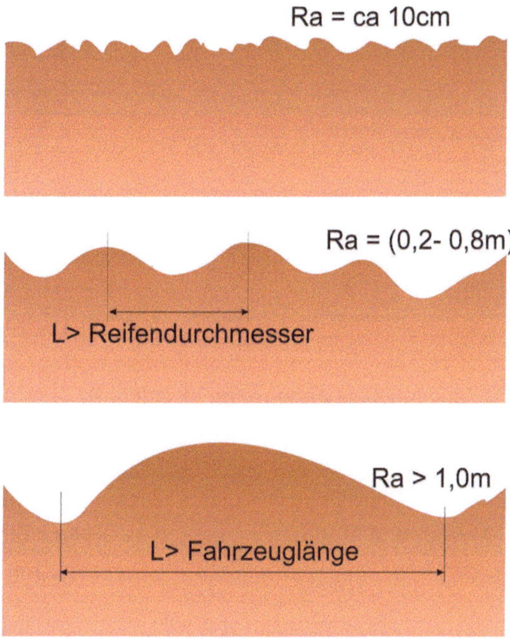

Abb. 2.42 Musterunebenheiten im Gelände: (**a**) Mikrounebenheiten, (**b**) Mugel, (**c**) große Unebenheiten

Abb. 2.43 Überfahren von Mugeln und größeren Unebenheiten (Rampen)

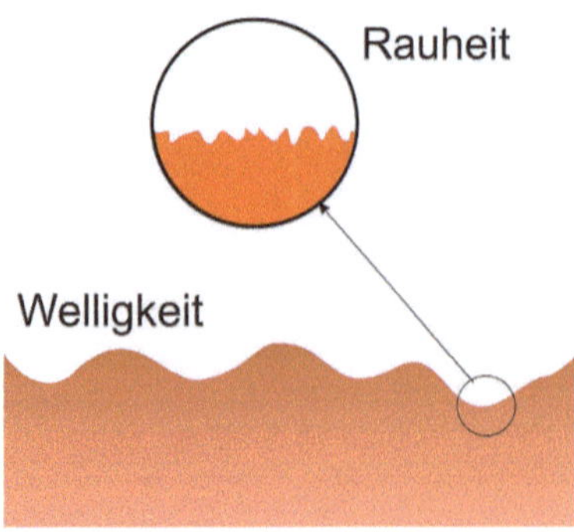

Abb. 2.44 Welligkeit und Rauheit

Die oben genannten Geländeunebenheiten treten in einem bestimmten Gebiet normalerweise wiederholt und etwa periodisch auf. Daher ist es ratsam, das Modell der Welligkeit des Geländes einzuführen, das mehrere Reihen von Unregelmäßigkeiten mit periodischem Charakter bezeichnet. Da die Oberfläche des realen Geländes normalerweise eine Überlagerung von Mikro-, Mezzo- und Makrounebenheiten ist, werden die Folgenden konzeptionell unterschieden:

- Welligkeit bezieht sich auf Unebenheiten, deren Amplituden (Höhen) sowie Perioden (Abstände zwischen benachbarten Hügeln) zwei bis vier Größenordnungen größer sind als Reifendurchmesser.
- Rauheit, die wiederum für Mikrounebenheiten gilt, die die Geländewellen modulieren. Dies ist in Abb. 2.44 dargestellt.

Aus praktischer Sicht ist es vorteilhaft, die Geometrie der Geländeunebenheiten, nämlich die Höhen als Funktion der Längs- und Querkoordinaten zu kennen.

2.5.2 Oberflächenprofil

Ein Oberflächenprofil ist eine Messung der Geländehöhe gegenüber der horizontalen Koordinate entlang der Strecke. Die Höhe kann sich über einen weiten Bereich von Zentimetern bis Meter ändern. Die horizontale Auflösung solcher Profile variiert von Millimetern bis zu Metern. Sie wird normalerweise in zwei horizontalen Richtungen gemessen, längs und quer zum Streckenverlauf. Es gibt sowohl experimentelle als auch analytische Methoden zur Bestimmung von Geländeprofilen. Das Informationsvolumen und die zufällige Natur der Rohprofildaten motivieren deren Reduktion auf einige wesentliche Merkmale, die vorzugsweise unabhängig von der im Profil beobachteten statistischen Variation sind. Es ist erwünscht, dass diese Merkmale mit einer Fahrzeugleistungskennzahl wie Fahrdynamik und Komfort korrelieren.

2.5.3 Analytische Methoden zur Bestimmung des Geländeprofils

Betrachtet man den Umriss der Bodenoberfläche als eine Wellenlinie mit unregelmäßigen Formen, ist zu sehen, dass die Profildarstellung einer transienten Schwingungsdarstellung entspricht. Obwohl die Größe dieses Profils nicht bestimmt werden kann, kann die Wahrscheinlichkeit eines Auftretens in einem gegebenen Bereich eines gegebenen Größenwerts unter Verwendung statistischer Verfahren bestimmt werden. Es wird angenommen, dass eine Funktion oder ein Satz von Funktionen, die den Verlauf von Höhenwerten des Bodenprofils definieren, eine stationäre Funktion ist, d. h., dass die Übertragung des Beginns der Nebenachse (Zeit) die statistischen Eigenschaften nicht ändert.

Es gibt verschiedene Analysemethoden, die zur Bestimmung des Geländeprofils verwendet werden können [52–54]. Eine davon ist der quadratische Mittelwert (*RMS*) des Bodenprofils.

Nach dem Detrending wurde die Oberflächenrauheit unter Verwendung der folgenden Gleichung berechnet:

$$RMS = \sqrt{\frac{\sum_{i=1}^{M} X_i^2}{M}} \tag{2.48}$$

Dies ist einfach der *RMS*-Wert (*RMS*) des Profils, wobei *X* die Punkte im Profil und *M* die Gesamtzahl der Punkte im Profil sind.

Das *RMS* liefert zufriedenstellende Ergebnisse für Geländeprofile mit stationärem Charakter, die mit Hilfe des Gaußschen Prozesses beschrieben werden können. Ein wesentlicher Vorteil des RMS ist, dass es die Unregelmäßigkeiten oder Geländeunebenheiten mittels einer Zahl erfasst.

Ein anderes Verfahren ist die Leistungsspektrumdichte (*PSD*). Es wird verwendet, um die Frequenzdomänenform auf eine geneigte Linie zu verallgemeinern, die sich der *PSD* annähert. Die *PSD*-Methode ermöglicht die Charakterisierung der Unebenheiten des Geländes in einigen Parametern, die in einem Diagramm und im Frequenzbereich dargestellt werden. Die *PSD* nimmt wieder an, dass das Geländeprofil ein stationärer und Gaußscher Prozess ist.

Die Gleichung der Unebenheit in der Geländeoberfläche *Z(x)* kann wie folgt als Fourier-Reihe definiert werden:

$$Z\ x\ = 2a_k \sum \cos\left(\frac{x}{l_k}\right) + \Psi_k \tag{2.49}$$

dabei gilt: a_k – Fourier-Koeffizient, Ψ_k – unabhängige Variable, die z. B. zufällige Geländeunebenheiten beschreibt, l_k – Größe, bezogen auf die Frequenz der Winkelgeländewelle, abhängig von der Abhängigkeit: $\omega_k = v/l_k$, wobei v – Fahrgeschwindigkeit.

Die obige Funktion mit *x*, die nach unendlich strebt, setzt voraus, dass die Wahrscheinlichkeitsverteilung gaußisch ist (Normalverteilung). Im Falle von Geländeunebenheiten findet jedoch keine solche Verteilung statt, und daher sollte die Wahrscheinlichkeit 2. Ordnung berücksichtigt werden. Bei der Analyse der Eigenschaften der Funktionen 2. Ordnung sollte die entsprechende Standardabweichung berücksichtigt werden. Dann kann diese Funktion durch die Gaußsche Funktion mit derselben Kovarianz ersetzt werden. Die Leistungsdichte des Terrain-Unebenheitsspektrums kann dann aus der Normalverteilung bestimmt werden, wobei der Durchschnittswert der vertikalen Koordinate des Terrain-Profils und die Standardabweichung berücksichtigt werden [55].

Die obige Überlegung gilt im Grunde für ein Einzelachsenprofil. Unter Berücksichtigung der Tatsache, dass jedes Gelände, jedes bebaute Feld oder jede Wiese ein zweiachsiges Profil aufweist, sollte in den Koordinaten x-y festgelegt werden, wie die Funktion von Unebenheiten des Geländes bestimmt werden kann. Sołtyński [56] zitiert das sogenannte elliptische Potenzial der Spektraldichte, die entlang gerader Linien bestimmt wird, wobei mindestens drei die Ellipse bestimmen, die einen repräsentativen Bereich definiert, aus dem die gesuchte Eigenschaft des Bereichs bestimmt wird.

Es gibt jedoch Fälle, in denen die Problematik des einachsigen Systems vereinfacht werden kann. Zum Beispiel ein gepflügtes Feld mit regelmäßigen parallelen Furchen. Oder welliges Gelände durch ständig wehende Winde. In solchen Fällen unterscheidet sich die Bestimmung der spektralen Leistungsdichte aus der für eine Linie (X-Achse) durchgeführten Analyse nicht wesentlich von der elliptischen Leistungsdichte des Ungleichungsspektrums des untersuchten Geländes.

Die zwei von der Automobilindustrie für die Straßenrauheit entwickelten und verwendeten Kennzahlen sind der International Roughness Index (*IRI*) und der Speed Roughness Index (*SRI*). Das *IRI* ist eine Berechnung, die auf der kumulierten Federung des sogenannten „Golden Car Model" beim Befahren des Profils mit einer Geschwindigkeit von 80 km/h beruht.

Bei der IRI handelt es sich um eine komplexe Skala, die durch statistische Werte dargestellt wird, die die allgemeine Rauigkeit beschreiben, die von der Landebahn des Flughafens (sehr gut) bis zu unbefestigten Straßen (sehr schlecht) reicht. Dieser Indikator ist für einen Ingenieur sehr nützlich, um die Gesamteigenschaften der Straßen- oder Geländerauheit zu interpretieren oder zu vergleichen, er kann jedoch weniger nützlich sein für die Analyse der von der Oberflächengeometrie abhängenden Auswirkungen, die die Fahrzeuginsassen erleben oder die ein gegebenes Fahrzeug mit seinen geometrischen Eigenschaften (Radstand, Achsabstand, Federung usw.) erfährt. Die ISO8608 gibt eine Klassifizierung von Straßen an, die acht Straßenrauheitsebenen von Klasse A bis Klasse H in aufsteigender Reihenfolge der Rauheit bezeichnet.

Der *SRI* passt den *IRI* an die Geschwindigkeit an. Beide sind jedoch für die Oberflächenrauheit im Millimetermaßstab geeignet, tatsächlich jedoch nicht für einen typischen terramechanischen Bereich. Zu den modernsten Methoden zur Charakterisierung von Geländeprofilen gehören Markov-Ketten und Polynomchaos, wie zum Beispiel die auf *ARMA*- oder *ARIMA*-Modellen basierende Geländesynthese von Sandu et al. [54]. Andere interessante Ansätze wandten einheitliche modulierte Prozesse (*UMP*) und empirische Modenzerlegung (*EMD*) an, die auf der Synthese von nicht stationären Geländeprofilen, beschrieben von Sun [57], basieren.

2.5.4 Experimentelle Methoden zur Bestimmung des Geländeprofils

Die experimentellen Methoden zur Ermittlung eines Geländeprofils reichen von den einfachsten Techniken bis zu hochtechnologischen, optoelektronischen Methoden.

Die „Flicken-und-Keil"-Methode ist eine der einfachsten. Üblicherweise wird ein 4,0 m langes Richtscheit aus Metall oder Holz verwendet. Das Richtscheit sollte so steif sein, dass seine Durchbiegung in der Mitte bei Abstützung an den Enden 0,5 mm nicht überschreitet. Ein abgestufter Keil wird verwendet, um den Abstand unter dem Scheit zu messen. Die Messung wird in allen Zweifelsfällen alle 20 m an bestimmten Stellen durchgeführt. Dies ist eine subjektive Methode, für die es schwierig ist, die Reproduzierbarkeit der Ergebnisse zu erhalten.

Bei einer anderen Methode wird ein Messanhänger verwendet, der mit einem Messrad ausgestattet ist, das so aufgehängt ist, dass sich die Messradachse je nach Profilhöhe in vertikaler Richtung bewegen kann. Gleichzeitig halten die Räder des Anhängers den Anhängerrahmen auf einer konstanten Höhe. Die Messung erfolgt bei einer Fahrgeschwindigkeit von 32 km/h.

Das Verfahren, bei dem ein „Planograph" verwendet wird, besteht darin, die Schwingung eines beweglichen Messrads in Bezug auf eine vier Meter lange Basis zu erfassen, die von 14 Rollen bestimmt wird. Der Abstand wird zu der von den auf der Fahrbahnoberfläche rollenden Rädern gebildeten theoretischen Linie Dalle 10 cm entlang der Teststrecke gemessen. Die Fahrgeschwindigkeit des Planographen sollte je nach Rauigkeit der Oberfläche 3 bis 5 km/h nicht überschreiten.

Das Laser-Profilierungsverfahren ist derzeit sehr beliebt und wird oft verwendet. Es gibt viele Arten dieses Gerätes, aber das Funktionsprinzip ist bei allen gleich. Die Profilmessung wird gleichzeitig in einer oder zwei Radspuren durchgeführt. Lasersensoren registrieren das Oberflächenprofil alle 5 mm, jedoch werden die durchschnittlichen Erhebungen dieser Profile für Abschnitte mit einer angegebenen Länge zwischen 5 und 25 cm erfasst. Die Messungen werden mit einer Geschwindigkeit von 50 km/h durchgeführt, können jedoch ohne wesentliche Auswirkungen auf die Messergebnisse im Bereich von 20 km/h bis zu 90 bis 110 km/h geändert werden. Das Profilmeter umfasst einen vertikalen Beschleunigungssensor, der die vertikale Bewegung des Fahrzeugs überwacht, in dem das Profilmeter installiert ist. Ein Laser misst den Abstand zwischen dem Auto und der Oberfläche. Das ermittelte Oberflächenprofil ist eine Überlagerung der beiden obigen Messungen. Ein zusätzliches Messgerät bei diesem Verfahren ist außerdem ein Wegmesser, der zur Bestimmung der horizontalen Koordinate verwendet wird.

Eine andere technologisch fortgeschrittene Methode ist die Bestimmung des Geländeprofils mit einem *GPS*-Empfänger. Wie bekannt ist, kann eine eindeutige Position im Weltraum mit dem *GPS*-Satellitennavigationssystem relativ zu einem Referenzsystem wie *WGS* 84 bestimmt werden. Wenn beispielsweise eine bestimmte vertikale und horizontale Koordinate des Punkts, an dem sich der Empfänger befindet, festgelegt wird, können die geometrischen Parameter des Profils in ausgewählten Punkten des Geländes bestimmen werden. Die zu diesem Zweck verwendete Vorrichtung sollte eine ausreichende (erhöhte)

Positionierungsgenauigkeit haben. Die Messfehler der Leica Viva Gs08plus beispielsweise betragen in vertikaler Richtung 10 mm und 5 mm in horizontaler Richtung. Das Gerät verfügt über einen internen Speicher für Messergebnisse. Es kann mit jedem PC oder tragbaren Gerät, wie z. B. einem Smartphone kombiniert werden, das vom Android-System unterstützt wird. Abb. 2.45 zeigt die Ergebnisse einer Messung des Grasflugplatzes unter Verwendung der GPS-Methode. Das Oberflächenprofil umfasst eine Landebahn (Abb. 2.46), auf der Schulflüge von Studenten der Luftfahrt von der Staatlichen Hoch-

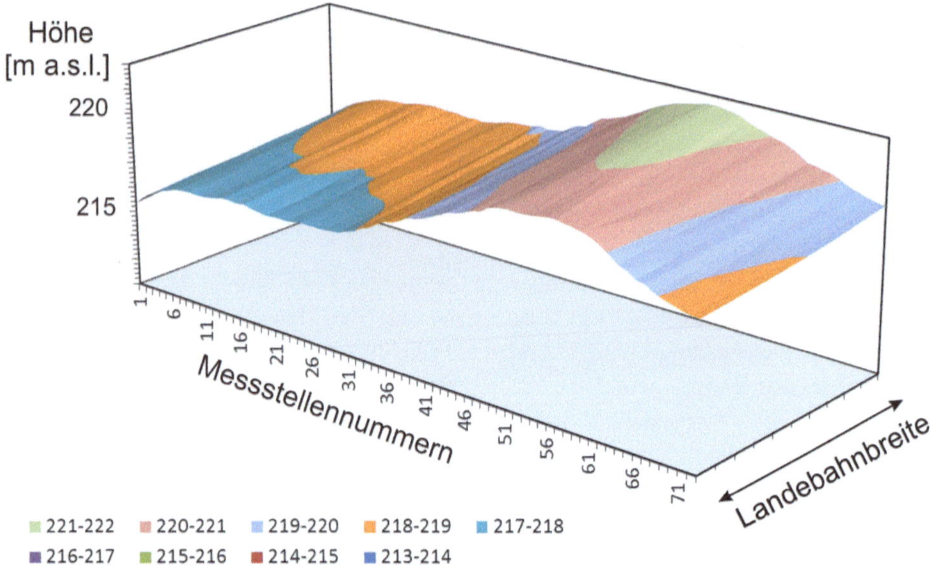

Abb. 2.45 Das Flughafenoberflächenprofil mit der GPS-Methode erhalten

Abb. 2.46 Depułtycze Królewskie Grasflächenflughafen, nahe Chełm, Ostpolen

schule in Chełm durchgeführt werden. Signifikante Unterschiede der Längskoordinaten in Längsrichtung (ca. 5 m) ergeben sich aus der Bodenanfälligkeit für die erosive Wirkung von Regenwasser. Im besonderen Fall handelt es sich um einen Mergelboden.

Um Spektren der Fahrzeugfrequenzantwort für fahrzeugunabhängige Systeme zu bestimmen, wurden mit frühen Fahrzeugreaktionssystemen bewertete Rauheitsmessverfahren eingeführt, bei denen Beschleunigungsmesser, die auf komplexeren Instrumenten basieren, nämlich den Inertial-Navigationssystemen (*IMU/INS*), kombiniert mit Beschleunigungsmessern und Entfernungsmessgeräte verwendet wurden.

In der Reihe möglicher Methoden kann eine berührungslose Fernmessung unter Verwendung von LIDAR (***Light Detecting and Ranging***) eine gute Lösung für die mikroskopische Geometriemessung natürlicher Geländeoberflächen darstellen. LIDAR ist ein optoelektronisches Gerät, das den Nanosekunden-Impulsmodus eines Lasers verwendet. Ein Schema des LIDAR ist in Abb. 2.47 dargestellt. Sehr kurze, aber energiereiche Laserimpulse werden auf eine Messfläche gesendet und auf einen im Laser integrierten selektiven Detektor zurückgestreut. Ein Analysator bestimmt Spektren von Laserimpulsen und diese Analyse bildet den Hintergrund zum Erhalt sogenannter Punktwolken.

Neben vielen anderen Anwendungen kann LIDAR als sehr präzises und schnelles Entfernungsmessgerät verwendet werden, das die Laufzeit der Laserimpulse zur Oberfläche und zurück misst und daraus die Entfernung berechnet.

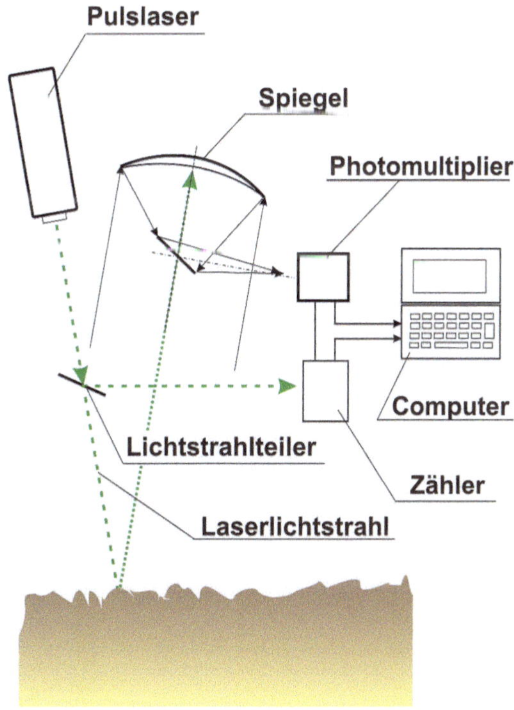

Abb. 2.47 Schema LIDAR

Der Laserimpuls wird optisch formatiert und auf das Objekt (Oberfläche) gesendet. Das rückgestreute Signal wird von einem Fotodetektor registriert und dann analysiert. Obwohl das Thema der Signalanalyse in LIDAR-Systemen gut beschrieben und ausgereift ist, gibt es einige interessante Aspekte, beispielsweise die Entwicklung neuer Algorithmen, um die erforderlichen Informationen aus den sogenannten Punktwolken zu erhalten.

Ein gewisser Nachteil dieses Verfahrens ist seine Empfindlichkeit gegenüber Aerosolen und Verunreinigungen in der Atmosphäre. Dies kann behoben oder minimiert werden, wenn das Scannen von einem Fahrzeug aus durchgeführt wird (siehe Abb. 2.48). Der LIDAR, der an einem äußeren Rand eines Basisfahrzeugs installiert ist, arbeitet senkrecht oder quasi senkrecht zur Oberfläche.

Die Oberflächenrauheit kann mit dem quadratischem Mittelwert beschrieben werden. Wenn wir die Höhe z der Ungleichmäßigkeit als Funktion der linearen Abmessung betrachten, und x (bei der Oberflächenanalyse wird eine zweidimensionale Funktion verwendet) als ein Maß für die Rauheit, kann das quadratische Mittel der Rauheit wie unten ausgedrückt werden:

$$z_{RMS} = \sqrt{\frac{1}{x}\int_{x_0}^{x_0+x_i} z^2(x)\,dx} \tag{2.50}$$

Abb. 2.48 LIDAR auf einem Testwagen installiert

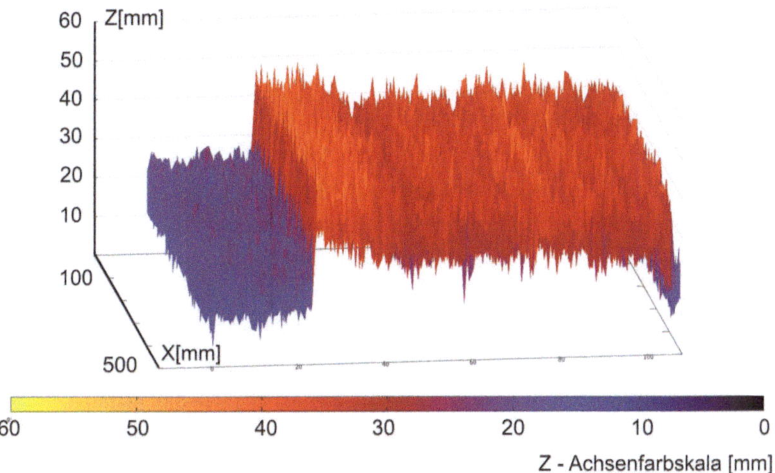

Abb. 2.49 Ein Beispiel für ein Scan-Ergebnis mit LIDAR

Die sogenannten Punktwolken, die aus der LIDAR-Abtastung erhalten werden, ermöglichen die Bestimmung der oben genannten Parameter auf der Grundlage bekannter Algorithmen. Das Ergebnis eines solchen Scans (Abb. 2.49) ist eine separate Zahl, die die Rauheit eines gescannten Bereichs (ca. 3×4 m) kennzeichnet.

Die Verwendung von LIDAR an einem Fahrzeug hat einen erheblichen Nachteil. Wenn das Trägerfahrzeug auf eine Störung trifft, verschiebt sich der LIDAR mit der Fahrzeugkarosserie, sodass die Bewegung des Fahrzeugs aus den Ergebnissen der Geländemessung herausgerechnet (filtriert) werden muss. In den heutigen Anwendungen im Bereich der Terramechanik werden dazu die *IMU* zusammen mit dem differenziellen *GPS*-Empfängersystem verwendet. Smith und Ferris [58] beschrieben ihr Vehicle Terrain Measurement System (*VTMS*). Die Kombination der *IMU* mit drei Beschleunigungssensoren gewährleistet eine hohe Genauigkeit bei Bewegungen mit niedriger und hoher Frequenz. Ein interessantes Merkmal des VTMS ist ein Algorithmus zum Korrigieren von Fehlausrichtungsfehlern zwischen benachbarten Fahrstreifen, wenn eine Geländeabtastung mehrerer Fahrstreifen durchgeführt wird.

Es gibt auch ein Verfahren zum Testen von Oberflächenunebenheiten, das auf der subjektiven Beurteilung des Komforts eines Testfahrzeuges basiert. Für die Forschung wird ein leichter Lastwagen eingesetzt, der mit einer Geschwindigkeit von etwa 30 km/h auf der Testfläche fährt. Die Bewertung besteht im Vergleich der subjektiven Gefühle des Testfahrers zum Fahren auf einer ebenen Straße. Diese Methode dient zur Beurteilung der Oberflächenqualität von Grasflugplätzen und zeichnet sich durch eine grobe Messgenauigkeit aus.

2.6 Terramechanische Charakteristik von Schnee

2.6.1 Einführung

Heutzutage hat sich das Gebiet der menschlichen Aktivität in Richtung der Pole verlagert und deckt Bereiche ab, in denen die Schneebedeckung mindestens drei Monate im Jahr dauert. Daher müssen Transportwege für das mit einer Schneeschicht bedeckte Gebiet entwickelt werden. Daraus leitet sich die Rechtfertigung für die Forschung im Bereich der Schneemechanik und der Mechanik der Paarung Lauffläche-Schnee sowie der Entwicklung neuer Technologien her, insbesondere für den Bereich Verkehr und Infrastruktur.

Die Anfänge der Forschung auf dem Gebiet der allgemeinen Schneemechanik reichen bis in die 1930er-Jahre zurück. Das Hauptproblem der Forscher bestand dann darin, die Mechanismen zu verstehen und das Auftreten von Lawinen zu prognostizieren sowie vor den Folgen von Lawinen zu schützen. Die Forschung in diesem Bereich wurde sowohl in Europa (Alpenregion) als auch in Japan durchgeführt, wo der saisonale Schneefall sehr intensiv ist und viele Probleme verursacht. In den Vereinigten Staaten war der Forschungsbedarf auf dem Gebiet der Schneemechanik hauptsächlich auf die Polargebiete gerichtet. In diesem Fall ging es hauptsächlich um den Entwurf und den Bau von Schneestraßen und Landebahnen für Transportflugzeuge.

In der Fachliteratur der Terramechanik finden sich immer mehr Publikationen zur Zusammenarbeit von Fahrelementen mit Schneedecken [6, 24, 59–64]. Diese Arbeiten betreffen hauptsächlich Militärfahrzeuge und Arbeitsmaschinen und in geringerem Maße Geländefahrzeuge. Das Hauptziel ist die Vorhersage des Fahrverhaltens und der Fahrleistungen des Fahrzeugs oder der Maschine in Abhängigkeit von der Schneedecke mit besonderem Schwerpunkt auf Befahrbarkeit und Manövrierbarkeit. Ein interessantes Thema auf dem Gebiet der Terramechanik ist der Einsatz von Maschinen zur Vorbereitung von Skipisten sowie das Verhalten von Schnee unter der Belastung durch Skipisten. In ähnlicher Weise erfordert die Verwendung von Skiern als Fahrelement, beispielsweise an einem Flugzeug, eine Analyse und Bestimmung der Schneebedeckung sowie eine Beschreibung der Reibung beim Gleiten des Schneeskis [65].

Dieses Kapitel zielt darauf ab, Schnee als natürliches Traktionsmaterial darzustellen, auf dem sich Fahrzeuge, Maschinen oder Flugzeuge während des Starts und der Landung bewegen. Ähnlich wie der Boden hat Schnee die drei mechanischen Haupteigenschaften der Materie, Elastizität, Plastizität und Viskosität. Es ist auch ein dreiphasiges Material, weshalb die meisten Methoden der Bodenmechanik auch für Schnee geeignet sind. Aufgrund einiger Besonderheiten erfordert Schnee jedoch eine separate Studie, die Gegenstand des folgenden Teiles des Buches ist.

2.6.2 Eine allgemeine Charakteristik des Schnees

Schnee ist ein dreiphasiges Medium, das Eis, Wasser und Luft enthält. Es besteht aus Kristallen, die durch Sublimation oder durch Gefrieren gebildet werden. Um den Schnee weiter zu charakterisieren, ist es wichtig zu wissen, wie und bei welcher Temperatur er geformt wurde. Im Allgemeinen bildet sich bei höheren Temperaturen ein dichterer Schnee. Vor der maschinellen Bearbeitung unterliegt Schnee jedoch einer natürlichen Umwandlung. Es kann eine konstruktive oder destruktive Metamorphose sein, die im trockenen Schnee und in der Schmelz-Gefrier-Metamorphose von nassem Schnee auftritt. Metamorphosen treten intensiv bei höheren Temperaturgradienten auf und führen zu Veränderungen der Kristallbildung und -größe. Wichtige Schneeeigenschaften sind wie folgt:

- Korngröße und Formation, Körner eines neuen gefallenen Schnees können 0,2 bis 5 mm groß sein, während maschinell vorbereiteter Schnee Körngrößen von 0,1 bis 0,8 mm aufweist
- Schneedichte, die von 10 bis 50 kg/m^3 für leichten Pulverschnee, 100 kg/m^3 für durchschnittlichen Neuschnee, 200 bis 450 kg/m^3 für alten sedimentierten Schnee bis 400 bis 600 kg/m^3 für präparierten Schnee auf einer Piste reicht
- Temperatur, die von −45 bis 0 °C variieren kann und hauptsächlich von der Lufttemperatur und der Schneehöhe beeinflusst wird
- Flüssiger Wassergehalt, der schnell ansteigt, wenn die Schneetemperatur 0 °C erreicht.

Es gibt viele Arten von Schnee und es gibt eine Trennung zwischen trockenem und nassem Schnee [66]. Trockener Schnee beinhaltet Flaum, Gips, Kruste und nasser Schnee beinhaltet körnige und Tannenschneebälle. Trockener Schnee tritt normalerweise nach Schneefällen frisch auf, während Nassschnee beispielsweise infolge von Erwärmung, Regenfällen und Sonnenstrahlung entsteht. Der oben genannte Schnee ist natürlich. Seit einigen Jahrzehnten wird die Technologie der Kunstschneeproduktion beherrscht, dank der es möglich ist, das Gelände für den Wintersport zu beschneien. Grundsätzlich ist der Unterschied zwischen Natur- und Kunstschnee signifikant. Kunstschnee hat eine viel höhere Dichte und mechanische Festigkeit als natürlicher Schnee [65].

2.6.3 Die mechanischen Eigenschaften des Schnees

Ähnlich wie beim Boden sind die mechanischen Eigenschaften von Schnee sehr wichtig für die Befahrbarkeit und Fahrdynamik. Von diesen Eigenschaften werden die maximalen übertragbaren Kräfte, die von dem Fahrelemente ausgehen, sowie die Volumen- und Formänderung, die die Haftung und den Rollwiderstand beeinflussen, determiniert. Folgende mechanische Schneeeigenschaften sind zu berücksichtigen: Schneefestigkeit, Schneehärte, Schneeverformbarkeit und Kompressibilität als auch die konstitutiven Eigenschaften von Schnee.

2.6.3.1 Schneefestigkeit

Die Schneefestigkeit wird hauptsächlich durch die Anzahl und Art der Bindungen zwischen den Teilchen beeinflusst. Es gibt verschiedene Prozesse, die die Endfestigkeit beeinflussen:

- Sintern, das mit einem Stoffaustausch stattfindet und eine Hauptquelle der Schneefestigkeit ist; bei Temperaturen um 0 °C (nahe dem Schmelzen) tritt das Sintern natürlich auf
- Verzahnung, die auftritt, wenn sich unregelmäßige Kristalle mit anderen verzahnen
- Kapillarität, die bei Schneefeuchtigkeit zwischen 5 und 20 % auftritt; der Prozess wird durch Kapillarkräfte zwischen Schneekristallen und dem Wasser zwischen ihnen angetrieben
- Einfrieren, wenn Wasser im Schnee wieder gefriert und Schneepartikel Bindungen und Stärke bekommen

Die Schneefestigkeit kann aus Plattenpenetrationstests und Schertests von Schneeproben abgeleitet werden. Messungen an natürlichem Schnee sind wegen der Notwendigkeit, Testproben zu replizieren, schwierig zu bewerkstelligen. Meistens werden künstliche Schneeproben durch Kompression bei einer bestimmten Verformungsrate bei gleichzeitiger Aufzeichnung der Belastungs-Verformungs-Reaktion gemessen. Die Scherfestigkeit von Schnee kann durch Scherversuche mit einer Flügelsonde auf einem mit einer definierten Dichte komprimierten Schnee bestimmt werden. Im Allgemeinen nimmt der Druckmodul des Schnees, der die Tragfähigkeit bestimmt, mit der Dichte zu, während die Scherfestigkeit mit der Dichte und dem Schneealter ansteigt.

2.6.3.2 Schneehärte

Die Schneehärte ist ein wichtiger mechanischer Parameter, der über den Widerstand gegen das Eindringen und damit über die innere Festigkeit des Materials informiert. Die Schneehärte wird in Newton gemessen, daher ist die physikalische Bedeutung dieses Parameters die Kraft. Die einfachste Methode zur Bestimmung der Schneehärte ist wahrscheinlich ein Handtest. Einfach die Hand in die Schneedecke eindrücken und je nach der Eindrücktiefe der Faust oder mehr, oder einer Finger-, Bleistift- oder Messerklingendicke ergibt sich eine Skala über die Härte, natürlich mit geringer Präzision. Zur instrumentellen Messung der Schneehärte benutzt man ein Penetrometer, zum Beispiel das Schweizer Rammsondenpenetrometer mit einem Kegelspitzenwinkel von 60 °C, einem Basisdurchmesser von 40 mm und einem Gewicht von 10 N. Ein weiteres Instrument zur Messung der Schneehärte ist der SnowMicroPen, der vom Schweizer Lawinenforschungsinstitut in Davos entwickelt wurde. Diese Vorrichtung ermöglicht dank des Absenkmechanismus die Bestimmung der Schneehärte entlang des vertikalen Profils der Schneedecke. Das Tiefenprofil gibt die Homogenität der Schneedecke an. Die nachfolgende Tabelle fasst Schneehärtedaten zusammen, die mit der Schweizer Rammsonde und dem einfachen Handtest erhalten wurden (Tab. 2.8).

Es bestehen große Unterschiede zwischen frischem, altem oder bearbeitetem Schnee sowie maschinell hergestelltem Schnee. Im Allgemeinen variiert die Schneehärte zwischen 0,1 und 35 N. Die Schneetemperatur beeinflusst ihre Härte. Es sollte beachtet werden, dass die allgemeinen physikalischen Bedingungen sowie die mechanischen Eigenschaften von Schnee stark von Umwelteinflüssen wie Sonneneinstrahlung, Wind,

Tab. 2.8 Schneehärtedateien

Beschreibung	Rammsonde [N]	Druckfestigkeit [Pa]	Handtest	Bezeichnung
Sehr niedrig	0–20	$0–10^3$	Faust	R1
Niedrig	20–150	$10^3–10^4$	4 Finger	R2
Mittel	150–500	$10^4–10^5$	1 Finger	R3
Hoch	500–1000	$10^5–10^6$	Bleistift	R4
Sehr hoch	>1000	$>10^6$	Messerklinge	R5
Eis				R6

Luftfeuchtigkeit und Niederschlägen (Regen, Dunst, Schnee) abhängen. Darüber hinaus variieren die Schneeeigenschaften mit der Zeit, manchmal ziemlich schnell. Aus der oben erwähnten kurzen Charakterisierung geht hervor, dass natürlicher Schnee ein Material mit hoher Instabilität ist.

2.6.3.3 Konstitutive Eigenschaften von Schnee

Schnee ist ein viskoelastoplastisches Material und die jeweiligen Anteile dieser Eigenschaften hängen von den grundlegenden Schneeverhältnissen ab. Die Reaktion von Schnee auf mechanischen Input kann unterschiedlich sein und hängt von der Geschwindigkeit der Verformung ab. Langsame Belastungsraten führen zu eher plastischen Verformungen, während schnelle Eingaben fast elastische Veränderungen verursachen. Die Dichte spielt eine wichtige Rolle bei den mechanischen Eigenschaften von Schnee.

Das allgemeinste konstitutive Gesetz, das für Schnee in den frühen Studien verwendet wurde, war die Gleichung für einen viskoelastischen Vierparameterkörper mit linearen Elementen, die eine Version des Cam-Clay-Modells ist. Das Modell basiert auf einer Kombination des Maxwell-Modells mit einem linear viskosen Newtonschen Flüssigmodell. Die Modellparameter wurden in einem Kriechtest auf Schnee unter dreiachsigen Kompressionstests erhalten. Die linearen Beziehungen des Maxwell-Modells wurden für eine bessere Übereinstimmung zwischen dem Modell und den experimentellen Ergebnissen durch die eindimensionale hyperbolische Sinusbeziehung ersetzt. Eine weitere Modifikation bestand darin, den Koeffizienten A des hyperbolischen Sinus durch einen Viskositätsparameter η zu teilen, die endgültige Beziehung lautet wie folgt:

$$\frac{d\varepsilon}{dx} = \varepsilon_0 \sinh\left(\frac{A}{\eta}\sigma\right) \tag{2.51}$$

Ein modifiziertes Drucker-Prager-Cap-Plastizitätsmodell für Schnee wurde von Shoop [64] verwendet, um ein dreidimensionales Finite-Elemente-Modell der Reifen-Schnee-Interaktion zu erstellen, mit dem die Auswirkungen von Reifen- und Schneeeigenschaften auf die Fahrzeugmobilität untersucht werden können. Modellparameter wurden aus Feldtestdaten und aus der Literatur gewonnen, wobei diese dem Schneetyp so genau wie möglich angepasst wurden. Das Schneemodell wurde unter Verwendung von Ergebnissen der Drucksetzungstests für Schnee ähnlichen Alters und ähnlicher Dichte validiert.

Ein anderes Modell für Schnee war ein zerbrechliches Schaummodell, das ebenfalls auf der kritischen Zustandsmechanik basiert. Johnson et al. [67] haben das zerbrechliche Schaummodell auf natürlichem frischem Schnee angewendet. Erste Simulationen mit dem ABAQUS-Modell zeigten, dass keine laterale Verformung durch eine axiale Belastung verursacht wurde. Dieses Problem führte zu Fragen bezüglich des Verformungsverhaltens von Schnee unter einer rein vertikalen Belastung und dazu, ob die Simulationsergebnisse von dem zerbrechlichen Schaummodell für Schnee in einem dreidimensionalen Spannungszustand geeignet waren. Experimente, die die seitliche Verformung von Schnee unter einer rein vertikalen Belastung maßen, zeigten, dass die vertikale Belastung von nicht gesintertem Schnee hauptsächlich vertikale Verformung verursachte. Andere Experimente zeigten, dass die laterale Verformung für hohe Belastungsraten minimal war.

2.6.3.4 Schneeverformbarkeit und Kompressibilität von Schnee

Ein wesentliches Merkmal für die Analyse der Wintermobilität ist insbesondere die Definition von Schneekompressibilität für eine Vielzahl von Belastungsraten und Schneeeigenschaften. Die Kompressibilität kann definiert werden als jede Veränderung des Schneevolumens infolge der aufgebrachten Belastung. Abele und Gov [59] haben die Kompressibilität für ungestörten Schnee mit unterschiedlichen Anfangsdichten bestimmt. Die Tests wurden unter Verwendung einer servogesteuerten Maschine in einer Niedertemperaturkammer durchgeführt. Für verschiedene Verformungsraten von 0,027 bis 27 cm/s wurden Last und Verformungen von Schneeproben ermittelt und aus diesen Daten wurden Spannungsdichte und Spannungs-Verformungs-Relationen abgeleitet. Die Ergebnisse zeigen, dass die Deformationsrate keinen signifikanten Einfluss auf die Spannungs-Dichte-Beziehung hat. Eine Abnahme der Temperatur erhöht die Widerstandsfähigkeit gegen Beanspruchung und Verformung, wobei der Temperatureffekt mit angelegtem Druck und anfänglicher Dichte ansteigt. Die Auswirkung der Anfangsdichte der Schneeproben ist signifikant. Bei jeder Spannung führt eine Erhöhung der Anfangsdichte zu einer Erhöhung der resultierenden Dichte, wobei dieser Effekt besonders bei niedrigen Spannungsniveaus (< 10 Bar) und bei Temperaturen nahe 0 °C deutlich wird.

2.6.4 Mikromechanik von Schnee

Eine aktuelle Tendenz in der Schneemechanik besteht darin, die konstitutiven Beziehungen für Schnee auf die Mikrostrukturanalyse von Schnee zu basieren. Bevor wir die Schneemikromechanik beschreiben, wird im Folgenden eine kurze Einführung in die Schneestruktur gegeben.

Die Bildung von Schneekristallen in der Atmosphäre beginnt mit Wolken, die unterkühlte Wassertröpfchen, Wasserdampf und winzige Eiskristalle enthalten. Ein Wasserdampfsättigungszustand existiert nahe der Oberfläche des Eises und Schneekristalle bilden sich unter den zwei möglichen Bedingungen:

- Sublimation: Unterkühlte Wassertröpfchen und kleine, wärmere Eiskristalle setzen Wasserdampfmoleküle frei, die auf größere, kältere Eiskristalle als Folge eines höheren Dampfdrucks sublimieren.
- Gefrieren: Unterkühlte Wassertröpfchen gefrieren, wenn sie mit Eiskristallen in Kontakt kommen.

Der Mechanismus des Schneekristallwachstums sowie die Muster des Wachstums von Schneekristallen durch Sublimation und Gefrieren sind in Abb. 2.50 dargestellt. Nachdem die Schneekristalle durch die Luft gefallen sind, landen sie auf dem Boden und sammeln sich an. Typischerweise brechen die Spitzen der Schneekristalle, wenn sie mit dem Boden kollidieren, und sie beginnen sich zu transformieren. Die Prozesse der akkumulierten Schneetransformation werden durch Wind, Umgebungstemperatur, Luftfeuchtigkeit und Sonneneinstrahlung beeinflusst. Sie werden Schneemetamorphismen genannt, wobei es die drei folgenden gibt:

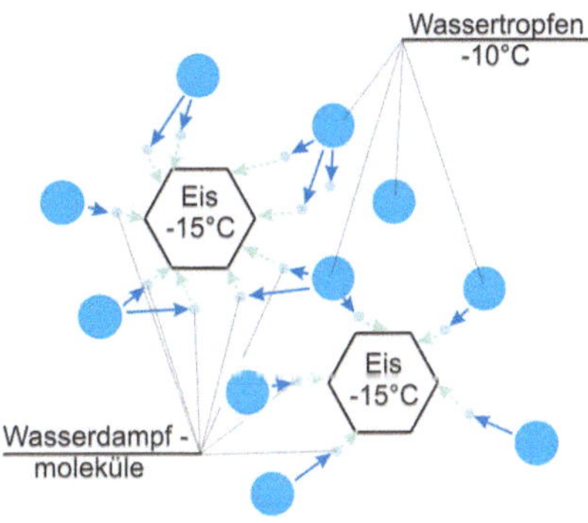

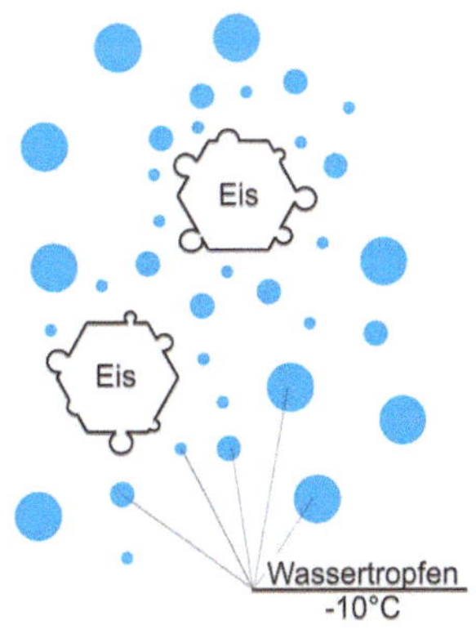

Abb. 2.50 Wachstum von Schneekristallen durch Sublimation und Gefrieren

- Destruktiver Metamorphismus oder isothermer Metamorphismus
- Konstruktiver Metamorphismus oder Temperaturgradientenmetamorphismus
- Schmelzen-Einfrieren des Metamorphismus

Destruktiver Metamorphismus setzt sofort ein, nachdem Neuschnee abgelegt wurde. Die verschlungenen, sternartigen Kristalle werden reduziert, wobei sich ihre feinen Äste, Punkte und Vertiefungen ausgleichen, Zweige sublimieren und schließlich entsteht eine Kugelform. Der Abstand zwischen den Körnern ist reduziert und der Schnee setzt sich ab. Schnee verfestigt sich, weil seine Körner näher zusammenkommen und ihre Dichte zunimmt. Der Hauptfaktor, der den destruktiven Metamorphismus verursacht, ist der Wasserdampfdruckunterschied zwischen den konkaven und konvexen Kristallzonen.

Der konstruktive Metamorphismus baut sich auf und vergrößert stetig die Schneekörner zu einer prismatischen, facettierten, pyramidalen oder säulenartigen Form. Größere Kristalle bilden sich fortschreitend, während der Metamorphismus voranschreitet, sind sie häufig abgestuft und hohl. In der letzten Phase werden sie Pokalkristalle oder Tiefenrauschen genannt. Es gibt weniger Berührungspunkte zwischen den großen Körnern und demzufolge verliert der Schnee seine Festigkeit. Die Voraussetzung für den konstruktiven Metamorphismus ist der Temperaturgradient, je größer er ist, desto schneller verläuft der Metamorphismus. Der konstruktive Metamorphismus verläuft jedoch insgesamt langsam und es kann bis zu vier Wochen dauern, um die Becherkristalle zu bilden.

Der Schmelz-Gefrier-Metamorphismus kann zu jeder Zeit des Jahres auftreten, typischerweise jedoch im Frühjahr. Da die Energie absorbiert wird, wenn die Schneetemperatur 0 °C beträgt, beginnen seine Körner an den Rändern und Ecken zu schmelzen. Sie werden runder, Hohlräume werden gefüllt und eine dünne Wasserschicht bildet sich über den Körnern. Als Effekt des Schmelzens füllen sich Poren weiter mit Wasser und die Bindung zwischen den Körnern löst sich auf, sodass die resultierende Festigkeit geringer wird. Das Schmelzen kann unterbrochen werden, typischerweise nachts, und Wasser gefriert wieder. Die Bindungen werden stark und der Prozess wiederholt sich im Tag-Nacht-Zyklus.

Im Allgemeinen wird der Einfluss der Schneemikrostruktur auf die mechanischen Eigenschaften hauptsächlich durch die Art der Bindungen zwischen den Schneekristallen bestimmt. Es wurde gezeigt, dass die Spannungen in der Schneeprobe nur von einem Teil der Kristalle übertragen werden, die in einer Kette verbunden sind. Diese Ketten bilden das Skelett des Schnees, verantwortlich für die mechanischen Eigenschaften. Die oben beschriebenen Phänomene, wie Metamorphismen, sind für die Bildung der Schneemikrostruktur verantwortlich. Die Konsequenz daraus ist die Notwendigkeit zur Erforschung der Schneeverformungsmikromechanik. Daher ist es auch nicht ausreichend, allein auf globale Parameter wie die Dichte als Einflussgröße auf die mechanischen Eigenschaften abzustellen. Um den Einfluss von mikrostrukturellen Veränderungen auf die konstitutiven Eigenschaften von Schnee zu untersuchen, wurde unter anderem die akustische Emissionsmethode verwendet. Ein Messgerät zur Bestimmung der mechanischen Eigenschaften der Schneedecke, das den Einfluss der Mikrostruktur berücksichtigt, ist der SnowMicroPen.

2.6.5 Statistische Methoden

Da Schnee ein natürlich vorkommendes, heterogenes Material ist, weisen seine mechanischen Eigenschaften eine statistische Verteilung auf. Unter Berücksichtigung des statistischen Charakters des Schneeverhaltens hat Lee [60] ein plastizitätsbasiertes Schneevertiefungsmodell entwickelt. Es wurde festgestellt, dass in der semiinfiniten Zone der Vertiefung die Kohäsion den größten Einfluss auf den Vertiefungsdruck hat, gefolgt von den Verfestigungskoeffizienten. In der endlichen Tiefenzone hat der Winkel innerer Reibung den größten Einfluss auf den Vertiefungsdruck. Ein Bayessches Metamodell wurde entwickelt, und die Modellparameter wurden durch Maximierung einer Gaußschen Wahrscheinlichkeitsfunktion kalibriert.

Li et al. [61] entwickelten ein stochastisches Schneemodell mit einem polynomischen Chaos, das die Variabilität der Schneehöhe berücksichtigt. Die stochastischen Schneemodelle wurden in Verbindung mit verschiedenen Arten von Reifen-Schnee-Interaktionsmodellen entwickelt, um die Reaktion des Systems unter den berücksichtigten Unsicherheiten vorherzusagen. Die Methode, mit der die Unsicherheiten im System behandelt wurden, basiert auf dem Ansatz der polynomischen Chaosexpansion. Schnee wurde als druckempfindliches Drucker-Prager-Material mit einer Erweiterung zu einem stochastischen semianalytischen Schneemodell behandelt. Der Ansatz des polynomischen Chaos, mit dem die Unsicherheiten quantifiziert und propagiert werden, hat den Vorteil, dass große Unsicherheiten berücksichtigt werden können und gleichzeitig sehr effizient rechnerisch gearbeitet wird. Die Reifenvertiefung im Schnee, die Reifenverformungs- und Entspannungslänge, die Drucksetzung sowie die Scherspannungs-/Verschiebungsbeziehung und die Kräfte in der Kontaktfläche werden unter Berücksichtigung der unsicheren Schneehöhe vorhergesagt. Das Modell kann verwendet werden, um die Mobilität und Fahrleistungen von Radfahrzeugen auf Schnee vorherzusagen. Zugkraft und Widerstandskraft sowie Radkräfte in Längs- und Querrichtung können ebenfalls modellbasiert berechnet werden.

2.6.6 Wintertraktion

Die Wintertraktion kann mit der Fahrleistungen eines Fahrzeugs auf einer weichen Bodenoberfläche verglichen werden. Die allgemeinen Trends sind identisch: Im Vergleich zu harten Oberflächen ist die Traktion auf Schnee aufgrund von Oberflächenverformungen schwächer, was den Rollwiderstand erhöht, und aufgrund der geringen Scherfestigkeit weicher Oberflächenmaterialien. Es gibt jedoch einige Unterschiede zwischen Schnee und weichem Boden. Schnee, besonders wenn er frisch ist, ist im Allgemeinen komprimierbarer als jede Art von Erde. Die Verformbarkeit ist bei Schnee viel breiter als bei Böden. Auf der anderen Seite variieren die Scherfestigkeit und die Festigkeit für Schnee stark, aber die maximalen Werte sind für Böden höher. Die niedrigere Antriebskraft in der Schnee-Radkombination wird durch geringe Reibung verursacht.

Die Fahrzeugmobilität auf Schnee ist meistens durch die Tragfähigkeit der Schneedecke begrenzt und hängt eng mit der Drucksetzung zusammen, die eine Funktion der Kompressibilität und Scherfestigkeit in Abhängigkeit vom Fahrzeuggewicht ist. Die Wintertraktion von Radfahrzeugen hängt hauptsächlich mit Indexparametern wie Schneehöhe oder Schneedichte zusammen. Die Schneehöhe reicht von „flach", in der die Druckzwiebel einen festen Untergrund schneidet, bis „tief", in dem sich die Druckzwiebel frei ausbildet (Abb. 2.51). Diese Klassifizierung hängt sicherlich vom Gewicht, der Lastverteilung, den Reifenparametern usw. ab. Eine Faustregel besagt, dass Schnee, der tiefer als zwei Drittel des Reifenradius ist, zu tiefem Schnee wird [63]. Bei flachen Schneebedingungen ist die effektive Tragfähigkeit aufgrund des festen Grundes (im Allgemeinen gefrorener Boden) erhöht. Bei einigen flachen Schneebedingungen ist es für Fahrzeuglasten möglich, die Druckzwiebel aus verdichtetem Schnee über die Grenzen der vertikalen Projektion der Kanten der Fahrelemente hinaus zu zwingen. Auch bei flachem Schnee hat die Druckzwiebel nahezu konstante Eigenschaften für die verschiedensten Schneetypen. Die Fahrzeugmobilität steigt mit der Schneedichte und eine logische Konsequenz daraus ist, dass Kettenfahrzeuge, die einen geringeren Kontaktdruck auf Schnee ausüben, bessere Fahrleistungen erbringen als Radfahrzeuge. Natürlicher Neuschnee kann Kontaktdrücke von bis zu 30 kPa ohne nennenswerte Drucksetzung aufnehmen, was eine gute Traktion für Kettenfahrzeuge (z. B. eine Schneemaschine) verspricht. Für Radfahrzeuge gibt es mehrere bekannte Schnee-Vorkonditionierungsverfahren, die die Mobilität verbessern können. Solche Technologien sind Oberflächenbeladung, Erhitzen und Mischen mit Additiven und Altern [41, 51, 59]. Eine weiche Tiefschneeschicht kann vorkonditioniert werden, um mehrere Befahrungen von Radfahrzeugen mit einem Bodenkontaktdruck von etwa 200 bis 250 kPa zu unterstützen.

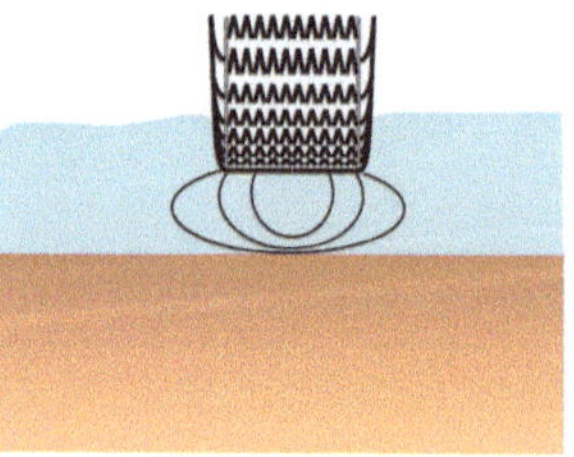

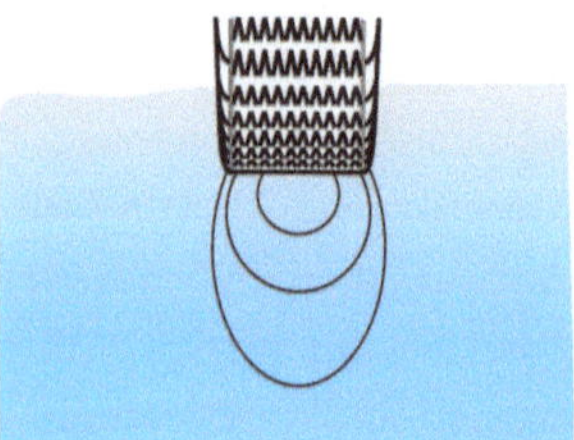

Abb. 2.51 Druckausbreitung im flachen und tiefen Schnee

2.7 Charakteristik des Gesteinsplanetenbodens und ihre Simulanten

Die Erforschung von Himmelskörpern, des Mondes oder der Planeten erfordert Transportmittel, mit denen Menschen oder Forschungsgeräte bewegt werden können. Das erste Fahrzeug dieses Typs war das Apollo Lunar Roving Vehicle, das von der Apollo-Mannschaft benutzt wurde. Es war ein vierrädriger, zweisitziger Rover. Ein anderes Beispiel war Lunokhod, ein russisches unbemanntes Fahrzeug, mit dem in den 70er-Jahren der Mond erforscht wurde. Derzeit sind unbemannte Mars-Rover mit einem Radfahrwerk im Einsatz. Sie können mehr über diese Fahrzeuge in Kap. 7 lesen, während in diesem Teil des Buches die Böden von Planeten und dem Mond sowie ihre Simulation für Forschungs- und Versuchszwecke beschrieben wird.

Ähnlich wie im Fall des Bodens ist die Kenntnis der physikalisch-mechanischen Eigenschaften von Regolith auf Mond oder Mars notwendig, unter anderem für Ingenieure, die die Rover konstruieren, entwickeln und testen [68–70]. Das Design und die Konstruktion des Fahrwerks, die Fahrelemente und ihre Parameter sowie die Konstruktion der Federungssystem all dies erfordert Kenntnisse über die terramechanischen Eigenschaften des Regoliths. Es ist notwendig, optimale Lösungen für die erforderlichen Fahrleistungen zu entwickeln. Die Fehlermarge ist sehr gering, hauptsächlich aufgrund der Begrenzung der Effizienz der Stromquellen des Mond- oder Marsfahrzeugantriebs und der Eigenständigkeit (Autonomie) der Mission (siehe Abb. 2.52).

Abb. 2.52 Labortests eines Mars-Rovers unter Verwendung einer Marsbodensimulation (© NASA)

Gegenwärtig hat die Menschheit recht viel Erfahrung auf dem Gebiet der Wechselwirkung von Fahrelementen und Mond- oder Marsboden. Die amerikanische Mission Apollo lieferte wertvolle Informationen über die Traktionseigenschaften des Mond-Regolith, und einige Mengen des ursprünglichen Mondbodens wurden zur Erde gebracht. Die Forschungsmissionen auf dem Mars liefern seit Jahrzehnten Wissen über die Eigenschaften des Marsbodens, basierend auf der Analyse der Fahrleistungen der Rover Spirit, Opportunity und Curiosity. Eine weitere Wissensquelle ist das Studium der Oberflächen des Mondes und der Planeten und Asteroiden, die mit Fernmethoden durchgeführt werden.

Der Zweck dieses Abschnittes ist es, die mechanischen Eigenschaften der Böden von Mond und Mars im Zusammenhang mit der Analyse und Modellierung der Wechselwirkung der Fahrelemente mit der Oberfläche dieser Himmelskörper darzustellen. Dieses Thema ist wichtig, weil das Interesse an der Erforschung des Mondes wiederbelebt wird und das Streben nach einer bemannten Marsmission weitergeht. Viele Forschungs- und Entwicklungszentren verpflichten sich, Prototypplanetenfahrzeuge zu entwerfen und zu bauen, obwohl nur wenige in der Endmission eingesetzt werden. Eines der grundsätzlichen Probleme in diesem Bereich ist die Auswahl geeigneter Bodenmaterialien, die als sogenannte Bodensimulationen extraterrestrischer Böden dienen.

2.7.1 Simulationen des Mondbodens

Der einzige außerirdische Boden, der von Menschen erworben wurde, ist der Mondboden, den die Teilnehmer der Apollo-Mission mitgebracht haben. Basierend auf Proben der Apollo-Mission wurde eine detaillierte Analyse und Beschreibung des Mondbodens durchgeführt. Mondboden oder Stutenböden (mare soils) wurden aus Mondbasalten in stark reduzierenden Umgebungen gewonnen, daher enthalten sie Eisen nur als Fe_2^+ und FeO. Mondböden enthalten auch eine bedeutende Glaskomponente, die durch Mikrometeoriteneinschlag erzeugt wird. Dieses agglutinitische Glas wurde offensichtlich unter stark reduzierenden Bedingungen gebildet, da es unweigerlich Submikrometerpartikel aus nativem Eisenmetall enthält. In Bezug auf die Teilchenbeschreibung ist der Mondboden eine komplexe Mischung aus Gestein und Mineralkörnern, die durch den Aufprall zerstört wurden. Gesteine und Mineralfragmente wurden durch das agglutinitische Glas zu Submilimeterpartikeln gebunden. Diese Texturen im Mikrometermaßstab sind komplex und entsprechen keinem terrestrischen Bodenanalogon. Das spezifische Gewicht des Mondbodens liegt zwischen 2,9 und 3,5 g/cm^3. Die mechanische Charakterisierung des Mondbodens kann durch den Winkel der inneren Reibung, der von 25 bis 50° variiert, und die Kohäsion, die von 0,26 bis 1,80 kPa variiert, ausgedrückt werden. (McKay et al. [71]).

Die Verwendung von Bodenproben, die vom Mond mitgebracht worden waren, ist ziemlich problematisch, hauptsächlich aufgrund der relativ geringen Menge. Diese Proben werden als ein Schatz, ein nationales Erbe behandelt, daher ist ihre Verwendung für die Forschung praktisch unmöglich. Auf der Grundlage physikalisch-chemischer Tests war es möglich, Mondboden nachzubilden. In den letzten 25 Jahren wurden viele Substitute von

Mondboden hergestellt. Es sollte jedoch bedacht werden, dass es kein Universalsubstitut für Mond-Regolith gibt. Wenn ein gegebener Ersatzstoff mechanische Eigenschaften reproduziert, hat er normalerweise die falsche Mineralzusammensetzung und Korngrößenverteilung (anders als der original Mondboden). Daher werden die Substitute beschrieben, die auf dem Gebiet der mechanischen Eigenschaften in erster Linie Ähnlichkeiten mit Mond-Regolith aufweisen.

2.7.1.1 JSC-1

Das JSC-1-Mond-Regolithsubstitut wurde unter der Schirmherrschaft des NASA Johnson Space Center entwickelt. JSC-1 ist eine glasreiche basaltische Asche, die aus einer Lagerstätte für vulkanische Asche gewonnen wird, die sich im San-Francisco-Vulkanfeld in der Nähe von Flagstaff, Arizona, befindet. Es simuliert die chemische Zusammensetzung, Mineralogie, Partikelverteilung und technischen Eigenschaften von Mondboden. Das JSC-1 enthält hauptsächlich Plagioklas, Pyroxen, Ilmenit und Olivin sowie einen geringen Anteil an Titan und einen hohen Glasanteil [72]. Die Vulkanasche wurde in einem kommerziellen Aschenbruch nahe der Südflanke des Merriam-Kraters, Kalifornien, abgebaut. Nach dem Abbau wurde die Asche grob gesiebt, wobei die größeren Partikel in eine Prallmühle überführt und dort abgestoßen wurden. Die Asche von mehreren Mahlungen wurde teilweise luftgetrocknet und dann gemischt. Der durchschnittliche Wassergehalt der Endmischung betrug 2,70 %. Mehr als 12.000 kg des JSC-1-Simulators wurden Anfang der 1990er-Jahre hergestellt und für verschiedene Forschungszwecke verwendet. Der JSC-1 wird als hocheckiger, schluffiger Sand mit unplastischen Feinteilen klassifiziert. Die Lagerungsdichte von JSC-1 betrug etwa 2,9 g/cm^3, während seine Dichte von 1,33 bis 1,80 g/cm^3 variiert. Der Winkel der inneren Reibung des JSC-1 beträgt 45° und die Kohäsion beträgt 1,0 kPa [73].

2.7.1.2 JSC-1A

Nachdem der Vorrat an JSC-1 aufgebraucht war, wurde der neue Simulator entwickelt. Das JSC-1A-Mond-Regolithsubstitut ist eine Replik seines Vorgängers und genau wie das JSC-1 wird es aus einer vulkanischen Ascheablagerung in einem kommerziellen Schlackensteinbruch im San-Francisco-Vulkanfeld gewonnen. Es nähert sich einem steinernen Regolith mit niedrigem Titangehalt an und enthält hauptsächlich kristallines Material, Silikatphasen von Plagioklas, Pyroxen und Olivin, mit kleineren Oxidphasen von Ilmenit und Chromit und Spuren von Ton. JSC-1A wurde als Standard-Regolithsubstitut zugelassen, um die zukünftige Erforschung der Mondoberfläche durch die NASA zu unterstützen. Bei der Herstellung der JSC-1A werden zuerst Basaltschlacken abgebaut und dann handverlesen, um Verunreinigungen oder unerwünschte Ablagerungen zu entfernen. Dann werden die Schlacken an der freien Luft getrocknet, um überschüssige Feuchtigkeit vor dem Mahlen zu entfernen. Nach dem Trocknen werden die Schlacken zu feiner und gröberer Fraktion gemahlen. Das Endprodukt von JSC-1A wird durch Mischen von feinen und groben Fraktionspartikeln in vorbestimmten Mengen erzeugt, um die Zusammensetzung und Partikelverteilung des Mondbodens anzupassen. Die JSC-1A wurde als schlecht klassifizierter schluffiger Sand mit sehr geringer Plastizität eingestuft. Die durchschnittliche Lagerungsdichte von JSC-1A betrug 2875, was niedriger ist als jene für typische Mondböden. Die Porosität von JSC-1A liegt im Bereich von 0,455 bis 0,295. Der Winkel der inneren Reibung der JSC-1A liegt zwischen 37 und 39°, der Zusammenhalt beträgt 0,8 bis 6,8 kPa bei 1,70 g/cm³ Schüttdichte.

2.7.1.3 GRC-1

Die Verwendung der beschriebenen Mond-Regolithsubstitute verursachte einige Probleme in der Forschungspraxis. Zuallererst waren diese Materialien teuer und von beschränkter Verfügbarkeit. Zweitens könnten die Materialien die Verhältnisse im Mondgebiet nur dann genau darstellen, wenn sie in einer Vakuumkammer verwendet werden, die beschleunigt wird, um die Schwerkraftdifferenz zwischen dem Mond und der Erde auszugleichen. Oravec et al. [74] haben eine leicht erhältliche Sandmischung entwickelt, die in der Lage ist, die Festigkeit des Mondbodens insbesondere für die Bewertung von Geländefahrzeugsystemen darzustellen. Das Hauptziel war, die Verformbarkeit des Mondbodens unter Fahrzeugbelastung nachzubilden, also einen Vergleich von G über den Bereich der Bodendichte mit dem Bereich von G, der von In-situ-Mondmessungen geschätzt wurde, zu ermöglichen. Diese Referenzmessungen wurden von den Apollo-15- und -16-Mannschaften in Form von Kegelpenetrationstests durchgeführt. Das Material für das neue Simulationsmittel wurde von einer Sandmine in Ohio, USA, angeboten und enthielt vier verschiedene Standardsandgemische, die als BS110, BS530, BS565 und BS1635 bezeichnet wurden. Der Gehalt jedes Sandes in der Endmischung betrug 36 %, 8 %, 24 % bzw. 32 %. Die mechanischen Eigenschaften des neuen Ersatzstoffes, GRC-+1, wurden in einem Laborversuchsprogramm bestimmt, einschließlich der Kegelpeterometermessungen in einer Bodenrinne. Die Messungen wurden bei verschiedenen Dichten durchgeführt, um den Bereich der Festigkeit des GRC-1 in Bezug auf G zu bestimmen. Die Ergebnisse zeigen, dass das neue Material die sieben niedrigsten G-Werte des Mondgeländes abdeckt. Hinsichtlich der Parameter beträgt das spezifische Gewicht des GRC-1 2,58 verglichen mit dem des Mondbodens, der zwischen 2,3 und 3,2 liegt. Die Schüttdichte der GRC-1 liegt zwischen 1,60 und 1,89. Der Kompressionsindex Cc beträgt 0,03, der Quellungsindex Cs 0,008. Parameter, die für die Terramechanik von großer Bedeutung sind, sind folgende: Der Winkel der inneren Reibung nimmt Werte zwischen 29,8 und 44,4 an, die Kohäsion beträgt 0,52 bis 1,6 kPa, abhängig von der variierenden Schüttdichte und der Tiefe. Die Ergebnisse der Messungen des GRC-1 unter Verwendung von zwei Bevametern (einem Radbevameter und einem Scherbevameter) sind in Tab. 2.9 zusammengestellt.

Tab. 2.9 GRC-1-Parameter für die Bekker- und Janosi-Hanamoto-Gleichungen

Bekker			Janosi-Hanamoto		
n [-]	k_c [kN/m^{n+1}]	k_φ [kN/m^{n+2}]	c_b [kPa]	Φ_b [°]	K [cm]
1,234	4009,9	−22368	null	34	1,8–2,55

Die Kosten für eine metrische Tonne der GRC-1 im Jahr 2010 betrugen etwa 250 US$, was einem Hundertstel der Kosten der älteren Ersatzstoffe entspricht. Es ist zu bemerken, dass das GRC-1 weder alle mechanischen Eigenschaften noch die Mineralogie oder Chemie des Mondbodens repliziert, aber es ist gut geeignet für große Fortbewegungstests mit Fahrzeugen.

2.7.2 Mars-Regolith und seine Simulationen

Der Mars ist der vierte Planet des Sonnensystems von der Sonne gesehen. Er ist ein felsiger Planet mit einem Radius von etwa dem 0,53-fachen Radius der Erde mit einer sehr dünnen und seltenen Atmosphäre. In der Vergangenheit wurde angenommen, dass der Mars in den früheren Entwicklungsstadien bewohnbar gewesen sein könnte und man vermutet die Existenz von Leben. Bis heute wurden aber keine Spuren von Lebewesen auf diesem Planeten gefunden. Trotz der Tatsache, dass die Bedingungen auf dem Mars lebensgefährdend und völlig anders als auf der Erde sind, wächst das Interesse an Reisen zum und der Kolonisation des Mars immer noch. Zahlreiche Wissenschafts- und Forschungsprogramme und -projekte befassen sich unter anderem mit Fragen des Landverkehrs auf dem Mars, einschließlich der Mars-Terramechanik [75, 76].

Die häufigsten chemischen Elemente in der Marskruste sind neben Silizium und Sauerstoff: Eisen, Magnesium, Aluminium, Kalzium und Kalium. Sie sind die Hauptbestandteile der Mineralien, die die Magmagesteine bilden. Weniger verbreitete Elemente sind Titan, Chrom, Mangan, Schwefel, Phosphor, Natrium und Chlor, die wichtige Bestandteile vieler Hilfsstoffe sind, die in Gesteinen und Sekundärmineralien vorkommen. Die Elementzusammensetzung des Mars unterscheidet sich deutlich von jener der Erde. Die Analyse von Meteoriten vom Mars deutet darauf hin, dass die Schicht des Planeten etwa doppelt so eisenhaltig ist wie die der Erde, was zu der charakteristischen Farbe des Planeten von der Erde aus führt.

Der Marsboden wurde seit 1976 erforscht, als die Viking Landers ihre Missionen begannen. Im Allgemeinen wurden zwei Arten von Untersuchungen durchgeführt: Fernbeobachtungen, einschließlich spektrofotometrischer Methoden sowie In-situ-Messungen, bei denen ausgewählte physikalische Eigenschaften von marsianischem Boden bestimmt wurden. Bis jetzt gab es sechs erfolgreiche Marslander-Missionen, die Daten zurückschickten, die verwendet wurden, um physikalische Eigenschaften der Mars-Oberfläche zu bestimmen. Leider gibt es im Moment keine Rückkehrproben von marsianischem Boden oder Steinen, wenn man von den Meteoriten absieht, die die Erde vom Mars kommend erreichten.

Bezüglich der mechanischen Eigenschaften sind die einzigen Referenzdaten, auf die wir uns verlassen können, diejenigen, die von den Marslandern oder den Orbitern aus der Entfernung gemessen und zur Erde gesandt werden. Der Viking Lander hat die Bodentragfähigkeit, die Kohäsion, den Winkel der inneren Reibung, die Porosität, die Korngröße und die Adhäsionsmessungen an der Stelle seiner Landung bestimmt. Indirekte Messmethoden

Abb. 2.53 Spur, die das Forschungsgerät des Curiosity Rovers auf der Marsoberfläche hinterlassen hat (© NASA)

wurden angewendet (Schürfgräben und Absenken der Landebahnen) und die Ergebnisse zeigten, dass die Kohäsion weniger als 3,2 kPa (Durchschnitt 1,1 kPa) beträgt, der Winkel der inneren Reibung beträgt etwa 35°. Mars Sojourner war das erste erfolgreiche Radfahrzeug, das sich auf der Marsoberfläche bewegte. Bei diesem Rover wurde eine interessante Testmethode verwendet, nämlich das Blockieren von fünf Rädern und das Rotieren des sechsten Rades in Viertelumdrehungsschritten, um auf dieses Rad einwirkende Scher- und Zugkräfte zu messen. Die Ergebnisse wurden für zwei verschiedene Bodentypen erhalten: Cloddy und Drift wie folgt: Kohäsion 0,23, innerer Reibungswinkel 36,6°. Die Mars Exploration Rover Spirit und Opportunity operierten im Gusev-Krater und verwendeten eine ringförmige Mößbauer-Kontaktplatte mit einem mikroskopischen Imagen, die es ermöglichte, die Auswirkungen eines leichten Drucks auf den Boden zu beobachten, um die natürliche Textur des Bodens zu zeigen. Der jüngste Mars-Rover, Curiosity, hat unter anderem die Gräben mit der 4 cm breiten Schaufel in den Marsboden im Oktober 2012 gegraben (Abb. 2.53). Die Ergebnisse der obigen Experimente zusammen mit Daten von Fernbeobachtungen durch die Orbiter diente auch als die Grundlage für die Entwicklung von Marsbodensimulanzien.

2.7.2.1 Das JSC-Mars-1 und das MMS

Eines der ersten bekannten Marsbodensimulanzien war das JSC-Mars-1. Es wurde speziell zur Unterstützung der wissenschaftlichen Forschung, des Ingenieurwesens und der Ausbildung entwickelt. Seine Zusammensetzung basiert auf verwitterter Vulkanasche aus Pu'u Nene, einem Schlackenkegel auf der Insel Hawaii. JSC-Mars-1 ist eine Mischung aus Aschepartikeln mit Umwandlungsrinden unterschiedlicher Dicke und Partikeln, die vollständig aus veränderter Asche bestehen. Die Asche besteht aus feinkristallinen und glasartigen Partikeln der Hawaiitzusammensetzung, darunter Anorthit, Olivin, Augit und der Ti-Magnetit sowie Spuren von Hämatit und Pyroxen und Glas. Das JSC-Mars-1 wurde als spektrales Substitut konzipiert und ist extrem hygroskopisch, enthält mehr als 20 % Wasser bei Raumtemperatur.

Das folgende in Zusammenarbeit mit der NASA entwickelte Mars-Regolithersatzmaterial war das *MMS* (Mojave Martian Simulant). Die Schüttgutkomponente des *MMS* befindet sich in natürlicher Form als Ganzstein und wird entweder zu fein gemahlenem oder sortiertem granuliertem Basalt mit nur geringer Oberflächenverwitterung verarbeitet. Durch den Zerkleinerungsprozess entstehen Materialien mit grobkörnigen Partikeln, die zusammen mit der fehlenden extremen Bewitterung gegenüber hygroskopischer Reaktivität inert sind. Das MMS stammt aus der vulkanischen Formation Saddleback in der westlichen Mojave-Wüste in der Nähe der Stadt Boron, Kalifornien. Es gibt zwei Versionen, den MMS-Staub und das MMS-Gemisch, das verschiedene Fraktionen beinhaltet. Das MMS wurde als geotechnisches Simulantium entwickelt, um die mechanischen Eigenschaften von Marsböden nachzuahmen.

2.7.2.2 Der MGS-1-Simulant

Das Mars Global Simulant MGS-1 ist ein Standard für die Entwicklung extraterrestrischer Bodensimulanten mit hoher Genauigkeit hinsichtlich der mineralischen, chemischen, flüchtigen und spektralen Eigenschaften, vorgeschlagen vom Center for Lunar & Asteroid Surface Science (CLASS) Exolith Lab. Der allgemeine Ansatz war, von der Mineralogie auszugehen. Geomechanische Eigenschaften können von Entwicklern oder Endanwendern durch sorgfältiges Sieben eingestellt werden. Die mineralische Designphilosophie basiert im Allgemeinen auf Röntgenbeugungsanalysen. Solche Messungen, die der Curiosity Rover für den Rocknest-Boden im Gale-Krater auf dem Mars ergab, zeigten kristalline Phasen, einschließlich Plagioklas, Pyroxen, Olivin, Magnetit, Anhydrit, Hämatit, Ilmenit und Quarz. Aus dem Mineralrezept wurde eine geschätzte chemische Zusammensetzung unter Verwendung von idealisierten chemischen Formeln für die einzelnen Phasen berechnet.

2.7.2.3 Eine Reihe der ES-Simulanzien

Im Fall des Engineering Soil Simulanten (ES), einer Serie von Marsbodensubstituten, die von der European Space Agency für Laborversuche mit dem ExoMars-Rover verwendet wurden, wurde eine andere Philosophie angewandt. Drei Simulanzien, die als ES-1, ES-2 und ES-3 bezeichnet wurden, wurden unter Verwendung der folgenden drei Ausgangsmaterialien entwickelt: Nephelin Stjernov 7, Red Hill 110 und Leighton Buzzard DA 30. Die drei Komponenten wurden verwendet, um die Schüttdichte, die Partikelgrößenverteilung und die mechanischen Eigenschaften der Marsböden nachzuahmen. Der ES-1 sollte die Eigenschaft von Staub vertreten, der als oberster Boden auf dem Mars vorherrscht. Die ES-2 und ES-3 sind die Analoga von mittelfeinen bis groben Quarzsanden. Ein großes Problem ist, dass die Marsböden fast absolut trocken sind, während die vorherigen Simulanzien hygroskopisch waren, sodass sie bei Umgebungsbedingungen auf der Erde feucht wurden. Terramechanische Experimente mit feuchten Ersatzstoffen von Marsböden unterscheiden sich wesentlich von der Realität, hauptsächlich wegen falscher Kohäsion. Daher wurde in Betracht gezogen, Nephelinpulver zu verwenden, das sowohl weniger hygroskopisch als Quarz und Eisen-Mangan-Aluminium-Böden ist und eine geringere Dichte aufweist. Ein anderes Problem ist die Schwerkraft, die auf dem Mars etwa das 0,38-Fache der Erdschwerkraft beträgt.

Dies führt dazu, dass das Testen des realen Objekts (ExoMars-Rover) auf der Erde in Bodenbedingungen stattfindet, die sich wesentlich von den Bedingungen auf dem Mars unterscheiden, hauptsächlich aufgrund von etwa 2,5-mal höheren Kontaktdrücken. In der Forschungspraxis werden leichtere Testfahrzeuge oder Tests unter Bedingungen der partiellen Schwerkraft, z. B. in einem Flugzeug während Parabelflügen oder in einer Zentrifuge verwendet.

2.7.3 Experimentelle In-situ-Forschungen des Gesteinsplanetenbodens

2.7.3.1 Auf dem Mond

Die ersten Rover, die erfolgreich auf einem fremden Himmelskörper landeten und operierten, waren die sowjetischen Lunokhods. Dies waren unbemannte, teilweise autonome Fahrzeuge, die in Echtzeit von der Erde aus gesteuert wurden. Sie hatten ein vierachsiges Fahrwerk, wobei jedes der acht Räder unabhängig voneinander gefedert und angetrieben und gebremst wurde. Sie wurden mit verschiedenen Messgeräten ausgestattet, darunter Bagger und Bohrer für Bodentests sowie mit einem sogenannten fünften Rad (in diesem Fall das neunte Rad) zur Messung des Weges, der Fahrgeschwindigkeit und des Kraftschlusses. Sie waren mit einem konischen Penetrometer mit einer Flügelsonde ausgestattet, mit denen die Bodendichte und die Scherfestigkeit untersucht wurden. Das Gesamtgewicht betrug 840 kg. Lunokhod1 landete im Rahmen der Luna-Mission am 17. November 1970, etwa 38 km westlich des Kraters Caroline Herschel V., und Lunokhod 2 landete am 15. Januar 1973 am Boden des Kraters Le Monnier. Die Dauer der Mission Lunokhod 1 betrug weniger als drei Monate, Lunokhod 2 arbeitete viel kürzer. Die Möglichkeit, sich auf den Mond zu bewegen, hat uns unschätzbare Daten und Ergebnisse geliefert, beispielsweise den Wert des Haftungskoeffizienten oder die Traktionseffizienz von Mondboden. Die Konstruktion der Radaufhängung von Straßenrädern und Bremsen erlaubte Messungen des Schlupfes des ausgewählten Rades während der Fahrt. Darüber hinaus lieferte die Rover-Vorrichtung die ersten Daten, die die mechanischen Eigenschaften des Mondbodens beschreiben. In Lunokhod 1 wurden etwa 500 Messungen der Kompaktheit und Bodenschubfestigkeit durchgeführt. Aufgrund dieser ersten historischen Messungen wurde unter anderem festgestellt, dass der Mondboden, obwohl er aus sehr feinen Körnern besteht, die Tendenz hat, Aggregate zu erzeugen und zu verfestigen. Darüber hinaus wurde der Winkel der inneren Reibung von 45 ° bestimmt, viel mehr als bei einem typischen Erdboden.

Das Lunar Roving Vehicle (LRV) war ein vierrädriges Mondfahrzeug, das von Apollo-Astronauten auf der Mondoberfläche verwendet wurde. Es wurde zum Transport von Astronauten sowie Werkzeugen, Wissenschafts- und Kommunikationsgeräten als auch von Proben des Mondbodens eingesetzt. Es wurde am 30. Juli 1971 zusammen mit der Mission Apollo 15 auf der Mondoberfläche abgesetzt und während der letzten drei Mondflüge des Programms Apollo 15, 16 und 17 eingesetzt. Das Fahrzeug wurde von Boeing entwickelt und der Mitgestalter des LRV war Mieczyslaw Bekker, der Vater der weltweiten Terramechanik. Das LRV war ein bemanntes Fahrzeug, sodass Fahrer und Passagiere die Möglichkeit hatten, die Besonderheiten der Fahrt auf der Mondoberfläche visuell wahrzunehmen. Das Fahrzeug diente im Prinzip nur als Transportmittel und war nicht mit Mess- und Forschungsgeräten wie die Lunokhods ausgestattet.

2.7.3.2 Auf dem Mars

Die Mars-Exploration mit Rovern wurde von der sowjetischen Mars-3-Mission initiiert, bei der im Dezember 1971 das Instrument zur Befahrbarkeitsbeurteilung (RUS. PrOP-M, Прибор оценки проходимости) auf der Oberfläche des Roten Planeten platziert wurde. Die Mission schlug fehl, weil der Kontakt zum Lander ganz schnell verloren ging.

Die erste erfolgreiche Marsmission mit einem Rover wurde 1997 von der NASA durchgeführt. Ein selbstfahrendes Fahrzeug auf einem anderen Planeten, der nur 10,5 kg schwere Mars Pathfinder, der mit Solarbatterien angetrieben wurde, schickte 550 Bilder zur Erde und analysierte die chemische Zusammensetzung der Gesteine. Er hat über zwei Monate gearbeitet und legte insgesamt 52 m zurück, was auf den ersten Blick eine nur kurze Entfernung ist, aber historisch gesehen sind es die ersten Meter, die auf der Oberfläche eines anderen Planeten als der Erde gefahren wurden. Obwohl der Pathfinder Rover nicht mit speziellen Mess- und Forschungsgeräten für die mechanische Analyse des Bodens und der Marsoberfläche ausgestattet war, zeigten die Tests, die mit dem Spinnrad im Marsboden durchgeführt wurden, dass die Staubpartikel aufgrund von elektrischen Ladungen in der Marsatmosphäre und nicht aufgrund von Feuchtigkeit anhaften. Darüber hinaus gab die Tiefe der Spurrillen eine Vorstellung von der Drucksetzung des lockeren Bodens des Mars.

Im Januar 2004 landeten zwei identische Spirit- und Opportunity-Rover im Rahmen des Mars-Exploration-Rover (MER)-Programms. Die Rover wurden mit Solarzellen betrieben und hatten eine Masse von 185 kg. Der Spirit Rover arbeitete 2210 Marstage und legte damals 7,73 km zurück. Opportunity Rover verbrachte bis zum 7. August 2012 3035 Tage auf der Oberfläche des Planeten und legte 34,64 km zurück. MER-Missions-Rover waren autonome Fahrzeuge mit der Möglichkeit, von der Erde aus gesteuert und programmiert zu werden. Sie waren mit einem RAT-Gerät (Rock Abrasion Tool) ausgestattet, mit dem Gesteinsabriebtests durchgeführt und deren mechanische Eigenschaften untersucht wurden.

Im November 2011 sandte die NASA den Curiosity Rover im Rahmen der Mars Science Laboratory Mission zum Mars, der am 6. August 2012 im Krater von Gale landete. Das Fahrzeug mit einem Gewicht von 899 kg funktioniert immer noch und ist ein gut ausgestattetes, autonomes Forschungslabor. Der Curiosity Rover ist ein sechsrädriges atomangetriebenes Fahrzeug mit Instrumentierung, Roboterarm, Navigations- und Kommunikationssystemen. Die Energiequelle ist ein an Bord befindlicher thermoelektrischer Radioisotopgenerator. Der Rover wurde am Jet Propulsion Laboratory in Pasadena, USA, entwickelt und gebaut. Einige der umfangreichen Mess- und Forschungsgeräte wurden für die Bodenforschung entwickelt, einschließlich Feuchtesensoren und dem APXS-Spektrometer zur Untersuchung der chemischen Zusammensetzung von Gesteinen und Böden des Mars. Die Ergebnisse dieser Studien haben gezeigt, dass die Zusammensetzung des Marsbodens jener der Vulkanerde in Hawaii sehr ähnlich ist. Mit dem CHIMRA-Gerät werden Löcher in die Oberfläche des Mars oder in Gesteine gebohrt. Die Grundfunktion dieser Vorrichtung ist die Entnahme von Gesteinen, aber die Messung der Kräfte während des Bohrens liefert zusätzliche Informationen über die mechanischen Eigenschaften des Gesteins.

Am 26. November 2018 landete InSight auf dem Mars, ein unbemannter Lander, der von der NASA im Rahmen des Discovery-Programms gebaut wurde. Die InSight-Sonde hat die Aufgabe, geophysikalische Forschung einschließlich seismologischer und pedologischer Forschung durchzuführen. Die Mission soll zwei Jahre dauern, dies ist die erste Mission, die die unterirdischen Marsschichten erforscht. Die an der Sonde installierten Geräte ermöglichen Bohrungen über fünf Meter Tiefe.

2.7.3.3 Kometen und Asteroiden

Ein interessantes Thema ist das Studium kurzfristiger Himmelskörper wie einiger Kometen oder Asteroiden. Obwohl das Hauptziel dieser Forschung darin besteht, die Entstehung und die Geschichte des Sonnensystems kennenzulernen, beziehen sich die Ergebnisse einiger Messungen auf die Eigenschaften von Gesteinen und Böden dieser Objekte. Ein Beispiel ist die Mission Horizon 2000, bei der die Europäische Weltraumorganisation eine Rosetta-Sonde entsandte, deren Aufgabe es war, zunächst den 47P-Wirtanen-Kometen zu untersuchen. Aus technischen Gründen wurde die Mission zum Kometen 67P Tschuromov-Gierasimienko geändert. Im August 2014 erreichte Rosetta die Nähe des Kometen und trat in die Umlaufbahn ihres Kerns ein. Vom Deck der Sonde wurde der Philae-Lander abgelassen, der zum ersten Mal auf der Oberfläche des Kometen landete. Am 30. September 2016 fiel die Sonde kontrolliert auf die Oberfläche des Kometen. Der Lander Philae hatte die Form eines einseitig offenen Sechskantzylinders mit einem Durchmesser von etwa 1 m und einer Höhe von 0,8 m, der mit einem dreibeinigen Fuß verbunden war. Die Konstruktion bestand aus Kohlefasern und Aluminium. Die Gesamtmasse des Landers betrug 97,9 kg, einschließlich 26,7 kg wissenschaftlicher Ausrüstung. Der Lander Philae war mit einer umfangreichen Forschungsausrüstung ausgestattet, zu der auch ein MUPUS-Penetrator (Multi-Purpose Sensors for Surface and Subsurface Science) gehörte, der die physikalischen Eigenschaften von Gesteins- oder Kometenböden wie Porosität, Dichte und Kohäsion untersucht. Das Penetrometer zum Sammeln von Bodenproben aus einer Tiefe von bis zu 23 cm wurde so konstruiert, dass während des Eindringens im Boden der Energieaufwand gemessen wird, anhand dessen die mechanische Festigkeit des Bodens bestimmt wird. Ein zusätzliches Gerät ist ein Hammer mit eigenem Antrieb, dessen Aufgabe es ist, ein Penetrometer in die Regolithschicht des Kometen einzuführen. Unglücklicherweise verursachten die Landungsprobleme, dass der Lander nicht ordnungsgemäß auf der Oberfläche platziert wurde. Außerdem lag er an einer schattigen Stelle, sodass die Sonnenstrahlungsversorgung für den effizienten Betrieb der Messsysteme zu gering war [77].

Ein anderes Beispiel sind japanischen Asteroidenforschungsprogramme. Das Hayabusa-Programm zielte darauf ab, Bodenproben von Asteroiden 25143 Itokawa zu entnehmen. Die Mission startete am 9. Mai 2003, nach vier Jahren Raumfahrt erreichte der Lander mit Messgerät sein Ziel, indem er sicher auf der Oberfläche des Asteroiden landete. Das Probenahmesystem bestand aus einem pyrotechnisch betätigten Kegelpenetrator. Die Stichprobenmethode für Asteroiden bestand darin, dass der Eindringling die Bodenoberfläche traf und eine Partikelwolke aufwirbelte, die in einem Behälter auf dem Landedeck festgehalten und versiegelt wurde. Danach begann das Rückfahrmodul des Landers mit der Bodenprobe seinen Rückweg. Die Spuren des Asteroiden kehrten zur Erde zurück. Am 13. Juni 2010 landete eine kleine Kapsel mit einer Bodenprobe von Itokawas Asteroiden sicher im südlichen Australien. Die Proben wurden zum Testen und zur Forschung verwendet.

Als Ergebnis der Analyse der wichtigsten Elementarzusammensetzung der als felsig identifizierten Teilchen unter Verwendung der Beobachtungen des Rasterelektronenmikroskops wurde festgestellt, dass die materiellen wissenschaftlichen Eigenschaften der Teilchen mit denen einer bestimmten Art von Steinmeteoriten übereinstimmen. Es wurde auch klargestellt, dass sich in den meisten Felspartikeln mehrere Mineralien befinden und dass sie komplexe dreidimensionale Texturen aufweisen. Der Nachweis von Weltraumeffekten und das Ergebnis der Edelgasanalyse haben gezeigt, dass die Partikel von der Oberfläche von Itokawa stammen.

Ein anderes Projekt im Hayabusa-Programm befindet sich mitten in der Mission und zielt darauf ab, etwa 100 mg Bodenprobe vom Ryugu-Asteroiden 162173 zu sammeln. Derzeit umkreist die Sonde Hayabusa 2 den Asteroiden. Die Rückkehr zur Erde ist für 2020 geplant. Das Probenahmesystem (SMP - Sampler Mechanism) ist eine der Komponenten der Landerausrüstung. Dabei handelt es sich um einen kleinen Penetrator, der abgeschossen werden soll, sobald die Spitze eines zylinderförmigen Horns die Asteroidenoberfläche berührt und dann aus dem Boden ausgestoßenes Material austritt. Dieses wird in einem Auffangbehälter gesammelt. Der Small Carry-On Impactor (SCI) besteht aus 2 kg Kupferbrocken (ein „Liner" genannter Impaktor), der mit einer Geschwindigkeit von 2 km/s auf die Oberfläche des Asteroiden fällt, um einen künstlichen Krater durch Kollision herzustellen. Die innere Struktur des Asteroiden wird untersucht, indem Änderungen der Oberfläche vor und nach der Kollision des Impaktors beobachtet werden. Darüber hinaus werden die Materialeigenschaften des Oberflächenmaterials durch Fernüberwachung von tieferliegenden Strukturen bestimmt, die aufgrund einer Kollision auftauchen werden. Der Impaktor (Liner) besteht aus reinem Kupfer, damit er leicht von anderen Materialien des Asteroiden identifiziert werden kann. Ein weiteres interessantes Instrument an Bord der Hayabusa 2-Mission sind zwei Mini-Rovers. Diese kleinen Rover steigen auf die Asteroidenoberfläche hinab, um sie zu untersuchen. Die beiden Mini-Rover sind am 22. September 2018 sicher auf dem Asteroiden gelandet und haben ihre Mission gestartet.

Literatur

1. Pytka, J. (2016). *Dynamics of wheel – Soil systems. A soil stress and deformation based approach.* CRC Press Taylor&Francis Group.
2. Wawer, R., Nowocień, E., & Łopatka, P. (2016). *An approach to dynamic trafficability mapping as a component of battle management systems. A method for determining soil trafficability at the strategic level.* Conference Proceedings, „Soil trafficability – challenges for soil and vehicles" Tart, Estonia.
3. Bachmann, J., Horn, R., & Pets, S. (2014). *Hartge/Horn: Einführung in die Bodenphysik.* Schweizerbart Verlag.
4. Mitchell, G. J. (1976). Rheology of gels. *Journal of Texture Studies, 7*(3), 313–339.
5. Pytka, J., Bydzyński, P., Kamiński, M., Łyszczyk, T., & Józwik, J. (2019). Application of the TDR soil moisture sensor for terramechanical research. *Sensors, 19*(9), 2116.
6. Shoop, S. A. (1993). Thawing soil strength measurements for predicting vehicle performance. *Journal of Terramechanics, 30*(6), 405–418.
7. Huber, M. (1903). *Specific work of strain as a measure of material effort.* Towarzystwo Politechniczne, Czas. Techniczne, Lwów.
8. Jaeger, J. C., & Cook, N. G. W. (1969). *Fundamentals of rock mechanics.* Wiley.
9. Kezdi, A. (1966). Grundlagen einer allgemeinen Bodenphysik. *VDJ-Zeitschrift, 108*(5), 161–166.
10. Taylor, D. W. (1948). *Fundamentals of soil mechanics.* Wiley.
11. Konstankiewicz, K., & Pytka, J. (2008). Soil engineering. In W. Chesworth (Hrsg.), *Encyclopedia of soil science.* Springer.
12. Pukos, A., & Walczak, R. (1973). Podstawy reoretyczne badania właściwości mechanicznych gleb (*Grundlagen für die Forschung mechanischen Eigenschaften des Bodens*), Problemy Agrofizyki Nr 7, Wydawnictwo Polskiej Akademii Nauk.
13. Pukos, A. (1987). *A size of elementary deformation of soil.* ZPPNR PAN(in English).
14. Boussinesq, J. (1885). *Appliction des potentieles à l'étude de l'équilibre et du movement des solides elastique.*
15. Frohlich, K. (1934). *Druckverteilung im Baugrunde.* Julius Springer.
16. Akker van den, J. J. H. (2004). SOCOMO: A soil compaction modelt o calculate soil stresses and the subsoil carrying capacity. *Soil&Tillage Research, 79*(1), 113–127.
17. Cottrell, A. H. (1964). *The mechanical properties of matter.* Wiley.
18. Bishop, A. W., & Henkel, D. J. (1957). *The measurement of soil properties in the triaxial test.* Edward Arnold, Ltd.
19. von Mises, R. (1913). Mechanik der festen Körper im plastisch deformablen Zustand. *Göttingen Nachrichten Mathematical Physics, 1*, 582–592.
20. Drucker, D. C., & Prager, W. (1958). Soil mechanics and plastic analysis for limit design. *Quarterly of Applied Mathematics, 10*(2), 157–165.
21. Timoshenko, S. P., & Goodier, J. N. (1970). *Theory of elasticity* (3. Aufl.). McGraw-Hill Book Company.
22. Roscoe, K. H., Schofield, A. N., & Wroth, C. P. (1958). On the yielding of soils. *Geotechnique, 8*, 22–53. https://doi.org/10.1680/geot.1958.8.1.22
23. Roscoe, K. H., & Burland, J. B. (1968). On the generalised stress-strain behaviour of „wet" clay. In *Engineering Plasticity* (S. 535–609). Cambridge University Press.
24. Mundl, R., Meschke, G., & Liederer, W. (1997). Friction mechanism of tread blocks on snow surfaces. *Tire Science and Technology, 25*(4), 245–264.
25. Casagrande, A. (1936). Characteristics of cohesionless soil affecting the stability of slopes and earth fills. *Journal of the Boston Society of Civil Engineers, 23*, 13–32.

26. Błażejczak, D., Jurga, J., & Pytka, J. (2020). Data grouping method for the purpose of forecasting the mechanical strength of plastic soils. *Agronomy, 10*(4), 578.
27. Horn, R., Fleige, H., Peth, S., & Peng, X. (Hrsg.). (2006). *Soil management for sustainability* (Advances in Geoecology 38). CATENA Verlag GmbH.
28. Reiner, M. (1960). *Deformation, strain and flow: An elementary introduction to rheology*. H. K. Lewis.
29. Kisiel, I. (1967). *Zastosowanie reologicznego ciała M/V w mechanice gruntów (Ansatz des rheologischen Körpers M/V zu Bodenmechanik)*. Ossolineum.
30. Hencky, H. (1924). Zur Theorie plastischer Deformationen und der hierdurch im Material hervorgerufenen Nachspannngen. *Zeitschrift für Angewandte Mathematik und Mechanik, 4*, 323–334.
31. Szwaj, S. (1969). Reologiczny model przestrzenny na przykładzie ośrodka gruntowego (*Ein rheologisches Modell für Boden*), Sypozjum PTMS.
32. Pukos, A. (1991). *Odkształcenia gleby w zależności od rozkładów wielkości porów i cząstek fazy stałej, Problemy Agrofizyki, Zeszyt Nr 61*. Instytut Agrofizyki PAN.
33. Pukos, A. (1983). Thermodynamic interpretation of soil medium deformation. *Zeszyty Problemowe Postępów Nauk Rolniczych, 22*, 367–399.
34. Shoop, S., Cary, T., Coutermarsh, B., & Stanley, J. (2012). Effect of vegetation biomass on vehicle traction and motion resistance. In *Proceedings of the 12th European regional conference International Society for Terrain-Vehicle Systems (ISTVS),* 24–27 September. http://istvs.org/publications
35. Wieder, W., & Shoop, S. (2017). *Vegetation impact on soil strength* (CREEL technical report no. SR – 17 – 2). U.S. Army Cold Regions Research and Engineering Laboratory.
36. Shoop, S., Wieder, W., MacDonald, K., Carey, T., & Howard, H. (2013). Experimental measurement of biomass impact on soil strength. In *Proceedings of the 7th Americas conference of the International Society for Terrain-Vehicle Systems (ISTVS)*, 4–7 November.
37. Ennos, A. R. (1990). The anchorage of leek seedlings: The effect of root length and soil strength. *Annals of Botany, 65*, 409–416.
38. Gray, D. H., & Barker, D. (2004). Root-soil mechanics and interactions. In S. J. Bennett & A. Simon (Hrsg.), *Riparian vegetation and fluvial geomorphology*. American Geophysical Union.
39. Pirnazarov, A., Wijekoon, M., Sellgren, U., Lofgren, B., & Andersson, K. (2012). Modeling of the bearing capacity of nordic forest soil. In *Proceedings of the 12th European regional conference of the International Society for Terrain-Vehicle Systems (ISTVS)*, 24–27 September, Pretoria.
40. Pirnazarov, A., Sellgren, U., & Lofgren, B. (2013). Development of a methodology for predicting the bearing capacity of rooted soft soil. In *Proceedings of the 7th American Regional Conference of the International Society for Terrain-Vehicle Systems (ISTVS)*, 4–7 November.
41. Affleck, R., Shoop, S., Smith, C., Gagnon, K., & Stone, R. (2011). *Soil strength as a function of soil and ground cover types*. Presented at the 17th International Conference of the International Society for Terrain-Vehicle Systems, 18–22 September.
42. MacDonald, K. A., & Shoop, S. A. (2013). Validation of the Vegetation and Soil Shear Tester (VASST) with existing soil strength instruments. In *Proceedings of the 7th Americas regional conference of the International Society for Terrain-Vehicle Systems (ISTVS)*, 4–7 November.
43. Chan, T. K., Lim, H., Tan, T. W., & Lim, C. P. (1999). Variation of bending capacity along the lamina length of a grass, *imperata cylindrica* var. *Major* (gramineae). *Annals of Botany, 84*, 703–708.
44. Kolowca, J., Wróbel, M., & Baran, B. (2009). Model mechaniczny źdźbła trawy Miscanthus Giganteus. *Inżynieria Rolnicza, 6*(115).

45. Stinton, D. (1998). *Flying qualities and flight testing of the aeroplane*. Blackwell Science/AIAA.
46. Kanafojski, C. (1980). *Theory and construction of agricultural equippment* (S. 23–36). Warsaw.
47. Cenek, P. D., Jamieson, N. J., & McLarin, M. W. (2005). *Frictional characteristics of roadside grass types*. International Surface Friction Conference, 2005, Christchurch.
48. Białczyk, W., Cudzik, A., Czarnecki, J., & Pieczarka, K. (2006). *Analysis of traction properties of grass area*. Zeszyty Naukowe, Wroclaw Agricultural University, No. 545.
49. Shoop, S. A., Coutermarsh, B., Cary, T., & Howard, H. (2015). Quantifying vegetation biomass impacts on vehicle mobility. *Journal of Terramechanics, 61*, 63–76.
50. Collins, J. G. (1971). *Forecasting trafficability of soils* (Report 10 in technical memorandum 3-331). US Army Waterways Experiment Station.
51. Anderson, M. G. (1983). On the applicability of soil water finite difference models to operational trafficability models. *Journal of Terramechanics, 20*(3–4), 139–152.
52. Detweiler, Z. R., & Ferris, J. B. (2008). Interpolation methods for high-fidelity three-dimensional terrain surfaces. *Journal of Terramechanics, 47*, 219–226.
53. Lee, R., & Sandu, C. (2009). Terrain profile modeling using stochastic partial differential equations. *International Journal of Vehicle Systems Modelling and Testing, 4*(2009), 318–356.
54. Sandu, C., Sandu, A., & Li, L. (2005). *Stochastic modelling of terrain profiles and soil parameters*. SAE Transactions.
55. Ngwangwa, H. M., Heyns, P. S., Labuschange, F. J. J., & Kululanga, G. K. (2010). Reconstruction of road defects and road roughness classification using vehicle response with artificial neural networks simulation. *Journal of Terramechanics, 47*(3), 97–111.
56. Sołtyński, A. (1978). *Mechanika układu pojazd – teren*. WMON Warszawa (auf Polnisch).
57. Sun, T. C., Chaika, M., Gorsich, D., Wei, J., & Alyass, K. (2007). *Methods of simulation of terrain profiles*. Proc. ISTVS Conf. Fairbanks.
58. Smith, H., & Ferris, J. B. (2010). Techniques for averting and correcting errors in 3D terrain topology measurements. *Journal of Terramechanics, 47*(4), 219–226.
59. Abele, G., & Gow, A. (1975). *Compressibility characteristics of undisturbed snow*. (Research Report 336). U.S. Army Cold Regions Research and Engineering Laboratory.
60. Lee, J. (2009). A new indentation model for snow. *Journal of Terramechanics, 46*, 1–13.
61. Li, L., Sandu, C., Lee, J., & Liu, B. (2009). Stochastic modeling of tire–snow interaction using a polynomial chaos approach. *Journal of Terramechanics, 46*, 165–188.
62. Shapiro, L., Johnson, J., Sturm, M., & Blaisdell, G. (1997). *Snow mechanics: Review of the state of knowledge and applications* (CRREL Report 97-3). U.S. Army Cold Regions Research and Engineering Laboratory.
63. Shoop, S., Young, B., Alger, R., & Davis, J. (1994). Winter traction testing. *Automotive Engineering, 102*(1), 75–78. SAE Paper 940110.
64. Shoop, S. A. (2001). *Finite element Modeling of Tire – Terrain Interaction* (CREEL Technical Report No. TR – 01 – 16). U.S. Army Cold Regions Research and Engineering Laboratory.
65. Fauve, M., Rhyner, H., & Schneebeli, M. (2002). *Preparation and maintenance of pistes. Handbook for practitioners*. Swiss federal Institute for Snow and Avalanche Research SLF.
66. Colbeck, S., Akitaya, E., Armstrong, R., Gubler, H., Lafeuille, J., Lied, K., McClung, D., & Morris, E. (1985). *The international classification for seasonal snow on the ground*. International Commission on Snow and Ice.
67. Johnson, J., Brown, J., Gaffney, E., Blaisdell, G., & Solie, D. (1992). *Shock response of snow* (CRREL Report 92-12). U.S. Army Cold Regions Research and Engineering Laboratory.
68. Bell, J. (2008). *The martian surface. composition, mineralogy and physical properties*. Cambridge Planetary Science, Cambridge University Press.
69. Blakkolb, B., Logan, C., Jandura, L., Okon, A., Anderson, M., Katz, I., Aveni, G., Brown, K., Chung, S., Ferraro, N., Limonadi, D., Melko, J., Mennella, J., & Yavrouian, A. (2014). Organic

cleanliness of the Mars Science Laboratory sample transfer chain. *Review of Scientific Instruments, 85*(7), 075111-075111-7.
70. Li, W., Hang, Y., Cui, Y., Dong, S., & Wang, J. (2010). Trafficability analysis of lunar mare terrain by means of the discrete element method for wheeled rover locomotion. *Journal of Terramechanics, 47*, 161–172.
71. McKay, D., Carter, J. L., Boles, W. W., Allen, C. C., & Allton, J. H. (1994). *JSC-1: A new lunar soil simulant. Engineering, construction and operations in space IV* (S. 857–866). American Society of Civil Engineers.
72. King, R. H., Van Susante, P., & Gefreh, M. A. (2011). Analytical models and laboratory measurements of the soil – Tool interaction force to push a narrow tool through JSC-1A lunar simulant and Ottawa sand at different cutting depths. *Journal of Terramechanics, 48*, 85–95.
73. Taylor, L. A., Pieters, C. M., & Britt, D. (2016). Evaluations of lunar regolith simulants. *Planetary and Space Science, 126*, 1–7.
74. Oravec, H. A., Zeng, X., & Ansani, V. M. (2010). Design and characterization of GRC-1: A soil for lunar terramechanics testing in Earth-ambient conditions. *Journal of Terramechanics, 47*, 361–377.
75. Brunskill, C., Patel, N., Gouache, T. P., Scott, G. P., Saaj, C. M., Matthews, M., & Cui, L. (2011). Characterisation of martian soil simulants for the ExoMars rover testbed. *Journal of Terramechanics, 48*, 419–438.
76. Cannon, K. M., Britt, D. T., Smith, T. M., Fritsche, R. F., & Batcheldor, D. (2019). Mars global simulant MGS-1: A Rocknest-based open standard for basaltic martian regolith simulants. *Icarus, 317*, 470–478.
77. Spohn, T., Seiferlin, K., Hagermann, A., Knollenberg, J., Ball, A. J., Banaszkiewicz, M., Benkhoff, J., Gadomski, S., Gregorczyk, W., Grygorczuk, J., Hlond, M., Kargl, G., Kuhrt, E., Komle, N., Krasowski, J., Marczewski, W., & Zarnecki, J. C. (2007). Mupus – A thermal and mechanical properties probe for the Rosetta Lander Philae. *Space Science Reviews, 128*, 339–362.
78. Pytka, J., Łyszczyk, T., Józwik J., & Gnapowski, E. (2018). Design of Integrated Field Sensor for Grassy Runway Conditions Monitoring System, 2018 12th International Conference on Electromagnetic Wave Interaction with Water and Moist Substances (ISEMA), Lublin, Poland, 2018, S. 1–9. https://doi.org/10.1109/ISEMA.2018.8442305.

Wechselwirkungen im Reifen-Boden-System 3

3.1 Einführung

Die Wechselwirkungen zwischen dem Fahrelement und der Fahrbahn hängen im Allgemeinen sowohl von der Konstruktion und den Parametern dieses Elements als auch von der Art der Fahrbahn und ihrem momentanen Zustand ab. Bei einer starren Fahrbahn (Beton, Asphalt, Bitumen) wirkt die Reifenlauffläche reibschlüssig mit der Straßenoberfläche zusammen, wobei die Laufflächenblöcke periodisch hyperelastischen Auslenkungen ausgesetzt sind. Daraus resultiert ein spezifisches Verhalten des Reifens, seine Leistung sowie das Fahrverhalten des gesamten Fahrzeugs mit einer definierten Auslegung eines Systems.

Ein wesentlicher Unterschied zwischen einer starren und einer nachgiebigen Fahrbahn besteht darin, dass im ersten Fall die die Radleistung beeinflussenden Faktoren an der Oberfläche wirken, während im zweiten Fall die Mehrzahl der signifikanten Faktoren im Halbraum des Bodenmediums auftreten. In erster Näherung kann nach der Lösung der Fahrdynamikmodelle gesucht werden, indem in den für die starre Fahrbahn gültigen Gleichungen Parameter eingefügt werden, die den k_{RR}- und μ-Koeffizienten der verformbaren Fahrbahn entsprechen. Diese Methode wird bei Erstanalysen sowie Schätzungen und wenn eine vollständige Analyse unter Berücksichtigung der Phänomene im Kontaktbereich zwischen Fahrelement und verformbarer Fahrbahn nicht erforderlich ist, angewendet.

Eine detaillierte Analyse erfordert jedoch eine Beschreibung der Verformungsmechanismen sowohl des Bodens als auch des Fahrelements. Bei natürlicher, unbefestigter Fahrbahn mit Verformungsneigung unter Belastungen durch Fahrelemente sind die Verformungsmechanismen der Hauptfaktor, der die Mechanismen der Wechselwirkung Fahrelemente-Fahrbahn sowie die in der Berührungsfläche wirkenden Kräfte beschreibt. Nur ihre Analyse führt zu Lösungen mit der gewünschten Genauigkeit. Im Gelände wird ein optimaler Kraftschluss über eine weite Spanne von Schlupfwerten erreicht, während im Gegensatz dazu auf einer starren Fahrbahn der maximale Kraftschluss bei einem Schlupf von etwa

J. Pytka, *Terramechanik und Geländefahrzeuge*, ATZ/MTZ-Fachbuch,
https://doi.org/10.1007/978-3-658-32013-3_3

10 % liegt. Im Hinblick auf die Reifen- und Fahrleistungen stellt sich als wesentliches Merkmal der natürlichen Fahrbahnen die Entstehung von erheblichen, sofortigen und irreversiblen Verformungen bei entsprechender Belastung dar. In Kap. 2 wird beschrieben, dass sich der Boden vorwiegend plastisch-viskoelastisch verformt. Diese Verformungen sind stark vom momentanen Zustand einschließlich der Lagerungsdichte und der Feuchtigkeit abhängig. Die Verformung des Bodens kann ein-, zwei- oder dreidimensional sein. Unter der Voraussetzung, dass der Boden eine homogene Struktur aufweist, setzen sich die Verformungen im Inneren des Mediums fort.

In diesem Kapitel sind die Kenntnisse zur Beschreibung der Wechselwirkungen eines Reifens mit einer verformbaren Bodenoberfläche und einem Halbraum des Bodenzentrums zusammengestellt. Es werden sowohl experimentelle als auch analytische (rechnerische) Methoden beschrieben und diskutiert und die Ergebnisse der Beispiele vorgestellt. Das Zusammenwirken des Fahrelements mit dem Boden wird anhand der auf der Kontaktfläche erzeugten Reaktionen sowie der Verteilung der Kontaktdrücke und der Geometrie der Kontaktfläche zwischen Reifen und Boden beschrieben. Die Themen, die Gegenstand dieses Kapitels sind, bilden die Grundlage für weitere Überlegungen, einschließlich der Analyse der Befahrbarkeit und Dynamik der Fahrzeugbewegung im Gelände.

3.2 Zur Mechanik des Reifen-Boden-Systems

Bei der Erörterung der grundlegenden Fragen der Bodenmechanik in Abschn. 2.3 wurde die Auswirkung einer bestimmten Last in Form des Normaldrucks oder Scherung betrachtet, die zu einfachen Stress- und Deformationszuständen im Halbraum des Bodens führt. In der Terramechanik befassen wir uns mit Belastungen durch Fahrelemente realer Fahrzeugen oder Maschinen, bei denen es sich in der Regel um einen Reifen oder eine Raupe handelt. Das Ergebnis ist, dass die auf den Boden ausgeübte Belastung in größerem Umfang multidirektional und dynamisch ist. Unter Berücksichtigung der gleichzeitigen Rotations- und Längsbewegung des Rades sowie der Bewegung der Bodenteilchen unter dem Rad können wir die grundlegenden Zusammenhänge ableiten, die die Mechanik der Radbewegung auf dem Boden beschreiben.

Das Fahrelement, der Reifen oder die Raupe trägt die Lasten, die sich aus den auf das Fahrzeug wirkenden Schwerkraft, Trieb- und Seitenkräften, Luftwiderstandkräften und Beschleunigungskräften auf das Bodenzentrum ergeben. Aufgrund der geringen Festigkeit und Tragfähigkeit kann der Boden diese Belastungen nicht völlig aufnehmen, es treten Verformungen auf, z. B. in Form von Spurrillen, die zu einem großen Rollwiderstand führen. Außerdem erlauben dynamische Reaktionen des Bodens nicht die optimale Nutzung des den Rädern zugeführten Antriebsmoments und das Erreichen der gewünschten Fahrleistungen. Im Allgemeinen gibt es zwei wichtige Phänomene, nämlich die Bildung von Spurrillen und den Kraftschluss durch Bodenscherung, die die Leistungen des Rades und die Fahrdynamik im Gelände bestimmen.

Das Laufflächenprofil und die Flanken des Reifens interagieren auf zwei Arten (Mechanismen) mit dem Boden:

- Formschlüssige Verbindung, Verzähnungseffekt, Bulldozing-Effekt
- Kraftschlüssige Verbindung Reifen – Bodenoberfläche aufgrund innerer Reibung und Bodenverdichtung

Die formschlüssige Verbindung ist jene wie zwischen Zahnrad und Zahnschiene einer Zahnradbahn, und zwar eine Grenze für die maximal zu übertragende Umfangskraft ist die des Bruches an einem der Elemente Kraft. Für diese Verbindung, eine „Verzahnungseffekt" zwischen dem Rad (Reifen) und Boden sind zwei Faktoren verantwortlich, nämlich eine grobstollige, querprofilierte Lauffläche des Reifens und die Verdichtungsfähigkeit des Bodens Abb. 3.1. Der Verzahnungseffekt beim Boden als Fahrbahn ist schwach, es kommt schnell zur Scherung und zum Bruch der in der Lauffläche gebauten „Bodenzähne" und es kommt zum Radschlupfen. Ein weiterer Mechanismus ist der Flankeneffekt oder Verklemmungseffekt, der auftritt, wenn sich das gelenkte Rad in der Brunft/in den Fahrrillen befindet und die Bodenreaktion als Seitenkraft auf die Seitenfläche des Reifens wirkt. Dies ist in Abb. 3.2 schematisch dargestellt.

Die Mechanismen der formschlüssigen Verbindung sind makroskopisch, während der kraftschlüssige Mechanismus der Wechselwirkung zwischen dem Boden und den Fahrelementen mikroskopischer Natur ist. Die kraftschlüssige Verbindung Reifen-Bodenoberfläche hängt von der Reibung in der Verbindung Gummi-Boden ab. Da es sich bei dem Boden um ein zersetztes Medium handelt, kommt es zu einer sofortigen Scherung in der Kontaktzone und es kann die kraftschlüssige Verbindung durchrutschen.

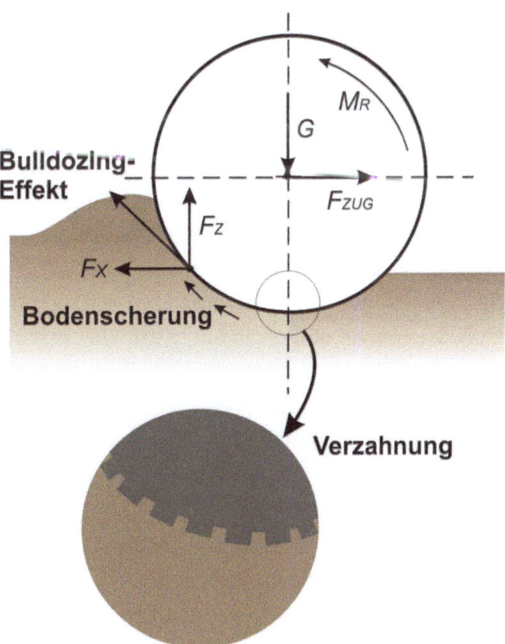

Abb. 3.1 Formschluss zwischen Boden und Reifen

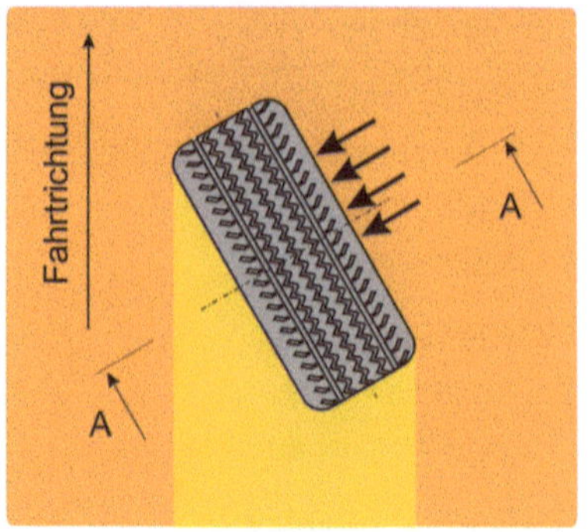

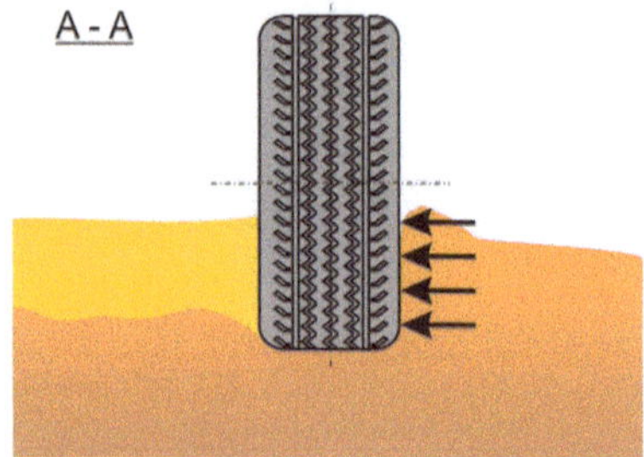

Abb. 3.2 Formschluss an einem schräglaufenden Rad

3.2.1 Zu formschlüssigen Mechanismen der Reifen-Boden-Wechselwirkung

Die theoretische Grundlage der formschlüssigen Verbindung basiert auf der Beschreibung der Wirkung der Stützflache auf den Boden. Die Stützflache, die sich um einen bestimmten Winkel zur Horizontalen geneigt ist, verursacht Druckspannungen im Boden, die sich räumlich im Boden ausbreiten. Druckspannungen verursachen bei Zerstörung der Bodenstruktur den sogenannten Bodenkeil. Die sich horizontal bewegende Stützflache bewirkt eine anfängliche Kompression der Bodenschichten (ABC), die nach Überschreiten der Bodenfestigkeit zu einer Scherung der Bodenschichten entlang der BC-Kurvenlinie führt. Die Krümmung dieser Schnittlinien ist auf die Reibung zwischen der Oberfläche der Stützmauer und den Bodenpartikeln zurückzuführen. Es ist die Bodenverdichtung, die in Bodenscherung umgewandelt wird, die bewirkt, dass sich die Bodenschichten in der ACD-Region verschieben und die Bodenschicht nach oben drücken. Die nach oben gerichtete Bodenhebungszone wird als Rankinezone bezeichnet. Die Kraft, die die Bodenbeständigkeit bestimmt, kann (ungefähr) aus der Terzaghi-Gleichung bestimmt werden:

$$F_0 = cN_C + qN_q + \gamma z N_\gamma \tag{3.1}$$

wo: N_C, N_q und N_γ – Bodenbeständigkeitsfaktoren unabhängig von der Radabsinkung z, γ – spezifisches Gewicht des Bodens.

Abb. 3.3 zeigt ein Fragment eines Reifens, das mit dem Boden zusammenarbeitet. Betrachten wir das Kräftesystem, das auf einen einzelnen Profilvorsprung (Reifenstollen)

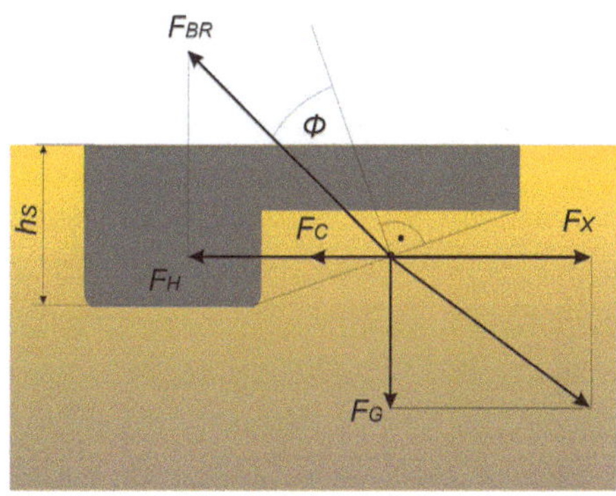

Abb. 3.3 Schema der Wirkung einer Reifenstolle

wirkt, unter der Annahme, dass es sich um die Wirkung einer Stützmauer handelt, die vom Boden unter dem Profilelement gebildet wird. Bodenreaktionskräfte sind:

- eine Kraft F_R, die um einen Winkel von der Normalenrichtung abweicht Φ

$$F_R = F_X \sin \varepsilon_0 + G \cos \varepsilon_0 \tag{3.2}$$

mit: F_X – Triebkraft, G – das Gewicht, das dem betrachteten Element des Reifenprofils zuzurechnen ist

- eine Kraft F_C, ist die Stärke der Bodenkohäsion:

$$F_C = cb\sqrt{\left(h_S^2 + l_S^2\right)} \tag{3.3}$$

Die Summe der horizontalen Komponenten dieser beiden Kräfte bildet die treibende Kraft, die sich aus der Wirkung des Profilvorsprungs ergibt.

Eine praktische Lösung in Form eines Modells, das die Flankenkraft F_f auf einen Reifen mit Stollen von h_S-Höhe beschreibt, wurde von Abd El-Gawwad [1] vorgeschlagen:

$$F_f = l\left\{\gamma N_\gamma \left[z^2 + \left(z - h_S\right)^2\right] + cN_C\left[z + \left(z - h_s\right)\right]\right\} \tag{3.4}$$

womit: N_γ und N_C – Bodentragfähigkeitskoeffizienten (Terzaghi-Koeffizienten), l – Länge der Berührungsfläche.

Der formschlüssige Mechanismus ist sowohl im Kettenfahrwerk als auch in Traktorreifen vorhanden. Bei Raupen sind zwei Lösungen möglich, nämlich Raupenelemente mit Sporen (vertikale Vorsprünge auf einem Teil oder der gesamten Breite der Raupenelemente) oder Gummipads, die an den Raupenelementen angebracht sind. Im Fall von Gummiketten haben sie normalerweise Vorsprünge mit rechteckigem Querschnitt, die mit dem Kettengurt eine monolithische Einheit bilden. Über die gesamte Breite des Riemens sind 50 bis 70 mm hohe vertikale Lamellen am Gummiband der Pistenraupe angebracht. Der Abstand der Lamellen ist relativ klein und entspricht in etwa ihrer Höhe. Sowohl die Sporen als auch die Gummipads stehen immer senkrecht zur Fahrtrichtung. Traktorreifen haben charakteristische Vorsprünge von beträchtlicher Höhe (in der Größenordnung von mehreren Dutzend mm), die in einem Winkel von ungefähr 30° geformt sind.

Schleppräder in Käfigbauweise werden aufgrund ihrer hohen Traktion und Flotation im Vergleich zu Gummireifen häufig in Reisfeldern eingesetzt. Darüber hinaus sind sie kostengünstig und einfach herzustellen. Daher sind sie besonders in Ländern mit tropischem Klima als Räder für kleine Traktoren und landwirtschaftliche Maschinen beliebt. Von den verschiedenen Konstruktionsfaktoren für die Käfigräder haben die Stollen die größte Aufmerksamkeit erhalten. Wichtige Parameter, die die Traktion der Räder beeinflussen, sind der Stollenwinkel und -abstand, seine Größe und Form sowie das Absinken. Zum Beispiel beeinflusst der Stollenwinkel die Traktion, der optimale Winkel wurde zu 30° gefunden. Der Effekt der Stollenhöhe wurde ebenfalls untersucht und es wurde festgestellt, dass bei Stollenhöhen zwischen 2,5 und 4,4 cm die Zugkraft mit zunehmender Stollenhöhe zunahm. Watyotha und Salokhe [2] haben die Zugkraft von Käfigrädern mit entgegengesetzten Umfangsnasen untersucht. Es wurde festgestellt, dass gegenüberliegende Umfangsnasen die Radzugkraft aufgrund der Vergrößerung der Scherfläche in der entsprechenden Richtung, die durch die Zunahme der Stollenlänge bei großem Umfangswinkel verursacht wird, verbesserten. Als optimale Lösung wurden Räder mit einem Umfangswinkel von 15° und einem Stollenabstand von 24 und 30° gefunden, was zu überlegenen Leistungen im Vergleich zu anderen Kombinationen führte.

Offroad-Reifen mit aggressivem Profil sind ebenfalls eine Lösung, die das Phänomen der formschlüssigen Verbindung im Reifen-Boden-System nutzt. Reifen mit Blockprofil werden eher sporadisch eingesetzt, z. B. bei Geländefahrzeugen, die zum Fahren in sehr schwierigem Gelände bestimmt sind. Die Wirkung des Blockprofils ist bei Tonböden, Lössböden und bei hoher Luftfeuchtigkeit besser sichtbar. Die Nachteile dieses Reifentyps sind schlechtere Traktionsparameter auf asphaltierten Straßen (geringerer Längs- und Quergriff), Geräuschentwicklung und höherer Kraftstoffverbrauch.

3.2.2 Zur Mikromechanik der Wechselwirkungen im Reifen-Boden-System

Da es sich bei dem Boden um ein feinkörniges und dreiphasiges Material handelt, erfordert die Beschreibung der Mechanismen zur Erzeugung von Kräften im Reifen-Boden-System die Analyse der Wechselwirkung zwischen einzelnen Bodenpartikeln unter Beteiligung der Flüssigkeits- und Gasphase.

Abb. 3.4 zeigt ein Schema der mikromechanischen Wechselwirkungen im Boden unter dem rollenden Rad. Aus Abschn. 2.3.2 ist bekannt, dass im Boden äußere Kräfte durch folgende Komponenten übertragen werden können:

- Reibung zwischen Bodenteilchen und Reifen
- Kontakten zwischen Bodenteilchen
- Wasser- und Luftdruck in den Poren
- Tangentiale Kraft des klebrigen Teilchens in der Flüssigkeit
- Adhäsions- und Kohäsionskräfte des Bodens

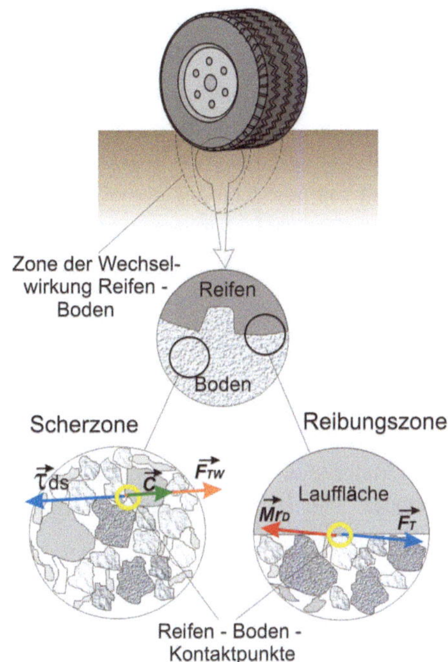

Abb. 3.4 Diagramm der mikromechanischen Wechselwirkung im Boden

3.2.2.1 Reibung

Kräfte, die parallel zur Schnittstelle liegen, werden übertragen, basierend auf einem Reibungsgesetz. Reibung ist ein komplexes Phänomen mit Verteilung von Spannungen und Dehnungen, Wärmeübertragung, hydrodynamischer und elastohydrodynamischer Flüssigkeitsströmung, materieller Struktur, chemischen Wechselwirkungen zwischen Oberflächen, Oberflächenbeschichtungen und Schmiermitteln und Phasenwechsel. Aktuelle Reibungsmodelle sind empirische oder semiempirische Formulierungen, bei denen mehrere Variablen und Kombinationen von Variablen modifiziert sind mit Koeffizienten und Exponenten basierend auf experimentelle Beobachtungen. Diese Gleichungen gelten nur für das System, für das sie entwickelt wurden, obwohl sie verwendet werden können, um das Verhalten von ähnlichen Systemen einzuschätzen. Am meisten sind sie nicht auf andere Konfigurationen oder Testbedingungen der Experimente anwendbar und können nicht außerhalb ihrer Grenzen mit irgendeinem Grad des Vertrauens extrapoliert werden. Somit ist ein genaues Modell von Reibung derzeit nicht vorhanden, deshalb werden vereinfachte Reibungsmodelle verwendet.

Die Definition der Reibung von Coulomb F_{RC} berücksichtigt die molekularen Kräfte $F_{m'}$ die auf die realen Kontaktflächen der Reibkörper wirken:

$$F_{RC} = \mu F_D + F_m \tag{3.5}$$

mit μ – Reibungskoeffizient, F_D – Druckkraft.

Da die molekularen Kräfte sehr klein sind, werden sie in der Praxis weggelassen.

Die Definition von Coulombs-Reibung beschreibt eine Situation, in der Reibung zwischen den Teilchen des Mediums auftritt, die durch die äußere Kraft beeinflusst werden, die die relative Bewegung der Teilchen verursacht. Daher geht es um innere Reibung. Eine etwas andere Situation ist, wenn die Reibung zwischen dem äußeren Werkzeug oder dem Antriebselement und den Partikeln des Zentrums auf der Kontaktfläche auftritt.

Dann kann die Reibung gemäß dem Tresca-Modell definiert werden. In diesem Modell wird die Zone zwischen dem Werkzeug und dem verformten Material durch eine Schicht mit einem konstanten Wert von τ_j dargestellt. Es wird angenommen, dass τ_j im gesamten Materialvolumen konstant ist und nicht vom Druck abhängt:

$$\tau_j = \mu_T \tau_{max} \tag{3.6}$$

mit μ_T – Reibungskoeffizient nach Tresca, τ – Scherspannung.

Wanheim und Bay zeigten in ihrem Modell, dass der tatsächliche Kontakt zwischen dem Material und dem Werkzeug vom ausgeübten Druck und der Scherkraft beim Kontakt abhängt. Sie definierten die mittlere Spannung τ_j oberhalb der scheinbaren Kontaktfläche als:

$$\tau_j = \mu_{WB} s \tau_{max} \tag{3.7}$$

mit μ_{WB} – Reibungskoeffizient nach Wahnheim und Bay, $s = A_R/A_0$, A_R – reale Kontaktfläche, A_0 – scheinbare Kontaktfläche.

Im Norton-Hoff-Modell wurde davon ausgegangen, dass zwischen Material und Werkzeug eine viskoplastische Grenze besteht.

$$\tau_j = \mu_{NH} K \tag{3.8}$$

mit μ_{NH} – Reibungskoeffizient nach Norton und Hoff, K – Konsistenz der Grenzschicht

3.2.2.2 Kontaktkräfte

Reibung zwischen Bodenmediummolekülen ist die Hauptquelle für tangentiale Kräfte, die eine Adhäsionskomponente bilden. Eine andere Situation tritt bei der Bodenkompression auf, dann befassen wir uns mit Kontaktspannungen zwischen benachbarten Bodenteilchen sowie mit hydrostatischen und pneumatischen Kräften, die sich aus dem Vorhandensein von Flüssigkeits- und Gasphasen in den Bodenporen ergeben. Eines der Modelle, das die Spannungsbildung zwischen Bodenteilchen beschreibt, ist das sogenannte Hertz-Problem. Betrachten Sie zwei konvexe Körper (kugelförmig oder ellipsoid) oder möglicherweise eine Kugel, die mit der Ebene in Kontakt steht. Die folgenden Bedingungen werden angenommen:

1. Das Material der Kontaktierkörper ist homogen. Diese Einschränkung wird für Böden jedoch nicht erreicht. Durch die Annahme einer zufälligen Inhomogenität für den Bodenkörper wird jedoch sichergestellt, dass das mechanische Verhalten dem eines homogenen Körpers entspricht.
2. Die aufgebrachten Lasten sind statisch, diese Annahme gilt für einige Situationen, wie z. B. eine sehr langsame Fahrt eines Traktors. Leider sind dynamische Manöver ausgeschlossen.

3. Das Hooke'sche Gesetz gilt für das Material der Bodenteilchen, das teilweise für einige Mineralien erreicht wurde, aus denen Bodenteilchen bestehen.
4. Berührungsstress verschwindet an den gegenüberliegenden Enden des Körpers.
5. Die Krümmungsradien der Kontaktierfläche sind im Vergleich zu dem Radius der Kontaktörper sehr groß. Laut Hertz beträgt das Verhältnis von 1/10 zwischen dem Radius des Kontaktkreises und dem Radius der Kugel zu groß
6. Die Oberfläche der Kontaktierungskörper ist ausreichend glatt, sodass die Tangentialkräfte eliminiert werden.

Hertz (1896) schlug Formeln für die Kontaktfläche, maximale Druckspannungen und die kombinierte Verformung der Kontaktkörper am Kontaktpunkt vor. Abb. 3.5 zeigt den allgemeinen Fall: Zwei Körper mit minimalen und maximalen Krümmungsradien werden mit der Last F zusammengedrückt. Die maximale Kontaktspannung σmax in der Mitte der Kontaktoberfläche ergibt sich aus:

$$\sigma_{max} = \frac{3}{2}\frac{F}{\pi ab} \tag{3.9}$$

dabei sind *a* und *b* die Haupt- und Nebenachsen des elliptischen Kontaktbereichs.

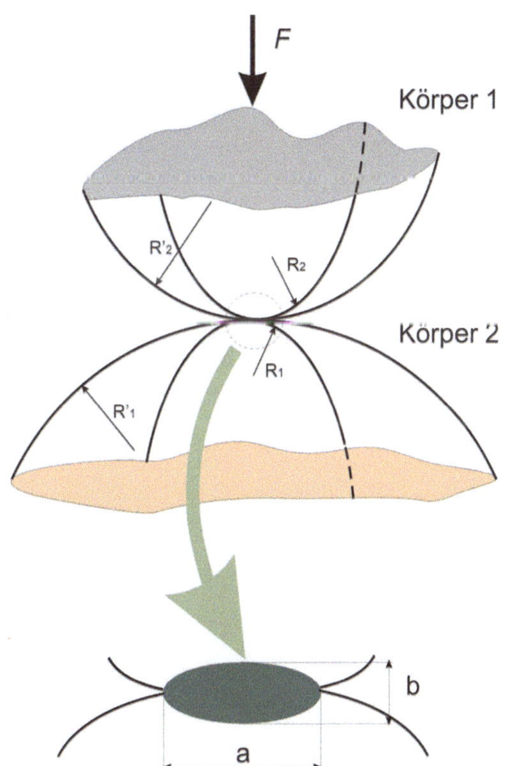

Abb. 3.5 Hertz-Problem für zwei Körper in Kontakt

Die kombinierte Verformung der beiden Körper entlang der Lastachse am Berührungspunkt (Annäherung der Zentren der beiden Körper) ist gegeben durch:

$$D = \frac{k}{2}\left[\frac{9F^2A^2}{\pi\left(\frac{1}{R_1}+\frac{1}{R_1'}+\frac{1}{R_2}+\frac{1}{R_2'}\right)}\right]^{\frac{1}{3}} \tag{3.10}$$

$$A = \frac{1-\nu_1^2}{E_1}+\frac{1-\nu_2^2}{E_2} \tag{3.11}$$

wobei: ν_1, ν_2, E_1, E_2 die Poissonsche Ratii und das Elastizitätsmodul der sich berührenden Körper sind, hängt der Ausdruck k von den Hauptkrümmungen der Körper am Berührungspunkt und dem Winkel zwischen den normalen Ebenen mit den Hauptkrümmungen ab. Die resultierende Spannungsverteilung innerhalb einer elastischen Kugel ist in Abb. 3.6 dargestellt.

3.2.2.3 Thixotrope Kräfte

Thixotrope Phänomene bestehen darin, eine instabile Struktur (Netzwerk) zwischen Partikeln kolloidaler Aussetzungen zu erzeugen. Diese Strukturen werden unter dem Einfluss mechanischer äußerer Faktoren zerstört und erholen sich nach einer gewissen Zeit. Im Allgemeinen wirken elektrostatische Kräfte als Vorläufer der Aggregatentwicklung in kolloidalen Tonaussetzungen, und diese Kräfte können im Wesentlichen als die Summe der Van-der-Waals-Anziehung und der elektrischen Doppelschichtabstoßung betrachtet werden.

In der Praxis gibt es kein Verfahren, das eine eindeutige Bestimmung der thixotropen Bodenparameter ermöglicht. Es gibt auch keinen anerkannten Grundsatz der Messung der Thixotropie. Eine der beliebtesten Methoden ist die Darstellung der Hysterese-Schleife

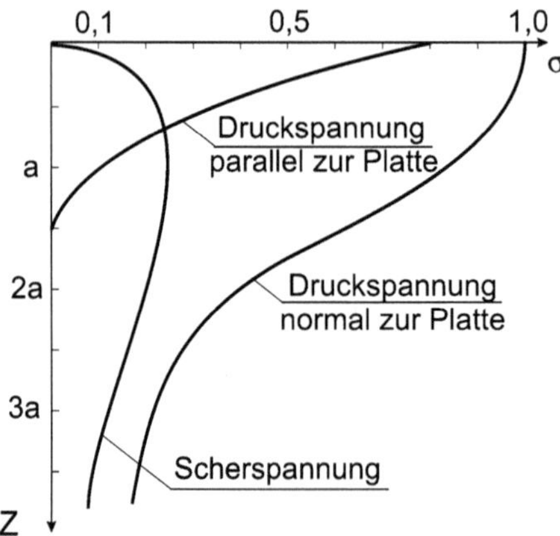

Abb. 3.6 Spannungsverteilung innerhalb einer elastischen Kugel

und die Bestimmung der Feldgröße zwischen den Kurven. Dieser Test wird nur zur Identifizierung von Thixotropie verwendet.

Unter der Annahme, dass die Fläche der Hysterese-Schleifenfläche proportional zur Energie ist, die zum Zerstören der thixotropen Struktur benötigt wird, ist es möglich, das Phänomen der Thixotropie zu quantifizieren. Die Scherstrichmethode erlaubt die Definition mehrerer charakteristischer Parameter von thixotropem Verhalten von Materialien. Dank dieser Methode kann die Quantifizierung der Wiederherstellung der Struktur der während der Scherung beschädigten Probe bestimmt werden. Das Verfahren, bei dem Scherung mit konstanter hoher Geschwindigkeit verwendet wird, ermöglicht jedoch die Eliminierung der vorherigen Scherhistorie der Probe. Die Streichung der Abhängigkeit der Überschwingungsspannung in Abhängigkeit von der früheren Ruhezeit spiegelt die thixotrope Rückkehr wider.

In der Praxis werden Rotationsrheometer verwendet, um das Phänomen der Thixotropie zu messen. Unter anderem werden *CS* (*Controlled-Stress*)-Rheometer unterschieden. Diese Geräte ermöglichen die Messung bei gleichzeitiger Regelung der Eingangsspannungen und Bestimmung der Schergeschwindigkeit. Mit *CR*-Rheometern (*Controlled Rate*) ist es möglich, die Schergeschwindigkeit zu regulieren und die Schubspannung zu bestimmen. Rheometer vom *CR*-Typ ermöglichen die Bestimmung der quantitativen Parameter der Thixotropie. Um den Soll-Zustand zu erreichen, muss der Schwung im Rheometer mehrmals erfolgen, da ein einzelner Zyklus möglicherweise nicht zur Zerstörung der thixotropen Struktur des Gels führt. Die Oberfläche der ermittelten Hysterese-Schleife wird gleichzeitig mit der thixotropen Energie durch die Gesamtmethode bestimmt. Zur Prüfung der gesamten thixotropen Energie werden üblicherweise Kegelplatten- oder Plattenrheometer verwendet. Es wird erwähnt, dass die obigen Messverfahren bei der Untersuchung von Lebensmittelmaterialien verwendet werden.

Die Methode, die das Phänomen der Thixotropie am besten beschreibt, ist ein mathematisches Modell, das in Relation zu einem bestimmten Materialtyp bestimmt wird.

Thixotrope Eigenschaften können mit einfachen empirischen oder theoretischen Modellen beschrieben werden. Ein Beispiel für ein empirisches Modell ist das Weltman-Modell, in dem die Schubspannung τ in Bezug auf die Zeit beschrieben wird, wobei die Materialkonstanten A und B berücksichtigt werden:

$$\tau = A + B \ln(t) \tag{3.12}$$

Im Gegensatz dazu ist die Figoni-Shoemaker-Gleichung ein Beispiel für ein einfaches theoretisches Modell, das den kinetischen Zerfall der thixotropen Struktur erster Ordnung beschreibt:

$$\tau = \tau_e + (\tau_i + \tau_e) e^{(-K_1 t)} \tag{3.13}$$

dabei gilt: τ_i, τ_e – Gleichgewicht und Anfangsscherspannung bei konstanter Schergeschwindigkeit, K_1 – kinetische Konstante 1. Ordnung.

Es gibt auch komplizierte mathematische Modelle, die zahlreiche Faktoren und Phänomene berücksichtigen, die das thixotrope Verhalten kolloidaler Suspensionen beeinflussen. Diese Modelle enthalten oft bis zu zehn verschiedene Materialparameter, z. B. das strukturelle Modell von Labanda und Llorens [3]. Dieses Modell berücksichtigt neben anderen Parametern die thixotropen Zeiten sowohl für den Abbau- als auch für den Aufbauprozess.

Abgesehen von objektiven Schwierigkeiten bei der quantitativen Bewertung des Einflusses thixotroper Phänomene auf die Wechselwirkungskräfte zwischen dem Fahrelement und dem Boden ist zu beachten, dass der Anteil dieser Phänomene im Vergleich zum Phänomen der Reibung, Viskosität oder Kontaktspannung gering ist. Darüber hinaus tritt Thixotropie mit erheblicher Intensität nur in Böden mit hohem Kolloidgehalt auf. Der Einfluss thixotroper Phänomene auf gegenseitige Wechselwirkungen im Reifen-Boden-System wurde jedoch bisher nicht untersucht und kann Gegenstand interessanter wissenschaftlicher Arbeiten sein.

3.2.2.4 Wasser- und Luftdruckkräfte

In Kap. 2 werden zunächst die Kräfte diskutiert, die von den flüssigen und gasförmigen Phasen im Boden übertragen werden. Sie hängen vom Sättigungsgrad des Bodens mit Wasser ab. Es wurde auch darauf hingewiesen, dass diese Kräfte unter konstanten und instabilen Bodenbelastungsbedingungen auftreten und dann unterschiedliche Eigenschaften haben. Wenn die ermittelte äußere Kraft im Zustand der Teilsättigung mit Wasser auf den Boden wirkt, ist der Gleichgewichtszustand erfüllt, wie in Abb. 3.7 gezeigt. Die auf die Oberfläche der Bodenprobe aufgebrachte Normalkraft F wird durch Kräfte an den Partikel-

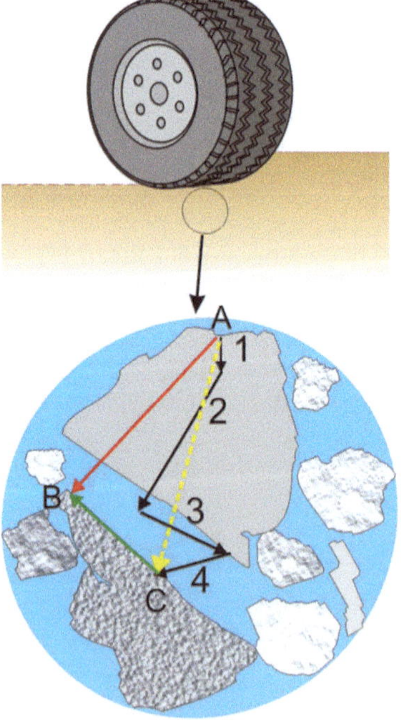

Abb. 3.7 Diagramm der vier Kräfte, die durch Phasen im Boden übertragen werden

kontakten (oben beschrieben, das Hertz-Problem) und durch den Wasserdruck in den Poren und den Luftdruck (Gas, Wasserdampf) in den Poren übertragen. Die Werte und Wirkungsrichtungen dieser Kräfte können im Raum unterschiedlich sein, jedoch wird im Gleichgewichtszustand eine Komponente, eine Normale, eine Tangente und ein sich daraus ergebendes Dreieck gebildet. Die durch das Bodenskelett übertragene Spannung wird als effektive Spannung σ' bezeichnet und wie folgt ausgedrückt:

$$\sigma' = \sigma - p_L + \kappa\left(p_L - p_W\right) \tag{3.14}$$

wobei: σ – Gesamtspannung, p_L – Gasdruck in den Poren, p_W – Wasserdruck in den Poren, κ – Koeffizient abhängig von der Luftfeuchtigkeit.

Die obige Gleichung wurde von Bishop (1955) vorgeschlagen, die feststellte, dass der Koeffizient κ von der Bodenfeuchtigkeit abhängt.

Gehen wir zurück zum Diagramm in Abb. 3.7. Die Bedingung des Gleichgewichts ist erfüllt, wenn das Krafteck (*A*-*B*-*C*) geschlossen wird. Andererseits, wenn die Resultierende durch die Gegenkräfte nicht aufgehoben ist, so ist das Korn nicht im Gleichgewicht und wird verschoben. Auf diese Weise treten elementare Verschiebungen von Bodenteilchen auf, die in der Regel so erfolgen, dass das neue Teilchensystem zu einer Erhöhung der Kräfte führt, die der Belastung entgegenwirken:

- Der Druck von Wasser oder Gas in den Poren steigt.
- Partikel bleiben hängen.

Ein separates Phänomen ist die gegenseitige Bewegung von Partikeln in Gegenwart einer festen und einer Gasphase.

3.2.2.5 Probabilistische Hypothese, die mikromechanische Wechselwirkungen im Boden beschreibt

Der Boden als Material mit hoher Verformungsneigung unter dem Einfluss äußerer Kräfte zeichnet sich durch einen dreiphasigen Charakter aus. Durch die feste Phase verhält sich der Boden teilweise wie ein Feststoff. Die Auswirkungen der Filtration, der dreiachsigen Kompression und des Einflusses der Zeit auf die mechanischen Eigenschaften des Bodens sind das Ergebnis der Fremdheit der flüssigen Phase. Andererseits führt das Vorhandensein der Gasphase zu volumetrischen Verformungen, die Änderungen der mechanischen Eigenschaften des Bodens während des Verformungsprozesses verursachen.

Aus terramechanischer Sicht, um die Zusammenarbeit des Laufelements mit dem Boden genau zu beschreiben, ist es das Wichtigste, das sogenannte konstitutive Gleichungen zu erhalten, d. h. die Beziehung zwischen den ausgeübten Kräften (Spannungen) und Verformungen. Da wir an einer Analyse im Mikromaßstab interessiert sind, sollte man natürlich die Wechselwirkungen zwischen einzelnen Bodenpartikeln und ihren Einfluss auf das globale Ergebnis berücksichtigen, z. B. in Form von Schub- oder Lenkkraft. Die zur Durchführung solcher Analysen verwendeten Methoden können variieren.

Ein Beispiel ist die deterministische Methode, nach der der Boden als kontinuierliches und homogenes Medium behandelt wird, bei der die Bedeutung der linearen Thermodynamik irreversibler Prozesse und das Osnager-Prinzip eine Rolle spielen. Dies ist jedoch keine allgemeine Lösungsmethode. Der nächste Schritt kann die statistische Methode sein, bei der der Boden als diskretes System gleicher Elemente behandelt wird und Spannungen und Dehnungen die Summe sind, die für alle Elemente des analysierten Gebiets erhalten wird. Die theoretische Grundlage dieser Methode ist die statistische Thermodynamik, die zu nicht linearen konstitutiven Gleichungen führt.

Ein interessanter Ansatz für das beschriebene Problem wurde von Pukos [4] vorgestellt, der das sogenannte Problem vorschlug, nämlich die prädiktive Hypothese. Er präsentierte das Bodenmedium als ein System ungleicher Strukturelemente und drückte Spannungen und Dehnungen mit Integralen aus. Er formulierte probabilistische Gesetze für Bodenstrukturelemente. Er beschrieb die Relativbewegung von Bodenelementen im Raum von Zufallsvariablen. Beispielsweise wurde der elementare Bodenverdichtungsprozess als Bewegung eines Bodenpartikels in das Innere der Pore dargestellt, wobei diese Bewegung nur möglich ist, wenn der Partikeldurchmesser kleiner als der Porendurchmesser ist. Die Auswirkung der Zeit auf den Verlauf des Bodenverdichtungsprozesses wurde als klebrige Bewegung eines Bodenpartikels beschrieben. Das Vorhandensein von Wasser zwischen zwei Bodenpartikeln führt zu Oberflächenspannungskräften, die die Bewegung der Partikel „hemmen“ können.

Die probabilistische Hypothese wurde unter Verwendung von Differenzialgleichungen formuliert. Erste integrale Lösungen wurden ebenfalls erhalten, aber die Überprüfung der vorgestellten Theorie wurde bisher nicht durchgeführt. Es sind Methoden zur Messung intermolekularer Wechselwirkungen im Boden sowie Methoden zur Messung der Bodenverdichtung im Mikromaßstab erforderlich.

3.2.2.6 Fazit

Da die Wechselwirkungen im Reifen-Boden-System bei signifikanten und variablen Verformungsgeschwindigkeiten auftreten, sind die oben genannten Kräfte dynamisch. Die Eigenschaften der Zunahme der intermolekularen Kräfte im Boden hängen vom Vorhandensein von Wasser (viskotische Effekte) und der Gasphase in den Poren (Zeitverzögerungseffekte) ab. Dies führt zu einer erheblichen Nichtlinearität bei der Beschreibung des Verlaufs der Kontaktkräfte.

Aufgrund der ungleichmäßigen Form der Bodenteilchen und ihrer chaotischen Anordnung werden äußere Kräfte auf mehrere Richtungen übertragen, wobei eine Vorzugsrichtung vorliegen kann, z. B. bei der Schwerkraft eine vertikale Richtung. Im Fall des Antriebsrades ist die Last auf den Boden außerdem komplex, was zusätzlich kompliziert ist, wenn das Reifenprofil einen bedeutenden Protector-Effekt (Reifen für landwirtschaftliche Traktoren) aufweist. Die oben genannten Faktoren bewirken, dass die Verteilung der Spannungen im Boden unter dem Rad oder der Raupe dreidimensional ist. Dies wird unter anderem durch die Ergebnisse der in Kap. 5 vorgestellten Stress- und Deformationsverteilungstests bestätigt.

Die oben dargestellten Mikromechanismen sind dafür verantwortlich, die Komponenten des Wechselwirkungskraftvektors im Reifen-Boden-System zu erzeugen. Diese Kraft wächst auf nicht lineare dynamische Weise, es entstehen rheologische Effekte und eine

Hysterese. Das Ergebnis ist ein temporärer Gleichgewichtszustand, der zur dreidimensionalen Bodenverformung führt. Die Berücksichtigung der oben beschriebenen Mechanismen bei der Beschreibung des Radkontakts mit dem Boden ist äußerst schwierig, weshalb es in der Ingenieurpraxis Vereinfachungen und Verfahren gibt, die auf bestimmten messbaren Bodenparametern basieren, die mehr oder weniger physikalische Bedeutung haben. In den folgenden Unterabschnitten werden drei Methodenfamilien zur Bestimmung der Kräfte im Reifen-Boden-System diskutiert.

3.2.3 Mechanik der Radbewegung auf einer verformbaren Oberfläche

Es muss eine Kraft oder ein Drehmoment aufgebracht werden, damit sich das Rad entlang der Fahrbahn bewegen kann. Im ersten Fall handelt es sich um ein frei rollendes Rad. Die Kraft wird typischerweise über das Lager auf das Rad ausgeübt. Im zweiten Fall, wenn ein Antriebsmoment auf das Rad ausgeübt wird, spricht man von einem Antriebsrad. Wenn wir ein starres Rad auf einem harten (starren) Boden betrachten, ist die Bewegung des Rades die Bewegung um den Momentpunkt, der der Kontaktpunkt des Rades mit dem Fahrbahn ist. Die Bewegung des Rades besteht aus Rotations- und Translationsbewegung. Wenn das Rad während einer Umdrehung eine Strecke zurücklegt, die gleich ist:

$$D = 2\pi r \tag{3.15}$$

wo r der Radius des Kreises ist, dann sagen wir, dass das Rad ohne Schlupf rollt. Wenn aber:

$$D < 2\pi r \tag{3.16}$$

oder

$$D > 2\pi r \tag{3.17}$$

dann rutscht die Bewegung des Rades, im ersten Fall ist der Schlupf positiv und im zweiten negativ.

Die Bewegung des Rades auf der Traktionsfläche kann durch eine Epizykloide beschrieben werden. Die Zykloide ist die Bahnkurve, die ein Punkt am Außendurchmesser des Rades während des Abrollens in der Radebene beschreibt. Die Gleichung der Zykloide eines starren Rades auf starrer Fahrbahn ist wie unten:

$$x = r_0\left(\omega t - \sin \omega t\right) \tag{3.18}$$

$$x = r_0\left(1 - \cos \omega t\right) \tag{3.19}$$

Bezeichnen wir den Radschlupf als S, also heißt die Rechte der Zykloide:

$$x = r_0\left[\left(1 - s\right)\omega t - \sin \omega t\right] \tag{3.20}$$

$$x = r_0\left[1 - \cos \omega t\right] \tag{3.21}$$

Abb. 3.8 zeigt Zykloiden bei verschiedenem Schlupf. Je breiter eine Zykloidenschleife ist, desto größer ist der Radschlupf. Bei der Bewegung eines Rades auf dem Boden beschäftigen wir uns auch mit der Bewegung von Partikeln unter dem rollenden Rad. Anhand von Zykloiden können Relativwege zwischen Reifen und Boden sowie die charakteristischen Zonen der Wechselwirkung zwischen Reifen und Boden ermittelt werden [5]:

- Negative Schlupfzone
- Haftzone
- Positive Schlupfzone

Alle drei Zonen können bei einem Rollrad auftreten, während am Antriebsrad nur Haft- und Schlupfzonen vorhanden sind.

3.2.3.1 Die auf ein Rad wirkenden Kräfte

Betrachten wir zwei charakteristische Fälle: ein freirollendes Rad und ein angetriebenes Rad Abb. 3.9.

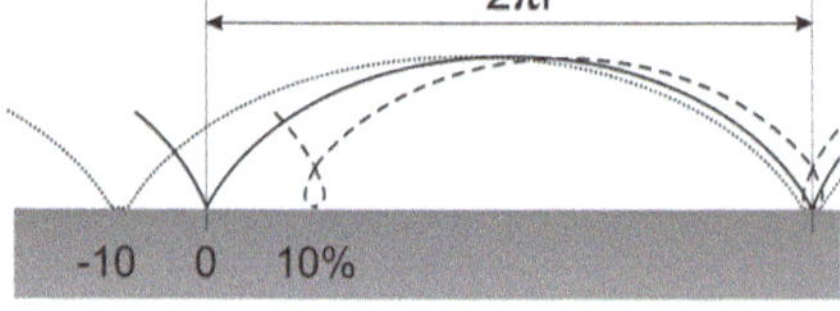

Abb. 3.8 Zykloiden eines starren Rades je nach Schlupf

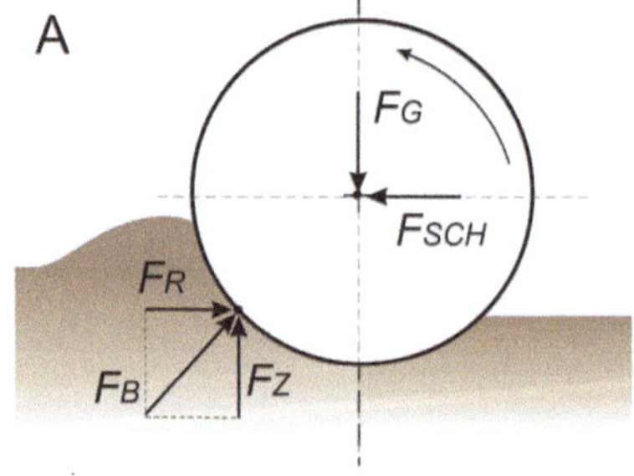

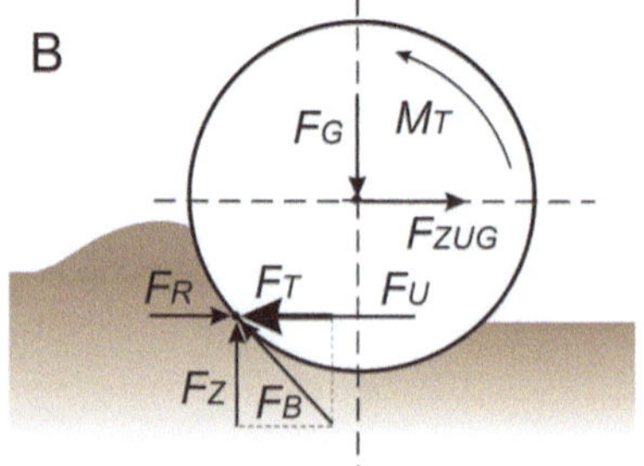

Abb. 3.9 Auf das Rad wirkende Kräfte. **a** gezogenes Rad, **b** angetriebenes Rad

A. Rollrad

Auf das Rollrad wirkt von der Seite des Fahrzeugs die Schwerkraft aus, vertikal nach unten, und eine horizontale Kraft, die auf das Lager ausgeübt wird (Abb. 3.9a). Andererseits gibt es von der Seite des Bodens eine Reaktionskraft, die das Ergebnis von zwei Komponenten ist, nämlich der normalen Reaktion und der tangentialen Reaktion. Das Gleichgewicht der auf das Rad einwirkenden Kräfte tritt auf, wenn das Ergebnis der Kräfte von der Fahrzeugseite durch die resultierende Bodenreaktion ausgeglichen wird. Typischerweise wird ein Gleichgewicht als Ergebnis einer Bodenverformung hergestellt, die die Scherfestigkeit des Bodens erhöht. Die Normalreaktion ist die Summe der elementaren Normalkräfte, die in der Kontaktzone auf das Rad wirken. Ebenso ist die Tangentialreaktion die Summe der auf die Kontaktfläche wirkenden Elementartangentialkräfte. Elementare Tangentialkräfte können die zusammenfallende Richtung (negative Schlupfzone) oder die entgegengesetzte Richtung zur Drehung des Rades (positive Schlupfzone) haben. In der Nullschlupfzone sind die tangentialen Bodenreaktionen null. Ein Bremsmoment kann auch auf das angetriebene Rad wirken.

B. Triebrad

Ein Antriebmoment wirkt auf das Triebrad, wodurch eine tangentiale Bodenreaktion auftritt (Abb. 3.9b). Solange die Tangentialreaktion des Bodens nicht durch äußere horizontale Kräfte (z. B. Widerstandskraft, Trägheitskraft, Aufwärtszugkraftkomponente) ausgeglichen wird, wird die Bewegung des Rades beschleunigt.

Die horizontale Komponente der Bodenreaktion ist die Hauptkomponente des Rollwiderstands des Rades auf dem Boden. Zusätzlich zu dieser Kraft wird der Rollwiderstand durch Lagerverluste und die viskoelastischen Effekte im Reifen beeinflusst. Die horizontale Komponente der Bodentangentialreaktion ist die Umfangskraft. Beide Kräfte wirken in entgegengesetzte Richtungen und die Art der Bewegung (beschleunigt, abgebremst, gleichmäßig) hängt von ihrem Gleichgewicht ab.

3.2.3.2 Radschlupf

Wie bereits erwähnt, kann die Zusammenarbeit des Rades mit dem Boden positiv oder negativ sein. Beim Reifen-Boden-System hat das Schleuderphänomen einen anderen Verlauf als beim Reifen-Straßen-System. Die horizontale Verformung des Bodens, die durch Überschreiten der Scherfestigkeit verursacht wird, kann als Bewegung von Partikeln unter einem rollenden Rad interpretiert werden. In der Adhäsionszone folgt die Bewegung der Bodenpartikel der Bewegung eines Punktes auf dem Kreisumfang. Im Fall eines Rollrades kann die Bewegung der Partikel in der Bewegungsrichtung des Rades und in der der Antriebsrad entgegengesetzten Richtung erfolgen. Die Bewegung von Bodenpartikeln unter einem rollenden Rad bestimmt den Schlupf des Triebsrades. Die unter dem Triebsrad entstehende horizontale Verformung j des Bodens ist eine Funktion der x-Koordinate des Kontaktpunktes des Rades mit der Bodenoberfläche:

$$j = sx \tag{3.22}$$

wobei die Proportionalitätskonstante S der Schlupf des angetriebenen Rades ist.

Die obige Gleichung ist für den Idealfall geeignet, wenn die gesamte Kontaktfläche die Haftzone ist.

Modelle, die die Abhängigkeit der Zugkräfte vom Schlupf beschreiben, sind in der Terramechanik von praktischer Bedeutung. Sie werden später in diesem Buch beschrieben.

3.2.3.3 Wirkungsgrad des Reifens

Ein wichtiger Parameter, der die Zusammenarbeit eines Rades oder einer Raupe mit dem Boden beschreibt, ist die Traktionseffizienz des Laufelements. Es wird aus der folgenden Formel bestimmt:

$$\eta_T = \frac{F_T}{M_T} r_t (1 - s) \tag{3.23}$$

womit: M_T – Antriebsmoment am Rad, r_t – tatsächlicher Reifenhalbmesser, F_T – Triebkraft.

3.3 Forschungsverfahren zur Untersuchung der Wechselwirkungen im Reifen-Boden-System

Aufgrund des hohen Komplexitätsgrades von Phänomenen und einer erheblichen Anzahl von Faktoren, die die Kräfte im Reifen-Boden-System erheblich beeinflussen, sind Forschungsverfahren sowohl in der Ingenieurpraxis als auch in den wissenschaftlichen Arbeiten eine Vereinfachung, die sich aus den angenommenen Annahmen ergibt. Der Hauptzweck der verwendeten Methoden und Modelle besteht darin, optimale Lösungen mit der erforderlichen Genauigkeit und den gleichzeitig niedrigen Berechnungskosten zu erhalten. Das übergeordnete Ziel besteht jedoch immer darin, das Phänomen, den Faktor von Interesse zu berücksichtigen, und nach diesem Kriterium ein bestimmtes Verfahren und ein Berechnungsmodell auszuwählen.

Generell lassen sich drei Arten von Forschungsverfahren zur Bestimmung von Wechselwirkungen im Reifen-Boden-System unterscheiden. Dies sind experimentelle, epirmische und semempirische sowie physikalische Methoden. Experimentelle Methoden beziehen sich im Wesentlichen auf die Messung von auf das Rad wirkende Kräfte und Momente sowie deren Auswirkungen auf Bodenpartikel und können sowohl im Labor als auch im Feld eingesetzt werden. Empirische und semiempirische Methoden beziehen sich auf physikalische Grundlagen und nutzen gleichzeitig die Ergebnisse experimenteller Untersuchungen, um ein vollständiges Berechnungsmodell zu erhalten. Bei physikalischen Methoden sind die Kennlinien von Kräften und Momenten das Ergebnis von Berechnungen, die auf Formeln basieren, die ausschließlich auf allgemeinere physikalische Gesetze, insbesondere konstitutive Gleichungen für das Bodenmedium und das Fahrelement, angewendet werden.

In der Terramechanik besteht das grundlegende Problem darin, die Kräfte und Momente zu bestimmen, die im Reifen-Boden-System wirken. Es sollte betont werden, dass es sich bei den in den folgenden Unterabschnitten vorgestellten Forschungsverfahren um drei allgemeine operative Strategien handelt, mit denen nicht nur Kräfte und Momente am Rad oder Fahrzeug bestimmt werden können, sondern auch eine umfassende Analyse der Fahrzeug-Boden-Wechselwirkung, einschließlich der Bestimmung der Kontaktfläche und des Kontaktdrucks, Radeinsinkungen, Stressen und Deformationen im Boden und andere. Um die Herangehensweise an das Problem der Analyse des Reifen-Boden-Wechselwirkungen zu systematisieren, werden die drei genannten Strategien am Beispiel der Bestimmung der auf das Rad wirkenden Kräfte und Momente beschrieben.

3.3.1 Experimentelle Forschungsverfahren zur Bestimmung der Wechselwirkung im Reifen-Boden-System

Experimentelle Methoden bestehen in der indirekten oder direkten Beobachtung von Phänomenen und deren Auswirkungen in dem für uns interessanten Bereich. Diese Beobachtungen können in sogenannter Echtzeit durchgeführt werden, d. h. während des Auftretens bestimmter Phänomene oder nach ihrem Auftreten durch Analysieren der aufgespeicherten Dataien. Aufgrund der eingeschränkten Wahrnehmung menschlicher Fähigkeiten sind Echtzeitbeobachtungen ein zusätzliches Begleitelement, während die Analyse der Beobachtungsergebnisse in Form von numerischen Daten oder Bildern die Hauptbedeutung hat. Bei empirischen Untersuchungen des Rad-Boden-Systems handelt es sich um physikalische Größen, die in der Regel indirekt gemessen werden. Daher gelten hier alle Messmethoden einschließlich einer ganzen Reihe von Aufnehmern, Sensoren, Messsystemen und Aufzeichnungsgeräten. Darüber hinaus ist die visuelle Beobachtung sekundärer Phänomene wie Bodenverformung und dynamische Fahrzeugbewegung möglich. In diesem Fall werden Sichtmethoden verwendet, meistens Kameras oder Fotoaparate.

Wie bereits erwähnt, basieren die empirischen Methoden der Terramechanik fast ausschließlich auf Messungen. Wenn man bedenkt, welche Phänomene Gegenstand der Analyse sind, kann man physikalische Größen identifizieren, die Gegenstand der Erkenntnis sind, um dann geeignete Messmethoden auszuwählen. Bei der Bestimmung der Reifen-Boden-Kräfte/-Momente kann die Methode der Messung der in der Radachse wirkenden Kräfte und Momente verwendet werden, wobei das Messrad ein Testfahrzeugrad sein kann oder auf einem dynamometrischen Einzelradmesseinrichtung aufgebaut sein kann.

Ein wichtiger Schritt bei der Implementierung experimenteller Methoden ist die Entwicklung eines Messmodells und die Identifizierung von Fehlern, die während der Messung auftreten können. Das Messmodell definiert im Allgemeinen die folgende Formel:

$$G_M = G_R + F_M \tag{3.24}$$

womit: G_M – gemessene physikalische Größe, G_R – reale physikalische Größe, F_M – Messfehler.

Zusätzlich sollte ein Modell angegeben werden, das die Funktion des verwendeten Messwertaufnehmers beschreibt. Die Gesamtform dieses Modells lautet wie folgt:

$$\text{Ausgangssignal} = \text{Messergebnis} \times \text{Kalibrierkonstante}$$

Die Definition des obigen Modells ist wichtig im Hinblick auf die Auswahl von Wandlern, Messbereichen sowie praktischen Aspekten wie der Stromversorgung des Systems oder der Verwendung von Verstärkern, Filtern usw.

In diesem Kapitel wird nur das allgemeine Verfahren beschrieben, das für experimentelle Untersuchungen der Wechselwirkungen zwischen Reifen und Boden verwendet wird, insbesondere hinsichtlich der Messung von Kräften und Momenten zwischen Rad und nachgiebigem Boden. Detaillierte Lösungen für Messinstrumente, spezielle Verfahren und Methoden zur Aufbereitung von Forschungsmaterial sind jedoch im Kap. 6 präsentiert.

3.3.1.1 Messaufnehmer und Instrumente

Messungen von Kräften und Momenten im Reifen-Boden-System können mit folgenden Lösungen durchgeführt werden:

- Radmessnaben
- Ein Dynamometer zwischen zwei Fahrzeugen
- Eine Einzelradmesseinrichtung, montiert an einem Tragfahrzeug
- Ein dynamometrisches Rad an einem Spezialfahrzeug, zwei Lösungen sind möglich, für Messungen auf dem Feld oder im Bodenkanal

In jedem der oben genannten Fälle handelt es sich um ein Messsystem, das aus Aufnehmern mechanischer Größe besteht. Der Aufnehmer erfüllt eine wichtige Funktion: Er wandelt die gemessene Größe – Kraft oder Moment – in ein elektrisches Ausgangssignal um. Bei Kraftmessungen im Reifen-Boden-System gibt es grundsätzlich drei Arten von Kraft- oder Drehmomentaufnehmern:

- Tensometrische Wandler
- Piezoelektrische Wandler
- Optoelektronische Wandler
- Andere

Tensometrische Wandler werden am häufigsten verwendet, insbesondere bei Prototypen oder Geräten, die in kleinen Serien eingesetzt werden. Der grundlegende Vorteil von tensometrischen Wandlern ist der einfache Aufbau und die leicht zugängliche Technologie. Diese Art von Dynamometer kann unter Labor- oder Werkstattbedingungen hergestellt werden, was bei Forschungsprojekten sehr wichtig ist.

Relevant ist die Charakteristik des Aufnehmers, nämlich die Abhängigkeit des Ausgangssignals von der Messgröße. Diese wird im Kalibrierverfahren an spezialisierten Messeinrichtungen eruiert. An dieser Stelle sollte beachtet werden, dass wir bei Messungen von Kräften und Momenten im Reifen-Boden-System keinen Maßstab haben, außerdem sind Messmodelle vereinfacht. Dies ist das Ergebnis der Komplexität des Bodenzentrums und der Faktoren, die die mechanischen Eigenschaften des Bodens beeinflussen. Daher kann die Kalibrierung von Dynamometern zur Messung von Kräften und Momenten im Reifen-Boden-System die Ergebnisse nur annähernd kennzeichnen.

Der Verstärker des Messsignals soll die Spannung des Messsignals erhöhen, um die Übertragung des Messsignals über Leitungen an das Datenspeichersystem zu erleichtern und die Widerstandsfähigkeit des Messsignals gegen äußere Störungen zu erhöhen. Der Filter entfernt hingegen Verzerrungen im Messsignal, die vom Wandler stammen oder sich im Verstärker beziehungsweise in den Messleitungen aufgrund eines äußeren elektromagnetischen Feldes bilden können.

Zum Messsystem gehört auch ein Signalwandler. Der Zweck dieses Geräts besteht darin, ein analoges Messsignal in ein digitales Signal umzuwandeln, das verarbeitet und im Speicher des Computers gespeichert werden kann. Ein wichtiger Parameter ist die Anzahl der aktiven Kanäle, d. h. die Anzahl der analogen Signale, die gleichzeitig in eine digitale Form umgewandelt werden können. Die Abtastfrequenz beinhaltet auch dies.

Ein wichtiges Merkmal der in terramechanischen Feldtests verwendeten Messsensoren ist die Wasser- und Staubdichtigkeit. Darüber hinaus sollte das Design des Sensors mechanischen Widerstand gegen Vibrationen und Stöße bieten. Da sollte auch der Sensor zusammen mit dem gesamten Messsystem für einen breiten Temperaturbereich geeignet sein. Wenn Tests unter winterlichen Bedingungen geplant sind, z. B. bei Messungen von Kräften im Reifen-Schnee-System, sollte der untere Temperaturbereich des Messsystems max. −10 °C betragen. Es ist zu beachten, dass Messgeräte mit Batterieversorgung (Trockenbatterien, Akkumulatoren) unter winterlichen Bedingungen eine viel kürzere Arbeitszeit haben, was auf eine Abnahme der Effizienz der Energiequelle zurückzuführen ist. Bei Tests, die im Sommer durchgeführt werden, sollte der obere Temperaturbereich des Messsystems +40 °C nicht unterschreiten.

3.3.1.2 Vorbereitung und Durchführung der Messungen

Messungen der Kräfte und Momente im Reifen-Boden-System können sowohl unter Labor- als auch Feldbedingungen durchgeführt werden. Bei Messungen im Labor sind Bodenrinnen oder -kanäle bekannt, d. h. bodengefüllte Vorrichtungen, gekennzeichnet durch Quer- und Längsabmessungen, die keine Randeffekte und einen ausreichend langen Messabschnitt gewährleisten, um die erforderlichen Manöver durchzuführen. Der den Kanal füllende Boden kann konditioniert sein, d. h. bewässert, getrocknet, locker usw. Der Vorteil dieser Messungen ist die Unabhängigkeit von äußeren Bedingungen und die Möglichkeit einer exakten Bodenvorbereitung. Die zweite Methode besteht darin, Messungen unter Feldbedingungen durchzuführen. Zu diesem Zweck sollte auf dem ausgewählten Boden ein Testfeld ausgewiesen werden, das zuvor durch agrotechnische Maßnahmen vorbereitet werden kann. Die Vorbereitung des Bodens umfasst Nivellieren, Lockern oder andere Behandlungen. Es ist sehr schwierig, an verschiedenen Tagen wiederholt die gewünschte Feuchtigkeit zu erhalten, üblicherweise bei der vorhandenen Feuchtigkeit. Der Vorteil von Feldmessungen ist die Fähigkeit, Ergebnisse zu erhalten, die sich auf spezifische, reale Gelände- und Wetterbedingungen beziehen. Ihr grundlegender Nachteil sind hohe Kosten und eine erhebliche Streuung der erzielten Ergebnisse.

3.3.1.3 Die Bedeutung der experimentellen Forschung

Das wichtigste Ziel der experimentellen Forschung zur Bestimmung von Wechselwirkungen im Reifen-Boden-System ist das kognitive Ziel. Durch die Messungen lernen wir die wirklichen Werte der Kräfte und Momente kennen, die durch das Zusammenwirken mit der

Oberfläche des deformierbaren Bodens auf das Rad wirken. Dies ist sehr bedeutsam und eine Quelle neuen Wissens, aber nicht ausschließlich. In den folgenden Unterkapiteln werden die semiempirischen und analytischen Methoden zur Bestimmung der Kräfte und Momente im Reifen-Boden-System erörtert. Um die mit diesen Methoden erzielten Ergebnisse zu überprüfen und zu verifizieren, werden die Ergebnisse der experimentellen Forschung verwendet. Eine weitere Möglichkeit, Messungen zu verwenden, ist die Identifizierung und Parametrisierung von Simulationsmodellen, die auf der Grundlage analytischer oder semiempirischer Methoden als Arbeitsinstrument eines Terramechanikers erstellt werden.

Ein sehr wichtiges Anwendungsgebiet sind Traktionskontrollsysteme, die sich in der Ausrüstung moderner Geländefahrzeuge befinden. Die Ergebnisse der Messungen von Kräften und Momenten im Reifen-Boden-System tragen dazu bei, neue Arbeitsmodi/Fahrprogramme in diesen Systemen zu erhalten, die für verschiedene Oberflächen, Bodentypen und andere verformbare Untergründe erstellt wurden. Die Automobilindustrie verwendet Messungen von Kräften und Momenten im Reifen-Boden-System für die Bewertung neuer Lösungen, sowohl für ganze Autos als auch für einzelne Komponenten. Auf diese Weise können Sie die Fahreigenschaften des Autos testen und auch die experimentellen Konstruktionen der Antriebs-, Brems- und Lenksysteme sowie der Reifenbaulösungen überprüfen.

Der wichtigste Vorteil des Ansatzes bei der Methode der experimentellen Tests im Fall des Reifen-Boden-Systems und der Kräfte und Momente, die in diesem System während des Fahrens auftreten, ist die Fähigkeit, die tatsächlichen Werte unter Berücksichtigung der Messfehler zu ermitteln. Aufgrund der Komplexität des fraglichen Systems kann eine beträchtliche Anzahl von Faktoren und Phänomenen, die häufig voneinander abhängig sind und einen erheblichen Einfluss auf das System der Kräfte und Momente haben, nicht nur auf Vorhersagen und Simulationen beruhen. Überprüfung durch Messung ist notwendig.

Der nächste Unterabschnitt enthält eine beispielhafte Messung der Kräfte, die im Reifen-Rad-Boden-System wirken und unter Modellbedingungen im Bodenkanal durchgeführt wurde. Eine breitere Diskussion der Messungen von Kräften und Momenten, die im Fahrelement-Boden-System wirken, wird in Kap. 6 vorgestellt.

3.3.1.4 Triebkraft am Rad – Messungen in einer Bodenrinne

Die Radtriebkraftstudie zu Traktorreifen im Bodenkanal wurde von Steiner durchgeführt [6]. Die Messungen wurden in der Bodenrinne des Instituts für Landmaschinen der Technischen Universität in München durchgeführt. Das Messrad wurde auf dem sandigen Lehmboden gefahren, wobei der Boden auf drei Arten für die Forschung vorbereitet wurde:

- Vor jedem Reifenversuch wurde der Boden aufgefeuchtet, bis zu einer Tiefe von 40 cm schichtweise mit Gänsefußscharen gelockert und mit einem Krumenpacker vorverdichtet, bis 18 cm Tiefe gefräst, eingeebnet und gewalzt (Bodenzustand I).
- Der Boden wurde durch Ballast am Krumenpacker und an der Walze erzielt (Bodenzustand II).
- Der Boden wurde mit einem Vibrationsstampfer zusätzlich verdichtet (Bodenzustand III).

Umfangskraft und Treibkraft wurden in Abhängigkeit vom Schlupf für verschiedene Traktorreifen unter Berücksichtigung des Einflusses von Reifendruck, Radlast, Reifengröße und Design gemessen. Detaillierte Ergebnisse sind in der zitierten Publikation enthalten. Fassen wir hier die Schlussfolgerungen der Forschung nur kurz zusammen, da sie aus praktischer Sicht interessant sind.

3.3.1.4.1 Einfluss von Reifengröße

Im Allgemeinen wurde festgestellt, dass die durch den Triebkraftbeiwert erreichten Werte umso höher sind, je größer der Reifen (mit größerem Durchmesser und größerer Breite) ist. Es wurde auch festgestellt, dass eine Vergrößerung der Reifenbreite einen größeren Einfluss auf die Triebkraft hat, hauptsächlich dank des kleineren Rollwiderstandsbeiwerts und des größeren Wirkungsgrads. Der Vergleich der verschiedenen Reifen hatte logische Begründung, sofern der Auslastungsgrad gleich bleibt.

Der vorteilhafte Effekt der Überdimensionierung von Reifen ist insbesondere bei der Innendruckreduzierung gegeben, weil dann der Wirkungsgrad durch Reduzierung des Rollwiderstandsbeiwerts erhöht wird. Andererseits hat die Reifenvergrößerung bei konstantem Innendruck nur einen geringen Einfluss auf die erreichten Werte von Triebkraft.

3.3.1.4.2 Einfluss von Reifenbauart

In der zitierten Publikation von Steiner wurden im Wesentlichen zwei Reifentypen verglichen: Gürtel- und Diagonalreifen. Eine deutlich bessere Triebkraftübertragung fand bei Gürtelreifen statt, wobei der Bodenzustand ein weiterer wichtiger Faktor war. Je stärker der Boden verdichtet wurde (Bodenzustand II und III), desto größer ist die Verbreitung von Gürtelreifen. Andererseits wurde auf der Basis der Ergebnisse der Messungen festgestellt, dass die Karkassensteifigkeit der Gürtelreifen eine Verschlechterung der Kraftübertragung Reifen-Boden im Wesentlichen durch eine Erhöhung des Rollwiderstands verursachen kann. Dieser Effekt ist bei sehr nachgiebigem Boden und bei hohem Reifeninnendruck stärker.

3.3.1.4.3 Einfluss von Radlast und Reifeninnendruck

Sowohl die Radlast als auch der Reifeninnendruck sind Betriebsparameter, die eingestellt werden können. Die Belastung der Räder des Ackerschleppers kann durch Aufbringen von Ballast oder Befüllen der Räder mit Wasser geändert werden. Der Reifendruck wird von der Fahrerkabine des Traktors aus eingestellt. Optimale Einstellungen der obigen Parameter sind wichtig, um günstige Bedingungen für die Bodenbearbeitung des Reifens zu erhalten. Anhand von Messungen im Bodenkanal machte Steiner interessante Beobachtungen und Analysen.

Der Einfluss der Radlast wurde zusammen mit dem Reifendruck analysiert. Der Auslastungsgrad wurde wie folgt eingeführt:

$$\text{Auslastungsgrad} = \text{effektive Radlast}/\text{zulässige Radlast}$$

Die Reduzierung des Reifendrucks verursachte einen Anstieg des Auslastungsgrades, und zwar wird die Kraftübertragung vor allem bei geringem Schlupf verbessert. Die Kontaktfläche wird größer, Triebkraftbeiwert und Wirkungsgrad steigen. Eine Änderung des Reifeninnendruckes bei gleichem Auslastungsgrad wirkt stärker auf den Wirkungsgrad und den Triebkraftwert als eine Radlaständerung.

Wenn man die Radlast erhöht, um einen größeren Auslastungsgrad zu erhalten, so muss der Boden größere Kräfte aufnehmen. Dadurch werden tiefer liegende Bodensichten beansprucht. Bei durch Schlupfeinwirkung ansteigender Spurtiefe werden bei größerer Radlast die Rollwiderstandsbeiwerte kleiner und die Triebkraftbeiwerte größer. Die Gefahr gestörten Pflanzenwachstums infolge Bodenverdichtung durch anwachsende Radlasten bei hohen Reifeninnendrücken darf jedoch nicht außer Acht gelassen werden.

Abschließend noch eine wichtige Bemerkung. Die obigen Ergebnisse wurden auf einem Boden (sandiger Lehm) erhalten, für andere Böden dürften die Abhängigkeiten unterschiedlich sein.

3.3.1.5 Messung von Kräften im Boden im Mikromaßstab

Trotz enormer Fortschritte auf dem Gebiet der Messtechnik, der Einführung nanotechnologischer Methoden und der Mikrooptik gibt es bisher keine effektive Methode zur Messung der intermolekularen Kräfte im Boden. An dieser Stelle kann man eine bestimmte Vorstellung des Autors dieses Buches anführen, nämlich das Design der Methode zur Messung von Kräften und Verschiebungen im Boden im Mikromaßstab. Das vorgeschlagene Verfahren ist für die Bestimmung (direkte Messung) von intermolekularen Kräften im Boden und für die Beobachtung des Prozesses der Bodenporenfüllung vorgesehen. Die Methode wird hauptsächlich für sandige Böden eingesetzt. Das Verfahren verwendet Quarzkraftsensoren mit Größen von typischen sandigen Bodenteilchen (etwa 1 mm) und Porenfüllungsdetektoren, die unter Verwendung optischer Verbinder aufgebaut sind. Beide Arten von Sensoren sind sehr klein und ihre Anwesenheit im Boden beeinflusst die Messung nicht. Messdaten (elektrische oder optische Signale) werden über dünne flexible Leitungen übertragen. Aufgrund der Tatsache, dass sich die Methode in der konzeptionellen Entwicklungsphase befindet, werden im Folgenden die wichtigsten Annahmen und technischen Lösungsvorschläge dargestellt. Die Überprüfung und Bewertung der Eignung der Methode für technische oder wissenschaftliche Zwecke ist erst nach Testen möglich.

3.3.1.5.1 Mikrosensor zur Messung der intermolekularen Kraft im Boden

Das Funktionsprinzip des Mikrosensors beruht auf den mechanischen Eigenschaften von Quarz: Die Einwirkung äußerer Kräfte bewirkt die Bildung einer Potenzialdifferenz an den gegenüberliegenden Enden des Kristalls, wenn die Kraft in einer senkrechten Ebene wirkt. Die erzeugte Potenzialdifferenz ist proportional zum Kraftwert, jedoch ist die Beziehung nicht linear und es ist das erste schwerwiegende messtechnische Problem. Es ist notwendig, jeden Quarzsensor einzeln zu kalibrieren. Der Aufbau des Sensors besteht darin, eine permanente elektrische Verbindung zwischen den Drahtenden (Kupfer) und dem Quarzkristall herzustellen Abb. 3.10. Dies erfordert den Einsatz von Schweiß- oder

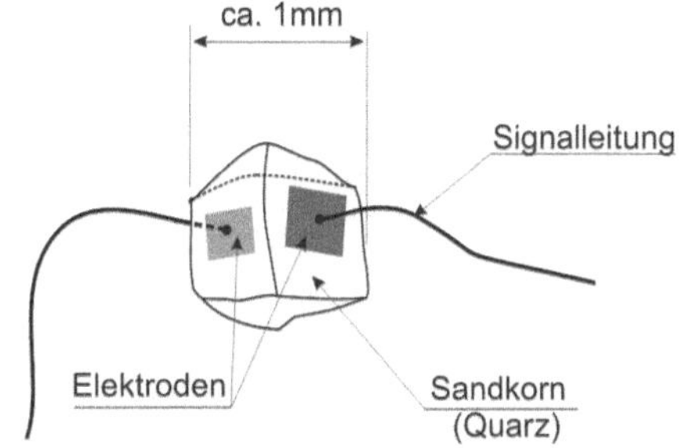

Abb. 3.10 Quarz – Mikrosensor zur Messung der Kontaktkräfte zwischen Bodenpartikeln

Klebetechniken unter Verwendung von leitfähigen Klebstoffen. Signalkabel müssen hochflexibel sein, um keine versehentlichen, unkontrollierten Bewegungen des Sensors zu verursachen und gleichzeitig eine hohe mechanische Widerstandsfähigkeit zu haben. Das Einbringen von Mikrosensoren in den Boden kann während der Aufbereitung von Bodenproben erfolgen. Die Mikrosensoren werden auf die ausgewählte Bodenschicht gelegt und die nächste Bodenschicht wird gegossen. Kleine Abmessungen von Mikrosensoren ermöglichen Messungen in kleinen Bodenproben, z. B. Zylindern mit einem Durchmesser von 100 mm. Darüber hinaus ist es möglich, mehrere Sensoren in einer kleinen Bodenprobe zu platzieren, ohne sich um den Effekt der „Versteifung" des Bodens zu sorgen, wie dies bei herkömmlichen Sensoren mit Abmessungen von mehreren Dutzend Millimetern der Fall ist.

3.3.1.5.2 Optischer Detektor der Füll von Bodenporen

Die Beobachtung des Bodenverdichtungsprozesses unter der Last von Fahrzeug- und Maschinenrädern kann unter Verwendung eines optischen Sensors erfolgen, der in Form eines Rings mit einem kalibrierten runden Loch oder dergleichen ausgebildet ist. Gemäß Abb. 3.11 sind in der Ringebene zwei koaxiale Kanäle ausgebildet, in denen das Ende der optischen Faser und ein Strahlungsdetektor (z. B. eine Mikrophotodiode) angeordnet sind. Wenn sich nach dem Einsetzen des optischen Sensors im Boden kein Bodenteilchen in dem kalibrierten Loch befindet, wird der optische Kreis geschlossen, und der Lichtstrahl von der optischen Faser erreicht den Detektor. Wenn sich jedoch aufgrund äußerer Belastungen Bodenteilchen bewegen und ein Bodenteilchen in der kalibrierten Vertiefung gefunden wird, wird der optische Kreis unterbrochen, und das Licht erreicht den Detektor nicht. Das Eindringen eines unbeabsichtigten Bodenteilchens in das kalibrierte Loch ist das Äquivalent des elementaren Bodenverdichtungsprozesses, d. h. das Füllen der Bodenporen durch ein Festphasenteilchen. Optische Sensoren mit unterschiedlichen Formen des kalibrierten Lochs, wie in Abb. 3.12, sowie mit unterschiedlichen Abmessungen dieses Lochs können in den untersuchten Boden platziert werden. Dann erhalten wir eine Verteilung der Dichtefunktion des Durchmessers der am Bodenverdichtungsprozess beteiligten Partikel und Poren. Durch die unmittelbare Reaktion des Sensors können auch die Dynamik des Verdichtungsvorgangs, der Einfluss der Zeit sowie die Verzögerung des Mediums auf äußere Beanspruchung untersucht werden. Mit dieser Methode können im Labor aufbereitete Bodenproben untersucht werden. Kleine Größen erlauben die Prüfung in kleinen Boden-

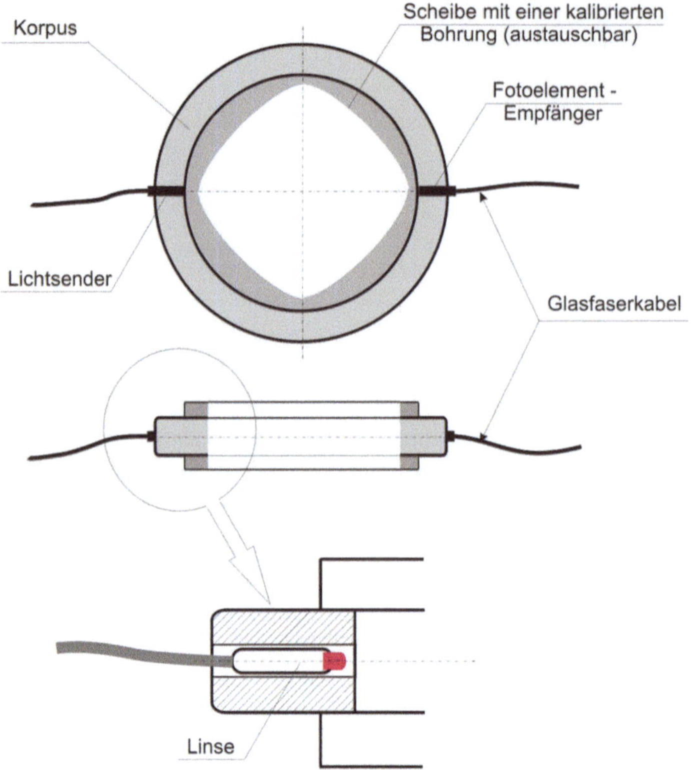

Abb. 3.11 Optischer Mikrosensor zur Messung der Bodenteilchenbewegungen und Bodenverdichtung

proben. Die optimale Form des Lochs sowie die Endbearbeitung der Lochkanten sollten in Abhängigkeit von der Form der zu untersuchenden Bodenpartikel ausgewählt werden.

Die Entwicklungsversion des beschriebenen optischen Sensors ist ein Mikroinstrument zur gleichzeitigen Messung von intermolekularer Kraft und Dynamik von Bodenpartikelbewegungen. Dieser Sensor besteht aus einem Ring und einem Kolben, der an einem Federelement befestigt ist. Die Bewegung des Kolbens relativ zum Ring schließt oder öffnet den optischen Stecker. Die Bewegung des Kolbens wird durch den Druck der sich bewegenden Bodenteilchen verursacht. Durch die Verwendung eines dreieckigen Verschlusses ist ein sanftes Schließen des Steckers möglich. Die Kraft der Wechselwirkung der Bodenteilchen wird durch am Kolben angebrachte piezoelektrische Wandler gemessen.

Der Entwurf des Autors ist noch nicht aus der konzeptionellen Phase herausgekommen. Möglicherweise wird es jedoch einen Forscher geben, der das Thema aufgreift, geeignete Ausrüstung baut und Messungen durchführt. Zweifellos ist dies ein Thema, das für eine interessante Doktorarbeit geeignet ist. Wahrscheinlich wird die Methode in ihrer endgültigen Form als Ergebnis der Experimente erheblich verändert. Die Ergebnisse solcher Tests werden jedoch einen erheblichen wissenschaftlichen Wert haben und zur Entwicklung der Bodenmechanik und Terramechanik beitragen.

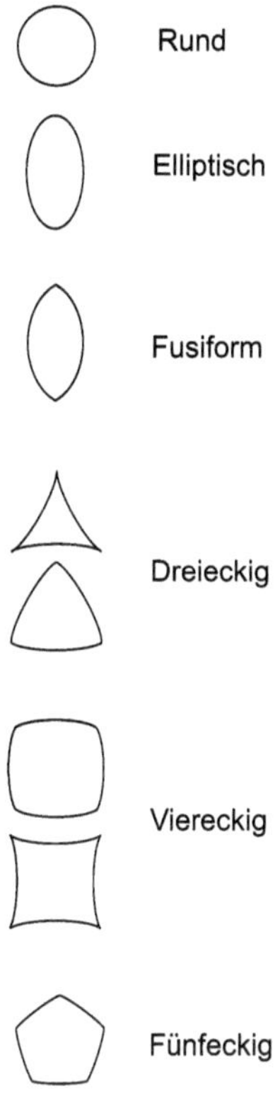

Abb. 3.12 Beispielformen der kalibrierten Bohrung

3.3.2 Empirische und halbempirische Methoden

3.3.2.1 Empirische Methoden

Nach dem Zweiten Weltkrieg wurden intensiv Methoden entwickelt, mit denen die Bodeneigenschaften für die Mobilität und Fahrdynamik von Fahrzeugen im Gelände bestimmt werden können. Insbesondere bei Militärfahrzeugen war es wichtig, die Mobilität anhand der sogenannten „Go-No-Go" zu bestimmen. Dann wurden die sogenannten empirische Verfahren, d. h. einfache Algorithmen, die auf Feldmessungen und Konstruktionsparametern, wie Gesamtgewicht, Anzahl der Achsen, Reifendurchmesser, Bodenfreiheit basieren, entwickelt. Die Konstruktion des empirischen Modells erfolgt in drei Schritten:

- Identifizieren der Einflussfaktoren auf die Fahrzeugleistung, die durch Messungen spezifiziert werden können, eine davon sind die Fahrzeugmobilitätszahlen
- Durchführung von Feldmessungen unter Verwendung verschiedener Eingaben
- Verwenden von Kurvenanpassungs- oder Modellidentifikationstechniken, um den Trend in Daten zu erfassen, indem die entsprechenden Funktionen über den Bereich der angegebenen Eingaben zugewiesen werden

In der Waterways Experiment Station, USA, wurde ein auf den sogenannten Radnummern basierendes Modell entwickelt [7]:

$$N_C = clay\ numeric = \frac{CI\,bd}{F_G}\left(\frac{\delta}{h}\right)^{\frac{1}{2}}\left(\frac{1}{1+\frac{b}{2d}}\right) \tag{3.25}$$

$$N_S = sand\ numeric = G_{CI}\frac{(bd)^{\frac{3}{2}}}{F_G}\times\frac{\delta}{h_{RP}} \tag{3.26}$$

wobei N_C – Tonnummer, Ns – Sandnummer, CI – Kegel-Index, G_{CI} – Gradient des Kegel-Index, b – Reifenbreite, d – Reifendurchmesser, G – Achslast, δ – Reifenverformung, h_{RP} – Reifenquerschnittshöhe.

Wismer und Luth [8] haben die Radnummer (*wheel numeric*) für kohäsiv-reibende Böden definiert:

$$C_n = \frac{CI\,bd}{F_G} \tag{3.27}$$

Basierend auf den ermittelten Radnummernwerten können die Traktionskräfte F_R und F_T^{20} (Triebkraft bei 20 % Schlupf) berechnet werden, Turnage [9] hat die folgenden Gleichungen vorgeschlagen:

$$\frac{F_R}{F_G} = 0.04 + \frac{0.020}{M-2.5} \tag{3.28}$$

$$\frac{F_T^{20}}{F_G} = 0.80 - \frac{1.31}{M-2.45} \tag{3.29}$$

wobei M die Mobilitätszahl ist, die wie folgt definiert ist:

$$M = \frac{CI\,bd}{F_G}\times k \tag{3.30}$$

mit k, als einen eindeutigen Koeffizienten, der von den Forschern unterschiedlich definiert wurde.

Wismer und Luth haben Gleichungen für die Traktionskräfte vorgeschlagen:

$$\frac{F_R}{F_G} = \frac{1{,}2}{C_n} + 0{,}04 \tag{3.31}$$

$$\frac{M_T}{RF_G} = 0{,}75\left(1-e^{-0{,}3C_nS}\right) \tag{3.32}$$

Grundlage für diese Modelle ist der Cone-Index. Wenn die Radsenkung weniger als 75 mm beträgt, wird der Penetrationstest in der obersten 150-mm-Bodenschicht durchgeführt. Andernfalls sollte die Messung des Kegel-Index über 150 mm zentriert um die

Eintauchtiefe durchgeführt werden. Die Einfachheit dieser Methode hat in vielen Ländern zu einer breiten Anwendung geführt. Das Hauptproblem ist jedoch die richtige Auswahl der Gleichungen für die Traktionskräfte. Tiwari et al. [7] haben mehrere Arbeiten analysiert, die sich mit den empirischen Methoden befassen, und sind zu dem Schluss gekommen, dass, obwohl die allgemeine Form der Wismer- und Luth-Gleichungen geeignet ist, Konstanten in diesen Gleichungen für bessere Ergebnisse an Boden und Reifen angepasst werden sollten. Zum Beispiel haben Rummer und Ashmore [10] einen Begriff (F_G/F_G^R) hinzugefügt, um die Leistung von Log-Skidder-Reifen vorherzusagen:

$$\frac{M_T}{RF_G} = 0,47\left(1 - e^{-0,20C_nS}\right) + 0,20\left(\frac{F_G}{F_G^R}\right) \tag{3.33}$$

$$\frac{F_R}{F_G} = -0,10\left(\frac{F_G}{F_G^R}\right) + \frac{0,22}{C_n} + 0,20 \tag{3.34}$$

Vechinski et al. [11] stellten fest, dass diese Gleichungen für kahlen, homogenen Boden geeignet sind, aber im Falle von Vegetation oder ungleichmäßigem Boden waren die Ergebnisse nicht zufriedenstellend.

Brixius [12] entwickelte einen allgemeineren Ausdruck für die Traktionskräfte von Diagonalreifen und führte eine modifizierte Mobilitätszahl *Bn* ein:

$$B_n = \frac{CI\,bd}{F_G}\left(\frac{1 + 5\frac{\delta}{h_{RP}}}{1 + 3\frac{b}{d}}\right) \tag{3.35}$$

$$\frac{M_T}{RF_G} = 0,88\left(1 - e^{-0,1B_n}\right)\left(1 - e^{-7,5S}\right) + 0,04 \tag{3.36}$$

$$\frac{F_R}{F_G} = \frac{1,0}{B_n} + 0,04 + \frac{0,5S}{\sqrt{B_n}} \tag{3.37}$$

Tiwari et al. [7], die nach einem geeigneteren Traktionsmodell für die am häufigsten verwendeten Diagonalreifen unter indischen Bodenbedingungen suchten, gelangten zu dem Schluss, dass das Brixius-Modell durch Ersetzen der konstanten Koeffizienten durch unbekannte Parameter geändert werden kann. Die Gleichungen für die zwei Traktionskräfte F_U und F_R sind:

$$\frac{F_T}{F_G} = C_1 \times \left(1 - e^{-C_2B_n}\right) \times \left(1 - e^{-C_3S}\right) + C_4 \tag{3.38}$$

$$\frac{F_R}{F_G} = \frac{C_5}{B_n} + C_4 + \frac{C_6 \times S}{\sqrt{B_n}} \tag{3.39}$$

womit $C_1 - C_6$ unbekannte Parameter.

Die Parameter C_1 bis C_6 wurden aufgrund experimenteller Ergebnisse mittels einer nicht linearen Regression bestimmt. Die Experimente wurden unter Verwendung einer Einzelradmess einrichtung der Abteilung für Agrar- und Lebensmitteltechnik der Indian Institute of Technology durchgeführt.

Die wahrscheinlich bekannteste Anwendung des empirischen Ansatzes zur Bestimmung der Reifen-Boden-Kräfte und der Fahrdynamik im Gelände ist das NATO-Referenzmobilitätsmodell (NRMM). Hierbei handelt es sich um ein umfangreiches digitales Simulationswerkzeug, das die Fahrdynamik eines Fahrzeugs sowohl auf der Straße als auch im Gelände im globalen Sinne vorhersagt [13].

Das NRMM ist ein Modell, das die Charakterisierung des Fahrzeugs (Antriebsstrang, Fahrwerk, Federung, Masse, Geometrie) mit der Charakterisierung des Geländes verbindet, einschließlich der mechanischen Festigkeit des Bodens, der Hänge, der Hindernisgeometrie, der Oberflächenrauheit und der Vegetation. Das Modell ermöglicht die Vorhersage der maximal erreichbaren Geschwindigkeit des Fahrzeugs für eine bestimmte geografische Region und unter bestimmten atmosphärischen Bedingungen. Eine wichtige Funktion des NRMM ist die Bestimmung der auf die Räder des Fahrzeugs oder auf das gesamte Fahrzeug einwirkenden Kräfte.

Die empirischen Formeln des NRMM zur Vorhersage der Fahrdynamik von Fahrzeugen mit flexiblen Gleisen auf grobkörnigem Boden und auf Moschus erfordern nur drei Fahrzeugparameter: Fahrzeuggewicht, Kettenbreite und nominale Kettenkontaktlänge.

Ein wichtiger Nachteil des NRMM ist bei Winteroberflächen, insbesondere bei Eis oder hartem Schnee. Auf einer vereisten Oberfläche, auf der der Kegel-Index hoch ist, wäre der Reibungskoeffizient und damit die Schubspannung zwischen Fahrelemente und vereister Oberfläche sehr gering. Schubspannungen, die an der Kontaktfläche zwischen Fahrzeug und Gelände auftreten, bestimmen in hohem Maße die Traktionsfähigkeit und Fahrdynamik. Traktionskräfte, die mit dem NRMM berechnet werden, würden überbewertet. Die Oberflächenhaftung ist ein weiterer Parameter, der in den neuesten Versionen des NRMM verwendet wird, um die Oberflächenbedingungen mit Regen- oder Eiseffekten zu charakterisieren.

Zusammenfassend lässt sich sagen, dass NRMM empirisch basiert und es ist daher ungewiss, ob empirische Beziehungen, die in NRMM verwendet werden, über die Bedingungen hinaus extrapoliert werden können, auf denen sie basieren.

Darüber hinaus werden einige der in NRMM verwendeten empirischen Formeln durch Testdaten nicht gut gestützt. Wie auch immer, das NRMM ist noch in der Entwicklung und in kontinuierlicher Validierung, da das Modell für viele militärische Anwendungen sehr häufig verwendet wird.

3.3.2.2 Halbempirische Methoden

Da der Kern der beschriebenen semiempirischen Methoden die Einfachheit und die Möglichkeit der Anwendung bei Konstruktionsaufgaben ist, berücksichtigen sie die Mechanismen zur Erzeugung von Kräften im Boden, die in den vorhergehenden Abschnitten beschrieben wurden, nicht im Detail. Sie basieren stattdessen auf zwei Vereinfachungen:

- Die vertikale Deformation des Bodens unter Radlast entspricht der Verformung des Bodens unter einer ebenen Platte (Druckstempel).
- Die Scherverformung des Bodens unter einem Fahrelement ähnelt der Scherung aufgrund einer Torsion-Schervorrichtung oder einer rechteckigen Rilleneinheit/Grouser.

In diesem Kapitel werden die semiempirischen Methoden vorgestellt, die auf den obigen Annahmen basieren. Charakteristisch für semiempirische Methoden ist die Kombination von einfachen mathematischen Modellen mit experimentellen Methoden zur Bestimmung der Parameter von Modellen für einen bestimmten Boden. Das Endergebnis sind die Kräfte, die auf das Rad oder die Spur oder auf das gesamte Fahrzeug wirken, ihre Eigenschaften als Funktion des Schlupfes sowie der Traktionseffizienz.

3.3.2.2.1 Das Bekker-Modell

Die Drucksetzungskurve für typische Böden hat eine sehr ähnliche Form wie der Leistungs- oder Exponentialfunktionsgraf. Die Beziehung zwischen dem Einheitsdruck p, der durch das Laufelement auf die Kontaktfläche ausgeübt wird, und der Einfalltiefe Z wurde erstmals von Bernstein formuliert und wird wie folgt ausgedrückt:

$$p = k\sqrt{z} \tag{3.40}$$

Dabei ist k ein Modul der Bodenverformung.

Gorjatschkin formulierte eine Gleichung, die diese Beziehung unter Verwendung der Exponentialfunktion beschreibt:

$$p = k\,z^{n} \tag{3.41}$$

wobei n ein dimensionsloser Bodenkoeffizient ist, abhängig von seiner Art und Struktur. Die obigen Modelle wurden zur Bestimmung des Rollwiderstands von landwirtschaftlichen Maschinen verwendet. Im Jahr 1966 hatte M.G. Bekker gezeigt, dass der Koeffizient k von der Breite des Stempels abhängt, sodass es sich nicht um ein Bodenverformungsmodul handeln kann. Der Koeffizient n war nach Bekkers Forschungen nicht von der Größe und Form des Stempels abhängig, sondern nur von der Art und Homogenität des Bodens. Bekker nahm auch die folgenden Annahmen an:

1. Für die Normalspannungsanalyse verformt sich die Bodenoberfläche nur vertikal.
2. Die tatsächliche Spannung unter Normaldruck unter der horizontalen Verformung.
3. Die tangentiale Verformung und die Spannung, die durch die Eigenspannung verursacht wird.

In Anbetracht dessen schlug Bekker die folgende Formel vor:

$$p = \left(\frac{k_C}{b} + k_{\Phi} \right) z^{n}$$

wobei k_{c}- und k_{Φ}-Module der vertikalen Bodenverformung sind, die jeweils von der Kohäsion und dem Winkel der inneren Reibung des Bodens abhängen; die Einheit des k_c-Moduls ist $kG/cm^{(n+1)}$, während k_{Φ} in $kG/cm^{(n+2)}$ ausgedrückt wird; b ist die Breite des Stempels [14].

Messungen der Bodentiefenabhängigkeit vom Druck der Einheit und der Bestimmung der vertikalen Deformationsmodule des Bodens sowie des Exponenten *n* werden mit speziellen Geräten namens Bevameter durchgeführt, die in Kap. 6 beschrieben werden. Parameterwerte für verschiedene Böden im Bekker-Model sind in Tab. 3.1 enthalten.

3.3.2.2.2 Bestimmung der Tangentialstressen im Bekker-Modell

Für den Fall, dass eine Antriebskraft auf den Reifen oder die Raupe einwirkt, ist die Coulomb-Hypothese die Grundlage für seine Bestimmung. Die Gleichung, die die Coulomb-Hypothese beschreibt, erfasst keine Bodendeformation, was ein wesentlicher Nachteil ist.

Die einfachste Beobachtung des Zusammenwirkens eines Laufelements mit dem verformbaren Boden zeigt, dass die Bodenverformungen erheblich sind. Außerdem sind die Bodenverformungen umso größer, je größer das auf die Radachse ausgeübte Antriebsmoment ist. Darüber hinaus bestimmt die Coulomb-Formel den Maximalwert der Tangentialspannungen, während in vielen Fällen die Bewegung des Laufelements bei geringeren Spannungen erfolgen kann, die wiederum eine wesentlich kleinere Bodenverformung verursachen.

Ein einfaches Experiment, das darin besteht, den Boden unter Verwendung eines Stempels mit einem Rand ähnlich einem Kettenglied zu scheren, ermöglicht die Messung der Tangentialkraft als Funktion der horizontalen Verformung. Wenden wir zusätzlich unterschiedliche vertikale Belastung auf den Stempel an, so erhalten wir eine von oben geschlossene Kurvenfamilie Abb. 3.13.

Die höchstliegende Kurve gilt für die Bedingungen, unter denen die maximale Horizontalkraft erhalten wird. Wenn wir die Vertikallast weiter erhöhen, wird die Bodenstruktur zerstört, wodurch das Laufelement keine Horizontalkraft mehr erzeugen kann. Aus Sicht der Fahrdynamik im Gelände ist es sehr hilfreich, den Zusammenhang zwischen Tangentialspannung und horizontaler Bodenverformung zu kennen. Damit kann die Grundeigenschaft des Reifens beschreiben werden, die die Abhängigkeit der Antriebskraft vom Schlupf ist.

Es gibt jedoch kein physikalisches Modell mit der entsprechenden mathematischen Beschreibung für diese Beziehung. Eine mögliche Lösung für dieses Problem ist die Verwendung eines mathematischen Modells, dessen Parameter empirische Koeffizienten sind. Bekker schlug ein solches Modell in Form der Gleichung vor:

$$\tau = A_1 e^{\left(-K_2+\sqrt{\left(K_2^2-1\right)}\right)} K_1 j + A_2 e^{\left(-K_2+\sqrt{\left(K_2^2-1\right)}\right)} K_1 j \tag{3.42}$$

wobei A_1, A_2, K_1, K_2 die genannten Koeffizienten sind, die in einem ziemlich komplizierten Verfahren bestimmt werden.

Der K_1-Faktor bestimmt den Grad der Bodenkohäsion, während K_2 ein dimensionsloser Faktor ist und den Grundcharakter der Kurve definiert.

Janosi und Hanamoto [15] schlugen eine vereinfachte Methode vor, bei der die Gleichung für den Wert der Tangentialspannung als Funktion der horizontalen Bodenverformung die folgende Form hat:

$$\tau = \tau_{max} \left(1 - e^{-\frac{j}{K}}\right) \tag{3.43}$$

Dabei ist K der horizontale Verformungsmodul des Bodens.

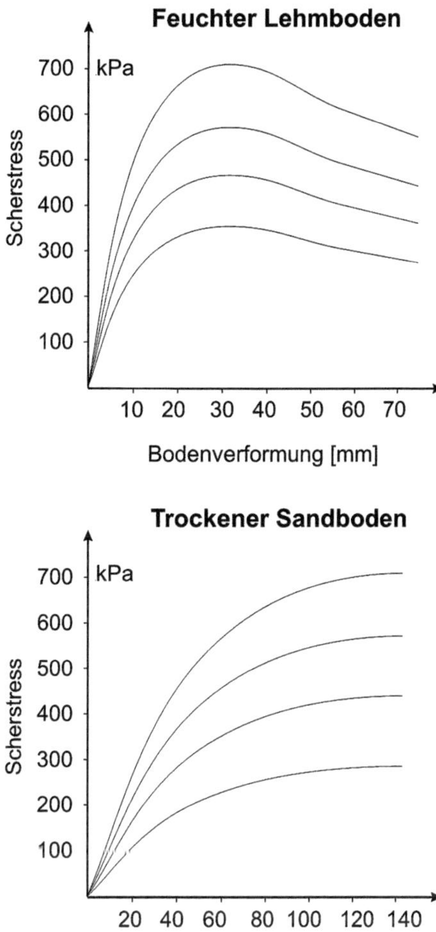

Abb. 3.13 Kurven, die den Prozess der Bodenscherung beschreiben

Es sollte jedoch beachtet werden, dass diese Gleichung grob asymptotische Kurven beschreibt, die typisch für Sand sind. Bei Lössböden oder anderen plastischen Böden hat τ-J einen charakteristischen „Buckel“, bei dem die maximale Schubspannung für eine gegebene vertikale Belastung auftritt. Dann liefert die Bekker-Methode bessere Ergebnisse.

Bodenverformungen infolge der Radlast (vertikale Belastung + tangentiale Beanspruchung) haben den Charakter von Kraftschluss und finden in den oberen Bodenschichten nahe der Kontaktfläche mit dem Reifenprofil statt. Die Bedingung ist jedoch nicht sehr hoher Kontaktdruck. Mit zunehmender Vertikallast wird jedoch die Bodentragbarkeit überschritten und ihre Struktur beschädigt, sodass keine Erhöhung der Scherspannung erreicht werden kann.

Unter der Scherkraft bewegen sich Bodenpartikel nicht nur horizontal, sondern auch vertikal, wenn sie sich immer tiefer absetzen. Das charakteristische „Durchdrehen“ der Räder ist der beste Beweis: Die Zugabe von Gas überwindet in diesem Fall nicht das Hindernis, sondern führt noch in die Tiefe, wenn sich der Fahrzeugboden oder die Achsen auf der Bodenoberfläche niederlassen. Es kann daher angenommen werden, dass ein gewisser Zusammenhang zwischen den horizontalen J- und vertikalen Z-Verformungen des Bodens besteht.

Dies wurde durch Reece bestätigt, während Bekker eine empirische Formel vorschlug, die diese Beziehung bestimmt:

$$\frac{\tau_{max}}{p - p''_{kr}} = \frac{z}{j} \tag{3.44}$$

wobei p''_{kr} der kritische Kontaktdruck ist, den der Boden beim Scheren übertragen kann.

Der kritische Kontaktdruck wird unter Berücksichtigung der Terzaghis Koeffizienten, N_C, N_q und N_γ bestimmt:

$$p''_{kr} = \gamma N_q z + \left[cN_C + \gamma \left(N_q + 0{,}5bN_\gamma \right) \right] \tag{3.45}$$

wobei γ das spezifische Gewicht des Bodens ist.

3.3.2.2.3 Bestimmung der Traktionskräfte im Bekker-Modell

Wenn wir annehmen, dass die Spannungsverteilung auf der Kontaktfläche zwischen Reifen und Boden konstant ist, können die Kräfte im Reifen-Boden-System mit einfachen Formeln bestimmt werden:

$$F_U = cbl + G \tan \Phi \tag{3.46}$$

$$F_R = \frac{bp''^{\frac{n+1}{n}}_{kr}}{(n+1)\left(\frac{k_C}{b} + k_\Phi \right)^{\frac{1}{n}}} \tag{3.47}$$

wo p_{kr}'' – kritischer Kontaktdruck, oberhalb dessen sich der Reifen wie ein starres Rad verhält.

Tatsächlich verursacht die vom Reifen auf den Boden ausgeübte Druckverteilung eine ungleichmäßige Spannungsverteilung auf der Kontaktfläche und die obigen Formeln verlieren ihre Gültigkeit. Dann werden die Kräfte zwischen Reifen und Boden als Integrale bestimmt:

$$F_U = b\int_{x=0}^{x=L} \tau \, dx \tag{3.48}$$

$$F_R = b\int_0^Z \sigma \, dz \tag{3.49}$$

Die Hauptschwierigkeit, die hier auftritt, besteht darin, die Spannungsverteilung auf der Kontaktfläche zu bestimmen, dies sollte jedoch unter Berücksichtigung von zwei Komponenten, normal und tangential, erfolgen. Dies wird in Abschn. 3.4 besprochen (Tab. 3.1).

Tab. 3.1 Ungefähre Parameterwerte für verschiedene Böden im Bekker-Modell

Parameter	1	2	3	4	5	6
K, 1/cm	10	7	3	0,25	1,27	0,12
k_c, kg/cm$^{(n+1)}$	0	0,02	0,003	0,75	1,5	1,2
k_θ, kg/cm$^{(n+2)}$	0,1	0,1	0,08	0,15	1,3	0,006
n, -	1,1	1,0	1,22	0,65	0,5	0,22

1 – trockener Sand, 2 – Feinsand, 3 – Sand, 4 – Sandboden (Ackerboden), 5– lehmiger Sand, 6 – toniger Boden

3.3.2.2.4 Ansatz des Bekker-Modells

Aufgrund der Erschwinglichkeit, der relativ einfachen Parametrisierungsverfahren und der guten Übereinstimmung der Ergebnisse mit den realen (gemessenen) Werten wurde das Bekker-Modell in einer Vielzahl von Anwendungen sowohl in der Wissenschaft als auch in der Forschung und im Ingenieurwesen eingesetzt. Es ist unmöglich, alle aufzuzählen, daher beschränken wir uns auf einige, nachfolgend beschriebene, ausgewählte Anwendungen des Bekker-Modells.

Das Nepean-Wheeled-Vehicle-Performance-Modell (NWVPM) wurde von der Vehicle Systems Development Corporation entwickelt, um als computergestütztes Programm für die Offroad-Fahrdynamikanalyse von Radfahrzeugen zu fungieren [13, 16]. Die Reifencharakteristiken, einschließlich der sich aus dem Boden ergebenden vertikalen Reaktion, des Rollwiderstands und der Umfangskraft, werden berechnet, indem die radiale Normalspannung und die Scherspannung über der Kontaktfläche integriert werden. Die normale Spannungsverteilung in verschiedenen Kontaktflächenabschnitten ist aufgrund der Reaktion des Bodens auf Mehrfachbelastung für verschiedene Gelände wie mineralische Böden, Moschusfässer und Schnee charakterisiert. Basierend auf der Reifenverformung im Verhältnis zur Radabsinkung werden zwei Modelle für die Untersuchung der Reifen-Gelände-Wechselwirkung im Betriebsmodus für starre Reifen und im Betriebsmodus für elastische Reifen betrachtet.

Das NATO-Tracked Vehicle-Mobility(NTVMM)-Modell basiert auf der Analyse der Mechanik der Wechselwirkung zwischen Fahrelement und Gelände, wobei der in Militärfahrzeugen häufig verwendete Raupentyp als flexibler und dehnbarer Gurt idealisiert ist. Basierend auf der Analyse der Wechselwirkung zwischen dem Straßenrad-Raupe-System und dem Boden unter einer gegebenen normalen Last wird ein Raupenelement im Kontakt mit dem Boden bestimmt. Unter Berücksichtigung der Drucksetzung und der Reaktion auf wiederholte Belastung des Bodens wird die normale Druckverteilung an der Kontaktfläche zwischen Fahrelement (Raupe) und Boden vorhergesagt. Basierend auf der Untersuchung der Scherwirkung zwischen der Raupe und dem Boden, die durch das Aufbringen eines Antriebsmoments auf das Kettenrad verursacht wird, und unter Berücksichtigung des Verhältnisses von Schubspannung zu Schubverschiebung und der Reaktion auf wiederholtes Scheren des Bodens, wird die Spannungsverteilung an der Kontaktfläche bestimmt. Auf ein Fahrzeug einwirkende Kräfte: Der Fahrwiderstand, die Triebkraft sowie die Traktionseffizienz des Fahrzeugs werden dann aus den Normal- und Scherbeanspruchungsverteilungen an der Kontaktfläche abgeleitet.

Zusätzlich zu Fahrzeuggewicht und Spurabmessungen als Basiseingabeparameter werden die folgenden Konstruktionsmerkmale eines Fahrzeugs berücksichtigt:

A. Konfiguration der Radaufhängung

Dies wird durch die Anzahl, die Abmessungen und den Abstand der Straßenräder, die Raupengeometrie, die Abmessungen und die Längssteifigkeit sowie die Federungseigenschaften charakterisiert. Sie beeinflussen die Lastverteilung unter den Straßenrädern und die Normal- und Scherbelastungsverteilung an der Kontaktfläche zwischen der Raupe und Boden.

B. Anfangsraupenspannung

Die anfängliche Raupenspannung wirkt sich auf die Straffheit der Raupe und die Belastung aus, die die Raupensegmente zwischen benachbarten Straßenrädern tragen können, und somit auf das Einsinken der Raupe, den Fahrwiderstand und die Fahrdynamik.

C. Fahrzeugbauch-Boden-Interaktion

Auf stark verformbarem Gelände, wie z. B. Tiefschnee, kann die Raupenversenkung größer sein als die Bodenfreiheit des Fahrzeugs, und der Fahrzeugbauch kann mit der Bodenoberfläche in Kontakt kommen. Die Interaktion mit dem Fahrzeugbauch führt zu einem zusätzlichen Widerstand, der allgemein als „Bauchwiderstand" bekannt ist.

Ein interessantes Modell, das auf der Theorie von Bekker basiert, wurde von Chan und Sandu vom Advanced Vehicle Dynamics Laboratory an der Virginia Tech (AVDL), USA, vorgeschlagen. Sie entwickelten ein semiempirisches Reifenmodell, um einige Aspekte zu berücksichtigen, die andere Reifenmodelle nicht berücksichtigen [17]. Die Bodenoberfläche in diesem Modell wird unter Verwendung der Plastizitätstheorie entwickelt. Daher ist das Modell in der Lage, eine Senkung basierend auf der normalen Druckverteilung des Kontaktfleckens vorherzusagen. Dies wird durch den semiempirischen Ansatz von Bekker erreicht. Darüber hinaus umfasst dieses Modell die Auswirkungen des Bulldozing. Ein wichtiges Merkmal des AVDL-Modells ist die Fähigkeit, Antrieb- und Seitenkraft als Funktionen des kombinierten Längs- und Seitenschlupfs unter Berücksichtigung der Bulldozing- und Multipass-Effekte vorherzusagen. Darüber hinaus handelt es sich um eine dreidimensionale Version, die alle Kräfte und Momente an der Kontaktfläche ausgibt, während die normale Last, das Schlupfverhältnis, der Schlupfwinkel und der Sturzwinkel eingegeben werden. Diesem Modell fehlen jedoch einige Funktionen, die für die genaue Vorhersage der Traktion und Mobilität im Gelände von entscheidender Bedeutung sind. Der erste Nachteil besteht darin, dass dieses Modell für Situationen im quasistationären Zustand entwickelt wurde, sodass die Anzahl der Manöver, die ausgeführt werden können, begrenzt ist. Darüber hinaus kann das Modell nicht berücksichtigen, dass sich der Reifen von der Oberfläche löst, was bei Unregelmäßigkeiten unerlässlich ist.

Die heutigen Trends in der Softwareentwicklung führen dazu, dass bestimmte mechanische Modelle oder Theorien in gängige Softwarekonzepte integriert werden, um die sogenannten Toolboxen zu bilden. Ein Beispiel für diese Philosophie ist das AESCO-Soft-Soil-Tire-Modell (AS2TM), ein semiempirisches Offroad-Reifenmodell, das auf der

Grundlage einer am IKK durchgeführten Untersuchung für die MATLAB/Simulink-Umgebung entwickelt wurde [18]. Dieses Modell läuft ungefähr in Echtzeit und wird hauptsächlich für Fahrdynamiksimulationen verwendet, um Traktion und Mobilität vorherzusagen. Die Bekker-Methode wird verwendet, um die vertikalen und horizontalen Verformungen in der Reifen-Boden-Wechselwirkung zu berücksichtigen. AS2TM nimmt die Reifen-Boden-Wechselwirkung als zweidimensionalen Einzelpunktkontakt an und umfasst je nach verwendetem Boden sowohl eine starre Rad- als auch eine flexible Radnäherung.

Das elastische Reifenmodell verwendet einen größeren Ersatzkreis zur Beschreibung der deformierten Kontaktfläche zwischen Reifen und Boden, wobei der Durchmesser des Ersatzkreises aus dem Gleichgewicht zwischen der vertikalen Reaktionskraft des Bodens und der vom Reifen ausgeübten Kraft berechnet wird.

Es ist zu beachten, dass die zur Berechnung der Reifenverformung verwendete Formel eine Funktion des Reifenfülldrucks ist und auf der Grundlage der Daten des Reifenherstellers angegeben wird. AS2TM sagt das Drucksetzungsverhältnis und die maximale Scherbeanspruchung unter Verwendung der Bekker-Gleichungen voraus. Darüber hinaus wird der Ansatz von Janosi und Hanamoto verwendet, um die lokale Schubspannung zu approximieren. Dies erklärt auch den Mehrfachdurchgangseffekt oder die wiederholte Belastung des Bodens anhand einer Beschreibung, die der von Wong entwickelten Beschreibung ähnelt. Um die plastische Verformung des Bodens zu erfassen, speichert das Schienenmodul im Modell die vertikale Verformung des Bodens und die Bodenverdichtung jeder Ladung, sodass sie für die nächsten Ladungsschritte verwendet werden kann. Weitere wichtige Modellierungsaspekte sind der Rollwiderstandseffekt des Reifens aufgrund von Rutschgefahr, plastischer Bodenverformung und Verformung der Reifenstruktur. Der mathematische Ansatz zur Berechnung der Quer- und Längskräfte berücksichtigt den kombinierten Längs- und Seitenschlupf

Darüber hinaus wird der Einfluss des Reifenprofils (Stollenhöhe) berücksichtigt, indem unterschiedliche Druckwerte und Reibungskoeffizienten für den positiven und den negativen Abschnitt der Reifenlauffläche berücksichtigt werden. Der AS2TM enthält verschiedene Bodenparameter wie Bekker-Werte für die Bodenfestigkeit, Coulomb-Parameter für die horizontale Bodenfestigkeit (Kohäsion und Reibungswinkel), Tangentenmodul der horizontalen Scherverformung, Rutschkoeffizient für Eis und feuchtes Gras, Bodendämpfungskoeffizient (linear), Bodendichte, Bodenelastizität und Korrekturfaktoren für Verdichtungskapazität und Rollwiderstand. Das Modell kann das Reifenverhalten sowohl im stationären als auch im dynamischen Zustand simulieren. Das dynamische Verhalten des Reifens wird erfasst, indem die Schwankungen der Bodendämpfung und des Anpressdrucks aufgrund des Reifenimpulseffekts berücksichtigt werden.

Die wachsende Popularität der Software für die Simulation von Mehrkörpersystemen (MBS), insbesondere in der Automobilindustrie und in der Forschung, bietet die Chance, ein multifunktionales Tool zur Simulation der Fahrdynamik von Geländefahrzeugen zu entwickeln. Das Bodenkontaktmodell (Soil Contact Model, SCM) ist ein dreidimensionales semiempirisches Modell, das auf der Bekker-Theorie basiert [19]. Dieses Modell ist rechnerisch optimiert, um als MBS-Modulsimulation zu fungieren. Der Reifen wird als festes Objekt betrachtet und seine Geometrie wird unter Verwendung eines dreidimensionalen

Polygonnetzes beschrieben, das in der Computergrafik und im CAD weitverbreitet ist. Der Boden wird in gleichmäßig verteilte Spalten diskretisiert, deren Höhe der entsprechenden Bodenhöhe entspricht.

Die Kontaktkräfte und -momente zwischen Reifen und Boden werden aus den Kontaktparametern (Aufstandsfläsche, Drucksetzung) und der relativen Kinematik (Eindringgeschwindigkeit und Gleitgeschwindigkeit) berechnet. Anschließend wird die plastische Bodenverformungsberechnung in drei Schritten durchgeführt. In der ersten Stufe werden Bodenverschiebungen in horizontaler und vertikaler Richtung basierend auf der lokalen Grundflächentiefe und der Kontaktgeschwindigkeit berechnet. Die zweite Stufe wird durchgeführt, indem zunächst der verdrängte Boden an der Grenze des Fußabdrucks auf der Grundlage des Bodenflussfelds in diesem Bereich aufgestaut wird. Schließlich wird in der dritten Stufe ein iterativer Erosionsalgorithmus angewendet, um den Boden um die Kontaktfläche herum zu glätten. Zusätzlich wird das Modell als MBS-Bibliotheksmodul implementiert, um die Mobilität eines Geländefahrzeugs in einer visuellen Simulation zu untersuchen.

3.3.3 Physikalische Methoden

Auf physikalischen Gesetzen beruhende Methoden werden in Fällen eingesetzt, in denen eine gründliche Analyse der Phänomene und der Mechanismen der Wechselwirkung im Reifen-Boden-System erforderlich ist. In solchen Fällen ist es oft so, dass das globale Ergebnis (Kennlinien von Kräften und Momenten) z. B. mit einer der vorherigen Methoden erhalten wurde, wobei der Schwerpunkt auf einer detaillierten Analyse der Auswirkungen auf die Mikroskala liegt Dieser Ansatz wird in der Regel durch die hohen Rechenzeitkosten bezahlt.

In den einfachsten analytischen Modellen wird der Boden als kontinuierlicher, unbegrenzter Halbraum, der mit viskoelastischen oder plastisch-viskoelastischen Eigenschaften definiert wird, betrachtet. Der Reifen hingegen wirkt mit dem Boden über eine analytisch definierte Kontaktfläche zusammen, bei der es sich um eine Oberfläche 2. oder 3. Grades handeln kann. Das Ergebnis ist eine Verteilung der Normalspannungen auf der Kontaktfläche, die die Grundlage für die Bestimmung der Kräfte im Reifen-Boden-System ist, basierend auf der Coulomb-Gleichung.

In etwa komplizierteren Modellen ist aufgrund des Bodenaufbaus und der Konstruktion des Reifens eine Diskretisierung erforderlich, d. h. eine virtuelle Unterteilung in kleine Elemente, die durch verschiedene Bindungen miteinander verbunden sind. Die einzelnen Elemente werden mit Materialeigenschaften versehen und abhängig von der jeweiligen Reifenbetriebsart (z. B. Beschleunigen, Wenden, Wenden usw.) kann dann ein virtueller Be- oder Entladevorgang durchgeführt werden. Die Reaktion einzelner Elemente wird auf der Grundlage angenommener konstitutiver Gesetze definiert, während die globale Reaktion, z. B. die auf die Radachse oder den Punkt des Bodenzentrums reduzierte Kraft, eine Überlagerung von Elementarreaktionen auf gegebene Belastungen ist.

In der Ingenieur- oder Forschungspraxis wird DEM- (Diskrete-Element-Methode)- oder FEM- (Finite-Elemente-Methode)-Software als Werkzeug verwendet. Zwei- oder dreidimensionale, statische oder dynamische Analysen sind möglich. Der Boden wird meistens als Drucker-Prager-Material oder als viskoelastischer Körper modelliert. Reifenmodelle nehmen einen viskoelastischen oder hyperelastischen Charakter einer Gummimischung an. Diese Methoden dienen nicht nur für die Bestimmung der Kräfte und Momente in der Kontaktfläche, sondern auch generell für alle Wechselwirkungen im Reifen-Boden-System [20–26].

3.3.3.1 Wanjii-Modell

Wanjii et al. haben ein auf Physik basierendes Modell entwickelt, um die Kräfte am Rad auf weichem Boden durch Analyse der Normal- und Tangentialspannungs-Verteilungen über der Kontaktoberfläche vorherzusagen [27]. Der Boden wurde als viskoelastischer Körper beschrieben und mit einem Drei-Elemente-Maxwell-Modell modelliert, um die Normalspannungsverteilung zu bewerten. Zur Bewertung der tangentialen Spannungsverteilung wurde ein starres Rad-Boden-Wechselwirkungsmodell verwendet. Die Werte der Parameter, die die viskoelastischen Eigenschaften des Bodens charakterisieren, wurden aus Penetrationstests erhalten, während die Eigenschaften des Bodens unter Rad-Boden-Kontakt aus den Scherversuchen bestimmt wurden. Das Modell für die normale Spannungsverteilung im Boden, ein Maxwell-Modell mit drei Elementen, sieht wie folgt aus:

$$\frac{d\sigma}{dt}+\frac{E_2}{\eta}\sigma=\left(E_1+E_2\right)\frac{dz}{dt}+\frac{E_1E_2}{\eta}z \tag{3.50}$$

mit: E_1, E_2 – Bodenelastizitätsmoduli, MPa/m, η – Viskositätskoeffizient MPa s/m, T_r – Entspannungszeit, s, bestimmt aus dem Penetrationstest bei konstanter Penetrationsrate.

Die Auswahl der richtigen Platte (Form, Abmessungen) für Penetrationstests war eines der Ziele der gesamten Studie.

Die integrierte Form der Gl. 3.1 ist wie folgt:

$$\sigma=e^{\left(-\frac{t}{T_r}\right)}\int_0^t\left[\left(E_1+E_2\right)v_z+\frac{E_1}{T_r}v_z t\right]dt=E_1v_zt+E_2v_zT_r\left(1-e^{\left(-\frac{t}{T_r}\right)}\right) \tag{3.51}$$

womit: *Tr* – Entspannungszeit:

$$T_r=\frac{\eta}{E_2} \tag{3.52}$$

und:

$$v_z=\frac{dz}{dt} \tag{3.53}$$

Die Tangentialspannung wurde basierend auf dem Coulomb-Gesetz unter Berücksichtigung der Scherspannung-Verformungsscharakteristik sowie der Boden- und Radparameter berechnet:

$$\tau = \left(c + \sigma \tan \Phi\right)\left(1 - e^{-\frac{R}{K}\left(\theta - \theta_A + (1-S)(\cos\theta - \cos\theta_A)\right)}\right) \tag{3.54}$$

Die Scherspannungsverformungscharakteristik wurde in einem Bodenrinnetest experimentell bestimmt. Unter Berücksichtigung der geometrischen Beschränkungen sind die Gleichungen für die Kräfte am Rad: Umfangskraft, Rollwiderstand und Radlast wie folgt:

$$F_U = br\int_{\theta_A}^{\theta_B}\left[\left(c + \sigma \tan \Phi\right)\left(1 - e^{-\frac{R}{K}\left(\theta - \theta_A + (1-S)(\cos\theta - \cos\theta_A)\right)}\right)\right]\sin\theta \, d\theta \tag{3.55}$$

$$F_R = br\int_{\theta_A}^{\theta_B} \sigma \cos\theta \, d\theta \tag{3.56}$$

$$F_Z = br\int_{\theta_A}^{\theta_B} \left(\sigma \sin\theta + \tau \cos\theta\right) d\theta \tag{3.57}$$

Da θ_A und θ_B sowie X_A und X_B unbekannt sind, können die Gleichungen nicht analytisch gelöst werden. Um eine endgültige Lösung zu erhalten, ist es erforderlich, diese aus den Randbedingungen durch eine Approximationsmethode zu bestimmen. Dies erforderte die Einführung der Annahmen wie in der Bekker-Methode Abb. 3.14.

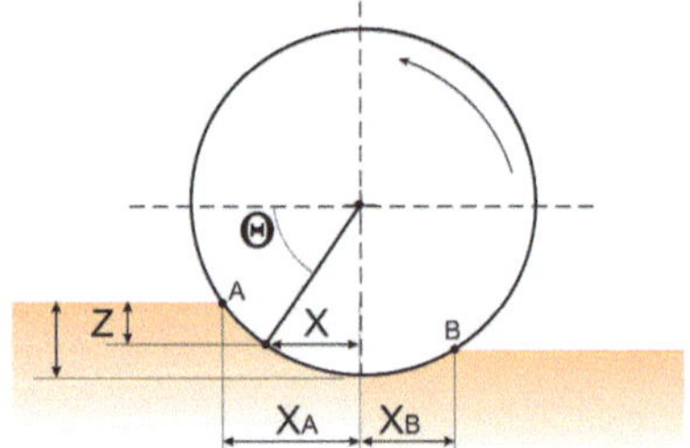

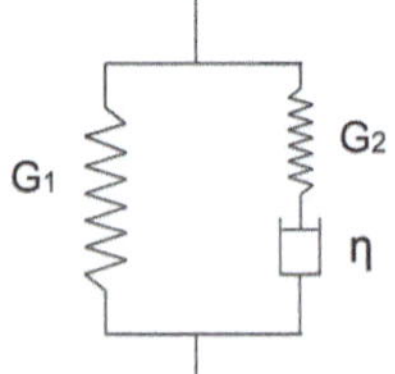

Abb. 3.14 Schema Wanjii-Modell

Das Modell wurde verwendet, um die Eigenschaften der Zugkraft und des Rollwiderstands des Traktorreifens auf landwirtschaftlichem Boden zu bestimmen. Die erhaltenen Ergebnisse waren durch eine hohe Übereinstimmung mit den Ergebnissen von Messungen gekennzeichnet, die für einen gegebenen Reifen unter Bedingungen durchgeführt wurden, die den in den Simulationen angenommenen Parametern entsprachen.

3.3.3.2 Pukos-Eyring-Modell

3.3.3.2.1 Formulierung des Modells

Ein anderes Beispiel für ein physikbasiertes Verfahren ist das Modell für die Seitenkraft am Rad. Dieses Modell wurde vom Autor auf der Grundlage der theoretischen Überlegungen von Pukos entwickelt, der auf der Grundlage von Eyrings Theorie eine Beschreibung der dynamischen Reaktion des Bodens auf die Belastung bei verschiedenen Verformungsgeschwindigkeiten entwickelte [4].

Wie in Abschn. 2.3.4.3 erwähnt, berücksichtigt das Pukos-Eyring-Modell die Auswirkungen der Verformungsrate auf die mechanischen Eigenschaften des Bodens. Die Idee in diesem Modell war, Elastizität und Viskosität als Funktion der Zeit einzuführen. Aus dieser Annahme ergibt sich folgende Differenzialgleichung, die die Beziehung zwischen Spannung und Verformung beschreibt:

$$E_1 E_2 e(t) + (E_1 + E_2)\frac{AF(t)}{sinh(BF(t))}\frac{de}{dt} = E_1 F(t) + \frac{AF(t)}{sinh(B(t))}\frac{dF}{dt} \tag{3.58}$$

Dieses Modell wurde zur Bestimmung der Seitenkraftcharakteristik am Rad eines Geländewagens auf Boden verwendet. Es wurde angenommen, dass die Seitenkraftcharakteristik eine Funktion des Lenkradeinschlags ist, der mit definierter Charakteristik ansteigt. Die Hauptannahme war, dass die Bodenverformung aufgrund des Lenkradeinschlags als die Bodenverformungsfunktion e (t) ausgedrückt werden kann, die für zwei verschiedene Lenkradwinkeleinschläge beschrieben wird: Lenkwinkelrampe und ein sinusförmiger Lenkwinkeleingang. Diese beiden Lenkwinkeleinschlagsmode sind eine logische Konsequenz des üblicherweise in der Fahrdynamik verwendeten Ansatzes [49]. Für die Lenkwinkelrampe ist die Bodenverformungsfunktion wie folgt:

$$e_{T1}(t) = \dot{\delta} t \tag{3.59}$$

und

$$e_{T2}(t) = \delta \tag{3.60}$$

für die Sättigung des Lenkwinkels.

Für die Eingabe des sinusförmigen Lenkwinkeleingangs hängt die Bodenverformung vom Lenkwinkel ab wie folgt:

$$e(t) = l\ \sin(\dot{\delta} t) \tag{3.61}$$

wobei: l die Länge der Berührungsflache ist und $\dot{\delta}$ die Lenkwinkelrate.

Um das vorgeschlagene Modell zu vereinfachen, wurde der Wert von/durch eine/r Messung während der Feldtests und nicht durch Modellberechnung bestimmt und dann als Konstante für eine gegebene Bodenoberfläche eingegeben. In einem anspruchsvolleren Ansatz könnte der Wert von*l*mit dem Bekker-Modell bestimmt werden. Die Werte von*l*für zwei verschiedene Bodenoberflächen wurden experimentell durch Messung der Fahrspurtiefe bestimmt.

Die endgültige Modellgleichung, die die Auswirkungen der Verformungsrate in Form der Eyring-Pukos-Spannungsviskosität für die Eingabe des sinusförmige Lenkwinkeleinschlags berücksichtigt, lautet wie folgt:

$$E_1E_2l\ \sin\left(\dot{\delta}t\right)+\left(E_1+E_2\right)\cdot\frac{AF(t)}{sinh\left(BF(t)\right)}\cdot l\dot{\delta}\ cos\left(\dot{\delta}t\right)=E_1F(t)+\frac{AF(t)}{sinh\left(B(t)\right)}\cdot\frac{dF}{dt} \quad (3.62)$$

Das endgültige Modell für die Lenkwinkelrampe besteht aus zwei Gleichungen:

$$\frac{dF}{dt}+AE_1\cdot sinh\left(F(t)\right)-\frac{E_1E_2\ sinh\left(F(t)\right)}{AF(t)}\cdot t=\left(E_1+E_2\right)\cdot\frac{AF(t)}{sinh\left(F(t)\right)} \quad (3.63)$$

$$E_1E_2=E_1F(t)+\frac{F(t)}{sinh\left(AF(t)\right)}\cdot\frac{dF(t)}{dt} \quad (3.64)$$

Gl. 3.62 beschreibt die Seitenkraft am Rad in zwei Prozessen – Bodenscherung und Verdichtung – und gilt für den Moment, in dem das Rad gelenkt wird. Gl. 3.64 gilt für die Sättigung des Lenkwinkels δ, was der Bodenverdichting und Bulldozing entspricht. Das Ändern des Vorzeichens im dritten Ausdruck der Gl. 3.63 von (–) in (+) ergibt eine weitere Gleichung, die die Rad-Boden-Wechselwirkungen während einer Rückzugsbewegung des Rades beschreibt.

Die Elastizitätsmodule E1 und E2 für den Sandboden wurden aufgrund der Literatur festgelegt [27]. Alle für die Berechnung benötigten Parameter sind in Tab. 3.2 aufgeführt. Für die numerische Berechnung wird eine Computer-Algebra-System (CAS)-Software verwendet.

3.3.3.2.2 Ergebnisse von Beispielsimulationen

Abb. 3.15 und 3.16 enthalten Beispielergebnisse von Modellsimulationen. Es wird die Zeit gegen die Bodenschubspannung, die durch ein drehendes (gelenktes) Rad für zwei verschiedene Lenkwinkeleinschläge verursacht wird, Lenkwinkelrampe und sinusformige Einschlag gezeigt. Alle Graphe in der Abb. 3.15 besteht aus zwei Kurven. Die erste, nämlich zunehmende Kurve, wenn das Rad gelenkt wird. Die abfallende Kurve beschreibt die Spannungsrelaxation, wenn das Rad eingestellt ist und der resultierende, maximale Lenk-

Tab. 3.2 Bodenkonstante für die Gl. 3.62 [49]

Boden	E_1, MPa m^{-1}	E_2, MPa m^{-1}	A, B,	δ, °/s
Sand	0,071	1,072	1, 1	100, 500, 1500

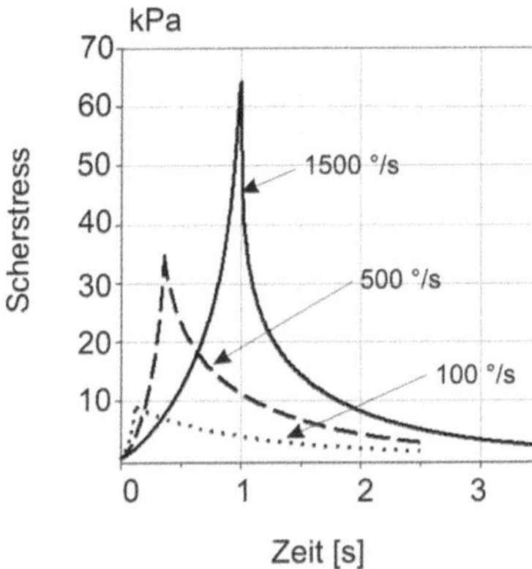

Abb. 3.15 Scherspannung im sandigen Boden beim Schräglaufwinkel. Trapezlenkung in drei verschiedenen Lenkwinkelgeschwindigkeiten: 100, 500 und 1500°/s [49]. Copyright © 2013 From Dynamics of Wheel-Soil Systems. A Soil Stress and Deformation-Based Approach by Jaroslaw A. Pytka. Reproduced by permission of Taylor and Francis Group, LLC, a division of Informa plc.

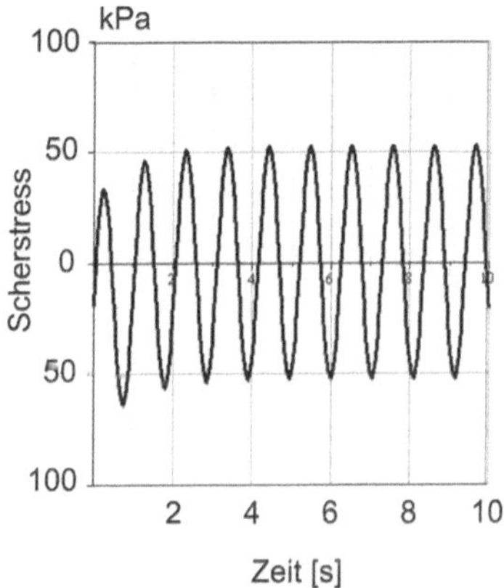

Abb. 3.16 Scherspannung im sandigen Boden beim Schräglaufwinkel. Sinussteuerung bei 1-Hz-Frequenz [49]. Copyright © 2013 From Dynamics of Wheel-Soil Systems. A Soil Stress and Deformation-Based Approach by Jaroslaw A. Pytka. Reproduced by permission of Taylor and Francis Group, LLC, a division of Informa plc.

winkel bleibt. Basierend auf den in Abb. 3.15 dargestellten Ergebnissen wurde die Seitenkraft des Reifens auf sandigem Boden für eine Lenkwinkelrampe von 500°/s berechnet. Die Berechnungen berücksichtigten den dynamischen Effekt während des Lenkwineleinschlags und die Bodenreaktion sowie die Spannungsrelaxation [49].

3.3.3.2.3 Experimentelle Verifikation des Modells

Um das Modell zu überprüfen, in dem die Bodenverformungsrate ein Parameter ist, musste die Verformungsrate in das Versuchsdesign aufgenommen wird. Es wurde ein Testfahrzeug verwendet, das mit Instrumenten ausgestattet war, die erstens den definierten Lenkwinkeleinschlag einstellen, und zweitens die Seitenkraft am Rad messen konnten. Das Basisfahrzeug, ein 4 × 4-Geländewagen, war mit zwei Radmessnaben, einem Lenkroboter und einem Bordcomputer mit Software zur Steuerung der Geräte und zum Sammeln experimenteller Daten ausgestattet. Beide der zwei Radmessnaben messen

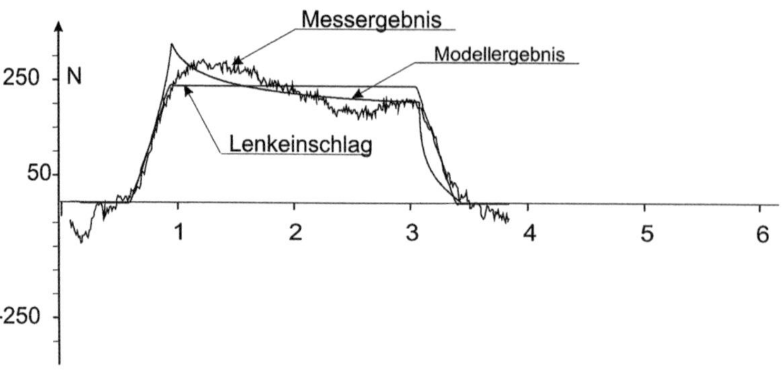

Abb. 3.17 Reifenseitenkraft auf sandigem Boden während einer trapezförmigen Lenkanregung – ein Vergleich der im Experiment und unter Verwendung des vom vorgestellten Modells erzielten Ergebnisse [49]. Copyright © 2013 From Dynamics of Wheel-Soil Systems. A Soil Stress and Deformation-Based Approach by Jaroslaw A. Pytka. Reproduced by permission of Taylor and Francis Group, LLC, a division of Informa plc.

sechs Elemente: drei orthogonale Kräfte und drei Momente am Rad. Der Lenkroboter wurde zum Einstellen des Lenkwinkels benutzt, und zwar bestimmte dieses Gerät hohe Wiederbarkeit des Lenkverfahrens im Feldtest.

Es wurde die Ziehmethode verwendet, bei der das instrumentierte Fahrzeug als abgeschleppter Sensor diente. Die beiden Messsysteme, Radmessnaben und Lenkroboter wurden gleichzeitig mit einem drathlosen Trigger aktiviert. Weitere Details zu den Messgeräten sowie zum Messverfahren sind in Kap. 6 zu finden.

Abb. 3.17 stellt diese Beispielberechnung dar und enthält zum Vergleich eine Seitenkraft am Rad in Abhängigkeit von der Zeit, wie sie in einem Vollversuch ermittelt wurde. Die Abbildung enthält auch einen nicht dimensionierten Lenkwinkeleinschlag. Der Verlauf der Seitenkraft am Rad besteht aus drei Teilen: eine Erhöhung von null bis zur Sättigung, beschrieben durch die Gl. 3.63; konstanter Lenkwinkelwert, Gl. 3.64; und schließlich Abnahme des Lenkwinkels, Gl. 3.63 mit (+) Zeichen zwischen den Termen. Ein ähnlicher Trend ist zwischen der simulierten Seitenkraft am Rad und der im Experiment erhaltenen Kraft festzustellen. Im ersten Teil des F_Y-Verlaufes zeigen bei zunehmendem Lenkwinkel (Belastung) sowohl die Modell- als auch die Messungskurve einen progressiven Charakter der Seitenkraft. Für das flache Teil mit Sättigung des Lenkwinkeleinschlags wurden asymptotisch abfallende Kurven sowohl aus dem Modell als auch aus dem Experiment erhalten. In ähnlicher Weise ist der Charakter des letzten Schenkels des Verlaufes, der durch Verringern des Lenkwinkels (Entladen) erhalten wird, regressiv und ist sowohl für Modell- als auch für experimentelle Ergebnisse vergleichbar [49].

3.3.4 DEM- und FEM-Methoden

Die Wechselwirkungen zwischen Boden und Laufelementen sind, wie viele andere technische Probleme, durch komplizierte Geometrien und Randbedingungen gekennzeichnet, die eine vollständige Lösung mit einer geschlossenen Lösung unmöglich machen. Daher sollten numerische Methoden verwendet werden, um annähernde Lösungen unter Verwendung eines Computers bereitzustellen. Die Finite-Elemente-Methode (FEM) als auch die Diskrete-Elemente-Methode (DEM) wurden zu numerischen Methoden, die in vielen technischen Anwendungen, auch in der Terramechanik und der Problemanalyse der Reifen-Boden-Interaktion, die leistungsstärkste und beliebteste ist.

3.3.4.1 Diskrete-Elemente-Methode

Die Idee der Diskrete-Elemente-Methode (DEM) basiert auf der Beschreibung des Bodens als Systeme diskreter Partikel, die individuell mit benachbarten Elementen (Reifen oder Raupe) interagieren. In Kontakt stehende Elemente des Bodens nehmen zusätzlich zu den Kräften ihrer benachbarten Elemente die Kontaktkräfte vom Reifen oder der Raupe auf. Die resultierenden Wechselwirkungskräfte werden dann mit Kraftelementen berechnet. Die Steifigkeits- und Dämpfungskraftelemente befinden sich in normaler und tangentialer Richtung zwischen den sich berührenden Bodenteilchen, während das Reibungskraftelement in tangentialer Richtung wirkt.

Auswirkungen der viskosen Dämpfung, innere Hysterese oder Kohäsion sowie die Adhäsionskräfte zwischen Bodenpartikeln und Reifen können berücksichtigt werden. Das Kontaktmodell wird mit dem Suchen nach möglichen interagierenden Elementen initiiert und die Kontaktbeurteilung wird durch Berechnen der Anzahl der Elemente durchgeführt, die ineinander eindringen. Typische Formen der Elemente sind Kreise für die 2D-Analyse und Kugeln für die 3D-Analyse. Dies ist eine der bedeutendsten Vereinfachungen, die die Endergebnisse im Vergleich zu den tatsächlichen Bedingungen beeinflussen. Ein Strafverfahren wird dann angewendet, um die Kontaktkräfte zwischen den zusammenwirkenden Elementen als Rückstellkraft und Dämpfungskraft proportional zur Verschiebungs- und Verformungsrate auszudrücken.

Ein Beispiel für die Anwendung von DEM auf Terramechanik ist ein Modell von Nakashima Oida [28], der ein zweidimensionales kombiniertes FEM- und DEM-Verfahren implementierte, um den Reifen und die untere Bodenschicht mit Hilfe von FEM zu modellieren, die obere Bodenschicht, die mit dem Rad interagiert, mit dem DEM zu modellieren. Ziel war es, die hohen Kosten für die Datenverarbeitung zu minimieren, die bei den DEM-basierten Berechnungen üblich sind. Ein anderes Beispiel ist ein dreidimensionales Reifen-Boden-Wechselwirkungsmodell, das ein konzentriertes Massenfedersystem für die Reifenstruktur und ein DEM mit starren Bodenpartikeln für die Formulierung des weichen Bodens verwendet. Das Reifenmodell besteht aus einer starren Felge, die mit einer Anzahl konzentrierter Massen verbunden ist, die sich am Umfang der Felge befinden. Die Verbindungen werden mit Federn und Dämpfern in radialer, lateraler und tangentialer Richtung hergestellt.

Um die Mobilität und Leistung von unbemannten kleinen Bodenfahrzeugen (SUGV) in unebenem Gelände zu untersuchen, führten Smith und Peng [29] ein Modell ein, das eine gute Option für die Bewertung der Leistung von leichten SUV sein kann.

Die Gleichungen für die Kräfte zwischen den Partikeln und dem Fahrelement werden in zwei dreidimensionale Vektoren zerlegt, einschließlich der Hertzschen Reibungskraft und der Kohäsionskräfte. Die Hertzschen Kräfte werden in normaler und tangentialer Richtung auf die Kontaktebene ausgeübt, wo die tangentialen Kräfte gemäß dem Coulomb-Kriterium begrenzt sind. Das Modell berücksichtigt die Bodenoberflächenrauheit durch Amplituden- und Frequenzparameter, die die Spannungsverteilung in der Kontaktfläche beeinflussen. Die Räder wurden mit vielen kugelförmigen Partikeln modelliert, die in vordefinierter Weise miteinander verbunden sind, um sich des Reifenprofils anzunähern. Das Modell wurde für die Simulation eines außerirdischen Roboters verwendet, sodass die Materialparameter nahe an den Eigenschaften der Mondbodensimulanten lagen. Es wurden Simulationen der Fahrzeugbewegung im stationären und transienten Zustand durchgeführt und ihre Ergebnisse mit Laborexperimenten verglichen. Das Modell berechnet die Umfangskraft am Rad, Antriebsmomente der Räder sowie die Radabsinkung im Boden bei konstanter Fahrgeschwindigkeit bei unterschiedlichen Schlupfverhältnissen für stationäre Zustände.

3.3.4.1.1 DEM-Simulation der Reifen-Sandboden-Wechselwirkung von Zhou et al.

Eine der letzten Studien von Zhou et al. [30] bestand darin, die Machbarkeit der DEM-Simulation bei der Untersuchung der Reifen-Sandboden-Wechselwirkungen zu beweisen und eine systematische Parameterkalibrierungsmethode zur Verbesserung der Genauigkeit der DEM-Simulation bereitzustellen.

Der allgemeine Ansatz bei der Modellierung des sandigen Bodens ist, den Korndurchmesser von sandigen Bodenpartikeln zu vergrößern und die Kontaktparameter zu messen, um den gleichen Effekt wie bei echtem Sandboden zu erzielen. Dieser Ansatz kann zu Schwierigkeiten bei der Parameterkalibrierung der vergrößerten Sandpartikel führen. Gegenwärtig gibt es keinen strengen Standard für das Vergrößerungsverhältnis des Teilchendurchmessers in DEM-Simulation. Nach den Ergebnissen anderer Wissenschaftler liegt der Durchmesser von DEM-Partikeln normalerweise innerhalb der zehnfachen Vergrößerung, und die akzeptablen Simulationsergebnisse können immer noch erhalten werden. Nach den vorläufigen Untersuchungen und Simulationen wurde der Korndurchmesser des Sandbodenmodells schließlich zu 15 bis 25 mm bestimmt.

Die nächste Aufgabe bestand darin, Reifen-Boden-Kontaktparameter zu definieren, einschließlich des Erholungskoeffizienten, des Haftreibungskoeffizienten und des Rollreibungskoeffizienten. Der Parameterkalibrierungsprozess ist wie folgt:

- Schritt 1: Der Reibungstest zwischen Reifengummi und sandigem Boden wird im Labor durchgeführt.
- Schritt 2: Eine große Anzahl von Reibungssimulationstests wird durch Einstellen verschiedener Kontaktparameter durchgeführt. Die Kontaktparameter werden durch einen orthogonalen Versuchsaufbau und eine Bereichsanalyse vergeben. Wenn der Winkelfehler zwischen Simulation und Test weniger als 5 % beträgt, kann davon ausgegangen werden, dass die Kontaktparameter in der Simulation nahe am korrekten Wert liegen. Es gibt mehr als einen Satz vernünftiger Parameter, daher ist die nächste Überprüfung erforderlich.

- Schritt 3: Die verschiedenen Sätze von vernünftigen Kontaktparametern von Schritt 2 sind jeweils die Eingabe in Bodenbehälter Simulationstest. Die Zugkraft und der Antriebsmoment werden durch Simulation berechnet. Anschließend wird der Bodenrinnetest durchgeführt, um Simulationsergebnisse zu überprüfen. Die Kontaktparameter mit dem minimalen Fehler werden als optimale Parameter ausgewählt. Diese Parameter können im Simulationsmodell verwendet werden, um die tatsächliche Kontaktbeziehung zwischen Reifen und Sandboden zu simulieren.

Die drei Schritte des Reibungstests sind wie folgt:

- Schritt 1: Eine quadratische Gummiplatte von 0,5 × 0,5 m mit dem gleichen Material wie der Reifen wurde präpariert. Die Gummiplatte wurde platziert auf der horizontalen Fläche des Tisches
- Schritt 2: In der Mitte der Gummiplatte, ein Quadrat von 200 × 200 mm, wurde mit einer Sandschicht bedeckt
- Schritt 3: Eine Seite der Gummiplatte wurde langsam, bis der Sand nach unten rutschte, angehoben. Der Winkel zwischen der Gummiplatte und dem horizontalen Tisch war gemessen als Testergebnis.

Der gemessene Winkel beschreibt die Kontaktbeziehung zwischen dem sandiger Boden und der Reifengummi, sodass der Reibungstest als Kalibrierungsmethode zum Erhalten der Kontaktparameter verwendet werden könnte.

Anschließend wurden Simulationen der Traktionsleistung des getesteten Reifens auf sandigem Boden durchgeführt. Eine sandige Fahrbahn mit den Abmessungen 6 × 0,5 × 0,4 m (Länge×Breite ×Höhe) wurde modelliert. Das Reifenmodell wurde im MKS-System entwickelt und in das DEM Computersystem importiert. Experimentelle Messungen unter Verwendung einer Bodenrinne wurden ebenfalls durchgeführt.

Basierend auf dem Vergleich zwischen dem Simulations- und dem Bodenrinnetest wurde der Schluss gezogen, dass die Kontaktparameter zwischen dem Reifen und dem sandigen Boden unterschiedliche Auswirkungen auf die Reifenleistung haben. Die Fehlertrends von Zugkraft und Triebmoment unterscheiden sich auch, wenn die Kontaktparameter geändert werden. Basierend auf diesen Überlegungen wurden der Restitutionskoeffizient, der Haftreibungskoeffizient und der Rollreibungskoeffizient zwischen Reifen und Boden als Parameter für die weitere Simulation der verschiedenen Betriebsbedingungen zu 0,56, 0,52 bzw. 0,41 bestimmt.

Die folgenden Fälle von Reifen-Sandboden-Wechselwirkung wurden simuliert:

1. Simulation der Geradeausfahrt

Das numerische Simulationsmodell für sandigen Boden wurde erstellt. Insgesamt 44.400 Sandpartikel wurden automatisch in EDEM-Software hergestellt. Unter der Einwirkung der Schwerkraft kollidierten alle Partikel und verbrauchten Energie im Quader Fläche, um den Gleichgewichtszustand zu erreichen. Das RecurDyn-Modell eines Offroad-Rads wurde in EDEM importiert, um die numerischen Daten zu vervollständigen bzgl. der Simulationsmodellierung des Geradeausfahrens. Die Länge, Breite und Tiefe des sandigen Bodens betrug 6 m, 1 m bzw. 0,4 m.

2. Simulation des Aufstiegs

Nach dem gleichen Modellierungsprinzip wurde in EDEM eine sandige Fahrbahn mit unterschiedlichen Neigungswinkeln von 5°, 10°, 15° und 20° angelegt. Um zu verhindern, dass die Trägheitskraft innerhalb des Modells durch die momentane Last verursacht wird, wurde die vertikale Last von 4000 N allmählich auf die Mitte des Reifenmodells aufgebracht.

3. Simulation der Hangüberquerung

Hangüberquerung tritt normalerweise auf, wenn das Fahrzeug fährt, z. B. wie das seitliche Fahren am Hang oder das Hindernis auf einer Seite. Offroad-Fahrzeuge befinden sich oft in solchen Situationen. Gemäß zur typischen Hangüberquerung, den numerischen Modellen des Bodens unter dem seitlichen Neigungswinkel von 5° wurden 10°, 15° bzw. 20° eingestellt.

4. Simulation des Schräglaufwinkels

Um den Schräglaufwinkel des Reifens basierend auf dem Geradeausfahrmodell zu simulieren, wurde die Vorwärtsrichtung des Reifenmodells unverändert beibehalten und das Modell so eingestellt, dass es sich um 5°, 10°, 15° bzw. 20° um die vertikale Achse dreht.

Zusammenfassend kann gesagt werden, dass DEM zu einer der wichtigsten Forschungsmethoden auf dem Gebiet der Terramechanik geworden ist. Die DEM-Simulation, die auf der Reifen-Boden-Wechselwirkung basiert, wird seit vielen Jahren in der Ingenieurpraxis und in der wissenschaftlichen Forschung angewendet. Darüber hinaus ist die DEM-Anwendung auf die Terramechanik noch im Gange und viele Aspekte müssen entdeckt und verbessert werden.

3.3.4.2 Finite-Elemente-Methode

Aus technischer Sicht ist die Finite-Elemente-Methode eine numerische Methode zum Lösen eines Satzes verwandter Gleichungen durch Annäherung kontinuierlicher Feldvariablen als Satz von Feldvariablen an diskreten Punkten (Knoten). Für die Analyse physikalischer Systeme wie strukturelle Systeme, Wärmeübertragung, Fluidströmung, Massentransport usw. wird die Anwendung der FEM allgemein als Finite-Elemente-Analyse (FEA) bezeichnet.

Die FEM-Formulierung des Problems führt zu einem System algebraischer Gleichungen. Die Methode liefert ungefähre Werte der Unbekannten an diskreten Punktzahlen in der Domäne. Um das Problem zu lösen, wird ein großes Problem in kleinere, einfachere Teile unterteilt, die als finite Elemente bezeichnet werden. Die einfachen Gleichungen, die diese finiten Elemente modellieren, werden dann zu einem größeren Gleichungssystem zusammengefügt, das das gesamte Problem modelliert. Bei strukturellen Problemen handelt es sich bei den entsprechenden Gleichungen um Gleichgewichtsgleichungen und bei den Feldvariablen um Knotenverschiebungen und Spannungsverteilung.

FEM-Lösungen werden entweder durch vollständige Beseitigung der Differenzialgleichung für stationäre Probleme oder durch Umwandlung der partiellen Differenzialgleichungen in äquivalente gewöhnliche Differenzialgleichungssätze erreicht, die durch numerische Integration unter Verwendung von Standardverfahren wie der Euler-Methode oder der Runge-Kutta-Methode gelöst werden. Algebraische Gleichungssätze für stationäre Probleme werden mit numerischen linearen Algebra-Methoden gelöst.

In der Vergangenheit waren Yong und Fattah [25, 26] die Ersten, die die FEM-Methode auf die Terramechanik und die Reifen-Boden-Interaktionsanalyse anwendeten. In ihrem Modell nahmen sie den Boden in normaler Beanspruchung an und nahmen die konstitutiven Eigenschaften mit den Ertragskriterien in das Bodenmodell auf. Das benachbarte Fahrelement wurde als halbflexibler Ring mit ebener Dehnung angenommen. Die angewendeten Randbedingungen waren vereinfachte Bodenschicht, Reifen-Boden-Kontaktfläche und Spannungsverteilung über den Kontaktbereich. Diese Bedingungen wurden experimentell bestimmt und als Funktion von Axiallast, Eingangsdrehmoment, Translationsgeschwindigkeit und Schlupf angenommen. Zu den endgültigen Ergebnissen ihrer FEM-Simulationen zählten die Umfangskraft am Rad, der Rollwiderstand und die Bodenverformung (Ruten/Spurtiefe) für einen tonigen Sand und einen Boden mit Kaolinitanteil. Die Analyse wurde im 2D-System durchgeführt.

Die Ergebnisse dieser ersten Versuche und die dynamische Entwicklung der Computertechnologie waren ein Anreiz für Forscher auf dem Gebiet der Terramechanik, weitere Forschungen durchzuführen. Gegenwärtig wird die FEM-Methode zur Bestimmung der Kräfte im Reifen-Boden-System und anderen Aspekten der Terramechanik in vielen Zentren der Welt eingesetzt, wobei die fortschrittlichsten Ergebnisse an der University of Applied Sciences, Hamburg in Deutschland, im Cold Regions Research Engineering Laboratory, Hannover, USA, an der Carleton University Ottawa in Canada und an der Kyoto University in Japan erzielt wurden.

In den folgenden Kapiteln soll dargestellt werden, wie die numerischen Modelle der Reifen- oder Raupenketten, Bodenmodelle sowie die Wechselwirkungen zwischen dem Fahrelement und dem weichen Boden aufgebaut werden.

3.3.4.2.1 Reifenmodellierung mit FEM

In den frühen Modellen von Yong und Fattah [26] wurde der Reifen nur ersetzt durch eine angenommene Verformung der Bodenoberfläche oder eine theoretische Druckverteilung.

Das erste Modell, das eine beinahe reale Wechselwirkung zwischen einem rollenden Reifen mit dem Boden hatte, wurde von Aubel [20] gegründet. In diesem Modell wurden Reifen und Boden separat modelliert, die während der Simulation interagieren. Dieser Ansatz korreliert zwar weitgehend mit dem realen Mechanismus im Reifen-Boden-System, der Reifen wurde nur durch ein mehr oder weniger elastisches Band um einen Rand dargestellt. Einige wichtige Auswirkungen eines luftgefüllten Reifens konnten nicht dargestellt werden mit diesem Ansatz.

Fervers [21] unterschied zwei allgemeine Arten von Strategien zur 2D-Reifenmodellierung in der FEM-Simulation. Dazu gehören die klassischen Feder-Dämpfer-Modelle, die übrigens häufig für die Simulation auf starren Straßen verwendet werden Abb. 3.18. Ihr Hauptnachteil im Bereich der Terramechanik besteht darin, dass der Kontakt mit dem Untergrund durch einen einzigen Punkt erfolgt. Dies macht diese Mo-

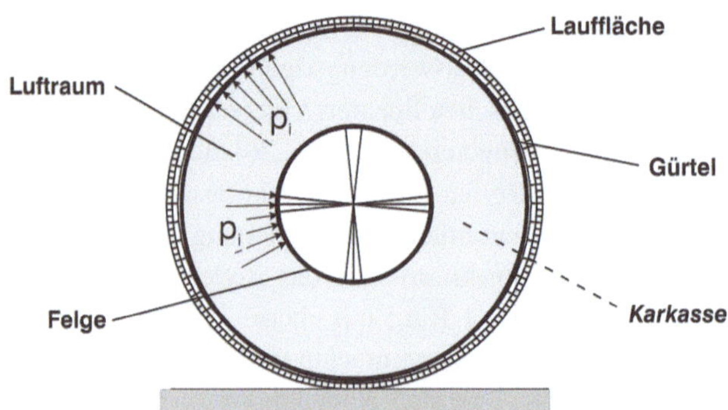

Abb. 3.18 Reifenmodellierung mit FEM. (Mit freundlicher Genehmigung von Prof. W. Fervers)

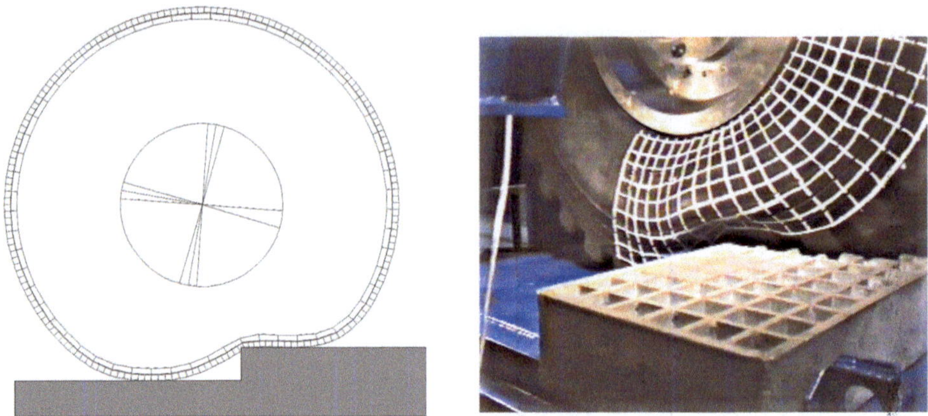

Abb. 3.19 FEM-Modellierung der Reifendeformation. (Mit freundlicher Genehmigung von Prof. W. Fervers)

delle völlig nutzlos für die Simulation von Reifen auf verformbarem Untergrund. Die zweite Art von Modell wird typischerweise durch die Reifenringmodelle gebildet, die eine Außenkontur haben und eine Kontaktfläche in Wechselwirkung mit einem verformbaren Boden darstellen können. Diese Modelle sind jedoch nicht in der Lage, die Verformung eines Luftreifens zu reproduzieren, insbesondere bei niedrigem Luftdruck und großen Dehnungen Abb. 3.19.

Fervers weist auch darauf hin, dass hochentwickelte 3D-Reifenmodelle in der Lage sind, eine detaillierte Beschreibung einzelner Komponenten des Reifens (Felge, Karkassenkorde, Gürtelschnüre, luftgefülltes Volumen, Lauffläche – siehe Abb. 3.20) sowohl für die Radial- als auch für Diagonalreifen darzustellen, sie sind jedoch sehr kostenintensiv bei Rechnerzeit. Fervers Vorschlag ist daher, dass die meisten Elemente des fortschrittlichen 3D-Reifenmodells in den 2D-Halbraum übertragen werden können. Das einzige Reifenelement, das stark von der Verformung in der dritten (transversalen) Dimension beeinflusst wird, war die Karkasse und die Idee war, ein geeignetes Modell für die Karkasse zu entwickeln. Berücksichtigt man, dass die Radlasten durch die obere Hälfte der

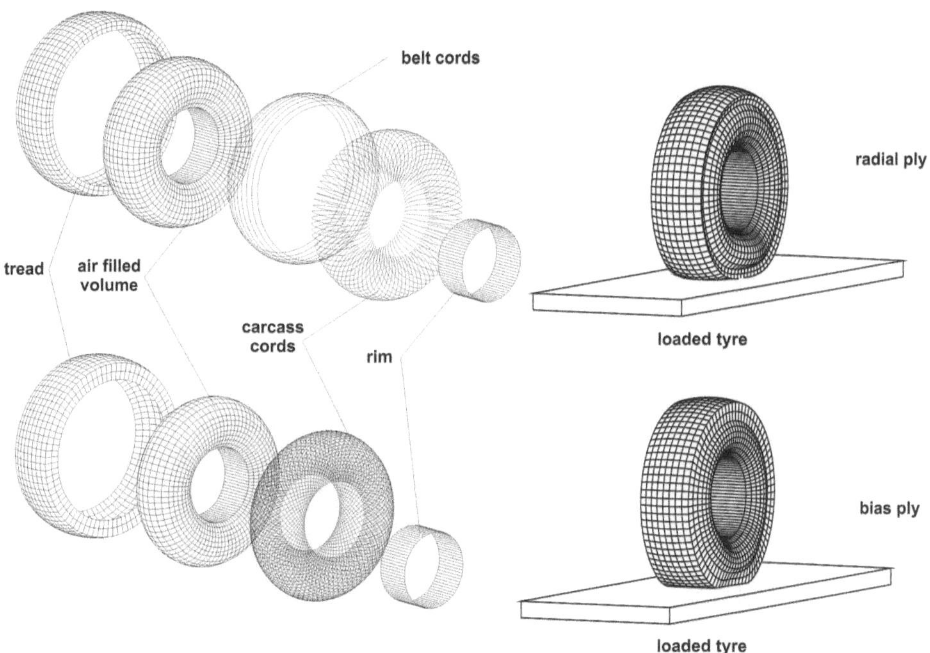

Abb. 3.20 3D-FEM-Reifenmodell. (Mit freundlicher Genehmigung von Prof. W. Fervers)

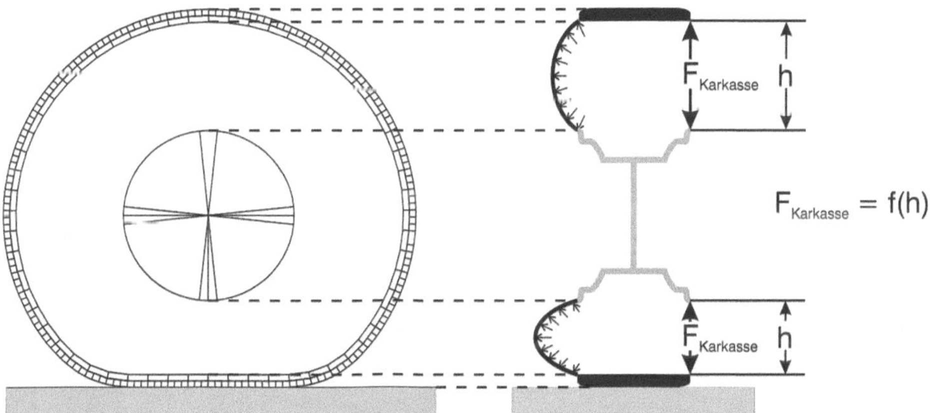

Abb. 3.21 2D-FEM-Simulation der Reifendeformation. (Mit freundlicher Genehmigung von Prof. W. Fervers)

Karkasse unterstützt werden, wodurch die Lauffläche durch den Reifeninnendruck unterstützt wird, ist die Form und die mögliche Dehnung der Karkasse ein Ergebnis des Gleichgewichts zwischen dem Reifendruck und die lokalen Spannungskräfte zwischen Felge und Lauffläche. Folglich können die lokalen Spannungskräfte der Karkasse basierend auf dem Dehnungs- und Reifeninnendruck berechnet werden Abb. 3.21. Wenn man die Reifeninnendruck-Dehnungs-Beziehung für einen bestimmten Reifen kennt, ist es möglich, diesen Reifen in FEM zu modellieren, indem jeder Knoten der Felge mit dem entsprechenden Knoten der Lauffläche verbunden wird. Die Parametrisierung eines solchen Modells kann für verschiedene Reifeninnendrücken in einem gegebenen Reifen durchgeführt werden. Dieses Modell wurde experimentell verifiziert und es hat sich gezeigt, dass es sowohl auf hartem als auch auf weichem Boden gute Ergebnisse liefert Abb. 3.22. Simulationen des Rollens mit 0 % Schlupf über den zwei Böden, Sand und Lehm, bei zwei Reifeninnendrücken von 1,5 und 7,5 Bar wurden durchgeführt Abb. 3.23. Die Ergebnisse sind Bodenspannungsverteilungen und sie zeigen signifikanten Unterschieden zwischen den beiden Böden und den Werten des Reifeninnendruckes (Abb. 3.24).

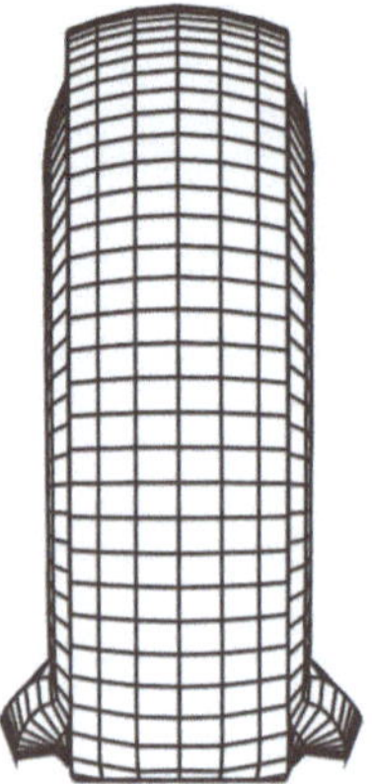

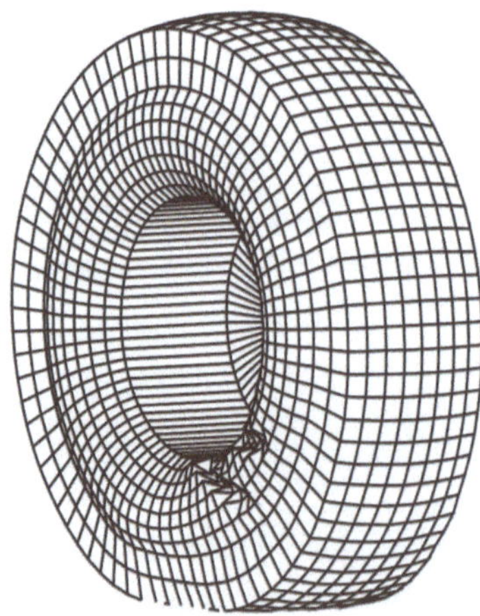

Abb. 3.22 3D-FEM-Modellierung der Reifen-Boden-Wechselwirkung. Vergleich Simulation gegen Experiment. (Mit freundlicher Genehmigung von Prof. W. Fervers)

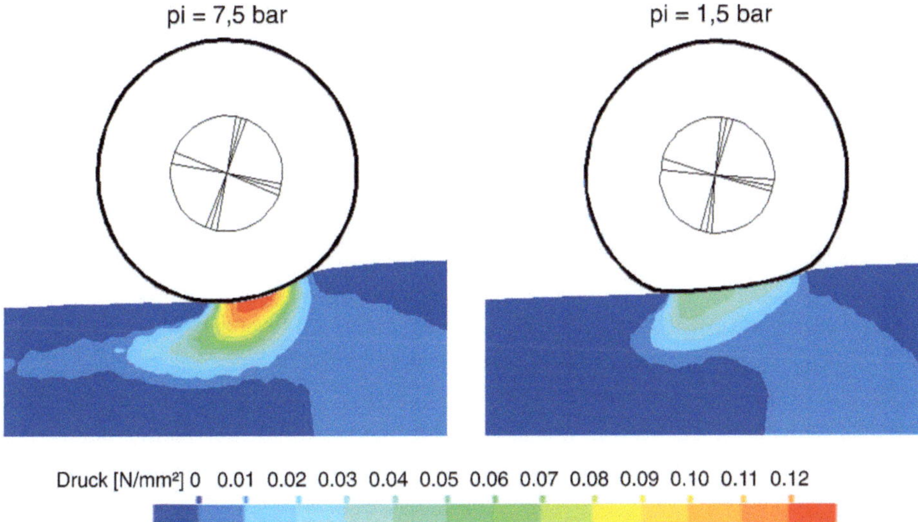

Abb. 3.23 2D-FEM-Simulation der Reifen-Boden-Wechselwirkung. (Mit freundlicher Genehmigung von Prof. W. Fervers)

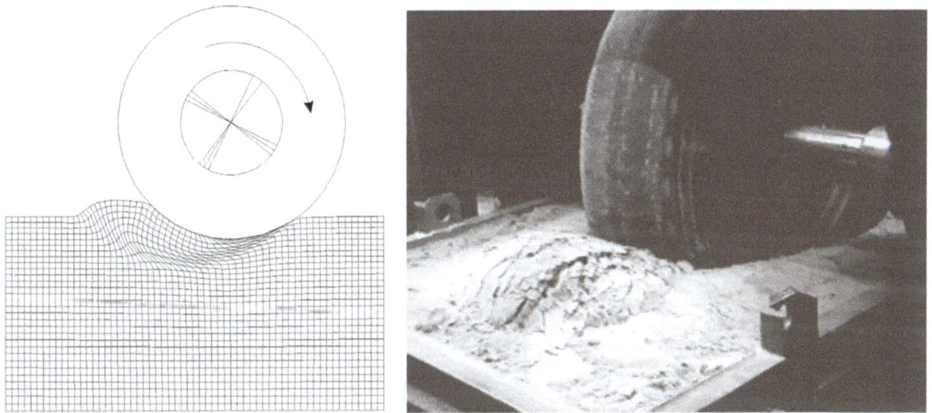

Abb. 3.24 3D-FEM-Modellierung der Reifen-Boden-Wechselwirkung. (Mit freundlicher Genehmigung von Prof. W. Fervers)

3.3.4.2.1.1 Shoop-Darnell-Reifenmodell

Eine andere interessante Lösung der Reifenmodellierung ist das Modell von Darnell und Shoop [24]. Das Ziel des Shoop-Darnell-Reifenmodells war ein effizientes, genaues, dreidimensionales Modell zur Vorhersage der Kräfte am Rad. Die Kontaktkräfte werden dabei berechnet, sodass sich das Modell auch für die effiziente Modellierung von der Interaktion zwischen Reifen und Untergrund, wobei eine genaue Modellierung der Kontaktspannungsverteilung erforderlich ist.

Der Reifen wird mit drei Modellierungselementen simuliert. Die Laufflächenelemente haben sechs Freiheitsgrade Schalenelemente (S4R), während die Seitenwandelemente sind drei – knoten, Benutzerdefinierte Elemente basierend auf vorausberechneten Ergebnissen des Seitenwandmodells und Verbindung zwischen einzelnen Reifenelementen ist mit einer „Strafmethode" modelliert.

Die Seitenwand wird mit zehn gleich langen, nicht dehnbaren, mit Innenluftdruck als Folgelast, Balkenelementen modelliert. Das Seitenwandmodell wird von der Geometrie des nicht aufgepumpten Reifens weiterhin von der Biege- und Schersteifigkeit für jedes Element als auch vom Reifeninnendruck generiert. Die Simulationsergebnisse der Seitenwand werden ins Reifenmodell durch das benutzerdefinierte Element implementiert, das an die Lauffläche des Reifens mit Drehfedern angehängt wird.

Um die zusammengesetzten Reifeneigenschaften zu bestimmen, wurde der ausgewählte Reifen in vier Abschnitte geschnitten: Seitenwand, seitlich Lauffläche, Längslauffläche und Schulter. Die Seitenwand wurde weiter in kleinere Abschnitte zerlegt, um das Seitenwandmodell zu erweitern. Die Abschnitte wurden im Labor getestet, um die Balkensteifigkeit (*EI*) zu bestimmen, indem ein Ende des Testabschnitts auf eine Werkbank geklemmt wurde, um einen Ausleger zu bilden. Die Durchbiegungen wurden für einen Bereich von Lasten gemessen und die Steifigkeit wurde unter Verwendung der folgenden Gleichung für einen Ausleger mit einer Punktlast am freien Ende berechnet:

$$y_{max} = \frac{1}{3}\frac{Wl^3}{EI} \tag{3.65}$$

wo: y_{max} – maximale Durchbiegung am freien Ende der Stange, E – Elastizitätsmodul, W – Belastung, l – Länge der Stange, I – Trägheitsmoment.

Die Seitenwand wird mit einem speziellen FEM-Code analysiert. Dieser Code generiert die Seitenwandkraft- und Geometrie-Tabelle für das benutzerdefinierte Element, das die Seitenwand im Reifenmodell repräsentiert. Weitere für das Modell erforderliche Messungen sind die Seitenwandkrümmung, die Steifheit des Reifenprofils, die Rotationsfederkonstanten, die Referenzwinkel, die Reifen- und Felgengeometrie sowie die Seitenwand- und Schultersteifheit. Für die Elemente, die die Lauffläche repräsentieren, wurde die Schalensteifigkeit berechnet, wobei sich *E1* entlang der Lauffläche in Längsrichtung und *E2* quer über die Lauffläche in seitlicher Richtung befanden. In dem Modell wurde eine äquivalente Schalendicke von 1,11 mm verwendet, weil festgestellt wurde, dass dies eine auf gemessenen Umfangsänderungen mit dem Innendruck basierte Steifheit des Reifenprofils ergibt.

3.3.4.2.1.2 Ein hyperelastisches Reifenmodell von Lee

Da Gummi ein sehr dehnbares Material ist, eignet sich die Theorie der Elastizität bei geringer Dehnung nicht zur Beschreibung der Reaktionen von Reifen auf große Dehnungen. In der Reifenmechanik wird häufig angenommen, dass Gummimischungen isotrop sind, und es wird davon ausgegangen, dass Kord-Gummi-Kompositen orthotrop sind. Ein gegebenes Material ist isotrop, wenn es identische Werte seiner Eigenschaft in alle Richtungen liefert. Glas und Metalle sind Beispiele isotrope Materialien. Im Gegensatz dazu hängen die Eigenschaften eines orthotropen Materials von der Richtung ab, in der sie gemessen werden. Gummikomponenten können in Kombination die strukturellen und thermischen Arbeitsbedingungen aushalten, denen Reifen ausgesetzt sind. Die Analyse der Reifenmechanik ist jedoch aufgrund dieser komplexen, aus isotropen und orthotropen Komponenten bestehenden Verbundstruktur schwieriger. Da ein Reifen insbesondere bei niedrigem Innendruck oder bei hohen Belastungen großen Verformungen unterliegt, ist das Strukturproblem insgesamt nicht linear.

Ein hyperelastisches Material ist eine Art konstitutives Modell für ideal elastisches Material, für das die Spannungs-Dehnungs-Beziehung von einer Dehnungsenergiedichtefunktion abgeleitet wird. Das hyperelastische Material ist ein Spezialfall eines Cauchy-Elastikmaterials. Kautschuk, Gummi, gefüllte Elastomere oder biologische Gewebe gehören zur Gruppe der hyperelastischen Materialien. Das einfachste hyperelastische Materialmodell ist das Modell von St.-Venant-Kirchhoff, das nur eine Erweiterung des linearen elastischen Materialmodells auf das nicht lineare Regime darstellt. Ronald Rivlin und Melvin Mooney entwickelten die ersten hyperelastischen Modelle, nämlich die Neo-Hookean- und Mooney-Rivlin-Körper. Hyperelastische Materialmodelle können als phänomenologische Modelle, Mechanismen und Hybriden der beiden Modelle klassifiziert werden.

Ein guter Ansatz für das Problem der Reifenmodellierung besteht darin, den Kautschuk als hyperelastisches Material zu behandeln. Kongo Konde et al. [31] verwendeten die hyperelastischen Modelle und die linearen orthotropen Eigenschaften, um die mechanischen Eigenschaften des Gummis, des Gürtels und der Lagenschichten zu definieren. In dieser Studie wurden vier Materialmodelle für Gummimischungen analysiert, darunter Neo-Hookean, Mooney-Rivlin, Yeoh und Rebar. Die drei ersten Modelle repräsentieren die hyperelastischen Eigenschaften von Gummi, während das Rebar-Modell geeignet ist, ein Verstärkungselement im Reifen (Stahlkord) darzustellen. Die Rebar-Eigenschaften hängen vom Elastizitätsmodul ab, der bei einem einfachen Zugversuch ermittelt wird. Die Viskosität des Kautschuks wird nicht berücksichtigt. Es wird angenommen, dass der Kautschuk rein hyperelastisch ist. Die Eigenschaften von Rebar-Komponenten unterscheiden sich von jenen der zugrunde liegenden Komponente und ihre Ausrichtung kann relativ zum lokalen Koordinatensystem definiert werden.

Ein Beispiel für ein für die terramechanische Analyse entwickeltes FEM-Reifenmodell wurde von Lee vorgestellt [23]. In dieser Studie wurde der Goodyear Wrangler HT LT235/75R15 ohne Profilmuster modelliert und in sieben Elemente unterteilt: Wulst, Seitenwand, Profil, Gürtel, Karkasse und Bewehrungsverstärkung an der Oberseite und an der Seite des Reifens. Die Geometrie verschiedener Teile des Reifens wurde durch Schneiden des Reifens erhalten. Das Modell umfasst Seitenwand, Karkasse, Lauffläche, Wulst und Felge. Seitenwand, Karkasse und Lauffläche wurden unter Verwendung von 4800 Elementen mit reduzierter Integration und Sanduhrsteuerung modelliert. Die Gürtel und Lagen mit einem Kronenwinkel, der durch Röntgenstrahlen aus dem tatsächlichen Reifen erhalten wurde, wurden unter Verwendung von 5178 Bewehrungselementen modelliert. Wulst und Felge wurden gemeinsam als starrer Körper modelliert.

Das Material des modellierten Reifens umfasst Gummi für Lauffläche, Seitenwand und Gürtel sowie zwei verschiedene elastische Materialien für Gürtel- und Karkassenlagen. Gummi wird als hyperelastisches und viskoelastisches Material modelliert. Die hyperelastische Verbindung wurde durch die eintägige Mooney-Rivlin-Dehnungsenergie dargestellt.

Das viskoelastische Material mit einer Dichte von 1100 kg/m^3 wurde durch eine Prony-Serie definiert als die Expansion der dimensionslosen Entspannung für die Scher- und Volumenantworten. Die elastischen Materialien für die Gürtel- und Karkassenverstärkungen wurden mit Young-Modulen von 172,2 GPa und 9,87 GPa, Poisson-Verhältnissen von 0,3 und 0,3 und Dichten von 5900 kg/m^3 bzw. 1500 kg/m^3 definiert.

3.3.4.2.2 Bodenmodellierung mit FEM

Die FEM-Modellierung des weichen Untergrunds kann in vier Grundstufen unterteilt werden:

- Programmauswahl (FEM-Code)
- Vorläufige Festlegung des Modelltyps für einen bestimmter Untergrund
- Bestimmung der Bodenparameter
- Überprüfung der Simulationsergebnisse mit experimentellen Daten oder anderen Simulationen

Diese Stufen werden jetzt vorgestellt und kurz diskutiert.

3.3.4.2.2.1 Programmauswahl

Für die Bodenmodellierung verwenden Forscher kommerziell erhältliche FEM-Codes, die typischerweise ABAQUS- und MARC-Programme sind. Fervers [21], Lee [23] et al. modellierten den Boden oder Schnee unter Verwendung der ABAQUS-Umgebung, in der der Boden auf zwei Arten modelliert wird, entweder als ein plastisches Material oder mit dem Konzept der Mechanik in kritischen Zuständen.

3.3.4.2.2.2 Festlegung des Modelltyps

Bei der Bodenmodellierung werden entweder das Drucker-Prager-Modell oder Bodenverdichtungsmodelle mit kritischer Zustandsmechanik in den FEM-Code implementiert. Obwohl das Cam-Clay-Modell möglicherweise das am häufigsten verwendete Bodenmodell ist, entstehen Konvergenzprobleme bei seiner Verwendung. Die Wahl des Materialmodells basiert auf dem Abwägen des im Modell gewünschten Verhaltenstyps mit den zur Bestimmung verfügbaren Modellparametern.

Fervers verwendete den Drucker-Prager-Ansatz mit erweitertem Cap-Plasticity-Modell, bei dem die plastische Bodenverformung aufgrund von Scherbeanspruchung sowie Bodenverdichtung berücksichtigt wurde. Ein wichtiges Merkmal der Fervers-Simulationen ist, dass diese Ergebnisse neben vielen anderen in der Literatur veröffentlichten Ergebnissen die Bodenverdichtung beschreiben. Die Ergebnisse der von Fervers durchgeführten Simulationen umfassen unter anderem Isolationslinien der Beanspruchungen im Boden unter der Belastung eines Luftrades bei verschiedenen Reifendrücken Abb. 3.25. Die Forschung wurde für zwei charakteristische Böden durchgeführt, nämlich Löss und Sand.

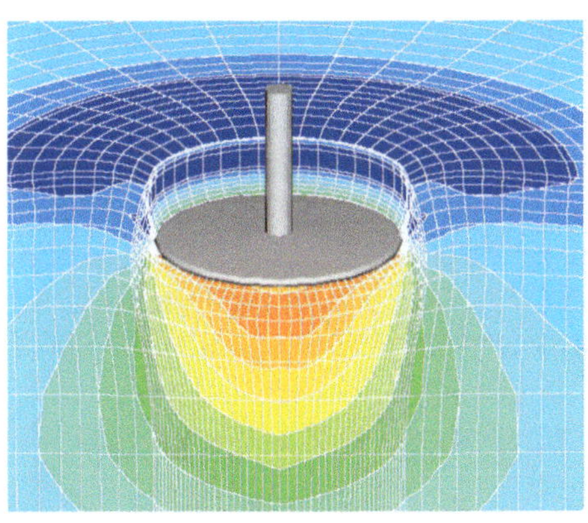

Abb. 3.25 3D-FEM-Modellierung des Druckstempelversuchs. Simulation gegen Experiment. (Mit freundlicher Genehmigung von Prof. W. Fervers)

Mundl [24] verwendet ein plastisches Modell mit mehreren Fließflächen, um das Schneeverhalten sowohl unter Scherung als auch unter Kompression zu optimieren. Ziel ihrer Studie war es, Scherkräfte auf verdichtetem Schnee auf Straßen (mit einer Dichte von 500 kg/m^3) zu simulieren. Dies ist aber ein signifikant anderes Material als bei der Überlandmobilität auf weichem Boden oder Neuschnee.

Für die Modellierung von frischem Schnee verwendete Shoop ein Modell in der kritischen Zustandsmechanik. Das zerquetschbare Schaummodell wurde speziell für stark verformbare Materialien entwickelt wie der frische Schnee. Wie bereits in Abschn. 2.3.3.3 erwähnt, sind kritische Zustandsmodelle eine Art des Modells, bei dem sich eine kritische Zustandslinie an der Spitze der Fließfläche befindet, die die Materialausbeute in den Bereich der volumetrischen und deviatorischen Verformungen trennt. Das Material verformt sich im kritischen Zustand bei konstantem Volumen. Die kritische Zustandslinie im dreidimensionalen Raum, die durch die normale komprimierende Spannung p', die deviatorische (Scher-) Spannung q und das spezifische Volumen v definiert wird.

Jedes Modell des plastischen Verhaltens von weichem Untergrund sollte die Verfestigung infolge plastischer Verformung berücksichtigen. Die Verfestigung kann als isotrope Härtung modelliert werden, bei der die Fließfläche in alle Richtungen gleichmäßig wächst, oder als kinematische Härtung, bei der sich die Fließfläche als starrer Körper im Hauptspannungsraum bewegt. Die kinematische Härtung ist für die Modellierung der zyklischen Belastung von Böden genauer, jedoch rechenintensiver. Eine Kombination der beiden Härtungsarten ist wahrscheinlich die beste Darstellung für die zyklische Belastung des Bodens. Das von Shoop implementierte Materialmodell für frischen Schnee verwendete eine isotrope Härtung, die als vernünftige Näherung für die monotone Belastung (ein Durchlauf des Rades) angesehen wird.

Im zerquetschbaren Schaummodell bildet eine einzelne Ellipse die Fließfläche, definiert durch:

$$F_{foam} = \left[\left(\frac{p_t - p_c}{2} + p\right)^2 + \left(\frac{t}{M}\right)^2\right]^{\frac{1}{2}} - \frac{p_c - p_t}{2} \tag{3.66}$$

Dabei ist p_t die Materialfestigkeit bei hydrostatischer Spannung, p_c ist die Materialfließspannung bei hydrostatischer Kompression und M ist die Steigung der kritischen Zustandskurve in der p-t Ebene. Das Material wird in der Ausbeutefläche verfestigt und erweicht mit der Ausbeute, aber die p_t wird als konstant angenommen (isotrope Verfestigung).

Erste Simulationstests, die zur genauen Parametrisierung des Modells durchgeführt wurden, haben gezeigt, dass frischer Schnee mit der Dichte in der Größenordnung von 200 bis 300 kg/m^3 unter der Belastung eines Rades eine nahezu einachsige vertikale Verformung zeigt. Um die korrekte Wahl des Modells endgültig zu überprüfen, wurden experimentelle Tests durchgeführt, die zeigten, dass tatsächlich sich frischer Schnee unter der Belastung des Reifens in vertikaler Richtung verformt und die Komponenten der seitlichen Verformung vernachlässigbar klein sind. Daher erwies sich die Wahl des Neuschneemodells als richtig.

3.3.4.2.2.3 Bestimmung der Materialparameter

In diesem Schritt sollten die Grundparameter des Bodens bestimmt werden und das plastische Verformungsmodell sollte durch Bestimmung der Spannungs-Dehnungs-Kurvenparameter unter Berücksichtigung der Art der Verformung (komprimierende oder deviatorische) experimentell gewählt werden. Dies hängt mit der Definition der Form der Fließfläche zusammen. Darüber hinaus ist es erforderlich, den Anteil der elastischen Verformungen zu bestimmen und das Young- und Poisson-Modul zu bestimmen. Die plastische Verfestigungskurve sollte ebenfalls definiert werden.

Die Bestimmung der Modellparameter für Schnee ist mit zusätzlichen Herausforderungen verbunden. Änderungen der Schneeeigenschaften mit der Zeit, Temperaturgradienten, aufgebrachte Belastung und Verformung verhindern die Erfassung von Modellparametern aus demselben Schnee. Daher wurden bei Schoop Annäherungen gemacht, indem Parameter unter Verwendung von Testdaten aus Schnee mit ähnlichen Eigenschaften geschätzt wurden [24]. Testdaten wurden sowohl in den Feldversuchen als auch aus der Literatur erhalten, um den ausgewählten Schneetyp so gut wie möglich anzupassen. Da die Daten aus mehreren Studien stammen, war der Schnee in der Kristallstruktur nicht genau gleich, aber dieser Effekt wird bei frischem Schnee minimiert, bei dem kein Sintern (Verkleben zwischen Schneekörnern) stattgefunden hat.

3.3.4.2.2.4 Elastizität

Für die Schneeverformung unter einem Reifen ist die plastische Verformung viel größer als die elastische, die jedoch zu Energieverlusten des Rollwiderstands beiträgt. Die elastischen Grundparameter, Young-Modulus und Poisson-Verhältnis, können basierend auf experimentellen Daten geschätzt werden. Poröse Elastizität berücksichtigt die elastischen Eigenschaften von Materialien, die großen Volumenänderungen unterliegen, wie frischen Schnee. Um ein poröses Elastizitätsmodell zu implementieren, sollten die zusätzlichen Parameter bestimmt werden, und dies sind die Steigung des elastischen Anteils der Spannungs-Verformungs-Kurve (während eines Belastung-Entlastung-Wiederladevorgangs), wobei κ den elastischen Anteil der Verdichtung darstellt, und die elastische Zugfestigkeitsgrenze, p^t_{el}. Der κ-Wert wurde gewählt, um ein realistisches elastisches Verhalten innerhalb der Spannungsbereiche der Simulationen bereitzustellen. Die elastische Grenze wurde so gewählt, dass sie der Zugfestigkeitsgrenze p_t entspricht, die zur Definition der Fließ-/Ausbeutefläche verwendet wurde.

3.3.4.2.2.5 Drucker-Prager-Parameterschätzung

Die anfängliche Kappe-Fließflächenposition $\varepsilon^{pl}{}_{vol\,0}$ wurde willkürlich auf 0,001 eingestellt, um ein anfängliches Erweichen zu ermöglichen. Die Parameter, die die Scherkomponente der Fließfläche für das Drucker-Prager-Modell definieren, können aus der Kohäsion c und dem Winkel der inneren Reibung φ berechnet werden. Parameter, die die Form der Kappe beschreiben, wurden basierend auf der Modellantwort angepasst.

Das Fließspannungsverhältnis K (Verhältnis von Zugfestigkeit zu Druckfestigkeit) wurde 1,0 gewählt. Der Kappenexzentrizitätsparameter R wurde basierend auf typischen Werten für Erdmaterialien mit einer sehr steilen Verdichtungskappe (R = 0,02 bis 0,0001) ausgewählt. Der Übergangsflächenradius wurde für keinen Übergang auf 0,0 eingestellt.

3.3.4.2.2.6 Verfestigungsparameter

Die Werte für den logarithmischen Härtungsmodul wurden unter Verwendung verschiedener Druckversuche mit ähnlicher Schneedichte berechnet. Da die Messungen von eindimensionalen Drucksetzungstests durch Aufbringen einer vertikalen Last auf eine Probe innerhalb eines starren Zylinders stammen, wurde die Bestimmung des logarithmischen Moduls näherungsweise vorgenommen.

3.3.4.2.2.7 Modellvalidierung

Die letzte Stufe der Bodenmodellierung ist die Validierung des Modells. Dies kann durch Vergleich der Ergebnisse von Simulationen mit den angegebenen Modellparametern mit Ergebnissen experimenteller Tests, Simulationsergebnissen von anderen Modellen oder mit Erwartungsergebnissen (ob die Simulationsergebnisse mit allgemeinen Vorhersagen übereinstimmen) durchgeführt werden.

Shoop hat drei Modelle für frischen Schnee validiert. Dies waren 1) ein Drucker-Prager-Kappenmaterial, 2) ein Drucker-Prager-Kappenmaterial mit senkrechten Scherflächen entlang der Schneeschildschnittstelle und 3) ein zerquetschbares Schaumstoffmodell mit Scheroberflächen entlang der Schneescheibenschnittstelle [24].

Die vertikalen Reibungsflächen im Modell 2 ließen diese Elemente gleiten, wodurch die Verzerrung der Elemente reduziert wurde, was die im Feld beobachteten Scherflächen stärker nachahmte. Die Gleitebenen wurden unter Verwendung einer Kontaktfläche mit einer Coulomb-Reibung von 0,3 modelliert.

Es wurden zwei verschiedene experimentelle Drucksetzungsversuche durchgeführt, nämlich ein Feldtest sowie ein Labortest. Der Feldtest bestand darin, eine starre Platte mit einem Durchmesser von 20 cm, ursprünglich an der Oberfläche, in durchschnittlich 40 cm Neuschnee zu schieben mit einer Dichte von 200 kg/m^3. Im Labortest wurde eine Monolithprobe von 60 × 60 × 50 cm Schnee mit einer durchschnittlichen Anfangsdichte von ca. 200 kg/m^3 durch eine starre Platte mit 23 cm Durchmesser belastet Abb. 3.25.

Beim Vergleich der Ergebnisse beider experimentellen Studien mit den Simulationsergebnissen wurde festgestellt, dass die Wahl sowohl des Modells als auch der Konstanten, die das simulierte Material beschreiben, nicht völlig eindeutig ist, da keine der drei Schneemodelloptionen gefunden wurde, um Simulationsergebnisse zu erhalten, die mit den experimentellen Ergebnissen identisch sind. Wie in vielen Fällen resultierte die Auswahl der Daten für die Validierung jedoch aus der Verfügbarkeit spezifischer experimenteller Ergebnisse.

3.3.4.2.3 Kontaktmodellierung

Nachdem die beiden Modelle Reifen und Boden erstellt wurden, ist es erforderlich, dass die beiden getrennten virtuellen Systeme zusammenwirken. Um die beiden Modelle miteinander zu verbinden, muss die Schnittstelle (Kontakt) zwischen ihnen definiert werden, insbesondere dort, wo Kontakt erlaubt ist, wie der Kontakt erfolgt und wie Kräfte übertragen werden. Für zwei Maschen (Reifen und Boden) muss eine Oberfläche auf jedes Material gelegt werden: Eine Oberfläche bedeckt die Außenseite des Reifens und eine andere Oberfläche liegt auf der Bodenoberfläche. Der Kontakt wird durch die Nähe der Flächen definiert. Wenn beide Materialmaschen verformbar sind, wird eine Oberfläche als „Master"-Oberfläche und die andere als „Slave"-Oberfläche gewählt. Die feinmaschigere Oberfläche wird normalerweise als Slave gewählt, da die Knoten auf der Slave-Oberfläche nicht in die Master-Oberfläche eindringen dürfen.

Der Kontakt kann entweder mit einer sogenannten „Strafmethode" oder mit einer „Kinematischen Kontaktmethode" erzwungen werden. Die „Strafmethode" wird für pseudostatische Analysen implementiert, bei denen inertiale Kräfte nicht berücksichtigt werden. Bei dieser Methode das Eindringen beider Flächen ineinander stehen lineare Federkräfte mit Werten proportional zum Abstand von Penetrationspunkte entgegen. Diese Kräfte ziehen die Flächen in eine Gleichgewichtslage ohne Penetration. Die kinematische Kontaktmethode wurde in einigen dynamischen Simulationen verwendet, und zwar werden die inertialen Kräfte des Materials bei der Berechnung der Kräfte relativ zu den Oberflächenpositionen berücksichtigt.

Bei der Entwicklung der Schnittstelle können verschiedene Kräfte berücksichtigt werden. Zunächst sollten die mögliche Kraftgenerierungsmechanismen analysiert werden (siehe Abschn. 3.2), um die Funktionsmodi des Rades (Fahren, Rollen, Lenken usw.) zu wählen. Als Nächstes sollte auch die Mikromechanik der Kraftübertragung beachtet werden. Dies hängt jedoch mehr von der Art und den Bedingungen des modellierten Bodens ab. Einer der häufigsten Kraftübertragungsmechanismen im Reifen-Boden-System ist die Reibung, die unter Verwendung der folgenden Gleichung modelliert werden kann:

$$\tau = \mu\sigma\left(1 - e^{-\frac{j}{k}}\right) \tag{3.67}$$

mit: j – relativer Schlupfabstand zwischen dem Rad und dem Boden, k – Konstante mit den gleichen Einheiten wie j.

Dieser von Wong [13] vorgeschlagene Ansatz berücksichtigt den Radschlupf, was bei stark deformierbaren oder feuchten Böden von großem Vorteil ist.

3.4 Kontaktfläche und Druckverteilung im Latsch

3.4.1 Reifen-Boden-Kontaktfläche

3.4.1.1 Kontaktfläche

Die Radlast wird auf eine dreidimensionale Fläche verteilt und die Geometrie dieser Fläche ist das Ergebnis vielen Faktoren, von welchen die Bodenverformbarkeit die wichtigste ist. Wenn der Reifeninnendruck jedoch niedrig ist, wird der Reifen auch gebogen. Die Kontaktfläche wird gebildet, wenn der Reifen mit dem Boden in Kontakt kommt, nachdem eine Fahrspur bleibt. Aufgrund der Entspannung im Boden nach Entlastung weicht die Fahrspurgeometrie teilweise von der tatsächlichen Kontaktfläche ab, wenn das Rad den Boden belastet. Dieser Effekt wird deutlicher, wenn sich das Fahrzeug dynamisch mit hoher Geschwindigkeit bewegt.

Bekker [14] gab die Bedingung an die Reifeninnendruckgrenze p_i^{gr} an, bei der die Durchbiegung des Reifens so klein ist, dass er als starres Rad behandelt werden kann:

$$p_i^{gr} = \left(\frac{k_C}{b} + k_\varphi \right)^{\frac{1}{2n+1}} \left[\frac{3F_Z}{(3-n)b\sqrt{d}} \right]^{\frac{2n}{2n+1}} \tag{3.68}$$

mit: B – Reifenbreite, D – Reifendurchmesser, F_Z – Radlast.

Dann ist die Bestimmung der Geometrie der Kontaktfläche nach Abb. 3.26 aus dem kinematischen Zustand möglich.

Frontseite dieser Fläche ist ein Abschnitt der zylindrischen Fläche mit einem Radius gleich dem Radius des Reifens R, und einer Breite gleich der Breite des Reifens, B.

Die Seitenwände sind Kreisabschnitte mit einem Radius gleich dem Radius des Reifens. Die Fahrspurtiefe z hingegen ist aus folgender Abhängigkeit unter Berücksichtigung des Radschlupf bestimmbar:

$$z = r(s-1)(\cos\alpha_0 - 1) \tag{3.69}$$

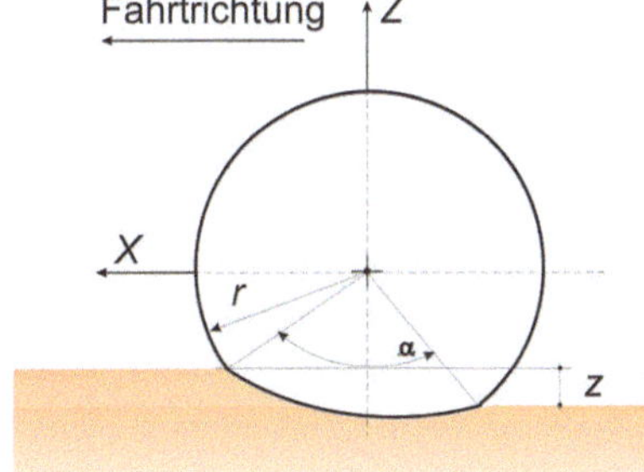

Abb. 3.26 Bestimmung der Geometrie der Kontaktfläche

Die Fläche wird durch die folgende Gleichung bestimmt:

$$A = bd\frac{\pi\alpha}{360} \tag{3.70}$$

In vielen Fällen ist dieser Ansatz zu stark vereinfacht. Geländefahren mit reduziertem Reifendruck wird häufig aufgrund der besseren Leistung und geringeren Bodenverdichtung in der Landwirtschaft praktiziert. In solchen Fällen ist die Annahme eines nicht verformbaren, starren Rades bei Weitem nicht Realität. Daher werden in der Forschungs- und Konstruktionspraxis zwei- oder dreidimensionale Modelle der Kontaktfläche zwischen Reifen und Boden verwendet.

3.4.1.2 Kontaktflächendruck

Der Kontaktflächendruck ist definiert als die Radlastkraft pro Kontaktfläche. Als Maß zur Einordnung der einwirkenden Gewichtskraft auf die Fläche dient der rechnerische mittlere Kontaktflächendruck. Dieser ist definiert als die Gewichtskraft pro Aufstandsfläche. Zur Berechnung gibt es mehrere Modellansätze, z. B. den empirischen Ansatz von Diserens [32, 33]. Dabei werden die Parameter Reifenbreite B, Durchmesser D, Radlast F_Z und Reifeninnendruck p_i in die Berechnung der Kontaktfläche A einbezogen:

$$A = abd + bp_i + cF_G \tag{3.71}$$

mit: a, b, c – experimentelle Regressionskoeffizienten.

Dann wird der Kontaktflächendruck einfach berechnet:

$$p_K = \frac{F_G}{A} \tag{3.72}$$

3.4.1.3 Kontaktvolumen

Bei Schlepperreifen oder Offroad-Reifen mit einem „aggressiven" Reifenprofil ist eine zweidimensionale Rekonstruktion der Kontaktfläche nicht genau genug. In solchen Fällen kann anstelle des zweidimensionalen Ansatzes ein volumetrischer Modellierungsansatz angewendet werden, um den hyperelastischen Charakter der Wechselwirkungen zu berücksichtigen, insbesondere wenn der Reifen und der Boden Deformationen im großen Maßstab durchlaufen. Ein Reifen, der die Oberfläche durchquert, erzeugt eine Spur und verdrängt den Boden aus einem Volumen, das als Kontaktvolumen bezeichnet wird. Auf diese Weise ist das Maß des Reifen-Boden-Kontakts nicht die Fläche, sondern das Volumen. Wenn diese Maßnahme durch eine Zahl angegeben wird, wird der Reifen-Boden-Kontakt unabhängig von der Form und den linearen Abmessungen des 3D-Kontaktbereichs beschrieben. Die meisten Verfahren zur Bestimmung des Kontaktvolumens ermöglichen jedoch auch die Bestimmung der Geometrie des Kontaktfleckens. Zu den für die Bestimmung des Kontaktvolumens von Reifen und Boden verwendeten Methoden gehören die Fotogrammetrie, das Scannen eines Reifenabdrucks oder eine Gipsform.

3.4.1.4 Fahrspur

Eine Fahrspur ist nach dem Befahren des Rades, üblicherweise wie ein Längsdurchbruch mit einem Querschnitt ähnlich einem Rechteck oder Trapez geformt. Die Fahrspur ist gemäß Abb. 3.27 durch Tiefe und Breite gekennzeichnet. Wenn die Tiefe jedoch relativ konstant und einfach zu messen ist, kann die Breite je nach Messort entlang der vertikalen Achse variieren. Daher wird häufig das Spurprofil bestimmt, und die beispielhafte Methode ist in Abb. 3.28 dargestellt. Abeels [34] unterscheidet drei Grundtypen des Fahrspurprofiles, abhängig von der Art des Bodens und somit vom Mechanismus seiner Entstehung Abb. 3.29. Abb. 3.29a zeigt die Fahrspur mit seitlichen Pads (Seitenpolster), die aus der

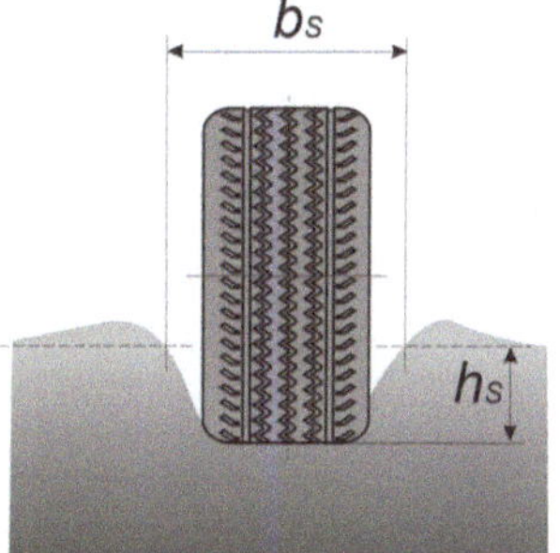

Abb. 3.27 Fahrspurgeometrie

Abb. 3.28 Eine einfache Methode zur Bestimmung der Geometrie der Fahrspur

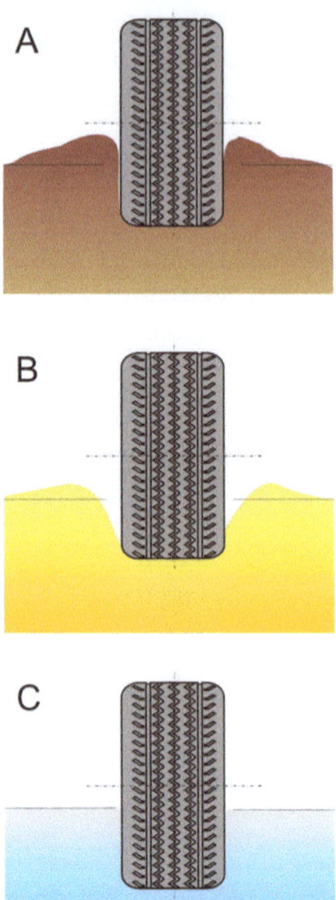

Abb. 3.29 Fahrspurprofil je nach Bodentyp: (**a**) – Lehm, (**b**) – Sand, (**c**) – Schnee

Bodenverdrängung stammen, ohne die Verdichtung zu vermindern, das Volumen der Seitenpads entspricht dem der Wanne. Diese Art von Fahrspuren tritt in lehmigen Böden auf. Der nächste Typ ist die Fahrspur mit seitlichen Pads und sinkenden Verdichtungen, wobei das scheinbare Gesamtvolumen variiert (Abb. 3.29b). Eine solche Spur kann sich in schluffigen Böden bilden. Der dritte Typ (Abb. 3.29c) ist ohne Seitenpolster und bildet sich im losen Sand oder Schnee.

Wenn das Rad beim Schlupf mit dem Boden zusammenwirkt, z. B. bei Zugfahrt, wird die Struktur erheblich beschädigt (Bodenscherung), was auch in der Spur sichtbar ist. Im Beispiel von Abb. 3.30 kann zerfallener Boden beobachtet werden. Die Fahrspur ist unregelmäßig und dann normalerweise flacher.

Die Tiefenzunahme infolge nachfolgender Radfahrten (Fahren in einer Kolonne) kann jedoch aus folgender Abhängigkeit ermittelt werden:

$$\Delta z = z\left[1 - e^{-\frac{1}{2n_i}}\right] \tag{3.73}$$

mit: n_i – i-tes Rad fährt in der Spur.

Abb. 3.30 Fahrspur nach Radübergang beim Schlupf

3.4.2 Rechnungsmethoden zur Bestimmung der Reifen-Boden-Kontaktfläche

Die Reifen-Boden-Kontaktfläche ist ein dreidimensionales (räumliches) Objekt und seine Bestimmung ist ziemlich schwierig, insbesondere angesichts der Unbeständigkeit eines Reifenabdrucks auf dem Boden. Nach dem Passieren bleibt nur die Furche übrig und der vordere Teil der Kontaktfläche ist praktisch nicht geprägt, da er zum Zeitpunkt des Befahrens zerstört wird. Aus diesem Grund sind Modelle eine Art Vereinfachung des realen Zustands. Im Allgemeinen werden zwei- und dreidimensionale Modelle verwendet.

3.4.2.1 Zweidimensionale Modelle

Zweidimensionale Modelle beschreiben die Kontaktfläche als Draufsicht auf den Reifenabdruck in der Ebene. Dies sind normalerweise geometrische Figuren, eine Ellipse oder ein Ellipsoid.

3.4.2.1.1 Elliptische Kontaktfläche

Bei lockerem Boden und sogenannten Ballonreifen werden gute Ergebnisse erzielt, wenn die Kontaktfläche mit einer Ellipse abgebildet wird. Gemäß Abb. 3.31 ist die Kontaktoberfläche durch die folgende Formel gegeben:

$$A = \frac{1}{8}\pi db\left(\sin\alpha_0 + \sin\beta_0\right) \tag{3.74}$$

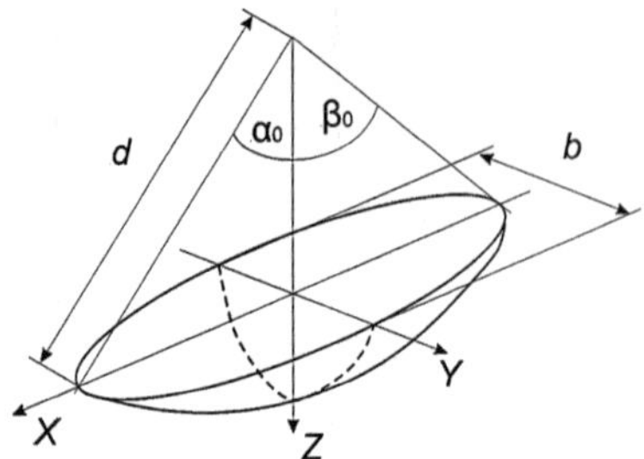

Abb. 3.31 Geometrie der Kontaktfläche

3.4.2.1.2 Elliptisch-parabolische Kontaktfläche

Die parabolische Form des Ellipsoidviertels spiegelt die Kontaktfläche eines Radialreifens mit beträchtlicher Breite gut wider. In diesem Fall wird die Oberfläche durch die folgende Formel beschrieben:

$$A = \frac{1}{3} db\left(\pi \sin \alpha_0 + \sin \beta_0\right) \tag{3.75}$$

3.4.2.1.3 Elliptisch-rechteckige Kontaktfläche

Die in der Land- oder Forstwirtschaft auftretenden Bodenverhältnisse sind aufgrund stark verformbarer Oberflächen mit großen plastischen Verformungen spezifisch. Folglich ist die Kontaktfläche nicht symmetrisch zu ihrer Querachse und hat den größten Teil vorne. Eine Methode zur Darstellung dieser Situation ist die Verwendung des Ellipsen-Rechteck-Modells.

Die Kontaktfläche besteht aus zwei Teilen, dem vorderen Teil, der Hälfte der Ellipse, und dem hinteren Teil, das ein Rechteck ist. Das Modell spiegelt gut das Zusammenwirken eines Radialreifens mit beträchtlicher Breite wider, und der rechteckige hintere Teil ist die richtige Form der Fahrspur, der nach dem Übergang des Rades gebildet wird. Die Kontaktoberfläche ist durch die folgende Formel gegeben:

$$A = \frac{1}{8} db\left(\pi \sin \alpha_0 + \sin \beta_0\right) \tag{3.76}$$

Gemäß Abb. 3.31 sind die geometrischen Parameter zur Bestimmung der Oberfläche nach den obigen Modellen die Winkel α_0, β_0 des Zusammenwirkens von Reifen und Boden. Sie werden aus folgenden Beziehungen ermittelt:

$$\alpha_0 = sin^{-1}\left(\frac{2}{d}\sqrt{\frac{d^2}{4}\left(\frac{d}{2} - z_0 - e\right)^2}\right) \tag{3.77}$$

$$\beta_0 = sin^{-1}\left(\frac{2\sqrt{de_R - e_R^{\ 2}}}{d}\right) \tag{3.78}$$

mit: z_0 – Fahrspurtiefe, e_R – radiale Reifenverformung auf dem Boden.

3.4.2.1.4 Das Superellipsenmodell

Hallonborg [35] hat vorgeschlagen, das Superellipsenmodell zur Darstellung der Kontaktfläche zu verwenden. Die Superellipsengleichung in einem orthogonalen Koordinatensystem lautet wie folgt:

$$\frac{x^n}{a^n} + \frac{y^n}{b^n} = 1 \tag{3.79}$$

Dabei bestimmt der Exponent n die Kontur der Oberfläche.

Für $n = 2$ ist die Kurve eine Ellipse mit ihren Achsen a und b. Wenn der Exponent $n > 2$ oder mehr ist, ändert sich die Form von einer Ellipse (Kreis) in einen Superkreis oder eine Superellipse. Wenn das n gegen unendlich geht, wird die Form zu einem Rechteck mit den Seiten a und b. Eine Möglichkeit, die analytische Form an die reale Form anzupassen, ist sehr vorteilhaft, da Formen, die die reale Kontaktfläche am besten darstellen, für jeden der vier Quadranten des Kontaktpfads ausgewählt werden können.

Die Kontaktflächengröße für eine achsensymmetrische Kontaktfläche wird dann mit der folgenden Gleichung berechnet:

$$A = 2\int_0^{a_1} \left(1 - \frac{x^n}{a_1^n}\right)^{\frac{1}{n}} dx + 2\int_0^{a_2} \left(1 - \frac{x^m}{a_m^2}\right)^{\frac{1}{m}} dx \tag{3.80}$$

Wenn die Kontaktfläche asymmetrisch ist oder aus vier verschiedenen Quadranten besteht, wird die Kontaktflächengröße mit vier statt zwei Integralen berechnet.

Die vorgestellten zweidimensionalen Modelle zeichnen sich durch eine wesentliche Vereinfachung aus, d. h., sie berücksichtigen nicht die vertikale Abmessung, sodass die ermittelte Fläche kleiner ist als die tatsächliche. Darüber hinaus berücksichtigen sie nicht viele Auswirkungen, beispielsweise den Schlupf oder den Protektor der Traktorreifen. Sie werden jedoch gerne in der Ingenieurspraxis verwendet und die erzielten Ergebnisse sind zufriedenstellend.

3.4.2.2 Dreidimensionale Modelle

3.4.2.2.1 Hyperflächenmethode

Wenn eine räumliche Darstellung der Kontaktfläche erforderlich ist, werden dreidimensionale Modelle verwendet. Ein Beispiel ist die sogenannte Hypersurface-Methode [36]. Es wurde davon ausgegangen, dass die Kontaktfläche in zwei Teile unterteilt ist, vorne und hinten. Im vorderen Teil des Kontaktbereichs vor der Radachse bewegt das Rad den Boden nach unten, während der Boden hinter der Radachse als Effekt der Entspannung aufwärtsbewegt wird (er steht auf). Es wurde auch davon ausgegangen, dass sich der Reifen in drei Richtungen, radial, seitlich und in Längsrichtung auslenkt. Die seitliche Durchbiegung des Reifens ist symmetrisch. Drei Koordinaten der Kontaktfläche werden für die beiden Teile bestimmt und anhand dieser Koordinaten kann die Größe der Kontaktfläche berechnet werden. Diese Methode hat semiempirischen Charakter, da zur Parametrisierung der Gleichungen und zur Bestimmung der Kontaktfläche die Reifenabweichungen experimentell gemessen werden müssen.

Es wurden vier Messgeräte entwickelt, mit denen die folgenden geometrischen Maße bestimmt werden konnten:

- Radiale und longitudinale Durchbiegungen des Reifens während der Radbewegung
- Seitliche Verformung des Reifens mittels einer Kamera
- Die Höhe, die der Boden unter dem Reifen im vorderen Teil der Fahrspur erreicht hat
- Querschnitt des Reifens und der Fahrspur

Diese etwas komplizierte Methode wurde verwendet, um eine Beziehung zwischen der Zugkraft und der Kontaktfläche für einen Traktorreifen auf schluffigem Sand zu bestimmen.

3.4.2.2.2 Kontaktvolumenmethode

Wenn ein nahezu starres Objekt in ein nachgiebiges Medium eingreift, wird davon ausgegangen, dass es zu einer Verformung nur bei dem anfälligen Kontaktmaterial kommt. Diese Annahme wurde häufig in Modellen verwendet, die die normale Kontaktkraft basierend auf der Eindringtiefe berechnen. Petersen und McPhee [37] haben einen Ansatz vorgeschlagen, der im Gegensatz zu den meisten anderen nachgiebigen Kontaktmodellen, die bei der Reifenmodellierung verwendet werden, die Kontaktkräfte auf der Grundlage der volumetrischen Eigenschaften der beiden in Kontakt stehenden Körper bestimmt. Das auf volumetrischen Eigenschaften basierende Kontaktmodell wird für das Modell der linearen elastischen Grundierung abgeleitet. Das elastische Fundament kann man sich als Matratze aus linearen elastischen Federn vorstellen. Wenn ein Körper mit diesem Fundament in Kontakt kommt, wird angenommen, dass der Kontaktdruck proportional zur Deformationstiefe der Oberfläche vom Körper ist. Aufgrund der hohen Nichtlinearität weicher Böden muss das linearelastische Fundament durch ein Bett aus hyperelastischen Federn ersetzt werden. Dies entspricht der Darstellung der Druckverteilung in der Fundamentschnittstelle mit den Druck-Setzung-Beziehungen typischer terramechanischer Bodenmodelle (Bekker-Modell und seine Modifikationen). Darüber hinaus kann der Reifen selbst große Durchbiegungen erfahren und ein hyperelastisches Reifenmodell verdient viel besser als herkömmliche elastische Modelle.

Auf diese Weise wurde ein Hyper-Volumen-Modell erstellt, dessen Vorteile von Petersen und McPhee [37] belegt werden. Die Autoren haben ihre Hypervolumenmodelle mit einem Normalkraftmodell zur Berechnung der Reifenkräfte verglichen: Antriebskraft und Rollwiderstand. Der Vorteil einer volumenbasierten Berechnung der Normalkraft besteht darin, dass ein geschlossener Ausdruck gefunden werden kann, der die rechnerisch zeitaufwändigen Integrale der Drucksetzungsbeziehung von Bekker ersetzt. Die volumenbasierten Modelle wurden beispielsweise in Planeten-Rover-Simulationen als ursprüngliche Modifikationen eines Multibodysystems verwendet.

3.4.3 Experimentelle Verfahren zur Bestimmung der Reifen-Boden-Kontaktfläche und Fahrspurgeometrie

In der Ingenieurpraxis wird üblicherweise das Verfahren zum Abdrucken des Reifens auf dem Boden verwendet, das darin besteht, ein Blatt Papier oder eine Folie zwischen den Reifen und den Boden zu legen, während die Reifenlauffläche mit Tinte oder Farbe bedeckt ist. Nachdem das Rad mit dem Reifen auf der Oberfläche platziert wurde, wird die Last aufgebracht, wonach das Rad angehoben wird und das Blatt mit der Kontaktspur zur weiteren Analyse genommen wird.

Zu Forschungszwecken werden auch genauere Verfahren verwendet, wie beispielsweise das Gipsverfahren, bei dem der Eindruck des Reifens im Boden abgegossen wird. Der Abguss wird dann analysiert, es ist jedoch möglich, die 3D-Scan-Methode oder die Fotogrammetrie zu verwenden.

Eine andere Methode ist die Verwendung von Drucksensoren, die an der Lauffläche des Reifens angebracht sind.

Fotogrammetrie ist die Methode, Messungen von Fotos vorzunehmen, insbesondere, um die exakten Positionen von Oberflächenpunkten zu ermitteln. Diese Methode eignet sich sowohl für die Analyse der Gipsformen als auch für die Rekonstruktion des Rohreifenabdrucks im Boden.

3.4.3.1 Anwendungsbeispiele für die Abdruckmethode

A. KRAZ-255B-Lastwagen

KRAZ-255B-Lastwagen wurden beim Bau von Gegenlaufschächten an der Weichsel im Südosten Polens in der Nähe der Stadt Kazimierz Dolny eingesetzt. Die Autos transportierten den Boden vom Ort der Beschaffung auf einer Strecke von wenigen Kilometern zur Baustelle, wobei sie Asphaltstraßen wegen der übermäßigen Belastung der Achse umfuhren. Aufgrund der Gefahr der Bodenverdichtung war es erforderlich, den Kontaktdruck zu bestimmen, um dann mit dem zulässigen Wert (140 kPa) zu vergleichen. Da die Messung nur unter Feldbedingungen möglich war, wurde die Methode des Reifenabdrucks gewählt. Der vorbereitete LKW wurde mit dem Bagger nacheinander angehoben, erst die Vorderachse, dann beide Hinterachsen. In der angehobenen Position wurde die Lauffläche des Reifens mit Tinte bedeckt und ein Blatt Karton auf den Boden gelegt. Die Achse wurde etwa fünf Sekunden lang abgesenkt und erneut angehoben, um das Blatt Papier mit einem Fußabdruck zu entfernen.

Die Endwerte der Kontaktfläche sowie die Einheitsdrücke sind in Tab. 3.3 enthalten. Die Ergebnisse bestätigten, dass sich das leere Fahrzeug ohne Gefahr der Bodenverdichtung auf dem Boden bewegen kann, während im beladenen Zustand die auf die Oberfläche ausgeübten Drücke zu hoch sind und es notwendig ist, die vorübergehend aus Stahlbetonplatten gebauten technologischen Straßen zu verwenden.

B. Ackerschlepper auf dem landwirtschaftlichen Boden

Die Bestimmung der Kontaktfläche eines Ackerschlepperreifens ist aufgrund der Tendenz, den Kontaktdruck zu verringern und die Bodenverdichtung zu reduzieren, wichtig. Die

Tab. 3.3 Ermittlung der Kontaktfläche und Einheitsdrücke für KRAZ-255B-Lastwagen

KRAZ 255B	
Leermasse	12.170 kg
Beladung	7500 kg
Totalmasse	19.670 kg
Bereifung	1300 × 530 mm (Ø × Breite)
Vorderachse (2 × 2724 kg) = 5450 kg	
Linksrad	Rechtsrad
0,2016 m²	0,1898 m²
132,53 kPa	140,77 kPa
Hinterachse (4 × 3555 kg) = 14,220 kG	
1. Rad	
0,3071 m²	0,2536 m²
113,50 kPa	137,43 kPa
2. Rad	
0,2003 m²	0,2378 m²
174,02 kPa	146,56 kPa

Kontaktfläche und der resultierende Einheitsdruck können eine Kriteriumzahl sein, z. B. bei der Auswahl von Reifen oder bei der Auswahl eines Fahrzeugs, wenn zwei oder mehr Traktoren verfügbar sind.

Die Untersuchungen wurden mit zwei Varianten der Lössböden mit einer ähnlichen. Luftfeuchtigkeit von 30 % durchgeführt. Die ersten Tests wurden nach der Kultivierung auf dem Boden bis zu einer Tiefe von etwa 7 cm gelösten, mit sichtbaren Nachernterückständen durchgeführt. Im zweiten Fall wurde die Untersuchung auf dem bis in 25 cm Tiefe gepflügten Boden durchgeführt.

Es wurde die Reifen-Abdruck-Methode wurde eingesetzt. In den Tests wurden zwei Traktoren mit unterschiedlichen Gesamtgewichten (CASE Farmall 95A und JOHN DEERE 5075E) verwendet. Beide Traktoren hatten Radialreifen. Der Fahrer des Traktors fuhr auf der zuvor vorbereiteten Plattform Abb. 3.32. Dann wurden die Aschen angehoben, sodass die Rampen entfernt werden konnten, und auf dem Boden konnten die Polypropylenmatten Abb. 3.33 ausgebreitet werden. In der Anfangsphase der Forschung wurde versucht, Papierblätter zu verwenden, aber die Blätter hielten der Druckkraft nicht stand (hohe Reifenprotektor!) und wurden vollständig zerstört, sodass Messungen nicht möglich waren.

Der ermittelte Einheitsdruck liegt im Bereich von 0,0234 bis 0,0386 MPa. Die Testergebnisse unterscheiden sich je nach Bodenbearbeitungsmethode geringfügig. In dem Boden, der bis zu einer geringeren Tiefe kultiviert wurde, ist zu sehen, dass der Druck der Einheit höher ist, während der Boden, der bis zu einer Tiefe von etwa 25 cm gepflügt ist, durch einen niedrigeren Einheitsdruck gekennzeichnet ist. Der reduzierte Druck resultiert aus dem Kontakt des Reifens mit dem Boden auf einer größeren Fläche.

Zum Vergleich wurde die Analyse der Spur durchgeführt, die das Vorderrad des CASE-Schleppers auf dem Boden hinterlassen hat, während er bis zu einer Tiefe von etwa 7 cm

Abb. 3.32 Bestimmung der Kontaktfläche mit der Abdruckmethode

Abb. 3.33 Polypropylenmatten zur Kartierung der Kontaktfläche zwischen Reifen und Boden

gezüchtet wurde. Die Bestimmung der Kontaktfläche des Rades mit dem Boden wurde anhand des Fotos der Fahrspur durchgeführt, die das Fahrzeug auf der Bodenoberfläche hinterlassen hat. Basierend auf Berechnungen, die auf die gleiche Weise wie oben durchgeführt wurden, beträgt die Reifen-Boden-Kontaktfläche 0,187622047 m^2, daher beträgt der Kontaktdruck 0,03920 MPa Abb. 3.34.

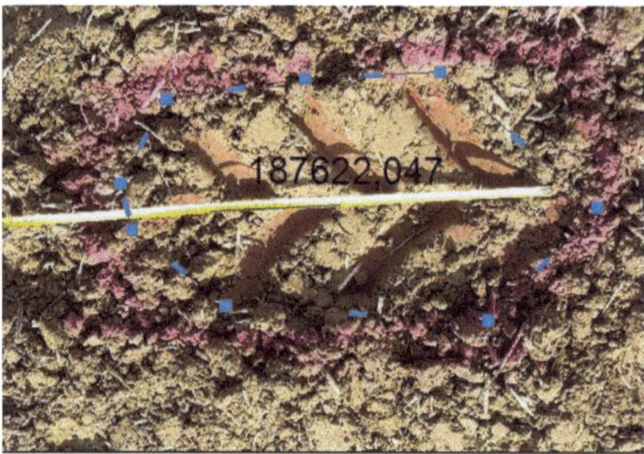

Abb. 3.34 Reifenspur auf Boden mit sichtbaren Markierungen

3.4.3.2 Verwendung von Drucksensoren

Mohsenimanesh und Ward [38] haben eine Methode zur Abschätzung des dreidimensionalen (3D) Abdrucks eines Reifens entwickelt. Die Methode basierte auf gemessenen Werten des Kontaktdrucks an der Boden-Reifen-Kontaktfläche und der Radkontaktlänge, die aus den Kontaktdrücken sowie den Tiefen und Breiten der im Boden gebildeten Spurrillen bestimmt wurden. Der 3D-Abdruck wurde in einem weichen Lehmboden bestimmt. Der Reifen wurde mit sechs Miniaturdrucksensoren ausgestattet, drei an der Stollenfläche und die restlichen drei im Bereich unter der Lauffläche zwischen zwei Stollen. Der instrumentierte Reifen wurde mit einer konstanten Vorwärtsgeschwindigkeit von 0,27 m/s und 23 % Schlupf auf einem weichen Boden gefahren. Die 3D-Abdruckbewertung, die aus der in dieser Untersuchung verwendeten Boden-Reifen-Kontaktflächenspannung abgeleitet wird, ist eine einzigartige Methode, die das Trendprofil des 3D-Abdrucks präzise mit der gemessenen Spurtiefe in Beziehung setzen könnte.

3.4.3.3 Gipsabgussmethode

Farhadi et al. [39] führten eine Untersuchung der Kontaktfläche in Abhängigkeit von der Radlast und dem Reifendruck auf nicht organischem Tonboden mit einem Feuchtigkeitsgehalt von 11,2 bis 18,68 % durch. Die Tests wurden im Bodenkanal unter Verwendung der Einzelradeinrichtung durchgeführt, indem der Reifenabdruck im Boden direkt abgetastet und ein Gipsverband abgetastet wurde. Beim Vergleich der Methoden wurde herausgefunden, dass die erzielten Ergebnisse ähnlich sind und die Methode keine Wirkung erzielte. Mögliche Unterschiede betrafen Fälle mit dem höchsten Reifendruck und betrugen nicht mehr als 7 %. In Bezug auf die Wirkung der eingestellten Parameter kann Folgendes angegeben werden:

- Durch die Erhöhung der Radlastkraft nahm die Kontaktfläche zwischen Reifen und Boden zu und diese Beziehung war nahezu linear.
- Durch Erhöhen des Reifeninnendrucks wurde die Kontaktfläche verringert.
- Auch die Wirkung der Bodenfeuchtigkeit war ausgeprägt: Durch Erhöhung dieses Parameters wurde die Kontaktfläche vergrößert.

Die Forscher haben auch das Reifen-Boden-Kontaktvolumen bestimmt und die Beziehungen zur Rollwiderstandskraft abgeleitet (Kraftmessungen wurden auch bei gleichen Bodenbedingungen unter Verwendung der Einzelradeinrichtung durchgeführt). Die Beziehungen sind wie folgt:

$$F_R^A = 3062 \times A + 1394,268 \tag{3.81}$$

$$F_R^V = 1,253 \times V + 2304,136 \tag{3.82}$$

Die auf der ANOVA basierenden R^2-Werte für diese Beziehungen für die erhaltenen experimentellen Daten sind wie folgt:

- 0,613 für das $F_R{}^A$-Modell
- 0,933 für das $F_R{}^V$-Modell

Eine sehr hohe Genauigkeit des $F_R{}^V$-Modells, basierend auf der Kontaktvolumenmethode, zeigt, dass der Effekt der vertikalen Verformung des Bodens unter dem Reifen anders als bei 2D-Modellen beim Reifen-Bodenkontakt nicht außer Acht gelassen werden kann.

3.4.3.4 Eine fotogrammetrische Methode

Die Fotogrammetrie ist ein fotografisches Verfahren, bei dem mehrere überlappende Bilder zur Bestimmung der dreidimensionalen Geometrie verwendet werden. Diese Methode ist der Sichtweise mit zwei Augen sehr ähnlich. Stereovision ermittelt die Koordinatendifferenz eines Objekts in zwei Bildern. Diese Messung wird allgemein als Disparität bezeichnet. Das Hauptproblem, das zu lösen ist, um 3D-Koordinaten von zwei Kameras zu erhalten, ist das Problem des Übereinstimmens von Regionen (Disparity Mapping) zwischen zwei Bildern. Die Disparitätskarte zwischen zwei Bildern von einem kalibrierten Gerät kann dann verwendet werden, um die 3D-Position von Regionen im Bild relativ zu den Kameras zu bestimmen [40].

Die Kameras sind kalibriert, um Linsenverzerrungen zu beseitigen und die relative Verschiebung und Drehung zwischen den Kameras zu erhalten. Der Kalibrierungsprozess beseitigt auch jegliche Skalenmehrdeutigkeit und erfordert daher im Gegensatz zur Fotogrammetrie keine Skalierung. Die Disparitätsabbildung wird normalerweise erreicht, indem eine Korrelationsmetrik verwendet und eine Suche über die beiden Bilder durchgeführt wird. Das Durchführen einer umfassenden globalen Suche kann sehr rechenintensiv sein. Daher wird die epipolare Geometrie, die ein auf ein Bild projiziertes Merkmal als Linie auf das andere Bild abbildet, verwendet, um die globale Suche auf Liniensuchen zu reduzieren und dadurch die Recheneffizienz erheblich zu verbessern. Es gibt verschiedene Disparity-Mapping-Algorithmen, bei denen jedoch für Echtzeitmessungen nur recheneffiziente Algorithmen untersucht werden. Zwei Beispielalgorithmen sind Block Matching (BM) und Semi Global Block Matching (SGBM).

Botha et al. [41] untersuchten die Machbarkeit der Verwendung von Kameras zur Messung von 3D-Geländeprofilen, aus denen eine einzelne Spurtiefenmessung erhalten wird. Sie verwendeten zwei Minikameras, die an einem Testfahrzeug montiert waren. Die Autoren bestimmten die Genauigkeit der Messalgorithmen unter Verwendung einer Referenzspur aus einem in Beton gegossenen SUV-Reifen. Eine Punktwolke der Betonrinne wurde durch Messen der Oberfläche in einer CNC-Drehmaschine (Computer Numerical Control) unter Verwendung eines Straßenprofilierungslasers mit einer Genauigkeit von 50 µm erhalten. Das Rillenprofil wurde an den meisten Punkten innerhalb von 1,5 mm von der Referenz bei 15 Hz unter Verwendung des BM-Algorithmus bei einer Auflösung von 640 × 480 Pixel gemessen. Eine höhere Messgeschwindigkeit (60 Hz) war möglich, wenn die Genauigkeit innerhalb von 5 mm Auflösung ermittelt werden kann. Echtzeitmessungen der Fahrspurgeometrie können verwendet werden, um die Mobilität von Fahrzeugen im Gelände zu bestimmen, die sich aufgrund von Umgebungsbedingungen, z. B. Regen oder Schnee, schnell ändern können. Die beschriebenen Techniken können beim Sammeln von Geländedaten und Fahrzeugmobilitätsdaten hilfreich sein, die direkt verwendet werden können, um den Fahrer bei sicherheitsrelevanten Entscheidungen zu unterstützen.

Eine interessante Variante der fotogrammetrischen Methode zur Bestimmung der Reifen-Boden-Kontaktfläche wurde von Guthrie et al. vorgestellt [42]. Das Verfahren verwendet ein Paar Digitalkameras, die bis zu 300 Bilder pro Sekunde aufnehmen, sowie ein mechanisches Stabilisierungssystem, um sicherzustellen, dass die Kameras den Kontaktbereich bei jeder Radgeschwindigkeit oder Fahrzeugbeschleunigung erfassen. Die aufgenommenen Bilder werden mit der 3D-Computer-Vision-Technik verarbeitet. Diese Methode erfasst den Kontaktbereich zu jeder Zeit, wenn das Fahrzeug Hindernisse überwindet. Die Autoren haben das unverformte 3D-Profil eines Musterreifens, das Profil des Reifens beim Abrollen eines flachen Stücks sowie das 3D-Profil des Reifens beim Überfahren einer M24-Mutter ermittelt.

Die ersten Ergebnisse sind ermutigend und wahrscheinlich bietet das Verfahren eine gute Chance für eine breitere Anwendung, insbesondere für die Analyse der Zusammenarbeit von Reifen mit niedrigem Innendruck bei unebenen Oberflächen. Mit der Hochgeschwindigkeitsbilderfassung können Tests unter dynamischen Bedingungen mit hoher Geschwindigkeit und auch unter Übergangsbedingungen durchgeführt werden, beispielsweise während des Anfahrens oder Bremsens.

3.4.3.4.1 Anwendung der fotogrammetrischen Methode

3.4.3.4.1.1 Rekonstruktion der Kontaktfläche

Um eine 3D-Rekonstruktion der Kontaktfläche zu erhalten, wurde eine Computersoftware verwendet. Diese Software basiert auf 3D-Stereofotogrammetriealgorithmen und ermöglicht die Bestimmung von 3D-Punktkarten aus mehreren Aufnahmen eines Objekts. Auf der Spur angebrachte farbige Markierungen spielen die Rolle von Referenzpunkten und kalibrieren das Bemaßungsmodul. Daher ist es wichtig, dass diese Markierungen so klein wie möglich sind und möglicherweise bei verschiedenen Lichtbedingungen (Sonneneinstrahlung usw.) sichtbar sind. Das Verfahren mit Markern wurde nach einigen ersten Versuchen mit Pulver auf den Boden aufgetragen – diese Methode war nicht erfolgreich.

Abb. 3.35 und 3.36 zeigen eine 3D-Rekonstruktion einer Reifen-Boden-Kontaktfläche, die mit der vorgestellten Methode erstellt wurde. Die Abbildungen zeigen zwei Ansichten dieser Rekonstruktion, neben und nach hinten.

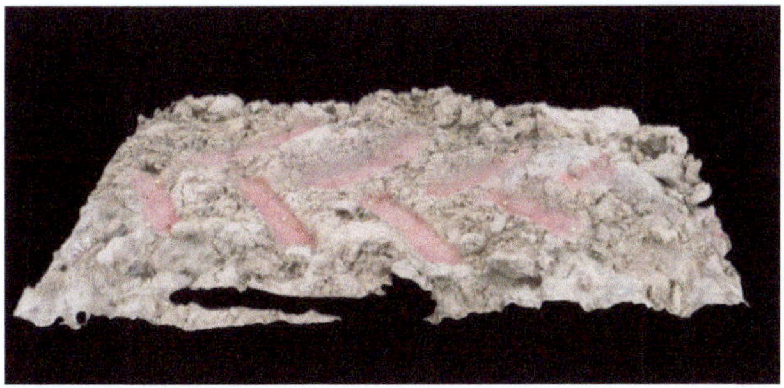

Abb. 3.35 3D-Rekonstruktion der Reifen-Boden-Kontaktfläche

Abb. 3.36 3D-Geometrie der Reifen-Boden-Kontaktfläche

Ein weiterer Schritt bei der Rekonstruktion der genauen Grenzflächen zwischen Reifen und Boden bestand in der Erstellung von Punktkarten mit Abmessungen, um eine vollständige Geometrie der Kontaktfläche zu erhalten. Die Ergebnisse dieses Verfahrens sind in Abb. 3.36 dargestellt. Hier werden durch die Rekonstruktion die ursprünglichen Farben des Bodens in eine parametrisierte Legende umgewandelt. Dies ermöglicht die Quantifizierung der Reifen-Boden-Kontaktfläche in Längenabmessungen, was zur Bestimmung der gesamten Fläche, der absoluten oder lokalen Flotation, der Abmessungen von Bodenaggregaten usw. verwendet werden kann.

3.4.3.4.1.2 Bestimmung der Zugkraft

Ein interessantes Beispiel für die Anwendung der fotogrammetrischen Methode ist die Bestimmung von Schubspannungen und Zugkraft. Basierend auf der Analyse der Traktorreifenspur auf dem Boden bestimmte er nämlich die Zugkraft am Fahrzeug. Das Verfahren basiert auf der Tatsache, dass die fotogrammetrische Methode verwendet wurde, um die Spur (Furche) des Reifens zu analysieren, nachdem der Traktor mit einem bestimmten Längsschlupf der Räder gefahren ist. Der Prüfstand bestand aus dem getesteten Traktor und einem Anhänger mit einer Last, wobei beide Fahrzeuge mit einem Seil und einem Dynamometer befestigt waren. Während des Tests versuchte der Traktorfahrer, einen konstanten Radschlupf aufrechtzuerhalten, sodass die Zugkraft relativ gleichmäßig war. Nachdem der Traktor vorbeigefahren war, wurden Fotos der Reifenspur aufgenommen und dann einer fotogrammetrischen Analyse unterzogen.

Die Aufgabe bestand darin, Spuren horizontaler Verformung auf der Bodenoberfläche zu identifizieren. Im vorliegenden Fall helfen die Reifenstollen.

Die Berechnungen wurden für Lössboden bei zwei Luftfeuchten durchgeführt: 6 % und 24 %. Die Werte der K-, C- und Φ-Koeffizienten wurden der Literatur entnommen. Die Normalspannung wurde auf der Grundlage der fotogrammetrischen Analyse des Reifenfußabdrucks (durch die Methode zum Absenken und Anheben des Traktors) bestimmt.

Dann wurden die Werte der linearen Verschiebung der charakteristischen Punkte des Reifenfußabdrucks aus dem fotogrammetrischen Bild abgelesen:

- Für Böden mit einem Feuchtigkeitsgehalt von 6 % j = 0,0065 m
- Für Böden mit einem Feuchtigkeitsgehalt von 24 % j = 0,0094 m

Die obigen Werte wurden für die Tangentialspannungsberechnungen übernommen, die nach der Bekker-Formel durchgeführt wurden. Damit wurde die Tangentialspannung bestimmt:

- Für trockenen Boden (6 %) $\tau = 438{,}4$ kPa
- Für feuchten Boden (24 %) $\tau = 304{,}9$ kPa

Schließlich wurde der Zugkraftwert berechnet:

- Für trockenen Boden (6 %) $F_X = 15{,}52$ kN
- Für feuchten Boden (24 %) $F_X = 22{,}31$ kN

Die Überprüfung der Methode war dank der Messung der Zugkraft möglich, zusätzlich wurde die Messung des Rollwiderstands des Traktors durchgeführt, sodass die erhaltenen Analyseergebnisse mit den Messergebnissen verglichen wurden. Das Endergebnis ist ermutigend, der Methodenfehler liegt in der Größenordnung von einigen Prozenten.

3.4.4 Druckverteilung in der Berührungsfläche

Die Fahrelemente, Reifen oder Kettenmechanismen berühren die Lauffläche mit dem Boden. Unter dem Einfluss der während des Fahrens auftretenden und vom Fahrzeug übertragenen Lasten (vertikale Last, Antriebsmoment, Querkraft) auf den Boden werden auf der

Oberfläche zwischen dem Reifen (Raupe/Ketten) und dem Boden Kontaktkräfte erzeugt. Wenn wir davon ausgehen, dass sich die Kontaktkräfte gleichmäßig auf der Kontaktfläche verteilen, können wir das semiempirische Bekker-Modell verwenden. Wie die Intuition vermuten lässt und vor dem Hintergrund zahlreicher Forschungsarbeiten in diesem Bereich, ist die Verteilung der Kontaktkräfte insbesondere für das mit Rädern versehene Antriebselement nicht gleichmäßig. Für die Pionierarbeiten von Söhne, die die zweidimensionale Verteilung des Einheitsdrucks auf der Kontaktfläche zwischen dem Reifen und dem Boden beschreiben, lohnt es sich zu lesen. Darüber hinaus haben sich viele Forscher mit der Frage der Bestimmung der Druckverteilung an der Kontaktfläche beschäftigt.

Um zum Bekker-Modell zurückzukehren, ist zu beachten, dass die Bestimmung der Zugkräfte mit hoher Genauigkeit auf der Grundlage der folgenden Integralformeln möglich ist. Es ist jedoch notwendig, die Verteilung des Einheitsdrucks oder genauer die beiden Komponenten, Tangente und Normal zu bestimmen. Dieses Problem wird in diesem Unterabschnitt behandelt.

Wie bereits erwähnt, befasste sich Söhne mit der Untersuchung der Druckverteilung auf der Kontaktfläche. Es wurde festgestellt, dass sich die Druckverteilung entlang der Längsachse des Reifens (in der Mitte) ändert, sodass er im Anfangsteil ansteigt und dann auf einem bestimmten Niveau fixiert wird, was das Ergebnis einer Reifenabflachung sein kann. Der dritte Teil der Verteilung läuft auf etwa null herunter. Die Druckverteilung, die entlang der Achse und nicht in der Mitte, näher an den Schultern des Reifens bestimmt wird, hat einen ähnlichen Charakter, wobei andere Werte im Vordergrund stehen (kleiner, größer).

Söhne definierte drei Radmodi, für die es eine charakteristische Form der Druckverteilung gibt:

- Gezeichnetes Rad
- Nicht ziehendes Antriebsrad
- Ziehendes Antriebsrad

Die Druckverteilung auf der Aufstandsfläche hängt von der Art des Rades ab, die tangentiale Komponente erscheint beim Antriebsrad und erreicht viel höhere Werte für das Antriebsrad – das ist der Fall des Schlupfes. Außerdem ändert sich die Richtung der Auswirkung der resultierenden Bodenreaktion auf den Reifen.

Der Traktorreifen mit hohem Stollen bewirkt eine beträchtliche Ungleichmäßigkeit in der Druckverteilung, die ein Maß für die Standardabweichung von bis zu 100 % ist. Die Ungleichmäßigkeit der Verteilung nimmt mit der Entfernung vom Reifen – der Tiefe der Messung – ab. Die Ergebnisse, die diese These bestätigen, wurden von Hammel [43] erhalten.

3.4.4.1 Verfahren zur Bestimmung der Verteilung von Druck- und Spannungskomponenten auf der Kontaktfläche

3.4.4.1.1 Analytische Methoden

Zur Bestimmung der Verteilung von Spannungen auf der Kontaktfläche können analytische Verfahren angewendet werden, die darin bestehen, den Boden als viskoelastisches oder plastisch-viskoelastisches Medium zu modellieren. Je nach erforderlicher Auflösung und dem erwarteten Ergebnisbereich kann das Bodenzentrum mit der Methode der finiten oder diskreten Elemente modelliert werden. Eine beachtliche Schwierigkeit bei analytischen Methoden ist die Notwendigkeit der Parametermodellierung sowie die Durchführung von Verifikationsmessungen. Um die Spannungsverteilung durch das Analyseverfahren zu bestimmen, müssen der Verlauf und die Werte der äußeren Lastkräfte eingestellt werden. Dies ist analytisch möglich oder es können die Versuchsläufe verwenden werden, d. h. Kräfte, die mit einer Radmessnabe gemessen werden. Ein weiterer wichtiger Schritt ist die Bestimmung von Materialkonstanten, bei denen es sich bei rheologischen Modellen um Elastizitätsmodule und Viskosität des untersuchten Bodens handelt.

Ein Beispiel ist die Arbeit von Wanjii et al., bei der ein dreiteiliges Maxwell-Modell verwendet wurde, bei dem Gleichungen für die Tangens- und Normalspannungskomponenten in Abhängigkeit von der horizontalen x-Koordinate und dem Winkel des Zusammenwirkens zwischen dem Reifen und dem Boden θ erhalten wurden [27].

Hiroma et al. [22] haben das viskoelastische Bodenmodell, das Voigt-Modell mit drei Elementen, zur Berechnung der Spannungsverteilung unter einem Rad verwendet. Dieses Modell zeigt eine elastische Nachwirkung und ein Spannungsrelaxationsverhalten. Reibung und Adhäsion wurden entlang der Bodenoberfläche des Bodens berücksichtigt. Um das bekannte Coulomb-Kriterium für Scherbeanspruchung zu erweitern, führten die Autoren ein Kontaktproblem zwischen dem Rad und dem Boden ein, wobei der hohe Feuchtigkeitsgehalt des Bodens berücksichtigt wurde.

Abgrenzung des Zusammenwirkens von Rad und Boden für zwei Phänomene wurde eingesetzt: Anhaftung und Rutschen (Gleiten).

In dem Moment, in dem die Scherspannung zwischen dem Rad und dem Boden τ erreicht, tritt an der Kontaktfläche ein Gleiten auf. Die Kontaktbedingungen werden in drei Fälle unterteilt:

1. Offener Zustand: Der Spalt zwischen dem Rad und der Bodenoberfläche bleibt offen
2. Anhaftung: An der Kontaktfläche tritt kein Gleiten auf
3. Gleitzustand: Es tritt ein Gleitvorgang an der Kontaktfläche auf

Die Autoren haben angenommen, dass das Rad unter einer gegebenen Last sinkt und sich dann mit einem Schlupf bewegt. Die FEM-Berechnungsmethode wurde in dieser Studie verwendet. Das Bodenmodul der Steifigkeit G, das Volumenmodul K und die Bodenkoeffizienten der Viskosität η_G η_K, die die Materialparameter im Voigt-Modell sind, wurden aus nicht beschränkten Druckversuchen bestimmt. Die ringförmige Platte mit einem Durchmesser von 100 mm wurde verwendet, um die Haft- und Reibungskoeffizienten zu bestimmen.

Ein Beispiel für die Verwendung der FEM/DEM-Methode sind Nishiyama-Simulationstests [44]. Es wurden normale und tangentiale Beanspruchungen an einer Kontaktfläche eines auf trockenem Sand gefahrenen Reifens untersuchten. Die Forscher verwendeten ein eigenes 2D-FE-DEM-Modell mit Proportional-Integral-Differenzial-Regelung (PID). Ein einfaches Mittelungsverfahren für die Kontaktreaktionskraft wurde eingeführt: Über den unteren Teil des Reifenumfangs wurden Berechnungssegmente definiert, die sich ohne Drehung mit dem Reifen verschieben. Dann wurden die Kontaktspannungen segmentweise berechnet. Für die Analyse wurde angenommen, dass sich der

Reifen im starren Kontaktmodus befand und sich im stationären Zustand auf dem Modellsandgelände bewegen würde.

Die Integration von normalen und tangentialen Kontaktspannungen in Bezug auf den Rotationswinkel wurde dann angewendet, um die vertikale Kontaktlast, die Zugkraft, die Triebkraft (Umfangskraft) und den Rollwiderstand des Reifens durch parametrische oder semiempirische Analyse zu berechnen. Das Ergebnis der Fahrleistung, das durch die parametrische Analyse erhalten wurde, war ähnlich dem Ergebnis, das direkt unter Verwendung der FE-DEM-Analyse erhalten wurde. Im FE-DEM-Ergebnis wurde auch eine Vorwärtsverschiebung des konstanten Rotationswinkels für die maximale normale Kontaktspannung und des Winkels für die maximale tangentiale Kontaktspannung mit dem Anstieg des Schlupfes von 22 % beobachtet.

Lee bestimmte die Rad-Schnee-Kontaktspannungen mit der FEM-Methode [23]. Der Schnee wurde mit dem modifizierten Drucker-Prager-Cap-Materialmodell modelliert. Der Kontaktdruck und die Kontaktspannungen wurden für Schnee mit geringer Festigkeit und drei vertikale Reifenlasten bestimmt. In den Simulationen wurde der gesamte Bereich des Längsschlupf vorgeschrieben, sodass Radmodi identifiziert werden können. Die Simulationen wurden bei reinen Längs- und kombinierten Schlupfbedingungen durchgeführt. Die Umfangskraft, der Rollwiderstand, die Reifenverformung, die Schneedichte, der Kontaktdruck und die Kontaktschubspannungen wurden als Funktion des Längsschlupf und des Seitenschlupf erhalten. Verschiedene Radmodi wurden identifiziert und dienen als Schlüsselklassifizierer für erkennbare Muster bei der Reifen-Schnee-Wechselwirkung, wie z. B. Zonen mit Kontaktschubspannungen.

3.4.4.1.2 Experimentelle Methoden

Experimentelle Verfahren zur Bestimmung der Spannungsverteilung an der Reifen-Boden-Kontaktfläche lassen sich im Wesentlichen auf zwei Methoden reduzieren:

- Messung des Drucks zwischen Reifen und Boden unter Verwendung von am Reifen angebrachten Drucksensoren
- Messung von Drücken im Boden knapp unter der Oberfläche mit Drucksensoren

Es werden verschiedene Möglichkeiten, um Sensoren auf einem Reifen zu platzieren, verwendet, wobei sie normalerweise am Reifenschutz und zwischen den Laufbändern auf der Lauffläche montiert werden. Für die Sensoren, die im Boden platziert werden, ist es wichtig, dass sie so flach wie möglich sind, genau unter der Oberfläche. Sensoren, die in dieser Art von Forschung verwendet werden, werden normalerweise unter Verwendung von Dehnungsmessstreifen hergestellt. Solche Sensoren wurden auch vom Autor verwendet, um die Spannungen im Boden zu untersuchen. Sie werden in Kap. 4 ausführlich beschrieben.

Die Untersuchung der Druckverteilung auf der Kontaktfläche des Traktorreifens mit Lehmboden wurde von Raper et al. durchgeführt [45]. Der Parameter war in diesem Fall der Druck im Reifen. Die Druckverteilung wurde unter Verwendung von auf der Reifenlauffläche angebrachten Sensoren bestimmt. Es wurde festgestellt, dass die Verringerung des Reifeninnendrucks von 0,124 MPa auf 0,041 MPa eine Abnahme des Einheitsdrucks um etwa 34 % verursachte.

Die Spannungsverteilung auf der Kontaktfläche kann auch mit der in Kap. 4 beschriebenen Methode bestimmt werden.

Higa et al. haben die zweidimensionale Normalspannungsverteilung eines Rades experimentell gemessen [46]. Sie verwendeten eine sechsachsige Radmessnabe, um die Kontaktspannungen zu bestimmen. Ihr Ziel war es, die Wechselwirkungen eines Planetenroboterrades mit einem Mond- oder Mars-Regolith zu untersuchen. Die Radmessnabe besteht aus einem sechsachsigen Sensor und fünf Arten von „Kontaktteilen". Ein Kontaktteil ist am Sensor angebracht und die Spitze jedes Kontaktteils liegt auf der Radoberfläche frei. Die Spitzen der Kontaktteile befinden sich an zehn verschiedenen Punkten entlang der Breitenrichtung des Rades. Somit kann der Sensor die normale Spannungsverteilung an zehn spezifischen Punkten in der Radbreitenrichtung messen. Die Auflösung beträgt zehn Punkte in Radbreitenrichtung. Die Ergebnisse verdeutlichten, dass die Spannungsverteilung in der Breitenrichtung des Rades eine bergige Kurve mit dem Hochwert in der Mitte des Rades ist.

Nguyen et al. haben experimentelle Untersuchungen zur vertikalen Bodenreaktion und Kontaktdruckverteilung durchgeführt [47]. Als Testfahrzeug wurde ein 2WD Kubota L200 Schlepper eingesetzt. Das linke Vorder- und Hinterrad wurde mit drei Punktdrucksensoren mit einem Messbereich von 500 kPa ausgestattet. Ein Sensor wurde an der Lauffläche des Vorderreifens angebracht, um die normale Beanspruchung an der Kontaktfläche zwischen Reifen und Boden zu messen. Zwei weitere Sensoren wurden an der Vorder- und Vorderseite eines Stollens nahe der Mittellinie des linken Hinterreifens angebracht, um die Radial- und Scherbeanspruchung entlang der Boden-Reifen-Kontaktfläche zu messen. Diese Sensoren hatten Abmessungen von 6 mm Durchmesser und 0,6 mm Dicke mit vier dünnen Zuleitungsdrähten und reagieren nur auf normale Drücke. Die auf ein angetriebenes Rad einwirkende vertikale Bodenreaktion fand auf verschiedenen Bodenoberflächen, Traktoroperationen und Kombinationen aus statischer Radlast und Reifeninnendruck unter stationären Bedingungen statt. Zusätzlich wurden die Messungen der Radial- und Tangentialspannungen an der Boden-Reifen-Kontaktfläche gleichzeitig an der Vorder- und Stirnseite des Stollens nahe der Mittellinie des linken Hinterreifens unter Verwendung von Punktdrucksensoren durchgeführt.

Sandu et al. haben ein im Handel erhältliches Druckkissen verwendet [48]. Die Forscher haben den Kontaktdruck und das Einsinken der Räder eines leichten Bodenfahrzeugs (ATV) experimentell bestimmt. Die Reifensenkung wurde in der Breitenmitte des Abdrucks sowohl der Lauffläche als auch der Karkasse gemessen. Die Druckverteilung auf der Kontaktfläche wurde unter Verwendung eines eingebetteten Druckkissens aufgezeichnet, aus dem der Durchschnitts- und Spitzendruck (und der Differenzdruck) ermittelt wurden. Der Drucksensor hatte einen Messbereich von 861,8 kPa. Das Druckkissen enthielt einen Erfassungsbereich von 0,4359 × 0,3586 m, der ein 52 × 44-Raster von Erfassungsleitungen enthielt, um 2288 Erfassungen zu erzeugen. Pro 6,45 cm^2 Erfassungsfläche gab es ungefähr neun Erfassungen. In den Experimenten wurden Messungen jedes Mal durchgeführt, wenn das Testfahrzeug über Kombinationen von vier Parzellen sandigen Bodens, zwei Feuchtigkeitsgehalten, drei Nutzlasten und drei Geschwindigkeiten gefahren wurde.

3.4.5 Fazit

Sowohl die Kontaktfläche, der durchschnittliche Kontaktdruck als auch die Spannungsverteilung auf der Aufstandsfläche zählen zu den wichtigsten Maßnahmen für die Wechselwirkungen des Fahrelements mit dem Boden. In der logischen Abfolge dieses Buches bilden sie die Stufe des Verfahrens zur Bestimmung der Reifen-Boden-Wechselwirkungskräfte und schließlich der Fahrdynamik. Darüber hinaus ist der Kontaktdruck wahrscheinlich der einfachste und zugleich relativ zuverlässigste Parameter, der das Zusammenwirken des Fahrelementes mit dem Boden beschreibt. Praktische terramechanische Methoden basieren auf Kontaktdruckwerten, unter anderem den in Kap. 5 beschriebenen NGP- oder MMP-Modellen. Die Bestimmung der dreidimensionalen Kontaktfläche und der Verteilung von Spannungskomponenten ist viel fortgeschrittener und schwieriger. Schwierigkeiten ergeben sich vor allem daraus, dass die Kontaktfläche unter dynamischen Bedingungen entsteht und zusätzlich sowohl der Boden als auch der Reifen gleichzeitig verformt werden und die resultierende Kontaktfläche in der Regel uneben ist.

Literatur

1. Abd El-Gawwad, K. A., Crolla, D. A., Soliman, A. M. A., & El-Sayed, F. M. (1999). Off-road tyre modeling. Parts I – IV. *Journal of Terramechanics, 36*(1), 2.
2. Watyotha, C., & Salokhe, V. M. (2001). Pull, lift and side force characteristic of cage wheels with opposing circumferential lugs. *Soil and Tillage Research, 60*, 123–134.
3. Labanda, J., & Llorens, A. (2006). Structural model for thixxotropy of colloidal dispersions. *Rheological Acta, 45*, 305–314.
4. Pukos, A. (1985). The size of elementary deformation of soil medium. *Zeszyty Problemowe Postępów Nauk Rolniczych, 304*, 57–63. (auf Englisch).
5. Söhne, W. (1952). Die Kraftübertragung zwischen Schlepperreifen und Ackerboden. *Grundlagen der Landtechnik, Heft, 3/1952*, 75–87.
6. Steiner, M. (1978). Messungen für Triebkraft – Schlupf – Kurven verschiedener Ackerschlepperreifen in der Bodenrinne. Grundlagen der Landtechnik. *VDI, 28*(5), 169–208.
7. Tiwari, V. K., Pandey, K. P., & Pranav, P. K. (2010). A review on traction prediction equations. *Journal of Terramechanics, 47*(3), 191–199.
8. Wismer, R. D., & Luth, H. J. (1973). Off-road traction prediction for wheeled vehicles. *Journal of Terramechanics, 10*, 49–61.
9. Turnage, G. W. (1972). Tire selection and performance prediction for off-road wheeled vehicle operations. *Proceedings of the ISTVS conference* (Bd. 1, S. 61).
10. Rummer, R., & Ashmore, C. (1986). *Factors affecting the rolling resistance of rubber – Tired skidders* (ASAE Paper No. 86-1611, St. Joseph (MI) 49085).
11. Vechinski, C. R., Johnson, C. E., & Raper, R. L. (1998). Evaluation of an empirical traction prediction for forestry tires. *Journal of Terramechanics, 35*, 55–67.
12. Brixius, W. W. (1987). *Traction prediction equations for bias ply tires* (ASAE Paper No. 87 – 1622, St. Joseph (MI) 49085-9659).
13. Wong, J. Y. (2010). *Terramechanics and off-road vehicle engineering*. Elsevier.
14. Bekker, M. G. (1966). *Theory of land locomotion*. Ann Arbor Michigan Press.

15. Janosi, Z., & Hanamoto, B. (1961). Analytical determination of draw bar pull as a function of slip for tracked vehicles in deformable soils. *Proceedings of the 1st international ISTVS conference*, Turin.
16. Wong, J. Y., & Asnani, V. M. (2008). Study of the correlation between the performances of lunar vehicle wheels predicted by the Nepean wheeled vehicle performance model and test data. *Proceedings of the Institution of Mechanical Engineers, Part D: Journal of Automobile Engineering, 222*(11), 1939–1954.
17. Chan, B. J., & Sandu, C. (2014). Development of a 3-D Quasi-static tire model for on-road and off-road vehicle dynamics simulations: Part I–on-road flexible tire model. *International Journal of Vehicle Systems Modelling and Testing, 9*(1), 77–105.
18. Schmid, I. C. (1995). Interaction of vehicle and terrain results from 10 years research at IKK. *Journal of Terramechanics, 32*(1), 3–26.
19. Krenn, R., & Gibbesch, A. (2011). Soft soil contact modeling technique for multi-body system simulation. *Trends in Computational Contact Mechanics, **58***, 135–155.
20. Aubel, T. (1994). *Simulationsverfahren zur Untersuchung der Wechselwirkung zwischen Reifen und nachgiebiger Fahrbahn auf der Basis der Finite Elemente Methode.* Doctoral Thesis at the Institute of Automotive Engineering of the University of Federal Armed Forces, Hamburg.
21. Fervers, W. (2004). Improved FEM simulation model for tire-soil interaction. *Journal of Terramechanics, 41*(2–3), 87–100.
22. Hiroma, T., Wanjii, S., Kataoka, T., & Ota, Y. (1997). Stress analysis using FEM on stress distribution under a wheel considering friction and adhesion between a wheel and soil. *Journal of Terramechnics, 34*(4), 225–233.
23. Lee, J. H. (2011). Finite element modeling of interfacial forces and contact stresses of pneumatic tire on fresh snow for combined longitudinal and lateral slips. *Journal of Terramechanics, 48*, 171–197.
24. Shoop, S. A. (2001). *Finite element modeling of tire terrain interaction* (ERDC/CRREL Technical Report TR – 01–16).
25. Yong, R. N., & Fattah, E. A. (1976). Prediction of wheel-soil interaction and performance using the finite element method. *Journal of Terramechanics, 13*(4), 227–240.
26. Yong, R. N., Fattah, E. A., & Boonsinsuk, R. N. (1978). Analysis and prediction of tyre-soil interaction and performance using finite elements. *Journal of Terramechanics, 15*(1), 43–63.
27. Wanjii, S., Hiroma, T., Ota, Y., & Kataoka, T. (1997). Prediction of wheel performance by analysis of normal and tangential stress distribution under the wheel-soil interface. *Journal of Terramechanics, 34*(3), 165–186.
28. Nakashima, H., & Oida, A. (2004). Algorithm and implementation of soil–tire contact analysis code based on dynamic FE–DE method. *Journal of Terramechanics, 41*(2–3), 127–137.
29. Smith, W., & Peng, H. (2013). Modeling of wheel-soil interaction over rough terrain using the discrete element method. *Journal of Terramechanics, 50*(5–6), 277–287.
30. Zhou, L., Gao, J., Li, Q., & Hu, C. (2020). Simulation study on tractive performance of off-road wheel based on discrete element method. *Mathematical Biosciences and Engineering, 17*(4), 3869–3893.
31. Kongo, K. A., Rosu, I., Lebonb, F., Brardoa, O., & Devésa, B. (2013). On the modeling of aircraft tire. *Aerospace Science and Technology, 27*, 67–75.
32. Diserens, E. (2002). *Ermittlung der Reifen-Kontaktfläche im Feld mittels Rechenmodell.* Bericht der Eidgenössischen Forschungsanstalt für Agrarwissenschaft und Landtechnik (FAT), Nr. 613
33. Diserens, E. (2004). Wechselwirkung zwischen Fahrwerk und Ackerboden. *FAT-Berichte, 613*, 1–16.
34. Abeels, P. F. J. (1981). Interactions between tyre and soil, relations for the design of flexible toric casings. *Proceedings of the 7th ISTVS conference*, Calgary.

35. Hallonborg, U. (1996). Super ellipse as tyre – Ground contact area. *Journal of terramechanics, 33*(3), 125.
36. Błaszkiewicz, Z. (1990). A method for determination of the contact area between a tyre and the ground. *Journal of Terramechanics, 27*(4), 263–282.
37. Mc, P. W., & Phee, J. (2010). A study of volumetric contact modelling approaches in rigid tire simulation for planetary rover application. *International Journal of Vehicle Design, 64*(2–4), 262–279.
38. Mohsenimanesh, A., & Ward, S. M. (2010). Estimation of a three-dimensional tyre footprint using dynamic soil–tyre contact pressures. *Journal of Terramechanics, 47*, 415–421.
39. Farhadi, P., Golmohammadi, A., Shafiri, A., & Shahgholi, G. (2018). Potential of three – Dimensional footprint mold in investigating the effect of tractor tire contact volume changes on rolling resistance. *Journal of Terramechanics, 78*, 63–72.
40. Mikhail, E. M., Bethel, J. S., & MecGlone, J. C. (2001). *Introduction to modern photogrammetry*. Wiley.
41. Botha, T., Johnson, D., Els, S., & Sally Shoop, S. A. (2019). Real time rut profile measurement in varying terrain types using digital image correlation. *Journal of Terramechanics, 82*, 53–61.
42. Guthrie, A. G., Botha, T. R., & Els, P. S. (2017). 3D Contact Patch Measurement Inside Rolling Tyres. *Journal of Terramechanics, 69*, 13–21.
43. Hammel, K. (1994). Soil stress distribution under lugged tyres. *Soil and Tillage Research, 32*(1994), 163–181.
44. Nishiyama, K., Nakashima, H., Shimizu, H., Miyasaka, J., & Ohdoi, K. (2017). 2D FE–DEM analysis of contact stress and tractive performance of a tire driven on dry sand. *Journal of Terramechanics, 74*, 25–33.
45. Raper, R. L., & Bailey, A. C. (1995). The effect of reduced inflation pressure on soil – tire interface stresses and soil strength. *Journal of Terramechanics, 32*(1), 43–51.
46. Higa, S., Nagaoka, K., Nagatani, K., & Yoshida, K. (2015). Measurement and modeling for two-dimensional normal stress distribution of wheel on loose soil. *Journal of Terramechanics, 62*, 63–73.
47. Nguyen, V. N., Matsuo, T., Inaba, S., & Koumoto, T. (2008). Experimental analysis of vertical soil reaction and soil stress distribution under off-road tires. *Journal of Terramechanics, 45*, 25–44.
48. Sandu, C., Worley, M. E., & Morgan, J. P. (2010). Experimental study on the contact patch pressure and sinkage of a lightweight vehicle on sand. *Journal of Terramechanics, 47*, 343–359.
49. Pytka, J., & Tarkowski, P. (2011). A non-linear model for a turning wheel on deformable surfaces, 17th International Conference of the International Society for Terrain-Vehicle Systems – September 18–22, Blacksburg, Virginia, USA.

Spannung und Verformung im Boden unter fahrenden Fahrzeugen und Maschinen

4

4.1 Einführung

Messungen der Bodenspannungen und Verformungszustände in situ haben vor 50 und vielleicht mehr Jahren begonnen. Eine Reihe von veröffentlichten Artikeln liefern Archivdaten, wertvolle Ergebnisse und Einzelheiten der Instrumentierung. Aber vorläufig scheint es, als wären wir weit von der Standardisierung entfernt, das Thema erfordert noch viel Forschung. Methodische Probleme, unbewiesene Zuverlässigkeit von Messungen mit Dehnungsmessstreifen oder hydraulischen Wandlern, Bodenstrukturstörungen bei der Installation von Wandlern, Auswirkungen zahlreicher Einflussfaktoren auf gemessene Spannungswerte machen den Anwendungsbereich zu einem echten Minenfeld und jeder Schritt sollte mit der gebotenen Vorsicht durchgeführt werden. Nach Ansicht des Verfassers wäre eine Lösung ein Vergleich der experimentellen Ergebnisse, die mit klassischen Methoden und mit neuen Methoden erzielt werden. Dem würde eine detaillierte Untersuchung der mechanischen Ähnlichkeit der Messmethoden und der resultierenden Daten vorausgehen, und wie diese im Sinne der Mechanik unterschieden werden können. Das, wonach wir wirklich suchen, ist eine allgemeine Theorie für die Bodenmechanik, die das Verhalten eines bestimmten Bodens unter allen Bedingungen beschreibt.

Spannungen und Deformationen im Boden unter fahrenden Fahrzeugen oder Maschinen werden mit der Bodenverdichtung sehr stark korreliert, sie können auch als Bewertungsmaßstab für die Beschreibung und Modellierung des Fahrverhaltens im Gelände benutzt werden. Da die Kraftübertragung Reifen-Fahrbahn von der Scherfestigkeit und der Rollwiderstand von der Verformung des Bodens abhängig sind, können die Kraftschlussmechanismen über die gemessenen Spannungen und die Bodendeformationen interpretiert werden.

Während beim Befahren einer starren Fahrbahn nur der Reifen hyperelastisch verformt wird, entsteht im Gelände gleichzeitig eine Verformung des Bodens. Diese Verformung

J. Pytka, *Terramechanik und Geländefahrzeuge*, ATZ/MTZ-Fachbuch,
https://doi.org/10.1007/978-3-658-32013-3_4

verläuft in zwei Richtungen, vertikal und horizontal. Die Verformung des Bodens beeinflusst die Kräfte und Momente am Fahrzeug: Antriebskraft beim Beschleunigen, Rollwiderstand beim Rollen und Bremskraft am Bremsen. Die horizontale Verformung des Bodens bewirkt eine Verminderung des Kraftschlusses über den gesamten Bereich des Schlupfes. Durch die vertikale Verformung des Bodens vergrößert sich der Rollwiderstand. Die Größe und die Richtung der Bodenverformung hängt von verschiedenen Faktoren ab, steht jedoch physikalisch in Beziehung mit dem Spannungszustand im Boden. Die sogenannte konstitutive Gleichung (Spannung-Dehnung-Gleichung) ist für den Boden sehr schwer darstellbar. Dies beruht darauf, dass mehrere Faktoren auf die Bodenmechanik Einfluss haben.

Aus diesem Grunde lautet das Ziel dieses Kapitels, aus der Analyse von Bodenspannungen und Deformationen, basierend zumeist auf experimentellen Untersuchungen, nämlich Messungen von Bodendruck und -verschiebungen, gefolgt von deren Interpretation für unterschiedliche Bodentypen und -bedingungen, Belastungsmuster in Feldexperimenten mit verschiedenen Fahrzeugen und auf verschiedenen Boden durchzuführen und zu diskutieren.

Der größte Teil dieses Kapitels enthält Informationen, die auf den Forschungsergebnissen des Autors basieren. Darüber hinaus bietet dieses Kapitel einen kurzen Überblick über die Forschung an führenden Forschungszentren.

4.2 Theoretische Überlegungen

4.2.1 Spannung in einem Körper

Ein Spannungszustand muss definiert werden, wenn wir Spannungen in einem Körper betrachten. Zu diesem Zweck platzieren wir den zu untersuchenden Körper in einem orthogonalen Satz von Achsen. Der Nullpunkt ist der Punkt im Körper, an dem wir die Spannungen bestimmen wollen. Wir führen eine Notation für Spannungen ein und ordnen direkten Spannungen einen einzelnen Index zu, um die Ebene zu bezeichnen, auf der sie wirken, und zwei Indizes, um Scherspannungen zu bezeichnen: den ersten für die Ebene, den zweiten für die Richtung.

Nun beschreiben wir den vollständigen Spannungszustand an einem Punkt in einem Körper, indem wir Komponenten der Scherbeanspruchung und der Normalbeanspruchung auf den Flächen eines Elementarwürfels angeben. Unter der Annahme, dass die Spannungen gleichmäßig über die Oberfläche jeder Fläche verteilt sind, sind die Seiten des Würfels unendlich klein. Durch Division der Kräfte durch die Größe der Fläche erhalten wir neun Spannungskomponenten Abb. 4.1:

$$\begin{matrix} \sigma_x & \tau_{xy} & \tau_{xz} \\ \tau_{yx} & \sigma_y & \tau_{yz} \\ \tau_{zx} & \tau_{zy} & \sigma_z \end{matrix} \tag{4.1}$$

Abb. 4.1 Schema Spannungszustand

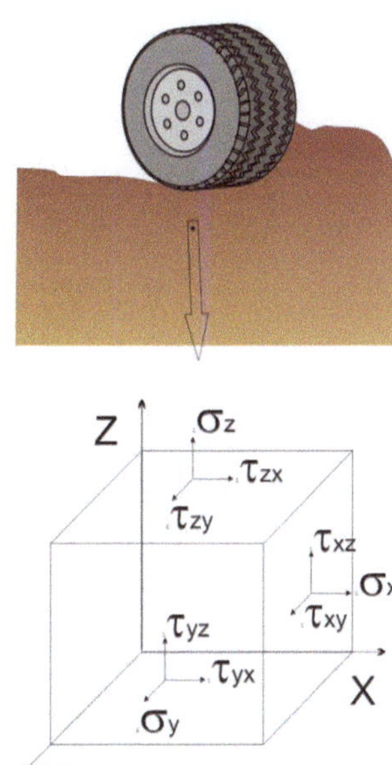

Dies ist ein Spannungstensor und die Komponenten σ_x, σ_y und σ_z sind normale tangentiale (positive) oder Kompressionsspannungen (negative), die auf drei orthogonale Achsen wirken. Die ruhenden Komponenten sind Schubspannungen. Der vollständige Spannungszustand wurde für eine Situation abgeleitet, in der tatsächliche Lasten auf einen Körper wirken und der Spannungszustand für ein beliebiges Achsensystem bestimmt wird. Es ist notwendig, den Spannungszustand auf anderen als beliebigen Ebenen zu untersuchen, auf denen die direkten Spannungen und die Schubspannungen größer sein können. Wenn wir Spannungen bestimmen wollen, die auf eine Ebene einwirken, die unter einem Winkel θ zur vertikalen Achse geneigt ist, können wir die direkte Spannung wie folgt auflösen:

$$\sigma_n = \sigma_X (\cos\theta)^2 + \sigma_Y (\sin\theta)^2 + \tau_{XY} \sin 2\theta \tag{4.2}$$

und Schubspannung:

$$\tau = \frac{\sigma_X - \sigma_Y}{2} 2\sin 2\theta - \tau_{XY} \cos 2\theta \tag{4.3}$$

In jedem Punkt unseres untersuchten Körpers können wir einen Basiswürfel mit Seiten parallel zu den Hauptebenen trennen. Mit anderen Worten, drei Achsenspannungen σ_x, σ_y, σ_z erreichen einen Maximal- oder Minimalwert, wenn

$$\frac{d\sigma}{d\theta} = 0 \tag{4.4}$$

Durch Auflösen der Gl. 4.2 erhalten wir die Bedingung für das Extremum σ_n: θ und $\theta + \pi/2$. Weiterhin entdecken wir durch Auflösen der Gl. 4.3, dass die Werte der Scherspannungen null sind. Diese direkten Spannungen werden als Hauptspannungen und mit σ_1, σ_2, σ_3 bezeichnet. Für die Hauptspannungen haben wir:

$$\sigma_1 > \sigma_2 > \sigma_3 \tag{4.5}$$

Für einen zweidimensionalen Spannungszustand haben wir nur zwei Hauptspannungen: σ_1 und σ_2.

4.2.2 Mechanische Verformungen

Kräfte, die auf einen Körper wirken, verursachen Längs- und Rotationsverschiebungen von Partikeln. Diese Verschiebungen können in drei Richtungen auftreten: x, y und z. Sie sind mit u, v bzw. w bezeichnet. Dehnung tritt auf, wenn mindestens zwei Partikel unterschiedliche Verschiebungen aufweisen. Ansonsten haben wir nur eine translatorische Bewegung: Der ganze Körper wird verschoben. Analog zu Spannungen können wir direkte und Scherdehnungen unterscheiden: ε und γ. Sie werden durch Normal- bzw. Schubspannungen verursacht. Direkte Dehnungen werden durch die Längenänderung eines Linienelements in einem Körper quantifiziert. Die direkte Dehnung für kleine Verschiebungen ist wie folgt definiert:

$$\varepsilon = \lim \frac{\Delta L}{L} \tag{4.6}$$

Wir können die direkte Dehnung durch die partiellen Differenziale in drei Hauptrichtungen quantifizieren:

$$\varepsilon_x = \frac{\partial u}{\partial x} \tag{4.7}$$

$$\varepsilon_y = \frac{\partial v}{\partial y} \tag{4.8}$$

$$\varepsilon_z = \frac{\partial w}{\partial x} \tag{4.9}$$

Die Scherbeanspruchung ist definiert als die Änderung des Winkels zwischen zwei zueinander senkrechten Linien am Punkt. Daraus können wir Gleichungen für drei Scherbeanspruchungskomponenten für kleine Rotationen ableiten:

$$\gamma_{xz} = \frac{\partial u}{\partial z} + \frac{\partial w}{\partial x} \tag{4.10}$$

$$\gamma_{xy} = \frac{\partial v}{\partial x} + \frac{\partial u}{\partial y} \tag{4.11}$$

$$\gamma_{yz} = \frac{\partial w}{\partial y} + \frac{\partial u}{\partial z} \tag{4.12}$$

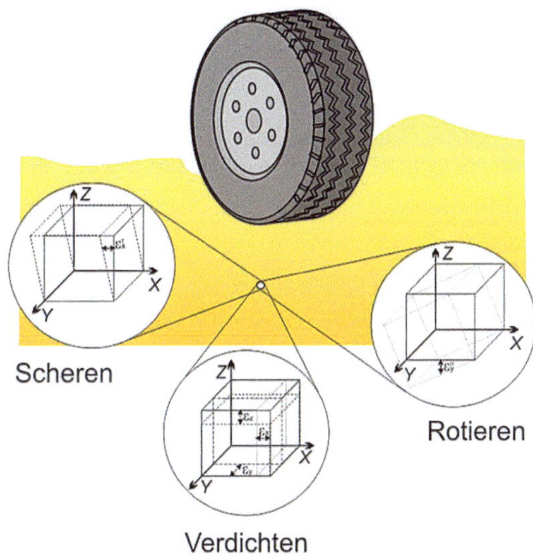

Abb. 4.2 Drei Arten von Verformungen. Copyright © 2013 From Dynamics of Wheel-Soil Systems. A Soil Stress and Deformation-Based Approach by Jaroslaw A. Pytka. Reproduced by permission of Taylor and Francis Group, LLC, a division of Informa plc.

In einem Bodenmedium können drei Arten von Verformungen unterschieden werden: Rotation, Scherung und Verzerrung. Da ein Boden eine Zusammensetzung aus zahlreichen Partikeln ist, die sehr kleinen Belastungen ausgesetzt werden können, ist es praktischer, die Bodenverformung zu berücksichtigen, die eine Summe aller Belastungen der Partikel darstellt. Abb. 4.2 zeigt diese Verformungen im Zusammenhang mit Elementardehnungen. Die am stärksten ausgeprägte Bodenverformung ist das Scheren, das zu einer Beschädigung der Bodenstruktur führt. Tatsächlich ist die Bodenverdichtung, die ein Produkt elementarer volumetrischer Belastungen ist, ein Prozess, bei dem die Partikel die Porenräume im Boden ausfüllen. Eine Erhöhung der Bodenschüttdichte, die häufig mit der Bodenverdichtung einhergeht, wird nicht nur durch direkte Belastungen, sondern auch durch das Abscheren von Bodenaggregaten verursacht.

4.3 Eine kurze Übersicht der Messmethoden

4.3.1 Messwertaufnehmer für Spannungsmessungen

Im Allgemeinen werden drei Arten von Druckmesswandlern zur Bestimmung der Bodenspannungen verwendet: (1) Sensoren mit Dehnungsmessstreifen, die auf elastische Verformungsmessfühler (Membran) geklebt sind, (2) hydraulische Sensoren, die ebenfalls elastischen Verformungen ausgesetzt sind, und (3) pneumatische Sensoren, bei denen sich eine Membran verformt, wenn die Luft (oder ein anderes nicht aggressives Gas) verdichtet wird (Abb. 4.3). Bei Druckmessumformern vom DMS-Typ besteht das Messelement aus Aluminium, selten aus Stahl, und piezoelektrische Materialien oder Halbleiter leiten das Signal weiter. Bei hydraulischen Sensoren bestehen die Elemente, die mit dem Boden in Kontakt sind, zumeist aus Gummi, Silizium oder selten aus Stahl; Flüssigkeiten, die den

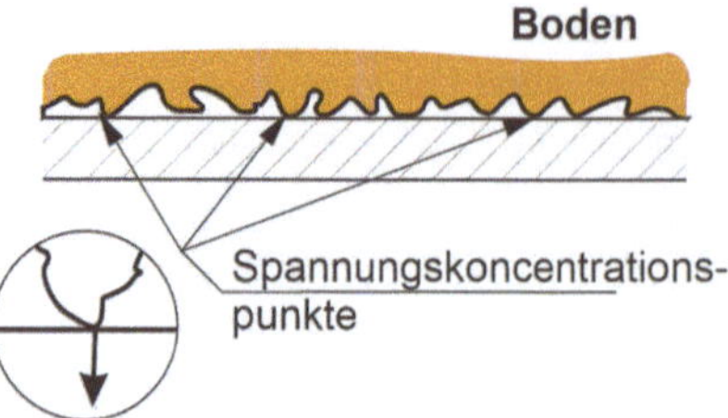

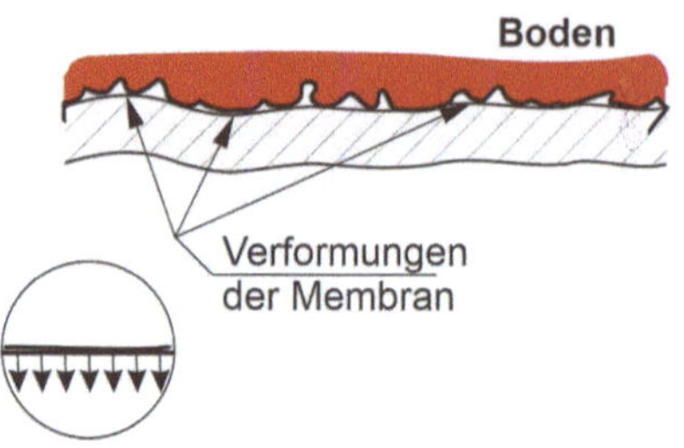

Abb. 4.3 Drei allgemeine Arten von Wandlern, die für Bodenspannungsmessungen verwendet werden

Druck übertragen, sind Silikonöle oder Wasser. Verformbare Membranen pneumatischer Sensoren bestehen üblicherweise aus dünnem Gummi [1].

Das für die verformbare Membran verwendete Material beeinflusst die Sensoreigenschaften, insbesondere Empfindlichkeit, Progressivität (oder Regression) und Hysterese. Gummi-, Silikon- oder Kunststoffmembranen gewährleisten die beste Empfindlichkeit, während Stahl- oder Aluminiummembranen normalerweise höhere Empfindlichkeitsschwellen aufweisen. Sie sind aufgrund des hohen Elastizitätsmoduls weniger empfindlich. Weichere Membranen führen zu einer Regression des Sensors, steifere Membranen verursachen Progressivität. Hydraulische Wandler neigen dazu, niedrigere Bodendrücke als die tatsächlich vorhandenen zu messen. Dies wird als der Effekt der Membranverformung erklärt (die Membransteifigkeit ist geringer als die Bodensteifigkeit). Mit Metallmembranen ausgerüstete DMS-Druckaufnehmer zeigen jedoch aufgrund der größeren Steifigkeit der elastischen Membran höhere Drücke an.

Man kann also von Unterregistrierung und Überregistrierung für hydraulische und elektrische DMS-Wandler sprechen. Eine schematische Funktionsweise der beiden Wandlertypen ist in Abb. 4.4 dargestellt. Wichtige Nachteile des hydraulischen Wandlers sind Probleme mit dem Hydrauliksystem, das flüssigkeitsdicht sein und dem aufgebrachten Hydraulikdruck standhalten muss. In der Praxis kann es sein, dass eine weiche Gummimembran den aufgebrachten Lasten nicht standhält. Ferner ist es schwierig, das Hydrauliksystem mit Öl oder Wasser zu füllen, während das System entlüftet wird. Einige Messfehler können von der Hysterese des Membranmaterials abhängen, die für Gummi, Silikon und Kunststoffe höher ist als für Stahl oder Aluminium.

Cooper et al. [2] waren die Ersten, die die Entwicklung eines DMS-Drucksensors für die Bodenuntersuchung beschrieben haben. Bei einem relativ komplexen Aufbau des Sensors wurden zwei elektrische Dehnungsmessstreifen verwendet, die auf die Unterseite

Abb. 4.4 Eine Hauptwirkung von zwei verschiedenen Arten von Bodenspannungswandlern: Dehnungsmessstreifen und ein hydraulischer Wandler

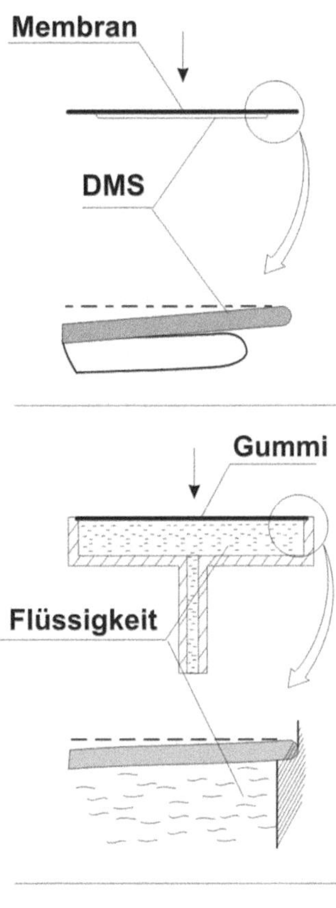

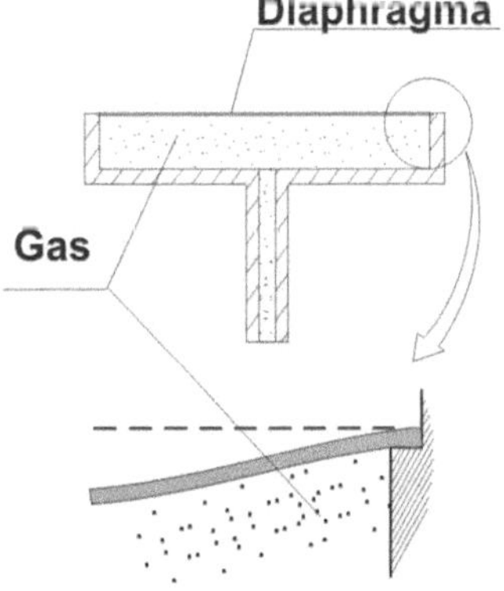

einer Edelstahlscheibe geklebt waren, die an eine runden Messingdose gelötet war. Zwei zusätzliche Messgeräte, die zum Temperaturausgleich und zur Vervollständigung einer Brückenschaltung verwendet wurden, wurden an die Innenwand der Dose geklebt. Diese Messgeräte waren beim Erfassen des Bodendrucks inaktiv. Eine leichte Durchbiegung des Diaphragmas aufgrund des Bodendrucks wurde als Änderung des Brückenwiderstands registriert. Der Wandler wurde kalibriert, indem die Zellen in ein mit Wasser gefülltes geschlossenes System gebracht und Druck auf die Flüssigkeit ausgeübt wurde.

Die Verwendung handelsüblicher DMS-Druckmesszellen als Messwandler ermöglichte die Entwicklung kleiner Sensoren mit sehr stabiler Leistung, die für statische Langzeitmessungen oder langsam variierende Messungen geeignet sind. Es ist zu beachten, dass hydraulische Sensorsysteme häufig unter mangelnder Hermetizität leiden und keine Langzeitmessungen zulassen. Nichols et al. [3] beschrieben die Konstruktion von DMS-Wandlern mit 6,35 mm Durchmesser und dünnem Diaphragma. Um das Spannungs-Dehnungs-Modul des Wandlers größer als das Bodenmodul zu halten, wurde Aluminium für die Scheiben gewählt, an denen die Dehnungsmessstreifen angebracht waren. Da die Messaufnehmer auf die Außenfläche der Aluminiumscheiben geklebt waren (um den Überstand über die Scheibenoberfläche zu minimieren), wurden die DMS mechanischen (Vibrationen, Stöße) und chemischen (Korrosion) Einflüssen des umgebenden Bodens ausgesetzt. Um den Einfluss von Seitenkräften auf die Druckmessungen zu minimieren, wurde die gesamte Kontaktfläche (Außenfläche) der Scheiben mit 0,1 mm dünnem Teflonband abgedeckt. Die Empfindlichkeit der Wandler lag im Bereich von 0,0016 bis 0,0025 mV/kPa und die Linearität lag zwischen 0,5 und 1,0 %.

Eine ausführliche Beschreibung der DMS-Aufnehmer für Bodenbelastungsmessungen findet der/die LeserIn in Kap. 6.

4.3.2 SST

Wie weiter oben in diesem Kapitel erwähnt, besteht ein Spannungszustandswandler (engl. *Stress State Transducer, SST*) aus einer Gruppierung von sechs Druckaufnehmern, die nahe beieinander angeordnet sind, damit die gemessenen Drücke in einen vollständigen Spannungszustand einschließlich der Hauptspannungen und ihrer Richtungskosinusse umgerechnet werden können. Der vorherige Abschnitt befasst sich hauptsächlich mit den einzelnen Wandlertypen, insbesondere DMS-Wandlern. In diesem Abschnitt werden Theorie, Berechnungen und Aufbau der gruppierten Wandler in einem SST beschrieben.

4.3.2.1 Eine allgemeine SST-Betriebstheorie

Der Spannungszustandswandler (SST), der zuerst von Nichols et al. [3] entwickelt wurde, erlaubt die Messung der axialen Spannungskomponenten σ_X, σ_Y und σ_Z sowie der normalen Spannungskomponenten σ_{N1}, σ_{N2} und σ_{N3}. Auf diese Weise können sowohl die Schubspannungskomponenten als auch die Hauptspannungen vor Ort quantifiziert werden. Dieser Spannungszustand im Bodenkontinuum, bestehend aus den drei Hauptspannungen σ_1, σ_2

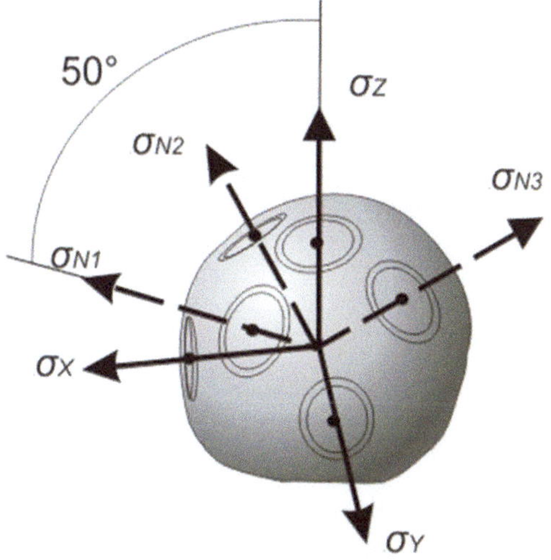

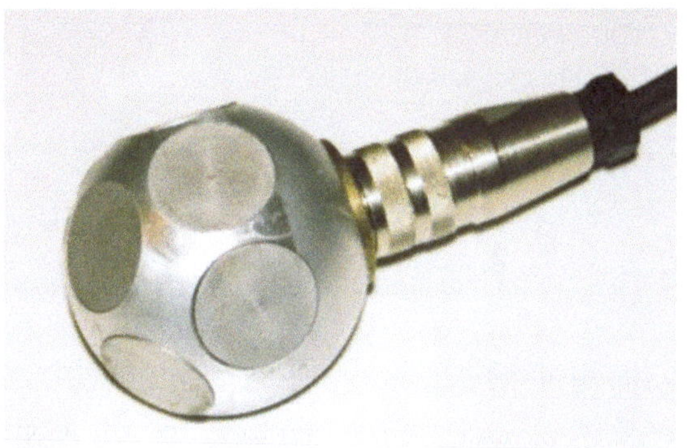

Abb. 4.5 Darstellung der SST-Geometrie

und σ_3, ist für volumetrische Bodenveränderungen bei Belastungen über der Bodenfestigkeit verantwortlich [4]. Abb. 4.5 zeigt eine schematische Darstellung der SST-Geometrie.

Abb. 4.6 zeigt ein Gleichgewicht eines sehr kleinen Tetraeders: OBCD. BCD ist eine beliebige Fläche, auf die die Kontaktkraft (oder Spannung) einwirkt.

Wenn l, m und n den Richtungskosinus bezeichnen, bei denen die Außennormale n zu den Koordinatenachsen X, Y bzw. Z geneigt ist, wird das Gleichgewicht des Tetraeders in den drei folgenden Gleichungen beschrieben:

$$(S-\sigma_x)l-\tau_{xy}m-\tau_{xz}n=0 \tag{4.13}$$

$$-\tau_{xy}l+(S-\sigma_y)m-\tau_{yz}n=0 \tag{4.14}$$

$$-\tau_{xz}l-\tau_{yz}m+(S-\sigma_z)n=0 \tag{4.15}$$

Dabei gilt: $\sigma_X, \sigma_Y, \sigma_Z$ – Spannungskomponenten entlang der Koordinatenachsen.

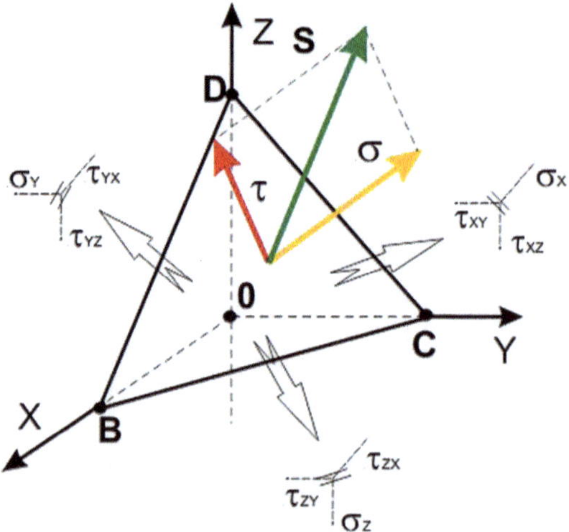

Abb. 4.6 Ein Gleichgewicht eines sehr kleinen Tetraeders

Die obigen Gl. 4.13, 4.14 und 4.15 ergeben eine Nichtnulllösung, wenn die Determinante gleich null ist:

$$S^3 - (\sigma_X + \sigma_Y + \sigma_Z) S^2 + (\sigma_Y \sigma_Z + \sigma_Z \sigma_X + \sigma_X \sigma_Y - \tau_{XY}^2 - \tau_{ZX}^2 - \tau_{YZ}^2) S + (\sigma_X \sigma_Y \sigma_Z + 2\tau_{YZ}\tau_{ZX}\tau_{XY} - \sigma_X \tau_{YZ}^2 - \sigma_Y \tau_{ZX}^2 - \sigma_Z \tau_{XY}^2) = 0 \quad (4.16)$$

Die nächsten Gleichungen stellen die Spannungsinvarianten vor:

- Bei Beanspruchungen in Normalenrichtung:

$$I_1 = \sigma_x + \sigma_y + \sigma_z = \sigma_1 + \sigma_2 + \sigma_3 \quad (4.17)$$

$$I_2 = -(\sigma_y \sigma_z + \sigma_z \sigma_x + \sigma_x \sigma_y) + \tau_{xy}^2 \tau_{zx}^2 \tau_{yz}^2 = -(\sigma_2 \sigma_3 + \sigma_3 \sigma_1 + \sigma_1 \sigma_2) \quad (4.18)$$

$$I_3 = \sigma_x \sigma_y \sigma_z + 2\tau_{yz}\tau_{zx}\tau_{xy} - \sigma_x \tau_{yz}^2 - \sigma_y \tau_{zx}^2 - \sigma_z \tau_{xy}^2 = \sigma_1 \sigma_2 \sigma_3 \quad (4.19)$$

- Für Scherspannungen:

$$J_1 = \sigma_x + \sigma_y + \sigma_z \quad (4.20)$$

$$J_2 = \frac{1}{6}\left[(\sigma_y - \sigma_z)^2 + (\sigma_z - \sigma_x)^2 + (\sigma_x - \sigma_y)^2\right] + \tau_{zx}^2 + \tau_{xy}^2 + \tau_{yz}^2 = \frac{1}{6}\left[(\sigma_2 - \sigma_3)^2 + (\sigma_3 - \sigma_1)^2 + (\sigma_1 - \sigma_2)^2\right] = \frac{1}{3}(I_1 + 3I_2) \quad (4.21)$$

$$J_3 = \sigma_x \sigma_y \sigma_z + 2\tau_{yz}\tau_{zx}\tau_{xy} - \sigma_x \tau_{yz}^2 - \sigma_y \tau_{zx}^2 - \sigma_z \tau_{xy}^2 = \frac{1}{27}(2I_1^3 + 9I_1 I_2 + 27I_3) \quad (4.22)$$

Der SST besteht aus sechs Sensoren in zwei Gruppen: drei Sensoren σ_X, σ_Y und σ_Z sind als willkürliche Ebenen positioniert und die anderen drei Sensoren σ_{N1}, σ_{N2} und σ_{N3} sind als zueinander orthogonale Ebenen angeordnet.

Wenn die drei willkürlichen und zueinander orthogonalen Drücke mit dem SST bestimmt werden, können auch die Schubspannungen berechnet werden:

$$\tau_{xy} = -0.75\left(\sigma_{N2} - \sigma_{N3}\right) + \frac{1}{2}\left(\sigma_x + \sigma_y + \sigma_z\right) \tag{4.23}$$

$$\tau_{xz} = -0.75\left(\sigma_{N1} - \sigma_{N3}\right) + \frac{1}{2}\left(\sigma_x + \sigma_y + \sigma_z\right) \tag{4.24}$$

$$\tau_{yz} = -0.75\left(\sigma_{N1} - \sigma_{N2}\right) + \frac{1}{2}\left(\sigma_x + \sigma_y + \sigma_z\right) \tag{4.25}$$

Die sechs Normalspannungen σ_X, σ_Y, σ_Z, σ_{N2}, σ_{N2} und σ_{N3} bilden zusammen mit den obigen Scherspannungen den Spannungstensor, der den Spannungszustand an einem Punkt beschreibt.

Durch Einsetzen der Spannungstensorkomponenten können wir die Hauptspannungen σ_1, σ_2 und σ_3 bestimmen. Schon seit:

$$l^2 + m^2 + n^2 = 1 \tag{4.26}$$

ist es auch möglich, den Richtungskosinus der Hauptspannungen zu bestimmen.

4.3.3 Messmethoden für Bodenverformung

Die Verformung des Bodens kann durch makroskopische Messungen der Bodenprobenmaße vor und nach dem Verdichtungsprozess bestimmt werden. Interessantere Ergebnisse können jedoch durch kontinuierliche Überwachung der Bodenpartikelbewegungen erzielt werden. In der Praxis können Bodenpartikelbewegungen untersucht werden, indem zwei oder mehr Bodenpunkte überwacht werden, in denen Sensorelemente installiert sind.

Es gibt zwei Haupttypen von Methoden zur Bestimmung der Bodenverformung unter Fahrzeugbelastung: Erstens die berührungslose Methode, bei der Sensorelemente in den Boden eingebaut werden, zwischen ihnen und dem Datenerfassungssystem jedoch keine Verbindung besteht, und zweitens die Projektionsverfahren, bei dem ein starrer Arm, der mit einem Sensor im Boden verbunden ist, eine Bodenverformung oder -bewegung projiziert. Bei berührungslosen Methoden verfolgen Foto- oder Videotechniken die Bewegung von Sensorelementen (Punktgittern), die im Boden installiert sind. Die Bewegungen der Sensoren bei diesen Verfahren erfolgen in vollen sechs Freiheitsgraden und werden vom Trackingsystem nicht beeinflusst. Bei der Projektionsmethode wird die Bewegung des Sensors sowohl von der Bodenverformung als auch von der mechanischen Aufhängung des Projektionssystems beeinflusst. Abhängig vom verwendeten Lager sind Bewegungen in nur einer, zwei oder drei Richtungen möglich.

Kap. 6 enthält Methoden zur Bestimmung der Bodenverformung unter Last von Fahrzeug- und Maschinenrädern, einschließlich der Projektionsmethoden.

4.4 Spannungen im Boden unter Radfahrzeugen

Spannungen im Boden unter den Rädern von Fahrzeugen wurden und werden in mehreren wissenschaftlichen Institutionen auf der ganzen Welt untersucht. Das Interesse an diesem Thema sinkt nicht, insbesondere im Hinblick auf die Bodenverdichtung. Bedeutende Erfolge auf diesem Gebiet verzeichneten Forscher des Instituts für Pflanzenernährung und Bodenkunde, Kiel, unter der Leitung von Prof. Dr. Rainer Horn und auch von der Technischen Universität München, an der Ing. Ingo Booling und seine Nachfolger forschten. Spannungen unter den Rädern eines fahrenden Traktors wurden in Australien an der University of Southern Queensland, in Schweden (Swedish University of Agricultural Sciences), den Niederlanden (Institute for Land and Water Management Research, Wageningen) und in Dänemark (Aarhus University in Tjele) untersucht. Derzeit laufen die fortschrittlichsten Forschungsarbeiten zur Messung von Bodenspannungen im internationalen Forschungsteam von Dr. Mathieu Lamande, Prof. Thomas Keller und Prof. Peter Schjønning, die Feldforschung mit verschiedenen Messsystemen betreiben und sich durch innovative Lösungen auf dem Gebiet der Messmethodik auszeichnen.

Erwähnenswert sind auch die bedeutenden Errungenschaften des Instituts in Auburn, Alabama, USA, bei der Messung der Bodenspannungen unter Laborbedingungen. Die von Nichols, Bailey und Raper durchgeführten Untersuchungen bestanden darin, die Bodenbeanspruchung unter der Last eines einzelnen Traktorrades in einem Bodenkanal zu messen.

Viele Forscher haben gezeigt, dass Bodenspannung ein wichtiges Maß für die Beschreibung von Reifen-Boden-Wechselwirkungen ist. Im Vergleich zum Kontaktdruck liefert die Bodenbeanspruchung – insbesondere ein vollständiger Spannungszustand – genauere Informationen über die dynamischen Reaktionen des Bodens auf Radlasten. Eine Reihe von Forschern befasst sich auch mit In-situ-Messungen von Bodenbeanspruchung (Arvidsson und Keller [5], Blackwell et al. [6], Harris und Bakker [7], Horn et al. [8–12], Keller et al. [13–18] Keller [15], Kirby [19, 20], Lamandé und Schjønning [21], Lamandé und Schjønning [22], Lamandé und Schjønning [23], Lamande et al. [24], Pytka und Dąbrowski [25], Pytka und Konstankiewicz [26], Pytka et al. [27], Pytka [28], Pytka et al. [29], Pytka [30, 31], Pytka [32], Pytka [33], Schjønning und Lamande [34], Wiermann et al. [35], Wiermann et al. [36]). Probleme mit der Gewinnung präziser und verlässlicher Bodenbelastungsdaten in Feldversuchen werden hauptsächlich dadurch verursacht, dass es keinen Referenzwert gibt, der entweder unter Laborbedingungen gemessen oder mit einem allgemeinen Gesetz berechnet wurde ([24, 31, 33]).

Zusammenfassend ist festzuhalten, dass der Hauptzweck der Untersuchung die Messung der von landwirtschaftlichen Fahrzeugen und Maschinen (Traktoren, Erntemaschinen usw.) verursachten Spannungen und Verformungen im Boden, im Zusammenhang mit der Beschreibung der negativen Auswirkungen der von Reifen auf den Boden übertragenen Lasten auf die physikalischen Eigenschaften des Bodens war. Es geht darum, die Bodenverdichtung durch Fahrzeugräder zu begrenzen. Dabei ist zu beachten, dass sich landwirtschaftliche Fahrzeuge und Maschinen auf lockerem Boden mit einer hohen Tendenz zur Volumenverformung bewegen. Dies hat enorme negative Auswirkungen, zumal in der zeitlichen Entwicklung eine kontinuierliche Gewichtszunahme dieser Fahrzeuge zu beobachten ist. In diesem Zusammenhang werden die in der Untersuchung ermittelten Spannungen und Verformungen mit den Parametern korreliert, die Bodenverdichtungsprozesse beschrieben, das Hauptziel ist ein tieferes und genaueres Verständnis der Mechanismen des Prozesses zur Erhöhung der Bodendichte und der Sekundäreffekte.

Eine etwas andere Forschungsphilosophie wird vom Autor des vorliegenden Buches umgesetzt, die davon ausgeht, dass Spannungen und Verformungen, die während der Radbewegung auftreten, eine Beschreibung des Mechanismus der Reifen-Boden-Wechselwirkung, insbesondere der Erzeugung von Radkräften, sein können. Eine ähnliche Herangehensweise an das Problem stellte Maclaurin vor, der die Ergebnisse von Bodensspannungsmessungen anhand des in Kap. 5 beschriebenen MMP-Mobilitätsmodells analysierte.

In den folgenden Abschnitten werden die Forschungsergebnisse vorgestellt, die die wissenschaftliche Herangehensweise des Autors an das vorgestellte Problem veranschaulichen.

4.4.1 Analyse der Hauptspannungen

Das Forschungsprogramm zur Analyse der Hauptspannungen im Boden umfasste Messungen mit Militärfahrzeugen sowie mit landwirtschaftlichen Schleppern. Die Merkmale der für die Messungen verwendeten Fahrzeuge sind in Tab. 4.1 angegeben. Für jede Testvariante wurden mindestens fünf Wiederholungen durchgeführt. Die Testfahrzeuge (Abb. 4.7) wurden unter folgenden Bedingungen über Löss, Sand und Moschusboden (Muskeg) gefahren:

Tab. 4.1 Technische Daten der Testfahrzeuge

			Radlast, kN	
Fahrzeug	Bereifung	Gewicht, kg	Vorderrad	Hinterrad 1
6 × 6-LKW	14,00 × 20	Leer: 8180	20,55	10,25
		Mittel: 11,780	21,92	18,14
		Voll: 14,180	23,93	23,44
4 × 4-LKW	12,00 × 20	5560	16,90	10,10
4 × 4-Schlepper	7,50 × 20 15,00 × 30	3100	5,15	10,80

Abb. 4.7 Testfahrzeuge für Messungen der Bodenspannungen: ein 4 × 4-LKW, ein 6 × 6-LKW und ein landwirtschaftlicher Schlepper

- Fahren ohne Schlupf bei etwa 5 bis 8 km/h
- Fahren unter Bedingungen mit hohem Schlupf (Zugversuche mit einem zusätzlichen Bremsfahrzeug)
- Fahren mit drei verschiedenen Geschwindigkeiten: 5, 10 und 15 km/h

Die Tests wurden typischerweise mit zwei SST-Sensoren durchgeführt, die in 15 und 30 cm Tiefe in den Boden eingebracht wurden. Die Feldversuche wurden an drei verschiedenen Bodenoberflächen durchgeführt. Die Böden wurden ausgewählt, um die Auswirkungen der Unterschiede in der inneren Reibung und im Zusammenhalt von Sand und Löss zu untersuchen. Ein typischer Sand weist ein kompaktes Versagen auf und die Fahrzeugtraktion nimmt mit zunehmendem Radschlupf zu. Dies wird durch hohe innere Reibung und geringe Kohäsion bei trockenem Sand verursacht. Kohäsion tritt in lössigen oder lehmigen Böden auf, insbesondere bei feuchten Bedingungen, was zu einem frühen Peak in der Traktionskurve (μ-s-Kurve) und einer Abnahme der Traktion bei hohem Schlupf führt. Die Lagerungsdichte für Sand und Löss betrug 1,72 bzw. 1,64 g/cm^3. Der Muskeg wurde als typischer organischer Boden ausgewählt. Die amorphe Struktur und die hohe Empfindlichkeit gegenüber Änderungen des Wassergehalts führen zu einem breiten Spektrum mechanischer Eigenschaften.

Je nach Bodenart wurden unterschiedliche Methoden zur Platzierung des SST-Sensors angewendet. Sie sind in Kap. 6 beschrieben. Die Stelle, an der der SST-Sensor platziert wurde, wurde auf der Bodenoberfläche markiert, um dem Fahrer die Aufgabe zu erleichtern. Außer in dem Fall, in dem der Einfluss der Fahrgeschwindigkeit auf die Bodenspannungen getestet wurde, rollte der Testwagen mit einseitigen Rädern (rechts oder links) über den Messpunkt.

4.4.1.1 Methoden zur Dateienauswertung. Wiederholbarkeit der Messung

Die Erfahrung des Autors zeigt, dass die Frage der Wiederholbarkeit der Ergebnisse bei Feldmessungen mit realen Objekten (Fahrzeugen und Maschinen) für die Prüfung der Zuverlässigkeit der Messergebnisse von großer Bedeutung ist. Daher wurde die Analyse der Ergebnisse mit äußerster Sorgfalt und Umsicht vorgenommen, umso mehr, als die oft sehr hohen Streuungen auf äußere Faktoren zurückzuführen waren, die manchmal völlig zufällig waren (z. B. ungenaues Rollen des Rades über den Bereich, in dem der SST-Sensor platziert war).

Jeder separate Datensatz für jede Testfahrt wurde nach Spitzenspannungen durchsucht. Normalerweise wurden die Spannungen unter den Straßenrädern aus mindestens fünf Wiederholungen gemittelt, sodass die dargestellten Ergebnisse arithmetische Durchschnittswerte sind. Die Wiederholbarkeit der Ergebnisse der Messungen wurde mittels Standardabweichung quantifiziert.

Im Allgemeinen hatte das Muskeg die höchsten Werte der Standardabweichung (innerhalb von 10 und 57 %). Messungen an dieser Art von Oberfläche litten unter der Gleichmäßigkeit der Oberfläche und der starken Empfindlichkeit gegenüber dem Wassergehalt. Auch die für Moschus abweichende Methode der SST-Installation könnte hier die Wiederholbarkeit der Ergebnisse beeinträchtigen.

In Bezug auf den Effekt der Tiefenmessung (15 gegenüber 30 cm) wurden normalerweise höhere Standardabweichungswerte für 15 cm beobachtet. Dies kann durch eine Scherverformung erklärt werden, die bei kleineren Tiefen stärker ist. Diese Tendenz wurde für Löss- und Sandbodenoberflächen beobachtet.

Auch die Auswirkung des Radfunktionsmodus war offensichtlich: Messungen, die für das Fahren durchgeführt wurden, sind im Allgemeinen weniger wiederholbar als für das Rollen (es gibt einige Ausnahmen). Dies lässt sich durch den Effekt der erneuten Bodenscherung erklären.

Ein typischer zeitlicher Verlauf von Komponenten des Stresszustandes umfasst zwei oder mehr Buckel (Spitzen), die den momentanen Spannungsanstieg während eines Befahrens widerspiegeln. So erzeugt ein Zweiradfahrzeug zwei Buckel, ein Fahrzeug mit drei Achsen verursacht drei Buckel usw. Dies ist in Abb. 4.8 und 4.9 zu sehen.

Es könnten einige interessante Beobachtungen zum Einfluss des Fahrzeuggewichts auf die Wiederholbarkeit von Messungen gemacht werden. Theoretisch sollte die Wiederholbarkeit der Messungen umso besser sein, je höher die Radlasten sind (höhere Lasten verbessern die Wechselwirkungen zwischen Boden und Sensoren usw.). Diese Spekulation wird durch die Werte der Standardabweichungen für die Lössbodenoberfläche bestätigt, während die für sandigen Boden berechneten Werte dies negieren.

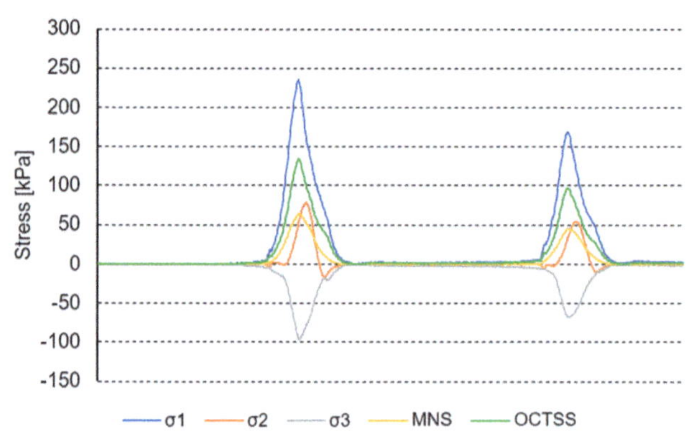

Abb. 4.8 Typische Verläufe von Komponenten des Spannungszustandes, 4 × 4-LKW

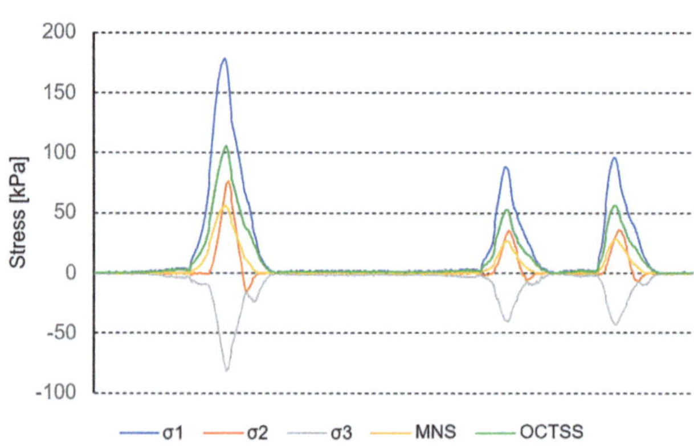

Abb. 4.9 Typische Verläufe von Komponenten des Spannungszustandes, 6 × 6-LKW

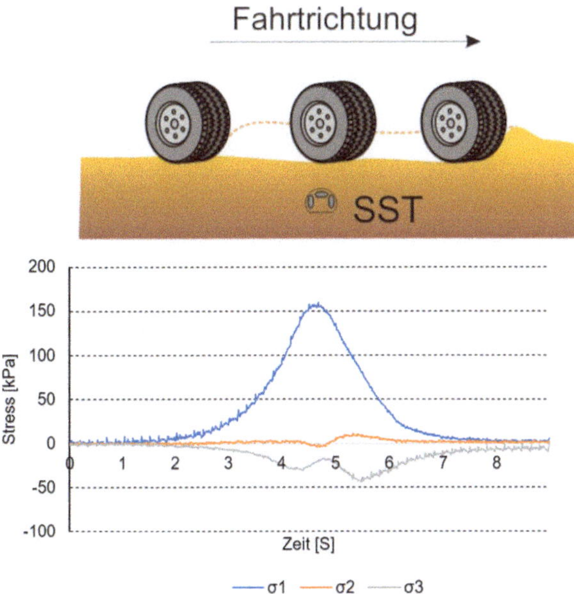

Abb. 4.10 Zeitverlauf der drei Komponenten des Bodenspannungszustandes

Abb. 4.10 zeigt ein Beispieldiagramm der Komponenten des Bodenspannungszustands, wobei die Hauptspannungen σ_1, σ_2 und σ_3 gegen die Zeit aufgetragen sind. Obwohl die Werte der Spannungszustandskomponenten über einen weiten Bereich variieren, ist die Beziehung zwischen ihnen stabil: Die Hauptspannung σ_1 ist immer die größte Druckspannung, während σ_2 in einigen Tests sehr niedrig oder nahe null war, was auf einen Zweidimensionsspannungszustand schließen lässt. Die kleine Hauptspannung σ_3 erreichte in vielen Tests negative Werte. In solchen Fällen stand der Boden unter Spannung und nicht unter Druck. Es ist interessant festzustellen, wo sich die maximalen Spitzenspannungen auf der Zeitachse befinden. Es gibt eine Phasenverschiebung zwischen σ_1, σ_2 und σ_3. Die σ_3-Spannung nimmt zu und erreicht ihr lokales Maximum (einen negativen Wert) kurz vor dem Maximum von σ_1. Am Punkt von σ_1 Maximum erreicht σ_3 sein lokales Minimum und steigt dann auf das zweite lokale Maximum an. Danach geht σ_3 gegen null. Die Hauptspannung σ_2 folgt einem ähnlichen Trend, jedoch bei viel niedrigeren positiven Werten. Diese Änderungen der Hauptspannungen wurden für die meisten Messungen beobachtet und werden durch die Wirkung des Rades verursacht; bevor die σ_1-Spannung ihr Maximum erreicht, nehmen die beiden anderen Hauptspannungen zu, beim Maximum von σ1 nehmen die anderen Spannungen ab.

4.4.1.2 Einfluss des Bodens

Der Unterschied zwischen den drei Böden ist ausgeprägt (Abb. 4.11). Die höchsten Spannungswerte wurden im Löss gefunden. Die Spannungen waren im Sand geringer und im Muskeg am geringsten. Andere Forscher berichteten über ähnliche Tendenzen bei Löss

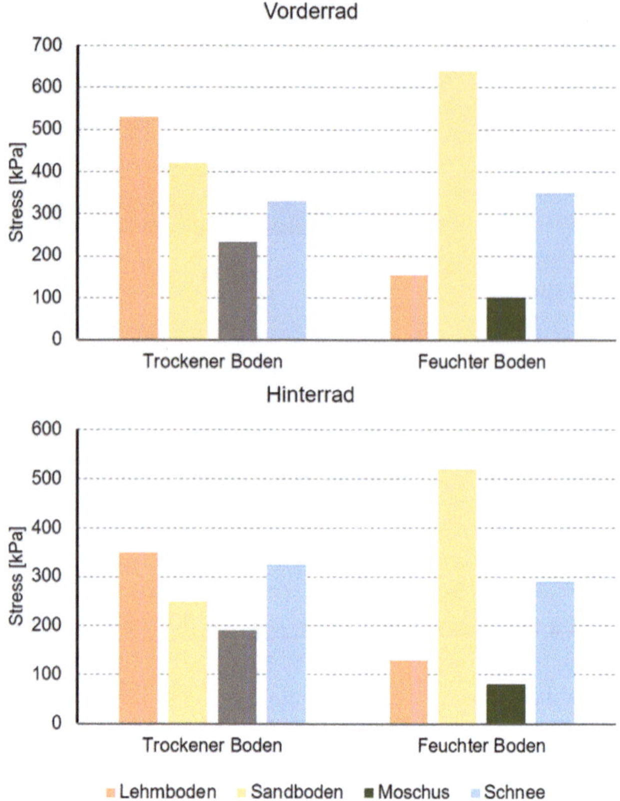

Abb. 4.11 Einfluss des Bodens auf die Spannungsspitzenwerte. (**a**) – trockener Boden, (**b**) – feuchter Boden

und Sand [4]. Dieser Effekt ändert sich jedoch für unterschiedliche Bodenfeuchtigkeit im Boden. Abb. 4.10 zeigt Diagramme für zwei Bodenfeuchtebedingungen: A ist für relativ trockene Böden (Bodenfeuchtigkeit zwischen 3 und 8 % für Sand und Löss und 12 % für Muskeg) und B ist für feuchte Böden (Bodenfeuchtigkeit 10 bis 13 % für Sand und Löss und ungefähr 28 % für Muskeg).

Zunehmende Bodenfeuchtigkeit hatte merklich unterschiedliche Auswirkungen auf Sand und Löss. Die Zunahme der Spannungswerte bei feuchten Bodenverhältnissen im Sand kann durch die Viskosität oder die erhöhte Kohäsion infolge zusätzlicher Wechselwirkungen zwischen den Körnern erklärt werden. Die Abnahme der Spannungen mit zunehmender Bodenfeuchtigkeit im Löss kann durch die Plastizität erklärt werden, die durch Wasser verursacht wird, das diesem Boden zugesetzt wird. Löss- und Lehmböden werden durch Zugabe von Wasser plastisch, sodass die angegebenen Belastungen unter Fahrzeugbelastung geringer sind. Es gab einen signifikanten Unterschied zwischen den beiden Bodenfeuchtigkeitsbedingungen für Rasen. Diese Bodenoberfläche ist sehr empfindlich gegenüber Bodenfeuchtigkeitsveränderungen; Die Zugabe von Wasser führt zu erheblichen Veränderungen des Bodenvolumens und schwächt die mechanischen Eigenschaften des Bodens.

4.4.1.3 Die Auswirkung von Radfunktionsmodi: Rollen und Beschleunigen

In der Fahrdynamik gibt es zwei allgemeine Arten der Radfunktion: Rollen, wenn das Rad gezogen wird, und Antreiben oder Bremsen, wenn ein Rad die Antriebs- oder Bremskraft selbst erzeugt. Während des Rollens sind die auf ein Rad wirkenden Kräfte der Rollwiderstand, die vertikale Last und die Zugkraft. Während des Antreibens oder Bremsens wird eine andere Antriebskraft auf der Berührungsfläche sowie innerhalb eines Volumens des Bodens erzeugt. Diese Antriebskraft hängt von zahlreichen Faktoren ab – Reifenabmessungen, Profilmuster, Reifeninnendruck, Art und Zustand der Lauffläche sowie von der Motorleistung, die die Grenze der Fahrwirkung bestimmt. Andererseits können die Radfunktionsmodi (Antreiben gegen Rollen) die Reaktion der Oberfläche beeinflussen. Beim Antreiben auf weichen verformbaren Oberflächen wird der Radschlupf zu einem wichtigen Faktor. In einer solchen Situation nimmt die Vorwärtsgeschwindigkeit ab und die Wechselwirkung zwischen Rad und Oberfläche ändert sich aufgrund großen Längsschlupfes [37]. Wir haben daher den Radfunktionsmodus als einen der wichtigen Faktoren gewählt, die den Spannungszustand unter Radlasten beeinflussen.

Abb. 4.12 zeigt einen allgemeinen Unterschied in den Spannungskurven zwischen den beiden Radfunktionsmodi. Der Unterschied zwischen Rollen und Antreiben wurde sowohl für einen 4 × 4-LKW (auf Löss, Sand und Moschus) als auch für einen 6 × 6-LKW (nur auf Löss und Sand) untersucht. Für den 6 × 6-LKW mit unterschiedlichen Beladungsniveaus führte das Antreiben zu niedrigeren Spannungswerten, obwohl ein größerer Unterschied auf der Lössbodenoberfläche beobachtet wurde. Wie für den sandigen Boden zu erwarten war, waren die Spannungen unter den Rädern in 15 cm Tiefe während des Antreibens größer als beim Rollen. Bei dem 4 × 4-LKW war der Einfluss des Antreibens wesentlich ausgeprägter und trat in allen drei Böden auf. Es ist bemerkenswert, dass der 4 × 4-LKW mit einem hohen Schlupf gefahren wurde (fast genug, um das Fahrzeug anzuhalten, 100 %

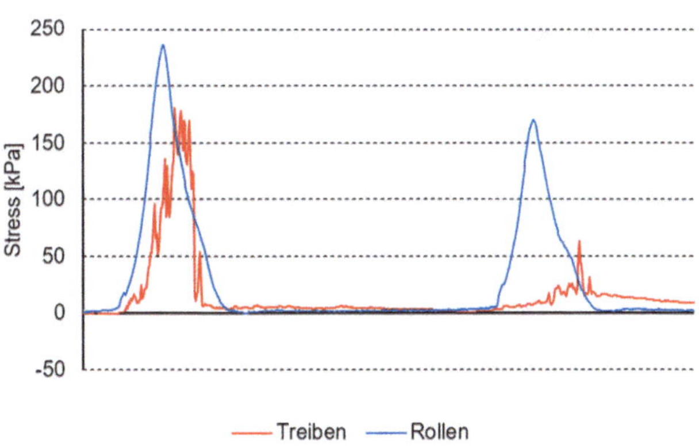

Abb. 4.12 Einfluss der Radfunktion: Rollen und Antreiben

Schlupf), während der 6 × 6-LKW den SST mit mittlerem bis hohem Schlupf passierte (40–80 %). Darüber hinaus wurden die Fahrzeuge mit unterschiedlichen Reifen ausgestattet (Universal- bzw. Geländereifen). Dies würde darauf hindeuten, dass es einen signifikanten und komplexen Effekt von Antreiben und Radschlupf auf die Bodenbelastung gibt. Diese Schlussfolgerung steht im Widerspruch zu der Auffassung von Bakker et al. [38], der zu dem Schluss kam, dass der Schlupf auf die Bodenbelastung keine oder nur eine geringe Wirkung (mit ähnlicher Tendenz) hatte. Bakker et al. ermittelten keinen Radschlupf, übten jedoch eine Zugkraft auf das Fahrzeug aus (es wurde von einem Kultivator gezogen), sodass die Ergebnisse nur qualitativ sind.

4.4.1.4 Die Orientierung der Hauptspannung σ_1

Mit der verwendeten Methode können die Spannungswerte und ihre Ausrichtung bestimmt werden. Der Spannungszustand besteht aus einer 3 × 3-Matrix. Seine Komponenten sind drei Eigenwerte und drei Eigenvektoren. Die Eigenwerte sind die Größen der Hauptspannungen σ_1, σ_2 und σ_3, während jeder Eigenvektor aus drei Komponenten besteht, die aus dem Kosinus der eingeschlossenen Winkel zwischen der Richtung der Hauptspannungen und den drei orthogonalen Achsen x, y und z gebildet werden. Die Orientierung der Beanspruchungen ist durch diese Komponenten gegeben und wird für jeden Zeitpunkt (oder Ort) während des Durchlaufens eines Reifens bestimmt. Die Ausrichtung der Hauptspannung σ_1 ist in Abb. 4.13 dargestellt, wo Vektoren von σ_1 in Seitenansichten vorliegen, sodass nur die Winkel zwischen der Spannungsrichtung und der vertikalen Achse dargestellt werden. Die Figur ist maßstabsgetreu, die Beziehung zwischen der Spannung und der Längenskala ist jedoch beliebig. Die Spannungsvektoren werden für drei verschiedene Bodenoberflächen in zwei Tiefen sowie für das Antreiben und Abrollen der Vorder- und Hinterräder des 5,6-t-4 × 4-LKW angegeben. Beachten Sie, dass die Vektoren für σ_1 direkt unter der Mittellinie eines Rades angezeigt werden. Die Bestimmung der Vektoren außerhalb der Mittellinie ist aufgrund der geringen Größe von σ_1 unzuverlässig.

Im Allgemeinen wurde die Hauptspannung σ_1 in allen Fällen unter dem Reifen nach vorne gekippt. In sandigen Böden änderte sich die Ausrichtung der Hauptspannung σ_1 mit der Tiefe der Spannungsmessung: Je tiefer die Messung, desto kleiner der Winkel. Es gab keinen signifikanten Unterschied zwischen den beiden Radfunktionsmodi. Im Lössboden war der Winkel des $\sigma_1$für zwei Tiefen nahezu unverändert, aber im Fahrmodus trat unter den Vorderrädern ein Effekt auf: Der σ_1- Vektor war beim Fahren weniger geneigt als beim Rollen (die Vorderräder waren viel stärker belastet als die Hinterräder). Darüber hinaus war die Größe der σ_1-Spannung beim Rollen höher als beim Antreiben. Es gab keine ausgeprägten Auswirkungen der Tiefe und des Fahrmodus auf die σ_1 der Rasenoberfläche.

Der Einfluss der Tiefe auf die Spannungsorientierung im Sandboden kann durch die innere Reibung des Sandbodens erklärt werden. Die treibende Kraft ist eine Summe der Reibungskräfte zwischen Sandpartikeln und Reifenlauffläche sowie zwischen den Partikeln selbst. Die Wechselwirkungen innerhalb des Sandvolumens wurden für tieferen Messpunkte abgeschwächt. Daher nimmt die horizontale (Schubspannung) Komponente des Spannungszustands ab und der Neigungswinkel der resultierenden Spannung nimmt mit größerer Tiefe ab.

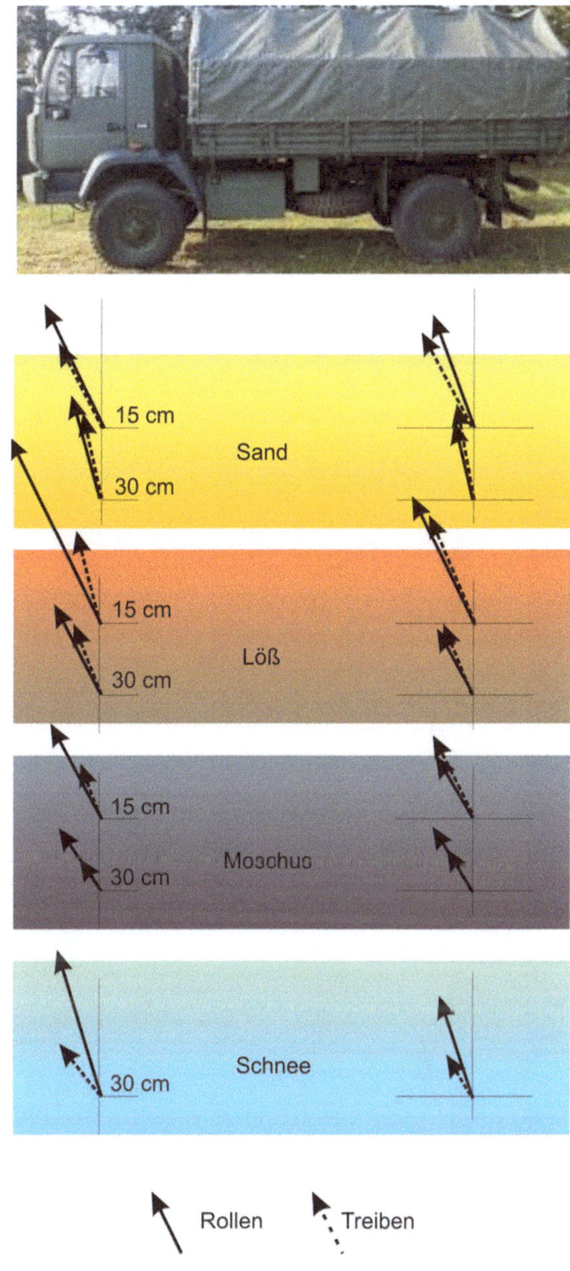

Abb. 4.13 Ausrichtung der Hauptspannung σ_I für drei Böden und Schnee

Die untersuchten Bodenarten wiesen relativ niedrige Bodenfeuchte (trockener Boden) auf. Eine trockene Lössbodenoberfläche baut eine feste Struktur auf, die einem Festkörper ähnlich ist. Radlasten tragen dazu bei, diese Struktur noch mehr zu komprimieren und zu festigen. Wahrscheinlich daher wurde die Spannungsorientierung in Löss nicht durch die

Tiefe beeinflusst (zumindest bis zu 30 cm Tiefe). Auch die relativ feste Struktur der trockenen Lössbodenoberfläche erklärt aber nicht, warum das Antreiben zu einer geringeren Neigung zur Spannungsorientierung führte als das Rollen. Ein nachteiliger Mechanismus wäre zu erwarten, da während des Antreibens hohe Schubspannungen (horizontale Spannungen) auftreten. Dieser Unterschied in der Wirkung von Löss- und Sandbodenoberflächen bei den beiden Radfunktionsmodi unterstreicht den Unterschied zwischen den beiden untersuchten Oberflächen für die Traktion im Gelände.

4.4.1.5 Auswirkung der Fahrgeschwindigkeit

Studien über die Auswirkung der Fahrzeuggeschwindigkeit auf die Bodenbelastung durch die vorliegenden Autoren zeigten, dass die Belastungswerte mit zunehmender Geschwindigkeit abnahmen; Dieser Effekt war bei Volllast am größten. Darüber hinaus war der Geschwindigkeitseffekt für das Vorderrad immer größer als für das Hinterrad. Das Vorderrad verformt den Boden und die Primärspannungsverteilung erfolgt unterhalb dieses Rades. Die Hinterräder folgen der vom Vorderrad gebildeten Rille, und da der Boden bereits verdichtet ist, ändern sich die Beanspruchungen nicht stark (nehmen ab).

Horn et al. [8] berichteten ähnliche Ergebnisse des Rollgeschwindigkeitseffekts auf Bodenbelastungen. Eine leichte Abnahme der Beanspruchungen unter Rädern, die mit höherer Geschwindigkeit laufen, wird als der Effekt einer kürzeren Kontaktzeit zwischen dem Reifen und der Bodenoberfläche erklärt. Der Effekt der Rollgeschwindigkeit wird jedoch durch verschiedene dynamische Effekte, die bei hoher Geschwindigkeit auftreten, abgeschwächt.

Die zitierten Arbeiten haben zu Ergebnissen geführt, die qualitativen Charakter haben. Ziel des Autors war es im vorliegenden Versuch, den Effekt der Geschwindigkeit quantitativer zu bestimmen. Es wurden zwei Versuche durchgeführt, der erste mit einem Militärlastwagen und der zweite mit einem Ackerschlepper.

4.4.1.5.1 Militärlastwagen

Der Einfluss der Fahrzeuggeschwindigkeit auf die Spannungen im Sandboden wurde für den 6 × 6-LKW untersucht. Das Fahrzeug wurde mit drei Lasten (Leer-, Mittel- und Volllast) bei normalem Reifeninnendruck (390 kPa) gefahren. Die Fahrzeuggeschwindigkeit wurde vom Fahrer manuell gehalten und mittels des eingebauten Geschwindigkeitsmessers gesteuert.

Im Allgemeinen nahmen die Spannungswerte mit zunehmender Geschwindigkeit ab (Abb. 4.14). Dieser Effekt war bei Volllast am größten. Darüber hinaus war der Geschwindigkeitseffekt für das Vorderrad immer größer. Dieses Rad verformt den Boden und die Primärspannungsverteilung erfolgt darunter. Die Hinterräder folgen der vom Vorderrad gebildeten Rille, und da der Boden bereits verdichtet ist, ändern sich die Beanspruchungen nicht stark (nehmen ab). Dies legt nahe, dass beim Fahren von Fahrzeugen in einer Kolonne das erste Fahrzeug mit höherer Geschwindigkeit gefahren werden sollte, um eine bessere Traktion für nachfolgende Fahrzeuge sicherzustellen. Der Effekt der sukzessiven Durchquerung einer Bodenoberfläche wird im nächsten Abschnitt erörtert.

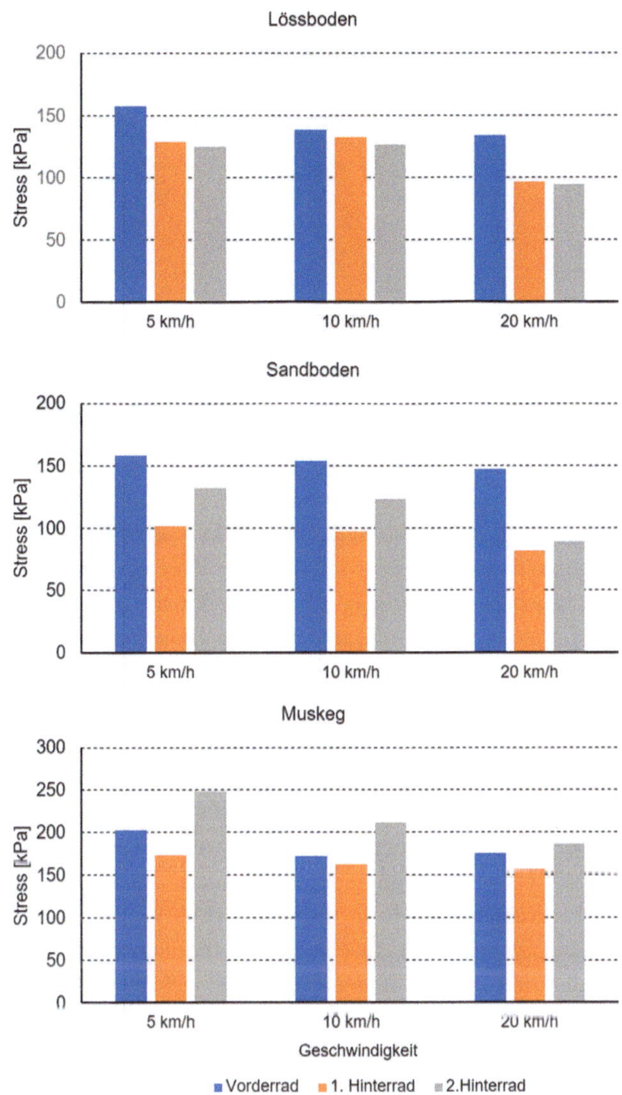

Abb. 4.14 Einfluss der Fahrzeuggeschwindigkeit für den 6 × 6 militärischen LKW. (**a**) – Löss, (**b**) – Sand, (**c**) – Muskeg

4.4.1.5.2 Landwirtschaftlicher Traktor

In diesem Fall wurden zwei Messsysteme zur Bestimmung des Bodendrucks verwendet, nämlich ein SST und vier einachsige Druckmesswandler. Die einachsigen Wandler sind in Gehäusen mit niedrigem Profil eingekapselt, um die Installation in horizontaler Position zu erleichtern.

Im Versuch wurde ein 3-Tonnen-Ackerschlepper verwendet. Der Traktor war mit 11,2 × 24 und 16,9 × 30 (Vorder- und Hinterreifen) ausgestattet. Die Massenverteilung betrug 1800 kg vorne und 2100 kg hinten. Der Traktor wurde mit fünf verschiedenen Ge-

Abb. 4.15 Messung der Bodenspannungen unter einem schnell fahrenden Traktor

schwindigkeiten über die untersuchten Bodenoberflächen gefahren: 0,5, 1,0, 5,0, 10,0 und 20,0 km/h. Die Fahrgeschwindigkeiten wurden durch mehrere Messungen der Zeit für das Durchfahren einer gegebenen Teststrecke (50 m) kalibriert. Es wurde die vom Fahrer während der Tests zu verwendende Drehzahl bestimmt. Ein ernstes Problem bestand darin, die im Boden installierten Sensoren genau zu überfahren, insbesondere mit der höchsten Geschwindigkeit. Abb. 4.15 zeigt den Testtraktor während einer Testfahrt.

Die Tests wurden auf zwei Böden durchgeführt: Lössboden und Sandboden (Abb. 4.16). Im Allgemeinen nahmen die Bodenspannungen bei höheren Geschwindigkeiten ab. Diese Abnahme für die Spanne von 0,5 bis 20 km/h beträgt etwa 50 bis 75 %. Dies sind zunächst Ergebnisse, eine spezifische Beziehung wurde daraus noch nicht abgeleitet. Weitere Forschungen werden in diesem Jahr durchgeführt und wir werden das Testprogramm in feuchten Böden (im Frühjahr) sowie in trockenen Böden (im August bis September) wiederholen. Das Endergebnis wird sowohl die Auswirkungen der Geschwindigkeit als auch die Messung der Tiefe und des Bodenfeuchtigkeitsgehalts umfassen.

4.4.1.6 Auswirkungen der Fahrzeugbeladung auf die Bodenspannungen

Die Auswirkung der auf die Straßenräder verteilten Fahrzeugbeladung wurde ebenfalls analysiert. Abb. 4.17 zeigt den Zusammenhang zwischen den dynamischen Radlasten und den Spitzenmaximalwerten der Hauptspannung σ_l im Sand- und Lössboden bei Überfahrten mit dem 14 t-6 × 6-LKW. Das Fahrzeug wurde leer (8,18 t Bruttogewicht), halb beladen (11,78 T Bruttogewicht) und voll beladen (14,18 t Bruttogewicht) gefahren. Punkte in den Diagrammen sind Paare von dynamischen Radlasten und ihre jeweiligen Spannungen. Die Grafiken sind für zwei Messtiefen aufgetragen: 15 und 30 cm. Obwohl die absoluten Werte der Hauptschwerpunktspannung $\sigma 1$ für den Lössboden größer sind, ist

Abb. 4.16 Spannungen im Boden für verschiedene Fahrgeschwindigkeiten. (**a**) – Lehmboden, (**b**) – Sandboden

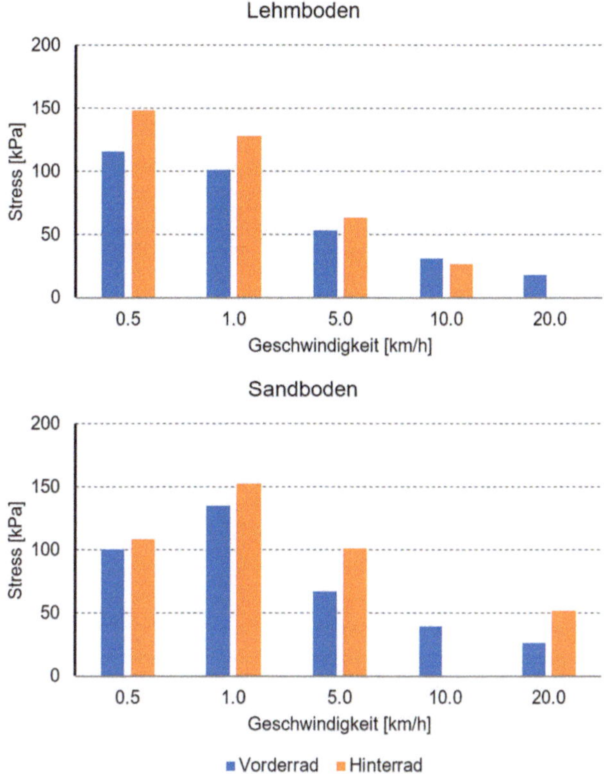

der Spannungsanstieg für den Sandboden stärker. Es gibt auch einen signifikanten Unterschied zwischen den beiden Messtiefen für den sandigen Boden: Für die Tiefe von 15 cm stieg der σ_1-Wert viel stärker an. Der Grund kann sein, dass sich der sandige Boden stärker und tiefer verformt als der Löss und die Verformung entlang des Bodenprofils nicht gleichmäßig ist. Darüber hinaus bildet der Lössboden mit einer stabileren Struktur einen quasielastischen Körper mit einem linearen Last-Spannungsverhältnis innerhalb des gesamten Volumens.

Die Werte der drei Hauptspannungen zeigen, dass der Spannungszustand unter den Radlasten bei hohem Radschlupf nicht homogen ist. Die höchste Hauptspannung σ_1, die nahezu vertikal wirkt, ist deutlich größer als die beiden verbleibenden Hauptspannungen σ_2 und σ_3. Die σ_2 ist fast null und die σ_3 hat negative Werte von ungefähr 1/3 der σ_1.

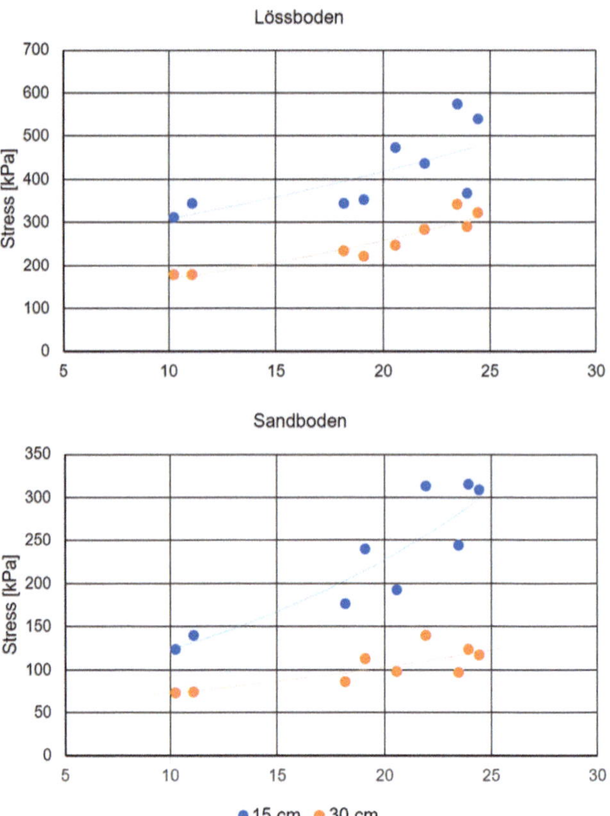

Abb. 4.17 Zusammenhang zwischen den dynamischen Radlasten und den Spitzenmaximalwerten der Hauptspannung σ_1. (**a**) – Löss, (**b**) – Sand

4.4.1.7 Auswirkung eines verringerten Reifeninnendrucks

Die Auswirkung eines verringerten Reifeninnendrucks wurde mit dem leeren 14-t-6 × 6-LKW in zwei Fahrmodi untersucht, nämlich Rollen und Antreiben. Die Messungen wurden an sandigen und Lössbodenoberflächen in zwei Tiefen durchgeführt: 15 und 30 cm. Beide Bodenoberflächen waren trocken. Die Bodenspannungen wurden mit (a) normal aufgepumpten Reifen bei 390 kPa und (b) Reifen mit einem auf 200 kPa reduzierten Reifeninnendruck bestimmt. Der reduzierte Reifendruck wurde auf der Grundlage der Empfehlungen des Reifenherstellers auf den niedrigstmöglichen Wert eingestellt, um ein Durchrutschen dieses Reifens auf der Felge zu vermeiden. Es wurden Winterreifen verwendet.

Der Effekt war unerwartet. Obwohl die Reduzierung des Reifendruckes beim Rollen auf Lössboden und beim Antreiben auf sandigem Boden die Spitzenspannungswerte verringerte, war der Effekt in den beiden anderen Fällen umgekehrt: Die Bodenspannungen

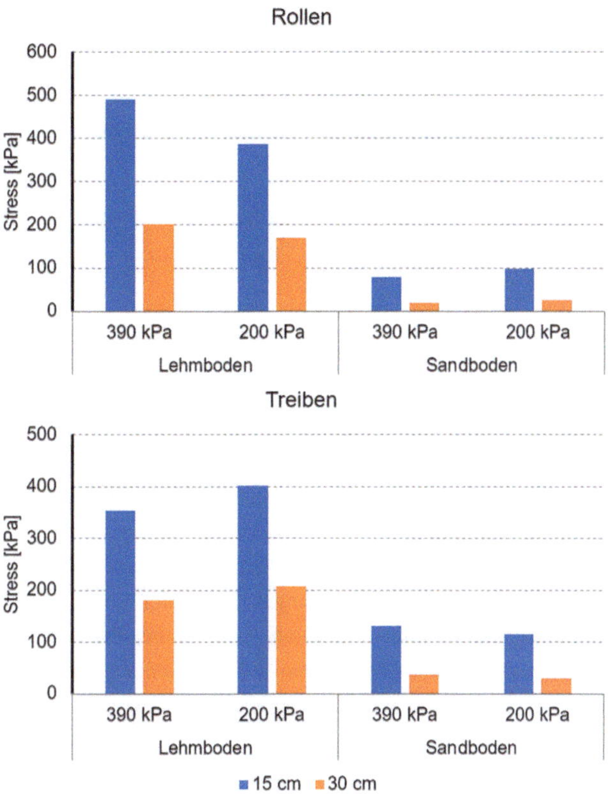

Abb. 4.18 Effekt des verringerten Reifeninnendruckes auf die Hauptspannung σ_1. (**a**) – Löss, (**b**) – Sand

waren bei niedrigerem Reifendruck beim Rollen auf sandigem Boden und beim Antreiben auf Lössboden höher (Abb. 4.18). Die Unterschiede lagen in allen Fällen im Bereich von 10 bis 20 %. Es ist zu beachten, dass diese Ergebnisse bei trockenen Bodenbedingungen gemessen wurden. Dieses Verhalten kann auf zwei Arten erklärt werden: Erstens durch die Auswirkung des Bodentyps und seiner Bedingungen und zweitens durch die Auswirkung des Antriebsmodus. Eine trockene sandige Bodenoberfläche verformt sich leicht und die Verformungen sind multidirektional. Diese Verformungen von trockenem Sand können besonders ausgeprägt sein, wenn Reifen angetrieben und nicht über die Oberfläche gerollt werden. Der verringerte Reifendruck von 200 kPa hat möglicherweise die resultierende Lastverteilung an der Reifen-Boden-Grenzfläche nicht beeinflusst, da die Steifheit des Reifens im Vergleich zur Bodensteifigkeit immer noch hoch war. Auf der anderen Seite bildet trockener Lössboden eine relativ starke Struktur, die sich auf zwei Arten verformt: Der Oberboden wird geschert und der Untergrund verdichtet. Die Scherung des Oberbodens erreicht eine Tiefe, die ungefähr der Tiefe des Reifenprofils entspricht (ca. 5 cm).

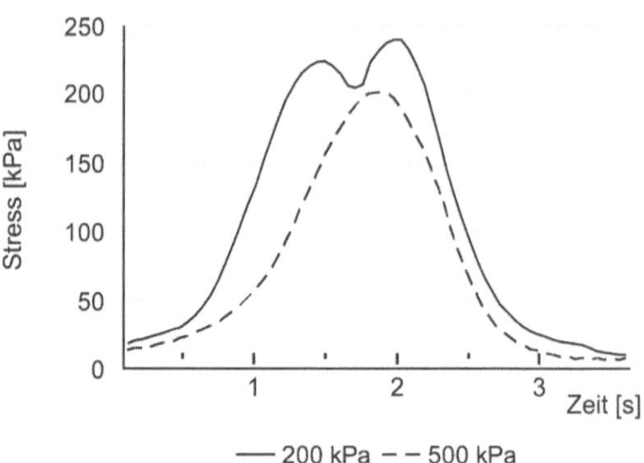

Abb. 4.19 Beispielhafte Bodenspannungskurven unter einem einzelnen Rad des 4 × 4-LKW bei 500 kPa und 200 kPa Reifeninnendruck

Unter dieser Scherschicht wird der Boden verdichtet und kann der Belastung des Reifens standhalten, insbesondere wenn der Reifendruck auf 200 kPa vermindert wird. Dies kann der Grund sein, warum die beiden Böden unterschiedlich auf den verringerten Inflationsdruck reagierten.

Andere Forscher berichteten auch über keinen signifikanten Effekt eines verringerten Reifendrucks auf die Spannungen im Boden unter den Rädern, auch bei landwirtschaftlichen Maschinen und Traktoren. Es ist zu beachten, dass die in den Feldexperimenten gemessenen maximalen Spannungswerte berücksichtigt wurden, die am stärksten von der Radlast beeinflusst werden. Andererseits vergrößert der Reifeninnendruck die Kontaktfläche und die günstigere Spannungsverteilung im Boden unter dem Reifen.

Einige Erklärungen hierzu sind in Abb. 4.19 zu sehen, in der Beispielspannungskurven unter einem einzelnen Rad des 5,6-t-4 × 4-LKW bei 500 kPa und 200 kPa Reifendruck dargestellt sind. Das Fahrzeug wurde über den Lössboden mit hohem Feuchtigkeitsgehalt (ca. 20 %) gefahren. Mechanisch ähnelt eine solche Oberfläche mit ihrer hohen Verformbarkeit einem weichen Sandboden. Für den niedrigeren Druck trugen die Seitenwände einen Teil der Last, was sogar zu einer Spannungsverteilung von zwei Spitzen führte.

Die hier vorgestellte Forschung ist ein Beispiel dafür, dass die Ergebnisse von Feldmessungen an realen Objekten nicht immer zu verallgemeinernden Schlussfolgerungen führen, die logischen Vorhersagen entsprechen. Raper et al. [4], die die Auswirkung des Reifendrucks auf die Bodenbelastung untersuchten, stellten ganz andere Ergebnisse fest: Der verringerte Reifeninnendruck führte zu einer signifikant geringeren Spitzenbelastung im Boden. Es sollte jedoch beachtet werden, dass in den zitierten Studien ein Bodenkanal mit einem dynamometrischen Wagen verwendet wurde, d. h., es handelte sich um Modellversuche. Zweitens haben amerikanische Forscher die Beanspruchung des Bodens unter dem Rad eines landwirtschaftlichen Traktors gemessen, dessen Reifen andere Eigenschaften als der Reifen eines Militärlastwagens aufweist und dessen Hauptunterschied im Reifenschutz des Traktors und im Bereich der zulässigen Reifendruckwerte liegt. Ein Traktorreifen hat einen größeren Innendruckbereich, was bedeutet, dass seine vertikalen Steifigkeitseigenschaften stark vom Druck abhängen. Abschließend sollten die Schlussfolgerungen der Studie unter Berücksichtigung aller möglichen Faktoren, die die Messungen und die erzielten Ergebnisse beeinflussten, korrigiert werden.

4.4.1.8 Auswirkungen des wiederholten Überfahrens auf die Bodenspannungen

In der Praxis der Feldarbeit kommt es häufig vor, dass der Boden mit mehreren Überfahrungen des Traktors belastet wird. Dies ist aufgrund des Risikos einer Verdichtung des Unterbodens sehr ungünstig. Daher wurde das Interesse am Einfluss wiederholter Überfahrungen auf die Bodenspannungen geweckt.

Die Feldversuche wurden mit einem Ackerschlepper auf zwei Böden durchgeführt, Löss und Sand. In den Tests wurden zwei SST verwendet. Gleichzeitig wurden auch die Verformungen im Boden gemessen und die Ergebnisse dieser Tests werden in den folgenden Unterkapiteln vorgestellt und diskutiert.

Im Allgemeinen sind die Spannungswerte für beide Böden umso höher, je höher die Anzahl der Traktorfahrten ist (Abb. 4.20 und 4.21). Die größte Zunahme wurde für die Hauptspannung σ_1 zwischen den ersten beiden Überfahrungen beobachtet: Die Spannungswerte stiegen auf das Dreifache für Löss und das Dreieinhalbfache für den sandigen Boden. Der Spannungsanstieg nach weiteren Überfahrten war geringer, wahrscheinlich aufgrund der Bodenverfestigung und -verdichtung während der ersten Überfahrten, die die Bodenfestigkeit erhöhten. Die Zunahme der Belastung für den vierten, fünften und sechs-

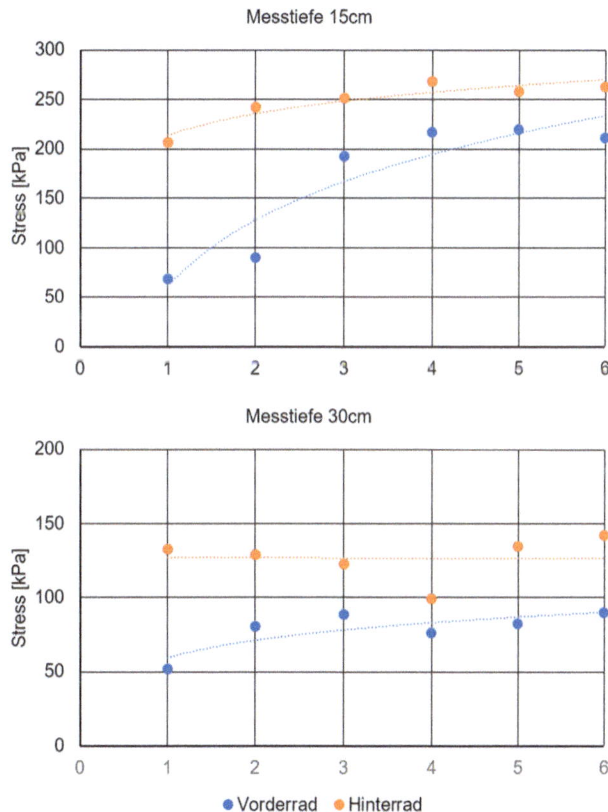

Abb. 4.20 Auswirkungen des wiederholten Überrollens eines Schleppers auf die Bodenspannungen. Lössboden

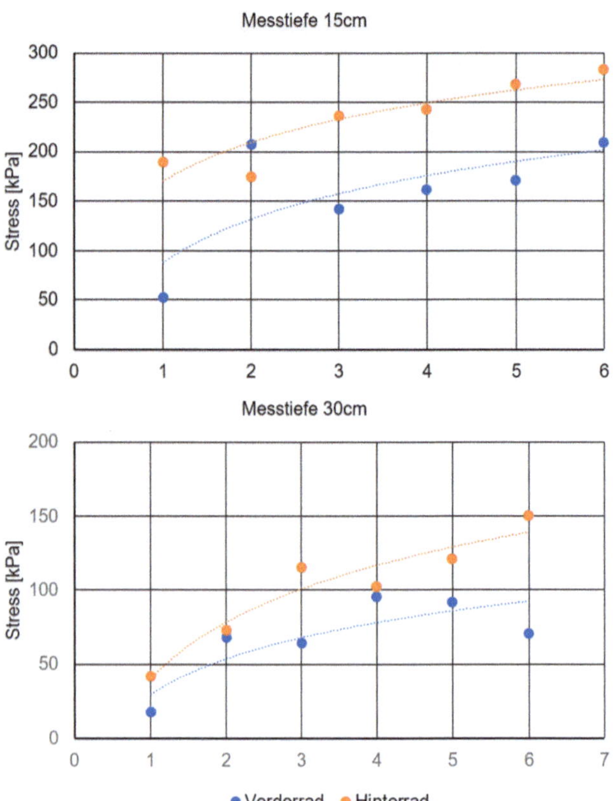

Abb. 4.21 Auswirkungen des wiederholten Überrollens eines Schleppers auf die Bodenspannungen. Sandboden

ten Durchgang betrug insgesamt nicht mehr als 20 %. Dies lässt darauf schließen, dass nur die ersten zwei oder drei Durchgänge signifikante Auswirkungen auf Änderungen des Bodenspannungszustands haben.

Der Effekt des wiederholten Überfahrens war für die Tiefe von 15 cm signifikant größer als für die Tiefe von 30 cm. Die Spannungsverteilung im Boden ist eine Funktion der Tiefe, sodass die erzielten Ergebnisse logisch und vorhersehbar sind. Im Allgemeinen betrug die Bodenbelastung in 30 cm Tiefe etwa 25 bis 50 % der Belastung in 15 cm Tiefe nach den letzten Durchgängen. Nach den ersten Durchgängen war der Unterschied jedoch gering. Wir schließen daraus, dass der Einfluss der Tiefe nur geringe Unterschiede in den Spannungswerten für den ersten Durchgang verursacht. Dies ist offensichtlich, wenn man die Mechanismen der Verformung des weichen Bodens betrachtet. Die Bodenfestigkeit in der Pflugschicht (0–30 cm) ist relativ gering und in der gesamten Schicht nach der Bodenbearbeitung ungefähr gleich. Die Verformungen des Bodens während des ersten Durchgangs sind am größten, und die Spannung, die die Verformung verursacht, kann nicht über das gesamte Volumen signifikant unterschiedlich sein. Die Analyse der maximalen Spannungsspitzenwerte zeigte, dass die größten Werte durch die Hauptspannung σ_1 erreicht wurden, die die größte Druckspannung darstellt.

4.4.1.9 Auswirkung unterschiedlicher Fahrwerkskonfigurationen

Bisher basierte ein typisches Traktor- oder Landmaschinenfahrwerk auf einem Radfahrwerk. Eine alternative Lösung sind die Gummibandlaufwerke. Moderne Gummibandlaufwerke verteilen die Last gleichmäßiger über die Aufstandsfläche, als dies mit modernen Radialreifen möglich ist. Die geringere Tiefenwirkung von modernen Gummiraupenlaufwerken bei schweren Erntemaschinen konnten bei der dynamischen Bodendrucknmessung bestätigt werden.

Dieses Thema hat Geischeder in seiner Dissertation [39] behandelt. Ziel der Studie war es, anhand experimenteller Tests und Simulationen zu überprüfen, ob bei vergleichbarem Kontaktflächendruck und gleicher Gesamtlast ein modernes Gummibandlaufwerk den Boden weniger beansprucht als bei einer Mehrfachüberrollung mit Radialniederdruckbreitreifen. Experimentelle Untersuchungen wurden durchgeführt, unter anderem mit der Methode der dynamischen Bodendrückemessung mit Schlauchdrucksonden. Diese Messungen stellen einen zentralen Teil dieser Doktorarbeit dar. Das Testprogramm umfasste folgende Überrollungssituationen:

1. Gummibandlaufwerk (2000 × 890 mm) 113 kN Last bei einfacher Überfahrt
2. Radialreifen 1050/50 R32 mit 51,5 kN Last bei einfacher Überfahrt
3. Radialreifen 1050/50 R32 mit 51,5 kN Last bei zweifacher Überfahrt
4. Radialreifen 540/65 R28 mit 23,5 kN Last bei einfacher Überfahrt
5. Radialreifen 540/65 R28 mit 23,5 kN Last bei vierfacher Überfahrt

Es wurde festgestellt, dass ein modernes Gummibandlaufwerk eine Last von 113 kN bei einfacher Überfahrt besser tragen kann als moderne Luftreifenfahrwerke mit 2 × 51,5 kN Radlast (1050/50 R32) oder 4 × 23,5 kN Radlast (540/65 R28) bei nahezu identischem Kontaktflächendruck. Es wurde ein analoger Bodendruckanstieg bis zu einer Tiefe von 40 cm mit der Zunahme der Überrollungsanzahl nachgewiesen. In diesem Fall war die Radlast entscheidend.

In der Messtiefe von 20 cm konnten alle vier Laufwerksrollen detektiert werden. Zwischen den Laufwerksrollen wurde kein Druckabfall bis auf das eingestellte Vordruckniveau beobachtet. Eine gleichmäßigere Druckverteilung ist das Ergebnis hoher Spannkräfte moderner Gummibandlaufwerke in Fahrtrichtung.

4.4.2 Analyse oktaedrischer Spannungen

Spannungen im sogenannten oktaedrischen Spannungssystem sind die mittlere Normalspannung (Mean Normal Stress, MNS) und die oktaedrische Scherspannung (Octahedral Shear Stress, OCTSS). Die zwei oktaedrischen Spannungen liefern vollständige Informationen zum Spannungszustand und stellen eine Alternative zum Hauptspannungssystem dar. Wenn wir ein komplexes dreidimensionales Spannungssystem betrachten, können wir die Oktaederebenen erzeugen, die über die Ecken der Haupt-

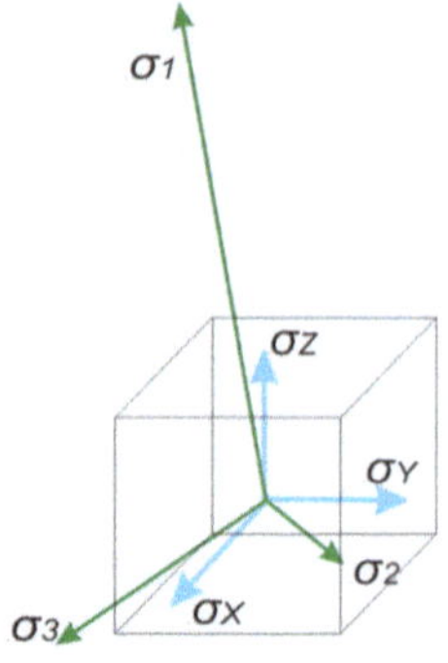

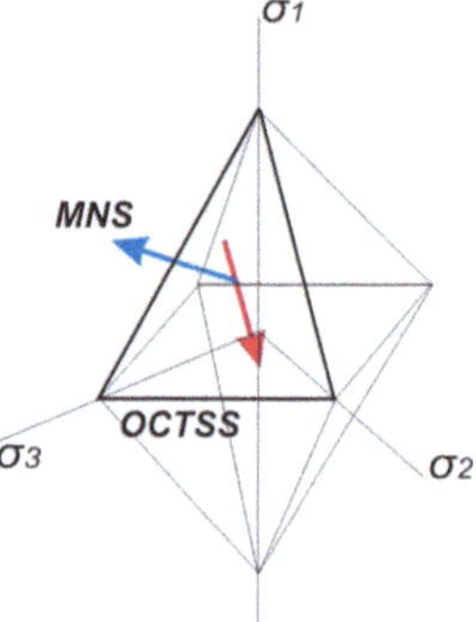

Abb. 4.22 Zwei Spannungssysteme: Hauptspannungen und oktaedrische Spannungen

elemente schneiden, um das Oktaeder zu erzeugen (Abb. 4.22). Von besonderer Bedeutung sind die auf die Oktaederebenen einwirkenden Spannungen. Die auf jede der acht Oktaederebenen einwirkenden Normalspannungen sind gleich groß und neigen dazu, das Oktaeder zu komprimieren oder zu vergrößern, ohne seine Form zu verzerren. Diese Spannungen werden auch hydrostatische Spannungen genannt und haben Werte, die gegeben sind durch:

$$MNS = \frac{1}{3}\left(\sigma_1 + \sigma_2 + \sigma_3\right) \tag{4.27}$$

In ähnlicher Weise sind die auf jede der Oktaederebenen wirkenden Scherspannungen von identischem Wert und neigen dazu, die Form des Oktaeders zu verzerren, ohne sein Volumen zu verändern. Der Wert der oktaedrischen Scherspannung ist wie folgt:

$$OCTSS = \frac{1}{3}\sqrt{\left(\sigma_1 - \sigma_2\right)^2 + \left(\sigma_2 - \sigma_3\right)^2 + \left(\sigma_1 - \sigma_3\right)^2} = \frac{1}{3}\sqrt{\tau_{12}^2 + \tau_{23}^2 + \tau_{13}^2} \tag{4.28}$$

Die Kenntnis der oktaedrischen Spannungen ist wichtig, da ihre Interpretation für die Auswirkungen der Radbelastung bei multidirektionalen Lasten von Bedeutung ist.

In wurden die Spitzenwerte der oktaedrischen Spannungen (MNS und OCTSS) für den Löss- und Sandboden ermittelt, die mit dem 6 × 6-LKW in drei Beladungsstufen gemessen wurden. Die Messungen wurden für zwei Modi des Rades durchgeführt: Rollen und Antreiben (= mit dem Schlupf). Die oktaedrische Scherspannung OCTSS ist in allen

Fällen höher als die mittlere normale Spannung MNS. Der Unterschied zwischen diesen Spannungen nahm mit zunehmender Fahrzeuglast zu und war vom Bodentyp abhängig: Im Lössboden war die Zunahme des OCTSS signifikant höher als im Sand.

Die Wirkung der Zugkraft war ebenfalls ausgeprägt. Im Allgemeinen sind die Bodenspannungen unter den Rädern beim Antreiben geringer als bei Rollen. Dies traf für den sandigen Boden in diesem Experiment nicht zu. Wenn der Radschlupf infolge der Zugkraft auf einen Punkt oberhalb der vertikalen Lage des Schwerpunkts (CG) eines Fahrzeugs ausgeübt wird, wird ein Drehmoment erzeugt, das bewirkt, dass die Hinterräder zusätzlich belastet und die Vorderräder entlastet werden. Dies führt logischerweise zu einer Änderung der Spannungsverteilung unter den Rädern. Darüber hinaus ist der Effekt des Radschlupfes bei Überlastung der Vorderräder bei stärker verformbarem Boden ausgeprägter, da eine höhere Fahrspurtiefe den beschriebenen Effekt verstärkt. Der Autor ist der Ansicht, dass dies der wahrscheinlichste Grund für die höheren Werte der oktaedrischen Spannungen beim Ziehen auf sandigem Boden ist.

Weiterhin wurde versucht, Mittelwerte der Spannungen unter jedem der drei Straßenräder zu berechnen (Abb. 4.23 und 4.24). Für den Lössboden waren, mit Ausnahme der

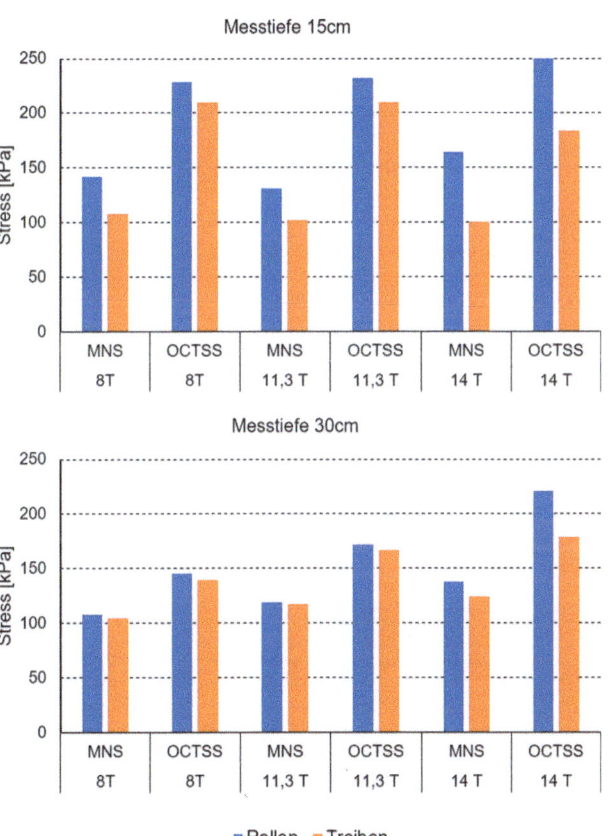

Abb. 4.23 Maximalwerte der oktaedrischen Spannungen im Löss unter der Last von 5,6-t-6 × 6-LKW. (**a**) – Messtiefe 15 cm, (**b**) – Messtiefe 30 cm

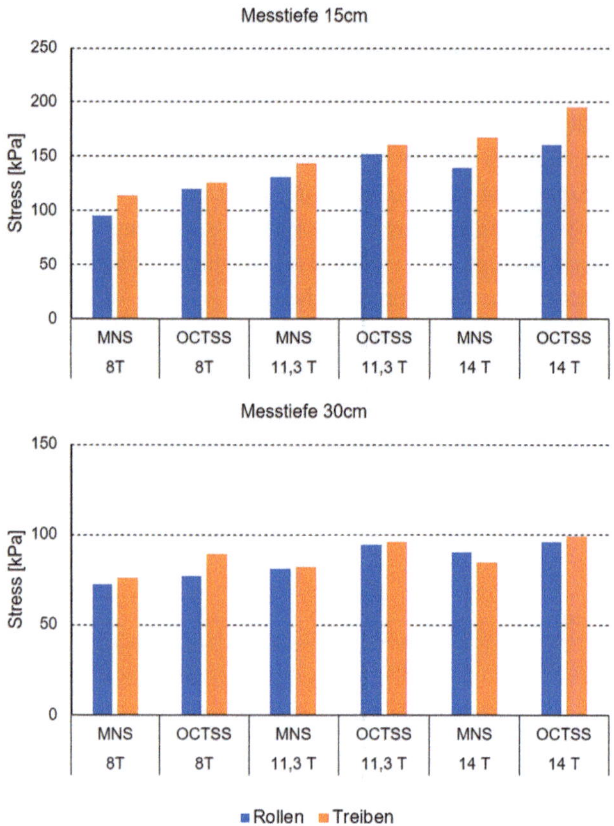

Abb. 4.24 Maximalwerte der oktaedrischen Spannungen im Sand unter der Last von 5,6-t-6 × 6-LKW. (**a**) – Messtiefe 15 cm, (**b**) – Messtiefe 30 cm

unter leeren Fahrzeugen in 30 cm Tiefe ermittelten Spannungswerte, beide Spannungen OCTSS und MNS, bei Radschlupf niedriger. Der Unterschied zwischen den Spannungen während des Rollens und des Antreibens nahm mit zunehmender Fahrzeugmasse zu. Darüber hinaus war dieser Unterschied bei 15 cm Tiefe signifikant höher. Im Gegensatz dazu war der Effekt der Radfunktionsmodi für den sandigen Boden umgekehrt (bei 15 cm Messtiefe) oder fast nicht vorhanden (bei 30 cm). Die Unterschiede zwischen OCTSS und MNS waren beim Sand geringer als beim Lössboden. Es ist hinsichtlich der Beziehung zwischen den beiden untersuchten oktaedrischen Spannungen zu beachten: Höhere Unterschiede zwischen OCTSS und MNS gingen mit höheren Werten der gemessenen Zugkraft des auf Löss gefahrenen Fahrzeugs einher als auf dem sandigen Boden.

Abb. 4.25 Feldstation zur Bestimmung von Verformungen unter der Last von fahrenden Fahrzeugen

4.4.3 Verformungen im Boden unter Radfahrzeugebelastung

Gleichzeitig mit den Spannungsmessungen wurden Verformungsmessungen durchgeführt. Bei den Tests wurde ein optoelektronisches Messgerät verwendet, das in Kap. 6 ausführlich beschrieben wird. Abb. 4.25 zeigt die Ansicht des Messgeräts während der Messungen.

Im Allgemeinen sind Bodenverformungen für Rollen und Antreiben unterschiedlich. Beim Überfahren ohne Schlupf (= beim Rollen) wird die Bodenoberfläche vertikal verformt, während eine signifikante Scherung auftrat, wenn der Boden im Antriebsmodus überfahren wurde. Unter einem komplexen Belastungszustand, der unter Rädern mit hohem Schlupf auftritt, werden Verformungen der Bodenoberfläche in zwei Richtungen erzeugt: vertikal und in Längsrichtung. Bodenverformungen in Längsrichtung, die hauptsächlich durch Scherung verursacht werden, sind bei größerer Fahrzeugbeladung höher. Die Werte der Längsverformungen sind beim Rollen signifikant niedriger. Es gibt offensichtlich einen Unterschied zwischen den beiden Böden: Sand verformt sich in Längsrichtung stärker als Löss. Vertikale Verformungen sind ein natürlicher Effekt der auf Rädern verteilten Schwerkraft. Auch diese Verformungen sind bei Sand größer (Abb. 4.26 und 4.27).

Eine weitere Analyse zeigt, dass ein vollständiger Bodenverformungszustand aus Folgendem besteht:

- Volumetrische Dehnung, die anhand der Oberfläche eines Vierecks quantifiziert werden kann, wobei die endgültige gegenüber der anfänglichen Oberfläche den Dehnungswert angibt
- Formverformungen, die sowohl aus Rotation als auch aus Translation bestehen

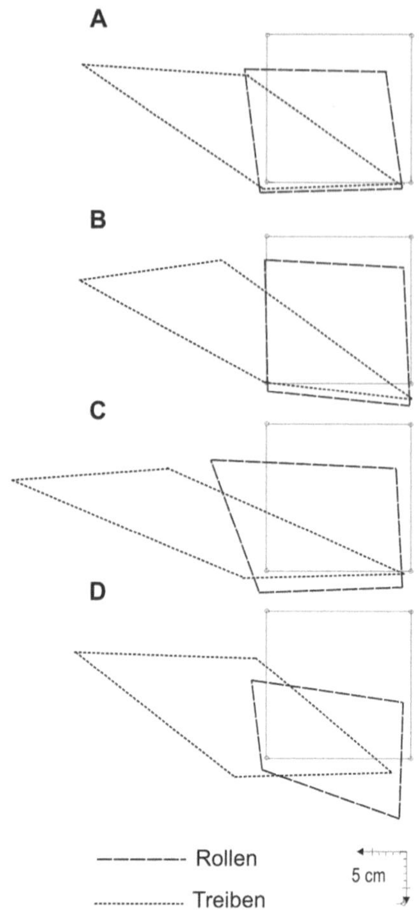

Abb. 4.26 Verformungen im Löss durch 6 × 6-LKW.
(**a**) – Reifendruck 200 kPa, leeres Fahrzeug,
(**b**) – Innendruck 390 kPa, leeres Fahrzeug,
(**c**) – Innendruck 390 kPa, Last 3600 kg,
(**d**) – Innendruck 390 kPa, Last 6000 kg [29].
Copyright © 2013 From Dynamics of Wheel-Soil Systems. A Soil Stress and Deformation-Based Approach by Jaroslaw A. Pytka. Reproduced by permission of Taylor and Francis Group, LLC, a division of Informa plc.

4.4.4 Auswirkung wiederholten Überfahrens auf die Bodenverformung

In der Bodenmechanik sind drei allgemeine Arten von Verformungen zu identifizieren: Kompression, Scherung und Rotation. Relative Verformungen in den untersuchten Böden nach den Überfahrungen durch Traktoren sind in Abb. 4.28 und 4.29 dargestellt. Im sandigen Boden wurde eine Scherung beobachtet (1., 2. bis 6.), die relativ gering war. Im Lössboden traten alle drei Arten von Verformungen auf, wobei die intensivste Kompression und Scherung waren. Daraus kann geschlossen werden, dass im Lössboden ein zwei-

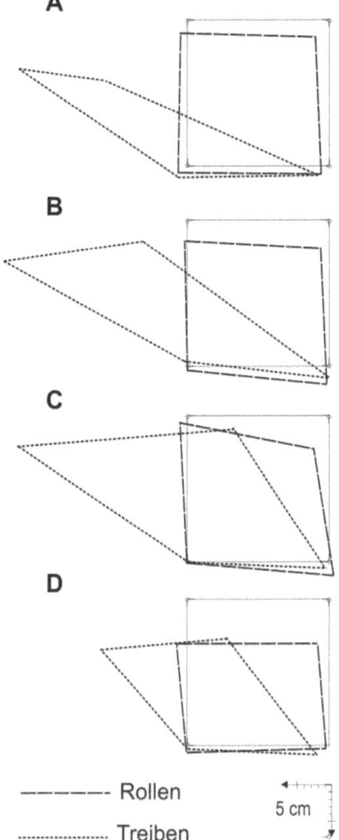

Abb. 4.27 Verformungen im Sand durch 6 × 6-LKW. (**a**) – Reifendruck 200 kPa, leeres Fahrzeug, (**b**) – Innendruck 390 kPa, leeres Fahrzeug, (**c**) – Innendruck 390 kPa, Last 3600 kg, (**d**) – Innendruck 390 kPa, Last 6000 kg [29]. Copyright © 2013 From Dynamics of Wheel-Soil Systems. A Soil Stress and Deformation-Based Approach by Jaroslaw A. Pytka. Reproduced by permission of Taylor and Francis Group, LLC, a division of Informa plc.

dimensionaler Verformungszustand auftritt, und dass der Verformungszustand im Lössboden komplexer ist als im Sand. Dies kann der Effekt der Kohäsion und der Aggregatstruktur von Lössboden sowie der stärkeren und multidirektionalen Wechselwirkungen zwischen Bodenpartikeln sein.

Die relative Belastung als Funktion der zunehmenden Anzahl von Traktorüberfahrten ist in Abb. 4.30 dargestellt. Die obere Grafik zeigt Löss und die untere zeigt sandigen Boden. Es kann eine Abnahme der inkrementellen Belastung für die nachfolgenden Traktordurchgänge festgestellt werden. Dies stützt die oben genannte These einer höheren Verdichtbarkeit von sandigem Boden, unabhängig von unterschiedlichen Traktormassen. Bemerkenswert ist der höchste Anstieg der relativen Dehnung zwischen dem ersten und

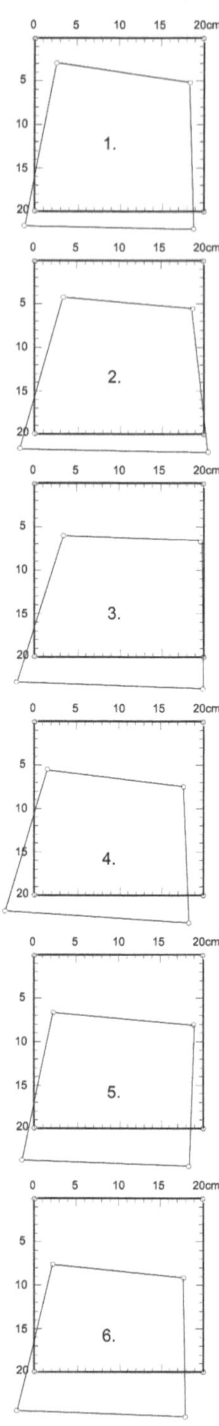

Abb. 4.28 Verformungen im Lössboden durch wiederholte Überfahrten eines Ackerschleppers

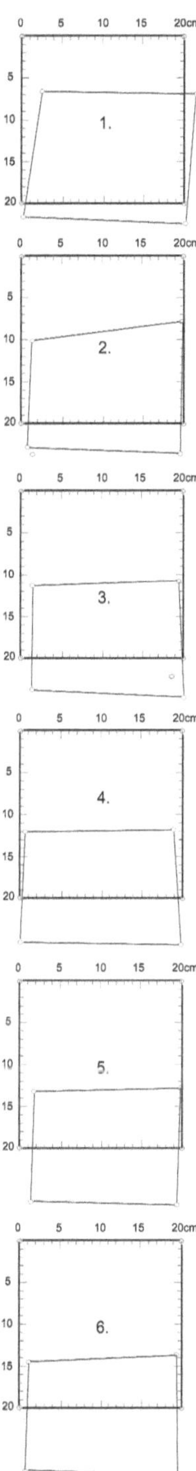

Abb. 4.29 Verformungen im Sandboden durch wiederholte Überfahrten eines Ackerschleppers

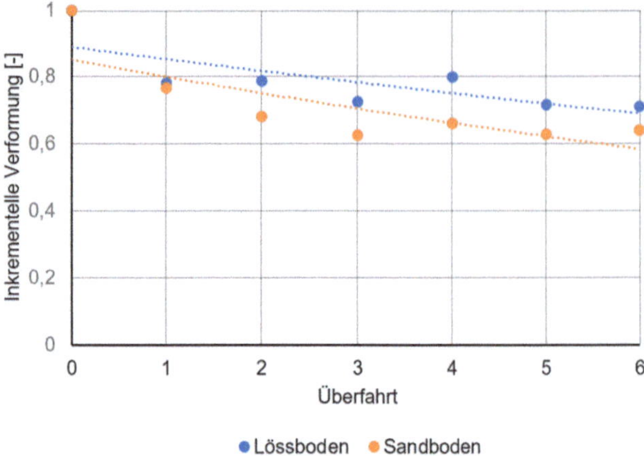

Abb. 4.30 Inkrementelle Verformung als Funktion der zunehmenden Anzahl von Traktorüberfahrten. (**a**) – Lössboden, (**b**) – Sandboden

dem zweiten Überfahren für beide Böden. Im Falle von Sand führten die dritte und die vierte Überfahrung ebenfalls zu einer signifikanten Verformung.

4.4.4.1 Auswirkungen wiederholten Überfahrens auf das Bodenverhalten bei Belastung und Entlastung

Für jedes Material kann eine Spannungs-Deformations-Beziehung viele Informationen über das mechanische Verhalten liefern. Eine solche Beziehung kann auch für den Boden aufgestellt werden, von größtem Interesse können aber die Änderungen des Spannungs-Deformations-Verhaltens nach einer Reihe von Traktorfahrten sein. Da die in dieser Studie erhaltenen experimentellen Daten sowohl aus dem Spannungs- als auch aus dem Verformungszustand bestehen, konnten zwei Arten von Beziehungen hergestellt werden: mittlere Normalspannung MNS gegenüber inkrementeller Verformung (Abb. 4.31) und oktaedrische Scherspannung gegenüber Zunahme des Scherwinkels (Abb. 4.32). Die erste Beziehung beschreibt den Prozess der Bodenverdichtung, während die zweite Beziehung Informationen über den Prozess der Scherung und der strukturellen Verformung enthält. Mit anderen Worten, Änderungen der mittleren Normalspannung gegenüber der Volumendehnung können mit der tatsächlichen Bodenverträglichkeit identifiziert werden, die für die nachfolgenden Überfahrungen und Druckinkremente abnahm, im Fall von sandigem Boden jedoch intensiver war. In ähnlicher Weise gibt die Beziehung zwischen oktaedrischer Scherspannung und Scherwinkel Auskunft über die Bodenscherfestigkeit und das Scherverhalten unter einem komplexen Lastzustand. Es ist offensichtlich, dass die Änderungen der Scherspannung gegenüber den Scherwinkeldaten im Lössboden signifikanter sind. Im sandigen Boden wurde keine ausgeprägte Scherung beobachtet. Es ist jedoch interessant, dass sich

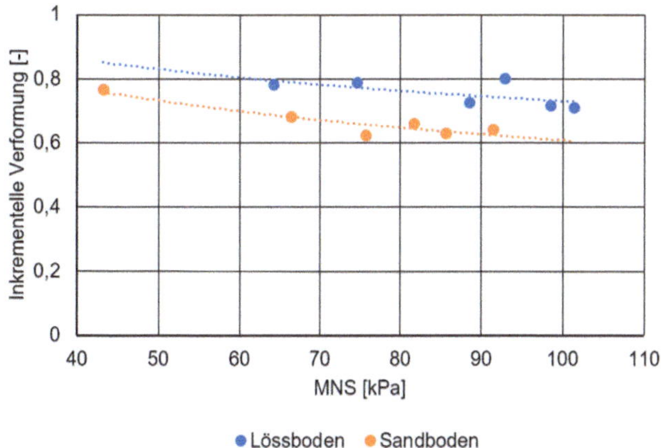

Abb. 4.31 MNS gegenüber inkrementeller Verformung. (**a**) – Lössboden, (**b**) – Sandboden

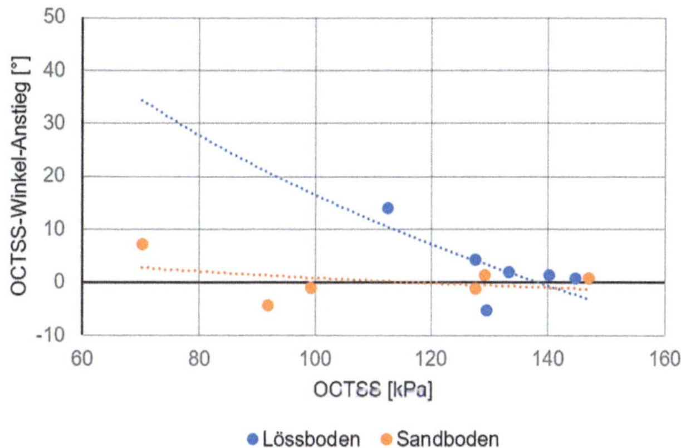

Abb. 4.32 OCTSS gegenüber Zunahme des Scherwinkels. (**a**) – Lössboden, (**b**) – Sandboden

die inkrementelle Scherfähigkeit der untersuchten Böden signifikant ändert (Abnahme), was für Lössböden intensiver ist. Die Änderungen der Verdichtbarkeit ist weniger abhängig von der Anzahl der Überfahrten. Dies steht im Widerspruch zu der Aussage über die Bodenkompressibilität, die aus der Analyse nur aufgrund der Bodenbelastung abgeleitet wurde. Aus dieser Beobachtung geht hervor, wie wichtig es ist, sowohl Bodenspannungs- als auch Verformungszustände in bodenmechanischen Untersuchungen zu analysieren. Eine Analyse nur des Spannungszustands liefert unvollständige Informationen und führt zu Missverständnissen des bodenmechanischen Verhaltens.

4.5 Spannungs- und Deformationszustand im Boden unter Belastung von Raupenfahrzeugen

4.5.1 Einführung

Raupenlaufwerke, die am häufigsten in schweren gepanzerten Militärfahrzeugen eingesetzt werden, haben den Vorteil, dass sie die Bodenbelastung minimieren und die Fahrzeugmobilität verbessern. Sie werden häufig auch in landwirtschaftlichen Fahrzeugen eingesetzt, ursprünglich als integraler Bestandteil des Fahrzeugs, jetzt jedoch als separate Raupeneinheiten, die an herkömmlichen Traktoren nachgerüstet werden. Bei einem Raupenlaufwerk verteilt sich das Fahrzeuggewicht im Vergleich zu Radfahrzeugen auf eine größere Oberfläche und der resultierende Anpressdruck ist entlang der Berührungsfläche theoretisch gleichmäßig. Dies erhöht auch die maximale Traktion, da die Scherfestigkeit des Bodens über eine größere Fläche genutzt wird [40]. Raupentraktoren verursachen weniger Verdichtung als herkömmliche landwirtschaftliche Radtraktoren mit ähnlichem Gewicht. Ansorge und Godwin [41] zeigten, dass die Verformung unter einem Kettenlaufwerk mit einer Last von 12 Mg ungefähr dieselbe war wie bei einem einzelnen Rad mit einem Drittel der Last. Die maximale Spannung unter einer Raupenkette kann jedoch um ein Vielfaches höher sein als die durchschnittliche Spannung, berechnet als Traktorgewicht geteilt durch die Kontaktfläche, aufgrund einer ungleichmäßigen Spannungsverteilung, insbesondere in Längs-, aber auch in Querrichtung (Keller et al. [13]). Dies wird durch die hohen Spitzenspannungen verursacht, die durch Räder und Rollen sowie durch die Verbindungen der Kette mit Stollen verursacht werden (Dąbrowski [37]).

4.5.2 Feldexperimente

Feldmessungen wurden mit einem SST durchgeführt. Das SST wurde in einer Tiefe von ca. 20 cm in der Mittellinie der rechten Spur installiert. Die Installation war einfach und umfasste Ausgrabungen, die Positionierung des SST (Abb. 4.33) und das Nachfüllen des Bodens. Es wurde angenommen, dass diese Installationsmethode die Genauigkeit der Messungen in einem sandigen Boden nicht wesentlich beeinflusst. Während der Installation wurde ein fester Referenzpunkt markiert und ein Abstand zwischen diesem Punkt und dem SST bestimmt. Dies half bei der Identifizierung des Standorts des SST nach dem Auffüllen des Bodens. Basierend auf den gemessenen Bodenspannungen wurde der Spannungszustand im Boden unter Verwendung eines in Abschn. 4.2 beschriebenen Algorithmus berechnet. Der vollständige Spannungszustand besteht aus den Haupt-

Abb. 4.33 Installation des SST in den Boden

spannungen σ_1, σ_2, σ_3 und den auf die Oktaederebene wirkenden Spannungen Normalspannung MNS und Scherspannung OCTSS.

Die Messungen wurden in Sand durchgeführt (Abb. 4.34). Der Boden hatte eine Lagerungsdichte von 1,72 g/cm^3 und einen Feuchtigkeitsgehalt zwischen 5 und 7 %. Für jede Testvariante wurden mindestens fünf Wiederholungen (fünf Überfahrten) durchgeführt. Nach jeder Wiederholung wurde das SST ausgetauscht und der Boden am Messpunkt und etwa 10 m davor und dahinter manuell homogenisiert. Dadurch lief das Fahr-

Abb. 4.34 Feldstation messbereit. Kettenfahrzeug bereit [25]

zeug reibungslos und alle Messungen konnten unter ähnlichen Bodenbedingungen durchgeführt werden. Die Fahrer und Testingenieure benötigten einige Fähigkeiten, um sicherzustellen, dass die Fahrzeuge genau über den SST fuhren. Auf den Boden wurde ein Kreidepulver gesprüht oder die Stelle wurde mit Ästen markiert, um den Fahrer zu führen. Besonders schwierig war es, Hochgeschwindigkeitstestläufe mit 20 km/h durchzuführen. Zur Kommunikation zwischen den Testingenieuren und den Fahrern wurden Sprechfunkgeräte eingesetzt. Die Bodenspannungsdaten wurden auf einem tragbaren Computer der Industrieklasse gespeichert.

4.5.2.1 Testfahrzeuge

Drei militärische Kettenfahrzeuge wurden für die Tests ausgewählt (siehe Tab. 4.2 und 4.3). In einem Vergleichstest wurden die Fahrzeuge mit einer Geschwindigkeit von 5 km/h gefahren. Unter solchen Bedingungen sind die dynamischen Effekte gering und die Massenverteilung über die Straßenräder ist der wichtigste Faktor, der die Bodenbelastung beeinflusst. Der Effekt der Fahrzeuggeschwindigkeit wurde für Fahrzeug B untersucht, das mit drei Geschwindigkeiten gefahren wurde: 5, 10 und 20 km/h. Fahrzeug A wurde verwendet, um die Spannungs-Deformations-Beziehung und die Wirkung von Gummipads auf die

Tab. 4.2 Technische Daten der in den Experimenten verwendeten Fahrzeuge [25]

	Fahrzeug	
Parameter	A	B
Gesamtgewicht, kg	44300	12130
Gesamtkontaktfläche, m^2	5,22 (4,5 × 0,58)	1,830 (3,545 × 0,258)
Raupenelementkontaktfläche, m^2	0,008 (0,138 × 0,58)	0,036 (0,142 × 0,258)
Radanzahl/Durchmesser, m	6/0,74	6/0,70
Kontaktflächendruck, kPa	90,2	66,2

Tab. 4.3 Massenverteilung über die Tragräder der Testfahrzeuge [25]

	Verteilung des Fahrzeugsmasse, kg/kPa	
	A	B
Rad-Nr.	44,3 t	12,13 t
1	3200/392	1211/393
2	3637/446	1010/328
3	3910/479	1070/347
4	3810/467	990/321
5	3940/483	896/291
6	3643/446	831/270

Bodenbelastung zu bestimmen. Fahrzeug C wurde verwendet, um den Effekt des Schlupfes zu untersuchen. Abb. 4.34 zeigt ein Testfahrzeug, das sich dem Messpunkt nähert.

4.5.3 Ergebnisse

4.5.3.1 Hauptspannungen

Abb. 4.35 zeigt ein Beispiel des vollständigen Bodenspannungszustands aus einer einzigen Überfahrt für die drei Fahrzeuge. Fünf Kurven (σ_1, σ_2, σ_3, *MNS, OCTSS*) sind als Funktionen der Zeit dargestellt. Die Formen der Kurven sind für die drei Testfahrzeuge ähnlich. Alle fünf Bodenspannungen erreichen sechsmal Spitzenwerte, was auf die sechs Tragräder im Fahrwerk des Fahrzeuges zurückzuführen ist. Für das Fahrzeug A werden zwischen den ersten vier Spitzenwerten aufgrund der intensiven Spannungsrelaxation Minimalwerte nahe null erreicht. Mit Ausnahme der letzten beiden Tragräder des Fahrzeugs A wurden Bodenspannungen erzeugt, wobei die Restspannungen 59 bis 80 % der Spitzenwerte betragen. Bei der Analyse der Spannungsdaten in Tab. 4.4 gibt es Werte der σ_1-Hauptspannung in Wiederholungen, die unter- oder überschätzt werden. Dies kann durch eine allmähliche Bodenverfestigung und durch Spannungskonzentrationszonen verursacht werden. Obwohl die in Tab. 4.9 gesammelten Radlasten 500 kPa nicht überschreiten, ist es möglich, dass der vorhandene Kontaktdruck aufgrund der Geometrie des Laufelements viel höher wird. Mittelwerte der σ_1-Bodenspannung entsprechen jedoch dem Kontaktdruck unter Rädern. Das absolute Maximum der σ_1-Hauptspannung für das

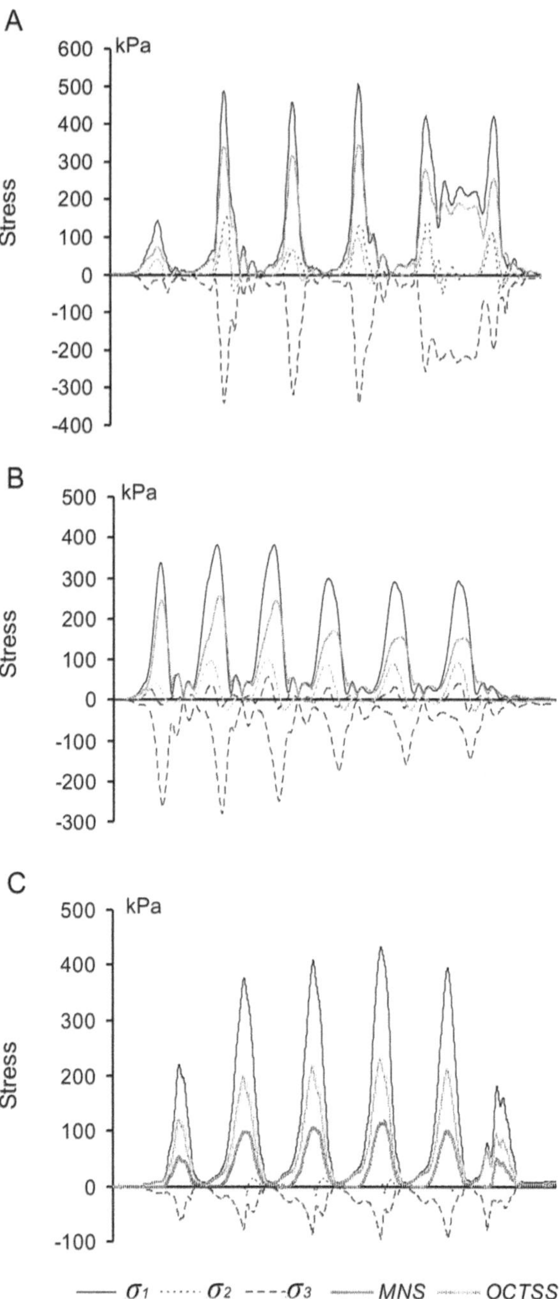

Abb. 4.35 Bodenspannungszustände aus einer einzigen Überfahrt für die drei Raupenfahrzeuge

Tab. 4.4 Eine Sammlung gemessener durchschnittlicher Bodenspitzenspannungen σ_1, *MNS* und *OCTSS*, theoretische Spannungen, die aus der Boussinesq-Gleichung sowie aus den NGP- und MMP-Modellen berechnet wurden [33]. Copyright © 2013 From Dynamics of Wheel-Soil Systems. A Soil Stress and Deformation-Based Approach by Jaroslaw A. Pytka. Reproduced by permission of Taylor and Francis Group, LLC, a division of Informa plc.

	Gemessene Spannung, kPa			Berechnete Spannung, kPa	
Last/Druck, kg/kPa	σ_1	MNS	OCTSS	B	N
Fahrzeug A					
3200/392	392,3	49,36	244,9	187,16	168,53
3637/446	455,86	103,33	329,6	212,95	
3910/479	473,7	85,45	321,9	228,70	
3810/467	433,4	104,38	291,33	222,97	
3940/483	432,93	107,36	290,73	230,61	
3643/446	478,3	103,54	312,06	212,95	
Fahrzeug B					
1211/393	310,3	43,05	223	187,64	108,97
1010/328	359	97,06	231,25	156,60	
1070/347	359,7	102,78	217,85	165,68	
990/321	305,45	91,73	158,85	153,26	
896/291	307,97	92,42	156,45	138,94	
831/270	302,65	93,67	155,17	128,91	
Fahrzeug C					
1040/286	208,46	48,36	115,88	136,45	93,28
1130/311	348,3	85,97	187,74	148,25	
1170/322	364,78	91,21	196,96	146,55	
1147/315	384,62	96,78	207,74	150,48	
1090/300	353,8	87,63	192,12	143,01	
840/231	232,78	58,78	125,06	110,21	

Fahrzeug A wurde unter dem letzten Straßenrad aufgezeichnet, während die Last und folglich der Kontaktdruck für das dritte und das fünfte Rad am höchsten sind. Eine solche Situation ist möglich, weil die Unebenheit des Geländes erhebliche instabile dynamische Kräfte zwischen dem Fahrwerk des Fahrzeugs und der Bodenoberfläche verursachen kann.

Die Hauptspannung σ_1 ist die höchste Zustandskomponente, während die σ_3-Spannung negative Werte erreicht: Der σ_3-Vektor ist entgegengesetzt zur Traktion (Fahrtrichtung). Die geringfügigen σ_2-Spannungswerte betragen im Durchschnitt ca. 20 % von σ_1, was darauf hinweisen kann, dass der Bodenspannungszustand in diesem Fall zweidimensional ist. Die oktaedrische Scherspannung ist signifikant höher als die mittlere Normalspannung und zeigt, dass strukturelle Schäden und nicht die Verdichtung in diesem Fall einen wesentlichen Teil der Bodenverformung ausmachen können, obwohl Scherung und Verdichtung nicht als separate Prozesse behandelt werden können.

Die Bodenspannungskurven in Abbildung Abb. 4.35 geben Aufschluss über die Spannungskonzentration unter den Rädern, die sich aus den Spitzenspannungen ergibt, die

die Belastung jedes Rades darstellen. Die Spannungsrelaxation zwischen den Tragrädern, die von 100 % unter den Rädern bis fast 0 % zwischen den Rädern variiert, deutet auf eine inhomogene Lastverteilung entlang der Spurlinie hin. Bei einem Raupenfahrwerk verteilt sich die Gesamtlast aus dem Fahrzeuggewicht theoretisch auf eine größere Gesamtkontaktfläche der Raupe im Vergleich zu Radfahrzeugen. Auf dem Feld verteilt sich der größte Teil des Fahrzeuggewichts jedoch auf die kleine Kontaktfläche eines einzelnen Raupenelements unter einem Tragrad. Dies führt zu einer Konzentration der Bodenbelastung unter den Rädern. Dies hängt offensichtlich von der Raupenspannkraft ab, die in einem begrenzten Bereich gesteuert werden kann, sowie von den Oberflächenbedingungen: Je größer die Oberflächenfestigkeit ist, desto homogener ist die Spannungsverteilung. Für den in dieser Studie untersuchten Sandboden war die Spannungsverteilung eindeutig inhomogen. Dies ist erheblich und verursachte Vibrationen in der Fahrzeugfederung, die von den Besatzungsmitgliedern subjektiv bemerkt wurden.

Die Art und die Qualität der Oberfläche kann auch erhebliche Auswirkungen auf die räumliche Spannungsverteilung haben. In Böden, einschließlich sandigem Boden, ist die Hauptrichtung der Spannungsausbreitung fast dieselbe wie die Richtung des Fahrzeuggewichtsvektors. Die Beziehungen von σ_1 zu σ_2 zu σ_3 bestätigen diese Aussage: Die Werte der Nebenspannungen betragen nicht mehr als 25 % der Hauptspannung σ_1. Die Inhomogenität des sandigen Bodens erlaubt keine horizontale Spannungsverteilung von mehr als einem Viertel der gesamten äußeren Belastung. Eine der Folgen davon kann eine Abnahme der Traktion sein.

4.5.3.2 Oktaedrische Bodenspannungen

Aus der Analyse der Spannungsdiagramme in Abb. 4.35 sowie der Zahlen in Tab. 4.9 kann geschlossen werden, dass die oktaedrische Scherspannung immer einen höheren Wert als die oktaedrische Normalspannung aufweist. In Bezug auf die Hauptspannung im dreidimensionalen Spannungssystem σ_1 beträgt der Peak OCTSS 60 bis 70 %, während der MNS 30 bis 40 % der Spitzenspannung σ_1 beträgt. Die Dominanz der Scherung gegenüber der Kompression würde darauf hindeuten, dass die Scher- und Strukturschäden im Boden unter den Rädern dominieren und eine größere Bedeutung haben als volumetrische Verformungen (Bodenverdichtung). Sandiger Boden mit geringem Zusammenhalt schafft keine stabile Struktur, die gegen äußere Belastungen beständig sein könnte. Das Bodenvolumen wird insbesondere in horizontaler Richtung verformt (dies ist logisch, da die geringen Spannungen erheblich geringer sind als die großen Spannungen). Andererseits ist die Kompressibilität sandiger Böden relativ gering, die Volumenänderungen sind deutlich weniger wichtig. Diese Aussagen sind jedoch immer noch Hypothesen und erfordern eine weitere Untersuchung der Bodenverformungen infolge wirkender Spannungen.

4.5.3.3 Auswirkungen der Fahrzeugmassenverteilung auf Straßenräder auf die Bodenbeanspruchung

Um den Einfluss der Fahrzeugmassenverteilung auf die Bodenbeanspruchung zu untersuchen, wurden für jedes Straßenrad der drei untersuchten Fahrzeuge durchschnittliche

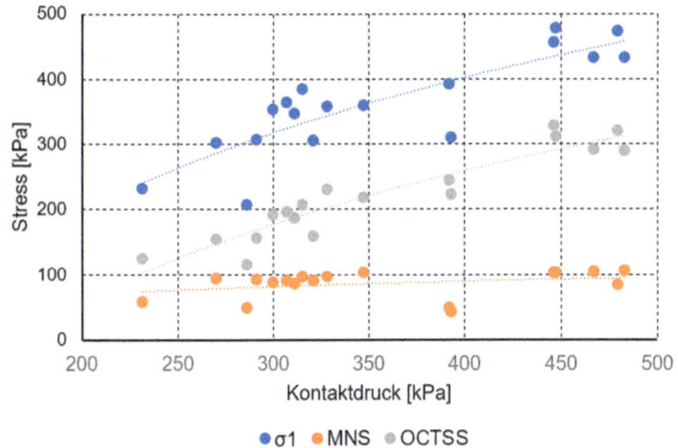

Abb. 4.36 Einfluss der Fahrzeugmassenverteilung

Spitzenwerte von σ_1, MNS und OCTSS analysiert. Die Beziehungen zwischen Kontaktdruck und durchschnittlichen Spitzenspannungen (Abb. 4.36) wurden für jedes Straßenrad berechnet. Die Räder waren von vorne nach hinten nummeriert. Die Standardabweichung für fünf Wiederholungen, die für jedes Rad analysiert werden, ist für die hinteren Straßenräder kleiner. Der Rückgang beträgt beim letzten Rad etwa 30 bis 40 % im Vergleich zum ersten. Dies wurde höchstwahrscheinlich durch die Bodenverfestigung verursacht, die es den Spannungswandlern ermöglichte, einen engeren Kontakt zwischen Membranen und Boden zu haben. Dies ist insbesondere dann von Bedeutung, wenn die Spannungswerte für hintere Straßenräder nicht höher sind. Eine gründliche Analyse der Beziehung zwischen Radlast und Bodenspannung folgt unten.

4.5.3.4 Auswirkungen der Fahrzeuggeschwindigkeit

Horn et al. [8] hat den umgekehrten Einfluss der Verformungsrate auf den Spannungszustand im Boden bestätigt: Je höher die Fahrgeschwindigkeit, desto geringer die Bodenspannung. Eine Abnahme der Bodenbeanspruchung mit zunehmender Geschwindigkeit erklärt sich aus der kürzeren Zeit für die Rad-Boden-Wechselwirkung und der weniger intensiven Spannungsausbreitung. Dies gilt sicherlich für eine glatte Bodenoberfläche, die unter realen Bedingungen sehr selten ist. Die Oberflächenrauheit verursacht vertikale Fahrzeugschwingungen und die resultierende Spannung kann von den theoretischen Vorhersagen abweichen.

Abb. 4.37 und 4.38 zeigen Ergebnisse für unterschiedliche Fahrzeuggeschwindigkeiten. Spannungskurven für Messfahrten des Fahrzeugs B sind für drei Geschwindigkeiten (5, 10 und 20 km/h) aufgezeichnet. Die Formen der Kurven sind interessant. In den drei Diagrammen in dieser Figur erfolgt eine Glättung oder Nivellierung der Spannungskurven bei höheren Geschwindigkeiten. Bodenspannungen erreichen bei höheren Geschwindigkeiten keine Nullwerte zwischen den Straßenrädern, was darauf hinweist, dass die Spannungsrelaxation weniger intensiv ist. Es ist jedoch zu berücksichtigen, dass die Raupenspannung mit höherer Geschwindigkeit zunimmt und folglich die Lastverteilung

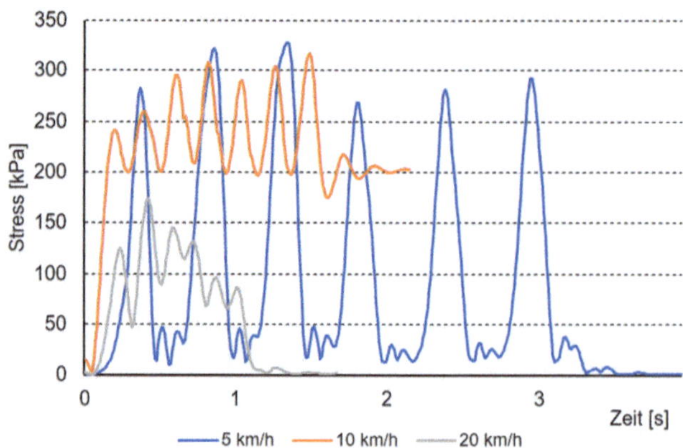

Abb. 4.37 Beispiele für Spannungsverläufe in sandigem Boden unter der Last von Fahrzeug B, das mit unterschiedlichen Geschwindigkeiten fährt

vom Aufbau über die Aufhängung zum Boden ebenfalls gleichmäßig ist: Die Raupen werden steifer, weniger flexibel. Der in den Diagrammen in Abb. 4.38 gezeigte Effekt beruht also auf einer Änderung der Lastverteilung und nicht auf einer mechanischen Reaktion des Bodens bei hoher Geschwindigkeit und schnellerer Bodenverformung. Bei der Analyse der Spannungswerte wurde angenommen, dass die Spannung bei höherer Fahrzeuggeschwindigkeit abnimmt. Der Effekt ist zwischen 10 und 20 km/h signifikant und zwischen 5 und 10 km/h weniger signifikant oder unsicher. Geringere Spannungen bei hoher Geschwindigkeit sind wahrscheinlich eher eine Folge einer quasi gleichmäßigen Lastverteilung als von bodenmechanischen Prozessen. Sie spielen natürlich eine bedeutende Rolle; d. h. eine kürzere Exposition gegenüber der Radlast verursacht aufgrund der dreiphasigen Natur des Bodens ein weniger intensives Eindringen von Spannung. Sowohl die Elastizität als auch die Viskosität des Bodenmaterials sind zeit- oder geschwindigkeitsabhängig. Der sogenannte Härtungseffekt, der bei höheren Verformungsraten auftritt, führt zu einer höheren Elastizität und reduziert folglich die mechanische Beanspruchung. Höhere Abweichungen der Spannungswerte können als Oberflächenrauheit erklärt werden. Bei höherer Geschwindigkeit sind oberflächeninduzierte Schwingungen ausgeprägt, was zu einer dynamischen Radbelastung führt, die auf die Bodenoberfläche übertragen wird. Dieser Effekt kann mit der mechanischen Struktur der Kettenfederung multipliziert werden. Vibrationen, die durch eine unebene Oberfläche unter einem Straßenrad verursacht werden, schwingen über die Spurlinie mit den anderen Rädern.

4.5.3.5 Auswirkungen des Raupenschlupfs

Der Effekt des Raupenrutschens wurde für das leichtere Fahrzeug C untersucht. Das Fahrzeug wurde angehalten, indem die Bremskraft an einem zusätzlichen Fahrzeug erhöht wurde, das hinter dem Testfahrzeug angekoppelt war, wie in Pytka et al. [29] und Pytka [33]. Dies erzeugt einen fast/ziemlich linear ansteigenden Schlupf von 0 auf 100 %; Bei vollständigem Stillstand des Bremsfahrzeuges tritt ein 100-prozentiger Schlupf auf. Die Grafiken in Abb. 4.39 zeigen Spannungszustandskomponenten für Testfahrten mit verschiedenen Bremskräften, die einen zunehmenden Schlupf verursachen. Es ist aber zu be-

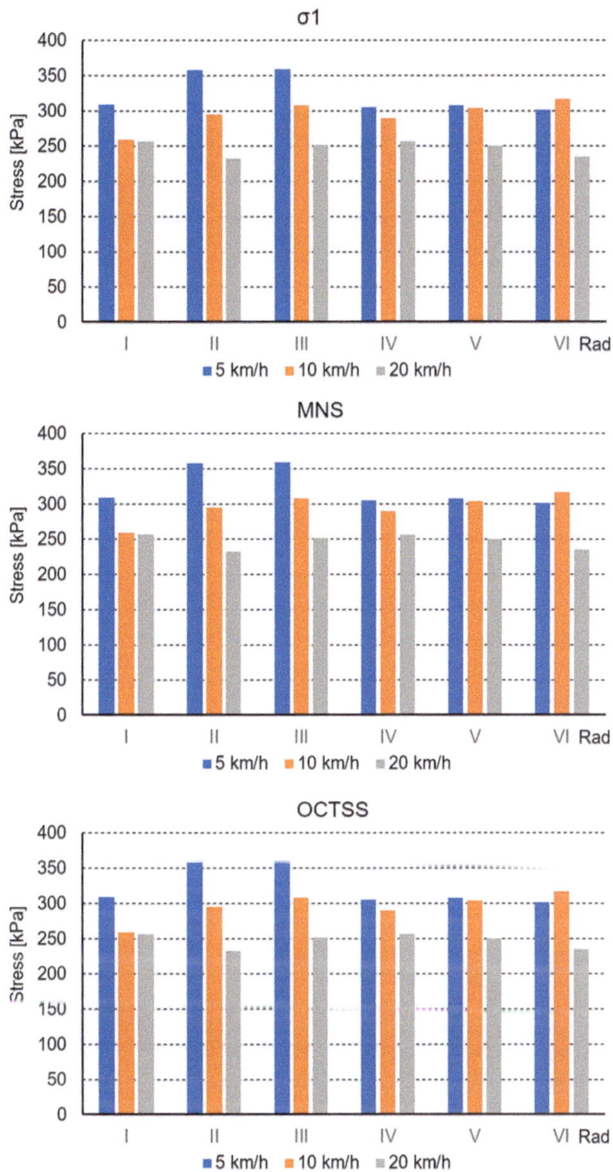

Abb. 4.38 Auswirkungen der Fahrzeuggeschwindigkeit auf die Bodenspannungen

achten, dass die aufgebrachte Bremskraft Änderungen in der Verteilung der Fahrzeugmasse und des Kontaktdrucks verursacht hat. Das mittlere Diagramm in Abb. 4.39 zeigt steigende Spitzenwerte der Spannungen (insbesondere σ_1, *OCTSS* und *MNS*) für nachfolgende Straßenräder. Die Bremskraft, die auf einen Punkt über dem Schwerpunkt (CG) ausgeübt wird, bewirkt ein signifikantes Anheben der Vorderseite des Fahrzeugs, das die Straßenräder vor dem CG entlastet und die Belastung der Straßenräder hinter dem CG erhöht. Im Allgemeinen tritt dieser Effekt des externen Bremsens bei einem relativ geringen

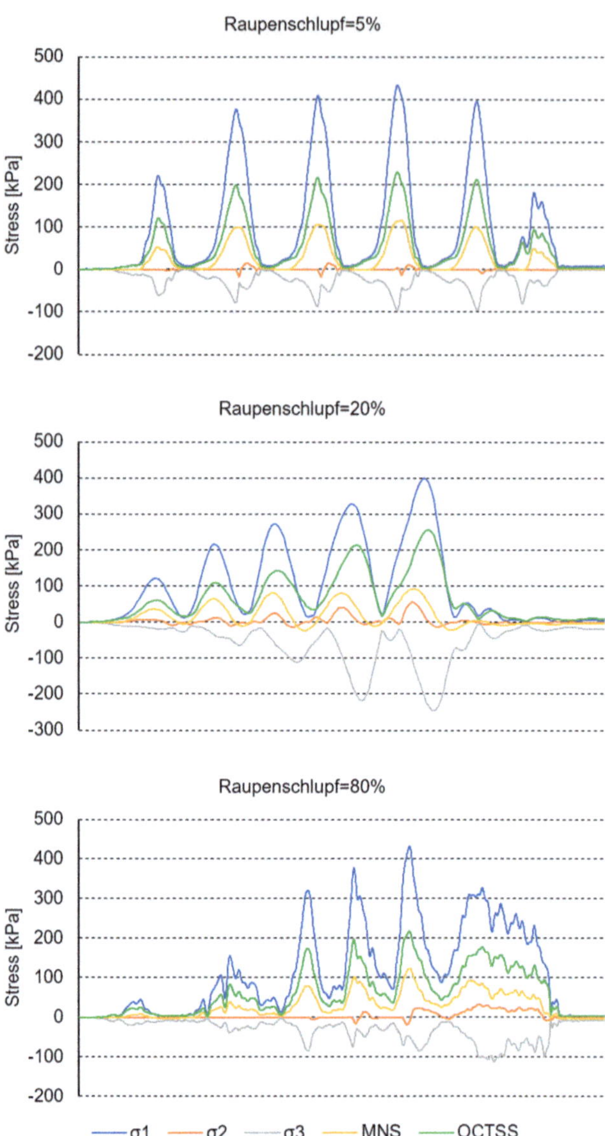

Abb. 4.39 Auswirkungen des Raupenschlupfes auf die Bodenspannungen

prozentualen Schlupf (0–30 %) auf und beeinflusst die Wechselwirkungen zwischen Boden und Spurkette. Die Fahrspurtiefe und der Rollwiderstand nehmen zu, was zu einer erheblichen Verringerung der Traktion führen kann.

Für die höheren Werte der Bremskraft (unteres Diagramm in Abb. 4.39) sind unregelmäßige Spannungskurven („sägenförmig") sichtbar. Die lokalen Spitzenspannungswerte können die Wirkung intensiver Vibrationen des Fahrzeugs bei hoher Bremskraft sein, wenn die Leistung auf Maximum eingestellt wurde. Diese Schwingungen wurden durch Resonanzen verstärkt und in den Boden übertragen. Die gemessenen Spitzenspannungen weisen jedoch unvorhersehbare Werte auf, die nicht mit dem Kontaktdruck korrelieren, da die Fahrzeugmassenverteilung stark gestört war. Dies würde auf signifikante Änderungen der Wechselwirkungen zwischen Boden und Raupenlaufwerk und der Fahrzeugleistung hindeuten.

4.5.3.6 Ein Vergleich zwischen gemessenen und berechneten Bodenspannungen

Tab. 4.9 enthält gemittelte Werte der maximal gemessenen Spitzenspannungen σ_1, *OCTSS* und MNS sowie die mit der Boussinesq-Gleichung und den beiden mit den Modellen *NGP* und *MMP* berechneten Spannungen. Abb. 4.40 und 4.41 zeigen einen Vergleich zwischen

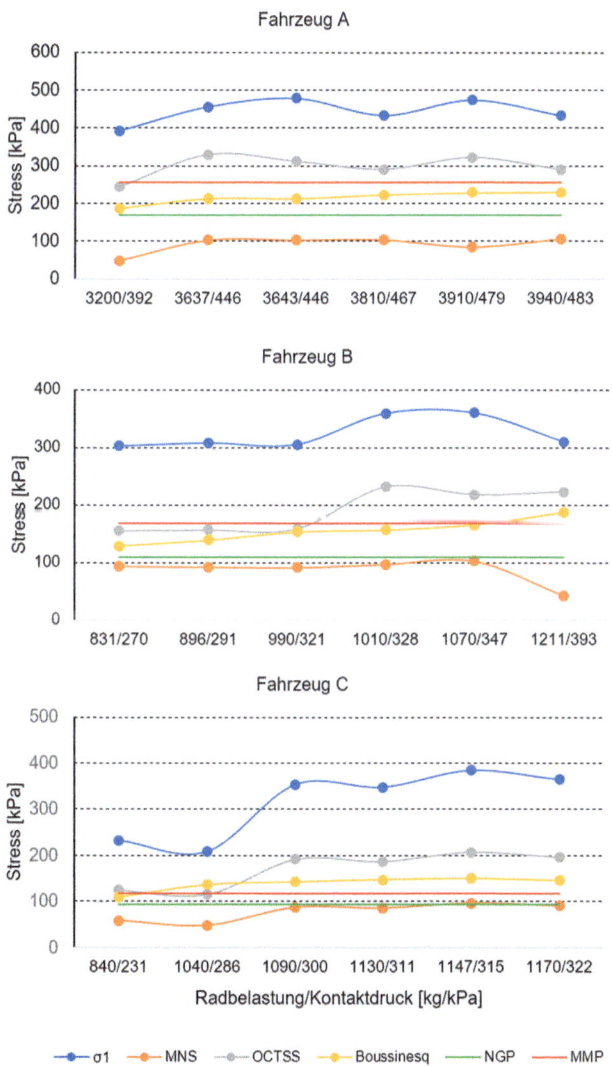

Abb. 4.40 Spitzenspannungen σ1, OCTSS und MNS sowie die mit der Boussinesq-Gleichung und den beiden Modellen NGP und MMP berechneten Spannungen

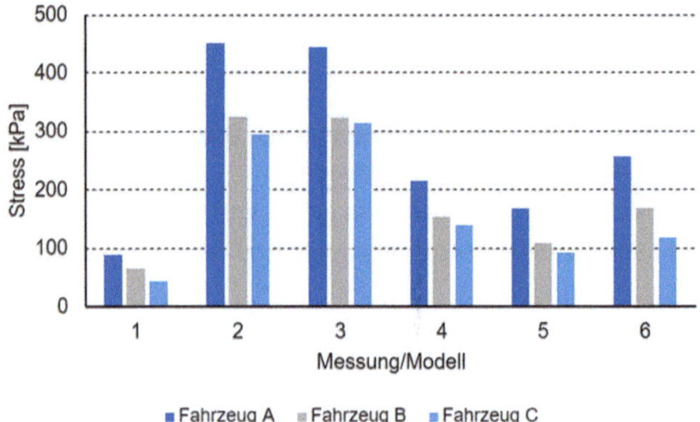

Abb. 4.41 Vergleich zwischen Kontaktflächedruckwerten und gemessenen bzw. berechneten Bodenspannungen

Kontaktflächedruckwerten und gemessenen und berechneten Bodenspannungen. Die Balken in Abb. 4.41 zeigen Folgendes:

- Kontaktflächendruck für die gesamte Kontaktfläche (1)
- Kontaktflächendrücke für jedes Tragrad separat (2)
- Mittlere maximale σ_I-Bodenspannung, ermittelt durch Mittelung der Daten für alle sechs Tragräder (3)
- Vorhergesagte Bodenspannungen, berechnet aus der Boussinesq-Gleichung (4) sowie aus den *NGP*- und *MMP*-Modellen (5) und (6) gemittelt für alle sechs Straßenräder.

Die Tendenzen sind für alle drei Testfahrzeuge identisch wie folgt:

- Die gemessene maximale Spitzenspannung σ_I (2-Balken) und der Kontaktflächedruck für die Räder (3-Balken) sind nahezu identisch und erreichen für die drei Fahrzeuge immer den höchsten Wert.
- Vorhersagen aus den drei Modellen (4-, 5- und 6-Balken) liegen im Bereich von etwa 40 bis 60 % der gemessenen maximalen Spitzenspannung. Diese Tendenz gilt auch für die drei Fahrzeuge, außerdem erreichen die *MMP*-Vorhersagen (6-Balken) den höchsten Wert der drei analytischen Modelle und der *NGP* (5-Balken) ist hier immer der niedrigste.
- Der niedrigste Wert im Vergleich gehört zu dem Kontaktdruck, der durch das Verhältnis des Fahrzeuggewichts zur Gesamtkontaktfläche (1-Balken in Abb. 4.41) ermittelt wird. Dieses erreicht etwa 20 % der gemessenen maximalen Spitzenspannung σ_I. Diese Tendenz gilt ebenfalls für alle drei Testfahrzeuge.

Abb. 4.42 zeigt die Werte des Spannungskonzentrationsfaktors.

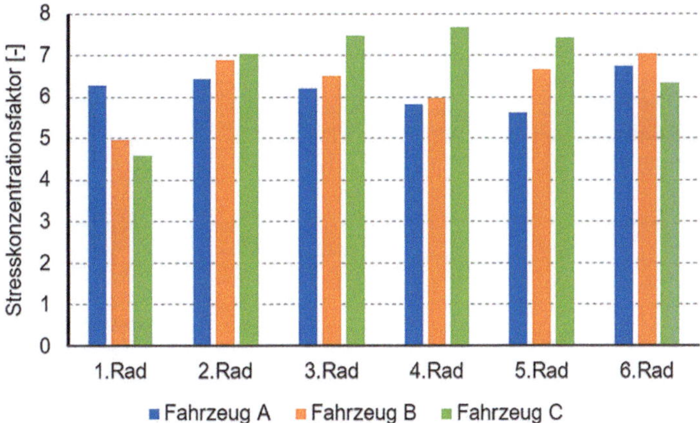

Abb. 4.42 Spannungskonzentrationsfaktor für einzelne Tragräder von drei Testfahrzeugen bestimmt

4.5.3.7 Bodenverformung

Die Bodenverformung wurde nur für das Fahrzeug A gemessen. Die Messungen wurden bei einer konstanten Geschwindigkeit von etwa 5 km/h möglichst ohne Schlupf durchgeführt. Typische Videobilder, die für vier repräsentative Radpositionen aufgenommen wurden, sind in Abb. 4.43 dargestellt. Aus den Bilddaten wurden Verformungen des Bodenvolumens in Abhängigkeit von der vertikalen Verschiebung des SST sowie der Absenkung berechnet: zeitabhängige Bewegung der Beleuchtungspunkte auf der aufgestellten Tafel, auf der der Ausschlag anhand einer Millimeterskala abzulesen war (Abb. 4.44). Die Fahrspurtiefe und die Verschiebung des SST können sowohl in Z- als auch in X-Richtung bestimmt werden, da die Laserprojektoren gelenkgelagert sind. Bilder, die während Überfahrten aufgenommen wurden, wurden analysiert, und die Platzierungen eines zentralen Lichtpunkts wurden mittels zweier Koordinaten quantifiziert: horizontal und vertikal als Funktionen der Zeit. Die Daten zur Bodenverformung entsprechen dem Spannungszustand: Unter den Haupträdern des Fahrzeugs sind die höchsten Fahrspurtiefen und die höchste SST-Verschiebung zu beobachten. Die signifikanten Verschiebungen des SST wurden nur in vertikaler Richtung aufgezeichnet, während die Bewegung der Fahrspurtiefensonde zweidimensional ist. Das absolute Maximum der vertikalen Bewegung des Wandlers wurde unter dem fünften Rad mit der höchsten Teillast und dem höchsten Kontaktflächendruck aufgezeichnet, aber der maximale Wert der Spurtiefe wurde unter dem letzten Tragrad beobachtet. Aus den Verformungsdaten kann die Bodenverdichtung durch die Annahme eines eindimensionalen Verdichtungsmodells bestimmt werden.

4.5.3.8 Beziehung Bodenspannung-Verformung

Eine weitere Analyse der im Experiment erhaltenen Ergebnisse ermöglicht die Entwicklung von Spannungs-Verformungs-Kurven für den untersuchten Boden. Die normale Hauptspannung σ_I hängt mit der vertikalen Belastung des Bodenvolumens zwischen der Fahr-

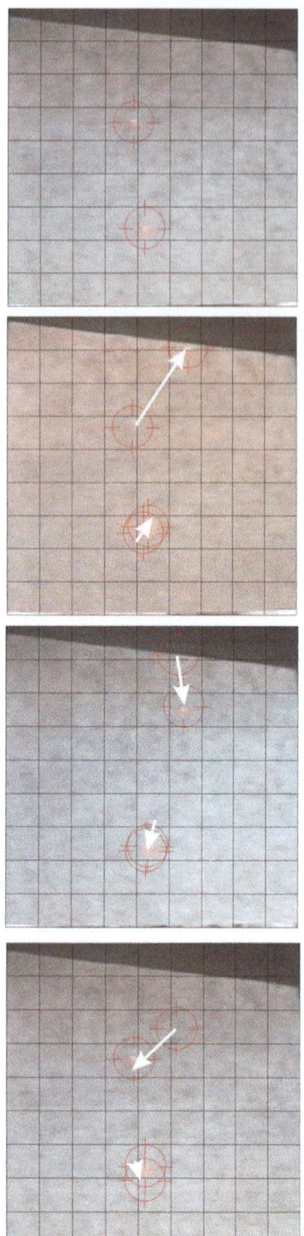

Abb. 4.43 Typische Videobilder für vier repräsentative Radpositionen. Die Pfeile markieren die Positionen der Lichtpunkte auf dem Bildschirm [25]

spurtiefensonde und dem SST zusammen. Die relative Verformung des Bodenvolumens (vertikale Bodenverformung) wurde unter Verwendung der erhaltenen Verformungsdaten bestimmt. Die volumetrische vertikale Verformungε_v wird wie folgt berechnet:

$$\varepsilon_V = \frac{150 + z_1 + z_2}{150} \times 150\ \% \tag{4.29}$$

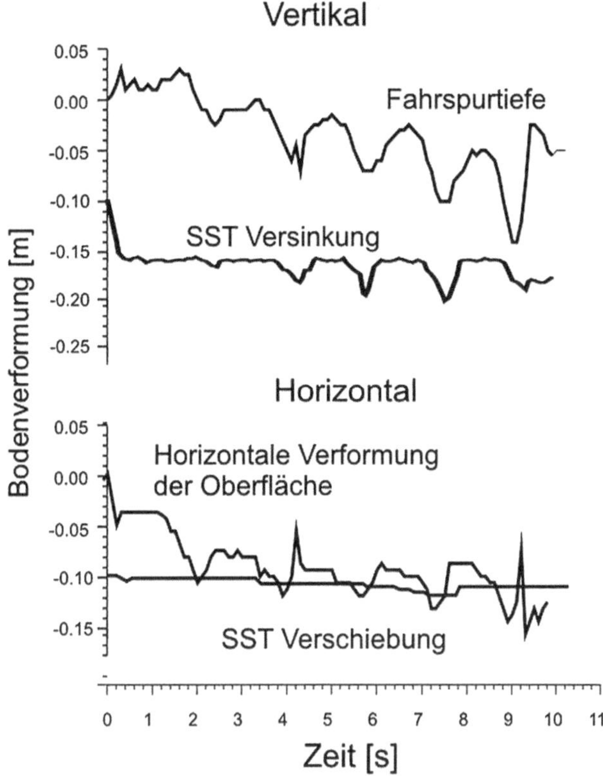

Abb. 4.44 Fahrspurtiefe und Verschiebung des SST in sandigem Boden aufgrund der Überfahrt eines Kettenfahrzeugs

wobei: z_1, z_2 – vertikale Bewegung der Fahrspurtiefensonde bzw. des SST in mm, 150 ist der vertikale Anfangsabstand zwischen der Sonde und dem SST in mm.

Die Form solcher Kurven kann die mechanischen Eigenschaften des Bodens beschreiben und quantifizieren. Die Bodenverdichtbarkeit, die Verkehrsfähigkeit, insbesondere die Energie der Verformung und Hysterese sowie die unmittelbare Festigkeit des Bodenmediums können aus der Beziehung abgeleitet werden. In Abb. 4.45 sind sechs Spannungs-Verformungs-Kurven dargestellt, die für jedes Straßenrad ermittelt wurden. Durch die Analyse der Spannungs-Verformugs-Kurven soll aufgezeigt werden, wie sich die mechanischen Eigenschaften des untersuchten Bodens während einer einzelnen Überfahrt des Fahrzeugs ändern. Die Kurven für sechs Tragräder sind unterschiedlich und es kann angenommen werden, dass sich insbesondere die Bodenverdichtbarkeit ändert: Die Beständigkeit des Bodens gegen volumetrische Verformung nimmt für die aufeinanderfolgenden Räder zu. Mit Ausnahme der ersten Kurve nimmt die Volumenverformung in vertikaler Richtung von 9,3 % für den zweiten Belastungszyklus auf 8 %, 6,5 %, 6 % bzw. 5 % ab. Dies gibt an, wie die Bodenverdichtbarkeit bei wiederholten Radeingriffen abnimmt. Die gemessene negative Volumenverformung unter dem ersten Rad wird durch den Bodenkeil an der Vorderseite der Spurkette verursacht, was dazu führt, dass sich die Fahrspurtiefesonde hebt. Die beobachteten Unterschiede in den Belastungsrelaxationszyklen informieren über die Änderungen der Bodenfestigkeit, die durch die zyklische Belastung der sechs Straßenräder verursacht werden. Die

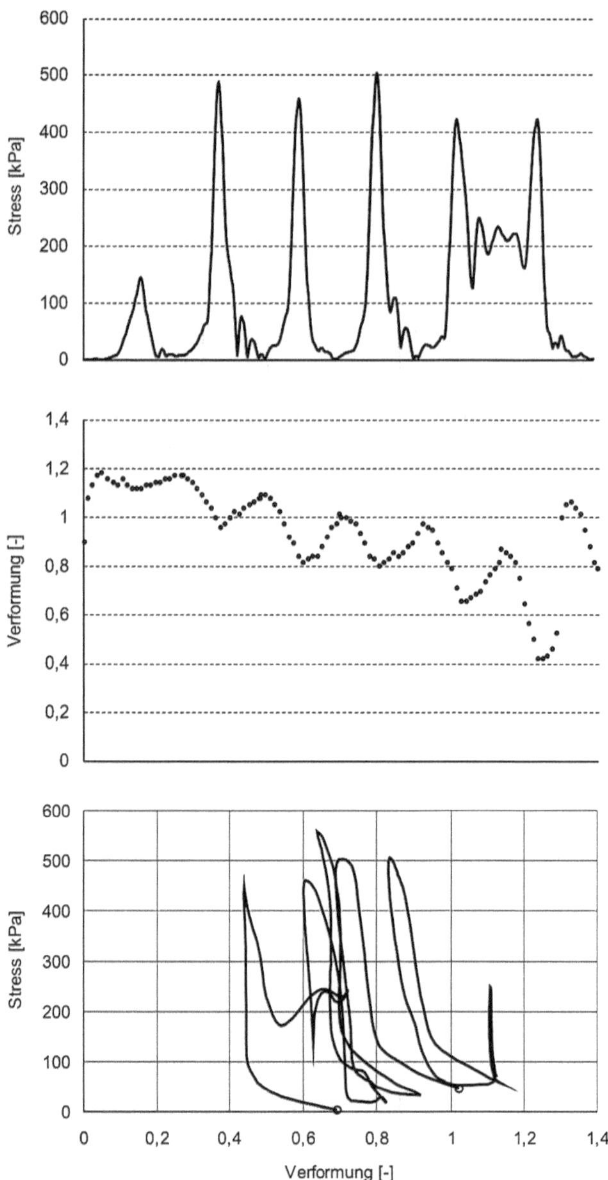

Abb. 4.45 Spannungs-Dehnungs-Beziehung, erhalten für sandigen Boden, basierend auf den Messergebnissen [25]

Breite der Schleife ändert sich für die folgenden Belastungszyklen unter den Rädern, was angibt, wie Änderungen der Bodenstruktur, die durch Belastungen verursacht werden, die Gesamtenergieaufnahme/den Gesamtenergieverbrauch im Prozess der Bodenverformung beeinflussen. Es ist auch festzustellen, dass aus der Spannungs-Dehnungs-Kurve für den Belastungsprozess der Spannungswert vor der Kompression quantifiziert werden kann. Diese, definiert als Spannungswert beim Übergang der weniger abfallenden Rekompressionskurve zur ursprünglichen Kompressionslinie, gibt Information über die Festigkeit des Bodens bei einem bestimmten Wassergehalt.

4.5.4 Diskussion

Der unter Fahrzeugen erzeugte Bodenspannungszustand hängt von einer Reihe von Faktoren und Bedingungen ab, kann jedoch als präziser Deskriptor für die Bodenreaktion auf verschiedene dynamische Belastungen (Wiermann et al. [35]), den Reifeninnendruck (Raper et al. [4], Bailey et al. [54]; Way [55]) und die Fahrzeuggeschwindigkeit (Horn [8]) verwendet werden. Die Forscher konzentrieren sich einerseits auf ökologische Aspekte der Bodenverdichtung durch Fahrzeugtraktion (Horn und Lebert [11]) und andererseits auf Mobilitätsprobleme, die für Militärfahrzeuge besonders wichtig sind (Dąbrowski [37], Pytka und Dąbrowski [25], Rovland [42]). Lamande et al. [24] haben in ihrer letzten Arbeit vorgestellt, wie sich Form und Abmessungen eines Spannungsaufnehmers auf die Genauigkeit von Bodenspannungsmessungen auswirken. Der wichtigste Faktor, der die Differenz zwischen dem wahren und dem gemessenen Wert (= Messfehler) beeinflusste, war das Verhältnis von Dicke zu Breite des Wandlers. Es wurden keine signifikanten Änderungen der physikalischen Bedingungen im Boden über den Wandlern aufgrund ihrer Installation berichtet. Dies stimmt mit der Annahme des Autors dieses Buches bezüglich der SST-Installationsmethode überein. Horn [8] hat den umgekehrten Einfluss der Verformungsgeschwindigkeit auf den Spannungszustand im Boden bestätigt: Je höher die Verformungsgeschwindigkeit, desto geringer die Bodenspannung. Eine Abnahme der Bodenbelastung mit zunehmender Geschwindigkeit erklärt sich aus der kürzeren Zeit für die Raupen-Boden-Wechselwirkung und der weniger intensiven Spannungsausbreitung. Dies gilt sicherlich für eine glatte Bodenoberfläche, die unter realen Bedingungen sehr selten ist. Die Oberflächenrauheit verursacht vertikale Fahrzeugschwingungen und die resultierende Spannung kann von den theoretischen Vorhersagen abweichen.

Die hier vorgestellten Ergebnisse zeigen, wie die Bodenbelastung durch Änderungen der Massenverteilung, der Fahrzeuggeschwindigkeit und des Raupenschlupfes beeinflusst wird. Die Verteilung der Bodenspannung unter den Raupen ist alles andere als gleichmäßig. Darüber hinaus ist der Effekt des Fahrmodus am bedeutendsten. Die Ergebnisse zeigen auch, dass das Messgerät (SST mit *DMS*-Drucksensoren) empfindlich genug ist, um diese Effekte zu erfassen. Es ist jedoch ein wichtiger methodischer Aspekt zu berücksichtigen. Alle Messungen wurden in einem Boden unter nahezu konstanten Bedingungen durchgeführt, es war jedoch keine Laborkontrolle der physikalischen Bodenbedingungen vor den Messungen möglich. Eine Änderung des Bodenfeuchtigkeitsgehalts oder einfach eine Änderung des Bodentyps würde wahrscheinlich die Werte der gemessenen Spannung erheblich beeinflussen. Um die Messmethode zu validieren, müssen die Wandler vor den Messungen unter Verwendung von umgeformtem Boden kalibriert werden, wie von Kirby [19, 20] und Lamande et al. [24].

Die Wiederholbarkeit der Ergebnisse von Feldversuchen ist geringer als bei Laborexperimenten, es ist jedoch schwierig, die tatsächlichen Bedingungen in einer Bodenprobe (z. B. Monolithproben) zu reproduzieren. Lamande et al. [24] haben einen speziell konstruierten Sattelzug verwendet, um die Wandler zu belasten, ohne den Boden mit den Straßenrädern des Traktors zu stören. Dies ist wahrscheinlich eine optimale Methode, um einen wahren Wert der Bodenbelastung zu erhalten, d. h. unter einem einheitlichen, wiederholbaren Belastungsmuster. Andererseits bestand der Ansatz des Autors dieser Veröffentlichung darin,

Bodenspannungen unter fast allen möglichen Umständen zu messen, die den wahren Wert beeinflussen könnten. Unvorhersehbare Effekte, die die Endergebnisse erheblich beeinflussen können – Rauheit der Bodenoberfläche, Präzision des Fahrens, Vorbereitung des Bodens und SST-Installation – sollten unter Laborbedingungen separat untersucht werden.

Die beschriebenen Experimente zeigen die Komplexität und Probleme bei der Messung der Bodenbeanspruchung in realen Feldbedingungen unter Fahrzeugen bei unterschiedlichen Fahrmodi und bei verschiedenen Manövern. Insbesondere bei dynamischen Hochgeschwindigkeitsmanövern sind Bodenspannungsmessungen schwierig, hauptsächlich aufgrund geringerer wiederholbarer Bedingungen. Dies beweist den Vorteil laborgesteuerter Messungen gegenüber Feldtests. Andererseits tritt der tatsächliche Einfluss eines bestimmten Fahrzeugs auf die bodenphysikalischen Eigenschaften bei verschiedenen Radlasten, dem Schlupf der Fahrelemente und dem Reifeninnendruck auf. Kurz gesagt wird die Wirkung eines Fahrelements auf den Boden in einem weiten Bereich der Belastungskraft quantifiziert. Unter Laborbedingungen können nicht alle möglichen Belastungsmuster rekonstruiert werden. Dies unterstützt die Verwendung von Feldversuchen, wobei zu beachten ist, dass zufällige Effekte – Rauheit der Bodenoberfläche, Präzision des Fahrens sowie Auswirkungen auf die Bodenbedingungen, Installation der Messgeräte usw. – unter Laborbedingungen separat untersucht werden sollten.

Große Unterschiede zwischen der gemessenen maximalen Spitzenspannung σ_1 und den aus den analytischen Modellen berechneten Spannungswerten erfordern ebenfalls weitere Untersuchungen. Zunächst wurden Berechnungen mit der Boussinesq-Theorie mit dem Konzentrationsfaktor $\nu = 3$ durchgeführt. Die Bedeutung von ν kann teilweise physikalisch sein und die bodenmechanischen Eigenschaften beschreiben, im allgemeinen Sinne ist sie jedoch teilweise mathematisch, wobei der Faktor tatsächlich zu einer Korrelationszahl bei der Suche nach einer besseren Übereinstimmung zwischen gemessenen und vorhergesagten Werten der Bodenspannungen wird. Der Wert von ν als Korrelationsfaktor zwischen berechneter und gemessener σ_1-Spannung liegt zwischen 5 und 6,5 (siehe Abb. 7.11).

Die endgültigen Schlussfolgerungen lauten wie folgt:

(1) Die Bodenspannungsverteilung entlang der Raupenketten war ungleichmäßig, beeinflusst durch die Verteilung der Fahrzeugmasse und durch die Belastung der nächsten Räder unter der Raupe. Die Spannungsrelaxation zwischen den Laufwerkrädern war ausgeprägt und erreichte ungefähr 10 % der unter einem Rad angegebenen Spitzenspannung.

(2) Schnellere Geschwindigkeiten führten zu einer Verringerung der Spitzenspannungswerte und einer Spannungsrelaxation. Bei der höchsten Geschwindigkeit von 20 km/h sank die Spannungsrelaxation auf ca. 20 %.

(3) Der Effekt des Raupenschlupfes war signifikant, aber unregelmäßig. In den meisten Fällen nahm die oktaedrische Scherspannung *OCTSS* beim Raupenschlupf im Gegensatz zur Hauptspannung σ_1 zu, die wiederum abnahm. Ein zunehmender Schlupf führte zu Änderungen der Fahrzeugmassenverteilung und der Radlast, was zu Änderungen der Bodenspannungen führte.

(4) Der Vergleich der Hauptspannung σ_1 mit theoretischen Spannungsdaten hat zu unterschiedlichen Ergebnissen für das Boussinesq-Modell geführt: Die mit $\nu = 3$ be-

rechneten Spannungswerte sind ungefähr 50 % kleiner als die gemessenen maximalen Spitzenspannungen. In ähnlicher Weise zeigte ein Vergleich der experimentellen Ergebnisse mit *MMP*- und *NGP*-Werten eine Unterschätzung der maximalen Spitzenspannungen der Analyse.

4.6 Spannungszustand im Schnee unter fahrenden Fahrzeugen und Maschinen

4.6.1 Einführung

Die in den vorhergehenden Abschnitten vorgestellten Studien beziehen sich auf die Analyse des Reifen-Boden- oder Raupen-Boden-Systems. Abschn. 2.5 beschreibt Schnee und seine Eigenschaften im Hinblick auf die Terramechanik. Die Methoden zur Untersuchung der mechanischen Eigenschaften von Schnee werden im Folgenden ebenfalls vorgestellt. Grundsätzlich ähneln sie denen für Böden. Daher liegt es nahe, mit den Drucksensoren, die für Bodenuntersuchungen verwendet wurden, auch den Spannungszustand im Schnee zu bestimmen.

- Ziel war es, die aus den vorherigen Unterkapiteln bekannte Methode der Spannungsmessung zur Messung von Spannungen in flachem Schnee unter Radfahrzeugen und in tiefem Schnee unter Pistenfahrzeug anzuwenden. Dieses Experiment wurde unter natürlichen Bedingungen bei Temperaturen unter 0 °C durchgeführt. Diese Studie ist eine Vorarbeit zur Beantwortung folgender Fragen: Eignen sich die bisher für den Boden verwendeten Methoden auch gut für Schnee?
- Wie funktionieren der SST und die Spannungswandler im Schnee?
- Wie funktionieren alle Instrumente unter winterlichen Bedingungen?
- Was sind die tatsächlichen Werte der Schneespannungen unter Fahrzeuglasten?

4.6.2 Experimente

Die Experimente wurden unter Verwendung von zwei verschiedenen Fahrzeugen an zwei Orten durchgeführt:

- Experiment I mit einem 5,6-t-4 × 4-Militärlastwagen, durchgeführt am Militärinstitut für Fahrzeugs- und Rüstungstechnik in Sulejówek, Polen

Experiment II mit einer Pistenraupe im Skigebiet Kasprowy Wierch/Goryczkowa, Zakopane, Polen. Beide Experimente werden in den folgenden Unterkapiteln beschrieben.

4.6.2.1 Experiment I

Das Experiment mit einem Radfahrzeug, das über eine Schneeoberfläche fährt, wurde im Flachland durchgeführt. Die Schneedrücke wurden mit einem Spannungswandler SST gemessen. Das für dieses Experiment verwendete SST wurde mit sechs Druckaufnehmern ausgestattet, die in einer Niedertemperaturkammer kalibriert wurden. Die sechs Sensoren wurden unter Verwendung eines wasserfesten Silikonklebers in einem SST-Gehäuse installiert. Es wurde keine zusätzliche Isolierung angewendet. Die Tests wurden an 30 bis 35 cm tiefem, flachem Schnee durchgeführt. Die Schneetemperatur betrug ungefähr −0,5 °C und die Dichte ungefähr 0,6 g/cm^3. Vor der Installation wurde das SST eine Stunde lang der Außentemperatur ausgesetzt. Es wurde mit einer einfachen Methode im Schnee installiert, bei der zunächst ein ca. 20 cm tiefes Loch hergestellt und in diesem eine Installationsfläche in 15 cm unter der Schneeoberfläche nivelliert wurde. Nach dem Aufstellen des SST wurde dann die Grube mit dem ruhenden Schnee gefüllt, um gute Kontakte zwischen Schnee und allen sechs Wandlern herzustellen. Eine solche Installationsmethode war dank der relativ hohen Festigkeit des abgesetzten und gefrorenen Schnees möglich. Nach jedem Test wurde der SST an einer neuen Messstelle neu installiert. Details sind in Abb. 4.46 dargestellt. Diese Methode wurde vom Autor aufgrund seiner Erfahrungen mit Bodenspannungsmessungen eingeführt. Die Schneedrücke wurden mit einem industriellen, tragbaren Computer mit einer Mehrkanaldatenerfassungskarte erfasst

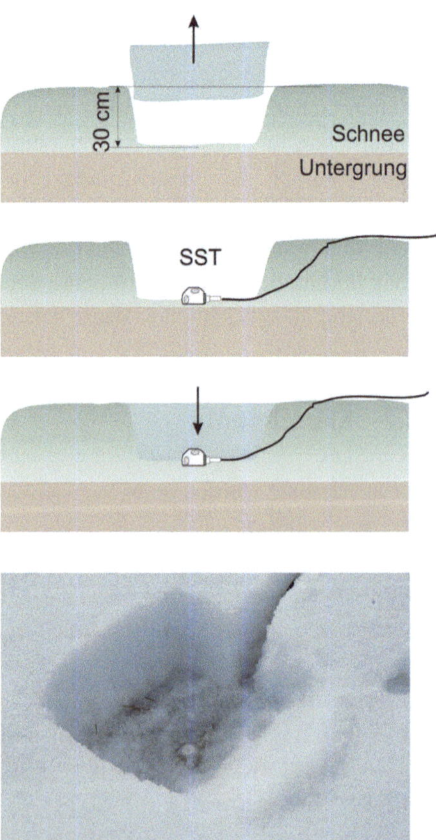

Abb. 4.46 Installation des SST im Schnee

Abb. 4.47 Ein provisorischer Stand für die Erfassung von Messdaten

Tab. 4.5 Technische Daten der in den Experimenten verwendeten Testfahrzeuge

Fahrzeug	Bereifung/ Raupenfahrwerk, m	Gesamtgewicht, kg	Last, kN/Kontaktflächendruck, kPa Vorderrad
4 × 4-LKW	12,00 × 20	5600	16,90/380
Pistenraupe	2 × 1,318 × 4,140	8400	7,7/7,56

(siehe Abb. 4.47). Der Computer wurde in einem Fahrzeug aufbewahrt, um ein Einfrieren während des Betriebs zu verhindern [32].

In diesem Experiment wurde ein 4 × 4 5,6 t-Militärlastwagen verwendet. Das Fahrzeug war mit Ganzjahresreifen ausgestattet, deren Innendruck 500 kPa betrug. Grundlegende technische Daten sind in Tab. 4.5 enthalten. Die Tests wurden bei niedriger Geschwindigkeit von ca. 5 bis 8 km/h durchgeführt. Die Schneespannungen wurden für zwei Radfunktionsmodi bestimmt: Beschleunigen (und folglich bei Radschlupf) und Rollen. Im Antriebsmodus zog das Testfahrzeug ein zusätzliches Bremsfahrzeug, um eine hohe Zugkraft und einen hohen Radschlupf zu erzeugen. Im Rollmodus wurde das Testfahrzeug vom Bremsfahrzeug auch bei niedriger Geschwindigkeit nach hinten gezogen. Nach jedem Testlauf wurde das Fahrzeug auf eine andere Strecke gebracht, auf der die Schneedecke ungestört war.

4.6.2.2 Experiment II

Das Experiment mit einer Pistenraupe wurde in einem Berggebiet in einer Höhe von ca. 1700 m NN durchgeführt. Die Region wird im Tatra-Nationalpark von alpinen Skifahrern ausgiebig genutzt. Am Tag der Tests war der Himmel 8/8 bewölkt und es fiel Schnee, die Lufttemperatur betrug – 6 °C. Die Schneetemperatur, bei der die Tests stattfanden, betrug – 1,9 °C, die Schneehöhe betrug 170 cm und es gab eine Schicht von 7 bis

10 cm frisch gefallenem Schnee. Die Schneedichte wurde mit einem tragbaren *TDR*-Messgerät bestimmt. Basierend auf gemessenen Werten der elektrischen Permittivität von Schnee in vier verschiedenen Tiefen wurde die Schneedichte aus Looyengas-Formeln mit einer Annahme einer Eispermittivität von 3,15 erhalten:

(4.30)

wobei: W – Wassergehalt, I – Eisfraktion, A – Luft im Schnee, ε_W – Wasserdurchlässigkeit, ε_{Eis} – Eisdurchlässigkeit, ε_{Luft} – Luftdurchlässigkeit, $\alpha = 0{,}3$.

Die Schneedichte wurde in dem Wissen berechnet, dass:

$$W + I + A = 1$$

und unter der Annahme, dass W = 0 ist.

Die endgültigen Werte für vier verschiedene Tiefen vor den Testfahrten sind in Tab. 4.6 enthalten. Die Schneespannungsmessungen wurden auf einer ebenen, horizontalen Oberfläche durchgeführt. Anstelle des SST wurden vier einachsige Low-Profile-Drucksensoren verwendet (Abb. 4.48). Eine detailliertere Beschreibung der Sensoren und ihrer Kalibrierung ist in Kap. 6 zu finden. Die Installation der Sensoren im Schnee erfolgte mit vier 2 m langen Kevlar-Schubstangen, und die Sensoren wurden an der Seite des Schneeprofils angebracht, siehe Abb. 4.49. Diese Methode wurde anstelle der Entkernungsmethode verwendet, um eine minimale Störung der Schneestruktur vor den Messungen zu ermöglichen. Die Datenerfassung erfolgte mit einem tragbaren Datenrekorder Sony DAT 204x, der ohne PC-Unterstützung arbeitet. Das gesamte System wurde vor dem Experiment intensiv auf Fehlfunktionen und unerwartete Probleme getestet, da die Tests an einem ent-

Tab. 4.6 TDR-Messwerte und Schneedichtedaten

Messtiefe	0–10 cm	10–20 cm	20–30 cm	30–40 cm
TDR, ε	1,05	1,19	1,28	1,5
Schneedichte, kg/m³	135	320	450	780

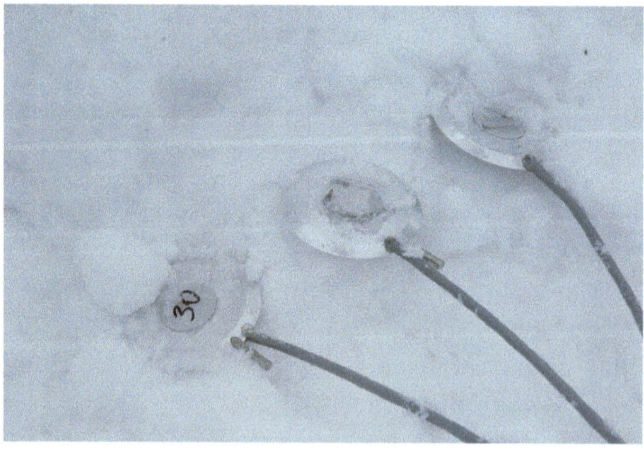

Abb. 4.48 Low-Profile-Drucksensoren für Schnee

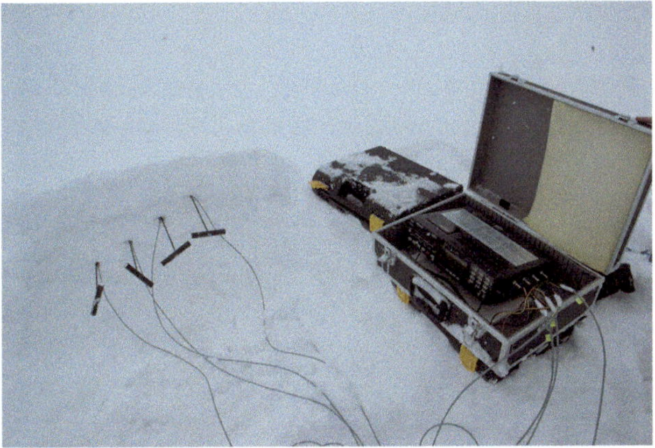

Abb. 4.49 Messstation mit vierkanaligem Digitalrekorder

Abb. 4.50 Ein Pistenfahrzeug während der Fahrt durch den Messpunkt

fernten Ort durchgeführt wurden, an dem keine Reparaturen und kein technischer Support möglich waren.

In diesem Experiment wurde eine Bombardier-Pistenraupe-Maschine verwendet. Das Fahrzeug ist in Abb. 4.50 dargestellt. Das Fahrzeug wurde mit einer niedrigen Geschwindigkeit von ca. 3 bis 5 km/h gefahren. Das Experiment bestand aus mehreren (sechs) Überfahrten vorwärts und rückwärts, um Daten zur Beschreibung des Effekts der wiederholten Belastung zu erhalten [32].

4.6.3 Ergebnis und Diskussion

4.6.3.1 Schneespannungszustand unter Last des Militärlastwagens

In Abb. 4.51 sind Spannungszustandskomponenten als kontinuierliche Funktionen der Zeit (oder der Radposition) für zwei Radfunktionsmodi dargestellt: Antreiben und Rollen. Die beiden Gruppen von Spitzenwerten entsprechen den beiden Rädern des Fahrzeugs: Beim Lesen der Kurven im oberen Diagramm von links nach rechts treten zuerst Spannungen unter dem Vorderrad und dann unter dem Hinterrad auf. Zu beachten ist, dass diese Reihenfolge in der unteren Grafik für den Rolllauf umgekehrt ist, bei dem das Fahrzeug nach hinten gezogen wurde.

Die höchste angegebene Spannung ist die Hauptspannung σ_1. Die geringfügigen Hauptspannungen σ_2 und σ_3 tendieren ähnlich, erreichen jedoch deutlich niedrigere Werte. Die Spannungsrelaxation zwischen den Rädern ist spürbar, obwohl die Spannungen keine Nullwerte erreichen. Insbesondere beim Rollen sind die Ruhespannungen nach der Über-

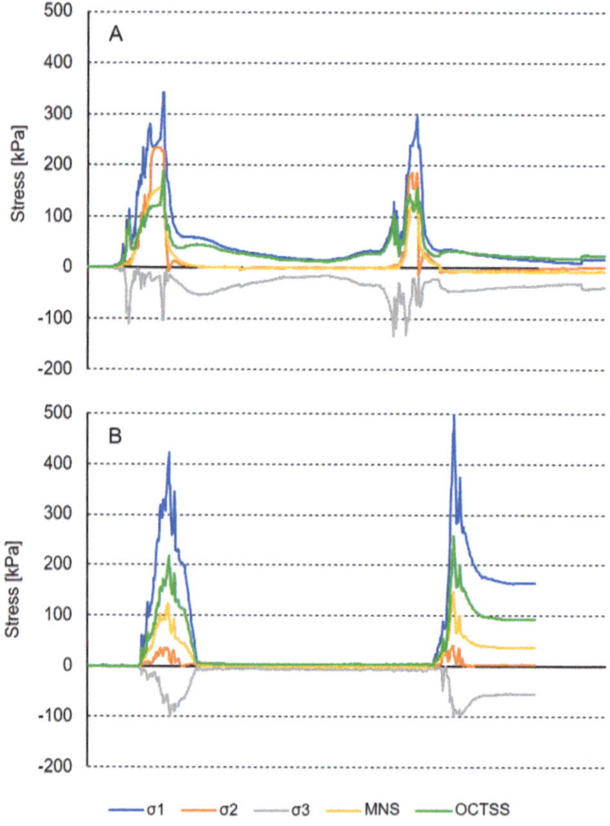

Abb. 4.51 Zeitverläufe von Spannungszustandskomponenten im Schnee unter einer Last von 5,6-t-4 × 4-LKW. (**a**) – Rollen, (**b**) – Antreiben

fahrt des ersten Rades hoch und nehmen langsam ab. Dies kann durch die Schneeverdichtung verursacht werden, die beim ersten Überfahren am intensivsten ist, insbesondere bei den Schneebedingungen (nasser, gefrorener Schnee) und auch durch die Wirkung von flachem Schnee.

Die Ergebnisse von insgesamt fünf Fahr- und zwei Rolltests wurden als erfolgreich für die Analyse ausgewählt. Es wurden mehr Tests durchgeführt, aber einige von ihnen versagten hauptsächlich aufgrund der Sättigung des Wandlersignals bei etwa 400 kPa während wiederholter Überfahrten in denselben Spurrillen [32].

Im Allgemeinen sind die Spannungen unter Radlasten beim Rollen höher als im Antriebsmodus. Dies kann durch die Auswirkung der Schneeverdichtung bei der ersten Überfahrung verursacht werden. Das Rückwärtsrollen wurde für einen einzelnen Testlauf entlang derselben Spur durchgeführt. Die Spannungen in verdichtetem Schnee sind höher, insbesondere wenn der Schnee flach ist.

Das Verhältnis der vertikalen Spitzenspannungswerte unter Vorder- und Hinterrädern unterscheidet sich zwischen Antriebs- und Rollmodus: Erstens die Schneespannungen unter dem Hinterrad sind im Fahrmodus höher als unter den Vorderrädern und zweitens die Spannungen unter dem ersten Rad (Hinterrad), da es nach hinten gezogen wird, sind im Rollmodus höher.

Abb. 4.52 zeigt einen Vergleich der Spitzenspannungswerte im Schnee und auf einigen Bodenoberflächen. Die Bodendaten wurden mit dem 5,6-t-4 × 4-LKW ermittelt, sodass die Radlasten identisch sind. Die Ergebnisse zeigen, dass die im abgesetzten flachen Schnee erzeugten Spannungen, zwischen denen für sandigen Boden und im Muskeg für das Vorderrad und Sand- und Lössflächen für das Hinterrad von mittlerer Stärke sind. Natürlich gibt es einen Unterschied zwischen Böden und Schnee in Bezug auf Kompressibilität und Verformbarkeit. Schnee ist viel verformbarer und seine Verformungen sind viel größer als die von Böden. Daher sollte beachtet werden, dass Spannungsergebnisse allein keine vollständigen Informationen über die mechanischen Eigenschaften und die Zugleistung einer bestimmten Oberfläche ohne Informationen über

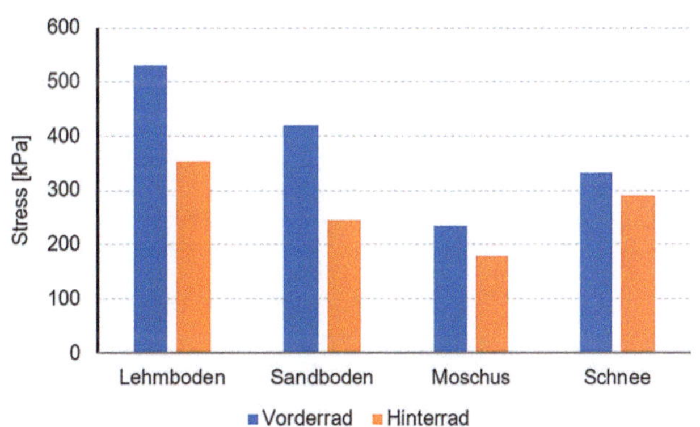

Abb. 4.52 Vergleich der im Schnee und einigen Bodenoberflächen gemessenen Spitzenspannungswerte

die resultierenden Verformungen liefern können. Darüber hinaus könnten die überregistrierten (d. h. nicht bestimmten) Spannungen während wiederholter Überfahrten im Schnee viel höhere Werte erreichen als Bodenspannungen.

4.6.3.2 Schneespannungen unter Belastung der Raupenpiste

Ein Beispielsatz von Schneespannungskurven ist in Abb. 4.53 dargestellt. Hier sehen wir die angezeigten Schneespannungen in Abhängigkeit von Zeit oder Position für zwei Fälle: die erste Überfahrt durch Neuschnee und die dritte Überfahrt. Die Zeitkurven der Schneespannungen weisen sechs Spitzen auf, die auf die Laufwerksräder zurückzuführen sind. Dies bedeutet, dass sich die Spannungen unter den Tragrädern vergrößern. Dies steht im Widerspruch zu einigen theoretischen Vorhersagen, wonach die Spannungsverteilung unter einem Raupenfahrzeug gleichmäßiger verteilt sein sollte, stimmt jedoch mit den meisten experimentellen Daten überein. Es konnte auch ein signifikanter Anstieg der Spannungswerte festgestellt werden, die vom Sensor 1 (10 cm Tiefe) für die dritte Überfahrt angezeigt wurden. Eine Sammlung von Spitzenwerten der Schneespannungen ist in [32] für jeden der Sensoren für die sechs aufeinanderfolgenden Überfahrten unter den sechs Laufwerksrädern enthalten.

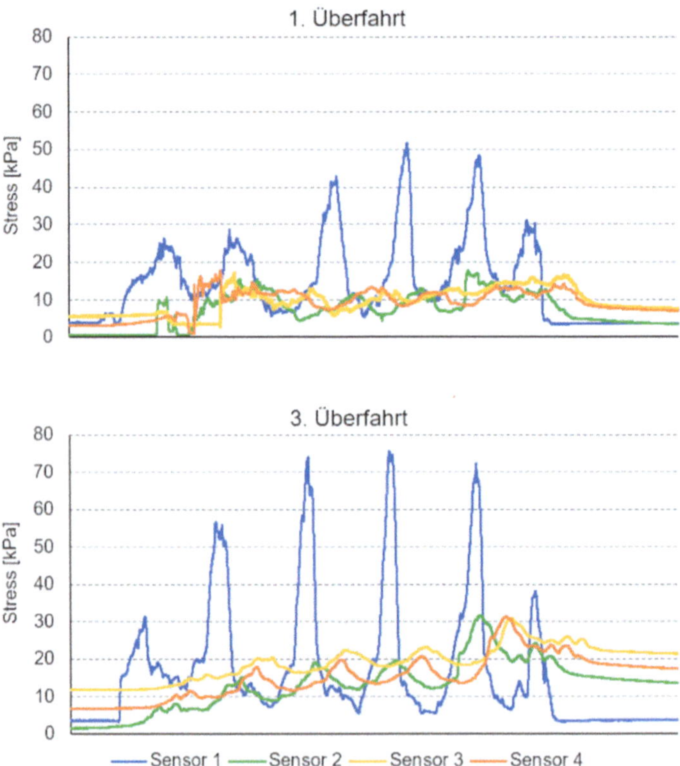

Abb. 4.53 Spannungen im Schnee unter der Last des Pistenfahrzeugs

Es ist ersichtlich, dass der Effekt aufeinanderfolgender Überfahrten für die vom Sensor 1 gemessenen Schneespannungen (10 cm Tiefe), insbesondere innerhalb der ersten vier Überfahrten, signifikant ist, während für die anderen drei Sensoren Änderungen der Spannungswerte nur zwischen der ersten und der zweiten Überfahrt ausgeprägt sind. Für die folgenden dritten bis sechsten Überfahrten nehmen die Schneespannungen ab, aber nur gering. Dies kann als Ergebnis einer mehrfachen Schneescherung erklärt werden, die schließlich zu einer Schwächung führt. Diese Erklärung erfordert jedoch, dass die Schneeverformung zusammen mit den Spannungen bekannt ist. Die vom Sensor 1 angezeigten Schneespannungen sind viel höher als die von den übrigen Sensoren erfassten Werte (die Sensoren 2, 3 und 4 ergaben für jede Überfahrt nahezu identische Messwerte der Spitzenspannungen) [32].

In einer weiteren Analyse wurde versucht, die sogenannte Durchschnittsspannung zu berechnen, die mathematisch ein Mittelwert aller Messwerte innerhalb eines Bereichs ist, wenn ein Sensor Signale ungleich null liefert. Diese durchschnittliche Spannung kann mit einer theoretisch vorhergesagten Spannung unter der Annahme einer flachen Druckverteilung unter einer Raupe identifiziert werden. Die Werte der durchschnittlichen Schneespannungen für die sechs Überfahrten und vier Sensoren sind in Abb. 4.54 dargestellt und

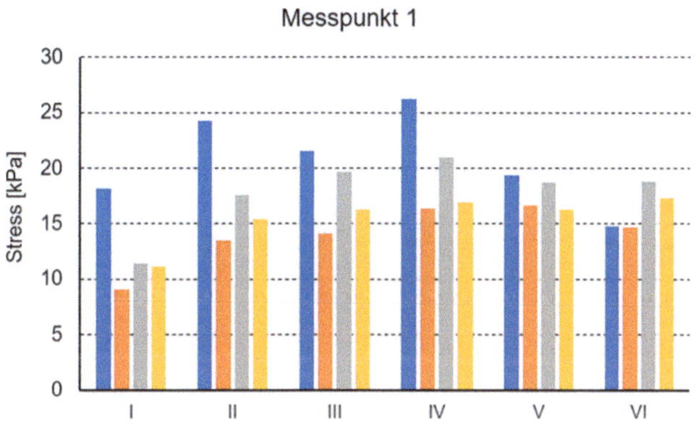

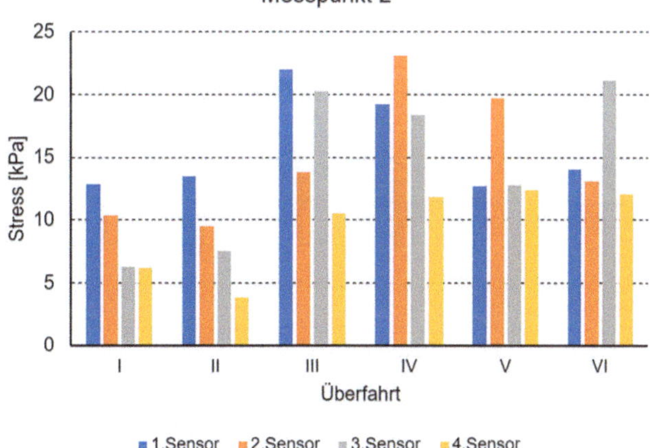

Abb. 4.54 Effektive Spannungen im Schnee

liegen weit unter den Spitzenwerten (etwa 30 bis 40 % des Spitzenwerts von Sensor 1 und 50 % für die übrigen Sensoren). Es wird vorgeschlagen, dass die durchschnittliche Belastung ein zusätzliches Maß für die Auflast eines Fahrzeugs auf die Oberfläche liefert wie bei einem *MMP*-Konzept [43, 44].

Die berechneten Werte der durchschnittlichen Spannungen wurden für die weitere Analyse verwendet, wobei ein Spannungskonzentrationskoeffizient eingeführt wurde. Dessen Größe wurde durch eine einfache Beziehung eines maximalen Spitzenspannungswerts zum durchschnittlichen Spannungswert definiert. Ihre grafische Darstellung beinhaltet die Abb. 4.55. Es sollte erwähnt werden, dass aufeinanderfolgende Überfahrten und die Schneehöhe die Konzentration der Schneespannungen unter den Tragrädern der Maschine beeinflussen. Daten von Sensor 1 in 10 cm Tiefe zeigen, dass die Konzentration für die aufeinanderfolgenden Überfahrten intensiver ist und von etwa 2,85 (bei der ersten Überfahrt) bis 5,65 (bei der letzten, sechsten Überfahrt) reicht. Dieser Effekt ist für die übrigen Sensoren nicht so signifikant, die Werte des Konzentrationskoeffizienten reichen dort von 1,12 bis 2,56. Dies deutet darauf hin, dass die Spannungskonzentration unter Tragrädern hauptsächlich in den oberen Schichten der Schneedecke auftritt, wo der Schnee durch die

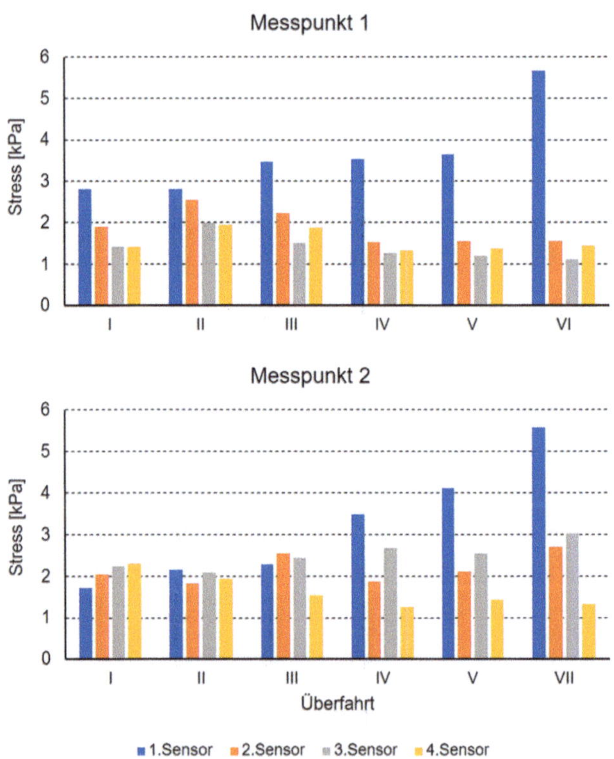

Abb. 4.55 Spannungskonzentrationsfaktor für Schnee

Maschine stark verdichtet und verhärtet wird und in dieser Schicht hohe Spannungen erzeugt werden. Tiefere Schichten sind andererseits weniger verdichtet, was zu einer geringeren Spannungskonzentration führt. Die obigen Überlegungen wurden durch alle Messungen von Schneeverformungen, die ebenfalls mit Spannungsmessungen durchgeführt werden, gut gestützt [32].

4.6.4 Fazit

Basierend auf den oben beschriebenen Messungen sind die wichtigsten Ergebnisse wie folgt:

- Das in dieser Studie verwendete Messinstrument (SST) ist für Wintermessungen nach Temperaturkalibrierung geeignet.
- Messungen mit einem SST ergaben, dass die Schneespannungsgröße nach einer Überfahrt des Fahrzeugs so hoch ist wie die zwischen sandigem Boden und Rasenoberfläche.
- Daten, die im Versuch mit einer Pistenraupe gewonnen wurden, zeigten die Abhängigkeit von Tiefe und aufeinanderfolgenden Überfahrungen auf die Schneespannungen.
- Schneeverformungen sollten zusammen mit Spannungen ermittelt werden, da die Kompressibilität des Schnees sehr hoch ist und einige mechanische Prozesse nur mit beiden Daten richtig analysiert werden können.

4.7 Spannungen im Boden unter Belastung eines Flugzeugfahrwerks

4.7.1 Einführung

Ein kritischer Moment bei der Landung eines Flugzeuges ist das Aufsetzen. Dann wirken Kontaktkräfte von vorübergehendem Charakter zwischen der Oberfläche und dem Rad. Sowohl die Oberfläche als auch der Reifen verformen sich erheblich und abrupt. Ein großer Teil der kinetischen Energie des Flugzeugs wird in Bodenverformungsarbeit, Stoßdämpferarbeit und Reifenverformungsarbeit umgewandelt. Die verbleibende kinetische Energie des Flugzeugs wird durch Rollreibungskraft und Luftwiderstand während des Ausrollens verbraucht.

Für den Fall, dass das Flugzeug auf einem Grasflugplatz landet, hat man mit der Situation zu tun, dass die Bodenreaktion aus zwei Komponenten besteht. Die horizontale Komponente bewirkt, dass sich das Flugzeug um eine Querachse dreht. Wenn ein vorderes

Fahrwerk vorhanden ist, erfolgt dort die Abstützung. Wenn es sich um ein Spornrad handelt, kann sich das Flugzeug auf den Motor stützen und sogar umkippen. Je höher der Schwerpunkt liegt, desto stärker ist die Neigung zum Kopfstand. Es ist bekannt, dass einige Flugzeugtypen eine besondere Neigung zum Umkippen aufweisen. Ein Beispiel ist das amerikanische Schulflugzeug aus dem Zweiten Weltkrieg, nämlich die Boeing PT17 Stearman. Es hat ein hohes Fahrgestell, eine kurze Rumpffront und einen hohen Schwerpunkt. Fälle von Umkippen waren bei diesem Flugzeug sehr häufig. Andererseits ist die horizontale Komponente der Reaktionskraft umso größer, je verformbarer die Oberfläche des Flugplatzes ist, was sich auch auf die Neigung des Flugzeugs zum Umkippen auswirkt. Dadurch verursachte Unfälle waren und sind besonders häufig bei feuchten Bodenbedingungen.

Daher wurde ein Experiment vorbereitet und durchgeführt, bei dem die zum Zeitpunkt des Aufsetzens des Flugzeugfahrwerks auftretenden Bodenspannungen gemessen wurden.

4.7.2 Experiment

Zur Messung der Bodenspannungen wurde ein SST verwendet. Dieses SST wurde speziell für die Tests modifiziert: Ein MEMS-Beschleunigungsmesser (Micro Electronic and Micromechanics) wurde im SST installiert, um die vertikale Beschleunigung des SST zu gewährleisten. Die SST-Beschleunigungsdaten waren erforderlich, um zu erkennen, ob das Rad vor, nach oder genau zum Zeitpunkt der SST-Installation den Boden berührt hat. Die einfachste Methode zum Platzieren des SST-Sensors war das Graben eines kleinen Lochs. Nach dem Einbringen des SST (Abb. 4.56) wurde der Boden verfüllt und das Gras auf die Oberfläche gelegt. Der Boden über dem SST wurde verdichtet, um die anfängliche Dichte zu erhalten. Dann blieb der Wandler für alle Landetests [27].

Die Tests fanden auf dem Grasflugplatz Lublin-Radawiec im Südosten Polens statt. Der Flughafen wurde auf einem sandigen Lehm gegründet. Am Tag der Messung war das Gras etwa 15 cm lang, die Bodenfeuchtigkeit wurde auf 12 bis 15 % geschätzt. In dem Experiment wurde ein einmotoriges Mehrzweckflugzeug mit vier Passagieren verwendet. Das Flugzeug ist ein Hochdecker mit einem Bugradfahrwerk mit ölpneumatischen Stoßdämpfern, Haupträdern mit Niederdruckreifen einer Größe von 500 × 200 mm, und hydraulischen Bremsen. Die Haupträder sind gegossen, der positive Anstellwinkel beträgt 18°, der Achsversatz 400 mm.

Das Flugzeug hat eine Gesamtlänge von 8,10 m, eine Spannweite von 11,12 m, eine Flügelfläche von 15,5 m^2 und eine Leermasse von 900 kg. Bei den Landetests befanden sich vier Personen an Bord und das Startgewicht betrug 1360 kg.

Im Schwerpunkt des Testflugzeugs wurde ein dreiachsiger X-Y-Z-Beschleunigungsmesser installiert (siehe Abb. 4.57), um Flugzeugbeschleunigungsdaten während Landetests zu erfassen.

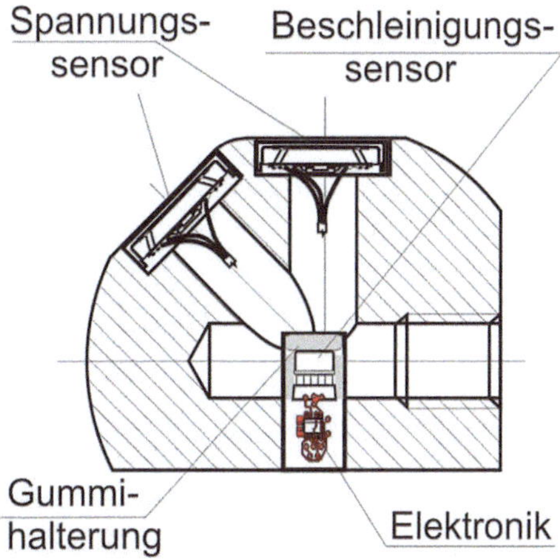

Abb. 4.56 SST für Landungsmessungen

Um die Wiederholbarkeit der Ergebnisse zu gewährleisten, mussten zahlreiche Versuche durchgeführt werden. Daher wurde die Forschung während des Trainings von Piloten durchgeführt, die sich auf einen Wettbewerb zur präzisen Landung vorbereiteten.

An dem Experiment haben vier Sportpiloten teilgenommen. Jeder Pilot hat konventionelles Anfliegen und Landen (5 % Steigung der Gleitneigung, 2,5 m/s Sinkgeschwindigkeit, Anfluggeschwindigkeit 100 km/h, Einstellung der Motorleistung 25 bis 30 %) und Gleitlandungen mit Leerlaufleistung aus einer Höhe von 300 m über der Landebahn durchgeführt. Mehr als hundert Landungen wurden durchgeführt und 32 waren erfolgreich – das linke Rad des Flugzeugs hat den Boden an der Stelle über dem SST berührt, aber nur einige von ihnen lieferten zufriedenstellende Daten zu den Bodenspannungen.

Während der Landetests wurde die Trägheitskraft durch Messung der Beschleunigungen des gesamten Flugzeugs in drei zueinander orthogonalen Richtungen X-Y-Z unter Verwendung eines Beschleunigungsmessers bestimmt. Der Beschleunigungsmesser wurde so im Heck des Flugzeugs montiert, dass die X-Richtung parallel zur Landebahn verläuft (dies ist die Landeposition). Die Beschleunigungsdaten wurden zur Bestimmung der Radlasten und der Eigenvektorwinkel verwendet.

Abb. 4.57 X-Y-Z-Beschleunigungssensor im Testflugzeug montiert

4.7.3 Ergebnisse der Messungen

Die Bodenspannungszustandskomponenten σ_1, σ_2, σ_3, MNS und OCTSS wurden aus den vom SST erhaltenen Bodendruckdaten berechnet. Für die weitere Analyse wurden nur Versuche ausgewählt, bei denen signifikante Spannungswerte auftraten. Diese Ergebnisse sind in Tab. 4.7 zusammengefasst. Um zu erkennen, ob das Rad die Oberfläche genau über dem SST berührte, wurde das Verhältnis der Spitzenwerte der Hauptspannung σ_1 und der Beschleunigung des SST analysiert. Wenn die Spitzenbeschleunigung zuerst auftrat, be-

Tab. 4.7 Bodenspannungszustandsdaten für konventionelle Landungen, Gleitlandungen und das Ausrollen. Mit * gekennzeichnete Werte wurden als überregistriert ignoriert [27]

		Stress, kPa			
Landung	Test-Nr.	σ_1	σ_2	σ_3	MNS
Normal	121	526,1	94,62	−219,7	133,7
	203	506,4	29,66	−4,847	177,1
	Average/std dev	516,25/9,85	62,14/32,48	-	155,4/21,7
Gleitlandung	48	416,9	283,0*	−347,0*	117,6*
	110	375,9	0,3958	−248,2	42,71
	207	382,0	−0,7585	−253,4	42,63
	Average/std dev	391,6/18,06	−0,577/0,18	−250,08/2,6	42,67/0,04
Ausrollen	111	155,5	−0,2112	−42,27	37,67
	119	165,4	−13,10	−50,09	34,05
	202	121,0	0,5102	−40,86	26,87
	Average/std dev	147,3/19,03	−4,26/6,25	−44,38/4,03	32,86/4,48

rührte das Rad die Oberfläche im Empfindlichkeitsbereich des Beschleunigungsmessers vor dem SST. Der Empfindlichkeitsbereich für die SST-Belastungssensoren ist kleiner. Wenn also sowohl die Spitze σ_1 als auch die Beschleunigung gleichzeitig auftreten, kann der Punkt, an dem das Rad die Oberfläche berührt, genauer geschätzt werden. In Abb. 4.58 sind drei Diagramme dargestellt:

- Bei einer konventionellen Landung setzte das Rad genau in der Mitte des Empfindlichkeitsbereichs auf die Oberfläche auf – über SST (A)
- Für eine Gleitlandung (B)
- Für ein Ausrollen, wenn das Rad die Oberfläche im vorderen Bereich des Empfindlichkeitsbereichs berührte – der SST wurde überrollt (C)

Die Hauptspannung σ_1 ist die dominierende Spannungskomponente für alle Versuche. Bei Gleitlandungen wurde ein quasi zweidimensionaler Spannungszustand ($\sigma_2 = 0$) beobachtet, während bei normalen Landungen und beim Überrollen des SST der Spannungszustand dreidimensional ist. Kleinere Spannungen erreichen 15 bis 30 % der maximalen σ_1-Werte. Die oktaedrische Scherspannung ist immer größer als die mittlere normale Spannung. Es ist anzunehmen, dass der Spannungszustand mehr strukturelle als volumetrische Verformungen im Boden verursacht.

4.7.3.1 Effekt des Landungsmusters

Die gemessenen Werte der Spannungszustandskomponenten sind bei normalen Landungen signifikant höher als bei Gleitlandungen. Der Unterschied für σ_1 beträgt mehr als 20 %, daher kann der Effekt als signifikant angesehen werden. Darüber hinaus ist die Zeit, in der die Spannungen aktiv sind, für Gleitlandungen länger (0,03 gegenüber 0,02 s). Die

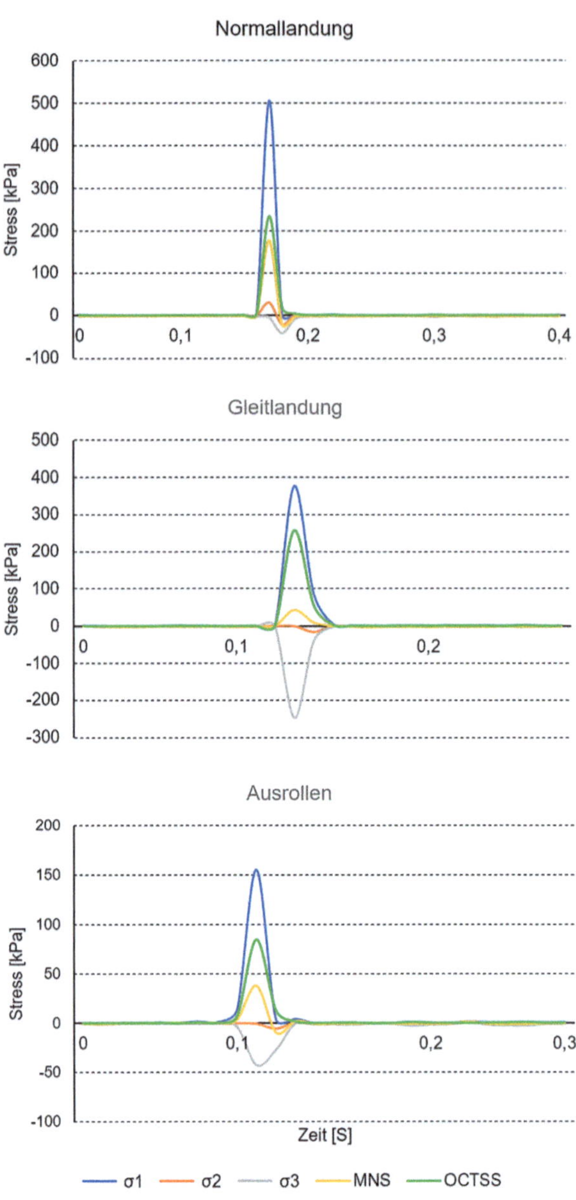

Abb. 4.58 Bodenspannungen für zwei Landungsmuster und das Ausrollen. (**a**) – Normallandung, (**b**) – Gleitlandung, (**c**) – Ausrollen

Gleitlandungen sind weicher, da der Pilot keine Möglichkeit zur Motorsteuerung hat und die im Flugzeug wirkenden Kräfte stabil sind (nur wenn die Landung technisch richtig ist). Bei normalen Landungen ist die Propellerschubkraft eine wesentliche Komponente, die die Bodenreaktion und darüber hinaus die Komponenten des Bodenspannungszustands beeinflusst. Beim Endanflug lag die Motorleistungseinstellung bei etwa 20 bis 30 %, und für eine Sekunde vor dem Aufsetzen wurde der Motor auf Leerlauf eingestellt, was zu einem plötzlichen Sinken führte und somit das Flugzeug mit hoher vertikaler Geschwindigkeit auf die Oberfläche prallte. Andererseits mussten die Piloten aufgrund der konstanten

Leerlaufleistungseinstellung bei Gleitlandungen das größte Gleitverhältnis des Flugzeugs ausnutzen.

Während das Flugzeug bei normalen Landungen eher auf der Oberfläche aufschlägt, ist das Flugprofil bei Gleitlandungen sanft und die Räder berühren die Oberfläche weicher. Ein weiterer Faktor, der den Spannungszustand des Bodens in diesem Experiment beeinflusst, ist die Technik der Landungen, dies wird in der Diskussion berücksichtigt.

Die Belastung des SST beim Ausrollen mit hoher Geschwindigkeit (= Aufsetzgeschwindigkeit) erzeugt einen Bodenbelastungszustand, dessen Komponenten erheblich kleiner sind als bei einem Aufsetzen. Es gibt keinen Aufpralleffekt und die Schwerkraft wird durch die aerodynamische Auftriebskraft ausgeglichen [27].

4.7.3.2 Orientierung der Trägheitskraft und σ_1

Nachdem für den Moment des Aufsetzens die Beschleunigungsdaten des gesamten Flugzeugs erfasst worden waren, konnten sowohl die Trägheitskraft als auch dessen Ausrichtung bestimmt werden. Die vertikalen, longitudinalen und horizontalen Beschleunigungsdaten sind in Tab. 4.8 dargestellt. Die Werte sind der Durchschnitt der fünf Wiederholungen. Sowohl die vertikale als auch die horizontale Beschleunigung sind bei normalen Landungen signifikant höher und dieser Trend entspricht den σ_1-Spitzenwerten. Die Ausrichtung des Beschleunigungs-Trägheitskraft-Vektors wurde jedoch nicht durch die Landemuster beeinflusst [27].

Wie im vorigen Kapitel erwähnt, können mit der Messmethode unter Verwendung des SST sowohl die Komponenten des Bodenbelastungszustands als auch deren Richtungskosinus bestimmt werden. Die Ausrichtung der Spannungszustandskomponenten, insbesondere der Hauptspannung σ_1, ist in Abbildung Abb. 4.59 grafisch dargestellt. Dies ist eine wertvolle Information, da der Charakter der Belastung darauf hindeutet, dass die σ_1 dort, wo sie maximal war, nicht vertikal ist. In einem solchen Fall sind geringfügige Spannungskomponenten von hoher Bedeutung und der Spannungszustand ist dreidimensional oder zweidimensional. Diese Daten können mit der Ausrichtung der Trägheitskraft in Beziehung gesetzt werden, die die Hauptkraft darstellt, die im Boden Spannungen erzeugt.

Die Ergebnisse für den Neigungswinkel δ, die Hauptspannung σ_1, und den Neigungswinkel der Trägheitskraft γ wurden für zwei Landungsmuster gewonnen, sie sind in Tab. 4.9 zusammengefasst. Das Landungsmuster hat einen signifikanten Einfluss auf die σ_1 Orientierung: Für einen Maximalwert von σ_1 ist der Spannungsvektor bei normalen Landungen stärker geneigt. Der σ_1-Neigungswinkel ist beim Ausrollen viel kleiner. In

Tab. 4.8 Flugzeugbeschleunigungen: vertikal, a_v und longitudinal, a_l und horizontal, a_h im Moment des Aufsetzens

	Flugzeugbeschleunigung, g	
Landung	a_v	a_l
Normallandung	2,44/0,80	−1,50/0,40
Gleitlandung	1,72/0,37	−0,98/0,18

Abb. 4.59 Ausrichtung der σ_I-Spannung für drei Landungsmuster

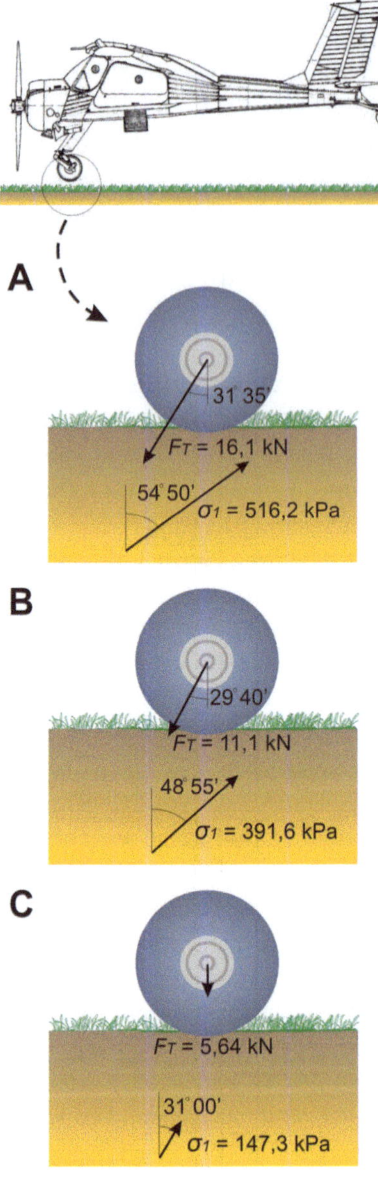

Tab. 4.9 Ausrichtungswinkel der Hauptspannung σ_I, des Neigungswinkels δ und des Neigungswinkels der Trägheitskraft γ im Moment des Aufsetzens für zwei Landungsmuster und Ausrollen. Mittelwert/Standardabweichung [27]

	Winkel °	
Ausrichtung	Normallandung	Gleitlandung
γ	31° 35′	29° 40′
δ	54° 50′/3° 86′	48° 55′/2° 33′

jedem Fall legen die relativ hohen Werte von δ für beide Landungsmuster nahe, dass die anderen Spannungszustandskomponenten als signifikant analysiert werden sollten. Die minimalen Spitzenspannungen σ_2 und σ_3 reichen von fast 0 (σ_2 für Gleitlandungen) bis – 250 kPa (σ_3 für dieselben) und 62 kPa (σ_2 für normale Landungen). Es wurde jedoch kein signifikanter Trend in σ_2 und σ_3 für die zwei Landungsmuster beobachtet.

Es ist darauf hinzuweisen, dass der σ_1-Vektor für die Musterlandung stärker geneigt ist als der F_Q-Vektor. Dies kann durch die Kinematik des Fahrwerks verursacht werden: Die Haupträder sind von Oleo-Stoßdämpfern abgestützt, sodass vertikale Bewegungen der Räder erzwungen werden.

4.8 Modelle und Rechensysteme für den Spannungszustand im Boden

4.8.1 SOCOMO

SOCOMO (*Soil Compaction Model*) wurde von Jan J. H. van den Akker vom Institute for Land and Water Management Research, Wageningen, Niederlande (van den Akker [45, 46]) entwickelt. Das Modell basiert auf der Theorie von Boussinesq und beschreibt die Spannungsverteilung in einem semiunendlichen Bodenvolumen aufgrund einer Kraft, die auf einen Punkt auf der Bodenoberfläche ausgeübt wird. Eine Annahme ist auch, dass der Boden homogen ist. Das Modell berechnet vertikale, horizontale und tangentiale, normale sowie Scherbeanspruchungen an jedem Punkt des Bodenvolumens. Das Modell wird durch Fröhlichs Spannungskonzentrationsfaktor ν parametrisiert. Eingabedaten umfassen die Belastungskraft und die Geometrie des Punktes (Polarkoordinaten r und θ).

Das Modell wurde vor einigen Jahrzehnten erstellt und sein Entwickler hat von Anfang an zu Recht festgestellt, dass die Verformung der oberen Bodenschicht (Oberboden) einen erheblichen Einfluss auf die Berechnungsergebnisse hatte. Basierend auf einer Bodenmechanik des kritischen Zustands hängt das Volumen V eines Bodenelements während der plastischen Verformung von der mittleren Normalspannung ab.

$$\sigma_m = \frac{\sigma_1 + \sigma_2 + \sigma_3}{3} \tag{4.31}$$

Diese Beziehung ist wie folgt:

$$V = \Gamma - \lambda \ln \sigma_m \tag{4.32}$$

mit den Bodenparametern Γ und λ, die mit einem triaxialen Test abgeleitet werden können. Wenn der Boden belastet wird, ist das Anfangsvolumen des Bodenelements normalerweise kein Punkt der durch die Gleichung (2) gegebenen Linie, und eine gewisse Verformung ist erforderlich, bevor die Gleichung gültig ist. Dies verkompliziert das Spannungs-Dehnungs-Verhältnis erheblich, da bei kleinen Verformungen die Änderung des Bodenvolumens nicht nur von der mittleren Normalspannung, sondern auch von der Deviatorspannung abhängt:

$$q = \sigma_1 - \sigma_3 \tag{4.33}$$

Und von den axialen Verformungen.

Zusammenfassend sollte eine genaue Vorhersage der Bodenspannungen die Bodenverformung berücksichtigen.

4.8.2 Terranimo® – ein Online-System zur Simulation von Bodenspannungen

4.8.2.1 Einführung

Terranimo® (***Terra****mechanical* ***Mo****del*) ist ein Computermodell, das das Risiko einer Bodenverdichtung durch landwirtschaftliche Maschinen für realistische Betriebsbedingungen auf der Grundlage von Reifen-Boden-Kontaktspannungen, Bodenfestigkeit und Bodenspannungen vorhersagt. Diese Parameter werden auf der Grundlage von Standortmerkmalen und Radlasten als Eingaben berechnet.

Terranimo® wird kontinuierlich mit den neuesten Ergebnissen der Bodenverdichtungsforschung aktualisiert. Zu den Nutzern von Terranimo® gehören Forscher und Berater, die mit Landwirten und Bauern interagieren und daran interessiert sind, die Bodenverdichtung ihrer Felder zu verringern. Der potenzielle Nutzen der Verwendung breiterer Niederdruckreifen oder Maschinen mit mehr Achsen usw. kann quantifiziert werden. Auch die Auswirkung der Bodenfeuchtigkeitsbedingungen auf die Verdichtungsanfälligkeit des Bodens kann angezeigt werden, dies kann eine Motivation für eine bessere Bewirtschaftung der Felder sein.

4.8.2.2 Entwicklung

Terranimo® ist die Arbeit eines internationalen Teams. Es kommt aus Dänemark, wo die Ergebnisse von Projekten, die vom dänischen Ministerium für Ernährung, Fischerei und Landwirtschaft finanziert wurden, in ein relativ einfaches Simulationsmodell „Jordværn online“ (englisch: „SoilGuard online“) für die Verteilung der Bodenspannung im Reifen-Boden-Kontakt eingingen. Dieses Modell sollte die von Keller [15] vorgeschlagene Spannungsverteilung entlang des Fahrtweges und über die Fahrtrichtung beschreiben. Eine modifizierte Version des Keller-Modells mit der Bezeichnung „FRIDA“ (Schjønning et al. [34, 47]) wurde in „Jordværn online“ implementiert und durch die von Schjønning et al. [48] bereitgestellten FRIDA-Parametervorhersagegleichungen parametrisiert.

Später schlossen sich Thomas Keller von der ART Agricultural Research Station in Reckenholz und Matthias Stettler von der Fakultät für Agrar-, Forst- und Lebensmittelwissenschaften HAFL mit Per Schjønning, Mathieu Lamandé, Poul Lassen und Margit S. Jørgensen von der Abteilung für Agrarökologie der Universität Aarhus, Forschungszentrum Foulum, zusammen, um ein modifiziertes Modell zu erstellen, das als Entscheidungshilfe dienen soll. Dieses Modell wurde Terranimo® genannt. In mehreren Forschungsprojekten wurde Terranimo® aufgerüstet und modifiziert, um die Böden Europas vor Verdichtung zu schützen.

Terranimo® International ist der Name für eine Reihe nationaler Versionen, einschließlich Terranimo® Global. Alle Versionen können je nach Wahl des Benutzers in acht Sprachen ausgeführt werden: Englisch, Deutsch, Französisch, Niederländisch, Norwegisch, Schwedisch, Finnisch oder Dänisch. Es stehen sechs nationale Versionen zur Verfügung: Dänemark, Norwegen, Finnland, Belgien-Flandern, Großbritannien und Frankreich.

Die Modellberechnungen sind für alle Versionen identisch. Sie weichen hauptsächlich in Bezug auf die Standardbodentypen, die Bodenfeuchtigkeitsbedingungen und die Liste der Maschinen ab, die dem Benutzer beim Öffnen der spezifischen Version angezeigt werden.

Der Schweizer Teil der Terranimo®-Gründungsgruppe (Matthias Stettler und Thomas Keller) hat ebenfalls eine spezielle Terranimo®-Version für die offizielle Regulierung des Feldverkehrs durch die Schweizer Behörden erstellt.

4.8.2.3 Grundlagen des Terranimo®

Terranimo® vergleicht im Wesentlichen vertikale Spannungen von Rädern mit der Bodenfestigkeit, die für das gesamte Bodenprofil (bis zu einer Tiefe von 150 cm) ermittelt wird. Im Allgemeinen sollten die Spannungen die Bodenfestigkeit nicht überschreiten. Die 2020-Version von Terranimo® ermöglicht eine Abschätzung des Effekts wiederholter Überfahrten. Zu den drei grundlegenden Ergebnissen gehören der Kontaktflächedruck zwischen Reifen und Boden, die Bodenfestigkeit und die Beanspruchung des Bodenprofils.

Die Nutzung von Terranimo® ist kostenlos und mit oder ohne Anmeldung als Benutzer möglich. Terranimo® hat eine Benutzeroberfläche, die die zu Beginn vorgewählten Maschinen anzeigt, nämlich eine Sattelzugkombination für Gülleanwendung. Terranimo® enthält vier Registerkarten: zwei für Eingaben – Maschinen und Boden – und zwei für Ausgaben – Spannungen in der Reifen-Boden-Grenzfläche und Spannungen, die auf das Bodenprofil übertragen werden. Die Standardfeuchtigkeitsbedingung ist Feldkapazität entsprechend einem Matrixpotenzial von −100 hPa (pF2). Das Modell bietet auch Standardmaschinen beim Öffnen des Werkzeugs. Der Benutzer kann somit direkt zu den Ausgaberegistern gehen und die Ergebnisse der vordefinierten Kombinationen von Maschinen und Bodenbedingungen sehen. Der Benutzer kann andere Maschinen auswählen oder Reifen an den Maschinenachsen wechseln. Die Radlasten und der Reifenfülldruck können ebenfalls geändert werden. Es können auf der Registerkarte „Standort beschreiben" auch alternative Bodentypen und Feuchtigkeitsbedingungen ausgewählt werden.

4.8.2.4 Input – Bodendefinition

Über die Benutzeroberfläche können Bodentyp und Bodenfeuchtigkeitsbedingungen ausgewählt werden (Abb. 4.60). Der linke Teil mit dem Titel „Bodentextur" zeigt den Standardbodentyp für die jeweilige Version (Land). Die strukturelle Zusammensetzung

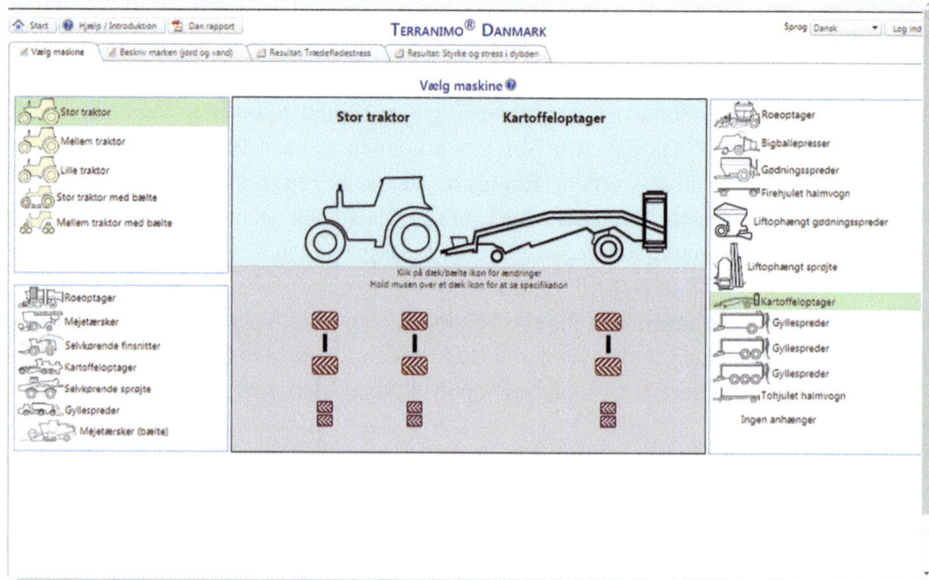

Abb. 4.60 Input – Eingabedaten des Terranimo®

dieses Bodens ist für 15 Schichten in Schritten von 10 cm aufgeführt. Über das Dropdownmenü „Bodentyp auswählen" können aus einer Reihe von Böden diejenigen ausgewählt werden, die für das jeweilige Land typisch sind. Der Benutzer kann die Texturzusammensetzung seines eigenen Bodens auch manuell eingeben.

Im rechten Teil des Fensters „Standort beschreiben" werden die Bodenfeuchtigkeitsbedingungen ausgewählt, unter denen die Simulation durchgeführt werden soll. Die Bodenfestigkeit und auch die Spannungsübertragung hängen von den Bodenfeuchtigkeitsbedingungen ab (Erläuterungen zu den Berechnungen siehe spätere Abschnitte). Der Benutzer kann zwischen vordefinierten Feuchtigkeitsbedingungen wählen („Automatisch durch Nässe"). Im Gegensatz dazu sollten „nass" und „trocken" ausgewählt werden, wenn der Verkehr in winternassen bzw. mitteltrockenen Sommersituationen simuliert werden soll.

4.8.2.5 Ergebnisse

Wie bereits erwähnt, liefert der Terranimo® drei Hauptergebnisse: Reifen-Boden-Kontaktflächendruck, Bodenfestigkeit und vertikale Bodenbelastung. Im Folgenden werden Details zu den Berechnungsmethoden und den Algorithmen angegeben.

4.8.2.5.1 Berechnung der Bodenfestigkeit und des Effekts wiederholter Überfahrten

Die Terranimo®-Schätzung der Bodenfestigkeit basiert auf dem Prinzip des Vorkompressionsspannungskonzepts. Es wird angenommen, dass sich der Boden mit zunehmender

Spannung bis zum Spannungsniveau vor der Kompression elastisch verhält. Bei höheren Beanspruchungen ist die Bodenverformung plastisch dauerhaft [10].

Der durch die verwendete Pedotransferfunktion vorhergesagte Trend der Bodenfestigkeit schließt eine Abnahme mit zunehmendem Tongehalt ein. Dies steht im Einklang mit der allgemeinen Erfahrung mit lehmhaltigen Böden, die im nassen Zustand mechanisch sehr schwach, in trockenem Zustand aber stark sind. Ferner ist die Zunahme der Festigkeit mit Abnahme des Matrizenpotenzials (Zunahme des pF) für Ton viel ausgeprägter als für sandige Böden.

Schließlich nimmt die Vorkompressionsspannung mit zunehmendem Gehalt an organischer Substanz im Boden und zunehmender Lagerungsdichte zu. Der Boden verformt sich plastisch, wenn die Belastung die Bodenfestigkeit überschreitet. Die Verformung kann aus der Steigung (CC) der primären Kompressionslinie geschätzt werden. Eine Pedotransferfunktion zur Schätzung dieser Steigung wurde aus demselben Datensatz, wie oben für die Bodenvorkompressionspannung beschrieben, entwickelt. Die mehrfache Regression zeigte, dass CC anhand des Bodengehalts an Ton, der Lagerungsdichte des Bodens und der Saugspannung (wie oben definiert) geschätzt werden konnte. In Terranimo® wird die plastische Bodenverformung für alle Bodenschichten für jede Radüberfahrt berechnet, und die Auswirkungen auf die Bodenfestigkeit und damit die Spannungsverteilung der Kontaktfläche werden vom FRIDA-Modell geschätzt. Die auf den Boden ausgeübten Spannungen werden dann auch durch eine Änderung der Spannungsverteilung der Kontaktfläche beeinflusst.

4.8.2.5.2 Berechnung des Reifen-Boden-Kontaktflächedruckes

Terranimo® verwendet das FRIDA-Modell (Schjønning et al. [47]), um die vertikalen Spannungen zu beschreiben, die von den Rädern auf die Bodenoberfläche ausgeübt werden. Das FRIDA-Modell beschreibt die Spannungsverteilung in den Richtungen entlang und quer zur Fahrrichtung durch eine Potenzgesetzfunktion bzw. eine Abklingfunktion [15]. Die Kontaktfläche wird durch eine Superellipse beschrieben.

Die Verteilung der Kontaktspannung wird durch die folgenden Gleichungen modelliert:

$$\sigma(x,y) = F_{wheel}\, C(\alpha,\beta,a,b,n)\, f(x,y)\, g(x,y) \tag{4.34}$$

Der F_{wheel} ist die Radlast in kN, $C(\alpha, \beta, a, b, n)$ ist eine Funktion der Parameter und definiert eine Integrationskonstante, die sicherstellt, dass bei der Integration von $\sigma(x, y)$ über die Kontaktfläche die Summe der Radlast F_{wheel} entspricht. Die Funktion $f(x, y)$ beschreibt die Form der Spannungsverteilung in Fahrtrichtung, während $g(x, y)$ die Form der Spannungsverteilung in Querrichtung beschreibt. Für weitere Einzelheiten siehe Referenzen von Schjønning et al. 2008 und 2015.

Die Terranimo®-Reifendatenbank enthält mehr als 1000 verschiedene Reifen, die für eine Reihe von Kombinationen aus Radlast und Reifendruck weiter simuliert werden können. Die Spannungsverteilung im Kontaktbereich für eine vom Benutzer ausgewählte Kombination wird aus einer Sammlung von Vorhersagegleichungen erhalten, die die

FRIDA-Modellparameter mit den Reifenabmessungen, dem Reifenfülldruck und der Radlast in Beziehung setzen (Schjønning et al. [49]).

Die Kontaktfläche eines Reifens und damit die Spannungsverteilung wird durch die Festigkeit des Oberbodens beeinflusst. Terranimo® erklärt dies wie folgt. Zunächst wird die Kontaktfläche aus den Belastungseigenschaften des ausgewählten Reifens, wie oben erwähnt, unter Verwendung der von Schjønning et al. [48]) Pedotransferfunktionen abgeschätzt. Als Nächstes wird diese Schätzung basierend auf der Festigkeit des Oberbodens geändert.

4.8.2.5.3 Berechnung der Spannungen im Bodenprofil

Die vertikalen Spannungen im Bodenprofil unter den Rädern werden nach dem bekannten Ansatz von Söhne mit den von FRIDA geschätzten Kontaktflächenpunktspannungen als Eingabe berechnet:

$$\sum_{i=0}^{n} \left(\sigma_z\right)_i = \sum_{i=0}^{n} \frac{\nu P_i}{2\pi r_i^2} \left(\cos\theta_i\right)^{\nu} \tag{4.35}$$

In Übereinstimmung mit Söhne wurde die Spannungskonzentration entsprechend der Bodenfestigkeit modifiziert. In Terranimo® wurde angenommen, dass die ursprünglich vorgeschlagenen Werte des Konzentrationsfaktors $\nu = 4$ („hart"), $\nu = 5$ („mittel") und $\nu = 6$ („weich") pF-Werten von 2,7, 2,0 bzw. 1,7 entsprechen. Wenn man einen pF-Wert von 4,2 (den „Welkepunkt", d. h. einen sehr trockenen Boden) annimmt, um der Gesamtelastizität zu entsprechen, soll unter diesen Bedingungen $\nu = 3$ angenommen werden. Aus der nicht linearen Regression wurde eine exponentielle Pedotransferfunktion erhalten, um ν aus dem Matrixpotenzial (pF) vorherzusagen. Dies bedeutet, dass der in Terranimo® verwendete Konzentrationsfaktor kontinuierlich mit dem benutzerdefinierten oder DAISY-modellierten Matrizenpotenzial des Bodens variiert.

Abb. 4.61 zeigt Spannungsisobaren unterhalb eines Nokian ELS-710/55R34-Reifen, der auf einem mit ~60 kN (6 t) beladenen Gülleanhänger montiert und auf 2,2 hPa aufgepumpt ist. Der linke Reifen zeigt die Spannungsübertragung in einem Lehmboden mit 20 %-Ton bei Feldkapazität (pF = 2,0, $\nu \sim 5$), während das rechte Bild die Situation für denselben Boden widerspiegelt, der bis zum Welkepunkt entwässert wurde (pF = 4,2, $\nu \sim 3$). Es ist zu beachten, dass neben dem Konzentrationsunterschied zwischen den beiden Simulationen (Eindringtiefe der Spannung) auch die Kontaktfläche und die Spannungsverteilung in der Kontaktfläche von der Änderung der Feuchtigkeitsbedingungen beeinflusst werden. Das Nettoergebnis sind viel höhere Oberbodenspannungen, aber niedrigere Untergrundspannungen im trockenen gegenüber dem feuchten Boden.

4.8.2.6 Support

Terranimo® wird ständig modifiziert und die Berechnungsalgorithmen sind für eine bessere Anpassung an die tatsächliche Bodenreaktion optimiert, wobei das mechanische Verhalten jedes einzelnen Bodentyps berücksichtigt wird. Dies zielt darauf ab, das System auf eine mögliche große geografische Region auszudehnen. Neben seiner ursprünglichen Ver-

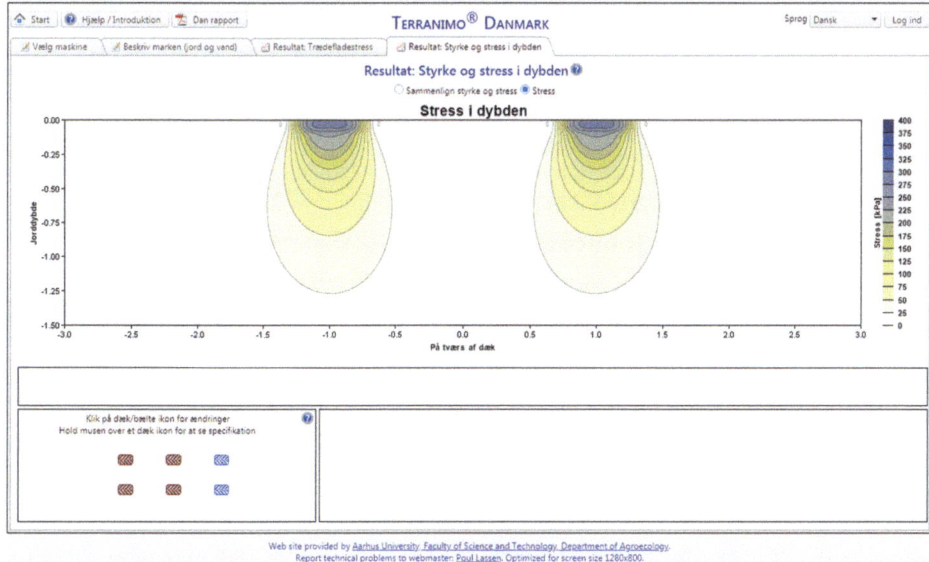

Abb. 4.61 Beispielergebnis der Simulation im Terranimo®-System

wendung als Entscheidungsinstrument für Forscher und Berater, Landwirte und Bauern hat Terranimo® ein großes Potenzial als Lehrmittel, insbesondere für Studenten der Landwirtschaft sowie des Maschinenbaus und der Fahrzeugtechnik.

Auf Terranimo® International kann über das Webportal www.terranimo.dk zugegriffen werden. Die Terranimo®-Bodenverdichtungsgruppe kann per E-Mail an Per Schjønning kontaktiert werden (Per.Schjonning@agro.au.dk) oder an Mathieu Lamandé (Mathieu.Lamande@agro.au.dk).

4.8.3 TASC

TASC (Tyres/Tracks And Soil Compaction – Reifen/Raupen und Bodenverdichtung) ist ein praxisbezogenes Hilfsmittel zur Entscheidungsfindung mit fünf Modulen, geeignet für alle Bereiche, die mit dem Problem Fahrwerk-Bodenbeanspruchung konfrontiert sind: Land- und forstwirtschaftliche Praxis, Beratung, Planung, Lehre, Verwaltung, Ingenieurbüros, Reifen-, Land- und Forstmaschinenindustrie. Das erste Modul ermöglicht die Bewertung der Risiken der Bodenverdichtung unter Berücksichtigung der Bodeneigenschaften und der Fahrzeuglast. Die Bewertung basiert auf dem Konzept der Druckausbreitung-Vorkompressionsspannung. Das zweite Modul simuliert die Traktionskraft-Schlupf-Kurve und gibt auch die Grenze an, ab der ein Versagen des oberen Bodens auftritt. Die Bewertung des Bodenversagensrisikos basiert auf dem Verhältnis von Bodenschubspannung zu Bodenfestigkeitskonzept. Traktion und Kraftstoffverbrauch können für verschiedene Bodenbedingungen, Traktoren und Bodenbearbeitungsgeräte bestimmt werden. Das dritte Modul berechnet die Kontaktfläche für einzelne oder mehrere Überfahrten eines Rads/einer Raupenkette. Das vierte Modul bietet Zugriff auf die technischen Daten für mehr als 1270 land- und forstwirtschaftlichen Reifen. Das fünfte Modul zur Verkehrssicherheit enthält Informationen zu Reifen: zulässige Höchstlasten, Reifentyp, Reifendruck und Höchstgeschwindigkeit.

Wie oben erwähnt, berechnet das erste Modul Bodenspannungen. Für einen bis vier Fälle können Bodenbeanspruchung und Schadverdichtungsgefahr je nach Fahrwerk, Last, Bereifungs- und Raupendimension, Reifeninnendruck, Bodennutzung und Bodeneigenschaften dargestellt werden. Reifendaten lassen sich entweder durch direkte Eingabe der Reifenabmessungen oder durch Anklicken der abgespeicherten Reifendaten im Modul 4 auswählen. Basierend auf einfachen und schnellen Feldtests können Bodenart (Bodentextur), Bodennutzung/Bodenfeuchte, Bodenfestigkeit (Eindringwiderstand) und kritische Tiefe (maximale Lockerungstiefe, Mächtigkeit der organischen Auflage) definiert werden. Daraus werden die Kontaktfläche und der Kontaktdruck berechnet mit dem Hinweis auf eine allfällige Schadverdichtungsgefahr. Als Zusatzinformationen sind folgende Bodenkennwerte abrufbar: Druckausbreitung und Druckzwiebeln (grafisch und numerisch) sowie die Druckspannung in einem beliebigen Punkt des Bodens (numerisch).

Die Berechnungen der Druckausbreitung und der Druckzwiebeln im Boden lassen sich aus den Grundformeln von Fröhlich beziehungsweise von Boussinesq für isotrope Böden mit Korrekturfaktoren (Diserens und Steinmann [50, 51]) je nach Oberbodenfestigkeit errechnen. Auf einfache Weise lässt sich die Oberbodenfestigkeit mit dem Schraubenziehertest erheben.

4.8.4 SoilFlex

SoilFlex ist ein zweidimensionales Modell zur Berechnung von Bodenspannungen und Bodenverdichtung als Folge des landwirtschaftlichen Feldverkehrs. Das Modell ist als Tabellenkalkulation auf einem PC geschrieben und einfach zu bedienen. Daher ist es nicht nur für Experten der Bodenmechanik gedacht, sondern auch für landwirtschaftliche Berater, Serviceleute und Landwirte. Das Modell ermöglicht eine realistische Vorhersage der Kontaktfläche und der Spannungsverteilung in der Kontaktfläche anhand leicht verfügbarer Reifenparameter. Es ist möglich, den Durchgang mehrerer Maschinen zu simulieren, einschließlich Traktoren mit Zwillingsbereifung und Anhänger mit Tandemachsen.

Das Modell enthält drei Hauptkomponenten. Zunächst wird die Belastung der Oberfläche beschrieben; sowohl Normal- als auch Scherspannungen werden berücksichtigt. Zweitens wird die Spannungsausbreitung durch den Boden analytisch berechnet. Drittens wird die Bodenverformung als Funktion der Spannung berechnet.

Die Spannungen werden durch eine Reihe von Punktlasten dargestellt, die jeweils Normal- und Scherkomponenten aufweisen und im Mittelpunkt ihrer jeweiligen Bereiche wirken. Die vertikalen und horizontalen Punktlasten werden als Matrizen auf separaten

MS-Excel-Tabellen dargestellt. Die Form der Kontaktfläche kann allgemein durch eine Superellipse beschrieben werden.

Die Verteilung der vertikalen Spannung kann entweder gleichmäßig und linear sein (die Spannung nimmt linear von einem Maximum in der Mitte der Kontaktfläche auf null an der Kante der Kontaktfläche ab), beschrieben durch eine Potenzfunktion (die Spannung nimmt kontinuierlich von einem Maximum in der Mitte ab Kontaktflächenmitte auf null an der Kontaktflächenkante) nach Söhne [52] oder aus Reifeneigenschaften nach Keller (2005).

Die horizontale Spannung (Scherspannung) auf der Bodenoberfläche kann entweder aus einer bestimmten Traktion oder aus der Bodenfestigkeit, die die Kohäsion und den Winkel der inneren Reibung definiert, berechnet werden. Die Verteilung der horizontalen Spannung ist entweder gleichmäßig, linear von null an der Vorderkante der Kontaktfläche bis zu einem Maximum an der Hinterkante oder berechnet aus der Verteilung der vertikalen Oberflächenspannung und der Scherfestigkeit nach Janosi.

Im Gegensatz zu anderen Bodenverdichtungsmodellen ist die Eingabe von z. B. Doppel- und Dreifachrädern sowie Doppel- und Dreifachtandemrädern in SoilFlex möglich, sie wird automatisch generiert. Die dafür benötigten zusätzlichen Parameter sind der Abstand zwischen den Doppel-/Dreifachrädern und der Abstand zwischen den Achsen der Doppel-/Dreifachtandemachsen. In SoilFlex können bis zu vier verschiedene Achsen (eine Achse kann ein Einzelrad oder Doppel-/Dreifachräder oder Tandemräder enthalten) eingegeben werden, um die Mehrfachdurchfahrt von Rädern zu simulieren.

Die Last wird schrittweise aufgebracht, wodurch die Dehnungen für jedes Inkrement klein bleiben. Es werden verschiedene Spannungs-Dehnungs-Beziehungen berücksichtigt, die das Druckverhalten landwirtschaftlicher Böden beschreiben.

Die mechanischen Eigenschaften des Bodens können mittels Pedotransferfunktionen abgeschätzt werden. Das Modell enthält zwei Optionen zur Berechnung der vertikalen Verschiebung und der Fahrspurtiefe, entweder nur aus der volumetrischen Verformung oder sowohl aus der volumetrischen als auch aus der Scherdehnung (Keller et al. [16]).

4.8.5 Soilphysics R-Package

Das Soilphysics-R-Paket ist ein Berechnungswerkzeug zur Simulation der durch den landwirtschaftlichen Feldverkehr verursachten Verdichtung auf der Grundlage bodenphysikalischer und bodenmechanischer Prinzipien. Es umfasst die Berechnung des Kontaktflächendruckes, der Spannungsausbreitung im Bodenprofil, die Simulation der Variation der Schüttdichte als Reaktion auf die angelegte Spannung und die Bewertung des Verdichtungsrisikos durch verfügbare Bodeneigenschaften und Maschinenparameter. Darüber hinaus werden die Bodeneingaben des Modells durch eine Reihe von Pedotransferfunktionen zur Abschätzung der erforderlichen Bodeneigenschaften erleichtert. Das Modell wurde rechnerisch als eine Reihe von R-Funktionen (*R-Software*) sowie auf einer interaktiven Webseite namens *PredComp* implementiert, die beide im *R-Package* verfügbar sind.

Die Funktion *stressTraffic* berechnet den Kontaktflächendruck und seine Verteilung sowie die Spannungsausbreitung im Bodenprofil. Es benötigt die Eingaben, die für das von Keller (2005) beschriebene semihochanalytische Modell erforderlich sind, und den Konzentrationsfaktor, der in der Fröhlichschen Gleichung verwendet wird. Zusätzlich muss der Benutzer die Schichten zuweisen, auf denen die Spannungsausbreitung berechnet wird. Für jede Schicht muss ein entsprechender Konzentrationsfaktor zugewiesen werden, ein Verfahren, das von Horn und Fleige verwendet wurde, um die spezifische Fähigkeit von Bodenschichten/-horizonten hinsichtlich des Spannungsausgleichs zu unterscheiden.

Die Funktion *SoilDeformation* berechnet die Variation der Bodendichte nach der angelegten mittleren Normalspannung, die mit der Funktion *stressTraffic* berechnet wird. Zusätzlich müssen die aus der Bodenkompressionskurve extrahierten Parameter zugewiesen werden, damit die Variation der Schüttdichte berechnet werden kann. Die Funktion bietet dem Benutzer auch ein Diagramm, mit dem die Verteilung der VCL-Komprimierungslinie, der RCL-Rekomprimierungslinie und der RCL-„steileren" Rekomprimierungslinie, untersucht werden kann.

Die *SoilStrength* and *compressive_properties* sind zwei in der *Soilphysics* implementierte Funktionsgruppen, die Schätzungen des σ_p und der Druckparameter N, λ_n und κ aus verfügbaren Bodeneigenschaften liefern. Mit *SoilStrength* ist es beispielsweise möglich, σ_p unter Verwendung von Pedotransferfunktionen zu bestimmen. Darüber hinaus können mit der Funktion *compressive_properties* Bodenkompressionsparameter abgeschätzt werden. In der *Soilphysics* wird jede Pedotransferfunktion zur Schätzung der σ_p- und Druckparameter numerisch identifiziert. Erforderliche Eingaben werden auf der Hilfeseite beschrieben [53].

4.9 Zusammenfassung

Ursprünglich zielten Bodenspannungsmessungen hauptsächlich darauf ab, Daten für die Parametrisierung und Verifizierung von Modellen bereitzustellen, die den Bodenverdichtungsprozess beschreiben. Ein Beispiel ist die Forschung am NSDL Auburn, USA, am Institut für Pflanzenernährung und Bodenkunde, Kiel, und an der Technischen Universität München. Die in diesem Kapitel vorgestellten Forschungsergebnisse des Autors zeigen die Anwendung der Analyse von Spannungen und Verformungen im Boden, um die Wechselwirkung des Rades oder des Raupenfahrwerks mit dem Boden mehr im Sinne der Fahrdynamik zu beschreiben.

Ein Vergleich mit den Ergebnissen anderer Autoren zeigt, dass das Wissen von Bodenspannungen eine völlig neue Methode zur Interpretation der Reifen-Boden-Mechanik ermöglicht. Die meisten Autoren haben ein modifiziertes Bekker-Modell angewendet, das tatsächlich auf der Coulomb-Gleichung für die Scherspannung in einem Kohäsions-Reibungskörper basiert. Diese Forschungen basieren jedoch auf der Annahme, dass die Radkräfte mit den Oberflächenspannungen korrelieren, die auf die Grenzfläche zwischen

Rad und Boden wirken. Die hier vorgestellte Methode ist anders, da die Radkräfte mit den Spannungen im Boden korrelieren. Ein solcher Ansatz könnte eine neue Interpretation der Reifen-Boden-Wechselwirkung liefern.

Abschließend können wir für die Radfahrzeuge wie folgt angeben:

- Die Bodenspannung nimmt mit höheren Radlasten zu, und diese Zunahme ist für die Bodentypen unterschiedlich. Im sandigen Boden nahmen die Spannungen am stärksten zu. In allen untersuchten Böden war der Spannungsanstieg in der größeren Tiefe (30 cm) geringer.
- Die beiden Radfunktionsmodi betrafen alle drei Böden. Die Spannungen unter den Rädern beim Schlupf (Antreiben) waren im Allgemeinen geringer als beim Rollen.
- Mehrfache Überfahrten des landwirtschaftlichen Traktors verursachten einen Anstieg der Spannungszustandskomponenten, insbesondere der Hauptspannung σ_1, aber der Effekt war nach den ersten beiden Überfahrten am größten.
- Im Allgemeinen waren unter trockenen Bedingungen die Spannungswerte im Lössboden am höchsten, im sandigen Boden etwas niedriger und im Muskeg am niedrigsten. Bei Nässe ist die Beziehung anders: Die angegebenen Spannungen erreichten die höchsten Werte in Sand, die Spannungen in nassem Löss und Muskeg waren viel geringer.
- Die Spannungen im sandigen Boden nahmen mit höherer Rollgeschwindigkeit ab.
- Der Effekt eines verringerten Reifendrucks war unerwartet und bei zwei Bodenoberflächen sowie bei zwei Antriebsmodi unterschiedlich.
- Bei den beiden Fahrmodi gab es einen merklichen Unterschied zwischen Sand und Löss bei der oktaedrischen Spannung. Die oktaedrische Spannung nahm beim Fahren wenig und beim Rollen im sandigen Boden stark zu, während das Gegenteil im Lössboden auftrat, wo die Spannungswerte signifikant abnahmen.

Anhand von Bodendruckmessungen wurde gezeigt, dass ein modernes Gummibandlaufwerk eine Last von 113 kN bei einfacher Überfahrt besser als moderne Luftreifenfahrwerke mit 2 × 51,5 kN Radlast (1050/50 R32) oder 4 × 23,5 kN Radlast (540/65 R28) und nahezu identischem Kontaktflächendruck tragen kann.

Bei Kettenfahrzeugen wurde unter anderem festgestellt, dass die Verteilung der Bodenspannung entlang der Raupenlinie ungleichmäßig war, beeinflusst durch die Verteilung der Fahrzeugmasse und durch die Belastung der Laufwerksräder auf die Raupenkette. Die Spannungsrelaxation zwischen den Laufwerksädern war ausgeprägt und erreichte ungefähr 10 % der unter einem Tragrad angegebenen Spitzenspannung. Darüber hinaus beeinflusste das Fahrzeugmanöver oder der Fahrmodus (Rollen, Antreiben, verschiedene Geschwindigkeiten) den Bodenbelastungszustand erheblich. Dies liegt an einem variierenden Radlastvektor während verschiedener Fahrmodi. Schließlich kann die Verwendung eines geringen Wertes der Radlast bei der Modellierung und Simulation der Verteilung der Bodenspannung zu fehlerhaften Ergebnissen führen.

Möglichkeiten für eine breitere praktische Anwendbarkeit der Ergebnisse sind:

- Optimierung der Konzepte und Konstruktionen des Fahrzeugfahrwerks im Hinblick auf maximale Leistung und minimale Bodenverschlechterung (Verdichtung)
- Optimierung der Fahrparameter von Geländefahrzeugen (Geschwindigkeit, Reifenfülldruck, Belastung usw.) für Traktionsleistung und geringe Bodenverdichtung und -verschlechterung aufgrund des Geländeverkehrs

Eine wichtige Beobachtung ist auch die Tatsache, dass für eine vollständige Information über die Wechselwirkung des Laufelements mit dem Boden gleichzeitig die Spannungskomponenten und Verformungen im Boden gemessen werden müssen. Dies ist auf die dreiphasige Struktur des Bodens zurückzuführen, die Eigenschaften an der Grenze zwischen elastischem, plastischem und klebrigem Material verursacht.

Kritische Bemerkungen sollten jedoch berücksichtigt werden. Einige Unsicherheiten in den Spannungsergebnissen könnten darauf hindeuten, dass die Auswahl der Messmethode einen erheblichen Einfluss auf die Ergebnisse haben kann. Die Empfindlichkeit und Selektivität der Messmethode ist wahrscheinlich nicht präzise genug, um einige der Faktoren zu untersuchen, die die Bodenspannung beeinflussen [39]. Die Auswirkungen der Testmethode sollten weiter untersucht werden, da einige der in dieser Studie erzielten Unterschiede gering sind und die Beziehungen daher etwas spekulativ bleiben. Es wird vermutet, dass die Wirkung der SST-Installation und des SST selbst einen erheblichen Einfluss auf die angegebenen Bodenspannungen haben kann.

Literatur

1. Verma, B. P., Bailey, A. C., Schafer, R. L., & Futral, J. G. (1976). A pressure transducer in soil compaction study. *Transactions of the ASAE, 1976*(442), 447.
2. Cooper, A. W., Vanden Berg, G. E., McColly, H. F., & Erickson, A. E. (1957). Strain gage cell measures soil stresses. *Agricultural Engineering, 232*(April), 235.
3. Nichols, T. A., Bailey, A. C., Johnson, C. E., & Grisso, R. D. (1987). A stress state transducer for soil. *Transsactions of the ASAE, 30*(5), 1237–1241.
4. Raper, R. L., Bailey, A. C., Burt, E. C., Way, T. R., & Liberati, P. (1995). The effects of reduced inflation pressure on soil – Tire interface stresses and soil strength. *Journal of Terramechanics, 32*(1), 43–51.
5. Arvidsson, J., & Keller, T. (2007). Soil stress as affected by wheel load and tyre inflation pressure. *Soil and Tillage Research, 96*, 284–291.
6. Blackwell, J., Horn, R., Jayawardane, N. S., White, R., & Blackwell, P. S. (1989). Vertical stress distribution under tractor wheeling in a partially deep loosened typic paleustalf. *Soil and Tillage Research, 13*, 1–12.
7. Harris, H. D., & Bakker, D. M. (1994). A soil stress transducer for measuring in situ soil stresses. *Soil and Tillage Research, 29*, 35–48.
8. Horn, R., Blackwell, P. S., & White, R. (1989). The effect of speed of wheeling on soil stresses, rut depth and soil physical properties in an ameliorated transitional red-brown earth. *Soil and Tillage Research, 13*, 35–364.

9. Horn, R., Johnson, C., Semmel, H., Schafer, R., & Lebert, M. (1992). Räumliche Spannungsmessungen mit dem Stress State Transducer (SST) in ungesattigten aggregierten Boden – theoretische Betrachtungen und erste Ergebnisse. *Z. Pflanzenernähr. Bodenk., 155*, 269–274.
10. Horn, R. (1993). Mechanical properties of structured unsatured soils. *Soil Technology, 6*, 47–75.
11. Horn, R., & Lebert, M. (1994). Soil compactability and compressibility. In B. D. Soane & C. Van Ouwerkerk (Hrsg.), *Soil compaction in crop production* (S. 41–96). Elsevier Science Publishing.
12. Horn, R. (2003). Stress-strain effects in structured unsaturated soils on coupled mechanical and hydraulic processes. *Geoderma, 116*, 77–88.
13. Keller, T., Trautner, A., & Arvidsson, J. (2002). Stress distribution and soil displacement under a rubber-tracked and a wheeled tractor during ploughing, both on-land and within furrows. *Soil and Tillage Research, 68*, 39–47.
14. Keller, T., & Arvidsson, J. (2004). Technical solutions to reduce the risk of subsoil compaction. *Soil and Tillage Research, 79*, 171–205.
15. Keller, T. (2005). A model to predict the contact area and the distribution of vertical stress below agricultural tyres from readily-available tyre parameters. *Biosystems Engineering, 92*, 85–96.
16. Keller, T., Défossez, P., Weisskopf, P., Arvidsson, J., & Richard, G. (2007). SoilFlex: A model for prediction of soil stresses and soil compaction due to agricultural field traffic including a synthesis of analytical approaches. *Soil and Tillage Research, 93*, 391–411.
17. Keller, T., Lamandé, M., Schjønning, P., & Dexter, A. R. (2011). Analysis of soil compression curves from uniaxial confined compression tests. *Geoderma, 163*, 13–23.
18. Keller, T., Arvidsson, J., Schjønning, P., Lamandé, M., Stettler, M., & Weisskopf, P. (2012). In situ subsoil stress-strain behavior in relation to soil precompression stress. *Soil Science, 177*, 490–497.
19. Kirby, J. M. (1999a). Soil stress measurements: Part I: Transducer in a uniform stress field. *Journal of Agricultural Engineering Research, 72*, 151–160.
20. Kirby, J. M. (1999b). Soil stress measurements: Part II: Transducer under a plate. *Journal of Agricultural Engineering Research, 72*, 151–160.
21. Lamandé, M., & Schjønning, P. (2011a). Transmission of vertical stress in a real soil profile. Part I. Site description, evaluation of the Séhne model, and the effect of topsoil tillage. *Soil and Tillage Research, 114*, 57–70.
22. Lamandé, M., & Schjønning, P. (2011b). Transmission of vertical stress in a real soil profile. Part II. Effect of tyre size, inflation pressure and wheel load. *Soil and Tillage Research, 114*, 71–77.
23. Lamandé, M., & Schjønning, P. (2011c). Transmission of vertical stress in a real soil profile. Part III. Effect of soil water content. *Soil and Tillage Research, 114*, 78–85.
24. Lamandé, M., Keller, T., Berisso, F., Stettler, M., & Schjønning, P. (2015). Accuracy of soil stress measurements as affected by transducer dimensions and shape. *Soil and Tillage Research, 145*, 72–77.
25. Pytka, J. A., & Dąbrowski, J. (2001). Determination of the stress-strain relationship for sandy soil in field experiments. *Journal of Terramechanics, 38*, 185–200.
26. Pytka, J. A., & Konstankiewicz, K. (2002). A new optical method for soil stress and strain investigation. *Soil and Tillage Research, 65*, 243–251.
27. Pytka, J., Tarkowski, P., Dąbrowski, J., Bartler, S., Kalinowski, M., & Konstankiewicz, K. (2004). Soil stress and deformation determination under a landing airplane on an unsurfaced airfield. *Journal of Terramechanics, 40*, 255–269.
28. Pytka, J. (2005). Effects of repeated rolling of agricultural tractors on soil stress and deformation state in sand and loess. *Soil and Tillage Research, 82*(77), 88.
29. Pytka, J., Dąbrowski, J., Zając, M., & Tarkowski, P. (2006). Effects of reduced inflation pressure and vehicle loading on off-road traction and soil stress and deformation state. *Journal of Terramechanics, 43*, 469–485.

30. Pytka, J. (2009). Determining and analysing the stress state under wheeled vehicles loads. *Proceedings of the Institution of Mechanical Engineers, Part D: Journal of Automobile Engineering, 223*(D2), 233–253.
31. Pytka, J. A. (2009). Design considerations and calibration of stress transducers for soil. *Journal of Terramechanics, 46*, 241–249.
32. Pytka, J. (2010). Determination of snow stresses under vehicle loads. *Cold Regions Science and Technology, 60*, 137–145.
33. Pytka, J. A. (2013). *Dynamics of wheel-soil systems: A soil stress and deformation-based approach* (Ground Vehicle Engineering Series). CRC Press/Taylor and Francis Group.
34. Schjønning, P., & Lamandé, M. (2010). A note on the vertical stresses near the soil-tyre interface. *Soil and Tillage Research, 108*, 77–82.
35. Wiermann, C., Way, T. R., Horn, R., Bailey, A. C., & Burt, E. C. (1999). Effect of various dynamic loads on stress and strain behavior of a Norfolk sandy loam. *Soil and Tillage Research, 50*, 127–135.
36. Wiermann, C., Werner, D., Horn, R., Rostek, J., & Werner, B. (2000). Stress/strain processes in a structured unsaturated silty loam Luvisol under different tillage treatments in Germany. *Soil and Tillage Research, 53*, 117–128.
37. Dąbrowski, J. (2001). *Effect of rubber pads on tractive performance of tracked vehicles*. PhD dissertation, Mil. Inst. Auto. Arm. Techn. Sulejówek
38. Bakker, D. M., Harris, H. D., & Wong, K. Y. (1995). Measurements of stress paths under agricultural vehicles and their interpretation in critical state space. *Journal of Agricultural Engineering Research, 61*, 247–260.
39. Geischeder, R. (2011). *Bodenbelastung und Bodenbeanspruchung unterschiedlicher Fahrwerkskonfigurationen*. Dokrotarbeit, Technische Universität München
40. Arvidsson, J., & Ristic, S. (1996). Soil stress and compaction effects for four tractor types. *Journal of Terramechanics, 33*(5), 223–232.
41. Ansorge, D., & Godwin, R. J. (2010). Soil density increases resulting from alternative tire and rubber track configurations in laboratory and field conditions. In A. P. Dedousis & T. Bartzanas (Hrsg.), *Soil engineering, soil biology* (Bd. 20, S. 81–90). Springer Verlag.
42. Rowland, D. (1989). Tracked vehicle ground pressure and its effect on soft ground performance. *Proceedings of 4th international conference of the ISTVS* (S. 353–384).
43. Hetherington, J. G., & Littleton, I. (1987). The role of mean maximum pressure in specifying cross-country mobility for armored fighting vehicle design. *Journal of Terramechanics, 24*, 263–280.
44. Hetherington, J. G., & White, J. N. (2002). An investigation of pressure under wheeled vehicles. *Journal of Terramechanics, 39*, 85–93.
45. van den Akker, J. (1988). Model computation of subsoil stress distribution and compaction due to field traffic. *Inst. Land'n Water Management Research, Wageningen, The Netherlands,* Report No. 23
46. van den Akker, J. J. H. (2004). SOCOMO, a soil compaction model to calculate soil stresses and the subsoil carrying capacity. *Soil and Tillage Research, 79*, 113–127.
47. Schjønning, P., Lamande, M., Tøgersen, F. A., Arvidsson, J., & Keller, T. (2008). Modelling effects of tyre inflation pressure on the stress distribution near the soil-tyre interface. *Biosystems Engineering, 99*(2008), 119–133.
48. Schjønning, P., van den Akker, J. J. H., Keller, T., Greve, M. H., Lamandé, M., Simojoki, A., Stettler, M., Arvidsson, J., & Breuning- Madsen, H. (2015a). Driver-Pressure-State-Impact-Response (DPSIR) analysis and risk assessment for soil compaction – A European perspective. *Advances in Agronomy, 133*, 183–237.

49. Schjønning, P., Stettler, M., Keller, T., Lassen, P., & Lamandé, M. (2015). Predicted tyre-soil interface area and vertical stress distribution based on loading characteristics. *Soil and Tillage Research, 152*, 52–66.
50. Diserens, E., & Steinmann, G. (2002). Calculation of pressure distribution in moist arable soils in eastern Switzerland: A simple model approach for the practice. In L. Vulliet, L. Laloui, & B. Schrefler (Hrsg.), *Environmental Geomechanics – Monte Verità 2002* (S. 413–421). EPFL Press.
51. Diserens, E., & Steinmann, G. (2005). TASC – Eine PC-Anwendung zur Vorbeugung von Schadverdichtungen. *AGRAR Forschung, 12*(1), 22–27.
52. Söhne, W. (1953). Druckverteilung im Boden und Bodenformung unter Schlepperreifen (Pressure distribution in the soil and soil deformation under tractor tyres). *Grundlagen der Landtechnik, 5*, 49–63.
53. de Lima, R. P., da Silva, A. R., & da Silva, Á. P. (2020). An R package for simulation of soil compaction induced by 2 agricultural field traffic. *Soil and Tillage Research, 206*, 10482.
54. Bailey, A. C., Raper, R. L., Way, T. R., Burt, E. C., & Johnson, C. E. (1996). Soil stresses under a tractor tire at various loads and inflation pressures. *Journal of Terramechanics, 33*(1), 1–11.
55. Way, T. R., Johnson, C. E., Bailey, A. C., Raper, R. L., & Burt, E. C. (1996). Soil stress state orientation beneath a tire at various loads and inflation pressures. *Journal of Terramechanics, 33*(4), 185–194.

Mobilität im Gelände

5

5.1 Einführung

Bei praktischen Problemen im Zusammenhang mit dem Einsatz von Fahrzeugen und Maschinen im Gelände werden oft Methoden eingesetzt, die auf einfachen Beobachtungen oder Messungen bzw. Datentabellen beruhen. So kann schnell und einfach festgestellt werden, ob das Fahren überhaupt möglich oder unter dem Gesichtspunkt des Schutzes des Bodenökosystems wirtschaftlich oder vorteilhaft ist.

Wichtige Unterschiede zwischen dem Fahren auf einer befestigten Straße und dem Fahren im Gelände sind deutlich geringere Geschwindigkeiten, verminderte Manöverbarkeit sowie reduzierte Beschleunigungen. Dies ist hauptsächlich auf einen höheren Fahrwiderstand zurückzuführen, dessen Überwindung geringe Werte von Antriebs- und Seitenführungskräften verursacht. Infolgedessen ist das Fahren nicht sehr dynamisch, es kommt oft zu einem vorübergehenden, vom Fahrer nicht beabsichtigten Stillstand des Fahrzeugs. Mobilität ist die Fähigkeit des Fahrzeugs, in Bewegung zu bleiben und Hindernisse im Gelände zu überwinden

Wenn wir die Mobilität in der Terramechanik betrachten, haben wir zwei Hauptprobleme:

- Gewährleistung der Kontinuität der Fahrzeug- oder Maschinenbewegung bei einer bestimmten Geschwindigkeit, ohne anzuhalten
- Befahren von Hindernissen im Gelände wie Gräben, Schwellen, Hügeln usw.

Im ersten Fall beschäftigen wir uns in der Regel mit der Mobilität, die als Null-Eins-Quantifizierung verstanden werden kann. Für den Fall, dass die mechanische Festigkeit des Bodens sowie Form und Größe der Geländehindernisse das Fahren ermöglichen, besteht der nächste Schritt in der Analyse, nämlich der Fahrdynamik.

J. Pytka, *Terramechanik und Geländefahrzeuge*, ATZ/MTZ-Fachbuch,
https://doi.org/10.1007/978-3-658-32013-3_5

In diesem Kapitel werden Methoden zur Beschreibung der Mobilität, der Mobilitätskennziffern und Befahrbarkeitsmodelle vorgestellt.

5.2 Mobilität im Gelände und ihre Bedingungen

Wie bereits erwähnt, besteht die Analyse der Fahrzeugmobilität im Gelände aus zwei Hauptproblemen:

- Bestimmen der Verkehrsfähigkeit auf einer bestimmten Bodenoberfläche unter bestimmten Bodenbedingungen
- Analyse der Fähigkeit zum Befahren von Geländehindernissen

In einigen Fällen gibt es einen Grenzbeweglichkeitszustand des Fahrzeugs, in dem eine vollständige Immobilisierung auftreten kann. Es spielt keine Rolle, mit welcher Geschwindigkeit das Fahrzeug fährt, auch die Manövrierfähigkeit und Präzision bei der Einhaltung des optimalen Pfades treten in den Hintergrund. Das Wichtigste ist, einen bestimmten Abschnitt des Geländes zu befahren. Die Mobilität wird in diesem Sinne danach bewertet, ob dies gelingt oder nicht.

Die Branche, in der diese Null-Eins-Mobilitätsmethode („Go-No-Go") vorherrscht, ist das Militär, in der die wichtigste Priorität darin besteht, dass das Fahrzeug sein Ziel in der festgelegten Zeit erreicht.

5.2.1 Bodencharakterisierung für Verkehrsfähigkeit

Die grundlegende Schwierigkeit beim Fahren im Gelände ist die unzureichende mechanische Festigkeit des Bodens, was bedeutet, dass die Zugkräfte der Räder des Fahrzeugs nur zu geringe Werte erreichen können. Daher ist es notwendig, die mechanische Festigkeit des Bodens zu bestimmen. Zu diesem Zweck werden verschiedene Methoden angewendet, darunter die in Abschn. 2.3 beschriebenen. Aus praktischen Gründen sind unter Feldbedingungen tragbare Messinstrumente zu verwenden wie:

- Kegelpenetrometer, mit dem die Bodenfestigkeit auf der Grundlage des Penetrationswiderstands bestimmt werden kann
- Scherflügelsonden, mit denen die Scherfestigkeit des Bodens zu bestimmen ist

Obwohl es möglich ist, auch viele andere Verfahren und Vorrichtungen einzusetzen, werden aufgrund der Einfachheit und Verfügbarkeit vor Ort am häufigsten das Penetrometer und die Scherflügelsonde verwendet. Basierend auf den mit dem Penetrometer erhaltenen Daten ist es möglich, das VCI/RCI-Modell und dessen Modifikationen zu verwenden.

Mit den Ergebnissen der Scherflügelsondenmessung können einfache Modelle nach der Coulomb-Formel parametrisiert werden.

Eine weitere Modellgruppe, die die Befahrbarkeit des Bodens beschreibt, basiert auf der Analyse des Kontaktdruckes. Es werden akzeptable Werte angenommen, die ein gegebener Boden übertragen kann, die dann mit dem von den Antriebselementen eines gegebenen Fahrzeugs erzeugten Druck verglichen werden. Diese Arten von Methoden umfassen NGP und MMP.

Diese Modelle werden in diesem Kapitel ausführlich beschrieben.

5.2.2 Geländecharakterisierung für Mobilität

Eine fortgeschrittene Methode zur Bestimmung der Mobilität basiert auf der militärischen Klassifizierung des Geländes hinsichtlich der Passierbarkeit nach STANAG 3992, hrsg. 2. Es sieht wie folgt aus [1, 2]:

- Go-Terrain erfordert keine zusätzlichen Maßnahmen, um die Manöver der daran beteiligten Militärfahrzeuge zu gewährleisten.
- Slow-Go-Terrain zeichnet sich durch reduzierte Manövrierfähigkeit aus
- Unbefahrbares Gelände (No-Go-Terrain) ist eines, welches das Fahren und Manövrieren von Militärfahrzeugen erheblich behindert oder verhindert.

5.2.2.1 Das Gelände ist befahrbar

Um diese Art von Gelände mit Militärfahrzeugen zu durchqueren, sind keine zusätzlichen Maßnahmen erforderlich. Es zeichnet sich unter anderem aus durch:

a. Hydrografie – Wasserhindernisse (Flüsse und Bäche), die auf ihrer gesamten Länge überwunden werden können oder die weniger als 1,5 m breit und weniger als 0,6 m tief sind; Flüsse und Bäche, die eine Eisdecke mit einer Dicke von mindestens 10 cm aufweisen
b. Topografie – Gefälle von weniger als 30 % (27°)
c. Höhenunterschiede – Gelände mit variabler Höhe von 0 bis 100 m pro Kilometer
d. Waldflächen – Bäume mit einem Durchmesser von weniger als 5 cm oder in Abständen von mehr als 5 m
e. Verkehrsnetz – zwei oder mehr Straßen mit einer asphaltierten Oberfläche pro 1 km^2

5.2.2.2 Das Gelände ist schwer zu befahren

Gebiete, in denen sich Militärfahrzeuge bewegen können, jedoch in begrenztem Umfang. Es zeichnet sich unter anderem aus durch:

1. Hydrografie – Wasserhindernisse (Flüsse und Bäche sowie überflutete Gebiete), die an vielen Stellen überwunden werden können oder über Brücken nur an bestimmten Stellen mit folgenden Parametern:
   - Kantenhöhe bis 1,2 m
   - Aktuelle Geschwindigkeit bis zu 1,5 m/s

   - Tiefe bis zu 1,2 m
   - Tragfähigkeit der Eisdecke, z. B. 75 cm Dicke für einen Panzer, 50 cm Dicke für eine Haubitze.
2. Topografie – Gefälle von 30 bis 50 % (von 27 bis 45°)
3. Waldflächen – Bäume mit einem Durchmesser von 5 bis 15 cm in Abständen von weniger als 5 m
4. Höhenunterschiede – Gelände mit variabler Höhe von 100 bis 200 m pro Kilometer
5. Verkehrsnetz – eine oder zwei unbefestigte Straßen pro 1 km^2 oder eine und eine unbefestigte Straße pro 1 km^2 (mit Ausnahme von Freiflächen)

5.2.2.3 Das Gelände ist unbefahrbar

Diese Art von Gelände verhindert vollständig das Fahren von Militärfahrzeugen in alle Richtungen, was die Reisegeschwindigkeit und Mobilität der Armee verringert. Es zeichnet sich unter anderem aus durch:

1. Hydrografie – nicht gefrorene Wasserhindernisse (Flüsse, Kanäle, Bäche, Seen, Sümpfe und Feuchtgebiete), die nicht an beliebigen Stellen oder mittels einer auf einem Panzerchassis mitgeführten Brücke überwunden werden können, mit folgenden Parametern:
   - Steile senkrechte Ufer über 1,2 m Höhe
   - Aktuelle Geschwindigkeit größer als 1,5 m/s
   - Tiefe größer als 1,2 m
2. Topografie – Gefälle über 50 % (45°)
3. Waldflächen – Bäume mit einem Durchmesser von mehr als 15 cm in Abständen von weniger als 5 m)
4. Höhenunterschiede – Gelände mit variabler Höhe von 200 bis 400 m pro Kilometer
5. Verkehrsnetz – eine unbefestigte Straße pro 1 km^2 (ausgenommen offene Flächen)
6. Vom Menschen vorbereitete Hindernisse:
   - Minenfelder
   - Panzergräben
   - Umgestürzte Bäume

5.2.3 Geländeform

Einer der wichtigsten Faktoren ist die Geländeform als eines der grundlegendsten und dauerhaftesten Elemente des Geländes. Von ihr hängt in hohem Maße die Möglichkeit ab, das Gelände zu überqueren, insbesondere außerhalb befestigter Straßen. Die Arten des Gefälles und die Möglichkeit, sie zu überwinden, sind in Tab. 5.1 aufgeführt.

Die Befahrbarkeit der Pisten hängt nicht nur von ihrer Steilheit ab, sondern auch von der Art und Feuchtigkeit des Bodens und der Dicke einer eventuellen Schneedecke. Bei-

Tab. 5.1 Befahrbarkeit des Geländes je nach Steigung

Gefälle	Steigung [Grad]	Befahrbarkeit für
Sehr sanft	Bis zu 5	Alle Fahrzeuge
Sanft	5–10	Alle mit geringer Geschwindigkeit fahrenden Fahrzeuge
Abfallend	10–20	Nur Gelände- und Militärfahrzeuge
Abfallend – steil	20–30	Nur mit sehr geringer Geschwindigkeit fahrende Gelände- und Militärfahrzeuge
Steil	30–40	Nur Panzerwagen mit Raupenfahrwerk
Sehr steil	40–60	Keine Fahrzeuge, nur Truppen

spielsweise beträgt für Panzerfahrzeuge bei trockenem Sandboden die maximale Neigung 25° und bei nassem Boden nur 20°. Beim Vorhandensein einer dicken Schneedecke nimmt die Möglichkeit, Hügel zu überwinden, noch mehr ab.

Für den Fall, dass Art und Beschaffenheit des Bodens sowie Form und Größe von Geländehindernissen ein Fahren mit jeder Geschwindigkeit im Einsatzbereich und ein genaueres Manövrieren ermöglichen, kann die Bewegungsdynamik analysiert werden. Der Überschuss an Zugkräften in Bezug auf den Bewegungswiderstand ist signifikant, während die dynamische Reaktion des Fahrzeugs auf Fahrerimpulse kalkulierbar wird.

5.2.4 Wasserhindernisse

Wasserhindernisse gehören zu den die Fahrzeugmobilität am meisten beeinflussenden Hauptelementen. Es gibt zwei Arten von Wasserhindernissen:

- Gewässer (Seen, Teiche usw.) mit stehendem Wasser
- Wasserläufe, in denen das Wasser fließt

Die wichtigsten Parameter zur Beschreibung von Wasserhindernissen sind: Breite, Gefälle, Tiefe sowie die qualitativen Parameter. Grundlegende Faktoren, die die Verkehrsfähigkeit der Wasserhindernisse beeinflussen, sind: Gesamtbedeckung des Geländes durch Wasser, Struktur und Merkmale der Ufer, Wasserlaufbreite, Tiefe der Wasserläufe, Charakter des Gewässergrundes, Wasserdurchfluss und Durchflussgeschwindigkeit, klimatische Auswirkungen, Position der Wasserhindernisse zueinander. Die oben genannten Faktoren ändern sich, insbesondere Tiefe, Breite und Strömungsgeschwindigkeit [3].

Die Gesamtbedeckung des Geländes durch Wasserhindernisse kann durch die absolute Flächengröße oder durch den Koeffizienten der Wasserbedeckung des Geländes ausgedrückt werden.

5.2.4.1 Wasserhindernisstruktur

Die Struktur der Wasserhindernisse ist gegeben durch:

- Relative Position und Entfernungen des Wasserreservoirs und
- Wasserläufe zueinander
- Größe bestimmter Wasseransammlungen und Wasserläufe
- Form der Wasserhindernisse und Ausrichtung bestimmter Wasserläufe in Bezug auf die Bewegungsrichtung des Fahrzeugs

Die Größe bestimmter Wasseroberflächen und Wasserläufe ergibt sich aus den Ansammlungen des stehenden Wassers und aus Länge und Breite (an großen Flüssen) von Wasserläufen, Häfen und Kanälen. Die Verkehrsfähigkeit eines Gebiets, in dem Wasserflächen vorhanden sind, hängt sowohl vom Ausmaß der Entwässerung (Oberfläche, Länge) als auch von Größe und Struktur der sich bewegenden Fahrzeuge oder Truppen ab.

5.2.4.2 Merkmale der Uferbereiche von fließenden und stehenden Gewässern

Die besonderen Merkmale der oben genannten hydrologischen Faktoren sind Formen und Neigungen der Uferzonen von stehenden und fließenden Gewässern. Sie sind methodisch genauso zu beschreiben wie die Elemente der Geländegradienten und des Mikroreliefs. Diese Eigenschaften hängen auch mit der Breite und Tiefe der Wasserläufe und Wasserabflüsse zusammen. Um sichere Furten zu finden oder herzustellen, ist es notwendig, die folgenden Bedingungen zu beachten:

- Die Neigung des Ufers bei der Einfahrt in die Furt kann im Sommer 25° und im Winter 15° betragen.
- Die Steigung des Ufers bei der Ausfahrt aus der Furt kann im Sommer 15° und im Winter 10° betragen.
- Die Neigung beider Uferzonen:
  - Für Radfahrzeuge bis 8 bis 10 % (5–6°)
  - Für Raupenfahrzeuge bis 15 bis 20 % (9–11°)

5.2.4.3 Wasserlaufbreite

Die Breite des Wasserlaufs hängt mit dem Profil zusammen, das durch die Entfernung (in km) von seiner Mündung bestimmt wird. Die Breite wird in Bezug auf das mittlere Niveau der „n-Jahres-Wiederholungsflut" bestimmt. Die Breite der Wasserläufe ist der zeitlich variierende Parameter, der von klimatischen Bedingungen abhängt, insbesondere hinsichtlich des Niederschlagsmusters und des Profils des Wassereinzugsgebiets.

5.2.5 Tiefe der Wasserläufe und Wasserflächen

Die Tiefe von Wasserläufen und Wasserspeichern unterliegt starken Schwankungen. Sie hängt von Stärke und Häufigkeit der Niederschläge, dem Strömungsmuster, der Stabilität von Quellen, der Strömungsgeschwindigkeit und dem Gewässergrund ab. Bächen und kleine Flüsse erreichen selten eine Tiefe von 1 m. Bei den meisten Flüssen variiert die Tiefe zwischen Werten unter 1 m bis zu mehreren Metern. Die kritischen Werte der Wassertiefe für Fahrzeuge und Maschinen sind in Tab. 5.1 angegeben.

5.2.5.1 Charakter des Gewässergrundes

Der Charakter des Gewässerbetts hängt von den Schichten der Gewässersohle und von der Abtragung (Erosion) des Bodensediments ab. Die Intensität der Verschiebung des Bodensediments und die Korngrößen des transportierten Materials sind abhängig von Bettneigung, Wassermenge und Fließgeschwindigkeit. Hat ein Wasserlauf einen schlammigen Grund, kann sogar ein flacher Fluss ein kaum ein passierbares Hindernis bilden.

5.2.5.2 Durchflussmenge und Fließgeschwindigkeit

Ein Wasserlauf ist durch Abflussmenge und Fließgeschwindigkeit gekennzeichnet. Die Strömungsgeschwindigkeit hängt von der Wassermenge, der Bettneigung, dem Profil des Wassereinzugsgebiets, der Uferrauheit und der Menge der Verschiebung und der vom Wasser mitgeführten Schwebstoffe ab.

Beim Überqueren eines Wasserlaufs ist es wichtig zu berücksichtigen, dass die Strömungsgeschwindigkeit an verschiedenen Punkten des Querschnitts unterschiedlich ist. Die mittlere Geschwindigkeit des gesamten Strömungsprofils ist etwa 30 % niedriger als die im Stromstrich gemessene Geschwindigkeit. Die in Gebirgsschluchten gemessene Strömungsgeschwindigkeit beträgt 5 bis 7 m/s, bei Überschwemmungen bis zu 12 m/s. Die Strömungsgeschwindigkeit von Tieflandwasserläufen variiert zwischen 0,5 und 1,5 m/s. Sie steigt bei hohem Wasserstand an und kann 3 m/s und mehr erreichen. Zur Bewertung des Wasserstandes und seiner Veränderungen dienen Strommessstationen. Sie sind so platziert, dass sie bestmöglich die realistischen Eigenschaften des Wasserlaufes überwachen können.

Der Charakter eines Flusses wird in erster Linie von den folgenden Parametern bestimmt:

- Niederschlagsmuster
- Art des Grundwasserkörpers (Struktur der Gesteine und Böden der Entwässerungsfläche)
- Meteorologische (klimatische) Bedingungen
- Stromflussregulierung durch Staustufen und Talsperren

Folgende klimatische Faktoren beeinflussen die Veränderlichkeit der Verkehrsfähigkeit von Wasserläufen:

- Niederschlagsmenge auf der Entwässerungsfläche
- Temperatur, die die Wasserverdunstung beeinflusst
- Geschwindigkeit, Höhe und Richtung der Winde, die die Wasserverdunstung im gesamten Entwässerungsgebiet beeinflussen
- Atmosphärendruck, Wasserdampfspannung usw.

5.3 Methoden zur Bestimmung der Mobilität im Gelände

In diesem Abschnitt werden wir einfache Rechnermodelle zur Bestimmung der Mobilität betrachten, die sich hauptsächlich durch Einfachheit und Verfügbarkeit im Gelände auszeichnen. In der Literatur werden sie empirische Modelle genannt.

5.3.1 VCI/RCI-Methode

An der Waterways Experimental Station (WES), USA, wurde eine Methode zur Bestimmung der Feldmobilität entwickelt, die auf dem Bodenkegel-Index (*CI*) basiert und die Werte für Bodenkohäsion, Innenreibungswinkel und Boden-Metall-Reibung sowie eine Reihe von Struktur- und Betriebsparametern des Fahrzeugs berücksichtigt wie Gesamtgewicht des Fahrzeugs, Reifendruck, Reifenabmessungen, Antriebsstrang und Traktionsparameter.

Das *VCI/RCI*-Verfahren besteht darin, das Fahrzeug anhand der zur Überwindung des Geländes erforderlichen Mindesttragfähigkeit des Bodens zu charakterisieren (bei geringerer Tragfähigkeit fährt sich das Fahrzeug fest) – das ist der sogenannte VCI (Vehicle-Cone-Index) und ist zu vergleichen mit der tatsächlichen Belastbarkeit des Bodens im RCI (Rating-Cone-Index), ermittelt mit einem Kegelpenetrometer unter Berücksichtigung der Plastifizierungsanfälligkeit des Bodens. Liegt die erforderliche Tragfähigkeit des Bodens (VCI) unter der tatsächlichen Tragfähigkeit des Bodens (RCI):

$$VCI < RCI \tag{5.1}$$

dann kann das Fahrzeug das Gelände überfahren.

VCI/RCI-Werte werden durch umfangreiche experimentelle und analytische Studien erhalten.

Eine Reihe typischer Geländefahrzeuge wird auf anorganischen Fein- und Grobkornböden getestet. Dann werden Fahrzeugleistungsparameter wie Zugkraft, Rollwiderstand sowie der VCI mit dem Kegel-Index (für grobkörnige Böden) oder dem Rating-Cone-Index (für feinkörnige Böden) korreliert. Zur Unterscheidung zwischen grobkörnigen und feinkörnigen Böden wird ein Sieb mit einer Maschenweite von 200 µm verwendet. Wenn mehr als 50 % der Bodenkörner das Sieb passieren, gilt dieser Boden als feinkörnig, ansonsten ist er grobkörnig.

Wenn ein Fahrzeug auf feuchtem, feinkörnigem Boden fährt, kann die zyklische Belastung die Struktur des Bodens und folglich seine mechanischen Eigenschaften einschließlich der Festigkeit verändern. Das Ausmaß der möglichen Änderung wird in dem Ausdruck *RI* = Remoulding-Index ausgedrückt. Durch Multiplikation des Cone Index mit dem Remoulding-Index erhalten wir den Rating-Cone-Index:

$$CI \times RI = RCI \tag{5.2}$$

Das Messen des *RI* kann unpraktikabel oder umständlich sein, es kann aber eine vereinfachte Version der obigen Gleichung verwendet werden:

$$RCI = 0{,}8 \times CI \tag{5.3}$$

Es wird davon ausgegangen, dass ein Fahrzeug eine akzeptable Geländetauglichkeit aufweist, wenn *VCI* = 200 kPa ist. Dieses Maß an Mobilität ist gekennzeichnet durch die schwersten Kettenfahrzeuge (z. B. den Abrams-Panzer mit einer Masse von 63.450 kg), die sich unter europäischen Bedingungen beim Befahren von Ackerland, das nach Regenfällen durch eine feinkörnige Struktur, geringe innere Reibung und einen hohen Grad an Lockerung und Wassersättigung gekennzeichnet ist, festfahren.

5.3.1.1 Die Methode zur Bestimmung des VCI-Index

Die Methode zur Bestimmung des *VCI*-Index besteht im Wesentlichen aus drei Schritten:

1. Ermittlung des Fahrzeugmobilitätsindex *MI*

Der Mobilitätsindex (*MI*) stellt einen Parameter dar, der sich auf den Fahrzeugkegel-Index (*VCI* – Vehicle-Cone-Index) bezieht. Damit kann die Leistung der Fahrzeuge auf feinkörnigen Böden bestimmt werden. Der *MI* ist ein zusammengesetzter Index, der eine Vielzahl von Faktoren einschließlich der Bauart des Fahrgestells und der mechanischen Eigenschaften des Bodens berücksichtigt.

Die Berechnung des Mobilitätsindex erfolgt anhand der jeweils spezifischen Konstruktionsdaten des Fahrzeugs nach folgenden Gleichungen [4]:

$$MI = \frac{CI\,b\,d}{G} k \tag{5.4}$$

worin: CI – Kegel-Index, b – Reifenbreite, d – Reifendurchmesser, G – Fahrzeuggewicht, k – ein experimenteller Faktor (siehe unten).

2. Durchführung von experimentellen Tests unter Verwendung eines Kegelpenetrometers und Bestimmung des *CI*- oder *RCI*-Index gemäß den oben genannten Beziehungen
3. Bestimmung des *VCI*-Index

Der Fahrzeugkegel-Index *VCI* repräsentiert die minimale Bodenfestigkeit im kritischen Bereich in Bezug auf den Bewertungskegel-Index oder den Kegel-Index, die für eine bestimmte Anzahl von Überfahrten eines Fahrzeugs erforderlich ist. Im Allgemeinen wird *VCI* für 1 und 50 Überfahrten zugewiesen.

Eine gute Mobilität im Gelände erfordert eine Reduzierung der erforderlichen Tragfähigkeit des Bodens auf ca. $VCI = 140$ kPa. Diese Anforderungen erfüllen und übertreffen sogar schwere Kettenfahrzeuge. Die für das Fahrzeug erforderliche VCI-Bodentragfähigkeit wird für Radfahrzeuge mit analytischen Mitteln auf der Grundlage der folgenden Beziehung bestimmt:

$$VCI = \frac{kG}{2nbd\left(\frac{\delta}{h}\right)^{\frac{1}{2}}\left(\frac{1}{1+\frac{b}{2d}}\right)} \tag{5.5}$$

Womit:

k – experimentell ermittelter Koeffizient unter Berücksichtigung des Reifentyps, der Anzahl der Starrachsen usw. (Werte von 1,43 bis 2,25)
G – Fahrzeuggewicht [kN]
n – Anzahl der Achsen
d – Außendurchmesser eines luftgefüllten Reifens [m]
b – Breite eines luftgefüllten Reifens [m]
δ – Verformung des Reifens unter Last auf einer harten Oberfläche [m]
h – Reifenprofilhöhe [m]

5.3.2 NGP- und MMP-Modelle

Für das Militär ist der niedrige Kontaktdruck der Kettenfahrwerke entscheidend für die Mobilität in schwierigem Gelände. Eine Reihe von Methoden zur Vorhersage des Kontaktdrucks wurde vorgeschlagen. Im Folgenden stellen wir zwei ausgewählte Methoden vor:

- Der nominale Bodendruck (*NGP*), der in der folgenden Gleichung ausgedrückt wird:

$$NGP = \frac{G}{2rmb} \tag{5.6}$$

wo: m – Anzahl der Achsen, b – Reifenbreite, r – Reifenradius.

- Der Mittlere Maximaldruck (*MMP*), der unter Verwendung verschiedener Gleichungen für Rad- oder Kettenfahrzeuge bestimmt werden kann. Es gibt drei verschiedene Verfahren, um den *MMP* abzuleiten:

1. Rowlands Verfahren für Radfahrzeuge, bei dem ein *MMP*-Wert aus vollständigen Zugtests eines Fahrzeugs abgeleitet wird [5]:

$$MMP = \frac{KG}{2mb^{0,85}d^{1,15}\left(\frac{\delta}{h}\right)^{\frac{1}{2}}} \tag{5.7}$$

Worin: *K*- Faktor in Abhängigkeit vom Fahrwerktyp (Anteil der angetriebenen Achsen, siehe Tab. 5.2), δ – Reifenverformung auf hartem Untergrund, *h* – Reifenhöhe, d – Reifendurchmesser.

2. MacLaurins Verfahren für Radfahrzeuge [5]:

$$MMP = \frac{1,14G}{2mb^{0,85}d^{1,15}\left(\frac{\delta}{h}\right)^{\frac{1}{2}}} \tag{5.8}$$

3. Rowlands Verfahren für Kettenfahrzeuge auf feinkörnigen Böden [6]:

$$MMP = \frac{1,26G}{mb\sqrt{ld}} \tag{5.9}$$

mit: *l* – Fahrspurlänge.

Diese Gleichungen berücksichtigen den Effekt der Mittelung des Spitzendrucks unter den Rädern. Gl. 5.9 wurde aus einer Reihe von Tests im Originalmaßstab unter Verwendung von Druckwandlern entwickelt, die in einer durchschnittlichen Tiefe von 0,23 m vergraben waren. Larmine [23] diskutierte zahlreiche Faktoren, die das MMP-System beeinflussen, wie Gewicht, Rutschfestigkeit, Bodentiefe, Achslast, Lenkung und andere. In anderen Arbeiten diskutierten Hetherington und Littleton [6] die Rolle von MMP- und Bodendruckmessungen für die Fahrzeugkonstruktion sowie für die Vorhersage der Leistung im Gelände. In jeder Fahrzeuggeländestudie spielen Bodendruckdaten entweder für die Mikromechanik der Bodenverdichtung oder für allgemeine Überlegungen zu „Go-No-Go"-Bedingungen eine wichtige, wenn nicht sogar eine entscheidende Rolle.

Tab. 5.3 enthält *MMP*-Werte für verschiedene Militär-, Rad- und Kettenfahrzeuge. Bei gemäßigten klimatischen Bedingungen sollte der *MMP*-Wert für Fahrzeuge mit geringem

Tab. 5.2 K-Faktor-Werte für verschiedene Fahrwerkkonfigurationen

	Anteil der angetriebenen Achsen						
Anzahl der Achsen	1	3/4	2/3	3/5	1/2	1/3	1/4
2	3,65	–	–	–	4,4	–	–
3	3,9	–	4,35	–	–	5,25	–
4	4,1	4,44	–	–	4,95	–	6,05
5	4,32	–	–	4,97	–	–	–
6	4,6	–	5,15	–	5,55	6,2	–

Tab. 5.3 MMP-Werte für ausgewählte Räder- und Kettenfahrzeuge

Fahrzeugtyp		Masse	Anzahl der Räder	MMP
Radfahrzeuge				
BRDM2	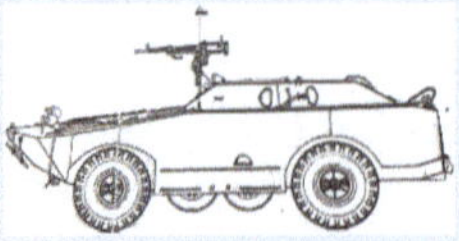	6600 kg	4	320
Honker	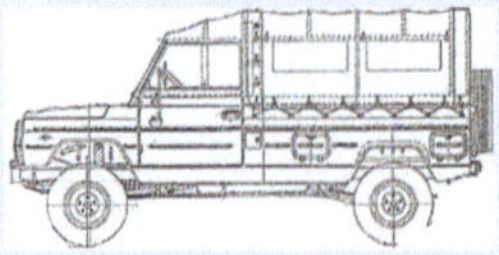	2250 kg	4	260
Star 226		7350 kg	6	230
Saracen 2		10.170 kg	6	390
SKOT-2A		14.300 kg	8	430
Panhard EBR	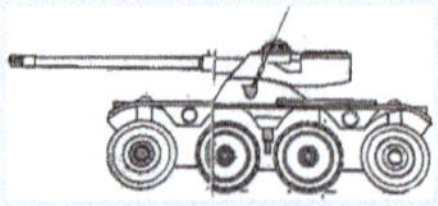	13.500 kg	8	280
Dzik 3		6200 kg	4	435
HMMWV „Hummer"		2340 kg	4	272
Oshkosh military vehicle		12.500 kg	4	364

(Fortsetzung)

Tab. 5.3 (Fortsetzung)

Fahrzeugtyp		Masse	Anzahl der Räder	MMP
Rosomak	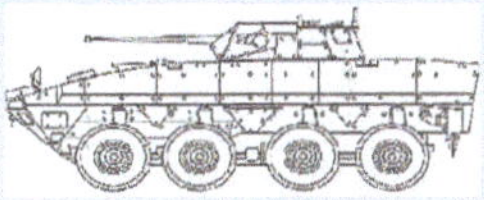	22.000 kg	8	378
Kettenfahrzeuge				
T-72		41.000 kg	12	257
T-14		48.000 kg	14	316
ABBOT	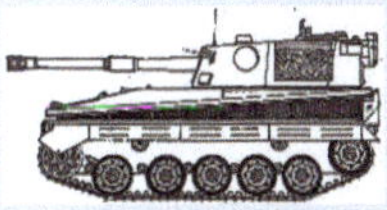	16.560 kg	10	224
BWP		12.500 kg	12	178
1S91 Surn Kub	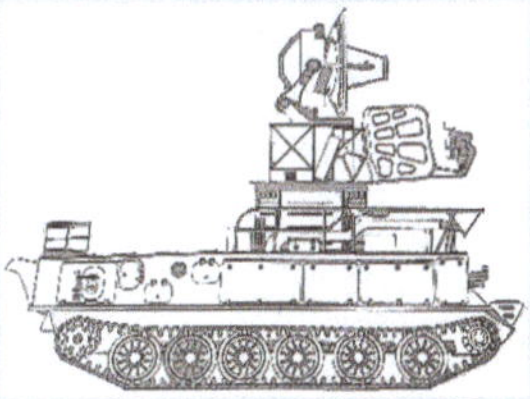	20.000 kg	12	286
ASU-85		15.500 kg	12	212
Anders		33.000 kg	12	246
Abrams		54.500 kg	14	210
Merkava		65.000 kg	12	279
Leopard	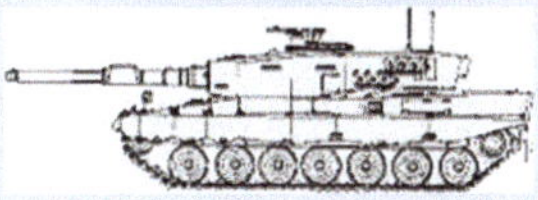	55.000 kg	14	220

Lenkwiderstand (Gelenk- oder Achsschenkellenkung) folgende Größen nicht überschreiten:

- 300 kPa – Fahrzeuge mit akzeptabler Geländemobilität
- 200 kPa – Fahrzeuge mit guter Geländegängigkeit
- 150 kPa – Fahrzeuge mit sehr guter Geländemobilität

Der Vergleich der *MMP*-Methode mit *VCI/RCI* zeigt, dass beide Methoden gleichwertig und austauschbar sind. Dabei ist zu berücksichtigen, dass die zulässige Mobilität bei der *VCI*-Methode dem Grenzwert von 200 kPa entspricht, während bei der *MMP*-Methode der Grenzwert 300 kPa beträgt. Unter Berücksichtigung dieser Grenzwerte kann die verbleibende Mobilität abgeschätzt werden. Es ist zu beachten, dass es sich bei den ermittelten Werten um Schätzwerte handelt, die mit einem Fehler in der Größenordnung von 5 bis 10 % behaftet sind.

Die obigen Modelle werden verwendet, um die Befahrbarkeit eines räumlich begrenzten Bereichs für ein ausgewähltes Fahrzeug zu bestimmen. In der militärischen Praxis sind die im nächsten Unterabschnitt beschriebenen Befahrbarkeitskarten die praktische Lösung.

5.3.3 Karten der Geländebefahrbarkeit

Die Fähigkeit, das Gelände mit Militärkräften und mechanisierter Ausrüstung zu überwinden, wird durch den englischen Begriff Cross-Country Mobility, kurz CCM, definiert. CCM kann für ein begrenztes Gebiet bestimmt sein, aber eine praktische Lösung besteht darin, eine Karte zu entwickeln, die die Passierbarkeit des Gebiets zeigt [7–9]. Passierbarkeitskarten werden hauptsächlich im Militär verwendet und durch Überlappen einzelner Ebenen erstellt, die das betreffende Gebiet abdecken. Primäre Landbedeckungsschichten ergeben sich aus der Topografie von Landschaftselementen. Dies sind die folgenden:

- Wasser – alle Wasserobjekte und -bereiche sind als unbefahrbar definiert
- Feuchtgebiete, die nicht zu befahren sind
- Boden, Dickicht, Gras, Getreide – offene Gebiete mit geringer Vegetation gelten als befahrbar
- Bebaute Gebiete – größer als 500 m^2 oder beidseitig nicht zu umfahren gelten als unbefahrbar
- Straßen – müssen in eine Straßenkategorie eingeteilt werden, dies kann mit hochauflösenden Bilddaten erfolgen
- Laub-, Misch- und Nadelwälder – die Dicke der Stämme und der Abstand zwischen Bäumen müssen bewertet werden, hierfür können hochauflösende Daten verwendet werden.

Zum Erstellen einer Karte der Befahrbarkeit wird eine topografische Datenbank verwendet, die auf einem digitalen Landschaftsmodell (DLM) basiert. Eine Datenbank mit topografischen Objekten im Maßstab 1:10.000 kann als Eingabedatei verwendet werden. Das Modell enthält Geländeobjekte als Vektordaten. Abhängig von den räumlichen Eigenschaften der Objekte werden sie in Form von geschlossenen Polygonen (sogenannte Flächenobjekte), gestrichelten Linien (Linienobjekte) und singulären Punkten (Punktobjekte) gesammelt. Typischerweise wird eine standardisierte räumliche Vektordatenbank (Digital Model of Area) verwendet. In Bezug auf Details entspricht sie einer topografischen Karte im Maßstab 1:25.000. In einem konzeptionellen Modell gibt es 170 thematische Kategorien, die in neun thematische Ebenen unterteilt sind: Grenzen, Relief des Geländes, Physiografie, Transport, Entwicklung, Hydrografie, Vegetation, Luftfahrtinfrastruktur und Industrie. Dies ist eine allgemeine geografische Standardausarbeitung, die von allen NATO-Streitkräften verwendet wird, deren Datenorganisation im Digital Geographic Information Exchange Standard (DIGEST) als Produkt der Defense Geospatial Information Working Group (DGIWG) definiert ist [10].

5.3.4 Bestimmung des IOP-Index

Die Befahrbarkeitskarte basiert auf dem IOP (Index of Passability). Der IOP ist eine Schätzung, die den Grad der Begrenzung der Fahrzeuggeschwindigkeit durch Landschaftselemente widerspiegelt. Dieser Indikator kann mit zwei Methoden bestimmt werden, die nachfolgend beschrieben werden.

5.3.4.1 Bestimmung des Index anhand der Oberfläche oder Länge der Landschaftselemente im Primärfeld

Eine Methode besteht darin, die Befahrbarkeit auf ein quadratisches Primärfeld zu beziehen. Für jedes Feld wird der IOP für die Oberfläche des gesamten Quadrats berechnet. Auf dem analysierten Gebiet werden Gitter von Quadraten unterschiedlicher Seitenlänge (z. B. 25, 50, 100, 200, 500 oder 1000 m) erzeugt. Für jedes von ihnen werden die Informationen über Elemente der Landbedeckung mithilfe einer speziell geschriebenen Software automatisiert implementiert:

- Für Oberflächenobjektklassen (z. B. Wälder, Seen, bebaute Gebiete) – die Gesamtoberfläche von jedem Bereich wird im angegebenen Primärfeld dargestellt
- Für lineare Objekte (Flüsse, Straßen, Eisenbahnen, Konturen) – die Gesamtlänge des linearen Objekts befindet sich innerhalb des gegebenen Primärfeldes
- Für einzelne Objekte (Gebäude, Gehege) – die Anzahl der Objekte, die sich innerhalb des angegebenen Objekts befinden, werden in das Primärfeld eingetragen

Außerdem wird für das analysierte Gebiet unter Verwendung eines digitalen Reliefmodells ein digitales Geländesteigungsmodell erstellt. Jedem Primärfeld wird der Landbezeichnungsparameter zugewiesen, der als durchschnittliche Steigung definiert ist und aus allen Punkten des digitalen Modells der Landneigungen berechnet wurde, die sich im Bereich des gegebenen Primärfelds befinden.

Um die oben beschriebene Methodik anzuwenden, ist es notwendig, jeder Klasse von Objekten, einen Geländewiderstandskoeffizienten zuzuweisen. Formel (5.10) berücksichtigt alle Objektklassen, die enthalten sind. Die erhaltenen Befahrbarkeitsindizes werden dann erneut auf einen konstanten Bereich von 0 bis 1 normiert.

5.3.4.2 Bestimmung des IOP-Index anhand des Vegetationsrauheitsfaktors (Vegetation Roughness Factor, I_{VRF})

Der Vegetationsrauheitsfaktor (Vegetation Roughness Factor, I_{VRF}) ist eine numerische Bewertung für den Grad der Geschwindigkeitsbegrenzung, die sich auf die Bewegung von Fahrzeugen durch die verschiedenen Arten der Landschaftselemente bezieht. Jeder in einem bestimmten Datenmodell gefundenen Objektklasse wird ein Widerstandskoeffizient zugewiesen. Objekten, die die Befahrbarkeit erleichtern, z. B. Straßen, Freiflächen etc., werden Werte zwischen 0 und 1 zugeordnet. Den Befahrbarkeit einschränkenden Objekten (Gewässer, Wälder, bebaute Gebiete usw.) wurde der VRF-Index (I_{VRF}) im Bereich zwischen 0 und – 1,0 zugewiesen, während Klassen von Objekten, die die Befahrbarkeit nicht beeinflussen (neutral) ein Koeffizient von 0 zugewiesen wurde. Dies sind hauptsächlich einzelne Objekte oder kartografische Elemente wie Beschreibungen oder Konturen [3, 7, 8]. Beispielwerte für den I_{VRF} sind in Tab. 5.4 angegeben.

Die Formel für den *IOP* lautet wie folgt:

$$IOP_i = A_i^{n1} I_{VRF}{}^{n1} + L_i^{n2} I_{VRF}{}^{n2} + N_i^{n3} I_{VRF}^{n3}$$

wo:

- IOP_i ist der Index der Befahrbarkeit des Primärfelds mit dem i-Index
- Für Bereichsobjekte ist $A_i\ ^{n1}$ ein normalisierter Bereich (innerhalb des i-Primärfelds) der Feature-Class n1
- Für lineare Objekte ist L_i^{n2} eine normalisierte Länge (innerhalb des i-Primärfelds) der n2-Feature-Class
- Für singuläre Punktobjekte ist N_i^{n3} eine normalisierte Größe (innerhalb des i-Primärfelds) der n3-Feature-Class

Tab. 5.4 Beispielwerte I_{VRF} verschiedener Landschaftselemente

Erleichternde Objekte		Einschränkende Objekte		Neutrale Objekte	
Objekt	I_{VRF}	Objekt	I_{VRF}	Objekt	I_{VRF}
Straßen	0,7	Flüsse	– 1,0	Monument	0
Wege	0,4	Sumpf	– 0,8	Baum	0
Fahrradwege	0,3	Wälder	– 0,8	Kamin	0
Tunnel	0,2	Obstgärten	– 0,5	Gehölz	0
Freiflächen	0,5	Hügel	– 0,4	u. a.	0

5.4 Einfluss von Wetterfaktoren auf die Mobilität eines Geländewagens

Die Methode wurde vom Autor entwickelt und in der Praxis erprobt. Das Konzept dieser Methode war, dass ein Testfahrzeug eine Teststrecke von 500 m Länge passiert und die folgenden Komponenten gemessen oder beobachtet werden:

- Zeit bis zum Erreichen von V = 30 km/h, tV30
- Zeit zum Durchfahren der Teststrecke (ca. 500 m), t500
- Absolute Mobilität im Sinne von „Go-No-Go", GNG (Wert = 1 für „Go", Wert = 0 für „No-Go");

Die Verwendung eines Allradantriebs ist erforderlich (Wert = 1 für Tests, bei denen nicht in den Allradmodus gewechselt werden musste, und Wert = 0, bei denen der Allradantrieb die Teststrecke überwinden musste).

Die Teststrecke war teilweise abfallend (ca. 70 m bei 4 % Neigung), teilweise horizontal (ca. 430 m) mit drei Kurven. Die Oberfläche bestand aus einer Mischung aus 70 % Löss, 20 % Sand und etwa 10 % Kies, die durch geringen Verkehr verdichtet wurde, da sie als provisorische Straße genutzt wurde. Das ursprüngliche Bodenmaterial war Löss, Sand und Kies wurden hinzugefügt, um die Traktion zu verbessern und die Mobilität der Fahrzeuge zu erhöhen [21].

Das Testfahrzeug war ein Suzuki Vitara 1,6 16 V mit manuell gesteuertem Allradantrieb (Ein-/Ausschalten). Im 2×4-Modus wurde die Hinterachse des Fahrzeugs angetrieben. Während der Tests war immer nur eine Person (Fahrer) an Bord. Bereift war das Fahrzeug mit Wrangler-Offroad M+S Reifen der Größe 205/75R15. Das Testfahrzeug ist in Abb. 5.1 dargestellt.

Abb. 5.1 Testfahrzeug für Mobilitätstests

Die folgende Formel wurde entwickelt, um die Mobilität des Fahrzeugs mithilfe des Begriffs „Vehicle-Mobility-Index“ (VMI) aus den gemessenen oder angezeigten Komponenten zu quantifizieren:

$$VMI = \left(\frac{t_{w30}}{t_{v30}^{w}} + \frac{t_{500}}{t_{500}^{w}} + 2\,GNG + 4 \times 4 \right) \tag{5.10}$$

wobei: t^{w}_{v30}, t^{w}_{500} – Referenzzeiten auf festem (asphaltiertem), trockenem Untergrund.

Es ist zu beachten, dass die *VMI*-Werte im Bereich von 0 bis 1 liegen. Die in Gl. 5.10 angegebene Formel berücksichtigt die folgenden Parameter:

- t_{v30}, Zeit für die Fahrzeugbeschleunigung von 0 auf 30 km/h
- t_{500}, Zeit für das Durchfahren der Distanz von 500 m
- *GNG*, die absolute Mobilität, quantifiziert anhand der Anzahl der „GO“-Fälle, die während der Tests beobachtet wurden
- *4×4*, die Anzahl der Fälle, in denen der 4×4-Modus nicht erforderlich war, um den Test zu bestehen [21]

Ergebnisse der Fahrzeugmobilitätstests sind in Abb. 5.2, 5.3, 5.4 und 5.5 dargestellt. Hier haben wir Werte von *VMI* für vier aufeinanderfolgende Monate des Jahres 2006. Rote Balken in den Diagrammen bedeuten, dass der 4×4-Fahrmodus verwendet werden musste. Es wurde immer im 2×4-Modus gestartet, erst wenn das Fahrzeug nicht mehr vorankam, wurde auf 4×4 umgestellt.

Es ist ersichtlich, dass der *VMI* für die ersten Frühlingsmonate (März und April) höhere Werte erreichte als im Mai oder sogar Juni. Atmosphärische Niederschläge, die im Mai und Juni mit großer Intensität auftreten (Gewitter, konvektiver Regen), haben die Mobilität des Fahrzeugs im Frühjahr stärker beeinträchtigt als die Auswirkungen der Schneebedeckung auf dem Auftauboden. Darüber hinaus war die Anzahl der Fälle, in denen in den 4×4-Modus gewechselt werden musste, im späten Frühjahr/Frühsommer höher. Interessanterweise war die Dynamik des VMI-Wertes im Juni erheblich höher als im März.

Abb. 5.6 zeigt die Durchschnittswerte des *VMI* für die Monate der gesamten Saison 2006/2007. Die Mittelwertbildung wurde einfach arithmetisch durchgeführt, indem die Ergebnisse für einen bestimmten Monat addiert und dann durch die Anzahl der Tests dividiert wurden. Die Werte liegen zwischen 0,2 und 0,74. Entsprechend den frühen Erwartungen wurde im Winter/Frühling die geringste Mobilität beobachtet, im Sommer/Herbst die höchste. Eine geringe Traktion im Winter und Frühling ist typisch für die vorwiegend niedrige Temperatur und die geringere Sonneneinstrahlung, die aufgrund des Gefrierens zu einer schlechteren Verdunstung und einer schlechteren Versickerung führen. Obwohl die kumulativen Niederschläge in Polen von Mai bis Juni bis Juli am größten sind, waren die Auswirkungen von Umgebungstemperatur, Wind und Sonneneinstrahlung auf die Bodenbeschaffenheit und Mobilität ausgeprägt. In der Regel schwächte ein starker Regen während eines Gewitters im Juni die Traktion auf „No-Go“-Bedingungen, aber der Boden baute seine mechanische Festigkeit sehr schnell wieder auf und die Mobilität war befriedigend oder gut [21].

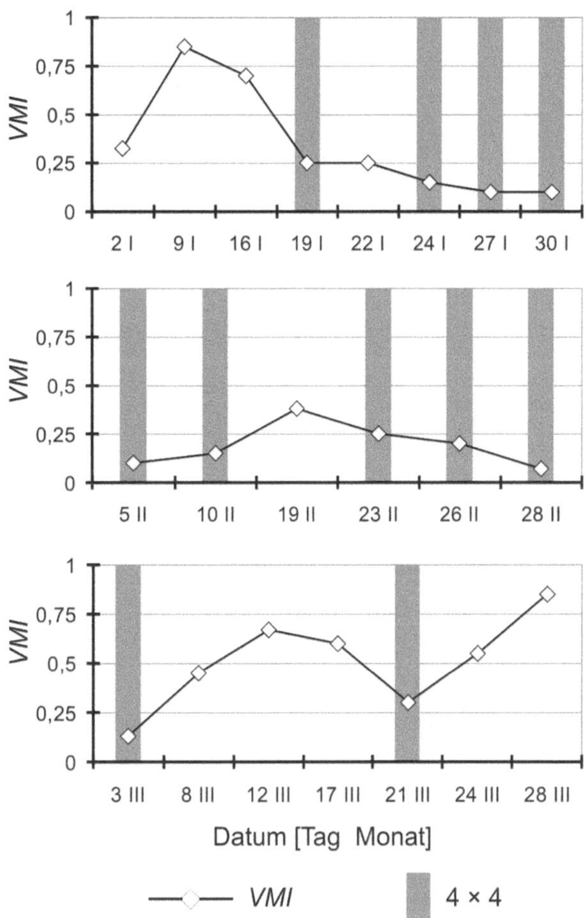

Abb. 5.2 VMI für Wintermonate [21]

Interessant ist auch, wie sich die Dynamik der Fahrzeugmobilität von Monat zu Monat verändert hat. Diese Dynamik war in den Frühlings-/Sommermonaten aufgrund der oben diskutierten Wetterfaktoren signifikant größer. Sehr starke Regenfälle im Sommer sowie hohe Umgebungstemperaturen, Wind- und Sonneneinstrahlung führten zu dynamischen Veränderungen der Mobilität. Ein stabileres Wetter im Herbst mit sehr wenigen Niederschlägen, niedrigeren Temperaturen und weniger Sonneneinstrahlung bewirkte, dass die Boden-MC und die daraus resultierende Traktion sich zeitlich weniger änderten und die Mobilitätswerte für diese Jahreszeiten im mittleren Bereich lagen. Zu Beginn des Frühlings, als Frost-/Auftauzyklen vorherrschten, war die Fahrzeugmobilität schlecht. Anhand der Messungen wurde in der letzten Februarwoche (27.–28. Februar) die schlechteste Mobilität im Winter beobachtet.

Hier können wir einige Nachteile des Testverfahrens feststellen. Es war geplant, die Messungen jede Woche zu wiederholen, aber die Tage für die Tests wurden nach dem Zufallsprinzip ausgewählt. Aufgrund der hohen Dynamik der Boden-MC in den Frühlings-/

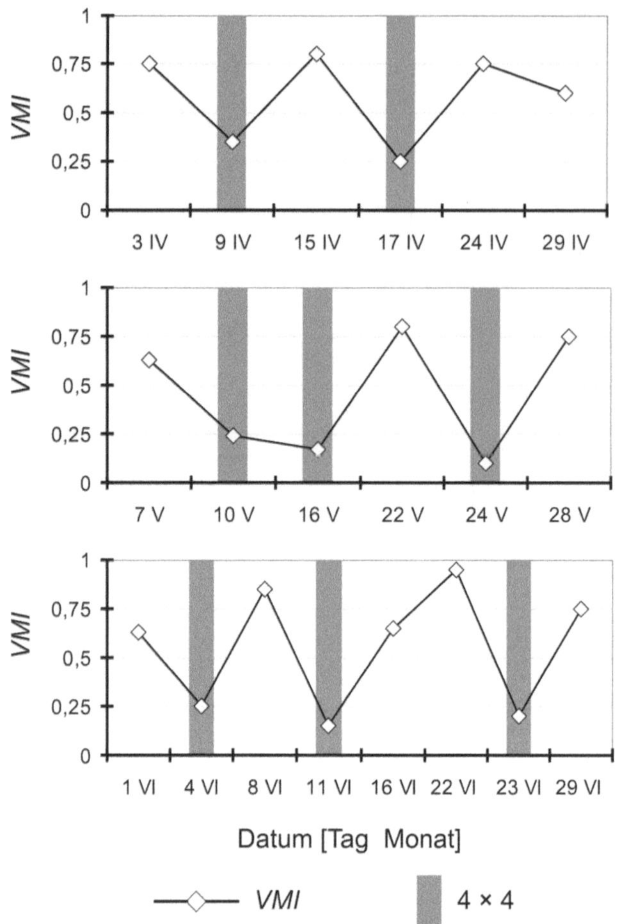

Abb. 5.3 VMI für Frühlingsmonate [21]

Sommermonaten ist es möglich, dass die Messungen nicht repräsentativ waren. Wir hatten im Sommer nach starken Regenfällen einige Messungen durchgeführt, wobei die Ergebnisse des VMI nahe null lagen, während die Traktion an den verbleibenden Tagen einer bestimmten Woche recht gut oder fast sehr gut war. Andererseits war der Winter 2006/2007 in Polen trocken und warm. Es gab sehr wenige Tage mit Minusgraden, und in diesem Winter war auch nur wenig Schnee gefallen. Der einzige Schnee, der am 25. Januar 2007 gefallen war, war ein 25 cm tiefer, frischer Pulverschnee, der in den folgenden Tagen sehr schnell verschwand.

Zusammenfassend lassen sich einige Trends beobachten (Abb. 5.7):

- Frühling – eine Tendenz zur Zunahme in den ersten Frühlingsmonaten, dann eine starke Dynamik des Mobilitätswerts, insbesondere im Juni
- Sommer – hohe Mobilitätsdynamik im Frühsommer, dann nahezu stabil bei ca. 75 % Niveau

- Herbst – Tendenz zum Absturz ohne dynamische Veränderungen, durchschnittliche Mobilität bei 30 bis 40 %;
- Winter – eine Tendenz, zu Beginn abzufallen, dann fast stabil, mit eher niedrigen Werten; Am Ende der Wintersaison, im März, steigt der Mobilitätswert zusammen mit einer gewissen Dynamik [21].

Ein interessantes Ergebnis ist die Notwendigkeit, in den 4×4-Modus zu wechseln. Dies ist in den Diagrammen (Abb. 5.2, 5.3, 5.4, 5.5) durch zusätzliche Balken dargestellt. Wenn wir die Ergebnisse für alle Monate zusammenfassen, haben wir Folgendes:

- Frühling – 8-malige 4×4-Nutzung für insgesamt 20 Tests
- Sommer – 2-mal für 16 Tests
- Herbst – 8-mal für 15 Tests
- Winter – 10×4×4 für 19 Tests

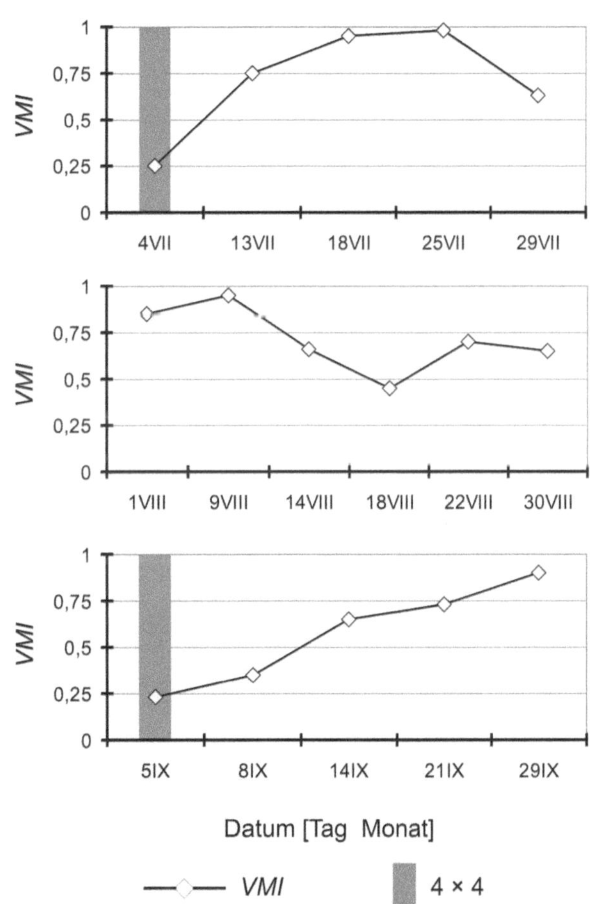

Abb. 5.4 VMI für Sommermonate [21]

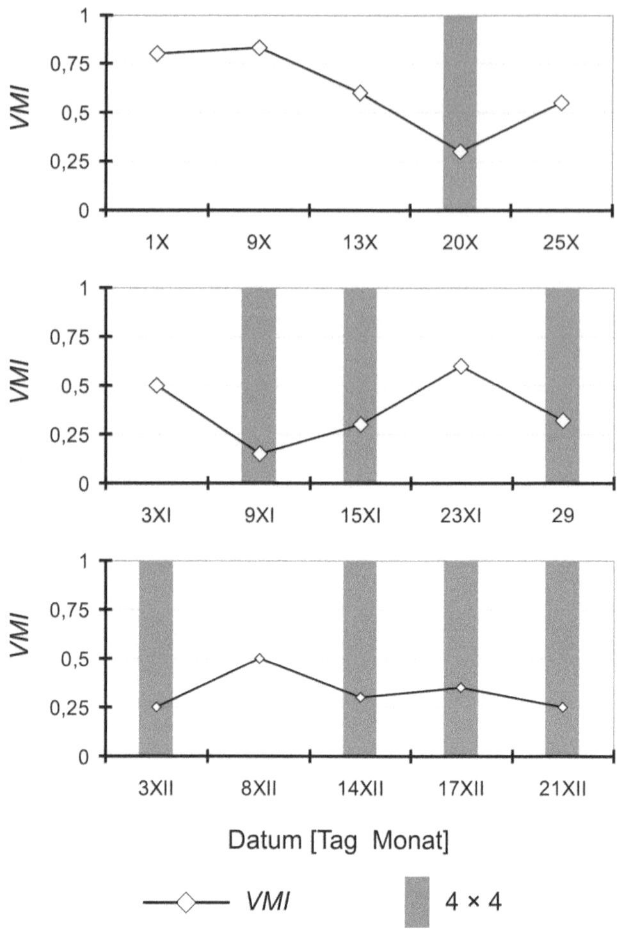

Abb. 5.5 VMI für Herbstmonate [21]

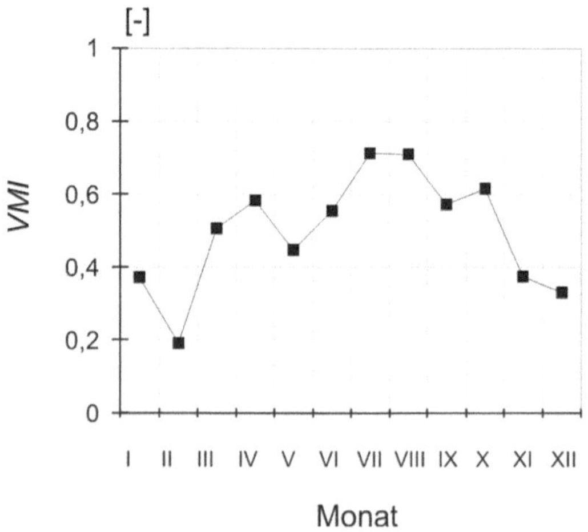

Abb. 5.6 VMI-Durchschnittswerte für die Monate [21]

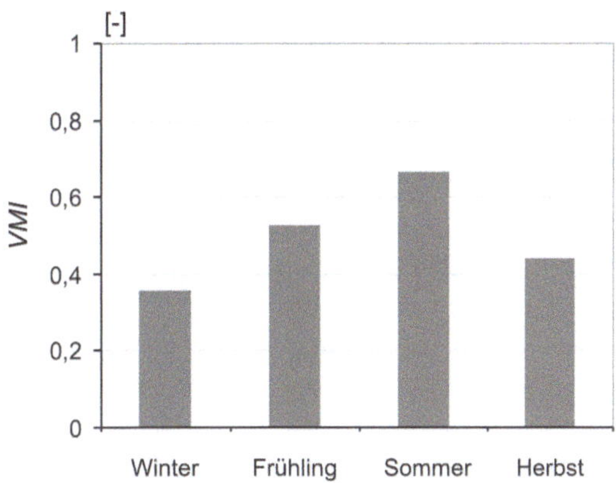

Abb. 5.7 VMI-Durchschnittswerte für einzelne Jahreszeiten [21]

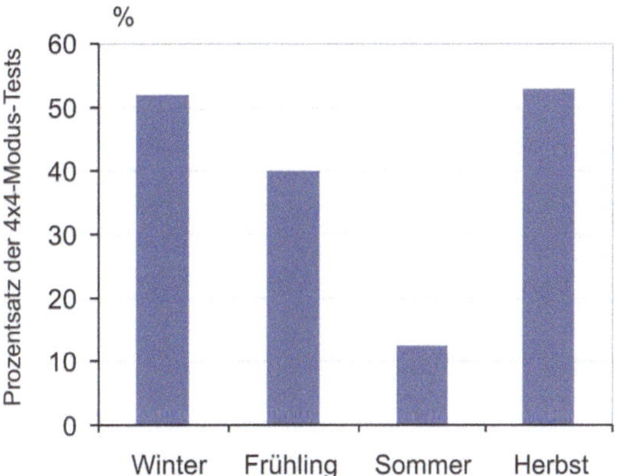

Abb. 5.8 4×4-Fahrmodus [21]

Der Prozentsatz der Fälle, in denen der 4×4-Modus erforderlich war, um den Testabschnitt zu durchfahren, ist in der Grafik dargestellt (Abb. 5.8). Wie zu erkennen ist, war der häufigste Bedarf für den Allradmodus im Winter, Frühling und Herbst. Diese Schlussfolgerung stimmt mit den obigen Mobilitätsergebnissen überein [21].

5.4.1 Zusammenhang Fahrzeugmobilität-Bodenfeuchtigkeit

Es war auch interessant, die Gesamtwirkung meteorologischer Faktoren wie Niederschläge, Wind, Sonneneinstrahlung und Temperatur zu bestimmen, ohne sie jedoch zu identifizieren oder zu messen. Die einzige Variable war das Kalenderdatum des Tages der Mobilitätstests. Unter dem Gesichtspunkt der Reifen-Boden-Wechselwirkungen wäre es praktisch, wenn alle oben genannten Einzelfaktoren in Form eines einzigen Parameters oder einer einzigen physikalischen Größe zusammengefasst würden. Es wurde vermutet, dass der Bodenfeuchtigkeitsgehalt in diesem Fall ein solcher Parameter sein könnte.

Der Bodenfeuchtigkeitsgehalt wurde mit einem handgehaltenen TDR-Messgerät (Time Domain Reflectometry) gemessen. Die Messungen wurden während der gesamten Saison 2006 durchgeführt, jedoch mit Ausnahme der Tage mit Frostbedingungen.

Um die Auswirkung der Bodenfeuchte auf die Fahrzeugmobilität zu modellieren, wurde eine Korrelation zwischen der Bodenfeuchtigkeit und dem VMI erstellt. Diese Korrelation ist in Abb. 5.9 dargestellt. Es ist ersichtlich, dass die Korrelationsfunktion abnimmt, ihr Verlauf ist jedoch nicht gleichmäßig im gesamten Bereich der Bodenfeuchtigkeit. Folglich ist der VMI umso höher, je niedriger die Bodenfeuchtigkeit ist. Für eine Bodenfeuchtigkeit zwischen 17 und 22 % blieb die Fahrzeugmobilität nahezu unverändert und lag konstant bei rund 0,5. Oberhalb von 22 % zeigt die Kurve, dass der VMI auf niedrigere Werte abfällt, dies sollte jedoch mit gebührender Vorsicht betrachtet werden, da R^2 niedrig ist (0,506). Obwohl die Bodenflüssigkeitsgrenze zum Zeitpunkt der Messungen nicht bestimmt wurde, kann dieses Verhalten des VMI in Bezug auf die Bodenfeuchtigkeit als der Effekt des Sandanteils in der Bodenzusammensetzung erklärt werden. Der radikale Abfall der Bodenfeuchtigkeit im Punkt 17 % kann auf den Kohäsionsverlust zurückzuführen sein, der für Sande bei zunehmender Feuchtigkeit typisch ist.

Es sollte betont werden, dass die vorgestellte Methode in einem relativ engen Bereich getestet wurde, weshalb die diskutierten Ergebnisse möglicherweise mit der gebotenen Vorsicht interpretiert werden müssen. Die obige Beschreibung der VMI-Methode kann jedoch eine Inspiration für den Leser sein, eigene Tests und Experimente sowie analytische Untersuchungen durchzuführen, um eine universellere Methodik auf der Grundlage einfacher Leistungstests zu erhalten.

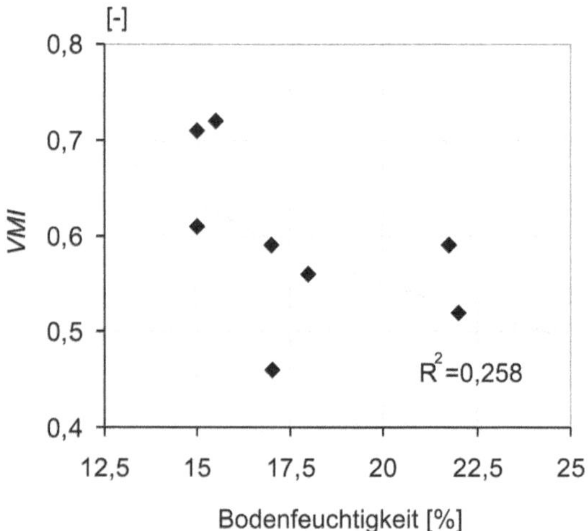

Abb. 5.9 Korrelation VMI – Bodenfeuchtigkeit [21]

5.5 Das „GARFIELDS"-System

5.5.1 Einführung

Grasflugplätze haben offensichtliche Vorteile für Menschen und Flugzeuge. Die Struktur eines Flugzeugs wird beim Aufsetzen und beim Rollen auf dem Boden dynamisch weniger belastet. Reifen verschleißen deutlich weniger als auf asphaltierten Landebahnen und der Passagierkomfort ist auf der weicheren Oberfläche höher. Ein Feld, eine Weide oder eine Wiese können als Notlandeplatz genutzt werden. Grasige Flugplätze oder Landebahnen könnten dazu beitragen, das Luftverkehrsnetz zu erweitern, und eine wichtige Rolle bei der Freizeitnutzung der Luftfahrt spielen. Sie sind geradezu umweltfreundlich [11].

Im Allgemeinen haben grasbewachsene Flugplätze schlechtere Parameter für die Leistung der Radoberfläche als asphaltierte Landebahnen. Einige Probleme ergeben sich aus geschwächten Oberflächenbedingungen, die durch Wettereffekte verursacht werden. Daher sind grasbewachsene Flugplätze in den Wintermonaten im Allgemeinen geschlossen, da die Oberflächenbedingungen unzuverlässig sind. Vorfälle und Unfälle werden hauptsächlich durch mangelnde Pilotenerfahrung und durch Unkenntnis des Standorts verursacht. Ein sehr wichtiger Faktor ist jedoch, dass es keine offiziellen Richtlinien für die Verwendung von Grasflugplätzen in Bezug auf die Leistung des Flugplatzes und die Auswirkungen des Wetters gibt. Für grasbewachsene Landebahnen besteht keine Entsprechung zu den Schätzungen der Bremswirkung der Internationalen Zivilluftfahrt-Organisation (ICAO) für harte Landebahnen. Während Start- und Landerollabstände auf asphaltierten Landebahnen daher ziemlich zuverlässig bestimmt werden, ist es aufgrund der Auswirkung der Verformbarkeit von Boden und Gras und der hohen Empfindlichkeit gegenüber atmosphärischen Bedingungen schwierig, die Leistung des Flugplatzes mit einer Graslandebahn vorherzusagen. Eine typische grasbewachsene Landebahn unter trockenen Bedingungen kann Lasten von mittelschweren Flugzeugen aufnehmen, jedoch nach einem starken Regen auch für leichte Flugzeuge oder Segelflugzeuge zu weich sein.

Wie in vielen Berichten in Luftfahrt- oder Pilotmagazinen beschrieben wird, können Operationen auf grasbewachsenen Flugplätzen außerhalb der Sicherheitsgrenzen durchgeführt werden, was zu Unfällen führen kann [11–14]. Diese Unfälle beleuchten zwei Faktoren, die das Starten oder Landen von Flugzeugen auf Gras beeinflussen:

- Hoher Rollwiderstand beim Start, was zu einer zu langen Rollphase führt
- Hohe Verformbarkeit der Flugplatzoberfläche beim Aufsetzen, was zum Umkippen des Flugzeuges führt

Im Großbritannien wurde Anfang 2005 die Light Aviation Airports Study Group (LAASG) als direkte Initiative des Joint Review Team (JRT) der Zivilluftfahrtbehörde (CAA) und der Industrie gegründet. Laut LAASG ist der Zustand der Landebahnoberfläche sehr wichtig. Sie sollte so glatt und gut entwässert wie möglich gehalten werden [15]. Eine gut verdichtete und entwässerte Grasoberfläche kann von Leichtflugzeugen unter allen Bedingungen außer unter ungewöhnlich nassen Bedingungen genutzt werden. Es wird empfohlen, das Gras auf einer Höhe von maximal 10 cm zu halten.

In den Vereinigten Staaten wurde ein Forschungsprojekt namens Opportune Landing Sites (OLS) durchgeführt, um Oberflächendaten an einer Reihe von Orten zu sammeln, die für militärische Luftfahrtoperationen geeignet sind [16]. Es wurde eine Kartierungssoftware entwickelt, die im Handel erhältliche Landsatbilder verwendet, um nicht verbesserte Landeplätze aus der Ferne zu lokalisieren, die ausreichend flach und frei von starker Vegetation, Hindernissen und Oberflächenwasser sind, um Lufttransporte zu ermöglichen, wenn die Boden- und Wetterbedingungen dies zulassen. Das System kann den Bodentyp basierend auf den pixeligen Satellitenbildern und den digitalen Geländehöhendaten bestimmen. Schließlich wird der Bodenfeuchtigkeitsgehalt bestimmt und die Software leitet die CBR-Daten (California Bearing Ratio) für einen bestimmten Punkt ab.

Die Technische Universität Lublin entwickelte eine Testmethode zur Bewertung von grasbewachsenen Flugplätzen durch Bestimmung der mechanischen Eigenschaften, die die Leistung des Flugzeuges beim Start, Aufsetzen und Landen beeinflussen [17]. Die Methode besteht aus Messgeräten, einem tragbaren Tester, einer Software, einer mobilen Applikation, mit der die Flugplatzleistung eines bestimmten Flugzeugs ermittelt werden kann, und einer Online-Applikation, mit der die physikalischen Eigenschaften der Oberfläche in Abhängigkeit von Witterungseinflüssen vorhergesagt werden können. Die Methode wurde in Feldtests unter Verwendung eines Flugzeugs der Allgemeinen Luftfahrt (GA) kalibriert und validiert [18].

Diese Initiativen zeigen ein starkes gesellschaftliches Interesse und den Bedarf an besseren Lösungen, die dazu beitragen, die langfristige und sichere Nutzung von Rasenflugplätzen genauer vorherzusagen.

5.5.2 GARFIELDS-Systembeschreibung

GARFIELDS ist eine Abkürzung für *Grass Airfields* und ein Name für eine internationale Initiative von Universitäten, Forschungsinstitutionen, Industrie und allgemeiner Luftfahrt, um ein Online-Informationssystem für grasbewachsene Flugplätze zu schaffen und in die Praxis einzuführen. Der Hauptzweck besteht darin, die Bedingungen für grasbewachsene Landebahnen bereitzustellen, indem ihre bodenmechanischen Eigenschaften als Funktion der Wetterbedingungen bestimmt werden, die die Leistung des Flugzeugs während des Starts, Aufsetzens und Landens beeinflussen [22].

Die Architektur des Systems ist in Abb. 5.10 dargestellt. Das Herzstück des Systems ist eine Methode zur Bestimmung von Rollwiderstand und Reifen-Gras-Kraftschluss auf der Grundlage eines Simulationsmodells, das die meteorologischen Bedingungen mit den Bodenbedingungen auf einem bestimmten Flugplatz verknüpft. Das Modell bietet einfache, lesbare Informationen über die aktuellen Bedingungen auf einem bestimmten gras-

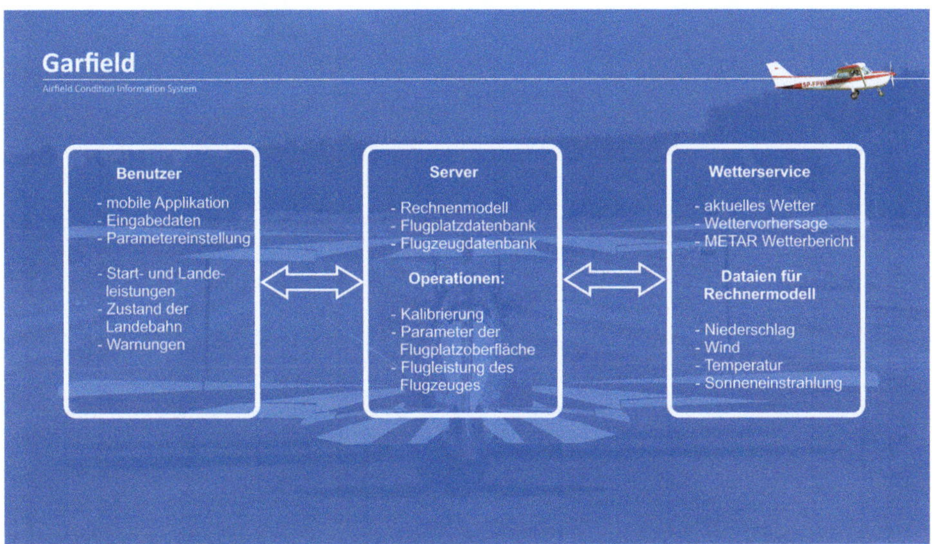

Abb. 5.10 Architektur GARFIELDS-System

bewachsenen Flugplatz in ganz Europa. Die Informationen werden Endbenutzern (Piloten, Fluglotsen, Flugplatzadministratoren) mit einer Aktualisierungsrate von einer Stunde und einer Prognose von sechs Stunden zur Verfügung gestellt. Folgende Informationen stehen zur Verfügung:

- Rollwiderstand und Reibungsbeiwert oder Bremswirkung für einen typischen GA-Flugzeugreifen
- Start- und Landeleistungsdaten für einen bestimmten Flugplatz, spezifisch für jede Flugzeugkategorie, die möglicherweise diesen Standort nutzt
- Informationen zum Zustand der Landebahn in kodiertem Format (vorläufig GRASSTAM genannt, ähnlich wie NOTAMs für die Luftfahrt)
- Die GARFIELDS-Daten werden stündlich aktualisiert und in zwei Formaten zur Verfügung gestellt:
- Textformat für mobile Anwendungen und für Desktop-/Laptop-Anwendungen
- Kodiertes Format, das den Piloten in Form einer Nachricht zur Verfügung gestellt wird (GRASSTAM)

Im Allgemeinen sind die speicherintensiven Elemente (Flugzeugdatenbank, Bodendatenbank) sowie die Simulationsprogramme auf dem GARFIELDS-Server installiert, während die mobilen Anwendungen nach den erforderlichen Daten fragen, diese empfangen, und sie auf einem Smartphone oder Laptop anzeigen (Abb. 5.11). Die gesamte Kommunikation ist mit der heutigen drahtlosen Technologie möglich, und potenziellen Endbenutzern wird ein Online-Zugriff bereitgestellt, wie in Abb. 5.12 dargestellt.

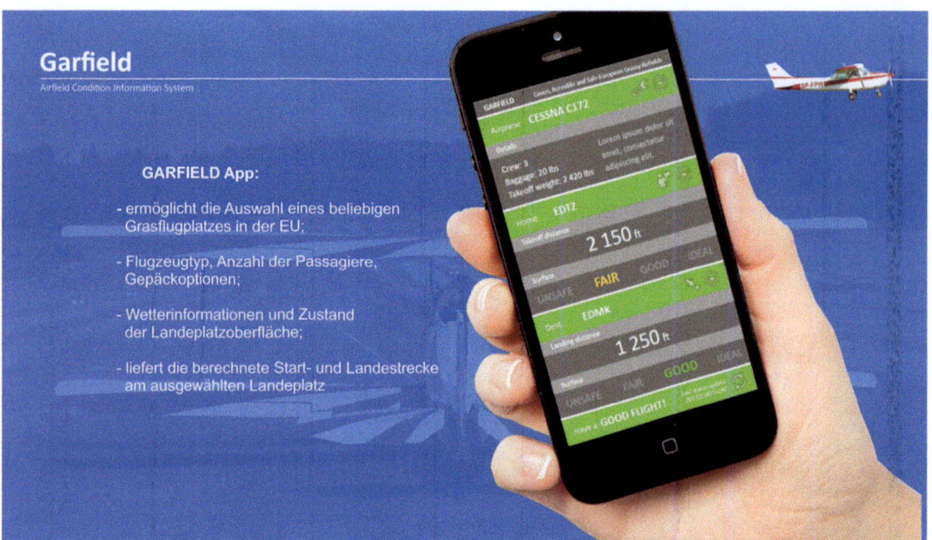

Abb. 5.11 GARFIELDS-Benutzer-Interface

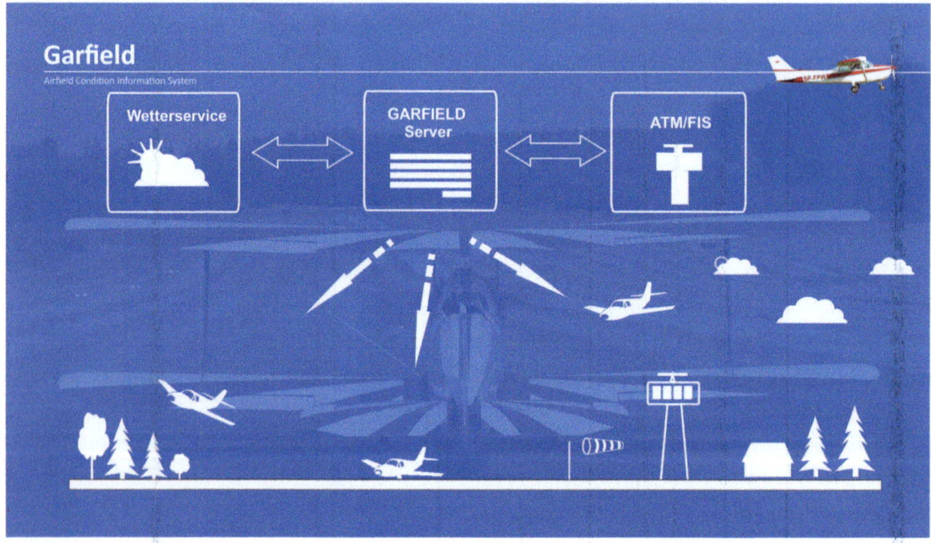

Abb. 5.12 GARFIELDS-Kommunikation . ATM – Air Traffic Management, FIS – Flight Information Service

5.5.2.1 Bodenmodell

Wie bereits erwähnt, ist der Feuchtigkeitseinfluss auf den Rasen signifikant. Dies ist wahrscheinlich der wichtigste Faktor, der die Leistung eines Flugzeugs auf einer Rasenlandebahn beeinflusst. Nicht nur der Bremskraftkoeffizient μ wird aufgrund rutschiger, nasser

Grashalme niedrig, sondern auch die Tragfähigkeit des darunterliegenden Bodens ändert sich. Infolgedessen nehmen unter feuchten Bodenbedingungen das Einsinken der Räder und der Rollwiderstand zu. Verschiedene Bodentypen reagieren unterschiedlich auf Nässe. Lössböden sind unter trockenen Bedingungen sehr hart und neigen dazu, sich bei mittlerer Bodenfeuchtigkeit von etwa 10 bis 15 % plastisch zu verformen. Nach Erreichen eines kritischen Feuchtigkeitsgehalts wird Löss flüssig. Sandböden zeigen andere Verhaltensweisen. Unter trockenen Bedingungen ist Sand ein kohäsionsloses Kornmaterial. Eine geringe Menge Feuchtigkeit bewirkt die sogenannte scheinbare Kohäsion, eine kleine, aber spürbare Erhöhung der mechanischen Festigkeit. Eine weitere Erhöhung der Bodenfeuchtigkeit im Sand führt zu einer signifikanten Änderung der mechanischen Eigenschaften. Ein typischer Boden eines grasbewachsenen Flugplatzes ist eine Mischung aus Löss, Sand und Lehm und weist ein gemischtes mechanisches Verhalten auf [22].

Unter Berücksichtigung der oben genannten Effekte wurde angenommen, dass für eine bestimmte Bodenuntergrund- und Grasart die beiden Faktoren, die die Wechselwirkungen zwischen Rad und Rasen beeinflussen, die Grashalmlänge und der Bodenfeuchtigkeitsgehalt sind. Bei meteorologischen Veränderungen ändern sich diese Faktoren schnell und innerhalb eines weiten Bereichs charakteristischer Werte. Der Feuchtigkeitsgehalt in einem grasbewachsenen Flugplatz unter der Oberfläche ändert sich aufgrund der Wetterbedingungen. Während Niederschläge Flugplätze bewässern, werden sie durch Sonneneinstrahlung, Wind- und Bodenwasserflüsse getrocknet. Anderson hat ein Bodenwasser-Finite-Differenzen-Modell verwendet, um die potenzielle Auflösung eines Bodenverkehrsfähigkeitsmodells basierend auf dem *RCI*-Algorithmus zu verfeinern, und diesen Effekt in der folgenden empirischen Gleichung ausgedrückt [19]:

$$\ln RCI = 4605 + \frac{2123 + 0{,}008C - 0{,}693 \ln MC}{0{,}0149 + 0{,}002C} \tag{5.11}$$

wobei: *RCI* – Rating-Cone-Index, C – Prozentsatz des Tons im getesteten Boden, MC – Bodenfeuchtigkeitsgehalt [%].

5.5.3 Technischer Support für das GARFIELDS-System

5.5.3.1 AIRFIELDS-Desktop-Software

Eine Desktop-Software namens AIRFIELDS (Abb. 5.13) wurde entwickelt, um Informationen zum *RCI* für praktisch alle vorhandenen Rasenflugplätze in der Europäischen Union bereitzustellen. Die Anwendung basiert auf einem terramechanischen Rechnermodell, das den Bodenfeuchtigkeitsgehalt, den Bodentyp und den Niederschlag berücksichtigt. Diese Software verwendet vergangene, aktuelle und vorhergesagte Wetterdaten und berechnet den RCI für drei Tage im Voraus.

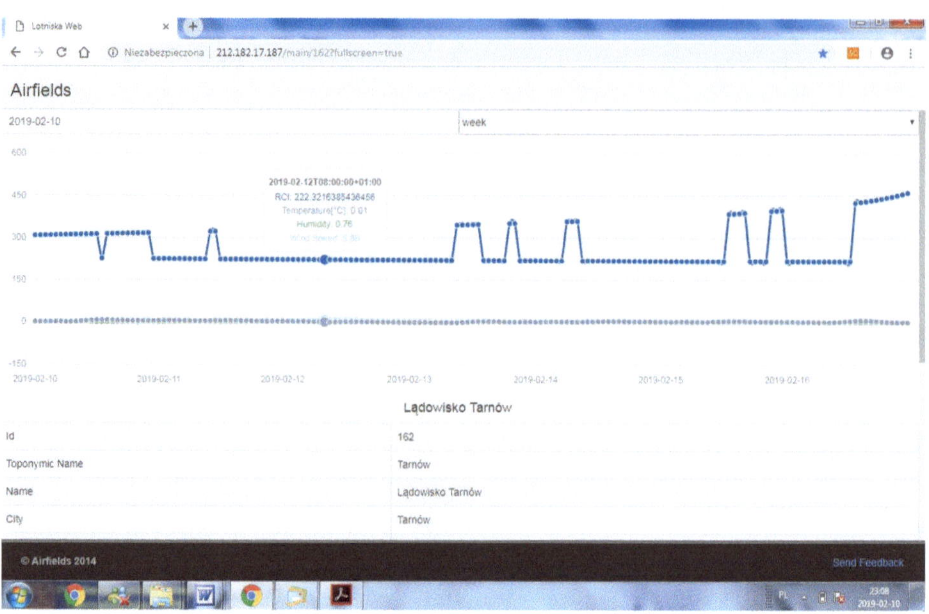

Abb. 5.13 Desktop-Software AIRFIELDS [18]

5.5.3.2 Bodenfeuchtigkeits- und Graslängensensor des Flugplatzes

Das Design des Sensors beinhaltet zwei Teilsysteme: einen Bodenfeuchtesensor und einen Graslängensensor. Der Bodenfeuchtesensor verwendet die TDR-Technik. Die TDR (Time Domain Reflectometry) ist eine Messmethode, die die frequenzabhängigen elektrischen und dielektrischen Eigenschaften einer Materie mit ihrem Feuchtigkeitsgehalt korreliert. Der TDR-Sensor kann Materialien wie Erde, Agrarprodukte, Schnee, Holz oder Beton messen. Das Graslängenmessmodul verwendet einen optischen Sensor zum Erfassen des Vorhandenseins von Grashalmen in einer bestimmten Höhe über dem Boden und eine Methode zur digitalen Unterscheidung basierend auf der Lichtdurchlässigkeit der Grashalme.

5.5.3.3 Satellitendaten zur Bodenfeuchtigkeit

Die neue Methode besteht darin, die mechanischen Parameter des natürlichen Bodens basierend auf SMOS-Satellitendaten (Soil Moisture Ocean Salinity) zu identifizieren. Das SMOS-System ist ein Satellit, der Teil des Living-Planet-Programms ist, das am 2. November 2009 von der ESA (Europäische Weltraumorganisation) in die Umlaufbahn gebracht wurde. SMOS liefert Daten zur Bodenfeuchtigkeit in einem Drei-Tage-Zyklus von ASC-Flügen (morgens bei Sonnenaufgang aufsteigend) und DSC (absteigend – abends bei Sonnenuntergang). Das SMOS ermöglicht die Überwachung der Bodenoberflächenfeuchtigkeit mit einer Genauigkeit von 4 % (bei einer räumlichen Auflösung von 35 bis 50 km) und arbeitet nach dem Prinzip von Bildradiometern. Wellen von 1,4 GHz entsprechen einer Wellenlänge von etwa 21 cm und sind nicht sehr empfindlich gegenüber der den Boden bedeckenden Pflanzenschicht.

5.5.3.4 Instrumentierung für das GARFIELDS-Informationssystem

Instrumente und Methoden, die für das GARFIELDS-System verwendet werden, können in zwei Gruppen unterteilt werden:

- Methoden und Instrumente zur Parametrisierung und Verifizierung des Interaktionsmodells Rad-Gras-Oberfläche
- Methoden zur Kalibrierung des Systems

Die erste Gruppe umfasst die folgenden Instrumente und entsprechenden Methoden:

1. Das instrumentierte Fahrzeug, das auf dem Suzuki Vitara basiert und mit vier Radmessnaben ausgestattet ist, um die Kräfte und Momente an den Rädern zu messen (siehe Kap. 7 für weitere Einzelheiten). Messungen, die mit einer Geschwindigkeit von 50 km/h durchgeführt werden, sind nützlich für die Parametrisierung des Reifen-Gras-Rechnermodells. Darüber hinaus ist das Fahrzeug mit einem computergestützten Datenerfassungssystem ausgestattet.
2. Der Einzelradtester, der an dem oben beschriebenen instrumentierten Fahrzeug angebracht werden kann. Der Radtester besteht aus einem Tragrahmen, auf dem ein instrumentiertes Rad mit einer Radmessnabe montiert ist. Dieses Rad enthält eine 5-Element Radmessnabe, die zur Messung der am Rad wirkenden Kräfte und Momente auf der Grasoberfläche bei hoher Geschwindigkeit verwendet wird.

Zur zweiten Gruppe gehören folgende Instrumente:

3. Der tragbare Radtester, der aus einem Modellrad und einem Dehnungsmessstreifen-basierten Messsystem besteht (Abb. 5.14). Der tragbare Tester kann den Rollwiderstand und den Reifen-Gras-Kraftschluss des Modellrads messen. Die bei diesen Mes-

Abb. 5.14 Der tragbare Radtester [20]

sungen gewonnenen Ergebnisse werden unter Berücksichtigung des Skaleneffekts neu berechnet. Der tragbare Radtester ist eine kostengünstige Alternative zum oben beschriebenen Einzelradtester. Eines der Ziele des GARFIELDS-Systems besteht darin, dass Flugplatzbetreiber mit dieser Ausrüstung einfache Tests durchführen können, bevor Entscheidungen über die Fortsetzung des Flugbetriebes bei schlechten Oberflächenbedingungen (nach starkem Regen usw.) getroffen werden [20].

4. Das TDR-Bodenfeuchtigkeitsmessgerät. Dies ist ein tragbares Gerät, mit dem Bodenfeuchtigkeit, Bodensalzgehalt und Bodentemperatur gemessen werden können [21]. Im Gegensatz zu den oben beschriebenen drei Instrumenten ist der TDR-Sensor im Handel erhältlich. Es ist auch geplant, dass Flugplätze, die am GARFIELDS-Projekt teilnehmen, dieses Instrument erwerben, um eine routinemäßige Messung der Bodenfeuchtigkeit durchzuführen.

5.5.4 Systemvalidierung und -entwicklung

Die Validierung des Gesamtsystems erfolgt durch Flugplatzmessungen und Flugtests. Das System wird durch einen einfachen Vergleich zwischen der tatsächlich gemessenen Leistung und der Leistung überprüft, die durch die Start- und Landestrecken des Flugplatzleistungsmodells bestimmt wird. Um unterschiedliche Oberflächenbedingungen darzustellen, werden Flugtests während der gesamten Flugsaison durchgeführt.

Eine separate Aufgabe ist die Zertifizierung und Implementierung des Systems für die Luftfahrtpraxis. Es ist erforderlich, eine Pilotstudie durchzuführen, in der das GARFIELDS-System an ausgewählten Flughäfen experimentell eingesetzt wird.

Im Rahmen der Metro-Aerospace-Konferenz wird jährlich eine spezielle GARFIELDS-Sitzung organisiert, in der die neuesten Forschungsergebnisse und die Umsetzung praktischer Lösungen vorgestellt werden.

5.6 Fazit

Die gegenwärtigen Tendenzen im Bereich der Mobilität für Gelände- und Militärfahrzeuge bestehen hauptsächlich darin, einfache Methoden, die in den 1950er-Jahren entwickelt wurden, durch umfassende Systeme zur Geländebeschreibung und Vorhersage der Passierbarkeit zu ersetzen, die auf Geländekarten basieren. Moderne GIS-Technologien und Satellitenbildmethoden sind weitverbreitet. Einer der Effekte ist die Implementierung von Befahrbarkeitskarten für Militärfahrzeugsimulatoren.

Im Bereich der Grundlagenforschung ist die Bestimmung des Einflusses der Wetterbedingungen auf die Fahrzeugleistung, indirekt auf die Bodenfeuchtigkeit, unter dem Gesichtspunkt der Passierbarkeit wichtig. Hier gibt es viel Spielraum, zumal die Spektren sowohl der Bodenarten als auch der Wetterbedingungen in der gemäßigten Klimazone sehr breit sind. Besonderes Augenmerk sollte auf die dynamische Modellierung gelegt werden, wobei die Prozesse des Wassertransports im Boden im Mikromaßstab berücksichtigt werden.

Literatur

1. Digital Geographic Information Exchange Standard (DIGEST). (1998). STANAG 7074, 2. Aufl., Headquarters, Department of US Army.
2. Military Geographic Documentation – Terrain Analysis AgeoP-1 (A). (1999). STANAG 3992, 2. Aufl., Headquarters, Department of US Army.
3. Podkonieczny, K., & Mościcka, A. (2018). The influence of the shape and size of the cell on developing military passability maps. *International Journal of Geo-Information, 7*, 261.
4. Ciobotaru, T. (2000). Semi-empiric algorithm for assessment of the vehicle mobility. *Leonardo Electronic Journal of Practices and Technologies, 15*, 19–30.
5. MacLaurin, B. (2007). Comparing the NRMM (VCI), MMP and VLCI traction models. *Journal of Terramechanics, 44*, 43–51.
6. Hetherington, J. G. (2001). The applicability of the MMP concept in specifying of-road mobility for wheeled and tracked vehicles. *Journal of Terramechanics, 38*, 63–70.
7. Podkonieczny, K. (2017). *Automatic military passability map generation system*. In Proceedings of the 2017 International Conference on Military Technologies (ICMT), Brno, Czech Republic, 31 May–2 June 2017, S. 285–292.
8. Pokonieczny, K., & Rybansky, M. (2018). Method of developing the maps of passability for unmanned ground vehicles. *IOP Conference Series: Earth and Environmental Science, 169*, 012027.
9. Podkonieczny, K. (2018). Use of a multilayer perceptron to automate terrain assessment for the needs of the armed forces. *International Journal of Geo-Information, 7*, 430.
10. Rybansky, M., Dohnal, F., Hoskova-Mayerova, S., & Svatonova, H. (2018). The impact of drainage on terrain UGV movement. *IOP Conference Series: Earth and Environmental Science, 169*, 012021. https://doi.org/10.1088/1755-1315/169/1/012021
11. Hirschman, D. (2014). No runway? No problem. *AOPA Pilot, 3*(58), 65.
12. Landsberg, B. (2016). Soft field, soft thinking. Who is resonsible for a takeoff gone wrong? *AOPA Pilot, 9*, 20.
13. Landsberg, B. (2017). Margins to live by. Beautiful places, challenging runways. *AOPA Pilot, 8*, 80 81.
14. Mauch, H., & Kutschke, E. (2016). Tiefe Boden – hohe Kunst? *Fliegermagazin, 1*, 64–67.
15. CAA. (2005). *Report on the light aviation airports study group*. Civil Aviation Authorities, UK (LAASG).
16. Shoop, S. A., Diemand, D., Wieder, W. L., Mason, G., & Seman P. M. (2008). *Opportune landing sites program* (Technical report, ERDC/CRREL TR-08-17).
17. Pytka, J. (2014). Identification of rolling resistance coefficients for aircraft tires on unsurfaced airfields. *Journal of Aircraft, 51*(2), 353–360.
18. Pytka, J., Tarkowski, P., Budzyński, P., & Józwik, J. (2017). Method for testing and evaluation of grassy runway surface. *Journal of Aircraft, 54*(1), 229–234.
19. Anderson, M. G. (1983). On the applicability of soil Water finite difference models to operational trafficability models. *Journal of Terramechanics, 20*(3–4), 139–152.
20. Pytka, J., Budzynski, P., Tarkowski, P., & Piaskowski, M. (2016). *A portable wheel tester for tyre-road friction and rolling resistance determination*. https://doi.org/10.1088/1757-899X/148/1/012025
21. Pytka, J., Budzyński, P., Kamiński, M., Łyszczyk, T., & Józwik, J. (2019). Application of the TDR moisture sensor for terramechanical research. *Sensors, 19*(9), 2116.
22. Pytka, J. A. (2013). *Dynamics of wheel-soil systems. A soil stress and deformation state based approach*. Taylor&Francis. Chap. 6.
23. Larmine, J. C. (1992). Modifications to the mean maximum pressure system. *Journal of Terramechanics, 29*(2), 239–255.

6 Messtechnik der Terramechanik

In den vorangegangenen Kapiteln dieses Buches wurden wiederholt verschiedene Messmethoden und Messgeräte beschrieben. Bei der Erörterung spezifischer Aufgaben der Terramechanik sollte der Leser sowohl mit den verwendeten Methoden als auch mit der Laborausrüstung vertraut gemacht werden. In den meisten Fällen hatten diese Beschreibungen jedoch einen einleitenden, theoretischen Charakter. Dieses Kapitel ist eine Synthese von Wissen auf dem Gebiet der Messmethoden und -geräte der Terramechanik und zielt darauf ab, die Informationen zu organisieren, zu systematisieren und zu erweitern. Es enthält Beschreibungen von eher technischen und handhabungstechnischen Merkmalen sowie Details zur Konstruktion und den Parametern der einzelnen Sensoren, Kalibrierungsmethoden, Messverfahren usw. Ein Ziel dieser Präsentation der terramechanischen Forschungsmethoden ist auch die Inspiration für eigene Versuche und Experimente beim Entwurf von Messgeräten. Obwohl ein wesentlicher Teil der in der Terramechanik verwendeten Messgeräte handelsüblich ist, sollte bekannt sein, dass einige Sensoren nicht einfach erworben werden können, sondern dass sie selbst hergestellt oder zumindest an die jeweiligen Einsatzbedingungen angepasst werden müssen.

Bevor die einzelnen Ausführungen von Sensoren und Messgeräten erörtert werden, hat der Leser die Möglichkeit, sich mit den Grundlagen der Messtechnik vertraut zu machen.

6.1 Einführung in die Metrologie

Die technische Messtechnik umfasst theoretische und praktische Grundlagen, deren Kenntnisse sowohl beim Entwurf und Aufbau eigener Messsysteme als auch bei der Vorbereitung und Durchführung von Messungen hilfreich sind. Dieser Abschnitt enthält eine kurze Einführung in die Messtechnik mit Schwerpunkt auf Messungen in der terramechanischen Forschung.

J. Pytka, *Terramechanik und Geländefahrzeuge*, ATZ/MTZ-Fachbuch,
https://doi.org/10.1007/978-3-658-32013-3_6

6.1.1 Messaufnehmer

In der Messpraxis werden verschiedene Arten von Messaufnehmern verwendet, darunter die folgenden

- Tensometrische Wandler
- Piezoelektrische Wandler
- Optoelektronische Wandler

6.1.1.1 Tensometrische Wandler

Tensometrische Wandler bestehen aus passiven Widerstandselementen, sogenannten Dehnungsmessstreifen, die auf ein speziell hergestelltes elastisches Element geklebt werden, das durch die zu messende Last der Deformationen ausgesetzt ist. Der Dehnungsmessstreifen besteht normalerweise aus vielen (mehreren, einem Dutzend oder mehr) Zweigen eines Drahts aus Konstantan, einer Legierung aus Kupfer mit Nickel (60 + 40 %), die sich über einen weiten Temperaturbereich durch einen konstanten spezifischen Widerstand auszeichnet. Das Tensometer hat eine Papier- oder Folienbasis, auf der der Konstantandraht durch Lithografiedruck angeordnet wird. Das zweite Element des Wandlers, das Metallelement, das elastischen Verformungen ausgesetzt ist, wird streng abhängig von den unter der zu messenden Belastung erwarteten Verformungswerten hergestellt. Der Dehnungsmessstreifen wird durch Kleben auf dem elastischen Element befestigt. Es werden spezielle Arten von Klebstoffen verwendet, sodass die Dicke der Verbindung 10 μm nicht überschreitet, aber die Drähte vom getesteten Material trennt. Der Klebstoff sollte hohen Betriebstemperaturen standhalten, ohne seine physikalischen und elektrischen Eigenschaften zu verändern. Nach dem richtigen Aufkleben des Tensometers wird das gesamte System mit einer Schutzschicht, z. B. Wachs, bedeckt. Die elektrischen Anschlüsse des Dehnungsmessstreifen sind mit einer sogenannten tensometrischen Brücke verbunden. Während der Belastungseinstellung unterliegen die Konstantanleiter in Abhängigkeit von der Verformung des elastischen Elements einer Dehnung, was zu einer Verringerung ihres Querschnitts und folglich zu einer Änderung des elektrischen Widerstands führt. Wenn der Dehnungsmessstreifen in der Brückenschaltung angeschlossen ist, führt das Ändern des Widerstands eines der Brückenarme zu einer Zunahme oder Abnahme der Ausgangsspannung. Die Vorteile von Tensometermesswandlern umfassen: geringe Abmessungen und Masse, lineare Eigenschaften, kleine und leicht vorhersehbare Temperatureffekte, Zeitstabilität und geringe Kosten. Die Nachteile dieser Wandler sind: thermische Verschlechterung, niedriger Pegel des Ausgangssignals, erforderliche Montagepflege und Feuchtigkeitsempfindlichkeit. Dynamometer, die auf der Technik des Dehnungsmessstreifen aufgebaut sind, werden von vielen Forschern verwendet, einschließlich des Autors, zum Messen von Kräften und Momenten, die auf das Rad oder das gesamte Fahrzeug wirken. Verfügbarkeit und technologische Einfachheit ermöglichen es, solche Messgeräte unabhängig voneinander zu konstruieren und zu bauen, wenn die Dehnungsmessstreifen sorgfältig installiert werden. Dadurch ist es möglich, eigene, nicht standardisierte Lösungen zu implementieren, z. B. ein Dynamometer in einem Motorrad-rad oder einem Flugzeugrad. Eine weitere Anwendung von Dehnungsmessstreifen sind Bodendrucksensoren, bei denen ringförmige DMS auf kreisförmige Membranen geklebt werden.

6.1.1.2 Piezoelektrische Wandler

Piezoelektrische Wandler erzeugen eine Ausgangsspannung, wenn auf sie eine Kraft ausgeübt wird. Sie werden aus piezoelektrischen Materialien wie Quarz, Lithiumsulfat oder Bariumtitanat hergestellt. Diese Materialien haben ein asymmetrisches Gitter von Molekülen, das sich verzieht, wenn eine mechanische Belastung auf sie ausgeübt wird. Diese Verzerrung bewirkt eine Umorientierung der elektrischen Ladungen innerhalb des Materials, was zu einer relativen Verschiebung von positiven und negativen Ladungen führt. Die Ladungsverschiebung induziert Oberflächenladungen auf dem Material mit entgegengesetzter Polarität zwischen den beiden Seiten. Durch das Implantieren von Elektroden in die Oberfläche des Materials können diese Oberflächenladungen als Ausgangsspannung gemessen werden. Für einen rechteckigen Materialblock ist die induzierte Spannung V_i gegeben durch:

$$V = \frac{kFd}{A} \tag{6.1}$$

mit: F – aufgebrachte Kraft, A – Fläche des Materials, d – Dicke des Materials, k – piezoelektrische Konstante.

Typische Werte von k sind 2,3 für Quarz und 140 für Bariumtitanat. Die Polarität der induzierten Spannung hängt davon ab, ob das Material komprimiert oder gedehnt wird. Die Eingangsimpedanz des zur Messung der induzierten Spannung verwendeten Instruments muss sorgfältig ausgewählt werden. Durch den Anschluss an das Messgerät kann die induzierte Ladung abfließen. Daher muss die Eingangsinstanz des Instruments sehr hoch sein.

6.1.1.3 Optoelektronische Wandler

Optoelektronische Wandler basieren auf der Übertragung von Licht zwischen einer Lichtquelle und einem Lichtdetektor. Als Lichtquellen werden am häufigsten Laser- oder Leuchtdioden verwendet, während Fotoleiter, Fotozellen oder Fototransistoren als Lichtdetektoren dienen. Auch eine übliche Videokamera kann in diese Gerätegruppe aufgenommen werden. Diese Art von Messaufnehmer wird unter anderem in Radmessnaben zur Messung von im Reifen-Boden-System wirkenden Kräften und Momenten verwendet. Das grundlegende Funktionsprinzip besteht darin, dass sich ein Reifen abhängig von den aufgebrachten Kräften oder Momenten verformt. Ein Punkt auf einer Innenfläche eines Reifens verschiebt sich einfach aufgrund von wirkenden Kräften. Wenn eine Lichtquelle innerhalb des Reifens auf der Felge montiert ist und der Lichtdetektor auf der Innenseite des Gürtels des Reifens montiert ist, kann die Reifenablenkung in der XY-Ebene erfasst werden. Diese Lösung wurde von Hüsemann und Goertz [1] verwendet. Eine andere Anwendung des optoelektronischen Verfahrens zur Bestimmung der Reifenverformungen wird von Guthrie et al. [2] berichtet. Bei dieser Lösung wurde eine Videokamera anstelle eines Lichtdetektors verwendet. Die aufgenommenen Bilder des abgelenkten verformten Innengürtels wurden unter Verwendung von 3D-Computervisionstechniken verarbeitet und es wurden Wolken von 3D-Punkten, die das Profil der Gürteloberfläche zeigen, erstellt. Ein sehr eminenter Vorteil dieser Verfahren besteht darin, dass reale Kräfte oder Momente, die zwischen einem Reifen und dem Boden wirken, bestimmt werden und nicht die auf die Achse wirkenden Kräfte (wie bei den oben beschriebenen Wandlern). Dies ist insbesondere bei dynamischen Messungen ein wertvolles Merkmal.

Eine weitere Anwendung der optoelektronischen Technik bei terramechanischen Messungen ist ein System zur Bestimmung von Verschiebungen und Verformungen im Boden unter der Last von fahrenden Fahrzeugen oder Landmaschinen. Dieses System besteht aus einer oder mehreren Sonden, die im Boden platziert und an einen Laserprojektor angeschlossen sind. Wenn sich die Sonde unter der Radlast des Fahrzeugs bewegt, verschiebt sich der Laserspot auf dem Bildschirm. Die technischen Details des Systems werden im nächsten Abschnitt vorgestellt.

Ein wichtiges Merkmal der in terramechanischen Feldtests verwendeten Messsensoren ist die Wasser- und Staubdichtigkeit. Darüber hinaus sollte das Design des Sensors mechanischen Widerstand gegen Vibrationen und Stöße bieten. Auch sollte der Sensor zusammen mit dem gesamten Messsystem für einen breiten Temperaturbereich geeignet sein. Wenn Tests unter winterlichen Bedingungen geplant sind, z. B. bei Messungen von Kräften im Reifen-Schnee-System, sollte der untere Temperaturbereich des Messsystems mindestens bis – 10 °C reichen. Es ist zu beachten, dass Messgeräte mit Batterieversorgung (Trockenbatterien, Akkumulatoren) unter winterlichen Bedingungen eine viel kürzere Arbeitszeit haben, was auf eine Abnahme der Effizienz der Energiequelle zurückzuführen ist. Bei Tests, die im Sommer durchgeführt werden, sollte die obere Temperaturgrenze des Messsystems + 40 °C nicht unterschreiten.

6.1.2 Systeme der Datenerfassung

Ein wichtiges Element moderner Messsysteme sind Signalwandler, die einfach als Analog-Digital-Wandler bezeichnet werden. Da die Messsignale analog sind und die Computersysteme, die zum Speichern und Auswerten von Messdaten verwendet werden, auf der Grundlage einer Null-Eins-Architektur arbeiten, muss das analoge Messsignal auf eine diskrete (quantisierte) Form vereinfacht werden. Zum Beispiel werden die Werte von Spannungen, die sich fließend ändern, durch Werte ersetzt, die sich schrittweise ändern. Der gesamte Prozess der Analog-Digital-Verarbeitung besteht aus drei Stufen: Abtastung, Diskretisierung und Codierung. Der wichtige Parameter des A/D-Wandlers ist die Auflösung, die die Anzahl der diskreten Werte, die er erzeugen kann, bestimmt und in Bit ausgedrückt wird. Beispielsweise hat ein Wandler, der einen analogen Signalabtastwert in einen von 4096 numerischen Werten konvertiert, eine Auflösung von 12 Bit ($2^{12}=4096$). Dies bedeutet, dass die Spannungsauflösung für einen beispielhaften vollen Maßstab von 0 bis 5 V lautet:

$$\frac{(5-0)}{4096}=0,00122V=1,22mV \tag{6.2}$$

Wenn die Konstante der Sensorkennlinie bekannt ist, kann die Messauflösung in einer physikalischen Einheit, z. B. N oder Nm, bestimmt werden.

Das gemessene Signal ist zeitlich kontinuierlich, sodass es notwendig ist, es in eine Folge von Zahlen umzuwandeln, wobei festgelegt werden sollte, wie oft in einer Zeiteinheit das Signal abgetastet wird, d. h. erfasst und in eine von seinem Pegel abhängige Zahl umgewandelt wird. Das beschriebene Merkmal des A/D-Wandlers wird als Abtastfrequenz f_N bezeichnet und ist gleich dem Inversen der Zeitdifferenz zwischen zwei aufeinanderfolgenden Abtastwerten. Mit dem f_N-Parameter des A/D-Wandlers ist ein Nyquist-Theorem verbunden, anhand dessen der höchste Anteil der Frequenz f_A des Analogsignals bestimmt werden kann:

$$2f_A \le f_N \tag{6.3}$$

Wenn die obige Bedingung erfüllt ist, kann ein gemessenes Analogsignal aus einem diskreten Signal, das aus Abtastwerten eines gegebenen Analogsignals besteht, originalgetreu wiedergegeben werden. Ansonsten werden Spektralkomponenten mit höheren Frequenzen als der Nyquist-Frequenz auf Komponenten mit unterschiedlichen Frequenzen abgetastet (das Phänomen des Aliasing), was bedeutet, dass sie nicht ordnungsgemäß reproduziert werden können.

6.1.3 Kalibrierung des Messsystems

Vor Beginn der Tests unterliegt das Messsystem einer primären Kalibrierung, die aus technischen Tätigkeiten besteht, die darauf abzielen, das Verhältnis zwischen der gemessenen Größe und den Angaben des kalibrierten Geräts anzugeben. Kalibrierungsaktivitäten werden unter Referenzbedingungen durchgeführt. Im Produktionsprozess wird meistens die sogenannte technologische Kalibrierung angegeben, die in vielen Fällen ausreicht, wenn ein Referenzgerät entsprechender Klasse verwendet wird. Der zweite Typ ist das Kalibrieren in einem akkreditierten Messlabor, das bei Geräten, die bei Homologationen, Kontrolltests usw. verwendet werden, durchgeführt wird. Die Kalibrierung kann direkt oder indirekt durchgeführt werden. Die direkte Kalibrierung basiert auf der Tatsache, dass dem kalibrierten Messsystem eine Referenzgröße desselben Typs als Messgröße zugeführt wird und die Systemcharakteristik anhand der Angaben bestimmt wird. Dies ist die am häufigsten verwendete Kalibrierungsmethode. Bei der indirekten Kalibrierung wird die Charakteristik aus dem mathematischen Modell bestimmt, das mit der Genauigkeit der

Anzahl der Koeffizienten ermittelt wurde, die mit der entsprechenden Genauigkeit gemessen werden. Diese Art der Kalibrierung wird bei der Bestimmung des Standardmaßes und bei der Rückgabe von Messgeräten verwendet. Ein anderer Vorgang als die primäre Kalibrierung vor der Messung ist die Kalibrierung im Betrieb, die normalerweise vor und nach Messungen oder einmal für eine bestimmte Zeitspanne, beispielsweise jedes Jahr, durchgeführt wird. Unter Kalibrierung im Betrieb versteht man den Betriebszustand des Messsystems, in dem eine vereinfachte Überprüfung von Angaben und eine vereinfachte Korrektur messtechnischer Eigenschaften des Systems durchgeführt werden. Einfache Messgeräte werden von Hand kalibriert, während computergestützte Messsysteme automatisch kalibriert werden und einen separaten Kalibrierungsalgorithmus erfordern.

6.1.4 Durchführung der Messungen

Terramechanische Messungen können entweder unter Labor- oder Feldbedingungen durchgeführt werden. Bei Messungen im Labor sind Bodenrinnen oder -kanäle üblich, das sind erdgefüllte Vorrichtungen, gekennzeichnet durch Quer- und Längsabmessungen, die keine Randeffekte und einen ausreichend langen Messabschnitt gewährleisten, um die erforderlichen Manöver durchzuführen. Der den Kanal füllende Boden kann konditioniert sein, d. h. bewässert, getrocknet, locker usw. Der Vorteil dieser Messungen ist die Unabhängigkeit von äußeren Bedingungen und die Möglichkeit einer exakten Bodenvorbereitung. Die zweite Methode besteht darin, Messungen unter Feldbedingungen durchzuführen. Zu diesem Zweck sollte auf dem ausgewählten Boden ein Testfeld ausgewiesen werden, das zuvor durch agrotechnische Maßnahmen vorbereitet werden kann. Die Vorbereitung des Bodens umfasst Nivellieren, Lockern oder andere Behandlungen. Da es sehr schwierig ist, an verschiedenen Tagen wiederholt die gewünschte Feuchtigkeit zu erhalten, werden die Messungen üblicherweise bei der vorhandenen Feuchtigkeit vorgenommen. Der Vorteil von Feldmessungen ist die Fähigkeit, Ergebnisse zu erhalten, die sich auf spezifische, reale Gelände- und Wetterbedingungen beziehen. Ihr grundlegender Nachteil sind hohe Kosten und eine erhebliche Streuung der erzielten Ergebnisse.

6.1.5 Messfehler und Messunsicherheit

Jede Messung besteht aus einer Reihe von Aktivitäten, mit denen der Wert der gemessenen physikalischen Größe bestimmt werden soll. Die Messung wird immer von Störungen begleitet, die dazu führen, dass das Messergebnis keine Zahl ist, sondern ein bestimmter numerischer Bereich auf der Dimensionsachse. Mit anderen Worten ist das Messergebnis eine Annäherung an den tatsächlichen Wert, und die Differenz zwischen dem Messergebnis und dem tatsächlichen Wert ist ein Messfehler. In der Messtechnik werden verschiedene Arten von Fehlern unterschieden, z. B. Methodenfehler, Gerätefehler, Lesefehler und andere. Sie können gleichzeitig auftreten, was normalerweise bei experimentellen Untersuchungen der Terramechanik die Regel ist. In diesem Fall ist die Angabe des Fehlerwerts nicht sinnvoll, da der Wert jedes einzelnen Fehlers separat angegeben werden müsste, was zu einer mangelnden Transparenz des Ergebnisses führen würde. Stattdessen wurde das Konzept der Messunsicherheit eingeführt, das als Streuung von Messergebnissen definiert werden kann, die durch Grenzfehler bestimmt wird. Man kann auch sagen, dass die Messunsicherheit ein Bereich ist, in dem sich der tatsächliche Wert der gemessenen Größe mit einer gegebenen Glaubwürdigkeit befindet. Die grundlegende Aufgabe beim Schätzen der Messunsicherheit besteht darin, ein mathematisches Messmodell zu formulieren, d. h. eine Gleichung für das Messergebnis. Dieses Modell sollte alle Faktoren enthalten, die die Messung beeinflussen. Es gibt also problematische Faktoren, die in terramechanischen Studien nach diesem Ansatz geschätzt werden können. So ist es beispielsweise äußerst schwierig, den Einfluss von Bodenfeuchtigkeit auf das Ergebnis der Messung der Umfangskraft am Rad zu schätzen.

Bereits bei einer kurzen Teststrecke können relative Änderungen der Bodenfeuchtigkeit bis zu 25 % auftreten. In diesem Fall ist es erforderlich, die Standardunsicherheit basierend auf den Ergebnissen einer Messreihe unter Verwendung statistischer Methoden, beispielsweise einer Standardabweichung, zu bestimmen.

6.1.5.1 Standardunsicherheit Typ A

Die Standardunsicherheit des Typs A kann auf der Grundlage einer Messreihe bestimmt werden, wobei davon ausgegangen wird, dass die Verteilung von Zufallsfehlern eine Normalverteilung ist. In der Praxis bedeutet dies, dass eine ausreichend große Reihe von Messungen (Wiederholungen) durchgeführt wird. Anschließend wird die grundlegende Unsicherheit von Typ A, U_A mit Hilfe der folgenden Gleichung bestimmt:

$$U_A = \sqrt{\frac{\Sigma\left(X_i - \overline{X}\right)^2}{n-1}} \tag{6.4}$$

Die erweiterte Unsicherheit wird jedoch unter Verwendung der folgenden Beziehungen bestimmt:

$$U\left(\overline{X}\right) = k_p u\left(\overline{X}\right) \tag{6.5}$$

dabei ist k_p ein Quantil der Normalverteilung für das angenommene Konfidenzniveau:

k = 2 für P = 1 − α = 0,95
k = 3 für P = 1 − α = 0,99,

während $u(X)$ ist:

$$u\left(\overline{X}\right) = \sqrt{\frac{\Sigma\left(x_i - \overline{x}\right)^2}{n\left(n-1\right)}} \tag{6.6}$$

Die Anzahl der Wiederholungen der Messung hat einen signifikanten Einfluss auf die Standardunsicherheit. Je mehr Wiederholungen, desto geringer die Unsicherheit, desto größer ist die Abhängigkeit. In der Praxis ist es sehr wichtig, die richtige Anzahl der Wiederholungen zu bestimmen. Um die Messunsicherheit zu reduzieren, ist es zum einen sinnvoll, möglichst viele Wiederholungen durchzuführen. Felduntersuchungen mit komplizierten Geräten, die von hochqualifizierten Ingenieuren und Technikern unterstützt werden, sind jedoch kostenintensiv. Darüber hinaus führt eine Erhöhung der Anzahl der Messungen über 5 bis 8 nur zu einer minimalen Verringerung der Messunsicherheit. Daher sollte nach der optimalen Anzahl von Wiederholungen gesucht werden. Der Autor dieses Buches verwendet eine Mindestanzahl von Wiederholungen von 5, führt jedoch, wenn die Bedingungen es zulassen, mehr Messungen durch, jedoch nicht mehr als 10.

Nicht weniger wichtig ist es, die Wiederholbarkeit der Messung sicherzustellen, d. h. identische Parameter, Einstellungen, Eingangsimpulse usw. Zum Beispiel ist es bei der Messung der Seitenkraft an gelenkten Rädern wichtig, dass der Lenkeinschlag in Bezug auf Größe und Verlauf des Lenkwinkels jedes Mal gleich ist. Messungen unter Beteiligung eines Fahrers gewährleisten nicht die erforderliche Wiederholbarkeit, weshalb zur Steuerung des Fahrzeugs Geräte verwendet werden. Die Anwendung des Robotersystems zur Steuerung des Lenkrads eines Testfahrzeuges im Geländetests wird im Kap. 10 beschrieben.

6.1.5.2 Standardunsicherheit Typ B

Für den Fall, dass die Durchführung einer großen Anzahl von Messungen schwierig, teuer oder unmöglich ist, wird die Methode B verwendet. Sie umfasst alle nicht statistischen Methoden, um Informationen über die Messunsicherheit einer bestimmten Messung zu erhalten, die folgende Voraussetzungen beinhalten kann:

- Vorherige Messergebnisse
- Verhalten und Eigenschaften der getesteten Materialien und Geräte
- Herstellerangaben
- Daten aus Kalibrierungs- oder anderen Zertifikaten
- Daten aus physikalischen Tabellen

Im einfachsten Fall ist kann die Standardunsicherheit aus der erweiterten Unsicherheit im obigen Dokument bestimmt werden, wenn ein Kalibrierungszertifikat des Messgeräts vorliegt. Bei Dynamometern oder anderen Messgeräten, die im Rahmen von Forschungsprojekten gebaut werden, ist diese Methode jedoch nicht möglich. Prototypmessgeräte werden normalerweise nicht zertifiziert und nur periodisch kalibriert.

Die Verringerung der Messunsicherheit von Feldmessungen ist unter anderem durch geeignete Auswahl und Vorbereitung des Testgeländes möglich:

- Auswahl des richtigen Ortes für Messungen
- Wahl des richtigen Tages für Messungen
- Vorbereitung und Konditionierung des Bodens

6.2 Messmethoden und -geräte zur Bestimmung der mechanischen Eigenschaften des Bodens

Die messtechnische Ausrüstung der Terramechanik lässt sich in zwei Hauptgruppen unterteilen. Die erste umfasst die von wissenschaftlichen Nebendisziplinen stammenden Geräte, wie z. B. Ödometer, Penetrometer oder Scherapparat – diese stammen aus Geotechnik und Bodenmechanik. Zur zweiten Gruppe gehören Messgeräte, die in der Erforschung der Terramechanik entwickelt und perfektioniert wurden. Hierzu zählen beispielsweise das Bevameter oder Bodenverformungsmessgeräte. Eine systematische Gliederung der terramechanischen Messausrüstung kann wie folgt vorgenommen werden:

- Messgeräte zur Ermittlung der mechanischen Fahrbahnparameter des Bodens
- Messgeräte zur Messung der die Wechselwirkung zwischen Reifen und Boden beschreibenden Messgrößen
- Messgeräte zur Bestimmung der Reifenkräfte auf dem Boden
- Sonstige oder subsidiäre Messgeräte, z. B. Bodenfeuchtemeter

Der folgende Abschnitt umfasst die Konstruktion sowie die Anwendungen der wichtigsten Messgeräte der Terramechanik.

6.2.1 Messmethoden und -geräte zur Ermittlung der mechanischen Festigkeit des Bodens

6.2.1.1 Penetrometer

Eines der einfachsten Messgeräte, das Konus-Penetrometer, dient zur Ermittlung der Bodenfestigkeit. Sein Arbeitsteil, ein kegelförmiger Konus mit einem Öffnungswinkel von 30°, wird mittels eines Servoantriebs bzw. manuell mit möglichst konstanter Geschwindigkeit in den zu untersuchenden Boden eingebracht. Die während dieses Einsatzes wirkende Eindringkraft wird registriert und dient zur Bestimmung des sogenannten Kegel-Index (engl. *Cone Index*). Er bestimmt sich aus dem Quotienten aus Eindringkraft F_P und maximaler Querschnittsfläche des Kegels, A_P:

$$CI = \frac{F_P}{A_P} \tag{6.7}$$

Bei der Version mit einem Servoantrieb wird auch die Penetrationsgeschwindigkeit gemessen. Abb. 6.1 zeigt schematisch die Konstruktion eines einfachen Penetrometers und Abb. 6.2 zeigt den Kegel des Penetrometers. Bei terramechanischen Feldexperimenten ist das Penetrometer sehr verbreitet und diese Messmethode gilt als eine schnelle Feldmethode. Der *CI* ist eine universelle terramechanische Messzahl. Sie steht für die aktuellen und durchschnittlichen Beweglichkeitsbedingungen. Abb. 6.3 zeigt ein manuell zu be-

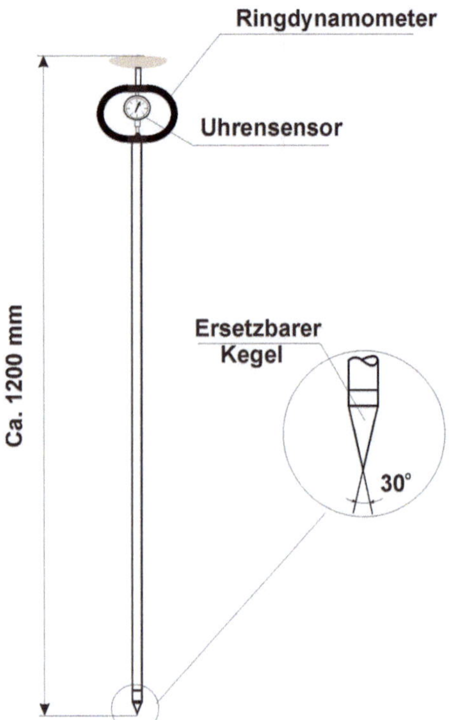

Abb. 6.1 Konstruktionsprinzip eines Kegelpenetrometers

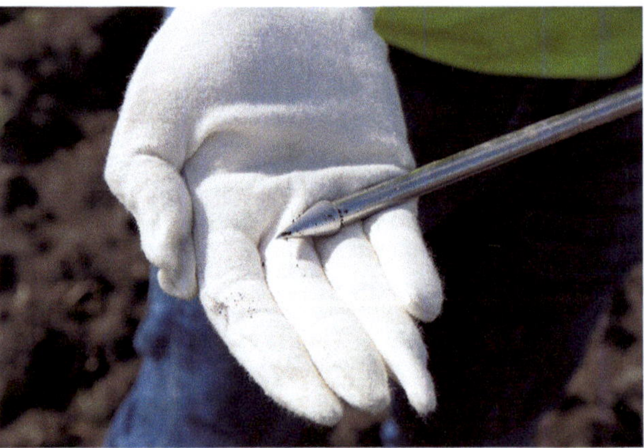

Abb. 6.2 Penetrometerkegel

dienendes Penetrometer mit einem elektronischen Messsystem im Feldversuch. Das Penetrometer reagiert sehr empfindlich auf Unterschiede in der Bodenfeuchtigkeit sowie auf Inhomogenitäten des Bodens. Statistisch verwertbare Ergebnisse sind nur mit einer großen Anzahl von Messungen erreichbar, dies ist jedoch durch die einfache und schnelle

Abb. 6.3 Die richtige Art, das Penetrometer während der Messung zu halten

Messmethodik des Penetrometers praktisch zu gewährleisten. Mehrere Boden- oder Messgerätparameter beeinflussen die Messung, im Einzelnen lassen sich hier unter anderem nennen: Wassergehalt, Dichte, Bodentyp, Steilanteil, Bodenfestigkeit, Kegelfläche, Öffnungswinkel, Schaftdurchmesser und Eindringgeschwindigkeit. Aufgrund der Vielzahl der Parameter standardisierte die amerikanische ASAE (American Society of Agricultural Engineers) sowohl die Konstruktion und die Geometie des Penetrometers als auch die damit durchzuführenden Messverfahren und führte die Norm ASAE-S 313.1 ein. Trotz aller Bemühungen auf diesem Gebiet ist der Einfluss der Bodenparameter unzureichend geklärt, deswegen liegt die Bedeutung der penetrometrischen Messungen in der Vergleichbarkeit. In der Terramechanik wird das Penetrometer aufgrund seiner Einfachheit und trotz der beschriebenen Schwierigkeiten sehr häufig angewandt. Aus den beim Überfahren durchgeführten Messungen kann man die folgenden fahrzeugtechnischen Kenngrößen abschätzen:

- Den Rollwiderstand eines Rades/Reifens, k_{RR}
- Den Antriebskraftbeiwert/Kraftschlussbeiwert eines Rades/Reifens μ
- Die dimensionslosen Kennzahlen:
- Mobilitätskennzahl, M
- Fahrzeugkegel-Index, VCI

Der Rollwiderstandsbeiwert wird aus dem Eindringwiderstand F_P und den Abmessungen des Reifens auf Basis der empirischen Gleichung von McAllister [3] berechnet:

$$k_{RR} = \frac{1,2F_P}{\left(CI \times b \times d\right)} + 0,04 \tag{6.8}$$

mit: b = Breite des Reifens, d = Durchmesser des Reifens

Der Antriebskraftbeiwert kann mittels der von Wismer und Luth ermittelten Gleichung berechnet werden:

$$\mu = 0,75\left[\left(1 - \exp\left(CI \times b \times d\right)\frac{i}{F_z}\right)\right] - k_{RR} \tag{6.9}$$

Diese Gleichung bezieht sich jedoch nur auf einen engen Geltungsbereich, so gilt er nur für dichtgelagerten, tragfähigen Boden und bei normalem Reifenluftdruck und weiteren anderen Bedingungen.

6.2.1.2 Ödometer und Druckstempel

Ein Ödometer dient zur Bestimmung der Konsolidationseigenschaften und der Viskosität des Bodens in einem vertikalen einachsigen Belastungsversuch. Abb. 6.4 zeigt das Funktionsprinzip eines Ödometers. Den Versuch nennt man „*Eindimensionalen Kompressionsversuch*“. Hierbei wird eine Bodenprobe entsprechend der DIN 18135 vertikal belastet, wobei die seitliche Ausdehnung verhindert wird. Wenn mechanisches Verhalten bei Ent- und Wiederbelastung zu verzeichnen sind, kann die Probe mehrmals entlastet und wiederbelastet werden. Dabei sollte jedoch stets das Ende der Primärsetzungen abgewartet werden. Bei Versuchen mit Ent- und Wiederbelastungszyklen werden dementsprechend auftretende Setzungen und Hebungen der Probe aufgezeichnet. Aus der gemessenen Setzung bei verschiedenen Vertikalspannungen wird das Drucksetzungsdiagramm des Bodens gezeichnet. Die Steigung der Tangente an der Drucksetzungskurve ist das Steifemodul, der Wert für jede Wiederbelastung ist in der Regel größer als bei der Erstbelastung – siehe Abschn. 2.3. Aus dem Versuch können weiterhin die folgenden Kenngrößen abgeleitet werden: Verdichtungszahl, Verdichtungsbeiwert, Kompressionsbeiwert, Schwellbeiwert, Rekompressionsbeiwert und Durchlässigkeit des Bodens.

In der Terramechanik wird ein Drucksetzungsversuch zur Ermittlung der Kennlinie der Belastung bezogen auf die Einsinkung direkt im Boden durchgeführt. Er entspricht der Situation, bei der ein Rad unter Belastung des Fahrzeuges vertikal einsinkt. Ein solches Modell ermöglicht die Bestimmung der Einsinktiefe eines Rades und damit die Berechnung des Bewegungswiderstandes. Die theoretische Betrachtung wurde erstmals von Brenstein durchgeführt, dann von Bekker aufgegriffen und für verschiedene Böden ausgearbeitet. Im Autobahn-Ingenieurwesen wird der Druckstempel zur Bestimmung des Reaktionsmoduls

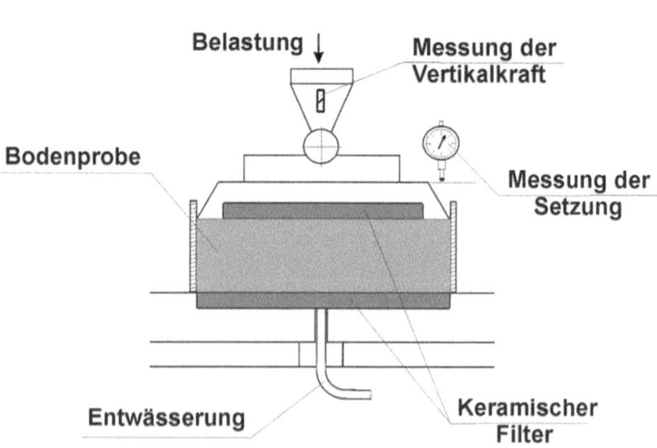

Abb. 6.4 Funktionsprinzip eines Ödometers

eines Unterbaus verwendet. In der Terramechanik wird er meistens zur Ermittlung der Bodenparameter k_C, k_φ und n benutzt. Diese Parameter werden in den nächsten Abschnitten genauer beschrieben. Der Druckstempel hat typischerweise eine Kreisform mit einem Durchmesser von etwa 70 bis 100 mm. Durch Youssef wurden weitere Formen eingeführt und analysiert: rechteckig, quadratisch und elliptisch. Der Druckstempel wird auf einer Messeinrichtung installiert, die die vertikalen Bewegungen entweder mit konstanter, aber einstellbarer Belastungsgeschwindigkeit oder mit einer definierten Belastungskraft ausführen kann. Abb. 6.5 zeigt die Druckstempelmesseinrichtung im Institut der Agrophysik,

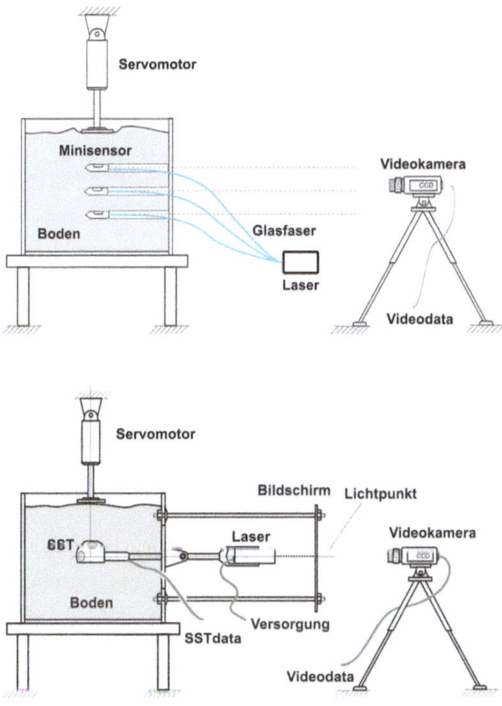

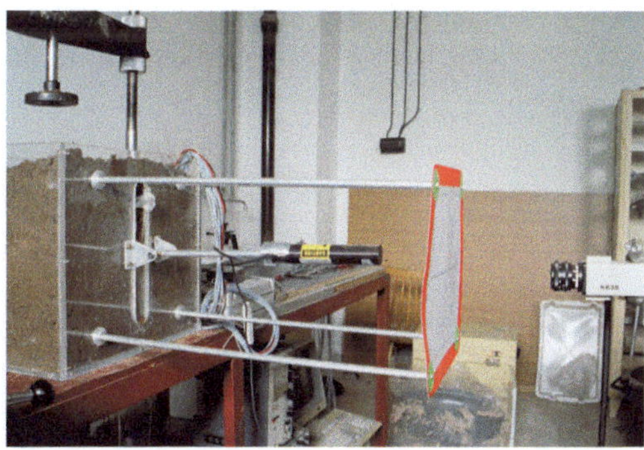

Abb. 6.5 Eine hydraulisch angetriebene Druckstempelmesseinrichtung der IA PAN, Lublin, Polen [26]. Copyright © 2013 From Dynamics of Wheel-Soil Systems. A Soil Stress and Deformation-Based Approach by Jaroslaw A. Pytka. Reproduced by permission of Taylor and Francis Group, LLC, a division of Informa plc.

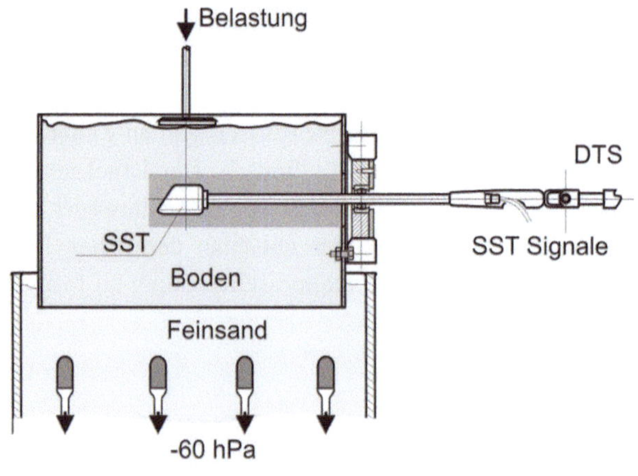

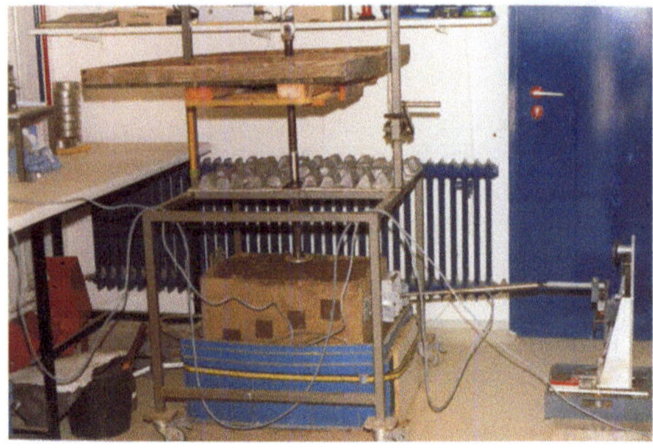

Abb. 6.6 Eine Gewichtskraft-Druckstempelmesseinrichtung aus CAU Kiel [42]. Copyright © 2013 From Dynamics of Wheel-Soil Systems. A Soil Stress and Deformation-Based Approach by Jaroslaw A. Pytka. Reproduced by permission of Taylor and Francis Group, LLC, a division of Informa plc.

Lublin, Polen, mit einstellbarer Belastungsgeschwindigkeit. Der Stempel wird von einem hydraulischen Servomotor angetrieben und kann sich mit einer vertikalen Geschwindigkeit von 0,01 bis 0,5 m/s bewegen. Eine Entlastung mit einer definierten Geschwindigkeit ist ebenfalls möglich. Die auf der Abb. 6.6 zu sehende Messeinrichtung stammt aus dem Institut für Pflanzenernährung und Bodenkunde in Kiel. Sie nutzt die Gewichtskraft als Belastung des Stempels. Entlastung wird durch Abheben der Masse realisiert. Somit ist es möglich, eine Belastung bis zu 300 kg zu realisieren, was bei einem Druckstempel mit 100 mm Durchmesser einem maximalen Kontaktdruck von 350 kPa entspricht.

6.2.1.3 Schertestmethoden und -geräte

Im Gegensatz zu einer festen Straße, wo die Reifenkräfte aus der durch Coulomb bzw. Amontons definierten Reibung generiert werden, resultiert die Geländetraktion aus der Bodenscherfestigkeit. Die Scherfestigkeit τ setzt sich aus einem normalkraftabhängigen Anteil, dessen Anstieg durch den Winkel der inneren Reibung θ charakterisiert wird, und einem normalkraftunabhängigen Anteil, der Kohäsion *C*, zusammen. Ein mathematisches Modell, das lineare Mohr-Coulomb-Kriterium, beschreibt das oben genannte:

$$\tau = C + p\,tg(\varnothing) \tag{6.10}$$

In der Bodenmechanik gibt es verschiedene Messverfahren und Messgeräte zur Bestimmung der Scherfestigkeit des Bodens, hierzu zählen unter anderem:

- Rahmenschergerät
- Ringschergerät/Torsionsschergerät
- Direktes Schergerät
- Flügelsonde

Obwohl alle der oben genannten Messgeräte die beiden Scherfestigkeitsparameter *C* und θ liefern, hat das gewählte Versuchsverfahren einen substanziellen Einfluss auf das Messergebnis. Hier sind unter anderem der Einfluss des Werkzeuges und dessen Materialauswahl (Gummi, Stahl und andere), die Steghöhe sowie das Messverfahren und dessen Parameter wie die Größe der Scherfläche und Normalspannung, Schergeschwindigkeit usw. zu nennen.

6.2.1.3.1 Direktes Schergerät

Ein typisches Messgerät, welches auch in der Terramechanik eine häufige Anwendung findet, ist das direkte Schergerät. Abb. 6.7 zeigt ein Schema dieses Gerätes. Eine Bodenprobe kann kreisrund oder rechteckig sein, in rechteckiger Form wird es als Kasten- oder Rahmenschergerät bezeichnet. Die Größe des Scherkastens richtet sich nach dem größten Korn der Probe.

Bei dieser Messung wird die Probe in zwei übereinanderliegende Rahmen (oder Ringe) eingebaut und bis zum Abklingen der Setzungen, wie im Ödometer, über Filterstein und Stempel durch eine vorher definierte Normalkraft belastet. Diese Kraft wird mittels Gewichte über ein Hebelsystem aufgebracht. Hierbei wird entweder der untere Teil gegen den oberen feststehenden Kasten parallel verschoben oder umgekehrt der obere Kasten gegen den feststehenden unteren Teil. Infolge dieser Bewegung entsteht in der Probe eine Scherfläche. Während des Abschervorgangs wird die Bodenprobe durch eine konstante, senkrechte darauf wirkende Normalkraft belastet. Beim Abscheren werden die Horizontalverschiebung, die Scherkraft bei zugehöriger Normalkraft und gegebenenfalls die Höhen-

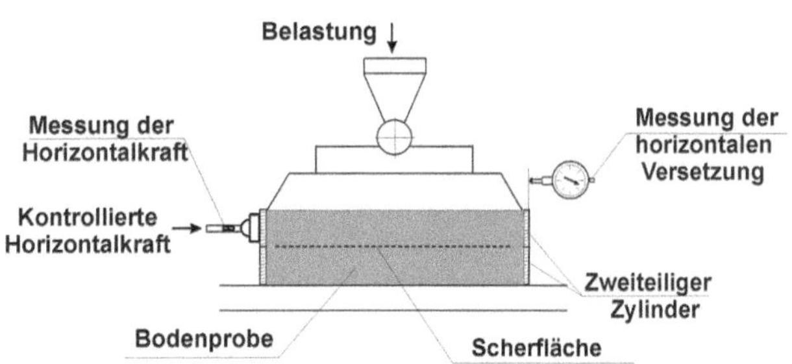

Abb. 6.7 Schema eines direkten Schergerätes

änderung der Kopfplatte gemessen. Nach DIN 18137-3 wird die Scherspannung als eine Beziehung von Scherkraft zur Anfangsprobenfläche definiert. Eine weitere Auswertung ergibt den sogenannten Mohrschen Spannungskreis, jeder Versuch liefert einen eigenen Kreis.

6.2.1.3.2 Triaxialgerät

Das Triaxialgerät oder Dreiaxialgerät ist ein bodenmechanisches Versuchsgerät zur Bestimmung der Scherparameter eines Bodens. Seinen Namen erhielt es durch seine Konstruktion, bei der in Richtung aller drei, rechtwinkelig zueinanderstehenden Koordinatenachsen Druck auf die Probe ausgeübt wird.

Das Gerät ist in zylindrischer Form gebaut, worin auch eine zylindrische Bodenprobe eingesetzt wird. Auf die Probe wird von oben mit einem Druckstempel eine Normalbelastung angelegt und zusätzlich seitlich mittels Flüssigkeit oder Luft bis zum Bruch der Probe mit Druck beaufschlagt. Deswegen muss die Bodenprobe abgedichtet werden, sodass die Flüssigkeit bzw. die Luft nicht eindringen kann. Das Gerät ist in Abb. 6.8 gezeigt. Hierbei werden Normal- und Schubspannung gemessen und, wie bei dem direkten Schergerät, im Mohr'schen Spannungskreis aufgetragen.

Theodore von Karman verwendete bereits im Jahre 1910 das Triaxialgerät zur Überprüfung der Mohrschen bzw. Coulombschen Spannungsbedingungen. Etwas später, im Jahre 1928, wurde von Ehrenberg ein erstes Triaxialgerät speziell für die Bodenmechanik konstruiert. In den 1930er-Jahren wurden Triaxialgeräte in Wien von Karl Terzaghi und Leo Rendulic sowie von Arthur Casagrande in Berlin zur experimentellen Untermauerung des Konzepts effektiver Spannungen benutzt.

6.2.1.3.3 Flügelsonde

Bei Feldversuchen, bei denen eine schnelle Bestimmung der Bodenparameter erforderlich ist, wird eine Flügelsonde verwendet. Dieses Gerät besteht aus vier um 90° versetzten, an der Spitze platzierten Flügeln, einem Stift und einem senkrechten Rahmen, beziehungsweise einer Kurbel. Bei der Messung wird die Sonde mit den Flügeln senkrecht in den Boden gedrückt und mit einer Winkelgeschwindigkeit von etwa 0,5°/s gedreht. Aus dem zum Drehen der Sonde erforderlichen Drehmoment *M,* wird der Scherwiderstand ermittelt und damit die Flügelscherfestigkeit τ_{FS}, errechnet:

$$\tau_{FS} = \frac{6M}{7\pi^3} \tag{6.11}$$

mit: d = Durchmesser der Flügelsonde.

Abb. 6.9 zeigt eine schematische Darstellung und das Funktionsprinzip dieses Gerätes. Zur Messung kann ein Dynamometer oder auch ein typischer Drehmomentschlüssel verwendet werden. Zusätzlich werden je nach Bodenart unterschiedliche Spitzen verwendet Abb. 6.10.

Um das Messergebnis unter Berücksichtigung der Reibung zwischen Boden und Stab zu korrigieren, wird eine Vormessung mit dem sogenannten „blinden Kegel“ durch-

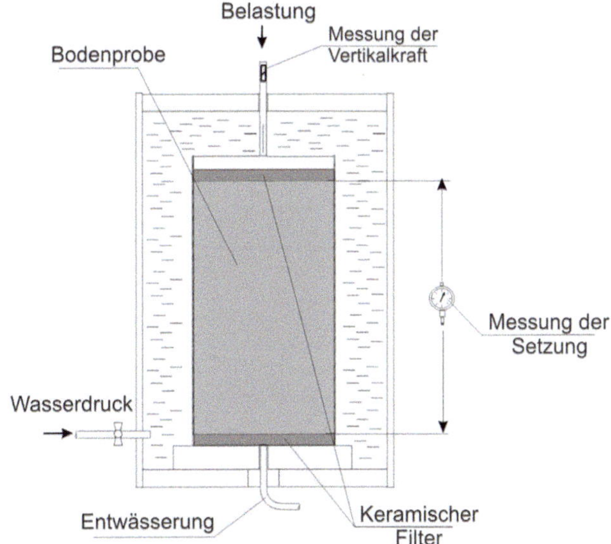

Abb. 6.8 Schema eines Triaxialgerätes

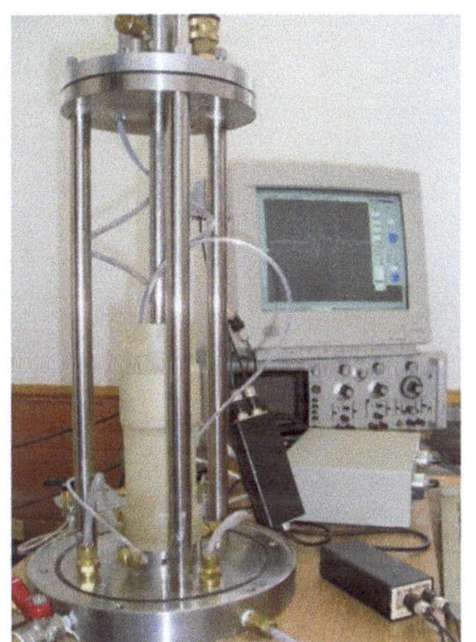

geführt – Nr. 1 in Abb. 6.10. Die in Abb. 6.10 mit Zahlen gekennzeichneten Arbeitsenden sind wie folgt:

- 2:16 × 32 mm, Multiplikator 2
- 3:20 × 40 mm, direktes Ablesen, Multiplikator 1
- 4:25,4 × 50,8 mm, Multiplikator 0,5

Eine Anwendung eines solchen Gerätes bei Feldversuchen ist in Abb. 6.11 gezeigt.

Abb. 6.9 Die Flügelsonde

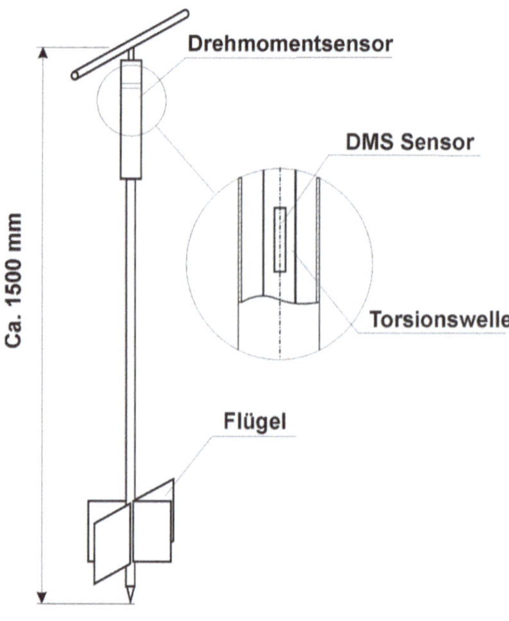

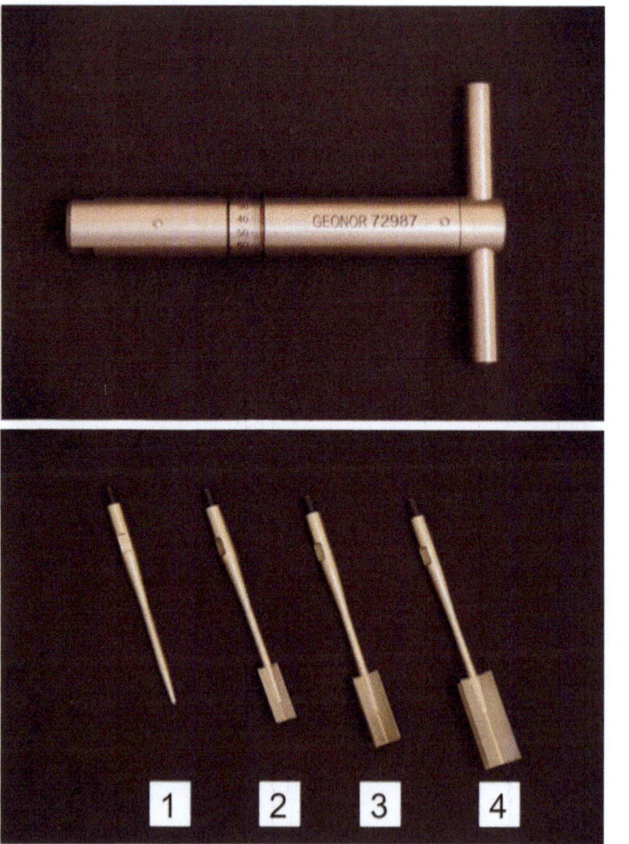

Abb. 6.10 Federdrehmomentanzeige (oben) und verschiedene Spitzen der Flügelsonde (unten)

Abb. 6.11 Bestimmung der Bodenscherfestigkeit mittels einer Flügelsonde bei Feldversuchen

6.2.2 Bevameter

Zwar ist das Bevameter ein zur Ermittlung der mechanischen Parameter des Bodens geeignetes Messgerät, es wird an dieser Stelle jedoch aufgrund seiner Besonderheit separat beschrieben. Funktionell ist das Bevameter eine Verbindung von Druckstempel und Schergerät in einer für Feldversuche transportablen Bauart. Zwar gibt es Versionen, die im Labor verwendet werden, manche Konstruktionen des Bevameters ermöglichen jedoch auch Messungen im Gelände. Dann wird das Gerät üblicherweise an einem Trägerfahrzeug montiert. Generell wird das Bevameter zur Ermittlung der folgenden zwei Gruppen von Bodenparametern eingesetzt:

- Belastung – Einsinkung, k_C, k_φ und n
- Scherparameter, C und φ

Die Bodenverformungsmodule, k_C, k_φ sowie der Bodeneindruckexponent n dienen zur Parametrisierung des Bekkerschen Modells:

$$p = \left(\frac{k_C}{b + k_\varnothing} \right) Z^n \tag{6.12}$$

mit: p = Kontaktdruck Reifen – Boden, b – Breite des Reifens, z – Einsinkung.

Die Scherparameter Bodenkohäsion C und Reibungswinkel φ werden in der Coulomb-Gleichung zur Ermittlung der Scherfestigkeit verwendet. Damit erhält man ein halbempirisches Modell zur Berechnung der Reifenkräfte und eine erste Einschätzung der Längsdynamik eines Fahrzeuges (Antriebskraft F_T und Rollwiderstand F_R):

$$F_T = b\int \tau dx \tag{6.13}$$

$$F_R = b\int p dz \tag{6.14}$$

Ähnlich wie bei einem reinen Druckstempel kann die Druckplatte ringförmig oder eckig sein. Für die Scherversuche werden zusätzliche Stollen auf das Scherwerkzeug montiert. Beim Messversuch wird der Druckstempel mit einer Geschwindigkeit von etwa 0,5 bis 5,0 mm/s in den Boden eingepresst, währenddessen werden die Eindringtiefe und die Normalkraft gemessen. Anschließend wird der belastete Stempel mit einer Winkelgeschwindigkeit von 1 bis 3 U/min gedreht und das Drehmoment gemessen. Für verlässliche Messergebnisse wird die Messung idealerweise zehnmal wiederholt.

Neben den oben beschriebenen Konstruktionsbauweisen wird auch das Radbevameter benutzt (siehe Abb. 6.12). Statt der Druck- und Scherplatte hat es drei Räder. Eines der Räder, welches gezogen und mit einer Gewichtskraft oder einem Stellantrieb belastet ist, dient zur Ermittlung der Eindringtiefe. Die anderen beiden Räder sind angetrieben und dienen zur Ermittlung der Scherspannung beim Schlupf. Ein großer Vorteil dieses Konzeptes ist die Ermittlung der Modellparameter bei realen Bedingungen der Wechselwirkung zwischen Reifen und Boden [4].

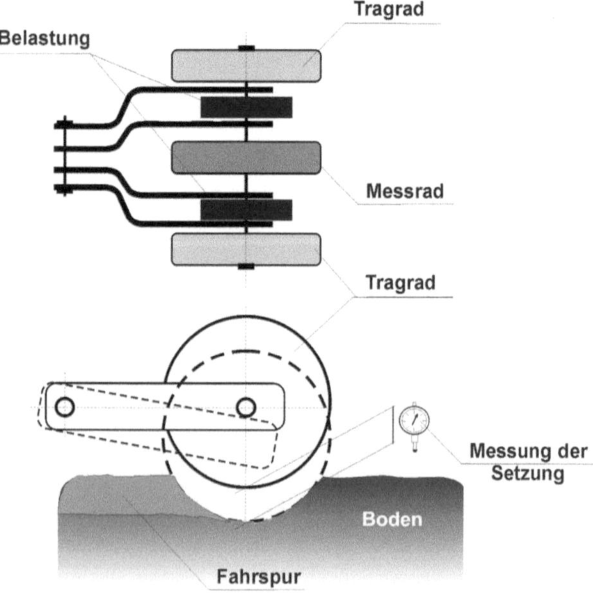

Abb. 6.12 Das Radbevameter, ein Schema

Eine interessante Variante des Bevameters wurde vom Institut für Robotik und Mechatronik des Deutschen Zentrums für Luft- und Raumfahrt konstruiert. Es wurde als ein Subsystem des ExoMars BB2 Robot konzipiert, der zur Charakterisierung des marsianen Bodens (*Regholit*) vorgesehen war. Ziel ist die Erforschung fremder Himmelskörper. Dabei ist besonders die Erkundung planetarer Oberflächen von großem Interesse, unter anderem die der mechanischen Eigenschaften des Bodens. Eine wesentliche Eigenschaft dieses Gerätes ist die vollständig autonome Durchführung des kompletten Versuchsverfahrens, die Bewegungen der Prüfwerkzeuge laufen reihum, gefolgt von der Datenauswertung. Messergebnisse werden sowohl auf einem Bordcomputer gespeichert als auch zu einer Basisstation auf der Erde gesendet.

6.2.3 CBR

CBR, bekannt als California Bearing Ratio, ermöglicht die Bestimmung der Tragfähigkeit eines bestimmten Bodens und wird hauptsächlich im Straßenbau verwendet. Es ist auch möglich, die Eignung eines bestimmten Rasenflughafens für den Start und die Landung von Flugzeugen zu bestimmen. Per definitionem ist CBR das prozentuale Verhältnis der Kraft P, die erforderlich ist, um einen normalisierten Stempel mit einer Fläche von 3 Zoll im Quadrat bei einer normalisierten Geschwindigkeit v = 1,25 mm/min in eine ordnungsgemäß vorbereitete Bodenprobe bis zu einer Tiefe von h = 2,5 mm oder h = 5,00 mm einzubringen, auf die Standardkraft P_S, die erforderlich ist, um den Stempel unter den gleichen Bedingungen in eine Probe des Referenzmaterials einzuführen.

$$CBR = \frac{P}{P_S} \times 100 \tag{6.15}$$

P – aufgebrachte Kraft, P_S – Standardkraft

Der Wert des CBR-Index hängt von vielen Faktoren ab, einschließlich Kornform, Festigkeit, Frostbeständigkeit, Kornrauheit und Bodenfeuchtigkeit.

Die Messung wird an einem Laborstand an einer Bodenprobe aus dem Untersuchungsgebiet durchgeführt. Zur Messung wird eine Laborpresse mit eingebautem Messzylinder verwendet. Der Messzylinder ist in Abb. 6.13 dargestellt. Er besteht aus den folgenden Elementen: 1 Stahlzylinder mit 150 mm Durchmesser und 175 mm Höhe, 2 Sockel, 3 Sockel an der Oberkante des Zylinders eingestellt, 4 Ausrichtungseinsätze an den Zylinderdurchmesser angepasst, 5 Ringe mit einem Gewicht von 25 N als Übergewicht verwendet.

CBR ist eine Labormethode und erfordert die Entnahme von Proben vom Teststandort, den Transport zum Labor und die Vorbereitung der Proben, die vorverdichtet werden. Daher ist es eine zeitaufwändige und ziemlich mühsame Methode. Es gibt jedoch eine Methode, mit der der CBR-Koeffizient vor Ort bestimmt werden kann. Es ist eine statische Methode, die die Verwendung einer Station (Prüfmaschine, Presse) erfordert.

Abb. 6.13 CBR-Messzylinder

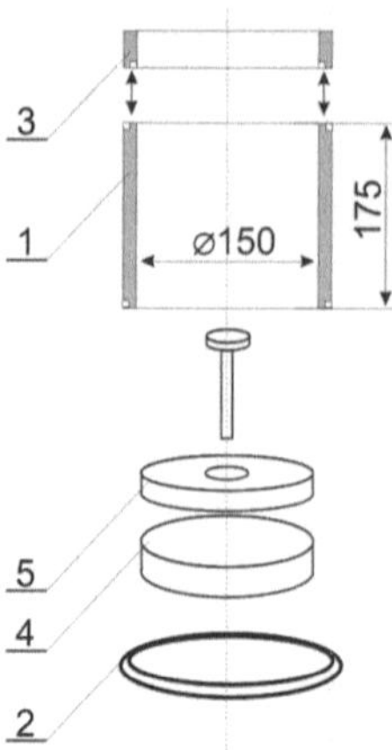

Die Messmethode ist wie folgt:

1. Die Bodenoberfläche wird an der getesteten Stelle so ausgerichtet, dass die Ringe gleichmäßig an der getesteten Oberfläche haften
2. Gewichtsringe werden an der vorbereiteten Stelle angebracht
3. In die Bohrung der Ringe wird ein Stempel eingesetzt
4. Ein Hydraulikzylinder befindet sich zwischen dem Stempel und dem Gelenk
5. Keilförmige Distanzplatten sollten zwischen Gegengewicht und Kupplung platziert werden
6. Die Pumpe ist mit dem Stellantrieb verbunden und der Wegsensor ist montiert, wobei seine Spitze auf den Ringen ruht
7. Der Wegsensor wird zurückgesetzt und anschließend der Druck im Stellantrieb erhöht
8. Messwerte vom Weg- und vom Kraftsensor werden abgelesen

Bei der Feldmethode ist der Penetrationsstift derselbe wie bei der Labormethode. Es werden auch Messungen für die Tiefen von 2,50 mm und 5,00 mm durchgeführt. Daher wird zur Bestimmung des CBR-Werts dieselbe mathematische Beziehung verwendet wie bei der Labormethode.

Eine alternative Methode besteht darin, den CBR mit einem Kegelpenetrometer zu bestimmen. Der CBR-Index wird anhand der CI-CBR-Beziehung bestimmt, die für einen bestimmten Bodentyp ermittelt werden muss. Es ist ein Verfahren, das erfolgreich verwendet werden kann, um Grasoberflächen zu testen, z. B. die Landebahn eines Flughafens.

6.3 Messmethoden und -geräte zur Erfassung der Wechselwirkung Reifen-Boden

6.3.1 Messmethoden zur Bestimmung der am Rad wirkenden Kräfte und Momente

Die Fahrdynamik eines Fahrzeuges im Gelände findet Ausdruck in den am Fahrzeug wirkenden Kräften und Momenten. Diese setzen sich aus den vom Antriebsstrang erzeugten Aktionen und den im Boden generierten Reaktionen zusammen. Grundsätzlich sind hierbei zwei Gruppen zu unterscheiden: Kräfte und Momente am Rad oder am gesamten Fahrzeug. Zur ersten Gruppe gehören die Längskraft, die Seitenkraft, die Radaufstandskraft sowie die dazugehörigen Momente analog zur klassischen Fahrwerkstechnik. Im Sinne der Terramechanik gehören zur anderen Gruppe die Zugkraft, die Seitenkraft und auch der Rollwiderstand. Alle können mit verschiedenen Messgeräten ermittelt werden. Die beiden nachfolgenden Abschnitte umfassen die in der Praxis erprobten sowie zur Forschung und Entwicklung eingesetzten Lösungen.

6.3.1.1 Radmessnaben

Zur Analyse der Kraftübertragung zwischen Reifen und Boden sowie zur Ermittlung der in die Fahrzeugstruktur eingeleiteten Belastungen werden Mehrkomponenten-Radmessnaben benutzt [5–7]. Ein solches Gerät ermöglicht die Erfassung aller auf das Fahrzeug wirkenden dynamischen Kräfte und Momente im Radaufstandspunkt während einer Fahrt. Im Einzelnen sind das Längs-, Seiten- und Radaufstandskraft sowie Roll-, Gier- und Wankmomente. Das Messsystem besteht aus einen Messwertaufnehmer und einem Datenerfassungssystem.

Der Messwertaufnehmer kann nach zwei unterschiedlichen Prinzipien gebaut werden:

- Mit der Dehnungsmessstreifentechnik
- Mit piezoelektrischen Sensoren

Bei den *DMS*-Messwertaufnehmern, die passiv sind, werden die Kräfte und Momente indirekt gemessen. Ein Dehnungsmessstreifen ist auf einem Messkörper appliziert (geklebt) und misst eine Dehnung des Messkörpers unter Belastung. Unter Verwendung des Hookschen Gesetzes kann man im Folgeschritt eine für diese Dehnung verantwortliche Kraft bestimmen. Vorteile der *DMS*-Technik sind ihre Verfügbarkeit sowie niedrige Kosten, als Nachteil ist der Alterungseffekt der Klebeverbindung zu nennen.

Das zweite Bauprinzip der Messwertaufnehmer nutzt den piezoelektrischen Effekt aus. Eine gerichtete Verformung eines piezoelektrischen Materials, z. B. Quarz, erzeugt eine elektrische Spannung. Der angelegte Druck wirkt nicht von allen Seiten auf die Probe, sondern (beispielsweise) nur von den gegenüberliegenden Seiten. Der vermutlich größte Vorteil der piezoelektrischen Aufnehmer ist ihre Robustheit und ihre hohe Eigenfrequenz. Beispiele eines piezoelektrischen Messwertaufnehmers sind RoaDyn P650 oder P106 von Kistler. Die Radmessnaben auf Basis der piezoelektrischen Messwertaufnehmer sind tatsächlich nur als fertige Produkte der Messausrüstungsindustrie kommerziell verfügbar, während die in der *DMS*-Technik entwickelten Sensoren häufig im Rahmen verschiedener Forschungsvorhaben an Universitäten oder bei Entwicklungsabteilungen der Fahrzeughersteller konstruiert und gefertigt werden.

Eine Mehrkomponentenradmessnabe besteht aus einer modifizierten Felge, einem Radflansch, einem Messwertaufnehmer und einer Elektronik zur Messwerterfassung und -übertragung. Diese Komponenten sind als ein Beispiel für die Bauweise in Abb. 6.14 dargestellt. Ein in *DMS*-Technik gebauter Messwertaufnehmer besteht in der Regel aus zwei steifen Ringen, einer innen und einer außen, die mit vier weichen Messstegen verbunden sind (siehe Abb. 6.15). Die Querschlitze über den Messstegen sorgen für eine optimale Entkopplung der Lasten untereinander. Bei vertikaler Beanspruchung erfolgt der Kraftfluss vorrangig über die waagerechten Stege, während die senkrechten Stege gering belastet werden. Umgekehrt werden die Kräfte bei horizontaler Beanspruchung vorwiegend durch die vertikalen Stege aufgenommen. Dieses Konstruktionsprinzip dient dazu, das sogenannte Übersprechen der einzelnen Komponenten untereinander zu minimieren. Die Messnabe ist für die Montage in einem Fahrzeug ohne Modifizierung der Radaufhängung geeignet. Bei manchen Lösungen wird dies dadurch erreicht, dass der Messwertaufnehmer ein Strukturteil des Rades ist. Als ein Bauteil des Rades wird der Aufnehmer zwischen Felgenring und Radflansch mittels Schrauben montiert. Hierzu sind ei-

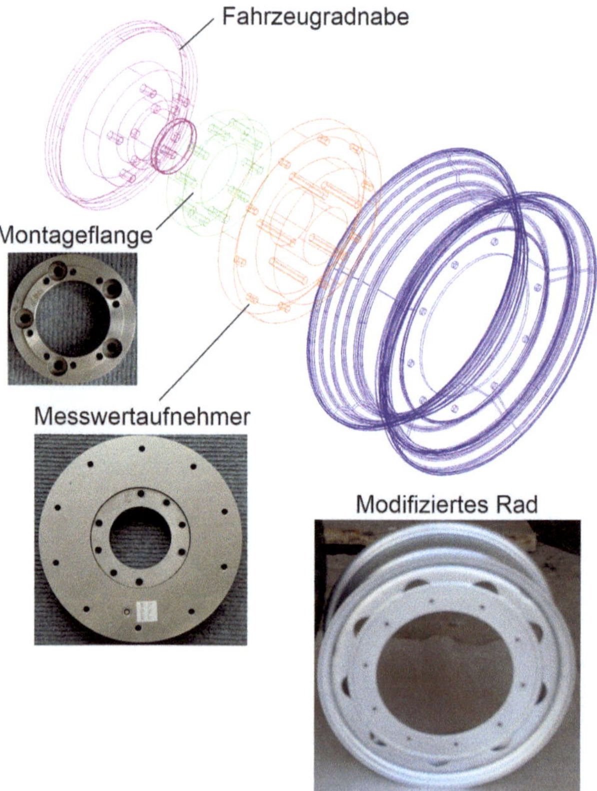

Abb. 6.14 Baukomponente einer Radmessnabe

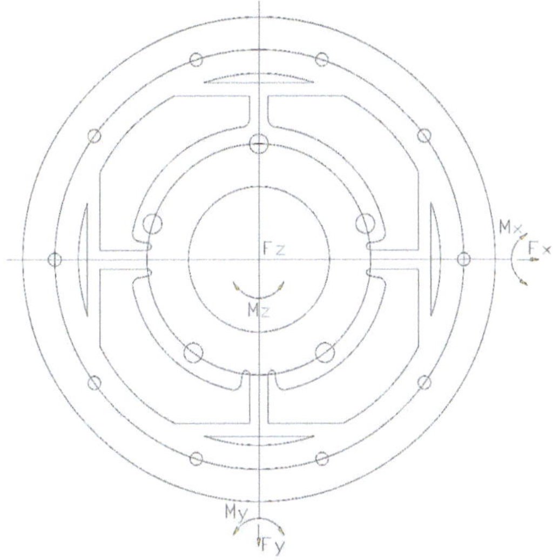

Abb. 6.15 Messwertaufnehmer einer Radmessnabe

nige Bohrungen in der Nabe erforderlich. Dies kann allerdings die Funktion der Messwertaufnehmers beeinflussen: Durch die Bohrungen wird die Spannungsverteilung im Material der Messwertaufnehmer beeinträchtigt, sodass Messungen falsche Ergebnisse liefern können. Eine Lösung bietet die unsymmetrische Verteilung der Bohrungen auf dem Flanschkreis. Da das Gewicht der Radmessnabe nahe dem Serienrad liegen soll, wird Aluminium als Werkstoff für den Aufnehmer gewählt, beispielsweise Al Cu MG1 F40.

Der Kalibrierständer für die Messwertaufnehmer ist in Abb. 6.16 dargestellt.

Eine für terramechanische Feldversuche geeignete Radmessnabe muss speziellen Voraussetzungen standhalten. Zum einen ist eine wasserdichte Konstruktion notwendig, weil das zu durchfahrende Gelände häufig Wasser oder Feuchtigkeit enthält. Außerdem muss ein mechanisch belastbares Gehäuse konzipiert werden, um den großen Belastungen

Abb. 6.16 Kalibrierung – Einrichtung für Radmessnabenmessung

standzuhalten. Zusätzlich ist während einer Fahrt im Gelände aufgrund potenzieller dynamischer Lasten der Messwertaufnehmer für einen großen Auflastbereich auszulegen. Zwei Modelle von Messnaben, die diese Anforderungen erfüllen, wurden an der TU Lublin entwickelt und gebaut [7]. Abb. 6.17 zeigt auf einem militärischen Rettungswagen und auf einem Geländewagen installierte Radmessnaben. Diese Einrichtung wurde zur Modellierung der Reifen-Boden-Wechselwirkungen bei längsdynamischen Manövern (Anfahren, Bremsen) verwendet. Die zweite, auf einem SUV montierte Messnabe, hat einen kleineren Messbereich bis zu 4kN Vertikalbelastung. Vier solcher Radmessnaben wurden insgesamt zur Messung der Reifen-Bodenkraft-Übertragung bei querdynamischen Testverfahren (Slalom, Spurwechsel usw.) verwendet.

In der Fahrversuchsabteilung der BMW-Motorradentwicklung wurde eine Mehrkomponentenmotorradmessnabe entwickelt. Die Schwierigkeit hierbei lag sowohl im geringen Bauraum als auch in der Anforderung nach einem relativ geringen Gewicht. Aufgrund dessen wurde hier der Werkstoff Al Cu MG1 F40 für den Messwertaufnehmer verwendet. Zwei solcher Radmessnaben dienten zur Messung der drei Kräfte, F_X, F_Y, F_Z sowie des Momentes M_Y. Eine der Messungen ermöglichte die Interpretation der Vertikallasten bei der Landung nach einem Sprung im Gelände. Neben der Vertikalkraft F_Z wurden als Zusatzinformationen die zugehörigen Federbeinkräfte und die Federwege analysiert. Es wurde damit nachgewiesen, dass der Kraftverlauf am Federbein im Moment der Landung nicht identisch mit dem Kraftverlauf des zugeordneten Rades ist. Diese Information ist von großer Bedeutung für Konstruktion und Modellierung [5].

Ein weiteres Beispiel stammt von der RWTH Aachen, es handelt sich hierbei um einen mechatronischen Reifen zur Bestimmung der Kräfte im Radaufstandspunkt mittels eines optischen Sensorsystems [1]. Das Funktionsprinzip des Sensors basiert auf einem positionsempfindlichen Detektor, der sich als flächige Solarzelle auffassen lässt. Durch eine Linse wird das Licht einer am Reifengürtel befestigten Leuchtdiode auf diese Fläche fokussiert, dabei wandert der Fokuspunkt seitlich oder längs, wenn sich die Diode entsprechend zur Felge bewegt. Damit erhält man globale Reifendeformationen als Messsignal. Ist eine kon-

Abb. 6.17 Radmessnaben von der Technischen Universität Lublin, auf einem militärischen Rettungswagen (oben) und auf einem Geländewagen installiert

stante Reifenseiten-beziehungsweise -Längssteifigkeit bekannt, kann man die entsprechenden Kräfte in erster Näherung berechnen. Für exaktere Messungen ist das ganze Messrad zu kalibrieren. Da sich der gesamte Messwertaufnehmer innerhalb eines Reifens befindet, besteht die Möglichkeit, ihn in einen Serienreifen zu integrieren und zur Ermittlung der aktuellen physikalischen Größen, die dem Fahrer oder den Fahrzeugsystemen zu Verfügung gestellt werden, zugrunde zu legen. Diese Lösung hat noch einen, besonders für die Terramechanik wesentlichen Vorteil. Das Messrad ermöglicht, die im Radaufstandspunkt effektiven Kräfte zu messen. Dies wird noch wichtiger, wenn Messungen bei niedrigen Innendruck auf einem inhomogenen Boden durchgeführt werden sollen.

Ein ähnliches Verfahren, ein Messrad mit optischem Messprinzip, nutzt zwei Videokameras, die auf einer Stabilitätsplattform innerhalb eines Rades montiert sind, zusätzlich sind im Rad ein Mikrocomputer und die Spannungsversorgung installiert. Dieses Gerät nutzt die Theorie der Bilderanalyse, den Algorithmus zur Berechnung der Disparität. Der Sensor wurde zu verschiedenen fahrdynamischen Experimenten eingesetzt, auch zu terramechanischen Messungen der Reifenverformungen im Gelände [2].

6.3.1.2 Flugzeugmessrad

Ein anderes Beispiel ist das in der TU Lublin entwickelte Messrad für das Landefahrwerk eines Leichtflugzeuges, das zum Starten und Landen auf einem Rasenflugplatz geeignet ist. In diesem Gerät wurde aufgrund des sehr kleinen Raumes der Messwertaufnehmer als ein Stator konzipiert, sodass die Lagerung des Rades an den Außenring montiert wurde. Der Messwertaufnehmer (siehe Abb. 6.18) ermöglicht die Messung von F_X, F_Z, M_X und M_Z, während das Bremsmoment M_Y mit einem zusätzlichen Sensor gemessen wird. Dieser Sensor wurde am Bremssattel installiert. Die Messnabe kann entweder in einem Flugzeug oder an einer Messeinrichtung montiert werden. Eine detaillierte Beschreibung des Sensorsystems folgt [8].

Abb. 6.18 Schematische Darstellung einer Flugzeugradmessnabe

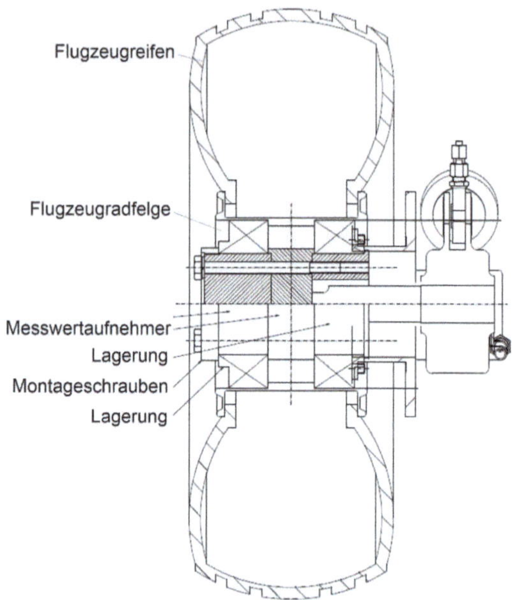

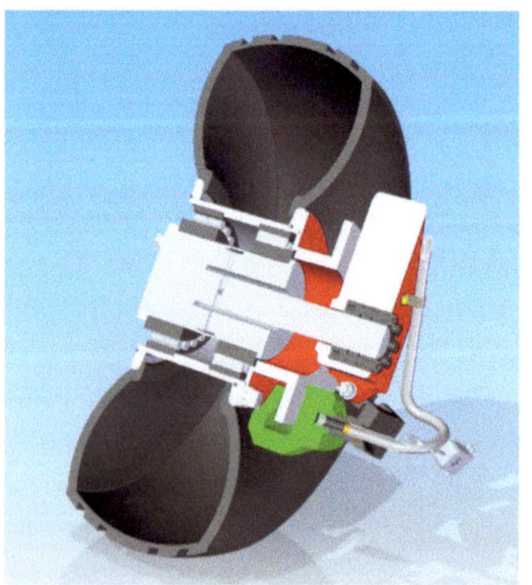

6.3.1.2.1 Das Konzept des Raddynamometers

Der Dynamometer verwendet eine DMS-Messtechnik und wurde als Statorsensor gebaut. Im Vergleich zum Design mit rotierendem Dynamometer ist es nicht erforderlich, Datensignale vom rotierenden Sensor drahtlos zu übertragen. Ein kritischer Punkt ist die Lagerung des Rades, da die Größe des Statorsensors unkonventionelle Lösungen und wesentliche Änderungen an der Radfelgenkonstruktion erfordert. Die Basis für die Sensoreinheit war ein Rad des Flugzeugtyps PZL-104 Wilga 35A, ein vier Passagiere umfassendes Kurzstart- und Landeflugzeug (STOL). Der Platz im Inneren des Rades war sehr eng für den Sensorelementkern und die Wandler (ca. 150 mm Durchmesser × 200 mm Breite). Um den Außendurchmesser der Radfelge so festzulegen, dass er in den Reifen passt, wurde eine spezifische Radfelge aus Stahl entworfen und hergestellt. Mit einem montierten Reifen wurde das Rad mit zwei Kugellagern abgestützt und mit einer Mutter befestigt. Die gefertigte Felge ermöglicht die Einstellung des Reifeninnendrucks, was bei Flugfeldmessungen sehr praktisch ist, wenn der Reifendruck ein Parameter ist. Die Felge wurde virtuell auf mechanische Festigkeit getestet, da dieses Element während des Starts oder der Landungsphase eines Fluges die auf das Rad wirkenden Belastungen muss. Es wurden Simulationen der Durchbiegung der Radfelge für mehrere verschiedene Lastmuster durchgeführt, wobei die maximale Bruttomasse des Flugzeugs und verschiedene Radfunktionsmodi berücksichtigt wurden: Aufsetzen, Rollen mit hoher Geschwindigkeit, Bremsen usw.

6.3.1.2.2 Der Sensor

Der Sensorkern bestand aus Federstahl, als Messfühler wurden Dehnungsmessstreifen verwendet. Das Federelement des Sensors F_X–F_Z–M_X–M_Z wurde als monolithisches, kreuzförmiges Element mit vier Biegebalken konstruiert, die das Innenteil – die Radachse – mit dem Außenring verbinden. Der Dehnungsmessstreifen wurde an den Trägern und am Außenring angebracht. Dieses Element ist in Abb. 6.19 zusammen mit der Platzierung der Dehnungsmessstreifen dargestellt. In dem Prototypsensor wurden Dehnungsmessstreifen vom linearen Typ verwendet. Wenn die Ausrichtung der Balken im Federelement rein horizontal/vertikal ist, kann der Sensor die horizontalen und vertikalen Radkräfte F_X und F_Z sowie die Momente M_X und M_Z messen. Daher ist es wichtig, dass der komplette Sensor ordnungsgemäß in einem Testflugzeug installiert ist. Der komplette Sensor ist in Abb. 6.20 dargestellt

6.3.1.2.3 Bremsmomentaufnehmer

Aufgrund der beengten Platzverhältnisse innerhalb der Radfelge haben wir einen außerhalb des Rades eingebetteten Bremsmomentsensor in der Radbremse entwickelt. Das M_Y-Moment wird mit den Dehnungsmessstreifen gemessen, die an der Bremsvorrichtung angebracht sind, die sich proportional zum Bremsmoment verbiegt. An zwei Querarmen des Bremssattels sind zwei Einschnürungen definierter Dicke angebracht, die als elastische Elemente dienen. An diesen Stellen wurden Dehnungsmessstreifen eingeklebt. Bei aktivierter Bremse erzeugt die Reibungskraft das durch die Quersattelsarme wirkende Biegemoment. Die Auslenkung der Arme in den Einschnürungen wird durch Dehnungsmessstreifen gemessen. Die Lösung ist in Abb. 6.21 dargestellt.

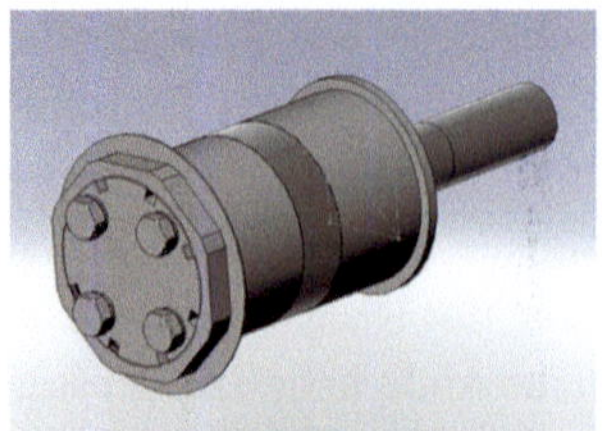

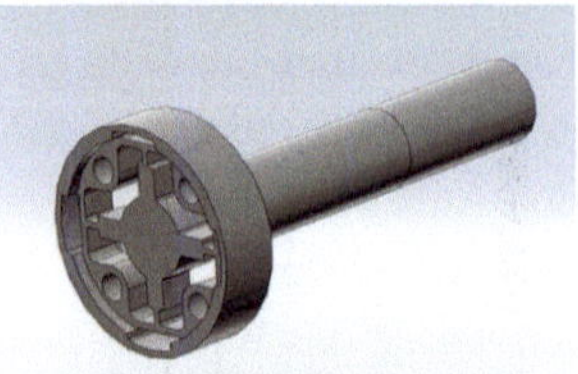

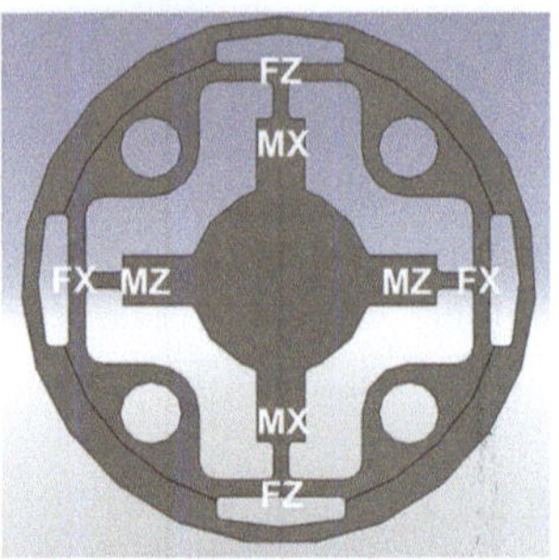

Abb. 6.19 Der Messwertaufnehmer und die Platzierung der DMS

Abb. 6.20 Der Sensor

Abb. 6.21 Der Bremsmomentaufnehmer

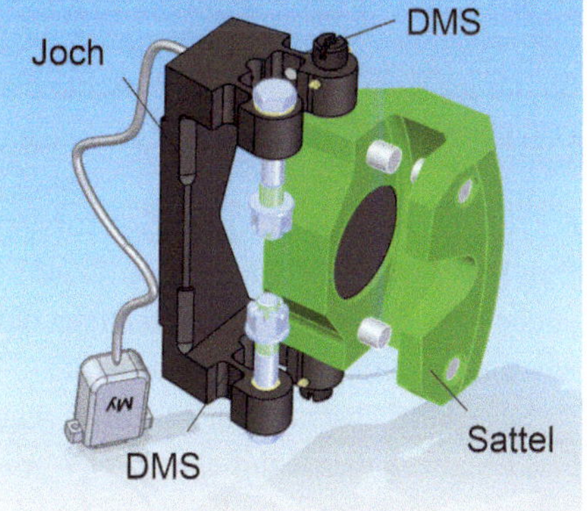

6.3.1.2.4 Datenerfassungs- und Übertragungssystem

Die Messsingalverstärker wandeln die gemessenen Signale in Spannungssignale im Bereich von 0 bis 4.096 V um. Der Nullpunkt liegt bei 2.048 V, sodass das System sowohl positive als auch negative Kräfte und Momente ablesen kann. Die Verstärker sind auf separaten Leiterplatten montiert, jeweils eine für jeden der fünf Messkanäle. Speziell für diese Studie wurde ein Miniaturdatensystem zur Übertragung von Signalen von der Sensoreinheit auf ein beliebiges Computer- und Datenspeichergerät entwickelt. Dieses System umfasst eine mikroprozessorbasierte AC/DC-Datenumwandlungseinheit und ein Bluetooth (TM)-basiertes System zur drahtlosen Übertragung der verstärkten Spannungssignale. Das Datenerfassungs- und -übertragungssystem ist zusammen mit den fünf Kanalverstärkern in einer hermetischen, stoßfesten Box untergebracht. Ein Akku von 8,4 V dient als Spannungsversorgung für das gesamte Messsystem (einschließlich der Dehnungsmessstreifen). Die Elektronik des Datenerfassungs- und Übertragungssystems wurde im Abschn. 6.4.1 im Detail beschrieben.

6.3.1.2.5 Anwendung des Sensorsystems

Der Prototyp der Radmessnabe wurde in ein PZL-104-Wilga-35A-Flugzeug eingebaut (siehe Abb. 6.22). Die Testmessungen wurden auf einer Rasenfläche des Flugplatzes Rzeszów Jasionka in Polen durchgeführt.

Über eine Distanz von ca. 50 m wurden Niedriggeschwindigkeitstests durchgeführt. Das Flugzeug wurde mit einem ATV gezogen. Während der Läufe wurden alle fünf Komponenten gemessen: die Kräfte F_Z und F_X sowie die Momente M_X, M_Z und M_Y. Detaillierte Ergebnisse dieser Messungen sind in Kap. 10 enthalten.

Eine mögliche zukünftige Verwendung des vorgestellten Radprüfstands wird die Bestimmung des Kraftschlusses beim Bremsen und der Rollwiderstandskoeffizienten für einen Flugzeugreifen auf verschiedenen Flugfeldoberflächen sein. Zu diesem Zweck wurde die Messnabe zusammen mit Messgeräten (Datenerfassungssystem, Stromversorgung usw.) auf einem Einzelradprüfstand installiert. Der Tester ist in der Lage, ein Fahrwerk des PZ-104 Wilga 35A mit vollständiger Beweglichkeit zu ersetzen.

Abb. 6.22 Die Radmessnabe auf dem PZL-104-Wilga-35-Flugzeug installiert

6.3.1.2.6 Zertifizierung des Sensors für Boden- und Flugversuche

Da die wertvollsten Daten aus realen Flugversuchen stammen, besteht eines der zukünftigen Ziele darin, das vorgestellte Sensorsystem in einem fliegenden Flugzeug anzuwenden und die Kräfte und Momente während der Flugversuche bei voller Geschwindigkeit sowie während des Rollens bei Start und Landung zu messen. Um dies zu vervollständigen, ist es erforderlich, eine behördliche Genehmigung für die Verwendung des Kraftsensors für den Testflug einzuholen. Das Sensorsystem in der vorgestellten Version kann für den Einsatz im PZL-104-Wilga-35A-Flugzeug zertifiziert werden. Es ist jedoch möglich, das Sensorsystem so zu umzurüsten, dass es zu jedem anderen Leichtflugzeug passt. Folglich könnte die Zertifizierung praktisch für andere Flugzeuge erreicht werden. Die Zertifizierung des Sensorsystems erfordert Festigkeitsprüfungen, die in Zusammenarbeit mit dem Institut für Luftfahrt, Warschau, geplant sind. Die Zertifizierungstests umfassen Falltests mit verschiedenen Anfangsenergien sowie Roll-out-Tests auf einem Trommelprüfstand. Der Zertifizierungsprozess muss unter Aufsicht des Inhabers des Musterzertifikats für das Wilga-Flugzeug durchgeführt werden.

6.3.1.3 Kalibrierung

Die Kalibrierung dient zur Herstellung des Übersetzungsverhältnisses zwischen den Belastungen, die auf den Messwertaufnehmer einwirken und den elektrischen Ausgangssignalen. Eine Radmessnabe kann entweder mit oder ohne den Reifen kalibriert werden. Die Kalibrierung ohne den Reifen ist der Basisversuch einer Messnabe. Dieser wird für radiale, tangentiale und laterale Belastungen absolviert.

Die Kalibrierung mit Reifen kommt den realen Bedingungen nahe, hierbei sind allerdings die Effekte der Hyperelastizität in der Gummimischung des Reifens zu berücksichtigen, demnach ist die Kalibrierung unter dynamischen Kräften durchzuführen. Eine Einrichtung zur Kalibrierung einer Radmessnabe mit Reifen wurde für die Motorradmessnabe bei BMW entwickelt. Mit Hilfe der Kalibrierversuche können auch die Linearität, das Übersprechen und die Gleichförmigkeit der Empfindlichkeit des umlaufenden Rades bestimmt werden.

Für den Kraftsensor am Flugzeugrad wurde eine etwas andere Kalibrierungsmethode verwendet. Die X-Y-Komponentenkanäle wurden auf einem Prüfstand kalibriert, um die Kalibrierungsfaktoren V-kN und V-kgm zu erhalten. Der Kalibrierungsprüfstand wurde von einem herkömmlichen Ermüdungsprüfgerät adaptiert. Das Schema der Kalibrierung ist in Abb. 6.23 dargestellt. Zu beachten ist die quadratische Befestigung am Sensor, um die Lasten in zwei senkrechten Richtungen aufzubringen. Zur Momentenkalibrierung wurde ein Kraftarm am Sensor angebracht. Für jeden einzelnen Kraftkanal wurden Kalibrierungstests durchgeführt und der Sensor für den jeweiligen Test entsprechend im Prüfstand positioniert. Die Tests wurden für Lasten von ±5,5 kN (FZ) und ±1,3 kN (Fx) durchgeführt. Die Momentenkanäle wurden in einem Bereich von ± 450 und 220 kgm kalibriert. Die Ergebnisse der Kalibrierungstests zeigen eine sehr gute Linearität des Sensors. Beide Sensoren wurden durch Hinzufügen der sogenannten „toten" Dehnungsmessstreifen in den Brücken vor Temperatureinflüssen geschützt.

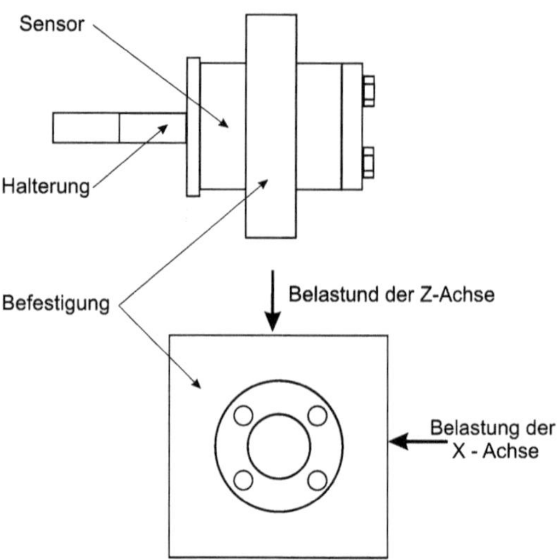

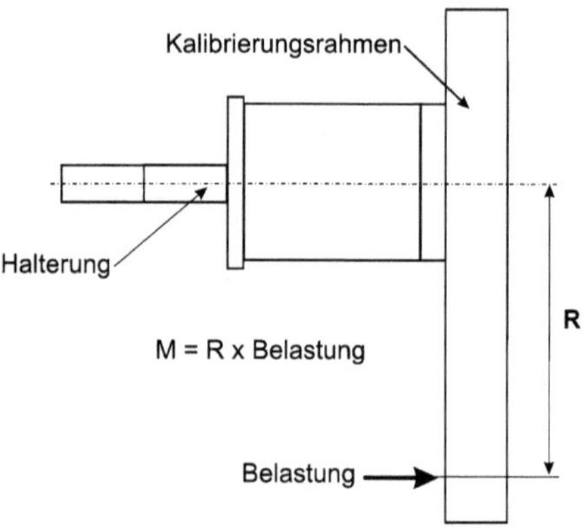

Abb. 6.23 Kalibierung – Einrichtung für die Flugzeugradmessnabe

6.3.2 Messmethoden zur Bestimmung der Kontaktfläche und Druckverteilung

6.3.2.1 Reifen-Abdruck-Methode

Diese Methode besteht aus einem Reifenabdruck auf dem Boden und wird üblicherweise auf einem Prüfstand mit einem Rad durchgeführt (Einzelnradeinrichtung) [2, 9]. Das Rad wird auf den Boden aufgestellt und mit vertikaler Kraft belastet, wodurch verschiedene Lastmuster angewendet werden können:

- Schwerkraft
- Schrittweise Erhöhung der Last mit Ballastgewichten
- Geregelte Last, die mittels eines Schraubmechanismus oder eines Hydraulikzylinders realisiert wird

Unter Laborbedingungen kann der Reifenabdruck im Bodenkanal oder in einer monolithischen Bodenprobe erfolgen. Bevor das Rad auf den Boden gestellt wird, wird ein Bogen Papier abgelegt, und der Latsch mit Tinte oder Farbe bedeckt ist. Auf diese Weise kann ein grafisches Muster der Kontaktfläche erzeugt werden. Die Zeichnung der Kontaktfläche wird dann analysiert, in der Regel wird die Summenfläche durch eine Planimetrie- oder Computermethode mit CAD-Software bestimmt.

Die Reifenabdruckmethode kann auch unter Feldbedingungen verwendet werden. Dann wird die Fahrzeugachse angehoben, um den Papierbogen zu platzieren und die Bodenoberfläche zu planieren. Nach dem Ablassen der Achse bewirkt die Radlast, dass der Aufdruck hergestellt wird. Anschließend wird die Fahrzeugachse wieder angehoben, um den Papierbogen zu entfernen.

6.3.2.1.1 Prozedere

Nach gründlicher Reinigung wurde der Reifen mit Tinte bedeckt, die den Abdruck auf dem Papierbogen abstempeln soll. Dann wurde der Reifen auf die vorbereitete Papierfläche abgesenkt. Nach dem Verlassen des Fahrzeugs wurde einige Minuten gewartet, bis der Abdruck abgestempelt war. Danach wurde der Reifen angehoben, um den Abdruck nicht zu beschädigen. Der entfernte Papierbogen mit dem Reifenabdruck zeigt die tatsächliche Kontaktfläche des Rades mit dem Boden.

Um die reale Größe der Kontaktfläche zwischen Reifen und Boden zu bestimmen, wurde die Stempelung auf dem Papierbogen mit einem aufgebrachten Maßband fotografiert. Anschließend wurden die Fotos in das AutoCad-Programm eingegeben, um die realen Abmessungen zu erhalten. Anschließend wurde die Flächengröße der Spuren bestimmt.

6.3.2.2 Fotogrammetrische Methode zur Bestimmung der Reifen-Boden-Kontaktfläche

Grundsätzlich ist die Fotogrammetrie eine Methode, bei der Informationen über physikalische Objekte und die Umgebung durch Aufzeichnen, Messen und Interpretieren fotografischer Bilder und Muster aufgezeichneter elektromagnetischer Strahlungsenergie und anderer Phänomene gewonnen werden können [10].

Die Fotogrammetrie verwendet Methoden aus vielen Disziplinen, einschließlich Optik und projizierender Geometrie. Die digitale Bildaufnahme und die fotogrammetrische Verarbeitung umfassen mehrere genau definierte Stufen, mit denen digitale 2D- oder 3D-Modelle des Objekts als Endprodukt erstellt werden können. Das Datenmodell auf der rechten Seite zeigt, welche Art von Informationen in fotogrammetrische Methoden einfließen und daraus entnommen werden können. Die 3D-Koordinaten definieren die Positionen von Objektpunkten im 3D-Raum. Die Bildkoordinaten definieren die Positionen der Objektpunkte auf einer Fotografie. Die Außenorientierung einer Kamera bestimmt ihre Position im Raum und ihre Blickrichtung. Die innere Orientierung definiert die geometrischen Parameter des Abbildungsprozesses. Dies ist in erster Linie die Brennweite der Linse, kann aber auch die Beschreibung von Linsenverzerrungen einschließen. Weitere zusätzliche Beobachtungen spielen eine wichtige Rolle: Mit abgebildeten Maßstäben, einem bekannten Abstand von zwei Punkten im Raum oder bekannten Fixpunkten, wird die Verbindung zu den Grundmesseinheiten hergestellt.

Jede der vier Hauptvariablen kann eine Eingabe oder eine Ausgabe einer fotogrammetrischen Methode sein. Algorithmen für die Fotogrammetrie versuchen typischerweise, die Summe der Fehlerquadrate über den Koordinaten und die relativen Verschiebungen der Referenzpunkte zu minimieren. Diese Minimierung wird als Bündelanpassung bezeichnet und wird häufig mit dem Levenberg-Marquardt-Algorithmus durchgeführt.

Ein spezieller Fall, Stereofotogrammetrie genannt, beinhaltet das Schätzen der dreidimensionalen Koordinaten von Punkten auf einem Objekt unter Verwendung von Messungen, die in zwei oder mehr aus verschiedenen Positionen aufgenommenen fotografischen Bildern (siehe Stereoskopie) vorgenommen werden. Gemeinsame Punkte werden auf jedem Bild identifiziert. Eine Sichtlinie (oder ein Strahl) kann vom Kamerastandort bis zum Objektpunkt erstellt werden. Der Schnittpunkt dieser Strahlen (Triangulation) bestimmt den dreidimensionalen Ort des Punktes. Anspruchsvollere Algorithmen können andere a priori bekannte Informationen über die Szene nutzen, beispielsweise Symmetrien, die in einigen Fällen die Rekonstruktion von 3D-Koordinaten von nur einer Kameraposition aus ermöglichen. Die Stereofotogrammetrie entwickelt sich zu einer robusten, berührungslosen Messmethode, um dynamische Eigenschaften und Modellformen von nicht rotierenden und rotierenden Strukturen zu bestimmen.

6.3.2.2.1 Prozedere

Zunächst wurde eine Fahrspur erstellt, indem das Rad mit einer Geschwindigkeit von ca. 1 bis 1,5 m/s vorwärtsbewegt wurde, möglichst ohne oder mit nur minimalem Radschlupf. Dann wurde ein Abschnitt der Spur ausgewählt, der in die Markierungen eingefügt wurde. Markierungen, die für eine fotogrammetrische Rekonstruktion verwendet werden, sollten von regelmäßiger Form (kreisförmig oder quadratisch), klein und farbig sein, um ihre Sichtbarkeit und ihren Kontrast bei unterschiedlichen Lichtbedingungen zu verbessern. Es sollten möglichst viele Markierungen eingefügt werden, insbesondere bei unregelmäßigen Objekten – wie zum Beispiel beim Reifenabdruck im Boden.

Danach wurden von dem vorbereiteten Abschnitt der Spur eine Anzahl von Fotos aus verschiedenen Höhen sowie aus verschiedenen Blickrichtungen mit einer Kamera aufgenommen. Die Fotoserie wurde dann für die digitale 3D-Rekonstruktion der betreffenden Reifen-Boden-Kontaktfläche verwendet.

Diese Rekonstruktion der Kontaktfläche wurde mit Hilfe einer Computersoftware durchgeführt, die auf 3D-Stereofotogrammetriealgorithmen beruht und die Bestimmung von 3D-Punktkarten aus mehreren Aufnahmen eines Objekts ermöglicht. Auf der Spur angebrachte farbige Markierungen spielen die Rolle von Referenzpunkten und kalibrieren das Bemaßungsmodul. Daher ist es wichtig, dass diese Markierungen so klein wie möglich sind, und tunlichst bei verschiedenen Lichtbedingungen (Sonneneinstrahlung usw.) sichtbar sind. Das Verfahren mit Markern wurde nach einigen ersten, nicht erfolgreichen Versuchen, bei denen Pulver auf den Boden aufgetragen wurde, angewandt.

6.3.3 Messmethoden zur Messung des Bodenspannungszustandes

Das Befahren des Ackerbodens mit landwirtschaftlichen Maschinen verursacht Druckspannungen und Verformungen im Boden, resultierend aus der einwirkenden Gewichtskraft und der Aufstandsfläche des jeweiligen Fahrwerks. Im Vergleich zu den oben beschriebenen Messmethoden, in denen verschiedene Bodenparameter statisch bestimmt werden, können Spannungen und Verformungen in dem durch ein Fahrzeug belasteten Boden auch dynamisch gemessen werden. Ein Vorteil solcher Messungen liegt darin, dass sie mit realem Fahrzeug im Gelände unter realen Bedingungen durchgeführt werden können. Der folgende Abschnitt umfasst die Problematik der messtechnischen Ausrüstung für Spannungs- und Verformungsmessungen im Boden.

6.3.3.1 Druckaufnehmer für Boden

Die Messung der Spannungen im Boden durch fahrende Fahrzeuge oder Maschinen hat eine wesentliche Bedeutung in der Terramechanik. Die Kenntnis der Spannungsfortpflanzung unter Belastung der Laufelemente, wie Räder oder Ketten, kann zu verschiedenen Forschungsvorhaben genutzt werden, wie z. B. Verifikation und Parametrisierung der bisherigen Reifen-Boden-Modelle, Entwicklung neuer Modelle oder Untersuchung der Bodenverdichtung [11–23]. Der wahrscheinlich größte Vorteil dieser Messungen ist die Möglichkeit, kontinuierliche Bodenreaktionen auf die Lasten zu beobachten. Im Gegensatz hierzu stehen penetrometrische Messungen, mit denen man ausschließlich die Anfangs- und Endlage des Bodens bestimmen kann.

Der Erste, der Druckspannungen im Boden zu messen begann, war Kögler (1933) [24], indem er einen plastischen Drucksensor einsetzte. Das Arbeitsprinzip eines solchen Sensors ist, dass er aufgrund des Bodendruckes seinen Rauminhalt verändert. Nach Kögler verwendeten auch andere Forscher die plastischen Drucksensoren für Bodendruckmessungen, so waren es Blackwell und Soane [15], Verma [25] und Booling [16]. Der bei Blackwell entwickelte Bodendruckaufnehmer war eine mit Wasser gefüllte Gummikugel und erforderte eine komplizierte Kalibrierung vor der Messung, da die Temperaturcharakteristik des Wassers aufgrund der großen Wärmeausdehnung bestimmt werden musste. Die Konstrukteure dieses Sensors verwendeten noch eine Innovation, nämlich eine Kugel aus Mastix (Gummiharz). Damit konnten auf der Basis der Theorie des Lamé-Ellipsoids neben der hydrostatischen auch die deviatorischen Spannungen im Boden bestimmen werden.

Jedoch stellte sich die Positionierung des Sensors im Boden vor der Messung sowohl für den Ablauf als auch für die Endergebnisse schwierig dar, da die Bodenstruktur bei diesem Verfahren homogenisiert wird und demnach verfälschte Ergebnisse liefert. Nur bei nicht aggregierten Untergründen hat die Einbringung des Sensors in den Boden keinen Einfluss auf die Endergebnisse. Eine innovative Lösung dieses Problems wurde von Ing. Ingo Booling von der Technischen Universität München vorgestellt. Um den Drucksensor in den Boden einzubringen, wird eine diagonale Bohrung in den Boden eingebracht, anschließend der Sensor installiert und schließlich mit Wasser befüllt. Das Bodenvolumen um den Sensor ist unbeschädigt. Eine verbesserte Version des von Booling optimierten Sensors wurde bei Geischeder zur dynamischen Messung der Bodendrücke unter fahrenden Traktoren verwendet. Eine etwas anders gestaltete Art der Einstellung der hydraulischen Sensoren im Boden wurde vom Autor dieses Buches konzipiert. Ein Sensor ist hier in einem Gehäuse montiert und die hydraulische Verbindung zwischen Sensor und Druckaufnehmer bildet eine Stahlkapillare. Das Gehäuse samt Sensor wird seitlich in ein Bodenprofil mittels eines Stößels eingesteckt. Dank der Ausformung des Gehäuses ist die Bodenstruktur weitestgehend ungebrochen. Obwohl viele Konstruktionen der hydraulischen Bodendrucksensoren entwickelt und gebaut wurden, haben sie einige wesentliche Nachteile:

- Schwierigkeiten bei der Befüllung und Entlüftung der hydraulischen Anlage
- Sicherstellung der Dichtigkeit aller hydraulischen Teile
- Temperaturempfindlichkeit der hydraulischen Flüssigkeiten
- Niedrige mechanischen Festigkeit der Gummimembranen
- Problematische Benutzung im Feld

Des Weiteren sind die hydraulischen Drucksensoren höhenempfindlich. Eigentlich ist diese Eigenschaft ein Nachteil, denn die Sensoren bewegen sich vertikal zusammen mit dem Boden und diese Bewegungen werden fälschlicherweise als Veränderung des Bodendruckes registriert, dennoch wurde dieses Verhalten zur Bestimmung der vertikalen Verlagerung und Deformation des Bodens ausgenutzt.

Ein Miniaturhydrauliksensor zur Messung der Druckfortpflanzung im Boden wurde vom Autor entworfen und gebaut Abb. 6.24. Es wurde versucht, den Sensor sowohl in Labortests (Minibodenkanal, monolithische Bodenproben) als auch unter Feldbedingungen einzusetzen. Aufgrund der geringen mechanischen Festigkeit der Membran sowie der umständlichen Messvorbereitung (Befüllen, Entlüften) hat der Sensor in der Praxis keine breitere Anwendung gefunden [26].

Eine gute Alternative zu hydraulischen Drucksensoren für Bodenmessungen sind tensometrische Aufnehmer mit elastischen Membranen. Als ein Konverter von Bodendruck zu einem elektrischen Signal dient ein Tensometer oder Dehnungsmessstreifen (*DMS*). Die typische Form einer DMS besteht aus einer Messgitterfolie aus Konstantan (Kupferlegierung) von 3 bis 8 μm Dicke. Sie wird auf einen dünnen Kunststoffträger aufgebracht und ausgeätzt sowie mit elektrischen Anschlüssen versehen. Die meisten *DMS* haben eine zweite dünne Kunststofffolie auf ihrer Oberseite, die mit dem Träger fest verklebt ist und das Messgitter mechanisch schützt. Der *DMS* wird auf einem Messkörper mit speziellem Klebstoff appliziert und misst die Dehnung des Messkörpers unter Belastung. Bei Druckaufnehmern für Böden dient als Messkörper eine aus Stahl, Aluminium oder Titan hergestellte Membrane. Zunächst werden die Unterschiede zwischen Druckaufnehmern mit Gummi und Metallmembranen aufgeführt. Abb. 6.25 zeigt schematisch zwei solche Sensoren im Boden. Eine Gummimembran passt sich der Bodenkontur an. Die Membrane ist weicher als die Bodenpartikel, sodass ein Teil der Belastung durch das Gummi absorbiert wird. Dadurch ist davon auszugehen, dass der gemessene Bodendruck kleiner als der tatsächliche ist. Im Gegensatz dazu dehnt sich eine Metallmembran nur geringfügig, hier passt sich die Bodenstruktur der Kontur der Membran an, sodass ein höherer Bodendruckmesswert zu erwarten ist als der tatsächlich

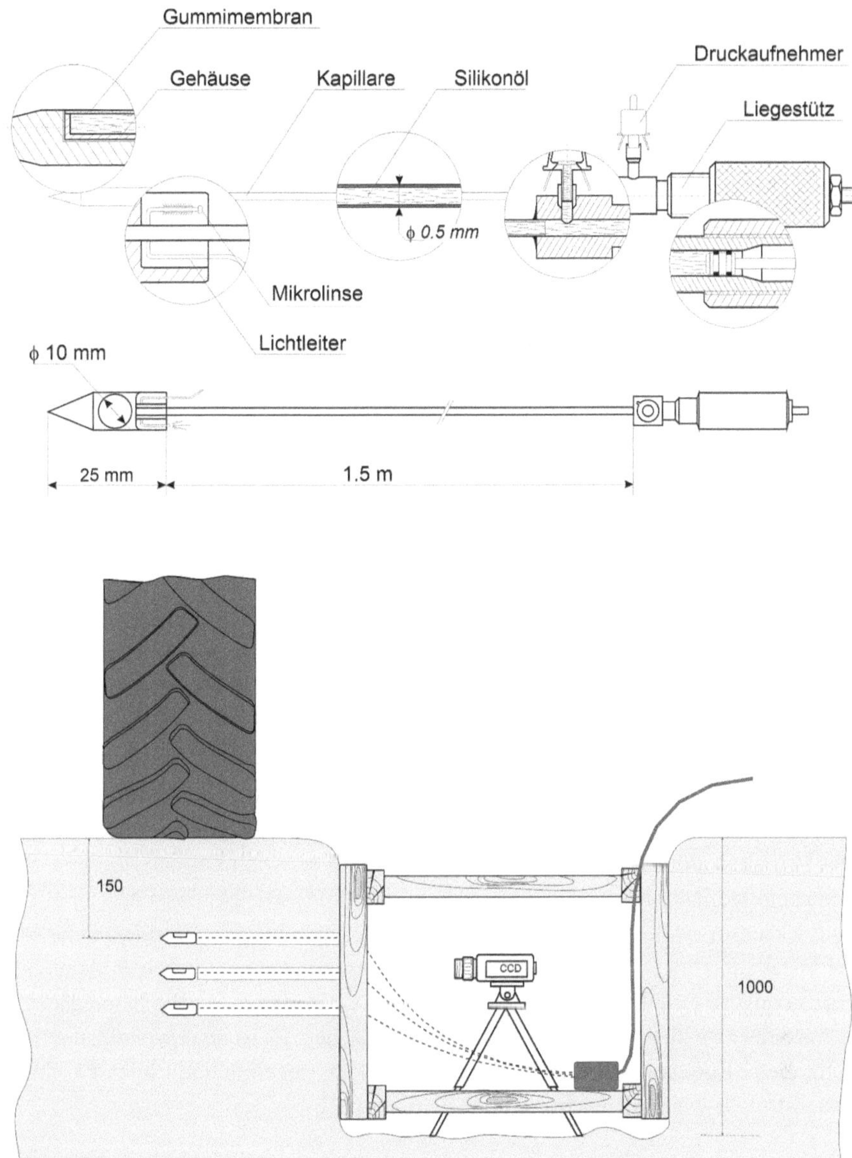

Abb. 6.24 Miniaturdruckaufnehmer für Boden

vorhandene. Um diese Problematik abzumildern, ist eine daher eine ausführliche Kalibrierung notwendig.

6.3.3.1.1 Geometrie eines Bodenspannungssensors

Die meisten Bodendruckaufnehmer sind kreisförmig, mit Ausnahme einiger kugelförmiger Hydrauliksensoren (wie oben beschrieben). Ein typischer Drucksensor für die Bodenuntersuchung ist eine kreisförmige Platte mit einem Durchmesser von 5 bis 50 mm, obwohl auch

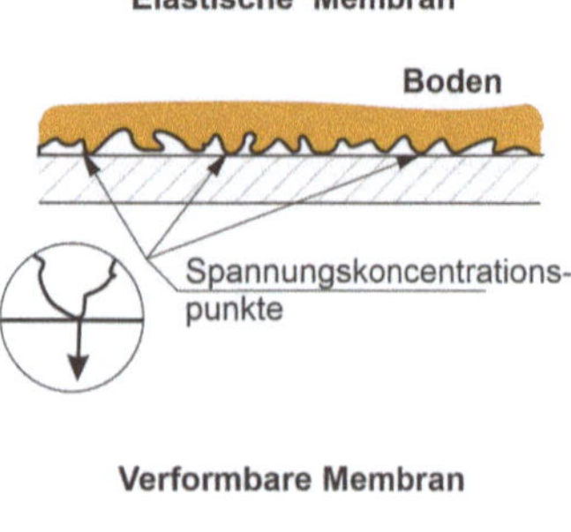

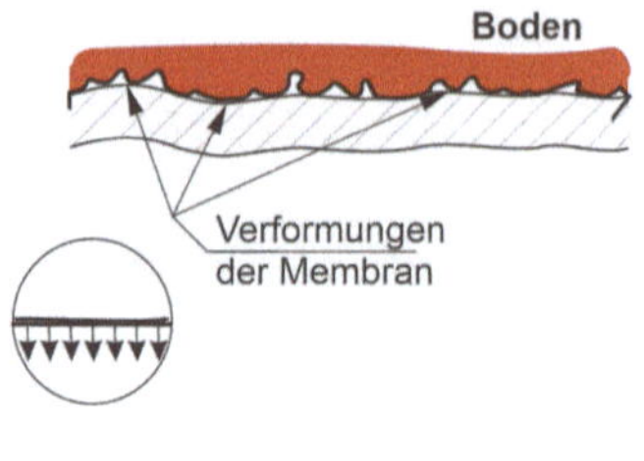

Abb. 6.25 Funktion eines Sensors mit Metall- und Gummimembran

Sensoren mit wesentlich größeren Abmessungen verwendet werden. Die Sensorhöhe reicht von 3 bis 20 mm. Eine wichtige Größe ist das Seitenverhältnis des Sensors – das Verhältnis von Höhe zu Durchmesser. Der untersuchte Boden kann sich abhängig von der Steifigkeit des Sensorkörpers und der Bodenfestigkeit auf oder über den Schallkopf wölben. Das optimale Seitenverhältnis beträgt 0,1 oder weniger. Bei größeren Verhältnissen kann die Druckumverteilung die Messungen erheblich beeinflussen. Da der Sensor ein starrer Körper ist, kann sich der Druck auf seine Kanten konzentrieren, wodurch er sich ungleichmäßig auf den Sensor verteilt. Um diese Fehlerquelle zu vermeiden, schlugen Peattie und Sparrow vor, das Verhältnis der empfindlichen Fläche zur gesamten Kontaktfläche für einen Sensor mit druckempfindlicher Membran unter 0,45 zu halten [24]. Die Umrissabmessungen eines Bodendrucksensors sollten so klein wie möglich sein, um Fehler zu minimieren, die sowohl bei der Installation als auch bei der Messung auftreten. Erstens verursachen kleine Sensoren eine geringere Druckkonzentration, zweitens können mehrere nahe beieinander platzierte Sensoren eine zu große Bodenfestigkeit vortäuschen. Es ist auch wichtig, die richtige Form für einen Bodendrucksensor auszuwählen. Glatte, regelmäßige Linien beschädigen die Bodenstruktur während der Installation weniger [22].

6.3.3.1.2 Konstruktion eines DMS-Bodendruckaufnehmers

Abb. 6.26 zeigt das Konzept eines DMS-Drucksensors für den Boden. Er besteht aus einem Korpus, einem Dehnungsmessstreifen und einer Elektronikplatine. Typischerweise wird ein Bodendrucksensor in Rundform gebaut, hierbei dient der Korpus sowohl als Messkörper als auch als Gehäuse. In der Regel haben solche Sensoren einen Durchmesser von 10 bis 70 mm, die am häufigsten verwendete Größe beträgt 20 mm. Die Rundteil Oberfläche des Gehäuses, der Messkörper, soll mit einem präzisen bestimmten Dicken und Rauheit hergestellt werden. Die Dicke t einer Membran kann mit der folgenden Gleichung ermittelt werden [27, 28]:

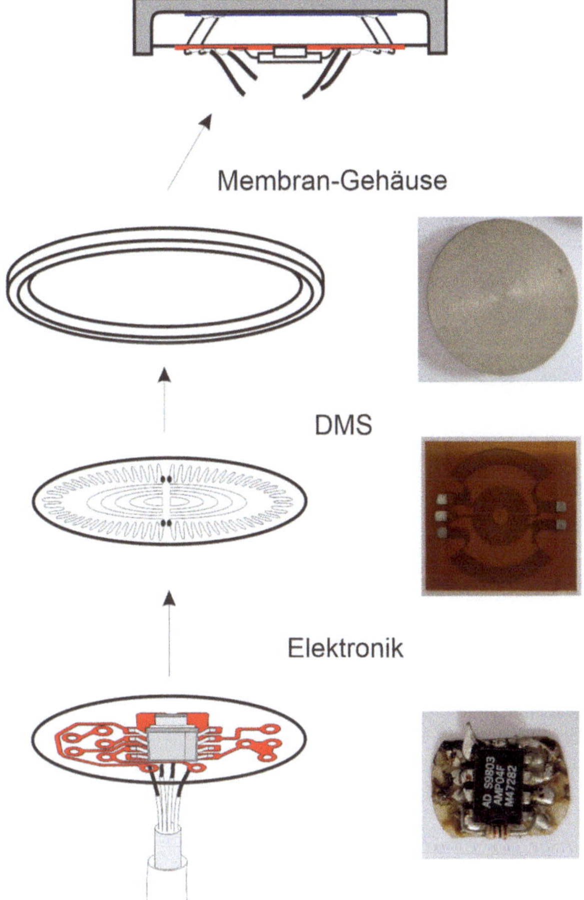

Abb. 6.26 Konstruktionsbauweise eines integrierten Bodendrucksensors

$$t = R_0 \sqrt{0{,}75P \frac{1-\nu^2}{4e_0^2 E}} \tag{6.16}$$

mit:

- R_0 – Radius der Membran, mm
- P – Belastung, N
- ν – Poissons Modulus /-/
- e_0 – Brückenausgang, mV/V
- E – Elastizitätsmodul, N/m^2

Bei der Bestimmung der Parameter eines Druckaufnehmers ist zu berücksichtigen, dass die aktive Oberfläche nicht größer als 45 % der Fläche der gesamten Membran wird.

Die Herstellung einer Membran aus Stahl oder Duraluminium kann auf verschiedene Weise erfolgen. Für das grobe Formen des Gehäuses kann das Verfahren des Feindrehens eingesetzt werden, im Anschluss müssen jedoch beide Oberflächen der Membran bis zu einer Rauheit von 0,32 µm geschliffen werden. Hierzu muss das Teilerzeugnis fixiert werden, was bei einer Membrandicke von weniger als 0,5 mm sehr schwierig ist, da es dabei mit hoher Wahrscheinlichkeit zu einer dauerhaften Verformung des Bauteils kommt. Deswegen wird zur Herstellung der Gehäuse mit dünnen Membranen ein elektroerosives Verfahren einsetzen. Hierbei ist eine Rauheit von 0,32 µm oder sogar kleiner möglich. Abb. 6.27 erklärt das Prinzip dieses Verfahrens. Zunächst stellt man einen Abdruck der Innenseite des Sensorgehäuses aus Kupfer her, dessen Maße und Oberflächenrauheit dem Original entsprechen. Mittels Elektroerosion (auch Erodieren genannt) wird diese Vorlage in einer nicht leitenden Flüssigkeit, meist deionisiertes Wasser oder spezielles Öl, in die Nähe eines elektrisch leitenden Werkzeugs gebracht, an dem eine elektrische Spannung (40 bis 150 V) anliegt. Durch die Entladungen zwischen den beiden Teilen entstehen Funken, die einen Materialabtrag von dem Werkzeug verursachen. Nachteilig hierbei ist der enorme Zeitaufwand, die Herstellung eines Sensorgehäuses von 20 mm Durchmesser dauert bis zu drei Stunden. Da das zur Bearbeitung verwendete Werkzeug ebenfalls erodiert wird, muss dieses ebenfalls regelmäßig erneuert werden. Typischerweise reicht ein Werkzeug zur Herstellung von rund zehn Membranen. Abb. 6.28 zeigt ein durch Erodieren fertiggestelltes Sensorgehäuse.

Es gibt zwei Arten von Dehnungsmessstreifen, die für solche Sensoren eingesetzt werden können: ein klassischer Ringstreifen und ein rechteckiges DMS. Beide werden in Form einer Wheatstone-Vollbrücke hergestellt. Da ein typischer Bodendrucksensor sehr

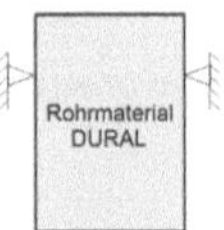

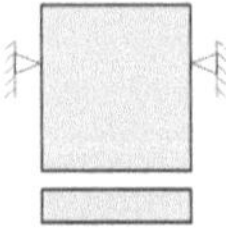

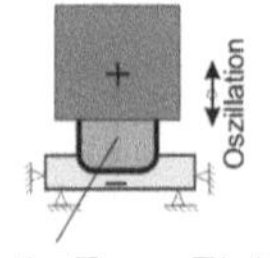

Abb. 6.27 Herstellung der Sensormembranen mittels elektroerosiven Verfahrens [22]

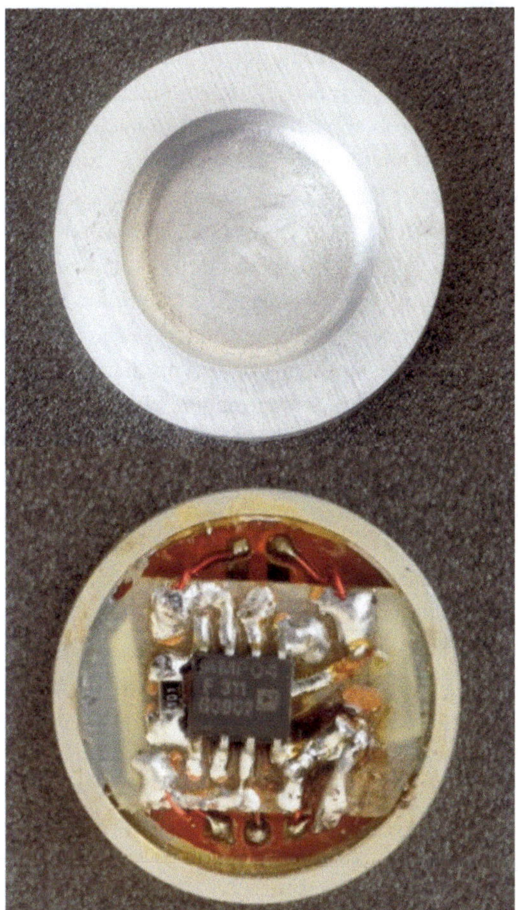

Abb. 6.28 Das mit dem elektroerosiven Verfahren hergestellte Sensorgehäuse (oben) und komplette Sensoren (unten)

klein ist, ist der Einsatz von zusätzlichen DMS zur thermischen Kompensierung zumeist unmöglich. Deswegen sind solche Sensoren bei verschiedenen Temperaturen zu kalibrieren. Um den Dehnungsmessstreifen auf dem Messkörper zu applizieren, dienen diverse Klebstoffe, meistverwendet sind Dreikomponenten-Epoxidharze, z. B. M-Bond^{R} von Vishay Micro-Measurements. Dieser Kleber ermöglicht eine sehr dünne Klebeschicht von etwa 0,005 mm, sodass dadurch die Messung nicht beeinflusst wird. Beim Kleben ist es ebenfalls sehr wichtig, den vom Hersteller erforderten Kontaktdruck sowie die erforderliche Temperatur während der Härtung einzuhalten. Zur weiteren Wissensvertiefung im Bereich der DMS-basierten Bodendruckaufnehmer ist neben mehreren Handbüchern eine Broschüre „*Strain Gage Based Transducers*" von Measurements Group, Inc., sehr zu empfehlen [27].

6.3.3.1.3 Integrierter Bodendruckaufnehmer

Die kleinen Signale des Dehnungsmessstreifens erfordern eine hohe Verstärkung. In den meisten Fällen überschreitet der Abstand zwischen einem Sensor und einem Verstärker 1 m und mehr. Dies führt zu Problemen bei Signalstörungen, auch wenn hochwertige abgeschirmte Signalkabel verwendet werden. Die Integration eines Standard-DMS-Sensors in einen Instrumentenverstärker löst diese Probleme. Die elektrischen Verbindungen zwischen einer Messbrücke und den Stiften des Verstärkers können Millimeter lang und verlötet sein. Das Eliminieren von Verbindern minimiert somit Störungen. Darüber hinaus zeichnet sich der Wandler durch hohe Ausgangssignale von 1 bis 5 V und eine gute Beständigkeit gegen äußere elektrische und elektromagnetische Felder aus.

Der komplette Aufnehmer besteht aus einem typischen Membrandruckmesswandler mit einem kreisförmigen Dehnungsmessstreifen und einem Subminiaturpräzisionsmessverstärker [29]. Die Membran hat einen Durchmesser von 20 mm und die Gesamthöhe des Schallkopfgehäuses beträgt 3 mm. In diesem kleinen Raum muss ein kompletter Brückeninstrumentenverstärker platziert und angeschlossen werden. Die heutige SMD-Technologie (Surface Mounted Devices) bietet sowohl Multifunktions- als auch Spezialchips in kleinen Gehäusen. Für das vorliegende Projekt wurde eine SIM-8-Paketoption verwendet. Der einzige externe Teil neben der integrierten Schaltung ist ein Miniaturpräzisionsinstrumentenverstärker mit einer Verstärkung von 1 bis 1000, der auch programmierbar eingestellt werden kann. Das Gerät arbeitet mit einer Versorgungsspannung von 5 V. Das vollständige Aufbaudiagramm der integrierten Bodendrucksensoren ist in Abb. 6.26 dargestellt. Der SMD-Verstärker und der Verstärkungswiderstand wurden auf eine kleine Platte montiert und die Platte wurde an das Wandlergehäuse geklebt. Als Nächstes wurden elektrische Verbindungen zwischen Brücke und Verstärker gelötet. Ein 3-adriges abgeschirmtes Standardkabel verbindet das Gerät mit einem Datenerfassungssystem.

Ein wertvoller Vorteil des integrierten Wandlers ist, dass die Ausgangssignale von 0 bis +2,5 V reichen und wenig Rauschen aufweisen. Dies ist ein Vorteil im Vergleich zur Übertragung schwacher Signale von Dehnungsmessstreifen über mehrere Meter Kabel zu einem externen Verstärker. Bei Feldversuchen mit schweren, schnell fahrenden Fahrzeugen ist ein tragbarer Datenrekorder aus Sicherheitsgründen normalerweise mehrere Meter vom Messpunkt entfernt. Dementsprechend lange Kabel, die mit Dehnungsmessstreifen verbunden sind, können externen elektromagnetischen Quellen ausgesetzt sein, die die Messungen beeinträchtigen können. Kompakte integrierte Messwandler sind einfacher zu verwenden, und 5-V-Batterien anstelle der +/− 12-V-Spannungsversorgung in herkömmlichen DMS-Anwendungen sind bei Feldmessungen sehr hilfreich [22].

6.3.3.1.4 Bodensensor mit Druckmechanismus

Eine interessante Konstruktion eines Drucksensors für den Boden wurde von Lamandé et al. [20, 21]. vorgestellt. Der Sensor hat die Form eines Zylinders, was seine Platzierung im Boden erleichtert. In die Wand des Bodenprofils wird ein horizontaler Kanal gebohrt

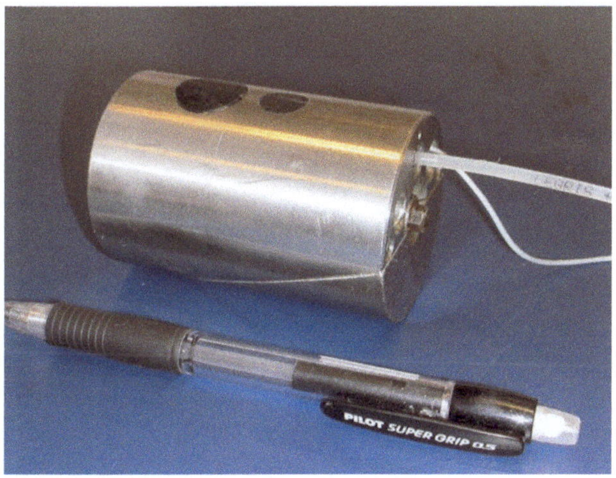

Abb. 6.29 Bodendrucksensor mit Druckmechanismen (mit freundlicher Genehmigung von Dr. Matthieu Lamandé)

und der Sensor in das Innere eingeführt. Ein Druckmechanismus wird dann aktiviert, um einen optimalen Kontakt zwischen der Membran und dem Boden sicherzustellen. Der Sensor besteht aus zwei Teilen, die über eine schiefe Ebene gegeneinander verschoben werden können, und durch die Wirkung einer seitlichen Kraft, die von der Stange aufgebracht wird, mit der der Sensor in den Kanal geschoben wird, wird eine nach oben gerichtete Komponentenkraft erzeugt, die die Membran gegen die obere Wand des Kanals im Boden drückt. Die Sensormembran ist bündig mit dem Gehäuse und hat die Form einer zylindrischen Oberfläche. Der Sensor ist in Abb. 6.29 dargestellt.

6.3.3.1.5 Low-Profile-Drucksensor für Schnee

Bei den Sensoren handelt es sich um DMS-Wandler, die in einem Low-Profil-Gehäuse eingekapselt sind, um eine einfache Installation im Schnee zu ermöglichen (siehe Abb. 6.30). Der Sensor besteht aus einer dünnen Aluminiummembran, auf die ein DMS geklebt wurde. In der Nähe des Dehnungsmessstreifens wurde ein Instrumentenverstärker installiert, sodass die Sensoren von einer + 5-V-Batterie versorgt werden, was ihre Verwendung unter Feldbedingungen vereinfacht [30].

6.3.3.2 Kalibrierung der Bodendruckaufnehmer

Das einfachste Kalibrierungsverfahren für Bodendruckaufnehmer ist eine Luftkalibrierung. Ein Aufnehmer wird in einem luftdichten Zylinder platziert (siehe Abb. 6.31), anschließend wird der Luftdruck schrittweise erhöht und für jeden Luftdruckwert in kPa eine Ausgangspannung vom Aufnehmer notiert und gespeichert. Aus der daraus gewonnenen Charakteristik wird ein mV-kPa-Faktor für den kalibrierten Sensor bestimmt. Aus metrologischer Sicht ist ein Referenzmessgerät zur Messung des eingesetzten Luftdrucks zu verwenden, vorzugsweise durch einen präzisen Druckaufnehmer der Klasse 1. Die Luftkalibrierung

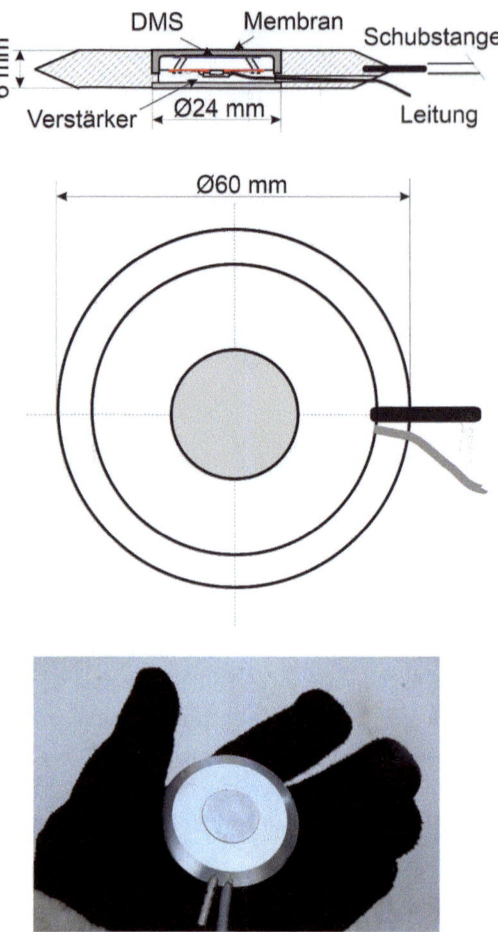

Abb. 6.30 Low-Profile-Sensor für Schnee [30]

für Bodendruckaufnehmer wird weitestgehend als Primärprüfung eingesetzt. Damit erhält man eine erste Einschätzung über den Messbereich, einen Korrelationskoeffizienten oder die Empfindlichkeit. Der zweite Schritt ist eine Bodenkalibrierung, in der eine Belastung durch eine Schicht des Bodens auf den Messkörper einwirkt. Ein Beispiel eines solches Verfahrens ist in Abb. 6.32 dargestellt. Generell ist für die Bodenkalibrierung der Boden einzusetzen, in dem die Druckmessungen durchgeführt werden. Darüber hinaus soll der Feuchtgehalt eines zur Kalibrierung verwendeten Bodens jenem im Felde entsprechen. Erst die Bodenkalibrierung ergibt die exakte Kenntnis über die Charakteristik eines Bodendrucksensors. Hierbei können bestimmt werden:

- Ein Messbereich, d. h. ein Bereich zwischen dem kleinsten und dem größten Messwert
- Eine Empfindlichkeit, der kleinstmögliche Bodendruckmesswert
- Eine Nichtlinearität, nämlich ein nicht linearer Zusammenhang zwischen der Messgröße und dem Ausschlag

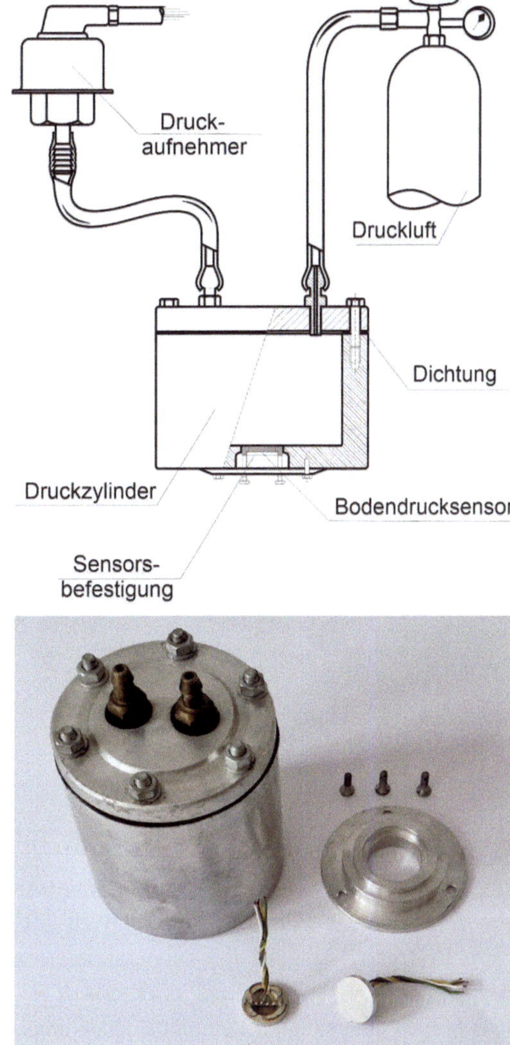

Abb. 6.31 Luftkalibrierung eines Drucksensors. Copyright © 2013 From Dynamics of Wheel-Soil Systems. A Soil Stress and Deformation-Based Approach by Jaroslaw A. Pytka. Reproduced by permission of Taylor and Francis Group, LLC, a division of Informa plc.

Andersartige Kalibrierungsverfahren werden bei SST eingesetzt und sind im nächsten Abschnitt beschrieben.

6.3.3.3 Der SST

Der SST (engl. *Stress State Transducer*) ist ein Sensor mit in sechs Richtungen eingebauten Bodendruckmessaufnehmern. Die Geometrie sowie die sehr enge Verteilung der Aufnehmer ermöglichen auf der Grundlage der Bodendruckmessungen die Bestimmung eines reproduzierbaren Spannungszustandes des Bodens. Diese Rohdaten dienen zur Berechnung der wirksamen Haupt- und Scherspannungen sowie der Richtungswinkel der Hauptspannungen und der mittleren Scherspannung. Der SST wurde bei Nichols et al. im *Natio-*

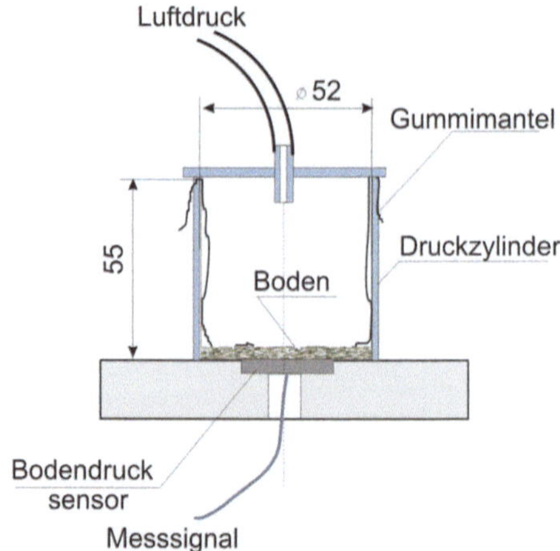

Abb. 6.32 Bodenkalibrierung eines Drucksensors [22] Copyright © 2013 From Dynamics of Wheel-Soil Systems. A Soil Stress and Deformation-Based Approach by Jaroslaw A. Pytka. Reproduced by permission of Taylor and Francis Group, LLC, a division of Informa plc.

nal Soil Dynamics Laboratory in Auburn, USA, entwickelt [31]. In der Folge wurden sie von verschiedenen Forschern in aller Welt gebaut. Wie bereits erwähnt, misst der SST sechs Bodenspannungen: drei hauptaxiale, σ_X, σ_Y und σ_Z, sowie drei in einem gedrehten Axialsystem, σ_{N1}, σ_{N2} und σ_{N3} wirkende Komponenten. Aus den gemessenen Bodenspannungen lässt sich der komplette Spannungszustand ermitteln:

- Die Hauptspannungen σ_1, σ_2 und σ_3 mit den entsprechenden Richtungswinkeln
- Die mittlere Normalspannung σ_{OCT} sowie die Scherspannung τ_{OCT} in einem sogenannten oktaedrischen Axialsystem mit den entsprechenden Richtungswinkeln

Die Umrechnung von Spannungen auf Spannungszustandskomponenten (Hauptspannungen) erfolgt vorzugsweise mittels eines Computerprogramms. Die Berechnungsmethode zur Ermittlung des Bodensspannungszustandes mit dem SST wurde im Abschn. 4.3 beschrieben.

In den meisten Fällen wird ein SST als ein Metall- oder Kunststoffgehäuse mit inneren Schlitzen zur Installation von Druckaufnehmern konzipiert. Aus meteorologischen Gründen soll der SST so klein wie möglich konstruiert werden, mit einem Durchmesser von rund 35 bis 70 mm. Abb. 6.33 zeigt zwei Exemplare von SST, eines von der CAU Kiel, das

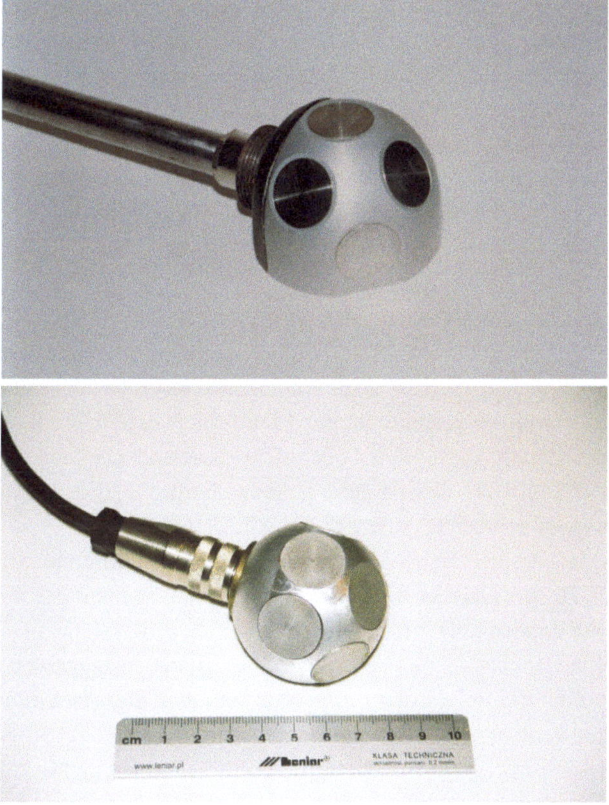

Abb. 6.33 SST. SST von CAU Kiel (oben), andere SST von der TU Lublin (unten) [42]

andere von der TU Lublin. Die am häufigsten in SST eingebauten Drucksensoren haben eine Größe von 7 bis 20 mm. Ein SST kann als ein selbstständiges Messgerät oder als eine Baugruppe eines Messsystems eingesetzt werden. Im zweiten Fall wird ein SST mit einem Bodenverformungsmesssystem verknüpft, was die Ermittlung eines kombinierten Spannungs- und Dehnungsszustandes im Boden ermöglicht.

Im Ausführungsbeispiel besteht SST aus Aluminium. Das Grundelement des SST ist ein starrer Körper, in den Spannungswandler eingebaut sind. Es wurde mit dem Hauptziel entwickelt, die Herstellung zu vereinfachen und den Sensortausch zu optimieren. Kleinere und größere Varianten des SST wurden hergestellt. Der Körper für das größere SST wurde aus einem Stück Aluminium mit einem Durchmesser von 70 mm gefräst. Befestigungslöcher für die Sensoren wurden in sechs Richtungen gebohrt und durch die Rückseite des Wandlers wurde ein Zugang zur Verbindungsstelle der Löcher gebohrt.

Die zweite, kleinere Version des SST-Körpers wurde aus einem 40-mm-Stück Aluminium gefräst. Eine abnehmbare Abdeckung, die an der Unterseite des SST-Gehäuses angeschraubt ist, gewährleistet den Zugang zu den sechs Druckmesswandlern. Ein weiterer Unterschied war die Verwendung eines mehrpoligen Steckverbinders zum Anschließen oder Trennen des Signalkabels.

Die Kalibrierung eines SST stellt höhere Anforderungen und ist schwieriger als bei einzelnen Drucksensoren. Bei der Luftkalibrierung ist ein SST in einem dichten Zylinder einzubauen. Vor der Messung sind daher alle Lücken und Schlitze im SST abzudichten. Bei der im Institut für Pflanzenernährung und Bodenkunde in Kiel entwickelten Methode wird der SST in einem Dreiaxialzylinder installiert. Dank dieses Rahmens, der zur Verknüpfung des SST mit dem Bodenverformungssystem dient, ist die Installation einfach, und da die Signalleitungen innerhalb des Rahmens liegen, ist auch die Abdichtung deutlich vereinfacht.

6.3.3.4 Installation der Drucksensoren im Boden

Installationsverfahren verursachen immer Bodenstörungen und Schäden an der Bodenstruktur, die sowohl vom Boden als auch von der Sensorgröße und -form abhängen. Je kleiner der Sensor ist, desto geringer ist der Einfluss auf die Bodenmessungen. Auf der anderen Seite kann in nicht aggregierten oder nicht zusammenhängenden sandigen Böden ein extrinsischer, starrer oder deformierbarer Sensorkörper während der Messungen nur geringfügige Unter- oder Überregistrierungen verursachen [24].

Die Installationstechniken müssen sicherstellen, dass die gesamte Sensorfläche eines Wandlers mit den Bodenpartikeln in Kontakt kommt, um Spannungskonzentrationen auf dem Wandler zu vermeiden [24]. Viele Forscher haben Sensorsysteme in leicht strukturiertem Boden installiert, indem sie den bereits gestörten Boden ausgegraben und wieder aufgefüllt haben. Booling hat ein Verfahren zum Platzieren von Drucksensoren im Boden entwickelt, das darin besteht, ein Loch in einem Winkel von etwa 30 bis 45° von der Bodenoberfläche aus zu bohren. In das Loch wird ein Glätteisen gedrückt, an dessen Ende ein Drucksensor angebracht ist [16]. Horn et al. [18] entwickelten eine Installationsmethode unter Verwendung eines Bohrers in einem Rohr, dessen Durchmesser dem SST entspricht. Ein zusätzliches Rohr mit geschärften Kanten und dem gleichen Querschnitt wie das SST formt das Ende des horizontalen Erdlochs präzise. Dann wurde der SST installiert und der verbleibende Raum in dem Loch wurde mit Boden aufgefüllt. Während des Verfahrens wurde der Kontakt zwischen den Wandlern und dem Boden kontinuierlich überwacht. Auch mit dieser genauen Methode ist es nahezu unmöglich, die untersuchte Bodenstruktur nicht zu zerstören. Darüber hinaus ist ein solches Verfahren für Böden mit hohem Tongehalt nicht geeignet. Für solche Böden entwickelten Harris und Bakker [17] eine einfache und effiziente Methode zur Installation von Sensorsystemen. Ein SST mit sechs DMS-Druckmesswandlern wurde in ein Plexiglasrohr eingesetzt und mit einer Verschlussscheibe am vorderen Ende fixiert. Dann wurde das Rohr mit Erde mit einem Feuchtigkeitsgehalt von 55 % gefüllt. Der Plexiglasschlauch ermöglichte eine visuelle Überwachung des Füllvorgangs, die sorgfältig durchgeführt werden muss. Nach dem Befüllen wurde das Rohr in ein horizontales Loch im Bodenprofil eingeführt und das Plexiglasrohr entfernt. Die durch den Einbau verursachten Eigenspannungen erreichten 20 % der gemessenen Höchstspannungen.

Eine interessante Methode zur Installation von Drucksensoren im Boden wurde von Lamandé und Schjonning [20] entwickelt. Diese Forscher verwenden zwei Arten von Sensoren, nämlich Oberflächensensoren und Profilsensoren. Die Oberflächensensoren wurden verwendet, um die Spannungsverteilung in der Nähe der Reifen-Boden-Kontaktfläche zu messen. Siebzehn Spannungswandler, die in einer Linie auf einen 6-mm-Gummistreifen geklebt waren, wurden in einer Tiefe von 0,10 m quer zur Fahrtrichtung platziert und mit Boden bedeckt. Der aufgefüllte Boden auf den Spannungssensoren übernahm dabei die Rolle eines Teils des Messsystems und wurde eingefüllt, um den Einfluss von Reifenstollen auszugleichen.

Die Profilsensoren wurden in zylindrische Gehäuse (Durchmesser 52 mm, Länge 80 mm) eingekapselt, damit sie in ein zylindrisches Loch im Bodenprofil eingeführt werden konnten. Diese Sensoren wurden aus einer Grube in drei Tiefen (0,3, 0,6 und 0,9 m) im Boden quer zur Fahrtrichtung eingeführt. Zur Installation wurden Löcher mit einem Hydraulikzylinder gebohrt. Die Löcher waren in Fahrtrichtung etwa 0,5 m voneinander entfernt, um sicherzustellen, dass die Spannungswerte in den unteren Tiefen nicht durch Bodenstörungen über den Wandlern beeinflusst wurden. Die Sensoren wurden einzeln mit einer speziell konstruierten Auflage in das Loch eingeführt. Pro Tiefe wurden sieben Spannungswandler installiert, die durch ein leeres Wandlergehäuse voneinander getrennt waren. Ein Keilsystem ermöglichte einen guten Kontakt zwischen Boden und Wägezelle. Die Sensoren befanden sich mindestens 1 m von der Grube entfernt. Ein Lasersensor wurde verwendet, um die Position der Radachse relativ zu den Sensoren aufzuzeichnen und die Fahrgeschwindigkeit während des Tests zu messen. Die Position der Sensoren quer zur Fahrtrichtung wurde relativ zur Mitte der Radaufstandsfläche durch eine Messung direkt beim Ausheben der Spannungswandler nach dem Test registriert. Die Abbildungen zeigen die Details der Installation der Sensoren im Boden (Abb. 6.34, 6.35 und 6.36).

In den Messungen des Autors wurden verschiedene Installationsmethoden verwendet, um den SST in den Tiefen der drei verschiedenen Böden – Löss, Sand und Rasen – zu platzieren. Es wurde eine einfache Aushubmethode in Sand- und Lössböden sowie im Schnee angewendet. Im Lössboden, der strukturelle Bindungen zwischen den Partikeln aufweist, wurde der SST 3 bis 6 h vor dem Test installiert, damit der Alterungseffekt die

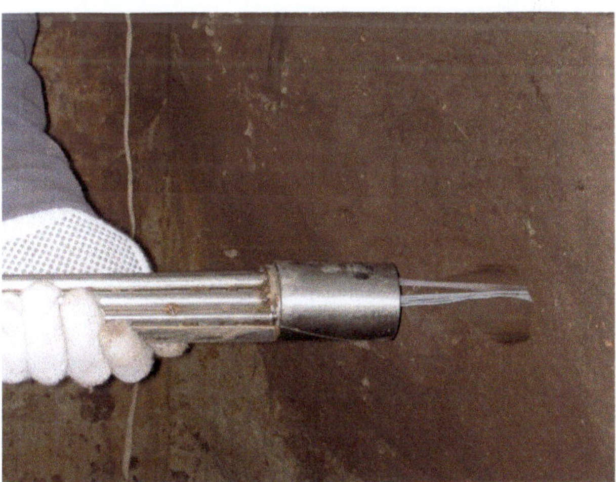

Abb. 6.34 Installation eines zylindrischen Sensors in der Wand des Bodenprofils. (Mit freundlicher Genehmigung von Dr. Matthieu Lamandé)

Abb. 6.35 Installation von Sensoren im Boden. (Mit freundlicher Genehmigung von Dr. Matthieu Lamandé)

Abb. 6.36 Drucksensoren im Boden. (Mit freundlicher Genehmigung von Dr. Matthieu Lamandé)

beschädigte Bodenstruktur wiederherstellen kann. In der Schneedecke und im sandigen Boden, der keine strukturellen Bindungen aufweist, wurden die Tests unmittelbar nach dem Einsetzen der SST durchgeführt. In Muskeg bohrten wir ein rundes Loch in das Bodenprofil, schoben den SST in Position und füllten dann den ausgegrabenen Boden wieder auf. Abb. 6.37 zeigt die drei Techniken der Installation der SST in den Tiefen.

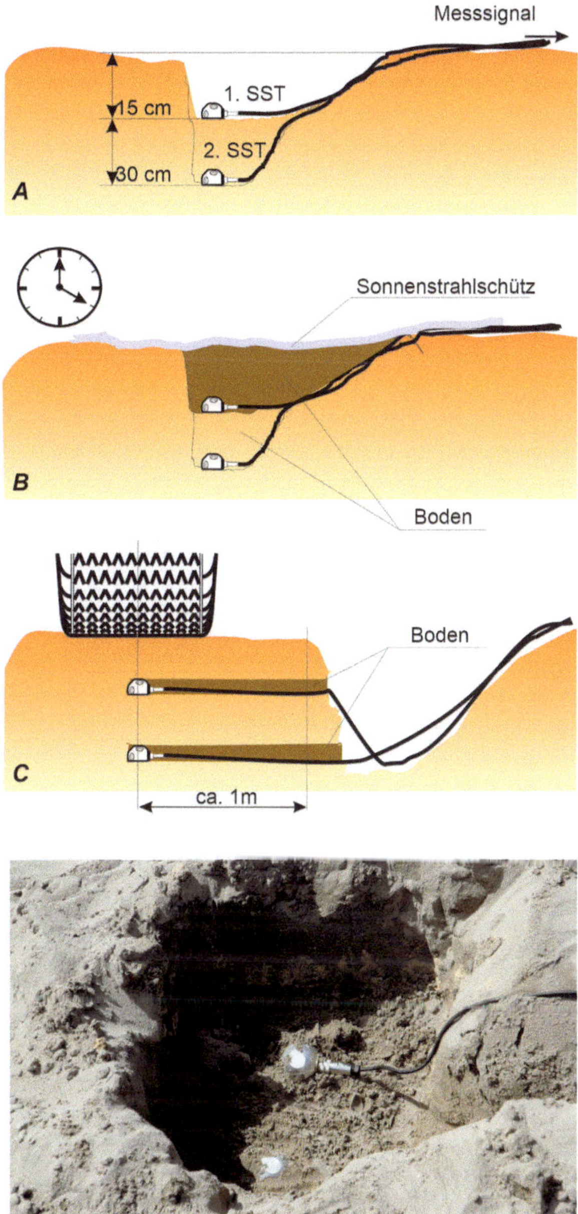

Abb. 6.37 SST-Installation. Copyright © 2013 From Dynamics of Wheel-Soil Systems. A Soil Stress and Deformation-Based Approach by Jaroslaw A. Pytka. Reproduced by permission of Taylor and Francis Group, LLC, a division of Informa plc.

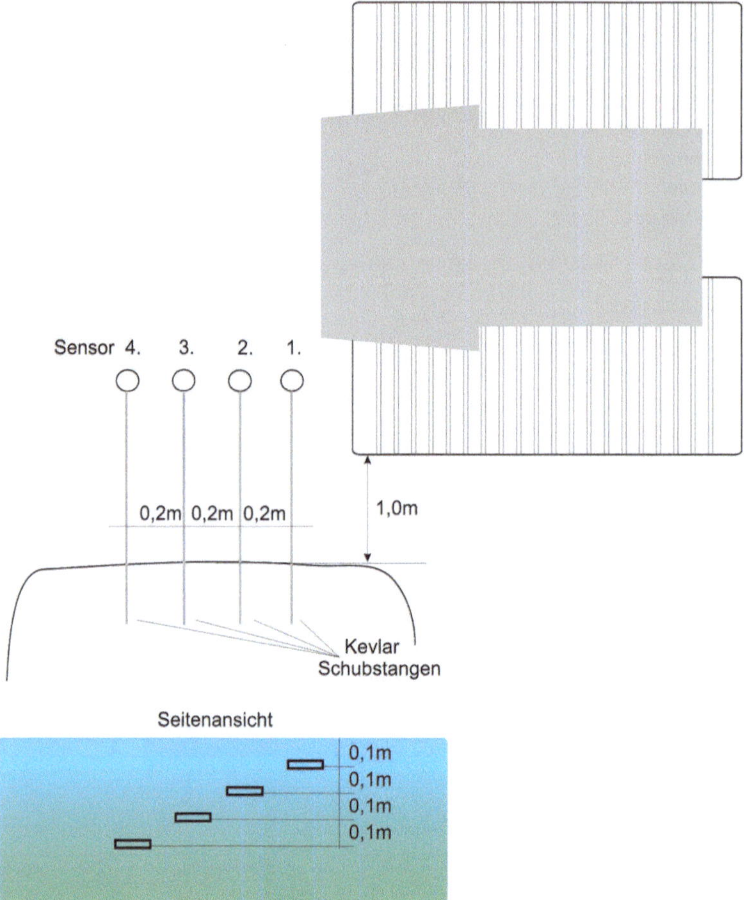

Abb. 6.38 Installation eines Low-Profile-Sensors im Tiefschnee

Bei der Installation der Low-Profile-Sensoren im Tiefschnee wurde der Sensor mit einer Kohlenstoffstange in die Seitenwand des Profils gedrückt. Die Stange hatte einen horizontal montierten Griff, wodurch die horizontale Endposition des Sensors beim Einpressen in den Schnee sichergestellt wurde. Details sind in den Abb. 6.38 und 6.39 dargestellt.

6.3.4 Bodenverformungsmessgeräte

6.3.4.1 Messmethoden – Übersicht

Die Bestimmung von Verschiebungen und Verformungen der Bodenstruktur unter Last erfordert den Einsatz spezieller Methoden. In der Regel handelt es sich dabei um nicht standardisierte Lösungen, deren Wirksamkeit in hohem Maße von bestimmten Forschungsverfahren abhängt, deren Vervielfältigung oft sehr schwierig ist. Dies macht es schwierig, die mit verschiedenen Methoden gewonnenen Ergebnisse der Forschung miteinander zu

Abb. 6.39 Der Prüfstand mit installierten Sensoren (oben) und Low-Profile-Sensoren zum Messen im Tiefschnee (unten)

vergleichen. Im Folgenden werden mehrere bewährte Methoden zur Bestimmung von Versetzungen und Dehnungen im Boden beschrieben. Die fotografische Methode zur Bestimmung der Deformation des Bodenzentrums wurde von Qun et al. verwendet [32]. Mit Hilfe der Kamera wurde die Bewegung der in einer transparenten Box eingeschlossenen Punkte des Zentrums entlang der Wand aufgezeichnet, die von einem Penetrometer mit einem halben Querschnitt durchdrungen wurde. Auf diese Weise konnten die Verformungen in der Mittelebene des Querschnitts der getesteten Bodenprobe untersucht werden. Bei der Methode werden Marker in Form von kurzen Staubblättern (3–5 cm) aus Kunststoff verwendet, die manchmal mit Leuchtfarbe beschichtet sind. Sie werden an verschiedenen Stellen des Bodenprofils platziert. Mit Kameras werden dann die Positionen einzelner Marker nach erfolgter Verschiebung registriert. Es werden auch Farbstoffe und Pulver verwendet, die in dünnen Schichten in verschiedenen Tiefen gestreut werden.

Van der Akker präsentiert die Ergebnisse der Messungen mit der ersten Methode. Marker wurden im Bodenprofil auf einer Oberfläche von 1,0 × 0,5 m alle 5 cm angeordnet. Die Bewegung des Markers wurde während der Überfahrt eines Traktors fotografisch aufgezeichnet.

Diese Methode erlaubt keine kontinuierliche Aufzeichnung der Bewegung in der Zeit – es können nur Anfangs- und Endzustände beobachtet und analysiert werden [12].

Die fotografische Markierungsmethode wurde verwendet, um die aufgrund des Raddrucks entstandenen Verformungen im Boden zu messen und zu visualisieren. Bei dieser Methode wurde ein vertikales Punktraster senkrecht zur Bewegungsrichtung des Rades im Bodenprofil positioniert. Eine fotografische Technik misst die Positionen der Gitterpunkte vor und nach einer Radüberfahrt und berechnet daraus die Verformung. Mit dieser Methode wurde das Bodenverdichtungsmodell SOCOMO validiert.

Eine andere Methode zur Bestimmung der Deformation des Bodens unter einem Rad wurde von Ochitin et al. verwendet [33]. Die Messungen bestanden darin, flache Platten in den Boden zu legen, die sich mit der Bodenmasse in vertikaler Richtung bewegen konnten. Sie waren durch Spannglieder mit Messuhren verbunden. Auf diese Weise wurden Bodenverschiebungen in vertikaler Richtung unter dem Rad eines vorbeifahrenden Traktors gemessen. Der Vorteil des Verfahrens liegt in der Einfachheit und Wirksamkeit der Aktion, Verschiebungen können jedoch nur in einer Richtung erfasst werden.

Die Projektionsmethode besteht darin, die Bewegung des starren Arms zu registrieren, der den im Boden platzierten Messwandler mit dem mechanischen Registrierungssystem verbindet [34]. Das Gerät wurde von Kühner entworfen und hergestellt und auch von den Autoren verwendet. Die Bewegung einer Probe im Boden wird durch einen starren Arm mit einem Lager an einem festen Punkt abgebildet. Es ist möglich, Verschiebungen in drei zueinander senkrechten Richtungen zu registrieren. In Verbindung mit dem SST-Wandler ermöglicht das Gerät die gleichzeitige Messung von Verschiebungsspannungen im Boden. Durch die starre Befestigung des SST am Ende des Arms wird die Bahn der Bewegung geführt, sie verläuft entlang des Kreisabschnitts. Nur für kleine Werte der SST-Verschiebung in der Größenordnung von 0 bis 50 mm ist der Fehler, der sich aus den erhaltenen Näherungsergebnissen ergibt, zu vernachlässigen. Ein weiterer Nachteil der vorgestellten Methode ist das große Massenträgheitsmoment des mechanischen Rekordersystems, das die erzielten Ergebnisse signifikant beeinflusst.

Ein typisches Projektionssystem (DTS, Deformation Transducer System) besteht aus drei Potentiometern, die als Positionswandler verwendet werden. Die Bodenbewegungen können in drei Hauptrichtungen bestimmt werden: X, Y und Z. Das System kann über einen starren Arm mit dem SST (der vor den Radexperimenten im Boden installiert wurde) verbunden werden. Der Arm ist in einem kugelförmigen Lager aufgehängt, das sowohl Rotationen in X- und Z-Richtung als auch Drücken in Y-Richtung ermöglicht. Die Bewegungen des SST, die durch Bodenbelastungen hervorgerufen werden, werden von einem mechanischen System mit Rollen und Potentiometern projiziert. Der große Vorteil dieses Systems ist die Möglichkeit der gleichzeitigen Messung von Spannungen und Verformungen im Boden (Abb. 6.40).

Arvidsson und Ristic schlugen eine andere Methode zur Messung von Bodenverschiebungen vor [13]. Bei dieser Methode wird die vertikale Bewegung des Bodens durch Messung des hydrostatischen Flüssigkeitsdrucks bestimmt. Das Sensorsystem besteht aus einem flüssigkeitsgefüllten Zylinder (29 mm Durchmesser und 60 mm Länge, aus Aluminium) und einem Schlauch, der den Zylinder mit einem festen Druckwandler verbindet. Vertikale Verschiebungen des Zylinders während des Überfahrens durch das Rad erzeugen Änderungen des hydrostatischen Drucks der Flüssigkeitssäule, die in dem Sensorsystem

Abb. 6.40 Deformation-Transducer-System, DTS, CAU Kiel [34, 42]. Copyright © 2013 From Dynamics of Wheel-Soil Systems. A Soil Stress and Deformation-Based Approach by Jaroslaw A. Pytka. Reproduced by permission of Taylor and Francis Group, LLC, a division of Informa plc.

eingeschlossen ist. Der Zylinder kann durch ein horizontales Loch im Bodenprofil in das Bodenvolumen eingebaut werden. Die Leistung dieser einfachen Methode hängt von den Eigenschaften des Druckmessumformers ab: Der Messbereich beträgt – 1 kPa bis + 1 kPa, die Auflösung 1 Pa (– 102 bis + 102 mm bzw. 0,1 mm). Der Zylinder ist auch mit einem Bodendruckmessgerät zur Messung der Bodenbelastung ausgestattet. Die Hauptvorteile dieser einfachen Methode sind niedrige Kosten und einfache Handhabung; dieses Verfahren ist jedoch auf Messungen von Spannungen und Verschiebungen nur in vertikaler Richtung beschränkt.

6.3.4.2 Ein optisches berührungsloses Messsystem

Für die Messung der Bodenverformung wurde angenommen, dass sich der SST zusammen mit dem Boden bewegt. Wenn zusätzlich die Bewegungen eines Punktes auf der Bodenoberfläche gleichzeitig bestimmt werden, kann die Verformung des Bodenvolumens zwischen dem SST und der Oberfläche ermittelt werden. Deformationen der Oberfläche wurden durch Bewegungen einer Absenkungsprobe in Laborexperimenten oder eines flachen Eindruckes auf der Bodenoberfläche (eine sogenannte Spurtiefesonde) im Feld bestimmt [26, 35].

Vom Autor wurde ein laserbasiertes System entwickelt, um SST-Bewegungen zu projizieren. Es besteht aus drei Hauptelementen: Laserprojektoren, einer halbtransparenten Abschirmung und einer Videokamera. Das komplette System wird auf einem Aufhängerahmen mit uniballgelagerten festen Drehpunkten gelagert. Dies ermöglicht freie Bewegungen des

SST und der Spurtiefesonde in der horizontalen und vertikalen Achse innerhalb des Drehwinkels von +/– 30°. Die Verbindung zwischen dem SST und dem optischen System war starr, aber es ist möglich, ein homokinetisches Gelenk zu verwenden, das es dem SST ermöglicht, sich zu drehen. Auf diese Weise können lokale Bewegungen des SST bestimmt werden. Die schematische Darstellung der Verbindung zwischen SST und Verformungssystem ist in Abb. 6.41 dargestellt. Das Foto zeigt das System während der Installation (Abb. 6.42).

Sowohl der SST als auch die Spurtiefesonde bewegen sich, wenn der Boden belastet wird und sich verformt. Diese Bewegungen werden auf dem Schild projiziert und von der Kamera aufgezeichnet. Für die Laborexperimente wurde eine CCD-Monochromkamera an ein Bilderfassungssystem angeschlossen. Ein Computerprogramm kann jedes Videobild verarbeiten, um die Koordinaten der beiden Beleuchtungspunkte zu bestimmen und eine zeitabhängige Bodendeformationsbeziehung zu entwickeln. Die Bildanalyse wurde durchgeführt, indem die Positionen von zwei Lichtpunkten (die die Position des SST und der Spurtiefesonde darstellen) in zwei Richtungen für jedes Videobild (Grab) ermittelt wurden.

Basierend auf diesen Daten kann eine experimentelle Beziehung zwischen der Bodenspannung und der vertikalen Verformung des Bodens abgeleitet werden. Die relative Ver-

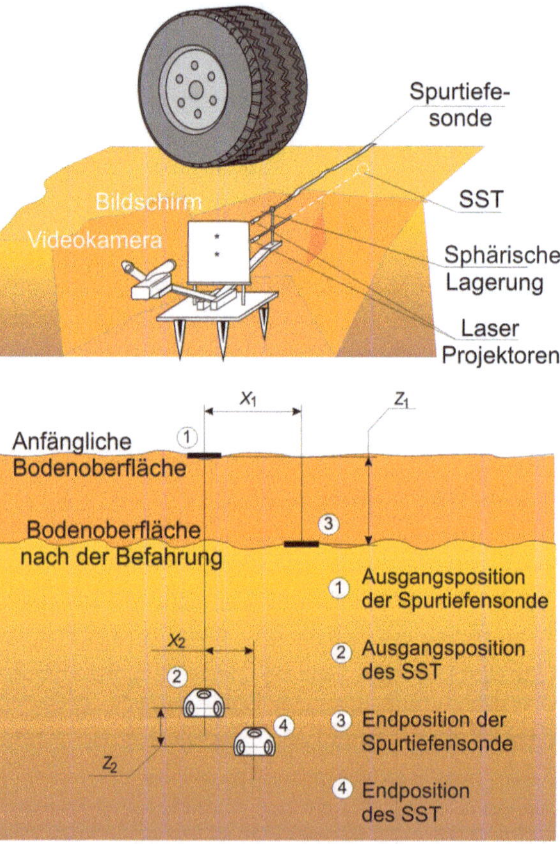

Abb. 6.41 Diagramm eines optoelektronischen Systems. Copyright © 2013 From Dynamics of Wheel-Soil Systems. A Soil Stress and Deformation-Based Approach by Jaroslaw A. Pytka. Reproduced by permission of Taylor and Francis Group, LLC, a division of Informa plc.

Abb. 6.42 Elemente des optoelektronischen Systems beim Einbau in den Boden

formung des Bodenvolumens εv wurde berechnet, indem für jeden Messzeitpunkt die Differenz zwischen dem Anfangs- und Endabstand zwischen der SST- und der Spurtiefesonde (entlang der vertikalen Achse) durch den Anfangswert (nach Vorbereitung und Installation, jedoch vor dem Befahren) dieses Abstands dividiert wurde:

$$\varepsilon_v = \left(\frac{150 - X_1 + X_2}{150}\right) \times 100\,\% \tag{6.17}$$

dabei sind: X_1, X_2 die vertikale Bewegung der Spurtiefesonde bzw. des SST in mm; 150 ist der vertikale Anfangsabstand zwischen der Spurtiefesonde und dem SST in mm.

Das System der zweiten Generation besteht aus vier Sonden, die in einem Testbodenvolumen installiert sind. Wenn eine Last über den Boden geleitet wird, werden die Sonden verschoben, die sich zusammen mit dem Boden bewegen. Die Sonden können in vertikaler und horizontaler Richtung verschoben werden und sind auf vier Uniball-Kugellagern gelagert. An den gegenüberliegenden Enden der Sonden befinden sich vier Laserprojektoren. Beim Überfahren eines Rades bewegen sich Lichtpunkte auf einem halbtransparenten Schild, diese Bewegungen werden von einer Videokamera aufgezeichnet. Die Länge der verformbaren Sonden und der Projektorarme wurde so gewählt, dass eine optische Transmission von 4:1 erzielt wird. 1 mm Bodendeformation führt zu einer Verschiebung des Lichtpunkts um 4 mm. Der Vorteil dieser Methode ist die Möglichkeit, die horizontale Bodenverformung zu messen. Wenn sowohl vertikale als auch longitudinale Bodenverformungen bekannt sind, können Scherkräfte und Rotationen analysiert werden. Eine dreidimensionale Explosionsadarstellung der im Boden installierten Messvorrichtung ist in Abb. 6.43 und 6.44 dargestellt.

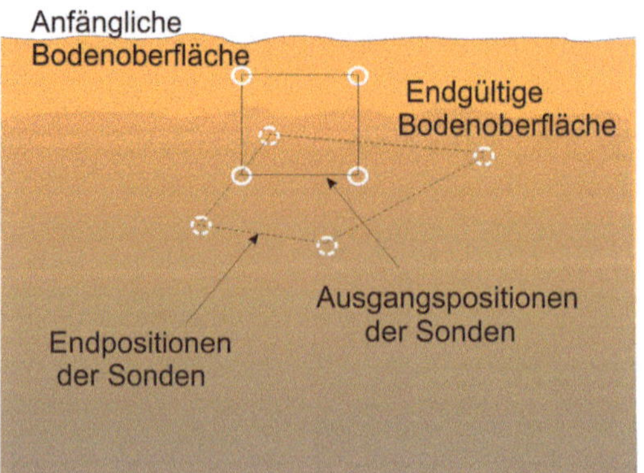

Abb. 6.43 Optoelektronisches System der zweiten Generation. Copyright © 2013 From Dynamics of Wheel-Soil Systems. A Soil Stress and Deformation-Based Approach by Jaroslaw A. Pytka. Reproduced by permission of Taylor and Francis Group, LLC, a division of Informa plc.

Abb. 6.44 Installation im Boden

6.3.5 Mobile Ausrüstung für die Messungen der Reifen-Boden-Wechselwirkungen

Solche Geräte werden vor allem im Straßenbau eingesetzt. Einige von ihnen eignen sich auch zum Testen der Wechselwirkungen des Reifens mit verformbaren Oberflächen. Diese Geräte können in zwei Gruppen unterteilt werden.

In der ersten Gruppe gibt es Methoden und Geräte zur Bestimmung von Reifen-Boden-Kräften mit Beispielen wie im Folgenden:

- Geräte zur Bestimmung des Seitkraftkoeffizienten (seitlicher Kraftschluss), bei denen ein Testrad unter Schräglauf frei und ohne Schlupf rollt, z. B. SCRIM-Tester, $\alpha = 20°$, s = 34 %, Douglas Mu-Meter, $\alpha = 7{,}5°$, s = 13 %
- Geräte zur Bestimmung der Längskraft bei einem bestimmten Schlupf, das Testrad ist gerade positioniert und der Schlupf wird für einen bestimmten Wert eingestellt, zum Beispiel: Griptester, s = 14 %, DWW-Anhänger, s = 86 %, Skiddometer BV – 11, s = 18 %, Norsemeter, s = 20 %

- Geräte zur Messung der Rad-Straßen-Reibung bei einem variablen Schlupf, Beispiele: Norsemeter, s = 5–95 %, Petra, s = 0–100 %
- Geräte für Messungen an blockierten Rädern, s = 100 %, LPCP Adhera, Skiddometer BV-8, Stuttgarter Reibungstester, ASTM E-274, Rutschfestigkeitstester SRT-3

Eine andere Art von Messgeräten sind tragbare Reibungsmessgeräte, die hauptsächlich von Straßenbau- oder Instandhaltungsingenieuren verwendet werden:

- British-Pendulum-Number-Gerät, mit dem der BPN-Faktor durch einfachen Falltest eines gummibeschichteten Testschlittens bestimmt werden kann
- Dynamischer Reibungstester mit rotierendem Skidder zur Bestimmung der Reibung bei einer Geschwindigkeit zwischen 5 und 90 km/h
- Der VTI-Grip-Tester, ein Gerät in Form eines tragbaren Radanhängers, ermöglicht die Bestimmung der Oberflächenreibung bei 25 % Radschlupf
- Der handbetätigte Drag-Sled-Tester ermöglicht die Bestimmung der Reifen-Oberflächen-Reibung in einem einfachen Zug- oder Drucktest. Er verwendet entweder externe Dynamometer oder eingebaute elektronische Kraftmessgeräte.

6.3.5.1 Surface-Tester

Ein Beispiel für ein tragbares Gerät zum Messen der Wechselwirkung eines Reifens mit Boden- oder Grasoberflächen ist ein tragbarer Tester, der vom Autor entworfen und gebaut wurde (Abb. 6.45).

Der Tester ist ein dreirädriges Gerät, das für eine einfache und schnelle Bedienung auf einer Vielzahl von Oberflächen, Straßen (Asphalt, Bitumen, Pflaster usw.) und Gelände

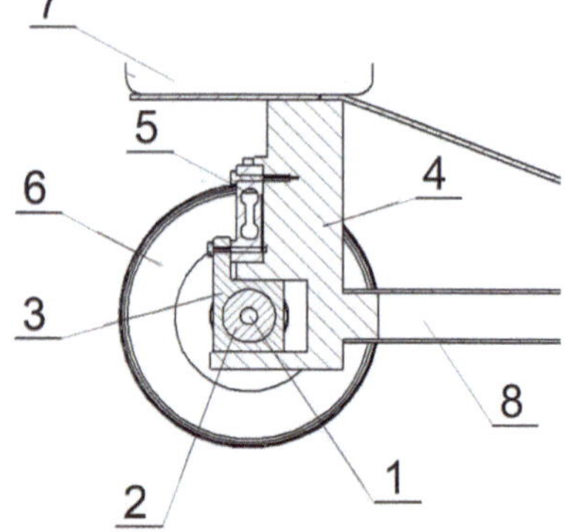

Abb. 6.45 Surface-Tester. Schema der Testradaufhängung im tragbaren Radtester. 1 – Radachse, 2 – Kugellager, 3 – Lagergehäuse, 4 – Aufhängungsrahmen, 5 – DMS-Sensor, 6 – Testrad, 7 – Ballast

(Gras, weicher Boden mit glatter Oberfläche) ausgelegt ist. Bei der Konstruktion wurden zwei DMS-Wandler verwendet, um die horizontale Kraft zu messen, die auf die Achse eines Testrads wirkt. Das vordere Testrad sowie zwei Hinterräder haben einen Durchmesser von 150 mm. Sie haben Luftreifen mit Ventilen, um den Reifendruck aufrechtzuerhalten. Der Hauptrahmen des Testers trägt die frei rollenden Hinterräder und eine Aufhängung des Testrades. Die Aufhängung (in Abb. 6.45 oben dargestellt) integriert das Testrad und seine Achse, die Bremsscheibenlager und deren Gehäuse, die an den DMS-Wandlern montiert sind. Die Aufhängung funktioniert so, dass jede Wirkung (eine Kraft oder ein Drehmoment) auf das Testrad in der horizontalen Ebene auf reine Längskräfte reduziert wird, die zu je 50 % auf die beiden Wandler wirken. Die Lager, die die Achse des Testrads tragen, sind vom Kipphebeltyp, um Nichtlinearitäten zu kompensieren, die das Ergebnis der Montage sowie der Messwirkung sein könnten.

6.3.5.1.1 Reifengrößeneffekt

Um die Wechselwirkungen zwischen Rad und Oberfläche zu rekonstruieren, muss der Einfluss der Reifengröße (Breite, Durchmesser) berücksichtigt werden. Mit dem Kontaktdruck als Parameter, der die Wechselwirkungen zwischen Rad und Oberfläche beschreibt und die Laufflächeneffekte nicht berücksichtigt, wurden die Kontaktfläche und der Kontaktdruck für das Testrad unter verschiedenen Belastungen bei einem normalen Reifendruck bestimmt. Radlast-Kontaktdruck wurde verwendet, um eine Beziehung herzuleiten und in einem Nomogramm grafisch darzustellen, um das zusätzliche Gewicht zu ermitteln, mit dem das Testrad für einen bestimmten Reifen zusätzlich zu belasten ist. Das Nettogewicht am Testrad (ohne zusätzlichen Ballast) beträgt 3 kg. Es wurden Hantelscheiben verwendet, die es ermöglichen, die zusätzliche Last in Schritten von 5, 10, 15, 20, 25, 30 und 35 kg aufzubringen. Ballast, der schwerer als 50 kg ist, kann die mechanische Struktur des Testers beschädigen und erhebliche Auswirkungen auf die Wägezellenwerte haben. Die Beziehung ist in Abb. 6.46 dargestellt. Basierend auf diesem einfachen Modell ist es möglich, das zusätzliche Gewicht für einen bestimmten Reifen zu bestimmen, für den wir den μ- oder k_{RR}-Wert bestimmen möchten. Beispielsweise wird für einen Reifen, der einen Kontaktdruck von 100 kPa erzeugt, ein zusätzliches Gewicht von 30 kg benötigt, um die Wechselwirkungen zwischen Reifen und Oberfläche zu rekonstruieren und die Werte von μ und k_{RR} zu ermitteln.

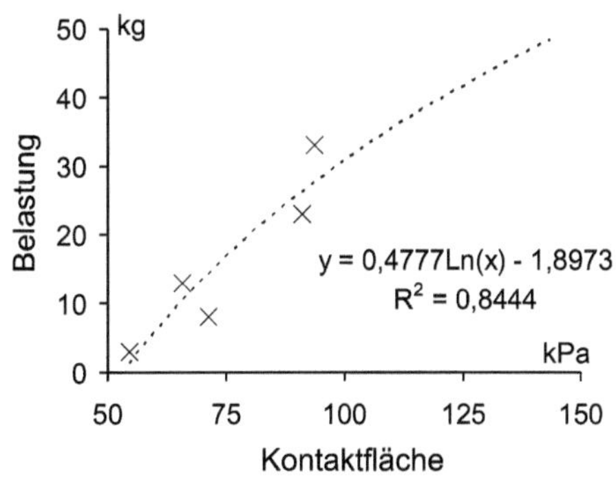

Abb. 6.46 Beziehung zwischen Radlast und Anpressdruck für das Testrad zur Bestimmung des zusätzlichen Ballastgewichts

6.3.5.1.2 Gebrauchsanweisung des Testers

Die Bedienung des Testers ist sehr einfach. Ein Techniker drückt auf den Arm, um den Tester mit niedriger Geschwindigkeit vorwärtszubewegen. Der Schubarm ist am Hauptrahmen des Testers montiert und in vertikaler Richtung beweglich, um die Höhe der Handgriffe an die Größe des Technikers anzupassen und die Bedienung zu vereinfachen. Während der Rollwiderstandsmessungen rollt das Testrad frei; Für Bremsreibungsmessungen wird eine handbetätigte Bremse aktiviert, um das Testrad zu blockieren. Messwerte werden drahtlos über eine Bluetooth-Schnittstelle an einen Computer oder ein Tablet/Smartphone übertragen. Unter Verwendung eines Touchscreens eines Tablets/Smartphones mit installierter Datenanalysesoftware und aktivem Bluetooth-RF-Transceiver wird ein Teil der Daten ausgewählt, die während eines Freilauftests zur Bestimmung des k_{RR}-Werts erhalten wurden, und das Ergebnis wird auf dem Bildschirm angezeigt. Es besteht die Möglichkeit, den gesamten Datensatz aufzuzeichnen. Für einen Bremstest müssen die beiden Personen, nämlich der Techniker und der Ingenieur, ihre Abläufe korrelieren. Zunächst beginnt der Techniker, den Tester mit einer typischen Vorwärtsgeschwindigkeit zu schieben. In einem für den Ingenieur bekannten Moment bremst der Techniker das Testrad und drückt den Tester 2 bis 3 s lang weiter. Der Ingenieur kann die Daten online lesen und muss einen Spitzenwert der Längskraft auf dem Touchscreen auswählen. Die Software führt Berechnungen durch und das Ergebnis wird auf dem Bildschirm angezeigt.

6.3.5.1.3 Die Software

Die Software verwendet einen Algorithmus, der die Auswahl eines Bereichs von *My*-Dateien zur Mittelung und Bestimmung des k_{RR} ermöglicht. Dies erfolgt durch Auswahl des Start- und Endpunkts des gewählten Bereichs. Der Algorithmus bietet auch ein intelligentes Tool für die Suche nach *My*-Dateien, die für die Bestimmung der Bremsreibung μ_B erforderlich sind. Die Endergebnisse, k_{RW} und μ_B, werden auf dem Bildschirm angezeigt. Abb. 6.47 zeigt die Messwerte des Testers mit aktivierter Software zur Bestimmung der Oberflächenreibung.

6.3.5.1.4 Anwendung des Testers

Im Allgemeinen kann der Tester als Hilfsmittel bei Fahrdynamikstudien auf der Straße und im Gelände nützlich sein, bei denen die Kenntnis eines tatsächlichen Werts von μ und k_{RR} wichtig ist. Zu den Anwendungen gehören Fahrzeugbrems- und Beschleunigungstests, Reifentests, Experimente mit Querdynamik und Fahrdynamik usw. Diese Anwendungen sind typisch für Hochschulen und Forschungseinrichtungen, dort wird die Fähigkeit zur Bestimmung und Aufzeichnung von Rohdaten (horizontale Kräfte gegen Zeit) von Interesse sein. Ein weiteres Thema, bei dem ein solches Gerät hilfreich sein kann, ist die Rekonstruktion von Verkehrsunfällen. Dort ist eine schnelle und dennoch genaue Bestimmung des Reibwertes μ für das Verfahren von Bedeutung. Der Tester kann auch in einem kompakten PKW transportiert werden, sodass es kein Problem ist, das Gerät zum

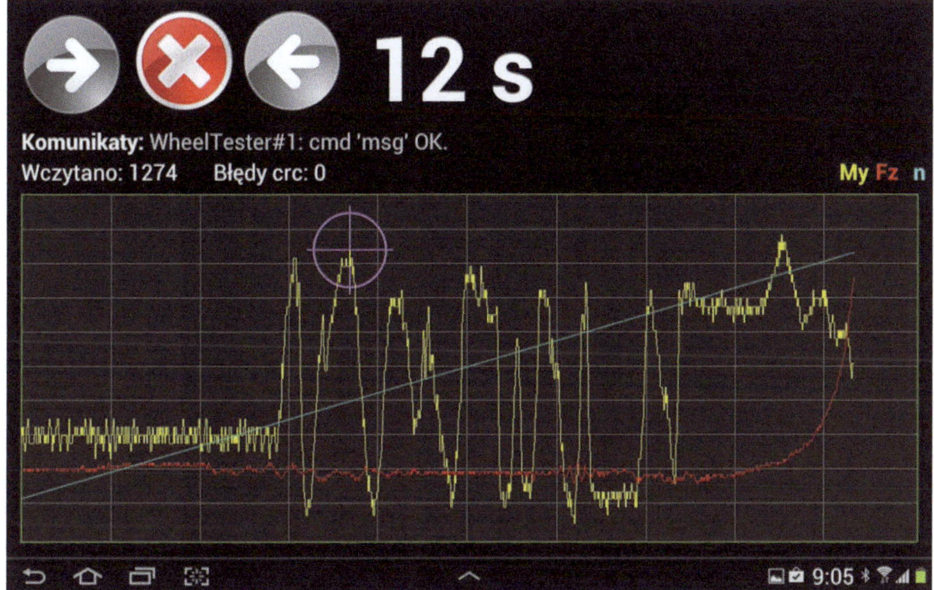

Abb. 6.47 Probenablesungen des Testers, wie von der Software visualisiert, zusammen mit Markierungen zur Online-Bestimmung der μ- und k_{RW}-Werte

Unfallort zu bringen. Die Datenanalysesoftware kann in einer solchen Anwendung sofortige Ergebnisse liefern. Neben der Straßenanwendung kann das vorgestellte Gerät unter Geländebedingungen verwendet werden, um μ- und k_{RR}-Koeffizienten zu bestimmen, die Reifen-Boden-Wechselwirkungen entsprechen. Das allgemeine Konzept und die mechanische Konstruktion des Testers ermöglichen die Bestimmung der Brems- und Antriebsreibung sowie des Rollwiderstands auf weichen, verformbaren Oberflächen wie Ackerböden, Gras, Schnee usw. Der Tester wurde bereits als Bewertungsinstrument zum Testen von grasbewachsenen Landebahnoberflächen verwendet (GARFIELDS-System – siehe Kap. 5). Für einen konkreten grasbewachsenen Flugplatz ist die Bestimmung der tatsächlichen μ- und k_{RR}-Werte wichtig, um eine Entscheidung über den Start oder die Landung auf dieser Landebahn zu treffen, insbesondere nach Regen, wenn das Gras und die Oberfläche nass sind.

6.3.5.2 Raupentester der TU Breslau

Eine interessante Konstruktion ist ein von Dzudziński entworfener und gebauter Raupentester. Das Institut für Arbeitsmaschinen der Technischen Universität Breslau unter der Leitung von Prof. Piotr Dudziński verfügt über umfangreiche Erfahrung in der Konstruktion und dem Bau von Fahrzeugen und Arbeitsmaschinen, die mit Kettenfahrwerken ausgestattet sind. Einer der wichtigsten Laborstände des genannten Instituts ist der Raupentest mit Eigenantrieb. Das Gerät ermöglicht das Testen der Wechselwirkung des

Kettenfahrwerks mit dem unbefestigten Boden (Boden, Gras, Schnee usw.), der Tester kann in zwei Modi arbeiten:

- Stationärer Betriebsmodus – niedrige Geschwindigkeit, keine dynamischen Effekte
- Arbeitsmodus für dynamische Bedingungen – starke Erhöhung der Fahrgeschwindigkeit, dynamische Effekte

Das Messsystem ermöglicht die Messung der Antriebskraft in Abhängigkeit vom Schlupf. Der Tester wurde sowohl in Entwicklung und Prototyping als auch in der wissenschaftlichen Forschung eingesetzt [36].

6.4 Messausrüstung

6.4.1 Geräte und Systeme zur Speicherung der Messdaten

Aufgrund der Notwendigkeit einer eingehenden Analyse der Messdaten ist es erforderlich, diese nach den Tests jederzeit reproduzierbar zu speichern. Zu diesem Zweck werden verschiedene Geräte und Systeme verwendet, wobei die folgenden Lösungen am häufigsten sind:

- Ein auf einem PC-Computer basierendes Datenspeichersystem, in der Regel ein Notebook, mit einer externen oder internen Messkarte. Die Datenaufzeichnung erfolgt in diesem Fall auf der Festplatte des Computers
- Ein tragbarer Datenrekorder, wobei es sich um einen Kassettenrekorder oder um einen Halbleiterspeicher handeln kann, diese Geräte verfügen in der Regel über eine eigene Batterieversorgung, was bei Feldtests sehr vorteilhaft ist.

Der Vorteil des computerbasierten Datenspeichersystems besteht darin, dass der PC verwendet wird und die Daten in einem Speicher gespeichert werden, aus dem sie leicht und jederzeit reproduziert, analysiert und präsentiert werden können. Der wichtigste Nachteil ist die Anfälligkeit des Systems bei Stoß, Feuchtigkeit und Staubbelastung. Standard-Notebooks können während der Feldtests beschädigt werden. Darüber hinaus können Messdaten aufgrund der Empfindlichkeit des Notebooks gegenüber Umgebungsfaktoren, die während des Tests auftreten, möglicherweise falsch aufgezeichnet oder nicht gespeichert werden. Ein wichtiger Nachteil kann auch ein unlesbarer Bildschirm sein, insbesondere bei Tests an einem sonnigen Tag. Abb. 6.48 zeigt ein System, das aus einem Notebook und einer PCMCIA-II-Messkarte besteht.

Datenrekorder sind spezialisierte Geräte, was sie wesentlich teurer macht als ein auf einem Notebook basierendes System. Sie haben jedoch viel höhere technische Parameter, z. B. Anzahl der Messkanäle, Abtastfrequenz oder Auflösung. Darüber hinaus sind sie

Abb. 6.48 Feldmessstation: Computer und Erfassungssystem auf Basis der LAPTOP-Klasse und der PCMCIA-Karte

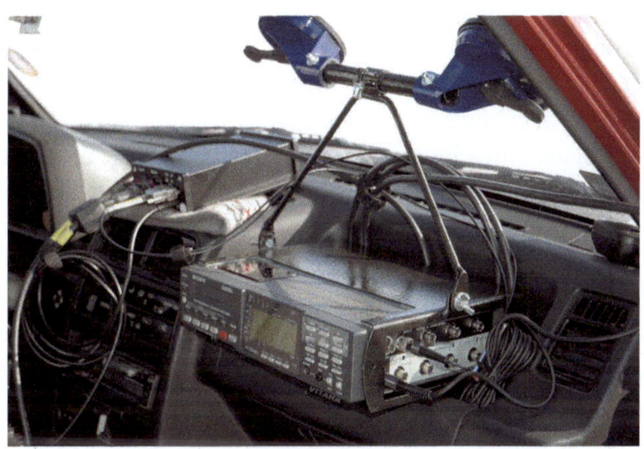

Abb. 6.49 Datenrekorder zum Speichern der Messergebnisse, eingebaut in ein Testauto

speziell für schwierige äußere Bedingungen konzipiert, sie sind widerstandsfähig gegen Stöße und Vibrationen, Feuchtigkeit und Staub. Ein Nachteil kann sein, dass die Messdaten während der Tests nicht angezeigt werden können. Messdaten gehen nach der Untersuchung allenfalls bei ungünstigen Bedingungen beim Überspielen vom Rekorder zum PC verloren. In Abb. 6.49 ist ein digitaler 4-Kanal-Datenrekorder SONY PC 204× in einem Testwagen und bei Tests unter schwierigen Winterbedingungen dargestellt.

Die Lösung, die die Vorteile der oben beschriebenen Geräte vereint, ist ein industrieller Computer mit einer Karte oder mehreren Messkarten, z. B. Dewetron. Es ist ein vollständig mit PC-Computern kompatibles System, das von Windows unterstützt wird und gleichzeitig völlig unempfindlich gegen Stöße, Vibrationen, Feuchtigkeit und Staub ist. Es besteht aus mehreren Komponenten, die den Einbau in einen Testwagen erleichtern. Dies sind:

- Zentraleinheit mit Schlitzen zur Aufnahme von Wandlerkarten
- Bildschirm
- Stromversorgungssystem, das Strom aus einer Bordbatterie oder einer anderen 24-V-Batterie bezieht

Die Gehäuse der einzelnen Komponenten sind solide gebaut und haben praktische Griffe und Befestigungen. Der Bildschirm hat einen Halter mit Saugnapf, der an der Windschutzscheibe des Autos befestigt werden kann. Messkarten verfügen an der Vorderseite über Buchsen für Signalkabel, was die Bedienung beim Anschließen von Sensoren erleichtert. Beispiele für verschiedene Computer in Industriequalität, die in der terramechanischen Forschung des Autors verwendet werden, sind in Abb. 6.50 dargestellt.

6.4.1.1 Messwerterfassung für Radmessnaben

Da eine Radmessnabe ein rotierendes Teil ist, muss ein Signalübertragungssystem eingesetzt werden. Zwei typische Lösungen sind der Schleifringüberträger und die Telemetrie [5]. Bei dem erstgenannten sind Nebengeräusche der größte Nachteil, allerdings ist diese Methode relativ einfach umsetzbar. Bei der Telemetrie besteht die Problematik der Nebengeräusche nicht, allerdings ist dieses System weitaus kostspieliger. Bei der BMW-Motorradmessnabe wurde ein interessantes Konzept verwirklicht. Die Elektronik wurde in zwei Gruppen aufgeteilt, eine in der Messnabe selbst, die zweite am Fahrzeug. Die beiden Elektroniksubsysteme wurden mittels einer *FM*-Telemetrie drahtlos verbunden. Die Messnabenelektronik dient zur Modulation der Messsignale. Die am Fahrzeug installierte Elektronik dient zur Energieversorgung der Radelektronik und des Messwertaufnehmers. Am Ende ist ein *PC*-Laptop mit einer *PCMCIA*-Wandlerkarte beziehungsweise optional ein *PCM*-Speicher installiert. An der Technischen Universität Lublin wurde eine Serie der telemetrischen Signalübertragungssysteme für Radmessnaben entwickelt, hierbei wurden alle Systeme mit dem *Bluetooth*-Rundfunksystem konzipiert. Solch ein Übertragungssystem hat eine ungefähre Reichweite von 5 bis 10 m, die ausreicht, um eine am Fahrzeug installierte Radmessnabe mit dem in diesem Fahrzeug platzierten Computer zu verbinden. Nachfolgend wird ein modernes Vierkanalgerät zur drahtlosen Übertragung der Messdaten von vier Radmessnaben beschrieben.

Ein Signalübertragungssystem der dritten Generation wurde an der Fakultät für Maschinenwesen der Technischen Universität Lublin von Prof. Piotr Budzyński entwickelt. Es besteht aus zwei Modulen: einem Mikrocontrollermodul mit einem Analog-Digital-Wandler und einem Modul zur drahtlosen Datenübertragung auf Basis von Bluetooth.

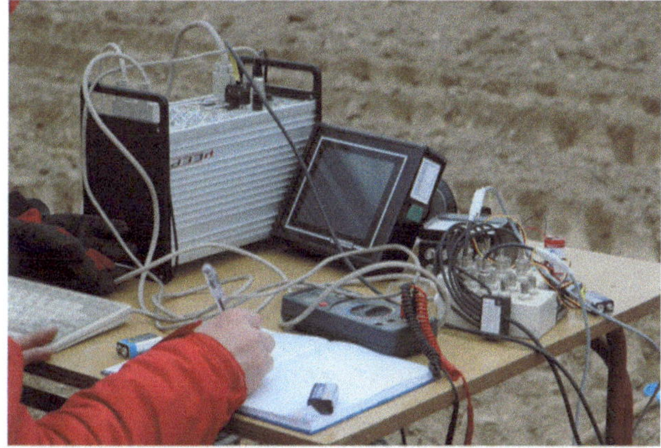

Abb. 6.50 Messstationen mit Computer in Industriequalität

Das Mikrocontrollermodul ist dafür ausgelegt, Messdaten zu erfassen und über den UART-Bus an das Funkübertragungsmodul zu senden. Es besteht aus folgenden Komponenten:

- Mikrocontroller STM32F103TBU6 (Cortex M3-Architektur)
- Der DC/DC-Spannungswandler, der eine Versorgungsspannung von 3,3 V für den Mikrocontroller und die Versorgungsspannung des Bluetooth-Systems erzeugt, kann zwischen 6 und 20 V DC liegen. In der Prototypversion ist die Versorgungsspannung auf 12 V begrenzt.
- Leistungswandler (5 V) zur Versorgung des Analog-Digital-Wandlers
- Analog-Digital-Wandler MAX1300-16 Bit, 8 Kanäle mit einer maximalen Abtastfrequenz von 115 ksps

Das Mikrocontrollermodul kommuniziert mit dem Datenübertragungsmodul über die UART-Schnittstelle mit den Signalen TX, RX, CRS, RTS (GND). Anstelle des drahtlosen Datenübertragungsmoduls kann auch ein USB-UART-Kabel verwendet und das Mikrocontrollermodul direkt mit einem PC verbunden werden, der dann über ein Terminal, das an den virtuellen COM-Port angeschlossen ist, mit dem Mikrocontroller kommuniziert. Wenn ein Funkübertragungsmodul verwendet wird, muss es mit dem Computer gekoppelt werden. Auf dem Computer wird ein virtueller COM-Anschluss erstellt, mit dem über das Terminal eine Verbindung hergestellt werden kann (Abb. 6.51).

6.4.1.1.1 Das auf Bluetooth WT41u-A basierende drahtlose Datenübertragungsmodul

Dieses Modul ermöglicht eine drahtlose (Funk-)Kommunikation über eine Entfernung von bis zu 650 m (1 km mit einer externen Antenne), wenn die Kommunikation zwischen zwei WT41u-A-Modulen stattfindet. Das zweite WT41u-A-Modul sollte beispielsweise mit einem UART-USB-Kabel an den Computer angeschlossen werden.

Im Fall einer direkten Verbindung zum Modul über einen Computer über Bluetooth beträgt die Kommunikationsreichweite 10 bis 15 m.

Das drahtlose Bluetooth-Datenübertragungsmodul kann „direkt" mit der Mikrocontrollerplatine oder mit einer speziellen Adapterplatte verbunden werden. Alle erforderlichen Anschlüsse befinden sich auf der linken Seite des Moduls.

Der Anschluss von 4 WT41u-A an die Karte erfolgt mit dem FT4243HL-System, das wiederum an einen PC angeschlossen ist. Das FT4243HL-System „erstellt" einen PC mit vier virtuellen COM-Ports, beispielsweise COM21, COM22, COM23, COM24, die die Zusammenarbeit mit vier Rekordern über eine Entfernung von 650 m ermöglichen.

6.4.1.1.2 Kurze Beschreibung der Verwendung des Signalübertragungssystems

Nach dem Anschließen der Spannungsversorgung wartet das Signalübertragungssystem einige Sekunden auf einen möglichen Kurzschluss des CS1-Pins nach Masse, um ein

Abb. 6.51 Signalübertragungssystem mit einem Mikrocontrollermodul zur Messwerterfassung für Radmessnaben

neues Bluetooth-Modul zu konfigurieren. Wir führen diese Operation nur einmal durch. Die Konfiguration bleibt beim Ausschalten erhalten. Sie können mit jedem Signalübertragungssystem über den entsprechenden COM-Port kommunizieren.

Anschließend wartet das System auf das Senden von Befehlen über die UART-Schnittstelle. In das Terminal eingegebene Befehle müssen mit „\ r \ n" enden. Die Kommunikation mit dem System ist von einem PC aus über verschiedene Befehle möglich. Zum Beispiel:

1. „Text" – das Signalübertragungssystem sendet die Antworten in einem besser lesbaren Textformat. Der angegebene Befehl ist nicht erforderlich, um die Messungen zu starten.
2. „get id" – das System gibt seine Identifikationsdaten aus, z. B. WT # 1.
3. „msg txt8" – das System beginnt mit dem Senden der Messdaten von den Kanälen 0 bis 7 an den Computer. Die erste Spalte ist Zeit, die anderen Spalten beinhalten die Spannungswerte der Kanäle 0 bis 7.

4. „msg none" – Ende der Messungen; das Signalübertragungssystem sendet keine Daten.
5. „msg txt8" – die Steuersoftware auf dem PC sendet an 4 Rekorder gleichzeitig diesen Befehl.

Es können auch 4 Terminals angeschlossen und Befehle von jedem an jedes System gesendet werden.

Die Software auf der Computerseite kann ein beliebiges Terminal oder ein beliebiges Betriebssystem sein, das die Kommunikation über COM-Ports ermöglicht. Es wird empfohlen, das HTerm-Terminal zu verwenden, das unter der Kontrolle des Windows-Betriebssystems arbeitet. Ein Terminal verbindet sich mit einem RT. Im Programm können die gesamte Kommunikation mit dem Signalübertragungssystem, also auch die Messdaten, gespeichert werden.

Das Programm arbeitet unter der Kontrolle des Windows-Betriebssystems und ermöglicht die gleichzeitige Kommunikation mit vier Rekordern (z. B. an vier Rädern eines Autos) sowie das Speichern von Daten in Dateien.

Eine andere Softwarelösung ist das Terminal, das vom Android-Betriebssystem gesteuert wird, beispielsweise das serielle Bluetooth-Terminal. Mit dieser Anwendung können Sie eine Verbindung zu einem Signalübertragungssystem herstellen und Kommunikations- und Messergebnisse speichern.

Die gemessenen Kraft- bzw. Momentensignale müssen von dem rotierenden Koordinatensystem des Rades auf das Koordinatensystem des Fahrzeuges umgerechnet werden. Der Radwinkel β ist ein Argument zur Berechnung der F_X, F_Z sowie der M_Z und M_X. Die F_Y und M_Y werden direkt übernommen.

6.4.2 Stromversorgung für Messsysteme

Die Bereitstellung von Messsystemen ist ein wichtiges Thema, insbesondere bei Feldtests, bei verschiedenen Wetterbedingungen und auch bei einer Radmessnabe, die über eine eigene Stromversorgung verfügen muss, da keine externe Leitung angeschlossen werden kann (Radmessnabe ist ein rotierendes Messgerät). Die Stromversorgung von Bordmesscomputern erfolgt in der Regel über 12-V/230-V-Konverter, die an die Bordbatterie angeschlossen sind. Dies ist eine einfache und sichere Lösung. Man muss jedoch darauf achten, die Batterie nicht zu entladen, wenn der Fahrzeugmotor nicht mehr läuft, aber der Bordcomputer noch arbeitet.

Die Stromversorgung der Radmessnabe erfordert den Entwurf einer geeigneten Batterie, die die folgenden Anforderungen erfüllen muss:

- Elektrische Kapazität, die den Betrieb der Radmessnabe während der geplanten Messungen gewährleistet
- Kleine Abmessungen

- Möglichkeit des Ladens oder Aufladens während der Tests (Steckdose für externes Laden)
- Schutz vor Umwelteinflüssen (Feuchtigkeit, Staub usw.)

Die Kapazität der Batterie sollte unter Berücksichtigung einer Reserve von 30 min ausgewählt werden. Darüber hinaus sollte der Einfluss niedriger Temperaturen berücksichtigt werden, wenn die Messungen unter winterlichen Bedingungen erfolgen. Die Leistungsmerkmale von NIMH- oder LiPol-Batterien hängen von der Umgebungstemperatur ab. Die Erfahrung des Autors zeigt, dass die falsch gewählte Stromversorgung von tragbaren Geräten und Radmessnaben sehr häufig der Grund für Fehler während der Messungen ist, weil die Spannungsversorgung in dem am wenigsten erwarteten Moment versagt. Ein Beispiel für die Stromversorgung von Radmessnabe ist eine LiPol-Batterie mit 7,4 V/800 mAh.

Für die Stromversorgung der Feldstation werden tragbare Stromgeneratoren verwendet, die von einem Benzinmotor angetrieben werden. Die Leistung eines typischen Aggregats beträgt ungefähr 600 W und reicht aus, um den Computer, den Rekorder und andere Messsystemkomponenten mit Strom zu versorgen (Abb. 6.52).

Abb. 6.52 Ein Generator zur Stromversorgung der Messstation unter Feldbedingungen

6.5 Testfahrzeuge und Prüfstände

6.5.1 Testfahrzeuge

Testfahrzeuge wurden speziell für Testzwecke entwickelt und ermöglichen die Variation von Designparametern wie Fahrzeugmasse und -länge, Radstand, Massenverteilung über Achsen usw. Mercedes-Benz baute und verwendete diese für Dynamiktests bei variablen Parametern. Ein Überrollkäfig wurde installiert, um den Fahrer bei gefährlichen Dynamikprüfungen zu schützen. Solche Fahrzeuge sind in der Regel Prüfgeräte und nicht für den Straßenverkehr geeignet.

Instrumentierte Fahrzeuge basieren auf Serienfahrzeugen, die mit Sensoren, Instrumenten und, falls erforderlich, anderen Modifikationen ausgestattet sind. Die Verwendung von handelsüblichen Fahrzeugen ist kostengünstiger, es ist jedoch nicht möglich, Konstruktionsparameter zu ändern, wie dies mit den oben beschriebenen Testfahrzeugen möglich ist. Ein typisches instrumentiertes Fahrzeug für Fahrdynamiktests wurde von BMW gebaut. Ein BMW 7er wurde mit mehreren berührungslosen Sensoren für Fahrzeuglängs- und -quergeschwindigkeit, Schräglaufwinkel, Geschwindigkeiten und Beschleunigung von Wank-, Gier- und Nickbewegung sowie einem Sensorlenkrad, Differenzial-GPS (DGPS) und vier Radkraftaufnehmern ausgestattet. Das Datenerfassungssystem verfügt über eine Mehrkanalschnittstelle mit analogen, digitalen, Ethernet-, CAN- und Video-Ein-/Ausgängen. Das Fahrzeug wurde für typische Fahrdynamiktests wie den Doppelspurwechseltest ISO/TR 3888 eingesetzt [37].

Die beiden oben dargestellten Beispiele werden für Tests im Straßenverkehr verwendet. Für die Prüfung der Dynamik von Geländefahrzeugen muss das Basisfahrzeug im Gelände eingesetzt werden können und die Instrumentierung für das Befahren unbefestigter, verformbarer Oberflächen geeignet sein.

Ein gutes Beispiel für ein instrumentiertes Fahrzeug für Offroad-Tests ist das bekannte CRREL Instrumented Vehicle (CIV) [38, 39]. Ein originaler AMC-Jeep Cherokee wurde neu konfiguriert und instrumentiert, um verschiedene Mobilitätstests mit der Fähigkeit durchzuführen, verschiedene Reifen, Traktionshilfen und Fahrzeugkonfigurationen auf einer Reihe von Geländeoberflächen zu verwenden. Die Instrumentierung besteht aus Geschwindigkeitssensoren, Hochgeschwindigkeits-GPS, elektronischem Neigungsmesser und dreiachsigem Beschleunigungsmesser, dreiachsigen Wägezellen an jedem Straßenrad, Bewegungspaketsensoren für Fahrzeugbeschleunigungen in drei Achsen und Gier-, Nick- und Rollraten sowie einem Hochgeschwindigkeitsdatenerfassungssystem. Das Fahrzeug verfügt über ein konfigurierbares Bremssystem, das Radschlupfmessungen ermöglicht. Das CIV wurde in mehreren Forschungsstudien verwendet.

An der Technischen Universität Lublin wurde ein Fahrzeug für terramechanische Tests entwickelt. Das Basisfahrzeug war ein 1995er Suzuki VITARA 4 × 4 mit einem 16-Ventil-Benzinmotor mit einer Leistung von 104 PS (siehe Abb. 6.53). Der Hauptvorteil des Fahrzeugs ist, dass es möglich ist, manuell zwischen den Modi 4 × 4 und 2 × 4 umzuschalten, wodurch Tests in zwei Radfunktionsmodi durchgeführt werden können: Antreiben oder freies Rollen für die Vorderräder. Das Fahrzeug verwendet 15-Zoll-Räder und

Abb. 6.53 Das Testauto der Technischen Universität Lublin

Reifen unterschiedlicher Breite zwischen 175 und 255 mm. Für den Einbau der Messgeräte sind keine Änderungen am Fahrzeug erforderlich [43].

Die Messausrüstung besteht aus (Abb. 6.54):

1. Radmessnaben, die sechs Elemente messen: drei orthogonale Kräfte und drei Momente, die auf ein Straßenrad des Testfahrzeugs wirken. Das komplette Messsystem besteht aus dem Sensor, der unter Verwendung eines DMS-Wandlers gebaut wurde, der modifizierten Felge, dem Montagesystem und dem Datenerfassungssystem, das als Alternative zu einem teuren Telemetriesystem entwickelt wurde. Eine detaillierte Beschreibung des Leistungsprüfstands ist im obigen Unterkapitel zu finden.
2. Einer Fahrmaschine (Lenkroboter), die aus fünf Elementen besteht: einer am Lenkrad montierten Motoreinheit, einer Montagevorrichtung mit zwei Wandlern (Messung des Lenkmoments), einer zentralen Steuereinheit, einer Stromversorgung und einem Computer mit Steuerungssoftware. Die mechanischen Subsysteme können ohne Modifikationen oder Änderungen am Fahrzeug installiert werden. Abb. 6.55 zeigt die Installation der beiden wichtigsten Subsysteme: einer Motoreinheit und einer Montagevorrichtung. Die Motoreinheit ist ein Direktantrieb und kann einfach über einen Adapter am Lenkrad eines Fahrzeugs oder an der Lenksäule montiert werden. Die Montagevorrichtung dient als Reaktionsrahmen für den Motor, der ein hohes Drehmoment erzeugt, und ist zwischen der Windschutzscheibe und dem Boden des Fahrzeugs montiert. Das System kann Standardprüfungen der Fahrzeugdynamik gemäß ISO-Normen reproduzieren und kundenspezifische Prüfungen in folgenden Parameterbereichen durchführen:
   - Lenkwinkelgeschwindigkeit bis 1800°/s
   - Frequenz bis 10 Hz

   Der vielleicht wichtigste Vorteil des Roboters war die Möglichkeit, Tests bei wiederholbaren Lenkradeinstellungen durchzuführen. Dies stellt sicher, dass die Testmanöver dem/der sogenannten offene/n Schleife/Kreis entsprechen.

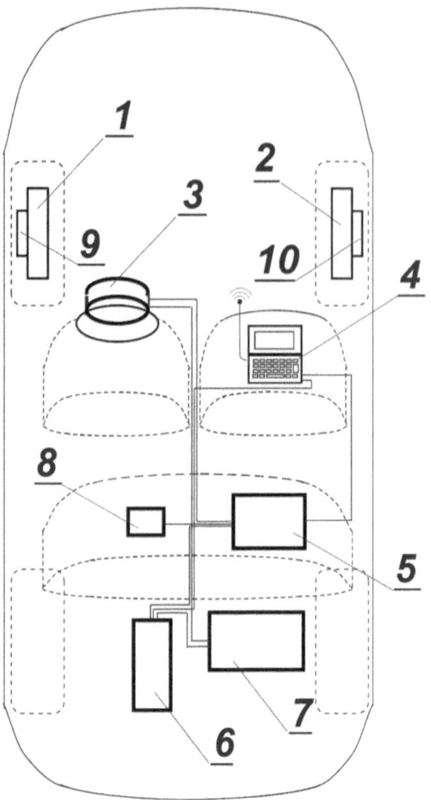

Abb. 6.54 Diagramm der Messgeräte in einem Testwagen [43]

3. Einem integriertes Satelliten- und Inertialnavigationssystem mit hoher Genauigkeit zur Erfassung der Fahrzeugdynamik in Bezug auf kinematische Parameter: Beschleunigungen, Geschwindigkeiten und Bewegungen. Das OXFORD-RT-3002-System besteht aus einem Differenzial-GPS-Empfänger, einer Basisstation und einem Inertialnavigationssystem. Das GPS und die Trägheitsplattform sind in einem Paket (Abb. 6.56) als On-Board-Instrumentierung gekoppelt.

   Eine Basisstation mit einer Low-Band-Antenne verbleibt außerhalb des Fahrzeugs. Dieses Subsystem unterstützt den GPS-Empfänger, um eine maximale Genauigkeit von 20 mm zu erzielen. Vor dem Einsatz muss das gesamte System durch Verbindung innerhalb der Subsysteme und mit den Satelliten initialisiert werden. Ein tragbarer Computer steuert sowohl die Fahrmaschine als auch das Navigationssystem. Die Software kann die Testszenarien einrichten, Tests initialisieren, Daten erfassen und Primäranalysen durchführen.
4. Einem Geschwindigkeitssensor zur Messung der tatsächlichen Fahrzeuggeschwindigkeit bei Geländetests. Es wird ein Sensor benötigt, der unempfindlich gegenüber Änderungen der Oberflächenreibung und -rauheit ist (wie ein sogenanntes Sattelkupplungssystem). Eine Lösung bestand darin, das DGPS als Geschwindigkeitssensor zu

Abb. 6.55 Die Lenkmaschine

Abb. 6.56 RTK-DGPS-Empfänger

verwenden, und es funktionierte gut für die Messgenauigkeit und die Abtastrate. In Fällen, in denen das DGPS nicht verwendet wurde, war jedoch ein anderes System erforderlich (in einigen Fällen war die für eine hohe Genauigkeit der GPS-Ortung erforderliche Differenzialreferenzstation sehr problematisch). Als Lösung haben wir uns für den Datron-CORREVIT-Sensor entschieden und eine L400-Version verwendet, da diese eine größere Toleranz für die Installation hoch über dem Boden (+/– 130 mm) aufweist. Der Sensor kann die Längsgeschwindigkeit in einem Bereich von 0 bis 250 km/h mit einer Auflösung von 0,1 km/h messen. Die Sensoren liefern sowohl analoge und digitale Ausgangssignale als auch ein CAN-Signal. In unseren Tests haben wir ein analoges Signal verwendet, das an einen DAT-Datenrekorder gekoppelt ist. Der Hauptunterschied zwischen Correvit und DGPS besteht darin, dass der optische Sensor keine Satellitenunterstützung benötigt, um zu funktionieren. Dieser Vorteil wurde hilfreich genutzt, wenn die Präzision von DGPS geschwächt wurde, weil wir kein gutes Satellitensignal empfangen konnten. Abb. 6.57 zeigt den Sensor, der während des Wintertests an der Vorderseite des Fahrzeugs installiert wurde. Wir haben die praktische Funktionalität des Sensors auf einer Vielzahl von Oberflächen (Sand, Löss, Gras, Schnee usw.) und in rauen Umgebungen (Messung der Bodengeschwindigkeit eines Landeflugzeugs auf einem grasbewachsenen Flugplatz) getestet.

5. Einem Bordcomputer. Um einen typischen Dynamiktest unter Verwendung der Fahrmaschine durchzuführen, wird ein zentraler Bordcomputer mit Software zur Steuerung der Funktionen der Systeme verwendet. Dieser Computer lässt (1) die Parameter des Lenkmanövers (Lenkwinkelamplitude, -rate oder -frequenz, Lenkwinkelverlauf) entwerfen und einstellen, (2) das Lenkmanöver einleiten, (3) die Datenabtastung der Raddynamometer einleiten, (4) DGPS starten, positionieren und nach dem Test (5) die Messungen beenden und (6) die gemessenen Daten speichern. Eine gute Lösung ist der Panasonic-TOUGHBOOK-Notebook-Computer mit mechanischer Beständigkeit und Langlebigkeit.

Abb. 6.57 Correvit-Sensor zur Geschwindigkeitsmessung im Gelände

Abb. 6.58 Dewetron-Computer im Testfahrzeug

Eine andere Lösung ist ein Computer der Spitzenklasse wie der Dewetron DEWE 4M. Dieser Computer ist wie der oben beschriebene mechanisch widerstandsfähiger und langlebiger, da er ein voll funktionsfähiger Computer der PC-Klasse ist und unter Windows arbeitet. Der Dewetron DEWE 4M verfügt über speziell entwickelte Steckplätze, in die verschiedene Karten eingesetzt werden können, um die erforderliche Funktionalität zu erhalten. Beispielsweise sind A/D-Wandlerkarte oder Trägheitsnavigationskarte und andere verfügbar. Dieser Computer ist besonders nützlich, wenn zahlreiche Sensoren und Wandler, auch verschiedener Datensignale, angeschlossen werden müssen (Abb. 6.58).

Eine zusätzliche Ausrüstung ist LIDAR, mit der die Bodenoberfläche gescannt werden soll, um das Profil der Unebenheiten zu bestimmen (Abb. 6.59).

6.5.2 Einzelradeinrichtungen

Eine der Methoden zur Prüfung der Wechselwirkung eines Fahrelementes mit dem Boden ist die Verwendung einer Einzelradmesseinrichtung [3, 40]. Diese ermöglicht es, die eingestellte Fahrgeschwindigkeit und den Schlupf des geprüften Rades bei angenommenem Schräglaufwinkel und mit der angegebenen Radlast beizubehalten. Die Einzelradmesseinrichtung kann sowohl unter Laborbedingungen eingesetzt werden, wo sie dann im Bodenkanal arbeitet, als auch unter Freilandbedingungen, dort arbeitet das Testrad mit der Oberfläche des natürlichen Bodens. Während einer typischen Testfahrt können die vollständigen Traktionseigenschaften erhalten werden, indem die Geschwindigkeit des dynamometrischen Wagens bei einer konstanten Drehzahl des Test-

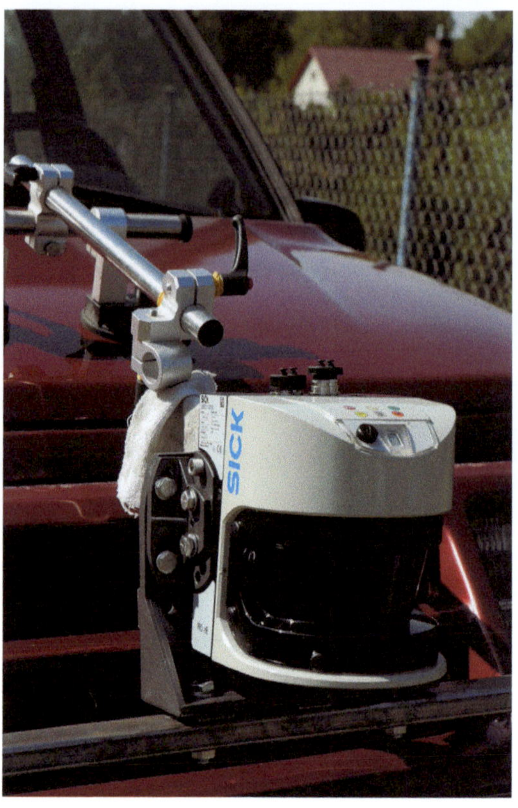

Abb. 6.59 Frontmontierter LIDAR zum Scannen des Bodenoberflächenprofils

rads sanft geändert wird. Die Messausrüstung kann sehr umfangreich sein, die Grundmesseinrichtung umfasst jedoch

- Zugkraftprüfstand,
- Antriebsmomentmesser,
- Radeinsinkungmesser und Spurtiefemesser,
- Fahrgeschwindigkeitsmesser und Drehzahlmesser des Prüfrades,
- Schraglaufwinkelmesser.

Darüber hinaus kann die Einzelradmesseinrichtung mit Bodenbearbeitungsgeräten wie Pinne, Nivellierstange, Packerwalze und Sprinkler zur Erhöhung der Bodenfeuchte ausgestattet werden. Diese Geräte werden verwendet, um den ursprünglichen Zustand des Bodens wiederherzustellen, der sehr wichtig ist, um wiederholbare Testbedingungen für anschließende Experimente sicherzustellen.

Der Prüftraktor mit einem instrumentierten Rad ist ein Prüfstand, der verschiedene Feldmessungen durchführen kann. Diese Messmaschine stammt von der Universität Hohenheim in Deutschland. Sie verfügt über eine feststellbare Vorderachsfederung und eine gummiisolierte Kabine, die mit einem gefederten Fahrersitz ausgestattet ist. Ein Vierzylindermotor mit 70 kW treibt die 6050 kg schwere Maschine an. Vorder- und Hinterreifen haben eine Größe von 480/70 R 24 bzw. 520/70 R 38. Reifen mit den gleichen Abmessungen wurden auch für Einzelraduntersuchungen verwendet. Das wichtigste Messgerät des Traktors sind Kraftmessfelgen an der Hinterachse und am rechten Vorderrad.

Der Prüftraktor kann folgende Messungen durchführen:

1. Zugkraft-Radschlupf-Kurven. Über eine kontinuierliche Variation der Drehzahl des Messrades bei konstanter Fahrgeschwindigkeit des Einzelradprüfgerätes werden Zugkraft – Radschlupf -Kurven des Reifens aufgenommen. Es wird sowohl der Antriebs- als auch der Bremsschlupf untersucht.
2. Seitenkraft. Die Seitenkraft wird an einem frei rollenden Reifen gegen den Schräglaufwinkel des Reifens gemessen. Unterschiedliche Schlupfwinkeländerungsraten führen zu einer signifikanten Änderung des Querkraftübertragungsverhaltens.
3. Kombinierte Rutschbedingungen

Die Erfassung von Reifencharakteristiken (Querkraft über Längskraft) erfolgt durch die Untersuchung kombinierter Schlupfzustände. Zu diesem Zweck erfährt der Reifen sowohl Längsschlupf (Antriebs- oder Bremsschlupf) als auch Seitenschlupf (Schlupfwinkel).

Der Einzelradprüfer ist mobil und kann auf allen Untergründen eingesetzt werden. Neben dem Einsatz auf ebenen Flächen und auf Hindernispässen werden auch die Kraftübertragungseigenschaften auf verformbarem Gelände untersucht.

Ein getesteter Reifen kann einen Durchmesser von bis zu 2000 mm und eine Breite von bis zu 1200 mm haben. Die Fahrgeschwindigkeit beträgt max. 10 km/h, die Radlast bis 40 kN, der Schraglaufwinkel bis 16° und der Sturzwinkel bis 20°.

Ein weiterer Radtester der Universität Hohenheim ist der Flachriemenprüfstand. Die Idee ist, dass ein Testrad mit einem getesteten Reifen mit einem sich bewegenden Riemen zusammenwirkt, der die Fahrbahn simuliert. Mit dem Flachriemenprüfstand kann die vertikale Reifendynamik untersucht werden. Durch die Messung des Schwingungsabfalls können sowohl vertikale Reifensteifigkeiten als auch Dämpfungsparameter bis zu einer Geschwindigkeit von 60 km/h bestimmt werden. Reifendurchmesser und Radlast dürfen 2000 mm bzw. 40 kN nicht überschreiten. Die Durchbiegung der Reifen und die Radlast werden während eines typischen Testlaufs aufgezeichnet. Die Radlast wird mit drei Wägezellen unter der Bodenplatte gemessen, die den Reifen trägt. Die spezielle Anordnung der Wägezellen ermöglicht die Ermittlung der Verschiebung der Radlast. Neben dynamischen Analysen wird mit dem Flachriemenprüfstand der Absorptionskoeffizient an verschiedenen Hindernisformen quasistationär bestimmt, was ein Maß für die interradiale Federsteifigkeit ist.

Ähnliche dynamische Tests von Traktorreifen können mit der Harper-Adams-Einzelradmesseinrichtung durchgeführt werden. Der Hauptunterschied besteht darin, dass die Tests während eines Testlaufs auf einer realen Oberfläche durchgeführt werden, die starr oder deformierbar ist. Diese Messeinrichtung ist in Abb. 6.60 dargestellt. Eine der Anwendungen dieses Prüfstands bestand darin, die Vertikaldynamik von Traktorreifen

Abb. 6.60 Einzelnradmesseinrichtung von Harper Adams University, Newport, England

durch Überqueren einer holprigen Spur zu bestimmen. Ziel dieser Studien war es, den Fahrkomfort des Traktors zu verbessern.

Einer der frühesten Einzelradmesseinrichtungen, der für terramechanische Studien verwendet wurde, wurde am Silsoe Institute in England entwickelt. Ein Schlepper ist in der Lage, die Kräfte an einem gezogenen Rad unter normalen landwirtschaftlichen Bedingungen zu messen. Das Testrad ist auf einem internen Rahmen montiert, der über Schwingverbindungen mit dem Hauptrahmen (einem ausgewuchteten Allradanhänger) verbunden ist. Eine vertikale Last von bis zu 35 kN kann mit einem Hydraulikzylinder auf das Prüfrad aufgebracht werden, dessen Durchmesser zwischen 711 mm und 940 mm liegen kann. Der Prüfstand wird mit konstanter Geschwindigkeit gezogen und alle Kräfte auf das Prüfrad, die Fahrgeschwindigkeit und die Prüfraddrehzahl werden aufgezeichnet. Das Prüfrad kann in 5°-Schritten bis maximal 45° zur Fahrtrichtung (Schräglaufwinkel) abgewinkelt werden, um die vom Rad erzeugten Lenkkräfte messen zu können.

Die an der Technischen Universität Lublin entworfene und entwickelte Einzelradmesseinrichtung sollte Flugzeugfahrwerksräder testen. Die Idee war, dass das Messrad an einem Basisfahrzeug montiert wird, um die erforderliche Vorwärtsgeschwindigkeit zu erhalten. Die Belastung des Prüfrades erfolgt über ein hydraulisches Servo.

Designannahmen wurden unter Berücksichtigung der folgenden Eigenschaften entwickelt:

- Prüfradgrößen 13 Zoll ÷ 15 Zoll (typisches Rad eines Leichtflugzeugs)
- Vertikallast bis 4,0 kN

- Messung von Kräften und Momenten auf der Radachse
- Drahtlose Übertragung der Messsignale
- Fernbedienung der Messungen
- Einstellung des vertikalen Lastwertes
- Bremse, die Schlupf an dem geprüften Rad ermöglicht
- Kontrollierte Drehung des Prüfrades – Umsetzung des Radschlupfes
- Schleppwagen hinter einem Suzuki Vitara

Ein Schema der Messeinrichtung ist in Abb. 6.61 dargestellt. Im Gegensatz zu den für Kraftmessanhänger typischen Lösungen, bei denen die Prüfradlast durch Addition/Subtraktion von Gewichten umgesetzt wird, ist der konstruierte Messanhänger mit einem Stellantrieb ausgestattet, mit dem die Prüfradlast geändert werden kann. Dies führte zu der Notwendigkeit, einen festen Rahmen zu konstruieren, der starr mit dem Grundrahmen des Schleppfahrzeugs verbunden ist, und einen Zwischenrahmen, der schwenkbar aufgehängt ist, an dem die Aufhängung des Testrads montiert ist (siehe Abb. 6.62). Der Bereich der vertikalen Belastung wird hauptsächlich durch das Gesamtgewicht des Basisfahrzeugs begrenzt. Wenn die Messeinrichtung auf einem ausreichend schweren PKW montiert ist, kann dieser Bereich erweitert werden. Der praktische Testgeschwindigkeitsbereich liegt zwischen 0 und 80 km/h, obwohl der Zustand der Fahroberfläche diese Geschwindigkeit

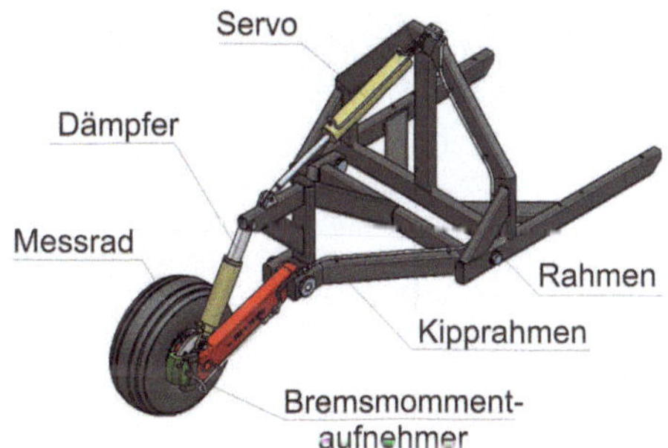

Abb. 6.61 Einzelradmesseinrichtung zum Testen von Flugzeugreifen auf Grasflugplätzen

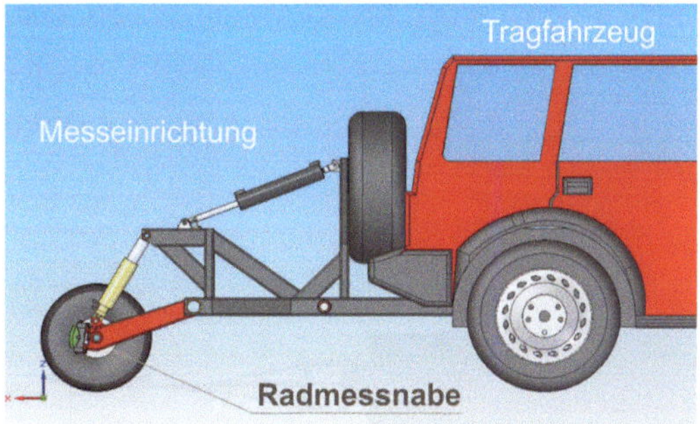

Abb. 6.62 Installation der Einzelradmesseinrichtung an einem Schleppfahrzeug

aufgrund gefährlicher Vibrationen einschränken kann. Grundsätzlich bestehen die Tests mit der Messeinrichtung aus wiederholtem Durchfahren der getesteten Oberfläche unter Verwendung von zwei Betriebsarten des Testrads: (1) Freilauf – Bestimmung des Rollwiderstandskoeffizienten und (2) Bremsen – Bestimmung des Kraftschlusses.

6.5.3 Bodenrinnenprüfstände

Die Forschung im Bodenkanal hat in der Terramechanik an Popularität gewonnen, hauptsächlich aufgrund der Möglichkeit einer ordnungsgemäßen Vorbereitung des Bodenforschungsmaterials. Die wichtigsten Forschungszentren der Welt (TU München, Auburn Alabama, USA und u. v. a.) haben seit Jahren eigene Bodenkanäle. Typischerweise ist der Bodenkanal mit einer Vielzahl von Lockerungs- und Bodenverdichtungsvorrichtungen ausgestattet (siehe Abb. 6.63, 6.64 und 6.65), die die Bodenvorbereitung erleichtern und

Abb. 6.63 Trolleyantrieb im Bodenkanal der TU München

Abb. 6.64 Das Gerät zum Lockern des Bodens im Bodenkanal der TU München

vor allem die Reproduktion der gewünschten Bodenbedingungen ermöglichen. Es ist üblich, Bodenkanäle mit einem Bewässerungssystem auszustatten, dessen Aufgabe es ist, die gewünschte Bodenfeuchtigkeit aufrechtzuerhalten. Der Bodenkanal befindet sich normalerweise im Inneren eines Gebäudes, wodurch zusätzlich unabhängig von Wetterbedingungen, Tages- oder Jahreszeit geforscht werden kann. Die Abmessungen der Bodenkanäle von 1,5×1,5 m garantieren in der Regel, dass die seitlichen Begrenzungen keinen Einfluss auf die Messungen haben. Die Länge des Bodenkanals beträgt typischerweise 10 bis 12 m.

Abb. 6.65 Das Gerät zum Rollen des Bodens im Bodenkanal der TU München

6.6 Messverfahren und Feldprozeduren

Terramechanische Messungen können entweder unter Labor- oder Feldbedingungen durchgeführt werden. Bei Messungen im Labor sind Bodenrinnen oder -kanäle bekannt, d. h. bodengefüllte Vorrichtungen, gekennzeichnet durch Quer- und Längsabmessungen, die keine Randeffekte und einen ausreichend langen Messabschnitt gewährleisten, um die erforderlichen Manöver durchzuführen. Der den Kanal füllende Boden kann konditioniert sein, d. h. bewässert, getrocknet, locker usw. Der Vorteil dieser Messungen ist die Unabhängigkeit von äußeren Bedingungen und die Möglichkeit einer exakten Bodenvorbereitung. Die zweite Methode besteht darin, Messungen unter Feldbedingungen durchzuführen. Zu diesem Zweck sollte auf dem ausgewählten Boden ein Testfeld ausgewiesen werden, das zuvor durch agrotechnische Maßnahmen vorbereitet werden kann. Die Vorbereitung des Bodens umfasst Nivellieren, Lockern oder andere Behandlungen. Es ist sehr schwierig, an verschiedenen Tagen wiederholt die vorhandene Feuchtigkeit auf einem gewünschten Niveau zu halten. Der Vorteil von Feldmessungen ist die Fähigkeit, Ergebnisse zu erhalten, die sich auf spezifische, reale Gelände- und Wetterbedingungen beziehen. Ihr grundlegender Nachteil sind hohe Kosten und eine erhebliche Streuung der erzielten Ergebnisse.

6.6.1 Vorbereitung der Messungen

6.6.1.1 Befestigung der Messgeräte

Ein wichtiges Thema bei der Konstruktion und Verwendung von Dynamometern bei der Untersuchung von Kräften und Momenten, die auf das Fahrelement eines Geländewagens oder einer Maschine wirken, ist das Problem der Montage dieser Messgeräte. Im Grunde geht es darum, den Effekt der Montage des Dynamometers auf die Messergebnisse auszuschließen oder zu minimieren. Dehnungsmessstreifen sind bekanntlich Elemente, die gegen Verformung elastischer Elemente unter Belastung empfindlich sind. Die Eigenschaften eines DMS-Dynamometers werden bei Referenzbedingungen mit einer Modellbaugruppe erhalten, d. h. das Messergebnis wird nicht beeinflusst. Die Montagespannungen in einem realen Objekt können jedoch die Kalibrierungseigenschaften erheblich verändern. Schlimmer noch, sie können kaum korrigierbare Nebenwirkungen verursachen. Im Folgenden sind zwei Beispiele aufgeführt.

Radmessnaben erfüllen gleichzeitig zwei Funktionen, nämlich als Sensor für Kräfte und Momente sowie als Stützelement des Fahrwerks, das auf das Straßenrad wirkende Lasten überträgt. Dies führt zu Problemen im Zusammenhang mit der Befestigung dieser Vorrichtung an der Radnabe und an der Felge, da an den Verbindungsstellen erhebliche Montagespannungen auftreten können, die die Messung beeinflussen. Die Anordnung der Befestigungslöcher ist zu erkennen, wobei die Befestigungslöcher für die Radnabe (Bezeichnung A) unregelmäßig zu den elastischen Elementen angeordnet sind. Diese Anordnung von Löchern wurde unter Berücksichtigung zweier Voraussetzungen entworfen:

- Der Abstand der Befestigungslöcher zu den elastischen Elementen, auf die der Dehnungsmessstreifen geklebt wurde, sollte so groß wie möglich sein.
- Die Platzierung der Bohrungen sollte einigermaßen regelmäßig sein.

Die erste Prämisse ergibt sich aus der Tatsache, dass die Nähe von Löchern und Befestigungsschrauben in Bezug auf Dehnungsmesser die Übertragung von Montagespannungen und folglich unbestimmte Messfehler verursachen kann. Die zweite Prämisse bezieht sich auf die Anordnung der rotierenden Massen und das dynamische Auswuchten des gesamten Messrades, was bei Messungen mit hoher Geschwindigkeit von besonderer Bedeutung ist und auch das Ergebnis der Messung beeinflusst.

Eine andere Möglichkeit der Radmessnabe-Montage an der Radnabe des Testautos ist die Installation eines zusätzlichen Elements an einem Zwischenflansch, der mit der Nabe verschraubt ist. In diesem Flansch befinden sich Bohrungen für die Befestigungsschrauben der Radmessnabe. Aufgrund der hohen Masse der Radmessnabe verursachte die Montage Schwierigkeiten beim exakten Ausrichten mit den Befestigungsbohrungen. Deshalb werden zunächst Führungsstifte in die Flanschbohrungen geschraubt, auf die die Radmessnabe aufgesetzt wird. Dann werden die Stifte nacheinander gegen die Befestigungsschrauben ausgetauscht. Diese Lösung hat sich in Feldtests bewährt, insbesondere wenn die Radmessnabe mehrmals ein- und ausgebaut werden musste.

Ein anderes Beispiel für die Auswirkung der Montage des Sensors auf die Messung ist ein Dynamometer mit einem stationären Federelement, das zur Messung von Kräften und Momenten auf das Straßenrad des Flugzeugchassis ausgelegt ist. Aufgrund des für Tests verwendeten speziellen Flugzeugchassis (PZL-104 Wilga 35A), das ein Fahrgestell mit Längslenker und Stoßdämpfer hat, gab es ein Problem mit der Federung und den Bewegungen des Längslenkers, was zu Änderungen des Winkels des am Ende des Lenkers montierten Dynamometerstators führte. Die Durchbiegung des Längslenkers bei dem Überfahren von Unregelmäßigkeiten sowie beim plötzlichen Anfahren oder Anhalten bewirkte, dass die Komponenten Fx und Fz praktisch nicht korrigiert werden konnten. Daher wurde beschlossen, die Messungen auf möglichst ebener Oberfläche durchzuführen, wodurch die ursprüngliche Fz-Komponente eliminiert wurde, während die Untersuchungen der Auswirkungen von Unebenheiten in der vertikalen Richtung mit der Methode der quasidynamischen Entladung durchgeführt wurden []. Bei einem Flugzeug mit starrem Schaft ohne Längslenker (z. B. Cessna 152 oder 172) treten die oben genannten Probleme nicht auf.

Bei einer Messung der auf das Gesamtfahrzeug wirkenden Kräfte können noch weitere Probleme auftreten. Im Allgemeinen werden derartige Messungen unter Verwendung eines einachsigen Zugkraftsensors durchgeführt, der einerseits an dem Testfahrzeug und andererseits an einem Bremsfahrzeug befestigt ist, das eine Zugkraft ausübt. Grundsätzlich gibt es drei Arten von Schleppmethoden:

- Mit einem Stahlseil
- Mit einer starren Abschleppstange
- Mit einem elastischen Seil

Sensoren zur Messung der Zugkraft oder des Rollwiderstands sind für die Axialkraft ausgelegt. Eine nicht axiale Krafteinwirkung kann zu einer falschen Sensoranzeige und sogar zu Beschädigungen führen. Bei der Montage muss sichergestellt werden, dass der Sensor ordnungsgemäß mit dem mechanischen System verbunden ist, sodass keine nicht axialen Kräfte auf den Sensor wirken können. Der Dehnungsmessstreifen sollte so gewählt werden, dass der normale Betriebsbereich bei normalen oder dynamischen Belastungen 80 % des Messbereichs nicht überschreitet. Alternativ sollte ein Sensor mit einem größeren Messbereich in Betracht gezogen werden.

6.6.2 Auswahl und Vorbereitung des Messfeldes und der Messstelle

Die Auswahl der Messstelle hängt in erster Linie von der Art des Bodens ab, auf dem die Untersuchung stattfinden soll. Dies ist besonders schwierig, wenn die Messungen an einem Modellboden mit einem geringen Gehalt an Humus und Pflanzenresten durchgeführt werden sollen. Abb. 6.66 zeigt Messungen der Zugkraft, die auf einem improvisierten Testgelände durchgeführt wurden, das unter Verwendung von reinem Löss aus einem tiefen Aushub (etwa 4 bis 5 m) für das Fundament eines Gebäudes vorbereitet wurde. Der von der Ausgrabung ausgegrabene Löss wurde in einer gleichmäßigen Schicht von ca. 50 bis 70 cm Dicke im Bereich von ca. 10×50 m aufgetragen. Wenn Versuche auf Feldern oder anderen natürlichen Oberflächen geplant sind, ist es wichtig, einen Ort mit einer möglichst geringen Verteilung der Bodentexturparameter zu wählen. Lamandé und Schjonning [41] verwendeten das elektromagnetische Feldtestverfahren. Das EM-38-Gerät ermöglicht die Messung sowohl der Leitfähigkeit als auch der In-Phase-Komponente (magnetische Suszeptibilität) in zwei verschiedenen Bereichen, und zwar alle zeitgleich, ohne dass ein Kontakt zwischen Boden und Instrument erforderlich ist. Mit einer maximalen effektiven Erkundungstiefe von 1,5 m kann das Verfahren den Boden mit einer minimierten Variation der Bodentextur verändern. Wie bei Bodentexturen können Unebenheiten in der Oberfläche die Sicherheit der Ergebnisse beeinflussen.

Abb. 6.66 Ein improvisiertes Testgelände an der TU Lublin

Abb. 6.67 Testgelände unter dem Dach der Harper Adams University, England

Abb. 6.67 zeigt Testgelände in Innenräumen. Diese Lösung ermöglicht Tests und Forschung unabhängig von den Wetterbedingungen. Es ist auch eine vorteilhafte Lösung für didaktische Kurse mit Studenten.

Wenn die Tests an natürlichen Böden mit einer intakten Struktur durchgeführt werden sollen und keine Nivellierung und Homogenisierung möglich ist, sollte die Geometrie der Bodenoberfläche definiert werden. Zu diesem Zweck kann man verschiedene, im Abschn. 2.6 beschriebene Methoden anwenden. Eine von ihnen ist die 3D-Scanmethode mit der Benutzung von LIDAR, einem optoelektronisches Gerät, das den Nanosekunden-Impulsmodus eines Lasers verwendet. Lichtimpulse werden an die Oberfläche des Plots gesendet. Nachdem sie zurückgestreut und zu einem selektiven Detektor gelangen wurden, bestimmt ein Analysator Spektren von Laserimpulsen, um eine 3D-Karte der Messoberfläche zu erhalten.

Bei Böden mit einer gestörten Struktur, wie z. B. Ackerland, können verschiedene Behandlungen zur Vereinheitlichung der Oberbodenstruktur und -oberfläche durchgeführt werden. Dies sind die folgenden Behandlungen:

- Manuelle Bodenhomogenisierung bis zu einer Tiefe von etwa 25 bis 30 cm, in der Regel von Hand (Abb. 6.68) mit einfachen Werkzeugen, bei großen Forschungsgebieten kann jedoch eine mechanische Deichsel verwendet werden (Abb. 6.69).
- Die Wiedergabe der ursprünglichen Bodendichte durch Nivellierung, das anfängliche Bodenniveau sollte vor den Messungen bestimmt werden.

Abb. 6.68 Manuelle Homogenisierung des Bodens. Testgelände am Militärinstitut für Panzer- und Fahrzeugtechnik, Sulejówek, Polen

Die oben genannten Behandlungen sollten bei jeder Wiederholung der Messung erneut durchgeführt werden, wobei sich unter der Belastung der Fahrzeugräder relativ starke Veränderungen im Boden ergeben, einschließlich tiefer Spurrillen.

6.6.3 Planung der Messungen

Um die Messunsicherheit weiter zu reduzieren, sollte der Tag ausgewählt werden, an dem die Tests durchgeführt werden. Tägliche Schwankungen der Lufttemperatur, der Sonnenscheindauer, des Niederschlags und des Windes sind Faktoren, die die Bodenfeuchtigkeit und ihre mechanischen Eigenschaften, insbesondere in der oberen Schicht, erheblich beeinflussen. Daher sollte die Forschungsplanung an Tagen gesucht werden, an denen diese Bedingungen eine minimale Auswirkung haben. Dies sind Folgende:

- Spätherbstsaison mit niedriger täglicher Temperaturamplitude
- Wolkenbedeckter Himmel ohne Niederschlag mindestens drei Tage vor den Tests
- Schwacher Wind

Solche Bedingungen treten in der nördlichen Hemisphäre in den Monaten Oktober bis Dezember auf. Eine weitere Option ist die Benutzung von speziellen Industriegebieten,

Abb. 6.69 Vorbereitung des Bodens für Fahrdynamiktests mit einer landwirtschaftlichen Maschine

die für Langstrecketests geeignet sind, sowie bei unterschiedlichen Geschwindigkeiten und unter verschiedenen Bedingungen. Diese Art von Messungen betrifft die Fahrdynamik in größerem Umfang, weshalb sie in Kap. 10 beschrieben werden.

6.6.3.1 Ganzjährige Messungen

Bekanntlich wird der natürliche Boden durch die Atmosphäre und klimatische Faktoren beeinflusst, was wiederum zu erheblichen Schwankungen der Feuchtigkeitswerte führt, die Auswirkungen auf die mechanischen Eigenschaften haben. Dies wurde in Kap. 2 erwähnt, während die praktische Schlussfolgerung lautet, dass Feldmessungen, insbesondere Messungen der Radkräfte und Momente am Boden, die Variabilität der Bodenbedingungen berücksichtigen sollten. Dies ist eine schwierige Aufgabe. Normalerweise geht es darum, Versuche im richtigen Moment durchzuführen, wenn der Boden die angenommenen Bedingungen erfüllt, wie im vorherigen Abschnitt beschrieben. Es ist nicht immer möglich, die erforderliche Anzahl von Wiederholungen durchzuführen, die im Messtestprogramm vorgesehen werden. Darüber hinaus ist es schwierig, mögliche Bodenbedingungen zu erfassen, insbesondere in kurzer Zeit. Eine der Methoden der Feldforschung sind sogenannte ganzjährige Messungen. Sie bestehen in der Durchführung einer Reihe von Messungen während der gesamten Saison, z. B. einmal wöchentlich oder einmal monatlich. Der Messzeitpunkt kann nach dem Zufallsprinzip oder unter Berücksichtigung von Determinanten gewählt werden, z. B. wird die Entscheidung über die Messung unter Berücksichtigung der statistisch repräsentativen Wetter- und Bodenbedingungen für einen bestimmten Monat oder eine bestimmte Woche gemäß der Periodizität der Jahreszeiten getroffen.

Obwohl scheinbar arbeitsintensiv und kostspielig, haben die ganzjährigen Messungen aber auch gewisse Vorteile. Sie ermöglichen nämlich Messungen unter allen natürlichen Bedingungen, von hoch bis extrem niedrig. Die Ergebnisse der ganzjährigen Messungen zeichnen sich durch einen direkten Bezug zu den realen Bedingungen aus und ihre praktische Anwendung ist einfacher. Näherungsweise Aussagen über Zwischenzustände sind möglich. Der Nachteil der ganzjährigen Messungen ist die erhebliche Unsicherheit, die sich aus der zufälligen Auswahl der Tages- und Bodenbedingungen ergibt. Die Ganzjahresmessmethode ist mehr praxisorientiert und utilitarisch und weniger wissenschaftlich.

Literatur

1. Hüsemann, T., & Goertz, H. (2005). Der mechatronische Reifen zur Online-Bestimmung der Kräfte im Radaufstandspunkt. *VDI Berichte, 1912*, 119–152.
2. Glenn Guthrie, A., Botha, T. R., & Els, P. S. (2017). 3D contact patch measurement inside rolling tyres. *Journal of Terramechanics, 69*, 13–21.
3. McAllister, M. (1979). A rig for measuring the forces on a towed wheel. *Journal of Agricultural Engineering Research, 24*(3), 259–265.
4. Apfelbeck, S., Kuß, S., Rebele, B., & Schäfer, B. (2011). A systematic approach to reliably characterize soils based on Bevameter testing. *Journal of Terramechanics, 48*(2011), 360–371
5. Kuchler, M., & Schrupp, R. (2002). *Mehrkomponenten-Motorradmessnabe. VDI-FVT Jahrbuch 2002* (S. 91–119). VDI Verlag.
6. Longoria, R. G., Brushaber, R., & Simms, A. (2019). An in-wheel sensor for monitoring tire-terrain interaction: Development and laboratory testing. *Journal of Terramechanics, 82*(2019), 43–52.
7. Pytka, J. A. (2008). *A wheel dynamometer for off-road vehicle testing* (SAE Technical Paper Series, Paper No. 2008-01-0482).
8. Pytka, J., Józwik, J., Budzyński, P., Łyszczyk, T., Tofil, A., Gnapowski, E., & Laskowski, J. (2019). Wheel dynamometer system for aircraft landing gear testing. *Measurement, 148*, 106918.
9. Pytka, J., Śliczniak, T., Kasprzak, P., & Gnapowski, E. (2018). *Tyre-soil interface determination by photogrammetric method IOP.*
10. Botha, T., Johnson, D., Els, S., & Shoop, S. (2019). Real time rut profile measurement in varying terrain types using digital image correlation. *Journal of Terramechanics, 82*(2019), 53–61.
11. Abu-Hamdeh, N. H., & Reeder, R. C. (2003). Measuring and predicting stress distribution under tractive devices in undisturbed soils. *Biosystems Engineering, 85*(4), 493–502.
12. Akker van den, J. (1988). *Model computation of subsoil stress distribution and compaction due to field traffic* (Report No. 23). Inst. Land and Water Manag. Res.

13. Arvidsson, J., & Ristic, S. (1996). Soil stress and compaction effects for four tractor types. *Journal of Terramechanics, 33*(5), 223–232.
14. Bakker, D. M., Harris, H. D., & Wong, K. Y. (1995). Measurements of stress paths under agricultural vehicles and their interpretation in critical state space. *Journal of Agricultural Engineering Research, 61*, 247–260.
15. Blackwell, P. S., & Soane, B. D. (1978). Deformable spherical device to measure stresses within field soils. *Journal of Terramechanics, 15*(4), 207–222.
16. Bolling, I. (1985). How to predict soil compaction from agricultural tires. *Journal of Terramechanics, 22*(4), 205–223.
17. Harris, H. D., & Bakker, D. M. (1994). A soil stress transducer for measuring in situ soil stresses. *Soil&Tillage Research, 29*, 35–48.
18. Horn, R., Johnson, C., Semmel, H., Schafer, R., & Lebert, M. (1992). Räumliche Spannungsmessungen mit dem Stress State Transducer (SST) im ungesättigten aggregierten Boden – Theoretische Betrachtungen und erste Ergebnisse. *Zeitschrift für Pflanzenernährung und Bodenkunde, 155*, 269–274.
19. Kirby, J. M. (1999). Soil stress measurement: Part I and II. *Journal of Agricultural Engineering Research, 72*, 151–160 and *73*, 141–150.
20. Lamandé, M., & Schjønning, P. (2011). Transmission of vertical stress in a real soil profile. Part I. Site description, evaluation of the Séhne model, and the effect of topsoil tillage. *Soil and Tillage Research, 114*, 57–70.
21. Lamandé, M., Keller, T., Berisso, F., Stettler, M., & Schjønning, P. (2015). Accuracy of soil stress measurements as affected by transducer dimensions and shape. *Soil and Tillage Research, 145*, 72–77.
22. Pytka, J. A. (2009). Design consideration and calibration of pressure transducer for soil stress measurements. *Journal of Terramechanics, 46*, 241–249.
23. Raper, R.L., Bailey, A.C., Burt, E.C., Way, T.R., Liberati, P. (1995) The effects of reduced inflation pressure on soil-tire interface stresses and soil strength. Journal of Terramechanics 32(1): 43–51
24. Horn, R., & Lebert, M. (1994). Soil compactability and compressibility. In B. D. Soane & C. Van Ouwerkerk (Hrsg.), *Soil compaction in crop production* (S. 41–96). Elsevier Science Publishing.
25. Verma, B. P., Bailey, A. C., Schafer, R. L., & Futral, J. G. (1976). A pressure transducer in soil compaction study. *Transactions of the ASAE, 1976*(442), 447.
26. Pytka, J. A., & Konstankiewicz, K. (2002). A new optical method for soil stress and strain investigation. *Soil and Tillage Research, 65*, 243–251.
27. Vishay Measurements Group, Inc. *The Technical Staff of: Strain gage based transducers. Their design and construction Raleigh.*
28. Vishay Measurements Group, Inc. *The Technical Staff of: Technical Note TN 510.*
29. Kitchin, C., & Counts, L. (1992). *Instrumentation amplifier application guide*. Analog Devices, Inc.
30. Pytka, J. A. (2010). Determination of snow stresses under vehicle loads. *Cold Regions Science and Technology, 60*, 137–145.
31. Nichols, T. A., Bailey, A. C., Johnson, C. E., & Grisso, R. D. (1987). A stress state transducer for soil. *Transactions of the ASAE, 30*(5), 1237–1241.
32. Qun, Y., Jie, S., & Xianbin, D. (1992). Camera tracing and image processing system for soil deformation. *Journal of Terramechanics, 29*(4/5), 423–431.
33. Othitin, A. A., Lipiec, J., Tarkiewicz, S., & Sudakov, A. V. (1991). Deformation of silty loam under the tractor tyre. *Soil&Tillage Research, 19*, 187–195.
34. Kühner, S., Horn, R., Baumgartl, T., Raper, R., Bailey, A., & Johnson, C. (1993). *Stresses and particle displacement during wheeling*. ASAE meeting presentation, no 93-1092.

35. Pytka, J. A., & Dąbrowski, J. (2001). Determination of the stress-strain relationship for sandy soil in field experiments. *Journal of Terramechanics, 38*, 185–200.
36. Dudziński, P. (2019). Method for predicting dynamic shear strength in soils. Part I: Proposal for a new criterion. *Journal of Terramechanics, 86*, 31–37.
37. Barz, D., & Drews, R. (2008). Kompatible Messsysteme – Unterschiedliche Fahrdynamiksysteme synchron messen. *ATZelektronik,* 04/2008, Jahrgang 3
38. Coutermarsh, B. A., & Shoop, S. A. (2009). Tire slip-angle force measurements on winter surfaces. *Journal of Terramechanics, 46*(2009), 157–163.
39. Shoop, S. A., Young, B., Alger, R., & Davis, J. (1994). Effect of test method on winter traction measurements. *Journal of Terramechanics, 31*(3), 153–161.
40. Witzel, P. (2018). The Hohenheim tyre model: A validated approach for the simulation of high volume tyres – Part I: Model structure and parameterisation. *Journal of Terramechanics, 75*, 3–14.
41. Lamandé, M., & Schjønning, P. (2011). Transmission of vertical stress in a real soil profile. Part II. Effect of tyre size, inflation pressure and wheel load. *Soil and Tillage Research, 114*, 71–77.
42. Pytka, J. (2001). Loads effect upon soil stress and deformation state in structured and disturbed sandy loam for two tillage treatments. *Soil&Tillage Research, 59*(2001), 13–25.
43. Pytka, J., Tarkowski, P., Fijałkowski, S., Budzyński, P., Dąbrowski, J., Kupicz, W., & Pytka, P. (2011). An Instrumented Vehicle for Off-Road Dynamics Testing *Journal of Terramechanics, 48*(5), 384–395.

Geländefahrzeuge 7

7.1 Konzept

Geländefahrzeuge können definiert werden als Fahrzeuge, die speziell für den Geländeeinsatz konzipiert sind, manche können jedoch auch im öffentlichen Straßenverkehr genutzt werden. Ein Geländefahrzeug muss über spezielle Ausrüstungen oder Merkmale verfügen, die es ihm ermöglichen, über natürliches, unbefestigtes Gelände zu fahren. Beispiele für solche Funktionen sind:

- Vierrad- oder Allradantrieb
- Reifen mit Spezialprofil
- Antriebsaggregat, in der Regel auf der Basis eines Dieselmotors, mit einem wirksamen Kühlsystem, Staubfiltern, hoher Position von Luftein- und Abgasauslass usw.
- Radaufhängungen, die für Stabilität an Hängen und mit verdrehter Achse sorgen, wie dies beim Überqueren von Hindernissen und unebenem Gelände erforderlich ist
- Zusatzausrüstung: Winde, Zugseil, wasserfeste Abdichtung usw.

Geländefahrzeuge sind für den Einsatz auf natürlichem, weichem Boden vorgesehen, auf dem die Traktion viel geringer ist als auf befestigten Straßen. Deshalb sollte ein ausgereiftes Geländefahrzeug in der Lage sein, in Extremsituationen einen Überschuss an Antriebsleistung zu erzeugen. Auf der anderen Seite können Geländefahrzeuge Acker- oder Naturböden zerstören. Das Überfahren von schweren Fahrzeugen führt zu irreversiblen und plötzlichen Veränderungen der Bodenstruktur und verursacht eine ökologische Verschlechterung der Bodenumwelt. Darüber hinaus bewirkt eine erhöhte Geschwindigkeit von Sport- und Nutzfahrzeugen Probleme mit der Querdynamik und dem Fahrverhalten. Der Verlust der Fahrstabilität bei hoher Geschwindigkeit in unebenem Gelände

J. Pytka, *Terramechanik und Geländefahrzeuge*, ATZ/MTZ-Fachbuch,
https://doi.org/10.1007/978-3-658-32013-3_7

kann zu einem Überschlag führen, der eine der häufigsten Ursachen für tödliche Unfälle in ländlichen Gebieten darstellt.

Unter Berücksichtigung des Zwecks und des Umfangs der Aufgaben können Geländefahrzeuge grob in die folgenden Typen unterteilt werden:

- Militärfahrzeuge
- Zivile Fahrzeuge

Zivile Fahrzeuge sind in folgende Bereiche unterteilt:

- Traktoren und landwirtschaftliche Maschinen
- Baufahrzeuge und Baumaschinen
- Geländewagen

Darüber hinaus können wir Fahrzeuge unterscheiden, die keiner der oben genannten Kategorien angehören, nämlich:

- Sogenannte Quads oder ATV (Geländewagen)
- Planeten-Rover
- Autonome unbemannte Fahrzeuge
- Bushflugzeug
- Und andere

7.2 Rechtliches

Gesetze definieren einen Geländewagen auf der Grundlage von zwei Konstruktionsanforderungen:

- Anforderungen in Bezug auf die Bauweise des Antriebssystems
- Anforderung in Bezug auf die Geometrie des Fahrwerks, der Karosserie und der Fahrleistung

Im Europarecht werden Geländefahrzeuge in der *Richtlinie 87/403/EWG des Rates vom 25. Juni 1987 zur Ergänzung des Anhangs I der Richtlinie 70/156/EWG zur Angleichung der Rechtsvorschriften der Mitgliedstaaten über die Betriebserlaubnis für Kraftfahrzeuge und Kraftfahrzeuganhänger* definiert als Kraftfahrzeuge der internationalen Klasse N1 mit einem zulässigen Gesamtgewicht bis 2 t oder M1 und folgender Ausstattung:

- Vorder- und Hinterachse gleichzeitig angetrieben (auch zuschaltbar),
- Differenzialsperre (mindestens eine) oder ein Mechanismus, der eine ähnliche Wirkung gewährleistet,
- Die Fähigkeit, eine Steigung von mindestens 30 % überwinden zu können.

Außerdem müssen sie mindestens fünf der folgenden sechs Anforderungen erfüllen:

- Der vordere Böschungswinkel muss mindestens 25° betragen
- Der hintere Überhangwinkel muss mindestens 20° betragen
- Der Rampenwinkel muss mindestens 20° betragen
- Die Bodenfreiheit unter der Vorderachse muss mindestens 180 mm betragen
- Die Bodenfreiheit unter der Hinterachse muss mindestens 180 mm betragen
- Die Bodenfreiheit zwischen den Achsen muss mindestens 200 mm betragen.

Definitionen der obigen geometrischen Parameter sind in Unterkapitel 8.6.2 dargestellt.

Geländewagen dürfen in Deutschland gemäß § 42 StVZO eine erhöhte Anhängelast ziehen, nämlich das 1,5-Fache des zulässigen Gesamtgewichtes des ziehenden Fahrzeuges bis maximal 3,5 t (Beschränkung: Anhängerkupplung und Auflaufbremse).

Darüber hinaus sollten Geländewagen die einschlägigen Anforderungen gemäß Klasse N1 oder M1 erfüllen. Dies gilt insbesondere für Amateurkonstruktionen, beispielsweise den Umbau eines Serienfahrzeuges für Geländefahrten, Offroad-Rallye usw. Konstruktionsänderungen, die während eines Umbaues vorgenommen wurden, dürfen nicht über akzeptable Grenzen hinausgehen. Anderenfalls erfordern Einzelumbauten ein separates Genehmigungsverfahren oder eine Registrierung in einer Sonderkategorie [1].

7.3 Landwirtschaftliche Fahrzeuge und Maschinen

Bei landwirtschaftlichen Fahrzeugen unterscheiden wir landwirtschaftliche Traktoren, Mähdrescher und alle gezogenen oder selbstfahrenden Feldmaschinen. Alle diese Fahrzeuge sind typische Geländefahrzeuge, da sie auf weichen Bodenflächen oder Graslandschaften fahren.

Traktoren sind die wichtigsten Mehrzweckarbeitspferde in der Landwirtschaft auf der ganzen Welt. Die meisten Traktoren sind Radfahrzeuge, einige verwenden aber auch eine Kettenfederung. Obwohl das Grundkonzept unverändert geblieben ist – ein vierrädriges Fahrzeug mit einer typischen Kabine (siehe Abb. 7.1) – handelt es sich bei modernen Traktoren um hochtechnologische Maschinen, die mit den neuesten Systemen wie GPS (Global Positioning Systems) und OBD (On Board Diagnostics) ausgestattet sind, die über computergestützte Traktionssteuerungen sowie stufenlose Getriebe (CVT) verfügen und autonomes Fahren erlauben. Die hochgenaue Positionsbestimmung per GPS hat zu einer „Präzisionslandwirtschaft“ geführt. Dies ist definiert als die komplexe Methode zur Steuerung der Variabilität, um die beste Leistung zu erzielen, wodurch die Rentabilität erhöht und gleichzeitig die Umweltbelastung minimiert wird. Zwei der neuesten Innovationen in diesem Bereich sind die Hochbeetlandwirtschaft (RFB) – eine Methode, mit der Traktorräder gezwungen werden, in Furchen zu fahren – und der kontrollierte Feldverkehr (CFT) – die Beschränkung des Fahrverkehrs auf gut definierte permanente Wege.

Abb. 7.1 Ein typischer landwirtschaftlicher Traktor

Ein Beispiel für neue Lösungen im Bereich der automatischen und autonomen Fahrsteuerung sind Traktoren der Marke DEUTZ-FAHR, die das AGROSKY-System unter Verwendung aller aktiven GNSS-Satelliten (Global Navigation Satellite System) eingeführt haben. Es verwendet die GPS- und GLONASS-Netzwerke, die Teil des GALILEO-Systems sind. Das System ermöglicht den Empfang eines kostenlosen EGNOS-Signals, das für eine einfachere Feldarbeit verwendet wird, beispielsweise Düngerstreuung und OmniStar-korrigiertes Signal mit größerer Genauigkeit für eine präzise Feldarbeit sowie eines RTK-Signals mit Korrektur von der Basisstation oder über ein GSM-Mobilfunknetz.

Monitore gehören zur Standardausrüstung moderner Traktoren. Mit ihnen werden Anwendungen für den Betrieb des Fahrzeugs und der angeschlossenen Maschinen und Geräte gesteuert. Mit dem Monitor können verschiedene Maschinentypen unter sich ändernden Arbeitsbedingungen bedient werden. Automatische Lenksysteme (sogenanntes Assisted Steering oder Performance Steering) entlasten den Bediener/Fahrer und verbessern die Präzision der Feldarbeit sowie das Sicherheitsniveau. Dabei wird der Traktor über ein mechatronisches Lenkrad gesteuert. Der Traktorfahrer kann unter anderem die Anzahl der Lenkradumdrehungen einstellen, die für einen vollständigen Lenkeinschlag der Vorderräder erforderlich sind, was das Manövrieren des Fahrzeugs erheblich erleichtert.

Andere Elemente der Traktorausrüstung sind folgende:

- Klimaanlage und Kabinenlüftung, besonders wichtig bei längeren Feldarbeiten im Sommer
- Beleuchtung, einschließlich Xenon-Arbeitsscheinwerfern, mit denen die Feldarbeitszeit auf Nachtstunden ausgedehnt werden kann, wobei die Beleuchtungsstärke im Vergleich zu herkömmlichen Halogenscheinwerfern viermal höher ist
- EHR – elektrohydraulische Steuerung der Dreipunktaufhängung eines Ackerschleppers, mit der die Betriebsparameter der Maschine eingestellt werden können

- Automatische Kupplung, dank derer es nicht notwendig ist, beim Anbau der Arbeitsgeräte in den Traktor zu steigen, um das Verbindungselement in die Anhängerkupplung einzuführen. Das Funktionsprinzip der automatischen Anhängerkupplung besteht darin, dass der Traktorfahrer, der beispielsweise einen Anhänger ankoppeln möchte, zurückfährt, bis sich die Anhängerdeichsel in die automatische Anhängerkupplung des Traktors schiebt und automatisch verriegelt
- Parallelführungssysteme – ermöglichen es, den Traktor bei starker Staubentwicklung, geringer Bodenverdichtung usw. freihändig zu lenken
- Ein System, das die Steuerung vieler Maschinen über einen Computer im Traktor ermöglicht.

Ein wichtiger Vorteil der Präzisionslandwirtschaft ist ein höherer Komfort für Fahrer und Bediener, insbesondere in großflächigen Betrieben. Obwohl die meisten externen Impulse von typischen Traktorreifen mit großem Durchmesser aufgenommen werden, gibt es auch Aufhängungssysteme, die die Fahrdynamik und Komfort verbessern. Darüber hinaus optimieren diese Systeme auch die Fahrstabilität an Hängen und tragen dazu bei, auf unebenen Feldern, während des Pflügens oder anderer Routinen, eine optimale Traktion zu erzielen.

Das Einhalten der Geschwindigkeit ist auch im Traktorenbau ein wichtiges Anliegen. Während des Feldbetriebs sind langsame, steuerbare Geschwindigkeiten erforderlich. Das Befahren öffentlicher Straßen erfordert jedoch höhere Geschwindigkeiten, um Verkehrsverzögerungen zu vermeiden. Die CVTs moderner Traktoren ermöglichen einen weiten Bereich präzise steuerbarer Geschwindigkeiten von 0,1 bis 80 km/h. In einigen Fällen werden Hydraulikmotoren verwendet, mit denen die Fahrgeschwindigkeit sehr genau gesteuert werden kann.

Ein typischer Ackerschlepper hat vier Räder mit 2 × 4- oder 4 × 4-Antrieb. Ältere Typen hatten kleine gelenkte Vorderräder und große angetriebene Hinterräder, aber heute, mit der Popularität des 4 × 4-Antriebs, haben alle vier Räder große Durchmesser. Diese Funktion ist für die Traktion wichtig, da ein Rad mit großem Durchmesser eine hohe Antriebskraft erzeugt und fast alle mit einem Traktor ausgeführten Arbeiten große Zugkräfte an der Deichsel erfordern. Das Profilmuster von Traktorreifen mit hohen und langen Stollen ergibt ein typisches „fichtenförmiges" Bild. Dies trägt auch zur Leistung im Gelände bei, aber das nicht symmetrische Profil hat im Rückwärtsgang Schwächen.

7.3.1 Emissionsgrenzwerte

Mit der neuen Abgasnorm Euro V, die am 1. Januar 2019 in Kraft getreten ist, wird der Feinstaubanteil in den Abgasen von Motoren für den Antrieb von Geländemaschinen und Geländefahrzeugen drastisch reduziert. Im Vergleich zum vorherigen Standard Euro IV beträgt die Partikelreduzierung 40 %, worauf sich die meisten Hersteller von Antriebseinheiten lange Zeit intensiv vorbereitet haben. Dank dessen erfüllen viele Motoren heute den neuen Standard oder werden ihn in naher Zukunft erfüllen. Der Euro-V-Standard bei Motoren mit Leistungen von 19 bis 560 kW verschärft vor allem den zulässigen Feststoffgehalt sowohl in Bezug auf die Masse (PM) als auch – was völlig neu ist – in Bezug auf die Anzahl (PN).

Die maximale Partikelmasse wird im Vergleich zu Euro IV (0,025 g/kWh) auf nur 15 mg/kWh (0,015 g/kWh) um 40 % gesenkt, während die zulässige Partikelzahl auf maximal 10^{12}/kWh (10^{12} oder 1 Billion) festgelegt wird pro kWh erzeugter Energie, wobei der Grenzwert für andere Schadstoffe praktisch unverändert bleibt. Kleinmotoren unter 19 kW/25,8 PS sowie Großmotoren über 560 kW/762 PS, für die bisher keine Abgasnormen gelten, unterliegen diesbezüglich derzeit entsprechenden Vorschriften. Obwohl sie nicht so einschränkend sind wie für den Bereich von 19 bis 560 kW, gelten sie nicht für die Anzahl der Partikel, sondern begrenzen ihre Masse auf 0,4 g/kWh im Bereich von 19 kW und 0,45 g/kWh über 560 kW und den Gehalt an Stickoxiden (NOx) bis 7,5 g/kWh (einschließlich Kohlenwasserstoffen) bis 19 kW und bis 3,5 g/kWh über 560 kW (gesonderter Grenzwert für HC–0,19 g/kWh). Die Einführung der neuen Norm erfordert in den meisten Fällen die Verwendung eines Dieselpartikelfilters (DPF), der bereits in landwirtschaftlichen Traktormotoren implementiert wurde.

Die Technik und Technologie moderner Traktoren sind sehr fortschrittlich, und die Vielzahl verschiedener Lösungen, einschließlich funktionsfördernder elektronischer Systeme, führt dazu, dass selbst eine kurze Diskussion das Thema nicht erschöpft und unzureichende Informationen hinterlässt. Es würde eine erhebliche Ausweitung erfordern, die Probleme im Zusammenhang mit der sehr speziellen Technik von Traktoren einzuschließen, ohne relevante Informationen auszulassen. Leser, die sich für Traktortechnologie interessieren, werden daher auf ein sehr umfangreiches und aktuelles Buch eines namhaften Spezialisten in dieser Branche verwiesen, Prof. Karl Theodor Renius von der Technischen Universität München. Das Buch heißt „Fundamentals of Tractor Design" und wurde im Springer Verlag 2020 veröffentlicht [2].

7.3.2 Erntemaschinen

Das zweitwichtigste landwirtschaftliche Fahrzeug ist der Mähdrescher. In der Regel handelt es sich um eine selbstfahrende Maschine auf Rädern, die zum Ernten von Getreide verwendet wird. Der Name leitet sich aus der Tatsache ab, dass drei separate Vorgänge (Ernten, Dreschen und Speichern) zu einem einzigen Vorgang kombiniert werden, wodurch die menschliche Arbeit erheblich gespart wird. Mähdrescher sind normalerweise große und schwere Fahrzeuge mit hohem Bodendruck. Sie haben normalerweise angetriebene Räder mit großem Durchmesser, ähnlich denen, die in Traktoren verwendet werden.

7.4 Militärfahrzeuge

Militärfahrzeuge erfüllen verschiedene Missionen auf einem Schlachtfeld. Ihre Hauptaufgabe besteht jedoch darin, Besatzung oder Infanterie zu befördern, sie zu schützen, Waffen zu transportieren und zu feuern sowie andere logistische und technische Aufgaben zu erledigen. Aufgrund der Notwendigkeit des passiven Schutzes der Besatzung und der beförderten Personen sind Militärfahrzeuge typischerweise gepanzert, weshalb sie viel schwerer als zivile Fahrzeuge mit ähnlichen Leistungsparametern sind. Daher ist es ein wichtiges Konstruktionsziel, ein Optimum für das Fahrzeuggewicht, die Mobilität auf einer Vielzahl von Böden und den Schutz der Besatzung zu finden. Aufgrund offensichtlicher taktischer Anforderungen müssen Militärfahrzeuge in der Lage sein, jedes mögliche Hindernis zu überwinden und über das schwierigste Gelände zu fahren. Es ist nicht ungewöhnlich, dass eine optimale militärische Route über ein Gelände führt, das im Sinne der Terramechanik (mechanische Festigkeit des Bodens, Vorhandensein von Vegetation, Unebenheiten usw.) unbekannt ist. Die Hauptentwurfskriterien für Militärfahrzeuge sind: (1) Panzerung, Schutz, Überwachung und Feuerkontrolle, (2) Motor, Getriebe, Lenkung und Federung, (3) Struktur und (4) Mobilität, (5) elektronische Ausrüstung und autonome Bewegung.

Militärische Bodenfahrzeuge können in zwei Hauptgruppen unterteilt werden: (1) Radfahrzeuge und (2) Kettenfahrzeuge. Eine andere Klassifikation unterscheidet ungepanzerte und gepanzerte Designs. In allen Militärfahrzeugen finden wir folgende Typen:

- Kampfpanzer
- Infanteriekampffahrzeuge
- Spähfahrzeuge
- Militärische Nutz- und Transportfahrzeuge
- Militärtechnikfahrzeuge
- Leichte Militärfahrzeuge
- Unbemannte Fahrzeuge

Einzelne Kategorien von Militärfahrzeugen werden im Folgenden kurz charakterisiert.

7.4.1 Kampffahrzeuge: Panzer und Infanteriefahrzeuge

Militärische Panzer werden auch als Main Battle Tanks (MBT) bezeichnet. Sie sind schwere (bis zu 80 t) Kettenfahrzeuge. Beim Militär ist ein Raupenfahrwerk im Gegensatz zu zivilen Geländefahrzeugen sehr beliebt geworden. Dank eines Kettenfederungssystems ist das Fahrzeug gut gepanzert und kann viele Waffen tragen – zwei wichtige Merkmale für den Kampf gegen Panzer. Es gibt einen ausgeprägten Kompromiss zwischen Mobilität und Schutz. Ein hohes Schutzniveau führt zu einem hohen Gewicht, was zu einer schlechten Leistung im Gelände führt. Ein wichtiger Aspekt ist die Überlebensfähigkeit. Ein leichtes Fahrzeug mit schlechtem Schutz und geringerer Überlebenschance hätte aufgrund seiner hohen Mobilität eine größere Chance, einem Angriff auszuweichen. Andererseits wäre ein gut geschütztes schweres Fahrzeug aufgrund seiner geringen Mobilität ein leichtes Ziel, aber seine Panzerung könnte einem Angriff standhalten. Hetherington und Littleton [3] entwickelten eine quantitative Beziehung zwischen der Mobilitätsanforderung und der daraus resultierenden Überlebensfähigkeit gepanzerter Kampffahrzeuge, die auf weichen Böden fahren.

Panzer müssen über die meisten Geländearten fahren, einschließlich Böden mit geringer Tragfähigkeit und Festigkeit. Ketten erfüllen diese Anforderung, indem sie das Gewicht des Fahrzeugs auf eine große Fläche verteilen, was zu einem geringeren Bodendruck führt. Der Bodendruck für ein Radfahrzeug kann 300 kPa übersteigen, während der für ein Kettenfahrzeug deutlich unter 100 kPa liegt.

Bei der Konstruktion von Panzern wurden zwei Kettentypen verwendet: ein/zwei Stiftketten und Bandketten. Stiftketten bestehen aus Stahl oder Aluminiumlegierungen. Bei ein- oder zweipoligen Ketten treibt das Kettenrad die Schiene durch die Endverbinder. Ein wesentliches Problem ist die relativ kurze Haltbarkeit der Strecke (Hunderte von Kilometern). Bandketten werden für kleine Fahrzeuge wie unbemannte Geländefahrzeuge verwendet und sind eine Wahl für größere und schwerere Fahrzeuge. Zu den Vorteilen von Bandketten gehören eine ruhigere Fahrt, ein geringeres Gewicht und eine einfache Wartung. Ein typisches Band-Ketten-Design besteht aus Gummi und Verbundwerkstoffen, weshalb die Haltbarkeit erheblich länger ist als bei Stiftketten.

Ein Beispiel für einen Panzer ist der israelische Merkava (Abb. 7.2). Das Design der neuesten Version dieses Tanks, mk.4, enthält die Erfahrungen, die bei der Konstruktion und dem Betrieb früherer Modelle gesammelt wurden. Es wurden wichtige Rüstungsverbesserungen und fortschrittlichere elektronische Geräte eingeführt, einschließlich aktiver Verteidigungssysteme. Die Version mk.4 wurde 2001 in Produktion genommen und dient seit 2004 zur Bewaffnung von Kampfeinheiten [4].

Abb. 7.2 Merkava-Panzer (Zeichnung von Alicja Pytka)

Die Panzerung des Merkava mk.4 ist modular aufgebaut, während die Modulstruktur die Vorteile klassischer und zusammengesetzter Panzerungen mit antikumulativen Schirmen kombiniert. Zwischen der Stahlschicht und der Keramikverbundschicht befindet sich ein mit Kraftstoff gefüllter Raum, der nicht nur als Tank dient, sondern auch als eine Art reaktive Panzerung, die die Energie kumulativer Raketen abführt. Das Panzerungskonzept ermöglicht Modifikationen, da die Industrie neue, widerstandsfähigere Stahlsorten und neue Keramiken liefern kann. Die Seiten des Fahrzeugs sind mit Stahlantiblockierschürzen ausgestattet, die eine vorzeitige Detonation der Raketen gewährleisten.

Der Rumpf besteht aus Walzstahlpanzerplatten, die geschweißt sind. Der Boden des Rumpfes ist nicht flach wie bei anderen Arten von Tanks. Er hat die Form eines flachen Vs, der die Streuung der Stoßwelle im Falle einer Kollision mit einer Mine fördert. In neueren Versionen verfügt der Merkava-Panzer über eine zusätzliche schwebende Panzerung, mit der die Explosionskraft der Fugas-Minen verringert werden soll. Das Antriebssystem befindet sich vorne rechts am Tank. Der Antriebsraum beinhaltet den Motor, das Getriebe, den Kühler und einige Kraftstofftanks. Dank dieser Lösung wurde das Triebwerk zu einem zusätzlichen Panzerungselement, das die Besatzung vor Frontreffern schützt. Ebenfalls rechts befindet sich ein Lufteinlass zum Kühler, insbesondere an der Vorderecke des Fahrzeugs, direkt vor dem Turmlager, während der Auslass auf der rechten Seite platziert wurde und durch einen Verschluss und ein Schutzgitter geschützt ist. Gleich hinter dem Fahrraum befindet sich links der Fahrersitz. Dem Fahrer steht eine individuelle Luke zur Verfügung, die sich durch Anheben und Drehen nach links öffnet. Es verfügt über drei Periskope zur Beobachtung der Vorderseite des Fahrzeugs. Bei Rückfahrten wird eine Kamera verwendet, die auf der Rückseite des Tanks angebracht ist. Durch die Installation des Antriebssystems vorne am Rumpf konnte im hinteren Teil der Kampfraum platziert werden. Dessen Eingang befindet sich im Heck des Panzers. Es ermöglicht das sichere Verlassen des Fahrzeugs und erleichtert das Nachfüllen von Munition. Das Abteil kann zum Transport von 6 ausgerüsteten Soldaten oder zum Transport verwundeter Soldaten vom Schlachtfeld verwendet werden. In diesem Fall muss der Panzer den Vorrat an Raketen begrenzen.

Die Hauptbewaffnung des Merkava-Panzers ist eine 120-mm-Glattrohrkanone, mit der eine ganze Reihe von Munition abgefeuert werden kann. Die Kanone ist im Turm über dem Kampfabteil montiert. Die Ausrüstung wird durch Maschinengewehre ergänzt: eines, das koaxial zur Kanone angeordnet ist, und zwei auf dem Turm installierte, ein 60-mm-Mörser zum Abfeuern von Rauch-, Beleuchtungs- oder Splittergranaten und ein Rauchgranatenwerfer (6 × 2) des CL-3030IS-6-Systems. Der Merkava mk.4 hat einen elliptischen Turm mit einem hinten angebrachten charakteristischen Korb. Zum Schutz vor Kugeln sind kurze Kumal-Ketten hinter dem Turm und unter dem Korb angebracht. Der Turmkörper besteht aus gewalzten Blechen und Gussteilen von 6 mm bis 250 mm Dicke, die durch Schweißen verbunden werden. An den Seitenwandflächen sind spezielle Halterungen angebracht, an denen die Turmpanzerungsmodule befestigt sind. Diese Module haben eine Keilform mit einer Gesamtdicke von 1 m. Die Decke hat zusätzlich eine Panzerung, die ebenfalls mit speziellen Knoten befestigt ist. Darüber hinaus ist der Tank mit einem modernen Feuerleitsystem mit digitalem Wandler, Laserentfernungsmesser und einer Reihe von Sensoren zur Messung von Parametern wie Windgeschwindigkeit, Lufttemperatur ausgestattet.

Der Antriebsstrang besteht aus einem 1500-PS-Dieselmotor MTU 833 von General Dynamics Land Systems in Kombination mit einem Automatikgetriebe Renk RK 325. Dieses Automatikgetriebe verfügt über fünf Vorwärts- und Rückwärtsgänge. Das Fahrwerk besteht aus 12 Laufrädern (6 auf jeder Seite). Die Räder werden einzeln über eine Schwinge (Lenker) am Rumpf befestigt, die Stoßdämpfer bestehen aus Doppelfedern. Alle Räder haben rotierende Stoßdämpfer. Zwei vordere und zwei hintere Paare sind zusätzlich mit hydraulischen Teleskopauslenkungsbegrenzern ausgestattet. Zur Unterstützung der Raupenketten wurden zwei große und zwei kleine Stützrollen installiert. Der Panzer hat zwei Antriebsräder und zwei Spannräder. Mit diesem System kann Merkava in schwierigem Gelände eine Geschwindigkeit von 50 km/h erreichen.

Eine andere Art von Kampffahrzeug ist ein Infanteriekampffahrzeug (IFV). Er kann entweder ein Räder- oder ein Raupenfahrwerk besitzen. Ein typisches IFV mit Raupenketten wiegt etwa 10 bis 15 t, während ein IFV mit Rädern bis zu 22 t wiegt.

Eines der neuesten Designs eines IFV mit Rädern ist der in Polen gebaute Rosomak, der auf der finnischen Patria basiert und Panzerungen verwendet, die aus austauschbaren Modulen unterschiedlicher Dicke bestehen. Auf diese Weise kann das Fahrzeug auf bestimmte Missionen zugeschnitten werden, z. B. das Fahrzeuggewicht für den Lufttransport verringern oder den Schutz verstärken, wenn gefährliche Missionen unternommen werden. Rosomaken wurden in Afghanistan intensiv zur Aufklärung eingesetzt und haben ihr gutes Design für Schutz und Mobilität unter Beweis gestellt. Dieses Fahrzeug ist in Abb. 7.3 präsentiert.

Der Rosomak ist modular aufgebaut, wodurch es sehr schnell möglich ist, ein Fahrzeug auf eine andere Variante umzubauen. Das Fahrzeug zeichnet sich durch eine Mobilität aus,

Abb. 7.3 Das Infanteriekampffahrzeug Rosomak (Zeichnung von Alicja Pytka)

die mit Kettenfahrzeugen vergleichbar ist. Der Transporter ist mit einem Rahmen ausgestattet, in dem Zahnräder und Kipphebel sowie ein Antriebsmotor montiert sind. Diese Lösung gewährleistet die Steifigkeit der Struktur sowie den einfachen Zugang zu einzelnen Elementen des Fahrzeugs, die leicht ausgetauscht, repariert oder weiteren Modifikationen unterzogen werden können. Diese Konstruktion schützt sehr effektiv vor den Folgen von Bottom-up-Explosionen, deren Explosionskraft vom Rahmen des Transporters absorbiert wird, und sichert das Abteil, in dem sich die Besatzung befindet.

Das Chassis besteht aus acht 14.00R20-Rädern mit einem zentralen Reifendruckregelsystem. Alle Räder haben eine unabhängige Aufhängung basierend auf am Tragbalken montierten Aufhängungsarmen, die durch ein System von hydropneumatischen Zylindern gedämpft werden, die eine Höheneinstellung im Bereich von +200 mm bis –250 mm ermöglichen.

Der Fahrzeugrumpf besteht aus 8 mm dickem Walzstahl, der dann durch Schweißen verbunden wird. Die äußere Panzerung wird mit speziell entwickelten Inbusschrauben am Rumpf befestigt. Dank der einfachen Befestigung der Panzerung kann sie unterschiedlich dick sein, und es ist auch möglich, sie aus einem anderen Material herzustellen, wodurch ihr Austausch in Zukunft erleichtert wird.

Der Rosomak hat eine klassische Anordnung von Mannschaftssitzen. Im vorderen Teil links befindet sich die Fahrerposition. Zur Nachtbeobachtung steht dem Fahrer ein passives Nachtsichtgerät zur Verfügung. Rechts neben dem Fahrer ist das Antriebssystem untergebracht. Hinter dem Fahrerstand und dem Antriebsraum befindet sich ein Turm mit der Hauptbewaffnung, der einen Kommandanten- und ein Zielkanonenständer enthält.

Das Fahrzeug trägt bis zu acht Soldaten, die sich an den Seiten des Rumpfes gegenübersitzen. Das Be- und Entladen erfolgt durch zweiflügelige Türen oder durch Öffnen von zwei oberen Luken nach außen.

Der Rosomak-Antrieb verwendet einen 6-Zylinder-Reihen-Dieselmotor mit Turbolader, Scania D1 12 56A03PE, mit einer maximalen Leistung von 360 kW/2100 U/min und einer permanenten Leistung von 294 kW/2100 U/min. Der Motor hat einen Hubraum von 11,7 L und wird durch Flüssigkeit gekühlt. Das maximal erreichte Drehmoment beträgt 1970 Nm, das permanente Drehmoment 1670 Nm. Der Motor arbeitet mit dem Automatikgetriebe ZF HP 902S Ecomat mit sieben Gängen vorwärts und einem rückwärts. Die Hauptbewaffnung des Rosomak ist die 30-mm-Hitfist-30P-Kanone von OTO Melara. Der Turm besteht aus einer verstärkten Aluminiumlegierung, die mit Panzerplatten und Verbundwerkstoffen verschachtelt ist [5].

7.4.2 Panzerspähwagen

Ein Beispiel für ein militärisches taktisches Fahrzeug ist der Fennek, benannt nach dem gleichnamigen Wüstenfuchs und hergestellt in deutsch-niederländischer Zusammenarbeit (Krauss-Maffei Wegmann mit Defence Vehicle Systems). Der Fennek LGS (Leichter Gepanzerter Spähwagen) wird derzeit von der Bundeswehr und der niederländischen Armee

Abb. 7.4 Das taktische Fahrzeug Fennek (Zeichnung von Alicja Pytka)

ausgerüstet (siehe Abb. 7.4). Es ist ein vierrädriges Fahrzeug mit einem Gesamtgewicht von 10,7 t, einer Länge von 5,58 m, einer Breite von 2,55 m und einer Höhe von 1,79 m.

Die wichtigste Aufgabe der Konstrukteure war, die Möglichkeit geheimer Handlungen und Kampfaufgaben vorzusehen, die die Erfüllung der in den Anforderungen festgelegten Aufgaben nach dem Prinzip „Sehen, ohne gesehen zu werden" erleichtern sollen. Eine Philosophie, die sich von Kampferkundungsfahrzeugen unterscheidet, die eher für die Aufklärung von Kämpfen konstruiert wurden.

Das Fennek-Fahrzeug ist gepanzert, die Seiten des Besatzungsraums und der Rumpf bestehen aus 28 mm starken Aluminium-Panzerplatten, die Schutz vor Panzerabwehrwaffen des Kalibers 7,62 mm bieten. Das Fahrzeuggerüst ermöglicht den Einbau zusätzlicher Panzermodule aus Keramikstahl. Das Fahrzeug ist mit einem ABC-Waffenschutzsystem ausgestattet. Besonderes Augenmerk galt dem Schutz der Besatzung vor den Auswirkungen von Minenexplosionen und der Verringerung der ausgestrahlten Infrarotstrahlung und der Reflexion der Radarstrahlung durch den Einbau spezieller Maschenfilter auf Panzerglas und die Verwendung einiger Stealth-Technologieelemente, die auch für Kampffahrzeuge nützlich sind.

Die Besatzung besteht aus drei Personen: Der Fahrer sitzt vorne in der Mitte, der Kommandant hinten links und der Systembediener, der zielt, hinten rechts. Der Fahrzeugrumpf hat für ein Militärfahrzeug eine recht umfangreiche Verglasung, die dem Fahrer ein 180-Grad-Sichtfeld bietet. Dem Fahrer stehen außerdem eine Kamera am Heck des Fahrzeugs sowie ein nach vorne gerichtetes Nachtsichtgerät zur Verfügung. Zwischen den Sitzen des Kommandanten und des Systembedieners befinden sich Regale für Kommunikationsgeräte. Jedes Besatzungsmitglied hat ein eigenes Mannloch an der Decke. Die Sitze des Kommandanten und des Systembedieners sind vertikal beweglich, um hoch sitzen zu können und Zugang zu den Längsseitenfenstern oder der Bewaffnung zu haben oder niedrig zu sitzen und die Bordelektroniktafeln bedienen zu können.

Die Bewaffnung des Fennek-Fahrzeugs ist in einem elektrisch angetriebenen Turm montiert, der horizontal um 360° und vertikal von – 10° bis + 40° drehbar ist. In der deutschen Version ist das Fahrzeug mit einem automatischen 40-mm-Granatwerfer ausgestattet, während die niederländische Version über ein 7,62-mm- oder 12,7-mm-Maschinengewehr und drei Rauchgranatenwerfer verfügt. Die Steuerung der Bewaffnung erfolgt mit dem optischen Zielgerät oder dem Nachtsichtgerät aus dem Fahrzeuginneren.

Zur Fahrzeugausstattung gehört der elektrooptische BAA-Kopf von STN-Atlas-Electronic-Rheinmetall-Defence-Electronic mit Wärmebildkamera, Tageslicht-CCD-Kamera und Laserentfernungsmesser. Der vollständig im Rumpf versenkbare Kopf wurde auf einen Mast mit einer Höhe von 1,5 m angebracht, sodass er bis in eine Höhe von 3,3 m über dem Boden ausgefahren werden kann. Der Kopf ist in einem Winkelbereich von 220° horizontal und – 30 bis 30° vertikal schwenkbar.

Das Fahrzeug ist mit den taktischen Befehls- und Steuerungssystemen TCCS (Tactical Command and Control System) und FuWES ausgestattet, die eine bessere Visualisierung der taktischen Situation nahezu in Echtzeit ermöglichen. Das Fahrzeug kann automatisch mit dem taktischen Datenverteilungs- und Feuerkontrollsystem arbeiten. In der niederländischen Version handelt es sich bei der Funkausrüstung um das UKW-Funkgerät TRC 9500 der französischen Firma Thomson-CSF, in der deutschen Version um das UKW-Funkgerät SEM 80/90 und das HF-Funkgerät-HRM-7400, beide von Alcatel-SEL-AG [6].

7.4.3 Logistik- und Technikfahrzeuge

Erfolgreiche Operationen auf dem Schlachtfeld hängen von der Lieferkette des Nachschubs ab. Die Streitkräfte benötigen regelmäßig Munition, Treibstoff und alle lebenserhaltenden Güter. Logistikfahrzeuge erfüllen diese Rolle, sie werden manchmal als „unbesungene Helden“ bezeichnet [7]. Diese Fahrzeuge müssen in der Lage sein, unter extremen Umwelt- und Geländebedingungen unter Volllast zu fahren. Sie müssen außerdem zuverlässig sein und über einen längeren Zeitraum in betriebsbereitem Zustand bleiben.

Eine Philosophie für die Erlangung eines guten militärischen Logistikfahrzeugs besteht darin, ein vorhandenes Nutzfahrzeug mit einem bewährten Design zu modifizieren, durch:

- Einbau größerer Kraftstofftanks
- Neugestaltung in eine Konfiguration mit Allrad- oder Allradantrieb
- Hinzufügen der Differenzialsperren
- Reifenfüllsystems
- Ausstattung mit elektronischen Kommunikations- und Kriegssystemen

Nachschubfahrzeuge können in drei Gruppen unterteilt werden: leichte, mittlere und schwere LKW. Die Nutzlast eines typischen schweren LKW beträgt sechs Tonnen und mehr. Dies ergibt ein Bruttogewicht von ungefähr 12 bis 14 t, was ein Fahrgestell mit sechs oder mehr Rädern und Allradantrieb erfordert. Traditionell bestehen die Fahrgestelle von Nachschub-LKW aus starren Achsen. In diese Gruppe von Fahrzeugen werden jedoch

Einzelradaufhängungen eingeführt, die einen wichtigen Vorteil mit einem deutlich erhöhten Federweg bieten. In jeder Geländeform muss sich die Aufhängung von Militärlastwagen verschränken können. Die Verwendung von geländegängigen Reifen mit aggressivem Profil ist ebenfalls unerlässlich.

Militärfahrzeuge üben aufgrund ihres Bruttogewichts einen hohen Druck auf die Reifenaufstandsfläche aus. Dies führt zu schwerwiegenden Mobilitätsproblemen und kann bei Fahrten in weichem und nassem Gelände zu einem Ausfall führen. Zwillingsbereifung oder ein verringerter Reifenfülldruck können in solchen Situationen Abhilfe schaffen.

Militärtechnische Fahrzeuge, sogenannte Combat Engineering Vehicles (CEV), werden für Bauarbeiten oder den Transport von Kampfingenieuren auf dem Schlachtfeld eingesetzt. Technikfahrzeuge können in zwei Hauptgruppen unterteilt werden: militarisierte Zivilfahrzeuge und speziell gebaute Militärtechnikfahrzeuge.

Militarisierte zivile Fahrzeuge können nach erforderlichen Änderungen vom Militäringenieurkorps eingesetzt werden. In der Regel wird dabei eine Panzerung zum Schutz vor Gefahren auf dem Schlachtfeld hinzugefügt. Dieser Schutz kann durch Panzerplatten und Stahlmäntel gewährleistet werden.

Zweckgebundene Militärfahrzeuge basieren in den meisten Fällen auf der Plattform eines Kampfpanzers. Sie können mit einem großen Planierschild oder mit Minenpflügen, einer großkalibrigen Abbruchkanone, Pumpen, Winden, Baggerarmen und Kränen oder Hubarmen ausgerüstet sein. Diese Ausrüstungen werden installiert, um Hindernisse zu beseitigen und andere Erdbewegungs- und Ingenieurarbeiten auf dem Schlachtfeld durchzuführen. Einige Spezialtypen von Militärfahrzeugen sind nicht so vielseitig und multifunktional wie ein typisches Multifunktionsfahrzeug.

Abb. 7.5 zeigt die klappbare Landebrücke auf einem Raupenchassis (Foto während der Shows auf der ISTVS-1999-Konferenz in München).

Abb. 7.5 Logistikfahrzeug – eine Landebrücke

7.4.4 Leichte und unbemannte Militärfahrzeuge

In der Vergangenheit wurden leichte Militärfahrzeuge mit dem bekannten Willis Jeep identifiziert, der im Zweiten Weltkrieg in großer Zahl eingesetzt wurde. Diese Fahrzeuge werden mittlerweile in großem Maßstab produziert und von Streitkräften fast aller Länder eingesetzt. Ihr Design zeichnet sich durch ein geringes Gewicht und eine kurze, ungepanzerte Karosserie mit Allradantrieb aus, die mindestens vier Passagiere befördern kann. Zivilanpassungen von bewährten leichten Militärfahrzeugen wurden zu Prototypen von Sportnutzfahrzeugen – heute weltweit sehr beliebt.

An der Technischen Universität Lublin wurde ein Prototyp eines leichten zweisitzigen Militärfahrzeugs entwickelt und gebaut. Der leitende Designer und Projektkoordinator war Dr. Ing. Leszek Gardyński von der Fakultät für Maschinenbau der örtlichen Universität. Die taktischen Anforderungen waren wie folgt:

- Hohe Geländetauglichkeit
- Geringes Gewicht, einfacher modularer Aufbau
- Die Konstruktion basiert auf Komponenten bestehender Geländefahrzeuge
- Zusammenarbeit mit einer Abteilung unbemannter Luftfahrzeuge – das Fahrzeug ist ein Drohnenträger, der von einem auf dem Dach montierten Träger Raketen abschießen kann.

Als Ergebnis von Design- und Forschungsarbeiten zeichnete sich das Projekt durch folgende Merkmale aus:

- Allradantrieb
- Federung für unwegsames Gelände
- Geländereifen, Reifen mit Blockprofil
- Rahmenbasierte Karosserie

Das Fahrzeug wurde vom Subaru-EA81-Motor angetrieben und das Getriebe so modifiziert, dass die Nebenwelle zum Antrieb der Vorderachse sowie zu einem Mittendifferenzial mit Sperre führte. An beiden Achsen wurden mechanisch sperrbare Differenziale eingebaut. Es wurden Achsen mit Einzelradaufhängungen verwendet, um einen Federweg von 500 mm sicherzustellen. Das Fahrzeug bestand erfolgreich Feldtests, die eine hohe Geländefähigkeit in schwierigem Gelände zeigten. Das Foto in Abb. 7.6 zeigt den Prototyp mit seinem Konstrukteur.

Ein unbemanntes Geländefahrzeug (Unmanned Ground Vehicle, UGV) ist ein Roboter, der für den Einsatz im Gelände ausgelegt ist. Es kann sich um ein Rad- oder Kettenfahrzeug handeln, das mit niedrigen oder mäßigen Geschwindigkeiten fahren kann. Seine Hauptaufgabe besteht darin, bei gefährlichen Einsätzen wie Sprengstoffsperren, Checkpoint-Einsätzen, Straßenpräsenz in der Stadt usw. die Stelle der menschlichen

Abb. 7.6 Leichtes Militärfahrzeug, entworfen und gebaut an der Technischen Universität Lublin, von Dr. L. Gardyński. (Auf dem Foto, neben dem Fahrzeug)

Kräfte einzunehmen. Unbemannte Geländefahrzeuge werden in den gegenwärtigen Konflikten und Stabilisierungs- oder Friedenssicherungsmissionen immer beliebter.

7.4.5 Baufahrzeuge und Arbeitsmaschinen

Ingenieur- oder Baufahrzeuge werden für zahlreiche Bauaufgaben einschließlich Erdbewegungsarbeiten eingesetzt. Diese Fahrzeuge müssen große Zugkraft entwickeln. Das erfordert zusammen mit den ungünstigen Oberflächen auf Baustellen die höchste Geländeleistung für Fahrzeuge dieser Gruppe.

Baufahrzeuge haben Rad- oder Kettenfahrgestelle. Für den Transport aus den Baustellen heraus werden üblicherweise Radfahrzeuge eingesetzt. Lastwagen und Müllkipper können mit höherer Geschwindigkeit fahren. Die Reifenauswahl für technische Fahrzeuge unterscheidet sich von typischen Nutzfahrzeugen auf der Straße. Es gibt sechs Wartungskategorien: Kompaktor (C), Erdbewegungsmaschine (E), Grader (G), Lader (L), Holzschlepper (LS) und Bergbau und Holzeinschlag (ML). Für jede dieser Kategorien ist der richtige Reifen erforderlich. Für stationäre Arbeiten oder für die Fälle, in denen ultimative Traktion im Gelände erforderlich ist (d. h. Erdbewegung), werden Kettenbaumaschinen (Bulldozer, Kettenbagger) verwendet.

Da herkömmliche Metallraupen Fahrbahnoberflächen (Asphalt, Pflaster) zerstören, werden Gummiketten verwendet. Abb. 7.7 zeigt einen kleinen Bagger mit Gummiketten beim Bau eines Schulspielplatzes. Da die Bodenoberfläche des Spielfelds sehr sorgfältig bearbeitet werden muss, ist der Bagger mit einem vertikalen Laserpositionssensor ausgestattet, der mit GPS gekoppelt ist. Sensoranzeigen werden vom Bediener verwendet, um eine ebene und flache Oberfläche zu erstellen. Ein niedriger Einheitsdruck, der vom Bagger ausgeübt wird, ist in diesem Fall ein wesentlicher Vorteil, da Bodenverformungen, die durch die Ketten des Baggers verursacht werden, vernachlässigbar sind.

Abb. 7.7 Ein kleiner Bagger mit Gummiraupen

Laufbagger sind ein weiteres interessantes Beispiel für eine Baumaschine mit einer hohen Geländekletterfähigkeit. Sie haben ein Fahrwerk, das aus vier Teleskoparmen besteht, die im Rumpf des Baggers angelenkt sind. An den Enden der Arme befinden sich Räder, die gedreht werden können. Der Antrieb der Straßenräder erfolgt mit Hydraulikmotoren. Der Vorteil einer solchen Konstruktion des Fahrwerks besteht in der Möglichkeit, den Bagger an einem schwer zugänglichen Ort zu platzieren, was häufig Erdarbeiten ermöglicht und erleichtert. Darüber hinaus können sie durch die unabhängigen Bewegungen jedes der vier Arme den richtigen Stützort auswählen, was für die Stabilität der Maschine während des Betriebs sehr wichtig ist und somit die Sicherheit erhöht. Abb. 7.8 zeigt den Wanderbagger Menzi Muck während der Arbeit in den Bergen am Hang.

7.4.5.1 Unimog

Der Fahrzeugname wurde von der Abkürzung „Universal-Motor-Gerät" abgeleitet. Es handelt sich um ein Transport- und Arbeitsauto, das für das Fahren unter sehr schwierigen Geländebedingungen mit permanentem Allradantrieb ausgelegt ist. Die Hauptanwendung des Fahrzeugs ist der Transport in spezialisierten Diensten und der Armee. Es wird auch in der Land- und Forstwirtschaft sowie in der Schneeräumung und Reinigung eingesetzt (siehe Abb. 7.9).

Das Fahrzeug wurde auf einem starren Leiterrahmen aus 3,4 mm dickem Stahlblech gebaut, der mit vielen Optionen für die Montage von Zubehör und Karosserien ausgestattet war. Darüber hinaus reduziert eine entspannende Schallentkoppelung die Geräusche in der

Abb. 7.8 Ein Wanderbagger kann schwer erreichbares Gelände, z. B. im Hochgebirge, erreichen und dort arbeiten (© Menzi Muck)

Abb. 7.9 Das Mehrzweckfahrzeug Mercedes Unimog (© Daimler)

Kabine, was zu einem erhöhten Fahrkomfort beiträgt. Trotz der hohen Steifigkeit ist der Rahmen torsionsfähig und verfügt über eine Dreipunktfederung von Fahrerkabine, Motor, Getriebe und Achse. In Verbindung mit Schubrohrtechnik, Querlenker und Schraubenfedern kann die Achse um bis zu 30° verschränken. An der Vorderseite des Rahmens bietet die Frontplatte die Möglichkeit, einen Schneepflug mit einem Gewicht von bis zu 1,5 t zu installieren. Stahlhalterungen ermöglichen den Einbau einer Seilwinde, eines Kompressors oder eines Generators. Im hinteren Teil ist der Rahmen mit Befestigungselementen für Ladekästen oder Kofferräume ausgestattet. Für spezielle Konstruktionen wurde auch eine Bodenstruktur vorbereitet. Die Möglichkeit, austauschbare Arbeitsgeräte (z. B. Hydraulikkräne) zu installieren, schafft ein System, das sich durch eine hohe Universalität auszeichnet.

Das Fahrzeug ist mit einem Allradantrieb ausgerüstet. Es ist mit breiten Reifen mit einem typischen Offroad-Profil sowie dem Tirecontrol-System ausgestattet, mit dem der Luftdruck in den Reifen je nach Bodentyp (asphaltierte Straße, Sand, schweres Gelände oder manuelle Einstellung) eingestellt werden kann. Im Antriebsstrang sind Differenzialsperren mit 100-prozentiger Sperrwirkung vorhanden. Die oben genannten Lösungen in Kombination mit einem niedrigen Schwerpunkt verhelfen dem Unimog zu einer sehr guten Geländetauglichkeit.

Die hohe Bodenfreiheit ist das Ergebnis der Verwendung von verstärkten Portalachsen mit Untersetzungsgetrieben. Das Differenzial mit der Achse befindet sich über der Radmitte, wodurch größere Hindernisse überwunden werden können. Das zusätzliche Low-Range-System ermöglicht es, das Drehmoment an den Rädern beim Befahren steiler Steigungen zu erhöhen und beim Abstieg eine hohe Bremskraft zu erzielen. Der Unimog ist mit einer Doppelkabine für bis zu sieben Personen ausgestattet. Die Rücksitzbank bietet vier Sitzplätze, sie kann durch Einzelsitze mit pneumatischer Dämpfung ersetzt werden. zwei Türpaare ermöglichen ein effizientes Ein- und Aussteigen der Besatzung während der Aufgabe in schwierigem Gelände.

Der Mercedes Unimog wird von einem Vierzylinderdieselmotor mit einer maximalen Leistung von 231 PS und einem maximalen Drehmoment von 900 Nm angetrieben. Der Motor ermöglicht eine Höchstgeschwindigkeit von 89 km/h. Der Antriebskraft wird über ein elektropneumatisch gesteuertes 14-Gang-Getriebe (8 Vorwärtsgänge und 6 Rückwärtsgänge) übertragen. Das synchronisierte EQR-Umschaltschaltsystem ermöglicht einen schnellen Richtungswechsel, was besonders für die Evakuierung in schwerem Gelände nützlich ist. Das Getriebe verfügt über 2 Fahrprogramme. Im Automatikmodus schaltet das Programm je nach Belastung, Geschwindigkeit und Geländetyp automatisch um. Im manuellen Modus kann mit dem Multifunktionshebel geschaltet werden. Das Kuppeln erfolgt jedoch automatisch.

Das Fahrzeug ist mit Rädern mit Felgen mit einem Durchmesser von 20 bis 24 Zoll ausgestattet, die eine Wattiefe von 1,2 m ermöglichen. Das Bremssystem verfügt über pneumatische Scheibenbremsen. Zusätzliche Geländeausrüstung sind Stahlstoßstangen mit geschweißten Abschleppschäkeln, Lichtschutzschilde, Schnorchel, pneumatischen Stützen, LED-Beleuchtung, Überrollkäfig, vergrößerte Kraftstofftanks, Motorabdeckungen aus Stahl, Ladebrücken und Getriebe [8].

7.4.5.2 Pistenraupe

Ein interessantes Beispiel für eine Arbeitsmaschine ist eine Pistenraupe, deren Hauptaufgabe darin besteht, Skipisten sowohl bergab als auch querfeldein vorzubereiten. Die Pistenraupe ist eine selbstfahrende Maschine mit einem Kettenfahrwerk. Da Pistenraupen bei allen Schneebedingungen auch bei tiefem Neuschnee eingesetzt werden, ist das Fahrwerk mit breiten Gummiketten ausgestattet, die einen niedrigen Kontaktdruckwert von 3 bis 5 kPa gewährleisten.

Eine Pistenraupe verfügt über spezielle Geräte für die Schneeverarbeitung. Dies sind die folgenden Geräte:

- Räumschild, das über ein Hydrauliksystem gesteuert wird, und zum Verschieben von Schnee, Glätten von Unebenheiten, Nivellieren der Pisten und Regenerieren ihrer Oberfläche verwendet wird
- Die Nachlauffräse, die das Hauptwerkzeug für die Pistenvorbereitung ist und deren Betrieb die Kompaktheit des Schnees beeinflusst, verändert die Korngrößenverteilung und die Form der Schneekörner.
- Finisher, der normalerweise mit der Nachlauffräse kombiniert wird und eine optisch ansprechende Oberfläche hinterlässt, die auch einen guten Kraftschluss ermöglicht
- Winde, die zur Vorbereitung steiler Pisten verwendet wird: sie ermöglicht es, Schnee vom Fuß eines Abhangs den Hang hinaufzuverlagern
- Schneeeimer, der als Frontaufsatz verwendet werden kann und zum Bewegen von Schnee (1–2 m^3) über große Entfernungen verwendet wird (anders als mit dem Frontblatt);
- Vorne montierte Schneefräse, die normalerweise zum Bewegen großer Schneemengen verwendet wird
- Frontrenovator und Schneeschneider, sie werden zum Mischen der obersten Schneeschicht verwendet und arbeiten bis zu einer tieferen Schicht als der Standardschneider. Dieser Aufsatz macht die oberste Schicht homogener und wird auch zur Herstellung eines stabilen Fundaments und zum Lösen und zur Beseitigung von Eisplatten verwendet

Eine Pistenraupe, die in der Schweiz Pistenfahrzeug und in Österreich Pistengerät, in Südtirol Schneekatze genannt wird, ist in Abb. 7.10 dargestellt.

Abb. 7.10 Eine Pistenraupe (Zeichnung von Alicja Pytka)

7.5 Geländewagen

7.5.1 Konzept

Ein für das Fahren im Gelände angepasster Personenkraftwagen ist als Geländewagen bekannt. Laut DIN 70010 sind der Geländewagen und das Sports Utility Vehicle der Kategorie der Mehrzweckpersonenkraftwagen zuzuordnen. Dank spezieller technischer Lösungen, insbesondere der Geometrie von Fahrgestell und Aufbau sowie des Allradantriebs, sind Geländewagen zum Befahren von schwierigem Gelände abseits von befestigten Straßen speziell geeignet. Die ersten speziellen Geländewagen waren die Halbkettenfahrzeuge aus den 1920er-Jahren von André Citroën. Es wird angenommen, dass der Vorfahre der heutigen Geländewagen der amerikanische Willys Jeep war, der während des Zweiten Weltkriegs als frontales Transportmittel für alliierte Armeeoffiziere diente (siehe Abb. 7.11). Die bekanntesten und langlebigsten Marken der Geländewagen sind Jeep, Rover, Toyota, Suzuki und Mercedes, welche aufgrund ihr Zweckmäßigkeit und Vielseitigkeit an der Verbreitung dieser Fahrzeugklasse seit den 1940er-Jahren den größten Anteil haben. Typischerweise werden Geländewagen vorwiegend von Streitkräften, Strafverfolgungs-, Rettungs- und Feuerwehrdiensten, humanitärer Hilfe in Ländern der Dritten Welt, Missionaren, Jägern, in der Forstwirtschaft und im Offroad-Motorsport genutzt. Solche Wagen werden oft in Ländern benötigt, deren Verkehrsinfrastruktur mangelhaft ausgebaut ist. SUV (Sport Utility Vehicle), SAV (Sport Activity Vehicle) und Crossover gehören ebenfalls zur Gruppe der Geländefahrzeuge. Dank dieser einfacheren und billigeren Autos werden Geländewagen zunehmend als Lifestylefahrzeuge anstelle von normalen Personenkraftwagen auch auf befestigten Straßen genutzt [1].

Abb. 7.11 Der legendäre Willys Jeep (Zeichnung von Alicja Pytka)

7.5.2 Konstruktive Kriterien für Geländewagen

Geländewagen sind konzeptionell und strukturell für die Nutzung auf unbefestigten Wegen und im Gelände auf weichen Böden gedacht. Daher ist die wichtigste Eigenschaft der Geländewagen ihre Geländegängigkeit. Wichtige Konstruktionsmerkmale von Geländewagen sind eine große Bodenfreiheit und kurze, oft auch abgeschrägte Karosserieüberhänge, die an starken Steigungen ein Aufsetzen vermeiden. Verkleidungen am Unterboden, wie der sog. Unterfahrschutz, schützen empfindliche Komponenten wie Kraftstofftank, Motor, Getriebe und Differenziale. Einem sicheren Vortrieb dienen Merkmale wie Allradantrieb, oft in Verbindung mit einer zuschaltbaren kurzen Geländeuntersetzung, sowie Differenzialsperre, ein verschränkungsfähiges Fahrwerk und grob profilierte Geländereifen. Oft haben viele Geländewagen einen robusten Leiter-, Kasten- oder Zentralrohrrahmen mit einer aufgesetzten, nicht tragenden Karosserie.

Für die Geländegängigkeit gibt es folgende Maßzahlen:

- Wattiefe, Wassertiefe, die bei langsamer Fahrt durchfahren werden kann
- Bodenfreiheit einer Achse und Bodenfreiheit zwischen den Achsen, unentbehrlich beim Fahren auf unebenem Gelände, ist die hohe Bodenfreiheit ein Schutz gegen Bauteilbeschädigungen des Fahrwerks
- Steigfähigkeit, ausgedrückt als Maximalwert des Neigungswinkels der Steigung, die das Fahrzeug befahren kann, typische Werte liegen zwischen 20 und 30°, das Maximum erreicht 40°
- Böschungswinkel oder Überhangwinkel
- Rampen- und Kippwinkel
- Achsverschränkung

Die obigen Parameter sind in Abb. 7.12 schematisch dargestellt. Das Erhalten optimaler Werte für diese Parameter ist im Prinzip eine Frage der Fahrzeuggeometrie und hängt insbesondere von der Geometrie der Radaufhängung ab. Wichtig ist ein ausreichend großer Federweg, der jedoch die Auslegung des Antriebssystems erschwert. Eine Lösung ist die Verwendung der sogenannten Portalbrücke, obwohl dies bei kleinen Geländewagen keine praktische Lösung darstellt (kompliziertes Design, hohes Gewicht, hohe Kosten). Eine andere Möglichkeit zur Verbesserung der Offroad-Eigenschaften besteht in der Verwendung von Straßenrädern mit großem Durchmesser und Reifen mit einem speziellen Offroad-Profil. Die großen Räder helfen dabei, Unebenheiten und Hindernisse im Gelände zu überwinden, während das Geländereifenprofil für optimalen Kraftschluss sorgt.

Ein Geländewagen kann einen Leiterrahmen haben, auf dem die Karosserie aufgebaut ist. Der Leiterrahmen stellt nach heutiger Einschätzung die Abgrenzung zwischen einem Geländewagen und einem SUV dar. Die Vorteile der Rahmenkonstruktion sind: höhere mechanische Festigkeit des gesamten Fahrzeugs, höhere Torsionsfestigkeit, bessere Abschlepp- und Evakuierungsmöglichkeit aus unwegsamem Gelände dank der Rasten am Leiterrahmen (bei einem selbsttragenden Körper wird das Anschlagmittel an einem dün-

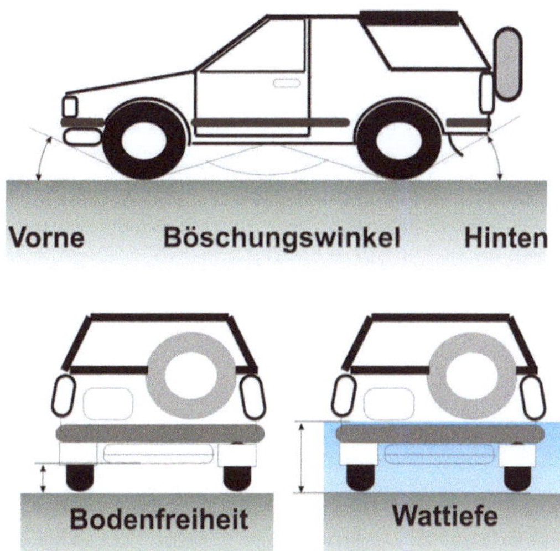

Abb. 7.12 Die wichtigsten geometrischen Abmessungen eines Geländewagens

nen Blechkörper befestigt). Der Rahmenkörper ist weniger anfällig für Beschädigungen und weist eine größere passive Sicherheit auf. Die Rahmenkonstruktion hat auch erhebliche Nachteile: hohes Gewicht, wenig Platz im Innenraum, höhere Kosten.

Das Rahmendesign des Geländefahrzeugs ähnelt dem eines LKW. Der Leiterrahmen besteht aus zwei Längsträgern und mehreren Querträgern (Abb. 7.13). Das Halbzeug besteht aus geschlossenen Stahlprofilen. Die Rahmenmontagetechnologie verwendet geschweißte und geschraubte Verbindungen. Der geschweißte Rahmen ist sandgestrahlt und mit Schutzbeschichtungen versehen. Am Rahmen befinden sich Befestigungspunkte für Fahrwerks-, Karosserie- und Fahrwerkskomponenten. Der Rahmen ist in der Regel auch während des Gebrauchs gut gegen Korrosion geschützt.

7.5.3 Klassifikation der Geländewagen

7.5.3.1 Mehrzweckpersonenkraftwagen

Solche Fahrzeuge sind auch mit dem englischen Begriff *Off-Road Vehicle* (ORV) bezeichnet. In einem typischen Mehrzweckpersonenkraftwagen gibt es nicht die typischen Annehmlichkeiten für Langstreckenfahrten oder das Cruisen durch die Stadt, wie sie in derzeit produzierten SUV anzutreffen sind. Typische Eigenschaften von Mehrzweck-PKW sind wie folgt:

- Erhöht, 1750–1900 mm, Bodenfreiheit 200–215 mm
- Voller oder integrierter Leiterrahmen
- Starre Hinterachse
- Motor in Längsrichtung angeordnet

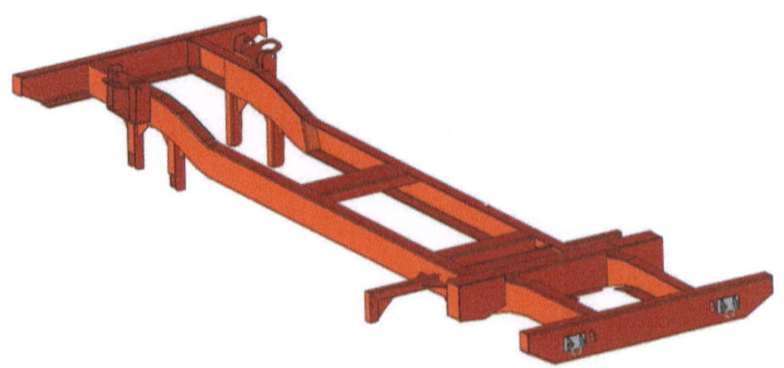

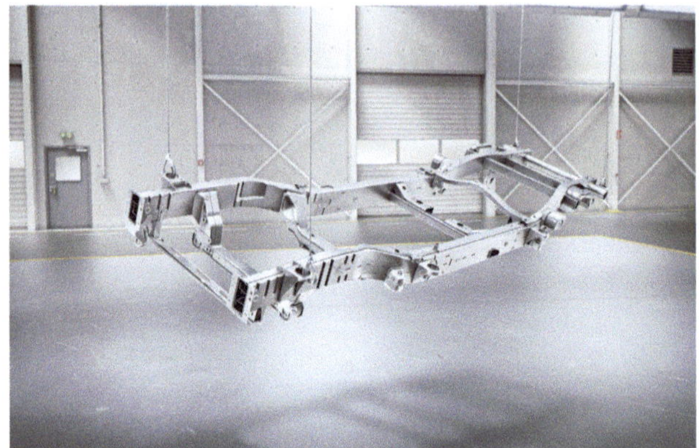

Abb. 7.13 Der Leitrahmen eines Geländewagens. Foto unten © Daimler

- Zwei Antriebswellen (vorne und hinten)
- Abschaltbarer permanenter Antrieb für beide Achsen (2H/4H/4L) mit Geländeuntersetzung (Straße/Gelände)
- Höchstgeschwindigkeit über 210 km/h
- Hinteres Sperrdifferenzial

Ein Beispiel ist Suzuki Vitara, in Abb. 7.14 dargestellt. Der Suzuki Vitara I wurde in den Jahren 1988–1997 in 3- und 5-türigen sowie 2-türigen Versionen mit Faltdach hergestellt. Die kompakte Karosserie brach mit der traditionellen eckigen Silhouette. Seine Form ähnelte einem gewöhnlichen PKW mit glatten Oberflächen und gefälligen Proportionen. Nur kurze Überhänge und große Räder zeigten den Verwendungszweck des Fahrzeugs an. Das Fahrzeug hatte eine klassische Rahmenstruktur und war von Beginn der Produktion an in zwei Karosserieversionen als dreitüriger Kombi oder als Cabrio mit weichem Dach erhältlich. Während der seit 2014 produzierte Suzuki Vitara II ein Crossover-Auto ist und das Suzuki SX4-S-Cross-Modell ersetzt, erhielt das Fahrzeug eine selbsttragende Karosserie und einen Allradantrieb, der vom AllGrip-System mit einer elektromagnetischen Lamellenkupplung implementiert wurde.

Abb. 7.14 Suzuki Vitara – ein Beispiel eines ORV (Off-Road Vehicle) oder Mehrzweckpersonenkraftwagens

7.5.3.1.1 Mercedes-Benz-G-Klasse

Das Mercedes-Benz-G-Modell wurde vom 4. bis 8. Februar 1979 in Frankreich einer Probefahrt unterzogen. Die Präsentation der Modellreihe 460 fand in Toulon statt. Hier fand das Unternehmen ein dementsprechend anspruchsvolles Gelände in der Nähe der Rennstrecke des Circuit Paul Ricard, um die Offroad-Fähigkeiten zu demonstrieren. Die Massenproduktion des Fahrzeugs begann im Februar 1979 im Werk Graz-Thondorf. Die Produktion lag in den Händen der Geländefahrzeug Gesellschaft (GfG), einer Kooperation zwischen der Daimler Benz AG und der Steyr-Daimler-Puch AG. In Österreich selbst, aber auch in der Schweiz, in Jugoslawien, in der Mongolei und in den osteuropäischen Ländern wurden die G-Modelle unter dem Markennamen Puch eingeführt. Privatkunden konnten das G-Modell der Modellreihe 460 mit bedarfsgesteuertem Allradantrieb und 12-Volt-Bordnetz in zwei verschiedenen Radständen (2400 und 2850 mm) bestellen. Die Modelle 240 GD und 300 GD mit Dieselmotor sowie die Modelle 230 G und 280 GE mit Benzinmotor waren erhältlich. Die Modellreihe 461 umfasste zunächst nur die Varianten mit 24-Volt-Bordnetz für Militärkunden. Das G-Modell wurde ursprünglich als offenes zweitüriges Fahrzeug (kurz) sowie als geschlossenes zweitüriges oder viertüriges Fahrzeug (kurz und lang) auf den Markt gebracht. Besonders stark wurde die Nachfrage nach dieser Version als Kombi deutlich.

In den 40 Jahren der Produktion wurde das Fahrzeug der G-Klasse viele Male modernisiert, obwohl die Kernkompetenzen der Offroad-Mobilität fortgeführt wurden. Die neue G-Klasse (Abb. 7.15) wurde im Januar 2018 auf der North American International Auto Show (NAIAS) in Detroit vorgestellt. Auf den ersten Blick scheint die Fahrzeugkarosserie praktisch unverändert zu sein: Karosserieform, Rahmenkonstruktion oder permanenter Allradantrieb mit Differenzialsperren haben sich gegenüber den Vorgängerversionen nicht wesentlich verändert. Das Fahrzeug wurde um 53 mm verlängert und um 121 mm ver-

Abb. 7.15 Die neue G-Klasse von Mercedes-Benz (Zeichnung von Alicja Pytka)

breitert. Seine Geländefähigkeiten wurden ebenfalls verbessert: eine Bodenfreiheit von 270 mm unter dem Vorderachsgetriebe, eine Steigfähigkeit von bis zu 100 %, eine Wattiefe von bis zu 0,7 m, ein stabiles Fahrverhalten bei Neigungswinkeln von 35°, ein Böschungswinkel von 30° hinten und von 31° vorn sowie ein Kippwinkel von 26°. Eine wichtige Änderung war der Ersatz einer Starrachse durch eine Mehrlenkerradaufhängung vorne, die den Fahrkomfort auf asphaltierten Straßen erhöhte. Zusätzlich wurde die Karosserie einem Facelifting unterzogen, die Formen wurden leicht abgerundet und die Beleuchtung durch LEDs ersetzt. Das Auto ist außerdem mit einem System zur Auswahl des Fahrmodus zwischen den Modi Eco, Sport, Comfort und Individual ausgestattet. Das Fahrzeug ist in zwei Diesel- und zwei Benzinversionen erhältlich. Dieselmotoren mit einem Hubraum von 2925 cm^3 erreichen eine maximale Leistung von 286 bis 330 PS bei 3400 U/min und ein maximales Drehmoment von 600 bis 700 Nm je nach Version. Die 3982 cm^3 Ottomotoren des V8-Doppelzylindersystems haben eine maximale Leistung von 422 PS bei 5250 U/min und 585 PS bei 6000 U/min. Das maximale Drehmoment in der Basisversion beträgt 610 Nm, in der stärkeren Version 850 Nm. Die Höchstgeschwindigkeit hängt von der Motorversion ab, liegt jedoch zwischen 210 und 220 km/h. Das 9-Gang-Automatikgetriebe ist für alle Motoren Standard. Der durchschnittliche Kraftstoffverbrauch liegt zwischen 11 und 15,1 Litern pro 100 km [8].

7.5.3.2 SUV

Die dynamische Entwicklung des Offroad-Marktes und die Nachfrage nach günstigeren, besser zugänglichen Offroad-Modellen haben die Automobilhersteller dazu veranlasst, Autos, die die Eigenschaften eines Personenkraftwagens und eines Geländewagens kombinieren, in das Modellprogramm aufzunehmen. Es geht um die sogenannten SUV (Sport Utility Vehicle), die einige konstruktive Eigenschaften und Formmerkmale von Geländewagen haben, aber in der Regel weniger geländegängig und robust ausfallen. Von den oben beschriebenen Gruppen von Geländefahrzeugen sind SUV die zahlreichsten und beliebtesten. SUV haben meist den bei PKW üblichen selbsttragenden Aufbau und Einzelradaufhängung. Sie zeichnen sich durch modernes Design aus. Bei den SUV fehlen oft Differenzialsperren und eine Geländeuntersetzung. Einige SUV sind auch ohne Allradantrieb erhältlich. Ein typischer SUV ist dank des optimalen Fahrwerkdesigns komfortabler und hat andererseits einen weniger nützlichen Charakter.

Der Begriff SUV tauchte in den USA auf und bezog sich auf Luxusgeländewagen. Nach dem Verständnis des SUV als Geländewagen mit höherem Fahrkomfort gilt als erstes Fahrzeug dieser Art der Jeep Wagoneer, der 1962 in den USA auf den Markt kam. Der 1970 erstmals vorgestellte Range Rover gilt als das erste europäische Auto dieser Art. In Europa werden kleine Geländewagen mit der selbsttragenden Karosserie am häufigsten als SUV angesehen. Das Modell, mit dem die Mode für solche Autos begann, war Toyota RAV4.

SUV ähneln technisch üblicherweise normalen PKW, haben gelegentlich Allradantrieb. Die Karosserie des Fahrzeuges ist wie die eines Geländewagens proportioniert. Typische technische Unterschiede sind:

- Das Getriebe eines Geländewagens hat gesonderte, besonders kurz übersetzte Geländegänge oder eine allen Schaltstufen nachgeschaltete Getriebereduktion. Eine hohe Gesamtuntersetzung ermöglicht hohe Triebkräfte bei niedrigen Geschwindigkeiten in schwerem Gelände.
- Die maximale Wattiefe eines SUV liegt in der Regel mit 200 bis 300 mm, deutlich unter der eines Geländewagens (700–1700 mm).
- Typische Geländewagen haben Starrachsen und einen Leiter- oder Kastenrahmen, SUV meist eine selbsttragende Karosserie und Einzelradaufhängung.
- Geländewagen haben Differenzialsperren, die die Geländetauglichkeit deutlich verbessern. SUV sind mit einem zuschaltbaren oder permanenten Allradantrieb mit elektronisch gesteuerter Verteilung des Antriebsmoments zwischen Vorder- und Hinterachse ausgestattet.
- Rampen- und Böschungswinkel, Steigfähigkeit, Bodenfreiheit sowie Achsverschränkung sind bei Geländewagen deutlich größer als bei SUV

In der SUV-Klasse können drei Unterklassen unterschieden werden.

7.5.3.2.1 Stadtgeländewagen – kleiner SUV oder Crossover

Diese Fahrzeuge zeichnen sich durch folgende Parameter aus:

- Leicht erhöht, 1550–1650 mm, Bodenfreiheit 165–185 mm
- Selbsttragende Karosserie, die an einen Kleinwagen erinnert
- Einzelradaufhängung
- Quer angeordneter Motor
- Allradantrieb, der die Hinterachse automatisch verbindet

Für diesen Autotyp ist auch der Begriff Softroader üblich. Trotz der begrenzten Möglichkeiten im Gelände werden Stadtgeländewagen immer beliebter. Es ist sogar die Rede von

Abb. 7.16 Der Volkswagen Tiguan – ein Beispiel für einen kleinen SUV (© Volkswagen AG)

einer Invasion oder einem Boom städtischer SUV. Geräumigkeit, Komfort und Übersicht im Straßenverkehr sowie die Geländegängigkeit sind die Hauptvorteile, die Kunden von dieser Fahrzeugklasse überzeugen. Ein Beispiel ist der Volkswagen Tiguan (Abb. 7.16), der sich durch klassisches Design und eine Vielzahl innovativer Lösungen für Sicherheit, Komfort und Ökologie auszeichnet.

Technisch sind diese Fahrzeuge meist keine eigenständigen Entwicklungen, sondern basieren auf PKW-Plattformen, die lediglich mit höher liegenden Karosserien und Allradantrieb versehen wurden. Die für einen schweren Geländeeinsatz notwendigen technischen Hilfsmittel wie mechanische Differenzialsperren und Reduktionsgetriebe werden für diese Fahrzeuge meistens nicht angeboten.

7.5.3.2.2 Typisch SUV

Typische SUV zeichnen sich durch Folgendes aus:

- Erhöht, 1550–1750 mm, Bodenfreiheit 170–200 mm
- Selbsttragende Karosserie, die einem Kombi ähnelt, hintere Tür nach oben öffnend, ohne Reserverad an der Tür (optional: seitliche Türöffnung hinten, Reserverad an der Tür)
- Einzelradaufhängung
- Motor meist quer angeordnet
- Allradantrieb verbindet normalerweise automatisch die Hinterachse

Derzeit produzieren Autohersteller viele SUV-Modelle. Ein typisches Beispiel ist der Toyota RAV4, der seit 1994 vom japanischen Automobilkonzern Toyota Motor Corporation hergestellt wird. Mit nachfolgenden Versionen hat sich der RAV4 vom Stadtgeländewagen über Kompakt-SUV zur SUV-Mittelklasse entwickelt. Die fünfte Generation des Fahrzeugs wird seit 2019 produziert und ist einer der Vorläufer des Hybridantriebs in der SUV-Klasse. Andere Modelle sind Volkswagen Touareg R, Audi Q5, Honda Passport usw. (siehe Abb. 7.17).

Abb. 7.17 Drei typische SUV (von unten nach oben): VW Touareg, Audi Q5 und Honda Passport (© Volkswagen AG, Audi, Honda)

7.5.3.2.3 Großer Sport-SUV

Fahrzeuge dieser Unterklasse weisen folgende Merkmale auf:

- Erhöht, 1700–1800 mm, Bodenfreiheit 190–200 mm
- Selbsttragende Karosserie, die Geländewagen ähnelt, Hintertür öffnet sich nach oben und kein Reserverad an der Tür
- Einzelradaufhängung;
- Normalerweise in Längsrichtung angeordneter Motor
- Allradantrieb mit optionaler Differenzialsperre
- Höchstgeschwindigkeit über 210 km/h
- Luxusausrüstung

Ein Beispiel für ein Auto dieser Klasse ist der Audi Q7, der in Abb. 7.18 dargestellt ist. Es war das erste SUV in der Geschichte der Marke Audi und wurde auf der Frankfurter Automobilausstellung im September 2005 vorgestellt. Das Auto basiert auf dem auf der Detroit Motor Show im Januar 2003 gezeigten Konzeptfahrzeug Audi Pikes Peak Quattro. Das Design verwendet das Fahrwerk der Volkswagen AG mit dem PL71-Symbol, das bei den Modellen Volkswagen Touareg und Porsche Cayenne zu finden ist. Das Fahrzeug ist nur mit Allradantrieb und Torsen-Mittendifferenzial erhältlich.

Der Audi Q7 verfügt über eine umfangreiche Ausstattung. Das Standardfahrzeug ist ausgestattet mit elektrischer Fenstersteuerung, elektrischer Spiegelsteuerung, automatischer Klimaanlage, MMI-Bordsystem mit GPS-Navigation, Regen-, Dämmerungs- und Reifendrucksensoren, beheizten Scheibenwaschdüsen, pneumatischer Federung mit einstellbarer Regelung, geschwindigkeitsabhängiger Servolenkung, ABS-Systemen mit ESP, ASR und einem Bergabfahrunterstützungssystem.

Das Auto kann optional mit einem beheizten vierspeichigen Lenkrad, einer Alarmanlage, einer automatischen Vierzonenklimaanlage, einer elektrisch betätigten Heckklappe, einer

Abb. 7.18 Der Audi Q7 ist ein Beispiel für einen großen, luxuriösen SUV (© Audi)

elektrisch versenkbaren und einziehbaren Anhängerkupplung, Metalliclackierung, einem Panoramadach, einer Kamera und Parksensoren, beheizten Vordersitze und Rücksitzen, belüfteten Vordersitzen, Tempomat, Spurhalteassistent und DVD ausgestattet werden [9].

7.5.3.3 Super-Geländewagen – Super-ORV

Super-ORV-Geländewagen zeichnen sich durch die höchste Fähigkeit aus, Hindernisse im Gelände zu überwinden, sie dürfen auch auf öffentlichen Straßen fahren. Sie sind in der Regel etwas größer als ORV und SUV, haben zusammen mit dem Fahrer bis zu neun Sitzplätze und einen ziemlich großen Gepäckraum. Typische Super-ORV, die bei Expeditionen verwendet werden, verfügen über leistungsstarke Dachgepäckträger, auf denen Gepäck, Ersatzteile, die Kraftstoffversorgung usw. untergebracht werden können. Die Eigenschaften eines typischen Super-ORVs sind wie folgt:

- Erhöht, 1900–2000 mm, Bodenfreiheit 215–240 mm
- Traditioneller, eckiger Aufbau, vertikale Windschutzscheibe
- Voller Stützrahmen
- Starre Achsen
- Motor in Längsrichtung
- Permanenter 4 × 4-Antrieb mit voller Zentralsperre
- Geländeuntersetzung im Antriebsstrang des Autos
- Optionale Achsdifferenziale

Ein Beispiel für ein Super-ORV-Auto ist der Land Rover Defender I, der 1983 erstmals vorgestellt wurde. Die Geschichte des Fahrzeugs reicht bis ins Jahr 1948 zurück, als der von Jeep Willys inspirierte Land Rover entwickelt wurde. In den nachfolgenden 25 Jahren hat das Auto viele strukturelle Modernisierungen erfahren, sich jedoch in Bezug auf die Stilistik kaum verändert. Viele Merkmale sind mit dem Modell der ersten Serie gemeinsam geblieben. Die modulare Karosserie des Fahrzeugs, die auf dem Rahmen montiert ist, sowie der rohe Innenraum und das spartanische Finish sind erhalten geblieben.

Der Nachfolger des berühmten Defender I ist der Land Rover Defender II, der nach siebenjährigem Bau- und Testprozess 2019 auf der Frankfurter Automobilausstellung offiziell vorgestellt wurde. Es handelt sich um eine völlig neue Konstruktion, die zum ersten Mal seit der Premiere ihres Vorgängers im Jahr 1983, dessen Technik aus der zweiten Hälfte der 1940er-Jahre stammt, von Grund auf neu hergestellt wurde. Das äußere Erscheinungsbild des Defender II hat sich erheblich verändert. Die Karosserie erhielt eine massive, abgeschrägte Front, schmale und rechteckige Scheinwerfer sowie die originalen, zweiteiligen, minimalistischen Rückleuchten, die in Kunststoffabdeckungen integriert sind, die sich über die gesamte Breite des Hecks erstrecken.

Das Armaturenbrett wurde in einer minimalistischen Ästhetik gehalten, anstelle des Herstellerlogos wurde das Lenkrad mit dem Wort „Defender“ verziert. Eines der Attribute des 21. Jahrhunderts ist der im Armaturenbrett integrierte Touchscreen, mit dem das

Abb. 7.19 Ein Rallyefahrzeug auf der Strecke der Offroad-Rallye

Multimedia-System gesteuert wird. Der Mitteltunnel blieb wegen des Zugangs zur optionalen dritten Sitzreihe unbebaut.

Zur Super-ORV-Fahrzeuggruppe gehören Expeditionswagen und Offroad-Rallyefahrzeuge. Diese Autos werden entweder von Amateuren oder in kleinen Manufakturen gebaut. Normalerweise handelt es sich um eine Einheits- oder Kleinserienproduktion, die auf diese Weise gebauten Autos basieren auf Unterbaugruppen, die aus Serienfahrzeugen stammen.

Das optimale Design der Expeditionswagen und Offroad-Rallyefahrzeuge basiert auf einem dreidimensionalen Rahmenkäfig, der es ermöglicht, ein Fahrzeug mit relativ geringem Gewicht (keine Karosserie und Leitrahmen) und Abmessungen herzustellen, die an ausgewählte Komponenten angepasst sind, z. B. die Größe der Besatzungsmitglieder. Ein Beispiel für ein Rallyefahrzeug ist in Abb. 7.19 dargestellt.

7.5.3.4 Umbau eines Serienautos auf ein Rallyefahrzeug

Ein Auto für Cross-Country-Rallyes kann auch durch Modifizieren und Umrüsten eines Serien-Offroad-Autos gebaut werden. Es ist unter Amateur- und semiprofessionellen Bedingungen möglich. Im Rahmen einer Diplomarbeit an der Technischen Universität Lublin wurde ein Geländewagen Suzuki Samurai in der Wettbewerbsklasse zu einem Offroad-Rallyefahrzeug umgebaut (Abb. 7.20). Die technologischen Aspekte der Rekonstruktion werden nachfolgend beschrieben [10].

7.5.3.4.1 Karosserie- und Lackreparaturen

Da ein gebrauchtes Fahrzeug für den Umbau vorgesehen war, war die erste Stufe die Blechreparatur. Radkästen, Schweller und eine Kraftstofftankabdeckung mussten umgebaut werden. Außerdem wurden viele Korrosionsstellen gefunden, z. B. auf dem Fahrzeugboden und dem vorderen Stoßfänger. An manchen Stellen war die Lackierung perforiert. Während der Karosserierestaurierung wurden einige Änderungen vorgenommen, um

Abb. 7.20 Ein Rallyefahrzeug nach der Umbaumethode

das Auto weiter zu modifizieren. Dies waren Modifikationen der Radkästen und der Ecken der vorderen Stoßstange (Hinterschnitt), die die Verwendung von Rädern mit vergrößertem Durchmesser ermöglichten, ohne die Gefahr, dass die Reifen über den gesamten Bereich des Federwegs und des Lenkeinschlags der Vorderräder mit den oben genannten Elementen Kontakt erhielten. Neben den funktionellen Eigenschaften wurde viel Wert auf die Ästhetik und das Erscheinungsbild des Fahrzeugs gelegt. Zur Befestigung der Radkästen wurden dekorative Elemente aus Aluminiumriffelblech und Schrauben mit dekorativen Muttern aus Edelstahl verwendet, die dem Fahrzeug ein ästhetisches, charakteristisches Aussehen verliehen. Auch wurden zahlreiche Akzente in Rot, z. B. Folienstreifen unter den Klemmen von Arbeitsscheinwerfern, die dem roten Dach des Fahrzeugs (Plane) entsprechen sollen, aufgebracht. Zusätzlich wurde der Reserveradaufsatz durch Schweißen eines 25 mm dicken Abstandshalters modifiziert und erweitert und seine Abdeckung so gestaltet, dass ein größeres Rad transportiert werden kann. Die rekonstruierten Seitenschweller bestehen aus Stahlblech mit erhöhter Dicke, um ihre Beständigkeit gegen mechanische Beschädigungen zu verbessern. Zusätzlich wurde die Rohrstoßstangenbefestigung durch Verwendung zusätzlicher Elemente modifiziert, die sie mit dem Fahrzeugrahmen verbinden. Diese Elemente wurden mit M8 -Schrauben mit dem Rohrstoßfänger und mit M10-Schrauben mit dem Rahmen verbunden. Dies erhöhte die Steifheit der Stoßstängerstruktur signifikant und ermöglichte weitere Modifikationen, z. B. die Montage von Abspannseilen. Die Verwendung von Tuning-Stoßstangen aus verstärktem Stahl wurde aufgegeben, um eine Gewichtszunahme des Fahrzeugs zu vermeiden. Die Festigkeit der vorhandenen Stoßstangen wurde als ausreichend angesehen, da geplant war, die Winde zentral hinter dem Cockpit zu platzieren.

An den Elementen mit Korrosionsstellen, die keine übermäßige Schwächung des Materials oder Durchrostungen darstellten, wurde die alte Lackierung entfernt. Die korrodierte Oberfläche wurde mechanisch gereinigt, z. B. unter Verwendung von Schleifpapieren. Dann wurden diese Oberflächen entfettet und mit dem Rostumwandler Cortanin F beschichtet. Nach dem Trocknen wurde erneut eine mechanische Reinigung durchgeführt und eine weitere Präparationsschicht aufgetragen. Das Präparat reagiert mit Rost unter Bildung einer Schutzbeschichtung. Es schützt die Oberfläche vor weiterem Rosten und bereitet sie für die Beschichtung mit der nächsten Beschichtungsschicht vor. Die so hergestellten Oberflächen wurden mit Wasser abgewaschen. Anschließend wurden die Oberflächen entfettet und mit Wega CORR-aktivem reaktivem Korrosionsschutzlack bedeckt. Nach dem Trocknen wurde die nächste Schicht aufgebracht. Insgesamt wurden zwei bis drei Farbschichten auf solche Oberflächen aufgetragen. Die nächste Stufe war die Grundierung. Auf die auf diese Weise vorbereiteten Elemente wurde ein geeigneter schwarzer Lack aufgesprüht.

Bauteile, bei denen Korrosion zu einer übermäßigen Schwächung des Materials oder sogar zur Durchrostung führte, wurden rekonstruiert. Die fehlerhaften Stellen wurden ausgeschnitten. Dann wurden an ihrer Stelle Flicken aus Stahlblech eingeschweißt oder eingenietet. Anschließend wurde auf ähnliche Weise eine Schutzbeschichtung aus Wega CORR-aktiver Farbe, Grundierung und Decklack aufgetragen. Die Oberfläche der Fahrgestell-, Boden- und Radhaushohlräume wurde mit Bitgum bedeckt. Um das ästhetische Erscheinungsbild der rekonstruierten Elemente zu erhalten, wurden Oberflächenunebenheiten mit Glasfaserkitt und einer Spachtelmasse ausgeglichen.

7.5.3.4.2 Auswahl von Rädern und Reifen

Suzuki Samurai war mit universellen Radialreifen der Größe 205/70R15 und Stahlrädern der Größe 5.5J × 15 ausgestattet. Die Serienfelgen wurden durch Aluminiumfelgen der Größe 7J × 15 ersetzt, die den Einbau von Reifen mit größerer Breite ermöglichen. Darüber hinaus zeichnen sie sich durch relativ geringes Gewicht aus. Korrosion ist auch für Stahlräder schädlich, insbesondere im Gelände. Standardmäßig war das Fahrzeug mit längsprofilierten Reifen ausgestattet, die die zu erwartenden Anforderungen nicht erfüllten. Sie bieten im Gelände keinen ausreichenden Grip, ihr Profil setzt sich schnell zu und wird während der Fahrt nicht sauber genug. Darüber hinaus ist der Fahrkomfort über Unebenheiten unbefriedigend. Es wurde beschlossen, Reifen mit der größtmöglichen Größe, die sich aus Änderungen an den Radkästen und der vorderen Stoßstange sowie aus Änderungen an der Radaufhängung ergibt, auszurüsten. Es wurde darauf verzichtet, die Höhe der Radkästen durch Verwendung größerer Abstände zwischen dem Rahmen und dem Boden zu erhöhen, um die Gesamthöhe des Fahrzeugs nicht unnötig und übermäßig zu erhöhen. Unter Berücksichtigung der Anforderungen der Leistungsklasse, der Abmessungen der modifizierten Radkästen sowie der Festigkeit der werkseitigen Halbachsen wurde die Reifengröße 215/75R15 ausgewählt. Aufgrund des Verwendungszwecks des Fahrzeugs wurden MT +-Reifen mit dem Blockprofil von Insa Turbo Sahara ausgewählt (Abb. 5.14.). Es handelt sich um schlauchlose Radialreifen. Durch die Verwendung größerer Räder wurden verbesserte Geländeparameter erhalten, z. B. vergrößerte seitliche (etwa 20 mm) und longitudinale Abstände, erhöhte Böschungswinkel vorne und hinten sowie ein vergrößerter Rampenwinkel. Zusätzlich ist das Fahrzeug in der Lage, größere Unebenheiten im Gelände zu überwinden, z. B. Querspalten und tiefe Spurrillen. Die verwendeten Reifen sind widerstandsfähiger gegen mechanische Beschädigungen. Ihr Profil sorgt für hervorragende Traktion und Selbstreinigung während der Fahrt. Beim Fahren auf asphaltierten Straßen geben sie außerdem relativ wenig Lärm ab. Der Fahrkomfort wurde ebenfalls als zufriedenstellend angesehen. Die größeren Reifen in Kombination mit der Möglichkeit einer signifikanten Reduzierung des Luftdrucks hat eine größere Kontaktfläche zwischen Reifen und Boden zur Folge. Dies verringert den Einheitsdruck, was wiederum die Neigung des Fahrzeugs zum Steckenbleiben in schlammigem Gelände minimiert.

7.5.3.4.3 Modifikation der Antriebsstränge

7.5.3.4.4 Hintere Differenzialsperre

Aufgrund der Art der Cross-Country-Rallyes wurde beschlossen, eine Hinterachs-Differenzialsperre zu installieren. Zur Wahl standen drei auf dem Markt erhältliche Sperrentypen. Eine davon war die pneumatisch gesteuerte Differenzialsperre, deren Vorteil die Möglichkeit ist, sie zu dem vom Fahrer gewählten Zeitpunkt ein- oder auszuschalten. Diese Lösung erfordert jedoch den Einbau eines pneumatischen Systems in das Fahrzeug, das die Arbeit erheblich kompliziert hätte und außerdem die bei Weitem teuerste und komplizierteste Art der Sperre ist. Ein anderer Typ war eine Vollsperre, die keine Trennung zulässt. Die Kronenräder und Satelliten werden durch Verriegelungselemente ersetzt, was bedeutet, dass das Ausgleichgetriebe das Differenzial verhindert. In diesem Fall ist die Verriegelung immer eingerastet und wird nur dann getrennt, wenn aufgrund der beiden in dieser Lösung verwendeten Klauenkupplungen gefährliche Spannungen auftreten. Der letzte Typ war die komplette Mini-Spool-Sperre. Es ist eine völlig untrennbare Sperre. Unter Berücksichtigung des Zwecks des Fahrzeugs und der gemachten Beobachtungen wurde jedoch entschieden, dass dieses Merkmal kein ernstes Problem darstellen würde. Darüber hinaus ist eine solche Lösung definitiv die am wenigsten komplizierte und günstigste von allen im Vergleich.

Schließlich wurde entschieden, die völlig untrennbare Sperre zu wählen. Die Hinterachsantriebswellen wurden zerlegt und das Hauptgetriebe sowie das Differenzialgehäuse wurden entfernt. Die Kronenräder und Satelliten wurden demontiert und an ihrer Stelle wurde die Sperre eingebaut, d. h. eine Komponente, die die Antriebswellen verbindet und den Antrieb vom Differenzialgehäuse über Satellitenstifte auf sie überträgt. Dann wurde das Differenzialgehäuse wieder in das Ausgleichgetriebegehäuse eingebaut, das dann mit der Achse verschraubt wurde. Die zuvor zerlegten Antriebswellen und andere Elemente wurden eingebaut. Die verwendete Differenzialsperre ermöglicht eine bessere Ausnutzung der Haftung der Räder in schwierigem Gelände, z. B., wenn eines der Hinterräder den Bodenkontakt verliert oder wenn sich das Fahrzeug auf feuchtem Lehmboden bewegt. Beim Seriendifferenzial verhalten sich die Wellen nur bei Geradeausfahrt wie eine starre Achse, während bei der aufgebrachten Sperre das auf das Differenzialgehäuse ausgeübte Drehmoment in einem konstanten Verhältnis von 50:50 % (rechts/links) auf die Wellen aufgeteilt wird. Die am Fahrzeug angebrachte Differenzialsperre begrenzt die Manövrierfähigkeit des Fahrzeugs und erhöhte die Verschleißrate der Reifen, insbesondere auf asphaltierten Oberflächen. Diese Mängel sind angesichts des Zwecks des Fahrzeugs kein wesentliches Problem.

7.5.3.4.4.1 Änderungen der Übersetzungsverhältnisse des Verteilergetriebes

Die Zunahme des Fahrzeuggewichts, der Einbau größerer Blockprofilreifen, der Einbau einer vollständigen, nicht trennbaren Differenzialsperre usw. führten zu einem erheblichen Mangel des Antriebsmoments. Der Austausch von Motor und Getriebe wurde in Betracht gezogen, aber die Idee wurde aufgegeben. Der Standardmotor zeichnet sich durch eine sehr gute Beständigkeit gegen schwieriges Gelände (Wasser, Staub, Schlamm usw.) aus, was den Nachteil einer geringen Leistung (51 kW) ausgleicht. Es wurde beschlossen, das Drehmoment an den Fahrzeugrädern durch Änderung der Übersetzungsverhältnisse des Verteilergetriebes zu erhöhen. Aus den verfügbaren Lösungen wurde der Zahnradsatz 6,5:1 ausgewählt. Die Abmessungen der neuen Zahnräder machten das Abschleifen der Innenflächen des Gehäuses an kritischen Stellen erforderlich, um einen Kontakt der Zahnräder mit dem Gehäuse während des Betriebs zu vermeiden. Nadellager und Kastendichtungen wurden ersetzt. Die neue hohe Übersetzung beträgt 6,5:1 (gegenüber 2,226:1 in der Serienversion) und die neue niedrige Übersetzung 1,7:1 (gegenüber 1,409:1 im Serienzustand). Eine Zusammenfassung der Gesamtübersetzung der einzelnen Gänge vor und nach der Änderung ist in Tab. 7.1 zu finden. Die erhaltenen Übersetzungsverhältnisse ermöglichen eine signifikante Erhöhung des Drehmoments an den Rädern des Fahrzeugs, theoretisch auf Kosten der Höchstgeschwindigkeit (Tab. 7.2). In der Praxis schien sich jedoch die tatsächliche Höchstgeschwindigkeit des Fahrzeugs nicht zu verringern. Beim Seriengetriebe in schnellen Gängen (H) lieferte der fünfte Gang keine ausreichende Antriebskraft, um die Fahrwiderstände bei Geschwindigkeiten von mehr als etwa 90 km/h zu überwinden.

Tab. 7.1 Zusammenfassung der Gesamtübersetzungssysteme in einzelnen Gängen vor und nach Änderung des Verteilergetriebes

Gang-Nr.	Gesamtübersetzungsverhältnis vor Änderung	Gesamtübersetzungsverhältnis nach Änderung
1H	20.114	24.269
2H	10.724	12.938
3H	7838	9456
4H	5508	6645
5H	4759	5742
RH	19.090	23.033
1L	32.377	92.792
2L	17.261	49.470
3L	12.616	36.156
4L	8866	25.409
5L	7660	21.953
RL	30.728	88.066

Tab. 7.2 Drehmoment an den Rädern des Fahrzeugs in den einzelnen Gängen vor und nach Änderung des Verteilergetriebes. Wirkungsgrad $\eta_m = 75\ \%$, Motordrehmoment $T_M = 103$ Nm

Gang-Nr.	Das Moment an den Rädern des Fahrzeugs vor der Änderung (Nm)	Das Moment an den Rädern des Fahrzeugs nach der Änderung (Nm)
1H	1553,839	1874,752
2H	828,4019	999,4913
3H	605,4525	730,4962
4H	425,4761	513,3494
5H	367,6113	443,5339
RH	1474,7	1779,269
1L	2501,14	7168,17
2L	1333,439	3821,584
3L	974,5679	2793,074
4L	684,8685	1962,807
5L	591,7264	1695,865
RL	2373,754	6803,088

Tab. 7.3 Antriebskraft in den einzelnen Gängen vor und nach Änderung des Verteilergetriebes. $\eta_m = 75\ \%$, $T_{Mmax} = 103$ Nm; $R_D = 0{,}348$ m

Gang-Nr.	Antriebskraft vor Änderung [N]	Antriebskraft nach Änderung [N]
1H	4465,054	5387,219
2H	2380,465	2872,102
3H	1739,806	2099,127
4H	1222,632	1475,142
5H	1056,354	1274,523
RH	4237,644	5112,842
1L	7187,184	20.598,19
2L	3831,721	10981,56
3L	2800,483	8026,074
4L	1968,013	5640,249
5L	1700,363	4873,175
RL	6821,133	19.549,1

Das Auto erreichte die maximale Geschwindigkeit (ca. 110 km/h) in der H-Übersetzung (H) und im vierten Gang des Getriebes. Dies bedeutete, dass der fünfte Gang des Getriebes mit dem H-Gang während der Fahrt praktisch unbenutzt blieb. Nach dem Anlegen der modifizierten Übersetzung des Übertragungs- und Untersetzungsgetriebes war die Antriebskraft im fünften Gang mit der Übersetzung H ausreichend, um das Fahrzeug auf eine Höchstgeschwindigkeit von etwa 110 km/h zu beschleunigen (siehe Tab. 7.3). Mit dem freien Übersetzungsverhältnis (L) verfügt das Fahrzeug jedoch über genügend Drehmoment an den Rädern, um den Fahrwiderstand in extremem Gelände zu überwinden. Im Fall von Serienübersetzungsverhältnissen zeigte das Auto einen signifikanten Drehmomentmangel, z. B. beim Überqueren von halbflüssigem, klebrigem Schlamm oder bei steilen Anstiegen.

7.5.3.4.5 Motorabdichtung gegen Wasser

Das Ansaugsystem des Motors wurde modifiziert, um das Fahrzeug auf Wasserdurchfahrten vorzubereiten. Es wurde ein Schnorchel aus säurebeständigem Edelstahl montiert, der sowohl eine ausreichende Festigkeit als auch ein ästhetisches Erscheinungsbild besitzt. Am Ende des Schnorchels wurde ein vorläufiger Luftfilter installiert, der von einem landwirtschaftlichen Traktor angepasst wurde. Da das Standardluftfiltergehäuse beim Eintauchen in Wasser keine ausreichende Dichtigkeit aufwies, wurde beschlossen, das System neu aufzubauen. Es wurde ein Luftfiltergehäuse aus 2 mm dicken Aluminiumblechen und -rohren konstruiert. Die Gehäuseaufhängung besteht aus 2 und 4 mm dicken Stahlflachstangen, die mit acht M6-Schrauben verschraubt sind. Zusätzlich ist das Gehäuse mit Silikonmasse versiegelt, sodass selbst bei vollständigem Untertauchen die Dichtigkeit gewährleistet ist. Der Lufteinlass wird mit einem Aluminiumrohr mit 60 mm Durchmesser nach außerhalb des Radkastens geführt. Die Verbindungen der Metallteile des Systems bestehen aus verstärkten Silikonrohren, die mit Metallklemmen befestigt sind. Dies stellt die Dichtigkeit und Festigkeit des Systems gegenüber Belastungen sicher, die aus gegenseitigen Verschiebungen von Fahrzeugelementen während der Fahrt resultieren, z. B. Schwingungen. Der letzte Abschnitt des Systems, der vom rechten Radkasten zur Dachkante führte, bestand aus einem geeignet geformten Edelstahlrohr mit 51 mm Durchmesser.

Es wurde mit einer Klammer an der rechten Seitenstange des Überrollkäfigs befestigt. Zur optischen Aufwertung wurde ein dünner roter Polymerfilmstreifen unter die Klammer gelegt. Schließlich wurde ein verstärktes Silikonknie installiert, in das ein provisorischer Luftfilter aus Stahlgitter eingesetzt wurde. Mit dieser Lösung kann die Richtung der Lufteinlasseinstellung angepasst und vor Beschädigungen des Schnorchels, z. B. durch Einhaken an Ästen geschützt werden. Der Vorfilter verhindert, dass größere Verunreinigungen, z. B. Blätter, in das Ansaugsystem gelangen. Durch eine solche Modifikation des Systems kann das Fahrzeug bis zu einer Wassertiefe von bis zu 1520 mm eingetaucht werden, ohne dass die Gefahr besteht, dass Wasser vom Motor angesaugt wird. Zusätzlich wurde die Entlüftung des Kurbelgehäuses mit einem verstärkten Gummischlauch mit einem Innendurchmesser von 8 mm auf die Höhe des Fahrzeugdaches geführt. Zusätzlich wurde die Zündvorrichtung durch Besprühen mit einem Silikonspray gesichert. Der Schutz von Fahrzeugkomponenten wie Getriebe, Antriebsachsen und Verteilergetriebe wurde aufgrund der Schwierigkeit oder Unmöglichkeit, diese vollständig abzudichten, aufgegeben.

7.5.3.4.6 Installation der elektrischen Hauptwinde und des zusätzlichen Stromkreises

Die Spezifität von Offroad-Rallyes erfordert eine Winde, die nützlich ist, wenn ein Fahrzeug aus einem unpassierbaren Gelände evakuiert werden muss. Gemäß den Vorschriften soll das Fahrzeug mit einer elektrischen Winde an der Vorderseite ausgestattet werden. Die Wahl der Winde wurde von Qualität und Zuverlässigkeit sowie der einfachen Bedienung geleitet. Die ausgewählte Winde Kingone TDS-9.5C ist mit einem 5-PS-Motor und einem Übersetzungsverhältnis von 173:1 ausgestattet. Die Zugkraft beträgt 4309 kg bei der ersten Lage des Seils, 3500 kg bei der zweiten, 2977 kg bei der dritten, 2578 kg bei der vierten. Die Zugkraft ist für das gewählte Fahrzeug ausreichend, gleichzeitig ist die Wickelgeschwindigkeit des Seils hoch und beträgt unbelastet 17 m/min und 2,3 m/min für die maximale Last. Für die Winde wurde ein 30 m langes synthetisches Seil mit einem Durchmesser von 12 mm ausgewählt. Dieses Seil hat eine Reihe von Vorteilen gegenüber Stahlseilen. Die Masse ist viel geringer als bei einem Stahlseil. Darüber hinaus ist es wasserbeständig (korrodiert nicht). Ein weiterer Vorteil ist, dass es Hände nicht verletzt. Wenn es bricht, fällt das Seil zu Boden und ist somit sicherer als ein Stahlseil. Die Bruchlast dieses Seils ist hoch und beträgt 13.000 kg.

Für den Einbau der Winde im Fahrzeug wurde eine ungewöhnliche Position gewählt. Der herkömmliche Einbau der ca. 44,5 kg schweren Winde an der vorderen Stoßstange hätte zu einer zusätzlichen Belastung an der Vorderseite und einer Verschlechterung der bereits ungünstigen Massenverteilung (viel Gewicht auf der Vorderachse, wenig auf der Hinterachse) geführt. Außerdem verlängert sich die Front des Fahrzeugs und die Winde ist Beschädigungen ausgesetzt. Ein weiterer Nachteil der herkömmlichen Montage ist das Problem der gleichmäßigen Aufwicklung des Seils auf der Trommel. Außerdem kann der Fahrer die Winde nicht vom Fahrzeuginneren aus bedienen. Diese Nachteile wurden beseitigt, indem die Winde zentral im Fahrzeug direkt hinter den Sitzen mit vier Schrauben auf einem speziell angefertigten Hilfsrahmen aus C-Profilen aus Stahl mit den Abmessungen 65 × 42 mm montiert wurde. Alle Verbindungen, einschließlich des Fahrzeugtragrahmens, wurden durch Schweißen hergestellt. Die Position des Racks erfordert das Verlegen des Kraftstofffilters, der an dem Blech befestigt wurde, das mit dem oben genannten Hilfsrahmen verschweißt ist. Das Seil wurde unter den Fahrzeugboden geführt. Um den Widerstand der Seilbewegung zu verringern, wurde versucht, das Seil so gerade wie möglich zu führen. Dies machte Änderungen an dem Auspuffsystem nötig, die in Unterabschnitt 7.5.3.4.7 beschrieben sind. Direkt vor der Windentrommel unter dem Fahrzeugboden befindet sich eine quer montierte Umlenkrolle mit einem Durchmesser von 47 mm und einer aktiven Länge von 235 mm, die den Seilwiderstand verringert. An den Enden der Welle befinden sich Scheiben mit größerem Durchmesser, die ein Abrutschen des Seils verhindern. Hinter diesen Scheiben wurden kurze Wellen angebracht, auf denen Lager montiert wurden. Das Seil wird durch eine schwenkgelagerte Klüse hindurch nach vorne geführt. Eine Rohrführung wurde in Betracht gezogen, sie wurde aber aufgrund zu erwartender Verschmutzung im Führungsrohr aufgegeben. Eine Seilführung wurde hergestellt, indem in die Innenringe von Schwenklagern speziell gezogene Hülsen gepresst wurden. Die Hülsen schützen das Seil vor Beschädigungen durch Scheuern. Die Schwenklager ermöglichen eine automatische, optimale Winkelpositionierung der Klüse. Die letzte Klüse (hinter dem Stoßfänger) ist fixiert. Ihr Innendurchmesser beträgt 22 mm, der Außendurchmesser 70 mm.

Die Seilführungselemente wurden direkt oder indirekt (beispielsweise über ein C-Profil) mittels Schraub- oder Schweißverbindungen am Fahrzeugtragrahmen befestigt. Die Elemente des Seilrahmens und der Seilführung wurden durch Auftragen von zwei bis drei Schichten reaktiver Korrosionsfarbe geschützt. Dann wurden sie mit schwarzer chlorierter Gummifarbe bedeckt. Die Öffnung im Boden des Fahrzeugs, in der der Rahmen montiert und durch die das Seil nach unten geführt wird, wurde mit dünnen Stahlblechen versehen, um die kleinstmögliche Größe zu erreichen. Zusätzlich wurde eine Polymerwindenabdeckung innerhalb des Fahrzeugs montiert. An der vorderen Stoßstange ist eine Abdeckplatte aus Riffelblech mit einer Dicke von 2 mm angeschraubt. Es verdeckt das Seil, das dahinter in die Klüse führt. Zum Anschrauben wurden dekorative Muttern verwendet, die für ein ästhetisches Aussehen sorgen.

Die Installation der elektrischen Winde machte Änderungen an der elektrischen Anlage des Fahrzeugs notwendig. Es wurde ein zusätzlicher Stromkreis zur Stromversorgung der Winde gezogen. Es wurde eine zusätzliche 75 Ah Batterie installiert, die einen Anlaufstrom von 1125 A bei einer Umgebungstemperatur von 0 °C liefert. Sie ist auch beständig gegen wiederholte Tiefenentladung, was beim Betreiben der Winde sehr wichtig ist. Die Batterie wurde neben der Winde montiert. Zum Laden der Batterie wurde eine zusätzliche 65-A-Lichtmaschine verwendet, die auf der linken Seite des Motors montiert war. Ihre Befestigung ist so konstruiert, dass sie die Einstellung der Keilriemenspannung ermöglicht. Die Lichtmaschine wurde mittels einer Abdeckung aus einer 4 mm dicken Kunststoffplatte vom Abgaskrümmer thermisch isoliert. Die Erregerspannung der zusätzlichen Lichtmaschine kann über einen im Fahrzeug befindlichen Schalter unterbrochen und so die Belastung des Fahrzeugmotors verringert werden, wenn die zusätzliche Batterie nicht aufgeladen werden muss. Zusätzlich befinden sich im Fahrzeug eine Ladeanzeige und ein Voltmeter, um die Ladespannung und die Spannung der zusätzlichen Batterie zu messen und anzuzeigen. Die zusätzliche Lichtmaschine wird von einem Keilriemen von einer modifizierten Riemenscheibe auf der Kurbelwelle angetrieben. Es wurden zwei Leistungsschalter installiert. Mit einem kann der Strom im Windenstromkreis im Fall eines Windenversagens, der ein Anhalten verhindert, abgeschaltet werden. Der zweite Schalter wird verwendet, um den Strom im Hauptstromkreis des Fahrzeugs zu unterbrechen, ohne den Windenkreis abzuschalten. Die Verwendung von zwei Stromkreisen bedeutet, dass ein Fehler in einem von ihnen den anderen nicht beeinträchtigt. Die beschriebene Windeninstallationslösung ermöglicht es, die Winde vom Fahrzeuginneren aus zu steuern und schützt die Winde so vor mechanischen Beschädigungen. Die Gleichmäßigkeit des Aufwickelns des Seils auf der Trommel ist zufriedenstellend und erfordert kein Eingreifen der Besatzung. Darüber hinaus belastet die Windenmontage die Vorderseite des Fahrzeugs nicht. Durch die Position der Winde und der Batterie wird eine zusätzliche Masse von ca. 100 kg nah an der Hinterachse des Fahrzeugs angeordnet, was die Gewichtsverteilung erheblich verbessert.

7.5.3.4.7 Änderung der Radaufhängung

Bei Testfahrten wurde festgestellt, dass die serienmäßige Suzuki-Samurai-Radaufhängung für Offroad-Rallyes ungeeignet ist. Die Federn bogen sich durch oder bogen sich sogar in eine gegensinnige Krümmung Die Hauptfedern wurden ebenfalls deformiert. Sie bogen sich direkt hinter die längsten Hilfsfedern. Darüber hinaus bot die Aufhängung keinen ausreichenden Komfort, um Unebenheiten zu überwinden. Häufig entstanden Verformungen an den Kotflügeln. Sie wurden mehrmals nachgearbeitet, dies brachte aber nur kurzfristigen Erfolg. In Anbetracht der oben genannten Mängel und unter Berücksichtigung der Gewichtszunahme des Fahrzeugs wurde beschlossen, die Federung zu verstärken. Es wurden spezielle Federblätter und Polyurethan-Aufhängungsbuchsen verwendet. Die Hauptblätter wurden durch neue ersetzt, die alten Hilfsklingen wurden nachbearbeitet und jeder Packung wurde ein zusätzliches Blatt hinzugefügt, um die Federsteifigkeit zu erhöhen. Zusätzliche Blätter wurden an dritter Stelle von oben (unter dem Haupt- und dem ersten Hilfsblatt) in der Vorderradaufhängung und als kürzeste Hilfsfeder in der Hinterradaufhängung platziert. Die Länge der zusätzlichen Blätter wurde durch Versuche bestimmt, bis eine optimale Zusammenarbeit und ein optimaler Fahrkomfort während der Tests erreicht war. Es wurden schließlich Blätter mit 695 mm Länge für die Vorder- und solche mit 600 mm Länge für die Hinterachse ausgewählt.

Das Anheben der Radaufhängung erzwang die Verwendung von 25 mm langen Abstandshaltern aus einem geschlossenen Stahlprofil 25 × 40 mm an den Stabilisatorhalterungen und den Einbau längerer vorderer Stoßdämpfer. Es wurden Gasdruckstoßdämpfer ausgewählt. Die ursprünglichen Gummiaufhängungshülsen und Metall-Gummi-Hülsen wurden durch Polyurethanhülsen ersetzt. Diese Änderungen brachten den erwarteten Effekt: Das Federprofil hat zugenommen, es kommt zu keiner Verformung der Hauptblätter. Die Funktionalität der Federn hat sich deutlich verbessert. Selbst bei schneller Fahrt über starke Unebenheiten oder nach Sprüngen schlägt die Federung nicht durch. Darüber hinaus hat der Offroad-Komfort deutlich zugenommen. All dies ermöglicht, Offroad-Hindernisse zu überwinden und eine hohe Geschwindigkeit über längere Zeit aufrechtzuerhalten, was sich in sportlichen Ergebnissen niederschlägt.

7.5.3.4.8 Änderung der Abgasanlage

Die Führung des Windenseils unter dem Fahrzeug erzwang Änderungen an der Abgasanlage. Ein zu geringer Abstand zwischen dem Kunststoffseil und den Komponenten der Abgasanlage kann das Seil wegen der hohen Temperatur beschädigen. Die serienmäßige Abgasanlage verlief zwischen den rahmenseitigen Elementen. In der modifizierten Version wurde das Auspuffrohr nach links herausgeführt, sodass es unterhalb des linken Seitenschwellers verlief. Die Leitung wurde zwischen dem Rahmen und dem Boden auf Höhe des Eingangsflansches des Verteilergetriebes angeordnet. Die Abgasanlage wurde gekürzt. Das Endrohrende befindet sich vor der hinteren Federhalterung. Die spezielle Position erzwang die Verwendung eines abgeflachten Schalldämpfers, damit dieser nicht unter den Boden ragte und während der Fahrt im Gelände keinen mechanischen Schäden ausgesetzt war. Der Schalldämpfer ist an zwei Gummikissen aufgehängt. Der serienmäßige und der modifizierte Teil des Systems wurde unter Verwendung eines Stahlelements verbunden, das geringfügige Korrekturen der geänderten Abgasanlage erlaubt. Dies ist von großer Bedeutung, da die Toleranzen der relativen Positionen der einzelnen Komponenten der Abgasanlage zum Kontakt mit anderen Bauteilen des Fahrzeugs führen können.

7.5.3.4.9 Konstruktion eines Sicherheitskäfigs

Um die Sicherheit der Besatzung zu gewährleisten, z. B. im Falle eines Überschlags, wurde ein Sicherheitskäfig gebaut. Es wurden verschiedene Optionen in Betracht gezogen: interner, externer Käfig oder gemischte Lösung. Aufgrund der sehr geringen Abmessungen des Fahrzeugs wurde das Konzept des Innenkäfigs aufgegeben. Angesichts der Besonderheiten der Cross-Country-Rallyes wurde die externe Variante gewählt. Der auf diese Weise konstruierte Käfig schützt nicht nur die Besatzung vor Quetschungen nach dem Umkippen, sondern auch die Fahrzeugkarosserie, z. B. beim Vorbeistreifen an Bäumen oder den Wänden von Schluchten sowie im Falle eines Astaufpralls. Es gibt auch die Möglichkeit, auf der Schwelle zu balancieren, z. B. beim Überqueren von Traversen. Zusätzlich ist es möglich, das Fahrzeug mit Hi-Lift-Wagenhebern anzuheben. Ein weiterer Vorteil ist die Möglichkeit, das Fahrzeug nach dem Umkippen mit am Käfig angeschlagenen Seilen wieder auf die Räder zu stellen. Mit diesem Konzept kann das Fahrzeug auch beim Überqueren von Traversen mit an den Käfigelementen befestigten Gurten gesichert werden. Darüber hinaus können beispielsweise Abspannseile an den Käfigkomponenten montiert werden, ohne zusätzliche Befestigungspunkte zu benötigen. Während des Umbaus gelten die Richtlinien des Artikels 253-Sicherheitsausrüstung (Gruppe N, A, R-GT) von Anhang „J" des FIA International Sporting Code. Die Grundstruktur des Käfigs wurde gemäß einer der drei im oben genannten Artikel empfohlenen Methoden hergestellt. Die Grundstruktur besteht aus einem Hauptbügel, zwei Seitenbügeln, einem Querelement, zwei hinteren Stützen und sechs Montagefüßen. Die Grundstruktur wurde durch eine Dachverstärkung in Form einer Kreuzung (X) ergänzt.

Der Sicherheitskäfig wurde am Fahrzeugrahmen befestigt. Die hinteren Stützen wurden direkt damit verbunden, während die anderen Befestigungsfüße über eine speziell konstruierte röhrenförmige Schwellerstruktur verbunden wurden. Für den Bau des Käfigs wurden nahtlose Rohre aus unlegiertem Stahl S235JR verwendet. Dies erfüllt die Anforderungen des Art. 253 bezüglich der Mindestzugfestigkeit. Der R_m-Bereich für S235JR-Stahl beträgt 360 bis 510 MPa [11], während der erforderliche minimale R_m-Wert 350 MPa [2] beträgt. Im Falle der gewählten Grundstruktur empfiehlt Art. 253 die Verwendung von Rohren mit 45 × 2,5 mm oder 50 × 2 mm für den Hauptrahmen und 38 × 2,5 mm oder 40 × 2 mm für andere Käfigelemente [2]. Die Schwellerkonstruktion besteht aus Rohren mit einer Größe von 48,3 × 2,9 mm. An den Stellen, an denen die Schweller befestigt sind, wurde der Rahmen mit 7 mm dicken Stahlblechen verstärkt. Zusätzlich wurde die Schwellerbefestigungskonstruktion durch die Verwendung einer Verstärkung der Winkelverbindung unter Verwendung dreieckiger Elemente aus 4 mm dickem Blech versteift. Die Rohre wurden mit einem hydraulischen Handbieger gebogen. Um eine Ovalisierung und Faltenbildung der Rohre an den Biegepunkten zu vermeiden, wurden die Rohre vor dem Biegen mit Sand gefüllt. Der korrekte Biegewinkel wurde mit einem einstellbaren Winkelmesser überprüft. Ein Winkelschleifer wurde verwendet, um die Rohre zu schneiden. Nach korrekter Ausführung wurden die Elemente entfettet und mit reaktivem Korrosionsschutzlack bedeckt. Auf jedes Element wurden zwei oder drei Farbschichten aufgetragen. Anschließend werden die Elemente durch Schweißen mit beschichteten Elektroden verbunden. Die Fugen wurden zuvor gereinigt, z. B. von Farbe, Bitgum. Dann wurden die Schweißnähte von Zunder gereinigt und geschliffen (unter Verwendung eines Winkelschleifers). Dann wurden diese Fugen mit der oben genannten Farbe oder Bitgum bedeckt. Der fertige Käfig wurde mit zwei Schichten schwarzem, matt chloriertem Gummilack lackiert. Das Käfigdesign erforderte wegen der hinteren Stützen eine Modifikation der Rückseite der Verdeckplane. Es wurden Schlitze geschnitten und Klappen eingenäht, um die Schlitze mit Klettverschluss zu schließen.

7.5.3.4.10 Installation zusätzlicher Beleuchtung und Stege

Es wurden sechs Weitwinkelscheinwerfer mit einer Leistung von jeweils 55 W als zusätzliche Beleuchtung verwendet. Zwei Scheinwerfer wurden in unterschiedlichen Höhen am Heck des Fahrzeugs montiert. Ein Reflektor war mit einer Klammer an der linken hinteren Stütze des Sicherheitskäfigs befestigt, der andere an der linken Ecke der hinteren Stoßstange. Diese Anordnung der Beleuchtung verringert die Bildung nicht beleuchteter Bereiche hinter dem Fahrzeug und schützt vor Lichtverlust, z. B. beim Überqueren von Tiefwasserdurchfahrten.

An der Vorderseite des Fahrzeugs wurden vier Scheinwerfer angebracht. In der ersten Version wurden sie mit Klammern an einem 1205 mm langen Träger mit einem Durchmesser von $\Phi = 35$ mm aus Edelstahlrohr befestigt. In der zweiten Version wurde der Träger aufgegeben und die Lampen wurden am Querträger des Sicherheitskäfigs oberhalb der Windschutzscheibe montiert. Die Scheinwerfer waren jeweils paarweise angeordnet – zwei rechts und zwei links. Außen wurden Lampen mit LKR5FF-Reflektor und innen solche mit LKR5-Reflektor angebracht. Die äußeren und inneren Scheinwerfer verfügen über separate Schalter, mit denen die Beleuchtungsstärke an aktuellen Bedürfnissen angepasst werden kann. Durch die Befestigung mit Hilfe von Klemmen können die Lampen eingestellt werden. Unter die Klemmen wurden rote Polymerfilmstreifen gelegt. Außerdem wurde die Nebelschlussleuchte modifiziert. Eine größere Lampe wurde an der linken hinteren Ecke der Karosserie platziert. Zuvor befand sich die Lampe links unter der Stoßstange, was beim Fahren im Gelände häufig zu Schäden führte.

Um die Windschutzscheibe und den Schnorchel vor Schäden durch Aststöße zu schützen, wurden Abspannseile mit einem Durchmesser von 6 mm hergestellt. Die Enden der Leinen wurden über Seilkauschen geführt und mit Seilklemmen gesichert. In die Schlaufen wurden Karabinerhaken gehängt, um die Abspannvorrichtungen schnell und einfach an- und abbauen zu können.

An den Ecken des vorderen Rohrstoßfängers und in der Nähe der Enden des Querelements des Sicherheitskäfigs über der Windschutzscheibe wurden Stahlösen angebracht. Um die Einstellung der Spannung der Abspannseile zu ermöglichen, wurden vor den unteren Karabinerhaken Spannschlösser verwendet. Alle Zurrelemente und deren Befestigungen bestehen aus Edelstahl. Dies vermeidet Korrosion von Bauteilen und sorgt für ein ästhetisches Erscheinungsbild.

7.5.3.4.11 Änderungen am Fahrzeuginnenraum

Die Integration der Hauptwinde direkt hinter den Sitzen machte die Montage einer Abdeckung erforderlich. Sie wurde entwickelt, um vor den Auswirkungen eines möglichen Seilbruchs zu schützen und das Erfassen von Kleidung durch die Trommel während des Windenbetriebs zu verhindern. Darüber hinaus wird das Eindringen von Staub, Wasser oder Abgasen in das Fahrzeug durch die Öffnung im Boden begrenzt und das Herausfallen im Fahrzeug mitgeführter Gegenstände verhindert. Die Abdeckung wurde aus Polymer hergestellt und mit drei Schrauben und Flügelmuttern am Boden befestigt. Diese Lösung ermöglicht eine schnelle Demontage der Abdeckung, wenn die Winde manipuliert werden muss. Darüber hinaus bietet die Abdeckung einen angemessenen Schutz bei geringem Gewicht und ästhetischem Erscheinungsbild.

Die zusätzliche Batterie befindet sich hinter dem Beifahrersitz. Sie wurde in eine Metallbox gestellt und mit zwei M6-Schrauben über eine Stahlflachstange am Boden befestigt. Ein 2 mm dicker PVC-Bodenbelag wurde auf die Batterie gelegt, um die Batterieklemmen vor Kurzschlüssen zu schützen. In der Box befinden sich vibrationsdämpfende Elemente aus flexiblem Polymerschaum.

Die Standardsitze wurden durch Sportsitze (Schalensitze) ersetzt, die eine bessere Körperunterstützung gewährleisten. Sie ermöglichen die Verwendung von Sportgurten (Hosenträgergurten). Es wurde außerdem ein Sportlenkrad montiert, das den Bedienkomfort aufgrund der entsprechenden Form erhöht. Aus dem Innenraum des Fahrzeuges wurden die Bodenbeläge und Teppiche entfernt, die die Aufrechterhaltung der Sauberkeit erheblich beeinträchtigten. Darüber hinaus ist dies aus Sicherheitsgründen wichtig, da sich im Falle eines Fahrzeugbrands die Flammen über die Teppiche schnell im gesamten Fahrzeuginneren verbreiten können. Die hintere Klappbank wurde ebenfalls entfernt. Dies ermöglichte es, das Gewicht des Fahrzeugs zu reduzieren und den Platz im Heck zu vergrößern.

Ein Feuerlöscher wurde am Boden zwischen den Sitzen angebracht. Die Position und Art der Befestigung ermöglicht das schnelle Entnehmen des Feuerlöschers im Brandfall. Das Dashboard wurde auch geändert. Links neben dem Nebelscheinwerferschalter befinden sich drei Schalter für die zusätzliche Fahrzeugbeleuchtung. Ein Schalter unterstützt die hinteren Arbeitsscheinwerfer, der andere Schalter schaltet die äußeren Scheinwerfer ein, ein anderer Schalter schaltet die inneren. Jeder Schalter hat zur Unterscheidung eine andere Farbe. Zusätzlich schalten sich die vorderen Arbeitsscheinwerferscheinwerfer in der Ein-Position ein, was die Wahrscheinlichkeit verringert, das Ausschalten zu vergessen, z. B. beim Auffahren auf eine öffentliche Straße.

In der Mitte des Armaturenbretts befinden sich zusätzliche Steckdosen, die zur Stromversorgung, beispielsweise des Navigationsgerätes, verwendet werden. Im rechten Teil des Armaturenbretts über dem Ablagefach befinden sich ein zusätzlicher Generatoreranregungsschalter und ein Voltmeter, das den Ladewert und die Spannung des Zusatzgenerators an den Batterieklemmen anzeigt. Hier befindet sich auch die Ladeanzeige der zusätzlichen Lichtmaschine. In der Kabine befindet sich eine Fernbedienung zur Steuerung des Windenbetriebs.

Unterhalb des Armaturenbretts vor dem Pilotensitz befinden sich Haupt- und Zusatzleistungsschalter. Sie sind in einer 6 mm dicken Bakelitplatte befestigt. Zusätzlich wurde am Dachrahmen oberhalb des Kopfes des Fahrers ein weicher Griff eingebaut, um den Komfort des Piloten zu erhöhen. Unter den Hauptrahmen des Daches wurden drei Gepäckboxen gehängt, um wertvolle Gegenstände (Dokumente, Telefone, Geld) aufzubewahren, und um zu verhindern, dass sie nass werden, z. B. während Wasserdurchfahrten.

7.5.4 Probleme der Geländewagen

7.5.4.1 Kraftstoffverbrauch und Emissionen

Das Problem des hohen Kraftstoffverbrauchs von Geländewagen ist das schwerwiegendste in der SUV-Klasse. Dies ist darauf zurückzuführen, dass SUV von Kunden zunehmend für den typischen Betrieb unter Straßenbedingungen ausgewählt werden, auch auf Autobahnen, auf denen die Fahrgeschwindigkeit häufig 200 km/h überschreitet. In diesen Fällen wird der aerodynamische Luftwiderstand aufgrund der größeren Stirnfläche und des höheren Cw-Wertes erheblich und trägt zu einem erhöhten Kraftstoffverbrauch bei.

Außerdem erhöht der Allradantrieb das Gewicht eines Geländewagens um bis zu 100 kg und erzeugt zusätzliche Reibungsverluste im Antriebsstrang. Weltweit wird die Gesamtbilanz durch die zunehmende Anzahl von SUV beeinflusst. Eine Studie der Internationalen Energieagentur aus dem Jahr 2019 hat für das vergangene Jahrzehnt für die weltweite Flotte von Geländelimousinen einen Anstieg des CO_2-Ausstoßes um knapp 0,55 Gt CO_2 auf rund 0,7 Gt CO_2 ermittelt; demnach trugen Geländelimousinen nach dem Energiesektor seit 2010 am zweitstärksten zum Anstieg des weltweiten CO_2-Ausstoßes bei.

7.5.4.2 Lärm

Unabhängig von Fahrzeugtyp und -klasse sind die Hauptlärmquellen:

- Motor
- Reifen
- Aufbauaerodynamik

Bei Geländewagen steigt der Lärm jedoch deutlich an. Die Antriebsmotoren in Geländefahrzeugen sind üblicherweise Dieselmotoren, die zusätzlich mit einem Kompressor ausgestattet sind. Daher sind sie im Vergleich zu beispielsweise Benzinmotoren viel lautere Antriebseinheiten. Daher rührt das wachsende Interesse an Hybrid- und Elektroantriebssystemen bei Geländewagen.

Geländewagen verfügen oft über verhältnismäßig breite Reifen. Offroad-Reifen haben ein stark geformtes Profil, dessen Elemente während der Fahrt auf die Fahrbahnoberfläche treffen. Das Abrollen des Offroad-Reifens auf der Straße erfolgt weniger sanft, dadurch entsteht eine erhöhte Geräuschemission.

Eine typische Geländewagenkarosserie wirkt sich auch auf die Geräuschemissionen aus, da die eckigen Formen, die fast vertikale Windschutzscheibe und die große Frontfläche den Luftstrom sehr turbulent machen, was bei hoher Geschwindigkeit zur Bildung von Wirbeln führt und zu einer Erhöhung des Geräuschpegels während der Fahrt.

Die Bemühungen von Designern und Forschern zielen darauf ab, den Autolärm als Punktschallquelle zu reduzieren. Innovationen auf dem Gebiet der Antriebsmotoren dienen diesem Zweck.

Ein Beispiel für den Schutz vor Lärm und Vibrationen sind die im Honda-Passport-SUV eingesetzten technischen Lösungen. Der Motor dieses Fahrzeuges wurde dank seines 60-Grad-V-Winkels und der kompakten, starren und leichten Zylinderblockbaugruppe aus Aluminiumdruckguss stummgeschaltet. Weitere Faktoren, die zur Reduzierung von Motorgeräuschen und Vibrationen beitragen, sind eine starre Kurbelwelle aus geschmiedetem Stahl, Zubehörhalterungen aus Druckguss und eine steife Ölwanne aus Aluminiumguss, die die Biegung des Zylinderblocks verringert.

Die Karosserie des Honda Passport verfügt über Konstruktionsmerkmale, um Geräusche, Vibrationen und Härte (NVH) zu reduzieren. Dazu gehören Dichtungsmittel, Akustikschaumbarrieren für die Vorder- und Hintertür und zusätzliche Schalldämpfung wie akustische Separatoren. Auch Schalldämpfer in den hinteren Seitenverkleidungen, die akustische Behandlung der hinteren Radhausverkleidungen und die Schalldämmung in der Heckklappe sind die Elemente der NVH-Behandlung in diesem SUV. Darüber hinaus wurden Radresonatoren eingesetzt, um Reifengeräusche und Vibrationen zu reduzieren.

Eine wichtige Neuerung in diesem SUV ist ein spezielles, akustisch laminiertes Windschutzscheibenglas, das zur Reduzierung von Geräuschen im Inneren der Kabine verwendet wird. Das speziell auf die Dämpfung von Windgeräuschfrequenzen abgestimmte Windschutzscheibenglas verwendet eine äußere Schicht aus 2,0 mm Sicherheitsglas, eine 0,7 mm dicke Mittelschicht aus akustischem Polyvinylbutyral (PVB) und eine 1,8 mm innere Schicht aus Sicherheitsglas, die Windschutzscheibe hat also eine Gesamtdicke von 4,5 mm. Darüber hinaus haben alle Verkleidungen eine gehärtete vordere und hintere Türscheibe mit 5,0 mm Dicke.

Ein weiteres Konstruktionsmerkmal sind vibrationsdämpfende Hilfsrahmen. Die Motor-, Getriebe- sowie Vorder- und Hinterradaufhängungssysteme des Honda Passport sind auf starren Stahlhilfsrahmen montiert. Diese Hilfsrahmen werden an gummiisolierten Befestigungspunkten am Karosseriekörper befestigt, um Antriebsstrang- und Straßengeräusche, Vibrationen und Härte (NVH) von der Passagierkabine fernzuhalten. Zwei der hinteren Hilfsrahmenhalterungen sind für maximale Wirksamkeit mit Hydraulikflüssigkeit gefüllt. Sie sind dauerhaft versiegelt und erfordern keine planmäßige Wartung. Besonders raffiniert ist der hintere Hilfsrahmen mit hydrogeformten Seitenelementen für maximale Festigkeit und minimales Gewicht [12].

7.5.4.3 Auswirkungen auf die Verkehrssicherheit und Effizienz

Im Verhältnis zu aktuellen Automodellen anderer Fahrzeugklassen verfügen SUV oft über größere äußere Abmessungen sowie aufgrund eines häufig längeren Radstandes auch über einen erhöhten Wendekreis. Diese Umstände führen vor allem in historischen Altstädten und in dicht urbanisierten Gebieten zu Problemen. Aber auch auf Straßen und Parkplätzen in Wohngebieten, die häufig lediglich die minimal erforderliche Größe aufweisen, können die größeren und weniger wendigen SUV zu Konflikten führen.

Ein relevantes Problem im Zusammenhang mit der Verwendung von Geländewagen ist die verringerte Sicherheit. Erstens haben Geländefahrzeuge normalerweise einen höheren Schwerpunkt, was das Risiko eines Überschlagens erhöht. Ein weiterer Faktor sind Geländereifen, die normalerweise einen größeren Durchmesser als Straßenreifen haben, sowie eine steifere, weniger flexible Struktur. Unfälle, die sich aus diesen Faktoren ergeben, treten am häufigsten auf, wenn mit hohen Geschwindigkeiten gefahren wird, an die die Geländefahrzeuge konzeptionell nicht angepasst sind.

Außerdem können SUV ein erhöhtes Unfallrisiko für andere Verkehrsteilnehmer darstellen: Für Fußgänger, insbesondere Kinder, kann das Verletzungsrisiko durch die hohe Fahrzeugfront gesteigert werden. Bei Kollisionen mit anderen PKW wird das leichtere Fahrzeug stärker beschädigt.

Auch für Motorradfahrer sind prinzipiell höhere Geländewagen und SUV gefährlicher, da sie insbesondere beim Seitenaufprall nicht über das Fahrzeugdach hinweggleiten, sondern auf das Fahrzeug prallen oder in das Fahrzeuginnere eindringen.

7.5.4.4 Fahrermerkmale

Das Fahren eines Offroad-Autos unterscheidet sich von einem PKW in Bezug auf Fahrtechnik, erforderliche Fähigkeiten und Motivationsfaktoren bei Entscheidungen in Straßensituationen erheblich. Der Geländewagen ist schwerer, hat viel höhere Trägheitsmomente, was bedeutet, dass die Reaktionen auf Steuerimpulse verzögert und länger sind. Auch hier spielt die Größe des Geländewagens eine Rolle. Wie bereits erwähnt, sind Geländefahrzeuge konzeptionell für das Fahren auf unbefestigten Oberflächen mit niedriger Geschwindigkeit ausgelegt. Auf einer asphaltierten Straße verhalten sie sich völlig anders als im Gelände und zeigen gleichzeitig ein anderes Verhalten als Personenkraftwagen.

Offroad-Reifen, die einen guten Offroad-Grip bieten, können auf asphaltierten Straßen eine schlechtere Leistung aufweisen. Die Profilblöcke berühren die gepflasterte Oberfläche mit einer viel kleineren Kontaktfläche als Standardreifen. Dies kann dazu führen, dass das Fahrzeug sowohl in Längs- als auch in Querrichtung viel leichter und schneller rutscht, als der unerfahrene Fahrer erwartet. Darüber hinaus führt ein permanenter 4 × 4-Antrieb dazu, dass alle Straßenräder gleichzeitig blockieren. Dies vergrößert den Bremsweg erheblich.

Ein weiteres Beispiel ist die fehlerhafte Verwendung der Differenzialsperre, insbesondere beim Fahren auf einer asphaltierten Straße. Es kann zu Schäden am Antriebssystem (Gelenkwellen, Getriebe) kommen, wenn die Reifen auf einer trockenen Oberfläche nicht rutschen können.

7.5.5 Einsatz

Der Boom für Offroad-Autos, insbesondere SUV, begann in den 90er-Jahren des letzten Jahrhunderts und dauert bis heute an. Privatpersonen machen einen erheblichen Anteil der Käufer und Nutzer aus, es lohnt sich jedoch, einige Beispiele zu nennen, bei denen der Einsatz von Autos mit mittleren oder hohen Geländefähigkeiten gerechtfertigt und manchmal sogar notwendig ist.

Dazu gehören Strafverfolgungs- und Rettungsdienste. Selbst in hoch entwickelten Ländern, in denen die Straßeninfrastruktur sehr gut ist, gibt es Orte, die nur über unbefestigtes Gelände erreicht werden können. Dann ist es notwendig, einen Geländewagen zu nutzen. Darüber hinaus kann es bei einer von der Feuerwehr durchgeführten Löschoperation oder bei einer Rettungsaktion vorkommen, dass Befahren einer Abkürzung, die durch einen unbefestigten Bereich führt, die Fahrtzeit verkürzt, was die Überlebenschance einer verletzten Person vergrößern kann. Beispielsweise verwendet der polnische Tatra Rettungsdienst (TOPR) Allradautos, die das Fahren auf schneebedeckten Straßen einer Stadt in den Bergen erleichtern. Dadurch nehmen Rettungsaktionen weniger Zeit in Anspruch und der Zugang zur Grenze des Nationalparks erfolgt dank der besseren Leistung eines 4 × 4-Autos auf kurvenreichen Straßen mit größeren Sicherheitsreserven. Ein weiterer wichtiger Vorteil von Geländewagen und SUV, die von Strafverfolgungs- und Rettungsdiensten eingesetzt werden, ist die große Ladekapazität, dank derer das Auto über eine reichhaltige Rettungsausrüstung, zusätzliche Ausrüstung usw. verfügen kann.

7.5.5.1 Motorsport

Eine wichtige Anwendung von SUV und Offroad-Fahrzeugen ist der Motorsport.

Geländewagen-Rallyes sind eine Art von Motorsport. Im Laufe der Jahrzehnte wurden viele Zweige dieses Sports geschaffen. Dazu gehören Cross-Country-Rallyes, Rock-Crawlen, Formel-Offroad oder Rock-Bouncing. Jede der Fraktionen wurde radikal spezialisiert, was zu etremen Unterschieden bei der Konstruktion und der Leistung von Rallyefahrzeugen führte. Crossing-Rallyes sind ein relativ junger, aber sich dynamisch entwickelnder Teil von Offroad-Motorsport. Die Wettbewerbsregeln bei einzelnen Rallyes unterscheiden sich voneinander (z. B. kürzeste Zeit für die Überwindung von Sonderprüfungen, größte Anzahl von Runden oder eine Kombination dieser Anforderungen), aber das gemeinsame Merkmal ist immer die Überwindung extrem schwieriger Geländehindernisse, z. B. in Form von tiefem Schlamm, Wasserübergängen, steilen Anstiegen, Abfahrten und Überquerungen. Oft treten auch Sonderprüfungen auf, bei denen Beschleunigung und Höchstgeschwindigkeit des Fahrzeugs von großer Bedeutung sind.

7.5.5.1.1 Rallye-Geländewagenklassen

Bei Cross-Country-Rallyes sind die Regeln für Fahrzeugklassen nicht einheitlich. Jede der Rallyes kann unterschiedliche Vorschriften und Unterteilungen in Klassen haben. Dies ist zum Beispiel auf die Tatsache zurückzuführen, dass für die meisten Organisatoren beispielsweise Artikel 253-Sicherheitsausrüstung (Gruppe N, A, R-GT) von Anhang „J" des

FIA International Sporting Code nicht gelten. Bei den meisten Rallyes findet der Wettbewerb in zwei, drei oder vier Klassen statt. Die detaillierten Aufteilungsgrenzen sind nicht einheitlich, aber die Hauptkriterien überschneiden sich im Allgemeinen und beziehen sich auf den Grad der Fahrzeugmodifikation.

7.5.5.1.1.1 Touristenklasse

Die am wenigsten modifizierten Fahrzeuge starten in dieser Klasse. Zweiachsige Fahrzeuge mit einem zulässigen Gesamtgewicht bis 3,5 t. Keine Änderung der Karosserie (Änderungen an Stoßstange und Schwellern zulässig). Keine Modifikation des Antriebssystems. Räder mit einem Durchmesser von bis zu 33 Zoll (es sei denn, das Fahrzeug ist standardmäßig mit Reifen mit größerem Durchmesser ausgestattet). Erlaubt sind AT- oder MT-Reifen, nicht erlaubt Extrem- und Landwirtschaftsreifen. Mechanische und elektrische Winden sind nicht erlaubt. Es ist nur die Verwendung einer Handwinde (Kifor, Greifzug) zulässig.

7.5.5.1.1.2 Leistungsklasse

Zugelassen sind zweiachsige Fahrzeuge mit einem zulässigen Gesamtgewicht bis 3,5 t. Nicht gestattet sind Änderungen an der Karosserie der B-Säule des Fahrzeugs (zulässige Änderungen an Stoßfängern, Schwellen, Radkästen). Kleine Änderungen am Antriebssystem und an Aufhängungen, die die Struktur des Fahrzeugs nicht verändern, sind zulässig. Räder mit einem Durchmesser von bis zu 35 Zoll. Landwirtschaftliche Reifen sind nicht erlaubt. Es besteht die Verpflichtung, eine elektrische Winde an der Vorderseite des Fahrzeugs zu haben. Mechanische Winden sind verboten.

7.5.5.1.1.3 Abenteuerklasse

Diese Klasse erlaubt zweiachsige Fahrzeuge mit einem zulässigen Gesamtgewicht bis 3,5 t. Alle Karosseriemodifikationen oder Neukonstruktionen von Fahrzeugen auf der Grundlage eines räumlichen Käfigs sind zulässig. Alle Änderungen am Radaufhängungs- und Antriebssystem sind zulässig (außer bei Verwendung von Portalbrücken, sofern das Fahrzeug nicht standardmäßig mit diesen ausgestattet war). Es gibt keine Einschränkungen hinsichtlich des Durchmessers der Räder und des Reifentyps. Elektrische oder hydraulische Winden vorne und hinten am Fahrzeug und ein Sicherheitskäfig sind Pflicht. Mechanische Winden sind nicht erlaubt.

7.5.5.1.2 Extreme Klasse

Zweiachsige Fahrzeuge mit einem zulässigen Gesamtgewicht bis 3,5 t. Karosseriemodifikationen und Fahrzeuge, die auf der Grundlage eines räumlichen Käfigs von Grund auf neu gebaut wurden, sind zulässig. Es gibt keine Einschränkungen hinsichtlich der Änderung der Federung, des Antriebssystems, der Größe und des Reifentyps. Es gibt keine Einschränkungen hinsichtlich Anzahl und Art der Winden. Ein Sicherheitskäfig ist obligatorisch.

Fahrzeuge aller Klassen müssen zugelassen sein. Eine Haftpflicht- und Unfallversicherung ist erforderlich. Darüber hinaus sind Sicherheitsgurte (bei Abenteuer- und Extremklassen sollten es Sportgurte sein), ein Feuerlöscher, ein Erste-Hilfe-Kasten, ein Abschleppseil sowie Haken an der Vorder- und Rückseite des Fahrzeugs, Sicherheitsgurte für Bäume, Entfernungsmessgeräte und Helme für die Besatzung erforderlich.

7.5.5.2 Trial 4 × 4

Neben bekannten, weltweiten Wettbewerben oder Rallyes werden lokale Wettbewerbe immer beliebter und sind für die Verbreitung der Offroad-Mobilität von großer Bedeutung. Der 4 × 4-Trial findet alle zwei Jahre unter der Aufsicht der Technischen Universität Lublin statt und ist ein offener Wettbewerb für hochmobilisierte, modifizierte SUV und deren Fahrer (Abb. 7.21 und 7.22). Zwei-Personen-Crews müssen in einer bestimmten Zeit eine Rennstrecke mit einer Reihe von Hindernissen ohne zusätzliche Hilfe (Winden usw.) zurücklegen. Rallye-Wettbewerbe sind einer der besten Orte, um neue Designkonzepte unter rauen und anspruchsvollen Bedingungen zu untersuchen.

7.5.5.3 Katholische Missionen in Afrika

Sowohl aus technischer als auch aus sozialer Sicht ist der Einsatz von Geländewagen durch Missionare in den Ländern Afrikas, Asiens oder Süd- oder Nordamerikas interessant. Afrika ist ein großer Kontinent seine Bevölkerungsdichte ist um ein Vielfaches geringer als in Europa, menschliche Siedlungen (Städte, Dörfer) sind manchmal Hunderte von

Abb. 7.21 Trial 4 × 4 ist eine Gelegenheit für Treffen zwischen Fahrern und Rallyefahrzeugbesitzern

Abb. 7.22 Ein Geländewagen auf dem Spezialabschnitt des Trial 4 × 4

Kilometern voneinander entfernt. Dies stellt eine ernsthafte Schwierigkeit für die dort arbeitenden Missionare und auch für die Einheimischen dar. Darüber hinaus ist die eher schlechte Infrastruktur der Transporteinrichtungen zu berücksichtigen, so z. B. Entfernungen von 50 bis 100 km zur nächsten Tankstelle, sehr geringe Dichte von Autowerkstätten, Probleme mit dem Zugang zu Betriebsflüssigkeiten und Ersatzteilen. Die Straßenzustände sind schwierig, z. B. in afrikanischen Ländern, in denen die Straßeninfrastruktur schlecht ist. Straßen, wenn es sie überhaupt gibt, sind normalerweise unbefestigt, werden oft periodisch von Flüssen und Bächen überflutet, die bei Regen anschwellen, und sind von Buschvegetation überwachsen. Dies sind extreme Bedingungen, unter denen Autofahren riskant, manchmal sogar gefährlich ist. Unter solch schwierigen Bedingungen ist ein solider Geländewagen das optimale Transportmittel.

Im Rahmen einer Diplomarbeit an der Technischen Universität Lublin wurde eine Umfrage unter afrikanischen Missionaren von zwei ausgewählten Gemeinden durchgeführt. Befragt wurden: die afrikanischen Missionsväter (sogenannte weiße Väter), die 1868 vom Erzbischof von Algier, dem späteren Kardinal Charles Laviger, gegründet wurden und derzeit etwa 1900 aktive Brüder in 22 afrikanischen Ländern haben, und die Kongregation der Missionsschwestern der Heiligen Jungfrau Maria, Königin von Afrika, die etwa 1000 Schwestern hat und in 15 afrikanischen Ländern vertreten ist. Die Umfrage sollte die grundlegenden Probleme analysieren, mit denen Missionare bei der Erfüllung ihrer Aufgaben konfrontiert sind. Die Fragen betrafen die Autos, die sie fahren, technische Einrichtungen, betriebliche Probleme usw. Die Analyse der Umfragen zeigt, dass die beiden beliebtesten Autotypen, die von Missionaren in Afrika verwenden, der Toyota Land Cruiser und der Land

Rover sind. Auf die Frage, welches Auto für die Missionsarbeit am besten geeignet ist, antworteten die meisten mit „das einfachste mit der wenigsten Elektronik“. Reifenpannen wurden als häufigste Schäden genannt. Die größten Unannehmlichkeiten sind die weit entfernten Tankstellen und der Mangel an Service- und Reparatureinrichtungen. Auf die Frage nach ungewöhnlichen Ereignissen während der Missionsaufgaben sprachen Missionsschwestern, die sich mit der medizinischen Grundversorgung und dem Transport von Kranken befassen, und diejenigen, die einen Arzt benötigen, über Fälle von Geburten im Auto als Folge eines längeren Fahrens mit der gebärenden Frau auf einer unebenen Straße.

7.5.5.3.1 MIVA

MIVA ist eine Organisation, die Geld sammelt, um Transportmittel für Missionare zu kaufen. MIVA wurde 1927 von einem deutschen Missionar, Pater Paul Schulte, der in Afrika arbeitete, gegründet, nachdem sein Freund Pater Otto Fuhrmann, ebenfalls Missionar, nach einem langen, mehrtägigen Transport zum nächsten Arzt mit der Pferdekutsche an einer Krankheit gestorben war. Die Organisation ist in vielen Ländern der Welt tätig. Zum Beispiel hat sie Österreich im Jahr 2018 mit insgesamt 1359 Transportmitteln im Wert von 4.760.000 € geholfen. Die MIVA-Niederlassung in Polen hat seit ihrer Gründung im Jahr 2000 481 Autos, 109 Motorräder, 1019 Fahrräder, drei Traktoren, zwei Quads, elf Busse, zwölf Krankenwagen und andere Transportmittel gekauft und damit die dringendsten Bedürfnisse von Missionaren erfüllt.

7.5.5.4 Der Mercedes-G-Klasse als Papamobil

Eine der interessanteren Anwendungen eines Geländewagens ist der Einsatz der modifizierten Mercedes G-Klasse als Fahrzeug für den Papst. Ab 1980 wurde Papst Johannes Paul II zum weltweit bekanntesten Benutzer eines G-Modells. Dies liegt daran, dass der Papst bei öffentlichen Veranstaltungen am häufigsten einen 230 G des Modelljahres 1980 in Perlmuttweiß oder zwei Jahre später einen nahezu identischen 230 GE von Mercedes-Benz als sein offizielles Papamobil verwendete (Abb. 7.23). Die beiden Papamobile von 1980 und 1982 basierten auf der Modellreihe 460 mit langem Radstand. Die Fahrzeuge unterschieden sich in mehreren Aspekten von Serienmodellen. Die hohe Sitzposition im neuen Fahrzeug trug zur Sicherheit des Papstes bei. Zu diesem Zweck wurde der Boden im Heck des G gegenüber der Serienversion um 400 mm angehoben – deutlich mehr als bei den Mercedes-Benz-Fahrzeugen für den Vatikan in der Vergangenheit üblich. Dies ermöglichte es dem Papst, bei Großveranstaltungen an einer Vielzahl von Orten den Gläubigen nahe zu sein. Dies zeigte der Besuch des Papstes in der Bundesrepublik Deutschland im Spätherbst 1980, als das 230-G-Papamobil seine Premiere hatte. Ein charakteristisches Merkmal des Fahrzeugs war die Plexiglasschutzkuppel mit integriertem Licht und leistungsstarkem Klimatisierungssystem, das verhinderte, dass die Fenster auch bei warmem und feuchtem Wetter beschlagen. Die würfelförmige Kuppel war ursprünglich hauptsächlich als Wetterschutz gedacht und abnehmbar. Zwei Fahrzeuge der M-Klasse aus den Jahren 2002 und 2012 setzten die Tradition der Papamobile nach dem G-Modell fort. Der Mercedes-Benz ML 430, den der Vatikan 2002 in Besitz nahm, hatte eine Kabine

Abb. 7.23 Mercedes-Benz-G-Klasse als Papamobil

für den Papst aus kugelsicherem Glas. Das Fahrzeug debütierte während des Besuchs von Papst Johannes Paul II. zum World Youth Day in Toronto.

Ab Dezember 2007 wurde ein offener Mercedes G 500 auch als Fahrzeug für den Papst eingesetzt. Die weiß lackierte G-Klasse wurde entweder bei Audienzen im Vatikan völlig offen eingesetzt – oder beispielsweise bei einem Besuch von Papst Franziskus in Brasilien im Juli 2013 mit einem transparenten Wetterdach. Die beiden ersten Papamobile, die auf dem G-Modell basieren, sind an ihren Nummernschildern zu erkennen: Die 230 G hatten normalerweise das Nummernschild SCV 7 und der zwei Jahre jüngere 230 GE das Nummernschild SCV 6. Mittlerweile hat der Vatikan jedoch die Regel eingeführt, dass jedes Auto, das der Papst benutzt, immer das Nummernschild SCV 1 trägt: „Status Civitatis Vaticanae" (Staat Vatikan) Nummer eins (Daimler).

7.6 Offroad-Motorräder

Offroad-Motorräder weisen im Vergleich zu Straßenmotorrädern eine Reihe signifikanter Unterschiede auf. Grundsätzlich sind die Konstruktionsmerkmale eines Offroad-Motorrads das Ergebnis der angestrebten Zielvorgaben, das Offroad-Fahrverhalten, die Sicherheit, den Komfort und die Zuverlässigkeit des Motorrads auch für schwierige Geländebedingungen zu verbessern. Der Offroad-Motorrad-Stützrahmen verfügt über ein Wiegesystem mit einem Doppelchassis als Motorbett. Ein typischer Baustoff ist Stahl, die Rahmenstruktur wird aus gebogenen Profilen geschweißt. Die Position des Fahrers ist aufrechter, der Sitz niedrig. Es werden eine Teleskopgabel und Stoßdämpfer mit langem Hub verwendet. Die Federung ist üblicherweise weich, d. h. die Federsteifigkeit ist gering, und die Stoßdämpfer sind durch eine mittelhohe logarithmische Dämpfungskennlinie gekennzeichnet. Die Bodenfreiheit im Offroad-Motorrad ist groß, da das Aufsetzen bei Hindernissen und unebenem Gelände zuverlässig vermieden werden soll. Es werden Straßenräder sowohl mit Speichen als auch mit Alufelgen verwendet, das Vorderrad ist oft größer als das Hinterrad. Für den Antrieb werden Viertakt-, 1-, 2- oder 4-Zylindermotoren verwendet. Beim Motor für ein Offroad-Motorrad wird ein hohes Drehmoment für einen weiten Bereich der Motordrehzahl angestrebt. Aufgrund der Möglichkeit erheblicher Wärmebelastungen wird eine Flüssigkeitskühlung des Antriebsmotors verwendet.

Ein typisches und charakteristisches Beispiel für ein Offroad-Motorrad ist die touristische Enduro Honda Africa Twin (Abb. 7.24). Der Stützrahmen dieses Motorrads besteht aus Stahl und ist das wichtigste Stützelement der Struktur. Am Sitz ist der Rahmen nach unten gebogen, um eine bequemere Sitzposition zu erreichen. Eine nachlaufende Schwinge aus Aluminium ist an der Rückseite des Rahmens angebracht. Die Schwinge ist mit einem Gasdruckstoßdämpfer mit stufenloser Federeinstellung und der Möglichkeit zur Einstellung der Zug- und Druckstufe mit einem Hub von 220 mm ausgestattet. Am Rahmenkopf befindet sich ein gegabeltes Doppelchassis, das das Motorlager darstellt und auch die Steifigkeit verbessert. Dieses Chassis endet hinter dem Motor an der Stelle, an der die hintere Schwinge montiert ist. Der Rahmen des beschriebenen Motorrades hat einen großen Raum für den Motor und Querprofile mit einem größeren Durchmesser, um eine größte Steifigkeit zu gewährleisten. Im vorderen Teil wurden zusätzliche Rohre installiert, um den oberen Teil der Karosserie beim Fahren im Gelände zu schützen [12].

Die Gabel besteht aus zwei Teleskopstoßdämpfern mit einem Durchmesser von 45 mm und einer Länge von 252 mm mit vollständiger manueller Einstellung der Zug- und Druckstufe sowie der Federvorspannung. Der Stoßdämpferhub beträgt 230 mm. Der Abstand zwischen den Dämpferbeinen in der Vorderradgabelerlaubt die Montage eines Rades mit einem breiten Geländereifen. Die Lösung mit einer Teleskopgabel wird am häufigsten in Offroad-Motorrädern verwendet, da große Kräfte und Momente übertragen werden können und eine gute Dämpfung auf unebenen Oberflächen möglich ist.

Abb. 7.24 Honda-Africa-Twin-Motorrad (© Honda)

Die Räder dieses Motorradmodells haben ein Speichendesign mit einer Felge aus Leichtmetall. Das Vorderrad ist etwas größer und hat einen Durchmesser von 21 Zoll, während das Hinterrad 18 Zoll hat. Die Breite der vorderen Felge beträgt 2,15 Zoll, während die hinteren 4 Zoll beträgt.

Das Honda-Africa-Twin-Motorrad ist mit einem hydraulischen Bremssystem ausgestattet. Das Vorderrad hat Doppelbremsscheiben mit einem Durchmesser von 310 mm, 4-Kolben-Bremssättel und Sintermetallbremsbeläge, das Hinterrad eine Scheibe mit einem Durchmesser von 256 mm und 2-Kolben-Bremssättel. Die erweiterte Version hat auch eine Feststellbremse.

Das Motorrad wird von einem Zweizylinderviertaktreihenmotor mit 8 Ventilen, 270°-Kurbelwinkel und einem Hubraum von 998 cm^3 angetrieben. Der Motor wird von einem elektronischen Kraftstoffeinspritzsystem und einem computergestützten digitalen Zündsystem versorgt. Die maximale Motorleistung beträgt 95 PS bei 7500 1/min, während das maximale Drehmoment 98 Nm bei 6000 1/min beträgt. Der Motor arbeitet beim Fahren im Gelände häufig mit einer Leistung nahe dem Maximalwert, weshalb ein Flüssigkeitskühlsystem verwendet wurde, um eine Überhitzung der Komponenten zu verhindern, insbesondere bei niedriger Drehzahl. Von unten ist der Motor durch eine Stahlabdeckung vor Steinen und harten Hindernissen geschützt.

Das 2-in-1-Abgassystem wurde verwendet, d. h. eine Kombination des Abgasrohrs mit einem Luftfilter im Einlassabschnitt, der durch das Gehäuse zuverlässig vor dem Eindringen von Schmutz in die Brennkammer geschützt ist.

Das Motorrad ist mit einem 6-Gang-Getriebe mit einer Mehrscheibenkupplung im Ölbad mit zwei Anti-Hopping-Kupplungen ausgestattet, die unabhängig voneinander von einem eigenen elektrohydraulischen Stromkreis gesteuert werden. Die Übersetzungsverhältnisse bieten ein hohes Drehmoment bei niedrigen Motordrehzahlen, was besonders im Gelände, auf Rampen oder auf sumpfigem Boden wichtig ist.

Zusätzliches Motorradzubehör sind das ABS-System, das HSTC-System, das das beim Durchrutschen auf das Hinterrad übertragene Drehmoment reduziert, um eine bessere Traktion zu gewährleisten, das Sitzhöhenverstellsystem je nach Fahrweise und Oberfläche, ein vergrößerter Kraftstofftank mit einer Reichweite von 400 km, vergrößerte Frontverkleidungen und Lenkerabschirmung während eines möglichen Sturzes, abnehmbare Gepäckkoffer (je nachdem, ob das Motorrad auf der Straße oder im Gelände verwendet wird), LED-Beleuchtung, E-Gas mit drei Fahrmodi und G-Modus für das Fahren im Gelände.

7.6.1 Typen von Offroad-Motorrädern

7.6.1.1 Cross

Eine Motocrossmaschine ist ein Motorrad, das ausschließlich für den Sport entwickelt wurde. Es hat keine Straßenzulassung, keine Beleuchtung, erfüllt keine Abgasnormen, verfügt nicht über Rückspiegel und kann sich daher nicht auf öffentlichen Straßen bewegen. Im Vergleich zur Enduro ist sie leichter, hat andere Federungseigenschaften und Übersetzungsverhältnisse, die an das Fahren im Gelände angepasst sind. Sie zeichnet sich durch geringes Leergewicht, Handlichkeit und recht hohe Motorleistung aus, die die Teilnahme an Wettbewerben ermöglichen. Oft haben diese Motorräder bereits ausreichende Parameter für eine Rennteilnahme, daher sind keine zusätzlichen Modifikationen erforderlich. Bei Crossmotorrädern werden zunehmend Viertaktmotoren als Antrieb eingesetzt. Im Motocross gibt es unter anderem eine Aufteilung nach Klassen abhängig von der Kapazität des Motorrads. Sie sieht wie folgt aus:

- MX-65-Klasse – nur 2T-Motorräder, maximale Räder 12–14 Zoll, Hubraum bis 65 cm^3, Alter der Fahrer: 8 bis 12 Jahre, Lizenz: A und B Motocross
- MX-85-Klasse – nur 2T, Räder mind. 14-16 Zoll, max. 16–19 Zoll, Hubraum bis zu 85 cm^3, Alter der Fahrer: 10 bis 15 Jahre, Lizenz: A und B Motocross
- MX-1-Klasse – 2T-Motorräder mit einer Kapazität von 175 bis 500 cm^3, 4T-Motorräder mit einer Kapazität von 290 bis 650 cm^3, Alter der Fahrer: über 17 Jahre, Lizenz: A, B Motocross
- MX-2-Klasse – 2T-Motorräder mit einer Kapazität von 100 bis 125 cm^3, 4T Motorräder mit einer Kapazität von 175 bis 250 cm^3, Alter der Fahrer: über 14 Jahre, Lizenz: A, B Motocross
- Veteranenklasse – Motorräder mit einer Kapazität von über 100 cm^3, Alter der Fahrer: über 40, Lizenz: A und B Motocross

Motocrossstrecken bestehen normalerweise aus Sand, Ton oder Lehmboden (Abb. 7.25). Normalerweise nehmen 40 Teilnehmer am Rennen teil. Das Rennen in der Weltmeisterschaft dauert 30 min und zwei Runden.

Abb. 7.25 Ein Fahrer auf der Motocrosswettbewerbsstrecke

7.6.1.2 Hard Enduro

Dies ist ein Hochleistungsmotorrad, das auf der Basis eines Crossmotorrads gebaut wurde. Der Hauptunterschied zu einem Crossmotorrad besteht darin, dass es für das Fahren auf öffentlichen Straßen zugelassen ist und die Geräusch- und Abgasnormen nicht überschreiten darf. Darüber hinaus wurden Motoreigenschaften, Federungseinstellungen und Reifen mit aggressiverem Profil geändert. Der Motor hat mehr Leistung und Drehmoment, wodurch Steigungen auch bei niedrigen Drehzahlen überwunden werden können. Der Nachteil davon ist die Notwendigkeit häufigerer technischer Inspektionen und des Austauschs von Betriebsflüssigkeiten sowie von Elementen des Antriebsaggregats (z. B. Zahnräder, Ritzel und Antriebskette). Das Enduro-Motorrad ist mit einer vollständigen elektrischen Installation einschließlich Beleuchtung ausgestattet. Generell handelt es sich um rein professionelle Motorräder für den Sport.

Die Rallye in der Enduro-Klasse findet auf verschiedenen Oberflächen statt. Die Streckenlänge beträgt etwa 200 bis 300 km. Aufgrund des Hubraums erfolgt folgende Klasseneinteilung:

- E1 – Motorräder mit einem Zweitaktmotor 100–125 cm^3 oder Viertaktmotor 175–50 cm^3
- E2 – Motorräder mit Zweitaktmotor 175–250 cm^3 oder Viertaktmotor 290–450 cm^3
- E3 – Motorräder mit Zweitaktmotor 290–500 cm^3 oder 4-Takt-Motor 475–650 cm^3

7.6.1.3 Soft Enduro (DualSport)

Dies ist eine Variante eines Enduro-Motorrads, die die Möglichkeit kombiniert, sowohl im Gelände als auch auf der Straße zu fahren. Die weiche Enduro zeichnet sich durch eine geringere maximale Motorleistung und damit weniger Ausfall und längere Lebensdauer aus. Wichtige Vorteile sind auch die geringe Breite und die große Handlichkeit. Dieses Motorrad hat Reifen mit einem viel weicheren Profil, die zum Fahren auf Asphalt geeignet sind. Das Gewicht dieses Motorradtyps ist größer als bei Hochleistungs-Enduros, was sich aus der Anpassung an das Fahren auf öffentlichen Straßen ergibt. Soft-Enduro-Motoren haben einen Hubraum zwischen 50 und 600 cm^3. Sie sind damit weniger belastet, was zu einer längeren Lebensdauer führt. Die Federung dieses Motorradtyps ist steifer und für das Fahren auf asphaltierten Straßen geeignet, sodass er für Sprünge nicht sehr geeignet ist.

7.6.1.4 Tourist Enduro

Motorräder dieser Klasse sind für lange Strecken sowohl auf Asphaltstraßen als auch auf Schotter im Gelände ausgelegt. Sie verfügen über Funktionen, die ein komfortables Reisen unter verschiedenen Bedingungen gewährleisten, einschließlich im Gelände, wo sie auf verschiedene Oberflächen und Unebenheiten treffen. Es gibt auch die Bezeichnung *ON/OFF* für diese Klasse, was bedeutet, diesen Motorradtyp auf Straßen- und Offroad-Strecken zu bewegen. Technisch unterscheiden sie sich erheblich von einem klassischen Enduro-Motorrad. Erstens werden sie von einem leistungsstarken und flexiblen Motor mit hohem Drehmoment bei niedriger Drehzahl angetrieben. Außerdem ist die Federung im touristischen Enduro-Motorrad weicher und die Stoßdämpfer haben einen größeren Hub, die Bodenfreiheit ist recht hoch und beträgt ca. 20 cm, die Reifen sind besser für das Fahren auf der Straße geeignet und erzeugen nicht viel Geräusch. Das Vorderrad hat immer einen größeren Durchmesser als das Hinterrad, z. B. das hintere 17 Zoll und das vordere 21 Zoll. Das touristische Enduro-Design ist so konzipiert, dass die Position hinter dem Lenkrad sehr bequem ist und eine lange, komfortable Fahrt ohne große Ermüdung ermöglicht (z. B. BMW R 1200 GS). Motorräder dieser Klasse sind aufgrund der eingebauten Zusätze in Form von aerodynamischen Abdeckungen, Lenkern (Handschutz), Sturzbügeln (Motorabdeckungen), höherer Verkleidung, größeren Rückspiegeln oder Gepäckkoffern ziemlich schwer. Zur Grundausstattung gehören auch Systeme wie ABS oder Traktionskontrolle. Eine häufige Ergänzung ist die Möglichkeit, die Federungshärte vom Lenkrad aus während der Fahrt einzustellen. Enduro-Tourenmotorräder haben normalerweise auch einen größeren Kraftstofftank, der lange Strecken ermöglicht.

7.6.1.5 Funduro

Diese ähneln der touristischen Enduro, sind aber leichter und haben typische Straßenreifen. Die charakteristischen Merkmale dieser Motorradklasse sind Hochleistungsmotor, effektive Bremsen, hohe Bodenfreiheit, Räder mit kleinem Durchmesser, einfache, komfortable Fahrposition. Die Reifen bestehen aus einer harten Mischung, die Motorradreifen ähneln, was sie für das Fahren selbst in nur leichtem Gelände ungeeignet macht.

7.6.1.6 Supermoto (Wettbewerb)

Hierbei handelt es sich um werkseitige oder individuell modifizierte Versionen eines Crossmotorrads, die für das Fahren auf einer Asphaltbahn geeignet sind. Die Hauptunterschiede zum Crossmotorrad sind die Verwendung kleiner Räder mit einem Durchmesser von 16,5 bis 17 Zoll mit breiten Straßenreifen, Änderungen am Bremssystem und an den Federungseinstellungen. Die Werksversionen von Supermoto-Motorrädern weisen folgende Eigenschaften auf:

- Versteifte und abgesenkte Vorderradaufhängung mit größerem Standrohrabstand zur Montage eines breiteren Rades
- Hinterradaufhängung abgesenkt und versteift, breitere Schwinge zur Montage eines breiteren Rades
- Vergrößerter Bremsscheibendurchmesser, größerer Bremssattel und Hauptzylinder
- Speichenräder mit Aluminiumfelgen
- Geändertes Übersetzungsverhältnis, geänderte Motorleistungseigenschaften
- Offset-Kettenantrieb für ein breiteres Rad
- Leistungsstärkerer Scheinwerfer
- Zulassung für ein oder zwei Personen

Supermoto-Klassenwettbewerbe finden auf Motorrad- oder Kartbahnen mit zusätzlichen Wellen und Sprüngen statt. Motorräder driften in den Kurven häufig In einer Art „Powerslide" oder mit Schlupf ähnlich dem, der bei Speedway-Rennen beobachtet werden kann, wobei es sich im Gegensatz dazu um Asphaltoberflächen handelt. Während des Wettbewerbs kommt es häufig zu Stürzen, weshalb die Motorräder mit aggressiveren Verkleidungen und Protektoren ausgestattet sind.

7.6.1.7 Trial

Diese Klasse umfasst Motorräder mit geringem Gewicht, die etwas an Mountainbikes mit Motoren erinnern. Derzeit werden Viertaktmotoren häufig als Trial-Motorradantrieb eingesetzt. Motorräder dieses Types sind nicht mit einer Sitzbank ausgestattet wie Straßenmotorräder oder mit einem großen Kraftstofftank. Die Federwege sind kleiner und der Motor hat geringere Leistung. Der Sattel befindet sich in einer geringeren Höhe und der Lenker ist erheblich breiter als bei anderen Motorradtypen, um die Kontrolle bei der Überwindung von Hindernissen zu verbessern. Die Reifen haben eine gewisse Ähnlichkeit mit breiten Reifen, die in Mountainbikes verwendet werden. Es ist ein Motorrad zum Erlernen von Fahrtechniken. Wettbewerbe in dieser Klasse beinhalten das Fahren eines Motorrads mit einem Gewicht von etwa 70 kg über verschiedene Hindernisse wie umgestürzte Bäume, große Steine oder steile Rampen. Ein häufiges Element des Motorradtrials sind auch verschiedene Sonderprüfungen, z. B. Fahren auf einem Rad. Hier ist es notwendig, das Gleichgewicht zu trainieren und aufrechtzuerhalten, da die Unterstützung mit dem Fuß oder anderen Körperteilen während des Wettkampfs zu negativen Punkten führt. Solche Wettbewerbe finden oft auch in einem gut vorbereiteten Stadion oder in einer Halle statt.

7.6.2 MTB-Mountainbikes

Ein Mountainbike ist ein Fahrrad, das für unwegsameres Gelände ausgelegt ist, als es Rennräder zulassen, z. B. Bergpfade, Waldwege oder spezielle Hindernisparcours. Mountainbikes unterscheiden sich in der Konstruktion von gewöhnlichen Citybikes. Sie haben einen breiteren Lenker, ca. 700 bis 800 mm, breitere Felgen und Reifen, Stoßdämpfer, Plattformpedale und meistens Scheibenbremsen.

Die Geometrie des Rahmens ist dem Bestreben geschuldet, die Höhe des Steuerkopfes zu verringern, was die Verwendung von Federgabeln mit einem langen Hub erleichtert. MTB-Fahrradrahmen können ungefedert (Hardtail) oder gefedert (Vollfederung) sein. Sie bestehen meistens aus Aluminium, es werden aber auch Carbon-Verbundrahmen hergestellt. Rahmen auf Mountainbikes haben aufgrund der breiten Reifen breitere hintere Dreiecke. Um die Traktion zu erhöhen, sind die Räder eines Mountainbikes viel breiter als bei einem normalen Fahrrad. Die Raddurchmesser betragen 26 bis 29 Zoll und der Rahmen ist an die spezifische Radgröße angepasst. Bei Amateurfahrrädern beträgt die Anzahl der Gänge etwa 21 bis 27 (3 Gänge vorne und 7 bis 9 hinten). Fahrräder für Fortgeschrittene verwenden Antriebe mit einer Reihe von Gängen im Bereich von 11 bis 24 (1 oder 2 vorne, 11 bis 12 hinten).

Es gibt verschiedene Arten von Mountainbikes, darunter

- Downhill Bike, Downhill
- Cross-Country-Bike (XC)
- Freeride
- Dirt-Fahrrad

Das Downhill Bike zeichnet sich dadurch aus, dass es einen Rahmen mit zwei Stoßdämpfern (Vollfederung), zwei Scheibenbremsen, einen breiten und dicken Lenker, meist mit einem Durchmesser von 31,8 mm und einer Breite von ca. 750 mm, breite Reifen und ein relativ großes Gewicht (über 16 kg) hat. Es wird für extreme und steile Abfahrten verwendet. Die Abfahrt ist oft schmal, felsig und von hervorstehenden Wurzeln gekrezt. Die Fahrt auf der Wettkampfstrecke dauert drei bis fünf Minuten.

Das Cross-Country-Bike ist für Rennen auf zuvor vorbereiteten Bergstrecken mit Anstiegen, Abfahrten und flachen Abschnitte konzipiert. Cross-Country-Räder haben ein Getriebe mit sehr großer Spreizung, meistens 10 bis 12 Gänge hinten und ein bis zwei Gänge vorne.

Das Freeride Bike ist dem Downhill Bike sehr ähnlich. Der Wettbewerb besteht aus Abfahrten auf steilen, schmalen, unbefestigten Strecken. Ein für diesen Wettbewerb entwickeltes Fahrrad erfordert einen sehr stabilen Rahmen, mindestens einen Stoßdämpfer mit langem Federweg, breite Reifen, ein gutes Übersetzungsverhältnis und stabile Felgen.

Ein Dirtbike wird meistens verwendet, um sogenannte Tricks durchzuführen. Das Fahrrad dieses Typs besteht aus einem sehr leichten Rahmen, dünnen Reifen, einem kleinen Sattel, der auch zum Aufstellen der Knie bei Tricks verwendet wird, und einer Hinterradbremse. Das Gewicht eines Dirt-Fahrrads ist normalerweise gering und liegt im Bereich von 10 bis 15 kg.

Moderne MTB-Fahrradrahmen bestehen aus sogenanntem Carbon, Kohlenstoff-Epoxid-Verbundwerkstoff. Dies reduziert das Gesamtgewicht des Fahrrads und erleichtert das Ausführen von Sprüngen und Stunts.

Ein Beispiel für ein MTB ist der Dartmoor Hornet 2019. Es sind drei Versionen der Rahmenhöhe erhältlich: S 15′, M 16′ und L 17′. Der Dartmoor-Hornet Fahrradrahmen besteht aus geschweißtem Aluminium, optional ist auch ein Carbonrahmen erhältlich. Das Dartmoor Hornet ist für vier Wettbewerbe ausgelegt: Downhill, Freeride, Enduro und Dirt. Der vordere Stoßdämpfer (Sr Suntour Zeron) hat einen Hub von 150 mm. Das Fahrrad wurde mit 2,8-Zoll-Reifen ausgestattet, die sowohl im Gelände als auch auf Asphalt sehr gut funktionieren. Das Getriebesystem besteht aus Umwerfern (SRAM x-5) mit neun Gängen hinten und einem Gang vorne. Der Sattel ist niedrig, damit er beim Springen nicht beeinträchtigt. Darüber hinaus ergibt sich aus der niedrigen Position des Sattels auch ein niedriger Schwerpunkt, der sich positiv auf die Längs- und Querdynamik beim Fahren auswirkt, insbesondere im Gelände. Die Felgen sind breit und haben 32 Löcher für die Montage der Speichen. Verzögert wird das Fahrrad mit hydraulischen Scheibenbremsen, der Durchmesser der Bremsscheiben beträgt 180 mm. Das Foto (Abb. 7.26) zeigt ein MTB-Fahrrad, während Abb. 7.27 dasselbe Fahrrad „in Aktion“ während der Abfahrt zeigt.

Abb. 7.26 MTB-Bike mit zentralem Öl-Luft-Stoßdämpfer

Abb. 7.27 Die Fähigkeit des Hochleistungs-MTB, Geländehindernisse zu überwinden, ist wirklich hoch

7.7 ATV und Buggy

7.7.1 Quad

Das Quad (All-Terrain Vehicle, ATV) ist ein vierrädriges Fahrzeug, das für sportliches und touristisches Fahren hauptsächlich abseits asphaltierter Straßen entwickelt wurde. Es ist ein offenes Fahrzeug (ohne Kabine), Ein- oder Zweisitzer, mit motorradähnlicher Sitzbank, die Sitze sind hintereinander angeordnet. Quads sind normalerweise mit einer starren Hinterachse ohne Differenzial ausgestattet, mit Kettenantrieb wie beim Motorrad. Die Hinterachse besitzt ein Federbein und das Bremsen erfolgt über eine Scheibenbremse in der Mitte der Achse. Gemäß den gesetzlichen Bestimmungen darf das Gewicht eines leichten Quads 350 kg nicht überschreiten und die Höchstgeschwindigkeit ist auf 45 km/h begrenzt. Die Mindestberechtigung für das Fahren eines Quads ist eine Lizenz der AM-Kategorie. Aufgrund der Anwendung kann ATV in zwei folgende Gruppen unterteilt werden.

7.7.1.1 Rennsport

Die gebräuchlichsten Rennsport-Quads haben Hinterradantrieb und sind hauptsächlich für schnelles, sportliches Fahren auf asphaltiertem Gelände ausgelegt. Sie sind auf einem Tragrahmen aufgebaut, der normalerweise aus Aluminium besteht. Die charakteristischen Konstruktionsmerkmale sind: aerodynamische Karosserie, Langhubfederung mit Gasdruckdämpfern, Motorradlenker. Der Antriebsmotor hat einen Hubraum von 50 bis 1000 cm^3, aber die Hauptklasse der Sport-Quads hat 450 cm^3.

7.7.1.2 Offroad

ATVs dieser Klasse haben die Eigenschaften eines typischen Geländewagens mit einem permanenten 4 × 4-Antrieb. Sie sind mit Differenzialsperren, Servolenkung und Niederdruckreifen ausgestattet. Der Motor zeichnet sich durch eine höhere Leistung (über 80 PS) und ein hohes Drehmoment aus, um das Befahren steiler Steigungen zu erleichtern. Sie werden in Diensten wie der Armee, dem Grenzschutz, der Feuerwehr und der Bergrettung eingesetzt.

7.7.1.3 Freizeit

Diese Quad-Klasse wird zum Fahren in leichtem Gelände verwendet. Dies sind Fahrzeuge mit Eigenschaften zwischen Sport- und Offroad-Quads. Sie haben normalerweise nur einen Hinterradantrieb und keine fortschrittlichen Kraftübertragungssysteme. Das Design dieses ATV-Typs ist vereinfacht und wird daher auch von Vermietern eingesetzt.

Quadfahren ist auch eine Sportdisziplin. Es werden folgende Kategorien unterschieden:

- Motocross, unbefestigte Streckenrennen mit häufigen Rampen
- Enduro, Langstreckenrennen im Gelände
- Supermoto, Rennen auf Asphaltschotterstrecke mit Rampen
- Langstrecke, lange Rennen auf einer speziellen Fitnessstrecke

Darüber hinaus gibt es zwei Klassen:

- 2K, Quads mit Hinterradantrieb
- 4K, 4 × 4-Quads

7.7.1.4 Honda Autonomous Work Vehicle

Ein interessantes Beispiel für ein Quad ist das Autonomous Work Vehicle von Honda. Das Fahrzeug basiert auf dem ATV-Chassis von Honda. Es ist mit einem Allradantrieb ausgestattet. Der Prototyp des Fahrzeugs befindet sich noch in der Entwicklung und verfügt über eine GPS- und sensorgestützte Autonomie, mit der das Gerät in verschiedenen Umgebungen geführt werden kann, ein System zur Befestigung von Schienenzubehör für verschiedene Zubehörteile und Anbaugeräte sowie integrierte Netzstecker. Das Fahrzeug ist kompakt, was es sehr wendig macht und somit für eine Vielzahl von Orten geeignet ist, von dichten Wäldern bis zu städtischen Fußgängerzonen. Es ist autonom und kann in verschiedenen Modi programmiert werden – „Follow Me", „Pattern" und „A to B" –, um eine Reihe von Anwendungen zu ermöglichen.

Beispieltestanwendungen dieses Fahrzeugs sind für ein Solarunternehmen bestimmt, bei dem die Vegetation unter Kontrolle gehalten wird, indem Unkraut um die Solarmodule entfernt wird. Ein weiteres Beispiel ist die Unterstützung bei der Brandbekämpfung in der Wildnis durch den Transport von Vorräten, Ausrüstung und Wasser. Durch den Einsatz des Follow-Me-Modus folgte das Fahrzeug den Feuerwehrleuten autonom mit ihrer Ausrüstung im Schlepptau.

In Zusammenarbeit mit einem College für Agrar- und Umweltwissenschaften in Kalifornien unterstützte das Honda Autonomous Work Vehicle die Ernte von Pflanzen und Sprühanwendungen. Eine der Herausforderungen für einen kommerziellen Betrieb ist die anstrengende und zeitintensive Aktivität, geerntete Pflanzen schnell vom Feld zu transportieren und zu verpacken, die dank einer am Fahrzeug installierten Packanlage durchgeführt werden kann. Andere landwirtschaftliche Arbeitsgeräte, die angeflanscht werden können, sind Sprühanwendungen zur Unkraut- und Schädlingsbekämpfung, die Zeit sparen und das Verletzungsrisiko für Arbeitnehmer minimieren [12].

7.7.2 Buggy

Ein Buggy ist eine Art Geländewagen, der auf einem Rahmen gebaut ist, der auch als Sicherheitskäfig dient. Die Karosserie des Buggys ist offen wie bei einem Quad. Der wichtige Unterschied zwischen einem Buggy und einem Quad ist die Sitzanordnung. Die Buggy-Sitze stehen nebeneinander, nicht hintereinander. Ein weiteres Unterscheidungsmerkmal des Buggys ist der Lenker, der eher einem Autolenkrad als einem Motorradlenker ähnelt. Diese Fahrzeuge entstehen oft im Eigenbau und sind in zwei Typen unterteilt.

A. Buggy auf Basis eines anderen Fahrzeugs mit vorinstalliertem Motor hinten und Hinterradantrieb. Bei dem Umbau werden normalerweise der größte Teil der Karosserie entfernt, um das Gewicht zu reduzieren, ein Sicherheitskäfig aus Stahlrohren installiert, die Schwingen verstärkt, der Federungshub erhöht und die Größe der Räder erhöht sowie Offroad-Reifen verwendet. Solche Fahrzeuge sind häufig mit zusätzlichen Kühlsystemen, Stahlstoßstangen und einer elektrischen Anlage ausgestattet, die vor Feuchtigkeit geschützt ist.

B. Von Grund auf neu gebauter Buggy, der als neues Fahrzeug konzipiert und gebaut wird. Zu Beginn wird ein geschweißter Rahmen aus Stahlrohren hergestellt. Dann werden der Motor, das Fahrgestell und andere Baugruppen zusammengebaut. Das Fahrzeug kann verschiedene Größen haben, von einem kleinen Quad-Buggy bis zu einem größeren Geländewagen. Der Motor wird normalerweise hinten platziert, um eine günstige Gewichtsverteilung zu erreichen. Außerdem werden ein permanenter Allradantrieb installiert, eine verstärkte Hochleistungsfederung, Räder mit Niederdruckreifen, Schalensitze und 4-Punkt-Gurte, um die Sicherheit bei anspruchsvollen Manövern zu gewährleisten. Zusätzlich ist eine LED-Beleuchtung installiert.

Buggy-Fahrzeuge wurden ursprünglich gebaut, um an Stränden und in Dünen zu fahren. Sie sollten für viel Aufregung beim Fahren in schwierigem Gelände am Meer sorgen. Derzeit werden Buggys bei Wüstenrallyes (z. B. Dakar) oder anderen Rennen auf zuvor vorbereiteten Strecken eingesetzt. Für das Fahren dieses Fahrzeugtyps sind ein geeigneter Schutzanzug und ein Helm erforderlich.

7.7.2.1 ID. Buggy von Volkswagen

Der heutige ID. Buggy von Volkswagen, ein Konzeptauto, das die Idee der legendären Dünenbuggys in die Gegenwart und Zukunft bringt, ist ein Elektrofahrzeug mit einer 62-kWh-Batterie und 150-kW-/204-PS-Motoren. Der ID. BUGGY verfügt über eine modulare elektrische Antriebsmatrix (MEB). Dank seines modularen Aufbaus kann der Verbundoberkörper vom MEB-Chassis gelöst werden, was Drittherstellern eine Vielzahl von Möglichkeiten eröffnet, wie dies beim ursprünglichen Meyers Manx-Kit für die ersten Buggys der Fall war.

Das Fahrzeug ist in Abb. 7.28 dargestellt. Zu den Offroad-Merkmalen gehören serienmäßige 18-Zoll-Räder und BFGoodrich All-Terrain-T/A-Offroad-Reifen (255/55 vorne und 285/60 hinten) sowie ein Unterbodenschutz aus massivem Aluminium. In die Stoß-

Abb. 7.28 ID. Buggy von Volkswagen (© Volkswagen AG)

stangen sind zum Abschleppen zwei robuste rote Stahlösen integriert. Der verstärkte Windschutzscheibenrahmen und der Targa-Bügel bieten Überrollschutz.

Das Innere des ID. BUGGY zeichnet sich durch eine minimalistische Ästhetik und wasserdichte Materialien aus. Ein sechseckiges Lenkrad, das mit wasserabweisendem Nappaleder bezogen ist, verfügt über Touch-Bedienelemente und ein digitales Kombiinstrument sorgt für Ordnung im Armaturenbrett.

Der emissionsfreie Antriebsstrang des ID. BUGGY besteht aus dem in die Hinterachse integrierten Elektromotor mit Leistungselektronik, einem Single-Speed-Getriebe und der platzsparenden Hochspannungsflachbatterie (62 kWh) im Fahrzeugboden. Der Elektromotor liefert 150 kW/204 PS und ein maximales Drehmoment von 310 Nm aus dem Stand und gibt dem Fahrzeug eine durchschnittliche Reichweite von 250 km im WLTP-Zyklus. Das Fahrzeug beschleunigt in 7,2 s von 0 auf 100 km/h und die Höchstgeschwindigkeit beträgt 160 km/h.

Alternativ zum Heckantrieb kann auch ein zweiter Elektromotor in die Vorderachse des ID. Buddy eingebaut werden. In diesem Fall verteilt eine „elektrische Kardanwelle" die Leistung des Allradantriebs 4Motion in Sekundenbruchteilen zwischen Vorder- und Hinterachse, sobald dies aus Gründen der Fahrdynamik erforderlich ist.

7.8 Planeten-Rover

Ein Rover ist ein Fahrzeug für den Landtransport über den Mond, einen Planeten oder einen anderen astronomischen Körper. Der Rover hat dank seiner Mobilität einen großen Vorteil gegenüber dem traditionellen Lander in Bezug auf die Wahl des Standorts und des Forschungsgegenstands. Der Versand ist jedoch viel teurer, da das Antriebssystem in der Sonde untergebracht werden muss, was das Gewicht erheblich erhöht. Zu den Rovern zählen hauptsächlich unbemannte Fahrzeuge, aber der Mond-Rover wurde auch als bemanntes Fahrzeug verwendet, das in Apollo-Missionen eingesetzt wurde.

Spezielle Probleme bei der Entwicklung und Konstruktion von Planeten-Rovern sind:

- Stöße und Vibrationen durch hohe Beschleunigung beim Starten und Landen
- Extreme Temperaturen von − 120 bis + 220 °C (auf dem Mars), die ungewöhnliche Anforderungen an die Werkstofftechnik stellen
- Keine Information bezüglich Oberflächeneigenschaften (Rauheit, Bodenbeweglichkeit, Festigkeit usw.) sowie mangelnde Onlinekontrolle aufgrund langer Kommunikationsübertragung

7.8.1 Sowjetischer Mond-Rover Lunokhod

Die ersten Rover, die erfolgreich auf einem fremden Himmelskörper landeten und operierten, waren die sowjetischen Lunokhoden. Sie hatten ein vierachsiges Fahrwerk mit acht Rädern mit unabhängiger Federung und Antrieb sowie einer Bremse. Der Durchmesser der Räder betrug 51 cm und sie bestanden aus einer breiten Felge, die mit einem Metallgitter überzogen und mit schrägen, vorstehenden Titanrippen versehen war. Im Falle eines Ausfalls eines der Räder konnten diese angehoben werden und das Fahrzeug konnte seine Fahrt fortsetzen. Das neunte Rad, das sich am Heck des Fahrzeugs befand, wurde nicht zum Fahren, sondern zum genauen Messen der zurückgelegten Strecke sowie zum Testen der mechanischen Eigenschaften des Mondbodens verwendet.

Das Fahrzeug konnte sich mit Geschwindigkeiten von 1 und 2 km/h bewegen, hatte vier Gänge, zwei Vorwärts- und zwei Rückwärtsgänge. Die Vorderräder des Fahrzeugs hatten elektromagnetische Scheibenbremsen. Bei ausreichender Haftung konnte das Fahrzeug Steigungen von mehr als 45° überwinden. Es war mit automatischen Systemen zur ständigen Messung von Neigungswinkel und Radlasten ausgestattet. Wenn die gemessenen Werte die zulässigen Werte überschritten, stoppte der Lunokhod automatisch. Lenken/Wenden erfolgte durch Variieren der Drehzahl der Räder auf den gegenüberliegenden Seiten des Fahrzeugs, sodass das Fahrzeug sogar auf der Stelle drehen konnte. Das Fahrzeug war mit verschiedenen Messgeräten und -apparaten ausgestattet, darunter mit einem Bagger und einer Bodenprüfbohrmaschine. Das Gesamtgewicht betrug 840 kg. Lunokhod 1 landete am 17. November 1970 im Rahmen der Luna-17-Mission auf dem Mond, etwa 38 km westlich von Caroline Herschel V. Lunokhod 2 landete am 15. Januar 1973 auf dem Mond am Boden des Le-Monnier-Kraters. Die Mission des Lunokhods 1 dauerte weniger als drei Monate.

7.8.2 Amerikanische Rover

Das erste bemannte Fahrzeug, das auf der Mondoberfläche fuhr, war das Apollo Lunar Roving Vehicle der NASA (Nationale Luftfahrt- und Raumfahrtbehörde der USA), ein Transportfahrzeug, das 1971 die Mission zum Mond unterstützte.

Während der letzten drei bemannten Flüge zum Mond, Apollo 15, 16 und 17, reisten Astronauten lange Strecken mit LRV-Rovern, die bis zu 409 kg transportieren konnten, darunter zwei Personen. Die Fahrzeuge waren leicht, mit zwei 36-Volt-Batterien betrieben und erreichten eine Geschwindigkeit von etwa 13 km/h, obwohl Eugene Cernan von der Apollo-17-Mission eine Höchstgeschwindigkeit von 18 km/h erreichte.

Die derzeitigen Planeten-Rover sind in der Regel autonome, selbstfahrende Fahrzeuge mit künstlicher Intelligenz, um die geplanten Einsatzszenarien zu erfüllen.

Mars Pathfinder war die erste erfolgreiche Mission mit einem selbstfahrenden Fahrzeug auf einem anderen Planeten. Am 4. Juli 1997 kam der nur 10,5 kg schwere Sojourner von der mit Solarbatterien betriebenen Landerplattform herunter. Er sandte 550 Fotos zur Erde und analysierte die chemische Zusammensetzung der Gesteine. Sojourner arbeitete zweieinhalb Monate. Der Rover konnte die Härte des Gesteinsbodens mit einem federnden Blatt testen. Das Fahrzeug war auch mit einem Alpha-Spektrometer ausgestattet (das Steine mit Partikeln beschießen und Änderungen aufzeichnen soll, die im Strahl auftreten, wenn er nach der Reflexion zum Spektrometer zurückkehrt), das Informationen zur chemischen Zusammensetzung liefert. Auf diese Weise kann das Gerät alle chemischen Elemente in Gesteinsmineralien mit Ausnahme von Helium und Wasserstoff nachweisen.

Auf den Sojourner folgten Mars Exploration Rovers (MER), die ihre Mission 2003 begannen. Im Januar 2004 landeten zwei identische Rover, Spirit and Opportunity, in entlegenen Teilen des Mars und bildeten das Mars-Exploration-Rover-Programm. Beide Rover wurden in Zusammenarbeit mit der NASA international hauptsächlich mit Deutschland und Dänemark erstellt. Die Fahrzeuge wiegen jeweils 185 kg, sie werden von zwei mit Solarzellen geladenen 8 Ah-Lithiumbatterien (max. 410 Wh) angetrieben. Sie bewegen sich dank drei Radpaaren. Jedes Rad hat eine unabhängige Federung und einen Antrieb. Das vordere und das hintere Radpaar sind lenkbar und jedes Rad dreht sich unabhängig voneinander. Die Durchschnittsgeschwindigkeit eines auf ebenem Boden fahrenden Rovers beträgt 1 cm/s (max. 5 cm/s). Die Bewegung des Rovers ist intermittierend – nach jeweils 10 s Fahrt wird er angehalten, um das Gelände zu beurteilen und die nächsten 10 s zu planen. Der Rover kann Hügel bis zu 45° besteigen, ist jedoch gleichzeitig so programmiert, dass Hügel mit einer Steilheit von mehr als 30° vermieden werden. Zum Schutz vor Marsklimaeinflüssen werden die Fahrzeuge mit goldener Farbe (sehr gut lichtreflektierend) lackiert und mit einem speziellen Gel überzogen. Die Innentemperatur der Rover wird durch Kühlen (tagsüber) und Heizen (nachts) stabilisiert. Die Kommunikation mit der Erde erfolgt über eine gerichtete Antenne mit hoher Empfindlichkeit. Die Kommunikation mit den umlaufenden Schiffen Mars Global Surveyor und Mars Odyssey 2001 erfolgt über eine UHF-Antenne. Die letzten beiden Sonden dienen als Relais – sie empfangen wissenschaftliche Daten von den Sonden und senden sie viel effizienter zur Erde, als dies die Rover selbst könnten. MER-Rover besitzt ein hohes Maß an Autonomie. An Bord hat jeder einen Bordcomputer, der die gesamte Ausrüstung unterstützt und über den Betrieb des Fahrzeugs entscheidet. Der Computer verfügt über 128 MB RAM (und 256-MB-Flash-Speicher) und einen 32-Bit-Rad-6000-Prozessor.

Der neueste Curiosity Rover nutzte eine neuartige Methode, um auf die Marsoberfläche zu gelangen. Nach dem Eintritt in die Marsatmosphäre ging der Lander mit dem Rover in einen raketengetriebenen Schwebeflug über und senkte den Rover mit Nylonschnüren auf die Oberfläche. Diese Landetechnik wurde aufgrund der relativ hohen Masse des Rovers von 850 kg gewählt. Abb. 7.29 zeigt die drei amerikanischen Mars-Rover: Sojourner, Spirit und Curiosity.

Curiosity ist ein automatisiertes und autonomes Wissenschafts- und Forschungslabor. Ziel der MSL-Mission ist es, das Vorhandensein potenzieller Lebensbedingungen in der Vergangenheit zu bewerten, die Möglichkeit zu untersuchen, das organische Leben auf dem Mars aufrechtzuerhalten, meteorologische Messungen durchzuführen, nach biogenen Elementen zu suchen, die Bodenfeuchtigkeit zu untersuchen und nach Wasser und damit verbundenen mineralischen Verbindungen zu suchen sowie Messungen des Hochenergiespektrums der natürlichen Strahlung durchzuführen. Aus terramechanischer Sicht ist es interessant, die Zusammensetzung von Gesteinen und Böden zu untersuchen und die Eigenschaften möglicher hydrologischer Zyklen auf dem Mars zu bestimmen.

Curiosity ist ein sechsrädriges Fahrzeug mit Forschungsausrüstung, Roboterarm, Navigations- und Kommunikationssystemen, Avionik, Software und einer autonomen Stromquelle – einem thermoelektrischen Radioisotop-Generator. Das Fahrzeug hat ein Gewicht von 899 kg. Der Curiosity ist wie die Vorgänger-Rover mit sechs Rädern

Abb. 7.29 Amerikanische Mars-Rover: Sojourner, Spirit und Curiosity (© NASA)

in einer Rocker-Bogie-Federung ausgestattet, die auch als Fahrwerk dient. Das Chassis des Curiosity Rovers ist eine vergrößerte Version der drei früheren Mars-Rover. Eine wichtige Änderung beim Curiosity Rover ist der Ersatz des Differenzialmechanismus durch einen Differenzialstab. Wie bei früheren Mars-Rovern hat jedoch jedes der sechs Räder einen unabhängigen Antrieb. Die Vorder- und Hinterräder haben Lenkzylinder, die es dem Rover ermöglichen, sich auf der Stelle zu drehen und in Kurven zu fahren. Die Rover-Federung ist eine Rocker-Bogie-Federung. Das linke und das rechte Rad des Rovers, die durch einen Differenzialstab verbunden sind, bleiben in Kontakt mit dem Boden, auch wenn ein Rad einen Stein in Radgröße überwindet. Auf jeder Seite verbindet eine Schwinge die Mittelräder mit den Hinterrädern. Im mittleren Teil des Rovers befindet sich eine Bewegungsverbindung in vertikaler Ebene (Gelenk mit einem Freiheitsgrad), mit der ein Ende der Schwinge, die das Vorderrad mit der Mitte der hinteren Schwinge verbindet, über die feste Achse mit dem Rumpf des Rovers verbunden ist.

Der Rumpf des Rovers ist am Chassis aufgehängt. Die zwei Aufhängepunkte des Rumpfes, die feste Achsen sind, sind durch Lager mit den Schwingen verbunden. Das Kippen einer Schwinge in einer vertikalen Ebene um einen Winkel bewirkt in Folge des Differenzials, dass die Schwinge auf der gegenüberliegenden Seite um denselben Winkel in entgegengesetzter Richtung kippt. Die Schwingen können also keine parallelen Verschiebungen relativ zum Rumpf des Rovers ausführen. Daher kann sich der Rover nicht in einer vertikalen Ebene drehen, um sich auf dem Mars-Boden vor- oder zurückzulehnen, obwohl er scheinbar an zwei Achsen aufgehängt ist.

Der Curiosity Rover hat 50 cm große Aluminiumfelgen. Gebogene Titanspeichen sorgen für zusätzliche Federung (Abb. 7.30). Der Rover erreicht auf einer ebenen, harten Oberfläche eine Geschwindigkeit von 4 cm pro Sekunde. Er wurde so konstruiert und gebaut, dass er während der Hauptmission mehr als 20 km weit fahren kann. Das Radauf-

Abb. 7.30 Curiosity Rover Chassis (© NASA)

hängungssystem diente als Landesystem und absorbierte direkt die Aufprallkraft des Rovers auf den Boden. Das System kann auch zum Graben unter der Oberfläche verwendet werden, indem ein Rad gedreht wird, während die anderen fünf Räder stillstehen.

7.9 Busch-Flugzeuge

Busch-Flugzeuge sind Flugzeuge, die für den Einsatz auf unebenen, unvorbereiteten Flugplätzen oder in unebenem Gelände konzipiert sind. Sie haben eine hoch angeordnete Tragfläche, ein konventionelles Fahrwerk mit zwei Haupträdern und einem Spornrad, Flügelklappen und Schlitze für kurze Start- und Landeleistung (STOL), und sehr große Niederdruck-Tundra-Reifen zum Starten und Landen auf schlechten Oberflächen. Tundra-Reifen mit großem Durchmesser können das Problem der hohen Kontaktkräfte beim Aufsetzen lösen und außerdem dazu beitragen, den Rollwiderstand aufgrund von Oberflächenverformungen zu verringern. Große Niederdruckreifen erzeugen jedoch selbst einen hohen Rollwiderstand aufgrund von Reifenverformung und Hystereseeffekten. Folglich ist die Verwendung von Tundra-Reifen auf befestigten Flugplätzen sicher, jedoch nicht so energieeffizient wie bei normalem Innendruck von Standardflugzeugreifen.

Das Bush-Cat-Flugzeug gibt es in zwei Versionen, eine mit einem Dreipunktfahrwerk (Vorderrad, Haupträder), die zweite mit einem Spornrad. Es gibt vier Reifentypen für die Fahrwerksräder:

- Carlisle Turf Glide Tundra mit 800-6,4-Schichten
- 850-6,6-lagiger AirTracsuper-Tundra
- 600 × 6,6-lagiger Dunlop-Reifen (ideal für den Einsatz auf den meisten Asphalt- und Graspisten)
- Airstreak-Bush-Rad 26 Zoll – auf Sonderbestellung

Abb. 7.31 Der Antonov AN-2 ist ein Beispiel für ein Flugzeug, das sicher auf unvorbereiteten Landeplätzen landen kann

Carlisle 4-lagige Reifen sind Standard für Flugzeuge mit Fahrwerkskonfiguration. Sie sorgen für optimale Leistung sowohl an Flughäfen mit Beton- als auch mit Grasbahnen. Tundra-AirTrac-Reifen hingegen sind für ein Spornradfahrwerk ratsam, insbesondere wenn das Flugzeug in unebenem Gelände betrieben wird.

Eine Reihe von Flugzeugen ist sowohl für den Gelände- als auch für den normalen Flughafenbetrieb ausgelegt. Einige Flugzeuge der allgemeinen Luftfahrt wie Sport-, Freizeit-, Leichttransport- oder Trainingsflugzeuge sind mit breiten Niederdruckreifen ausgestattet, die einen guten Kompromiss für asphaltierte und grasbewachsene Flugplätze darstellen. Ein wichtiges Merkmal solcher Flugzeuge ist ein Fahrwerk mit Stoßdämpfern mit langem vertikalem Hub, die die Auswirkungen der Oberflächenrauheit minimieren und eine hohe mechanische Festigkeit bieten. Ein Beispiel ist das in Abb. 7.31 gezeigte Flugzeug Antonov An-2.

Busch-Flugzeuge können auch mit abnehmbaren oder einstellbaren Skiern oder Schwimmern ausgestattet werden, um den Einsatz auf Tiefschnee und Wasser zu ermöglichen.

7.9.1 Wilga-DRACO

Abb. 7.32 zeigt das Wilga-DRACO-Flugzeug, das als Modifikation des Serienflugzeugs PZL-104 Wilga 2000MA unter Verwendung eines Turbinenmotors erstellt wurde, und die daraus resultierenden erforderlichen strukturellen Änderungen. Das Flugzeug hatte einen sehr kurzen Start und einen steile Steigwinkel und konnte dank der Verwendung von großen Rädern mit Niederdruckreifen auf unebenen Oberflächen starten und landen. Die DRACO stürzte beim Start im November 2019 bei starkem Seitenwind ab. Beide Personen an Bord blieben bei diesem Unfall unversehrt (sie konnten allein aus dem abgestürzten

Abb. 7.32 Das Wilga-DRACO (Zeichnung von Alicja Pytka)

Abb. 7.33 Das erste Flugzeug der Businessjetklasse, das von Grasflugplätzen starten und landen kann, ist der Pilatus PC 24

Flugzeug aussteigen). Der Designer kündigte daraufhin an, eine weitere Version seines Flugzeugs zu bauen, ebenfalls als Bushflugzeug.

7.9.2 Pilatus PC 24

Ein interessantes Beispiel für ein Flugzeug, das auf Graslandebahnen starten und landen kann, ist die Pilatus PC-24 (Abb. 7.33). Es ist ein Businessjetflugzeug, angetrieben von einem Turbostrahltriebwerk.

Pilatus hat die Rough-Field-Zertifizierungskampagne für seinen PC-24 mit der Genehmigung für den Betrieb des Flugzeugs auf Gras, nassem Boden und Schnee abgeschlossen, die Ende Januar 2020 von europäischen und US-amerikanischen Aufsichtsbehörden vergeben wurde.

Die Validierungen erfolgen etwa ein Jahr, nachdem der mit Williams International FJ44-4A betriebene PC-24 für den Start und die Landung auf unbefestigten Landebahnen freigegeben wurde. Eine umfassende Testkampagne nach der Zertifizierung wurde durchgeführt, um das Flugzeug für den Betrieb unter unterschiedlichen Bedingungen zu zertifizieren, einschließlich nasser und schneebedeckter unbefestigter Landebahnen mit einer Länge von nur 856 m. Damit haben die achtsitzigen Flugzeuge Zugang zu über 20.000 Landeplätzen rund um den Globus. „Mehr Flughäfen bedeuten mehr Optionen – Betreiber werden schneller und mit wertvoller Zeitersparnis an ihre Ziele gebracht" (Zitat: Pilatus). Einer der PC-24-Betreiber ist der Royal Flying Doctor Service von Australien, der bereits „regelmäßig" unbefestigte Landebahnen nutzt.

7.9.3 Flugzeuge mit Skiern

Skier anstelle von Rädern verbessern die Bodenleistung eines Flugzeugs auf einem schneebedeckten Flugplatz oder auf tiefem, frischem Schnee. Ähnlich wie bei weichem Boden verursacht eine intensive Deformation der Oberfläche hohe Widerstandsmomente an den Rädern, die eine gefährliche Abwärtsbewegung des Flugzeugs verursachen können. Ein Hauptvorteil eines Skis ist, dass seine Kontaktfläche ein Vielfaches eines typischen Flugzeugreifens beträgt, sodass der Kontaktdruck erheblich geringer ist. Ein typisches Ski-Design – ein schlankes Rechteck mit geraden Rillen oder eine Kielleiste in der Mitte der Unterseite – trägt auch zur Längsstabilität beim Start bei.

Flugzeuge mit Skiern sind in nördlichen Ländern weitverbreitet, einschließlich Kanada, USA, Skandinavien und Bergregionen in Europa wie den Alpen. In Polen und anderen europäischen Ländern werden Skier hauptsächlich in Mehrzweckflugzeugen verwendet, sie sind jedoch auch in Sportflugzeugen beliebt, die zum Schleppen von Segelflugzeugen verwendet werden, insbesondere in Bergregionen. In nördlichen Gebieten mit ganzjähriger Schneedecke sind die Skier anstelle der Räder fest installiert. Ski können auch mit Rädern montiert werden, die der Pilot über ein mechanisches System einfahren kann. Diese optionale Verwendung von Skiern eignet sich besonders für Gebiete mit unregelmäßiger Schneedecke.

7.9.3.1 Arten von Flugzeug-Ski-Design

Im Allgemeinen teilen Flugzeuge ein gemeinsames Konzept mit denen von Skifahrern. Im Detail sind sie jedoch sehr unterschiedlich. Wir können hier mindestens fünf Designs unterscheiden: Airglass, Federal/Pilatus/ERCM, Fluidyne, DHC und Fernandez. Diese Entwürfe werden im Folgenden kurz vorgestellt Abb. 7.34.

Das Airglass-Skikonzept ist wahrscheinlich das einfachste. Das Material besteht aus einem Verbundwerkstoff in Form von zwei Längsprofilen mit zwei Längen, um den Ski zu versteifen. Sie sind anstelle der Räder direkt auf der Radachse montiert, sodass es keine Möglichkeit gibt, zwischen Skiern und Rädern zu wechseln oder Ski und Räder zusammen zu verwenden. Das Design ist in Abb. 8.34a dargestellt.

Abb. 7.34 Verschiedene Varianten von Flugzeugskiern

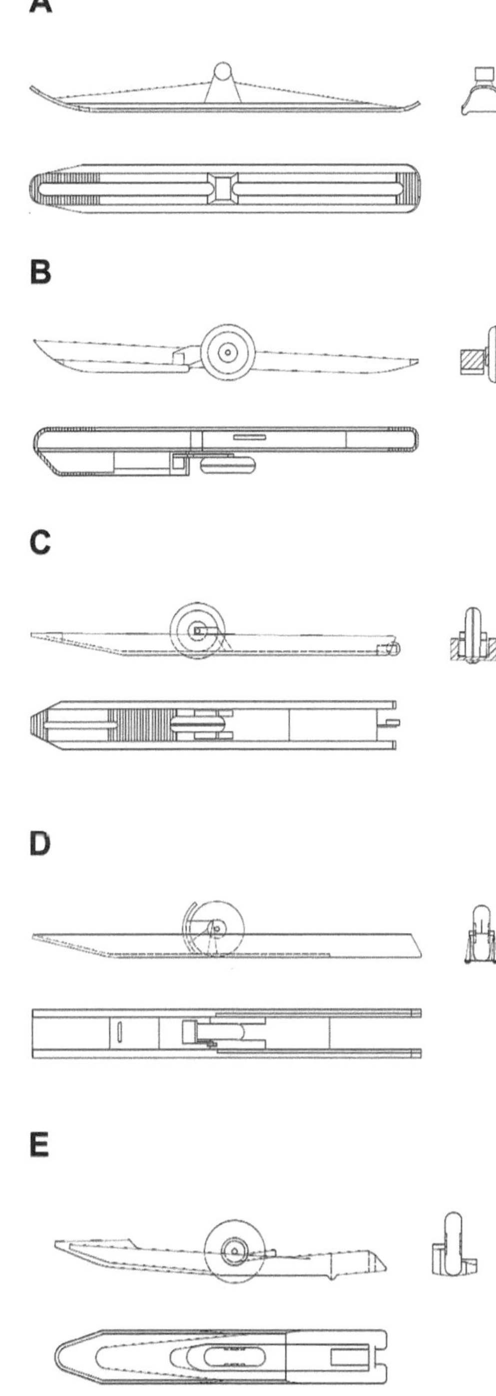

Abb. 7.35 PZL-104-Wilga-35A-Flugzeug auf Skiern

Das zweite Ski-Design, das von Pilatus, Federal und ERCM verwendet wird, besteht aus einer Metall-Nietkonstruktion. Der Ski ist zusammen mit Rädern montiert und kann sich mit Hilfe eines hydraulischen Servos vor- und zurückbewegen. Der Ski ist asymmetrisch, damit er in das Rad passt, und hat eine längere Länge. Diese Konstruktion ist in Abb. 8.34b dargestellt.

Der Fluidyne-Ski (Abb. 8.34c) sind aus Metall, haben eine symmetrische Form und können auf und ab bewegt werden. Dieser Entwurf verwendet zwei Längen. Ein Rad kann sich entweder in einer niedrigen Position befinden, in der eine Klappe in der Mitte des Skis nach vorne bewegt wird, damit das Rad den Boden berührt, oder in einer hohen Position, in der die Klappe geschlossen wird und das Rad über dem Ski und über dem Boden bleibt.

Das nächste Design wurde vom kanadischen Flugzeughersteller De Havilland eingeführt (siehe Abb. 8.34d) und in DHC-Twin-Otter-Mehrzweckflugzeugen eingesetzt. Ähnlich wie beim Fluidyne-Design sind diese Skier erheblich größer, um das höhere Gewicht des Twin-Otter-Flugzeugs aufzunehmen.

Das Fernandez-Skidesign verwendet eine andere Methode für den Übergang zwischen Skiern und Rädern. Hier ist ein Rad fixiert, während ein Ski auf und ab bewegt werden kann. Der Ski ist aus Metall und symmetrisch. Details sind in Abb. 3.34e dargestellt.

Das Foto (Abb. 7.35) zeigt das Flugzeug PZL-104 Wilga 35A auf Typ-C-Skiern.

7.10 Fazit

Geländefahrzeuge sind ein sehr wichtiges und umfangreiches Segment der Automobilindustrie. Sie erfüllen die bestehende Funktion als Transportmittel an Orten mit begrenzter Straßeninfrastruktur sowie bei schwierigen Wetterbedingungen. Sie zeichnen sich vor allem durch die Fähigkeit aus, sich im Gelände zu bewegen, Hindernisse wie unebene Oberflächen oder steile Hügel zu überwinden. Ihre Entwicklung dauert Jahrzehnte an und die aktuellen Modelle von Geländewagen und anderen Fahrzeugen, die für das Befahren von asphaltierten Straßen ausgelegt sind, zeichnen sich durch innovative Lösungen aus und sind anderen Fahrzeugkategorien in Bezug auf Sicherheit, Komfort, Ökologie oder Ausstattung nicht unterlegen. Es gibt eine klare Tendenz bei der Konstruktion und Produktion von Geländewagen mit einer dem PKW vergleichbaren Fahrleistung auf der Autobahn und mit einer hohen Bewegungsfähigkeit im Gelände. Dadurch gewinnen diese Autos Vielseitigkeit. Dies stellt jedoch aufgrund der zahlreichen Zielkonflikte hohe Anforderungen an Ingenieure und Designer. Unter dem Gesichtspunkt der Leistung, des Komforts und der Sicherheit des Verkehrs sowie der Ökologie sind die Antriebssysteme und das Fahrgestell von Geländefahrzeugen überdurchschnittlich wichtig. Diese Themen sind Gegenstand von drei nachfolgenden Kapiteln dieses Buches.

Literatur

1. https://de.wikipedia.org/wiki/Gel%C3%A4ndewagen. Zugegriffen am 24.09.2023.
2. Renius, K.-T. (2020). *Fundamentals of tractor design*. Springer.
3. Hetherington, J. G., & Littleton, I. (1987). The role of mean maximum pressure in specifying cross-country mobility for armoured fighting vehicle design. *Journal of Terramechanics, 24*(1987), 263–280.
4. Greszkiewicz, C. (2015). Izraelski czołg Merkava Mk.4 Modelarz, Nr. 703, 1/2015, 27–39 (auf Polnisch).
5. Greszkiewicz, C. (2018). Transporter opancerzony Rosomak, Modelarz, Nr. 740, 3/2018 (auf Polnisch).
6. https://de.wikipedia.org/wiki/Sp%C3%A4hwagen_Fennek
7. Hohl, G. H. (2007). Military terrain vehicles. *Journal of Terramechanics, 44*(1), 23–34.
8. https://media.daimler.com
9. www.audi-mediacenter.com
10. Prokopczyk, J. (2016). *Budowa przeprawowego samochodu rajdowego klasy wyczynowej na bazie pojazdu Suzuki Samurai*. Diplomarbeit, Technische Universität Lublin, Vertreter Jaroslaw Pytka.
11. Pytka, J. (2013). *Dynamics of wheel-soil systems. A stress and deformation state based approach*. CRC Press/Taylor&Francis.
12. www.honda.com
13. DIN 70010: *Systematik der Straßenfahrzeuge, Begriffe für Kraftfahrzeuge, Fahrzeugkombinationen und Anhängefahrzeuge*. Deutsches Institut für Normung e.V., April 2001.
14. BMW Media Information. 30 years of BMW all-wheel drive: From the BMW 325i "Allrad" to the BMW X5 xDrive40e. 10/2015.
15. BMW Media Information The new BMW X5. 06/2018.
16. http://newsroom.toyota.eu/
17. https://subaru.com
18. https://suzuki.com
19. https://www.volkswagen-newsroom.com/

Antrieb von Geländewagen und SUV

8

Der Antrieb ist eine der wichtigsten Baugruppen eines Geländewagens und bestimmt seine Geländetauglichkeit in erheblichem Maß. Das typische Antriebssystem eines Fahrzeuges umfasst Motor, Getriebe und Antriebsstrang. Die meisten Komponenten des Antriebssystems der Geländefahrzeuge sind bereits im Antriebssystem von PKW enthalten [1]. Da Geländewagen größtenteils über Allradantrieb verfügen, werden Lösungen in diesem Bereich unter besonderer Berücksichtigung spezifischer Komponenten wie Untersetzungs- und Verteilergetriebe, Lamellenkupplung, Differenziale sowie Differenzialsperre erörtert. Viel Aufmerksamkeit wird den neuen Trends beim Antrieb von Geländefahrzeugen gewidmet, nämlich dem Hybrid- und Elektroantrieb.

8.1 Der Motor

Derzeit werden drei Arten von Triebwerken in Geländefahrzeugen verwendet: Verbrennungsmotor (Otto oder Dieselmotor), Hybridantrieb und Elektroantrieb. Hybrid- und Elektroantrieb werden in separaten Abschnitten beschrieben, während im folgenden Kapitel der Antrieb mit Verbrennungsmotor behandelt wird.

8.1.1 Verbrennungsmotoren

Die optimale Leistungskurve des Antriebsmotors sollten den Leistungsbedarf abdecken. Beim Fahren im Gelände sollten die optimalen Antriebsmomenteigenschaften durch einen gleichmäßigen Verlauf der Drehmomentkennlinie gekennzeichnet sein, vorzugsweise über den gesamten Bereich der Motorkurbelwellendrehzahl. Diese Anforderung wird am besten von einem Dieselmotor erfüllt, weshalb diese Motortypen am häufigsten in Geländefahrzeugen eingesetzt werden.

J. Pytka, *Terramechanik und Geländefahrzeuge*, ATZ/MTZ-Fachbuch,
https://doi.org/10.1007/978-3-658-32013-3_8

Ein zusätzlicher Vorteil des Dieselmotors gegenüber dem Ottomotor ist ein geringerer spezifischer Kraftstoffverbrauch. Nachteile sind vergleichsweise laute Arbeitsgeräusche und Betriebsprobleme, insbesondere die Möglichkeit einer Beschädigung der unter hohem Duck arbeitenden Treibstoffversorgung.

Natürlich werden auch Ottomotoren verwendet, je nach den Vorlieben des Benutzers oder der Verfügbarkeit eines bestimmten Kraftstoffs in einer bestimmten Region. Ottomotoren zeichnen sich durch einen ruhigeren Betrieb aus und sind weniger belastend in Bezug auf Schadstoffe, die in die Atmosphäre abgegeben werden.

8.1.1.1 Dieselmotoren für SUV

Da die heutigen typischen SUV eine hohe Masse von oft mehr als zwei Tonnen aufweisen und häufig mit einer Anhängerkupplung ausgestattet sind, um Anhänger mit erheblichem Gewicht zu ziehen, müssen sie über effiziente Antriebssysteme verfügen, um die Fahrdynamik sicherzustellen. Die Antriebe typischer SUV sind Sechszylinderdieselmotoren. Tab. 8.1 zeigt einen Vergleich von Kraftstoffverbrauch und Emissionen von drei SUV [2]. Der Kraftstoffverbrauch bezieht sich auf die städtischen, außerstädtischen und gemischten Zyklen des NEFZ-Fahrzyklus. In Labortests wurden auch die Kohlendioxidemissionen gemessen. Mit CO_2-Emissionen und Fahrzeugmasse kann die Emissionsklasse des Fahrzeugs bestimmt werden. Zur Erinnerung: Diese Klassen beginnen bei A+ über A, B bis G. A+ bezeichnet die Klasse mit den niedrigsten CO_2-Emissionen im Verhältnis zum Gewicht des Fahrzeugs. Die Klasse G steht für den größten Kohlendioxidemittenten und wird normalerweise für Fahrzeuge vergeben, bei denen ein hoher Kraftstoffverbrauch keine Rolle spielt [2].

Für einen Beispiel-SUV, den Audi Q7, wurde ein Vergleich von Kraftstoffverbrauch und CO_2-Emissionen für drei verschiedene Motortypen durchgeführt. Neben dem Basis-3.0-TDI sind dies der größere 4,2-TDI-Dieselmotor und der 3,0-TFSI-Benziner. Die Daten sind in Tab. 8.2 dargestellt [2]. Die Emissionsklasse und die Abgasreinheitsnorm des Fahrzeugs sind ebenfalls enthalten. Alle Motoren erfüllten die Abgasnorm Euro 5.

Ein Vergleich der Daten zeigt, dass Dieselmotoren einen viel geringeren Kraftstoffverbrauch haben als Ottomotoren. Insbesondere im städtischen Zyklus verbraucht der 3.0-TDI-Motor 40 % weniger Kraftstoff als der 3.0-TFSI-Benzinmotor mit Direkteinspritzungstechnologie und Turboaufladung. Außerdem sind die Kohlendioxidemissionen beim 3.0-TDI-Motor um etwa 20 % geringer als bei alternativen Motoren. Somit sind 3-Liter-Dieselmotoren optimale Aggregate für SUV der Größe des Audi Q7.

Tab. 8.1 Vergleich von Kraftstoffverbrauch und Emissionen in SUV-Motoren

Marke	Modell	Hubraum [cm³]	Leistung [kW]	Kraftstoffverbrauch [Liter/100 km]			CO_2-Emission [g/km]	Emissionsklasse	Norm
				Stadt	Außerorts	Gemischt			
Mercedes-Benz	ML350 CDI	2987	190	7,8	6,3	6,8	179	B	EURO 5
Infinity	EX30d	2993	175	10,8	7,2	8,5	224	E	EURO 5
Land Rover	Discovery	2993	188	9,8	8,1	8,8	230	C	EURO 5

Tab. 8.2 Vergleich von Kraftstoffverbrauch und Emissionen in drei Varianten von Audi Q7

Marke	Modell	Hubraum [cm³]	Leistung [kW]	Kraftstoffverbrauch [Liter/100 km]			CO_2-Emission [g/km]	Emissionsklasse	Norm
				Stadt	Außerorts	Gemischt			
Audi	Q7 3,0 TDI Quattro	2967	180	8,6	6,7	7,4	195	B	EURO 5
Audi	Q7 4,2 TDI Quattro	4134	250	12,0	7,6	9,2	242	D	EURO 5
Audi	Q7 3,0 TFSI Quattro	2995	200	14,4	8,5	10,7	249	E	EURO 5

Tab. 8.3 Vergleich Parameter der ausgewählten SUV-Motoren

Marke	Modell	Hubraum [cm³]	Motor	Leistung [kW]	Beschreibung	Norm
INFINITY	EX30d	2993 cm³	V6	175 kW	Einspritzdruck 1800 Bar Piezoelektrische Injektoren	Euro 5
AUDI	Q7	2967 cm³	V6	165 kW 176 kW	Einspritzdruck 2000 Bar Piezoelektrische Injektoren DeNOx-Katalysator	Euro 6
BMW	X5	2993 cm³	6-R	190 kW	Oxidationskatalysator Dieselpartikelfilter	Euro 5
MERCEDES-BENZ	ML 350 CDI	2987 cm³	6-R	190 kW	Oxidationskatalysator	Euro 5
RENAULT	LAGUNA	2998 cm³	V6	173 kW	Einspritzdruck 1600 Bar Piezoelektrische Injektoren Oxidationskatalysator Dieselpartikelfilter	Euro 5
NISSAN	NAVARA	2991 cm³	V6	170 kW		Euro 4
LAND ROVER	DISCOVERY	2993 cm³	V6	188 kW	Oxidationskatalysator Dieselpartikelfilter	Euro 5
HYUNDAI	IX55	2959 cm³	V6	176 kW		Euro 5
JEEP	GRAND CHEROKEE	2987 cm³	V6	140 kW		Euro 5

R – Reihenmotor

Der Audi V6 3.0-TDI-Motor ist mit einer Ölpumpe mit geregeltem Durchfluss bei geringerem Leistungsbedarf, einem Motorsteuerungssystem mit optimiertem Kettenantrieb mit geringster Reibung, einem Turbolader mit Ladeluftkanal und einem Turbolader mit variabler Geometrie ausgestattet. Das Common-Rail-Einspritzsystem der dritten Generation mit piezoelektrischen Injektoren und einem Einspritzdruck von 2000 Bar ist eines der modernsten derzeit verwendeten Systeme. Das flüssigkeitsgekühlte Abgasrückführungssystem und das Abgasnachbehandlungssystem mit DeNOx-Katalysator, Partikelfilter und AdBlue-Technologie haben es ermöglicht, die Euro-6-Norm zu erfüllen.

Tab. 8.3 enthält die wichtigsten technischen Daten ausgewählter Verbrennungsmotoren zum Antrieb von SUV.

8.1.1.1.1 Turboladersysteme in Motoren

Die Turboaufladung soll das Motoransaugsystem mit mehr Luft versorgen, als bei einem normalen atmosphärischen Saugprozess möglich ist. Um eine größere Luftmenge zu erhalten, muss diese komprimiert werden, und dies erfolgt mit einem Turbolader. In eine größere Luftmenge kann eine größere Kraftstoffmenge eingespritzt werden, wodurch eine höhere Motorleistung erzielt wird.

Die Turboaufladung wird in der Automobilindustrie zunehmend eingesetzt. Die Verwendung besserer Materialien und zunehmend fortschrittlicherer Technologien bei der Herstellung von Turboladern ermöglicht die Erzeugung von mehr Leistung aus Antriebseinheiten mit geringerem Verbrauch und auch mit geringeren Emissionen in die Atmosphäre. In diesem Abschnitt werden Technologien vorgestellt, mit denen der Motor mehr Luft erhält, um seine Leistung zu erhöhen.

8.1.1.1.1.1 VTG-Turbinenschaufeltechnologie mit variabler Geometrie

Der Audi 3.0l-V6-TDI-Motor verwendet einen Garrett-VTG-Turbolader mit variabler Schaufelgeometrie. Die Größe des Kompressors und der Turbine wurde verringert, was sich positiv auf den Betrieb des Systems beim Starten und bei reduzierter Leistung auswirkt, besonders in großer Höhe. Das Turbinenwellenlager wurde optimiert, um Reibungsverluste zu reduzieren, wenn das Öl im Motor noch kalt ist. Um das Strömungsgeräusch zu dämpfen, werden zwei Schalldämpfer eingesetzt, ein erster Saugschalldämpfer auf der Durchflussseite und ein zweiter Zweikammerschalldämpfer am Kompressorausgang.

8.1.1.1.1.2 Twin-Turbo-Doppelladungstechnologie

In den 3,0-Liter-Reihenmotor hat BMW eine sequenzielle Ladung namens Variable Twin Turbo eingebaut. Dieses System basiert auf zwei Kompressoren. Der erste – kleinere – arbeitet bis zu einer Motordrehzahl von 1500 1/min. Wenn diese Drehzahl überschritten wird, startet der zweite Kompressor. Bis 3200 1/min arbeiten die beiden Kompressoren parallel. Nach Überschreiten der Drehzahl von 3200 1/min schalten pneumatisch gesteuerte Drosseln den Lastfluss jedoch auf den größeren Turbolader um.

8.1.1.1.1.3 Luftkühlung – Ladeluftkühler

Die den Zylindern zugeführte Luft muss gekühlt werden. Warme Luft hat eine geringere Dichte und verschlechtert das Befüllen der Zylinder. Außerdem verringert die niedrigere Temperatur der den Zylindern zugeführten Luft die Temperatur in der Brennkammer, wodurch sie zur Steigerung der Zirkulationseffizienz und damit zur Verringerung des Kraftstoffverbrauchs beiträgt. In modernen Turboladersystemen ist es daher erforderlich, einen Ladeluftkühler zu verwenden, um die den Motor versorgende Luft zu kühlen. Die meisten heute verwendeten Ladeluftkühler sind Luft-Luft-Ladeluftkühler. Es treten jedoch zunehmend Luft-Wasser-Kühler auf. Manchmal reicht ein einzelner kleiner Ladeluftkühler nicht aus und es ist kein Platz für den Bau eines größeren Ladeluftkühlers vorhanden. Audi hat dieses Problem mit einem Kompressor mit zwei kleineren Luftkühlern gelöst.

8.1.1.1.2 Common-Rail-Technologie

Um den richtigen Verbrennungsprozess bei Dieselmotoren zu erzielen, muss der Verbrennungsprozess unter allen Motorbetriebsbedingungen vom Leerlauf bis zur maximalen Drehzahl genau gesteuert werden. Dies wird von einer Kraftstoffeinspritzsteuerung gewährleistet, die zum richtigen Zeitpunkt die exakt notwendige Kraftstoffmenge direkt dem jeweiligen Zylinder zuführt (Kraftstoffeinspritzvorschubwinkel). Insbesondere für die Direkteinspritzung ist es auch wichtig, dass der Kraftstoff fein vernebelt wird. Dazu erfolgt die Einspritzung unter sehr hohem Druck. Es hat sich herausgestellt, dass die frühere Technologie der Dieselmotorenversorgung mit Verteilerpumpen und Einspritzdüsen keine große Arbeitskultur der Motoren gewährleisten konnte. Nur durch die Einführung von Common-Rail-Einspritzsystemen konnte die eingespritzte Kraftstoffmenge unabhängig von der Motordrehzahl und seiner Last allein durch Kennfelder gesteuert werden. Der Einspritzzeitpunkt und die Einspritzmenge werden durch eine elektronische Motorsteuerung geregelt. Dies optimiert den Verbrennungsablauf, auf den es in einem Selbstzündungsmotor ankommt [3].

8.1.1.1.3 Abgasreinigungsverfahren und -vorrichtungen in Dieselmotoren

Die Ökologie stellt die Motorenhersteller vor neue und schwierigere Herausforderungen. Moderne Autos sollen so wenig Kraftstoff wie möglich und auf eine Art und Weise verbrauchen, dass möglichst wenig Verschmutzung in die Atmosphäre gelangt. Die Verschärfung der Emissionsnormen für Dieselmotoren führt dazu, dass die Automobilunternehmen bei der Einführung neuer ökologischer Lösungen wetteifern [4].

8.1.1.1.3.1 AGR-Abgasrückführung

Eine der ältesten Technologien zur Reduzierung der Emissionen eines Dieselmotors ist die Verwendung eines Abgasrückführungssystems. Bleibt das Auslassventil auch während des Ansaugtaktes noch etwas geöffnet, wird ein Teil der Abgase in den Verbrennungsraum zurückgesaugt Man spricht dann von interner Abgasrückführung. Bei der externen Abgasrückführung wird ein Teil des aus dem Zylinder herausgedrückten Abgases wieder in das Ansaugrohr zurückgeleitet. Dank dieser Behandlung wird die Temperatur bis zum Ende des Kraftstoffverbrennungsprozesses gesenkt, was sich positiv auf die Reduzierung der Stickoxidemissionen auswirkt. Die Abgasrückführung trägt in gewissem Maße auch dazu bei, die Partikelemissionen (Rußemissionen) von Dieselmotoren zu reduzieren. Die Abgasrückführung war bereits in Euro-4-Fahrzeugen obligatorisch. Um die Anforderungen der Euro-5-Norm zu erfüllen, wurde sie durch einen Dieselpartikelfilter (DPF) ergänzt.

Eines der modernsten Abgasnachbehandlungssysteme wurde von Audi-Herstellern im A8-Modell eingesetzt. Das AGR-System für den 3.0-V6-TDI-Motor, der die Euro-5-Norm erfüllt, verwendet ein AGR-Modul, das drei Funktionen kombiniert (AGR-Kühler, AGR-Ventil und AGR-Bypass mit Steuerung in einem Element). In der Euro-6-Motorversion wurde ein zusätzlicher in Reihe geschalteter Kühler zwischen den Zylinderköpfen eingebaut. Dieses System besteht aus einem Mikrokatalysator, einem zusätzlichen Kühler und einem AGR-Kühler mit einem Temperatursensor und einem flüssigkeitsgekühlten AGR-Ventil. Ein separater Kühlkanal ist eingebaut, um die Bypassklappe und das AGR-Ventil zu kühlen. Am Beginn des Systems wurde ein Metalloxidationsmikrokatalysator angebracht, um die Bildung von Ablagerungen in den Kanälen des Abgasrückführungssystems zu verhindern. Um die niedrigste mögliche Temperatur des Abgases zu erhalten, wird der AGR-Kühler über eine elektrische Pumpe mit einem separaten Niedertemperaturkühlmittelkreislauf verbunden, der dem Hauptkühler entnommen wird. Durch den Anschluss eines zusätzlichen Kühlers an den Motorkühlkreislauf wird eine nahezu doppelte Kühlleistung erzeugt. Ausgestattet mit einer Bypassklappe für beide Kühler war es möglich, die Kühlleistung auf einen bestimmten Lastpunkt des Motors einzustellen. Während der Aufwärmphase des Motors ist das Regelventil auf Bypass gestellt, dadurch werden die Kohlenmonoxid- und Kohlenwasserstoffemissionen reduziert. Durch die Steigerung des Wirkungsgrads des AGR-Kühlers wird die Emission von Stickoxiden und Partikeln reduziert.

8.1.1.1.3.2 Oxidationskatalysatoren

Die Abgasnachbehandlung eines Dieselmotors muss die Emissionen von Stickoxiden und Partikeln reduzieren. Zu diesem Zweck werden Filter eingesetzt, um den Ausstoß dieser Komponenten zu verringern. Einer davon ist der Oxidationskatalysator (Oxi-Kat). Er befindet sich in der Abgasanlage in der Nähe des Motors und reduziert die Emissionen von Kohlenmonoxid, Kohlenwasserstoffen und teilweise flüchtigen Partikeln.

Ein anderer Katalysatortyp ist der NO_2-Speicherkatalysator, der zur Reduktion von Stickoxiden verwendet wird. Seine Aufgabe ist es, Stickoxide zum richtigen Zeitpunkt anzusammeln und zu reduzieren.

8.1.1.1.3.3 DPF-Partikelfilter

Der Dieselpartikelfilter wird derzeit in jedem Dieselfahrzeug verwendet, das die Abgasnorm Euro 5 erfüllt. Wie der Name schon sagt, ist er für das Sammeln von Partikeln verantwortlich, die vom Motor ausgehen. Er besteht aus einem Keramikkörper, der in einseitig geschlossene Kanäle unterteilt ist, auf denen der Ruß aus dem Rauchgas aufgefangen wird. Wir unterscheiden derzeit zwei Arten von Filtern:

- FAP (Filter A Particulare), genannt Nassfilter. In diesem System wird dem Kraftstoff eine katalytische Flüssigkeit zugesetzt, die die Rußbrenntemperatur senkt
- DPF (Diesel Particulare Filter), genannt Trockenfilter, an dessen Wänden sich Partikel aus Aluminiumoxid, Cer und Platin befinden, die CO, CO_2 und NOx oxidieren

DPF-Filter sammeln bei laufendem Motor Ruß an und erhalten von Zeit zu Zeit eine sogenannte Filterregeneration, während der das Abbrennen des gesammelten Rußes gesteuert wird.

8.1.1.1.3.4 Selektive katalytische SCR-Reduktion

Neben Katalysatoren und DPF-Filtern gibt es auch die SCR-Methode (Selective Catalytic Reduction). Die selektive katalytische Reduktion besteht in der genauen Dosierung eines

Reduktionsmittels in das Abgas, z. B. einer wässrigen Harnstofflösung, aus der Ammoniak im hydrolytischen Katalysator erhalten wird. In einem SCR-Katalysator reagiert Ammoniak mit Stickoxid unter Bildung von Stickstoff und Wasser. Die SCR-Methode bildet die Grundlage für Abgasnachbehandlungssysteme für Dieselmotoren, die den Abgasnormen Euro 6 entsprechen.

8.1.1.1.4 Optimierung des Verbrennungsprozesses und der Abgasreinigung

Die durch Druckmessung in den Zylindern gesteuerte Verbrennungsregelung wirkte sich auch positiv auf die Reduzierung der Verbrennung und der Emissionen von Schadstoffen aus. Die Drucksensoren sind in den Brennräumen des 2. und 5. Zylinders montiert. Die Heizelektrode im Körper des Glühstabs ist so angeordnet, dass sie axiale Bewegung ausführen kann. Der Druck im Zylinder wird über den Druckstift auf eine Membran übertragen, die dadurch verformt wird. Diese Verformung wird als Widerstandsänderung aufgezeichnet, in der eingebauten Elektronik verarbeitet und an die Motorsteuerung übertragen [3].

Dank der druckgesteuerten Verbrennung in Zylindern wird der Verbrennungsprozess konstant gehalten, was einen konstant niedrigen HC- und CO-Ausstoß ermöglicht.

In der zweiten Stufe wurden die Emissionen durch die Verwendung von Komponenten außerhalb des Motors minimiert. Das Abgassystem ist mit einem Oxidationskatalysator in der Nähe des Motors, einem Schichtpartikelfilter, einem aktiven Abgasreinigungssystem und einem Schalldämpfer ausgestattet. Der Rauchgasreinigungsprozess wird mittels Sensoren für Temperaturmessungen gesteuert, die vor und nach dem Oxidationskatalysator installiert sind, sowie durch Druckdifferenzsensoren zur Erkennung von angesammeltem Ruß und NOx-Sensoren vor dem Oxidationskatalysator und hinter dem DeNOx-Katalysator.

8.1.2 Beispiele für Antriebsaggregate in Geländewagen und SUV

8.1.2.1 Motoren Toyota Land Cruiser

Der Toyota Land Cruiser wird entweder von einem 2,8-D-4D-Dieselmotor oder einem 2,7-VVT-i- oder einem 4,0-Dual-VVT-i-Benzinmotor angetrieben.

Der DOHC-Vierzylindermotor mit 2755 ccm Hubraum und 16 Ventilen ist mit einem Turbolader mit variabler Düse und Ladeluftkühler ausgestattet und leistet 130 kW bei 3400 U/min. Der Motor verfügt über ein elektronisch gesteuertes Common-Rail-Kraftstoffeinspritzsystem, das eine Hochdruck- und erweiterte Einspritzdruckregelung ermöglicht. Eine präzise Piloteinspritzung, die dem Zustand der Umgebungsluft entspricht, erfolgt vor der Haupteinspritzung, um die Zündverzögerung zu verkürzen, und kombiniert eine stabile Verbrennung in rauen Umgebungen mit leisem Betrieb und hohem thermischen Wirkungsgrad. Das Gerät ist mit einem wassergekühlten Abgasrückführungssystem (AGR) mit Bypassfunktion des AGR-Kühlers ausgestattet und verfügt über ein Drallsteuerventil im Ansaugkrümmer. Das SCR-System (Selective Catalytic Reduction) für

Harnstoff kann bis zu 99 % der NOx-Emissionen eliminieren und stellt sicher, dass das Fahrzeug den Euro-6-Vorschriften entspricht. In Verbindung mit dem 6-Gang-Super-ECT-Automatikgetriebe entwickelt der 2.8 D-4D ein Drehmoment von 370 Nm bei 1200 1/min und ein maximales Drehmoment von 450 Nm zwischen 1600 und 2400 1/min. Das Fahrzeug beschleunigt in 12,7 s von 0 auf 100 km/h und erreicht eine Höchstgeschwindigkeit von 175 km/h. Der durchschnittliche Kraftstoffverbrauch und der CO_2-Ausstoß betragen 7,4 l/100 km bzw. 194 g/km. In Verbindung mit dem 6-Gang-Schaltgetriebe entwickelt der Land Cruiser 2.8 D-4D ein maximales Drehmoment von 420 Nm zwischen 1400 und 2600 U/min. Er beschleunigt in 12,1 s von 0 auf 100 km/h. Die Höchstgeschwindigkeit beträgt 175 km/h und der durchschnittliche Kraftstoffverbrauch 7,4 l/100 km sowie der CO_2-Ausstoß 194 g/km.

Der 2,7-VVT-i-Motor mit 2694 ccm Hubraum leistet 120 kW/161 PS bei 5200 1/min und ein maximales Drehmoment von 246 Nm bei 3900 1/min. In Verbindung mit einem 5-Gang-Schaltgetriebe erreicht das Fahrzeug eine Höchstgeschwindigkeit von 165 km/h und einen durchschnittlichen Kraftstoffverbrauch von 12,3 l/100 km. In Verbindung mit einem 6-Gang-Automatikgetriebe beträgt die Höchstgeschwindigkeit 160 km/h und der durchschnittliche Kraftstoffverbrauch 12,5 l/100 km.

Der 4.0 Dual VVT-i Benzinmotor ist ein leichter, kettengetriebener DOHC-Direkteinspritz-V6 mit 3956 ccm Hubraum und 24 Ventilen und Dual VVT-i. Dieser Motor ist mit einem 6-Gang-Automatikgetriebe verbunden und leistet 183 kW bei 5600 1/min und 381 Nm Drehmoment bei 4400 1/min. Bei einer Beschleunigung von 0 bis 100 km/h in 9,7 s und einer Höchstgeschwindigkeit von 175 km/h werden CO_2-Emissionen von 256 g/km erzeugt und im kombinierten Zyklus 10,8 l/100 km verbraucht [5].

8.1.2.2 Motoren Mercedes-G-Klasse

Das Fahrzeug ist in zwei Diesel- und zwei Benzinversionen erhältlich. Dieselmotoren in einer Reihe von „Sechsern" mit einem Hubraum von 2925 cm^3 erreichen eine maximale Leistung von 286 bis 330 PS bei 3400 1/min und ein maximales Drehmoment von 600 bis 700 Nm je nach Version (Abb. 8.1). Die 3982 cm^3 Benziner des V8-Doppelzylindersystems haben eine maximale Leistung von 422 PS bei 5250 1/min und 585 PS bei 6000 1/min. Das maximale Drehmoment in der Basisversion beträgt 610 Nm, in der stärkeren Version 850 Nm. Die Höchstgeschwindigkeit hängt von der Motorversion ab, liegt jedoch zwischen 210 und 220 km/h. Alle Motoren sind mit einem 9-Gang-Automatikgetriebe kombiniert. Der durchschnittliche Kraftstoffverbrauch liegt zwischen 11 und 15,1 L pro 100 km.

Der AMG-4,0-Liter-V8-Biturbomotor löst nun auch im G 63 den bisherigen 5,5-Liter-V8-Biturbomotor ab. Er leistet hier 430 kW (585 PS) und stellt ein maximales Drehmoment von 850 Nm bereit. Es steht über ein breites Drehzahlband von 2500 bis 3500 1/min zur Verfügung und vermittelt so das Gefühl von Souveränität. Der Spurt aus dem Stand auf Tempo 100 km/h ist in 4,5 s erledigt. Der dynamische Vortrieb reicht bis zur abgeregelten Höchstgeschwindigkeit von 220 km/h, mit AMG Drivers Package bis 240 km/h.

Abb. 8.1 Mercedes-Benz-G-Klasse Motor (© Daimler)

Die beiden Abgasturbolader sind nicht außen an den Zylinderbänken, sondern dazwischen im Zylinder-V angeordnet. Vorteile: kompakte Motorbauweise, spontanes Ansprechverhalten der Turbolader und geringe Abgasemissionen durch bestmögliche Anströmung der motornahen Katalysatoren. Der Achtzylinder entfaltet seine Leistung mit kraftvollem Schub in allen Drehzahlbereichen, verbunden mit höchstmöglicher Effizienz für niedrige Verbrauchs- und Emissionswerte.

Für optimales Ansprechverhalten finden zwei Twin-Scroll-Turbolader Verwendung. Das Gehäuse ist hier in zwei parallel verlaufende Strömungskanäle aufgeteilt. Zusammen mit zwei ebenfalls getrennten Abgaskanälen im Abgaskrümmer ermöglicht dies, die Abgase auf das Turbinenlaufrad separat zu steuern. Ein Kanal wird durch die Abgase des ersten und vierten Zylinders einer Zylinderbank gespeist, der andere durch die Abgase des zweiten und dritten Zylinders. Ziel ist es, eine gegenseitige negative Beeinflussung der einzelnen Zylinder beim Ladungswechsel zu verhindern. Dadurch reduziert sich der Abgasgegendruck und der Gaswechsel wird verbessert. In der Folge sind mehr Leistung durch die bessere Zylinderfüllung mit Frischgas, ein höheres Drehmoment bereits bei niedrigen Drehzahlen und ein sehr spontanes Ansprechverhalten möglich.

Zu den weiteren Besonderheiten gehören modifizierte Kolben, eine optimierte Ladeluftkühlung sowie umfangreiche Softwareentwicklungen. Hinzu kommen die strahlgeführte Benzindirekteinspritzung mit Piezo-Injektoren, das Vollaluminiumkurbelgehäuse, die Vierventiltechnik mit Nockenwellenverstellung, die Luft-Wasser-Ladeluftkühlung, das Generatormanagement, die ECO-Start-Stopp-Funktion und die Segelfunktion (Daimler).

Für mehr Effizienz hat Mercedes-AMG den V8-Motor im G 63 mit der Zylinderabschaltung AMG Cylinder Management ausgestattet. Im Teillastbereich werden die Zylinder zwei, drei, fünf und acht deaktiviert, was den Kraftstoffverbrauch deutlich absenkt. Der kombinierte Kraftstoffverbrauch beträgt 13,1 l/100 km, die kombinierten CO_2-Emissionen liegen bei 299 g/km.

Die Zylinderabschaltung ist im breiten Drehzahlbereich von 1000 bis 3250 1/min verfügbar, wenn der Fahrer das Getriebefahrprogramm „Comfort" gewählt hat. Das AMG-Hauptmenü im Kombiinstrument informiert den Fahrer, ob die Zylinderabschaltung aktiv ist und ob der Motor aktuell im Teil- oder Volllastbereich läuft. Der Übergang vom Vier- in den Achtzylinderbetrieb erfolgt momentenneutral, sodass die Passagiere keinerlei Komforteinbußen spüren [6].

8.1.2.3 BMW X5

Das Triebwerk der neuen BMW-Modelle X5 xDrive40d und X6 xDrive40d ist ein Beispiel für die sogenannte Mild-Hybridtechnologie, bei der zusätzlich zum Hauptantriebsmotor parallel ein Elektromotor verwendet wurde, um die während des Beschleunigens verfügbare Leistung zu erhöhen, oder für den Fall eines erhöhten Antriebsmomentbedarfs, z. B. beim Fahren im Gelände.

Die BMW-Twin-Power-Turbo-Technologie des neuen 3-Liter-Reihensechszylinderkraftwerks besteht aus einem zweistufigen Turboladersystem und einer Piezo-Direkteinspritzung mit Common Rail. Die schnellen Reaktionseigenschaften des Aufladesystems werden durch eine variable Turbogeometrie für die Hoch- und Niederdruckstufen verbessert. Mit bis zu 10 Einspritzungen pro Zyklus führen die Einspritzdüsen Kraftstoff mit einem Druck von bis zu 2700 Bar in die Brennkammer ein. Der im Injektor integrierte Drucksensor sorgt für eine präzise Dosierung sowie einen günstigen Kraftstoffverbrauch und eine saubere Verbrennung.

Der neue Dieselmotor entwickelt ein maximales Drehmoment von 700 Nm, das zwischen 1750 und 2250 1/min verfügbar ist. Der Motor erreicht eine maximale Leistung von 250 kW/340 PS bei 4400 1/min. Die Motorleistung wird über ein 8-Gang-Steptronic-Getriebe übertragen.

Die zweistufige NOx Abgasbehandlung, die bei Dieselmodellen Standard ist, befindet sich in der Nähe des Motors und umfasst einen Oxidationskatalysator und eine SCR-Beschichtung des Partikelfilters. Zur optimalen Reduzierung der Stickoxidemissionen wurde am Auslass des SCR-Systems eine zweite Dosiereinheit integriert. Damit erfüllt der Motor bereits jetzt die zwingenden Vorschriften der Abgasnorm Euro 6d.

Der Hauptmotor wird vom 48-Volt-Startergenerator des Mild-Hybrid-Systems unterstützt. Die zusätzliche elektrische Leistung von 8 kW verbessert die Wirksamkeit des Antriebssystems. Elektrischer Boost verbessert die Dynamik beim Starten und Beschleunigen. Dank der zusätzlichen elektrischen Leistung kann der Verbrennungsmotor bei konstanten Drehzahlen besonders häufig in einem effizienzoptimierten Lastbereich laufen und so den Kraftstoffverbrauch senken.

Der Startergenerator bezieht die Energie aus der 48-Volt-Batterie, die auch alle elektrischen Fahrfunktionen über das 12-Volt-Fahrzeugnetz mit Strom versorgt. Die Aufladung erfolgt durch Erholung während der Beschleunigungs- und Bremsphase sowie durch gezielte Erhöhung des Lastpunktes des Verbrennungsmotors. Die unterstützende Wirkung des 48-Volt-Startergenerators ermöglicht schnelle und komfortable Lastwechselreaktionen. Darüber hinaus gewährleistet der leistungsstarke Generator ein spontanes und vibrationsarmes Starten und Neustarten des Verbrennungsmotors bei Verwendung der Funktionen Autostart. Dadurch ist es auch möglich, den Motor während der Segelphase nicht nur abzustellen, sondern auch ganz auszuschalten. Um den Spareffekt so häufig wie möglich zu nutzen, steht die komfortoptimierte Segelfunktion jetzt nicht mehr nur im ECO-PRO-Modus, sondern auch im COMFORT-Modus der Driving-Experience-Control-Funktion zur Verfügung [7].

8.1.2.4 Mercedes-Benz-GLA-2020

Der neue GLA greift auf die vierzylindrigen Otto- und Dieselmotoren zurück, die zur Neuauflage der kompakten Baureihen komplett erneuert wurden. Im Vergleich mit der vorigen Generation zeichnen sie sich durch deutlich gesteigerte spezifische Leistungen, verbesserte Effizienz und Emissionen aus. Ein lokal emissionsfreies Modell mit dem Plug-in-Hybridatrieb der dritten Generation ist bereits in Vorbereitung.

Der Einstieg in die Benzinerpalette ist der M 282 mit 1,33-Liter-Hubraum im GLA 200 (Kraftstoffverbrauch kombiniert 6,0–5,7 l/100 km, CO_2-Emissionen kombiniert 137–130 g/km). Für einen effizienten Teillastbetrieb hat dieser Motor eine Zylinderabschaltung.

Der Zweilitermotor M 260 der stärkeren GLA-Benzinvarianten hat in seinem Motorblock aus Aluminiumdruckguss Graugusslaufbuchsen, deren Zylinderbohrung sich im unteren Teil nach dem Prinzip CONICSHAPE® weitet. Dieses intern auch anschaulich „Trompetenhonung“ genannte Prinzip minimiert die Reibung der Kolben und senkt den Verbrauch, zusammen mit einem neuartigen Leichtlauföl und optimierten Kolbenringen. Die Kolben selbst haben der erhöhten spezifischen Leistung wegen Kühlkanäle. Im unteren Teil des Kurbelgehäuses sind die Ausgleichswellen für einen ruhigen Motorlauf angeordnet.

Im Vierventilzylinderkopf aus Aluminium ermöglicht die variable Ventilsteuerung CAMTRONIC eine zweistufige Verstellung des Ventilhubs auf der Einlassseite. Sie verringert im Teillastbereich mit einem kleineren Ventilhub die Ladungsmenge und damit die Ladungswechselverluste. In höheren Lastbereichen wird auf den großen Ventilhub umgeschaltet, um die volle Motorleistung zu erreichen. Die Direkteinspritzung verwendet Piezo-Injektoren der neuesten Generation, deren Einbaulage und Steuerung die Rohemissionen besonders von Partikeln vermeiden sollen. Ein Partikelfilter ist auch beim M 260 serienmäßig.

Die Dieselversionen des neuen GLA erhalten den für den Quereinbau angepassten aktuellen Premium-Zweiliter-Dieselmotor des Typs OM 654q. Innen bietet der OM 654q effizienzsteigernde technologische Highlights wie Stahlkolben mit Stufenmulden in einem Aluminiumblock. Die Zylinderlaufbahnen sind im weiterentwickelten NANOSLIDE®-Verfahren beschichtet.

Der kompakt gebaute Motor erlaubt den Einbau der Komponenten der Abgasnachbehandlung direkt am Motor. Dort ist die Abgastemperatur höher und damit die Nachbehandlung effektiver. Der Zweiliterdiesel erfüllt die RDE (Real Driving Emissions) der Stufe 2 und ist nach Euro 6d zertifiziert.

Durch die motornahe isolierte Anordnung hat die Abgasnachbehandlung einen geringen Wärmeverlust und sehr günstige Arbeitsbedingungen. Zu den Maßnahmen zählen:

- Hoch- und Niederdruckabgasrückführung einschließlich Kühlung
- Ein Dieseloxidationskatalysator (DOC) zur Verminderung der Emission von Kohlenmonoxid (CO) und unverbrannten Kohlenwasserstoffen (HC)
- Ein Partikelfilter mit SCR-Katalysatorfunktion (DPF)
- Ein SCR-Katalysator (selektive katalytische Reduktion) zur Reduktion von Stickoxiden. Dazu wird dem Abgas vor dem sDPF Ammoniak in Form des Trägermittels AdBlue® zugemischt.
- Ein zusätzlicher Selective-Catalytic-Reduction-Katalysator (SCR) mit Ammoniak-Sperr-Katalysator (ASC) im Abgasstrang.

Der in zwei Leistungsstufen mit 110 kW/150 PS und 140 kW/190 PS angebotene Motor ist jeweils mit Frontantrieb oder 4MATIC erhältlich und gibt seine souveräne Kraft jeweils an das 8G-DCT-Doppelkupplungsgetriebe ab. Durch die zusätzliche Gangstufe sind die Übersetzungen enger gestuft, was dem Schaltkomfort zugutekommt und die Möglichkeiten erweitert, den Motor am bestmöglichen Betriebspunkt zu betreiben. Gleichzeitig ist der 8. Gang länger übersetzt, bei konstantem Tempo, zum Beispiel auf der Autobahn, sinkt damit das Drehzahlniveau, was Effizienz und Geräuschkomfort verspricht [6].

8.2 Grundgetriebe

Das Grundgetriebe erfüllt sehr wichtige Aufgaben im Antriebssystem:

- Anpassung der Motorkennlinie an die Eigenschaften des Antriebsmomentbedarfs in Abhängigkeit von den Fahrbedingungen
- Ermöglicht das Ändern der Fahrtrichtung vorwärts-rückwärts

Ähnlich wie bei typischen Personenkraftwagen verwenden Offroad- und SUV-Fahrzeuge manuelle und automatische Getriebe. Das Unterscheidungsmerkmal von Geländewagen und SUV ist die größere Anzahl von Gängen, die sich aus der Notwendigkeit ergibt, die Motoreigenschaften an einen breiteren Bereich von Fahrbedingungen anzupassen. Es geht hauptsächlich um schwierige Geländebedingungen, bei denen ein hohes Drehmoment erforderlich ist.

Im Allgemeinen werden sowohl Handschaltgetriebe als auch Automatikgetriebe in Offroad-Antriebssystemen verwendet (Abb. 8.2, 8.3).

In diesem Unterabschnitt werden wir nicht im Detail auf den Aufbau des Getriebes eingehen, da der an diesem Thema interessierte Leser unter anderem über reichhaltige Literatur verfügt. Stattdessen werden wir einige ausgewählte Beispiele für Getriebe vorstellen, die in Geländefahrzeugen und SUV verwendet wurden.

Abb. 8.2 MQ-281-Grundgetriebe (© Volkswagen)

Abb. 8.3 S-Tronic-Doppelkupplungsgetriebe (© Audi)

8.2.1 Beispiele für Grundgetriebe in Geländefahrzeugen

8.2.1.1 Mercedes-Benz-G-Klasse

Im Mercedes-Benz-G-63 kommt das AMG-SPEEDSHIFT-TCT-9G-Getriebe zum Einsatz. Durch die eigenständige Software-Applikation konnten sehr kurze Schaltzeiten realisiert werden. Die Mehrfachrückschaltung ermöglicht schnelle Zwischenspurts, während die Zwischengasfunktion in den Fahrprogrammen „Sport“ und „Sport Plus“ das Fahrerlebnis noch emotionaler macht. Zudem sorgen definierte Zündungseingriffe für noch schnellere Gangwechsel.

Die breite Gangspreizung ermöglicht wahlweise ein sehr sportliches oder sehr komfortables und effizientes Fahrerlebnis. In allen Fahrprogrammen erfolgt das Anfahren im ersten Gang, um stets einen dynamischen Spurt aus dem Stand zu gewährleisten. Neu ist die Position des DIRECT-SELECT-Wählhebels als Lenkstockhebel in Lenkradnähe.

Über einen eigenen Taster kann der Modus „manuell" gewählt werden. Das Schaltverhalten richtet sich nach dem angewählten Fahrprogramm und die Gangwechsel können nun über die Schaltpaddel am Lenkrad ausgeführt werden. Außerdem bleibt das Getriebe im jeweils gewählten Gang und schaltet nicht automatisch hoch, wenn die Motordrehzahl den Begrenzer erreicht [6].

8.2.1.2 Toyota Land Cruiser

Alle Motoren des Toyota Land Cruiser können mit einem superintelligenten, elektronisch gesteuerten 6-Gang-Automatikgetriebe (6 Super ECT) kombiniert werden, das von mehreren Steuerungssystemen profitiert, die sowohl den Kraftstoffverbrauch verringern als auch die Fahrleistung verbessern sollen.

Effective Utilization Control für Hochgeschwindigkeitsgetriebe bestimmt die Verfügbarkeit in Echtzeit je nach Fahrbedingungen. Unter Berücksichtigung der Fahrzeugbeladung und der Drosselklappeneinstellung bestimmt das System beispielsweise, ob der sechste Gang verfügbar ist oder ob das Fahrzeug im fünften Gang bleiben soll, um ein optimales Gleichgewicht zwischen Antriebsleistung und Kraftstoffeffizienz zu erreichen.

Die Deceleration Downshift Control optimiert das Herunterschalten beim Verzögern, um die Kraftstoffeffizienz zu verbessern. Die Kraftstoffzufuhr wird während der Motorbremszeiten automatisch unterbrochen, es sei denn, die Motordrehzahl fällt auf die niedrige Drehzahlschwelle ab. Dann wird die Kraftstoffeinspritzung wieder aufgenommen, um ein Abwürgen des Motors zu verhindern. Dementsprechend maximiert das Getriebe die Motorbremsung, indem ein niedrigerer Gang gewählt wird, um zu verhindern, dass die Motordrehzahl unter die niedrige Drehzahlschwelle fällt, wodurch die Kraftstoffabschaltzeiten verlängert werden, um den Kraftstoffverbrauch drastisch zu verbessern.

Künstliche Intelligenz (AI)-SHIFT-Steuerung enthält Accelerator-Sofortschließ- und Sofortöffnungssteuerung. Erstere erleichtert das Aufrechterhalten des aktuellen Gangs, wenn das Gaspedal plötzlich losgelassen wird, und verbessert sowohl die Motorbremskraft als auch das Ansprechverhalten beim erneuten Beschleunigen. Letztere schaltet beim plötzlichen Drücken des Gaspedals sofort herunter, wodurch die Gasannahme verbessert wird [5].

8.2.1.2.1 Drive-Mode-Select-System

Der neue Land Cruiser verfügt über eine Funktion zur Auswahl des Fahrmodus, mit der der Fahrer zwischen den Fahrmodi ECO, COMFORT, NORMAL, SPORT S und SPORT S+ wählen kann.

Abhängig vom ausgewählten Modus integriert das System automatisch die Steuerung des Motors, des Getriebes, des Variable Flow Control (VFC) der hydraulischen Lenkung, der Adaptive Variable Suspension (AVS) und der Klimaanlage, wodurch entweder die Umwelteffizienz des Fahrzeugs oder seine dynamischen Fähigkeiten maximiert werden.

Im ECO-Modus werden Motorleistung und Drosselklappenöffnung automatisch moduliert, um die Kraftstoffeffizienz unter allen Fahrbedingungen zu optimieren.

Im COMFORT-Modus wird die Federungssteuerung so geändert, dass sie für ein komfortableres Fahren häufiger einen niedrigeren Dämpfungskraftbereich einnimmt.

Im SPORT-S-Modus werden Motorleistung und Drosselklappenöffnung optimiert, um die Leistungsabgabe bei mittleren Drosselklappenwinkeln zu verbessern, und der Schaltzeitpunkt des Automatikgetriebes wird geändert. Zusammen bieten diese Maßnahmen eine sehr reaktionsschnelle Beschleunigung und ein sportliches Lenkgefühl für ein dynamischeres und ansprechenderes Fahrerlebnis.

Der SPORT-S+-Modus kombiniert die verbesserte Antriebsleistung des SPORT-S-Modus mit der koordinierten Steuerung des AVS und des VFC der hydraulischen Lenkung.

Der SPORT-S+-Modus erhöht automatisch den Unterschied zwischen der inneren und der äußeren Stoßdämpferdämpfung in Kurven, um das Wanken des Fahrzeugs zu verringern. Gleichzeitig verringert das VFC das Lenkunterstützungsdrehmoment. Diese Maßnahmen optimieren zusammen die Fahrstabilität und bieten gutes Fahrverhalten [5].

8.2.1.3 Subaru Lineartronic

Es handelt sich um ein stufenloses Automatikgetriebe (CVT), das zum Schalten eine Keilkette verwendet und für den AWD-Antrieb in einem Serienauto ausgelegt ist. Durch die Verwendung einer Keilkette als Übertragungselement des Antriebsmoments anstelle eines typischen Schubriemens aus Stahl konnten flexible Elemente das effektive Übersetzungsverhältnis erhöhen, seine Abmessungen verringern und Reibungsverluste verringern. Das CVT-Getriebe hält während der Geschwindigkeitsänderungen des Fahrzeugs den Motor so nah wie möglich am optimalen Drehzahlbereich, der unter dem Gesichtspunkt der Wirtschaftlichkeit und der minimalen Emission schädlicher Abgaskomponenten günstig ist, während der Effekt einer „linearen" Beschleunigung des Autos ermöglicht wird. In der Lineartronic-Lösung wurde dem Fahrer zusätzlich zum stufenlosen Gangwechsel die Auswahl virtueller „Gänge" ermöglicht, was praktisch unverzüglich durch Betätigen der am Lenkrad befindlichen Paddel erfolgt. Auf diese Weise kann das klassische Konzept des stufenlosen Getriebes die Anforderungen an einen Sportwagen und einen SUV erfüllen [8].

8.3 Antriebsstrang

Der Allradantrieb ist eine optimale Lösung für Geländefahrzeuge. Trotz einiger Nachteile (z. B. geringerer mechanischer Wirkungsgrad, höheres Leergewicht, höherer Kraftstoffverbrauch usw.) verbessert der Allradantrieb definitiv die Geländetauglichkeit.

Das Aufbringen des Antriebsmoments auf alle Räder erfordert die Verwendung eines Mittendifferenzials mit manueller oder automatischer Sperre oder einer Kupplung auf der Gelenkwelle, die die Vorderachse mit der Hinterachse verbindet. Außerdem sollten beide Achsen ihre Ausgleichgetriebe haben. Optimale Antriebskräfte an einzelnen Rädern können erhalten werden, wenn die Differenzialsperre zwischen den Rädern oder die programmierte Verwendung der Bremse zur Verlangsamung der Rotation des aktuell im Schlupf befindlichen Rads verwendet wird. Die 100-prozentige Differenzialsperre kann nur auf Hinterachsräder angewendet werden. Bei Vorderachsrädern kann eine 100-prozentige Sperre das Handling und die Stabilität beeinträchtigen.

Technisch gesehen ist die Position des Motors relativ zur Fahrzeuglängsachse wichtig. Grundsätzlich gibt es zwei Möglichkeiten:

- Längsmotor
- Quermotor

Dies ist besonders wichtig beim Allradantrieb. Die Anordnung des Motors bestimmt, wie der Antrieb übertragen wird. Befindet sich der permanente Antrieb an den Hinterachsrädern und ist der vordere Antrieb zuschaltbar, so befindet sich der Motor in Längsrichtung und es gibt eine zusätzliche Gelenkwelle, die das Verteilergetriebe mit Ausgleichgetriebe der vorderen Achse verbindet. Bei permanentem Antrieb der Vorderachse ist der Motor quer angeordnet. Beim Quermotor ist ein zusätzliches Winkelgetriebe erforderlich sowie eine Gelenkwelle, die das Verteilergetriebe mit der Hinterachse verbindet. Details zu den oben genannten Konzepten werden in den folgenden Abschnitten vorgestellt.

Im folgenden Kapitel werden verschiedene Allradantrieblösungen vorgestellt und erläutert, wobei der Schwerpunkt auf Geländewagenanwendungen liegt.

8.3.1 Manuell zuschaltbarer Allradantrieb

Bei dieser Antriebsart gibt es ein mittig positioniertes Schaltgetriebe mit der Zuschaltmöglichkeit für die Vorderachse und eine Geländeuntersetzung, die auch manuell eingelegt werden kann. Der Antriebsstrang umfasst drei Gelenkwellen:

- Motor – Schaltgetriebe
- Schaltgetriebe – Ausgleichsgetriebe an Hinterachse
- Schaltgetriebe – Ausgleichsgetriebe an Vorderachse

Das verursacht einen schlechten Wirkungsgrad und einen großen Raumbedarf. Es fehlt ein Mittendifferenzial und Achsendifferenzialsperren sind oft auch nicht vorhanden. Typischerweise ist der Hinterantrieb zuschaltbar, nur selten der Frontantrieb. Generell ist der konstruktive Aufbau einfach und so sind die Mehrkosten niedrig, ungefähr 20 %. Der manuell zuschaltbare Allradantrieb vergrößert die Gesamtmasse eines Basisfahrzeuges um etwa 40 bis 80 kg.

Das Fahrverhalten und Geländetauglichkeit verbessern sich bei Allradbetrieb nur dann deutlich gegenüber Einzelachsantrieb, wenn der Fahrer die Notwendigkeit für Allradbetrieb erkannt hat und das Antriebsmoment rechtzeitig genug auf alle Räder schaltet. Ist das Fahrzeug bereits in schweres Gelände eingefahren, ist es zu spät. Außerdem bringt

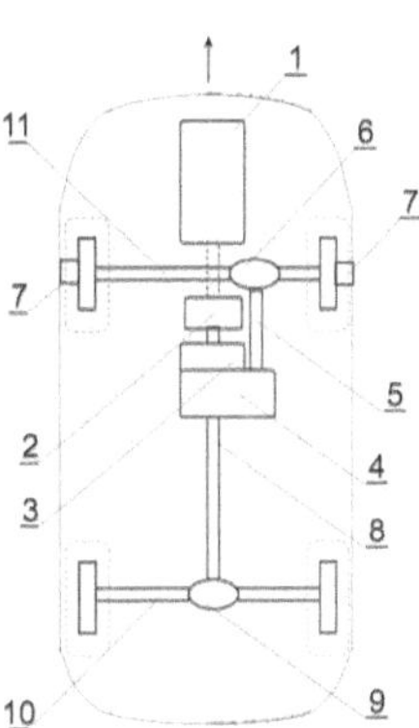

Abb. 8.4 Schema des manuell zuschaltbaren Allradantriebs mit einem Schaltgetriebe

diese Antriebsart auch Nachteile im Lenkverhalten sowie in der Querdynamik. Beim Befahren von engen Kurven führt die starre Kopplung der Vorder- und Hinterachse zwangsläufig zu Verspannungen in Antriebsstrang. Damit steigen die Fahrwiderstände, der Reifenverschleiß und der Antriebskraftbedarf. Besonders gefährlich kann diese Antriebsart beim Bremsen werden, weil hierdurch die installierte Bremskraftverteilung aufgehoben ist. Im ungünstigsten Fall können alle vier Räder blockieren [9].

Solch ein Konzept wurde in Geländewagen wie Fiat Campagnola, Suzuki Vitara, Toyota Land Cruiser und anderen eingesetzt.

Das im Suzuki Vitara verwendete Schaltgetriebe weist vier Betriebsarten auf: 2H – Antrieb nur an der Hinterachse, 4H – Antrieb an beiden Achsen mit Neutralgang, N – Neutral, 4L – Antrieb an beiden Achsen mit Untersetzungsverhältnis 1,82:1. Modifizierte Versionen von Schaltgetrieben mit einer Untersetzung von 4,24:1 sind ebenfalls erhältlich. Das Einschalten des Vorderachsantriebs ist nur bei stehendem Fahrzeug möglich. Das Antriebssystem dieses Autos hat automatische Freilaufnaben auf den Rädern der Vorderachse. Das Diagramm des manuell zuschaltbaren Allradantriebs ist in Abb. 8.4 dargestellt.

8.3.1.1 Freilaufnaben

Bei dem zuschaltbaren Allradantrieb im 2WD-Betrieb wird der abgeschaltete Antriebszweig vergleichsweise sinnlos mitgeschleppt, denn das einfache Mitlaufen der Räder würde an der gerade nicht angetriebenen Achse reichen. Teile des Vorderachsantriebssystems werden unnötig verschlissen und der Kraftstoffverbrauch steigt, wenn auch minimal, an. Die Lösung für dieses Problem ist die Verwendung von Freilaufnaben, die es in den beiden Versionen manuell und automatisch gibt.

Für die automatischen Freilaufnaben reicht es aus, die Position des Schaltgetriebehebels zu ändern, während für die manuelle Version eine zusätzliche manuelle Verriegelung der Freilaufnaben an der Vorderachse erforderlich ist (Abb. 8.5).

Die Suzuki-Vitara-Hinterachse ist eine Starrachse mit einem Ausgleichgetriebe mit einem Übersetzungsverhältnis von 4,3:1 oder 4,625:1 oder häufiger 5,125:1. Das gesamte Antriebssystem verfügt nicht über ein Mittendifferenzial. Es wird daher empfohlen, es nicht auf asphaltierten Straßen und bei höheren Geschwindigkeiten zu verwenden

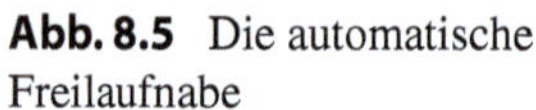
Abb. 8.5 Die automatische Freilaufnabe

Bei manuell angebautem Allradantrieb sind folgende Betriebszustände möglich:

a) Freilaufnaben getrennt, Schaltgetriebe auf 2H, nur Hinterradantrieb, Vorderräder rollen frei;
b) Freilaufnaben gesperrt, Schaltgetriebe auf 2H, nur Hinterradantrieb, Vorderräder, Ausgleichgetriebe und Welle frei rollend
c) Freilaufnaben gesperrt, Schaltgetriebe auf 4H, Allradantrieb
d) Freilaufnabengesperrt, Schaltgetriebe auf 4L, Allradantrieb mit Untersetzungsgetriebe
e) Reduzierstück N, kein Antrieb, es ist möglich, einen Nebenabtrieb des Schaltgetriebes zu verwenden (z. B. für eine mechanische Winde)
f) Freilaufnaben getrennt, Schaltgetriebe 4H oder 4L, nur Hinterradantrieb, selten verwendeter Modus

Dieses Konzept des 4×4-Antriebs wurde auch im frühen Opel Frontera und dem Mitsubishi Pajero eingesetzt. Über einen manuell zuschaltbaren Allradantrieb verfügt auch der Suzuki Jimny, ein Geländewagen, der derzeit in Produktion ist.

8.3.1.2 Verteilergetriebe

Das Verteilergetriebe ist ein Bauelement, das zwei Funktionen hat:

- Ein- oder Ausschalten des Vorderachsantriebs
- Reduzierung der Drehzahl bei gleichzeitiger Erhöhung des Antriebsmoments

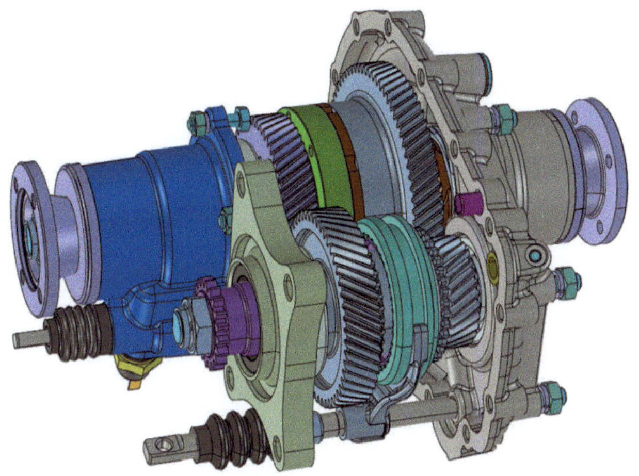

Abb. 8.6 Das zweistufige Schaltgetriebe

Normalerweise werden zwei Gänge (Übersetzungen) verwendet. Der höhere Gang (H) wird für den Offroad-Einsatz, der niedrige Gang (L) für das Fahren auf der Straße verwendet. Schaltgetriebe mit einem einzigen Gang (Neutralverhältnis) sind bei typischen Geländefahrzeugen selten und erfordern einen elastischen Motor und ein Getriebe mit sehr kurz übersetztem ersten Gang. Typische Verteilergetriebe verwenden gerade Zahnräder mit unveränderlichen Parametern. Die Einführung einer zweiten Übersetzung beinhaltet normalerweise die Verwendung einer Zwischenwelle oder von Satellitengetrieben. Bei dieser Konstruktion ist der Zahnkranz relativ zum Gehäuse stationär (an der inneren Oberfläche des Gehäuses befestigt), das Eingangsmoment wird an das Sonnenrad übertragen und das Ausgangsmoment wird vom Satellitensattel aufgenommen. Das Übersetzungsverhältnis wird geändert, indem die Klauenwelle mit einem speziellen Räderpaar oder seltener mit einem Gleitgetriebe mit geraden Zähnen in Eingriff gebracht wird. Normalerweise sind Verteilergetriebe nicht synchronisiert und das Schalten während der Fahrt wird nicht empfohlen (Abb. 8.6).

8.3.1.3 Differenzialsperren

Ein Bauelement des Antriebsstrangs, das das Geländegängigkeit erheblich verbessert, ist die Differenzialsperre. Es gibt drei Grundtypen von Sperren:

- Manuell schaltbare Differenzialsperren
- Selbsttätig sperrende Sperrdifferenziale
- Automatisch geregelte Sperrdifferenziale

Ein Beispiel einer manuell schaltbaren Differenzialsperre ist die Klauenkupplung. Solche Sperren sind als Quersperre an beiden Achsdifferenzialen und zusätzlich zur Längssperrung am Mittendifferenzial zu finden. Eine Klauenkupplung wird oft als zusätzliches Bauelement durch Nachrüsten montiert (Abb. 8.7).

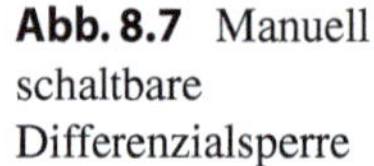

Abb. 8.7 Manuell schaltbare Differenzialsperre

Zu den selbstsperrenden Sperrdifferenzialen gehören sowohl mechanische Systeme: Lamellen-Sperrdifferenzial oder Torsen-Differenzial als auch die auf der Basis viskoser Reibung funktionierende Sperren. Eine andere Gruppe sind die automatisch geregelten Sperrdifferenziale, wie ASD (Automatisches Sperrdifferenzial) von Daimler-Benz, Haldex oder das elektronisch geregelte Lamellensperrdifferenzial.

Die Sperrwirkung dieser Bauelementen kann mit dem Sperrgrad S ausgedrückt werden [9]:

$$S = \frac{\Delta M_{ab}}{\sum M_{ab}} \times 100\,\% \tag{8.1}$$

mit M_{ab} – Abtriebsmoment.

Das Sperrmoment M_{Sperr} ist eine Differenz der Abtriebsmomente und kann durch die folgende Gleichung dargestellt werden:

$$M_{Sperr} = \frac{S}{100} \times i_D \eta_D M_A \tag{8.2}$$

mit: i_D – Differenzialübersetzung, η_D – Wirkungsgrad, M_A – Eingangsantriebsmoment.

8.3.1.3.1 Lamellensperre

Das Beispiel eines Sperrdifferenzials ist eine Lamellensperre. In diesem Bauelement treibt das Kegelrad das Tellerrad und das damit verbundene Achsdifferenzialgehäuse an. Im Differenzialgehäuse sind die beiden Ausgleichkegelräder gelagert, die mit den auf den Hinterachshalbwellen sitzenden Antriebskegelrädern in Verbindung stehen. Bei identischen Raddrehzahlen links und rechts erfolgt der Antrieb der Hinterachshalbwellen ohne Relativdrehnung der Ausgleichkegelräder um ihre Drehachse. Bei verschiedenen Raddrehzahlen verdrehen die Hinterachshalbwellen gegeneinander, wobei die Abtriebskegelräder über Lamellenkupplungen durch Reibung an der Relativdrehung zum Differenzialgehäuse gehindert werden und Drehzahldifferenzen sich ausgleichen. Bei dem dargestellten Differenzial ist immer eine gewisse Sperrwirkung durch Tellerfedern bzw. durch das eingeleitete Moment mit Hilfe der an den Zahnflanken der Abtriebskegelräder wirkenden axialen Spreizkräfte vorhanden. Als Ergebnis kann ein über das gesamte vom Antriebsmotor eingeleitete Drehmoment nahezu konstanter Sperrgrad erreicht werden. Das Sperrmoment bleibt in einer linearen Beziehung mit dem übertragenden Gesamtmoment [9].

8.3.2 Permanenter Allradantrieb mit variabler Kraftverteilung

Antriebssysteme dieser Art stammen aus der zweiten Entwicklungsstufe der Allradantriebstechnik. Ihre Entwicklung war möglich durch die Einführung von Mitteldifferenzialen mit Visco-Sperre, einem Torsen-Differenzial, einer Visco-Kupplung oder einer Lamellenkupplung. Zu den wichtigsten Vorteilen des permanenten Allradantriebs mit variabler Kraftverteilung zählten zu der Zeit, in der sie in Produktion gingen, die ABS-Verträglichkeit sowie eine automatisch wirkende Verteilung der Antriebsmomente auf Vorder- und Hinterachse ohne Entscheidungsbedarf seitens des Fahrers.

8.3.2.1 Permanenter Allradantrieb mit Mittendifferenzial und Visco-Sperre

Die Verzweigung der Antriebskräfte erfolgt mittels Verteilergetriebe, das dem Schaltgetriebe nachgeschaltet ist. Es kann sowohl mit Schaltgetrieben als auch mit Automatikgetrieben kombiniert werden. Das Verteilergetriebe besitzt eine Zahnkette für den Seitenantrieb. Das Getriebe, das Verteilergetriebe, das Planetenrad-Mittendifferenzial und die Visco-Sperre sind in einem Gehäuse integriert. Die Verwendung eines Planetenrad-Mittendifferenzials mit der Visco-Sperre erlaubt eine Variation der installierten Antriebsmomentverteilung und Sperrwirkung. Der Sperrwert hängt von den Drehzahlunterschieden der vorderen und hinteren Kardanwellen ab und beträgt maximal 100 %. Das Planetenrad-Mittendifferenzial dient zum Ausgleich von Differenzdrehzahlen zwischen Vorder- und Hinterrädern. Die Momentverteilung hängt von der inneren Übersetzung des Planetentriebs ab. Typischerweise verteilt sich die Motorkraft mehr auf die Hinterachse und das Verhältnis ist etwa ein Drittel zu zwei Drittel (vorne zu hinten). Eine Aufteilung von 50:50 % würde eine ungünstige Vergrößerung des Planetengetriebes erfordern. Die Kraftverteilung von ein Drittel zu zwei Drittel bewirkt aber in weiten Bereichen von Zuladung und Fahrbahngriffigkeit (aber nicht unbedingt unter Geländebedingungen) eine erhöhte Kraftschlussbeanspruchung an der Hinterachse. Bei Kurvenfahrten auf asphaltierten Straßen bleiben die Untersteuereigenschaften des Fahrzeugs erhalten. Beim Fahren im Gelände ist diese Verteilung der Antriebskraft jedoch nicht unbedingt günstig, hauptsächlich aufgrund der suboptimalen Nutzung des Kraftschlusses [9].

8.3.2.2 Permanenter Allradantrieb mit Visco-Kupplung

Ein weiteres Beispiel für die Verwendung von Bauelementen mit einer rheologischen Betriebsflüssigkeit ist das Konzept mit einer direkt in den Antriebstrang integrierte Visco-Kupplung, die automatisch das Vortriebsmoment in Abhängigkeit von ihrem Grundübertragungsmoment und vom Schlupf zwischen Vorder- und Hinterachse an die hintere Achse leitet. Die Visco-Kupplung, die ähnlich wie die Visco-Sperre funktioniert, ermöglicht den zwischen den Achsen notwendigen Drehzahlausgleich und vermeidet somit die Antriebsstrangverspannungen, z. B. beim Einparken oder bei Kurvenfahrt. Zur Gewährleistung der Bremsstabilität und uneingeschränkter ABS-Tauglichkeit erhielt das Hinterachsgetriebe einen Freilauf zur Unterbrechung des Kraftflusses im Schiebebetrieb.

Die Verteilung der Antriebskräfte ist nicht konstruktiv festgelegt, sondern variabel, abhängig vom Schlupf an der stets angetriebenen Achse, und zwar leitet das Antriebsmoment im Grenzfall bis nahezu 100 % zur zweiten Achse. Die Aufteilung der Traktionskräfte schreitet allmählich voran, unmerklich für den Fahrer.

Das Konzept des Antriebssystems mit Visco-Kupplung kann in einem Geländewagen verwendet werden, jedoch sollte der Wert des maximalen Antriebsmoments berücksichtigt werden. Im Grunde unterscheidet sich die Visco-Kupplung von der Visco-Sperre in der Regel durch ein größeres Bauvolumen, um mittels höherer Momentenkennung im Extremfall das gesamte Antriebsmoment übertragen zu können. Das maximale Traktionsvermögen ist durch die nicht vorhandene Hinterachsdifferenzialquersperre in Vergleich zu Systemen, die über dieses Bauelement verfügen, geringer [9].

8.3.2.3 Verteilergetriebe

Verteilergetriebe sind aufgrund ihrer Konstruktion und Funktion in Durchgangsgetriebe und Parallelgetriebe zu unterscheiden. Das Durchgangsgetriebe wird in einfachen Lösungen verwendet und stellt eine Weiterentwicklung des Heckantriebssystems dar. Die hintere Antriebs- und Ausgangswelle befinden sich auf einer Achse, wodurch eine direkte Übersetzung erzwungen wird. Im Parallelgetriebe hingegen sind die beiden zur Vorder- und Hinterachse geführten Gelenkwellen in einer Linie angeordnet, und die Übersetzung ist normalerweise nicht direkt. Bei der Konstruktion der Durchgangsgetriebe werden Zwischenelemente eingebaut, um den Antrieb auf die Vorderachse zu übertragen. Bei dem Parallelsystem wird aufgrund der Koaxialität der Ausgänge zu der Vorder- und Hinterachse ein Mittendifferenzial verwendet.

In den ersten Jahren des Einsatzes des Allradantriebs wurde auf Lösungen mit Zahnrädern zurückgegriffen. Später wurden Reduktions- und Verteilergetriebe eingeführt, die auf Zahnketten basieren. Zu Beginn der 1960er-Jahre wurden mehrreihige Zahnketten verwendet. Ihre Vorteile sind die Vereinfachung der Konstruktion dank des Wegfalls von Zwischenwellen und die Gewichtsreduzierung des gesamten Bauelements.

8.3.2.4 Visco-Sperre und Visco-Kupplung

Die Visco-Sperre und die Visco-Kupplung sind prinzipiell gleiche Bauelemente, die auf der Basis von viskoser Reibung funktionieren. Bei der Konstruktion dieser Elemente wur-

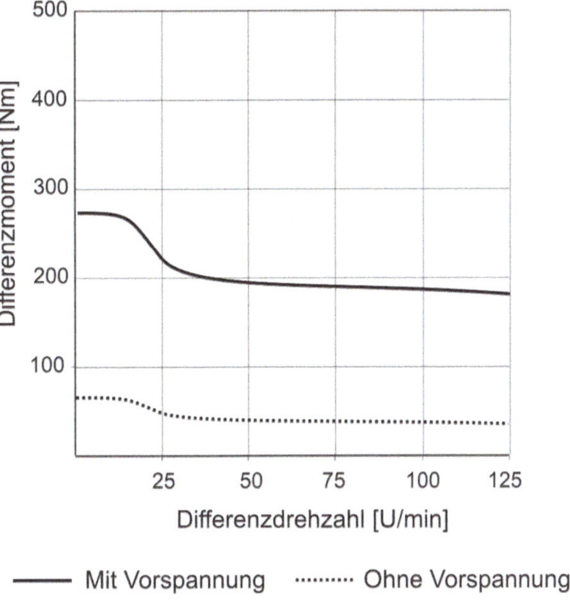

Abb. 8.8 Der Kennlinie einer Visco-Kupplung

den zwei Lamellenbremsen verwendet, die in einem geschlossenen Gehäuse angeordnet waren. Ein Satz der Lamellen ist an dem nabenförmigen Innenlamellenträger angebracht, der innen drehfest montiert ist. Der zweite Lamellensatz befindet sich an der Innenfläche des Gehäuses. Die inneren und die äußeren Lamellen sind abwechselnd so montiert, dass sich immer naben- und gehäuseseitige Wirkflächen gegenüberstehen. Die Distanzringe halten die Scheiben in einem bestimmten Abstand und der Raum dazwischen ist mit flüssigem, hochviskosem Silikonöl gefüllt. Das Kupplungsgehäuse ist auf der Welle abgedichtet, sodass eine einzige Füllung mit Silikonöl für eine lange Lebensdauer ausreicht. Die Kennlinie einer Visco-Kupplung ist in Abb. 8.8 dargestellt.

Das Funktionsprinzip von Visco-Sperre und Visco-Kupplung ist das gleiche. Das Element ist in das Antriebssystem so eingebaut, dass es den Antriebstrang an einer Stelle trennt, an der es einen Unterschied in der Drehzahl geben kann, z. B. zwischen den Rädern einer Achse oder zwischen Vorder- und Hinterachse. Bei einer Drehzahldifferenz zwischen der Nabe und dem Gehäuse beginnen die abwechselnd angeordneten Scheiben eine relative Drehbewegung auszuführen, die durch die viskose Wirkung von Silikonöl gebremst wird. Das mechanische Gleichgewicht wird erreicht, wenn die Drehzahlen beider Scheibensätze ausgeglichen sind, eine kleine Drehbewegung jedoch möglich ist, sodass keine nachteiligen Verspannungen im Antriebsstrang auftreten. Dieses System ist einfach und zuverlässig, aber ziemlich träge: Die Koppelung erfolgt verzögert und kann außerdem sehr heftig sein [9].

8.3.2.4.1 Hump-Effekt

Die Lamellen sind üblicherweise geschlitzt und das Silikonöl enthält einen gewissen Anteil an Restluft. Bei Drehzahldifferenz, besonders bei plötzlichem Drehzahlsprung, wird diese

Luft in den Schlitzen der Lamellen verteilt. Durch Erwärmung kann es dazu kommen, dass sich das Silikonöl ausdehnt und die Luft zunächst komprimiert, dann aufgenommen und schließlich vollständig im Silikonöl gelöst wird. Ausstülpungen auf der Lamellenoberfläche bewirken, dass die Lamellen so wirken, als hätten sie ein Flügelprofil. Infolgedessen wird eine Auftriebskraft erzeugt, die die Lamellen senkrecht gegeneinander drückt. Dadurch entsteht ein mechanischer Reibkontakt, der das übertragbare Drehmoment stark ansteigen lässt und gleichzeitig die Reibleistung im Fluid verringert. Dieses als Hump-Effekt bekannte Phänomen ist ein Übergangszustand von der Flüssigkeitsreibung zur kombinierten Flüssigkeit-Mischreibung. Dabei steigt bei derselben Differenzdrehzahl das übertragende Sperrmoment an. Eine Kupplung oder Sperre bietet dadurch bei starker Belastung gleichzeitig höhere Drehmomentkapazität und einen Selbstschutz gegen Überhitzung.

Der Hump-Effekt tritt erst ein, wenn die Kupplung eine gewisse Temperatur erreicht hat, er ist für normale fahrdynamische Anwendungen nicht planbar. Da der Hump-Effekt ein hydrodynamischer Effekt ist, wirkt er nur so lange, wie eine Drehzahldifferenz in der Kupplung vorliegt.

8.3.2.4.2 Betriebsflüssigkeiten für Visco-Sperren und -Kupplungen

Standardmäßig werden Silikonöle als Betriebsflüssigkeiten in Visco-Sperren und -Kupplungen verwendet. Silikonöle sind klare, farblose, ungiftige, neutrale, geruchslose, in einem weiten Spektrum temperaturstabile und hydrophobe Flüssigkeiten mit einer Dichte von 0,76 bis 1,07 g/cm^3 und Viskositäten von 0,6 bis 1.000.000 mPa s. Sie sind an der Luft dauerwärmebeständig bis ca. 180 °C. Ihr Stockpunkt liegt je nach Viskosität bei – 80 bis – 40 °C. Silikonflüssigkeiten weisen zwischen – 60 °C und bis 200 °C Schmiereigenschaften auf. Die Schmierfähigkeit ist geringer als die von Mineralölen und anderen Schmierstoffen. Sie neigen nicht zum Verharzen. Unter dem Gesichtspunkt der Anwendung in Kupplungen sind die Viskositätseigenschaften als Funktion der Temperatur wichtig. Im Gegensatz zu Erdöl haben Silikonöle progressive Viskositätseigenschaften als Funktion der Temperatur. Detaillierte Parameter sind ein Merkmal einzelner Arten. Darüber hinaus verhalten sich Silikonöle wie sogenannte nichtnewtonsche Flüssigkeit, deren Viskosität von der Geschwindigkeit des Scherprozesses abhängt. In dem Fall, in dem der Scherspannungsgradient höher als der Schergeschwindigkeitsgradient ist, steigt die Viskosität an. Diese Phänomene verursachen eine negative Rückkopplung in der Visco-Kupplung [9, 10].

Eine alternative Methode, die einen größeren Bereich von Änderungen der Parameter von Visco-Kupplungen ermöglicht, ist die Verwendung von Flüssigkeiten mit variablen rheologischen Eigenschaften als Betriebsflüssigkeit. Es geht um scherverdickte Flüssigkeiten (STF), magnetrheologische Flüssigkeiten (MRF) und elektrorheologische Flüssigkeiten (EMR). Ein charakteristisches Merkmal dieser Flüssigkeiten ist die Fähigkeit, ihre rheologischen Eigenschaften durch Ändern des elektrischen oder magnetischen Feldes zu beeinflussen. Das Steuern der Intensität des elektrischen oder magnetischen Feldes bewirkt eine Zunahme der Tangentialspannung in der Flüssigkeit und eröffnet damit neue Möglichkeiten für den Einsatz geregelter Kupplungen oder Visco-Sperren.

STF-Flüssigkeiten sind eine kolloidale Suspension von Siliciumdioxid-Nanopartikeln in einem organischen Träger, z. B. Ethylen- oder Polyethylenglykol. Sie sind nichtnewtonsche Flüssigkeiten, d. h. Ihre Viskosität hängt von der Schergeschwindigkeit ab. STFs weisen das Phänomen der Dilatation auf, was bedeutet, dass ihre Eigenschaften bei einer ausreichend hohen Schergeschwindigkeit von typisch für Flüssigkeiten bis charakteristisch für Feststoffe reichen. In der Praxis kann festgestellt werden, dass sich STF unter dem Einfluss eines Aufpralls von einer viskosen Flüssigkeit in einen elastischen Feststoff verwandelt. Dieser Vorgang ist schnell und vollständig umkehrbar.

Magnetrheologische Flüssigkeiten (MRF) verändern ihre Eigenschaften unter dem Einfluss eines Magnetfeldes kontrolliert. Das Phänomen einer wesentlichen Änderung der rheologischen Eigenschaften in einem externen Magnetfeld wird als magnetrheologischer Effekt bezeichnet. Magnetrheologische Flüssigkeiten werden in Form einer Suspension von ferromagnetischen Partikeln mit einer Größe im Bereich von 1 bis 10 µm in einer nicht magnetischen Trägerflüssigkeit hergestellt. Die in MRFs verwendeten Magnetpartikel sind meist Pulver aus ferromagnetischen Metallen und Legierungen mit hoher magnetischer Sättigungsmagnetisierung wie Eisen, Kobalt, Nickel und deren Legierungen. Als nicht magnetische Trägerflüssigkeiten werden synthetische oder natürliche Öle, Wasser, Kerosin oder Ethylenglykol verwendet. Der flüssige Träger spielt die Rolle eines Dispergiermittels für die Metallpartikel und stellt deren homogene Verteilung sicher. Zusätzlich muss ein Stabilisator verwendet werden, der eine Sedimentation und Agglomeration der Partikel verhindert. Als Stabilisator werden meist kolloidale Kieselsäure oder Ölsäure verwendet. Ein externes Magnetfeld magnetisiert die ferromagnetischen Partikel, die steife Ketten bilden, die entlang der Magnetfeldrichtung ausgerichtet sind. Dieses Phänomen führt zu einer wesentlichen Änderung der Mikrostruktur und der rheologischen Eigenschaften der MRF [10–12].

8.3.2.5 Permanenter Allradantrieb mit Torsen-Mittendifferenzial

In diesem Antriebssystem wurde das klassische Mittendifferenzial mit starrer Differenzialsperre durch ein Torsen-Mittendifferenzial ersetzt. Es ist ein Bauelement, das dank seiner automatisch selbstsperrenden Wirkung die Anpassung der Antriebsmomente an die Kraftschlupfbeanspruchung vorn und hinten vornimmt. Es soll durch die gewählte Basisaufteilung der Antriebsmomente von 50:50 % selten bzw. nur bei veränderlichen, glatten Fahrbahnen und Belastungszuständen zur Wirkung gelangen.

Ein Vorteil des Torsen-Systems ist ein relativ geringer Platzbedarf, es kann in üblichen Differenzialgehäusen installiert werden und ist nicht schwer. Der Ausgleich der Raddrehzahlen bei Kurvenfahrt wird sichergestellt, was ein wichtiger Aspekt für sicheres Fahrverhalten ist.

8.3.2.5.1 Torsen-Mittendifferenzial

Die Erfindung dieses Bauelements wurde 1958 von Vern Gleasman patentiert. Der Name Torsen kommt von zwei englischen Wörtern: „TORque" – Moment und „SENsing" – fühlend, was in der freien Übersetzung „drehmomentfühlend" bedeutet.

Torsen ist ein mechanisches Differenzialgetriebe, bei dem anstelle der üblichen Kegel-Trabantenräder Schnecken- und Stirnräder verwendet werden.

Das Torsen-Differenzial funktioniert mit vom Antriebsmoment beeinflusster variabler Kraftverteilung. Dadurch ergibt sich, unabhängig von der vorgegebenen Drehmomentverteilung, unter Last eine veränderliche Antriebsmomentverteilung durch die Drehzahlunterschiede der beiden Achsen – falls Mittendifferenzial, und den Rädern einer Achse – falls Achsdifferenzial. Abb. 8.9 zeigt ein Torsen-Differenzialdiagramm. Der Sperrwert ist abhängig von der Drehzahldifferenz zwischen den Ausgängen und direkt proportional dem übertragenden Antriebsmoment. Das Ergebnis ist eine automatische Differenzialsperre bis 60 % Sperrgrad mit definiertem Übergangsverhalten. Die Kennlinien des Torsen-Differenzials sind in Abb. 8.10 dargestellt. Die Besonderheit dieses Differenzials

Abb. 8.9 Torsen-Differenzial

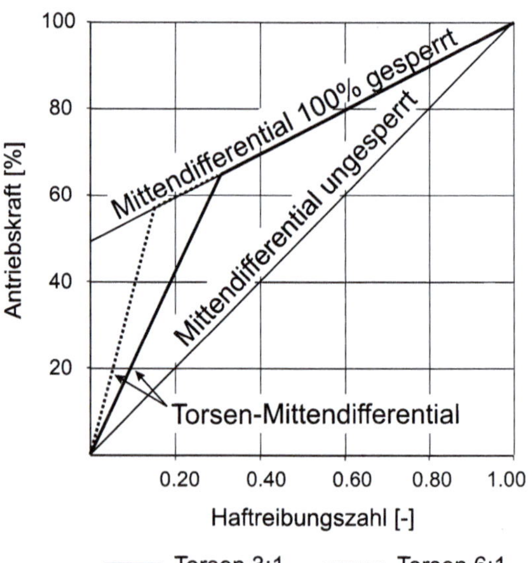

Abb. 8.10 Kennlinie des Torsen-Differenzials

ist jedoch die Funktionsumkehr im Schiebebetrieb. Sie beruht auf dem Konstruktionsprinzip des Schneckentriebs: Die Schnecke kann das Schneckenrad antreiben, aber nicht umgekehrt. Durch diese antriebsrichtungsabhängige Eigenschaft werden im Schiebebetrieb die Antriebsachsen nahezu vollständig entkoppelt. Dadurch sind die installierte Bremskraftverteilung sowie die ABS-Tauglichkeit gewährleistet [9].

Derzeit gibt es drei Haupttypen von Torsen-Mechanismen:

- T-1 mit INVEX-Planetengetriebe und Stirnradgetriebe
- T-2 hat ein „EQUVEX"-Planetengetriebe, Schrägverzahnung, T-2R-Sportversion
- T-3 hat ein Planetenrad mit interner Schrägverzahnung

Sowohl der erste Mechanismus als auch der zweite unter normalen Griffigkeitsbedingungen teilen das Moment auf den Wellen im Verhältnis von 50:50. Der T-2 unterscheidet sich vom T-1 dadurch, dass die Achsen aller Räder parallel zueinander angeordnet sind. Der Nachteil des klassischen Torsen-Mechanismus ist die Fähigkeit, eine Last auf die Achswelle zu übertragen, die nur einige Male größer ist als diejenige, die die weniger belastete Achswelle erreicht. Dieser Anteil wird durch den TBR-Koeffizienten (Torque Bias Ratio) ausgedrückt, der sich aus der Anordnung der Räder und der Neigung der Zahnlinie ergibt und in der Entwurfsphase bestimmt wird. Für T-1 kann sie zwischen 2,5:1 und 6:1 liegen, während sie für T-2 zwischen 1,2:1 und 3:1 liegt. Wenn also die Drehzahl eines der Räder der mit Torsen-Differenzial ausgestatteten Achse ansteigt (das übertragene Moment ist gleich 0), überträgt die andere Achse das Nullmoment. Daher wurde der T-2R mit einer Plattenreibungskupplung ausgestattet, die eine Vorspannung ausführen kann. Beide Typen, T-1 und T-2, werden als Differenzialmechanismen zwischen beiden (Mittel-)Achsen und Fahrzeug-(Axial-)Rädern verwendet.

Der neueste Typ ist der T-3, der für Fahrzeuge mit Allradantrieb entwickelt wurde. Die Einschränkung der beiden vorherigen Arten von Torsen-Mechanismen war ihre symmetrische Konstruktion, die bei Verwendung als zentrales Differenzial das Antriebsmoment im Verhältnis 50:50 verteilte. Bei Sportwagen wird jedoch eine ungleichmäßige Verteilung des Antriebsmoments zwischen den Achsen bevorzugt, was bei Torsen Typ 3 möglich ist. Die Konstruktion basiert auf einem Planetengetriebe, bei dem die Satelliten in ihrer äußeren Ebene im Gehäuse positioniert sind. Aufgrund seiner Konstruktion kann der T-3 ein Antriebsmoment in Anteilen von 65:35 bis 35:65 übertragen [13].

Wie alle Sperrdifferenziale ist das Torsen-Differenzial im Prinzip ein offenes Differenzial, dessen Fähigkeit zum Drehmomentausgleich zwischen den Abtriebswellen durch geringen Wirkungsgrad erkauft wird.

Derzeit wird der Torsen-Mechanismus hauptsächlich als Mittendifferenzial in Sportwagen eingesetzt (Abb. 8.11, 8.12).

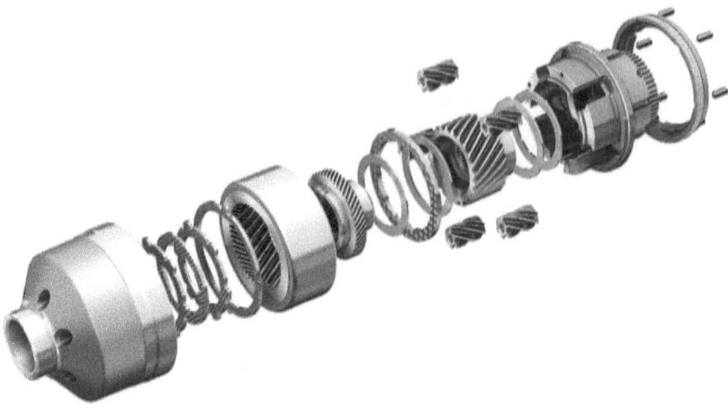

Abb. 8.11 Torsen-Mittendifferenzial (© Audi)

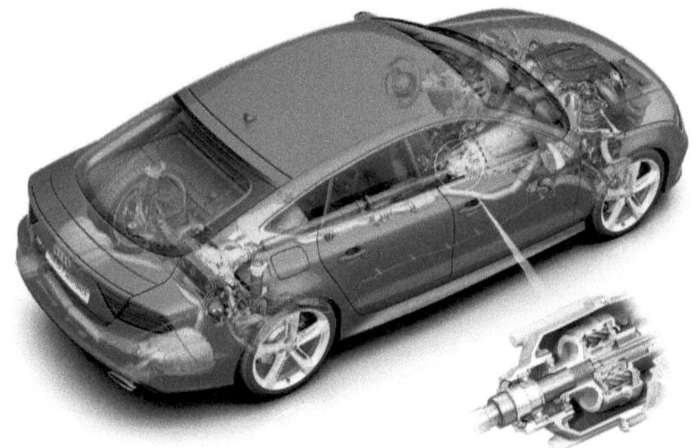

Abb. 8.12 Der Audi RS mit dem Torsen-Mittendifferenzial (© Audi)

8.3.3 Allradantrieb mit steuerbarer Kraftverteilung

Die Anwendung der regelbaren Kraftübertragungselemente im Antriebsstrang zur Kraftverzweigung wurde durch die Fortschritte auf dem Gebiet der elektronischen Regelsysteme, Sensorik und Mikrocomputersysteme ermöglicht. Der Hauptzweck der Implementierung des Allradantriebs mit steuerbarer Kraftverteilung war die Verbesserung der Sicherheit und die Optimierung des Traktionsvermögens bei gleichzeitiger Entlastung des Fahrers.

Derzeit sind alle handelsüblichen SUV sowie die meisten ORVs mit einem Allradantrieb mit steuerbarer Kraftverteilung ausgestattet. Natürlich gibt es signifikante Unterschiede in der Antriebsstrangautomatisierung zwischen einzelnen Modellen. Immer mehr Modelle zeichnen sich durch die Integration des automatischen Allradantriebs mit Traktionskontrollsystemen, aktive Radaufhängung und andere Assistenzsysteme aus. Die Integration ist dank der Implementierung zentraler Bordcomputer sowie von CAN-BUS möglich, über die die Verbindung zwischen Zentraleinheit, Sensoren und Ausführungsmechanismen hergestellt wird [6].

Im Abschn. 8.4 werden ausgewählte Systeme vorgestellt, deren Konzept in der Praxis durch eine gute Leistung bestätigt wurde, die den Erwartungen von Designern und Fahrern entspricht.

8.3.3.1 Lamellenkupplung

Bei den modernen Offroad-Fahrzeug- und SUV-Antriebssystemen wird die Steuerung der Übertragung des Antriebsmoments auf einzelne Achsen durch die Verwendung gesteuerter Lamellenkupplungen erreicht.

Es gibt vier Arten von Lamellenkupplungen, die die Eingriffsmethode berücksichtigen:

- Hydraulische, z. B. Haldex I-, II- und III-Generation
- Elektrohydraulische, Haldex IV- und V-Generation
- Elektromagnetisch, z. B. GNK
- Elektromechanisch, z. B. BMW xDrive

Das allgemeine Prinzip von Lamellenkupplungen ist gleich, unabhängig davon, wie die Kupplung einrastet. Wenn die Kupplung zum Übertragen des Antriebs von einer Welle auf eine andere verwendet wird, besteht ihre Bauweise aus zwei Wellen – der Antriebs- und der Abtriebswelle, die in einem Gehäuse eingeschlossen sind, das dauerhaft mit der Abtriebswelle verbunden ist. Die Antriebswelle befindet sich im Gehäuse. Auf beiden Wellen befinden sich im Inneren des Gehäuses zwei Sätze von Reibscheiben, die abwechselnd am Gehäuse oder der Antriebswelle befestigt sind. Ein Lamellensatz ist entlang des Umfangs mit der Antriebswelle verbunden, während der andere auf der Abtriebswelle intern auf einem Mehrfachkeil montiert ist. Vereinfacht dargestellt ist das Kupplungsgehäuse eine Welle, die Kraft auf die zweite Welle im Inneren überträgt. In der Regel sind die beiden Wellen nicht miteinander verbunden und arbeiten unabhängig voneinander. Eine Verbindung entsteht nur dann, wenn an einer Achse, die ständig angetrieben wird, Schlupf auftritt. Die Kupplung bleibt ausgeschaltet, wenn beide Achsen (beide Wellen) mit der gleichen Drehgeschwindigkeit laufen.

Eine andere als die oben beschriebene Situation aktiviert die Kupplung. Wenn sich die angetriebene Welle (Kupplungsgehäuse) schneller zu drehen beginnt als die Abtriebswelle, aktiviert die Geschwindigkeitsdifferenz das System, das für das Einrücken der Kupplung verantwortlich ist. Dieses System blockiert die Kupplung dauerhaft oder sie rastet teilweise ein, indem die Scheiben näher zusammengebracht werden. Aufgrund der Tatsache, dass die mit dem Gehäuse verbundenen Scheiben an den an der Welleninnenseite angebrachten Scheiben anliegen, wird das Drehmoment auf die Abtriebswelle übertragen. Wenn der Schlupf einer der Achsen relativ zur anderen endet, wird die Kupplung ausgerückt [9].

8.3.3.1.1 Haldex-Kupplung

Haldex ist eine Lamellenkupplung, deren Konzept auf einem schwedischen Patent von Sigge Johansson, einem Mitarbeiter des Automobilherstellers SAAB, basiert. Es handelt sich um eine Lamellenkupplung, die die Drehzahl „erfasst“ und in Fahrzeugen mit permanentem Allradantrieb verwendet wird [14].

Wenn sich die Drehzahlen von Eingangs- und Ausgangswelle unterscheiden, startet die Nockenscheibe die Kolbenpumpen, um den zum Einrücken der Kupplung erforderlichen Öldruck zu erzeugen. Die Rollenlager der Pumpe rollen über die Vertiefungen und Ausbuchtungen der Nockenscheibe. Das Ansteigen und Abfallen der Walzen wird auf die Kolben übertragen und versetzt sie in Hubbewegung. Der Öldruck steigt an. Unter Druck stehendes Öl wird durch den Kanal zum Arbeitskolben geleitet, wodurch es sich in Richtung der Lamellensätze verschiebt. Das Zusammendrücken der Lamellen führt zur Verbindung der Antriebs- und Abtriebswelle und damit zur Aktivierung des Allradantriebs. Der Öldruck wird durch ein Magnetventil geregelt, das vom Steuergerät aktiviert wird. Dies ermöglicht einen Sperrgrad von 0 bis 100 %. Oberhalb von 400 U/min wird auch die elektrische Ölpumpe gestartet. Es werden Kolbenpumpen verwendet. Durch den Anstieg des Öldrucks bewegen sich die Reibscheiben gegeneinander. Details einer Beispiellösung der Haldex-Kupplung sind in Abb. 8.13 und 8.14 dargestellt.

Gegenüber einer Visco-Kupplung hat die abschaltbare Lamellenkupplung den Vorteil, dass im Antriebssystem keine Verspannungen entstehen und beim Bremsen die Antriebsachsen nicht miteinander gekoppelt sind. Daher sind Haldex-Kupplungen mit modernen fahrdynamischen Steuerungssystemen wie ESP kompatibel. Es ist auch möglich, das Fahrzeug abzuschleppen, ohne die Antriebsstrangkomponenten zu beschädigen.

Es gibt fünf aufeinanderfolgende Generationen von Haldex-Kupplungen. Die Kupplung der ersten Generation besteht aus folgenden Hauptkomponenten:

- Hydraulikpumpe, die von einer Nockenwelle angetrieben wird
- Lamellenkupplung
- Elektrohydraulisches Steuerungssystem

Allradantrieb mit Haldex-Kupplung der ersten Generation ist reaktiv. Die Kupplung schaltet sich ein, wenn ein Geschwindigkeitsunterschied festgestellt wird und die Reaktion sehr schnell erfolgt. In der Regel reicht ca. eine Viertel Radumdrehung aus, um das Drehmoment an die zweite Achse zu übertragen. Das elektronische Steuersystem aktiviert die Kupplung nicht, es hat nur die Aufgabe, den Öldruck zu senken, z. B. beim Einparken, wenn das ABS in Betrieb ist, die Handbremse angezogen ist usw.

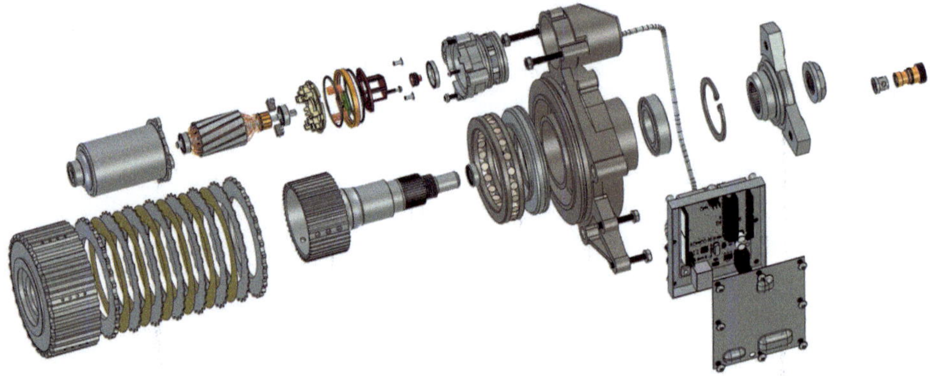

Abb. 8.13 Bauteile der Haldex-Kupplung

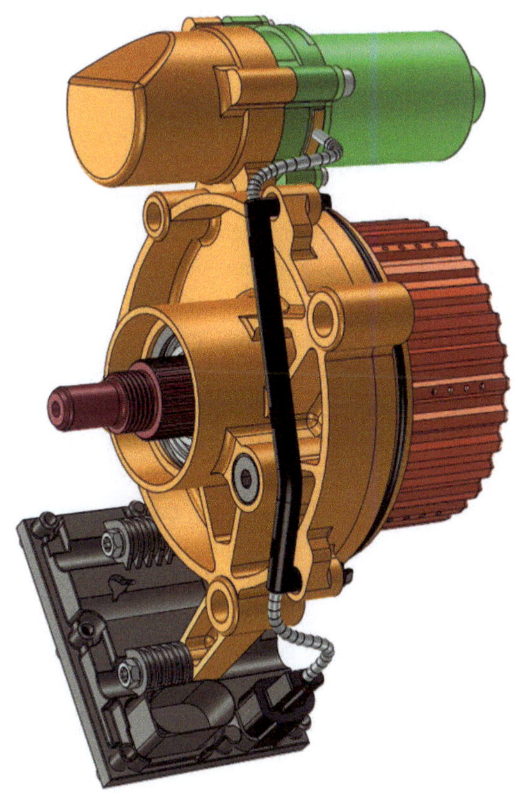

Abb. 8.14 Haldex-Kupplung, die ganze Einheit

Unter normalen Bedingungen (Fahren mit konstanter Geschwindigkeit ohne Schlupf) wird das Drehmoment auf 90:10 % (V/H) verteilt. Bei gesperrter Kupplung wird das Drehmoment gleichmäßig auf beide Achsen verteilt (50:50 %).

Das Haldex-Allradsystem der vierten Generation ist proaktiv. Das elektronische Steuersystem kann die Kupplung vorspannen und den Allradantrieb einschalten, bevor die Räder durchrutschen. Die vierte Generation von Haldex verfügt nicht über eine mechanische Pumpe, die die Kupplung aktiviert. Die Kupplung wird durch eine Förderpumpe aktiviert und kann zur Steigerung der Fahrdynamik eingesetzt werden, um z. B. das Fahrzeug auch ohne vorherigen Radschlupf zu stabilisieren, bevor unerwünschte Fahrsituationen eintreten. Ein Einkuppeln der Haldex-Kupplung im Stillstand zur Erhöhung der Startbeschleunigung ist ebenfalls möglich. Das Kupplungsdrehmoment ist unabhängig von der Wellendrehzahl.

Generation fünf ist leichter, kompakter und unkomplizierter zu integrieren. Mit Hilfe eines elektro-hydraulischen Fliehkraft-Bypass-Ventils wird die Leistung zwischen Vorder- und Hinterrädern verteilt. Ein integriertes elektronisches Steuergerät benutzt die Messdaten und sorgt für eine präventive, sofortige Reaktion mit hoher Drehmomentgenauigkeit. Es wurde eine Trennkupplung zur Entkopplung des gesamten sekundären Antriebsstrangs ergänzt, was zur Reduzierung des Kraftstoffverbrauchs führt [15].

8.3.3.1.2 Elektromagnetische Lamellenkupplung

Eine solche Kupplung wird hauptsächlich von Herstellern aus Fernost verwendet, wird aber auch bei Jeep und einigen europäischen Fahrzeugen eingesetzt. Sie enthält keine Hydraulik und das Zusammendrücken der Kupplungsscheiben erfolgt durch einen Elektromagneten. Die Klemmkraft wird auf der Grundlage von Steuersignalen von den Sensoren gemäß der im gegebenen Modell gewählten Strategie elektronisch gesteuert. Elektromagnetische Kupplungen zeichnen sich bezogen auf die Größe des übertragbaren Drehmoments durch sehr geringe Abmessungen aus. Sie zeichnen sich durch einen steilen Drehmomentanstieg und ein geringes Restdrehmoment aus. Die schnelle Reaktion auf Auslöseimpulse erhöht die Genauigkeit und Leistung ohne zusätzliche Übertragungselemente und reduziert die Abmessungen und das Gewicht des Antriebssystems. Der Elektromagnet in der Kupplung wird durch Stromimpulse aktiviert, die den Kopplungsgrad der Kupplungsscheiben bestimmen. Das auf die Abtriebswelle in der Kupplung übertragene Drehmoment hängt von der Frequenz der Aktivierungsimpulse ab. Höhere Frequenz = größeres Drehmoment, das von der Kupplung auf die Abtriebswelle übertragen wird. Es ist möglich, eine vollständige Kopplung der Eingangs- und Ausgangswelle zu erreichen (Übertragung von 100 % des Drehmoments). Die Vorteile elektromagnetischer Kupplungen sind die einfache Konstruktion und die geringe Größe. Sie sind jedoch weniger widerstandsfähig gegen hohe Belastungen.

Das Gehäuse mit dem Flansch ist fest mit dem angetriebenen Teil der Maschine verbunden. Zusammen mit der äußeren Mehrscheibenbaugruppe bildet sie einen angetriebenen Teil der Kupplung.

Der Magnetkörper, in dem die innere Mehrscheibenbaugruppe montiert ist, ist das Abtriebsteil. Die interne Mehrplattenbaugruppe ist mit einer Schicht aus Reibmaterial bedeckt, die für die Betriebsart geeignet ist (Ölbad oder trocken), um die Lebensdauer zu verlängern und die Reibung zu erhöhen. Die äußere Mehrscheibenbaugruppe gleitet entlang des Kupplungsdeckels. Die Ankerplatte kann relativ zum Magnetkörper gleiten, der durch Gleitstifte geführt wird. Wenn die Spule durch Gleichstrom angeregt wird, wird die Ankerplatte vom Magnetkörper angezogen. Wenn die Bremse nicht aktiviert ist, wird die Platte aufgrund der auf die Gleitstifte im Spaltflansch wirkenden Feder zurückgewiesen.

Die Einstellmutter wird so in die Ankerplatte eingeschraubt, dass sie bei aktivierter Kupplung gegen die Mehrplattenbaugruppe drückt. Durch Drehen der Mutter kann die Breite des Luftspalts zwischen dem Magnetkörper und der Ankerplatte eingestellt werden. Die Spaltbreite beeinflusst die Größe des übertragbaren Drehmoments. Zur genauen Einstellung des Luftspalts wird eine Fühlerlehre verwendet. Kollektorringe erhalten Erregerstrom von Versorgungsbürsten für bronzegeschmierte Kupplungen und für trockenlaufende Kupfer-Graphit-Kupplungen. Die Distanzhülse begrenzt die äußerste Position des Ankers. Die Erregerspule wird in den Magnetkörper gedrückt.

Ein Beispiel für eine elektromagnetische Lamellenkupplung ist in Abb. 8.15 dargestellt.

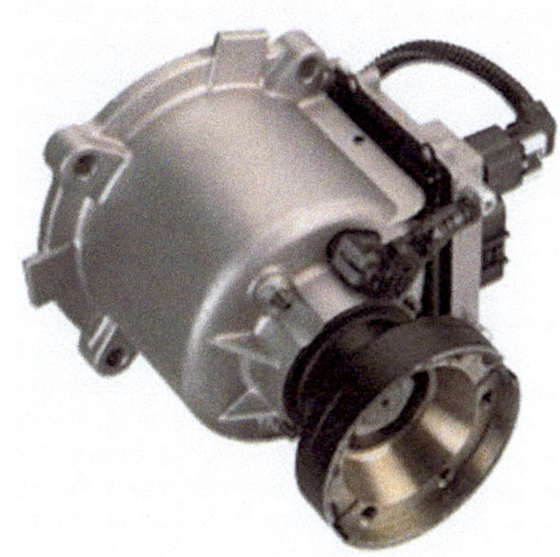

Abb. 8.15 Eine elektromagnetische Lamellenkupplung von BorgWarner (© BorgWarner)

8.3.3.1.3 Elektromechanische Lamellenkupplung

Ein Elektromotor in Verbindung mit einem Kugelrampensystem setzt die vom Fahrdynamikregler gesteuerte Soll-Drehmomentverteilung in entsprechende Anpresskraft um.

Die elektromechanische Kupplung zeichnet sich durch eine einfache Konstruktion aus. Der elektrische Schrittmotor ist für das Zusammenpressen und Lösen der Kupplungsscheiben verantwortlich, wodurch vom Getriebe die Drehung der speziell geformten Felge bewirkt wird. Der Kranz arbeitet mit Hebeln, die mit einer eingebetteten Lamellenkupplung axiale Bewegungen auf der Welle ausführen. Die Hebel fahren aus und greifen zwischen die Lamellen ein. Der Schrittmotor wird elektronisch gesteuert, die Steuerung hat einen Impulsteil und eine Leistungskomponente, die auf Impulstransistoren aufgebaut ist. Die elektromechanische Kupplung hat eine kurze Reaktionszeit von 100 ms.

Elektromechanische Kupplungen sind normalerweise zuverlässig und langlebig. Ein Satz Scheiben sowie ein Schrittmotor mit einem Elektronikmodul können problemlos über Fahrstrecken von 200.000 km standhalten. Wenn es irgendwelche Mängel gibt, betreffen sie eher die Steuerelektronik. Fällt das Getriebe aus, ist dies leicht und relativ kostengünstig zu reparieren.

8.3.3.1.4 Lamellenkupplungsaktuatoren von BorgWarner

Lamellenkupplungen können durch verschiedene Verfahren aktiviert werden. BorgWarner ist ein Hersteller von Aktuatoren für Kupplungen für Fahrzeuge mit Allradantrieb. Ein Beispiel ist der hydraulische Aktuator (Abb. 8.16). Anfänglich verwendete BorgWarner als hydraulische Aktuatoren Differenzialdrehzahlpumpen, um sofortigen Druck zu erzeugen. Diese wurden in den nachfolgenden Generationen von Aktuatoren verbessert, wobei der Hauptfokus der kontinuierlichen Verbesserung auf der Reduktion sowohl der Komplexität als auch des Gewichts dieser Systeme lag. Während der Entwicklung der nächsten Generationen wurde das Kupplungsgewicht konsequent reduziert. Die differenziell angetriebene Pumpe wurde in der vierten Generation durch eine elektrisch angetriebene Pumpe, einen Druckspeicher und ein Steuerventil ersetzt, wodurch die Not-

Abb. 8.16 Der hydraulische Aktuator für Lamellenkupplung von BorgWarner (© BorgWarner)

wendigkeit eines Drucksensors entfiel. Bei der fünften Generation wurden der Druckspeicher, der Filter und das Druckregelventil entfernt und durch eine Kreiselpumpe ersetzt.

Diese patentierte, zentrifugal gesteuerte 6-Kolben-Axialpumpe erzeugt nicht nur den Druck im System, sondern steuert ihn auch. Durch die Verwendung ihrer Fliehkraftregelventile stellt die Pumpe eine Korrelation zwischen der Drehzahl des Motors und dem Druck im System her. Aufgrund dieser Verbindung funktioniert das System am besten, wenn es von einem bürstenlosen Gleichstrommotor (BLDC) angetrieben wird, bei dem die Drehzahl der Sollwert ist. Die Ausgleichskraft der Stahlkugel im Rückschlagventil bestimmt den Druck in Abhängigkeit von der Motordrehzahl. Dies ermöglicht hohe Druckgenauigkeit und niedrige Hysterese und bietet hervorragende Reaktionszeiten bei jedem Sollwert.

Die Verwendung des bürstenlosen Gleichstrommotors im Aktuator der nächsten Generation hat das Ziel, die Haltbarkeit und die Wärmekapazität zu verbessern sowie die Größe zu minimieren. Das elektronische Steuergerät (ECU) wurde in den Motor integriert, was zu geringeren Kosten, einer geringeren Gehäusegröße und einer robusteren EMV durch

Entfernen des Kabelbaums führte. Darüber hinaus wurde die Ausrichtung der ECU und des Stators verwendet, um die Montageeffizienz zu verbessern und die Produktkosten zu minimieren. Stator und ECU sind trocken, um Kompatibilitätsprobleme zwischen Öl, Elektronikhardware und Verbindungen zu vermeiden. Der Rotor wurde als nass ausgelegt, um die dynamische radiale Abdichtung zwischen Pumpengehäuse und Motorwelle zu beseitigen. Das Motorsteuergerät ist sensorlos, verfügt jedoch bei Bedarf über einen optionalen Positionssensor. Diese neuen, optimierten GenVI-Aktuatorsysteme haben zu einer Gewichtsreduzierung von mehr als 40 % gegenüber früheren Generationen geführt. Dies hat auch eine Gewichtsreduzierung von ca. 15 % im Vergleich zu herkömmlichen AWD-Kupplungen zur Folge. Die reduzierte Größe der Maschine, kombiniert mit der Integration eines Steuergeräts und der allgemeinen Flexibilität eines Hydraulikaktuators, ermöglichen ein deutlich kleineres System, das den Herstellern hilft, ihre Systemintegration zu optimieren.

Aufgrund der Beziehung zwischen Motordrehzahl und Fliehkraftmechanismusdruck in der Pumpe unterstützt die Verwendung eines BLDC mit Drehzahlregelung die Druckgenauigkeit innerhalb des Systems. Die Reaktionszeit oder die Zeit, die erforderlich ist, um den neuen Wert zu erreichen, wird verkürzt, dies wird durch eine verbesserte Flusskontrolle der Pumpe bewirkt, wenn sie die normale Betriebstemperatur erreicht. Der bürstenlose Motor ist praktisch wartungsfrei, da er keine Bürsten besitzt und wegen des Fehlens eines mechanischen Kontaktes kein Verschleiß des Kommutators auftritt. Die Verwendung einer dynamischen Radialdichtung ist ebenfalls nicht erforderlich.

Im ECO-Modus wird der Energieverbrauch des Systems reduziert, da der Motor unter Bedingungen, bei denen keine Drehmomentübertragung erforderlich ist, vollständig abgeschaltet ist. Durch die Integration eines Absperrventils für den Schmierstrom in das Reibscheibenpaket können auch Ölwechselverluste innerhalb des Systems minimiert werden [16].

8.4 Übersicht steuerbarer Allradantriebssysteme von verschiedenen Fahrzeugherstellern

8.4.1 Daimler-Benz 4MATIC

Das erste praktische Automobil der Daimler-Motoren-Gesellschaft (DMG) mit Allradantrieb war der 1907 entworfene „Dernburg-Wagen". Der Tourenwagen hatte auch eine Allradlenkung und war auf den Einsatz im damaligen deutschen Südwestafrika (heutiges Namibia) zugeschnitten, wo er ab 1908 viele tausend Kilometer zurücklegte – auch in schwierigem Gelände.

Durch die Fusion der beiden ältesten Automobilmarken im Jahr 1926 entstand die Daimler-Benz AG mit der Marke Mercedes-Benz. Beide Unternehmen hatten viel Erfahrung im Bereich der Allradsysteme und Fahrzeuge. Das 1936 entwickelte Modell 170 VL (W 139) mit permanentem Allradantrieb gilt als Vorläufer des Mercedes-Benz-G-5 (W

152). Dieses „Kolonial- und Jagdfahrzeug" wurde bis 1941 gebaut, verfügte über drei Differenzialsperren, eine bedarfsgesteuerte Allradlenkung und ein 5-Gangschaltgetriebe (eines davon ein gerades Offroad-Getriebe) und konnte in verschiedenen Ausführungen und Karosserieformen für Militär- und Privatkunden bestellt werden.

In den frühen 1950er-Jahren schuf Mercedes-Benz das berühmte Universal-Motorgerät Unimog, das sich sowohl als landwirtschaftlicher Traktor als auch für Transporte auf und abseits der Straße bewährt hat, und für die Instandhaltung von Winterstraßen oder für den Betrieb auf Baustellen geeignet ist, und sogar zum Rangieren auf Eisenbahnschienen. 1979 hatte Mercedes-Benz das berühmte G-Modell präsentiert, mit manuell zuschaltbarem Allradantrieb und Differenzialsperren.

Nach dem Erfolg des Allradantriebs im G-Modell hat Mercedes-Benz die Technologie in den 1980er-Jahren auch in andere Personenkraftwagen integriert. Die Lösung wurde 1985 uraufgeführt und trug den Namen 4MATIC. Es war ein Allradantrieb der neuesten Generation, der unter anderem dank des Einsatzes von Elektronik in jeder Fahrsituation das perfekte Antriebssystem bot. Das automatisch zuschaltbare Vierradantriebssystem 4MATIC wurde für die Baureihen W 124 und W124T von Daimler-Benz angeboten. Das System basierte auf serienmäßigem Standardantrieb, an den am Automatik- oder Schaltgetriebe ein Verteilergetriebe angeflanscht wurde. Im Verteilergetriebe sind ein Planetenmittendifferenzial und zwei hydraulisch funktionierende Lamellenkupplungen zur Schaltung des Antriebs an die Räder der Vorderachse sowie der Längssperre vorhanden. Der Hinterachsantrieb beinhaltete ein automatisches Sperrdifferenzial von bis zu 100 % Sperrgrad. Das System umfasst eine hydraulische Steuerung, die von der Tandempumpe der Niveauregulierung mit Drucköl versorgt wird und über einen getrennten Druckspeicher verfügt. Zur Sensorik gehören ABS-Drehzahlgeber an beiden Vorderrädern und am Antriebskegelrad der Hinterachse, ein Lenkradwinkelgeber und der Bremslichtkontaktschalter. Das Fahrzeug fährt normalerweise mit Hinterradantrieb. Erst wenn Längs- und Querschlupf bestimmte Grenzwerte überschreiten, wird der Vorderradantrieb geschaltet.

Hauptbestandteil dieses 4MATIC-Systems war das für die Hinterachse entwickelte automatisch schaltende Sperrdifferenzial (ASD). In der ersten Version, die in der Daimler-Benz-W124-Baureihe eingesetzt wurde, war das ASD elektronisch angesteuert und hydraulisch betätigt. Das ASD besteht aus zwei Lamellenkupplungen, die im Differenzialgehäuse integriert wurden. Die Außenlamellen sind in den Innenverzahnungen des Differenzialgehäuses axial verschiebbar eingehängt, die Innenlamellen sind auf den Naben der Ausgleichkegelräder installiert. Die Ausgleichkegelräder wurden über eine Keilverzahnung mit den Seitenwellen verbunden. Die beiden Lamellenpakete werden von den Zahnkräften der Ausgleichskegelräder zusammengepresst, diese Kräfte sind vom Antriebsmoment abhängig. Die Zahnkräfte reduzieren auch die Relativbewegung zwischen Differenzialgehäuse und Seitenwelle bis zu einem Sperrgrad von 35 % – es ist dies ein Basissperrgrad. Im Gehäuse des Ausgleichgetriebes befinden sich ein mit Öldruck beaufschlagter Kolben, der über das äußere Kugellager auf die Seitenwelle wirkt und diese mit dem Kegelrad nach außen zusammenzieht. Das verstärkt die Anpresskraft auf das Lamellenpaket, dadurch wird ein Sperrgrad von bis zu 100 % erzielt (Abb. 8.17).

Abb. 8.17 Das automatisch schaltende Sperrdifferenzial

Eine Hydraulikeinheit des ASD enthält eine vom Motor angetriebene Radialkolbenpumpe für die Druckölversorgung, einen Druckspeicher, ein Speicherladeventil und das Magnetventil, das zur Drucksteuerung der Lamellensperre dient. Die Wirkung der elektrohydraulischen Zuschaltung der Lamellensperre wird von ABS-Raddrehzahlsensoren innerhalb 200 ms bei einem mittleren Fahrgeschwindigkeitsunterschied zwischen Hinter-/Vorderrädern von 2 km/h aufgebaut.

Die automatische Sperre schaltet nur bis zu einer Fahrgeschwindigkeit von 35 km/h zu und ab 38 km/h wird sie abgeschaltet.

Zur Gewährleistung der Bremsstabilität und uneingeschränkter ABS-Funktion wird das Magnetventil der Sperre beim Betätigen der Bremsen sofort abgeschaltet [9].

8.4.1.1 Die für den kompakten SUV optimierte Version des 4MATIC-Systems

Der 4MATIC-Antriebsstrang wurde im Laufe der Jahre modifiziert und verbessert. Dieses System wurde auch für Geländefahrzeuge und SUV implementiert. Ein Beispiel ist die in der Mercedes-GLK-Klasse eingesetzte Version des bekannten Systems.

In diesem Fahrzeug wird das Antriebsmoment innerhalb des Verteilergetriebes durch ein Zentraldifferenzial aufgeteilt und in einem festen Verhältnis an die beiden Achsen geleitet. Die Verteilung von 45:55 % (Vorder- zu Hinterachse) wurde als Optimum für Traktion und Fahrverhalten in Berechnungen und Fahrversuchen identifiziert.

Der 4MATIC der GLK-Klasse kommt ohne Längsdifferenzialsperre aus. Stattdessen ist am Zentraldifferenzial eine Lamellenkupplung angebracht, die zur Verbesserung der Traktion und Fahrstabilität bei niedrigem Reibbeiwert eine Grundsperrwirkung zwischen Vorder- und Hinterachse erzeugt

Bei dem 4MATIC-Antrieb wird auch auf Querdifferenzialsperren an beiden Achsen verzichtet. Ihre Funktion wird von den Radbremsen übernommen: Dreht infolge µ-Split ein Rad schneller durch, wird dessen Bremse aktiviert, um die Drehzahlunterschied zu reduzieren.

Die Designdetails des 4MATIC-Antriebsstrangs, die sich aus einer innovativen Design- und Entwicklungsstrategie ergeben, sollten diskutiert werden.

Der Mercedes GLK ist ein Kompakt-SUV und wurde von Anfang an auf Allradantrieb hin entwickelt. Durch die Auswahl des Antriebskonzepts mit permanentem Allradantrieb wird eine Gewichtsreduktion des ganzen mechanischen Systems erreicht. Das Antriebsmoment wird auf beide Achsen verteilt und daraus ergeben sich in den einzelnen Antriebssträngen geringe Drehmomentniveaus sowie Lastkollektive. Damit kann die Größe aller Antriebskomponenten auf das erforderliche Maß reduziert werden. Eine weitere Gewichts- und Verbrauchsreduktion wurden durch die Verringerung von der Anzahl von Zahneingriffen und Radialwellendichtungen sowie durch Lagerungs- und Schmierungskonzepte erreicht [17].

8.4.1.1.1 Das Verteilergetriebe

Dieses Bauelement wurde zusammen mit dem 7G-Tronic-Grundgetriebe und schrägverzahntem Zentraldifferenzial in Doppelplanetenbauweise sowie zwei Kegelstirnrädern integriert. Durch diese integrierte Bauweise haben die beiden Getriebe einen gemeinsamen Ölhaushalt, was eine sichere Schmierung der einzelnen Komponenten und eine Minimierung der Pantsch- und Wirkungsverluste gewährleistet.

Wie bereits erwähnt, verteilt das Planetendifferenzial das Drehmoment im Verhältnis von 45:55 % (V/H), was sich aus dem Zahnverhältnis von Hohl- und Sonnenrad ergibt. Die am Zentraldifferenzial angebrachte Zweischeibenlamellenkupplung, erzeugt eine Grundsperrwirkung von 50 Nm. In dieser Pre-Lock-Kupplung ist das Lamellenpaket über eine Tellerfeder permanent vorgespannt. Bei durchdrehenden Rädern an einer Achse wird ein Reibmoment zur langsamen drehenden Achse übertragen. Das Antriebsmomentverhältnis kann zwischen 30:70 % und 7030 % (Vorder- zu Hinterachse) variieren.

Das Verteilergetriebe ist leicht und sehr sparsam im Platzbedarf. Dies wurde durch Innovationen bei Design und Konstruktion der einzelnen Bauelemente erreicht. Beispielsweise umschließt das Zahnrad des Nebenabtriebs das Kreuzgelenk vollständig, dadurch ist das Bauelement sehr kompakt.

Innovative Lösungen wurden auch zur Gewährleistung des zuverlässigen Betriebs bei den GLK-Allradantriebssystem eingesetzt. Ein Beispiel ist eine Schleudermanschette am hinteren Ende des Gelenkwellenrohrs, die sich axial an einem Wulst auf der Gelenkgabel abstützt. Sie verhindert den Schmutzeintrag in den Bereich des integrierten Kreuzgelenkes der vorderen Gellenkwelle. Diese Eigenschaft ist sehr vorteilhaft beim Geländefahren, besonders auf Sand oder auf anderem lockerem Boden, dessen Partikel leicht auf die Bauelemente des Antriebssystems gelangen können.

8.4.1.1.2 Vorder- und Hinterachsgetriebe

Die beiden Getriebe wurden in Fuel-Economy-Technologie (FE) ausgeführt. Diese Technologie besteht unter anderem darin, dass mit Liebe zum Detail, beispielsweise durch Optimierung der Geometrie der Verzahnung oder den Einsatz innovativer Lagereinheiten, mechanische Verluste minimiert werden, was zu erheblichen Einsparungen beim Kraftstoffverbrauch führt.

Das Vorderachsgetriebe ist eine sogenannte Hang-on-Unit, was bedeutet, dass das Getriebe mit der Motorölwanne verschraubt ist. Das Hypoidversatz beträgt 25,4 mm, mögliche Übersetzungen reichen von 2,47 bis 3,92. Die Drehachsen von Antriebskegelrad und Tellerrad bilden einen Winkel von 83°. Das ermöglicht einen bauraumoptimierenden Verlauf der Gelenkwelle zwischen Verteilergetriebe und Vorderachsgetriebe. Die Lagereinheit für das Antriebskegelrad des Vorderachsgetriebes besteht aus einem Kegelrollenlager, das von einer Aluminiumbuchse aufgenommen wird. Diese Buchse ist in eine Stahlbuchse geschraubt und dehnt sich bei Erwärmung gegenläufig zum Aluminiumgehäuse des Vorderachsgetriebes aus. Dadurch wird ein Teil der unterschiedlichen Wärmeausdehnung von Antriebskegelrad und Achsgehäuse mit der Verschiebung des Zahneingriffs zwischen Antriebskegelrad und Tellerrad ausgeglichen. Infolgedessen wird, unabhängig von der Betriebstemperatur, eine hohe Laufruhe des Radsatzes sichergestellt.

Die Übersetzungen der Hinterachsgetrieben variieren zwischen 2,82 und 3,92 und der Hypoidversatz beträgt 25,4 bis 35 mm. Die Getriebe verfügen über ein Graugussgehäuse, in dem Kegelrollenlager verbaut sind. Auftretende Förderverluste werden gezielt durch die Ölführung im Gehäuse reduziert.

8.4.1.2 4MATIC der neuesten Generation

Die 4MATIC der neuesten Generation zeichnet sich durch ein geringes Mehrgewicht von 50 bis 70 kg (je nach Modell) und eine kompakte Bauweise mit geringerem Platzbedarf aus. Dadurch sind keine Modifikationen am Karosserierohbau erforderlich und der Fußraum des Beifahrers wird nicht eingeschränkt. Zudem trägt die kompakte Bauform zu einem besseren Geräusch- und Schwingungsverhalten bei (Abb. 8.18).

Abb. 8.18 Die 4MATIC für Geländewagen von Mercedes-Benz (© Daimler)

8.4.1.2.1 Verteilergetriebe

Das 4MATIC-Verteilergetriebe mit einem Zentraldifferenzial in Planetenbauweise und zwei Kegelrädern, die den Seitenabtrieb zur Vorderachse bilden, ist in das bei den 4MATIC-Modellen grundsätzlich serienmäßige 7G-Tronic-PLUS-Automatikgetriebe integriert. Das Zentraldifferenzial stellt die Momentenverteilung zwischen Vorder- und Hinterachse von 45 zu 55 % her, die sich, wie beschrieben, positiv auf Fahrstabilität und Traktion auswirkt. Weitere Besonderheiten des Antriebsstrangs sind der seitliche Abtrieb zur Vorderachse sowie das hintere Kreuzgelenk, welches im Abtriebszahnrad des Nebenabtriebs integriert ist. Diese bauraumoptimierte Konstruktion ermöglicht es, die Gelenkwelle zur Vorderachse sehr nah am Getriebe zu führen, ohne Änderungen am Karosserierohbau vornehmen zu müssen.

Der bessere Wirkungsgrad des 4MATIC-Antriebs basiert im Vergleich zu den Vorgängermodellen maßgeblich auf dem Wegfall der Zahnradstufe beim Nebenabtrieb des Verteilergetriebes und auf einer verbesserten Ölversorgung. Denn durch die integrierte Bauweise haben Haupt- und Verteilergetriebe einen gemeinsamen Ölhaushalt. Diese innovative 4MATIC-Technologie und der Gewichtsvorteil bewirken eine deutliche Reduzierung des Kraftstoffverbrauchs [6].

8.4.1.2.2 Das Offroad-Technik-Paket

4MATIC-Modelle verfügen serienmäßig über das Offroad-Technik-Paket. Die Bestandteile sind im Einzelnen:

- In Kombination mit MULTIBEAM-LED-Scheinwerfern besitzen diese Modelle eine besondere Offroad-Lichtfunktion, die im Fahrprogramm Offroad zur Verfügung steht. Damit lassen sich in der Dunkelheit Hindernisse in unwegsamem Gelände besser erkennen. Beim Offroad-Licht wird bis zu einer Geschwindigkeit von 50 km/h das Abbiegelicht der MULTIBEAM-LED-Scheinwerfer dauerhaft dazugeschaltet. Das ergibt eine breite und helle Lichtverteilung unmittelbar vor dem Fahrzeug.
- Darüber hinaus umfasst das Offroad-Technik-Paket ein zusätzliches Fahrprogramm. Dieses passt nicht nur die 4MATIC (siehe oben), sondern auch die Leistungsentfaltung des Motors und die ABS-Regelung für leichtes Gelände abseits geteerter Straßen an. Aktiviert werden kann es über den DYNAMIC-SELECT-Wippschalter.
- Im Media Display lässt sich eine Animation der Fahrsituation abrufen. Die realitätsnahe Darstellung von Steigungsgrad, Neigungswinkel und technischen Einstellungen hilft, Fahrmanöver richtig einzuschätzen.
- Die Bergabfahrhilfe Downhill-Speed-Regulation (DSR) hält auf Wunsch automatisch eine vorgewählte, langsame Geschwindigkeit zwischen ca. 2 und 18 km/h, ablesbar im Kombiinstrument und im optionalen Head-up-Display. Mit gezielten Bremseingriffen hilft der Assistent, bei steilen Bergabfahrten die Kontrolle zu behalten [6].

8.4.1.2.3 Mercedes-Benz-AMG-G-63

Ein Beispiel für ein Modell der G-Klasse mit dem 4MATIC-System ist der Mercedes-Benz-AMG-63. Die serienmäßige 4MATIC zeichnet sich durch die heckbetonte

Momentenverteilung von 40 % an die Vorderachse zu 60 % an die Hinterachse aus. Diese Auslegung sorgt für eine Steigerung der Agilität auf der Straße sowie verbesserte Traktion beim Beschleunigen. Beim Vorgänger war die Verteilung neutral 50:50.

Für den harten Einsatz im Gelände wurde die serienmäßige Geländeuntersetzung weiterentwickelt. Sie trägt dazu bei, dass der G 63 noch anspruchsvollere Offroadpassagen meistert. Das Untersetzungsverhältnis des Verteilergetriebes beträgt jetzt 2,93 und ist damit deutlich kürzer als beim Vorgängermodell (2,1). Das erleichtert insbesondere das Anfahren an extremen Steigungen, weil die Drehmomente an den Antriebsrädern deutlich erhöht werden.

Die Geländeuntersetzung ist über den LOW-RANGE-Schalter bis zu einer Geschwindigkeit von 40 km/h zuschaltbar. Das Übersetzungsverhältnis des Verteilergetriebes wird dann von 1,00 im HIGH RANGE auf 2,93 geändert. Von LOW RANGE auf HIGH RANGE ist die Umstellung bis 70 km/h möglich.

Die neue, intelligente Lamellenkupplung verhält sich wie ein automatisch geregeltes Sperrdifferenzial. Sie sorgt dafür, dass der neue G 63 im Gelände länger manövrierfähig bleibt. Vorteil: Der Fahrer hat mehr Spielraum, bevor er die Differenzialsperren manuell zuschalten muss.

Betätigt der Fahrer den Schalter für die Sperre im Mittendifferenzial, schaltet die Lamellenkupplung auf eine 100-prozentige Sperrwirkung um. Die Sperren am Vorder- und Hinterachsdifferenzial sind als Differenzialsperren mit Klauenkupplung und 100 % Sperrwirkung ausgeführt. Alle Sperren sind einzeln während der Fahrt sowohl im LOW RANGE als auch im HIGH RANGE zuschaltbar – zuerst Mitten-, dann Hinterachs- und zuletzt Vorderachsdifferenzial.

Die Differenzialsperren reagieren jetzt noch schneller direkt auf Knopfdruck, weil sie elektromechanisch agieren und voll vernetzt sind. Welche Sperre gerade arbeitet, wird mittels LED und im zentralen Fahrer-Display angezeigt [6].

8.4.1.2.4 Mercedes-Benz-GLA

Der neueste Mercedes-Benz-GLA kann mit dem permanent einsatzbereiten Allradsystem 4MATIC mit vollvariabler Momentenverteilung ausgerüstet werden. Zu den Komponenten der 4MATIC gehören der in das automatisierte Doppelkupplungsgetriebe integrierte Nebenabtrieb zur Hinterachse und das Hinterachsgetriebe mit integrierter Lamellenkupplung. Diese besteht aus sechs Lamellen (12 Reibflächen) mit Carbon-Belag und kann bis zu 1000 Newtonmeter übertragen. Verschleiß wird automatisch nachgestellt.

Anders als beim Vorgänger mit hydraulischer Aktivierung wird die Kupplung elektromechanisch betätigt. Ein Elektromotor übt dabei über ein zweistufiges Stirnrad und eine Kugelrampe eine Axialkraft auf das Lamellenpaket aus, um die Lamellen zu öffnen oder zu schließen. Bestandteil der kompakten Einheit ist auch das Hinterachsdifferenzial. Diese Regelung bietet als Vorteile vor allem die drehzahlunabhängige Aktivierung über den gesamten Stellbereich und damit auch die Vorsteuerung der Kupplung bereits im Stand sowie den höheren Wirkungsgrad durch das Kugelrampenkonzept. Es gibt keine Verluste durch eine mitlaufende Hydraulikpumpe und die Allradeinheit ist direkt diagnosefähig.

Der sportlich ausgelegte Allradantrieb bietet dem Fahrer über den DYNAMIC-SELECT-Schalter die Möglichkeit, die Charakteristik der 4MATIC zu beeinflussen. Es stehen drei Kennfelder für die Steuerung der Allradkupplung zur Verfügung, das System reagiert aber in jedem Modus flexibel auf die jeweilige Fahrsituation. Im regulären Fahrbetrieb ist für das Fahrprogramm „ECO/Comfort" eine Verteilung von 80:20 (Vorderachse: Hinterachse) die Basis, in „Sport" von 70:30. Im Offroadmodus wird die Allradkupplung als Längssperre verwendet, die Basisaufteilung beträgt gleichmäßige 50:50. Über eine Vielzahl von Sensoren fließt die aktuelle Fahrsituation aufgrund beispielsweise folgender Faktoren in die tatsächliche Regelung ein:

- Je nach Fahrprogramm unterschiedliche Einschalt-/Ausschaltschwellenwerte
- Fahrerwünsche (Gaspedal, Bremspedal, Lenkung)
- Reibwert zwischen den vier Rädern und der Straße
- Steigung/Gefälle
- Kurve/Geradeausfahrt
- Geschwindigkeit
- Anhängerbetrieb

8.4.2 BMW xDrive

BWM führte eine neue Fahrzeugkategorie ein, nämlich SAV/SAC (Sport Activity Vehicle/ Sport Activity Coupé). Ein charakteristisches Merkmal ist die erhöhte Geländegängigkeit mit sehr guten Fahreigenschaften auf einer asphaltierten Straße, auch bei hoher Geschwindigkeit. Die SAV- und SAC-Modelle verwenden Allradsysteme mit steuerbarer Kraftverteilung.

Das BMW-xDrive-System wurde auf Basis des bewährten iX-Antriebs für Personenkraftwagen und Limousinen entwickelt. Es ist ein automatischer Allradantrieb, der im Voraus arbeitet und sowohl in Personenkraftwagen als auch in SUV verwendet wird. Die Hinterachsräder werden ständig angetrieben. Der Vorderachsantrieb ist über eine elektronisch gesteuerte Lamellenkupplung im Verteilergetriebe verbunden.

8.4.2.1 Der BMW-xDrive-Allradbaukasten

Bei BMW wurde eine Verteilergetriebefamilie ATCx entwickelt. Seit 2010 wird der ATCx50-Baukasten in allen Fahrzeugmodellen, einschließlich SAV und SAC, eingesetzt. Der Allradbaukasten ist ein mechatronisches Allradsystem mit elektronischer Regelung. Seine wesentliche Eigenschaft ist die Möglichkeit der elektronischen Adaption an unterschiedliche Fahrzeugtypen ohne Hardwareänderungen. Darüber hinaus ermöglicht der Baukasten die Vernetzung im Fahrwerksregelverbundsystem. Es gibt zwei Verteilergetriebevarianten, ATC350 mit Stirnradkraftübertragung für Limousinen und ATC450 mit Ketten-Kraftübertragung für SUV- und SAV-Modelle.

Ein Planetengetriebe teilt das Antriebsmoment im Verhältnis 38:62 zwischen Vorder- und Hinterachse auf, die Leistungsverteilung wird durch eine elektronisch gesteuerte Lamellenkupplung realisiert. Ein elektrischer Schrittmotor übernimmt die Einstellung einer Lamellenkupplung im Verteilergetriebe. Der gesamte xDrive ist eine hochentwickelte mechatronische Einheit, die die elektronischen Steuerungssysteme wie die Dynamic Stability Control (DSC), Automatic Differenzial Brake (ADB-X), Hill Descent Control (HDC), Integrated Chassis Management (ICM) und Dynamic Performance Control (DPC) enthält.

Das xDrive-System verfügt nicht über ein zentrales Differenzial und keine Differenzialsperren an beiden Achsen. Ähnlich wie bei anderen modernen permanenten Allradantriebssystemen wird die Achsdifferenzialfunktion von den Bremsen ausgeführt. Im neuesten BMW-X5-Modell wurde eine Differenzialsperre an der Hinterachse eingebaut, um Agilität, Traktion und Richtungsstabilität beim Beschleunigen aus Kurven und in anderen dynamischen Fahrsituationen zu verbessern [7].

8.4.2.1.1 Die automatische Differenzialbremse

Die automatische Differenzialbremse ADB-X sorgt für optimale Traktion unter widrigen Bedingungen auf kontaminierter Straße oder im Gelände. Sie ist ein Bestandteil des DSC-Systems (Dynamic Stability Control) und bietet auf elektronischem Wege eine vergleichbare Funktion wie eine mechanische Differenzialsperre, jedoch ohne die damit verbundenen Nachteile für Gewicht und Fahrdynamik. Wenn an einem Rad Schlupf auftritt, wird ein kontrollierter Bremsdruck aufgebaut, wodurch ein Blockierungseffekt zwischen dem durchdrehenden Rad und dem Rad auf der gegenüberliegenden Seite des Fahrzeugs erzeugt und die optimale Antriebskraft wiederhergestellt wird. Wenn die DSC- oder DTC-Systeme (Dynamic Traction Control) eingeschaltet sind, wird gleichzeitig die Motorleistung automatisch angepasst. Wenn der Fahrer DSC oder DTC ausgeschaltet hat, um die Traktion zu erhöhen, oder für sportliches Fahren auf der Straße oder im Gelände, konzentriert sich ADB-X auf die Maximierung der Traktion und wirkt nur auf die Bremsen. Ein Temperatursteuergerät überwacht jederzeit die die Funktionsweise des Systems, um eine Überhitzung der Bremsen zu verhindern.

8.4.2.2 Proaktiv-Antriebssystem

Im Gegensatz zu anderen Allradantriebantriebssystemen, die auf Radschlupf reagieren, ist das xDrive-System proaktiv, was bedeutet, dass sein Betrieb den Radschlupf antizipiert und somit nachteilige und gefährliche Situationen verhindert. Dies ist möglich, weil xDrive mit dem DSC-System (Dynamic Stability Control) zusammenarbeitet, das Signale von den Beschleunigungssensoren des Fahrzeugschwerpunkts in drei Richtungen und von den Winkelbeschleunigungssensoren der Fahrzeugbewegung um die drei Hauptachsen verwendet.

Der Betrieb des DSC-Systems wirkt dem Auftreten von Radschlupf insbesondere beim Fahren mit hoher Geschwindigkeit, beim Bremsen oder Fahren im Gelände auf weichem Boden entgegen. Dann werden die Trägheitskräfte, die auf den Schwerpunkt des Fahrzeugs wirken, durch die Radaufhängungen, die Räder und die Reifen auf den Kontaktbereich des Reifenprofils übertragen. DCS erkennt das Auftreten von Trägheitskräften und sendet Signale, mit denen das xDrive-System gesteuert werden kann, um gefährliche Situationen zu vermeiden. Darüber hinaus überwacht und verwendet das DSC-System Steuerparameter wie die Gaspedalstellung oder den Lenkwinkel.

Beispielsweise rastet die Lamellenkupplung durch Erkennen einer Untersteuerungsneigung automatisch ein und bis zu 90 % des Drehmoments werden auf die Hinterräder übertragen. Wird jedoch ein Übersteuern festgestellt, ist die Kupplung vollständig blockiert und verteilt das Antriebsmoment gleichmäßig auf die Vorder- und Hinterräder (50:50 %). DSC bremst auch die Räder einzeln ab, um optimalen Grip und verbesserte Stabilität zu erzielen, z. B. in Kurven.

Beim Anfahren unter alltäglichen Bedingungen schließt sich die Lamellenkupplung nahezu vollständig, bis etwa 20 km/h erreicht sind. Damit wird im Anfahrbereich eine maximale Traktion sichergestellt. Danach wird das Drehmoment vollvariabel zwischen Hinter- und Vorderachse je nach Fahrzustand verteilt. Ab einem Tempo von 180 km/h werden nur die Räder der Hinterachse angetrieben.

Es ist zu beachten, dass die oben genannten Vorteile des xDrive-Systems in Verbindung mit DCS hauptsächlich bei Hochgeschwindigkeitsfahrten auf kurvigen Straßen mit verringertem Grip, z. B. bei Nässe, Eis, Schnee usw., insbesondere in den Bergen, genutzt werden.

Die Algorithmen, die den Betrieb von xDrive- und DSC-Systemen steuern, verwenden den Kalman-Filter und andere Methoden zur optimalen Beobachtung des Zustands und zur Vorhersage des Verlaufs der Fahrspur und der Querdynamik des Fahrzeugs [7].

8.4.3 Toyota

Toyota ist ein weiterer Automobilhersteller mit umfassender Erfahrung auf dem Gebiet des Allradantriebs. Toyota bietet sowohl SUV- als auch ORV-Fahrzeuge an.

Das Integrated-Dynamic-Drive-System (IDDS) ist ein Beispiel für den Einsatz des Allradantriebes mit regelbarer Kraftverteilung im Kompakt-SUV-Segment. Das System koppelt den Hinterradantrieb über eine elektronisch gesteuerte Reibungskupplung.

Darüber hinaus integriert der IDDS-Antrieb den gleichzeitigen Betrieb von drei Systemen: dynamische AWD-Drehmomentverteilung, VSC-Stabilisierungssystem und elektronische EPS-Servolenkung. Das Antriebsmoment kann im Verhältnis von 50/50 bis 100/0 auf die Vorder- und Hinterachse übertragen werden. Die letztere Option wird automatisch ausgewählt, wenn sich das Auto auf einer Straße mit gutem Grip bewegt, was den Kraftstoffverbrauch im normalen Betrieb senkt.

Für das Fahren in leichtem Gelände steht dem Fahrer ein AWD-Fahrsperrknopf zur Verfügung, mit dem das Drehmoment bis zu einer Geschwindigkeit von 40 km/h in einem konstanten Verhältnis von 50:50 auf die Räder der Vorder- und Hinterachse verteilt wird. Dieses System wurde unter anderem im Toyota RAV4 verwendet.

Beim ORV, dem Toyota Land Cruiser, basiert das Allradsystem auf dem klassischen Konzept und besteht aus Schaltgetriebe mit Mittendifferenzial in drei Varianten:

- Offenes Achsdifferenzial
- Mittendifferenzial mit mechanischer Sperre
- Torsen-Mittendifferenzial

Das Torsen-Differenzial kann die Drehmomentverteilung zwischen der Vorder- und Hinterachse je nach den Bedingungen und der Radhaftung jeder Achse automatisch im Verhältnis von 50:50 bis ca. 30:70 variieren.

An der Vorderachse wird ein offenes Differenzial verwendet, an der Hinterachse sind drei Varianten möglich:

- Offenes Differenzial
- Differenzial mit angebrachter Sperre
- Torsen-Achsdifferenzial

Das Torsen-Differenzial an der Hinterachse erfüllt zwei Funktionen:

- Während des Abbremsens in der Kurve verteilt es das durch Bremsen erzeugte Leerlaufdrehmoment vom inneren zum äußeren Hinterrad; Dies erzeugt ein Giermoment entgegen der Kurvenrichtung, wodurch die Fahrzeugstabilität verbessert wird,
- Während des Anfahrens beim Wenden reduziert das Torsen-Differenzial das Antriebsmoment auf das innere Hinterrad, wenn dieses Rad durchrutscht, und verteilt mehr Drehmoment auf das äußere Rad, um den Grip und die Traktion zu verbessern.

Ein Active-Traction-Control-System (A-TRC) verbessert die permanente Allradtechnologie des Land Cruiser weiter und verwendet sowohl die Brems- als auch die Motorsteuerung, um das Drehmoment angemessen auf alle vier Räder zu verteilen [5].

8.4.3.1 Crawl Control

Beim Fahren in einem besonders schwierigen Gelände wie tiefem Sand, flüssigem Schlamm oder an steinigen, steilen Hängen, muss das den Rädern des Fahrzeugs zugeführte Antriebsmoment erhöht und gleichzeitig die Geschwindigkeit verringert werden. Es werden zusätzliche Getriebe verwendet, die als Kriechgetriebe bezeichnet werden. Das Übersetzungsverhältnis reicht von 1:10 bis 1:60 und kann extrem 1:110 erreichen. Die optimale Fahrtechnik erfordert dann eine rhythmische und koordinierte Verwendung des Gaspedals, der Kupplung und der Bremsen durch den Fahrer, da ein kontinuierliches Fahren mit einem hohen Gang einen Nebeneffekt verursacht, z. B. eingegrabene Räder im Sand, was zu einer Immobilisierung führt. Durch das Pulsieren des Antriebsmoments wird ein Durchdrehen der Räder vermieden, und die alternative Verwendung der Bremsen verhindert das Rückwärtsrollen des Fahrzeugs, wenn der Fahrer für einen Moment den Fuß vom Gas nimmt.

Der Toyota Land Cruiser ist mit einem zusätzlichen Kriechgetriebe ausgestattet und verfügt zusätzlich über ein 5-Gang-Kriechkontrollsystem. Dieses System steuert automatisch den Betrieb des Antriebssystems und der Bremsen und implementiert abwechselnd kurze Impulse des Antriebsmoments und des Bremsmoments, um eine festgelegte Fahrzeuggeschwindigkeit aufrechtzuerhalten. Dies hilft dem Fahrer, schwieriges Gelände langsam zu überwinden, einen steilen Hang hinaufzufahren oder das Fahrzeug im festgefahrenen Zustand zu befreien, ohne dass es erforderlich ist, die Pedale zu berühren.

8.4.3.2 Multi-Terrain-Select-System (MTS)

Ein wichtiges Merkmal der Fahrerassistenz des Toyota Land Cruiser ist das Multi-Terrain-Select-(MTS) System. Aus Kap. 2 dieses Buches wissen wir, dass sich einzelne Böden in ihren physikalischen Eigenschaften unterscheiden, die sich auf ihre Scherfestigkeit und Drucksetzungscharakteristik auswirken. Ebenso erfordert eine mit Steinen, Geröll oder mit erheblichen Unebenheiten bedeckte Oberfläche jeweils eine spezielle Fahrtechnik. Dies berücksichtigt das MTS-System, das ein Fahrerassistenzsystem ist und auf der Auswahl des optimalen Algorithmus basiert, der den Betrieb des Getriebes abhängig von der Art der Oberfläche steuert. Das System bietet den Fahrern eine Auswahl von fünf Geländemodi: Schlamm und Sand, Schotter, Mogul, Buckelpiste und Fels. In jedem Modus werden die aktiven Traktionskontroll- (A-TRAC), Gas-, Brems- und Traktionskontrollsysteme des Fahrzeugs an die spezifischen Geländebedingungen angepasst, um dem Fahrer eine optimale Traktion und Fahrzeugkontrolle für das jeweilige Szenario zu bieten.

Das Multi-Terrain-Select-System kann auch bei Verwendung der 5-Gang-Crawl-Control-Funktion aktiviert werden. In diesem Fall wird automatisch der AUTO-Modus ausgewählt und die A-TRAC-Steuerung entsprechend der voreingestellten Fahrzeuggeschwindigkeit optimiert.

8.4.3.2.1 Multi-Terrain-Monitor

Ein interessantes Instrument ist der Multi-Terrain-Monitor, der automatisch die Ansicht vor dem Fahrzeug auf dem 8-Zoll-Bildschirm in der Mittelkonsole anzeigt.

Mit vier Kameras vorne, hinten und an den Seiten des Fahrzeugs kann der Multi-Terrain-Monitor Außenansichten von vorne (Vorderansicht), hinten (Rückansicht), links (linke Ansicht) und rechts (rechte Ansicht) sowie die Vorderreifen und unter dem Fahrzeug (Unterflurgeländeansicht) anzeigen. Das System unterstützt den Fahrer, indem es Geländeansichten ermöglicht, wenn es die Umgebungsbedingungen schwierig machen, das Gelände direkt einzusehen, z. B. wenn man einen Hügel erklimmt oder auf unebenem Boden fährt. Die Vorwärtsansicht dreht sich als Reaktion auf die Neigung des Fahrzeugs, um den Fahrer dabei zu unterstützen, den Winkel des Fahrzeugs intuitiv zu erfassen. Der Bildschirm zeigt auch die aktuelle Fahrtrichtung an. Zusätzlich ist ein Neigungsmesser eingebaut, der den Neigungswinkel des Fahrzeugs sowohl quer als auch in Längsrichtung grob misst. Wenn ein Reifenschlupf festgestellt wird, wechselt der Neigungsmesser zu einer Schlupfanzeige und der oder die durchrutschenden Reifen werden auf dem Display gelb hervorgehoben. Der Multi-Terrain-Monitor kann auch einen Panoramablick auf das Fahrzeug anzeigen, der so aussieht, als würde man von oben nach unten schauen. Dies erhöht den Komfort beim Einparken und bei anderen Manövern, indem der Fahrer das gesamte Fahrzeug aus der Vogelperspektive betrachten kann.

Der Unterfluransichtsmodus zeigt das Bild an, das von der Frontkamera aufgenommen wurde, als sich das Fahrzeug ungefähr drei Meter vor der aktuellen Position befand, und fügt Linien hinzu, die den aktuellen Fahrzeugstandort und die Vorderreifenpositionen symbolisieren, wodurch dem Fahrer das Gelände unmittelbar unter der Vorderseite des Fahrzeugs angezeigt wird.

Die Front-View-Rotation-Funktion kippt die Vorderansicht entsprechend dem Neigungswinkel des Fahrzeugs, um den Horizont auf dem Display zu halten, sodass der Fahrer den Neigungswinkel leichter erfassen kann.

Die Panoramaansicht wird mit dem Wide-Front-View-Modus kombiniert, um gleichzeitig Overhead- und Frontkamerabilder anzuzeigen. So entsteht eine 360-Grad-Ansicht, mit der der Fahrer schwer sichtbare Bereiche vor und auf beiden Seiten des Fahrzeugs an Kreuzungen mit Sichteinschränkungen überwachen kann. Die Anzeige der zugehörigen Führungslinie kann zwischen den Entfernungsreferenzlinien- und dem vorhergesagten Pfadanzeigemodus umgeschaltet werden. Das Wide-Rear-View-Display bietet dem Fahrer eine fast 180° breite Sicht von der Rückkamera.

Der Toyota Land Cruiser hat sehr gute Referenzen von Missionaren als bewährtes und zuverlässiges Transportmittel in afrikanischen Ländern, wo die meisten Straßen keine asphaltierten Oberflächen aufweisen. Insbesondere Versionen mit mechanischer Differenzialsperre werden für ihre Zuverlässigkeit und einfache Bedienung sowie Reparaturfreundlichkeit unter schwierigen Bedingungen ohne umfangreiche technische Einrichtungen gelobt [5].

8.4.4 Suzuki AllGrip

Der erste Suzuki 4×4 war auch der erste Serien-4×4 in Japan der heimischen Miniautokategorie. Nach der Entwicklung ab 1968 war das erste leichte Suzuki 4×4-Fahrzeug, das nur drei Sitze hatte, ab 1970 im Handel.

Das bekannteste Modell der Suzuki 4×4-Familie war der 1984 eingeführte Vitara. Das erste Modell war ein dreitüriges Fahrzeug, das von einem 1,6-Liter-Leichtmetallmotor angetrieben wurde. Es war ein echtes bulldoz4-Fahrzeug mit separatem Stahlchassis, Fünfganggetriebe, zuschaltbarem Allradantrieb und integriertem 2-Gang-Verteilergetriebe.

Mit fast 50 Jahren Erfahrung hat Suzuki einen bedeutenden Beitrag zur technologischen Entwicklung der Allradantriebssysteme geleistet. Das heutige Suzuki-4WD-System heißt ALLGRIP und besteht aus drei Unterkategorien:

- ALLGRIP AUTO, ein Allradantrieb mit Viskosekupplung
- ALLGRIP SELECT, ein elektrisch gesteuertes Allradsystem
- ALLGRIP PRO, ein klassisches Temporärallradsystem mit Untersetzungsgetriebe

Das Allradsystem ALLGRIP SELECT ist eine Weiterentwicklung des i-AWD-Antriebs und findet sich im Suzuki-SX4-S-Cross sowie im Vitara seit 2015 wieder. Über einen Fahrmodusschalter können nunmehr vier verschiedene Modi gewählt werden.

Dabei verteilen die drei Einstellungen Snow, Auto und Sport die Antriebskräfte je nach Situation variabel im Verhältnis zwischen 100:0 und 50:50 zwischen Vorder- und Hinterachse. Im Lock-Modus dagegen ist die Kraftverteilung auf 50:50 festgelegt. Bei allen Modi wird das Fahrverhalten durch den Eingriff in das Motormanagement (ETCS) und durch Bremseingriff (BTCS) zusätzlich optimiert [18].

Im Lock-Modus wird die Funktion einer Zentraldifferenzialsperre realisiert.

8.4.5 Mitsubishi 4WD

Das Modell, dank dessen die Marke Mitsubishi bei Offroad-Autoherstellern Anerkennung gefunden hat, ist der Pajero. Frühe Versionen hatten ein klassisches Layout mit angebautem Frontantrieb, Zwischenachsverriegelung und Schaltgetriebereduzierstück.

Die aktuelle Version von Mitsubishi Pajero verwendet in großem Umfang die neueste Technologie auf dem Gebiet der Mehrscheibenkupplungen, die in Verbindung mit Differenzialsperren elektronisch gesteuert werden. Mit dem Super-Select-4WD-System kann der Fahrer den gewünschten Betriebsmodus auswählen und aktivieren. Die möglichen Einstellungen sind wie folgt:

- Hinterrad 2WD, der Antrieb wird nur auf die Hinterachsräder übertragen, Straßenmodus, Sparmodus
- Permanentallradantrieb beider Achsen im Verhältnis 33:67 % (V/H) über ein zentrales Differenzial unter Verwendung einer viskosen Kupplung
- Direktantrieb 4WD mit zentraler Differenzialsperre, Fahren in mittlerem Gelände
- Allraddirektantrieb mit niedrigem Gang, Geschwindigkeitsreduzierung mit Differenzialsperre, Fahrmodus in schwerem Gelände, bei steilen Anstiegen usw.

8.4.5.1 Active-Center-Differenzial

Mitsubishi hat ein eigenes Interlock-Differenzialsystem mit automatischer Sperre entwickelt. Das Active-Center-Differenzial (ACD) ist ein elektronisch gesteuertes Mittendifferenzial, das Kegelräder verwendet. Die Grundverteilung des Antriebsmoments beträgt 50:50 %, es ist jedoch möglich, die Verteilung abhängig von der gewählten Betriebsart und auch auf der Grundlage der Analyse der Fahrbedingungen einzustellen.

Zu diesem Zweck analysiert der ACD-Systemcontroller die folgenden Messsignale von Sensoren:

- Raddrehgeschwindigkeiten
- Lenkraddrehwinkel
- Motordrehmoment

- Druck des Bremssystems
- Giergeschwindigkeit

Die Lamellenkupplung rastet nach dem elektromagnetischen Prinzip ein [19].

8.4.6 Symmetrical AWD Subaru

Unter den japanischen Automobilherstellern verfügt Subaru über umfangreiche, langjährige Erfahrung in der Allradtechnik. Es ist interessant, dass dieser anerkannte Automobilhersteller mit Flugzeugen und Flugzeugtriebwerken begann. Subaru-Fuji-200-Trainer-Flugzeuge, die als Trainingsmaschinen für die militärische Luftfahrt konzipiert wurden, entstanden gleichzeitig mit dem Motor, der in Boxerbauweise entwickelt wurde. Das Flugzeug setzte sich im Wettbewerb nicht durch, sein Design ging verloren, aber der Motor, der berühmte Subaru Boxer, blieb und erwies sich als ein echter Hit, der bis heute bekannt ist.

Obwohl die Marke Subaru eher mit Sport- und Rallyefahrzeugen in Verbindung gebracht wird, ist das Allradsystem von Subaru interessant genug, dass es in unserem Vergleich zweifellos eine Diskussion wert ist, umso mehr es in Subaru Forester verwendet wurde, einem typischen SUV.

Das Symmetrical-AWD (SAWD)-System wurde vor 40 Jahren entwickelt. Die Idee des Systems war einfach: Feste und rotierende Massen so nah wie möglich am geometrischen Zentrum des Autos und auch symmetrisch relativ zur Längs- und Querachse zu platzieren. Dies sollte eine Massenkonzentration und ein symmetrisches System von Massenträgheitsmomenten erreichen, was tatsächlich zu einer besseren Stabilität und vorhersagbaren Fahrzeugreaktionen auf Lenkimpulse führt.

Das Konzept setzte den permanenten Antrieb aller vier Räder über ein Sperrdifferenzial voraus. Das Getriebe befindet sich zusammen mit dem Differenzial der Vorderachse und der Achswellen gleicher Länge mittig in der Längsachse des Fahrzeugs, ebenso wie die Antriebswelle, die zum Ausgleichsgetriebe an der Hinterachse führt. Auch die Antriebswellen der Hinterachse sind gleich lang. Ein wichtiges Merkmal des SAWD-Systems ist, dass seine Elemente so tief und gleichzeitig so weit hinten wie möglich platziert werden. Infolgedessen ist der Schwerpunkt des Fahrzeugs niedrig und liegt nahe am geometrischen Mittelpunkt des Fahrzeugs, wodurch die seitliche und longitudinale Neigung des Fahrzeugs aufgrund von Trägheitskräften verringert wird. Die Antriebsquelle ist der in Längsrichtung vorne montierte Subaru Boxermotor. Die Motorkolben im Boxersystem arbeiten in einer horizontalen Ebene, woraus ein tief liegender Schwerpunkt resultiert. Der Subaru Leone 4WD war der erste Serien-PKW mit SAWD-Antrieb. Das System hat in Rallyesportwagen wie Subaru WRX STI und Impreza gut funktioniert. Im Subaru Forester, einem SUV, verbessert der SAWD-Antrieb die Geländegängigkeit erheblich.

Es gibt drei Versionen des SAWD-Systems, die je nach Getriebemodell entwickelt und verwendet werden [8, 20].

8.4.6.1 Active Torque Split ACT-4

Es handelt sich um ein AWD-Antriebssystem, das ausschließlich für 4-Gangautomatikgetriebe mit Handbetrieb und für stufenlose Lineartronic-Getriebe entwickelt wurde. Diese Version verwendet kein zentrales Differenzial, sondern das Antriebsmoment wird über eine Mehrscheibennasshydraulikkupplung (MP-T – Mehrscheibenübertragung) übertragen. In den meisten Anwendungen beträgt die grundlegende Drehmomentverteilung 60 % für die Vorderachse und 40 % für die Hinterachse. Die Lamellenkupplungssteuerung basiert auf Signalen der Geschwindigkeitssensoren der Vorder- und Hinterräder, der Stellung des Gaspedals, dem Bremseneinsatz und des Lenkwinkelsensors. Das Nassprozessorsystem steuert den Betrieb des elektromagnetischen Ventils und öffnet oder schließt die Ölversorgung des hydraulischen Mehrscheibenkupplungsservos.

Abhängig von den aktuellen Bedingungen können 100 % des Drehmoments auf die Vorderachsräder übertragen werden oder die Aufteilung kann 50:50 % betragen (Vollkupplungssperre). Mit dieser Art von AWD-Antrieb kann die Bewegung des Fahrzeugs aktiv stabilisiert und bei Bedarf der Luftwiderstand verringert werden.

8.4.6.2 Variable Torque Distribution VTD

Diese Version wurde für 5-Gang-E-5AT-Automatikgetriebe mit manuellem Schaltmodus entwickelt. Ziel ist es, einen sportlichen Fahrstil zu unterstützen und die Fahrzeuglenkung zu verbessern. In diesem Fall erfolgt die grundlegende Drehmomentverteilung des vorderen/hinteren Antriebs im zentralen Planetendifferenzial in einem Verhältnis von 45:55 %. Der Vorteil des höheren Antriebsmoments für die Hinterräder besteht darin, die Tendenz zum Untersteuern des Fahrzeugs zu minimieren. Das zentrale Differenzial ist mit einer hydraulisch gesteuerten Kupplung ausgestattet, um die innere Reibung zu erhöhen. Die hydraulische Ventilsteuerung wählt den für die gegebenen Fahrbedingungen geeigneten Differenzialsperrpegel aus. Dies erfolgt auf der Grundlage einer Datenanalyse der Signale von Sensoren, die relevante Bewegungsparameter überwachen. Bei maximaler Blockierung beträgt die Momentverteilung 50:50 %. Die Zielfunktion im Controller-Software-Algorithmus optimiert die Fahrdynamik unter Berücksichtigung der Verkehrsstabilität. Bei einigen Modellen wird dieses System durch ein optionales hinteres Differenzial mit erhöhter Reibung ergänzt.

8.4.6.3 Zentraldifferenzial mit viskoser Kupplung

Diese Version des Systems ist für die Verwendung mit Schaltgetrieben ausgelegt. Das Design ist einfach und besteht aus einem klassischen zentralen Differenzial, das auf Kegelrädern basiert, und einer viskosen Kupplung, die das Sperrmoment bei einem Geschwindigkeitsunterschied zwischen den Abtriebswellen erhöht. Die Drehmomentverteilung zwischen Vorder- und Hinterrad beträgt 50:50 %. Dies ist der optimale Kompromiss zwischen Beschleunigungsfähigkeit und Stabilität des Fahrzeugs. Wenn die Räder einer Achse ihren Halt verlieren und sich schneller drehen, stellt die Viskosekupplung die richtige Drehmomentverteilung wieder her. Das Verhältnis zwischen den von beiden Achsen übertragenen Momenten kann zwischen 20:80 % und 80:20 % liegen.

8.4.7 Audi Quattro

Audi-Fahrzeuge sind wie Subaru in erster Linie Rallye-Maschinen mit AWD, die auf dem bewährten und zuverlässigen Torsen-Mechanismus basieren. Audi ist jedoch seit mehreren Jahren auch ein SUV-Hersteller in allen Segmenten, vom kompakten bis zum großen Luxusfahrzeug, mit reichhaltiger Ausstattung, einschließlich Allradantrieb mit steuerbarer Drehmomentverteilung.

Ein Beispiel für einen SUV mit Quattro-Antrieb ist der Audi Q7, der einen permanenten Allradantrieb mit dem Torsen-Planetendifferenzial Typ III verwendet. Der Bereich des Drehmomentverteilungsverhältnisses reicht von 70:30 % bis 15:85 % (vorn/hinten). Die Hinter- und Vorderachsdifferenziale sind mit einer elektronischen Differenzialsperre (EDL) ausgestattet. Darüber hinaus können einige Audi-Modelle, darunter Q5 und Q7 SUV, auch mit einem Sportdifferenzial ausgestattet werden, das Torque Vectoring ermöglicht (Abb. 8.19).

Der Quattro-Antrieb ist auch ohne Torsen-Mechanismus erhältlich. Bei Fahrzeugen mit Quermotor und permanentem Frontantrieb wird der Hinterradantrieb automatisch über die Haldex-Kupplung angeschlossen. In dieser Lösung ist die EDL im Vorderachsdifferenzial integriert und das Hinterachsdifferenzial ist vom offenen Typ. Dies gilt für die Personenkraftwagen: Audi A3/S3 Quattro, Audi TT Quattro sowie Audi Q2 und Q3 SUV (Abb. 8.20).

Das elektronische Haldex-Steuergerät schaltet die Kupplung aus, sobald die Bremsen betätigt werden, damit das ABS ordnungsgemäß funktioniert. Bei engen Kurven mit niedriger Geschwindigkeit (z. B. beim Parken) wird die Kupplung auch von der elektronischen Steuereinheit gelöst, um Verspannungen im Antriebstrang zu vermeiden. Im Vergleich zum Allradantrieb auf Torsen-Basis bietet die Haldex-Kupplung eine 100-%-Blockierung. Der Allradantrieb rastet auch dann ein, wenn die Vorderräder den Kraftschluss vollständig verloren haben. Die Haldex-Kupplung hat auch einen Vorteil gegenüber der viskosen Kupplung, nämlich den der sofortigen Aktivierung [21].

Abb. 8.19 Quattro-Antriebssystem (© Audi)

Abb. 8.20 Der Audi Q2 mit dem Quattro-Antrieb (© Audi)

8.4.8 Volkswagen 4Motion

Das 4Motion-Antriebssystem wurde von der Volkswagen AG entwickelt. Der Name „4Motion" bezieht sich nicht auf ein bestimmtes Antriebssystem, sondern definiert das Gesamtkonzept, das für ein bestimmtes Automodell unterschiedliche Designs haben kann. Generell gibt es zwei Varianten, die erste basiert auf der Haldex-Kupplung bei Fahrzeugen mit Quermotor und Vorderradantrieb und die zweite auf dem Torsen-Differenzial bei Fahrzeugen mit einem in Längsrichtung montierten Motor mit permanentem Hinterradantrieb und zuschaltbarem Vorderachsantrieb.

Das 4Motion-Antriebssystem gehört zur Serienausstattung der neuen dritten Generation des Volkswagen Touareg SUV. Der Allradantrieb ist mit einem 8-Gang-Automatikgetriebe verbunden, das über den Drehmomentwandler ein Antriebsmoment von bis zu 1000 Nm übertragen kann. Ein sperrbares Mittendifferenzial mit asymmetrischer dynamischer Drehmomentverteilung dient als Verteilergetriebe für den Kraftfluss/die Verzweigung zwischen Vorder- und Hinterachse. Maximal 70 % des Drehmoments können auf die Vorderachse und bis zu 80 % auf die Hinterachse übertragen werden. Der Volkswagen Touareg basiert auf dem Modular Longitudinal Toolkit (MLB).

Bei allen MQB-Modellen (Modular Transverse Toolkit) mit Allradantrieb 4Motion wird die Leistung über eine Lamellenkupplung stufenlos auf Vorder- und Hinterachse verteilt. Normalerweise wird die Kraft hauptsächlich auf die Vorderachse übertragen, was Energie spart. Bei einen Traktionsverlust wird jedoch die Hinterachse aktiviert. Aus diesem Grund gilt 4Motion als permanentes Allradsystem. Die Kraftverteilung auf alle vier Räder wird aktiv, bevor es zu einem Schlupf der Räder kommt. Ein Traktionsverlust ist daher praktisch ausgeschlossen. Die Antriebsmomentverteilung wird kontinuierlich an die tatsächlichen Fahrbedingungen angepasst.

Ein Auto mit hoher Geländegängigkeit ist der VW Atlas Tanoak. Das Fahrzeug ist ein Pick-up und ist nach einer Baumart benannt, die an der Pazifikküste beheimatet ist und bis zu 45 m hoch wird. Mit einer Länge von 5438 mm gilt der Tanoak in den USA als mittelgroßer Pickup. Das Konzeptauto ist 5438 m lang, 2030 m breit und 1844 m hoch. Dieses Fahrzeug ist mit einem 4Motion-Antriebssystem ausgestattet und basiert auf der MQB-Plattform, was unter Fahrzeugen der Pickup-Klasse neu ist.

Der Volkswagen Konzern hat drei Plattformstrategien für den gemeinsamen modularen Aufbau von Automobilen entwickelt, nämlich MLB (Modularer Längsbaukasten), MQB (Modularer Querbaukasten) und MEB (Modularer Querbaukasten). Diese drei Plattformstrategien basieren auf der Motoranordnung, nämlich:

- MLB ist für Kraftfahrzeuge mit Längsmotoren und Hinterradantrieb vorgesehen
- MQB ist für quer orientierte Motoren und Vorderradantrieb vorgesehen
- MEB ist für elektrisch angetriebene Automobile gedacht, um elektronische Steuerungen zu konsolidieren und die Anzahl der Mikroprozessoren zu reduzieren, die Anwendung neuer Fahrerassistenztechnologien voranzutreiben und die Art und Weise, wie Autos gebaut werden, etwas zu verändern

Die Strategien haben auch einen wichtigen Einfluss auf Allradantriebssysteme, die vom Volkswagen-Konzern entwickelt wurden. Normalerweise wird MQB in Allradautos mit automatisch aktiviertem Hinterradantrieb verwendet. Ansonsten wird die MLB-Plattform in allradangetriebenen Fahrzeugen mit permanent angetriebenen Hinterrädern und gelegentlich angetriebenen Vorderrädern eingesetzt

Die MLB-Plattform wurde von Audi entwickelt und 2007 erstmals beim Audi A5, dann chronologisch bei den anderen Modellen und auch bei den SUV Audi Q5, Audi Q7 und Porsche Macan eingeführt.

Diese Strategien sind Systeme zur Einführung von Rationalität auf unterschiedlichen Plattformen, die die Motororientierung teilen – unabhängig von Modell, Fahrzeuggröße oder Marke. Daher verwendet MLB eine Kern-„Matrix“ von Komponenten auf einer Vielzahl von Plattformen – zum Beispiel, indem ein gemeinsamer Motorbefestigungskern für alle Antriebssysteme gemeinsam genutzt wird. Die einzigen Dinge, die nicht variabel sind, sind die Pedalbox, die Firewall und die Platzierung des Vorderrads sowie der Windschutzscheibenwinkel. Abgesehen davon kann das Fahrzeug gedehnt und geformt werden, um jedem Karosseriestil, Größenbereich oder Antriebsstrang zu entsprechen. Das Konzept reduziert nicht nur das Gewicht, sondern ermöglicht auch die Herstellung verschiedener Modelle, einschließlich der Modelle der verschiedenen Marken des Unternehmens im selben Werk, wodurch weitere Kosten gespart werden [22].

8.4.8.1 Electronic Differenzial Lock (XDS)

Die elektronische Differenzialsperre (XDS) ist eine Erweiterung des bekannten EDL-Systems, das in 4Motion und Quattro Allradantriebsystem verwendet wird. XDS ist ein proaktives System, das nicht auf Traktionsverlust, sondern auf Lastwechsel am Vorderrad an der Innenseite einer Kurve bei schnellen Kurvenfahrten reagiert. XDS übt mit Hilfe der ESC-Hydraulik Druck auf die Bremse des kurveninneren Vorderrades aus, um ein Durchdrehen zu verhindern. Dies verbessert die Traktion und verringert die Neigung zum Untersteuern. Der aufgebrachte Hydraulikdruck liegt zwischen ca. 5 und 15 Bar. Der Eindruck beim Fahren ähnelt dem einer Differenzialsperre in abgeschwächter Form.

8.5 Torque Vectoring

8.5.1 Einführung

Beim Allradantrieb mit steuerbarer Kraftverteilung ist es möglich, das Drehmoment an jedem Rad separat zu dosieren. In schwerem Gelände, im Offroad-Modus bei niedriger Geschwindigkeit, besteht die Zielfunktion darin, den angestrebten Zielort zu erreichen, wobei die Fahrdynamikindikatoren zweitrangig sind. Eine etwas andere Situation tritt in leichtem Gelände auf, z. B. auf Schotter- und Feldwegen, auf denen kein Risiko einer Fahrzeugimmobilisierung besteht, aber Fahrdynamik und Fahrsicherheit eine bedeutende Rolle spielen, wie ebenso auf asphaltierten Straßen mit Schnee, vereisten oder nassen Oberflächen. Gesperrte Differenziale an der Achse haben den Nachteil, dass die kinematische Bedingung des Rollens der Räder während der Kurvenfahrt nicht erfüllt ist. Dies führt zu einer Tendenz zum Über- oder Untersteuern und verursacht auch mechanische Verluste an der Kontaktfläche Reifen-Fahrbahn aufgrund von Gleitreibung. In solchen Fällen ermöglicht die oben erwähnte „Dosierung" des Drehmoments separat für jedes Rad neutrale Lenkbarkeitseigenschaften sowie eine Minimierung von Verlusten durch Radschlupf. Es ist eine völlig neue Funktionalität des 4WD-Antriebssystems, nämlich das sogenannte Torque Vectoring.

Die Idee ist nicht so sehr die arithmetische Verteilung des verfügbaren Drehmoments, das vom Motor erzeugt wird, sondern die Übertragung des optimalen Antriebsmoments auf jedes Rad, dessen Wert das angenommene Verhalten des Fahrzeugs verursacht. Somit gibt es hier keine Reaktion, um den unerwünschten Fahrzuständen entgegenzuwirken, sondern Agieren, um den beabsichtigten Fahrtweg mit der vom Fahrer eingestellten Geschwindigkeit zu überwinden, ohne das Risiko, die Spur zu verlassen. Infolgedessen ist das Fahrzeug weder unter- noch übersteuert, seine Steuerung ist immer neutral, was die Sicherheit, den Fahrkomfort und den Energieverbrauch verbessert. Wenn ein Radschlupf auftritt, z. B. in der Untersteuerungsphase (die Vorderräder befinden sich dann in einem übermäßigen Seitenschlupf), ist dies mit unnötigen Energieverlusten verbunden [23, 24].

8.5.2 Strategien der Antriebsmomentverteilung bei Radnabenmotoren

Eine Lösung des Torque Vectoring ist mit der Verwendung von vier unabhängigen elektrischen Nabenmotoren möglich. Die drehmomentkoordinierte Steuerung des elektrischen Radnabenmotors wird verwendet, um das Problem der optimalen Drehmomentverteilung zu lösen. Jeder Radnabenmotor kann einzeln gesteuert werden, was eine gute Voraussetzung für die optimale Drehmomentverteilung ist. Die Drehmomentkoordinationssteuerung kann das Antriebsmoment zwischen den Rädern entsprechend den Fahrbedingungen dynamisch zuordnen. Der Energiefluss wird optimiert und auf jedes Antriebsrad verteilt, um Energie zu sparen.

Ein weiterer Aspekt ist, dass der individuell gesteuerte Radnabenmotor Bedingungen für die Integration der Fahrsicherheit schaffen kann, wie beispielsweise ein Traktionskontrollsystem und ein Elektronisches Stabilitätsprogramm (ESP), wobei beide für die Drehmomentkoordinationskontrolle kombiniert werden können. Schließlich wird die koordinierte Steuerung der Drehmomentverteilung sowohl in Bezug auf die Sicherheit als auch auf die Wirtschaftlichkeit berücksichtigt. Daher sollte die Drehmomentregelungskoordinationstechnologie für Elektrofahrzeuge mit Radnabenelektromotoren gelöst werden. Dies kann mittels eines optimalen Regelstrategie = Algorithmus in der Fahrzeugsteuerung erreicht werden. Einige solcher Algorithmen werden nachstehend vorgestellt und diskutiert [23].

8.5.2.1 Strategie basierend auf den Radkräften

Diese Strategie basiert auf der Beziehung zwischen dem Reifenlängs- und dem Querschlupf gegen Reifenlängs- und der Querkraft. Die Beziehung wird abgeleitet, um die optimale Schlupfrate zu erhalten, die die zur Fortbewegung erforderliche Leistung minimiert. Ein Algorithmus kombinierte die Motorbrems- und Antriebseffizienzmerkmale, um das Drehmoment zwischen Vorder- und Hinterachse zu verteilen. Das Maximum der Rückgewinnungsenergieeffizienz und der Antriebsenergieeffizienz werden erreicht. Das Steuerungsziel besteht darin, die Beschleunigungsfähigkeit des Fahrzeugs zu maximieren, ohne die Lenkleistung zu beeinträchtigen. Unter der Annahme, dass der Fahrer über das Lenkrad die Fahrtrichtung vorgibt und das Gieren der Längskräfte einschränkt, kann die optimale Zuordnungsmethode die maximale Beschleunigungsfähigkeit des Fahrzeugs um 16 % erhöhen.

8.5.2.2 Strategie basierend auf Energie-Feedback

Es wurde ein Antriebskraftverteilungsalgorithmus vorgeschlagen, der ein mathematisches Modell verwendet, das auf einer nicht linearen Steuerungszuordnung basiert. Die Zielfunktion und die Randbedingungen werden definiert, um die höchste Effizienz zu erzielen. Das quadratische Programmierverfahren wird zur Lösung der vorgeschlagenen Zielfunktion verwendet.

8.5.2.3 Strategie basierend auf Fahrverhalten und Stabilität

Der Drehmomentverteilungsalgorithmus kann auf einer direkten Giermomentsteuerung basieren, um ein stabiles Fahren des Fahrzeugs zu erreichen. In Anbetracht der Eigenschaften von Elektroradnabenmotoren, die unabhängig voneinander steuerbar sind, kann dieses Verfahren bei der drehmomentkoordinierten Steuerung mit aktiver Sicherheit als Ziel angewendet werden. Die von der optimalen Steuerung des Giermoments unabhängige

Methode kann die Manövrierfähigkeit des Fahrzeugs verbessern. Die halboptimale Regelungsmethode ist aufgrund ihrer einfachen Struktur und Kontrollwirkung praktischer. Im Falle eines Motorantriebsausfalls schließt die überrepräsentierte Steuermethode das ausgefallene Antriebsrad und garantiert gleichzeitig einen Teil der Antriebskapazität. Das Anfahrverhalten des Fahrzeugs ist jedoch geschwächt. Dieses Problem kann durch ein optimales Steuerungszuweisungsverfahren gelöst werden, das auf dem Gewicht des Massenschlupfwinkels und dem Ausfallzustand des Motors basiert, um den stabilen Betrieb des Fahrzeugs sicherzustellen. Eine andere Lösung ist ein verteiltes Verfahren mit mehreren Einschränkungen für die Steuerung der Antriebskraft. Das Verfahren löst das Problem der Verteilung der Antriebskraftsteuerung sowohl unter der Bedingung des Rutschens als auch bei Fahrfehlern. Eine Kontrollmethode für die laterale Stabilität von EV kann auf einer modellprädiktiven Kontrolle basieren (MPC), wodurch der Bereich der Fahrzeugstabilität und der Gierreaktion vergrößert wird.

8.5.2.4 Strategie basierend auf dem Lane-Assist-System

Es gibt mehrere Algorithmen, die die Fahrspurverfolgungsfähigkeit eines Fahrzeugs berücksichtigen. Dazu gehören ein robustes Modellverfolgungssteuerungsverfahren, das das Problem des Antriebs des elektrischen Rades auf Fahrbahnen mit geringem Reibbeiwert löste, ein MPC-Verfahren, das das Lenken und Bremsen des Fahrzeugs steuert, um ein autonomes Fahren zu erreichen oder eine Giersteuerung des Fahrzeugs an- und abzuschalten Die optimale Bremskraft ist ein Giermomentregelungsverfahren mit variabler Drehmomentverteilung, mit dem das lineare Ansprechverhalten des Fahrzeugs verbessert wird.

8.5.2.5 Ein Beispiel für einen Torque-Vectoring-Algorithmus für Allradfahrzeuge

Der Torque-Vectoring-Algorithmus besteht aus drei Steuerungen: einer Überwachungssteuerung, einer Hochpegelsteuerung (High-Level-Controller) und einer Niederpegelsteuerung (Low-Level-Controller). Die gewünschte Bewegung des Fahrzeugs zur Gewährleistung der Sicherheit wurde in der Überwachungssteuerung unter Verwendung von Fahrzeugzuständen berechnet. In der Hochpegelsteuerung wurden die gewünschten Längskräfte abgeleitet, sodass das Fahrzeug die gewünschte Bewegung ausführen kann. Basierend auf den gewünschten Kräften wurden Drehmomenteingaben unter Verwendung der Raddynamik berechnet. Die erforderlichen Zustände wie Reifenkräfte und -geschwindigkeiten können entweder geschätzt oder es können verschiedene Filter oder mathematische Techniken verwendet werden.

Die Leistungsbewertung, die unter Verwendung von MATLAB/Simulink und CarSim mit einem prädiktiven Fahrermodell durchgeführt wurde, umfasste zwei Manöver: Stufenlenkung und einen doppelten Fahrspurwechsel bei verschiedenen Geschwindigkeiten. Der MPC-basierte Torque-Vectoring-Algorithmus zeigt ein besseres Einschwingverhalten im Vergleich zum LQR-basierten Torque-Vectoring-Algorithmus. In der stationären Reaktion zeigen alle Fälle, die den Drehmomentvektoralgorithmus verwenden, einen kleineren Gierratenfehler im Vergleich zu den Fällen ohne TV. Im Falle des doppelten Fahrspurwechsels ist ersichtlich, dass die Maximalwerte des Lenkradwinkels aus dem MPC-basierten TV-Algorithmus kleinere Werte haben als diejenigen aus dem Fall ohne TV. Gierratenfehler aus dem MPC-basierten TV-Algorithmus sind jedoch größer als diejenigen aus dem Fall ohne TV. Bei dem LQR-basierten Torque-Vectoring sind die Maximalwerte für Gierrate und Beschleunigung größer als in allen anderen Fällen, da der LQR-Regler die optimalen gewünschten Werte nur unter Verwendung aktueller Zustände wie Geschwindigkeiten und Kräfte berechnet. Es wurde beobachtet, dass sich die Beweglichkeit des Fahrzeugs durch den Torque-Vectoring-Algorithmus verbessert hat.

Es gibt jedoch einige Einschränkungen hinsichtlich der Probleme der Zustandsschätzung, der Effizienz und des dynamischen Verhaltens. Darüber hinaus wurde die Effizienz des Torque-Vectoring-Systems nicht berücksichtigt, da der Algorithmus so konzipiert war, dass er während der Fahrt immer aktiviert ist. Die Vorgaben der Fahrer für das dynamische Anfahrverhalten der Fahrzeuge wurde in Torque Vectoring ebenfalls nicht berücksichtigt.

8.5.2.6 Torque-Vectoring-Zuordnungssimulation für Geländefahrzeuge auf unebenem Boden

Eine Methode zur Drehmomentbestimmung und -steuerung für elektrische Geländefahrzeuge wurde von Yamakawa et al. [25] entwickelt. Um die optimale Raddrehmomentverteilung auf Vorder- und Hinterräder auf unebenem Boden zu untersuchen, wurde ein numerisches Modell der Fahrzeugdynamik entwickelt. Für verschiedene Fahrbedingungen wurden Simulationen der Fahrzeugbewegung auf unebenem Boden und an Steigungen durchgeführt.

Die Reaktionskräfte des Bodens wurden durch ein numerisches Modell richtig geschätzt, bei dem die Nettoreaktionskraft in ihre vertikalen und tangentialen Komponenten zerlegt wurde. Die vertikale Kraft ist die Radlast und die Tangentialkraft ist die Scher- oder Reibungskraft. Darüber hinaus wurde der Rollwiderstand der Reifen in das Fahrzeugbewegungsmodell aufgenommen.

Die Raddrehmomentverteilung für unabhängige Radnabenmotoren (Elektromotoren) wurde unter Verwendung der folgenden zwei Methoden modelliert:

- A – Bestimmen des Drehmoments an jedem Rad, um die Geschwindigkeit einzelner Räder zu steuern
- B – Bestimmen des Drehmoments an jedem Rad basierend auf der vertikalen Belastung des Rads zur Steuerung der Fahrzeuggeschwindigkeit (nicht der einzelnen Raddrehzahlen)

Das A-Verfahren verwendet eine Raddrehzahlrückmeldung, um das Drehmoment jedes Rades zu steuern und eine gegebene Geschwindigkeit beizubehalten, während das System B eine Rückmeldung basierend auf der Massenschwerpunktgeschwindigkeit des Fahrzeugs anwendet, um das erforderliche Gesamtdrehmoment am Fahrzeug zu schätzen, um dann, basierend auf dem Verhältnis der vertikalen Lasten an den Vorder- und Hinterrädern, jedem Rad ein Drehmoment zuzuweisen. Für die Simulation wurde ein Testgelände eingerichtet, um die Effizienz der Raddrehmomentverteilung zu untersuchen, die sich aus den vorgeschlagenen Steuermethoden ergibt. Das Testgelände war 0,3 m hoch und 0,6 m lang. Zwei ebene Oberflächenabschnitte wurden durch eine Kosinusfunktion reibungsfrei miteinander verbunden. Der gekrümmte Verlauf der Fahrbahnoberfläche wird durch mehr als 10 gerade Abschnitte angenähert.

In der Simulation wurde ein typischer Geländewagen mit vier Rädern verwendet. Es wurde angenommen, dass das Fahrzeug einzelne elektrische Radmotoren hat. Das maximale Ausgangsdrehmoment an jedem Rad wurde durch die Motorleistung bestimmt. Dies ermöglichte den Vergleich mit gewöhnlichen Verbrennungsmotormodellen. Das maximale Drehmoment des Elektromotors an jedem Rad wurde so angegeben, dass das maximale Nettoausgangsdrehmoment aller vier Räder dem maximalen Motorausgangsdrehmoment des Verbrennungsmotormodells entsprach.

Um die Effizienz unabhängiger Fahrzeuge mit elektrischem Radantrieb zu bewerten, wurden die numerischen Ergebnisse mit denen von Fahrzeugen mit mechanischen Getriebesystemen verglichen. Die folgenden drei Fahrzeuge mit mechanischen Antriebsstrang wurden für den Vergleich berücksichtigt:

- D – Fahrzeugmodell mit Mittendifferenzial
- N – Fahrzeugmodell ohne Mittendifferenzial
- F – Fahrzeug mit Vorderradantrieb

Die Ergebnisse dieser Simulationen zeigten, dass die Raddrehmomentverteilung basierend auf der vertikalen Belastung der einzelnen Reifen die am besten geeignete Methode ist.

Zur Bewertung der Effizienz eines Fahrzeuges beim Befahren unebener Oberflächen wurde in einem weiteren Schritt ein Bodenprofil definiert. Die Fahrzeugmodelle mit unabhängiger Raddrehmomentregelung A und B erreichten kein geringeres durchschnittliches Drehmoment als die mechanischen Modelle. Bei der Untersuchung der Reibungsarbeit zeigte das B-Modell erneut den niedrigsten Wert, was auf eine effiziente Zuordnung des Raddrehmoments hinweist. Simulationen, die für eine extreme Steigung unter Verwendung der vorgeschlagenen Methode zur Steuerung des Raddrehmoments durchgeführt wurden, zeigten, dass die Drehmomentverteilung zwischen Vorder- und Hinterrädern des N-Modells am besten zum Befahren dieser Steigung geeignet war.

Die in dieser interessanten Studie erzielten Ergebnisse führten zu einigen wichtigen Schlussfolgerungen. Die Drehmomentverteilung, basierend auf der vertikalen Belastung der einzelnen Räder, ist eine mögliche Methode zur effizienten Steuerung des Raddrehmomentes für Fahrzeuge mit unabhängig angetriebenen Rädern. Darüber hinaus haben Antriebsstränge ohne Mittendifferenzial den Vorteil, dass das Drehmoment beim Bergauffahren automatisch auf die am besten geeignete Weise zwischen Vorder- und Hinterachse aufgeteilt wird.

Ein Vergleich zwischen den Simulationen ergab, dass eine effiziente Drehmomentverteilung sowie eine geeignete Drehmomentregelungsmethode die Leistung im Gelände und die Fahrleistung verbessern können.

8.5.3 Beispiele für Torque-Vectoring-Systeme in Allradfahrzeugen

8.5.3.1 Technische Lösungen für Torque Vectoring

Technisch gesehen kann das Torque Vectoring in der Praxis auf zwei Arten realisiert werden:

- Als Drehmomentsteuerung
- Als Bremssteuerung

Die seitliche Drehmomentsteuerung wirkt auf die beiden Räder einer Achse. Sie erzeugt an einem Rad ein Bremsmoment, auf dem anderen ein Antriebsmoment gleicher Größe. Auf diese Weise kann das Giermoment jederzeit unabhängig vom Antriebsmoment erzeugt werden. Ein Vorteil dieser Lösung besteht darin, dass sie die auf das Fahrzeug einwirkenden Gesamtantriebs- und Bremskräfte nicht beeinflusst und kein Konflikt mit Beschleunigung und Bremstätigkeit besteht. Während diese Steuerung an der Vorderachse die Lenkreaktionskraft beeinflusst, erzeugt sie keine nachteiligen Auswirkungen, wenn sie an der Hinterachse eingesetzt wird. Es ist möglich, das volle verfügbare Drehmoment mittels einer Drehmomentsteuerung auf eines der Räder einer Achse zu übertragen. Ein Beispiel sind VW-, Audi- und Mitsubishi-Fahrzeuge, die das sogenannte elektronische Differenzial verwenden.

Die seitliche Bremssteuerung übt unabhängig voneinander unterschiedliche Bremskräfte auf die vier Räder aus, um einen Unterschied in der Bremskraft zwischen dem linken und dem rechten Rad zu erzeugen, wodurch das Giermoment erzeugt wird. Zusammen mit dem Aufbringen der Bremskräfte wird mehr Antriebsmoment auf das kurvenäußere und weniger Antriebsmoment auf das kurveninnere Rad übertragen. Bis zu 50 % des verfügbaren Drehmoments können auf ein Rad übertragen werden. Da diese Steuerung Bremskräfte verwendet, fühlt sie sich für den Fahrer wie eine Verzögerung an, aber die Steuerung ist effektiv, da sie unter einer Vielzahl von Betriebsbedingungen des Fahrzeugs ein Giermoment erzeugen kann.

Beide Arten der Implementierung von Torque Vectoring können gleichzeitig erfolgen. Das in BMW-Modellen entwickelte und implementierte Dynamic-Performance-Control-System verfügt über die Funktionalität von Torque Vectoring mittels seitlicher Drehmomentsteuerung und Bremssteuerung. Durch kontrollierte Bremsintervention und Antriebsmomentverteilung ermöglicht das DPC-System die Drehmomentverteilung zwischen dem linken und rechten Hinterrad sowie die aktive Beschleunigung des Hinterrads an der Außenseite oder Innenseite der Kurve. Die Funktionalität des DPC kann bei mäßigen Geschwindigkeiten genutzt werden, wenn der Fahrer ein abruptes Lenkmanöver ausführt oder plötzlich den Fuß vom Gaspedal nimmt. Untersteuertendenzen wird durch selektives Bremsen des Rades an der Innenseite der Kurve durch die interagierenden elektronischen Steuerungssysteme entgegengewirkt. Das System kann auch den Verlust der Antriebskraft infolge der Bremswirkung ausgleichen, indem gleichzeitig die Motorleistung erhöht und ein zusätzliches Drehmoment auf die Räder mit höherem Kraftschluss verteilt wird.

8.5.3.2 Torque Vectoring im Honda-Passport-SUV

Honda hat das Torque-Vectoring-System mit dem Namen i-VTM4™ entwickelt und im Passport-SUV-Modell implementiert. Das i-VTM4™-System verwendet ein elektronisch gesteuertes, hydraulisch betätigtes hinteres Differenzial und dynamische Torque-Vectoring-Funktionen, die sowohl das Handling als auch die dynamische Kurvenleistung unterstützen. Das System verteilt das Drehmoment schrittweise auf die Vorder- und Hinterachse (bis zu 70 % nach hinten) und das Motordrehmoment dynamisch auf die linken und rechten Hinterräder.

Eine Drehmomentübertragungseinheit ist direkt mit dem Frontgetriebe verschraubt. Dies empfängt das Drehmoment von einem Schrägverzahnungsgetriebe, das am Zahnkranz des vorderen Differenzials angebracht ist, und eine kurze horizontale Welle und ein Hypoidgetriebe, die im Verteilergetriebe der Drehmomentübertragungseinheit eingestellt sind, senden Drehmoment an die hintere Gelenkwelle, die wiederum das Drehmoment zur Hinterachse überträgt.

Hydraulisch betätigte Kupplungen, die auf beiden Seiten des Hypoidgetriebes angebracht sind, das die Antriebswellen der Hinterräder antreibt, steuern das Drehmoment, das auf jedes Hinterrad übertragen wird, und bieten bei Bedarf eine Sperrdifferenzialfunktion. Die Kupplungen können paarweise gesteuert werden, um die Drehmomentverteilung zwischen Vorder- und Hinterachse zu ändern, oder sie können unabhängig voneinander gesteuert werden, damit das gesamte verfügbare Drehmoment der Hinterachse auf nur ein Hinterrad übertragen werden kann. Ein einzelner Elektromotor treibt zwei Hydraulikpumpen an – eine für jede Kupplung. Ein von der elektronischen Steuereinheit (ECU) gesteuertes lineares Magnetventil sendet selektiv Druck an die Kupplungen, die wiederum die an jedes Hinterrad übertragene Leistung steuern. Die Reibbeläge der Kupplungen halten dem geringen Dauerschlupf zwischen Vorder- und Hinterachse stand, der durch die Geschwindigkeitsdifferenz von 2,7 %, die im Folgenden erklärt wird, entsteht.

Das i-VTM4™-System arbeitet mit dem Vehicle-Stability-Assist™ (VSA®)-System und dem Agile Handling Assist zusammen, um die Drehmomentverteilung in verschiedenen Straßen- und Offroad-Situationen sowie auf verschiedenen Oberflächen zu optimieren. Die elektronische Steuereinheit (ECU) verwendet Datensignale von folgenden Sensoren:

- Motordrehmomentsensor
- Luftstrom
- Auswahl des Getriebeübersetzungsverhältnisses

Die Elektronikeinheit des Fahrzeugstabilitätsassistenten (VSA®) liefert folgende Messdaten:

- Raddrehzahl
- Lenkwinkel und Änderungsrate
- Querbeschleunigung

- Fahrzeuggierrate
- Hydraulischer Kupplungsdruck für die rechte und linke Hinterachswelle

Das Antriebsmoment wird aus den ECU-Daten berechnet, während basierend auf den VSA®-Daten die Drehmomentverteilung von vorne nach hinten und die Drehmomentverteilung zwischen den rechten und linken Hinterrädern berechnet werden. Es ist bemerkenswert, dass dank dieser innovativen Architektur des Systems die Reaktionszeit um bis zu 46 % reduziert wird.

Da selbst auf trockenen und ebenen Oberflächen aufgrund der viskoelastischen Eigenschaften der Gummimischung ein minimaler Reifenschlupf auftritt, kann sich der Effekt der Drehmomentvektorierung verzögern. Das i-VTM4™-System treibt die Räder an, um den Schlupfeffekt des Reifens auszugleichen und den Torque-Vectoring-Effekt zu verbessern. Die leichte Heckantriebseinheit wird ständig um 2,7 % übersteuert. Der resultierende Overdrive-Effekt wird durch linke und rechte Kupplungen im hinteren Differenzial reguliert, die die an jedes Hinterrad abgegebene Leistung unabhängig voneinander steuern. Der Overdrive-Effekt stellt sicher, dass der Torque-Vectoring-Effekt unter allen Straßen- und Geländebedingungen und -situationen signifikant und nahezu augenblicklich aktiv ist, auch in kritischen Situationen, wie z. B. bei intensiver Beschleunigung in Kurven mit einem sehr kleinen Radius von etwa 15 Metern.

Der i-VTM4™, der für die Geländetauglichkeit des Honda-Passport-SUV von großer Bedeutung ist, ist im Gelände aktiv. Es verteilt das Antriebsmoment auf die Räder, die im Gelände den besseren Grip haben. Dies unterscheidet sich von AWD-Systemen mit offenem Differenzial, bei denen die Räder mit geringer Traktion durchdrehen können. Selbst in Situationen, in denen ein Rad vom Boden abhebt, verteilt der i-VTM4™ das Drehmoment auf das Rad, das mit dem Boden in Kontakt steht [26].

8.5.3.3 Volkswagen XDS+

Volkswagen hat mit dem XDS+ ein elektronisches Differenzial entwickelt, das die Funktion des Torque Vectoring übernimmt und im Antriebssystem des Golf GTI zum Einsatz kommt. Technisch ist die elektronische Differenzialsperre XDS+ in das Elektronische Stabilisierungsprogramm (ESC) integriert und ihre Funktionalität wurde jetzt erweitert, um alle ungebremsten Fahrzuständе abzudecken. Das neue System reduziert auch den Bedarf an Lenkkorrekturen durch gezielte Bremsinterventionen an den inneren Rädern beider Achsen.

Eine interessante Lösung von Volkswagen ist die vordere Differenzialsperre, die ausschließlich im Golf GTI Performance zum Einsatz kommt. Bis heute ist Volkswagen der einzige Autobauer, der eine elektronisch gesteuerte Differenzialsperre in einem Serienmodell mit Frontantrieb einsetzt.

Die elektronische vordere Differenzialsperre verwendet eine Lamellenkupplung, die sich zwischen der rechten Antriebswelle und dem Differenzialgehäuse befindet. Der zur Betätigung der Kupplung erforderliche Hydraulikdruck wird von einer elektromotorisch angetriebenen Kolbenpumpe erzeugt. Das Sperrmoment von bis zu 1600 Nm ist propor-

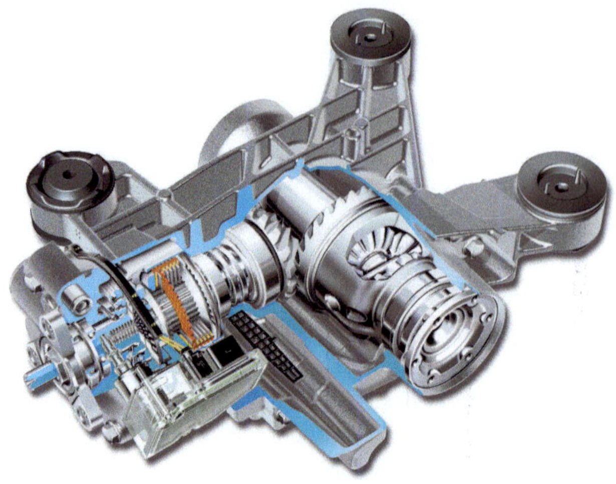

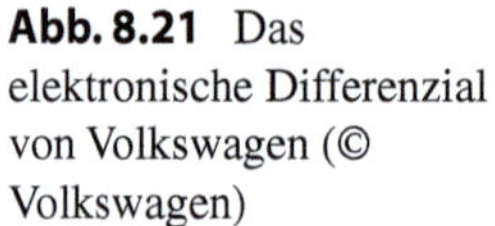

Abb. 8.21 Das elektronische Differenzial von Volkswagen (© Volkswagen)

tional zum Hydraulikdruck. Der Hydraulikdruck wird durch die Pumpendrehzahl gesteuert, die von einem Steuermodul vorgegeben wird, das auf der Grundlage von Parametereingaben wie Raddrehzahl, Fahrzeuggeschwindigkeit, Gierrate und Querbeschleunigung arbeitet. Wenn das Steuermodul einen Radschlupf an einem der Vorderräder feststellt, wird die Kupplung betätigt, um das Antriebsmoment vom Rad mit der niedrigeren Kraftschluss auf das Rad mit der guten Traktion umzuverteilen. Bei Bedarf kann das gesamte Antriebsmoment auf nur ein Vorderrad gerichtet werden, was einem Blockierwert von 100 % entspricht (Abb. 8.21) [22].

8.5.4 Beispiele für Komponenten des TV-Systems

8.5.4.1 Compact Torque Vectoring von BorgWarner

Eine von BorgWarner praktisch überprüfte Lösung für das Torque Vectoring ist das CTV-System (Compact Torque Vectoring), das für Fahrzeuge mit zuschaltbaren Allradantriebssystemen geeignet ist (Abb. 8.22). Das CTV verwendet eine Kupplung, die bei Bedarf automatisch das Drehmoment von der primär angetriebenen Achse auf die zweite Achse verteilt. Die Idee des CTV ist, dass das System eine Gierbewegung des Fahrzeuges induziert. Im Gegensatz zu anderen Fahrassistenzsystemen wie ESC, bei denen die Bremsen betätigt werden, wenn ein Verlust der Lenkkontrolle festgestellt wird, ändert CTV die Drehmomentverteilung zwischen dem linken und dem rechten Rad, um das Fahrverhalten und die Sicherheit vorbeugend zu verbessern. Die Giertätigkeit von CTV ist im Vergleich zu bremsbasierten Systemen wie ESC erheblich schneller.

Kontrollierte Änderungen der Drehmomentverteilung zwischen den Rädern auf der linken und rechten Seite verbessern die Fahrzeugdynamik und das Ansprechverhalten, um die Konsistenz der Lenkradeingabe gegenüber der Giergeschwindigkeit zu verbessern. Während das Gesamtantriebsmoment gleichbleibt, ermittelt die Fahrzeugdynamiksoft-

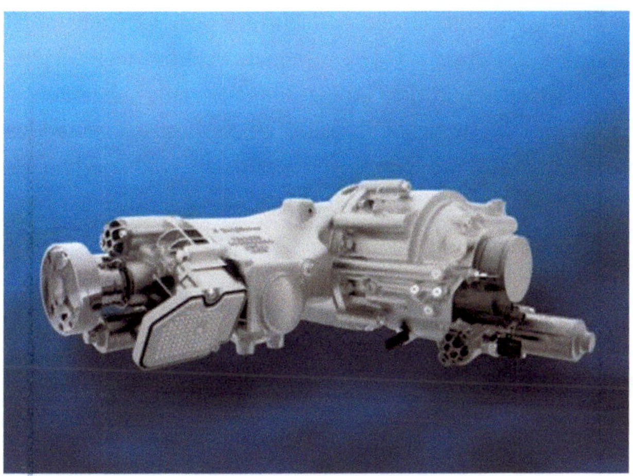

Abb. 8.22 Compact Torque Vectoring von BorgWarner (© BorgWarner)

ware die Höhe des Differenzialantriebsdrehmoments anhand der Sensoreneingabe für Gierrate, Querbeschleunigung, Radgeschwindigkeit und Lenkwinkel.

Das Demonstrationsfahrzeug von BorgWarner verfügt über eine serienmäßige AWD-Kupplung von vorne nach hinten und ein modifiziertes hinteres Differenzial, wobei die CTV-Einheit auf der linken Seite des Differenzials montiert ist. Die CTV-Einheit besteht aus zwei Sonnenrädern und zwölf Planetenrädern. Bei der Übertragung des Drehmoments zwischen dem Differenzialgehäuse und der linken Antriebswelle arbeiten Paare von 19-Zahn- und 21-Zahn-Planetenrädern auf sechs konzentrischen Wellen, die die beiden 76-Zahn-Sonnenräder umgeben. Bei Auslösung durch einen reversiblen elektrohydraulischen Zentrifugalantrieb (CEH) in der AWD-Kupplung kann das Drehmoment zwischen dem 19-Zahn-Rad und dem 21-Zahn-Rad übertragen werden, indem eine Klemmkraft auf eine kleine nasse Kupplung am Ende jeder Welle ausgeübt wird. Das CTV ist inaktiv und die hintere Antriebseinheit arbeitet auf herkömmliche Weise, wenn keine Klemmkraft wirkt. Die Kupplungsklemmkraft wird über ringförmige Hydraulikkolben an jeder Kupplung erzeugt. Durch Steuern des Hydraulikdrucks ist es möglich, den erforderlichen Torque-Vectoring-Effekt zu erzielen. Ein zusätzliches Antriebsmoment wird auf das linke Hinterrad übertragen, um dessen Drehgeschwindigkeit zu erhöhen, indem gleichzeitig Kraft auf die Kupplungen von drei der Wellen ausgeübt wird. Entsprechend werden Drehzahl und Drehmoment am rechten Hinterrad reduziert und das resultierende Giermoment bewirkt, dass das Fahrzeug eine Rechtskurve durchfährt. Alternativ erhöht das Differenzial durch Druckbeaufschlagung der anderen drei Kupplungen, die das linke Rad verlangsamen und dessen Drehmoment und Drehzahl verringern, automatisch das Drehmoment und die Raddrehzahl auf der rechten Seite, das resultierende Giermoment bewirkt, dass das Fahrzeug nach links abweicht. Während das Fahrzeug geradeaus fährt, wird kein Hydraulikdruck aufgebaut, sodass keine Kupplungsaktivität auftritt.

Das CTV hat eine kompakte Größe und ein geringes Gewicht von 13 kg. Die Abmessungen sind wie folgt: Länge = 0,183 m bis zur Antriebswelle, Höhe = 0,207 m und Breite = 0,198 m. Die relativ geringen Abmessungen ermöglichen eine einfache Integration in andere Fahrzeugteilsysteme (Abb. 8.23). Seine Position befindet sich an der Seite der Differenzialeinheit. Achsbefestigungen können zur Reduzierung der Systemkosten verwendet werden, da die Torque-Vectoring-Komponenten auf einer Seite des Achsdifferenzials verpackt sind. Der modulare Aufbau, wie in Abb. 8.24 dargestellt, ermöglicht eine Integration der Plattform mit geringen Auswirkungen, und dies erleichtert die Verwendung der Einheiten auf verschiedenen Fahrzeugplattformen. Ein weiterer Vorteil besteht darin, dass die CTV-Komponenten in gleichem Maße auf AWD-Systeme mit Hinterrad- und Frontantrieb angewendet werden können. Als einfache „Anschraub"-Einheit am hinteren Differenzial kann CTV ermöglichen, dass dasselbe Basisfahrzeug oder dieselbe Plattform mit oder ohne optionales Torque Vectoring angeboten wird.

Darüber hinaus ist die direkte Betätigung mit dem bewährten reversiblen CEH-Stellantrieb weniger kontaminationsempfindlich und robuster als Systeme mit Regelventilen. Diese Funktion ist bei Geländefahrzeugen und SUV von großer Bedeutung. Der Durchfluss wird in zwei Richtungen geleitet, sodass kein zusätzliches Ventil erforderlich ist. Die hydraulische Betätigung ermöglicht zwar eine einfache Druckmessung und -erkennung durch den Drucksensor, bietet jedoch auch die erforderliche Drehmomentgenauigkeit und eine niedrige Hysterese.

Das Compact Torque Vectoring trägt zur Verbesserung des Fahrverhaltens, der Stabilität und der Fahrzeugdynamik in allen Fahrzeugsektoren bei. Das System verbessert die Fahrzeugdynamik und -sicherheit erheblich, indem es in sehr kurzer Zeit (0,01–0,1 s) ein zusätzliches Drehmoment verteilt. Es verfügt über eine Torque-Vectoring-Kapazität von bis zu 1000 Nm. Diese Technologie steuert die Drehmomentverteilung in kritischen Fahrsituationen wie Beschleunigen und Lenken in eine Kurve und bietet weichere Lenkreaktionen sowie erheblich weniger Lenkeingaben im Vergleich zu ähnlichen Fahrzeugen ohne Torque Vectoring. Das System hilft auch bei Offroad-Manövern mit hoher Geschwindigkeit [27–29].

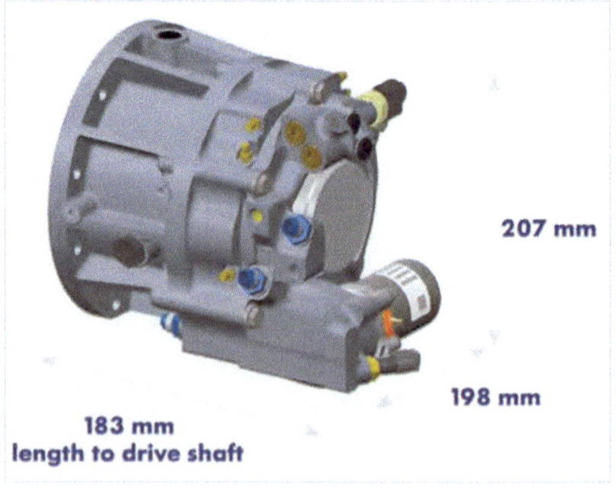

Abb. 8.23 Abmessungen der CTV-Einheit von BorgWarner (©BorgWarner)

Abb. 8.24 Module der CVT von BorgWarner (© BorgWarner)

8.5.4.2 Torque-Vectoring-eRDM-Elektromodul

Ein weiteres Beispiel für Torque Vectoring von BorgWarner ist ein 48-Volt-Elektro-Heckantriebsmodul (eRDM) (siehe Abb. 8.25), das elektrisches Torque Vectoring zusammen mit der vollen Funktion des mechanischen AWD bereitstellen kann. Das eRDM-Modul ist mit dem Antriebsstrang mechanisch verbunden und mit einem 48-Volt-Motor ausgestattet, der zwei Planetenradsätze antreibt und einen Eingang von der hinteren Kardanwelle hat. Eine Pumpe versorgt den 48-Volt-Motor mit Kühlschmiermittel und ermöglicht die hydraulische Steuerung des Schaltmechanismus. Das eRDM kann im Torque-Vectoring- oder Hybridmodus arbeiten oder den 48-Volt-Motor vom System trennen. Im Hybridmodus ist der Motor über einen Schrägverzahnungssatz mit doppelter Untersetzung mit dem Differenzialgehäuse verbunden, sodass er dem Differenzialgehäuse ein Drehmoment zur Drehmomentunterstützung hinzufügen oder im regenerativen Modus kinetische Energie zurückgewinnen kann. Infolgedessen erleichtert das System Funktionen wie

Abb. 8.25 Das elektrische Torque Vectoring von BorgWarner (© BorgWarner)

regeneratives Bremsen, elektrisches Segeln und Boosten, um CO_2 zu reduzieren und die Kraftstoffeffizienz zu verbessern. Andererseits wechselt das Modul durch Verbinden des Motors mit dem Sonnenrad des Doppelplanetengetriebes in den Torque-Vectoring-Modus. Abhängig von Fahrzeugsignalen wie Gierrate, Radgeschwindigkeit, Lenkradwinkel und Drosselklappenstellung ermöglicht das eRDM die aktive Drehmomentverteilung zwischen den beiden Rädern für verbesserte Fahrdynamik und Stabilität.

Die Verwendung eines Elektromotors, der ein Drehmoment von bis zu 1200 Nm liefern kann, bietet wichtige Vorteile. Im Vergleich zu den meisten kupplungsbasierten Systemen können beispielsweise eine bessere Betätigungsdrehmomentgenauigkeit und eine Drehmomentschrittantwort von deutlich weniger als 100 ms erreicht werden. Eine weitere signifikante Verbesserung der Steuerbarkeit des eRDM im Vergleich zu einem kupplungsbasierten System ist die Tatsache, dass es in allen vier Quadranten arbeiten kann und sich reibungslos zwischen ihnen bewegen kann.

Außerdem verwenden die meisten kupplungsbasierten Torque-Vectoring-Systeme zwei Kupplungen in Kombination mit einem Aufwärts-/Abwärtsgetriebe, wobei sich die Kupplungen mit einer Differenzdrehzahl von 10 % der absoluten Raddrehzahl drehen. Selbst bei einem inaktiven System und im Hinblick auf ein Widerstandsverluste optimiertes Kupplungs- und Schmiermanagement haben die inhärenten Verluste aufgrund der immer vorhandenen Differenzdrehzahl über den Kupplungen einen Einfluss auf den Kraftstoffverbrauch.

Um die Leistung des eRDM mit der von AWD-Kupplungs-basierten Torque-Vectoring- und Doppelkupplungssystemen sowie mit einem AWD-System mit elektronischem Sperrdifferenzial an der Hinterachse zu vergleichen, wurde ein doppelter Fahrspurwechseltest bei 100 km/h simuliert. Die Ergebnisse der Simulation zeigen, dass das eRDM vom Fahrer nicht so viel Lenkeingabe benötigt, um das Auto nach dem anfänglichen Vermeidungsmanöver zu stabilisieren, wie die anderen Systeme. Infolgedessen verbessert die Technologie den Fahrerkomfort und die Sicherheit, indem sie durchschnittliche Fahrer durch die einfachere Lösung gefährlicher Situationen unterstützt. Darüber hinaus bietet der eRDM ein besseres Kurvenverhalten als die meisten anderen Systeme – unabhängig von den

Reibungseigenschaften der Kupplung. In Bezug auf das Untersteuern ist das Verhalten eines mit dem eRDM ausgestatteten Fahrzeugs vorhersehbarer, da es unabhängig von Drosselklappenstellung und Beschleunigung ist [28].

8.5.4.3 Torque-Vectoring-Doppelkupplung

BorgWarner hat ein innovatives Torque-Vectoring-System für Elektrofahrzeuge entwickelt, das die Verwendung von nur einem Elektromotor anstelle der beiden herkömmlichen Elektromotoren ermöglicht. Diese Lösung ist kostengünstig und verfügt über ein kompaktes Design, das den Platzbedarf sowie das Gewicht des Systems erheblich reduziert und die Integration aller Antriebssubsysteme erleichtert. Die BorgWarner-Torque-Vectoring-Doppelkupplungseinheit verfügt über zwei Kupplungen – eine innere und eine äußere –, die das herkömmliche Differenzial in einem elektrischen Antriebsstrang ersetzen. Torque-Vectoring-Systeme der ersten Generation erfordern zwei Elektromotoren im Heck, die teuer und schwer sind. Das neue Doppelkupplungssystem minimiert Drehmomentverluste, spart Energie und benötigt weniger Komponenten. Dieses Gerät steuert das Drehmoment unabhängig voneinander und verteilt das Drehmoment auf das linke und das rechte Hinterrad. Die Torque-Vectoring-Doppelkupplung, die an einen Elektromotor angeschlossen ist und über zwei umschaltbare GenVI-Aktuatoren (eine pro Kupplung) verfügt, überträgt das Drehmoment dynamisch, um das Lenkverhalten und die Steuerbarkeit zu verbessern. Dieses System hat eine Kapazität von bis zu 2600 Nm pro Kupplung und eine Funktion, die die Hinterachse trennt, wenn kein Allradantrieb benötigt wird. Das Fahrzeug arbeitet dann mit Frontantrieb, was zu geringeren Verlusten und einer größeren Reichweite führt (Abb. 8.26).

Abb. 8.26 Torque-Vectoring-Doppelkupplung von BorgWarner (© BorgWarner)

8.5.5 Fazit

Das Torque-Vectoring-System ist in Allradfahrzeugen, insbesondere in Sportwagen und Hochklasselimousinen, gut etabliert. Dieses System beeinflusst das Fahrverhalten erheblich, verbessert die Agilität und erhöht die Fahrsicherheit, insbesondere auf kurvenreichen Straßen, bei verringertem Radkraftschluss.

Es ist jedoch interessant, welchen Einfluss das Torque-Vectoring-System auf das Fahrverhalten und die Fahrdynamik des Fahrzeuges im Gelände hat. Die kürzere Reaktionszeit des Systems mit dem Elektromodul deutet darauf hin, dass bei Manövern auf weichem Boden oder im Schnee das Auto nicht bewegungsunfähig wird und die Lenkfähigkeit nicht abnimmt. Das Verhalten des Geländewagens mit dem Torque Vectoring kann auch beim Fahren in unebenem Gelände interessant sein, insbesondere in Kurven. Da derzeit wenig Forschungsberichte in diesem Bereich verfügbar sind, kann dieses Problem ein interessantes Thema einer Master- oder Doktorarbeit sein, insbesondere unter aktiver Beteiligung von Industriepartnern. Experimentelle Studien, die unter realen Geländebedingungen durchgeführt werden, ermöglichen es, die Auswirkungen von Torque Vectoring auf die Fahrdynamik objektiv zu bewerten, während Tests, die mit der Methode der subjektiven Bewertung durchgeführt werden, eine Antwort darauf geben können, wie das TV das Fahrverhalten, insbesondere den Geländekomfort, beeinflusst.

8.6 Elektroantriebe der Geländewagen und SUV

Elektroantriebe kommen in Kraftfahrzeugen in den letzten Jahren immer mehr zum Einsatz. Sie sind in mehrfacher Hinsicht vorteilhaft:

- Sie emittieren keine Abgase am Einsatzort
- Aufgrund der leisen arbeitenden Elektromotoren ist ihre Geräuschemission sehr niedrig
- Sie bieten die Möglichkeit der Energierückgewinnung aus Bremsvorgängen

Bei Geländewagen und SUV kann der Elektroantrieb auch wegen der günstigen Drehmoment- und Leistungskurven von Vorteil sein. Beim Elektromotor steht typischerweise das maximale Drehmoment schon bei niedrigsten Drehzahlen zur Verfügung und auch bei hohen Drehzahlen kann ein Elektromotor ein ausreichendes Drehmoment abgeben. Im Unterschied zu Verbrennungsmotoren kann auf ein Getriebe verzichtet werden. Es gibt noch einen wichtigen Vorteil, und zwar eine Konfiguration von Radnabenantrieb mit Elektromotoren in den Rädern.

Das gesamte Elektroantriebssystem besteht aus den folgenden Bauelementen:

- Elektromotor oder mehrere Elektromotoren, je nach der Konfiguration der Kraftübertragung auf die Antriebsräder
- Elektronische Steuerung und Kühlung des Elektromotors

- Traktionsbatterie mit Energiemanagementsystem und Ladegerät
- Gegebenenfalls notwendige Kraftübertragungskomponenten, Getriebe, Differenzial usw.

Kriterien bei der Auswahl der Elektromotoren sind kompakte Bauweise, geringes Gewicht, hoher Wirkungsgrad, Steuerbarkeit ohne Energieverlust in einem weiten Drehzahlbereich, Überlastbarkeit, niedrige Kosten, geringer Wartungsbedarf. Für Fahrzeugantriebe stehen die folgenden Ausführungen zur Verfügung:

- Gleichstromnebenschlussmotoren
- Drehstrommotoren: Asynchron- und Synchronmotore
- Bürstenlose Gleichstrommotoren

Gleichstromnebenschlussmotoren sind preiswert und ihre Steuerung ist einfach. Ein Problem bei diesen Elektromotoren ist der Kommutator mit den Bürsten, die intensiv verschleißen und gewartet werden müssen. Die Bürsten begrenzen die Umfangsgeschwindigkeit auf ca. 7000 1/min. Auch Wirkungsgrad und Leistung der Gleichstrommotoren sind begrenzt. Diese Elektromotoren werden in einfachsten Elektrofahrzeugen, Batteriewagen sowie Leichtelektromobilen usw. eingesetzt.

Bei Drehstrommotoren wird die Gleichspannung der Traktionsbatterie mittels eines Umrichters in Drehstrom mit variabler Amplitude und Frequenz umgewandelt. Für Fahrzeugantriebe sind besonders die Asynchronmotoren vorteilhaft, da diese Drehstrommaschinen kompakt und robust (wartungsfrei) sind, maximale Drehzahlen bis 15.000 1/min erreichen und einen hohen Wirkungsgrad haben. Diese Elektromotoren erfordern zwar mehr komplizierte Steuerungsgeräte, die aber durch die Weiterentwicklung der Leistungshalbleiter effizienter, zuverlässiger und kostengünstiger werden. Es ist besonders vorteilhaft, die Drehzahl des Asynchronmotors ausgehend von einer niedrigen Umfangsgeschwindigkeit genau einzustellen. Dies ermöglicht eine präzise Steuerung des Fahrzeugs, z. B. während Fahrmanövern auf begrenztem Raum.

Ein bürstenloser Gleichstrommotor ist ein permanent erregter Elektromotor ohne Kommutator. Die Kommutierung erfolgt elektronisch über einen Umrichter, der die Ständerwicklung mit pulsweitenmoduliertem Gleichstrom speist. Elektromotoren dieses Typs und die asynchronen Drehstrommotoren sind wahrscheinlich die vorteilhaftesten für die Antriebskonfiguration mit Radnabenmotoren. Es ist möglich, diese Motoren in Form von Ringen mit großem Innendurchmesser und geringer Dicke zu konstruieren, was die Integration in die Rad- und Aufhängungskomponenten des Fahrzeugs erleichtert.

Ein weiteres Bauelement der Elektroinstallation ist der Umrichter. Zu den Aufgaben des Umrichters gehört es, den Antriebsmotor aus der Traktionsbatterie zu speisen, den Motor je nach Fahrerwunsch anzusteuern und die Bremsenergie in die Traktionsbatterie zurückzuspielen. Eine wichtige Rolle des Umrichters besteht auch darin, die Betriebsgrenzen zu berücksichtigen, insbesondere die begrenzte Batteriespannung, den maximalen Batteriestrom, die Batterietemperatur sowie den Traktionszustand des Bremsregelsystems und dessen Temperaturen. Der Fahrerwunsch wird aus Fahr- und Bremspedalstellung, Fahrtrichtung: vorwärts bzw. rückwärts und Fahrgeschwindigkeitswunsch ermittelt. Alle Parameter werden durch eine Fahrzeugkontrolleinheit in ein Solldrehmoment umgesetzt.

Ein typischer Umrichter wird unter Verwendung von Leistungshalbleitertechnologie (z. B. IGBT – Transistoren) entworfen und gebaut und ist eine Mikroprozessorvorrichtung mit fortschrittlicher Steuerungssoftware (Algorithmus).

Die Traktions- oder Antriebsbatterie ist der Kraftstofftank des Elektroautos. Wichtige Fahrleistungen wie Reichweite, maximale Fahrgeschwindigkeit und Beschleunigung sind von der Batterie abhängig, bei Offroad-Fahrzeugen auch die Geländetauglichkeit, weil der Energiebedarf beim Offroad-Fahren aufgrund geringer Traktionseffizienz sehr hoch ist. Von den vielen verfügbaren Batterien werden Lithium-Polymer-Batterien bzw. Lithium-Ionen-Batterien als Energiequelle in Elektroautos verwendet. Sie zeichnen sich durch eine hohe Energiedichte von 150 Wh/kg und eine lange Lebensdauer (mehr als 1000 Zyklen) aus. Lithium/Polymer sind Hochtemperaturbatterien und arbeiten bei Temperaturen von ca. 80 °C.

Eine typische Antriebsbatterie ist modular aufgebaut und in einem mit einem Rahmen verstärkten Aluminiumgehäuse eingeschlossen. Module mit den Abmessungen eines Schuhkartons enthalten einzelne Zellen. Diese Konstruktion ermöglicht die Verwendung eines Batterietemperaturregelungssystems, das für die ordnungsgemäße Durchführung chemischer Prozesse während des Entladens (Antriebs) und Ladens erforderlich ist. Die Traktionsbatterie ist sehr schwer (etwa ein Viertel des Gewichts des Autos), weshalb sie an vielen Stellen an der Karosseriestruktur befestigt ist. Außerdem ist es vorzuziehen, die Batterie so tief wie möglich zu positionieren, was wiederum für einen Geländewagen ungünstig ist, da er über eine möglichst große Bodenfreiheit verfügen sollte.

8.6.1 Geländewagen und SUV mit Elektroantrieb

Bisher gibt es nur wenige Geländewagen mit Elektroantrieb. Im Jahr 2011 präsentierte Jeep zwei Modelle von elektrischen Geländefahrzeugen in der ENVI-Konfiguration. Dies waren die Modelle Patriot EV und Wrangler EV. Die Autos waren mit einem elektrischen Antrieb und einem Reichweitenerweiterungssystem ausgestattet, das auf einem kleinen Verbrennungsmotor mit integriertem Stromgenerator basierte. Ein interessanter Elektrogeländewagen ist der Bollinger. Er hat sehr gute Parameter: Bodenfreiheit 0,38 m, Radaufhängungshub 0,255 m, Wattiefe 1,0 m. Das Antriebssystem besteht aus zwei Elektromotoren mit einer Gesamtleistung von 614 PS. Die Ladekapazität des Autos beträgt 2500 kg, das Gewicht eines gezogenen Anhängers 3500 kg. 120-kWh-Batterien bieten eine Reichweite von ca. 300 km. Das Fahrzeug ist mit einem 2-Gang-Getriebe ausgestattet, was bei Elektroantrieb selten vorkommt, aber die Leistung unter schwierigen Geländebedingungen erheblich verbessert. Bisher ist nur der Bollinger-Prototyp bekannt, die Premiere der Serienversion wird voraussichtlich Mitte 2021 stattfinden.

Die sogenannten Concept Cars sind Beispiele für die Versuche der Hersteller, einen praktischen SUV mit elektrischem Antrieb zu entwickeln, das zu Fahrzeugen mit Verbrennungsmotor konkurrenzfähig ist. Nachfolgend einige Beispiele, einschließlich Serienautos und Konzeptautos mit rein elektrischem Antrieb.

8.6.1.1 Der Audi e-tron

Der Elektroantrieb wurde im Audi e-tron SUV eingesetzt. Der SUV wird in Massenproduktion hergestellt und ist 4901 m lang, 1935 m breit und 1616 m hoch. Das Fahrzeug wird von zwei Elektromotoren mit einer Ausgangsleistung von zusammen 300 kW und einem maximalen Drehmoment von 664 Nm angetrieben. Die Höchstgeschwindigkeit beträgt elektronisch begrenzte 200 km/h. Der Audi e-tron ist ein Fahrzeug einer neuen Quattro-Generation – des elektrischen Allradantriebs, der die Verteilung der Antriebsmomente zwischen den beiden Achsen kontinuierlich und vollständig variabel reguliert. In den meisten Fällen verwendet das Antriebssystem hauptsächlich den an der Hinterachse befindlichen Elektromotor. Wenn jedoch mehr Leistung benötigt wird, verteilt der elektrische Allradantrieb das Drehmoment nach Bedarf auf die Vorderachse. Dies geschieht auch vorausschauend, noch bevor ein Schlupf bei eisigen Bedingungen oder bei schnellen Kurvenfahrten auftritt, oder wenn das Auto unter- oder übersteuert. Ein wichtiges Merkmal für die Fahrdynamik ist die niedrige und zentrale Position, an der die Antriebskomponenten installiert sind. Die Batterie befindet sich zwischen den Achsen in Form eines flachen, breiten Blocks unter dem Fahrgastraum. Die Achslastverteilung beträgt fast 50:50.

Die Gesamtleistung der beiden Elektromotoren des Audi e-tron beträgt 265 kW, das Drehmoment 561 Nm. Damit kann der elektrische SUV in 6,6 s von 0 auf 100 km/h beschleunigt werden. Die Motoren sind asynchron und ihre Spitzenleistung kann bis zu 60 s lang genutzt werden. Der vordere Elektromotor, der parallel zur Achse positioniert ist, erreicht eine Spitzenleistung von 125 kW bei 247 Nm maximalem Drehmoment. Der hintere, koaxial positionierte Motor erreicht eine Leistung von 140 kW bei einem Drehmoment von 314 Nm. Zweistufige Planetengetriebe mit einem Gangbereich übertragen das Antriebsmoment über die Differenziale auf die Achsen. Asynchronmotoren können ihre Leistung für kurze Zeit steigern (Abb. 8.27). Durch Schalten vom Fahrbereich D nach

Abb. 8.27 Der Asynchronmotor von Audi (© Audi)

S und vollständiges Niederdrücken des rechten Pedals kann der Boost-Modus für 8 s aktiviert werden, die Leistung beträgt dann 300 kW und 664 Nm Drehmoment.

Jeder Elektromotor im Audi e-tron wird von einem separaten Elektronikmodul gesteuert. Steueralgorithmen verwenden Daten vom Gaspedal, den Bremsen und dem elektrischen Allradantrieb. Einige Funktionen wie die Schwingungsdämpfung und die Schlupfregelfunktionen sind direkt in die Leistungselektronik integriert. Der pulsbreitenmodulierende Umrichter wandelt den Gleichstrom von der Batterie in einen dreiphasigen Strom um. Wenn die Elektromotoren während der Rekuperation als Generator arbeiten, wird der erzeugte dreiphasige Strom in Gleichstrom umgewandelt und an die Batterie zurückgegeben [21].

Die Reichweite des Audi e-tron beträgt im WLTP-Testzyklus mit einer einzigen Ladung mehr als 400 km. Dieser Wert ist hauptsächlich auf das Rekuperationssystem zurückzuführen, das für bis zu 30 % der Reichweite verantwortlich ist. Das elektrische System kann Energie auf zwei Arten zurückgewinnen: durch Ausrollen, wenn der Fahrer das Gaspedal loslässt, oder durch Bremsen, wenn das Bremspedal gedrückt wird. In beiden Fällen fungieren die Elektromotoren als Generator und wandeln die kinetische Energie des Fahrzeugs in elektrische Energie um. Bei einer Verzögerung von bis zu 0,3 g erholt sich das System ausschließlich über die Elektromotoren. Dies ist in weit über 90 % der Fälle. Die Radbremsen sind nur betroffen, wenn der Fahrer mit dem Bremspedal um mehr als 0,3 g abbremst. Die Bremsen reagieren dank eines neuen elektrohydraulischen Betätigungskonzepts schnell. So kann der Audi e-tron beim Bremsen ab 100 km/h elektrische Leistung mit maximal 300 Nm und 220 kW zurückgewinnen. Das entspricht mehr als 70 % des Betriebsenergieeinsatzes. Abhängig von der Fahrsituation entscheidet das elektrohydraulisch integrierte Bremssteuersystem, ob der SUV den Elektromotor, die Radbremse oder eine Kombination der beiden für jede Achse einzeln zur Energierückgewinnung verwendet.

Die große Hochvoltbatterie im Audi e-tron kann bis zu 95 kWh Energie speichern. Sie befindet sich unter der Kabine und ist 2,28 m lang, 1,63 m breit und 0,34 m hoch und umfasst insgesamt 36 Zellenmodule in quadratischen Aluminiumgehäusen. Sie sind auf zwei Ebenen angeordnet, die als „Etagen" bezeichnet werden – eine längere untere Etage und eine kürzere obere. Jedes Modul ist mit zwölf Beutelzellen mit einer flexiblen Außenhaut aus aluminiumbeschichtetem Polymer ausgestattet. Ein Kühlsystem aus flachen Aluminium-Strangpressprofilen, die gleichmäßig in kleine Kammern unterteilt sind, hat die Aufgabe, die optimale Temperatur der Batterie aufrechtzuerhalten. Die Wärme wird zwischen den Zellen und dem darunterliegenden Kühlsystem über ein wärmeleitendes Gel ausgetauscht, das unter jedes Zellmodul gepresst wird. Das Gel überträgt die Abwärme gleichmäßig über das Batteriegehäuse an das Kühlmittel. Die Batterie und alle ihre Parameter wie Ladestatus, Ausgangsleistung und Wärmemanagement werden vom externen Batteriemanagement-Controller (BMC) verwaltet. Dieser befindet sich in der Insassenzelle an der rechten A-Säule des Audi e-tron. Das BMC kommuniziert sowohl mit den Steuergeräten der Elektromotoren als auch mit den Zellenmodulsteuerungen (CMC), die jeweils den Strom, die Spannung und die Temperatur der Module überwachen. Der Batterieanschlusskasten (BJB), in den die Hochspannungsrelais und Sicherungen integriert sind, ist die elektrische Schnittstelle zum Fahrzeug. Er befindet sich in einem Aluminiumdruckgussgehäuse im vorderen Teil des Batteriesystems. Der Datenaustausch zwischen dem BMC, den CMCs und dem BJB erfolgt über ein separates Bussystem. Ein starker umschließender Rahmen aus Aluminiumgussknoten und extrudierten Profilen sowie eine 3,5 mm dicke Aluminiumplatte schützen die Batterie vor Beschädigungen durch Unfälle oder Bordsteine. Im Inneren verstärkt eine rahmenartige Aluminiumstruktur das Batteriesystem. Es besteht ebenfalls aus extrudierten Profilen und enthält die Zellenmodule wie ein Typgehäuse. Das Batteriesystem wiegt rund 700 kg. Es wird an 35 Stellen mit der Karosseriestruktur des Audi e-tron verschraubt, um dessen Torsionssteifigkeit zu erhöhen.

Mit Schnellladestationen kann mit Gleichstrom (DC) von bis zu 150 kW aufgeladen werden, und die Batterien können auch mit Wechselstrom (AC) von bis zu 11 kW (optional 22 kW) aufgeladen werden. Beim Laden zu Hause kann das Ladesystem entweder mit einer 230-Volt-Haushaltssteckdose oder einer 400-Volt-Dreiphasensteckdose verbunden werden. In Kombination mit einem Hausenergiemanagementsystem bietet es intelligente Funktionen wie das Aufladen, wenn Strom kostengünstiger ist, oder Solarstrom, wenn das Haus mit einer Fotovoltaikanlage ausgestattet ist. Ladevorgänge sowie das Vorheizen/Vorkühlen können mit der myAudi-App über das Smartphone des Fahrers gesteuert werden.

8.6.1.2 Volkswagen ID. ROOMZZ

Ein weiteres Beispiel für einen elektrisch angetriebenen SUV ist das Volkswagen ID. ROOMZZ-Konzeptauto. Der vordere Koaxial-Elektromotor erzeugt 75 kW, während der hintere Elektromotor mit mehrstufigem Getriebe 150 kW erzeugt. Die Hinterachse sorgt serienmäßig für Antrieb. Eine „elektrische Kardanwelle" verteilt die Leistung des Allradantriebs 4Motion bei Bedarf unter Berücksichtigung der Fahrdynamik und der Oberflächenbedingungen zwischen Vorder- und Hinterachse. Der ID.ROOMZZ kann auch kontinuierlich im Allradmodus gefahren werden. Beide Motoren werden von einer Lithium-Ionen-Batterie im Fahrzeugboden mit Energie versorgt. Die Batteriekapazität beträgt 82 kWh. Um eine neutrale Lenkung und eine ausgewogene Querdynamik zu erreichen, wurde eine Gewichtsverteilung von etwa 50:50 % (vorne:hinten) erreicht, indem die Batterie in der Mitte des Fahrzeugbodens und die Antriebseinheiten sowohl vorne als auch hinten platziert wurden. Der ID. ROOMZZ kann in 6,6 s auf 100 km/h beschleunigen, seine Höchstgeschwindigkeit ist auf 180 km/h begrenzt. Die Reichweite dieses Konzeptautos im europäischen WLTP-Zyklus beträgt 450 km [22].

8.6.1.3 Konzept-Elektroauto Audi AI:TRAIL

Ein Beispiel für einen vollelektrisches Geländewagen ist der Audi AI: TRAIL. Dieses Konzeptfahrzeug bietet autonomes Fahren auf der Straße und Fahrerunterstützung beim Fahren im Gelände. Das Glas, das die Kabine umgibt, bietet Rundumsicht, ein Merkmal, das bei Offroad-Ausflügen in natürlicher Landschaft wichtig ist. Die Länge des Audi AI: TRAIL beträgt 4,15 m, die Breite 2,15 m, die Bodenfreiheit 0,34 m und die Wattiefe 0,5 m. Das Fahrzeug ist mit 22-Zoll-Rädern und 33,5-Zoll-Reifen ausgestattet und hat eine leichte Struktur, die Karosserie des AI:TRAIL besteht aus Metallverbundwerkstoffen und Kohlefasern, sein Gewicht beträgt 1750 kg.

Der Audi AI: TRAIL wird von vier Elektromotoren angetrieben, die nahe an den Rädern installiert sind, jeder Motor treibt ein Rad direkt an. Diese Lösung macht den Antriebsstrang zu einem echten Quattro-System ohne Differenziale und Verteilergetriebe. Die Leistung beträgt 320 kW, das Drehmoment 1 kNm. Der Lithium-Ionen-Akku gewährleistet je nach Fahrstil und Straßen-/Geländebedingungen eine Reichweite von 400 bis 500 km. Die Höchstgeschwindigkeit beträgt 250 km/h [21].

8.6.2 Elektroradnabenmotor

Der Elektroradnabenmotor ist in Form von zwei Koaxialringen aufgebaut, von denen einer mit dem Rad verbunden und beweglich und der andere starr mit der Radachse verbunden ist. Der Festring ist ein Motorstator, in dem sich die Wicklungen befinden. Der bewegliche Ring ist ein Motorrotor, in den Permanentmagnete eingesetzt sind. Die Abmessungen des Motors ermöglichen es, ihn im Raum des Rades zu platzieren (Abb. 8.28, 8.29).

Das Funktionsprinzip des Radnabenmotors basiert auf dem bürstenlosen Motor. Das Antriebsmoment ergibt sich aus dem Zusammenspiel von Rotor- und Statormagnetfeld. Der Rotor erzeugt aus Permanentmagneten ein Magnetfeld. Das Magnetfeld des Stators wird in den zugehörigen Wicklungen in entsprechende Gruppen eingeteilt. Der wichtigste Vorteil eines bürstenlosen Motors ist das Fehlen eines Kommutators, wodurch kein Kommutierungsphänomen und kein Energieverlust infolge des Stromflusses durch Bürsten mit relativ hohem Widerstand auftritt. Zur Steuerung des bürstenlosen Motors wird ein

Abb. 8.28 Radnabenmotor

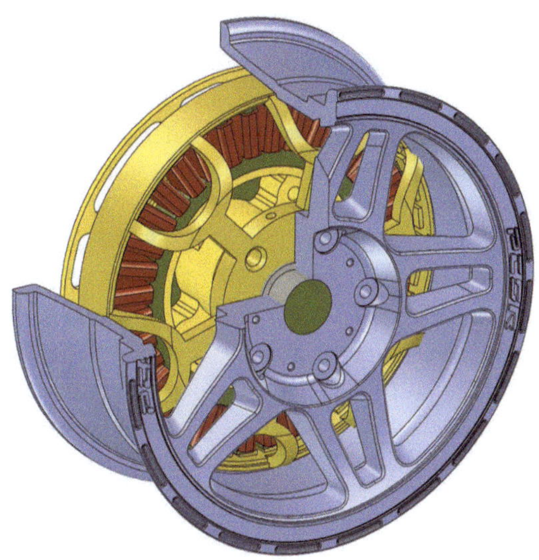

Abb. 8.29 Konstruktionsdetails des Radnabenmotors

elektronisches Kommutatorsystem verwendet und die Rotordrehung in sechs Phasen unterteilt, in denen die Stromversorgung nachfolgender Wicklungen so geschaltet wird, dass das Feld im Statormagnetkreis seine Position um einen bestimmten konstanten Winkel ändert, der sich aus der Anzahl der Pole ergibt.

Das Steuersystem wird üblicherweise in Form eines Leistungsanschlusses implementiert, der auf IGBT-Schalttransistoren basiert, deren Anzahl von jener der Statorwicklungen abhängt. Es führt grundlegende Funktionen wie Drehzahländerung, Beschleunigungssteuerung und Analyse von Rotorpositionsinformationen aus Rückmeldungen aus.

Die Motorsteuerung erfordert die Bestimmung der Schaltzeit, die durch die Winkelposition des Rotors bestimmt wird. Die Bestimmung der Winkelposition des Rotors kann auf der Grundlage von Signalen von Hallsensoren (Hallotron) erfolgen, die sich in einem Abstand von 120° in den Lücken befinden.

Die Signalsteuerung von Hallotrons hat Nachteile, Hallsensoren sind sehr empfindlich und beschädigungsanfällig. Alternative Steuermethoden bestehen darin, die Schaltzeitpunkte anhand der Analyse von Strömen und Spannungen aus den Statorwicklungen zu bestimmen.

Hauptvorteil von Elektroradnabenmotoren in Fahrzeugen ist gegenüber Antriebskonzepten mit einem zentralen Motor der Wegfall des klassischen Antriebsstranges mit den je nach Ausstattung notwendigen Komponenten, wie Getriebe, Kupplungen, Gelenkwellen, Ausgleichgetrieben usw. Da auch deren Übertragungsverluste wegfallen, bieten sich Potenziale zur Wirkungsgradsteigerung des gesamten Antriebssystems. Auch lässt sich bei einem elektrischen Radnabenmotor eine Bremsenergierückgewinnung einfach realisieren. Prinzipbedingt bieten Antriebskonzepte mit Radnabenmotoren unter anderem wegen reduzierter Drehträgheiten des Antriebsstrangs und viel schnellerer Regelung des Antriebsmoments eine wesentlich verbesserte Fahrdynamik, welche beispielsweise für Fahrsicherheitssysteme und Fahrdynamikregelungen genutzt werden kann. Dies ist besonders vorteilhaft in Geländefahrzeugen mit Allradantrieb.

Nachteilig bei Radnabenmotoren ist der Anstieg der ungefederten Massen, wodurch das Fahrwerk weniger komfortabel ist. Die Radnabenmotoren sind im Vergleich zu Zentralmotoren wesentlich stärker den Umwelteinflüssen (z. B. Spritz- oder Strahlwasser, Staub, salzhaltige Medien) sowie den im Rad wirkenden Beschleunigungskräften ausgesetzt. Je nach konstruktiver Ausführung kann zudem Wärme von der mechanischen Bremse eingetragen werden. Dies kann bei temperaturempfindlichen Bauteilen (Permanentmagneten, Radlager) eine zusätzliche Temperaturerhöhung bedeuten, die bei der Auslegung des Antriebs zu beachten ist. Das Wechseln der Reifen kann ebenfalls problematisch sein, hauptsächlich aufgrund des größeren Gewichts des Rads mit dem Motor und der Notwendigkeit, beim Ab- und Anbau des Reifens vorsichtig zu sein.

8.6.3 Entwicklungsprobleme und Tendenzen

Technisch gesehen ist der Elektroantrieb sehr vorteilhaft für Geländewagen, hauptsächlich wegen seiner sehr günstigen Drehmoment- und Leistungskurven, dank derer die Geländetauglichkeit sehr hoch sein kann. Es ist besonders vorteilhaft, Radnabenmotoren zu verwenden, da es keiner Zahnräder oder Differenziale bedarf. Das Traktionskontrollsystem ABS oder DSC kann mit Hilfe elektronischer Systeme ohne mechanische Komponenten implementiert werden, wodurch es viel schneller und genauer arbeitet. Es ist möglich, ein elektronisches Torque-Vectoring-System zu implementieren und sich an Unebenheiten oder verschiedene Bodentypen, deren Feuchtigkeit usw. anzupassen.

Außerdem ist das Offroad-Fahren mit der Elektroenergie umweltfreundlich. Wenn ein Elektrogeländewagen im Wald oder auf der Wiese abgasfrei und mit geringem Geräusch fährt, harmoniert er mit der Umwelt.

Mit dem gegenwärtigen Stand der technologischen Entwicklung gibt es jedoch erhebliche Einschränkungen für die Verwendung des Elektroantriebs in Geländefahrzeugen. Zuallererst beruht dies auf der Reichweitenbegrenzung aufgrund der Kapazität der heutigen Antriebsbatterien. Die Energiedichte der Lithium-Polymer-Batterien ist ca. 40-mal kleiner als die von Benzin. Dies bedeutet, dass entweder die Reichweite 40-mal kürzer oder der „Kraftstofftank" 40-mal schwerer wird. Diese Beziehung verbessert sich aber zugunsten des Elektroantriebs, wenn der viel größere Wirkungsgrad des Elektromotors im Vergleich mit dem Verbrennungsmotor in die Betrachtungen aufgenommen wird.

Eine weitere Schwierigkeit ist der Mangel an Infrastruktur für Batterieladestationen außerhalb von städtischen Gebieten und Autobahnen. Dies bedeutet, dass zusätzliche Kilometer der Reichweite verloren gehen, um zur Ladestation zu gelangen und dann in den Bereich zurückzukehren, in dem die Transportaufgabe ausgeführt wird. In extremen Fällen kann dies die Arbeitsreichweite um mehrere Dutzend Prozent verringern.

Wie bereits erwähnt, ist es aus technischen Gründen am besten, die Batterie flach in den Boden eines Autos zu legen. In Offroad-Autos ist der Boden jedoch häufig durch einen Tunnel der Antriebswelle unterteilt. Wenn sich die Antriebsbatterie unten im Auto befindet, kann sie beim Fahren im Gelände beschädigt werden, wenn der Fahrzeugboden auf unebenen Boden stößt. Eine undichte Lithium-Polymer-Batterie kann einen heftigen Brand verursachen. Es ist zu beachten, dass die Batterie sehr beschädigungsempfindlich ist und nicht mit einem Torsionsmoment, wie es beim Fahren auf unebenen Oberflächen auftritt, mechanisch belastet werden sollte. Selbst eine leicht mechanisch beschädigte Traktionsbatterie kann sich beim Laden entzünden.

Darüber hinaus erfordert die Verwendung des Elektroantriebs in Geländefahrzeugen zusätzliche Bedingungen. Zum Beispiel besteht aufgrund der höheren Empfindlichkeit gegenüber Feuchtigkeit die Notwendigkeit, Elemente des elektrischen Systems zu isolieren. Es ist auch wichtig, den Innenraum des Fahrzeugs dort zu isolieren, wo sich Personen befinden. Es wird davon ausgegangen, dass die Isolierung einer Potenzialdifferenz von 1 kV standhalten muss.

Unabhängig von den oben genannten Problemen hat der elektrische Antrieb in Geländefahrzeugen nach der Auffassung des Autors gute Erfolgschancen. Wichtiger als die Überwindung technologischer Barrieren ist es, die Stereotypen zu entwurzeln, die sich aus der Gewöhnung an den derzeit verwendeten Antrieb durch Verbrennungsmotoren gebildet haben.

8.7 Hybridantrieb der Geländewagen und SUV

Das Konzept, das die Vorteile eines Verbrennungsmotors und eines Elektromotors verbindet, ist ein Hybridantrieb. Insbesondere kommen Hybridfahrzeuge mit der vorhandenen Infrastruktur aus und können ohne stationäres Ladens funktionieren. Die Möglichkeit des Nachtankens bedeutet uneingeschränkte Reichweite, unabhängig von der Verfügbarkeit von Ladestellen. Die Antriebsleistung ist also nicht allein von der Batterie abhängig, was bei Geländefahrzeugen sehr wichtig ist.

Hybridfahrzeuge sind in drei Gruppen zu unterteilen: Parallelhybride, serielle Hybride und Mischhybride.

Bei Parallelhybriden ist der Verbrennungsmotor für die Energieversorgung verantwortlich. Ein Elektromotor, der mechanisch mit der Kurbelwelle gekoppelt ist, hat eine Hilfsfunktion, z. B. beim Beschleunigen oder Bergauffahren. Ein Teil der mechanischen Energie, die vom Verbrennungsmotor erzeugt wurde, treibt das Fahrzeug an, während der Rest die Batterien auflädt. Die Motoren können gleichzeitig laufen, wenn ein größerer Bedarf an Antriebskraft besteht. Das Konzept ermöglicht den Einbau eines kleineren Verbrennungsmotors, verbessert die Fahrdynamik und reduziert den Kraftstoffverbrauch. Die parallele Konfiguration gewährleistet eine höhere Effizienz, da unter bestimmten Fahrbedingungen eine günstigere Antriebsquelle ausgewählt werden kann.

Eine Kupplung und ein Getriebe werden jedoch wie bei einem herkömmlichen Antriebsstrang benötigt. Bei einem Parallelhybridantrieb mit zwei Kupplungen (P2-HEV) kann durch die Verwendung einer zusätzlichen Kupplung das Fahrzeug separat von einem Verbrennungsmotor oder einem Elektromotor angetrieben werden. Während der Energierückgewinnung oder während des elektrischen Antriebs wird der Verbrennungsmotor vom Antriebssystem getrennt. In diesem Fall kann sich das Fahrzeug nur mit einem Elektromotor bewegen.

Um den Elektromotor vom Verbrennungsmotor zu trennen, wird ein paralleler Hybridantrieb mit getrennten Achsen (AS-HEV) verwendet. In diesem System sind die Motoren nicht mechanisch miteinander verbunden. Die Hinterachse wird von einem Elektromotor angetrieben, mit dem beim Bremsen Energie zurückgewonnen werden kann. Der Verbrennungsmotor treibt die Vorderachse an. Beide Antriebssysteme bieten Allradantrieb. In diesem System wird im Stillstand kein Strom erzeugt. Das Bordnetz und die Klimaanlage des Fahrzeugs werden über einen zusätzlichen Generator versorgt, den der Verbrennungsmotor antreibt. Der Generator versorgt auch kleinere elektrische Geräte an Bord und lädt die Batterie mit Hilfe eines Spannungswandlers auf. Das AS-HEV-System ermöglicht es dem Elektromotor, mit hoher Geschwindigkeit zu laufen, was den Wirkungsgrad des Antriebssystems erhöht. Die Effizienz der Energierückgewinnung ist ebenfalls höher. Durch das Zusammenwirken beider Antriebe kann ein Geländefahrzeug mehr verfügbare Antriebsleistung und dadurch eine bessere Geländegängigkeit erhalten.

Bei seriellen Hybriden erfolgt der Radantrieb immer elektrisch, wobei die Energieversorgung von einem mit dem Verbrennungsmotor angetriebenen Generator kommt. Die Batterie ermöglicht eine zeitliche Entkopplung des Verbrennungsmotors des Antriebs.

Die gesamte vom Verbrennungsmotor erzeugte Energie wird im Generator in Elektrizität umgewandelt. Dieses System enthält kein Getriebe und es besteht keine Verbindung zwischen dem Verbrennungsmotor und den Antriebsachsen des Fahrzeugs. Der Elektromotor gibt den Rädern Leistung, wenn er die vom Verbrennungsmotor und dem Generator erzeugte Leistung verwendet, falls erforderlich, benutzt der Elektromotor auch die in der Batterie gespeicherte Energie. Wenn der Leistungsbedarf die Leistung des Verbrennungsmotors übersteigt, wird der fehlende Anteil den Batterien entnommen. Der Elektromotor ist über ein mechanisches Getriebe mit den Fahrzeugrädern verbunden. Aufgrund des großen Gewichts und der Abmessungen der Komponenten haben serielle Hybridantriebe keine Anwendung in Personenkraftwagen, einschließlich Geländefahrzeugen, gefunden.

Die Nachteile der Grundkonzepte paralleler und serieller Hybrid führten zur Entwicklung von Mischhybridsystemen. Deren Ausgestaltung mit Verbrennungsmotor, Elektromotor und Generator, Getriebe und Kupplungen, Freiläufen und Bremsen ist beliebig vielfältig. Die Leistungsverzweigung kann mechanisch über Differenzialgetriebe oder elektrisch erfolgen.

Wenn die Kupplung zwischen Elektro- und Verbrennungsmotor getrennt ist, arbeitet das System wie eine typische Serienkupplung. Nach dem Einschalten der Kupplung entspricht das System jedoch einem parallelen System. Die Leistung des Verbrennungsmotors wird dann direkt auf die Antriebsachsen übertragen. Bei kleineren Motoren ist ein Serienparallelantrieb (SP-HEV) eingebaut. Der Generator dient als Anlasser für den Verbrennungsmotor. Der serielle Arbeitsbereich erfolgt bei geringen Fahrzeuglasten, bei höheren Geschwindigkeiten oder beim dynamischen Überholen und wenn Verzögerung und Bremsen erforderlich sind.

8.7.1 Hybridantriebe in Geländewagen und SUV

Der Hybridantrieb hat sich in SUV sehr gut etabliert. Dies ist vor allem auf das wachsende Interesse an Elektromobilität und die Verfügbarkeit vieler Hybrid-SUV zurückzuführen. Das technisch fortschrittlichste Konzept, d. h. ein Plug-in-Hybrid, ermöglicht sowohl die Energierückgewinnung beim Bremsen als auch die Möglichkeit einer stationären Batterieladung im Stillstand. Diese Lösung wurde unter anderem in den neuesten Modellen von Jeep, BMW X5, Audi Q5 und Q7 und auch bei anderen Automobilherstellern installiert.

Konstrukteure verwenden unterschiedliche Konfigurationen von Elektromotoren. Zum Beispiel hat der Toyota RAV 4, der im Januar 2020 auf der Los Angeles Auto Show vorgestellt wurde, drei Elektromotoren. Die Vorderachsräder werden von zwei Elektromotoren angetrieben, während sich ein dritter 50-kW-Elektromotor hinten am Fahrzeug befindet und die Hinterräder antreibt. Der Benzinverbrennungsmotor arbeitet im Atkinson-Zyklus. Das Auto beschleunigt in 6,2 s von 0 auf 100 km/h. Nach der Erstgenehmigung liegen die CO_2-Emissionen bei 29 g/km. Die Reichweite im Elektromodus beträgt 60 km. Beim Mitsubishi Outlander PHEV wurde eine andere Konfiguration von Elektromotoren verwendet. Sie enthält das neue Twin-Motor-4WD-System, das 60 kW unabhängige Front- und Heckmotoren zum Antrieb umfasst. Gelenkwellen und andere mechanische Verbindungen entfallen, was bedeutet, dass der Twin-Motor-4WD ein besseres Fahrverhalten und eine feinere Steuerung als herkömmliche mechanische 4WD-Systeme sowie einen geringeren Reibungsverlust bietet.

Der Audi Q5 Hybrid quattro wurde als Parallelhybrid konzipiert. Sein Elektromotor erzeugt 33 kW Leistung und befindet sich direkt hinter dem Verbrennungsmotor, einem 2,0-TFSI mit 155 kW (211 PS). Beide Motoren können mittels einer Kupplung ausgekuppelt werden. Das Fahrzeug ist mit einem 8-Gang-Tiptronic-Getriebe ohne Drehmomentwandler ausgestattet. Der scheibenförmige Elektromotor nimmt den Platz ein, den der Drehmomentwandler zuvor eingenommen hat (Abb. 8.30, 8.31).

Die gesamte Ausgangsleistung beträgt 180 kW (245 PS) und das Drehmoment 480 Nm. Der durchschnittliche Kraftstoffverbrauch von ca. 7,0 l/100 km entspricht einem CO_2 Ausstoß von ca. 160 g/km. Im Elektromodus beträgt die Reichweite des Fahrzeugs drei Kilometer bei 60 km/h.

Der Elektromotor unterstützt den Verbrennungsmotor beim Beschleunigen und fungiert als Generator, um beim Bremsen Energie zurückzugewinnen. Das Fahrzeug kann auch allein vom Verbrennungsmotor angetrieben werden. Das Hybridsteuerungssystem, das das Zusammenspiel der beiden Antriebe steuert, stellt sicher, dass der TFSI-Motor im niedrigen Drehzahlbereich vorübergehend eine größere Last aufweist als für den Antrieb erforderlich, sodass der Lastpunkt in einen höheren Bereich verschoben und die Effizienz verbessert wird [21].

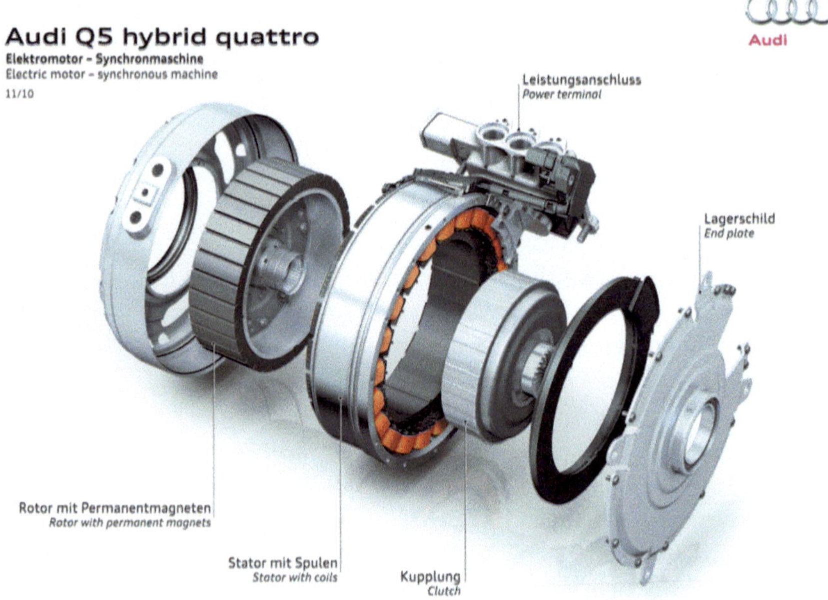

Abb. 8.30 Elektromotor Audi Q5 Hybrid (© Audi)

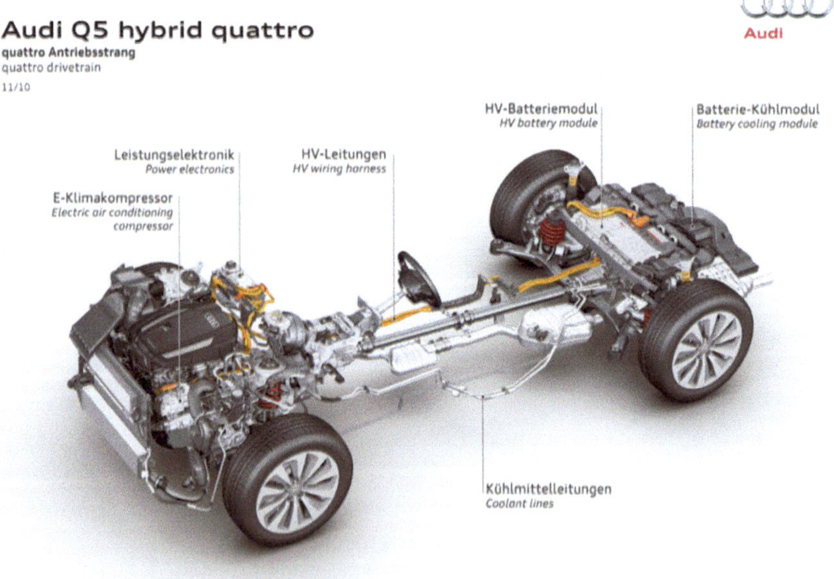

Abb. 8.31 Audi-Q5-Hybrid-Quattro-Antriebssystem (© Audi)

Die Lithium-Ionen-Batterie, die 1,3 kWh nutzbare Energie speichert und nur 38 kg wiegt, befindet sich unter dem Laderaumboden. Zwei Kühlkreisläufe halten die Batterie in einem Temperaturbereich, um einen optimalen Wirkungsgrad sicherzustellen. Insgesamt wiegt das Hybridsystem weniger als 130 kg.

Der Volkswagen Touareg R ist ein SUV mit Hybridantrieb einer Leistung von 340 kW. Wenn die Batterie ausreichend aufgeladen ist, startet das Fahrzeug immer im elektrischen Antriebsmodus, um keine Emissionen zu verursachen. Die Höchstgeschwindigkeit mit dem Elektroantrieb beträgt 140 km/h. Oberhalb dieser Geschwindigkeit ergänzt der turbogeladene V6-Benziner (TSI) den elektrischen Antriebsmotor.

Der Hybridantrieb des Touareg R besteht aus einem Ottomotor mit 2995 cm^3, der 250 kW/340 PS Leistung liefert, während die Leistung des elektrischen Antriebsmotors 100 kW/136 PS beträgt. Das Gesamtdrehmoment des Hybridantriebssystems beträgt 700 Nm. Im unteren Gepäckraum befindet sich eine Lithium-Ionen-Batterie mit einer Energiekapazität von 14,1 kWh. Ein 8-Gang-Automatikgetriebe Tiptronic und ein Verteilergetriebe übertragen die Kraft auf das Allradsystem 4Motion [22].

Dank des Allradantriebs kann der Touareg R einen Anhänger mit einem Maximalgewicht von 3,5 t ziehen. Dieses Volkswagen Modell ist auch das erste Plug-in-Hybrid-SUV mit Trailer Assist, einem Assistenzsystem für das automatisierte Manövrieren mit einem Anhänger, was auch mit rein elektrischer Energie möglich ist.

Ein weiteres Beispiel für einen Offroad-Hybridantrieb ist der in Abb. 8.32 gezeigte Volkswagen Atlas Cross Sport (Abb. 8.32).

BMW hat den sogenannten Mild-Hybridantrieb für die Modelle X5 und X6 implementiert (Abb. 8.33). Der neue Dieselmotor wird vom 48-Volt-Startergenerator des Mild-Hybridsystems unterstützt. Die zusätzliche elektrische Leistung von 8 kW fördert sowohl die spontane Leistungsabgabe als auch die Effektivität des Antriebssystems. Elektrischer Boost verbessert die Dynamik beim Starten und Beschleunigen. So können der neue BMW X5 xDrive40d und der neue BMW X6 xDrive40d in nur 5,5 s von 0 auf 100 km/h beschleunigen. Dank der zusätzlichen elektrischen Leistung kann der Verbrennungsmotor bei konstanten Drehzahlen besonders häufig in einem effizienzoptimierten Lastbereich laufen und so Verbrauchsspitzen reduzieren. Der Startergenerator bezieht die notwendige Energie

Abb. 8.32 Volkswagen Atlas Cross Sport mit Hybridantrieb (© Volkswagen)

Abb. 8.33 BMW X5 mit Mild-Hybridantriebssystem (© BMW)

Abb. 8.34 Hybridantrieb BMW X5 (© BMW)

aus der 48-Volt-Batterie, die auch alle elektrischen Fahrfunktionen über das 12-Volt-Fahrzeugnetz mit Strom versorgt. Die Aufladung erfolgt durch Rekuperation während der Verzögerungs- und Bremsphase sowie durch eine gezielte Erhöhung des Lastpunktes des Verbrennungsmotors. Der Fahrkomfort profitiert auch erheblich von der Mild-Hybridtechnologie des neuen BMW X5 xDrive40d und des neuen BMW X6 xDrive40d. Die unterstützende Wirkung des 48-Volt-Startergenerators ermöglicht schnelle und komfortable Lastwechselreaktionen. Darüber hinaus sorgt der leistungsstarke Generator für ein spontanes und vibrationsarmes Starten und Neustarten des Verbrennungsmotors, wenn die Funktionen Auto Start Stop und „Segeln“ verwendet werden. Dadurch ist es auch möglich, den Motor während der Segelphase nicht nur abzustellen, sondern auch ganz auszuschalten. Um den Einsparungseffekt so häufig wie möglich zu nutzen, steht die komfortoptimierte Segelfunktion jetzt nicht mehr nur im ECO-PRO-Modus, sondern auch im COMFORT-Modus der Driving-Experience-Control-Funktion zur Verfügung (Abb. 8.34, 8.35) [7].

Abb. 8.35 Details Mild-Hybridantrieb des BMW X5 (© BMW)

8.8 Fazit

Die Entwicklung des Antriebs von Geländefahrzeugen führte dazu, dass einfache mechanische Systeme mit Differenzialsperren, die in den ersten Geländefahrzeugen verwendet wurden, allmählich Systemen mit elektronisch gesteuerten Lamellenkupplungen Platz machten. Kupplungssteuerungen verwenden derzeit Mehrkanal-Sensorsysteme und fortschrittliche Computeralgorithmen. Die manuelle Steuerung wurde durch eine reaktive und proaktive Steuerung mit Torque-Vectoring-Technologie ersetzt.

Einerseits ist eine mechanische Antriebsverteilung mit angebautem Vorderantrieb und Hinterachsdifferenzialsperre die optimale Lösung, um die höchste Fähigkeit zur Überwindung von Hindernissen im Gelände zu gewährleisten. Der Nachteil dieser Lösung sind schlechtere Fahreigenschaften auf asphaltierter Straße, hoher Kraftstoffverbrauch und geringer Fahrkomfort. Da es sich bei den heutigen SUV um Universalautos handelt, die für das Fahren mit hoher Geschwindigkeit auf der Autobahn ausgelegt sind, sind die oben genannten Nachteile nicht akzeptabel. Basierend auf der vorgestellten Analyse von SUV-Antriebssystemen kann geschlossen werden, dass die optimale Lösung das automatisch aktivierte Allradantriebssystem ist, das von einem Mikroprozessorsystem mit einem fortschrittlichen Algorithmus gesteuert wird und auf eine Reihe möglicher Szenarien wie Bodentypen, unebenes Gelände usw. reagiert. Es ist sehr wichtig, den Antrieb aller vier Räder schnell einzuschalten, da sich die Situation vor Ort in kurzer Zeit verschlechtern und sich ein System mit einer erheblichen Verzögerung (Trägheit) als unwirksam erweisen kann. Die Entwicklung strebt nach den einfachsten und zuverlässigsten Hardwarelösungen, bei denen exekutive Mechanismen statt auf hydraulischen auf elektrischen Antrieben basieren.

Im Hinblick auf die Antriebsquelle sind Dieselmotoren immer noch weitverbreitet, aber Hybrid- und Elektrosysteme treten mehr und mehr in Erscheinung. Es scheint, dass das Antriebssystem mit Radnabenmotoren große Vorteile hat, da es die sofortige Aktivierung des Radantriebs der ausgewählten Achse sowie die Differenzierung des Antriebsmoments je nach Situation ermöglicht. Ein wichtiger Nachteil des Elektroantriebs ist die geringe Reichweite und das hohe Gewicht der Antriebsbatterien. Der technische Fortschritt in diesem Bereich ist jedoch so dynamisch, dass in naher Zukunft mit einem Anstieg der Anzahl der elektrisch angetriebenen SUV und Geländefahrzeuge zu rechnen ist.

Dieses Kapitel enthält grundlegende Informationen zu Antriebssystemen, einschließlich bewährter klassischer Lösungen, auch solcher von vor Jahren. Die technologische Entwicklung im Bereich der Allradantriebe ist nach wie vor sehr dynamisch und gilt sowohl für Personenkraftwagen als auch für Geländewagen und SUV. Das Europäische Allrad-Symposium in Graz, Österreich, das regelmäßig alle zwei Jahre stattfindet, sollte als Informationsquelle herangezogen werden. Während dieser Kongresse werden Neuheiten auf dem Gebiet der Theorie, des Designs und der Technologie des Allradantriebs und ihrer Anwendungen in Autos vorgestellt. Darüber hinaus präsentieren Magazine wie ATZ oder Automotive Engineering SAE auf ihren Seiten die neuesten Lösungen der Allradantriebtechnik.

Literatur

1. Reimpell, J. (1988). *Fahrwerktechnik: Grundlagen.* Vogel Buchverlag Würzburg.
2. Ilczuk, J. (2013). *Sześciocylindrowe silniki diesla służące do napędu pojazdów typu SUV.* Diplomarbeit, Wyższa Szkoła przedsiębiorczości i Administracji, Lublin, Vertreter Dr. Arkadiusz Małek.
3. Kędzia, R., & Okoński, A. (2005). *Zasobnikowe układy wtryskowe Common-Rail.* Informator Techniczny Bosch 2005 (auf Polnisch).
4. Merkisz, J., Pielecha, J., & Radzymirski, S. (2012). *Emisja zanieczyszczeń motoryzacyjnych w świetle nowych przepisów Unii Europejskiej.* Wydawnictwo Komunikacji i Łączności, (auf Polnisch).
5. http://www.toyota.com
6. http://media.daimler.com
7. www.bmwgroup.com
8. http://www.subaru.com
9. Preukschat, A. (1988). *Fahrwerktechnik: Antriebsarten.* Vogel Buchverlag Würzburg.
10. Carlson, D. J. (o.J.). *Introduction to Magnetorheological Fluids.* http://www.ippt.gov.pl/~smart01/abstracts/pdf/carlson_1.pdf. Zugegriffen am 24.09.2023.
11. Kciuk, M., & Turczyn, R. (2006). Properties and application of magnetorheological fluids. *Journal of Achievements in Materials and Manufacturing Engineering, 18*, 127–130.
12. Yan, Y., Hui, L., & Bo-seon, K. (2007). Analysis of magnetorheological fluid damper. *Journal of Central South University of Technology, 14*(1), 260–264.
13. http://www.torsen.com
14. http://www.xrosswheeldrive.com
15. http://www.haldex.com
16. Månsson, C., Ranåker, M., & Söderberg, P. (2017). *BorgWarner next generation AWD actuators.* BorgWarner Knowledge Library.
17. Wieland, D., Marx, V., Goebel, R., Marx, P., Muenich, P., & Schroeder, R. (2008). *Für alle Fälle 4MATIC.* Die neue GLK-Klasse von Mercedes-Benz, ATZ Extra September 2008.

18. http://www.suzuki.com
19. http://www.mitsubishi-motors.com
20. http://www.awdwiki.com
21. https://www.audi-mediacenter.de
22. http://www.volkswagen.de
23. Li, Y., Deng, H., Xu, X., & Jiang, H. (2018). Review on torque distribution strategies for four in-wheel motor drive electric vehicles, IOP Conf. *Series: Materials Science and Engineering, 394*(2018), 042041. https://doi.org/10.1088/1757-899X/394/4/042041
24. http://torque-vectoring.belisso.com/
25. Yamakawa, J., Kojima, A., & Watanabe, K. (2007). A method of torque control for independent wheel drive vehicles on rough terrain. *Journal of Terramechanics, 44*(2007), 371–381.
26. http://www.hondainfocenter.com
27. Barlage, J. (2016). *Compact torque vectoring technology opens up new possibilitie*. BorgWarner Knowledge Library.
28. Barlage, J. (2016). *Future proof-technologies*. BorgWarner Knowledge Library.
29. Nilsson, K. (2017). *A new level of vehicle stability – BorgWarner electrifies torque vectoring*. BorgWarner Knowledge Library.

Fahrwerk der Geländewagen

9

Das Fahrwerk gehört zu den bedeutendsten Baugruppen des Fahrzeuges. Die Funktionsweise des Fahrwerks ist für die Leistung, den Komfort, die Sicherheit sowie die Geländegängigkeit des Fahrzeugs von großer Bedeutung. Das Fahrwerk umfasst folgende Unterbaugruppen:

- Radaufhängungen, die den Aufbau im richtigen Abstand zum Boden halten und Vibrationen beseitigen
- Lenkung, die die Lenkbarkeit des Fahrzeugs gewährleistet
- Bremsen ermöglichen das Bremsen und erleichtert das Bergauffahren.
- Räder und Reifen, die für die Leistung des Fahrzeugs wesentlich sind, indem sie die erforderlichen Traktionskräfte bereitstellen.

Im Laufe der Jahre wurde das Fahrwerk systematisch verändert und verbessert, um auf einer Vielzahl von Straßenoberflächen die bestmögliche Leistung zu erzielen [1–9]. In diesem Kapitel werden die in heutigen Geländefahrzeugen verwendeten Lösungen erörtert.

9.1 Radaufhängungen und Achsen

Für das Fahren im Gelände sind Starrachsen gut geeignet. Ein charakteristisches Merkmal dieser Lösung ist, dass die Räder starr an der Antriebsachse oder dem Achskörper montiert sind. Der Vorteil ist die hohe Haltbarkeit einer solchen Aufhängung, die geringe Anfälligkeit für verschiedene Arten von Modifikationen und die geringen ungefederten Massen. Sie stellen eine einfache Struktur dar, die zum Tragen schwerer Lasten geeignet ist. Ein zusätzlicher Vorteil bei starren Achsen ist die recht große Achsverschränkung.

J. Pytka, *Terramechanik und Geländefahrzeuge*, ATZ/MTZ-Fachbuch,
https://doi.org/10.1007/978-3-658-32013-3_9

Neben den Starrachsen gibt es auch Einzelradaufhängungen. Sie zeichnen sich dadurch aus, dass die Räder einer Achse selbstständig vertikale Bewegungen ausführen können. Die Lösung verbessert den Fahrkomfort erheblich, insbesondere auf asphaltierten Straßen. Die Starrachsen haben jedoch eine höhere Geländegängigkeit.

Um die Geländegängigkeit eines Autos zu verbessern, wird häufig das sogenannte „Federungslift". verwendet. Diese Änderung basiert auf einer signifikanten Erhöhung der Bodenfreiheit des Fahrzeugs. Bei solchen Modifikationen ist es wichtig, dass die Vorder- und Hinterachse des Fahrzeugs gleichermaßen angehoben werden. Dies muss beachtet werden, um die Geometrie der Aufhängungen beizubehalten. Es gibt viele Methoden, mit denen die Erhöhung bewerkstelligt werden kann. Dazu gehören unter anderem:

- Verwendung von Distanzstücken (Gummischeiben) zwischen der Karosserie und den Aufhängungsfedern
- Verwendung dickerer und längerer Federn
- Verwendung längerer Stoßdämpfer

Durch die Verwendung längerer Stoßdämpfer und Federn sowie durch das Entfernen der Stabilisatoren wird auch die Achsverschränkung vergrößert.

9.1.1 Anforderungen und Betriebsbedingungen

Die Radaufhängung erfüllt eine Reihe von Funktionen, einschließlich der Übertragung von Quer- und Längskräften zwischen Rad und Karosserie. Sie soll Vibrationen reduzieren und die Insassen des Fahrzeugs vor den Auswirkungen des Fahrens über unebenes Gelände schützen. Diese Aufgabe wird von flexiblen Elementen ausgeführt. Darüber hinaus ist es wichtig, eine ausreichende Traktion zu gewährleisten und dem Fahrer die Kontrolle der Längs- und Querdynamik zu ermöglichen. Die Steifigkeit der Aufhängung trägt zur Aufrechterhaltung dieser Funktion bei. Im Zusammenhang mit Geländefahrzeugen umfassen die oben genannten Funktionen die Fähigkeit, auf unbefestigten Fahrbahnen zu fahren, die häufig durch unebene Oberflächen oder steile Hänge gekennzeichnet sind. Es ist von Vorteil, wenn das Fahrzeug eine einstellbare Bodenfreiheit hat. Dies birgt aber die Gefahr einer Schwerpunkterhöhung, wodurch die Stabilität des Fahrzeugs insbesondere beim Fahren an Hängen verringert und die Umkippgefahr vergrößert werden kann. Diese Risiken werden bis zu einem gewissen Grad durch moderne aktive Aufhängungssysteme gemindert, die die Höhe der Aufhängung an die Fahrbedingungen einschließlich der auf die Aufhängungselemente und Achsen wirkenden Lasten anpassen.

Unebenheiten des Bodens verursachen variable dynamische Belastungen beim Fahren im Gelände. Ihre Größe hängt von der Fahrgeschwindigkeit und vom Profil der Unebenheit ab. Sie nimmt mit zunehmender Verformbarkeit der Fahrbahn und der Längenausdehnung der Oberflächenstörung ab.

Das Fahrwerk arbeitet ständig unter Bedingungen variabler Lasten. Aus diesem Grund muss es sehr widerstandsfähig gegen Ermüdungsbruch und Reibungsverschleiß sein. Die Fahrwerksfederelemente dämpfen einige der Vibrationen, die von den Rädern auf die gesamte Fahrzeugstruktur übertragen werden. Dadurch werden die negativen Auswirkungen des Fahrens auf unebenem Gelände verringert.

Der Federungsverschleiß kann eine Reihe ungünstiger Auswirkungen haben. Beispiele hierfür sind ein vorzeitiger Ausfall der Radlager, übermäßiger Reifenverschleiß, Ermüdung von Gelenken, Lenkungskomponenten oder Karosseriebefestigungen.

Unabhängig von der Art der Aufhängung sind die Eigenschaften der Elemente, die die bewegliche Verbindung der einzelnen Lenker gewährleisten, von großer Bedeutung. Zum einen müssen sie flexibel sein, um die Übertragung von Stoßschwingungen von den Rädern auf die gesamte Fahrzeugstruktur zu vermeiden. Andererseits sollten sie steif sein, damit die Drehpunkte so unveränderlich wie möglich sind, da die unveränderte Position der Räder in Bezug auf die Symmetrieachse des Fahrzeugs und die Fahrbahnoberfläche beibehalten werden muss.

9.1.2 Beschädigungen und Verschleiß

Die häufigsten Probleme der Radaufhängungen, die sich aus dem Offroad-Betrieb ergeben, hängen mit dem Ermüdungsverschleiß von Federn und Stoßdämpfern zusammen, der sich aus unebenen Oberflächen und den damit verbundenen variablen, dynamischen Belastungen ergibt. Stoßdämpfer nutzen sich schneller ab. Ein Ausfall dieses Elements kann zu einer Erhöhung der Amplitude der Aufbauvibrationen führen und hat erhebliche Auswirkungen auf die Fahrsicherheit. Ein Ausfall der Dämpfungselemente kann dazu führen, dass der Bremsweg vergrößert und die Kontrolle über die Fahrtrichtung verringert wird. Dies ist auf einen unzureichenden Radkontakt mit dem Boden zurückzuführen. Ein Symptom für eine Beschädigung kann bei Öldruckstoßdämpfern ein Austreten von Flüssigkeit sein. Damit das Aufhängungssystem effizient funktioniert, müssen die Komponenten auf beiden Seiten des Fahrzeugs, rechts und links, betriebsbereit sein. Deshalb sind beispielsweise Stoßdämpfer paarweise auszutauschen. Der unterschiedliche Verschleißgrad des Dämpfungselements verschlechtert die Dämpfungseigenschaften, sodass die Lasten nicht gleichmäßig übertragen werden. Darüber hinaus sind Stoßdämpfer Elemente, die sich allmählich abnutzen, was eine regelmäßige Inspektion in Werkstätten erfordert. Wenn dies ignoriert wird, müssen möglicherweise mehr Elemente ausgetauscht werden, da eine Verschlechterung der Dämpfungseigenschaften der Stoßdämpfer die Belastung anderer Elemente des Aufhängungssystems vergrößert und zu ihrem schnelleren Verschleiß führt. Die Staubschutzmanschetten verschleißen am schnellsten. Durch die frühzeitige Diagnose einer Beschädigung dieses Elements und die Erneuerung kann vermieden werden, dass der gesamte Stoßdämpfer ausgetauscht werden muss. Andere Elemente, deren größerer Verschleiß bei Geländefahrzeugen beobachtet wird, sind die Stabilisatorbuchsen und die Lager der Lenker. In der Regel liegt dort ein Materialverlust vor. Dies führt zu einer Dynamik, die beim Fahren auf unebenen Oberflächen die Ursache für charakteristische Klopfgeräusche ist. Verschleiß an den Lenkerlagern wirkt sich auf das Fahrverhalten des Fahrzeugs aus und kann zu einem Verlust der Radausrichtung führen. Unzureichend gedämpfte Vibrationen führen zum Federbruch. Auch dies kann ein Grund für das hörbare Klopfen beim Fahren auf unebenen Oberflächen sein.

9.1.3 Konstruktions- und Betriebsmerkmale von Unterbaugruppen und Baugruppen

Die Komponenten des Aufhängungssystems können wie folgt unterteilt werden:

- Federelemente
- Dämpfungselemente
- Führungs- und Verbindungselemente

9.1.3.1 Federelemente

Zu den Federelementen gehören: Flachfedern (Blattfedern), Schraubenfedern, Luftfedern und Torsionsstäbe.

Blattfedern sind eine vergleichsweise einfache, billige und relativ dauerhafte Lösung. Sie zeichnen sich durch eine hohe innere Reibung aus, die die Schwingungsdämpfung erhöht und die Verschiebung des Achskörpers verringert. Dies kann jedoch zu einer Erhöhung der Schwingungssteifigkeit bei geringer Amplitude führen. Je mehr Blätter eine Feder hat, desto steifer ist sie in dieser Situation. Bei stark variierenden Lasten können Blattfedern mit progressiven Eigenschaften verwendet werden, deren Steifigkeit mit der Durchbiegung zunimmt. Ein wesentlicher Nachteil dieser Lösung ist die große Masse der Elemente. Dies führt zu einer Erhöhung der ungefederten Masse, zu der auch die Räder und Achsen gehören. Dies hat eine Verringerung des Fahrkomforts zur Folge, da die Zunahme der ungefederten Masse im Verhältnis zur gefederten Masse (der Masse des gesamten Fahrzeugs) das Gefühl von unebenem Gelände verstärkt.

Die Schraubenfedern arbeiten mit den Stoßdämpfern zusammen, wodurch die seitliche Neigung des Aufbaus und die Vibrationen beim Fahren in unebenem Gelände verringert werden. Sie halten das Rad auch in Kontakt mit der Fahrbahnoberfläche. Die Feder liegt zwischen der gefederten und der ungefederten Masse. Ihre Aufgabe besteht darin, die Stöße zu dämpfen, die infolge der Bewegung ungefederter Massen, d. h. von Aufhängungskomponenten, Bremsen und Rädern, entstehen. Jede Feder wird je nach Verwendungszweck eines Autos einzeln ausgewählt. Es gibt viele Arten von Federn, und die geeignete Anwendung hängt von mehreren Faktoren ab, einschließlich der Art des Materials, der Steifheit, der Festigkeit, des Querschnitts des Drahtes und der Schwingungsdämpfung. Sie haben eine hohe Verformbarkeit und das Potenzial, Energie aufzunehmen. Zur Vermeidung eines exzentrischen Kraftangriffs auf das Federende wird eine Kontaktebene erzeugt, die ein voller Ring ist. Eine bessere Lösung besteht darin, Federn mit einer progressiven Charakteristik zu verwenden, deren Steifigkeit mit zunehmender Last zunimmt.

Strukturell kann dies erreicht werden, indem der Durchmesser des Drahtes oder die Steigung der Windungen geändert oder zusätzliche Versteifungselemente eingebaut werden, die erst bei höheren Lastwerten arbeiten. Sie eignen sich besonders für Lastwechsel über einen weiten Bereich, z. B. an der Hinterachse. Zur Aufnahme von Seitenkräften sind zusätzliche Führungsteile erforderlich.

Torsionslasten werden durch Torsionsstäbe reduziert, die je nach Verbindung mit den anderen Elementen in Längs- und Querrichtung unterteilt werden können. Im ersten Fall funktionieren sie ähnlich wie die Längsfedern, sind jedoch anfälliger für Seitenkräfte. Torsionsstäbe werden selten verwendet, nehmen wenig Platz ein und sind typischerweise in SUV zu finden. Stabilisatoren werden aufgrund der geringeren Fähigkeit zur Reduzierung der Wankbewegung nicht verwendet.

Die Hilfsfederelemente sind üblicherweise Gummibuchsen, z. B. beim Anbringen von Federn, Wippen und Stoßdämpfern. Gummi ist in vielen Fällen das Material der ersten Wahl, da es sich durch eine hohe Scherbelastbarkeit und zufriedenstellende Schwingungsisolationsparameter auszeichnet.

Pneumatische und hydropneumatische Federelemente sind im Gelände wenig nützlich. Sie erfüllen ihre Aufgabe am besten beim Fahren auf befestigten Fahrbahnen, wo sie durch Unebenheiten erzeugte Vibrationen beseitigen.

9.1.3.2 Dämpfungselemente

Der Stoßdämpfer spielt die Rolle der Dämpfung in der Radaufhängung. Ihre Aufgabe ist es, den Schwingungen der Räder in vertikaler Richtung entgegenzuwirken, damit die Zeit, in der das Rad den Kontakt zur Oberfläche verliert, so kurz wie möglich ist und kein Haftungsverlust auftritt. Bei der Auswahl des richtigen Stoßdämpfers ist das Gewicht des Fahrzeugs, seine Einsatzbedingungen und die Art der geeigneten Montage von Bedeutung. Wichtige Informationen sind auch die Belastung des Rades oder die Größe der Bodenfreiheit. Defekte oder beschädigte Stoßdämpfer können zu vielen Faktoren führen, die sich negativ auf das Fahrverhalten auswirken. Zum Beispiel verschlechtert sich die Federung der Karosserie erheblich und das Fahrzeug verliert seine Fahreigenschaften. Außerdem unterliegen die Reifen und die verschiedene Gummiverbindungen im Aufhängungs- und im Lenksystem einem vorzeitigen Verschleiß. Ein effizient arbeitender Stoßdämpfer hilft dabei, die Lasten an Achsen und Rädern auszugleichen und verhindert, dass die Räder von der Straßenoberfläche abheben, wodurch vertikale Sprünge der Karosserie minimiert werden. Stoßdämpfer, die in Radaufhängungen verwendet werden, haben bestimmte Anforderungen zu erfüllen. Die wichtigsten sind:

- Festigkeit
- Leichte und kompakte Bauweise – kleine Abmessungen und Gewicht
- Beständigkeit gegen Überhitzung – ausreichende Wärmeableitung

- Geeigneter Betrieb innerhalb eines bestimmten Temperaturbereichs
- Effektiver Betrieb unter verschiedenen Verkehrsbedingungen des Fahrzeugs
- Konstante Charakteristik während der gesamten Lebensdauer
- Optimale Fähigkeit, Vibrationen zu dämpfen

Bei der Konstruktion von Stoßdämpfern für Geländefahrzeuge sollte der Größe und der Art der Vibrationen mehr Aufmerksamkeit gewidmet werden. Für das Fahren im Wettkampf sind andere Eigenschaften erforderlich als für das normale Fahren im Gelände. Der aktuelle Trend ist die Vielseitigkeit der Fahrzeuganpassung sowohl für das Fahren in der Stadt als auch im Gelände. Dies erfordert, dass das Dämpfungsvermögen an die Variabilität der Art und Größe der Schwingungen angepasst wird. Beim Fahren im Gelände mit höherer Frequenz und Vibrationen mit höherer Amplitude ist eine stärkere Dämpfung erforderlich.

Aufgrund des Funktionsprinzips können Stoßdämpfer in hydraulische, pneumatische und mechanische unterteilt werden. Abhängig vom Hauptzweck des Fahrzeugs sind zusätzliche Modifikationen möglich, z. B. das Einstellen der Dämpfungseigenschaften. Eine davon ist die Bypasskonstruktion. Dabei werden ein zusätzlicher Vorratsbehälter und Ölablasskanäle verwendet. Diese Lösung ist allgemein bekannt und wird von einigen als veraltet angesehen. Sie wird jedoch immer noch in Fahrzeugen verwendet, in denen ein großer Arbeitsumfang erforderlich ist. Die Konstruktion dieses Typs besteht in der Verwendung spezieller Kanäle, durch die das Öl bei kleinen Vibrationen abfließt – die Dämpfungskraft wird kleiner. Die starke Bewegung des Kolbens, die bei Vibrationen mit hoher Amplitude auftritt, bewirkt, dass sich die Dämpfungseigenschaften ändern. Für den Benutzer ist dies aufgrund der leichten Verengung der Ölabflusskanäle, die zu einer reibungslosen Änderung der Eigenschaften führt, nicht erkennbar. Diese Dämpfer werden hauptsächlich in Rallyeautos eingesetzt, bei denen es zu hohen Fahrgeschwindigkeiten und großen Federwegen kommt.

9.1.3.3 Führungs- und Verbindungselemente

Die Führungs- und Verbindungselemente umfassen Schwingen und Drehstäbe. Es müssen Befestigungselement und Gelenke verwendet werden, damit die Federn der Aufhängung Quer- und Schrägschwingungen in Bezug auf die Federelementachse übertragen können.

Die Aufgabe der einzelnen Elemente der Radführung ist es, die Räder in einer vertikalen Ebene bewegen zu können. Wir können zwischen Längs-, Schräg- und Querlenkern unterscheiden. Diese Unterteilung berücksichtigt die Richtung der Rotationsachse in Bezug auf die Längsachse des Fahrzeugs. Sie ermöglichen es, die Spurhaltung der Hinterräder beim Bremsen aufrechtzuerhalten. Das Risiko des seitlichen Ausbrechens des Fahrzeuges und von Schleudervorgängen beim Befahren scharfer Kurven wird erheblich reduziert. Effiziente Querlenker sind eine Voraussetzung für die Aufrechterhaltung der Achseinstellung und reduzieren auch Änderungen des Sturzwinkels und des Nachlaufs, die durch variable statische und dynamische Belastungen verursacht werden.

Drehstäbe werden in Systemen mit Schraubenfedern eingesetzt. Ihre Aufgabe ist es, die Energie der Bewegung der vibrierenden Aufhängung in elastische Energie umzuwandeln.

Panhard-Stangen sind von besonderer Bedeutung bei Geländefahrzeugen. Beim Fahren auf unebenen Oberflächen oder in Kurven übertragen sie die Seitenkräfte. Darüber hinaus gibt es Längslenker, die die aus Beschleunigung und Bremsen resultierenden Reaktionen übertragen, und Torsionsstäbe, die Energie in Form eines Kraftmoments absorbieren.

9.1.4 Optimierung des Komforts und der Querdynamik eines Geländewagens

SUV zeichnen sich durch einen hohen Schwerpunkt aus. Dies erhöht das Überschlagsrisiko auch unter optimalen Fahrbedingungen. Nach Untersuchungen in den 1990er-Jahren sind ungefähr 10,7 % der Todesfälle bei Unfällen in den USA auf einen SUV-Überschlag zurückzuführen. Zu Beginn des neuen Jahrtausends stieg diese Zahl auf 25,6 %. Dies ist hauptsächlich auf die wachsende Beliebtheit dieser Autos zurückzuführen. Aus diesem Grund mussten einige Komponenten getestet und geändert werden.

Die Hauptursache für den Fahrzeugüberschlag ist das Auftreten von Seitenkräften in Kurven. Sie erzeugen im Schwerpunkt des Fahrzeugs eine quer gerichtete Beschleunigung. Aufgrund des größeren Abstands des Schwerpunkts vom Momentanpol des Wankens wird ein Kraftmoment ausgeübt, das führt dazu, dass das Fahrzeug zum Kurvenaußenrand giert (bei einer Linkskurve giert das Fahrzeug nach rechts). Dies hat zur Folge, dass sich die Aufstandskräfte der Räder ändern. Die kurveninneren Räder werden teilweise entlastet, die kurvenäußeren proportional belastet. Dieses Phänomen reduziert teilweise die bei Kurvenfahrten erzeugten Seitenführungskräfte. Eine zusätzliche Maßnahme zur Erhöhung der Übertragung von Querbelastungen ist ein steifer Stabilisator oder eine Feder. Dadurch kann der Wankwinkel des Fahrzeugs in Kurven optimiert werden.

Der Wankwinkel kann auf drei Arten reduziert werden:

A. Verringern der Höhe des Fahrzeugschwerpunkts, wodurch der sogenannte Stabilitätskoeffizient erhöht, und eine erhöhte Rutschneigung verursacht wird. Eine aktive oder semiaktive Federung mit einstellbarer Bodenfreiheit kann auch dazu eingesetzt werden, einen niedrigeren Schwerpunkt zu erreichen.
B. Reduzierung der Seitenkräfte auf die Räder durch Erhöhung der Steifigkeit der Aufhängung oder Erhöhung der Dämpfung, wodurch die mögliche vertikale Lastübertragung der Reifen erhöht wird. Dies erfordert die Konstruktion von passiven, semiaktiven oder aktiven Aufhängungssystemen.
C. Das Design der Radaufhängung mit einem zusätzlichen System, das die Steifigkeit erhöht, beispielsweise semi-aktive und aktive Stabilisatoren.

In den Simulationsstudien von Cronje und Els wurde das Testfahrzeug Land Rover Defender 110 verwendet, der mit einer Radaufhängung in 4S4-Technologie (vierstufige halbaktive Federung) ausgerüstet wurde. Das Design dieser Lösung wurde an der Universität von Pretoria entwickelt [10, 11].

Die Radaufhängung verwendet ein hydropneumatisches System, das zwischen den beiden möglichen Eigenschaften der Federn und den beiden möglichen Eigenschaften des Stoßdämpfers umschaltet. Das System verwendet Magnetventile, um die Hydraulikflüssigkeit richtig zu leiten. Die weiche Einstellung, d. h. mit einem niedrigen Dämpfungsfaktor, gewährleistet einen besseren Fahrkomfort. Eine starre Einstellung mit anderen Federeigenschaften und hohem Dämpfungskoeffizienten verbessert das Fahrverhalten. Durch die Verwendung eines solchen Systems konnte der Wankwinkel des Aufbaus im Vergleich zum Serienfahrzeug um 78 % verringert werden. Der Test wurde mit einem Doppelspurwechselmanöver bei einer Geschwindigkeit von 70 km/h durchgeführt. Bei einer weichen Einstellung wurde der Wankwinkel um 90 % reduziert. Darüber hinaus verbessert die reduzierte Dämpfung den Fahrkomfort. Das System verwendet eine Steuerung, die abhängig von den Werten der überwachten Parameter automatisch zwischen beiden Betriebsarten umschaltet.

In dieser Studie wurde der 4S4-Radaufhängung ein aktiver Stabilisator hinzugefügt. Die Konstrukteure hatten das Ziel, die Fahreigenschaften von Fahrzeugen zu verbessern, ohne den Fahrkomfort im Gelände zu beeinträchtigen. Die weiche 4S4-Federungseinstellung wurde verwendet, um Vibrationen zu kompensieren, die durch Unebenheiten auf der Straße verursacht wurden, und ein aktiver Stabilisator (am Heck des Fahrzeugs) diente dazu, das Wanken der Karosserie zu steuern.

Die Ergebnisse von Simulationstests unter Verwendung von Modellen in der ADAMS-Software zeigten die Beseitigung des Wankens der Karosserie mit einer Querbeschleunigung von bis zu 0,4 G. Die Verwendung einer stabilisierenden Querstange führte auch dazu, dass der Rollwinkel der Karosserie selbst über 0,4 G im Vergleich zum Basisfahrzeug viel kleiner war, aber zunahm in einem Tempo wie bei dem oben genannten Serienfahrzeug. Es war eine bewusste Lösung, um den Fahrer darauf aufmerksam zu machen, dass er sich der Linearitätsgrenze und dem Risikolimit nähert. Zusätzlich wurde eine Verringerung des Aufbaurollwinkels für einen Ausweichtest bei 70 km/h nachgewiesen. Diese Veränderung lag bei 40 bis 74 %. Basierend auf der Messung der Vertikalbeschleunigung wurde festgestellt, dass die Verwendung eines aktiven Torsionsstabs den Fahrkomfort nicht verschlechtert. Dieser kann jedoch die Qualität der Steuerung von Geländefahrzeugen erheblich verbessern.

9.1.5 Beispiele für Rad- und Achsaufhängungslösungen in Geländefahrzeugen

9.1.5.1 Daimler Geländewagen

9.1.5.1.1 Mercedes-AMG-G-63-Fahrwerk

Im neuen G-63-Modell trägt maßgeblich das komplett von Mercedes AMG neu konstruierte Fahrwerk, mit Schraubenfedern rundum, bei. Erstmals gibt es an der Vorderachse eine Einzelradaufhängung mit Doppelquerlenkern. An der Hinterachse kommt eine Starrachse mit Fünflenkeraufhängung zum Einsatz. Die Komponenten der Doppelquerlenkervorderachse sind ohne Fahrschemel direkt am Leiterrahmen befestigt. Die Anbindungspunkte des unteren Querlenkers sind so weit wie möglich oben positioniert. Diese Anordnung garantiert eine gute Fahrbarkeit auf der Straße und im Gelände. Eine Domstrebe, Federbeinbrücke genannt, verbindet die vorderen Federbeindome, was die Torsionssteifigkeit des Leiterrahmens erhöht.

Hinten wird die neue Achse von vier Längslenkern auf jeder Seite und einem Panhardstab geführt. Das macht normale Straßenfahrten noch komfortabler. Im Gelände sorgen die 82/142 mm Ein-/Ausfederwege hinten und die Bodenfreiheit von 241 mm zum Hinterachsgetriebe für Sicherheit auch in Extremsituationen. Um die Wankneigung zu reduzieren, verfügt der G 63 über zusätzliche Querstabilisatoren an Vorder- und Hinterachse.

Serienmäßig ist das AMG-RIDE-CONTROL-Fahrwerk mit adaptiver Verstelldämpfung. Dieses vollautomatisch arbeitende, elektronisch gesteuerte System passt die Dämpfung an jedem Rad kontinuierlich dem momentanen Bedarf an. Dadurch werden die Fahrsicherheit und der Abrollkomfort verbessert. Die Abstimmung der Dämpfung wird für jedes Rad einzeln geregelt und ist abhängig von der Fahrweise, der Straßenbeschaffenheit und der gewählten Fahrwerksstufe. So lässt sich auf Basis zahlreicher Informationen wie Beschleunigung oder Fahrgeschwindigkeit stets der optimale Betriebspunkt wählen. Über einen Schalter in der Mittelkonsole hat der Fahrer die Wahl zwischen den unterschiedlichen Dämpferkennfeldern „Comfort", „Sport" und „Sport+". Damit kann er den Fahreindruck individuell beeinflussen – von hoch komfortabel bis sportlich straff.

Das Foto in Abb. 9.1 zeigt das Fahrwerk des Mercedes-Benz-G-Klasse.

Abb. 9.1 Fahrwerk des Mercedes-Benz-G-Klasse-Geländewagen (© Daimler)

9.1.5.1.2 Mercedes-Benz-G-Klasse-Showcar-G63-AMG-6 × 6

Ein interessantes Beispiel für Fahrwerkdesign ist der Mercedes-Benz-G-Klasse-Showcar-G63-AMG 6 × 6. Es ist ein Auto, das für das Fahren in schwierigem Gelände entwickelt wurde (Abb. 9.2).

Im Fahrgestell wurden die Schraubenfedern und Dämpfer angepasst, um den Effekt der veränderten Eigenschaften des dreiachsigen Modells auszugleichen. Sowohl die Vorderachse als auch die erste Hinterachse haben wesentlich härtere Federn aus der Sonderschutzvariante, während die zweite Hinterachse eine weichere Federrate aufweist.

Da sich alle drei starren Achsen unabhängig voneinander bewegen können, verfügt der G 63 AMG 6 × 6 über eine unabhängige Achsaufhängung anstelle einer unabhängigen Radaufhängung. Die Achsen artikulieren unabhängig voneinander und gewährleisten so jederzeit die bestmögliche Reibungsverbindung mit dem Boden. Obwohl die beiden Hinterachsen nur 1100 mm voneinander entfernt sind (der gesamte Radstand beträgt 4220 mm), können sie dramatisch entgegengesetzte Gelenkwinkel annehmen und so jede Gelegenheit effektiv nutzen, um auch in unebenem Gelände Traktion zu erzielen.

Die einstellbaren und bewährten Gasdruckstoßdämpfer wurden übernommen. Das Fahrwerk sorgt für Fahrkomfort kombiniert mit hoher Fahrdynamik und Fahrsicherheit unter allen Bedingungen auf und neben der Straße.

Das Design der Portalachsen wirkt sich auch sehr positiv auf das Reifendruckregelsystem aus. Anders als bei herkömmlichen starren Achsen liegen die Innenflächen der Radnaben frei und der Einbauraum wird nicht durch die Antriebswelle blockiert. Dies bedeutet, dass die Reifendruckeinstellung direkt über einen zentralen Kanal in der Radnabe

Abb. 9.2 Mercedes-Benz-G-Klasse-Showcar-G63-AMG 6 × 6 (© Daimler)

durchgeführt werden kann. Die Räder haben auch einen Luftkanal und sind über einen Druckluftschlauch mit einer Schnellkupplung mit der Nabe verbunden, um bei Bedarf einen Radwechsel zu ermöglichen. Eine starke, verschraubte Nabenabdeckung schützt den Schlauchanschluss vor Beschädigungen im Gelände (siehe Abb. 9.3, 9.4, 9.5 und 9.6) [12].

9.1.5.1.3 E-Active Body Control

E-Active Body Control ist eine aktive, intelligente Radaufhängung, die ein pneumatisches System mit dem Einsatz von Hydraulik kombiniert. Das E-Active-Body-Control-System wurde erstmals in einem SUV der GLE-Klasse eingesetzt. Das System bietet eine unabhängige Stoßdämpfung für jedes Rad separat, was den Fahrkomfort und die Stabilität

Abb. 9.3 Radaufhängung des Showcar G63 AMG 6 × 6. Portalbrückengetriebe (© Daimler)

Abb. 9.4 Fahrwerk des Showcar G63 AMG 6 × 6. Lenkmechanismus und Scheibenbremse (© Daimler)

Abb. 9.5 Fahrwerk des Showcar G63 AMG 6 × 6. Stoßdämpfer und Stabilisator (© Daimler)

Abb. 9.6 Fahrwerk des Showcar G63 AMG 6 × 6. Radaufhängungsfeder (© Daimler)

verbessert. Jeder Stoßdämpfer verfügt über ein einstellbares Ventil mit einem Hydraulikflüssigkeitsbehälter. Der Betrieb der Stoßdämpfer wird von einem Computer gesteuert. Die Energieversorgung des Systems erfolgt durch das 48-V-Bordnetz.

E-Active Body Control ermöglicht die aktive Stabilisierung der Wankbewegung. Diese Funktion hat die Bezeichnung „Kurve". Ihre Aufgabe ist es, die Karosserie des Fahrzeugs während der Kurvenfahrt proportional zur Lenkanregung zum Kurveninnenrand, also entgegen der Fliehkraftrichtung, zu kippen. Der Einsatz dieses Systems ist bei Geschwindigkeiten von 30 km/h bis 160 km/h möglich.

Eine weitere Funktion mit der Bezeichnung „Offroad" hat die Aufgabe, die Bodenfreiheit des Fahrzeugs zu erhöhen. In angehobenem Zustand gewinnt das Fahrzeug an Geländetauglichkeit. In Kombination mit der Antriebskraft, die separat auf jedes Rad übertragen wird, wird ein optimaler Kraftschluss erzeugt, unabhängig von der Unebenheit der

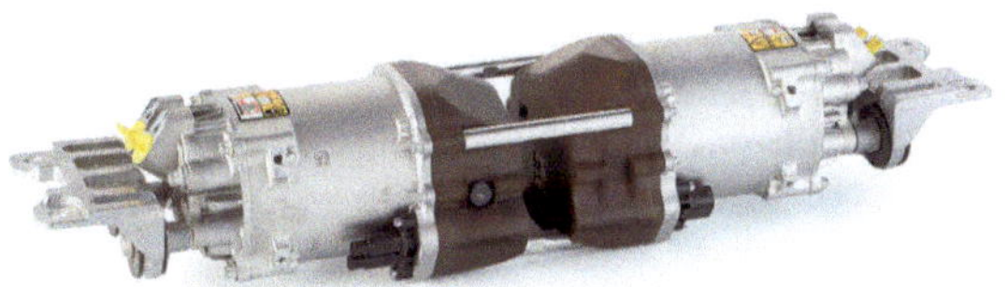

Abb. 9.7 E-Active Body Control System (© Rausch und Pausch)

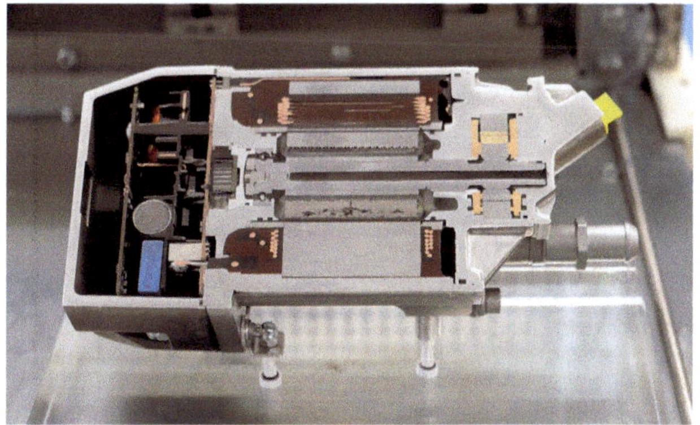

Abb. 9.8 Die Motorpumpeneinheit des E-Active-Body-Control-Systems (© Rausch und Pausch)

Oberfläche. Bemerkenswert ist auch der „Release Mode". Es kann im Fall des Steckenbleibens verwendet werden, z. B. im Schlamm, wenn die Räder keinen ausreichenden Kraftschluss haben. Nach dem Starten des Systems beginnt das Auto vertikal zu pulsieren, d. h. es fährt auf und ab. Die „Sprünge" des Autos verursachen eine vorübergehende Erhöhung des Bodendrucks und eine Zunahme der Reibung mit dem Boden, was dazu beiträgt, aus einer schwierigen Situation herauszukommen.

Eine spezielle Kamera stellt eine Erweiterung des Komfortfederungsmodus dar. Ihre Aufgabe ist es, der Straßenoberfläche zu folgen, die im nächsten Moment überrollt wird und die Radaufhängungen so vorzubereiten, dass Unebenheiten überwunden werden und der größte Fahrkomfort gewährleistet wird (siehe Abb. 9.7 und 9.8) [13].

9.1.5.1.4 G-Mode von Mercedes-Benz

Das Flaggschiff der Mercedes-Benz-Geländewagen ist die G-Klasse. In der neuesten Generation haben die Konstrukteure den neuen G-Mode-Fahrmodus eingeführt. Seine Aufgabe ist es, verschiedene Fahrzeugsysteme anzupassen, um die Geländetauglichkeit zu maximieren. Die übliche Hill-Descent-Assist-Funktion, die bei vielen anderen Geländefahrzeugen vorhanden ist, wird hier nicht verwendet. Stattdessen wird die Erhöhung der Geländegängigkeit durch Modifikation der Parameter der Differenziale im Verteilergetriebe mit niedrigem Übersetzungsverhältnis erreicht. Mit dieser Funktion kann der

Fahrer detaillierte Echtzeit-Kraftschlussdaten für jedes Rad bereitstellen, wodurch das Manövrieren des Fahrzeugs an steilen Hängen erleichtert wird. Der G-Modus passt auch die Dämpfungseigenschaften der adaptiven Servolenkung und des Gashebels an, wodurch unnötige Gangwechsel vermieden werden, und die Geländetauglichkeit erhöht wird. Das Programm „G“ kann unabhängig von der gewählten Fahrweise aktiviert werden, wenn eine der Differenzialsperren oder das Untersetzungsgetriebe aktiviert ist.

9.1.5.2 Toyota Land Cruiser

Der Toyota Land Cruiser ist vom Prototyp des AK-Geländewagens abgeleitet. In der zweiten Version mit der Bezeichnung J2/J3 wurden längere Federblätter in geringerer Anzahl verwendet. Der Tragrahmen war steifer, wodurch Vibrationen in der Kabine weniger spürbar wurden. Aufgrund der Erfahrung aus dem Einsatz des Toyota Land Cruiser der ersten Generation wurden in der nächsten Version des Modells Gummielemente installiert, die die auf die Karosserie übertragenen Vibrationen dämpfen.

In der J5 Serie wurde eines geschweißten Rahmens aus geschlossenen Profilen eingeführt. Sein Nachfolger hatte ebenfalls einen Profilrahmen und Starrachsen, aber die verwendeten Blattfedern waren weniger steif. Eine Neuheit war ein Querstabilisator an der Vorderachse. Diese Version des Toyota Land Cruiser sollte komfortabler sein, daher war geplant, vorne eine Einzelradaufhängung zu verwenden. Letztendlich lag der Fokus jedoch auf der Beibehaltung der besten Offroad-Eigenschaften.

Die J7-Generation war in zwei Versionen erhältlich: Heavy Duty und Light Duty. Die erste Version zeichnete sich durch eine längere Betriebsdauer unter schwierigen Bedingungen aus und hatte bessere Geländetauglichkeit. Es wurden klassische Blattfedern verwendet, die langlebiger waren, jedoch zu einem geringeren Fahrkomfort führten. Ab 1999 wurden die vorderen Blattfedern durch Schraubenfedern ersetzt. Die zweite Version war dagegen komfortabler zu fahren, da die Blattfedern durch Schraubenfedern an allen Rädern ersetzt wurden. Vorder- und Hinterachsaufhängung hatten ein ähnliches Design, aber unterschiedliche Leistungsmerkmale.

Die Blattfedern reduzierten den Fahrkomfort auf der Straße, funktionierten aber auf Offroad sehr gut. Die Verwendung von Blattfedern führte auch zu einer signifikanten Erhöhung der Aufhängungssteifigkeit. Das Modell J7 hat sich den Ruf des besten Nutzfahrzeugs und eines idealen Fahrzeugs für lange Fahrten auf unbefestigten Straßen und im Gelände erworben.

Ein Durchbruch in Entwicklung der Toyota-Land-Cruiser-Serie war die J9-Version, deren starre Vorderachse durch eine Einzelradaufhängung ersetzt wurde. Die J12-Version war eine Verbesserung dieses Konzepts. Die Verwendung einer starren Hinterachse und von Schraubenfedern vorne war ein Kompromiss zwischen Fahrkomfort und Geländetauglichkeit. Das TEMS-System wurde erstmals im J12 eingesetzt. Es handelt sich um eine semiaktive Luftfederung, mit der die Charakteristik der Stoßdämpfer ausgewählt werden kann.

Das Modell J15 zeigte dank der auf einem Tragrahmen montierten Karosserie eine geringe Anfälligkeit für Torsionsbelastungen. Dies verbesserte die Lenkkontrolle und führte zur Isolierung der Kabine von den Rädern, was zu einem höheren Fahrkomfort führte. Ein zusätzlicher Vorteil für die Geländegängigkeit ist die große Bodenfreiheit (215 mm) und die hohe Platzierung der Lufteinlässe, die die Wattiefe erhöhen. Der vordere Böschungswinkel wurde durch Anheben der unteren Karosserielinie vor den Vorderrädern auf 31°verbessert. Der Böschungswinkel hinten beträgt 25° und der Rampenwinkel 22° [14].

Ab dem J6 hatte die Toyota-Land-Cruiser-Serie mehr Komfort. Die nächsten Versionen, die in einem ähnlichen Stil gehalten wurden, waren die Varianten J8, J10 und J20. Die erste hatte eine Vorderachse mit drei Querlenkern und eine Hinterachse mit fünf Querlenkern. Eine bessere Kontrolle der Lenkung und der Schwingungsdämpfung der Aufhängungskomponenten wurde durch Metallgummibuchsen bereitgestellt, die mit den Querlenkern zusammenarbeiteten.

In der nächsten J10-Serie wurde die starre Vorderachse aufgegeben und durch eine Einzelradaufhängung ersetzt. Dadurch wurde zwar der Fahrkomfort auf asphaltierten Straßen erhöht, der J10 entfernte sich jedoch immer weiter von typischen Geländewagen. Ein weiterer Nachteil der Einführung der Einzelradaufhängung vorne war die hohe Ausfallrate. Das Modell behielt aber einige Designlösungen bei, die das Fahren im Gelände erleichtern, unter anderem eine hohe Bodenfreiheit (220 mm) und eine starre Hinterachse mit einer Differenzialsperre sowie ein sperrbares Mittendifferenzial.

9.1.5.2.1 Kinetic-Dynamic-Suspension-System (KDSS)

Die neue Version des Toyota Land Cruiser verwendet eine steuerbare Radaufhängung. Das KDSS-System (Kinetic-Dynamic-Suspension-System) ist ein System, mit dem die Steifigkeit der Stabilisatoren je nach Unebenheiten des Geländes geändert werden kann. Die Radaufhängung wurde neu konstruiert und die Torsionsstäbe an der Vorderachse wurden durch Schraubenfedern ersetzt, die Vorderräder werden von Doppelquerlenkern geführt. Die Hinterradaufhängung bestand aus einer Starrachse mit vier Lenkern sowie Federn und Stoßdämpfern. Versuche, die Aufhängung mit hydraulischen Elementen als Stoßdämpfer zu konstruieren, wurden hauptsächlich durch die Notwendigkeit motiviert, billigere und bessere Antiblockiersysteme zu entwickeln. Zahlreiche Studien haben bestätigt, dass hydraulische Aufhängungen eine bessere Antiwankkapazität als Stabilisatoren aufweisen, was sie zu einem kommerziellen Erfolg bei Rennwagen und Luxus-SUV macht [15–18].

Das Dynamic-Kinetic-Suspension-System (KDSS) ermöglicht eine bessere kooperative Steuerung der Wankdynamik. Es besteht aus zwei Hydraulikkreisen, die auf zwei Paare von Torsionsstäben und Hebeln wirken, die als Stabilisatoren wirken. Folglich funktionieren diese Stabilisatoren nicht unabhängig voneinander, sondern sie sind gekoppelt, um auf bestimmte Bewegungsmodi angemessen zu reagieren. Dies erhöht die Antiwankfähigkeit und verringert die Steifigkeit des Fahrzeugs, da das KDSS-System die vertikale Lastverteilung jedes Rades beim Fahren im Gelände verbessert (Abb. 9.9).

Abb. 9.9 Das Toyota-Dynamic-Kinetic-Suspension-System sorgt für ständigen Kontakt der Räder mit dem Boden (© Toyota)

9.1.5.2.2 Toyota-Electronic-Modulated-Suspension-System (TEMS)

Die elektronisch modulierte Aufhängung nutzt die elektronische Steuerungstechnik. Dies sorgt für Stabilität, Lenkbarkeit und Fahrkomfort durch ein System, das die Dämpfungskraftcharakteristik der Stoßdämpfer je nach Fahrzeuggeschwindigkeit und Fahrstil optimiert. Das Grundkonzept herkömmlicher TEMS-Systeme besteht darin, kontinuierlich eine „weiche" Dämpfungskraft zu bewirken, um den Fahrkomfort zu gewährleisten, und eine „harte" Dämpfungskraft nur dann aufzubringen, wenn das Fahrzeug wankt. Plötzliche Wellen oder Unebenheiten beeinträchtigen jedoch den Komfort. Das System erkennt solche Fahrbahnunregelmäßigkeiten und schaltet nur vorübergehend auf eine weiche Dämpfungskraft um, um Stöße auf den Fahrzeugrahmen zu vermeiden. Bei andauernden Unebenheiten, bei denen die sanfte Dämpfungskraft das Fahrzeug zum Wanken bringt, erhöht das Steuersystem die Dämpfungskraft erneut, um die Wankbewegung zu absorbieren. Das System ist eine Kombination aus Hydraulik und Elektronik. Es ist ein integriertes System, das mit Sensoren die Bewegung des Fahrzeugs erfasst und mit hydropneumatischen Aktuatoren anstelle der Stoßdämpfer und Magnetventilen die linearen Hydraulikdruckregelventile steuert [19, 20].

9.1.5.3 Volkswagen

9.1.5.3.1 Klassischer SUV mit aktiver Federung – Volkswagen Touareg

Der Volkswagen Touareg ist ein Beispiel für einen großen, komfortablen SUV, der moderne Fahrwerkslösungen verwendet.

Das Fahrwerk des neuen Touareg wurde größtenteils neu entwickelt, um den Komfort und die dynamischen Eigenschaften weiter zu perfektionieren. Volkswagen bietet für den Touareg optional wieder eine 4-Corner-Luftfederung mit elektronischer Dämpfungsregelung an. Sie wurde erheblich verbessert. Eine komplette Neuentwicklung ist die aktive Rollkompensation mit elektromechanisch einstellbaren Stabilisatoren. Neu entwickelt wurde auch ein Allradlenksystem, das den großen SUV agil und wendig macht, ähnlich einem kompakten SUV. Im Allgemeinen werden Fünflenkeraufhängungen mit leichten Aluminium-/Stahlkomponenten verwendet. Eine Übersicht der einzelnen Elemente zeigt, wo Aluminium für die Achsen verwendet wird.

Die Vorderachse besteht aus folgenden Elementen:

- Stoßdämpfer (Doppelrohr-Stoßdämpfer)
- Stahlfedern (mit linearen Eigenschaften)
- Federbeine (Aluminiumgusskonstruktion)
- Kugelgelenke und Querlenker/Radlagergehäuse
- Obere Querlenker (aluminiumgeschmiedete Konstruktion)
- Radlagergehäuse (aluminiumgeschmiedete Konstruktion)
- Koppelstangen (Aluminiumgehäuse mit Gummimetalllagern)
- Schwenklager (aluminiumgeschmiedete Konstruktion)
- Querstrebe in Stahlausführung (mit verschraubtem Hilfsrahmen)
- Spurstange (aluminiumgeschmiedete Konstruktion)
- Stabilisator

Die Hinterachse besteht aus folgenden Elementen:

- Oberer und unterer Querlenker (Stahlkonstruktion; bei luftgefedertem Fahrwerk und Allradlenksystem als aluminiumgeschmiedete Konstruktion ausgelegt)
- Stoßdämpfer (Doppelrohrstoßdämpfer)
- Stahlfedern (mit linearen Eigenschaften)
- Spurstange (Stahlkonstruktion)
- Koppelstangen (Aluminiumprofile)
- Hilfsrahmen (Stahlkonstruktion)
- Federbein (Aluminiumprofile)
- Aerodynamische Verkleidung (am Federglied befestigt)
- Radträger (Aluminiumgussrahmen)
- Stabilisator

Eine weitere Innovation im Volkswagen Touareg ist die Luftfederung. Die 4-Corner-Luftfederung der neuen Generation perfektioniert nicht nur den Komfort, sondern auch die Aerodynamik und die Fahrten in unebenem Gelände. Das neue Open-Air-Federungssystem arbeitet schnell und geräuschlos und ist unempfindlich gegen Temperatur- und Außendruckschwankungen (wie im Gebirge). Die Luftfederung befindet sich standardmäßig auf „Normal“ oder „Komfort“. Zusätzlich sind ein um 25 mm erhöhtes „Terrain Level“ und ein um 70 mm erhöhtes „Special Terrain Level“ erhältlich. Bei Geschwindigkeiten ab 120 km/h wird das Fahrwerk mithilfe der Luftfederung (tiefes Niveau) automatisch um 15 bis 25 mm abgesenkt, um den Luftwiderstand zu verringern und das Fahrverhalten anzupassen. Last, but not least gibt es einen „Ladezustand" (minus 40 mm), der das Be- und Entladen des Gepäckraums vereinfacht. Die Luftfederung optimiert die Offroad-Parameter. Die Offroad-Parameter ändern sich je nach Federung. Die maximale Steigfähigkeit (60 %) und das Quergefälle (35°) sind bei Stahl- und Luftfederung identisch. Vorderer und hinterer Rampenwinkel erhöhen sich mit der Luftfederung von 25 auf 31°. Der Kippwinkel erhöht sich ebenfalls von 18,5 auf 25°. Da die Bodenfreiheit mit Luftfederung erhöht werden kann, erhöht sich auch die maximale Wattiefe (von 490 auf 570 mm). Das manuell einstellbare Niveau der Luftfederung wird über Drehknopfschalter in der Mittelkonsole aktiviert (Abb. 9.10, 9.11 und 9.12) [21].

Abb. 9.10 Volkswagen Touareg Luftfederung (© Volkswagen)

Abb. 9.11 Schema 4-Corner-Air-Suspension-System (© Volkswagen)

Abb. 9.12 Funktion des 4-Corner-Air-Suspension-Systems (© Volkswagen)

9.1.5.3.2 Electromechanical Active Roll Stabilization

Die adaptive Rollkompensation ist eine Neuentwicklung bei Volkswagen. Aufgrund ihrer strukturellen Auslegung wird sie als „elektromechanische aktive Rollstabilisierung" („eAWS") bezeichnet. Die wichtigsten Komponenten von eAWS sind die Stabilisatoren an Vorder- und Hinterachse. Herkömmliche Fahrwerkskonfigurationen sind vorne und hinten mit einem Stabilisator aus Stahl ausgestattet, der sich von einer Seite der Achse zur anderen erstreckt. Die beiden Enden des Stabilisators tordieren bei Kurvenfahrten (oder beim Überfahren größerer Unebenheiten nur auf einer Seite des Fahrzeugs) gegeneinander.

Durch die Kinematik wird der Rollwinkel des Fahrzeugs bei Kurvenfahrten verringert. Dies funktioniert mit der aktiven Rollstabilisierung „eAWS" noch effizienter.

Der Volkswagen Touareg ist mit eAWS ausgestattet und verfügt über elektromechanische Stabilisatoren an Vorder- und Hinterachse, die durch eine zentrale Steuereinheit koordiniert werden. Beide Enden des jeweiligen Stabilisators sind über einen Steuermotor miteinander verbunden. Je nach Fahrsituation werden die beiden Hälften des Stabilisators entweder gegeneinander gedreht (versteift) oder mit einem Elektromotor entkoppelt. Die zur Aktivierung der leistungsstarken Elektromotoren erforderliche Hochspannung (48 V) wird kurzzeitig mit sogenannten „Super Cabs" (schnell auf- und entladbare Kondensatoren bzw. Energiespeicher) zur Verfügung gestellt. Die Neigung des Touareg wird durch die aktiven Stabilisatoren erheblich reduziert. Die Richtungsstabilität wird auch auf Straßen mit einseitigen Unebenheiten erheblich erhöht. In rauem Gelände kann durch die elektromechanische Entkopplung der Stabilisatoren die Verschränkung der Achsen und damit die Traktion verbessert werden [14].

9.1.5.3.3 Der Volkswagen ID.4 – ein SUV mit Elektroantrieb

Der Volkswagen ID.4 ist ein SUV mit Elektroantrieb. Der Begriff ID. steht für intelligentes Design, Identität und visionäre Technologien. Der Hinterradantrieb sorgt für starke Traktion – der Fahrer spürt dies bereits, wenn er bei Nässe an einer Ampel ankommt. Die Hochvoltbatterie befindet sich zwischen den Achsen am tiefsten Punkt des Fahrzeugs. Dies kommt dem Schwerpunkt und der Gewichtsverteilung zugute: Bei allen Antriebsvarianten weicht er um nicht mehr als ein Prozent vom Idealwert (50:50) ab (Abb. 9.13).

Abb. 9.13 Der Volkswagen ID.4 (© Volkswagen)

Die Vorderachse des ID.4 folgt dem MacPherson-Design, das Übersetzungsverhältnis der Lenkung beträgt 15,9:1. Bei Volkswagen befindet sich das Lenksystem erstmals vor der Radmitte, diese Position garantiert hohe Stabilität bei schnellen Kurvenfahrten. Die Hinterachse stellt eine komplexe Neuentwicklung dar- eine kompakte Fünflenker-Federung mit einem Hilfsrahmen, der elastisch mit der Karosserie verbunden ist. Teile der Federung bestehen aus leichtem Aluminium, um das Gewicht zu reduzieren.

Das Auto ist mit großen Rädern ausgestattet, wodurch das vom Elektromotor erzeugte hohe Antriebsmoment optimal genutzt werden kann. Die Auswahl an Rädern für den ID.4 beginnt mit dem 18-Zoll-Format, entweder in Stahl oder Aluminium. Ab dem Modell ID.4 Life sind 19-Zoll-Räder Standard. Darüber gibt es nur Leichtmetallräder mit einem Durchmesser von 20 oder 21 Zoll. Obwohl die großen Räder in den Radkästen entsprechend viel Platz beanspruchen, benötigt der ID.4 nur einen Wendekreis von 10,2 m – für ein Auto seiner Klasse äußerst wenig.

Die Räder sind aerodynamisch optimiert, die Reifen haben einen geringen Rollwiderstand. Bei den Einstiegsmodellen ID.4 Pure und ID.4 City sind sie vorne und hinten 235 mm breit, wobei die Querschnitte je nach Radgröße variieren. Alle anderen ID.4-Modelle rollen mit Kombireifen vom Band – 235 mm vorne und 255 mm hinten.

Der E-SUV hat Scheibenbremsen an der Vorderachse. Der Scheibendurchmesser beträgt 358 mm. Trommelbremsen wirken auf die Hinterräder. Ihre Reibbeläge sind für eine lange Lebensdauer des Autos ausgelegt. Korrosion ist nicht möglich, obwohl die Bremsen im Fahralltag nur selten eingesetzt werden. Der größte Teil der Verzögerung wird vom Elektromotor erzeugt, der dabei Energie zurückgewinnt.

Eine der Fahrwerkskomponenten ist die progressive Lenkung, die mit zunehmendem Lenkwinkel immer direkter arbeitet – ihr Übersetzungsverhältnis reicht von 15,9:1 bis 14,5:1. Die andere Komponente ist die adaptive DCC-Fahrwerkssteuerung, die je nach Fahrbahnoberfläche und Fahrsituation funktioniert. Sie regelt die Eigenschaften der Dämpfer an jedem Rad 200-mal pro Sekunde – dies ermöglicht ein hohes Maß an Fahrkomfort sowie einen engen Fahrbahnkontakt.

Der DCC und die progressive Lenkung sind mit der Auswahl des Fahrprofils gekoppelt. Der Fahrer kann zwischen vier Modi wählen. Öko, Komfort und Sport sind vorkonfiguriert. Im Einzelmodus erhält der Fahrer zusätzliche Einstellmöglichkeiten auf dem zentralen Display: Er kann feine Zwischenstufen zwischen Komfort und Sport auswählen oder beide Modi extremer machen – mit anderen Worten, noch komfortabler oder noch dynamischer.

Der elektronische Fahrzeugdynamikmanager, der eng mit der Stabilitätskontrolle ESC zusammenarbeitet, ist ein System, das dem Fahrer hilft, Kurven dynamisch zu fahren. Volkswagen hat es im neuen Golf vorgestellt. Der Driving Dynamics Manager steuert die radselektiven Bremseingriffe der elektronischen Querantriebsverriegelung XDS und die Arbeit der DCC-Dämpfersteuerung. Es verwendet ein digitales Zielmodell, um in jeder Situation ein optimales Fahr- und Lenkverhalten zu erzielen. Die Querdynamik des ID.4 zeichnet sich durch lineare Kennlinien und Genauigkeit aus [22].

9.1.5.4 Audi-Adaptive-Air-Suspension-System

Die adaptive Luftfederung – ein Luftfedersystem mit kontrollierter Dämpfung von Audi – bietet eine breite Palette zwischen sanftem Cruisen und sportlichem Handling. Abhängig von der Geschwindigkeit und den Vorlieben des Fahrers wird die Höhenlage der Karosserie individuell an die Straßenverhältnisse angepasst. Die Luftfederung bietet auch eine Niveauregulierung in Abhängigkeit von der Last.

Das System ist für die verschiedenen Produktlinien unterschiedlich ausgelegt. In den vorderen Federbeinen umschließen Luftfedern die Stoßdämpfer. Bei den meisten Modellen sind diese beiden Komponenten separat in der Hinterradaufhängung implementiert. Im Audi A8 (2017) sind jedoch auch Druckluftstreben an der Hinterradaufhängung montiert. Die Montageausrichtung des Kompressors und die Anzahl der zu füllenden Druckbehälter unterscheiden sich je nach Modell ebenfalls.

Das zentrale Fahrwerkssteuergerät, die elektronische Fahrgestellplattform (ECP), steuert die Funktion der Stoßdämpfer an jedem Rad einzeln in Zyklen in der Größenordnung von Millisekunden – je nach Fahrbahnzustand, Fahrstil und dem vom Fahrer eingestellten Modus des Audi-Drive-Select-Systems. Magnetklappenventile variieren den Volumenstrom der Hydraulikflüssigkeit (Abb. 9.14 und 9.15) [23].

Abb. 9.14 Adaptive-Air-Suspension-System im Audi Q5 SUV (© Audi)

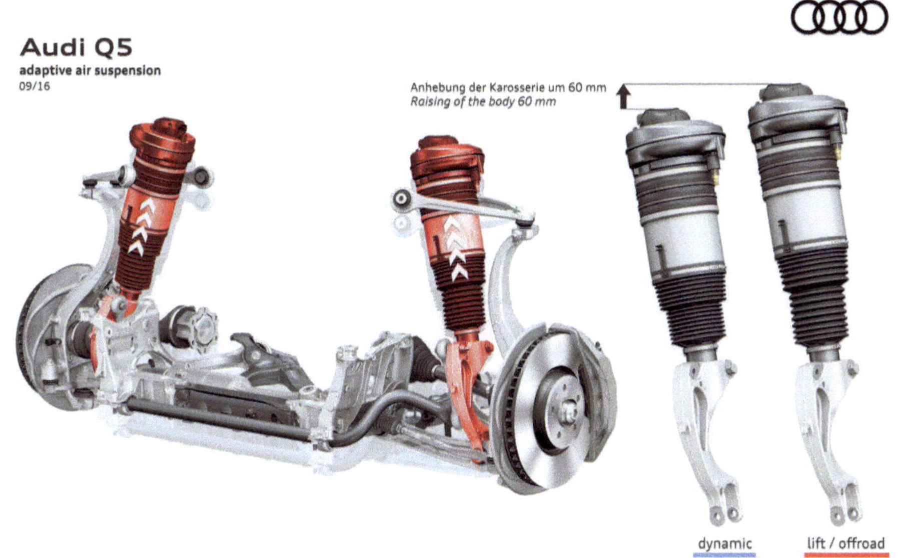

Abb. 9.15 Audi-Adaptive-Air-Suspension. Systemkomponenten (© Audi)

9.2 Bremssystem in Geländewagen

Das Bremssystem ist für die Erzeugung der Bremsmomente an den Rädern verantwortlich und ermöglicht es dem Fahrer, das Fahrzeug kontrolliert zum Stillstand zu bringen oder die Geschwindigkeit zu verringern. In Fahrzeugen sind grundsätzlich zwei voneinander unabhängige Bremssysteme zu unterscheiden:

- Betriebsbremse
- Feststellbremse (manuell)

Darüber hinaus können Fahrzeuge mit automatikgetriebenen Feststellbremsen aufweisen, die das Fahrzeug stationär halten, hauptsächlich wenn der Fahrer das Fahrzeug verlässt und wenn das Fahrzeug auf einer Steigung anhält. Jedes Bremssystem sollte unabhängig vom anderen betätigt werden, um die Möglichkeit einer Geschwindigkeitsreduzierung bei Ausfall eines Bremssystems aufrechtzuerhalten.

Das erste Bremssystem ist ein Hydrauliksystem, das von einem Pedal mit dem rechten Fuß betätigt wird. Das zweite besteht aus Hebelmechanismen, deren Aktivierung entweder manuell oder mit Hilfe eines Pedals mit dem linken Bein erfolgt.

Unabhängig von der Art des Bremssystems können seine Komponenten wie folgt unterteilt werden:

- Bremsmechanismen, die für die Erzeugung eines Bremsmoments durch Reibung der Reibflächen verantwortlich sind
- Steuermechanismen, die das Bremssystem betätigen

Derzeit ist das Hydrauliksystem die beliebteste Konstruktionslösung unter den Steuerungsmechanismen. Bei Bremsmechanismen werden Scheibenbremsen häufiger eingesetzt, Trommelbremsen sind heutzutage weniger beliebt.

9.2.1 Technische Anforderungen und Betriebsbedingungen

Beim Fahren im Gelände spielt das Bremssystem eine wichtige Rolle bei der Aufrechterhaltung der Sicherheit beim Bergabfahren. Um die volle Sicherheit und Kontrolle über die Fahrgeschwindigkeit zu gewährleisten, sind ein effizienter Betrieb jedes Elements und gleichmäßige Bremsmomente an beiden Rädern einer Achse erforderlich.

Die betrieblichen Anforderungen an Bremssysteme für Geländefahrzeuge unterscheiden sich nicht wesentlich von den allgemeinen Anforderungen für diese Komponenten. Die Arbeitsbedingungen haben erhebliche Auswirkungen auf ihre Funktionsweise. Das Fahren im Gelände kann im Gegensatz zu den Straßenbedingungen zu erheblichen Verunreinigungen zwischen den Reibungselementen führen.

Die Elemente des Bremssystems, insbesondere die Bremsscheiben und Bremsbeläge eines Geländewagens, sollten gegen schnelle Temperaturänderungen beständig sein. Es geht hauptsächlich um die Beständigkeit des Materials, aus dem sie bestehen. Die bei der Herstellung dieser Teile verwendeten Metalllegierungen müssen über einen weiten Temperaturbereich ähnliche mechanische und tribologische Eigenschaften aufweisen. Beim scharfen Bremsen, beispielsweise vor einem Gewässer, werden die Reibungselemente sehr heiß. Wenn das Fahrzeug dann ins Wasser fährt, werden sie schnell abgekühlt. Legierungen von schlechter Qualität oder eine unpassender Reibpaarung von Bremsscheibe und Belägen können abhängig von der Änderung der mechanischen Parameter, der Form und des Reibungskoeffizienten eine Phasenänderung in der Metalllegierung verursachen.

Eine weitere Gefahr für die Reibungselemente ist der häufige Kontakt mit Feuchtigkeit. Fahren in schlammigem Gelände erhöht das Korrosionsrisiko. Verschiedene Arten der Verschmutzung wirken sich ebenfalls negativ aus. Insbesondere Sand oder kleine Steine können leicht in den Raum zwischen Scheibe und Bremsbelägen gelangen. Dies führt zu Kratzern oder Rillen an der Bremsscheibe. Solche Schäden erfordern normalerweise einen Austausch der Teile in naher Zukunft aufgrund der Verschlechterung der Leistung des Bremssystems. Eine Ad-hoc-Lösung besteht darin, das Bremspedal mehrmals schnell zu drücken.

Das Fahren in schlammigem Gelände kann zum Ausfall der Traktionskontrolle und der Antriebsradschlupfkontrolle führen. Dies ist darauf zurückzuführen, dass Schmutz in die ABS-Ringe gelangt und der Sensor die Raddrehzahl falsch interpretiert.

Steine, aus dem Boden ragende Wurzeln oder auf dem Boden liegende dicke Äste bergen die Gefahr, Bauteile des Systems zu zerstören. Sie können insbesondere die Hydraulikleitungen beschädigen.

9.2.2 Konstruktions- und Betriebsmerkmale der Baugruppen und Elemente des Geländewagenbremssystems

Die Anfälligkeit für externe Faktoren ist insbesondere für Scheibenbremsen charakteristisch. Schäden an Bremssystemkomponenten sind bei schlechten Fahrbedingungen wahrscheinlicher. Feuchtigkeit, Sand, Staub, Schlamm und Steine haben einen großen Einfluss und können die Bremsleistung beeinträchtigen. Schäden treten auf, wenn sie auf die Oberfläche der Bremsscheibe treffen oder wenn sie stark gegen die Komponenten des Bremssystems schlagen. Je nach Fahrstil und Designmerkmalen können sich die Reibungselemente schneller abnutzen. Geländefahrzeuge sind normalerweise schwerer und werden häufig zum Transport von Lasten verwendet. Eine Erhöhung des Fahrzeuggewichts führt zu einer kürzeren Lebensdauer der Bremsscheiben und Bremsbeläge. Ebenso das Fahren mit hohen Geschwindigkeiten, die für Motorsportveranstaltungen charakteristisch sind. Beim Fahren im Gelände ist die Motorbremse nicht zu verwenden. Super-ORV-Geländefahrzeuge verfügen über spezielle Traktionskontrollsysteme, elektronische Sperrdifferenziale und Systeme, die das Bergauf- und Bergabfahren erleichtern. Insgesamt haben die Geländebedingungen einen großen Einfluss auf den schnelleren Verschleiß der Bremsbeläge.

Vorderachskomponenten sind meist schneller abgenutzt. Dies ist auf die Wirkung der Bremskraftverteilung zurückzuführen, deren Aufgabe es ist, die Bremskraft auf die Vorder- und Hinterachse zu verteilen. Die Vorderachse bremst stärker, weil sich aufgrund der Massenträgheit der Schwerpunkt des Fahrzeugs beim Bremsen nach vorne verlagert. Die größere Bremskraft an den Vorderachsrädern verhindert ein Blockieren der Hinterräder, was zu einem Ausbrechen führen könnte. Ein schnellerer Verschleiß der Hinterachskomponenten tritt bei verstärktem Einsatz von Traktionskontroll- und Stabilisierungssystemen auf, die das Bremssystem nutzen.

Bei der Auswahl von Bremsscheiben und Bremsbelägen ist es wichtig, dass sie zum jeweiligen Verwendungszweck passen. Sportbremsbeläge sollten mit ebensolchen Scheiben eingesetzt werden. Standardbremsbeläge sind in einer solchen Situation nicht geeignet, da sie sich schneller abnutzen oder die Bremseffizienz verringern. Sowohl die Form als auch das Material, aus dem die einzelnen Bauteile bestehen, sind wichtig. Die Scheibe sollte aus einer Legierung mit einer größeren Härte als der Bremsbelag bestehen. Der Unterschied darf jedoch nicht groß sein, da dies zu einem schnelleren Verschleiß der Bremsbeläge und einer Verringerung des Reibwertes führt. Wenn die Reibbeläge zu hart sind, verschleißen die Scheiben ungleichmäßig. Für das Material ist ein relativ konstanter Wert der tribologischen Parameter erforderlich. Ein höherer Reibungskoeffizient führt zu einem kürzeren Bremsweg. Typischerweise enthält ein solches Material stark abrasive Komponenten. Hochtemperaturbremsbeläge haben eine bessere Bremsstabilität.

Aufgrund ihrer Konstruktion gibt es zwei Arten von Bremssätteln:

- Beweglich-schwimmend
- Festsättel

Bei festen Bremssätteln befinden sich auf beiden Seiten der Bremsscheibe Kolben (bei kleineren Fahrzeugen einer, bei größeren Fahrzeugen zwei oder sogar drei), und der Bremssattel ist fest an den Radaufhängungselementen befestigt. Das Erhöhen der Anzahl der Kolben führt zu einer höheren Bremseffizienz. Diese Lösung erweist sich jedoch bei Geländefahrzeugen als unzureichend. Eine große Menge von umgebendem Staub, Schlamm und Sand birgt ein höheres Risiko für ein Eindringen zwischen die Reibungselemente. Dadurch werden die Kolben auseinandergedrückt. Ein Symptom hierfür ist ein großer Hub des Betriebsbremspedals. Außerdem verschleißen die Reibbeläge schneller.

Um dieses Phänomen zu vermeiden, werden schwimmende Sättel verwendet, die an einer Führung montiert sind. Dies ermöglicht eine Bewegung quer zur Oberfläche der Bremsscheibe. Dabei befindet sich der Kolben normalerweise auf einer Seite der Scheibe. Durch den Verschleiß der Scheibe und der Bremsbeläge verschiebt sich der Bremssattel und der entsprechende Druck auf beiden Seiten, was insbesondere bei Geländefahrzeugen verhindert, dass Schmutz zwischen die Reibungselemente gelangt. Dies hilft, die Bremseffizienz aufrechtzuerhalten.

Die Bremskolben und ihre Abdichtung unterliegen einem Verschleiß. Im Falle eines Dichtheitsverlustes tritt die den Arbeitsraum des Kolbens füllende Hydraulikflüssigkeit auf die Oberflächen der Reibelemente aus und der Reibungskoeffizient wird verringert.

Trommelbremsen werden bei Geländefahrzeugen immer seltener eingesetzt. Wenn sie verwendet werden, befinden sie sich normalerweise an der Hinterachse (hauptsächlich bei Fahrzeugen mit geringem Gewicht und geringer Motorleistung). Trommelbremsen sind sehr widerstandsfähig gegen äußeren Schmutz. Wenn Sand jedoch nach innen gelangt, bleibt er dort. Eine Selbstreinigung ist nicht möglich. Staub, der durch Abrieb der Auskleidung entsteht (und Sand von außen), verbleibt im System. Wasser, Schlamm und kleine Steinchen führen dazu, dass sich die Beläge schneller abnutzen. Ein weiterer Nachteil ist ihre hohe Anfälligkeit für Überhitzung. Die Backen in der Trommel sind nicht luftgekühlt und der Temperaturanstieg verringert den Reibungskoeffizienten. Der Vorteil von Scheibenbremsen gegenüber Trommelbremsen ist außerdem das geringere Gewicht, was zu einer Verringerung der ungefederten Masse und damit zu einer Verringerung der auf den Karosseriekörper übertragenen Vibrationen führt.

Unabhängig von der verwendeten Konstruktion kann das Wasser zwischen den Reibflächen als Schmiermittel wirken und den Reibungskoeffizienten vorübergehend verringern. Es bleibt dort, bis es verdampft ist. Wenn sich zwischen den Reibungselementen

Flüssigkeit befindet, wird die Bremswirkung verringert. Aufgrund des Aufbaus der Trommelbremse ist sie gegen dieses Phänomen weniger beständig.

Der maximale theoretische Energieumwandlungsfaktor, bei dem ein weiterer Druck auf das Bremspedal die Bremskraft nicht erhöht, wird sowohl durch Überhitzung als auch durch das Vorhandensein von Schmutz und Wasser zwischen den Reibungselementen verringert. Der Vorteil von Scheibenbremsen besteht darin, dass sie diesen Phänomenen gegenüber widerstandsfähiger sind.

Offroad-Hindernisse wie Äste, Wurzeln und große Steine können eine Gefahr für die Bremsleitungen darstellen, die normalerweise entlang des Rahmens, der Radaufhängung oder der Karosserie verlegt sind. Selbst wenn die Rohrleitung nicht beschädigt ist, schwächt auch eine leichte mechanische Beschädigung ihre Struktur erheblich. Beispielsweise sollte ein verbogenes Rohr nicht geradegerichtet werden, da dies das Risiko eines Bruchs oder der Korrosion erhöht. In diesem Fall ist ein Austausch erforderlich. Darüber hinaus sind diese Leitungen normalerweise schlecht abgeschirmt, sodass sie in schlammigem Gelände verschmutzen. Dies führt zur Bildung von Korrosionszentren. Eine Teillösung des Problems besteht darin, das Material korrosionsbeständiger zu machen (z. B. Kupfer, Messing), Legierungsadditive einzuführen, um dieses Merkmal sicherzustellen (z. B. Nickel), oder eine Schutzbeschichtung zu verwenden (im Fall von Stahl kann es eine Zinkbeschichtung sein, Zn-Ni). Der Vorteil der Verzinkung gegenüber der Zn-Ni-Beschichtung (mit hohem Nickelgehalt) besteht darin, dass sie beim Umwickeln weniger beschädigt wird. Der Nachteil ist, dass sie anfälliger für Korrosion ist. Die Beschichtung mit einer Zn-Ni-Legierung mit einem höheren Nickelgehalt bietet insgesamt eine höhere Oxidationsbeständigkeit, jedoch eine geringere Beschädigungsbeständigkeit an den Anschlüssen. Zusätzlich wird zur Erhöhung der Korrosionsbeständigkeit eine Verchromung oder ein Eintauchen in eine Siliziumlösung (10 bis15 Gew.-% Si) verwendet.

Zusätzlich zu den starren Elementen wird die Bremsflüssigkeit den Kolben auch über flexible Schläuche in der Nähe der Radaufhängung zugeführt, die auch mechanisch beschädigt (Risse, Brüche) werden können, wenn sie an einem Ast hängen bleiben oder von einem Stein getroffen werden. Viele Situationen können zu ähnlichen Schäden führen:

- Häufige hohe Überlastungen
- Plötzliches Bremsen (bei älteren, abgenutzten Fahrzeugen)
- Zu großer Federweg (mit zu kurzem flexiblem Schlauch)
- Zu große Räder – Scheuern der Leitungen, die die Räder berühren
- Beschädigung der Aufhängung – defekter Stoßdämpfer, Beschädigung des Steckverbinders
- Kein Federwegbegrenzer

Das Risiko einer Beschädigung erfordert die Suche nach verstärkten Leitungen mit zusätzlichen Spleißen. In der Regel verwenden Geländefahrzeuge doppelt geflochtene Schläuche- extern und intern. Zu diesem Zweck werden Gewebe, Metalle oder synthetische

Gemische verwendet. Die Hauptmaterialien sind Gummi und Teflon. Der verwendete Gummischlauch muss chemische Beständigkeit gegenüber der Bremsflüssigkeit besitzen. Das Material zeichnet sich durch hohe Elastizität und Dehnbarkeit aus, jedoch nur insoweit, als es einen kontinuierlich ausreichenden Druck im Kreislauf gewährleistet. Ein Gummi, der sich zu stark dehnt, kann zu unbeabsichtigten Druckabfällen und einer verringerten Bremseffizienz führen.

Mechanische Schäden an flexiblen Leitungen werden teilweise durch Metallgehäuse verhindert. Dies verringert das Risiko von Scheuern oder erhöhtem Verschleiß aufgrund der Offroad-Manöver.

Bei Änderungen an der Radaufhängung wie eine Abhebung muss sichergestellt sein, dass die Länge der Schläuche ausreichend ist. Die Orte zum Verlegen und Befestigen von starren und flexiblen Kabeln sollten entsprechend den Bedingungen ausgewählt werden, unter denen das Fahrzeug eingesetzt wird.

Der Betrieb von Geländefahrzeugen im feuchten Gelände erfordert einen häufigen Austausch der Bremsflüssigkeit. Die Bestandteile der Bremsflüssigkeit sind hygroskopisch. Das von ihnen aufgenommene Wasser wird beim starken Bremsen zum Kochen gebracht. Durch den Übergang in einen Gaszustand entstehen komprimierbare Blasen. Dies führt zu einem Phänomen ähnlich den „Lufteinschlüssen" im Bremssystem.

Das Gerät, das die hydraulischen Bremsen betätigt, ist der Hauptbremszylinder. Die elektrische Unterstützung wurde aufgrund ihres störanfälligen Betriebs, die häufige Reparaturen erforderte, durch eine hydraulische Vakuumunterstützung ersetzt. Um die Sicherheit zu erhöhen, wurde außerdem die Anzahl der Kammern im Zylinder verdoppelt. Die Bremsflüssigkeit gelangt über getrennte Kanäle in beide Kammern. Dadurch können die Bremsen über zwei Kreise betätigt werden.

Fahrzeughersteller arbeiten ständig an neuen Lösungen, die den Betrieb des Bremssystems unterstützen können. Bedingungen, die beim Fahren im Gelände auftreten, einschließlich hoher Luftfeuchtigkeit und rutschiger Oberflächen, machen einige dieser Systeme überflüssig. Aufgrund des Strebens nach der Vielseitigkeit von Geländewagen werden sie jedoch in jedes Serienauto eingebaut. Bei einigen Modellen ist es möglich, die elektronischen Systeme, die das Bremsen unterstützen, vor dem Einfahren ins Gelände zu trennen.

9.2.3 Lösungsbeispiele

Im Gelände sind Lösungen, die das Fahren in den Bergen unterstützen, von großer Bedeutung. Diese Systeme sind bei Personenkraftwagen aller Art beliebt, können jedoch im Gelände uneingeschränkt eingesetzt werden. Darüber hinaus wirkt sich das Bremssystem auf den Betrieb von Systemen aus, die die Traktion, die Traktionskontrolle und die bessere Nutzung der Traktionskraft verbessern.

9.2.3.1 Toyota-Multi-Terrain-Select

Multi Terrain Select ist ein System, das die Einstellungen von Antrieb, Bremssystem und Traktionskontrollsystem so anpasst, dass das Fahrzeug unter allen Bedingungen den besten Grip hat. Es funktioniert mit dem Multi Terrain Monitor, dessen Aufgabe es ist, dem Fahrer die Umgebung des Fahrzeugs zu zeigen. Basierend auf den aktuellen Fahrparametern zeigt das MTM-System die erwartete Fahrspur an. Außerdem werden vom Radar erkannte Hindernisse angezeigt. Der MTS selbst ist für das Fahren im Gelände geeignet.

In Bezug auf das Bremssystem besteht seine Aufgabe darin, den Bremsflüssigkeitsdruck abhängig von der gewählten Fahrweise automatisch zu ändern. Die Konstruktion besteht aus hydraulischen Druckreglern. Die Wahl des Modus liegt beim Fahrer. Es gibt fünf Möglichkeiten:

- Fels
- Sand und Staub
- Schotter/Kies
- Buckelpiste
- Schlamm

Die beschriebene Lösung verhindert unter anderem, dass die Räder beim Bremsen blockieren. Das Multi Terrain ABS kann selbst Geländebedingungen wie Sand und Schlamm erkennen. Basierend auf der Analyse von Informationen von Sensoren schaltet es das ABS (Antiblockiersystem) in den optimalen Modus für die aktuellen Oberflächenbedingungen. Es kann mit der EBD (Electronic Brake Force Distribution) zusammenarbeiten, wodurch der Bremsflüssigkeitsdruck an jedem Rad an die aktuelle Last angepasst wird. Dieses System verwendet Sensoren für

- Beschleunigung
- Schwimmwinkel
- Raddrehzahl (jeweils separat)

Die Datenanalyse findet in der Steuereinheit statt und basierend auf den erhaltenen Werten wird der ABS-Algorithmus in Echtzeit angepasst – er ändert seine Empfindlichkeit. Auf losen Oberflächen wie Schlamm, Schnee, Sand können die Räder vollständig blockiert werden, während auf asphaltierten Oberflächen das MTS ABS empfindlicher ist.

Der MT-ABS-Systemausfall ergibt sich aus einer falschen Ablesung des Oberflächentyps bei schlechten Wetterbedingungen. Ein besonderes Risiko sind klebrige Verunreinigungen wie Schlamm und nasser Schnee.

9.2.3.2 Toyota-Crawl-Control-System

Die Crawl Control ist ein fortschrittliches System zur Überwindung von schwierigem Gelände mit niedriger Geschwindigkeit. Es ist eine von Toyota eingeführte Lösung für Pickups und SUV. Es ist besonders nützlich unter extremen Bedingungen. Das System macht es möglich, aus tiefem Schlamm herauszukommen, sandige Hänge oder felsige Hänge zu überwinden. Das System enthält eine Reihe von Sensoren.

Basierend auf den Messwerten für Radgeschwindigkeit, Bremsen und Fahrzeugstabilität ermittelt die Zentraleinheit die Geländebedingungen. Bremsen und Antrieb werden in unebenem Gelände automatisch eingestellt. Dies gilt für jedes Rad einzeln. Infolgedessen muss der Fahrer die Gas- und Bremspedale nicht mehr steuern, und der Fahrer kann sich vollkommen auf das Lenken konzentrieren. Die unabhängige Funktion jedes der Räder (eines kann angetrieben und der Rest kann gebremst werden) wird überprüft, falls es stecken bleibt. Die Sensoren erkennen einen Traktionsverlust und das Steuergerät sendet ein Signal zur Erhöhung des Bremsdrucks für dieses Rad, das Rad blockiert und „gleitet" über die Straße, wodurch ein tieferes Vergraben verhindert wird. Das System behält die vom Fahrer gewählte Geschwindigkeit bei. Das Maximum ist 8 km/h. Die teilweise Kontrolle der Fahrzeuggeschwindigkeit bleibt erhalten. Der Fahrer kann den Bremshebel jederzeit drücken und das Fahrzeug zum Stillstand bringen. Wenn das Bremspedal losgelassen wird, bewirkt die Kriechkontrolle, dass sich das Fahrzeug wieder in Bewegung setzt. Fahrzeuge mit dieser Funktion erfordern vom Fahrer keine fortgeschrittenen Geländefähigkeiten. Die Sicherheit wird durch Entlastung des Fahrers erhöht. Das Steuergerät macht es unmöglich, zu viel Drehmoment auf das Rad aufzubringen (bei aktivierter Kriechsteuerung ist das Risiko, die Vorderseite des Fahrzeugs anzuheben und nach hinten zu kippen, viel geringer). Wenn die angegebene Geschwindigkeit beibehalten wird, bietet das System einen konstanten Kraftschluss.

9.2.3.3 A-TRAC

Die A-TRAC-Funktion wurde in Toyota-Fahrzeugen eingeführt, die mit dem 4 × 4-Antrieb ausgestattet sind. Die aktive Traktionskontrolle erkennt Radschlupf und macht es möglich, auf rutschigen Oberflächen effizient und sicher zu beschleunigen. Die Aufrechterhaltung des Reifenkontakts mit der Straße wird durch Erhöhen des Drucks im Bremssystem oder durch Verringern der auf das durchdrehende Rad übertragenen Antriebskraft sichergestellt. Das System erkennt einen Traktionsverlust an einem oder mehreren Rädern und betätigt automatisch die Bremsen an diesem Rad, sodass die Kraft auf die anderen Räder übertragen werden kann, die nicht an Traktion verloren haben. A-TRAC ist eine Funktion, die hauptsächlich für das Fahren im Gelände vorgesehen ist. Es ist eine aktualisierte Version des üblichen Traktionskontrollsystems. Es wird manuell eingeschaltet. Der Fahrer wird seine Abwesenheit wahrscheinlich nicht bemerken, wenn er auf einer asphaltierten Straße fährt, aber das Fahren im Gelände ohne diese Funktion unterscheidet sich erheblich vom Fahren mit eingeschaltetem A-TRAC.

9.2.3.4 HDC- und HHC-Systeme

Hill Descent Control ist ein aktives Sicherheitssystem, das ursprünglich in Fahrzeugen eingeführt wurde, die an schwierige Geländebedingungen angepasst sind. Ähnlich wie beim Crawl-Control-System muss der Fahrer die Geschwindigkeit nicht mehr ständig steuern, damit er sich auf die Aufrechterhaltung der optimalen Fahrtrichtung konzentrieren kann. Die Steuereinheit empfängt Daten von Sensoren, die den ABS- und ESP-Systemen gemeinsam sind. Wenn eine erhöhte Beschleunigung des Fahrzeugs festgestellt wird, die nicht mit dem Drücken des Gaspedals einhergeht, werden Module aktiviert, um die Bremseffizienz zu erhöhen. Die Bremskraft wird für jedes Rad separat eingestellt. Die Druckverteilung im Bremssystem hängt vom Grip eines bestimmten Rades ab, der auf der Grundlage von Daten der Radgeschwindigkeits- und Fahrzeuggeschwindigkeitssensoren ermittelt wird. Dies funktioniert sowohl für Vorwärts- als auch für Rückwärtsfahrt.

Die Bedienung des Hill-Hold-Control-Systems kann von Fahrzeug zu Fahrzeug unterschiedlich sein. Bei einigen Fahrzeugen arbeitet das System so lange, bis das Gaspedal betätigt wird und sich das Fahrzeug in Bewegung setzt. In anderen Fällen schaltet es sich nach einigen Sekunden automatisch aus. Es hängt alles von der Art der verwendeten Sensoren ab. Eine der beliebtesten Lösungen ist der Neigungssensor, der seine Arbeit aufnimmt, wenn er erkennt, dass sich das Auto auf einer Straße mit einer bestimmten Neigung befindet. Nach dem Anhalten des Fahrzeugs hält der Fahrer das Kupplungspedal und das Bremspedal vollständig gedrückt. Im Moment des Startens, wenn der Fahrer seinen Fuß vom Bremspedal zum Gaspedal bewegt, wird der Druck im Bremssystem noch einige Sekunden lang aufrechterhalten, um zu verhindern, dass sich das Auto bewegt. Wenn der Druck auf die Kupplung abnimmt und der Druck auf das Gaspedal zunimmt, verringert das System den Druck im Bremssystem [18].

9.2.3.5 BMW-Automatic-Differential-Brake (ADB-X)

Die automatische Differenzialbremse ADB-X sorgt für optimale Traktion bei widrigen Bedingungen wie Sand, Schnee oder Schlamm. Es handelt sich um eine Komponente des Dynamik-Stabilitätskontroll-Systems (DSC) und bietet eine vergleichbare Funktion wie bei einer mechanischen Differenzialsperre, jedoch ohne die damit verbundenen Nachteile für Gewicht und Fahrdynamik. Wenn ein Rad rutscht, wird ein kontrollierter Bremsdruck angelegt, wodurch ein Blockierungseffekt zwischen dem rutschenden Rad und dem auf der gegenüberliegenden Seite des Fahrzeugs entsteht und somit die optimale Traktion wiederhergestellt wird. Wenn die DSC oder Dynamic-Traction-Steuerungssysteme (DTC) eingeschaltet sind, wird die Motorleistung automatisch gleichzeitig angepasst. Wenn der Fahrer DSC oder DTC ausgeschaltet hat, wird die Traktion erhöht. Für sportliches Fahren auf der Straße oder im Gelände konzentriert sich die ADB-X auf die Maximierung der Traktion und wirkt nur auf die Bremsen. Ein Kontrollmechanismus überwacht die Temperaturen jederzeit, um eine Überhitzung der Bremsen zu verhindern.

9.2.3.6 Daimler-Adaptive-Brake-System

Das Bremsregelsystem ADAPTIVE BRAKE beinhaltet die Grundfunktionen Antiblockiersystem (ABS), Antriebsschlupfregelung (ASR) und die Giermomentregelung (GMR). ABS und ASR erfassen und regeln dabei den Fahrzustand längsdynamisch, die GMR die Querdynamik. Diagnostiziert ADAPTIVE BRAKE kritische Fahrzustände, werden im Rahmen der physikalischen Möglichkeiten durch gezielte Bremseingriffe und die Regelung der Antriebsmomente Traktion und Fahrstabilität erhalten oder wiederhergestellt.

Die Berganfahrhilfe verhindert das Anrollen des Fahrzeugs entgegen der vom Fahrer gewünschten Fahrtrichtung. Zum Funktionsumfang gehört das so genannte Vorfüllen. Nimmt der Fahrer schnell den Fuß vom Gaspedal, bereitet das System eine mögliche Panikbremsung vor, indem es mit geringem Druck die Bremsbeläge an die Bremsscheiben anlegt. Dadurch verkürzt sich bei einer tatsächlichen Vollbremsung durch den unmittelbaren Druckaufbau bei Betätigung des Bremspedals der Anhalteweg deutlich. Durch die Fähigkeit von ADAPTIVE BRAKE, auch kleinste Bremsdrücke präzise zu erzeugen, ist es möglich, den sich bei Nässe auf den Bremsscheiben bildenden Wasserfilm durch kurzzeitige, leichte Bremseneingriffe zu entfernen. Dadurch werden die Ansprechzeit der Bremse bei Nässe und damit der Anhalteweg weiter reduziert. Der Eingriff erfolgt automatisch, sobald eine bestimmte Anzahl von Wischzyklen der Scheibenwischer erreicht ist und der Fahrer zwischenzeitlich nicht selbst gebremst hat.

9.3 Lenksystem in Geländewagen

Die Grundaufgabe des Lenksystems besteht darin, die vom Fahrer festgelegte Fahrtrichtung beizubehalten. Die Lenkung sollte keinen seitlichen Kräften ausgesetzt sein, die außerhalb der Kontrolle des Fahrers liegen. Darüber hinaus sollten keine Vibrationen am Lenkrad zu spüren sein, die durch Unebenheiten der Straße verursacht werden. Das Lenksystem beinhaltet zwei mechanische Baugruppen:

- Das Lenkgetriebe
- Das Lenkgestänge

Ein zusätzliches Element ist die Servounterstützung, die die zum Ändern der Fahrtrichtung erforderlichen Kräfte reduziert. Abhängig vom Funktionsmechanismus können die Unterstützungsmechanismen unterschieden werden in:

- Hydraulisch
- Pneumatisch
- Elektrisch
- Elektrohydraulisch

9.3.1 Anforderungen und Betriebsbedingungen

Das Lenksystem ist für die Aufrechterhaltung der korrekten Fahrtrichtung des Fahrzeugs verantwortlich. Es ermöglicht das Lenken der Vorderräder und in einigen Lösungen auch der Hinterräder. Die Grundvoraussetzung für das Lenksystem besteht darin, die möglicherweise konstante und richtig eingestellte Beziehung zwischen dem am Lenkrad gewählten Drehwinkel und dem Winkel der gelenkten Räder sicherzustellen. Darüber hinaus sollte die Konstruktion des Systems dem Fahrer über das Lenkrad Rückmeldungen über Fahrzustand und Fahrbahnbeschaffenheit geben. Die Grundbedingungen für das Lenksystem sind für jeden Personenkraftwagen, einschließlich der Geländefahrzeuge, ähnlich.

Das Manövrieren eines Geländewagens sollte einfach und effektiv sein und so wenig Kraft wie möglich erfordern, um das Lenkrad zu drehen. Unebenheiten sollten den Komfort und die Effizienz des Fahrens nicht beeinträchtigen, aber das System sollte es dem Fahrer ermöglichen, zu spüren, was mit dem Fahrzeug passiert. Gelenkte Räder sollten die Fahrtrichtung nicht ändern, die durch die vertikale Verschiebung durch Hindernisse auf der Straße verursacht wird. Ein effizientes Lenksystem sollte sicherstellen, dass die vorgegebene Fahrtrichtung auch bei seitlichen Kräften, die außerhalb des Einflusses des Fahrers wirken, eingehalten wird. Das Aufrechterhalten einer geraden Spur ist ebenfalls ein wünschenswertes Merkmal. Diese Eigenschaft wird als Richtungsstabilität bezeichnet. Darüber hinaus sollte die Konstruktion des Lenksystems die Selbstrückführung der gelenkten Räder in die Geradeausstellung ermöglichen. Dies ist zwar ein vorteilhaftes Merkmal, bei einigen modifizierten Geländefahrzeugen wird es jedoch aufgrund der spezifischen Geländebedingungen und der daraus resultierenden besonderen Anforderungen nicht beibehalten.

Der Servolenkungsmechanismus sollte das Fahren erleichtern, die zum Lenken der Räder erforderliche Kraft verringern (insbesondere bei niedrigen Geschwindigkeiten), aber ein Ausfall dieses Mechanismus darf möglichst nicht zu einer vollständigen Behinderung der Lenkung des Fahrzeugs führen. Das Ändern des Lenkwinkels der gelenkten Räder zwischen den beiden Extrempositionen sollte maximal vier vollständige Umdrehungen des Lenkrads erfordern. Dieses Merkmal ändert sich jedoch, wenn Modifikationen angewendet werden, die das Fahrzeug an bestimmte Bedingungen anpassen, z. B. für Offroad-Rennen, die eine große Anzahl von Manövern in kurzer Zeit erfordern. Für diesen Fall ist es vorteilhafter, eine Konstruktion zu verwenden, die es ermöglicht, die Anzahl der Lenkradumdrehungen zu verringern. Verzögerungen bei der Reaktion der Räder auf die Drehung des Lenkrads von mehr als 0,05 s sind nicht akzeptabel. Das Lenksystem sollte für beide Räder reibungslos und symmetrisch arbeiten. Die Beibehaltung der optimalen Parameter des Systems, einschließlich der Radkonvergenz, verhindert einen schnelleren Verschleiß der Reifen.

Das Ändern des Radaufhängungsniveaus bringt auch Änderungen im Lenksystem mit sich und erfordert die Änderung einiger seiner Elemente. Das Gelenk der Lenkstange auf der Lenksäulenseite schlägt häufig aus. Darüber hinaus wird das Handling beeinträchtigt und Unebenheiten auf der Fahrbahn sind am Lenkrad viel stärker zu spüren. Um das Risiko einer Beschädigung des oberen Endes der Spurstange zu verringern, wird die Befestigung des Lenkstockhebels abgesenkt.

Der Nachteil dieser Lösung ist die Überlastung der Lenkgetriebekomponenten. Eine Alternative kann die Verwendung von Spurstangen sein, die verstärkt sind und sich am oberen Teil des Achsschenkels befinden, wodurch die auf die Enden der Spurstangen ausgeübten Kraftwinkel verringert werden. Bei Verwendung größerer Radgrößen als der werkseitig montierten treten höhere Belastungen auf, z. B. am Lenkstockhebel. Es treten höhere Querspannungen auf, die zu einer Beschädigung der Lenksäulenkomponenten, hauptsächlich des Lenkgetriebes, führen. Außerdem sind die Querstangen des Systems häufig gebogen.

Sie sollten sich an die Umgebungsbedingungen beim Fahren im Gelände erinnern, zu denen gehören: Feuchtigkeit, Staub, Sand, Steine und erhebliche Unebenheiten der Oberfläche. Schmutz kann zwischen die Komponenten der Lenkstangengelenke gelangen und diese beschädigen, z. B. Kratzer, die Reibung verursachen, was in diesem Fall den Betriebswiderstand erheblich erhöht, und eine wirksame Lenkung des Fahrzeugs verhindert. Häufigerer Abrieb erzeugt korrosionsanfällige Stellen. Das Fahren auf unebenen Oberflächen verursacht Vibrationen, weshalb Lenkungsdämpfer verwendet werden müssen. Sumpfiges Gelände und hohe Unebenheiten verursachen einen größeren Bewegungswiderstand und Widerstand gegen das Einschlagen der Räder, die am Lenkrad deutlich zu spüren sind und den Betrieb des Servolenkungssystems erfordern [5].

9.3.2 Konstruktions- und Betriebsmerkmale von Baugruppen des Lenksystems

Das Lenksystem eines Geländewagens, bestehend aus einem Lenkrad, einer Lenksäule, einem Lenkgetriebe und einem Lenkgestänge (manchmal mit zusätzlichen Elementen), hat ein ähnliche Struktur wie bei anderen Fahrzeugklassen. Die Wahl der Art des Lenkgetriebes wird unter anderem durch die Konstruktion der Radaufhängung beeinflusst. Zahnstangengetriebe werden in typischen Geländefahrzeugen nicht verwendet, da sie nicht mit einer Starrachse arbeiten können, wie sie üblicherweise in diesem Fahrzeugtyp verwendet wird. Anders verhält es sich mit der Einzelradaufhängung, hier können alle Arten von Lenkgetriebe verwendet werden. Das Lenkgestänge bei der Starrachse ist anders konstruiert als in der Einzelradaufhängung. Das Lenkgetriebe und das Lenkgestänge sind durch eine Längsstange (die sogenannte Lenkstange) miteinander verbunden. Von der langen Spurstange gehen kurze Spurhebel, die an beiden Enden Kugelgelenke aufweisen, zu den Achsschenkeln. Kombiniert wird das Ganze mit der Lenksäule über den sogenannten Lenkstockhebel. Die Kugelgelenke sind drehbar auf dem Achskörper montiert. Es ist wichtig, dass die Lenkstange als Stabilisator wirkt. Die Lenkstange folgt beim Ein- und Ausfedern der gleichen radialen Bewegung wie der Panhardstab. Dadurch bleibt der Lenkstockhebel an Ort und Stelle und das Lenkrad wird nicht gedreht. Der Längenausgleich, den der Panhardstab durch seitliches Verschieben der Achse ausgleicht, erfolgt wie bei der Lenkstange. Bei der Einzelradaufhängung ist der Lenkstockhebel mit der mittleren Spurstange verbunden. Auf beiden Seiten befinden sich zwei kurze Spurstangen, die zusammen mit der Mittelspurstange eine heterogene Querverbindung bilden. Diese Bauform der Lenkung verfügt nicht über eine Lenkstange. Stattdessen gibt es einen Zwischenhebel, der die mittlere, zentrale Spurstange führt. Eine Vereinfachung dieses Designs ist die Zahnstangenlenkung mit Servolenkung. Das Kugelumlaufgetriebe ist eine gängige Lösung in Nutzfahrzeugen.

Der Vorteil des Kugelumlauflenkung ist die hohe Genauigkeit und Präzision der Führung sowie der geringe Innenwiderstand. Sie bietet dem Fahrer gute Rückmeldung, ist aber im Vergleich zu anderen Getriebetypen ziemlich teuer.

Wie oben erwähnt wird das Zahnstangengetriebe nicht in Fahrzeugen mit abhängiger Aufhängung mit einer starren Achse verwendet, da seine Konstruktion die Zusammenarbeit dieser beiden Systeme ausschließt. Sie hat eine Reihe von Nachteilen. Ein besonders auffälliger Nachteil, der sich aus den Fahrbedingungen im Gelände ergibt, ist die hohe Empfindlichkeit gegenüber Bodenreaktionskräften wie Stößen oder Anprall des Rades gegen ein Hindernis. Darüber hinaus ist bei niedrigen Geschwindigkeiten das Winkelverhältnis null und führt dazu, dass ohne ein effizientes Servolenkungssystem mehr Kraft aufgebracht werden muss, um das Rad zu drehen. Das Vorhandensein von schrägen Kräften in den Spurstangen bewirkt wiederum einen schnelleren Verschleiß der Elemente, hauptsächlich der Spurstangenköpfe.

Bei einsitzigen Fahrzeugen ist die Lenksäule symmetrisch (in der Mitte) angeordnet. Wenn das Auto Vordersitze für Fahrer und Beifahrer hat, wird das Lenkrad nach links oder rechts verschoben, die Lenksäule ist vor einem der Sitze montiert. Die Verbindung des unteren Teils der Welle mit den Rädern erfolgt über Spurstangen. Ihre Anzahl und Konstruktion hängt unter anderem von der im Fahrzeug verwendeten Aufhängungsstruktur ab. Eine Zahnstange und ein Ritzel werden in der Zahnstangenlenkung verwendet, um die Drehbewegung der Lenkspindel auf die axiale Bewegung der Spurstangen zu übertragen. Kugelgelenke verbinden die Wellenenden mit den Lenkstangen und die Spurstangen mit dem Lenkhebel an jedem Rad. Sie stellen eine interne und externe Verbindung her. Wenn die Radaufhängung es jedem Rad ermöglicht, sich unabhängig zu bewegen, bewegt sich das äußere Gelenk in einer sphärischen Ebene, die auf dem inneren Gelenk zentriert ist. Der Achsschenkel bewegt sich je nach Querlenker in vertikaler Richtung auf gekrümmter Bahn. Die Komponenten des Aufhängungssystems, die sich entlang einer anderen Kurve als die Spurstangen bewegen, verursachen die sogenannte „Bump Steer“ (Stoßlenkung). Dieses Phänomen tritt während der Federung als Reaktion auf Neigung oder Unebenheit der Straßenoberfläche auf. Es bewirkt eine Änderung der Radausrichtung und einen Lenkwinkel unabhängig von den Lenkradbewegungen. Normalerweise kommt es dabei zu einer unbeabsichtigten Verstellung der Achsgeometrie [5].

Bei Fahrzeugen, bei denen die Bodenfreiheit durch Wahl des Fahrmodus „Straße“ oder „Gelände“ verändert wird, hat die kugelförmige Ebene, auf der sich das Achsschenkelgelenk bewegt, bei Lenkeinschlag einen kleineren Radius. Durch Drehen des Lenkrads wird der Hebelarm auf einer Seite verkürzt. Damit das Lenksystem symmetrisch bleibt, muss er auch auf der anderen Seite gekürzt werden. Dies verringert den Krümmungsradius der imaginären Kugelschale und erschwert die optimale Ausrichtung der Lenkstange. Dies führt wiederum dazu, dass das Phänomen der „Stoßlenkung“ häufiger auftritt.

Es ist möglich, eine Radaufhängung zu entwerfen, die das unbeabsichtigte Lenken der Räder und Änderungen der Vorspur während des Einfederns begrenzt, aber solche Systeme stellen erhebliche Einschränkungen für die Konstruktion der anderen Baugruppen des Fahrwerks dar.

9.3.2.1 Das Orbitrol

Bei älteren Modellen von Geländefahrzeugen waren herkömmliche Schnecken- und Zahnstangengetriebe die beliebteste Lösung bei der Konstruktion des Lenkgetriebes. Dies sind ziemlich einfache Designs, kombiniert mit einem Spurstangensystem. Ihr Nachteil im Zusammenhang mit typischem Offroad-Fahren ist das hohe Übersetzungsverhältnis, das eine größere Anzahl von Umdrehungen zwischen den Volleinschlägen der Räder zur Folge hat. Darüber hinaus ist bei diesem Systemtyp eine vergleichsweise große Kraft zum Drehen des Lenkrades erforderlich. Dies macht es notwendig, sich ständig auf das Fahren zu konzentrieren, was wiederum den Fahrer schneller ermüden lässt. Ein besonders großes Problem ist die Richtungsänderung der Räder in sumpfigem Gelände, z. B. in Schlamm oder nassem Schnee. Der Widerstand wird zusätzlich durch die Größe der Räder erhöht, die üblicherweise für Geländefahrzeuge gewählt werden.

Ein hydrostatisches System bietet eine teilweise Verbesserung der genannten Probleme. Sein Hauptelement ist das sogenannte Orbitrol – ein hydrostatisches Lenkventil. Auch in dieser Ausführung gibt es Spurstangen, die aber kurz sind. Sie verbinden die Räder mit dem Aktuator, einem Hydraulikzylinder. Das Lenkventil ist so ausgelegt, dass es den Druck liefert, der die optimale Ölmenge von der Pumpe in einen symmetrischen doppeltwirkenden Zylinder drückt. Das besprochene System weist jedoch eine grundlegende Einschränkung auf: Der Fahrer spürt keine äußeren Kräfte, die auf das Rad wirken. Dies ist ein Nachteil, da es unmöglich ist, den Lenkeinschlag an die Form und Art der Oberfläche anzupassen, was zu Schäden führen kann (insbesondere an den Enden der Spurstangen, den Räder und Reifen). Der Vorteil des hydraulischen Lenksystems ist die Möglichkeit, seine Parameter zu ändern. Diese Modifikationen, können von speziellen mechanischen Anlagen durchgeführt werden. Es ist möglich, die Kraft des Systems anzupassen, um den durch die Verwendung größerer Räder, die besser für hohe Spurrillen oder in nassem Gelände geeignet sind, verursachten größeren Widerstand auszugleichen. Dies wird durch die entsprechende Auswahl des Stellantriebs und des Lenkventils sowie die Einstellung des Pumpendrucks sichergestellt. Darüber hinaus ist es dank der Einstellung der Stellgliedgröße und der Ventilparameter möglich, die kinematischen Eigenschaften des Systems sowie die Anzahl der Lenkradumdrehungen zu ändern, die erforderlich sind, um zwischen den extremen Radeinstellungen zu wechseln. Für Offroad-Rennen ist eine Einstellung, die weniger volle Umdrehungen des Lenkrads ermöglicht, eine bessere Lösung.

Das hydraulische Lenksystem ist nicht über Spurstangen mit der Lenkspindel verbunden, was die Möglichkeiten erhöht, die Anordnung der einzelnen Elemente im Verhältnis zur Radaufhängung zu gestalten. Ein Aktuator ist an der Lenkspindel angebracht. Dadurch wird der Einfluss der Komponenten des Aufhängungssystems auf den Betrieb beseitigt. Die Position des Lenkventils kann vom Ende bis zum Anfang der Lenksäule geändert werden.

Das Orbitrol findet keine Verwendung in Geländefahrzeugen und SUV. Hydrostatische Lenksysteme und damit Lenkaggregate werden heute vor allem bei schweren Nutzfahrzeugen eingesetzt, wie Traktoren, Gabelstapler usw.

9.3.2.2 Stoßventil

Das Lenksystem ist durch Stoßventile gegen plötzliche Stöße geschützt. Wenn eine große äußere Kraft auftritt (z. B. als Ergebnis eines Aufpralls auf ein Hindernis), öffnen sie sich und verringern den plötzlichen Druckanstieg. Dies reduziert Schäden an den Lenksystemkomponenten.

9.3.2.3 Return to Center

Für das Fahren im Gelände besteht eine nützliche Funktion des Lenksystems darin, das Lenkrad in die Geradeausrichtung zurückzubringen. Dies ermöglicht ein komfortableres Fahren auf kurvenreichen Straßen, wenn es um möglichst kurze Fahrtdauer geht. In Autos, die auch für den Einsatz auf der Straße vorgesehen sind, wie z. B. SUV, ist dies Standard.

9.3.2.4 Uniball

Die Lösung, die das Fahrverhalten im Gelände verbessert, ist die Installation von Pendelkugellager oder der sogenannten Uniball-Lager. Diese Kugelgelenke zeichnen sich durch das Fehlen elastischer Elemente aus. Dies hat sowohl positive als auch negative Auswirkungen. Der Nachteil ist die signifikante Übertragung von Vibrationen von den Rädern auf den Rest des Lenksystems. Der Vorteil ist ihre Spielfreiheit, die das Risiko von Verzögerungen zwischen der Reaktion der gelenkten Räder und der Bewegung des Lenkrads verringert. Die Lenkpräzision wird erheblich erhöht. Mit Uniball-Lagern ist es möglich, die Geometrie des Radaufhängungssystems zu ändern. Ihr Nachteil ist jedoch, dass Schmutz, Sand und Staub leicht in das Lager eindringen können. Daher müssen zusätzliche Abdeckungen installiert werden. Die beste Lösung ist die Auswahl von Gummiabdeckungen. Die Verwendung von Uniball-Lagern ist normalerweise keine Serienlösung. Die Uniball-Montage sollte in speziellen Werkstätten durchgeführt werden, da ihr Austausch gegen Standardbuchsen die Verstärkung anderer Fahrwerksysteme erfordert, einschließlich der Radaufhängung und der kritischen Punkte der Karosserie. Dies liegt daran, dass höhere Lasten zu Schäden führen können.

9.3.3 Beispiele für Lenksysteme in Geländefahrzeugen

9.3.3.1 Audi-Dynamic-Steering-System

Die dynamische Lenkung von Audi variiert das Lenkverhältnis um bis zu 100 %, abhängig von der Fahrgeschwindigkeit, vom Lenkwinkel und vom ausgewählten Modus im Audi-Drive-Select-Handling-System. Die zentrale Komponente ist das Überlagerungsgetriebe in der Lenksäule, das von einem Elektromotor angetrieben wird. Die als Dehnungswellengetriebe bekannte Konstruktion ist kompakt, leicht und verwindungssteif. Sie arbeitet spielfrei, präzise und reibungsarm. Das Getriebe kann schnell enorme Drehmomente übertragen und erreicht einen hohen Wirkungsgrad.

Das Dehnungswellengetriebe erfüllt seine Aufgabe mit nur drei Schlüsselkomponenten. Ein Elektromotor dreht einen elliptischen Innenrotor, der ein dünnwandiges Sonnenrad über ein Kugellager verformt, das mit der Lenkeingangswelle verbunden ist. An den vertikalen Achsen der Ellipse greift es in ein Hohlrad ein, das ein Kettenrad hat, und auf die Lenkausgangswelle wirkt. Wenn sich der Innenrotor dreht, verschiebt sich die große Achse der Ellipse, wodurch sie in die Zahneingriffszone gelangt. Da das Sonnenrad weniger Zähne hat als das Hohlrad, führen die beiden eine Relativbewegung zueinander aus- sie überlagern sich. Das große Übersetzungsverhältnis des schnell laufenden Elektromotors ermöglicht es, dieses Übersetzungsverhältnis schnell und präzise aufzubauen.

Bei niedrigen Fahrgeschwindigkeiten – im Stadtverkehr und beim Manövrieren – arbeitet die dynamische Lenkung sehr direkt; Alles, was Sie brauchen, sind zwei volle Umdrehungen des Lenkrads, um von Endanschlag zu Endanschlag zu fahren. Die Unterstützung durch die Servolenkung ist ebenfalls hoch, was das Einparken sehr einfach macht. Auf Landstraßen wird die Direktheit des Lenkverhaltens und der Lenkkraftunterstützung schrittweise verringert. Bei hohen Schnellstraßengeschwindigkeiten werden indirekte Übersetzungsverhältnisse und eine Unterstützung mit geringer Leistung verwendet, um instabile Lenkbewegungen auszugleichen und eine beeindruckende gerade Spurführung zu ermöglichen.

Die dynamische Lenkung arbeitet eng mit dem elektronischen Stabilisierungssteuerungsprogramm ESC zusammen, um sportliches Handling und Fahrsicherheit zu erreichen. Bei Bedarf steuert es leicht gegen; Seine leichten Eingriffe, von denen die meisten für den Fahrer nicht wahrnehmbar sind, reduzieren das Unter- und Übersteuern aufgrund von Laständerungen in den allermeisten Situationen. Beim Bremsen auf Straßenoberflächen mit geteilten Reibungskoeffizienten hilft das System bei der Stabilisierung durch Lenkeingriffe.

Die dynamische Lenkung benötigt weniger Zeit für Korrekturen, als das Bremssystem benötigt, um Druck an den Rädern aufzubauen. In vielen Situationen erledigt es die Hauptarbeit – Bremseingriffe werden entweder unnötig oder sie dienen lediglich als Dämpfungsfunktion, die die Fahrgeschwindigkeit verringert. Die Vorteile in Bezug auf Fahrsicherheit und Sportlichkeit machen sich insbesondere bei hohen Geschwindigkeiten und auf rutschigen Oberflächen wie Schnee bemerkbar [23] (Abb. 9.16).

9.3.3.2 Die AMG-Parameterlenkung

Die erstmals im G 63 verbaute elektromechanische Parameterlenkung ist variabel übersetzt und sorgt so für präzise und authentische Rückmeldung. Bei hohen Geschwindigkeiten nimmt die Lenkkraftunterstützung ab, bei niedrigerem Tempo wird sie kontinuierlich gesteigert. Somit ist zum Lenken bei niedrigen Geschwindigkeiten ein vergleichsweise geringer Kraftaufwand nötig, während bei hohen Geschwindigkeiten eine bestmögliche Kontrolle über das Fahrzeug erhalten bleibt. Die Lenkkraftunterstützung kann der Fahrer in zwei Abstimmungen, „Comfort“ oder „Sport“, wählen. Die entsprechende Kennlinie wird dann abhängig vom gewählten DYNAMIC-SELECT-Fahrprogramm automatisch angesteuert oder lässt sich im Programm „Individual“ persönlich bestimmen. In „Sport“ erhält der Fahrer direkteres Feedback über den Fahrzustand.

Die Fahrcharakteristik lässt sich „per Fingertipp“ individualisieren, mit fünf Onroad- und drei Offroad-Fahrprogrammen.

Abb. 9.16 Audi-Dynamic-Steering-System (© Audi)

Mit den fünf DYNAMIC-SELECT-Onroad-Programmen „Glätte", „Comfort", „Sport", „Sport+" und „Individual" reicht die Differenzierung von effizient und komfortabel bis sehr sportlich. Dabei werden wichtige Parameter wie unter anderem das Ansprechverhalten von Motor, Getriebe, Fahrwerk und Lenkung modifiziert. Unabhängig von den DYNAMIC-SELECT-Fahrprogrammen kann der Fahrer per „M"-Taste direkt in den manuellen Modus wechseln, um ausschließlich über die Lenkradschaltpaddel zu schalten. Ebenso können auch die Stufen der adaptiven Verstelldämpfung bei Bedarf extra angewählt werden.

Für den Einsatz abseits befestigter Straßen stehen die drei Off-Road-Programme „Sand", „Trail" und „Rock" zur Verfügung. Sie werden über den Taster in der Mittelkonsole für die Aktivierung der zentralen Differenzialsperre aufgerufen und danach über die DYNAMIC-SELECT-Wippe ausgewählt. „Trail" ermöglicht maximale Performance auf weichen, schlammigen oder rutschigen Untergründen. „Sand" verändert die Parameter mit sportlicher Dynamik für bestmöglichen Grip und Lenkbarkeit auf sandigen Pisten oder in Wüstendünen. „Rock" ist das Programm für anspruchsvolles, felsiges Terrain mit hohen Achsverschränkungen und häufigem Abheben eines oder mehrerer Räder.

Alle Fahrprogramme – On- und Offroad – werden sowohl im Kombiinstrument als auch im zentralen Mediadisplay visualisiert. Durch Abwahl aller Sperren kehrt die Einstellung wieder zurück in die Onroad-Fahrprogramme.

9.3.3.3 Suzuki Synergetic Vehicle Dynamics Control

Eine interessante Neuerung im Bereich der Lenkung von Geländefahrzeugen wurde von Suzuki vorgestellt. Die Synergetic Vehicle Dynamics Control ist ein System zur Unterstützung stabilen Fahrens und soll die Grenzen der Fahr- und Wendeleistung nicht erhöhen. Die synergetische Fahrdynamikregelung ist eine Funktion zur Fahrstabilisierung, indem die Fahrbedingungen über einen Lenkwinkelsensor, einen Gierratensensor und andere Systeme überwacht und die 4WD-Steuerung und die Servolenkungssteuerung synergetisch gesteuert werden.

Die Synergetic Vehicle Dynamics Control ordnet das Lenkmoment sowie das Antriebsmoment den Vorder- und Hinterrädern richtig zu, unterdrückt die Tendenz zum Rutschen in der Phase vor dem Eingreifen der ESP-Steuerung und unterstützt die Fahrstabilität.

Wenn beispielsweise eine Übersteuerungstendenz auftritt, wenn die Hinterräder auf der kurvenäußeren Seite rutschen oder durchdrehen, unterstützt die Synergetic Vehicle Dynamics Control eine Gegenlenkung durch die Servolenkung und weist gleichzeitig ein Drehmoment zu, um die Vorderräder zu unterstützen. Wenn umgekehrt eine Untersteuertendenz auftritt, bei der die Vorderräder den Grip verlieren und das Fahrzeug zur Kurvenaußenseite drängt, teilt die Synergetic Vehicle Dynamics Control die Antriebskraft zu, um die Hinterräder zu begünstigen, und stabilisiert die Fahrt.

Im Falle einer Tendenz zum Untersteuern, die auftritt, wenn die Antriebskraft der Hinterräder im Verhältnis zur Drehkraft der Vorderräder zu stark ist, weist der VDSC das Drehmoment zur Unterstützung der Vorderräder zu [24].

9.3.3.4 Volkswagen Allradlenkung

Eine weitere Innovation des Volkswagen Touareg ist das optionale Allradlenksystem. Je nach Fahrsituation werden alle vier Räder gleichzeitig gelenkt. Das Allradlenksystem macht den Touareg zum agilsten großen SUV. Das Allradlenksystem beeinflusst im Wesentlichen zwei Fahrzustände: Geschwindigkeiten unter 37 km/h und Geschwindigkeiten über 37 km/h. Bis zu 37 km/h werden die Hinterräder automatisch in einem entgegengesetzten Winkel zu den Vorderrädern eingeschlagen. Dadurch werden Beweglichkeit und Manövrierfähigkeit verbessert. Besonders fällt dies beim Wendekreis auf, der mit Allradlenkung um einen Meter von 12,19 m auf 11,19 m reduziert wird. Wenn die Geschwindigkeit auf mehr als 37 km/h steigt, schlagen die Hinterräder beim Lenken automatisch in die gleiche Richtung ein wie die Vorderräder. Dadurch ist das Fahrverhalten deutlich ruhiger, da die Allradlenkung den Spurwechsel bei schnellen Überhol- oder plötzlichen Ausweichmanövern stabilisiert [25].

9.4 Reifen der Geländewagen

9.4.1 Anforderungen

9.4.1.1 Kraftschluss

Grundlegende Voraussetzung für Offroad-Reifen ist die Bereitstellung von hohem Kraftschluss im Gelände auf Fahrbahnen mit geringer mechanischer Festigkeit. Darüber hinaus sollte ein Geländereifen Traktion in einem möglichst breiten Bereich von unbefestigten Bodenparametern bieten, die von harten felsigen Oberflächen bis zu weichen, lockeren und sehr nassen landwirtschaftlichen Böden und tiefem Schnee reichen.

Ein Parameter des Reifens, der den Grip direkt beeinflusst, ist das Laufflächenprofil (Profilmuster). Die Lauffläche hat Bodenkontakt, auf seiner Oberfläche und direkt unter der Oberfläche gibt es Mechanismen, die die Erzeugung von Zugkräften bestimmen: Umfangskraft und Seitenkraft. Die Mechanismen zur Erzeugung von Zugkräften sind hauptsächlich die Bodenscherung und der Verriegelungsmechanismus oder Verzahnung (sie werden in Kap. 3 beschrieben).

Die folgenden Profilgestaltungsarten werden unterschieden.

9.4.1.1.1 Blockprofil

Das Blockprofil liegt in Form von Blöcken vor, das System der Rillen zwischen ihnen ist miteinander verbunden. Diese Art von Muster ist sehr häufig in All-Season- und Geländereifen zu finden. Reifen mit einem solchen Laufflächenprofil zeichnen sich durch gute Traktionseigenschaften auf schneebedeckten und unbefestigten Straßen aus. Leider ist die Haltbarkeit dieses Reifentyps relativ kurz, sie hängt von der Profilhöhe ab. Reifen mit dem Blockprofil werden normalerweise bei Geländefahrzeugen verwendet, die sowohl auf asphaltierten als auch auf unbefestigten Straßen eingesetzt werden.

9.4.1.1.2 Das Rippenprofil

Das Rippenprofil zeichnet sich durch eine parallele Anordnung von Rillen und Rippen, die über den gesamten Umfang der Lauffläche verlaufen. und durch geringen Rollwiderstand, niedriges Abrollgeräusch, guten Seitengriff und Richtungsstabilität aus. Der Reifen mit dem Rippenprofil ist dank seiner geringen Erwärmung für lange Strecken bei hohen Geschwindigkeiten ausgelegt. Er hat eine geringere Fähigkeit, auf nassen Oberflächen Antriebs- und Bremskraft zu erzeugen und wird selten in Geländefahrzeugen eingesetzt.

9.4.1.1.3 Das Rillenprofil

Das Rillenprofil ist ein Profil, bei dem die Rillen senkrecht zur Fahrtrichtung verlaufen. Ein Reifen mit einer solchen Laufflächengestaltung zeichnet sich sowohl beim Beschleunigen als auch beim Bremsvorgang durch sehr gute Eigenschaften aus. Es werden intensive Abrollgeräusche bei höheren Geschwindigkeiten auf harten Oberflächen und ein hoher Rollwiderstand erzeugt. Wird hauptsächlich in Geländefahrzeugen auf unbefestigten Fahrbahnen verwendet.

9.4.1.1.4 Das gemischte Profil

Das gemischte Laufflächenprofil weist die Merkmale eines Rippenprofils in der Mitte und eines Rillenprofils im äußeren Teil der Lauffläche auf. Es sorgt für eine gute Lenkbarkeit des Fahrzeugs sowie für eine zufriedenstellende Brems- und Beschleunigungsleistung. Wird sowohl auf unbefestigten Straßen als auch im Gelände verwendet.

9.4.1.2 Kontaktdruck im Reifen-Boden-System

Ein wichtiges Kriterium für die Auswahl von Reifen für Geländefahrzeuge ist die Bodendruckverteilung. Unter anderem hängt die Geländetauglichkeit des Fahrzeugs von diesem Parameter ab. Bei Offroad-Reifen, die zum Fahren auf verformbaren Oberflächen mit starker Radabsenkung (lockerer Boden, tiefer Schnee) vorgesehen sind, muss die Kontaktfläche vergrößert und folglich der Kontaktdruck verringert werden. Hierzu werden größere Reifen verwendet. Je größer der Durchmesser und die Breite der Lauffläche sind, desto größer ist die Kontaktfläche zum Boden. Die Verwendung von Reifen mit einem größeren Durchmesser führt jedoch zu einer signifikanten Erhöhung des Radgewichts, des Trägheitsmoments und einer Erhöhung des Massenschwerpunkts und der Bodenfreiheit. Darüber hinaus erhöht die größere Breite des Reifenprofils die Kräfte im Lenksystem, sie wirkt sich auch negativ auf die Lenkbarkeit aus. Man sollte auch die Empfehlungen des Fahrzeugherstellers berücksichtigen, die in der Zulassung angegeben sind. Die Verwendung von Reifen mit anderen als den empfohlenen Größen kann zu Bordcomputerfehlern in Bezug auf Tachometer, ABS, ESP-Systeme und Geländefahrassistenzsysteme führen. Es kann auch den Antriebsstrang überlasten und dazu führen, dass die Räder Kontakt mit Karosserie- oder Fahrwerksteilen erhalten, was zu Schäden führen kann.

9.4.1.2.1 Laufflächenprofilfüllfaktor

Der Laufflächenprofilfüllfaktor ist definiert als das Verhältnis der Kontur der Kontaktfläche zur Gesamtkontaktfläche einzelner Profilvorsprünge. Reifen, die für den Offroad-Einsatz entwickelt und angepasst wurden, haben normalerweise einen viel geringeren Profilfüllfaktor. Das Offroad-Reifenprofil weist größere Lücken, Rillen und Lamellen zwischen den einzelnen Stollen auf, was sich positiv auf den Kraftschluss auswirkt. Das weniger füllende Reifenprofil in Kombination mit der größeren Reifenbreite sorgt für einen besseren Bodenkontakt und ermöglicht es dem Reifen, Verunreinigungen während der Fahrt zu entfernen.

9.4.1.2.2 Fernsteuerung des Reifendrucks

Reifen, die für den Einsatz bei reduziertem oder erhöhtem Innendruck ausgelegt sind, zeichnen sich durch größere Profilabmessungen und eine beträchtliche Flexibilität der Seitenwände aus. Infolgedessen üben sie weniger Innendruck auf die Kontaktfläche mit dem Boden aus, und stärkere seitliche Abweisungskräfte beeinträchtigen ihre Lebensdauer nicht.

In einigen Fällen sind Fahrzeuge mit zentralen Überwachungs- und Druckregelungssystemen ausgestattet, um die Möglichkeiten von Reifen effizient nutzen und an die vorherrschenden Straßen- oder Geländebedingungen anpassen zu können. Ein Beispiel für ein Auto mit Reifendruckregelungssystem ist der Mercedes-Benz-G-Klasse-AMG-G63-6 × 6-Showcar (Abb. 9.2).

Für die richtige Funktion des Reifendruckregelungssystems ist ein Reifendruckmesssystem erforderlich. Es gibt zwei Arten von Messungen – indirekte und direkte. Die in-

Abb. 9.17 Komponenten des Reifendruckregelungssystems in der Mercedes-Benz-G-Klasse-AMG-G63-6 × 6-Showcar (© Daimler)

direkte Messung des Reifendrucks erfolgt durch Messung des Abrollumfangs. Bei geringerem Druck in einem der Räder nimmt dessen dynamischer Halbmesser ab und somit nimmt die Drehzahl zu. Die zweite Art der Messung ist die direkte Messung. Sie erfordert Sensoren, die an jedem Rad montiert sind.

Das Druckregelungssystem ermöglicht es, den Druck in den Reifen automatisch zu ändern, erfordert jedoch eine Modifikation des Fahrzeugs. Die Achsen und Radnaben müssen modifiziert und Druckluftbehälter, Kompressoren, Steuerventile und Schläuche installiert werden. Abb. 9.17 zeigt die im Reifendruckregelsystem des Mercedes-Benz G-Klasse-AMG-G63-6 × 6 verwendeten Druckluftzylinder [12].

Der Innendruck für angemessenen Offroad-Reifeneinsatz hängt auch vom Gelände ab, auf dem gefahren wird. Bei Fahrten auf asphaltierten oder betonierten Straßen sollte der Druck zwischen 1,8 und 2,5 Bar liegen. Dabei gilt die allgemeine Regel: je größer der Reifen, desto niedriger der Druck. Wenn längere Zeit auf solchen Oberflächen gefahren wird, sollte der Luftdruck im Reifen so gewählt werden, dass sich der Reifen unter dem Gewicht des Fahrzeugs nur wenig verformt, um den Rollwiderstand zu verringern. Es sollte jedoch darauf geachtet werden, einen Wert nicht zu überschreiten, der zu übermäßigem Verschleiß in der Profilmitte führt.

Beim Fahren auf teilweise asphaltierten Straßen oder Schotterwegen, auf denen der Reifen durch kleine, scharfe Steine beschädigt werden kann, beträgt der empfohlene Druck etwa 3 Bar. Auf felsigen Straßen mit vielen hervorstehenden, scharfen großen Felselementen sollte der Reifeninnendruck unter 1 Bar liegen. Ein solcher Wert ermöglicht es den Reifen, hervorstehende scharfe Kanten zu „umgeben“ und gleichzeitig den größten Teil der Unebenheiten zu unterdrücken, sodass eine optimale Haftung erhalten bleibt.

Ein weiterer Bereich mit spezifischen Eigenschaften ist loser Sand. Es zeichnet sich durch geringe Haftung und hohe Verformbarkeit aus, daher sollten die optimalen Fähigkeiten der Reifen genutzt werden. Zu diesem Zweck sollte der Reifendruck auf 1,2 bis 1,5

Bar eingestellt werden, wodurch die Kontaktfläche zwischen Reifen und Boden vergrößert wird.

Ein ähnliches Prinzip gilt auch beim Fahren auf lockerem, landwirtschaftlichem Boden. Der zulässige Innendruck beträgt dort etwa 0,6 Bar und sogar noch niedriger. Es ist jedoch darauf zu achten, dass der Reifen während der Fahrt nicht von der Felge gezogen wird. Zu diesem Zweck werden Felgen verwendet, die mit einem sogenannten „Beadlock" ausgestattet sind, d. h. ein äußeres Element in Form eines Rings, der an der Felge angebracht ist und dessen Aufgabe es ist, den Reifen an der Felgenschulter zu halten.

9.4.2 Reifenbauweise

9.4.2.1 Arten der Reifenbauweise

9.4.2.1.1 Diagonalreifen

Ein Diagonalreifen hat eine einfachere Bauweise und besteht aus mindestens zwei Cordlagen. Die Kettfäden sind in einem Winkel von 20 bis 55° zur Symmetrieebene des Reifens positioniert. Geflochten Drähte stellen eine dichte, abriebfeste Verbindung her. Dies ist aufgrund der beim Beschleunigen und Bremsen des Fahrzeugs wirkenden Kräfte erforderlich. Die Cordfäden werden sowohl an der Stirn als auch an den Seiten des Reifens geflochten, was sich in einer sehr hohen Steifigkeit niederschlägt. Diagonalreifen haben schlechtere Traktionsparameter als Radialreifen. Solche Reifen erzeugen viel Abrollgeräusch und erwärmen sich aufgrund der inneren Reibung intensiv. Daher werden sie bei Fahrzeugen verwendet, in denen keine hohen Geschwindigkeiten erreicht werden, wie z. B. bei Geländefahrzeugen.

9.4.2.1.2 Radialreifen

Der Radialreifen ist der beliebteste Autoreifentyp. Im Vergleich zu einem Diagonalreifen ist der wichtigste Unterschied bei der Konstruktionsbauweise eines Radialreifens die Anordnung der Cordfäden, die sich auf den gesamten Reifen auswirkt. Sie sind senkrecht zur Symmetrieebene des Reifens geführt, d. h. in einem Winkel von 90°zur Mittellinie, und auch für das Verbinden des Reifenwulstes verantwortlich. Die Cordlagen kreuzen sich nicht, sie sind parallel angeordnet und werden als Karkasse des Reifens bezeichnet. Der zwischen Karkasse und Lauffläche angebrachte Gürtel wirkt versteifend und festigend. Die Struktur der Parallelcordlagen verringert den Rollwiderstand erheblich, und die inneren Strukturfasern bieten eine größere Flexibilität der Reifenseiten, was zur Aufrechterhaltung der geeigneten Form der Reifenfläche während der Fahrt und damit zur Aufrechterhaltung eines optimalen Grips sowohl bei hohen Geschwindigkeiten als auch in Kurven beiträgt. Dies trägt zur Verringerung der Rutschgefahr und des Einheitendrucks bei und führt zu einem geringeren Profilverschleiß. Aufgrund dieser Anordnung der Cordfäden ist der Radialreifen gegenüber einer Beschädigung der Seitenwand gefährdeter und seine Reparatur ist sehr oft unmöglich.

9.4.2.1.3 Luftloser Reifen

Derzeit werden in Geländefahrzeugen zunehmend schlauchlose Reifen und luftlose Reifen eingesetzt. Beim schlauchlosen Reifen wurde der Schlauch durch Aufbringen einer zusätzlichen Schicht auf der Innenseite des Reifens ersetzt. Sie ist nicht so luftdurchlässig wie die Reifenmischung. Dies macht den Reifen leichter als den Schlauchreifen. Bei einem Schlauchreifen entweicht plötzlich Luft, wenn der Reifen leicht durchstoßen wird, im Gegensatz zum langsamen und allmählichen Druckabfall bei einem schlauchlosen Reifen.

Luftlose Reifen sind revolutionäre Reifen, die aus einer starren Nabe bestehen, die mit elastischen, flexiblen, rippenförmigen Polyurethanarmen am Profil befestigt ist. Solche Reifen müssen nicht aufgepumpt werden, wodurch das Problem eines Reifenschadens gelöst wird. Im Vergleich zu Luftreifen bietet ein luftloser Reifen viele Vorteile, wie z. B. einfache Montage, höhere Effizienz, längere Lebensdauer, Beständigkeit gegen Beschädigungen und keine Notwendigkeit, den richtigen Druck aufrechtzuerhalten. Sie haben jedoch auch Nachteile wie eine Verringerung der Traktion, eine schlechtere Lenkpräzision und einen schlechteren Fahrkomfort.

9.4.2.1.3.1 Beispiele für luftlose Reifenlösungen

Michelin ist der Innovator und Hersteller von Airless-Reifen. Der Michelin Tweel SSL 2 AT wurde für vorherrschende Offroad-Anwendungen entwickelt und verfügt über eine Profiltiefe von 31/32 Zoll und einen Unterlauf von 10/32 Zoll. Diese All-Terrain-Version verwendet eine eingebettete mechanisch verriegelte 8-Loch-Nabe, um die Haltbarkeit zu erhöhen. Das äußere Kernprofil kann für effektive Gesamtbetriebskosten runderneuert werden (Abb. 9.18).

Abb. 9.18 Michelin Tweel luftloser Reifen (© Michelin)

Abb. 9.19 Der Michelin Uptis luftlose Reifen kommt auf unebenen asphaltierten Straßen gut zurecht (© Michelin)

Der Michelin Tweel SSL 2 HST ist vorwiegend für Anwendungen auf harten Oberflächen konzipiert. Der HST ist mit einer höheren Profiltiefe von 48/32 Zoll ausgelegt, um die Lebensdauer zu erhöhen.

Der Anwendungsbereich von Michelin-Tweel-Reifen umfasst Kompaktlader und leichte Baumaschinen, Grasmäher (Zero-Turn-Radius-Mäher), ATV und UTV sowie Golfwagen.

Luftlose Michelin-Reifen sind auch in einer Version für Personenkraftwagen erhältlich. Obwohl die Verwendung des Reifenmodells Michelin Uptis auf das Fahren auf asphaltierten Straßen beschränkt ist, funktioniert dieser Reifentyp gut auf lokalen Unebenheiten der Straßenoberfläche. Es ist wahrscheinlich, dass die mögliche Verwendung von luftlosen Reifen in Geländefahrzeugen und SUV sowohl für die Traktion als auch für die mechanische Festigkeit im Geländebetrieb von Vorteil ist (Abb. 9.19) [26, 27].

9.4.2.2 Reifenbeständigkeit gegen mechanische Beschädigungen im Gelände

Offroad-Reifen sollten sich durch eine höhere Beständigkeit gegen mechanische Beschädigungen auszeichnen, die sich aus dem Risiko von Schäden an Felsen, Steinen usw. im Gelände sowie aus der Möglichkeit des Betriebs bei vermindertem und erhöhtem Reifeninnendruck ergeben.

Die Seitenwände des Reifens gewinnen dank der Karkasse und der Gummimischung sowie ihrer Dicke an Festigkeit. Ein Offroad-Reifen hat normalerweise mehr Karkassenschichten (von 2 bis sogar 12), was sich in seiner Haltbarkeit niederschlägt. Je nach Fahrzeuggewicht kann die Karkasse aus unterschiedlichen Festigkeitsträgern bestehen. Für Fahrzeuge mit einem höheren Gesamtgewicht werden gewebte Stahlcordkarkassen verwendet, während es sich bei leichteren Geländefahrzeugen und SUV normalerweise um Viskose-, Polyamid-, Kevlar-, Nylon-, Polyester- oder Rayonfasern handelt, die mit einer speziellen Gummimischung bedeckt sein müssen, die eine dauerhafte Verbindung mit anderen Reifenkomponenten ermöglicht.

9.4.2.2.1 Reifengürtel

Der Reifengürtel ist das Bauelement eines Radialreifens, kommt aber auch bei Reifen mit Diagonalbauweise vor. Es besteht aus nicht elastischen Elementen.

Der Stahlgürtel besteht normalerweise aus mehreren Schichten von Stahldrähten, die zusammen mit der Karkasse ein Dreiecksnetz bilden, um eine längere Lebensdauer des Reifens zu gewährleisten. Reifen mit einem höheren Geschwindigkeitsindex und einer höheren Haltbarkeit zeichnen sich durch einen größeren Wickelwinkel von ca. 28° aus. Reifen mit hohem Fahrkomfort weisen dagegen einen kleineren Wickelwinkel von 22 bis 23° auf. Die für Offroad-Reifen verwendeten Fasern bestehen meist aus Drähten mit einem Durchmesser von 0,2 bis 0,6 mm.

9.4.2.2.2 Gummimischung

Ein weiteres wichtiges Merkmal, das die mechanische Beständigkeit des Reifens beeinflusst, ist die spezielle Gummimischung und ihre Dicke.

Bei Offroad-Reifen beträgt das Gesamtgewicht des Gummis ca. 80 % des Gesamtreifengewichts. Sie bestehen aus Substanzen wie: Naturkautschuken (NR), Synthesekautschuken: Polybutadien (BR), Styrol-Butadien (SBR), Füllstoffen (Ruß, Kieselsäure), Ölen, Harzen, Schwefel, Vulkanisationsbeschleunigern, Anti-Aging-Mitteln (Antioxidanzien) und anderen, abhängig von der Spezifikation. Der größte Bestandteil der Kautschukmischung ist Natur- oder Synthesekautschuk (ca. 50 %), Füllstoffe – Ruß und Kieselsäure (ca. 30 %), Öle (ca. 10 %), Schwefel und Harz (ca. 4 %) und andere Elemente (ca. 6 % der Gummimischung).

Die Komponente, die hauptsächlich den Grip und die Flexibilität des Reifens beeinflusst, ist Gummi. Er hat den höchsten Prozentsatz der Gummimischung des Reifens. Er ist relativ weich und empfindlich gegenüber niedrigen Temperaturen. Ruß wird hinzugefügt, um ihn zu härten und die Lebensdauer der Reifen zu verlängern. Er gibt auch eine schwarze Farbe und schützt gleichzeitig vor den schädlichen Auswirkungen ultravioletter Strahlung, die ein schnelleres Reißen des Gummis begünstigt.

Für eine optimale Reifenleistung bei niedrigen Temperaturen wird ein Additiv in Form von Kieselsäure verwendet, um Reifenrisse zu vermeiden. Es ist eine Komponente, die vor allem im Winter für Ganzjahres- und Offroad-Reifen mit der Kennzeichnung M + S verwendet wird. Kieselsäure erlaubt die Zumischung von Farbstoffen, mit deren Hilfe alle möglichen Farben erreichen werden. Ein Beispiel hierfür waren die „blauen Winterreifen“ der Firma Metzeler aus dem Jahre 1973.

Bei MT- und AT-Reifen befindet sich normalerweise eine harte Mischung auf der Lauffläche und der Seitenwand des Reifens, die gegen mechanische Beschädigungen wie Abrieb, Schneiden und Reißen beständig ist. Diese Mischung ist auch sehr flexibel. HT-Reifen weisen eine mittelweiche Mischung auf, die häufig der Gummimischung sehr ähnlich ist, die in normalen Ganzjahres- oder Sommerreifen verwendet wird.

9.4.3 Die gebräuchlichsten Arten von Offroad-Reifen

9.4.3.1 HT-Reifen

HT-Reifen oder Highway-Terrain-Reifen haben die leichteste Konstruktion und sind nicht wie AT oder MT verstärkt. Sie sind die leisesten Reifen und zeichnen sich durch einen geringen Rollwiderstand auf harten Oberflächen sowie gute Traktionseigenschaften sowohl auf asphaltierten trockenen als auch auf nassen Straßen aus. HT-Reifen haben ein höheres Geschwindigkeitssymbol (GSY) und einen geringeren Load Index (LI). Dieser Reifentyp hat auch ein relativ feines Laufflächenprofil, eine hohe Steifigkeit und einen relativ geringen Grip in schwierigem Gelände. Sie haben schlechte Schwingungsdämpfungseigenschaften.

9.4.3.2 All-Terrain-Reifen

Es handelt sich um einen Reifentyp, der etwas besser für das Fahren im Gelände geeignet ist als der zuvor erwähnte HT. Es gibt normalerweise ein Blockmuster in der Lauffläche. Je nach Hersteller haben sie eine Karkassen- und Laufflächenstruktur ähnlich wie HT-Reifen oder eine wesentlich haltbarere Rahmenstruktur und eine dickere Lauffläche (ähnlich einem MT-Reifen). Letztere sind widerstandsfähiger gegen verschiedene Arten von mechanischen Schäden, die beim Befahren von asphaltierten Straßen auftreten können. Diese beiden Reifentypen (AT gegen MT) können beispielsweise durch die Laufflächenstruktur und genauer durch ihre Dichte und die Anzahl der Karkassenlagen unterschieden werden.

AT-Reifen sind als 50/50-Reifen vorgesehen, was bedeutet, dass sie sowohl für Gelände als auch für Straßen oder andere befestigte Oberflächen geeignet sind (50 % Gelände, 50 % befestigte Oberflächen). Wenn AT-Reifen jedoch auf Asphalt- oder Betonstraßen benutzt werden, erzeugen sie im Vergleich zu HT-Reifen normalerweise mehr Geräusche. Andererseits sind die Traktionseigenschaften im Gelände, die Selbstreinigung von Schlamm, Schnee, Steinen oder Sand von AT-Reifen, besser als bei Highway-Terrain-Reifen.

9.4.3.3 Mud-Terrain-Reifen

MT sind Reifen mit der schwersten und stärksten Konstruktionsbauweise. Sie haben normalerweise ein tiefes Blockprofil, das an die Selbstreinigung angepasst ist. MT-Reifen haben ein relativ niedriges Geschwindigkeitssymbol und normalerweise eine relativ hohe Tragfähigkeit (LI). Die Seitenwände dieser Reifen sind zusätzlich mit einer Gummischicht und mehr Karkassenlagen verstärkt. Sie bestehen aus beschädigungsresistenten Materialien. Das Profil von MT-Reifen ist für schwierige Offroad-Bedingungen wie halbflüssigen Schlamm, felsige und steinige Oberflächen sowie losen Tiefschnee ausgelegt. Sie können mit erhöhtem oder vermindertem Druck eingesetzt werden, dämpfen Unebenheiten gut und ermöglichen die Überwindung erheblicher Steigungen. Trotzdem erfüllen MT-Reifen ihre Aufgabe nicht immer auf sandigen Oberflächen – dort werden Reifen mit einer anderen Bauweise benötigt. Auf asphaltierten Straßen erzeugen MT-Reifen viel Lärm und haben auch eine schlechtere Traktion. Auf nassen befestigten Oberflächen besteht ein hohes Rutschrisiko. Mud-Terrain-Reifen zeichnen sich auch durch den höchsten Rollwiderstand aus, was sich in einem höheren Kraftstoffverbrauch niederschlägt. Sie sind hauptsächlich für Hochleistungsautos mit einem Offroad-Anteil von mindestens 80 % vorgesehen. Nicht alle MT-Reifen sind für den Einsatz auf öffentlichen Straßen zugelassen.

9.4.3.4 M + S

Die Bezeichnung M + S steht für „Mud + Snow", also Matsch + Schnee, und bedeutet, dass das Laufflächenprofil und die verwendete Gummimischung ausgewählt wurden, um im Vergleich zum Standardreifen eine bessere Leistung bei Schnee und Matsch zu erzielen. Aber es handelt sich nicht immer um einen Winterreifen, der M + S kann auch Ganzjahres-, Gelände- und sogar Sommerreifen sein. Die M + S-Kennzeichnung erscheint jedoch auf allen Winterreifen mit dem Symbol „3PMSF" (drei Peak Mountains Snow Flakes).

Bei Offroad-Reifen ist die M + S-Kennzeichnung bei den meisten AT- und MT-Reifen sowie bei einigen HT-Reifen zu finden. Dies ist sowohl auf die Art der bei der Konstruktion verwendeten Gummimischung als auch vor allem auf die Laufflächengestaltung und ihre Eigenschaften zurückzuführen.

9.4.3.5 Reifen für sandiges Gelände

Es gibt zwei Arten von Reifen, die speziell an Sand angepasst sind. Der erste wurde speziell für extreme Sportereignisse auf typisch sandigen Gebieten wie Dünen entwickelt. Reifen dieses Typs haben ein charakteristisches Profil. Bei Antriebsrädern weist das Profilmuster „V"- oder „U" -förmige Quervorsprünge auf, die sich über die gesamte Laufflächenbreite erstrecken. Bei den Lenkachsrädern liegt das Profilmuster in Form von Rippen vor, die sich über den gesamten Umfang des Reifens erstrecken, oder in sehr spärlichen Profilblöcken, die als eine große Rippe in der Mitte des Reifens ausgebildet sind, und sich abschnittsweise über den gesamten Umfang verteilt zu den Seiten der Laufflächen erstrecken. Diese Reifen dürfen nur unter geeigneten Bedingungen außerhalb befestigter Straßen verwendet werden, sie sind nicht für das Fahren auf öffentlichen Straßen zugelassen.

Eine andere Art von Sandreifen sind zylindrische Reifen, die speziell für Fahrzeuge entwickelt wurden für Gelände, in dem ein niedriger Kontaktdruck erforderlich ist. Sie haben die Form eines liegenden Fasses und zeichnen sich durch eine beträchtliche Breite aus, die sehr oft größer ist als der Außendurchmesser. Außerdem ist der Durchmesser des Felgensitzes klein. Es handelt sich um Radialreifen, die normalerweise aus mit Gummibeschichtung überzogenen Polyamidcordfäden mit einem relativ niedrigen Laufflächenprofil bestehen. Dank dieser Bauweise zeichnen sie sich durch ein sehr breites Spektrum an Innendrücken aus. Niedriger Druck und eine große Kontaktfläche führen zu einem niedrigen Reifen-Boden-Kontaktdruck und ermöglichen so das Fahren auch unter sehr schwierigen Bedingungen. Bei härteren Böden weisen sie nach Erhöhung des Innendrucks die erwarteten Traktionseigenschaften auf, einschließlich eines geringen Rollwiderstands. Sie können unter allen Bedingungen betrieben werden, ihre Haupteinsatzgebiete sind jedoch Sand und Bereiche, in denen ein niedriger Kontaktdruck und eine große Kontaktfläche wichtig sind (Abb. 9.20).

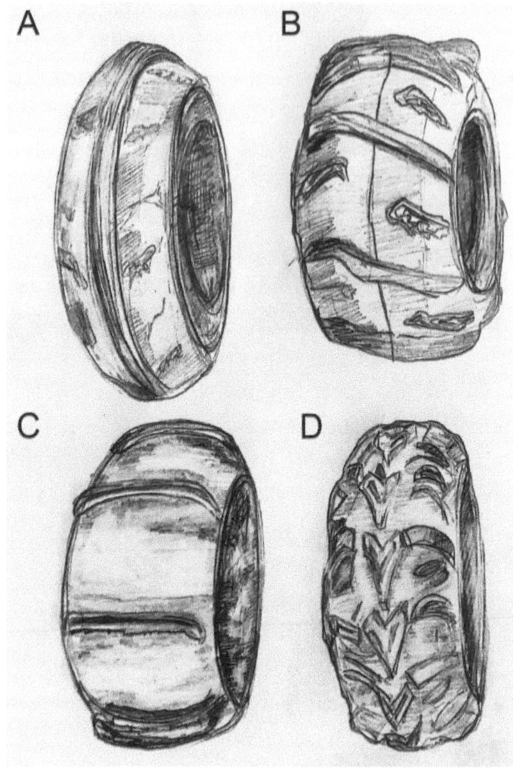

Abb. 9.20 Reifen für sandiges Gelände. A – Reifen für ein Lenkachsrad ohne Antrieb, B, C – Reifen für angetriebene Räder, D – Reifen für ein angetriebenes Lenkachsrad

9.4.3.6 Extreme MT-Reifen

Dies sind Reifen, die speziell für Geländefahrten geeignet und nicht zum Fahren auf öffentlichen Straßen zugelassen sind. Sie sind sehr laut und haben eine geringe Traktion auf befestigten Oberflächen, sowohl trocken als auch nass. Auf der anderen Seite ist die Traktion des Extreme MT-Reifens im Gelände sehr gut, insbesondere auf nassem und matschigem Schlamm, tiefem, lockeren Schnee, Sand, Kies, felsigen und sumpfigen Gebieten. Das Profilmuster ist spärlich und die Profiltiefe ist groß, mit großen Lücken zwischen den einzelnen Blöcken, die sich manchmal sogar bis auf die Reifenflanken erstrecken.

Eine Variante des Extreme MT-Reifens ist ein Reifen mit Blockprofil, der für sehr schweres, trockenes Gelände ausgelegt ist, bei denen sandiger und felsiger Boden vorherrscht. In der Konstruktionsweise ähnelt er dem MT-Reifen. Es hat ein grobes, hohes, vierreihiges Profil mit Rillen zwischen den einzelnen Profilblöcken.

9.4.4 Michelin MTB-Reifen

Mountainbikes wie Geländewagen und SUV erfordern Spezialreifen. Reifendesigner und -hersteller müssen sicherstellen, dass MTB-Reifen sowohl hohe Leistung als auch Sicherheit bieten. Ein Beispiel ist die neue Kollektion von Michelin-Mountainbike-Reifen, die guten

Grip und Festigkeit für eine große Geländevielfalt bieten. Die vier neuen Sortimente sind: Michelin Jet XCR, Michelin Force XC, Michelin Force AM und Michelin Wild AM.

Der Jet XCR ist der schnellste Michelin-Reifen für das Mountainbiken und bietet dank seiner Kombination von zwei Gummimischungen mehr Leistung und Vortrieb (Abb. 9.21). Er wurde für den Einsatz in hartem und trockenem Gelände für Vorder- und Hinterräder entwickelt. Force XC ist der wendigste Cross-Country-Reifen von Michelin für Mountainbikes und wurde mit dem UCI World Cup Champion-Team 2016 entwickelt (Abb. 9.22). Dieser Reifen wurde für den Einsatz in gemischtem Gelände am Vorderrad und der Jet XCR am Hinterrad optimiert. Eine Konfiguration der beiden Räder vorne und hinten mit Force-XC-Reifen ist eine optimale Lösung für weiches Gelände. Für alle Berg- und Trail-Anwendungen stehen zwei Force-AM-Varianten zur Auswahl: die Force-AM- und die Wild-AM-Reifen. Der Force AM ist besonders robust und langlebig und eignet sich daher perfekt für Trail- und All-Mountain-Fahrten auf hartem oder gemischtem Gelände (Abb. 9.23). Der Wild AM bietet dank seiner Kombination aus drei Gummimischungen verbesserten Grip und Antrieb sowie hervorragendes Bremsen in gemischtem und weichem Gelände (Abb. 9.24). Eine Kombination aus Force AM am Hinterrad und Wild AM am Vorderrad ist eine gute Lösung für die Anwendung „All Mountain“ und „Trail“, praktisch auf allen Geländetypen, von hart bis weich.

Abb. 9.21 Michelin-Jet-XCR-MTB-Reifen (© Michelin)

Abb. 9.22 Michelin-Force-XC-MTB-Reifen (© Michelin)

Abb. 9.23 Michelin Force-AM-MTB-Reifen (© Michelin)

Abb. 9.24 Michelin-Wild-AM-MTB-Reifen (© Michelin)

9.5 Zusammenfassung

Das Fahrwerk eines Geländewagens ist ein sehr wichtiger Bestandteil der gesamten Geländegängigkeit. Es sorgt für ständigen Kontakt der Räder mit dem Boden, unabhängig von der Unebenheit der Oberfläche, wodurch die auf der Reifen-Boden-Kontaktfläche auftretenden Zugkräfte optimal genutzt werden. Die Konstrukteure stehen vor einer schwierigen Aufgabe, nämlich ein Fahrwerkssystem zu schaffen, welches die gegensätzlichen Anforderungen an Komfort und Sicherheit sowie Fahrdynamik berücksichtigt. Die Entwicklung des Fahrgestells von Geländefahrzeugen führt zur Verwendung neuer Lösungen auf den Gebieten der Elektronik, der Mikroprozessortechnologie, von reaktionsschnellen Sensoren und Aktoren, d. h. insgesamt in mechatronischen Systemen. Adaptive Steuermethoden werden zunehmend eingesetzt.

Literatur

1. Heißing, B., & Metin, E. (2010). *Chassis handbook: Fundamentals, driving dynamics, components, mechatronics, perspectives.* Springer Science & Business Media.
2. Metin, E., & Gies, S. (2017). *Fahrwerkhandbuch.* Springer.
3. Preukschat, A. (1988). *Antriebsarten, Vogel Buchverlag Würzburg* (ISBN-3-8023-0736-4).
4. Reimpell, J. (1988). *Fahrwerktechnik: Grundlagen* (2., überarb. Aufl.). Vogel Buchverlag. ISBN 3-8023-0159-5.
5. Reimpell, J. (1988). *Lenkung.* Vogel Buchverlag. ISBN 3-8023-0739-9.
6. Reimpell J. (1988). *Radaufhängungen.* Vogel Buchverlag. ISBN 3-8023-0170-6.
7. Reimpell, J., & Sponagel, P. (1988). *Reifen und Rädern.* Vogel Buchverlag. ISBN 3-8023-0737-2.
8. Reimpell, J., & Stoll, H. (1988). *Stoß- und Schwingungsdämpfer.* Vogel Buchverlag. ISBN 3-8023-0202-8.
9. Zomotor, A. (1991). *Fahrverhalten.* Vogel Buchverlag. ISBN-3-8023-0774-7.
10. Cronje, P. H., & Els, P. S. (2010). Improving off-road vehicle handling using an active anti-roll bar. *Journal of Terramechanics, 47*(3), 179–189.
11. Els, P. S. *The ride comfort vs. handling compromise for off-road vehicles.* Unpublished PhD thesis, University of Pretoria, Pretoria. http://upetd.up.ac.za/thesis/available/etd-07152008-102911/;2006. Zugegriffen am 24.09.2023.
12. https://media.daimler.com/marsMediaSite/en/instance/ko.xhtml?oid=9906543. Zugegriffen am 24.09.2023.
13. https://www.rapa.com/automotive/motor-pumpen-einheit/. Zugegriffen am 23.09.2023.
14. https://www.volkswagen-newsroom.com/en/active-roll-stabilization-3944. Zugegriffen am 23.09.2023.
15. Hidemori, T., Nakomo, J., & Yokoya, Y. (1990). A new electronic controlled suspension using piezoelectric ceramics. *IEEE Workshop on Electronic Applications in Transportation.*
16. Hu, W., Ding, F., Zhang, J., Zhang, B., Zhang, N., & Qin, A. (2020). Robust adaptive backstepping sliding mode control for motion mode decoupling of two-axle vehicles with active kinetic dynamic suspension systems. *International Journal of Robust and Nonlinear Control, 30*(8), 3110–3133.

17. Yang, W., Nong, Z., Bangji, Z., & Jie, Z. (2019). Modeling and performance analysis of a vehicle with kinetic dynamic suspension system. *Proceedings of the Institution of Mechanical Engineers, Part D, Journal of Automobile Engineering, 233*(3), 697–709.
18. https://www.toyotaknoxville.com/blogs/1021/toyota-of-knoxville-what-is-crawl-control/?fbclid=IwAR1O-EwbMDHqylk7-kv7rICPsF_bUYW5CbabCwW-Ah_mh0C0zg8342m3NL0. Zugegriffen am 15.07.2019.
19. Tsutsumi, Y., Sato, H., Kawaguchi, H., Hirose, M., & Mizuno, K. (1990). *Development of Piezo TEMS* (Toyota Electronic Modulated Suspension, SAE Technical Paper 901745).
20. Yokoya, Y., Asami, K., Hamajima, T., & Nakashima N. (1984). *Toyota Electronic Modulated Suspension (TEMS) System for the 1983 Soarer* (SAE Technical Paper 840341).
21. https://www.volkswagen-newsroom.com/en/air-suspension-3946. Zugegriffen am 23.09.2023.
22. https://www.volkswagen-newsroom.com/en?fbclid=IwAR2ZzSXZtMFfgJWVXUnLjnnov-jmnbeI7CTJqwrPtvvFxKfK6uqpSUURfFks. Zugegriffen am 23.09.2023.
23. https://www.audi-mediacenter.com/en/technology-lexicon-7180/chassis-7185?fbclid=IwAR3rbTNo-9eItpEQYuczZV_kXdCyF1V-Kv1luVAnuwDDH-Df8qH8p9pWWSSo. Zugegriffen am 23.09.2023.
24. https://www.globalsuzuki.com/allgrip/. Zugegriffen am 23.09.2023.
25. https://www.volkswagen-newsroom.com/en/press-releases/well-balanced-and-sporty-at-the-same-time-the-new-id4-chassis-6618. Zugegriffen am 23.09.2023.
26. https://www.michelinmedia.com/pages/blog/detail/article/c0/a963/. Zugegriffen am 23.09.2023.
27. https://michelinmedia.com/michelin-uptis/. Zugegriffen am 23.09.2023.

Fahrdynamik und Fahrverhalten des Geländewagens

10

10.1 Einführung

Fahrdynamik ist das Spezialgebiet der Dynamik im Bereich Wissenschaft, Forschung und Technologie, das darauf abzielt, die Bewegung eines Fahrzeugs und seiner Bauelemente unter Berücksichtigung verschiedener Faktoren quantitativ und qualitativ zu beschreiben.

Die wichtigsten Faktoren, die die Fahrdynamik beeinflussen, sind Antriebs- und Seitenkräfte. Antriebskräfte werden vom Antriebssystem (Motor + Antriebsstrang) auf der Kontaktfläche zwischen Reifen und Boden erzeugt, während Seitenkräfte auch zwischen dem Reifen und dem Boden entstehen, wobei ihre Quelle der Fahrer und das Servolenkungssystem sind. Den Antriebskräften entgegen wirken die Fahrwiderstände:

- Rollwiderstand
- Luftwiderstand
- Beschleunigungswiderstand
- Steigungswiderstand
- Kurvenwiderstand

Fahrwiderstände sind scheinbare Kräfte. Um die Analyse der Fahrdynamik zu erleichtern, wird ihnen jedoch das Wesen physikalischer Kräfte zugewiesen.

Die mechanischen Eigenschaften des Fahrzeugs umfassen alle wichtigen Parameter: Charakteristik des Fahrwerks, der Radaufhängung, Lenkung und des Bremssystems, Abmessungen des Fahrzeuges, Massen und Massenverteilung, insbesondere die Lage des Schwerpunkts, Antriebssystem sowie Reifeneigenschaften. Darüber hinaus wirken sich äußere Faktoren wie Art und Zustand der Fahrbahn, Seitenwind oder Verkehrsstörungen auf die Fahrdynamik aus. Die dritte Gruppe von Faktoren, die die Fahrdynamik beeinflussen, ist der sogenannte menschliche Faktor, d. h. die persönlichen Merkmale des Fah-

J. Pytka, *Terramechanik und Geländefahrzeuge*, ATZ/MTZ-Fachbuch,
https://doi.org/10.1007/978-3-658-32013-3_10

rers, zu denen unter anderem praktische Erfahrung und Fähigkeiten, charakterologische Typen, psychophysischer Zustand und motivatorische Einflüsse gehören.

Die Umgebung wird ebenfalls berücksichtigt, wobei die Art und der Zustand der Straßenoberfläche am wichtigsten sind, die den Mechanismus der Bildung von Antriebs-, Seiten- und Widerstandskräften sowie deren Kennfelder bestimmen. Andere Faktoren aus der Umgebung, die die Fahrdynamik beeinflussen, sind Seitenwind, Straßenprofil, Straßenkurvenradius usw.

Bei der Fahrdynamik eines geländegängigen Fahrzeugs sind die Differenzierungsfaktoren zu Straßenfahrzeugen relevant. Sie sind wie folgt:

- Größeres Gewicht des Geländewagens
- Höherer Schwerpunkt
- Größere Räder und Reifen mit anderen Kennfeldern als PKW-Reifen

Darüber hinaus sollten Umwelteinflüsse berücksichtigt werden, nämlich:

- Unbefestigte, verformbare Fahrbahn, die zum Einsinken der Räder führt
- Lose Struktur des Bodens, die Scherung und Radschlupf verursacht
- Erhebliche Unebenheiten auf dem Feld, auf Hügeln und Abfahrten
- Das Vorhandensein von Vegetation oder anderen Gegenständen auf der Fahrbahn

Der Hauptunterschied zwischen Fahren auf einer asphaltierten Straße und im Gelände im Sinne der Fahrdynamik ist mit dem Auftreten zahlreicher Oberflächenunregelmäßigkeiten verbunden, die die vertikale Dynamik beeinflussen. Darüber hinaus unterscheiden sich die Mechanismen der Traktionskräfte und ihre Eigenschaften. Im Gelände mit stark verformbaren Traktionsflächen entstehen Reifen-Boden-Kräfte infolge von Bodenverdichtung und -scherung. Dies sind Prozesse der elastoplastischen Verformung, die durch Zeitverzögerung und Nichtlinearität gekennzeichnet sind. Die erhaltenen Antriebskräfte sind viel geringer als auf Asphaltbelägen, während der Fahrwiderstand größer ist, da sich das Rad in weichem, deformiertem Boden erheblich absetzt (absinkt).

Daraus folgt, dass die erreichten Beschleunigungen sowie die Höchstgeschwindigkeit im Vergleich zum Fahren auf einer asphaltierten Straße viel geringer sind. Darüber hinaus sind auch das Fahrverhalten, die Manövrierbarkeit und die Stabilität des Fahrzeugs beeinträchtigt.

In diesem Kapitel stellen wir ausgewählte Themen im Bereich der Fahrzeugdynamik im Gelände vor. Der Schwerpunkt wird auf experimentellen Methoden liegen, d. h. Messungen signifikanter Größen, die die Bewegungsdynamik eines Fahrzeuges im Gelände beschreiben.

Im Allgemeinen können wir drei Komponenten der Fahrdynamik unterscheiden, nämlich:

- Längsdynamik in Bezug auf Anfahren und Bremsen
- Querdynamik, die bei Kurvenfahren auftritt

- Vertikale Dynamik, die die Bewegung des Fahrzeugs entlang der vertikalen Achse beschreibt und den Fahrkomfort bestimmt, aber auch die beiden vorherigen Dynamiken beeinflusst, weil durch diese die Radaufstandskräfte verändert werden und sich damit auch die übertragbaren Zugkräfte (Umfangs- und Seitenkraft) ändern

Als Fahrverhalten verstehen wir die Fahrzeugreaktion auf Fahrerhandlungen und äußere Störungen, beschrieben durch Bewegungsgrößen. Es hängt sowohl von den mittels Fahrdynamik beschriebenen Fahrzeugcharakteristiken als auch von der Umgebung und dem Fahrer ab. Deswegen wird über das Gesamtverhalten des geschlossenen Regelkreises Fahrer-Fahrzeug-Umwelt gesprochen. Gutes Fahrverhalten ist die Möglichkeit der exakten Einhaltung des vom Fahrer gewünschten Kurses. Das Fahrverhalten ist der Beitrag zur Vermeidung von Verkehrsunfällen. Die Beurteilung des Fahrverhaltens basiert hauptsächlich auf fahrdynamischen Größen und verwendet die Fahrdynamikmethoden [70].

10.1.1 Definition von Koordinatensystemen

Laut DIN-Norm 70000 „Fahrzeugverhalten und Fahrzeugdynamik" wird ein Koordinatensystem definiert. Es gibt verschiedene Koordinatensysteme [1]. Ein ortsfestes Koordinatensystem ist an einen Ort gebunden und relativ zu diesem System kann die Fahrzeugbewegung im Raum beschrieben werden. Das System ist in Abb. 10.1 dargestellt: Die Achsen werden mit *E*-Index gezeichnet. In diesem Koordinatensystem wird die Bewegung eines Fahrzeuges aus der Sicht eines nicht bewegten Beobachters gezeigt.

Ein fahrzeugfestes Koordinatensystem ist mit dem Fahrzeug verbunden. Seine Achsen sind mit V-Index gezeichnet, sein Ursprung befindet sich im Schwerpunkt des Fahrzeugs. Typischerweise wird dieses System auch als Aufbau-Koordinatensystem bezeichnet.

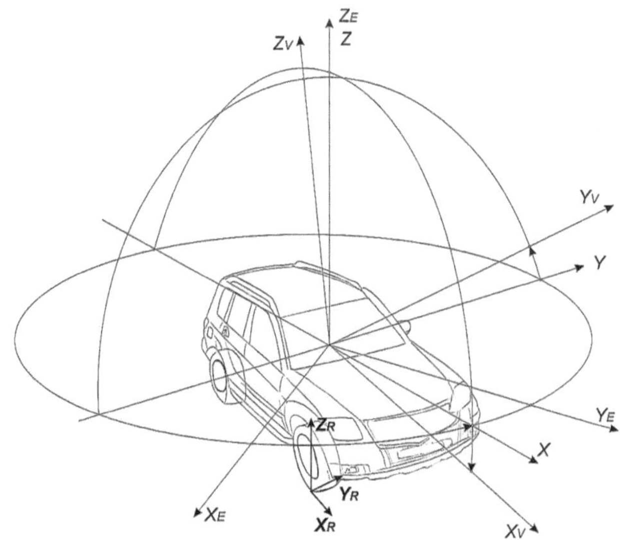

Abb. 10.1 Das fahrdynamische Koordinatensystem

Das horizontierte Koordinatensystem ist ein rechtwinkliges Rechtssystem und bewegt sich mit dem Fahrzeug. Seine X-Y-Ebene liegt in der X_E-Y_E-Ebene des ortfesten Systems oder ist zu diesem parallel. Die X-Achse ist die Projektion der X_V-Achse auf die X_E-Y_E-Ebene, die Z-Achse zeigt nach oben.

Ein Rad-Koordinaten-System ist an ein Rad gebunden und jedes Rad erhält ein eigenes. Der Ursprung liegt nicht in einer geometrischen Mitte des Rades, sondern im Radaufstandspunkt. Wenn ein Fahrzeug mittels eines Mehrmassenmodells beschrieben ist, muss jeder Masse ein eigenes Koordinatensystem zugeordnet werden.

Der Winkel zwischen Y- und Y_V-Achse wird als Wankwinkel φ bezeichnet, der Winkel zwischen X- und X_V-Ache als Nickwinkel θ und der Winkel zwischen X_E- und X-Achse als Gierwinkel ψ.

10.2 Reifeneigenschaften

Wie oben erwähnt, sind Antriebs-, Seiten- und Vertikalkräfte die wichtigsten Faktoren für die fahrdynamische Charakteristik des Fahrzeuges. Ihre Quelle sind die Wechselwirkungsmechanismen zwischen Reifen und Fahrbahn. Im Kap. 3 sind diese Mechanismen von der Seite des Bodens beschrieben. Um weitere Überlegungen zu verdeutlichen, ist es vorteilhaft, die Eigenschaften des Reifens einzuführen und zu definieren.

Die Eigenschaften des Reifens können in drei Richtungen unterteilt werden: Reifeneigenschaften in Umfangsrichtung, in Vertikalrichtung sowie in Seitenrichtung.

Zur Systematisierung wird eine Konvention eingeführt. Die im Aufstandspunkt wirkenden Kräfte und Momente werden wie folgt bezeichnet: die Längskraft F_X, die Seitenkraft F_Y und die Radaufstandskraft F_Z (wie in Abb. 3.1), die Momente, die wirken um die Achsen, nämlich M_X – um die Längsachse, M_Z – um die Vertikalachse und M_Y – um die Querachse. Die Kräfte und die Momente stehen in der folgenden proportionalen Beziehung:

$$F_X = \frac{M_Y}{R_0} \tag{10.1}$$

$$F_Y = \frac{M_Z}{R_0} \tag{10.2}$$

$$F_Z = \frac{M_X}{R_0} \tag{10.3}$$

mit R_0 – dynamischer Reifenhalbmesser (beim Schlupf = 0).

Die obengenannten Kräfte und Momente wirken vom Fahrzeug auf den Radaufstandspunkt – Latsch – und ermöglichen über die Verbindung Reifen-Boden dort die Erzeugung entsprechender Reaktionskräfte und Momente. Sie werden als Kräfte und Momente im Reifen-Boden-System, und zwar als Antriebskraft, Lenkkraft, Vertikalkraft und die entsprechenden Momente als Antriebs- bzw. Bremsmoment, Rückstellmoment und Sturzmoment bezeichnet. Diese Kräfte und Momente hängen von der Bodenfestigkeit ab, diese Wechselwirkung tritt nicht in einem Aufstandspunkt auf, sondern auf dem Laufflächenprofil.

10.2.1 Reifeneigenschaften in vertikaler Richtung

Reifeneigenschaften in vertikaler Richtung sind die Druckverteilung zwischen Reifen und Boden sowie die Reifenfederung und -dämpfung. Die Aufgabe des Reifens als Tragelement ist es, die vertikalen Kräfte, im Wesentlichen das Gewicht des Fahrzeugs, auf der Fahrbahn abzustützen.

Beim Überfahren von Unebenheiten ergibt sich ein dynamischer Anteil F_{Zdyn} und die Radlast F_Z ist dann wie folgend:

$$F_Z = F_{Zstat} + F_{Zdyn} \tag{10.4}$$

Der Kontaktbereich zwischen dem Reifen und der Fahrbahn bildet sich sowohl durch das Zusammendrücken des Reifens als auch durch die Bodenverformung. Die resultierende Berührungsfläche, auch Latsch genannt, ist dreidimensional, anders als bei der starren Fahrbahn, auf der die Kontaktfläche zweidimensional ist. Die vertikale Kraft, manchmal auch Hochkraft genannt, verteilt sich auf der Kontaktfläche nicht gleichmäßig. Die Kraftverteilung hängt von viele Faktoren ab, wie Bodentyp, Lagerungsdichte und Feuchtigkeit, Radlast, Radschlupf und Fahrgeschwindigkeit. Allerdings sind auch Reifenbauart und Reifeninnendruck von sehr großer Bedeutung. Die Druckverteilung in der Berührungsfläche sowie ihre Geometrie sind Themen des Abschn. 3.4.

Die Reifenfederung und -dämpfung in radialer Richtung können nach Abb. 10.2 durch das Gehmann-Modell angenähert werden. Bei Straßenfahrzeugen und modernen Geländewagen ist die Reifendämpfung relativ gering, wenn man bedenkt, dass die Bewegungen des Fahrzeuges hauptsächlich durch den Stoßdämpfer gedämpft werden. Bei Traktoren oder anderen ungefederten Fahrzeugen fehlt der Stoßdämpfer, sodass die Reifendämpfung die einzige in diesem Konstruktionsprinzip ist.

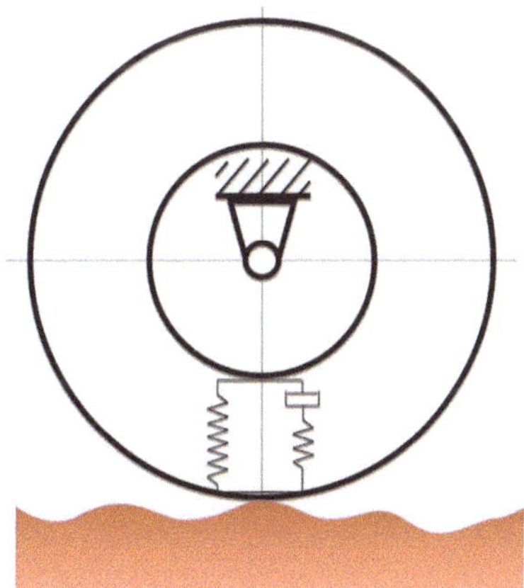

Abb. 10.2 Das Gehmann-Modell

Die Radaufstandskraft resultiert aus der Gewichtskraft des Fahrzeuges, die auf alle Räder verteilt wird. Der an einem Rad wirkende Anteil der gesamten Gewichtskraft, die Radlast G, wird über den Reifen auf den Boden übertragen und bewirkt, dass sich der Boden absetzt, bis die Verdichtung so groß ist, dass der Boden die erforderliche Festigkeit und Tragfähigkeit erhält.

Im Allgemeinen hängt der Mechanismus der Vertikalkraftbildung eng mit der volumetrischen Belastung des Bodens im Bereich unter dem Reifen und mit der Gestaltverformung (Bodenscherung) an der Seitenkante des Reifenprofils zusammen. Somit ist die hauptsächliche mechanische Eigenschaft des Bodens, die den Wert der Vertikalkraft bestimmt, die Drucksetzung. Die auf der Fläche der Reifen-Boden-Wechselwirkung erzeugte vertikale Kraft entspricht physikalisch der Tragfähigkeit des Bodens, die wiederum vom zulässigen Kontaktdruck abhängt.

Die Rollwiderstandskraft auf einer nachgiebigen Fahrbahn ist mit dem Mechanismus der Vertikalkraft verbunden, die vom Boden auf das Rad wirkt. Das angetriebene Rad, das mit der nachgiebigen Fahrbahn zusammenarbeitet, wird von der Bodenreaktionskraft beeinflusst, deren vertikale Komponente F_Z in der Literatur als Hubkraft (Eng. *Lift force*) definiert ist (nicht zu verwechseln mit der aerodynamischen Hubkraft) [2]. Sie ist größer, je tiefer das Rad eingesunken ist (je tiefer die Fahrspur ist). Zusammen mit der Radlast G erzeugt die Kraft F_Z ein Moment, das dem auf die Radachse ausgeübten Antriebsmoment M_Y entgegenwirkt. Mechanisch gesehen entspricht das Moment F_Z-G dem Moment des Rollwiderstands. Dies ist in Abb. 10.3 schematisch dargestellt.

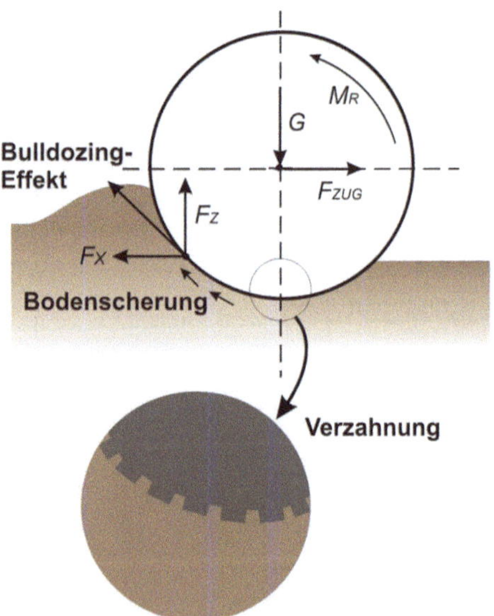

Abb. 10.3 Der Mechanismus zur Erzeugung der Radkräfte auf dem Boden

10.2.2 Reifeneigenschaften in Umfangsrichtung

Die Eigenschaften in Umfangsrichtung sind der Rollwiderstand, die maximal übertragbaren Antriebs- und Bremsmomente sowie der Kraftschluss und der Schlupf.

10.2.2.1 Rollwiderstand

In einem einfachen Reifenmodell sind die Lauffläche durch ein Umfangsband und die Seitenwände durch eine Anzahl von Feder- und Dämpferelementen ersetzt. Beim Einlaufen in den Latsch wird ein Teilstück des Umlaufbandes abgeknickt, gleichzeitig werden die Federn und Dämpfer eingedrückt. Beim Auslaufen aus dem Latsch gehen diese Verformungen wieder zurück. Dies geschieht aber mit einem Energieverlust, und zwar wird die mechanische Verformungsarbeit zum überwiegenden Teil in Wärme und in geringem Maße in akustische Effekte umgewandelt. Diese Verluste ergeben den Rollwiderstand, F_R, auf einer befestigten Fahrbahn. Beim Befahren einer weichen, verformbaren Fahrbahn, z. B. Erdboden oder Schnee, wird auch die Oberfläche verformt. Diese Verformung kann energetisch viel größer als die Reifendeformation sein.

Deshalb definiert man den Radwiderstand, F_{Rges}, der aus dem Rollwiderstand F_R, dem Schwallwiderstand F_{Sch}, den Verlusten aus der Lagerreibung, dem Restbremsmoment, den Schwingbewegungen, dem Vorspurwiderstand F_{VS}, und aus dem Kurvenwiderstand F_K besteht. Für eine ausführliche Beschreibung dieser Anteile wird der Leser auf die Literatur verwiesen (Mitschke, Wallentowitz, 2004).

Das mit vertikaler Kraft beaufschlagte Rad erzeugt lokale Verformungen der Oberfläche und des Halbraums des Bodens. Der Mechanismus der Spurbildung besteht im allmählichen Verdichten des Bodens unter dem Rad, bis er eine ausreichende Festigkeit erreicht, um die vom Rad aufgebrachte vertikale Kraft aufzunehmen. Der Verdichtungsprozess ist unbeständig und dynamisch. Die Gesamtenergiebilanz dieses Prozesses ist wie folgt:

$$E_D = W_R \tag{10.5}$$

Wo: E_D – Energie der Bodenverformung, W_R – Arbeit der Rollwiderstandskraft.

Dieser Ansatz legt nahe, dass die Rollwiderstandskraft beim Fahren über die Oberfläche des verformbaren Bodens der Energie entspricht, die zum Verdichten des Bodens erforderlich ist, und zwar so weit, dass das Rad ohne weiteres Senken des Bodens rollen kann. Somit kann die Bestimmung des Rollwiderstands des Fahrwerks auf dem Boden auf der Grundlage einer Drucksetzungsanalyse durchgeführt werden.

Darüber hinaus ermöglicht die Analyse der Leistungsbilanz die Bestimmung einer weiteren wichtigen Eigenschaft des Fahrelements auf einem gegebenen Boden, nämlich der Traktionseffizienz, die als das Verhältnis der Zugkraftleistung zur auf das Fahrelement übertragenen Antriebsleistung definiert ist. Die Zugkraftleistung ist geringer als die Antriebsleistung und der Unterschied ist auf Verluste zurückzuführen, die mit dem Schlupf und der Verformung des Bodens zusammenhängen. Die Traktionseffizienz (der Wirkungsgrad) wird in der folgenden Formel dargestellt:

$$\eta_T = \frac{P_{ZUG}}{P_R}(1-S) \tag{10.6}$$

mit: P_{ZUG} – Zugleistung, P_R – Leistung an den Rädern, S – Schlupf.

10.2.2.2 Umfangskraft

Die zweite Reifeneigenschaft, die Umfangskraft, ist dafür verantwortlich, das Fahrzeug in die fortschreitende Bewegung zu beschleunigen oder es zu bremsen. Auch hierfür befassen wir uns mit der Verformung des Bodens, jedoch mit einem anderen Modus, nämlich der Scherung, die durch die folgenden Auswirkungen des Fahrwerks verursacht wird:

- Rotation des Rades, wodurch der Boden im Bereich des Kontakts zwischen Boden und dem Latsch geschert wird
- Gleitbewegung des Raupenbandes, die wie oben beschrieben eine Bodenscherung verursacht

Wird der Boden geschert, ergibt sich der Kraftschluss aus der Charakteristik des Bodens, die Grundlage für die Bestimmung der Umfangskraft ist die in Kap. 2 beschriebene Coulomb-Hypothese. Wirkt am Rad ein Moment M_R, so ergibt sich bei unbeschleunigter Fahrt die Umfangskraft F_X:

$$F_X = \frac{M_R}{R_0} - F_R \tag{10.7}$$

Nach der Gl. (10.7) muss das Antriebsmoment zunächst den Rollwiderstand F_R überwinden und nur der verbleibende Rest steht für die Fortbewegung zur Verfügung. Anders ist die Situation bei der Bremsung – der Rollwiderstand unterstützt das Bremsmoment.

Der allgemeine Mechanismus zur Erzeugung der Umfangs- sowie Hochkraft wird am Beispiel eines Rades untersucht, das mit homogenem Boden zusammenarbeitet, wie in Abb. 10.3 dargestellt. Das Moment M_R wirkt auf die Achse, sodass das Rad als antreibend wirkt.

Das Laufflächenprofil und die Flanken des Reifens interagieren auf drei Arten (Mechanismen) mit dem Boden:

- Formschlüssige Verbindung
- Kraftschlüssige Verbindung Reifen-Bodenoberfläche
- Bulldozing-Effekt
- Innere Mechanismen der Kraftübertragung

Bei einer formschlüssigen Verbindung wie z. B. zwischen Zahnrad und Zahnschiene einer Zahnradbahn stellt die zum Bruch an einem der Elemente führende Kraft die Grenze für die maximal zu übertragende Umfangskraft dar. Für einen „Verzahnungseffekt" zwischen dem

Rad (Reifen) und dem Boden sind zwei Faktoren verantwortlich, nämlich eine grobstollige, querprofilierte Lauffläche des Reifens und die Verdichtungsfähigkeit des Bodens. Die Verzahnungseffekt beim Boden als Fahrbahn ist schwach, es kommt schnell zur Scherung und zum Bruch der in der Radaufstandsfläche gebildeten „Bodenzähne“ und es kommt zum Radschlupf. Ein weiterer Mechanismus ist der Flankeneffekt (oder Verklemmungseffekt), der auftritt, wenn sich das gelenkte Rad in der Fahrrille befindet und die Bodenreaktion als Seitenkraft auf die Seitenflächen des Reifens wirkt. Dies ist in Abb. 10.4 schematisch dargestellt.

Die kraftschlüssige Verbindung Reifen-Bodenoberfläche hängt von der Reibung in der Paarung Gummi-Boden ab. Da es sich bei dem Boden um ein zersetztes Medium handelt, kommt es zu einer sofortigen Scherung in der Kontaktzone und die kraftschlüssige Verbindung kann durchrutschen. Davor kann nur eine bestimmte maximale Umfangskraft übertragen werden:

$$F_{Xmax} = \mu_h F_Z \tag{10.8}$$

mit μ_h – als dem höchsten Kraftschlussbeiwert oder Haftbeiwert.

Darüber tritt der Radschlupf auf und die Erzeugung einer Umfangskraft ist auf dem Weg der sogenannten Gleitreibung möglich. Dann tritt zwischen Rad und Boden ein Gleiten oder Rutschen auf und die Umfangskraft ist wie unten:

$$F_{XR} = \mu_r F_Z \tag{10.9}$$

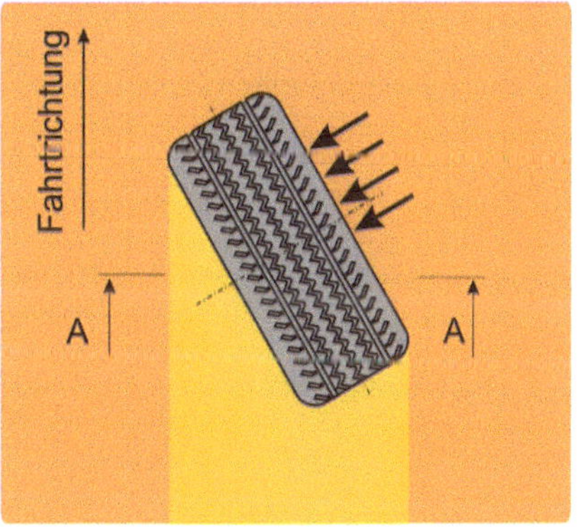

Abb. 10.4 Der Flankeneffekt

Die Beziehung zwischen μ_h und μ_r ist für eine befestigte Straße und den unbefestigten Boden verschieden:

- für die befestigte Straße:

$$\mu_h > \mu_r \tag{10.10}$$

- für die meisten Böden:

$$\mu_h < \mu_r \tag{10.11}$$

Im Falle einer ebenen befestigten Fahrbahn wird von Gleiten gesprochen, das in der Regel für das ganze Fahrzeug gilt. Im unbefestigten Gelände, wo Spurrillen das Gleiten verhindern, tritt ein Schleudern des Rades ein.

Dank des inhomogenen Charakters des Bodens treten die Phänomene der mechanischen Kraftübertragung nicht nur auf der Lauffläche auf, sondern auch im Halbrahmen des Bodenmediums unter dem Rad. Zu diesen Phänomenen gehören die innere Reibung, Kohäsion, Kapillarität, Thixotropie und andere. Diese sind in Kap. 3 diskutiert.

10.2.2.3 Schlupf

Angenommen, ein Rad rollt frei in einer reinen formschlüssigen Verbindung auf der Bodenoberfläche ab. Wenn die Achse dieses Rades sich mit einer translatorischen Geschwindigkeit bewegt, dann ist die Winkelgeschwindigkeit des Rades von seinem Radius abhängig und ist Φ_0. Bei einem angetriebenen Rad, das mit der Bodenoberfläche in kraftschlüssiger Verbindung steht, kann es vorkommen, dass es bei einer großen Umfangskraft gleitet und die Winkelgeschwindigkeit Φ groß wird, das Rad „dreht durch". Beim zu stark gebremsten Rad ist $\Phi = 0$ und das Rad „blockiert". Die Differenz der beiden Winkelgeschwindigkeiten Φ_0 und Φ dividiert durch die größere wird als Schlupf definiert, es sind zu unterscheiden:

- Bremsschlupf:

$$S = \frac{\Phi_0 - \Phi}{\Phi_0} \tag{10.12}$$

- Antriebsschlupf:

$$S = \frac{\Phi - \Phi_0}{\Phi} \tag{10.13}$$

10.2.2.3.1 Kraftschluss in Umfangsrichtung

Die auf das Rad wirkende Umfangskraft ist eine Funktion des Radschlupfes und eine wichtige Eigenschaft beim Entwurf und der Konstruktion von Prototypen neuer Fahrzeuge und Landmaschinen sowie ihren Komponenten (bzw. Reifen). Auf der anderen Seite stellen die Charakteristiken der auf ein Fahrzeug einwirkenden Kräfte wertvolle Informationen bei der Nutzung dar, sie haben eine praktischere Dimension. Um die Allgemeingültigkeit zu erhöhen, werden anstelle von absoluten Kräftewerten in *kN* dimensionslose Koeffizienten verwendet, die durch Bezugnahme auf den Absolutwert der Umfangskraft $|F_X - F_R|$ auf die Radlast F_Z gemäß den folgenden Formeln erhalten werden:

$$\mu = \frac{|F_X - F_R|}{F_Z} \tag{10.14}$$

In Anbetracht der Wechselwirkung zwischen Reifen und Boden ist zu beachten, dass die obige Beziehung die Verhältnisse für befestigte Fahrbahnen gut beschreibt, während auf unbefestigten Oberflächen Phänomene auftreten, für die eine lineare Beziehung zwischen dem Kraftschluss und der Radlast nicht mehr gilt. Der durch die Abhängigkeit (10.12) beschriebene Kraftschluss verliert an Bedeutung, je mehr die Nichtlinearität der Phänomene berücksichtigt wird, die den Mechanismus der peripheren Kraftübertragung ausmachen.

10.2.3 Reifeneigenschaften in Seitenrichtung

Reifeneigenschaften in Querrichtung sind die Seitenkraft, das Rückstellmoment und der Schräglaufwinkel. Diese Eigenschaften sind wichtig für Kurshaltung, Querdynamik und Sicherheit. Zur Änderung der Bewegungsrichtung des Fahrzeuges müssen über die Reifen seitliche Kräfte aufgebracht werden.

10.2.3.1 Seitenkraft und seitlicher Schlupf

Durch Einstellen eines Lenkwinkels (siehe Abb. 10.5) wird das Rad zu seiner ursprünglichen Bewegungsrichtung verdreht. Infolge dieser Verdrehung wird der Reifen im Latsch seitlich deformiert. Es entsteht eine Seitenkraft F_Y. Das Rad rollt nicht mehr in Richtung

Abb. 10.5 Die Seitenkraft am gelenkten Rad

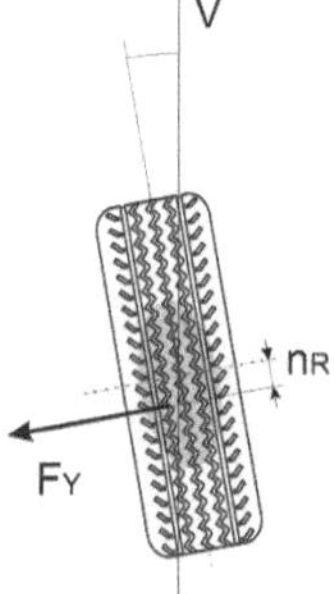

der Felgenebene, sondern unter Schräglaufwinkel α. Dadurch tritt eine seitliche Gleitgeschwindigkeit in dem Latsch auf, die einen seitlichen Schlupf S_Y verursacht:

$$S_Y = \frac{v \tan \propto}{v} = \tan \propto \tag{10.15}$$

Die dadurch zwischen Reifen und Boden generierte Reaktion veranlasst das Fahrzeug zur Änderung der Bewegungsrichtung.

Ähnlich wie bei der Umfangsrichtung ist der seitliche Kraftschluss eine Funktion des Seitenschlupfes und kann durch die folgende Beziehung ausgedrückt werden:

$$\mu_Y = \frac{F_Y}{F_Z} \tag{10.16}$$

In Analogie zu den Umfangskräften muss man sowohl einen Haftbeiwert als auch einen Rutschhaftbeiwert in seitlicher Richtung definieren:

$$\mu_{Yh} = \frac{F_{Ymax}}{F_Z} \tag{10.17}$$

10.2.3.2 Rückstellmoment und Reifennachlauf

Durch die seitliche Kraft entsteht nicht nur die Seitenkraft F_Y, sondern auch das Rückstellmoment M_Z. Dieses Moment ergibt sich aus der Elastizität des Reifens. Unter der Gewichtskraftbelastung und infolge der Winkelstellung relativ zur momentanen Fahrtrichtung wird der Reifen torsionell verformt. In der Kontaktfläche des Reifens mit der Straße beginnt ein entgegengesetztes Moment zu wirken, was dazu führt, dass der Reifen so gerichtet wird, dass der Schräglaufwinkel null ist. Eine mechanische Interpretation ist in Abb. 10.5 dargestellt. Die Seitenkraft F_Y greift nicht in der Mitte der Berührungsfläche, sondern um einen Abstand nach hinten versetzt an. Dieser Abstand, gezeichnet n_R, wird Reifennachlauf genannt und kann wie folgend ausgedrückt werden:

$$n_R = \frac{M_Z}{F_Y} \tag{10.18}$$

10.2.3.3 Schräglaufsteifigkeit

Bei kleinerem Schräglaufwinkel besteht zwischen Seitenkraft und Schräglaufwinkel ein proportionaler Zusammenhang:

$$F_Y = c_\propto \propto \tag{10.19}$$

wobei c_α der Seitenkraftbeiwert des Reifens ist.

Diese Gleichung hat Gültigkeit bis zu einer Querbeschleunigung von 4 m/s^2. Beim Überschreiten dieser Grenze wird von einer dynamischen Fahrt gesprochen. Die Zusammenhänge zwischen Seitenkraft, Rückstellmoment, Hochkraft, Schräglaufwinkel und Reifennachlauf können übersichtlich im Gough-Diagramm dargestellt werden.

10.2.4 Kombinierte Längsseiten-Reifeneigenschaften

Beim gleichzeitigen Auftreten von Umfangs- und Seitenkraft kann die resultierende, auf der Berührungsfläche angreifende, Kraft einen bestimmten Grenzwert nicht überschreiten nach folgender Kraftschlussbeanspruchung:

$$\frac{\sqrt{F_X^2 + F_Y^2}}{F_Z} \leq \mu_{\max} \tag{10.20}$$

Dieses Gleichung lässt sich anhand des sogenannten Kammschen Kreises darstellen (Abb. 10.6).

Beim Geländefahren auf weichen, stark deformierbaren Böden basiert der Mechanismus zur Erzeugung der Seitenkraft hauptsächlich auf dem Bulldozing- und Verklemmungseffekt. Diese Effekte bezeichnen den vor einem Reifen im Boden entstehenden Keil, der sowohl vor der Reifenlauffläche als auch vor der Reifenseitenwand erzeugt werden kann. Bei Geradeausfahrt erhöht dieser Keil den Radwiderstand, während bei der Kurvenfahrt die Reaktion des Bodens die Seitenkraft ausmacht.

10.2.5 Dynamische Reifeneigenschaften

Der Reifen besteht aus einem Verbundmaterial aus einer Gummimischung und Versteifungselementen aus Stahl (oder Nylon). Die Gummimischung zeichnet sich durch hyperelastische Eigenschaften aus und hat auch einen signifikanten Verzögerungseffekt (Hysterese). Offroad-Reifen weisen zudem erhebliche Abmessungen (Durchmesser, Breite), geringeren Innendruck und ein spezielles Reifenprofil auf. Beispielsweise kann ein Traktorreifen mehr als 40 Stollen haben, deren Höhe 50 mm erreichen kann. Die oben genannten Eigenschaften von Reifen sind der Hauptgrund für das Auftreten dynamischer Effekte beim Fahren unter dem Einfluss von Kräften, die auf die Räder wirken. Einige Fahrzeuge, die für Feldarbeiten in der Landwirtschaft verwendet werden, haben eine

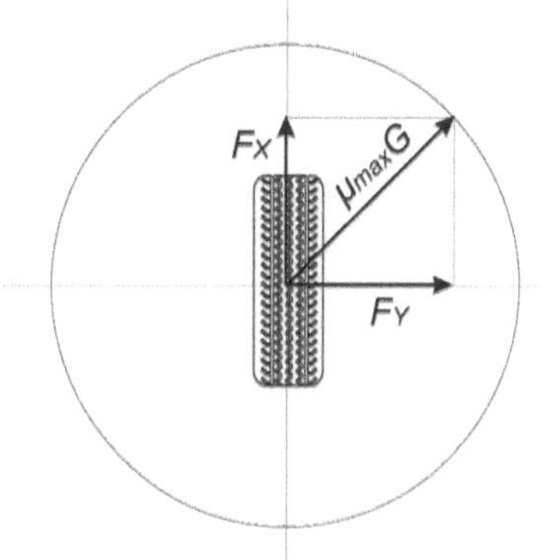

Abb. 10.6 Kammscher Kreis

starre, also ungefederte Radaufhängung. Infolgedessen beeinflussen die dynamischen Eigenschaften von Geländereifen die Dynamik auf der Straße, den Komfort und die Sicherheit, weshalb sie in die Analysen einbezogen werden sollten. Während bei PKW-Reifen dynamische Phänomene grundsätzlich bei hohen Geschwindigkeiten auftreten, wirkt sich bei Traktorreifen bereits bei niedrigen Geschwindigkeiten in der Größenordnung von wenigen km/h die Reifendynamik erheblich auf die Fahrzeugleistung und das Fahrverhalten aus.

Zwei wichtige Eigenschaften des Reifen, Steifigkeit und Dämpfung, variieren je nach Konstruktions- und Betriebsparametern des Reifens, wie Reifengröße, Reifeninnendruck, Reifenabrieb sowie dynamischen Faktoren, wie Geschwindigkeit, Dynamik des Drehmoments, Lenkwinkel und anderen. Der Reifendruck beeinflusst den Dämpfungsfaktor erheblich. Dieser Parameter erhöht sich, wenn der Reifendruck ansteigt, insbesondere oberhalb des vom Reifenhersteller empfohlenen Reifendrucks. Art und Zustand der Oberfläche, auf der sich das Fahrzeug oder die Maschine bewegt, hat auch einen Einfluss auf die Dämpfung. Unter Berücksichtigung einer Vielzahl von Oberflächentypen, angefangen von weichem, lockerem landwirtschaftlichem Boden bis hin zu harten Asphaltstraßen, beträgt der Änderungsbereich des Dämpfungsfaktors 190 %. Andererseits ist die Steifigkeit relativ unempfindlich gegenüber Änderungen in der Fahrbahn oder bei unterschiedlichen Arten und Bedingungen des Bodens. Dennoch ist es sehr wichtig, dass sowohl die Dämpfung als auch die Steifigkeit von Geländereifen nicht als feste Parameter, sondern als dynamische Variablen behandelt werden. Es sind verschiedene Verfahren bekannt, um die dynamischen Eigenschaften eines Reifens zu beschreiben, einschließlich Dämpfung und Steifheit. Ein Beispiel ist das Voigt-Kelvin-Modell, bestehend aus einer Feder und einem Viskositätsdämpfer.

Änderungen und Nichtlinearitäten der Reifeneigenschaften können dann durch Änderungen der Steifigkeits- und Dämpfungskoeffizienten dargestellt werden. Das Voigt-Kelvin-Modell liefert statistische Ergebnisse entweder für vertikale oder für laterale Reifeneigenschaften.

Der Zusammenhang zwischen Seitenkraft und dem Schräglaufwinkel (Gl. 10.18) bezieht sich auf die stationären Bedingungen. Bei dynamischen Änderungen des Schräglaufwinkels kommt es zu einer gewissen Verzögerung des Querkraftverlaufs gegenüber dem Schräglaufwinkel.

Dieses instationäre Verhalten wurde von Schlippe-Dietrich durch die folgende Differenzialgleichung beschrieben [3]:

$$\dot{F}_Y + \frac{c_Y}{c_a} v\, F_Y = c_Y \left(v\,\alpha - l_L\,\alpha - \dot{y}_R \right) \tag{10.21}$$

Sie enthält die seitliche Reifenfederkonstante c_Y:

$$c_Y = \frac{F_Y}{y_R} \tag{10.22}$$

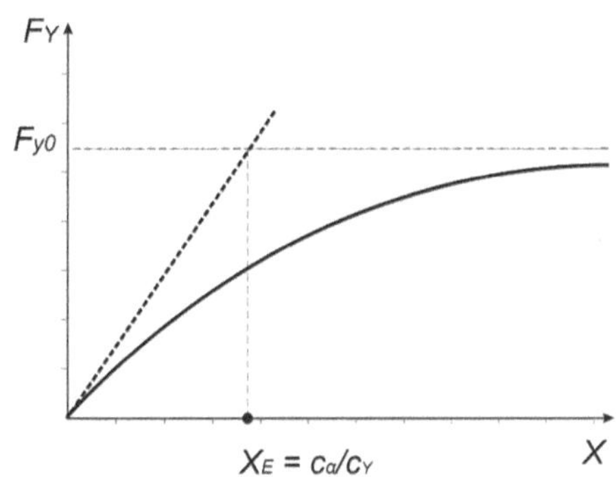

Abb. 10.7 Einlaufverhalten eines Reifens

mit l_L – die Hälfte der Berührungsflächenlänge.

Daraus kann die dynamische Seitenkraft berechnet werden:

$$F_Y = F_{Y0}\left(1 - e^{\frac{-x}{X_E}}\right) \tag{10.23}$$

mit X_E – Einlauflänge. Es ist zu bemerken, dass der Einlaufvorgang nicht zeit-, sondern wegabhängig ist. Eine typische Einlauflänge beträgt etwa eine Zwei-Drittel-Radumdrehung. Abb. 10.7 erklärt das Einlaufverhalten eines Reifens.

Außerdem ist zu beachten, dass die obige Beschreibung der dynamischen Eigenschaften des Reifens in Querrichtung für Straßenautoreifen gilt. Bei Geländefahrzeugen werden die resultierenden dynamischen Reifeneigenschaften zusätzlich durch die Mechanismen der Kraftübertragung Reifen-Boden bestimmt.

10.2.6 Kräfte, die auf ein Geländefahrzeugrad wirken

Als Zusammenfassung der obigen Überlegungen werden die Kräfte definiert, die beim Fahren auf einer nachgiebigen Fahrbahn auf das Rad eines Geländewagens wirken. Die Verformung sowohl des Reifens als auch der Fahrbahnoberfläche wurden berücksichtigt. Die Betrachtungen beziehen sich auf zwei Fälle:

- Rollendes Rad
- Angetriebenes Rad

Es gibt Unterschiede zwischen der Beschreibung der Kräfte, die auf das Rad eines Autos wirken, das sich auf unbefestigtem Boden zu einem Straßenfahrzeug bewegt. Bekker drückte es genau aus und definierte sogenannte Traktionskräfte: Triebkraft F_T und Rollwiderstandskraft. Sie sind als folgende Integrale bestimmbar:

$$F_T = b\int_{x=0}^{x=l} \tau\, dx \tag{10.24}$$

$$F_{RW} = b\int_0^z \sigma\, dz \tag{10.25}$$

wobei b – Reifenbreite, l – Berührungsflächenlänge, z – Radvertiefung, τ – Scherspannung an der Berührungsfläche, σ – Normalspannung an der Berührungsfläche sind.

Die vom Reifen im stationären Zustand auf den Boden ausgeübte Last entspricht den Bodenreaktionskräften, welche durch Formulierung von Gleichgewichtsgleichungen für horizontale und vertikale Richtungen bestimmt werden können. Wulfsohn (1992) beschrieb Bodenreaktionskräfte, G – vertikale Belastung des Reifens und F_{ZUG} – Zugkraft am Rad als Integrale normaler und tangentialer Spannungen [4]:

$$G = \int \left(\sigma \cos \psi + \tau \sin \psi \right) dA \tag{10.26}$$

$$F_{ZUG} = \int \left(\tau \cos \psi - \sigma \sin \psi \right) dA \tag{10.27}$$

worin A – Berührungsfläche, ψ – der Winkel zwischen der Oberflächennormalen und der horizontalen Richtung an einem Punkt auf der Kontaktfläche sind.

Für die analytische Bestimmung der Traktionskräfte müssen die Spannungsverteilungen auf der Kontaktfläche Reifen-Boden bekannt sein. Die obigen und andere Methoden zur Bestimmung der Traktionskräfte wurden in Abschn. 3.3.2.2.3 erläutert.

10.2.7 Kräfte am Fahrzeug

Ein typischer Geländewagen hat einen Allradantrieb, der das Antriebsmoment für alle Räder bereitstellt. Daher ist die Kraft, die das Auto antreibt, die Summe der an allen angetriebenen Rädern erzeugten Kräfte und wird als Antriebskraft F_T bezeichnet. In ähnlicher Weise ist die gesamte Radwiderstandskraft F_{RW}, die Summe der an den einzelnen Straßenrädern erzeugten Kräfte. Der Unterschied dieser Kräfte wird als Zugkraft am Fahrzeug F_{ZUG} bezeichnet und wird wie folgt ausgedrückt:

$$F_{ZUG} = F_T - F_{RX} \tag{10.28}$$

Die Zugkraft F_{ZUG} ist ein Maß für die Antriebsreserve, die zum Ziehen eines Anhängers, zum Überwinden des Widerstandes beim Pflügen eines Ackerschleppers oder zum Überschreiten eines zusätzlichen Bewegungswiderstands verwendet werden kann. Sie ist daher eine wichtige Größe im Sinne der Dynamik von Geländefahrzeugen.

10.3 Modellierung und Simulation der Fahrdynamik

Die Begründung für die Durchführung theoretischer Analysen im Bereich der Fahrzeugdynamik liegt hauptsächlich in der Komplexität des Themas und der Vielzahl von Faktoren, die die Dynamik der Fahrzeugbewegung beeinflussen. Die Möglichkeit der theoretischen Beschreibung des dynamischen Verhaltens und der Bestimmung der Auswirkungen von Teilaktionen ist von der Entwurfsphase über Prototyping, Produktion, Vorversuche bis hin zu Betriebstests von Vorteil. Simulationstests der Fahrstabilität sind besonders wichtig, da das hohe Risiko experimenteller Tests unter realen Bedingungen vermieden wird.

10.3.1 Fahrzeugmodellierung

10.3.1.1 Einführung

Die Grundaufgabe in der theoretischen Beschreibung ist die Konstruktion des Modells. Zwei Arten von theoretischen Modellen können unterschieden werden:

- Physikalische Modelle, die ein Objekt anhand von Phänomenen charakterisieren, die in seinen Elementen auftreten, und anhand von Verbindungen zwischen diesen Elementen
- Mathematische Modelle, die im Grunde genommen ein Satz (System) von Gleichungen sind, die für den Forscher wichtige Phänomene beschreiben

Da ein Auto ein Objekt von beträchtlicher Komplexität ist, ist die Modellierung des gesamten Fahrzeugs unter Berücksichtigung aller Elemente, ihrer Verbindungen und Eigenschaften eine schwierige Aufgabe, und die effiziente Nutzung eines solchen Modells erfordert eine hohe Rechenleistung. Deswegen werden Vereinfachungen verwendet, und zwar bildet das Modell eine bestimmte Idealisierung des Objekts, bei der die wichtigsten Eigenschaften unter dem Gesichtspunkt des Zwecks ausgewählt werden, für den das Modell erstellt wurde. Daraus folgt, dass ein gutes Modell zunächst ausgewählte Eigenschaften berücksichtigt, während eine übermäßige Modellerweiterung auf Kosten der erforderlichen Rechenzeit, teurerer Computerausrüstung usw. geht. Dies wird von Lozia am Beispiel der Modellierung der Karosserie eines Personenkraftwagens veranschaulicht [5]. Es stellt sich heraus, dass die Berücksichtigung der Nachgiebigkeit des Körpers im Vergleich mit einfacheren Modellen, die den Fahrzeugaufbau als starren Körper behandeln, zu einer Verzehnfachung der Berechnungszeit bei vergleichbarer Ergebnisgenauigkeit führt. Natürlich ist zu erwarten, dass für lange Fahrzeuge wie Busse ein umfangreicheres Modell mit Torsionsanfälligkeit erforderlich ist.

Fahrzeugmodelle können nach ihrer Komplexität klassifiziert werden:

- Die einfachsten Modelle, mit denen die allgemeinen Eigenschaften des Fahrzeugs beschrieben werden, sind beispielsweise die linearen Ein- oder Zweispurmodelle, die in vielen Forschungsstudien verwendet werden.
- Modelle mittlerer Komplexität, die Systeminteraktionen basierend auf Reifentraktionseigenschaften und Federungssteifigkeitseigenschaften berücksichtigen, nicht jedoch die Konstruktionsparameter dieser Systeme
- Komplexe Modelle, die die Analyse der Auswirkungen einzelner Fahrzeugbauparameter ermöglichen, sofern eine große Datenmenge bekannt ist, die durch experimentelle oder rechnerische Methoden ermittelt wird.

Die Erstellung der komplexesten Modelle erfordert parallele intensive experimentelle Forschung. Es treten objektive Schwierigkeiten bei der Beschaffung von Daten auf, die für die Parametrisierung komplexer Fahrdynamikmodelle erforderlich sind. Beträchtliche Anstrengungen beim Erstellen von Gleichungen können zu unbefriedigenden Ergebnissen führen, wenn es an technischen Mitteln zur Durchführung von Tests und Verifizierungen mangelt. Eine experimentelle Überprüfung ist erforderlich, um die Eignung eines bestimmten Modells, auch des einfachsten, für die Ingenieur- oder Forschungspraxis zu bestimmen. Man kann eine gewisse Tendenz bei der Untersuchung der Fahrdynamik feststellen, die darin besteht, sich vom klassischen Modellierungsschema (physikalisches Modell – mathematisches Modell – Parametrisierung – Verifikation) zu entfernen, um dynamische Systeme zu identifizieren und Autokorrelationsmethoden zu verwenden. Grundlage für Simulationstests ist dann ein ordnungsgemäß entworfenes und durchgeführtes Experiment für repräsentative Bedingungen und variable Bereiche.

In Anbetracht des oben Genannten kann eine andere Unterteilung von Modellen eingeführt werden, nämlich:

- Strukturell basierend auf der Analyse einzelner Elemente, ihrer Eigenschaften und der theoretischen Verbindung zu einem Ganzen unter Berücksichtigung der Art der gegenseitigen Interaktion, Zusammenarbeit usw.
- Funktional, bei dem die Funktionalität des Objekts auf der Basis von Eingangssignalen (z. B. Steuerung, erzwungen usw.) und Ausgabe (z. B. Positionsänderung) beschrieben wird.

Es gibt eine bestimmte Gruppe von Objekten, deren Strukturmodellierung besonders ungünstig ist, während die Verwendung von Funktionsmodellen gute Ergebnisse bei Einfachheit und geringen Hardwareanforderungen liefert. Pacejka (2002) präsentierte die Beziehung zwischen den Kosten der Modellierung (Zeitverbrauch) und der Qualität der Ergebnisse für drei verschiedene Arten von Reifenmodellen: empirisch, semiempirisch und theoretisch [6].

Ein weiterer Trend bei der Modellierung komplexer dynamischer Systeme ist die zunehmende Verbreitung symbolischer Programme zur Erzeugung von Bewegungsgleichungen für Systeme mit mehreren Massen. Mehrkörpersimulation (MKS) wird zunehmend in der Ingenieurpraxis eingesetzt, jedoch werden ihre umfangreichen Fähigkeiten durch hohe Hardwareanforderungen erkauft.

Das Erstellen eines typischen Strukturmodells umfasst im ersten Schritt das Bestimmen des physischen Modells, dessen Komplexität in Abhängigkeit vom gewünschten Ziel und den Hardwarefähigkeiten gewählt wird. Die Anzahl der Freiheitsgrade hängt ebenfalls von der Komplexität ab, kann jedoch von zwei für ein Einspurmodell bis zu mehreren Dutzenden reichen, wenn zusätzlich zur Bewegung der Karosserie (6 Grad), die Drehung der Räder (4 Grad), die Vibrationsbewegung der Aufhängungselemente und andere Bewegungen in der Lenkung usw. eingeschlossen werden sollen. Komplexe Modelle berücksichtigen Phänomene in der Reifen-Fahrbahn-Kontaktfläche, asymmetrische Verteilung der Bremsmomente, geometrische Eigenschaften der Radaufhängung und des Lenksystems, Elastokinematik der Achsen einschließlich Trockenreibung und viskose Dämpfung usw. Die mathematische Beschreibung basiert auf den sogenannten verallgemeinerten Koordinaten, die im Allgemeinen als Koordinaten des Massenschwerpunkts des Fahrzeugs und des Drehwinkels der Fahrzeugkarosserie, ihrer Räder oder anderer Elemente in Abhängigkeit von der Komplexität ausgewählt werden.

Das Erstellen eines mathematischen Modells umfasst das Formulieren von Fahrzeugbewegungsgleichungen. Unter den verschiedenen Methoden zur Ableitung von Bewegungsgleichungen verdient die Methode der Lagrange-Gleichungen der zweiten Art Beachtung, die kinetische und potenzielle Energien für die angenommenen verallgemeinerten Koordinaten und die entsprechenden verallgemeinerten Kräfte berücksichtigt. Kinetische Energie und verallgemeinerte Kräfte werden als Funktionen des Koordinatenvektors und der Geschwindigkeit ausgedrückt. Wenn die Kräfte der Schwerkraft, der Elastizität und der Dämpfung als äußerlich behandelt werden, wird der potenzielle Term der Lagrange-Gleichung auf null reduziert (die Bedingung setzt die Bewegung des Fahrzeugs auf einer ebenen und glatten Straße voraus). Bei der Berechnung der verallgemeinerten Kräfte gilt das Prinzip der vorbereiteten Arbeit. Die in Matrixform dargestellten Gleichungen vereinfachen die endgültige Form des Modells.

Eine wesentliche Vereinfachung bei der Konstruktion von Modellen ist die Verwendung von sogenannten Teilmodellen. Es gibt die folgenden Gruppen von Teilmodellen, die einfacher zu konstruieren sind:

- Ein Modell, das die grundlegende Fahrzeugbewegung (Schwerpunktbewegung) in der Ebene und den Abweichungswinkel beschreibt
- Ein Modell, das Schwingungen der Aufbaumasse und der ungefederten Massen beschreibt
- Ein Modell, das die Drehbewegung der Räder beschreibt (jeweils einzeln)

Durch Simulation definieren wir die Aktion der Reproduktion des Verhaltens des modellierten Objekts, das einer Anregung ausgesetzt ist (Kontrolle, Interferenz usw.). In der Praxis kommt es bei der Simulation darauf an, Modellgleichungen im Zeitbereich zu lösen. Während die Gleichungen in einfachen Modellen nicht sehr kompliziert und ihre Integrale bekannt sind oder bestimmt werden können, kann die Aufgabe der Simulation analytisch gelöst werden. Bei Modellen des 2. und 3. Komplexitätsgrades ist jedoch eine nicht lineare analytische Lösung unmöglich, wenn das mathematische Modell zusätzlich gewöhnliche Differenzialgleichungen 1. und 2. Ordnung enthält. Um solche komplexen Gleichungssysteme zu lösen, werden Computer mit geeigneter Software, d. h. numerische Methoden, verwendet. Die erhaltenen Ergebnisse sind immer eine Annäherung, obwohl sie in der Regel genau genug sind, um die angenommenen Eigenschaften des modellierten Objekts zu beschreiben. Die Lösung des sogenannten Anfangswertproblems ist dank der direkten Integrationsmethoden möglich. Sie bestehen darin, die Differenzialgleichung des Anfangsproblems durch eine approximierende algebraische Gleichung zu ersetzen. Unter den verschiedenen Verfahren verdienen die einfachsten Differenzialverfahren (z. B. das Euler-Verfahren) Aufmerksamkeit. Diese Methoden sind durch Einfachheit und die Fähigkeit zur Schätzung der Berechnungszeit gekennzeichnet, was bei Anwendungen für Fahrzeugsimulatoren nicht unerheblich ist. Unter den Differenzialmethoden zeichnet sich das Runge-Kutta-Verfahren (einfach und mehrfach) durch eine viel kürzere Berechnungszeit und eine hohe Genauigkeit der Lösungen aus [64].

10.3.1.2 Linearisierte Fahrdynamikmodelle

10.3.1.2.1 Einspurmodell

Diese einfachsten Fahrzeugmodelle sind für Grundanalysen oder als Referenz zu verwenden. Das Einspurmodell geht auf die Arbeit von Riekert und Schunck 1940 zurück [7]. Im Laufe der Jahre wurde es von Forschern und Ingenieuren vielfach genutzt. Das Modell enthält viele Vereinfachungen, von denen die wichtigsten folgende sind:

- Die Räder einer Achse sind zu einem Rad in Achsmitte zusammengefasst.
- Es werden keine Längskräfte sowie keine Radlaständerungen berücksichtig.
- Windeinflüsse werden nicht berücksichtig.
- Die Betrachtungen werden auf kleine Winkel beschränkt (der Sinus und der Tangens können gleich dem Winkel und der Cosinus kann gleich 1 gesetzt werden).

Der Fahrgeschwindigkeitsvektor v im Schwerpunkt weist tangential zur Bahnkurve. Die Querbeschleunigung zeigt zum Krümmungsmittelpunkt. Das Fahrzeug dreht sich um den Schwerpunkt mit der Giergeschwindigkeit.

Für den Fall, dass die obigen Vereinfachungen die allgemeinen Überlegungen nicht einschränken, kann unter anderem das Einspurmodell für die Analyse stationärer und instationärer Fahrdynamik in der Gierebene verwendet werden. Es ist beispielsweise möglich, Eigenlenkgradienten zu bestimmen und zu beurteilen, ob das Auto untersteuernd, neutral oder übersteuernd ist. Somit gilt das Einspurmodell bis heute als Stand der Technik in der linearen Theorie der Fahrdynamik. Lösungen für ausgewählte Probleme der Fahrdynamik mit dem Einspurmodell sind in der Literatur häufig zu finden [3, 8].

10.3.1.2.2 Zweispurmodell

Die grundsätzliche Vereinfachung des Einspurmodells, eine Beschränkung der Analyse auf flache Bewegung in der Gierebene, ist ein schwerwiegender Nachteil, wenn die Fahrdynamik von Geländefahrzeugen berücksichtigt werden soll. Bei diesen beschäftigen wir uns normalerweise mit dem Fahren auf unebenen Oberflächen, was bedeutet, dass die Fahrdynamik der vertikalen Bewegung berücksichtigt werden muss.

Das Zweispurmodell ist ein genaues Modell und ermöglicht die Analyse sowohl der Dynamik der Bewegung in der Ebene als auch der Wankdynamik und der Nickdynamik.

Bei der Bestimmung der Umfangs- und Querkräfte werden Änderungen der Vertikalkräfte berücksichtigt, die sich aus Nicken und Wanken ergeben. Zusätzlich können die Längs- und Querhaftungskoeffizienten nicht als Konstante, sondern als Funktion der vertikalen Belastung der Räder (Reifen) ausgedrückt werden.

Die Lösung unter Berücksichtigung der gleichzeitigen Bewegung in der Wank- und Nickebene erfordert die Kenntnis der Schwerpunktposition sowie der Kinematik und Elastizität der Radaufhängungen der Vorder- und Hinterräder (oder anderer Fahrzeugachsen). Es ist notwendig, die Lage des Momentanpoles der Aufbaudrehungen in beiden betrachteten Bewegungsebenen zu bestimmen. Die Lösung für ausgewählte Fälle von Bewegungsdynamik basierend auf dem Zweispurmodell findet sich in der Literatur [3].

10.3.2 Reifenmodellierung

Unter dem Gesichtspunkt der Modellierung der Fahrdynamik scheint die Bestimmung der Kräfte, die im Kontaktbereich zwischen dem Reifen und der Fahrbahnoberfläche auftreten, am wichtigsten zu sein. In der Tat kann die strikte Modellierung des Reifens als Laufelement auch die Probleme der radialen, axialen und lateralen Verformung umfassen (manchmal korreliert dies ziemlich eng mit der Beschreibung der Kontaktfläche) – in diesen Fällen sind Finite-Elemente-Methoden das optimale Werkzeug. In Abschn. 3.3.4.2.1 werden die Modelle von Fervers (2004) ausführlicher beschrieben, bei denen der verformbare Reifen mit verformbarem Boden interagiert [9]. Die in den zitierten Arbeiten vorgestellten Ergebnisse scheinen vielversprechend, obwohl Dr. Shoop feststellt, dass „... die strukturelle Modellierung von Reifen aufgrund der Anzahl wichtiger Faktoren eine Aufgabe an der Grenze zwischen Kunst und Wissenschaft ist. Deswegen sind empirische und semiempirische Methoden eine rationalere Lösung".

Analytische Modelle, die die Kräfte im Kontaktbereich beschreiben, sind im Prinzip eine Annäherung an die experimentellen Ergebnisse, die an Trommelprüfständern durchgeführt wurden, seltener an realen Fahrzeugen. Bemerkenswert ist die Implementierung der Pacejkas-Magic-Formula, Delft-Tire [6].

Das HSRI-UMTRI-Modell wird ebenfalls häufig verwendet. Modelle dieses Typs basieren auf mathematischen Beziehungen, ohne auf physikalische Phänomene im Reifen Bezug zu nehmen. Die zur Parametrisierung solcher Modelle verwendeten Koeffizienten haben keine physikalische Bedeutung. Unter Bezugnahme auf die von Pacejka vorgestellte und verwendete Methode zur Ermittlung von Modellen können wir über eine bestimmte Philosophie bei der Reifenmodellierung sprechen. Dieser Autor betont die Vorteile der Verwendung mathematischer Modelle in Bezug auf Forschungskosten, Arbeitsaufwand und Rechenzeit.

Ein Beispiel für ein Modell, das nach einer anderen Philosophie erstellt wurde, einschließlich physikalischer Phänomene im Reifen und ihrer genauesten Beschreibung in Korrelation mit den resultierenden Reifenkräften, ist das FTire-Modell [10]. Der Reifen wird numerisch als Ring angenähert, der aus einer endlichen Anzahl diskreter Massen besteht. Der Ring ist dehnbar und flexibel in drei Hauptrichtungen. Verbindungen zwischen den Ringelementen wurden als elastische Elemente mit Dämpfung erstellt, während die Anzahl der Freiheitsgrade eine Deformationsmodellierung in drei Richtungen ermöglicht, auch lokal. Die Kinematik des Modells ermöglicht die Verschiebung endlicher Massen in der Ringebene und auch außerhalb des Rings. Das Modell arbeitet mit typischen MBS-Systemen. Die Anwendungsbereiche dieses Modells umfassen neben den typischen Aufgaben der Fahrzeugdynamikanalyse, einschließlich Verkehrsstabilitätstests, auch fortgeschrittene Simulationstests im Bereich Fahrkomfort.

Während bei einigen PKW-Reifen, deren Steifigkeit und Dämpfung im Vergleich zu Aufhängungsparametern häufig vernachlässigbar gering ist, dieser Ansatz gerechtfertigt ist, kann bei schwereren Fahrzeugen, einschließlich Geländewagen, die Dynamik des Reifens einen großen Einfluss haben.

Die Berücksichtigung dynamischer Phänomene in Übergangszuständen kann bei der Modellierung der Fahrdynamik von großer Bedeutung sein, insbesondere bei Offroad-Reifen, die üblicherweise größer sind und eine größere Steifigkeit haben. Die Erforschung dieses Problems wird in drei Zentren durchgeführt: an der Universität von Hohenheim (Deutschland), der Harper Adams University und an der Universität von Cranfield (Vereinigtes Königreich). Ferhadbegovic et al. (2006) präsentierten ein beispielhaftes Modell der Reifendynamik. Das Modell wurde in MATLAB/Simulink erstellt. Es wurden ein größerer Reifendruckbereich (0,5–2,0 Bar) sowie höhere vertikale Belastungswerte berücksichtigt, die wiederum zu erheblichen Reifenverformungen führten [11]. Das HTM (Hohenheim-Tire-Modell) basierte auf einer nicht linearen Modifikation des Voigt-Kelvin-Modells. Ein charakteristisches Merkmal des HTM-Modells ist die Verwendung der Geschwindigkeit als Eingangsgröße anstelle von Reibwerten. Die Kräfte und Momente auf das Rad werden in drei Richtungen auf der Grundlage von Gleichungen berechnet, wobei die nicht linearen Eigenschaften des Reifens berücksichtigt werden.

Die Steifigkeits- und Dämpfungskoeffizienten werden auf einem Einzelradprüfstand bestimmt. Diese Koeffizienten haben einen physikalischen Sinn und können leichter geschätzt werden als abstrakte Koeffizienten in mathematischen Modellen.

Für den Fall, dass ein Reifen mit einer Oberfläche mit Unebenheiten interagiert, gibt es grundsätzlich vier Konzepte für vertikale Dynamikmodelle, die von einem einfachen Voigt-Kelvin-Modell abgeleitet sind. Im Fall der horizontalen Dynamik wendeten Crolla et al. (1987) eine Modifikation an, die darin bestand, parallele Systeme aus elastischen und dämpfenden Elementen durch serielle Systeme (Maxwell-Modell) sowohl in Längs- als auch in Querrichtung zu ersetzen. Weitere Modifikationen bestanden darin, viskose Dämpfer durch Elemente mit Hysterese zu ersetzen, um die Eigenschaften der Reifenkarkasse besser abzubilden. Dies wirkte sich auf die Änderungen der Reifenfrequenz für das Stabilisierungsmoment aus [12].

10.3.3 Modellierung und Simulation der Fahrdynamik mittels MKS-Systeme

10.3.3.1 Einführung in die Mehrkörpersimulationsmethode (MKS)

Bei der Mehrkörper-simulation handelt sich um ein Verfahren, bei dem ein mechanisches System durch eine endliche Zahl starrer Körper mit jeweils sechs Freiheitsgraden approximiert wird. Die Verbindung dieser masse- und trägheitsbehafteten Elemente der Mehrkörpersimulation erfolgt über aktive Kräfte und Momente. Die Freiheitsgrade der Körper können mittels masseloser Bindungs- und Kontaktbedingungen untereinander eingeschränkt werden. Die MKS-Methode findet zahlreiche Anwendungen und ein Fahrzeug kann sehr effektiv damit modelliert und simuliert werden. Der modulare Aufbau des Fahrzeugs kann in der MKS-Software sehr genau nachgebildet und parametrisiert werden. Bei kommerziellen MKS-Softwarelösungen stehen Elementbibliotheken zur Verfügung. Diese Bibliotheken enthalten viele Elemente, die für die Konstruktion von Baugruppen und

Unterbaugruppen eines Autos typisch sind, wodurch der Modellbauprozess sowohl einfacher als auch effektiver wird. Diese Art von Software gehört zu den sogenannten intuitiven Systemen, deren erweiterte Funktionen einem Ingenieur der Automobilindustrie zur Verfügung stehen, ohne dass erweiterte IT-Probleme untersucht werden müssen.

Das Entwicklungsumfeld einer MKS-Software besteht aus dem Preprocessor, dem Solver sowie dem Postprocessor. Beim Preprocessor werden die Modellstruktur und Topologie festgelegt. Alle Fahrzeugdaten, Elemente, Materialien sowie die Manöver, die simuliert werden sollen, werden hier definiert. Der Solver ist das Kernstück eines MKS-Systems und überführt den Modellcode in ein System von Differenzialgleichungen. Aufgrund der komplizierten Struktur eines modellierten Objekts wird üblicherweise eine von zahlreichen numerischen Integrationsmethoden benutzt. Die Rechnerergebnisse werden beim Postprocessor aufbereitet, und es besteht auch die Möglichkeit, Animationen der gerechneten Manöver zu erstellen.

Da die MKS-Simulationsmodelle nicht in Echtzeit rechenbar sind, wird ein MKS-Modell zum systemdynamischen Modell umgewandelt. Zur Verkürzung der Rechnerzeit werden die Differenzialgleichungen als Kennlinien approximiert. Der Aufbau und die Verwendung von systemdynamischen Simulationsmodellen werden durch blockschaltbild-orientierte Simulationsplattformen, wie z. B. MATLAB/Simulink oder MAPLE/Sim, realisiert. Unter MATLAB/Simulink können aus Bibliotheken vordefinierte Standardblöcke der Simulationsmodelle in einer hierarchischen Struktur aufgebaut werden [13].

Im Folgenden werden zwei Beispiele für Anwendung der MKS-Systeme im Bereich von Fahrdynamiksimulation bei Geländewagen präsentiert.

10.3.3.2 Ausgewählte Beispiele für die Anwendung der MKS-Methode zur Modellierung und Simulation der Fahrdynamik im Gelände

Das Ziel des ersten Beispiels liegt in der konstruktiven Betrachtung der Offroad-Federung, nämlich dem Interessenkonflikt zwischen Komfort und Fahrverhalten. Die für ein gutes Fahrverhalten eines Fahrzeugs erforderlichen Federungseigenschaften stimmen nicht mit denen für einen guten Fahrkomfort überein. Jede Wahl der Feder- und Dämpfercharakteristik ist daher notwendigerweise ein Kompromiss zwischen Fahrkomfort und Handling. Das Problem ist bei Geländefahrzeugen stärker ausgeprägt, da sie einen guten Fahrkomfort in unebenem Gelände sowie ein akzeptables Fahrverhalten auf der Straße erfordern. In ihrer Arbeit untersuchten Els et al. (2007), in drei Fallstudien den Kompromiss zwischen Fahrkomfort und Handling für Geländefahrzeuge [14]. Der Anlass für diese Studien war die Tatsache, dass eine große Zahl von Überschlagsunfällen ihre Ursache im Abkommen von der Straße haben. Wenn die Räder des Autos von der Straße auf den unbefestigten Seitenstreifen geraten, stellt das Zurücklenken auf die Straße die typische Reaktion des Fahrers dar. Die Lenkungsreaktion erfolgt in dieser Situation zu heftig und zu abrupt, das Fahrzeug bricht aus, verliert schließlich seine Stabilität und überschlägt sich. Während einer Hochgeschwindigkeitskreisfahrt wirkt eine Trägheitskraft auf die Fahrzeugkarosserie. Die Resultierende dieser Kraft und aller anderen Kräfte (Schwerkraft, Luftwiderstand) wirkt innerhalb des Fahrzeugstabilitätspolygons, das Fahrzeug gilt als stabil. Wenn die Wirkungslinie der resultierenden Kraft außerhalb des Stabilitätspolygons liegt, wird das Fahrzeug als instabil angesehen. Die Autoren der zitierten Arbeit haben eine ursprüngliche Stabilitätsmetrik eingeführt, die als Stabilitätsmoment bezeichnet wird. Diese Metrik schätzt die auf die Räder-Boden-Kontaktkräfte aus den Trägheitsgrößen des Fahrzeugs, die mit einfachen Instrumenten gemessen werden. Weitere Details sind in Quellpublikation zu finden. Für uns ist jedoch die Modellierung und Simulation der Fahrdynamik in diesem Fall am wichtigsten. Das Forschungsobjekt war ein generisches Geländefahrzeug, das mit der ADAMS-Software modelliert wurde. Das Fahrzeug verfügt über Raumlenkerradaufhängungen an beiden Achsen, Zahnstangenlenkung und einen V8-Motor. Es wurden Simulationen von aggressivem Manöver sowohl im Straßen- als auch im Offroad-Bereich mit unterschiedlichen Geschwindigkeiten durchgeführt. Diese Manöver umfassten auch einen Fishhook-Test, ein Manöver, das typischerweise in den USA bei Fahrdynamiktests durchgeführt wird.

In der ersten Fallstudie wurde eine Bewertung des Fahrkomforts und des Fahrverhaltens eines schweren Offroad-Militärfahrzeugs mit der DADS-Software (Dynamic Analysis and Design System) durchgeführt. Das simulierte Fahrzeug war ein 12 t schwerer 4 × 4-Militär-Geländewagen. Das dreidimensionale, nicht lineare Simulationsmodell bestand aus 11 starren Körpern (Fahrzeugkarosserie, vier Räder, Vorderachse, Hinterachse, Boden, zwei Vorderradnaben und Lenkzapfen). Das resultierende Modell hatte 66 Freiheitsgrade, aber nach dem Hinzufügen von Gelenken, Einschränkungen und einem Fahrermodell blieben 14 uneingeschränkte Freiheitsgrade übrig, nämlich folgende Verschiebungen der Fahrzeugkarosserie: seitlich, längs, vertikal, Wanken, Nicken und Gieren, Drehung der Räder, vertikale und Rollbewegung der Vorder- und Hinterachse. Es wurden zwei Aufhängungskonfigurationen simuliert, nämlich lineare Federn sowie nicht lineare hydropneumatische Federn.

In den Simulationen wurde ein Doppelspurwechselmanöver auf dem Belgischen Block (Belgian Pavement) durchgeführt.

Eine Fahrzeuggeschwindigkeit von 60 km/h wurde als repräsentatives Manöver für das Hochgeschwindigkeits-Offroad-Fahren auf Schotterwegen simuliert.

Die Federung, die den besten Fahrkomfort ergab, führte während eines doppelten Fahrspurwechsels zu einem Überschlag, da die Federung zu weich war. Schließlich wurde der Schluss gezogen, dass für einen optimalen Fahrkomfort das Dämpferkraftverhältnis zwischen 20 und 50 % des Grundlinienwerts liegt und die Eigenfrequenz im Bereich von 0,6 Hz liegen sollte. Andererseits sollte für optimales Fahrverhalten die Eigenfrequenz etwa 2 Hz betragen und das Dämpferkraftverhältnis sollte den Grundlinienwert verdoppeln.

Die nächste in dem zitierten Artikel vorgestellte Fallstudie befasste sich mit demselben Kompromiss zwischen Handling und Fahrkomfort und basierte auf Simulationen eines Land-Rover-110-Geländewagens. In diesem Fall hatte das DADS-Modell 81 Freiheitsgrade, nach dem Hinzufügen von Gelenken, Einschränkungen und einem Fahrermodell verblieben 14 uneingeschränkte Freiheitsgrade. Die Schraubenfedern an der Basisradaufhängung wurden durch hydropneumatische Federn ersetzt, bei denen die Federsteifigkeit durch das Gasvolumen in der statischen Position bestimmt wird. Es wurden Simulationen von ähnlichen Manövern wie im vorherigen Fall durchgeführt. Der Fahrkomfort wurde anhand der Vertikalbeschleunigung am Fahrersitz sowie am linken Beifahrersitz bewertet, während die Bewertung des Fahrverhaltens anhand des maximalen Wankwinkels erfolgte. Das Ergebnis bewies erneut, dass das Fahrwerksdesign zu einer höheren Federsteifigkeit gezwungen wurde, um das Fahrzeug auf Kosten schlechteren Fahrkomforts sicherer zu machen.

Die dritte Fallstudie war eine Erweiterung der zweiten. Hier wurde mit dem ADAMS-MKS-System ein verbessertes Modell des Land Rover 110 entwickelt. Geometrische und Massenparameter des Fahrzeugs wurden durch physikalische Messung und aus verfügbaren Zeichnungen gewonnen. Die Position des Schwerpunkts sowie die Massenträgheitsmomente in den drei Richtungen wurden sehr genau bestimmt. Zur Ermittlung der Feder-, Dämpfer- und Anschlagkennlinien wurden die Komponenten aus dem Testfahrzeug ausgebaut und ihre Charakteristiken bestimmt. Das Verhältnis zwischen Seitenführungskraft und Schräglaufwinkel wurde aus Messungen unter Verwendung eines Reifentesters ermittelt.

Das MKS-Modell des Testfahrzeugs wurde unter Verwendung von Messergebnissen für zwei verschiedene Tests validiert, nämlich den Lenkwinkelsprungbei einer Fahrt über Belgische Blöcke und den doppelten Fahrspurwechsel. Die Korrelation für vertikale Beschleunigungen war besonders gut, was wichtig ist, da dieser Parameter ein direktes Maß für den Fahrkomfort ist. Schließlich wurde dieses Modell als geeignet für die Analyse des Fahrkomforts und des Fahrverhaltens angesehen.

Diese Studie zeigt, dass die Modellierung eines vorhandenen mechanischen Systems eine schwierige Aufgabe ist. Alle Elemente sollten sehr genau definiert sein und dies erfordert physikalische Messungen von geometrischen Parametern und Massen. Mit anderen Worten, wenn ein Fahrzeug modelliert wird, sollte es in separate Elemente zerlegt werden, die einzeln gemessen werden sollten. Die beiden folgenden Studien sind generischen Objekten gewidmet. Dies ist eine ganz andere Situation: Alle Elemente werden während der Entwurfsphase in ein Modell eingeführt und von einem Simulationsingenieur zusammen mit einem Designer definiert.

10.3.3.3 MKS-Modellierung und Simulation eines vierrädrigen Fahrzeugs

Ein weiteres Beispiel für die MKS-Systemanwendung ist die Modellierung und Simulation der Dynamik eines vierrädrigen Fahrzeugs, das an das Fahren im Gelände angepasst ist. Es geht um das sogenannte Aeromobil, d. h. ein fliegendes Fahrzeug, das zusätzlich durch eine erhöhte Geländegängigkeit gekennzeichnet ist [73].

Das Aeromobil ist mit einem Geländefahrwerk ausgestattet, das es ihm ermöglicht, sich über unebenes, verformbares Gelände zu bewegen. Das Fahrzeug ist flugfähig, hat Flügel und einen Propellermotor, obwohl diese Komponenten in dieser Betrachtung nicht enthalten sind (Abb. 10.8). Ziel des vorgestellten Projekts war es, das Fahrwerkssystem zu modellieren und zu analysieren, um das Fahren im Gelände zu ermöglichen, einschließlich der Landeanalyse (Aufsetzen) auf einem Graslandeplatz. Unter Berücksichtigung der

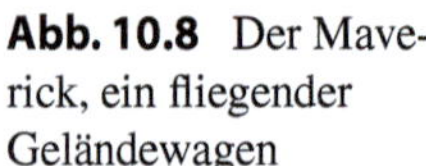
Abb. 10.8 Der Maverick, ein fliegender Geländewagen

Bedingungen, unter denen das Fahrzeug benutzt wird, wurden die Anforderungen an das analysierte Fahrwerk festgelegt:

- Hohe Bodenfreiheit und vertikaler Federweg
- Geringes Gewicht
- Eine Möglichkeit, während der Fahrt große vertikale Lasten auf das Rad zu übertragen
- STOL-Unterstützung (Short Take-Off and Landing) durch Übertragen des Antriebs auf alle vier Räder
- Sicherstellung des Rad-Boden-Kontakts während der Fahrt auf unebenen Oberflächen
- Minimierung der ungefederten Massen
- Eine Möglichkeit, das Fahrwerk im Flug einzuklappen

Nach Analyse der Anforderungen, die sich aus den Einsatzbedingungen eines solchen Fahrzeugs ergeben, wurde die Einzelradaufhängung mit großem vertikalen Federweg als optimal angesehen. Auf dieser Grundlage wurde beschlossen, das Design des im Buggy verwendeten Fahrwerks zu übernehmen.

10.3.3.3.1 Fahrwerk des Aeromobils X0117

Das virtuelle Aeromobil X0117 verfügt über eine Einzelradaufhängung mit doppelten parallelen Querlenkern, die am Fahrzeugrahmen angebracht sind. Das Konzept sieht den Antrieb aller vier Straßenräder über Kardanwellen vor. Durch die Verwendung von Achsschenkeln mit einem Sturzwinkel von 1 % können die Bewegungsrichtung gesteuert und die Manövrierfähigkeit des Fahrzeugs verbessert werden. Außerdem kann das vorgestellte Radaufhängungsmodell sowohl für die Vorder- als auch für die Hinterachse verwendet werden (Abb. 10.9 und 10.10).

Es wurden Räder mit All-Terrain-255/70-R16-Reifen für Geländefahrzeuge ausgewählt. Die Abstützung der Vertikalkräfte vom Lenker auf den Flugzeugrumpf erfolgt über Schraubenfederstoßdämpfer, die über eine hufeisenförmige Halterung am unteren

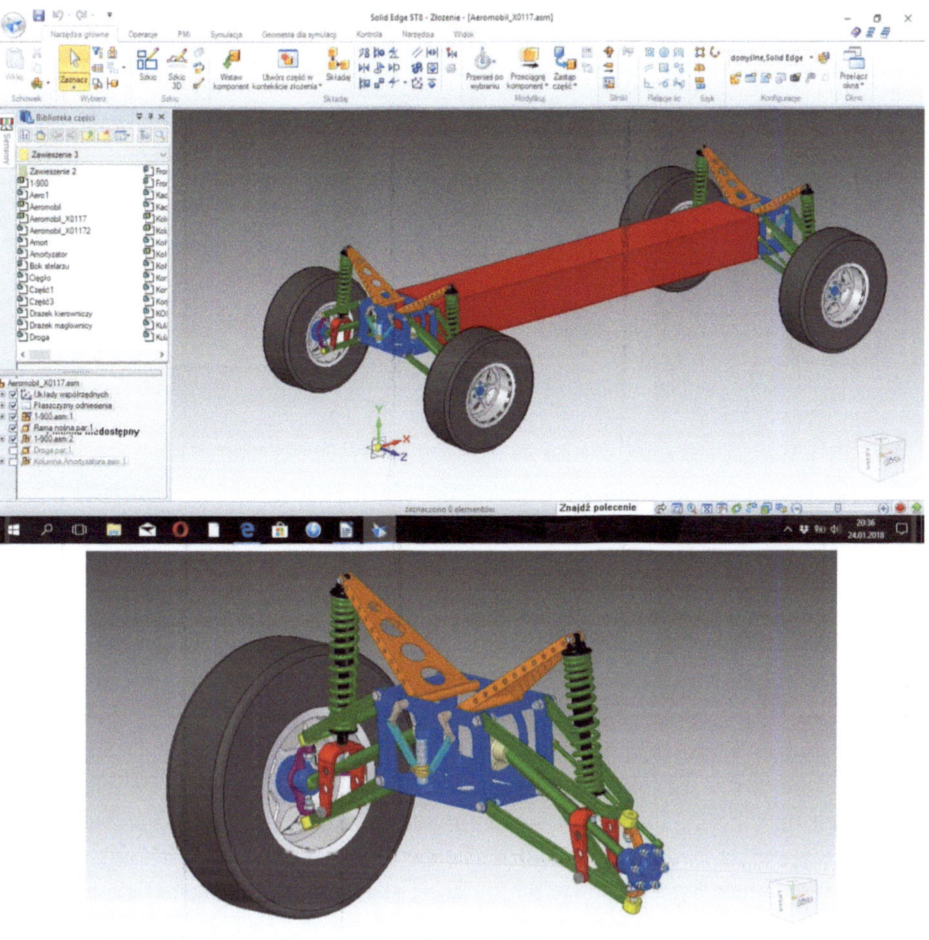

Abb. 10.9 Fahrgestellmodell des mit MKS-Adams-CAR-Programm entwickelten virtuellen X0117-Aeromobils. Die Radaufhängung

Lenker befestigt sind und einen kollisionsfreien Betrieb der Propellerwelle in Bezug auf die Stoßdämpfersäule ermöglichen. Das Ein- und Ausklappen des Fahrgestells ist dank der Verwendung von im oberen Teil des Rahmens installierten Drehstoßdämpferarmen möglich. Der Arm wird durch die Drehung der Welle bewegt, die mit einer von einer Zugstange angetriebenen Kurbel endet, die mit einem Schraubenmechanismus gekoppelt ist. Die Möglichkeit des Zusammenklappens des Fahrwerks ermöglicht eine günstigere Verteilung des Schwerpunkts während des Fluges und eine deutliche Verringerung des Luftwiderstands, was wiederum zur Verbesserung der Steuerbarkeit während des Fluges und zur Erhöhung der Höchstgeschwindigkeit beiträgt.

Um die ungefederten Massen zu reduzieren, wurden die Bremsscheiben direkt am Ausgleichsgetriebe montiert. Zur Reduzierung des Gewichts der Radaufhängung wurden Löcher in die Querlenker gebohrt, um die Struktur zu entlasten.

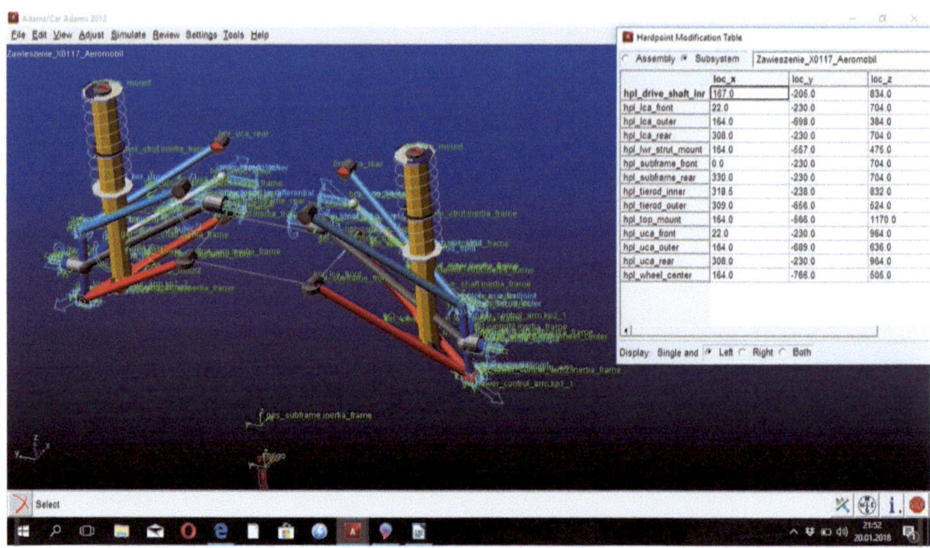

	loc_x	loc_y	loc_z
hpl_drive_shaft_inr	167.0	-205.0	834.0
hpl_lca_front	22.0	-230.0	704.0
hpl_lca_outer	164.0	-698.0	384.0
hpl_lca_rear	308.0	-230.0	704.0
hpl_lwr_strut_mount	164.0	-557.0	476.0
hpl_subframe_front	0.0	-230.0	704.0
hpl_subframe_rear	330.0	-230.0	704.0
hpl_tierod_inner	318.5	-238.0	832.0
hpl_tierod_outer	309.0	-656.0	524.0
hpl_top_mount	164.0	-566.0	1170.0
hpl_uca_front	22.0	-230.0	964.0
hpl_uca_outer	164.0	-689.0	636.0
hpl_uca_rear	308.0	-230.0	964.0
hpl_wheel_center	164.0	-766.0	506.0

Abb. 10.10 Virtuelle X0117-Radaufhängung in der Adams-Car-2012-Software. Die Tabelle enthält die Geometrie der charakteristischen Punkte

10.3.3.3.1.1 Modell des Aeromobils im ADAMS-Car-System

Die Adams-CAR-Software ist für die Vorkonstruktion von Fahrzeugkomponenten und -baugruppen vorgesehen. Die Elemente werden in Bezug auf das reale Objekt vereinfacht modelliert, was die Ergebnisse der kinematischen Simulation nicht beeinflusst. Die im Modell enthaltenen Einzelteile werden durch im Raum platzierte charakteristische Punkte (sogenannte Hardpoints) definiert, die die Grundlage für die Erstellung der Geometrie des gesamten Systems sowie für die Zuweisung von Bewegungsbeziehungen zwischen den vom Konstruktor ausgewählten Elementen bilden. Die kinematischen Funktionen der einzelnen Hardpoints sind Knoten und jedem werden Koordinaten in Bezug auf die drei Achsen des kartesischen Koordinatensystems zugewiesen. Während des Entwurfsprozesses können diese Einstellungen je nach Bedarf geändert werden, wodurch die räumlichen Positionen der charakteristischen Punkte sowie alle Elemente und Bewegungsbeziehungen geändert werden. Darüber hinaus ist das Adams-CAR-System mit CAD/CAM/CAE-Programmen kompatibel, sodass Modelle importiert werden können, die in anderen Programmen generiert wurden.

Für die Modellierung des Aeromobil X0117 mussten insgesamt 14 Orientierungspunkte erstellt werden, denen Namen und Koordinaten zugewiesen wurden. Es ist darauf hinzuweisen, dass in Adams CAR die Aufhängung symmetrisch um die Y-Achse des Koordinatensystems modelliert wird, was bedeutet, dass nur eine ausgewählte Seite der Aufhängung physikalisch entworfen wird. Der Designer wählt aus, welche Seite der Unterbaugruppe er erstellt, und das Programm generiert automatisch ein Spiegelbild der anderen Hälfte der Struktur, wodurch die Arbeitszeit erheblich verkürzt wird. Mit dem Programm können auch einzelne asymmetrische Punkte erstellen werden.

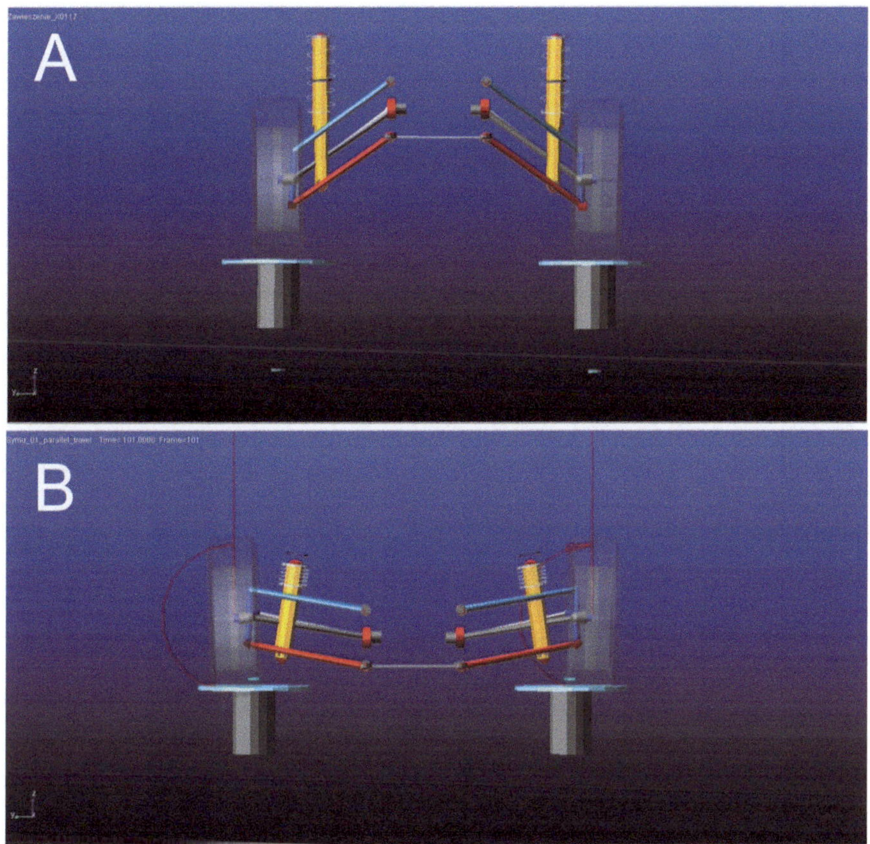

Abb. 10.11 Radaufhängung auf Testplatten (**a**), Radaufhängung mit dem maximal möglichen vertikalen Radweg (**b**)

Die Vorbereitung des Modells für die kinematische Simulation umfasst neben der Definition der Fahrzeuggeometrie auch die Modellparametrisierung einschließlich der Feder- und Reifensteifigkeitswerte. Unmittelbar vor Beginn der Simulation muss die Baugruppe der Radaufhängung mit den Rädern erstellt werden, da die Reifengeometrie automatisch generiert wird und der Konstrukteur die Werte des Radradius und der Reifensteifigkeit eingeben muss (Abb. 10.11).

Nach dem Erstellen der Baugruppe muss im nächsten Schritt der Typ der kinematischen Simulation auswählt werden. Im vorliegenden Fall handelt es sich um die Prüfung des symmetrischen vertikalen Federwegs. Ein teilweise ausgefülltes Eingabefenster für die Anfangsbedingungen wird angezeigt, das mit den ausgewählten Werten ausgefüllt werden sollte.

Beispiele für Simulationsergebnisse sind in Abb. 10.11b dargestellt. Die Zeichnungen veranschaulichen den maximal zulässigen vertikalen Federweg während der kinematischen Simulation. Der vertikale Hub beträgt 420 mm. Die visuelle Interpretation der Ergebnisse der kinematischen Simulation zeigt, dass der vertikale Radweg/Federweg von 420 mm möglich ist, aber auch nicht größer sein kann. Die zusätzliche Durchbiegung der Aufhängung könnte zu einem Nullwert der Bodenfreiheit führen, was zu einer Kollision des Fahrzeugs mit dem Boden führen würde.

Eine zusätzliche Einschränkung der Federungsauslenkung ist der Hub der in diesem Modell verwendeten Feder, die ähnlich wie der Stoßdämpfer fast bis zum Ende des Auslenkungsbereichs ausgelenkt wurde.

Es ist erwähnenswert, welchen Wert der vertikalen Durchbiegung der Reifen unter den Bedingungen der obigen Simulation erhalten hat. Die in den Diagrammen dargestellten Simulationsergebnisse zeigen, wie sich die einzelnen Größen während des kinematischen Tests ändern. Das Diagramm in Abb. 10.12 ist die Charakteristik der Schraubenfeder, die in der vorgestellten Aufhängung verwendet wird. Anhand der Eigenschaften kann der größte Wert der Kraft in der Feder mit der maximalen Durchbiegung von 254,5 mm abgelesen werden. Die Federeigenschaften sind nicht linear, progressiv, typisch für eine Zylinderfeder, deren Durchmesser in der Mitte am größten ist und zu beiden Enden hin abnimmt. Diese Eigenschaft beruht auf der Tatsache, dass sich zuerst die Windungen mit kleinerem Durchmesser, die weniger Kraft benötigen, anfangen zu biegen. Mit zunehmender Last beginnen Windungen mit einem größeren Durchmesser zu arbeiten. Anhand des dargestellten Diagramms ist ersichtlich, dass die auf die Feder einwirkenden Kräfte größer sind als jene, die auf das Rad wirken. Dies hängt mit den unterschiedlichen Abständen von Rad und Feder vom Drehpunkt des Lenkers am Aufhängungsrahmen (Punkt A) zusammen. Die Reaktionskraft multipliziert mit der Hebellänge ergibt einen bestimmten Drehmomentwert.

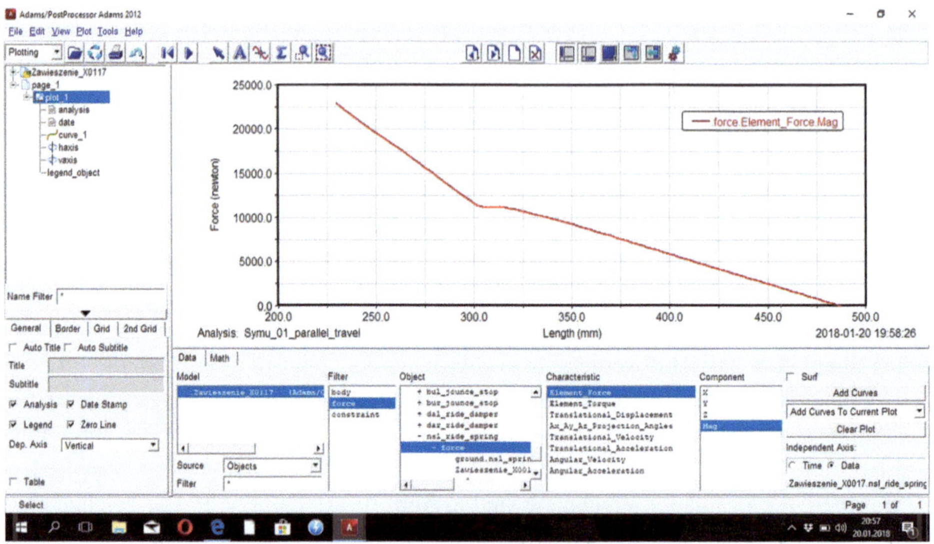

Abb. 10.12 Federkraft-Dehnungsbeziehung, bestimmt mit dem Adams Postprocessor

Der Dämpfer ist in einem kürzeren Abstand vom Punkt A am Querlenker angebracht, d. h. der Arm der auf die Feder wirkenden Kraft ist kürzer. Aufgrund des gleichen Drehmoments ist die Kraft in der Feder größer. Die Punkte A und B markieren den Berührungspunkt der Räder mit dem Boden. Während der Fahrt auf einer gekrümmten Bahn im Massenschwerpunkt des Fahrzeugs konzentriert sich die Zentrifugalkraft und das Fahrzeug kippt. OA und OB sind die Drehpunkte des Rades. Diese Punkte werden durch den Schnittpunkt der Linien bestimmt, die die Lenker darstellen.

In diesem Fall ist der OB-Punkt unendlich weit entfernt, was bedeutet, dass sich die Räder parallel zur vertikalen Achse des Körpers bewegen. Gerade Linien, die die Punkte OA und OB mit den auf der Straßenebene liegenden Stellen A und B des Rad-Boden-Kontaktes verbinden, liegen auch auf der Bodenoberfläche. Somit liegt ihr Schnittpunkt, d. h. der Momentanpol O der Querneigung des Fahrzeugrumpfs, ebenfalls auf der Straßenoberfläche (Abb. 10.13).

Abb. 10.14 zeigt die extremen Federwege der Radaufhängungen einer Achse des X0117-Modells. Der Abstand beträgt 510 mm. Nach dem Zusammenklappen steigt das Rad um 500 mm. Das einziehbare Fahrwerk kann den Luftwiderstand erheblich verringern, vorausgesetzt, der Rumpf ist ordnungsgemäß aufgebaut. Abb. 10.14 zeigt ein Rad in angehobener Position, um die Geometrie der Unterbaugruppe vor und nach dem Abklappen zu vergleichen.

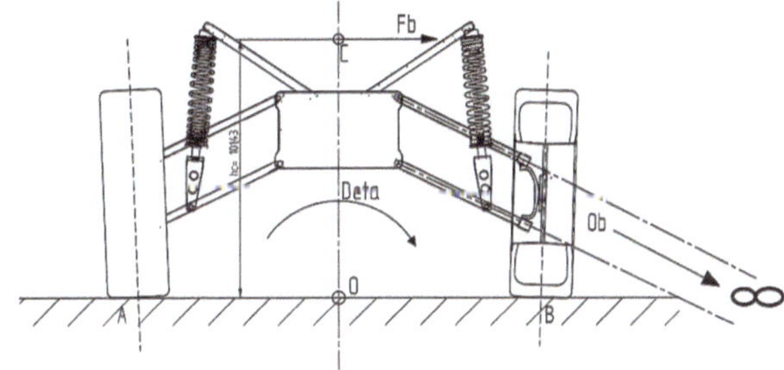

Abb. 10.13 Momentanpol der Neigung der Radaufhängung

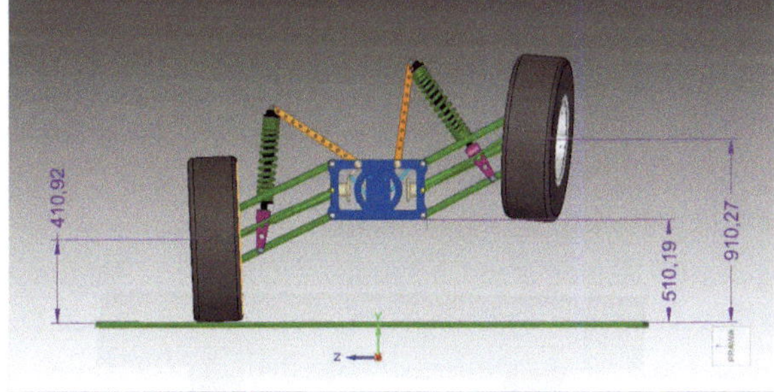

Abb. 10.14 Maximaler Federweg der Radaufhängung

10.3.3.3.2 Dynamische Analyse des X117-Modells

Die dynamische Simulation wurde in Adams VIEW 2012 durchgeführt, mit der der Betrieb von Mechanismen und ganzen Maschinen visualisiert werden kann. Das System ermöglicht die Simulation von Arbeitsbedingungen durch die auf das System einwirkenden Kräfte, verschiedene Werte von Reibungskoeffizienten, Translations- und Rotationsgeschwindigkeiten einzelner Elemente usw. Der Konstrukteur ist bereits in der Anfangsphase des Entwurfs in der Lage, die Eigenschaften der Struktur unter Arbeitsbedingungen zu bewerten, die jenen in der Realität ähnlich sind. Mit dem Programm können einfache Mechanismen modelliert werden sowie räumliche Modelle entworfener Elementmengen aus einer Vielzahl von CAD-Programmen wie Solid Edge oder Solid Works importiert werden.

Nach dem Erstellen einer neuen Datei in Adams VIEW 2012, in der der Modellname definiert wird, muss das Fahrwerkmodell aus dem CAD-Programm importiert werden. Dann sind die Materialeigenschaften der einzelnen Teile der Baugruppe, nämlich Dichte, Elastizitätsmodul und Poisson-Verhältnis zu definieren. Bei Verwendung von Material aus der Programmbibliothek werden Parameterwerte automatisch angezeigt. Wenn ein neues Material verwendet werden soll, sind die Parameterwerte manuell im Materialassistenten einzugeben. Um das Modell ausführen zu können, müssen weiterhin Einschränkungen zugewiesen und die Bedingungen für den Verlauf der Simulation festgelegt werden, z. B. das Aufbringen von auf das System einwirkenden Kräften sowie das Definieren der Drehbewegungen der Räder.

Die dynamische Simulation des Aeromobils X0117 erfolgte auf einer virtuellen Landebahn, deren Modell in der CAD-Umgebung erstellt wurde. Im ersten Teil der dynamischen Simulation wurde ein vertikaler Sturz des Aeromobils aus einer bestimmten Höhe auf den Boden simuliert (Abb. 10.15). Der Zweck eines solchen Tests bestand darin, die Eigenschaften des Aufhängungssystems im Hinblick auf die vertikale Radbewegung zu bewerten. Vor dem Start der Simulation befindet sich das Fahrzeug in einem entspannten Zustand. Die Radaufhängung ist in dieser Position vollständig entlastet. Die Modellachse steht in einem negativen Winkel zur Landebahnebene. Diese Position stellt sicher, dass zuerst die Vorderachsräder und danach die Hinterräder den Boden berühren.

Die Abbildungen zeigen die Einfederung der Vorder- und Hinterradaufhängung während eines Aufsetzens bei hoher Geschwindigkeit. Die Vorderachse federt weniger ein als die Hinterachse. Dies ist auf die unterschiedlichen Vertikalgeschwindigkeiten beider Achsen zurückzuführen.

Abb. 10.15 zeigt das Fahrzeug nach Abschluss des ersten Simulationsschritts. Die Radaufhängung ist statisch ausgelenkt. Wenn wir den Wert der statischen Auslenkung kennen, können wir die vertikale Steifigkeit der Aufhängung unter den in der Simulation festgelegten Bedingungen berechnen. Die Werte für statische Federauslenkung und Federkräfte können aus den in der Simulation erhaltenen Diagrammen abgelesen werden. Auf ihrer Basis ist es möglich, die Steifheit der Radaufhängung und die Steifheit der Feder zu bestimmen. Es ist auch möglich, die vertikale Geschwindigkeit und die Beschleunigung des vertikalen Schwerpunkts des ganzen Aeromobils oder einzelner Achsen bzw. Räder abzulesen. Die Simulationsergebnisse sind daher für den Entwurf und das Prototyping des getesteten Objekts von großer praktischer Bedeutung.

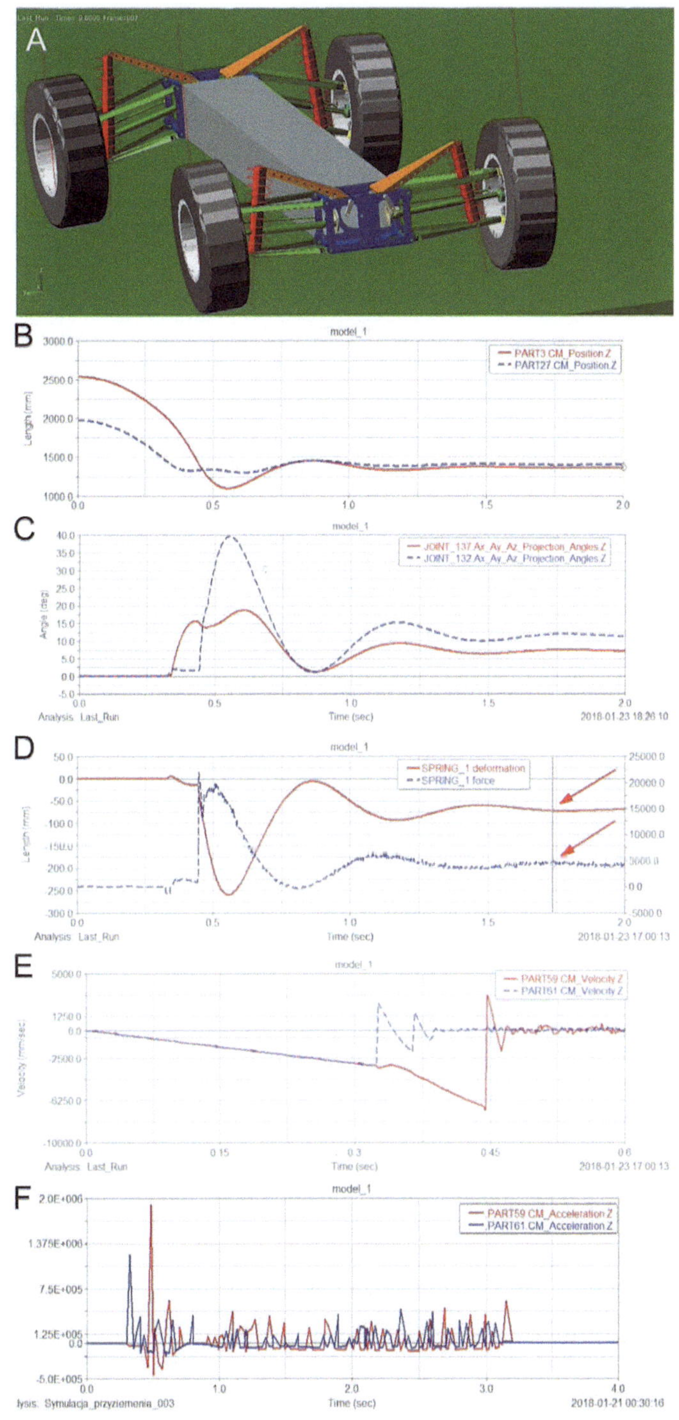

Abb. 10.15 Freifallsimulation. (**a**) – Darstellung der Simulation, (**b**) – Verlauf der vertikalen Auslenkung des vorderen und hinteren Teils des Fahrzeugs gegen Zeit, (**c**) – Verlauf des Rotationwinkels der Querlenker, (**d**) – Kräfte und Verformung der Feder gegen Zeit, (**e**) – vertikale Geschwindigkeiten gegen Zeit, (**f**) – Verlauf der vertikalen Beschleunigungen gegen Zeit

10.3.3.3.2.1 Landungssimulation

Es wurden Simulationen des Abhebens von der Startbahn, der Freiflugphase und der Landung durchgeführt (Abb. 10.16). Ziel war es, die Funktionsweise des X0117-Fahrwerks während der Landung zu untersuchen. Abb. 10.16a. zeigt die Startbahn, von der aus das Aeromobil seinen Flug startet. Abb. 10.16b zeigt, dass das Fahrzeug während des Aufsetzens einen positiven Winkel zum Boden einnahm und zuerst mit seinen Hinterrädern mit dem Boden in Kontakt kam, während es in Folge vertikaler Kräfte, die die Auftriebskraft simulierten, leicht nach rechts rollte (dies war ein unbeabsichtigter Effekt). Grafik 10.16C zeigt die vertikale Beschleunigung des Vorderrads (blaue Linie) und des Hinterrads (rote Linie). Die Hinterräder haben eine größere Beschleunigung erhalten, da sie eine größere vertikale Geschwindigkeit entwickeln. Grafik 10.16D zeichnet die horizontale Geschwindigkeit während der gesamten Simulation auf. Ihr Maximalwert beträgt 22.500 mm/s, dies entspricht 81 km/h. Die Grafiken 10.16E zeigen die Kräfte der Bodenreaktion auf die Hinterräder (rote Linie) und auf die Vorderräder (blau gepunktete Linie).

10.3.3.3.2.2 Fahren auf unebenen Oberflächen

Es wurde ein Test zum Überfahren von Unebenheiten simuliert, der aus zwei Stufen bestand:

- Fahren auf ein langes, flaches Hindernis mit einer Höhe von 100 mm (Abb. 10.17)
- Überqueren von drei 70 mm hohen Unebenheiten (Abb. 10.18).

Nach dem Überfahren eines Hindernisses neigt das Fahrzeug dazu, vorübergehend den Kontakt mit dem Boden zu verlieren. Die Geschwindigkeit, mit der sich das Modell in diesem Moment bewegt, beträgt 45 km/h. Die Abbildung zeigt den Moment des Abhebens des Hinterrades. Die Fahrtrichtung ist gemäß der X-Achse. In Abb. 10.17b geben die rote Linie den Radnabenhub und die blau gepunktete Linie die vertikale Bewegung des Rahmens wieder. In der Grafik 10.17C stellen die rote Linie die vertikale Geschwindigkeit des Rads und die gestrichelte blaue Linie den vertikalen Beschleunigungswert dar. Im nächsten Schritt wurde das Überfahren der drei Schwellen simuliert, die jeweils fünf Meter voneinander entfernt sind. Die Anfangsgeschwindigkeit beträgt 45 km/h. In den Diagrammen (10.18B) zeigen die rote Linie den vertikalen Radweg und die blau gepunktete Linie die vertikale Bewegung des vorderen Aufhängungsrahmens. In der unteren Grafik (10.18C) geben die rote Linie den Verlauf der vertikalen Geschwindigkeit des Rades und die gestrichelte blaue Linie den Verlauf der Beschleunigungen wieder.

10.3.3.3.2.3 Simulation des doppelten Fahrspurwechsels

Ein weiteres im MKS-System simuliertes Manöver war der doppelte Fahrspurwechsel. Das virtuelle Aeromobil wurde auf eine Geschwindigkeit von ca. 80 km/h beschleunigt, anschließend wurden die Lenkimpulse umgesetzt. Die einzelnen Grafiken in Abb. 10.19 zeigen die Konfiguration der Vorderräder (das Fahrzeug ist in der Vorderansicht dargestellt) sowie die Position des Fahrzeugs, z. B. in Bezug auf die Horizontale. Die ausgewählten Simulationsergebnisse sind in Abb. 10.20 dargestellt. Es ist zu beachten, dass

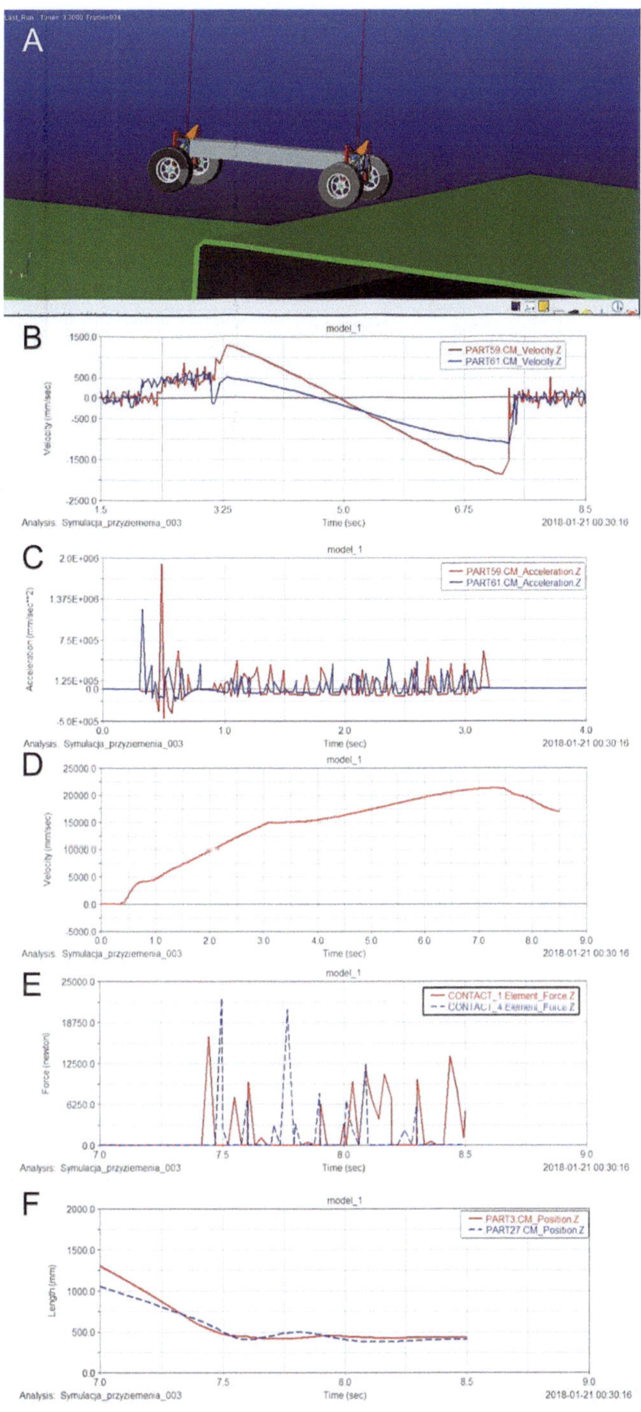

Abb. 10.16 Landungssimulation. (**a**) – Darstellung des Starts und der Anfangsphase des Fluges, (**b**) – Verlauf der Vertikalgeschwindigkeit der Vorder- und Hinterräder beim Aufsetzen, (**c**) – Verlauf der Vertikalbeschleunigung der Vorder- und Hinterräder gegen Zeit, (**d**) – Verlauf der Horizontalgeschwindigkeit des Fahrzeugs gegen Zeit, (**e**) – Bodenreaktionskräfte beim Aufsetzen, (**f**) – vertikale Verschiebungen der vorderen und hinteren Aufhängung gegen Zeit

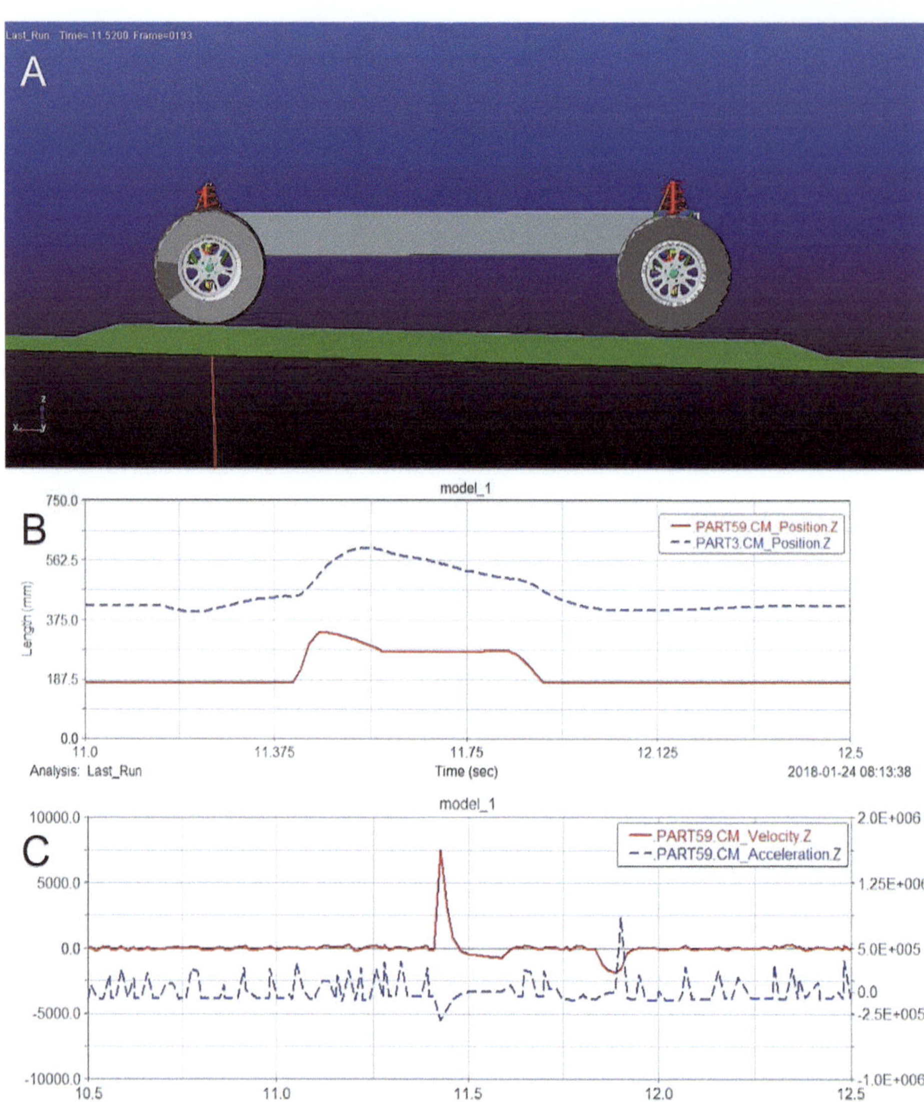

Abb. 10.17 Simulation der Überfahrt von Unebenheiten. (**a**) – Fahrzeug nach dem Auffahren auf ein Hindernis, (**b**) – Vorderrad- und Rahmenweg, (**c**) – Vorderradgeschwindigkeit und Beschleunigung

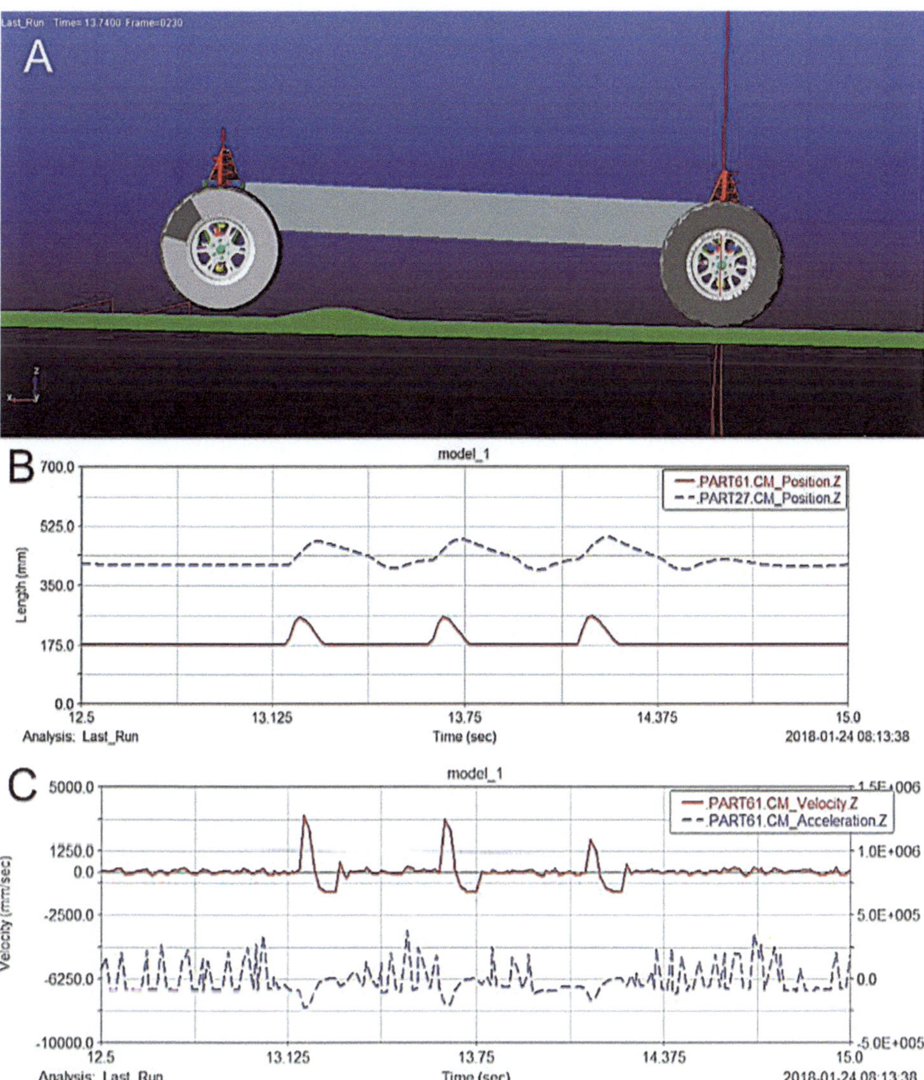

Abb. 10.18 Simulation des Überfahrens eines Hindernisses. (**a**) – Fahrzeug, das die Schwelle überfährt, (**b**) – Diagramm der vertikalen Verschiebung des Vorderrads und der vorderen Radaufhängung, (**c**) – Diagramm der vertikalen Geschwindigkeiten und Beschleunigungen des Vorderrades

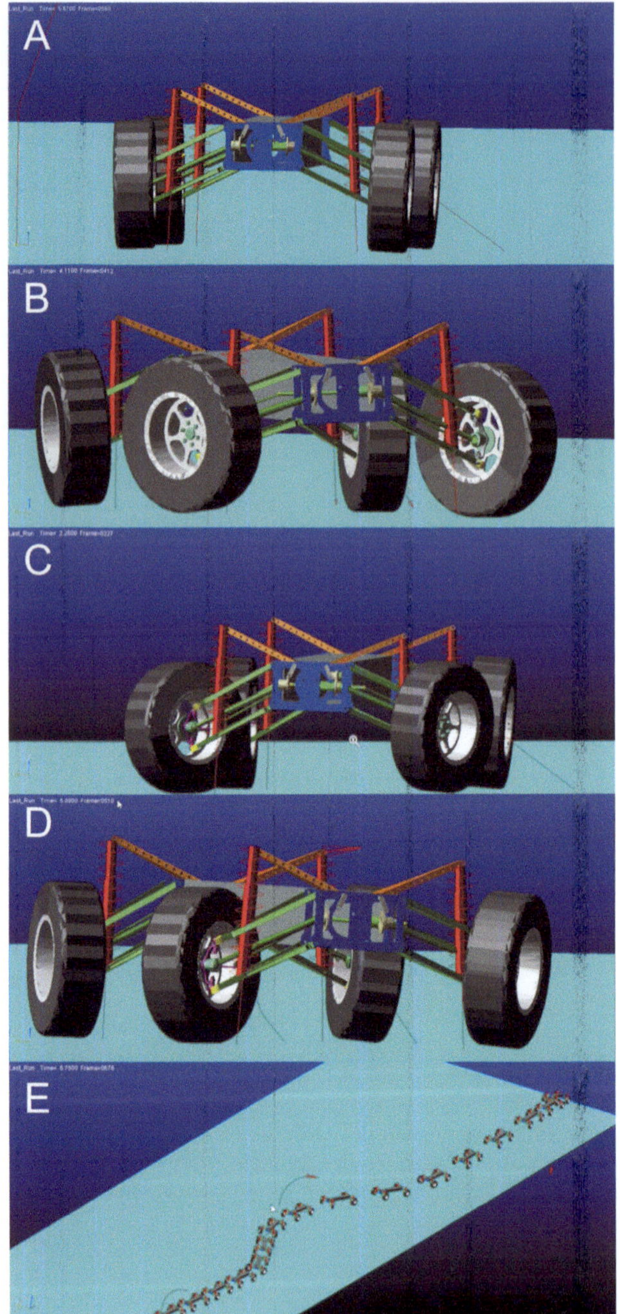

Abb. 10.19 Simulation des doppelten Fahrspurwechsels. (**a**) – Beginn des Manövers, (**b**) – das Fahrzeug fährt auf die linke Spur, biegt links ab, (**c**) – auf der linken Spur, biegt rechts ab, (**d**) – kehrt auf die rechte Spur zurück, (**e**) – Trajektorie der Fahrt

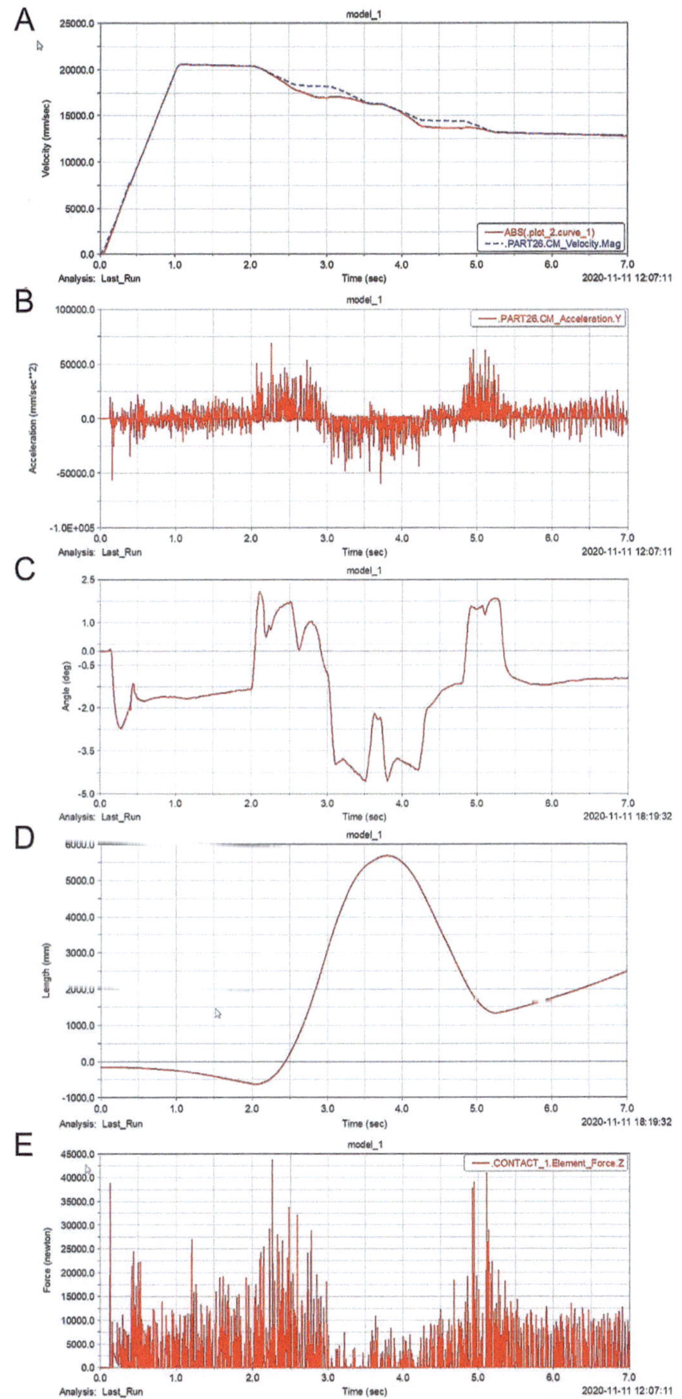

Abb. 10.20 Simulationsergebnisse des doppelten Fahrspurwechsels. (**a**) – Fahrgeschwindigkeit, (**b**) – Querbeschleunigung, (**c**) – Rollwinkel, (**d**) – Trajektorie des Schwerpunkts, (**e**) – Bodenreaktionskraft auf das linke Hinterrad

Tab. 10.1 Modellparameter

Nr.	Parameter	Wert	Einheit
1.	Federsteifigkeit	64	N/mm
2.	Reifensteifigkeit	60,1	N/mm
3.	Reibungskoeffizient	3,1	–
4.	Unsprungmasse	178,8	kg
5.	Sprungmasse	900	kg

während des Manövers die Fahrgeschwindigkeit abnahm, da mit dem Beginn des Lenkmanövers der Antrieb getrennt wurde. Die Simulation ermöglichte es, verschiedene Daten zu erhalten, die die laterale Dynamik beschreiben.

Tab. 10.1 enthält die Werte der Modellparameter, die für alle Simulationen übernommen wurden.

10.3.3.3.3 Zusammenfassung

Die vorgestellten Simulationstests betrafen ein atypisches Fahrzeug, nämlich ein Aeromobil mit erhöhter Geländetauglichkeit. Dies mindert jedoch nicht die Allgemeingültigkeit von Überlegungen, wenn es um die Verwendung der MKS-Methode bei der Untersuchung der Fahrdynamik von Geländefahrzeugen geht. Ein wichtiges Thema ist jedoch die korrekte Parametrierung des virtuellen Fahrzeugs. Während im Fall des X117-Aeromobils die Parametrisierung kein Problem war (das Fahrzeug wurde von Grund auf neu entwickelt), kann es bei vorhandenen Objekten – Geländefahrzeugen – schwierig sein, die tatsächlichen Abmessungen, die Masse und die Trägheitsmomente aller Fahrzeugkomponenten zu ermitteln. Dies ist aber eine notwendige Bedingung für eine zuverlässige Simulation.

Ein weiteres Problem ist die Simulation eines Fahrzeugs, das auf verformbarem Boden fährt. Die vorgestellten Ergebnisse beziehen sich auf die Situation, in der sich das Aeromobil nur auf einer befestigten Oberfläche bewegt. Ein Beispiel für die Verwendung des MKS-Systems zur Simulation der Bewegungsdynamik auf unbefestigtem Boden wurde von Gibbesch (2003) vorgestellt. Er simulierte die Wechselwirkung zwischen den Fahrwerksrädern eines Transportflugzeugs und dem Boden eines provisorischen Flughafens. Das MKS-System wurde verwendet, um die Parameter zu bestimmen, die die Längsdynamik beschreiben, einschließlich Rollwiderstand, Beschleunigung und Bremsdynamik. Die erzielten Ergebnisse sind ermutigend [15].

Zusammenfassend lässt sich sagen, dass die MKS-Systeme ein wertvolles Instrument sind, um die Fahrdynamik von Geländefahrzeugen auch auf verformbarem Boden zu untersuchen. Schwierigkeiten bei der Modellparametrisierung können mit der Fülle von Daten, die wir als Ergebnis der Simulation erhalten, vollständig belohnt werden.

10.4 Experimentales Testverfahren für Fahrdynamik

10.4.1 Einleitung

Testverfahren der Fahrzeugdynamik lassen sich grundsätzlich in stationäre und dynamische Methoden unterteilen. Eine andere Abteilung unterscheidet die Messungen in der sogenannten Closed-Loop unter Berücksichtigung der Auswirkungen menschlicher Faktoren und im Open-Loop-System, wenn ein erfahrener und geschulter Fahrer [60] oder ein Roboter (Fahrmaschine) das Fahrzeug führt.

Fahrdynamiktests zeichnen sich durch die Anwendung bestimmter, streng definierter Algorithmen im Hinblick auf erzwungene Anregungen, Impulse usw. sowie durch die Auswahl von Testbedingungen aus. Feldtests werden auf speziell vorbereiteten Testgeländen oder Teststrecken durchgeführt, deren Abmessungen eine sichere Prüfung gewährleisten.

In diesem Abschnitt werden Forschungsmethoden und -verfahren für die Fahrdynamik der Straßenfahrzeuge vorgestellt. Darauf aufbauend werden die Methoden für Geländefahrzeuge beschrieben und diskutiert

10.4.2 Testverfahren für Längsdynamik

10.4.2.1 Geradeausfahrt

Der Haupteinfluss auf die Fahrzeugbewegung während dieses Tests wird durch verschiedene äußere Störungen verursacht, wie Unebenheiten auf der Straße, Seitenwind usw. Die Reaktion des Fahrers besteht dann darin, den Kurs mit dem Lenkrad zu korrigieren. Die qualitative Bewertung basiert hauptsächlich auf dem Korrekturbetrag und ihrer Häufigkeit – je kleiner und seltener, desto besser das Testergebnis.

Bei Geradeausfahrt sind verschiedene Messungen möglich, wobei zwei Hauptmethoden verwendet werden: (1) Bestimmen der Reaktion des Fahrzeugs auf Störungen bei fester Lenkradposition oder (2) im Rückkopplungssystem (geschlossener Regelkreis) werden der Lenkwinkel und die Fahrzeugantwort gemessen. Im zweiten Fall wird die Häufigkeit der Fahreraktivität bestimmt, wobei die Analyse der erzielten Ergebnisse unter Berücksichtigung der Gewohnheiten des Fahrers erfolgt. Die gemessenen Werte sind Lenkwinkel, Querbeschleunigung und Giergeschwindigkeit. Es ist ratsam, die Messungen über lange Abschnitte durchzuführen, damit eine Frequenz- und spektrale Leistungsdichteanalyse durchgeführt werden kann. Die endgültige Beurteilung der Testergebnisse ist schwierig, hauptsächlich aufgrund der ungenauen Wirkung des Fahrers und der Straße.

Eine der Variationen der Geradeausfahrt besteht darin, die Reaktion des Fahrzeugs auf kleine Impulse des Lenkrads um eine neutrale Position im Bereich von 0 +/– 0° oder auf eine sinusförmige Lenkung mit einer Frequenz von etwa 0,1 Hz zu testen, wobei die Amplitude der Auslenkungen so gewählt wird, dass die Querbeschleunigung 2 m/s^2 beträgt. Die Messgrößen sind Lenkraddrehwinkel, Lenkraddrehmoment, Gierwinkel, Querbeschleunigung und Fahrzeuggeschwindigkeit. Wichtige Bewertungskriterien sind: (1) Erhöhung des im Leerlauf gemessenen Lenkraddrehmoments, (2) Erhöhung der Gierwinkelrate als Reaktion des Fahrzeugs auf den Lenkimpuls.

10.4.2.2 Beschleunigungstest

Der Beschleunigungstest besteht in der Erhöhung der Geschwindigkeit (Beschleunigung) und kann mit stehendem und fliegendem Start ausgeführt werden. Ziel ist es, Beschleunigungsvermögen und Fahrverhalten wie bei Geradeausfahrt zu bestimmen. Dieses Testverfahren kann im Gelände durchgeführt werden. Eine der Varianten dieses Tests ist der Versuch, einen Hügel hinaufzufahren.

10.4.2.3 Bremstest

Beim Bremstest werden der Anhalteweg, die Bremsverzögerung sowie die Richtungsstabilität während des Bremsmanövers untersucht.

10.4.2.4 Schlepp- und Zugtest

Der Schlepptest besteht darin, dass das Messfahrzeug von einem Zugfahrzeug gezogen wird, wobei beide Autos durch ein Dynamometer verbunden sind. Der Test wird auf einer geraden Strecke durchgeführt, die Fahrgeschwindigkeit während des Tests kann unterschiedlich sein. Wenn die Fahrgeschwindigkeit jedoch 30 km/h überschreitet, ist der Einfluss des Luftwiderstands zu groß, um ihn zu umgehen. Dann werden aerodynamische Vorrichtungen verwendet: ein Rollwiderstandmessanhänger zur Abschirmung des Messfahrzeuges gegen den Luftwiderstand (Zomotor,1991, S. 254, [8]).

Der Zugtest verläuft umgekehrt: das Messfahrzeug wird zum Zugfahrzeug und das vorherige Zugfahrzeug wird als Bremsfahrzeug benutzt.

10.4.3 Testverfahren in der Kreisfahrt

10.4.3.1 Stationäre Kreisfahrt

Die Norm ISO 4138 enthält eine Beschreibung des Testverfahrens bei Kreisfahrt. Das Fahrzeug wird auf einer Kreisbahn mit konstantem Radius gefahren. Es wird Folgendes gemessen: Lenkradwinkel, Querbeschleunigung, Schwimmwinkel, Lenkraddrehmoment, Gier- und Lineargeschwindigkeit. Der Test beginnt mit der Mindestgeschwindigkeit, mit der das Fahrzeug reibungslos fahren kann. Allmählich wird die Geschwindigkeit erhöht, bis das Fahrzeug nicht mehr auf der vorgegebenen Kreisbahn gehalten werden kann. Die Abhängigkeit der Gierreaktion von der Fahrgeschwindigkeit ist das Ergebnis des Tests, basierend auf der Analyse dieser Beziehung werden der Lenkgradient und die Eigenschaften des Fahrzeugs bestimmt: Untersteuern – neutral – Übersteuern [16].

Bei einer anderen Variante dieses Tests wird der Lenkradwinkel vorgegeben, die Fahrgeschwindigkeit und der Kreisradius sind variabel. Der Vorteil dieser Methode ist ein reibungsloser Übergang zum transienten (dynamischen) Bereich. Eine weitere Modifikation ist der Test bei konstanter Geschwindigkeit. Die Variablen sind dann der Lenkradwinkel und der Kreisradius. Beim Geradeausfahren werden die Lenkradimpulse ausgelöst. In diesem Test kann das Übertragungsverhalten bestimmt werden. Der Test wird in einem sogenannten offenen Regelkreis (*Open-Loop*) durchgeführt, unter Beteiligung eines erfahrenen Fahrers oder unter Verwendung eines Roboters zur Steuerung des Fahrzeugs, soweit dies für das Testverfahren erforderlich ist. Schwierigkeiten bei der Durchführung dieses Tests ergeben sich aus der Notwendigkeit einer ausreichend großen Versuchsstrecke.

Der Testverlauf in der Variante mit einem festen Kreisradius ist wie folgt: Das Fahrzeug, das mit der kleinstmöglichen Geschwindigkeit fährt, wird in eine Kurve mit einem Radius von mind. 30 m gefahren, wobei die Geschwindigkeit allmählich erhöht wird, um eine allmähliche Querbeschleunigungserhöhung in 0,5 m/s^2 Schritten bis zum Erreichen des instationären Bereiches zu erzeugen. Die Messung am ermittelten Beschleunigungswert dauert mind. 3 s, und der Test wird im und entgegengesetzt zum Uhrzeigersinn durchgeführt. Die vorgegebene Fahrspur ist auf jeder Seite um 0,3 m breiter als das Fahrzeug.

Abb. 10.21 zeigt eine experimentelle Kreisbahn mit einer Oberfläche mit reduzierter Haftung (sogenannte Gleitplatte). Die Asphaltoberfläche ist mit einer Emulsion bedeckt und wird zusätzlich mit Wasser beregnet.

Abb. 10.21 Eine experimentelle Kreisbahn mit einer rutschigen Oberfläche

10.4.3.2 Instationäres Messverfahren

Die bei dynamischen Fahrdynamiktests verwendeten Verfahren sind in der zweiteiligen Norm ISO 15037 beschrieben. Es werden die allgemeinen Testbedingungen, Messgrößen, Anforderungen an Messgeräte und Datenverarbeitung, Umwelttestbedingungen (Teststrecke, externe Faktoren, z. B. Seitenwind), Fahrzeugvorbereitung sowie Dokumentation beschrieben. Diese Norm deckt allgemeine Aspekte der dynamischen Tests ab, während detaillierte Beschreibungen der Testmethodik in anderen Standards enthalten sind, die für einzelne Tests relevant sind und nachstehend beschrieben werden [17].

10.4.3.2.1 Instationäre Kreisfahrt

Der Zweck dieses Tests besteht darin, die Auswirkungen von Fahrbahnunebenheiten auf die Kurshaltung bei Kreisfahrt zu ermittelt. Die Fahrbahnunebenheiten werden mit Hindernissen simuliert, die quer zur Fahrtrichtung angeordnet sind. Dies können sechs Stahlrohre mit einem Durchmesser von 44 mm sein, die in Abständen von 1,1 m angeordnet und befestigt sind. Die Testfahrt wird mit unterschiedlichen Geschwindigkeiten und mit jeweils konstantem Lenkeinschlag, der eine Querbeschleunigung von 4 m/s^2 gewährleistet, durchgeführt. Das Gaspedal wird freigegeben, bevor das Fahrzeug mit einem Hindernis kollidiert. Änderungen der Querbeschleunigung und der Giergeschwindigkeit werden gemessen. Der Test kann in geschlossenen und offenen Regelkreisen durchgeführt werden. In diesem Fall nehmen Testfahrer an den Tests teil und haben die Aufgabe, bei einem bestimmten Kurvenradius die höchstmögliche Geschwindigkeit zu ermitteln. Die Testmethode wurde am Institut für Straßenverkehrssicherheit der Universität von Michigan entwickelt.

Eine bessere Reproduzierbarkeit der Ergebnisse kann in einem einzigen Hindernistest erzielt werden, wobei verschiedene Arten von Formen verwendet werden: Trapezquerschnitt von ca. (300 × 250) × 40 mm aus Hartgummi oder gewölbter Querschnitt aus Stahlbeton mit Stahlblechenden mit einer Breite von 500 mm und einer Höhe von 50 mm. Die Messung wird bei verschiedenen Werten der Querbeschleunigung entlang einer Strecke mit konstantem Radius durchgeführt. In Bezug auf den Anfangswert wird die Änderung der Gierrate und das Schwimmen des Fahrzeugs nach dem Überwinden des Hindernisses gemessen.

Diese Art von Manöver kann beim Testen von Geländefahrzeugen sehr nützlich sein. Es geht hauptsächlich um Unebenheiten, die im Feld natürlich auftreten.

10.4.3.2.2 Lastwechselreaktion

Eine Lastwechselreaktion bei der Kreisfahrt resultiert aus einer plötzlichen Änderung des auf das Fahrzeug wirkenden Kräftesystems: Die in den Kontaktbereichen zwischen den Antriebsrädern ausgeübte Antriebskraft wird zu einer Widerstandskraft, die vom als Bremse arbeitenden Motor erzeugt wird. Abhängig von der Art des Antriebs (vorne, hinten oder Allrad) besteht die Reaktion des Fahrzeugs darin, den Kurvenradius zu verkleinern oder zu vergrößern. Die Auswirkung dieser Störung kann sowohl bei der Geradeaus- oder Kreisfahrt als auch bei kombinierten Tests geprüft werden. Aus methodischen Gründen werden die besten Ergebnisse bei der Kreisfahrt erzielt. Es gibt zwei Hauptmöglichkeiten, um die Reaktion des Fahrzeugs auf das Gaswegnehmen zu bewerten:

1. Die Anfangsgeschwindigkeit wird konstant gehalten, die Kippbeschleunigung wird durch den Kreisradius reguliert, die Motordrehzahl, bei der die Prüfung beginnt, ist unabhängig von der Querbeschleunigung. Auf einer asphaltierten Straße wird eine Fahrgeschwindigkeit von 60, 80 oder 100 km/h verwendet. Unter Feldbedingungen sind die Geschwindigkeiten niedriger. Infolgedessen wird die Beziehung zwischen der Fahrzeugantwort und der Querbeschleunigungsfunktionen erhalten.
2. Der Radius des Kreises ist festgelegt, während die Anfangsgeschwindigkeit der Prüfung wie bei der Prüfung gemäß ISO 4138 schrittweise angepasst wird. Die Reaktion auf das Gaswegnehmen wird daher bei unterschiedlichen Querbeschleunigungen und Motordrehzahlen bestimmt.

Die gemessenen Größen in den obigen Tests sind: Lenkradwinkel, Fahrgeschwindigkeit, Querbeschleunigung, Gierwinkel, Gaspedalbewegung. Die Hauptausgangsgröße ist die Schwimmwinkelrate relativ zum Referenzwert. Eine detaillierte Beschreibung der Prüfmethode ist in der Norm ISO 9816 enthalten [18].

10.4.4 Messmethoden für Übertragungsverhalten

Die Reaktion auf einen Lenkwinkelsprung ist ein wichtiges Kriterium für die Beurteilung des Fahrverhaltens und der Fahrzeugstabilität. Die Norm ISO 7401 (Lateral Transient Response Test Procedure) legt die Bedingungen und Methoden für die Durchführung des Tests fest. Grundsätzlich ist es möglich, das Fahrzeugverhalten anhand von Zeit- und Frequenzfunktionen zu bestimmen. Folgende Testmethoden werden verwendet [19]:

A. Fahrversuch mit Stufenlenkwinkeleingabe (J-Turn-Test), dabei erfolgt eine Lenkwinkeleingabe mit einer Lenkwinkelrate im Bereich von 200 bis 500°/s (nach amerikanischen Quellen 1000 oder sogar 2000°/s [20]), wobei die Impulsform trapezförmig ist und eine Querbeschleunigung von 4 m/s² erreicht werden soll. Sobald die Startposition erreicht ist, bleiben Lenkrad und Fahrgeschwindigkeit fest. Die Testfahrten werden in beide Richtungen wiederholt. Das Endergebnis des Tests ist der TB [S × °]-Index, der für ein bestimmtes Fahrzeug bei einer angenommenen Geschwindigkeit von 80 km/h und einer Querbeschleunigung von 4 m/s² bestimmt wurde.
B. Prüfung mit der langsam ansteigenden Lenkwinkeleingabe, bei der die Lenkwinkelrate etwa 15°/s beträgt, bis zum maximalen Lenkwinkel etwa 360°, sodass die Räder blockiert sind. Die Testmethode ist im SAE-Standard J266 dargestellt
C. Versuche, in der die Lenkrichtung schnell geändert wird. Tests dieser Art sind wichtig, da die bei einseitigen Tests festgestellte Fahrdynamik keine korrekten Reaktionen beim Wechsel des Lenkeinschlags von einer Seite zur anderen garantiert, insbesondere

in Grenzzuständen. Der Lenkradwinkel kann trapezförmig, rechteckig (NHTSA DOT HS 809 513 – *Fishhook Test*) oder sinusförmig (ISO/TR8725-1985 [21]) sein. Es wird eine einfache oder doppelte Richtungsänderung durchgeführt und der Zeitpunkt der Einleitung der Gegenlenkung wird so gewählt, dass eine zeitliche Übereinstimmung mit dem Erreichen des Maximalwerts der Fahrzeugwinkelgeschwindigkeit erzielt wird. Die Anfangsgeschwindigkeit beträgt 80 km/h, die Amplitude der Lenkradwinkel ist fünfmal größer als bei der Position des Lenkrads entsprechend einer Querbeschleunigung von 0,3 g, die Lenkradwinkelrate beträgt 1000°/s. In Deutschland wird auch eine multiplere kontinuierliche sinusförmige Anregung (Dauersinus) verwendet, die die statistisch günstigsten Ergebnisse im Frequenzbereich liefert [8]. Der Test besteht darin, eine sinusförmige Lenkradeingabe anzulegen, wobei die Amplitude so ist, dass Querbeschleunigungen von 4 m/s^2 auftreten, während die Pulsfrequenz 4 Hz beträgt. Andere Testvarianten mit einer Änderung der Fahrzeugrichtung sind der Dreiecksimpuls und stochastische Anregungen. Der Vorteil dieser Art von Prüfung ist die relativ geringe Breite der Teststrecke. Grundlage für die Analyse sind die Verläufe des Lenkradwinkels, der Querbeschleunigung und der Giergeschwindigkeit. Als Bewertungskriterium werden die Beziehungen zwischen den obigen Größen und dem Lenkradwinkel als Funktion der Frequenz erhalten.

10.4.4.1 Doppelter Fahrspurwechsel

Eine getrennte Diskussion erfordern die komplexesten Testfahrten mit einem doppelten Fahrspurwechsel. Aus verkehrstechnischer Sicht ist dies ein Ausweichmanöver, das jedoch als Reaktion des Fahrers auf ein erstens zuvor festgestelltes Hindernis, und zweitens durch ein Hindernis, das plötzlich auftritt, erklärt werden kann. Die Variation dieses Tests wird als „Elchtest“ bezeichnet. Der doppele Fahrspurwechsel wird auf einer markierten Strecke durchgeführt, wobei die Parameter, insbesondere die Gassenbreite, von der Breite des getesteten Fahrzeugs abhängen (Abb. 10.22). Es gibt zwei verschiedene Varianten, nämlich den Test nach VDA oder ISO 3888-2, mit kürzerer (61 m) und den nach ISO 3888-1 mit längerer (110 m) Messstrecke [22]. Die erste Variante stellt ein typisches Ausweichmanöver dar und ermöglicht niedrige oder mittlere Geschwindigkeiten. Der zweispurige Test ist als typisches Testmanöver bei Fahrzeugstabilitätstests definiert, insbesondere als Abweichungsreaktion (Winkelgeschwindigkeit und Abweichungswinkel von einer bestimmten Bewegungsrichtung). Die Aufgabe besteht darin, mit der höchstmöglichen Präzision die Strecke mit einer Anfangsgeschwindigkeit von 60 bis 80 km/h oder mit der maximal möglichen Geschwindigkeit zu durchfahren, ohne ein Pylon umzuwerfen. Geschulte Fahrer können am Test teilnehmen, dann wird der Test in einem geschlossenen Regelkreis durchgeführt. Es kann auch eine Fahrmaschine verwendet werden. In diesem Fall wird durch die Unabhängigkeit vom menschlichen Faktor normalerweise eine bessere Reproduzierbarkeit der Ergebnisse erreicht. Die Fotos in Abb. 10.23 zeigen ein Jeep-Wrangler-Zeszuta-Auto bei der Versuchsfahrt: A. doppelter Fahrspurwechsel, B. Slalom. Teststrecke auf einem Flugplatz.

ISO/TR 3888-1

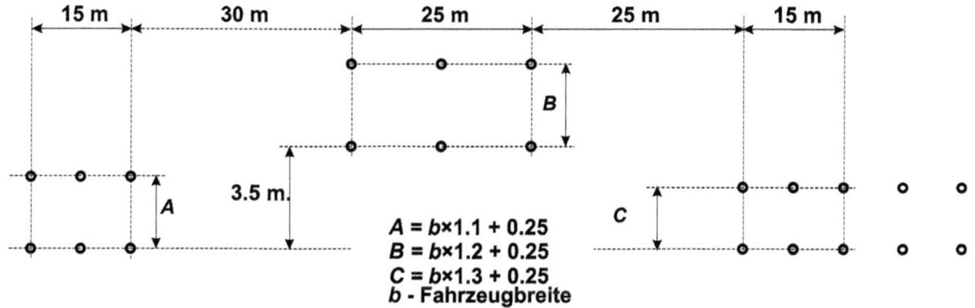

ISO/TR 3888-2

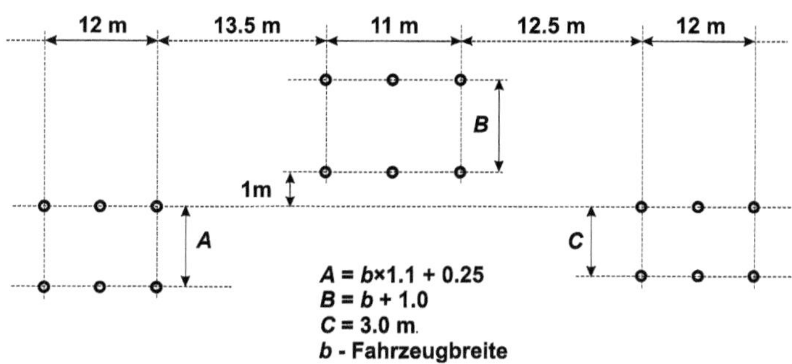

Abb. 10.22 Schema des doppelten Fahrspurwechsels

10.4.5 Testverfahren für die Fahrdynamik von Geländefahrzeugen

10.4.5.1 Längsdynamik

Beschleunigungs- und Bremsverzögerungstests mit Geländefahrzeugen werden im Bereich der Längsdynamik durchgeführt. Zusätzlich kann der Beschleunigungstest auf einer Steigungsstrecke durchgeführt werden. Die obigen Tests unterscheiden sich nicht wesentlich von Straßenfahrzeugtests. Eine gewisse Schwierigkeit bei den Messungen ist der hohe Rollwiderstand und die geringe Heterogenität der Fahrbahn, die zu einer starken Streuung der Ergebnisse führt. Daher sollten mindestens fünf Wiederholungen durchführt werden (optimal 10 bis 20). Während der Tests ist es ratsam, die Bodenparameter (Kegelindex, Scherfestigkeit, Bodenfeuchtigkeit) zu bestimmen. Dies ist notwendig, um sicherzustellen, dass die Ergebnisse wiederholbar und repräsentativ sind. Beispiele für die Ergebnisse von Messungen der Längsdynamik eines Autos auf einer schneebedeckten Oberfläche wurden von Deppermann (1988) vorgestellt [23].

Abb. 10.23 Ein Testfahrzeug bei Versuchsfahrt: (**a**) – doppelter Fahrspurwechsel, (**b**) – Slalom

Der Geradeauslauftest wird im Gelände nicht durchgeführt. Dies ist im Fehler in der Methode begründet: Signifikante Werte für den Rollwiderstand bedeuten, dass die erhaltenen Messdistanzlängen klein sind und zusätzlich aufgrund der Unebenheiten der Fahrbahn mit signifikanter Streuung der Messergebnisse belastet sind. Das Geradeauslaufverhalten wird indirekt durch Berechnung unter Verwendung der Messwerte Distanz und Zeit bestimmt.

Das Anfahrverhalten kann durch drei Manöver überprüft werden:

- Befahren einer Steigung von ca. 15 bis 20 %
- Festfahren in einer Steigung von ca. 20 %
- Befahren einer Steigung von 40 %

Solche Tests wurden bei der Entwicklung der GLK-Klasse von Mercedes durchgeführt [24]. Abb. 10.24 zeigt ein Testfahrzeug während des Beschleunigungstests im Gelände.

Abb. 10.24 Anfahrtest im Gelände

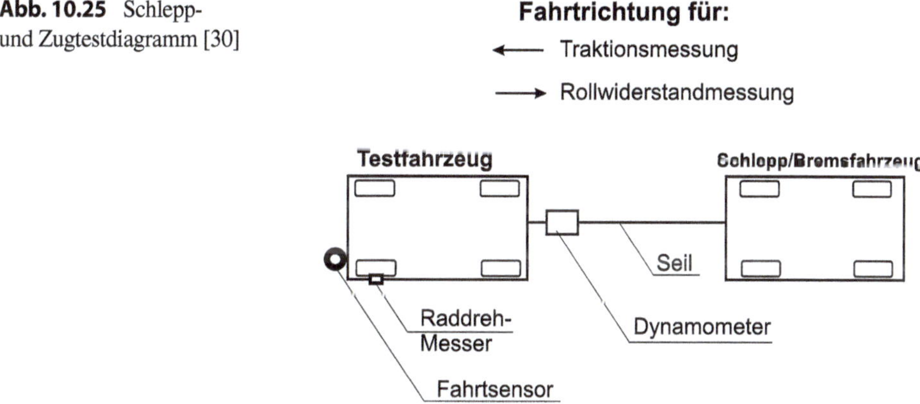

Abb. 10.25 Schlepp- und Zugtestdiagramm [30]

Schlepp- und Zugversuche sind in der Prüfung von Geländefahrzeugen weit verbreitet, sie sind Basistests für Längsdynamik bei Geländefahrzeugen. In der Praxis unterscheiden sie sich nicht von Versuchen für Straßenfahrzeuge. Das Schlepp- und Zugtestdiagramm ist in Abb. 10.25 dargestellt. Es sind jedoch zwei Faktoren zu berücksichtigen:

- Der Schlepp-/Zugtest im Gelände erfordert normalerweise die Verwendung eines Dynamometers mit einem größeren Messbereich, da der Rollwiderstand beim Fahren auf einer verformbaren Oberfläche (Boden, Schnee) um ein Vielfaches höher ist als der Widerstand auf einer asphaltierten Straße.

- Der Wert der gemessenen Kraft kann erheblich schwanken, hauptsächlich aufgrund der Heterogenität des Bodens oder des wechselnden Untergrunds sowie aufgrund von Unebenheiten.

Beim Zugtest wird auch der Radschlupf bestimmt. Der Zweck besteht darin, die Zugkraft-Radschlupf-Charakteristik zu bestimmen. Abb. 10.26 zeigt Beispiele für Zugtests im Gelände.

10.4.5.1.1 AVTP-Verfahren

Das AVTP (Advanced Vehicle Test Procedures) beschreibt die Bedingungen und Methoden zum Testen von Militärfahrzeugen. AVTP-Verfahren wurden von der NATO formuliert und als nicht vertraulich veröffentlicht, was nach Erhalt für alle NATO-Länder gilt. Es ist gestattet, Kopien der AVTP-Veröffentlichungen an Unternehmer und Lieferanten zu verteilen. Jedes ratifizierende Land kann zusätzliche Informationen zu den Forschungsergebnissen veröffentlichen, um die Verfahren zu erweitern oder zu präzisieren. In keinem

Abb. 10.26 Zugtest im Gelände. (**a**) – Star-1466-Lastkraftwagen, (**b**) – HMMWV-Hummer

Fall dürfen diese Informationen jedoch den Bestimmungen der AVTP-Dokumente widersprechen. Für den Fall, dass das ratifizierende Land aufgrund von Einschränkungen wie Verfügbarkeit der Ausrüstung, nationalen Vorschriften, Genauigkeit der Instrumente usw. von den Bestimmungen eines der AVTP-Verfahren abweichen muss, werden die verwendeten Prüfmethoden im Bericht beschrieben, in diesem Fall kann dies jedoch zur Nichtakzeptanz von Forschungsergebnissen durch andere Länder führen.

Eines der Verfahren ist AVTP 03-100, welches die Testbedingungen beschreibt, die für die vergleichende Bewertung der Fahrbarkeitseigenschaften von Kampf- und Transportfahrzeugen auf der nachgiebigen Fahrbahn erforderlich sind [25].

Während das Fahren auf asphaltiertem Boden kein Traktionsproblem für das Fahrzeug darstellt, verursacht das Fahren auf verformbarem Boden wie Sand, Tonsand, schlammigem Boden, Schnee oder sumpfigem Boden normalerweise unterschiedliche Traktionsschwierigkeiten. Die Zugkraft auf verformbarem Boden stellt den Überschuss an verfügbarer Kraft dar, der erforderlich ist, um die Leistungsverluste auf diesem Boden zu überwinden, wie z. B. Raupen- oder Radschlupf, Rollwiderstandskraft, Zugkraft. Zu einem großen Teil wird die Leistung eines Testfahrzeugs quantifiziert, indem die Fähigkeit bewertet wird, verformbaren Boden zu überwinden, um die effizientesten Parameter für Raupenfahrwerk, Reifen (einschließlich Reifendruck) und Federung zu bestimmen. Probleme mit der Geländegängigkeit im Zusammenhang mit vorhandenen Büschen, Bäumen und anderen Hindernissen werden von diesem Verfahren nicht abgedeckt. Das Verfahren zeigt nicht die Beziehung zwischen Manövrierfähigkeit und Mobilität.

Das Verfahren enthält eine Liste der zur Durchführung von Messungen erforderlichen Messinstrumente und deren Messgenauigkeit (siehe Tab. 10.2).

Es ist erforderlich, dass das Fahrzeug für den vorgesehenen Verwendungszweck oder den im Prüfplan angegebenen Zustand vorbereitet und ausgerüstet ist. Es müssen

Tab. 10.2 Die erforderliche Messgenauigkeit der Instrumente gemäß dem AVTP-03-100-Standard

Messwert	Messgerät	Max. Messfehler
Zugkraft	Dynamometer	2 %
Fahrgeschwindigkeit	Fahrtmeter	1 %
Motordrehzahl	Tachometer	2 %
Zeit	Uhr	1 %
Kegelindex	Penetrometer	10 %
Bodenfeuchtigkeit	Bodenfeuchtemesser	2 %
Bodendichte	Pyknometer	5 %
Bodentiefe bis harte Schicht	Maßstab	0,02 m
Fahrspurtiefe	Maßstab	0,02 m
Antriebsmoment	Dynamometer	2 %
Reifeninnendruck	Manometer	2 %
Reifenverschleiß	Tiefenmesser	0,0005 m
Lufttemperatur	Thermometer	1 °C
Luftfeuchtigkeit	Psychometer	3 % full scale
Luftdruck	Manometer	1 %

Wartungsarbeiten durchgeführt werden, um sicherzustellen, dass das Fahrzeug gemäß den Angaben des Herstellers betrieben wird. Insbesondere müssen Motor, Radaufhängungen und Fahrgestell überprüft werden. Es müssen die von den zuständigen NATO-Diensten festgelegten Betriebs- und Schmiermittel verwendet werden (nach der Ratifizierung). Wenn das NATO-Abkommen nicht ratifiziert wird, sollten die vom Fahrzeughersteller festgelegten Betriebs- und Schmiermittel verwendet werden. Die Ölstände sind zu prüfen und gegebenenfalls zu korrigieren. Die Arbeitsflüssigkeiten und Komponenten sollten vor Beginn der Tests Betriebstemperatur haben. Die Maximaldrehzahl des Motors sollte nicht überschritten werden.

Gummiketten oder Reifen sollten in gutem Zustand und richtig eingestellt sein. Der Reifendruck sollte dem vom Fahrzeughersteller empfohlenen Wert entsprechen. Der Antriebsstrang wird zur Messung der Rollwiderstandskraft getrennt.

Die Teststrecke sollte vor den Messungen vorbereitet werden. Der Boden sollte nach Möglichkeit bis zu einer Tiefe von etwa 60 cm gelockert werden, außer wenn auf natürlichem Boden getestet wird.

Das Verfahren beschreibt den Messvorgang im Detail.

a. Zugkraft
   Das Testfahrzeug zieht ein bewegliches Dynamometer (oder ein gleichwertiges Messgerät, beispielsweise ein Windenseil), das eine konstante Zugkraft bereitstellt. Die Kraft wird so lange gehalten, bis sich alle Parameter (Geschwindigkeit, Schlupf) stabilisiert haben. Es müssen mehrere Versuche mit unterschiedlichen Kraftwerten durchgeführt werden, um die Beziehung zwischen Kraft und Schlupf zu erhalten. Der Schlupf sollte sich von 0 auf 100 % ändern.
b. Geländegeschwindigkeit
   Der Test wird mit Vollgas bei jedem Übersetzungsverhältnis des Antriebsstrangs (oder des Getriebebereichs) auf jeder Art von verformbarer Fahrbahn durchgeführt. Es werden die vom Fahrzeug gehaltene Höchstgeschwindigkeit und der Rad- oder Raupenschlupf gemessen.
c. Fahrzeugbeschleunigung
   Erst soll die optimale Schaltsequenz (oder der optimale Gangbereich) des Antriebsstrangs bestimmt werden, der auf jedem Streckentyp mit verformbarem Boden die minimale Beschleunigungszeit bis zur maximalen Geschwindigkeit bietet. Es wird auf jeder der Teststrecken mit eingeschaltetem Motor und eingelegtem Anfangsgang (Übersetzungsbereich) des Antriebsstrangs gestartet. Das Gaspedal soll rasch vollständig gedrückt werden, um das Fahrzeug so schnell wie möglich zu beschleunigen. Es werden die Fahrzeuggeschwindigkeit (oder zurückgelegte Strecke), die Motordrehzahl (falls erforderlich), das Drehmoment und die Drehzahl der Antriebswelle (falls zutreffend) sowie die Zeit in geeigneten Schritten gemessen, um Kennlinien darstellen zu können.
d. Fahrwiderstand
   Es wird auf jeder Teststrecke mit konstanter Geschwindigkeit gefahren. Es sollen so viele Versuche wie möglich mit unterschiedlichen Geschwindigkeiten durchgeführt

werden. Um Vergleichsdaten zu erhalten, sollen dieselben Tests auf einem befestigten Untergrund durchgeführt werden. Gemessen werden das Antriebswellenmoment, der Schlupf sowie eine ausreichende Anzahl unterschiedlicher Fahrzeuggeschwindigkeitswerte, um die für jeden Geländetyp spezifische Antriebskraft zu bestimmen.

e. Rollwiderstand

Das Testfahrzeug wird mit verschiedenen Geschwindigkeiten mit einem langen Seil gezogen, das mit dem dynamometrischen Fahrzeug verbunden ist, sodass der Boden vor dem Zugfahrzeug intakt ist. Gemessen werden die Zugkraft und die Geschwindigkeit. Folgende Daten und Messparameter sind erforderlich:

- Zugkraft und Rollwiderstandskraft
- Drehmoment und Drehzahl der Antriebswelle (falls zutreffend)
- Fahrzeuggeschwindigkeit
- Motordrehzahl
- Drehzahl des Antriebsrades bei Kettenfahrzeugen und des Laufrades bei Radfahrzeugen
- Übersetzungsverhältnis im Antriebsstrang
- Fahrzeuggewicht
- Einsinkung der Fahrzeugreifen im Boden
- Zeit
- Vom Fahrzeug zurückgelegte Strecke (falls erforderlich)
- Reifendruck und Profilverschleiß
- Verschleiß der Gummipads
- Parameter, die den Boden beschreiben:
  - Luftfeuchtigkeit
  - Kegelindex
  - Tiefe des harten Bodens (CI von 150 oder mehr)
  - Tiefe der berührten Schicht (z. B. mit einer Rotationsfräse)
  - Bodendichte (nur für feinkörnige Böden) bei Bedarf
- Bodentyp nach dem Bodenklassifizierungssystem
- Atmosphärische Bedingungen:
  - Luftdruck
  - Lufttemperatur
  - Luftfeuchtigkeit

Die Messergebnisse sollten in standardisierter Form entwickelt und dargestellt werden. Die erforderlichen Daten sind in beschreibender, tabellarischer, grafischer, bildlicher oder sonstiger geeigneter Form bereitzustellen. Die folgenden Messergebnisse werden als Testergebnisse dargestellt:

1. Zugkraftmessungen
   - Zugkraft in Abhängigkeit von der Fahrzeuggeschwindigkeit (falls zutreffend)
   - Zugkraft als Funktion des Schlupfes

   - Schlupf in Abhängigkeit von der Fahrzeuggeschwindigkeit
   - Motordrehzahl als Funktion der Fahrzeuggeschwindigkeit
   - Drehmoment der Antriebswelle gegenüber der Fahrzeuggeschwindigkeit (falls zutreffend)
   - Drehmoment an der Antriebswelle in Abhängigkeit von ihrer Drehzahl (falls zutreffend).
   - Einsinktiefe (Räder in verformbarem Boden)
   - Tabelle mit Parametern, die den Boden beschreiben
2. Messung der Geschwindigkeit, mit der das Gelände befahren wird
   - Ergebnistabelle
   - Tabelle mit Parametern, die den Boden beschreiben.
3. Beschleunigungsmessung
   - Fahrzeuggeschwindigkeit als Funktion der Zeit
   - Drehmoment der Antriebswelle in Abhängigkeit von der Zeit (falls zutreffend)
   - Motordrehzahl als Funktion der Zeit (falls erforderlich)
   - Tabelle mit Parametern, die den Boden beschreiben
4. Fahrwiderstandsmessung
   - Drehmoment an der Antriebswelle in Abhängigkeit von der Fahrzeuggeschwindigkeit
   - Drehmoment an der Antriebswelle in Abhängigkeit von ihrer Drehzahl
   - Schlupf über Fahrzeuggeschwindigkeit (optional)
   - Tabelle mit Parametern, die den Boden beschreiben
5. Rollwiderstandsmessung
   - Grafische Darstellung der Rollwiderstandskraft in Abhängigkeit von der Fahrzeuggeschwindigkeit
   - Tabelle mit Parametern, die den Boden beschreiben

10.4.5.2 Querdynamik

Experimentelle Untersuchungen der Querdynamik im Gelände zielen ab auf:

- Analyse von Lenkfähigkeit und Beweglichkeit unter Feldbedingungen
- Fahrstabilitätsanalyse
- Fahrsicherheit

Bei der Gestaltung des Testprogramms können die für Straßenfahrzeuge geltenden Normen teilweise angewendet werden. Ähnlich wie bei der befestigten Fahrbahn werden Testmethoden verwendet, mit denen die Reaktion des Fahrzeugs auf einen bestimmten Lenkimpuls gemessen wird. Ein Beispiel für eine solche Forschung ist in [23] dargestellt. Es wurde die Reaktion eines mit Schneeketten ausgestatteten Autos auf Lenkimpulse in Form von Dauersinusanregung unter winterlichen Bedingungen untersucht. Ein weiteres Beispiel ist in [24] präsentiert. Der Prototyp des Mercedes-GLK-Klasse wurde unter Wüstenbedingungen auf tiefem, trockenem Sand getestet. Es wurden drei verschiedene Fahrmanöver verwendet:

- 5 × 15-Slalom in der Ebene
- Definierter Spurwechsel in einer Steigung von ca. 12 %, bei 15, 25 und 30 km/h
- Definierter Spurwechsel in einer Steigung von ca. 45 bis 60 %, 25 und 30 km/h

Der Autor hat die Untersuchung der Querdynamik des Autos auf einer unbefestigten Fahrbahn durchgeführt. Die Ergebnisse dieser Untersuchung werden in den folgenden Unterabschnitten beschrieben.

10.4.5.3 Vertikaldynamik

Ein typisches Testverfahren zu vertikaler Fahrdynamik besteht darin, über eine Testfahrbahn mit definierter Rauheit zu fahren oder ein Hindernis zu überqueren. Die Anfangsgeschwindigkeit beträgt 25 km/h. Die vertikale Beschleunigung und der Nickwinkel werden gemessen. Ein Beispiel für die Erforschung der vertikalen Fahrdynamik eines Geländewagens wird in [14] vorgestellt. Der Geländewagen Land Rover 110 wurde auf Belgischen Blöcken (Belgian Pavement) und über ein einziges trapezförmiges Hindernis gefahren. Eine andere Variante der vertikalen Fahrdynamikmessung ist das Fahren eines Autos auf einer Oberfläche mit unregelmäßigen Unebenheiten. Diese Art von Test wird auch durchgeführt, um Unebenheiten festzustellen, wie dies bei der Beurteilung des Oberflächenzustands eines Grasflugplatzes der Fall ist.

10.4.6 Messgrößen

Die Analyse der in den oben beschriebenen Testverfahren erzielten Ergebnisse führt zur Identifizierung bestimmter Messgrößen, anhand derer die Fahrdynamikmodelle parametrisiert bewertet werden können. In diesem Abschnitt werden die wichtigsten Messgrößen erläutert, die die Fahrdynamik eines Fahrzeuges im Gelände auszeichnen. Die folgenden Informationen sollen bei der Auswahl von Maßnahmen zur Fahrdynamik für ausgewählte Testmethoden auf unbefestigten, verformbaren oder unebenen Oberflächen hilfreich sein [26, 27].

10.4.6.1 Längsdynamik

In Bezug auf die Längsdynamik sind zwei Messgrößen für Geländefahrzeuge und Maschinen am relevantesten:

- Zugkraft am Fahrzeug oder Antriebskraft am Rad
- Rollwiderstandskraft

1. Zugkraft am Fahrzeug

Eine auf Maximalwerten der Antriebskraft F_X oder Zugkraft F_{ZUG} basierende Inferenz liefert keine vollständigen Informationen über die Fahrzeugleistung auf einer gegebenen Oberfläche. Unter allen Bedingungen kann es bei verschiedenen Oberflächen zu einem Schlupf der Räder kommen, wenn die Umfangskraft X groß genug ist, um den Kraftschluss zu lösen. Insbesondere auf unbefestigten, geschliffenen, nassen oder vereisten Fahrbahnen rutschen die Räder beim Überschreiten der Haftungsgrenze. Wenn die Antriebskraft weiter erhöht wird und der Schlupf ansteigt, nimmt die Zugkraft ab. Der Zusammenhang Zugkraft-Schlupf wird Traktionskurve (μ-Schlupf-Kurve) genannt und für eine gegebene Kombination Fahrelement-Boden definiert, was bedeutet, dass sie nicht nur vom Typ und Zustand des Bodens, sondern auch vom Reifen beeinflusst wird.

Um eine Traktionskurve zu erhalten, sind mindestens einige Wiederholungen des Schleppversuchs mit korrekt aufgezeichneten Traktionskräften für den gesamten Schlupfbereich erforderlich. Zusätzlich müssen Zugkraft, Geschwindigkeit und Raddrehzahl für alle Messungen übereinstimmen und deren Abtastung muss auf derselben Frequenz erfolgen.

Auf der Grundlage der Analyse der Traktionskurven können die Werte der Zugkraft bestimmt werden, die die Fahrzeugleistung auf einem bestimmten Untergrund synthetisch charakterisieren. Laut SAE sind dies die folgenden Beträge (siehe auch Abb. 10.27) [28]:

- $F_{ZUG\ MAX}$ – maximale absolute Zugkraft, dies kann ein Durchschnitt von 3 % der Maximalwerte sein
- $F_{ZUG\ PEAK}$ – optimale Zugkraft, die durch Mittelung von 20 % der maximalen F_{ZUG}-Werte erhalten wird
- $F_{ZUG\ 12\ \%}$ – Zugkraft bei 12 % Radschlupf, dieser Wert wird jedoch nicht analysiert, da er für die befestigte Oberfläche optimal ist
- $F_{ZUG\ SAE}$ – durchschnittliche Zugkraft für einen Schlupfbereich von 28 bis 75 % bei einer Fahrzeuggeschwindigkeit von 8 km/h

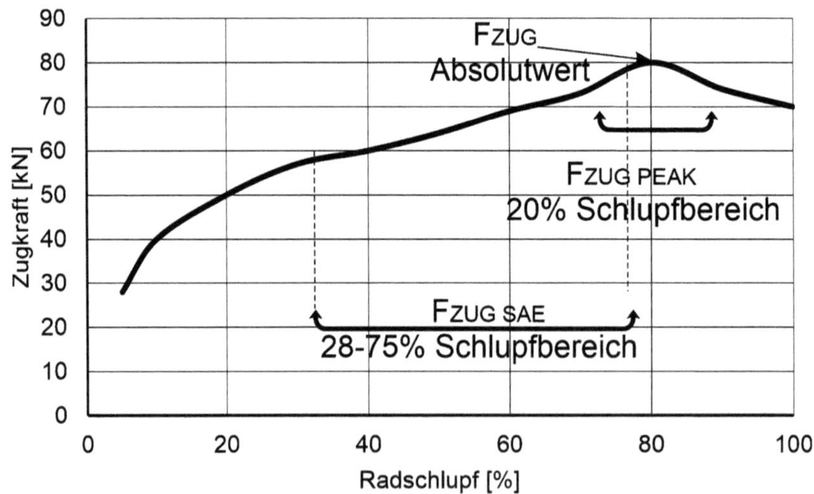

Abb. 10.27 Fahrleistung in Längsdynamik nach SAE

2. Antriebskraft am Rad

Wenn Radmessnaben verfügbar sind, kann die Antriebskraft am Rad des Fahrzeugs bestimmt werden. Optional ist es möglich, die Horizontalkraft an einer Einzelradeinrichtung zu messen. Wie bei der Zugkraft werden die Eigenschaften der Antriebskraft in Abhängigkeit vom Radschlupf bestimmt. Die vollständigen Traktionseigenschaften eines Laufelements bestehen aus dem Verhältnis Antriebskraft-Längsschlupf und Seitenkraft-Schräglaufwinkel. Diese Art von Merkmalen wurde unter anderem von Barrelmeyer (1996) bestimmt [29].

3. Rollwiderstandskraft

Obwohl die Rollwiderstandskraft tatsächlich keine reale Kraft ist, wird diese Größe zum Zwecke der Analyse der Fahrdynamik verwendet, zumal sie leicht messbar ist. Die Rollwiderstandskraft wird von demselben Dynamometer bestimmt, mit dem die Zugkraft gemessen wird. Es sollte jedoch beachtet werden, dass die gemessene Rollwiderstandskraft eine komplexe Größe ist, die mehrere Effekte enthält, z. B. Bodenverformungsbeständigkeit, Verluste durch Reifenverformung, Radlagerungsverluste, Radschlupfverluste. Das Verfahren ermöglicht nicht die Angabe oder Trennung der einzelnen Komponenten des gesamten Rollwiderstands des Rades.

10.4.7 Querdynamik

Für die Querdynamik sind fünf Größen wichtig:

- Querbeschleunigung
- Wankwinkel
- Schwimmwinkel
- Gierwinkelgeschwindigkeit
- Lenkradmoment

Darüber hinaus sind auch die Größen wichtig, die den zeitlichen Verlauf der gemessenen Größen charakterisieren, insbesondere:

- Zeitverzögerung der Seitenkraft in Bezug auf den Lenkimpuls und die Verzögerung der Reaktion des Fahrzeugs auf den Lenkimpuls
- Verstärkung

10.4.7.1 Querbeschleunigung

Die Querbeschleunigung ist ein universeller und leicht messbarer Indikator für die Querdynamik. Die Querbeschleunigung wird in Abhängigkeit vom Lenkraddrehwinkel oder

der Gierrate des Fahrzeugs analysiert. Dieser Wert erfasst den Einfluss des Fahrers, der bei Tests mit geschlossenem Regelkreis schwer zu bestimmen ist. Daher ist es für eine objektive Bewertung erforderlich, die Daten zu reduzieren, wodurch Regressionskurven für die weitere Analyse erhalten werden. Svenson und Hac (1995) weisen auch darauf hin, dass es wichtig ist, die Maximalwerte dieser Beschleunigung und die Zeit zu berücksichtigen, die erforderlich sind, um diesen Wert (Anstiegsgeschwindigkeit) zu erreichen, der die Grundlage für die Analyse der Fahrdynamik bildet [20]. Uys et al. (2006) präsentieren Forschungsergebnisse, die zeigen, dass die Querbeschleunigung mit dem Wankwinkel 1:1 korreliert. Daher wurde festgestellt, dass der Wankwinkel des Fahrzeugs (der Karosserie) auch ein Maß für die Fahrdynamik sein kann [27].

10.4.7.2 Wankwinkel

Auch bei Geländefahrzeugen, die auf unbefestigten und unebenen Fahrbahnen gefahren werden, ist der Wankwinkel in der Fahrdynamikanalyse von praktischer Bedeutung, zumal die Messung relativ einfach ist. Wie bereits erwähnt, präsentieren Uys et al. (2006) Studien, die zeigen, dass die Querbeschleunigung bei mehreren Fahrern mit unterschiedlichen Fähigkeiten, die auch unterschiedliche Fahrzeuge fahren, mit dem Fahrzeugrollwinkel 1:1 korreliert. Vier Fahrer nahmen an der Studie teil und jeder von ihnen fuhr drei verschiedene Fahrzeuge nacheinander: Ford Fourier LDV, VW Golf 1 und VW Golf 4 GTi. Die Teilnehmer der Studien waren: eine 23-jährige Studentin, eine 50-jährige Frau, ein 35-jähriger und ein 46-jähriger Mann. Die Tests wurden unter Offroad-Bedingungen durchgeführt, d. h. auf unbefestigten und stark unebenen Oberflächen. Das Hauptziel bestand darin, eine messbare physikalische Größe zu bestimmen, die ein Kriterium für die Betätigung des Steuerungssystems in einer halbaktiven Radaufhängung sein könnte. Es wurde erkannt, dass der Wankwinkel des Fahrzeugs (der Karosserie) ein Maß für die Bewegungsstabilität sein und zur Kalibrierung des Algorithmus zur Steuerung der Radaufhängung verwendet werden kann. Der Wankwinkel wurde auch von anderen Autoren zitiert, die Schlussfolgerungen dieser Arbeiten beziehen sich auf asphaltierte Straßen.

10.4.7.3 Schräglauf- und Schwimmwinkel

Der Schräglaufwinkel der Hinterachse ist eine direkte Messgröße für die Querdynamik des Fahrzeugs nach [26]. Es ist zu betonen, dass dieser Wert im Vergleich zum Schwimmwinkel des gesamten Fahrzeugs vorteilhafter ist, da er den Einfluss der Geschwindigkeit auf den Seitenschlupf des Reifens besser berücksichtigt und unabhängig von den Fahrzeugabmessungen ist.

10.4.7.4 Gierwinkelgeschwindigkeit

Die Gierbewegung entsteht durch die Einwirkung von Kräften in der horizontalen Ebene und ist eine absichtliche Bewegung, die sich aus der Antizipation der Fahrspur ergibt. Daher ist die Analyse dieses Wertes wichtig für die Fahrsicherheit. In der Praxis werden der Giergeschwindigkeitszeitverlauf und sein Verstärkungsfaktor in Bezug auf den Lenkwinkel bestimmt.

10.4.7.5 Lenkradmoment

Das Lenkradmoment zeichnet die Bemühungen des Fahrers auf, ein bestimmtes Manöver durchzuführen. Wichtig ist, dass ein bestimmtes Manöver mit einer bestimmten Dynamik ausgeführt werden muss, damit die Anstrengung des Fahrers quantifiziert werden kann und das Lenkradmoment der richtige Indikator ist. Darüber hinaus ist das Lenkmoment der Parameter, anhand dessen die Reaktion des Fahrzeugs bewertet wird, gemessen mit den oben beschriebenen Messgrößen.

10.4.7.6 Zeitverzögerung der Fahrzeugreaktion auf den Lenkimpuls

Da ein Kraftfahrzeug ein komplexes mechanisches System mit Reibung und Spiel in den Übertragungs- und Befestigungselementen von Lenkung und Fahrwerk ist, verzögert sich die erwartete Reaktion des Fahrzeugs auf Lenkimpulse. Das Maß ist in diesem Fall die Zeitdifferenz zwischen dem Beginn der Einleitung des Impulses bis zum Beginn des Gierens des Fahrzeugs und dem Auftreten einer Querbeschleunigung. Diese Verzögerung kann eine Funktion der Masse und des Trägheitsmoments des Fahrzeugs oder der inneren Dämpfung sein. Im zweiten Fall ist die Bezugnahme dieser Maßnahme auf die Querdynamik der Fahrzeugbewegung gerechtfertigt.

Es ist relativ schwierig, die Zeitverzögerung der Reaktion des Fahrzeugs auf Steuerimpulse zu bestimmen. Es sind synchrone Messungen der Eingangsgrößen (Lenkimpuls) und Ausgangsgrößen (Größen, die die Fahrzeugbewegung beschreiben) erforderlich.

Tab. 10.3 enthält eine Liste von Testmanövern, die bei Fahrdynamiktests verwendet werden, sowie Informationen zu den Möglichkeiten, eine bestimmte Methode zum Testen von Geländefahrzeugen anzuwenden.

Tab. 10.3 Testmanöver für Fahrdynamiktests im Gelände

Nr.	Testverfahren	Messgröße	DIN-Norm	Test im Gelände	Referenzen
Längsdynamik					
1.	Geradeausfahrt	Geschwindigkeit		+	
2.	Anfahren	Beschleunigung		++	[23]
3.	Bremstest	Anhalteweg		++	
4.	Zug-/Schlepptest	Zugkraft, Rollwiderstand		+++	[25, 30]
Querdynamik					
1.	Stationäre Kreisfahrt	Querbeschleunigung Schwimmwinkel	ISO 4138	+	[16]
2.	Instationäre Kreisfahrt	Querbeschleunigung Schwimmwinkel	ISO 15037 UMTRI DOT/ HS 800	+	[17, 31]
3.	Lastwechselreaktion		ISO 9816	+	[18]

(Fortsetzung)

Tab. 10.3 (Fortsetzung)

Nr.	Testverfahren	Messgröße	DIN-Norm	Test im Gelände	Referenzen
4.	Lenkwinkelsprung	Querbeschleunigung Schwimmwinkel Gierwinkelrate Lenkradmoment	ISO 7401 SAE J266	+	[19]
5.	Einzelsinus	Querbeschleunigung Schwimmwinkel Gierwinkelrate Lenkradmoment		+	
6.	Dauersinus	Querbeschleunigung Schwimmwinkel Gierwinkelrate Lenkradmoment	ISO/TR 8725 – 1985	++	[23, 32–34]
7.	Dreieckimpuls	Querbeschleunigung Schwimmwinkel Gierwinkelrate Lenkradmoment		+	
8.	Regellose Lenkwinkeleingabe	Querbeschleunigung Schwimmwinkel Gierwinkelrate Lenkradmoment	ISO 8726	+	
9.	Doppelter Fahrspurwechsel	Querbeschleunigung Schwimmwinkel Gierwinkelrate Lenkradmoment Wankwinkel	VDA/ISO TR 3888 – 1/2	++	[24]
10.	Fishhook-Test	Querbeschleunigung Schwimmwinkel Gierwinkelrate Lenkradmoment Wankwinkel	NHTSA DOT HS 809 513	++	[20]
Vertikaldynamik					
1.	Belgian Pavement	Vertikalbeschleunigung		++	[14]
2.	Hindernisüberfahren	Vertikalbeschleunigung Nick- und Wankwinkel		++	[14]
3.	Regellose Unebenheiten	Vertikalbeschleunigung Nick- und Wankwinkel		++	

Legende:
– das Testverfahren ist für Offroad nicht geeignet
+ das Testverfahren ist für Offroad geeignet, jedoch keine Angaben/Referenzen
++ das Testverfahren ist für Offroad geeignet, siehe Referenzen
+++ das Testverfahren ist für Offroad geeignet und ist in einer Norm/einem technischen Bericht zum Offroad-Testverfahren beschrieben

10.4.8 Messgeräte für Fahrdynamiktests

10.4.8.1 Messungen der Fahrgeschwindigkeit

Die Grundgröße in der Fahrdynamikforschung ist die Fahrgeschwindigkeit. Unter den vielen bekannten Messverfahren verdient die berührungslose Messung der Fahrzeuggeschwindigkeit mit berührungslosen Sensoren viel Aufmerksamkeit. Ein solches Gerät verwendet ein optisches Raster, durch welches das von der Fahrbahnoberfläche reflektierte Licht fällt. Das lichtempfindliche Element erzeugt ein Signal, dessen Frequenz proportional zur Geschwindigkeit der Relativbewegungsrasterfläche ist. Correvit-Sensoren in verschiedenen Ausführungen verwenden das oben genannte Messprinzip. Im Vergleich zu anderen Methoden haben diese Sensoren wichtige Vorteile:

- Berührungslose Messung, möglich auf jeder Art von Oberfläche, auch nass, uneben, auf Boden oder Schnee
- Kein Schlupfeffekt, der beim Messen mit dem sogenannten 5. Rad (Peiseler Rad) auftreten kann
- Unabhängigkeit von der Funktionsweise des GPS-Systems
- Momentane Geschwindigkeitsmessung mit einer Genauigkeit von 0,1 km/h im Bereich von 0 bis 250 km/h, auch in zwei Komponenten (längs und quer).

Correvit-Sensoren gibt es je nach Anwendungsbereich in verschiedenen Varianten. Das 400L-Modell zeichnet sich durch eine erhebliche Montagehöhe der optischen Einheit und einen großen Hub (Toleranz der Montagehöhe) aus und eignet sich daher ideal für Feldtests auf unbefestigten und verformbaren Bodenoberflächen. Der komplette Satz besteht aus einem an der Außenseite des Fahrzeugs montierten optischen Messkopf, der über Kabel mit der Elektronik und der Stromversorgung verbunden ist. Signaldaten können als skalierte Ergebnisse in Echtzeit angezeigt oder über ein Signalkabel an einen Computer, einen Rekorder usw. übertragen werden. In der Elektronikbaugruppe werden zwei separate analoge oder digitale Signale gebildet, die dem CAN-Bus-Standard entsprechen. Die optische Einheit kann vorne, seitlich oder hinten am Fahrzeug montiert werden. Hierfür werden Universalhalter verwendet, die magnetisch oder per Unterdruck am Karosseriekörper befestigt sind (Saugnäpfe). Das Foto in Abb. 10.28 zeigt den am Testfahrzeug installierten Correvit-Sensor, der zum Messen der Fahrgeschwindigkeit bereit ist.

10.4.8.2 Messungen von Beschleunigungen

Die Fahrzeugbeschleunigung kann grundsätzlich mit zwei Methoden bestimmt werden:

- Indirekt auf der Grundlage der Ergebnisse der Geschwindigkeitsmessung und ihrer Differenzierung
- Direkt durch Messen der Beschleunigung mit Sensoren

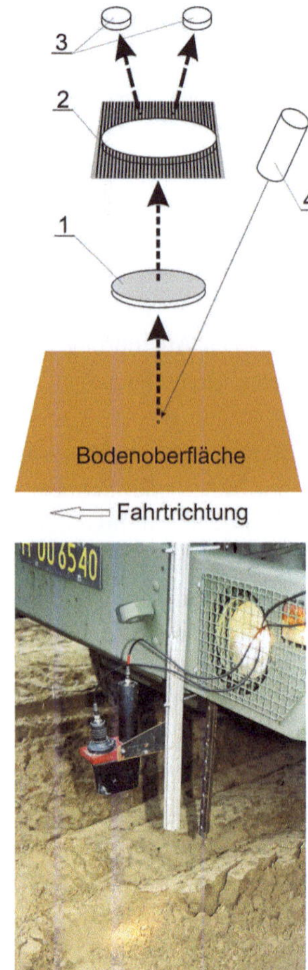

Abb. 10.28 Schema Correvit-Geschwindigkeitssensor (oben) und der Sensor an einem Testfahrzeug installiert (unten)

Die indirekte Methode erfordert geeignete Daten, während die folgenden Lösungen (Sensoren) für direkte Beschleunigungsmessungen verwendet werden:

- Piezoelektrische Beschleunigungssensoren
- Mechatronische Beschleunigungssensoren

Piezoelektrische Beschleunigungssensoren nutzen das Phänomen des piezoelektrischen Effekts, was im Allgemeinen bedeutet, dass elektrische Ladungen an den Wänden der Kristalle auftreten, die einer Last ausgesetzt sind. Es ist wichtig, dass die Richtung der gemessenen Kraft (Beschleunigung) in Richtung der optischen Achse liegt. Dann findet der sogenannte Längseffekt statt. Wenn die Richtung der gemessenen Kraft mit der Richtung der mechanischen Achse übereinstimmt, handelt es sich um den sogenannten seitlichen Effekt. Dies kann in Sensoren mit mehreren Messachsen verarbeitet werden. Für den Bau von Beschleunigungssensoren ist Quarz das beste piezoelektrische Material. Ein-, zwei- oder dreiachsige Sensoren werden üblicherweise bei Fahrdynamikmessungen verwendet.

Mechatronische Beschleunigungssensoren basieren auf dem Prinzip der Messung der elektrischen Kapazität eines Systems, in dessen Schaltkreis sich ein Mikrokondensator befindet. Die Kapazität des Kondensators ändert sich dynamisch infolge der Verformung des aktiven Arms, auf den die Masse wirkt, die der Beschleunigung in der angenommenen Richtung ausgesetzt ist. Sensoren dieses Typs werden mit 1-, 2- und 3-Achsen hergestellt. Es ist auch möglich, einachsige Sensoren zu multidirektionalen Sensoren zu kombinieren. Die Messbereiche der Sensoren liegen zwischen +/− 1 m/s^2 und +/− 50 m/s^2. Abb. 10.29 zeigt einen dreiachsigen Sensor zur Messung der Fahrzeugbeschleunigung.

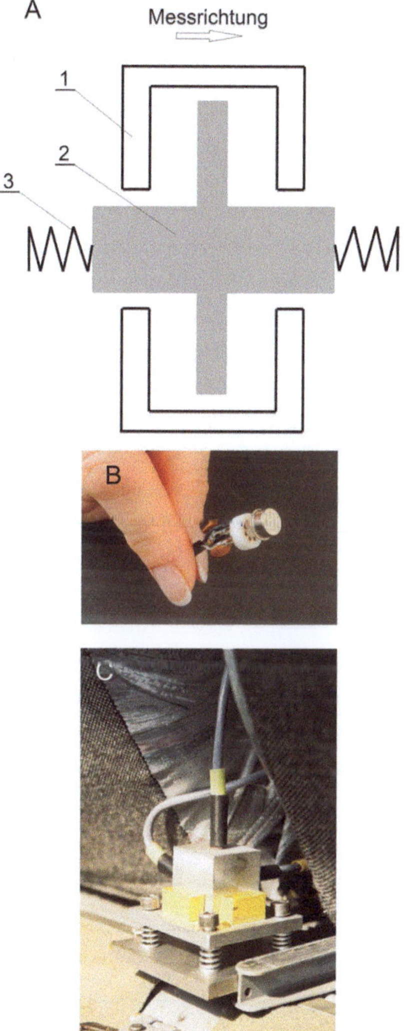

Abb. 10.29 Schema MEMS-Beschleunigungssensor (A), ein Sensor (B) und ein Messgerät mit drei Sensoren zur Messung der Fahrzeugbeschleunigung (C)

10.4.8.3 Messungen von Winkelgrößen

Messungen von Winkelgrößen sind mit folgenden Geräten möglich:

- Gyroskope
- Optische Sensoren

Die gyroskopische Methode zur Messung von Winkelgrößen (Werte für Winkel, Winkelgeschwindigkeit und Beschleunigung) verwendet das gyroskopische Phänomen, das dem Prinzip der Drehimpulserhaltung unterliegt. Bei Messanwendungen werden üblicherweise optische Gyroskope eingesetzt, die sich durch wesentlich kleinere Abmessungen, eine kompakte Struktur und das Fehlen von rotierenden Elementen auszeichnen. Optische Gyroskope, auch Laserkreisel genannt, messen Änderungen der Wellenlänge des Lichts in der Schleife einer optischen Faser (Sagnac-Effekt). Durch Drehen des Systems in der Ebene der Schleife wird die Wellenlänge des Lichts geändert. Die Messung der Wellenlängendifferenz basiert auf der Interferenz des direkten Strahls mit dem Strahl, der die Schleife durchläuft. Das System der optoelektronischen Elemente zählt die Interferenzstreifen (Abb. 10.30). Aufgrund des Fehlens mechanischer Systeme sind optische Gyroskope unempfindlich gegen plötzliche Manöver und es gibt keine Präzessions- oder Blockierungsphänomene. Gyroskope werden auch verwendet, um die Messsysteme von Linearbeschleunigungen zu stabilisieren, sie erzeugen die sogenannten stabilisierten Plattformen.

Optische Methoden zur Messung von Winkelgrößen basieren auf dem Prinzip des Triangulationsverfahrens. Der Schwimmwinkel wird durch Messen der Längs- und Quergeschwindigkeit bestimmt, wenn der optische Sensor am Fahrzeug angebracht ist, während der Schräglaufwinkel mit dem am Rad befestigten Messsensor gemessen wird. Der Messbereich für den Datron-Correvit-SFII-P-Sensor beträgt 40°, die Messungenauigkeit überschreitet 0,2° nicht.

10.4.8.4 Messungen der Position der Karosserie und der Straßenräder

Die Aufbauhöhe relativ zum Boden wird mit optischen Sensoren bestimmt. Das Funktionsprinzip solcher Sensoren basiert auf dem optischen Triangulationsverfahren. Der von der Oberfläche reflektierte Lichtstrahl läuft bei seiner Rückkehr durch den Kollimator auf die

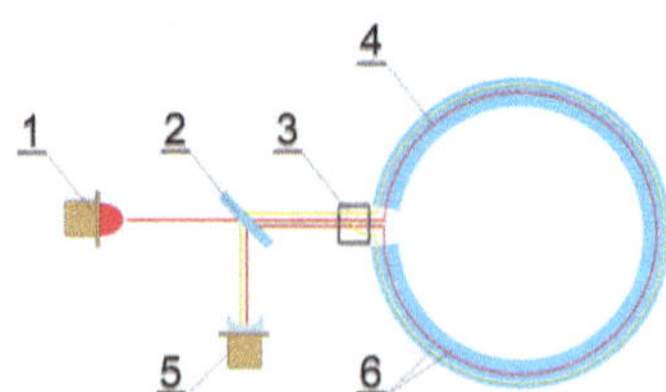

Abb. 10.30 Schema Faserkreisel. 1 – Lichtquelle (Laserdiode), 2 – Strahlteiler, 3 – Phasenmodulator, 4 – Glasfaserspule, 5 – Fotodetektor, 6 – zwei in entgegengesetzte Richtung laufende Lichtströme

CCD-Matrix. Die Koordinate der Punktposition auf der Matrix ist proportional zum Abstand zwischen dem optischen Sensor und dem Boden. Durch die Verwendung dieses Geräts, das gemäß dem beschriebenen Verfahren arbeitet, ist es auch möglich, die Wank- und Nickwinkel basierend auf der vertikalen Position der Extrempunkte des Aufbaus zu bestimmen (dann sollten der Sensor oder die Sensoren an diesen Punkten des Aufbaus installiert werden).

Die Position der Räder in Bezug auf die Karosserie wird anhand der drei Koordinaten X, Y, Z, des Lenkwinkels und des Sturzwinkels bestimmt. Die gleichzeitige Messung dieser Größen ist mit dem RV-4-Gerät möglich. Das Messprinzip verwendet Präzisionspotentiometer, auf deren Achsen der Widerstandsdraht gewickelt ist, der während der Messung gedehnt (Erhöhung des Messwertes) und mit einer Rückstellfeder zurückgezogen wird. Der Tragrahmen des Messgeräts ist mit Saugnäpfen an der Motorhaube oder am Kofferraum des Fahrzeugs befestigt. Der Messkopf ist in der Mitte des Rades zentriert.

10.4.8.5 Messungen von Kräften und Momenten auf Rädern

Kräfte an den Rädern werden in drei Hauptrichtungen gemessen, zusätzlich werden den Achsen Momente gemessen. Messungen dieser Art erfordern die Verwendung von Radmessnaben, die zwischen Radnabe und Felge montiert werden. Es sind verschiedene Lösungen für diese Art von Sensoren bekannt und es gibt im Allgemeinen zwei Arten von Wandlern:

- Elektrofusionsdehnungsmessstreifen
- Piezoelektrische Wandler

Bei einem Sensor auf Basis von Elektrofusionsdehnungsmessstreifen besteht das elastische Element aus zwei konzentrischen Ringen, die durch Querstangen verbunden sind, und auf denen die Dehnungsmessstreifen installiert sind. Bei der Messung aller Kräfte und Momente besteht das Messsystem aus 24 Dehnungsmessstreifen, die in Brücken geschaltet sind. Die Signale von den Brücken liegen in Form von zyklometrischen Wellenformen vor (abhängig von der Position des Rades). Nach der Verstärkung erfordern sie eine zusätzliche Umwandlung unter Berücksichtigung des Drehwinkels des Rads. Detaillierte Lösungen von Dynamometern zur Messung der Kräfte auf das Rad basierend auf DMS-Umwandlern wurden in Kap. 6 vorgestellt.

10.4.8.6 Messung der Zugkraft am Fahrzeug

Ein übliches Verfahren zur Messung der Zugkraft besteht in einem Messzug, bei dem das antreibende Fahrzeug (1) mit einer Messstange oder einem Seil zusammen mit einem Dynamometer von einem zweiten Fahrzeug (2) abgebremst wird. Umgekehrt funktioniert eine Rollwiderstandsmessung, hierbei kehrt sich die Anordnung um und das ohne Antrieb und Bremsen fahrende Fahrzeug (1) wird durch das Fahrzeug (2) gezogen. Zur Ermittlung der am Fahrzeug (1) generierten Kräfte dienen Messzellen, die mittels DMS-Messtechnik arbeiten. Abb. 10.31 zeigt eine Messzelle mit der zur Ver-

Abb. 10.31 Ein Dynamometer zum Messen der Zugkraft am Fahrzeug [30]

knüpfung notwendigen Kausche und Leine/Seil. Bei einer elastischen Leine ist der Verlauf der Messung sanft und gefahrlos, da die Spannungen in Folge von Bodenunebenheiten von der elastischen Leine aufgenommen werden (wie bei der Bergsteigerei mit einer elastischen Leine). Ein wesentlicher Nachteil davon ist eine hohe Amplitude der gemessenen Zugkraft, was bei der späteren Auswertung messtechnisch zu berücksichtigen ist. Ein Messzug mit einem festen Stahlseil verläuft dynamisch, ist aber ungünstig für die Fahrzeuge (es besteht das Risiko eines Anhänger- oder Schleppkupplungsbruchs) und kann dadurch für die Durchführenden der Messung gefährlich sein. Die Nutzung einer Messstange kann die Durchführung aller geforderten Manöver erschweren. In Studien mit schweren Kettenfahrzeugen wurden Drahtseile verwendet. Die gemessenen Zeitverläufe waren insbesondere für die Startphase durch eine signifikante Amplitude von Werten gekennzeichnet [30]. Um dies zu verhindern, wurde für die Evakuierung von Fahrzeugen im Gelände ein flexibles Seil eingesetzt, das die Eigenschaften einer elastischen Energieakkumulation aufweist. Diese Lösung verbesserte den zeitlichen Verlauf der Zugkraft und der Rollwiderstandskraft, die bei Messungen mit schweren Ketten- und Radfahrzeugen ermittelt wurden.

10.4.8.7 Messung des Lenkradwinkels

Zur Messung des Lenkradwinkels werden Messlenkräder anstelle des Standardlenkrads eingebaut. Das Messprinzip verwendet ein Messpotentiometer, dessen Achse mit der Achse des Messlenkrades gekoppelt ist [35]. Zur Messung der Kraft wird üblicherweise ein Dynamometer verwendet, das auf Dehnungsmessstreifen basiert und zwischen dem Lenkrad und der Achse der Lenksäule installiert ist, wobei die Vorrichtung mechanisch in die Messung des Lenkradwinkels integriert ist. Das Messrad ist die Grundkomponente des Roboters, der das Fahrzeug steuert. Ein Beispiel für die Lösung ist in Abb. 10.32 dargestellt.

Abb. 10.32 Ein Messlenkrad [35]

10.4.8.8 Durchführen von Tests in einem Open-Loop

Wie bereits erwähnt, können Fahrdynamiktests entweder unter Beteiligung eines Testfahrers durchgeführt werden – dann handelt es sich um einen sogenannten geschlossenen Regelkreis, in dem eine Fahrer-Fahrzeug-Rückmeldung erfolgt, oder mit der Methode, bei der der Fahrer von einer Maschine ersetzt wird – einem Roboter, der das Fahrzeug fährt. Im zweiten Fall ist die Fahrzeugsteuerung streng definiert und wiederholbar, was bei Tests, die viele Wiederholungen für die Ergebnisstatistik erfordern, ein sehr bedeutender Vorteil ist. Der Roboter steuert die folgenden Aktivitäten:

- Lenken
- Position des Gaspedals
- Kupplungsbetätigung
- Fahrzeugbremsung
- Übersetzungsverhältnisse ändern

Es gibt eine bekannte Lösung von AB Dynamics aus England, die in der Vollversion alle oben genannten Aktivitäten unterstützt, der Testfahrkurs und die Bewegungsabläufe werden von einem Computer gesteuert. Der Systembenutzer kann sein eigenes Manöver programmieren und die verfügbare Manöverbibliothek verwenden, die Algorithmen für typische Straßentests enthält. Das Gerät ist kompatibel mit dem DGPS-System und zusammen mit dem OXFORD Dynamics Traffic Analyzer, dem sogenannten Verfolgen der eingestellten Route, d. h. Fahren entlang der vom Benutzer festgelegten Fahrspur mit auf dem GPS-Signal basierend Korrektur. Das Gerät besteht aus einem Steuercomputer und einem Laptop, von dessen Ebene aus der Benutzer mit dem System kommuniziert, sowie mechanischen Komponenten, die die Steuerung durchführen. Für die Lenkmaschine muss ein

Rahmen eingebaut werden, der die Lenkkräfte unterstützt. Der Rahmen ist zwischen dem Fahrzeugboden und dem Dach oder der Windschutzscheibe montiert. Das System verfügt über eine Reihe von Optionen zum Auslösen von Steuerungen und Messungen unter Berücksichtigung der ausgewählten Abfolge einzelner Manöver. Die Fotos zeigen den Innenraum des mit einer Fahrmaschine, einem Zentralcomputer (Abb. 10.33) und einem DGPS-Empfänger (Abb. 10.34) ausgestatteten Fahrzeugs.

Abb. 10.33 Installation der Fahrmaschine im Testauto [35]

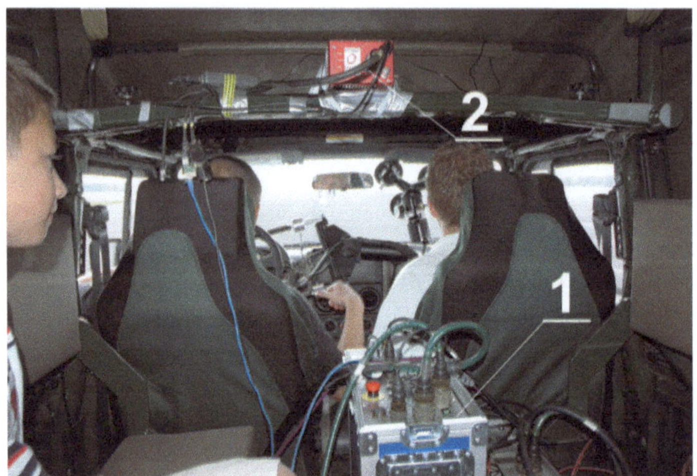

Abb. 10.34 Ein Zentralcomputer (1) und ein DGPS-Empfänger (2) im Testfahrzeug

10.4.9 Fahrdynamikfahrzeuge

Die Untersuchung der Fahrdynamik kann durchgeführt werden mit:

- Einem Serienfahrzeug nach Umbau und Einbau von Messgeräten
- Einem speziellen Testfahrzeug, das zu Forschungszwecken gebaut wurde

Änderungen eines Serienfahrzeugs zur Anpassung an Testbedingungen können darin bestehen, einen zusätzlichen Sicherheitskäfig und Mess- und Prüfgeräte einzubauen (Pytka et al 2011, [35]). Die Verwendung von Dynamometern zur Messung von Kräften an den Rädern erfordert einen Radwechsel. Normalerweise erfordert der Einbau der oben beschriebenen Messgeräte keine strukturellen Änderungen am Fahrzeug. Optische Sensoren werden mit Universalhaltern geliefert, sodass sie überall platziert werden können. Es ist wichtig, Computer, Rekorder und Netzteile so im Fahrzeug zu platzieren und zu befestigen, dass sie bei plötzlichen Manövern keine Bedrohung darstellen und nicht durch Trägheitskräfte beschädigt werden. Die Aufzeichnung von Messsignalen kann auf zwei Arten erfolgen:

- Aufzeichnung im Speicher von Bordrekordern, Computern usw.
- Echtzeitdatenübertragung mittels Radiotelemetrie

Die Verwendung von Standardfahrzeugen mit Zubehör funktioniert gut in der Forschung von Universitäten und ist auch eine Methode zum Testen von Fahrzeugen in der Industrie. Aus offensichtlichen Gründen ist der Umfang der Variablen auf einige Betriebsparameter (Reifentyp, Last, Verschleiß der Teile usw.) beschränkt. Ein Beispiel für ein zu Forschungszwecken angepasstes Serienfahrzeug ist der BMW 5er mit vier Dynamometern, einem optischen Sensorsystem und einem DGPS-Empfänger mit einer Trägheitsplattform für die Fahrzeugbewegungsanalyse (Barz et al., 2008, [36]).

Ein Beispiel für ein Testfahrzeug ist das CIV (CRREL Instrument Vehicle) für Tests von Fahrzeugen auf unbefestigten Oberflächen [28]. Das Fahrzeug wurde und wird zur Untersuchung der Verkehrsdynamik auf Schneeoberflächen eingesetzt. Abb. 10.35 zeigt ein französisches Testfahrzeug, das für Feldtests auf verformbaren Oberflächen ausgelegt ist. Das vom Autor verwendete Forschungsfahrzeug basiert auf dem in Kap. 6 ausführlich beschriebenen Suzuki Vitara.

Die zweite Strategie zur Vorbereitung auf die dynamische Forschung wird in der Industrie oder in Instituten angewendet. Das Entwerfen und Herstellen eines Spezialfahrzeugs hat viele Vorteile, einschließlich der Möglichkeit, den Einfluss wichtiger Konstruktionsparameter des Fahrzeugs auf die Bewegungsdynamik (Spur- und Achsabstand, Massenverteilung, Einfluss der Federung usw.) zu untersuchen. Das Fahrzeug ist unter der Annahme eines erhöhten Risikos konstruiert, daher werden Verstärkungen und Rahmen verwendet, um den Fahrer zu schützen. In der Literatur wird ein Beispiel für ein Testfahrzeug mit modularem Aufbau vorgestellt, das Änderungen der oben genannten Konstruktionsparameter ermöglicht [8].

Abb. 10.35 Ein französisches Testfahrzeug zu den fahrdynamischen Messungen

Die Durchführung dynamischer Tests ist mit einem hohen Risiko verbunden. Grundsätzlich sind geschulte Fahrer für die Tests autorisiert. Aus Sicherheitsgründen werden einige Tests jedoch nicht mit Menschen durchgeführt. Darüber hinaus ist es problematisch, reproduzierbare Ergebnisse zu erhalten, wenn die Rolle des Controllers in der Fahrer-Fahrzeug-Umgebung für einen menschlichen Fahrzeugführer schwierig ist. Fahrzeugsteuerungsroboter sind die optimale Alternative, da sie es ermöglichen, selbst die gefährlichsten Tests unter realen Bedingungen durchzuführen.

10.4.10 Ausblick

Das Hauptproblem bei der Anpassung von Straßentests an die Geländebedingungen ist die Unfähigkeit, die erforderlichen Manövergeschwindigkeiten zu erreichen, und das hohe Risiko, diese Tests auf unebenem, verformbarem Boden durchzuführen. Es geht vor allem um die Gefahr eines Überschlags (Rollover) während der Kreisfahrt aufgrund des Phänomens des Eingrabens der Räder. Darüber hinaus ist es schwierig, einen Geländewagen in ein dynamisches Manöver einzuführen, d. h. in ein Manöver, bei dem die Querbeschleunigung einen Wert von mindestens 4 m/s^2 erreicht.

Die zitierten Beispiele für Feldforschungsmethoden funktionieren gut, obwohl es ein Risiko gibt, die Ergebnisse gemäß den Anforderungen der DIN/ISO-Normen zu verfälschen.

Zusammenfassend ist das Forschungsproblem der Fahrdynamik des Geländewagens in der Entwicklung. Es gibt viel Raum für Ingenieure und Doktoranden auf dem Gebiet der Messmethoden und -verfahren. Es geht auch darum, Standards für das Testverfahren der Fahrdynamik im Gelände zu entwickeln.

10.5 Experimentelle Untersuchungen von Kräften und Momenten im Laufelement-Boden-System

Fahrdynamikmodelle werden durch Differenzialgleichungen beschrieben, bei denen die im Fahrelement-Boden-System wirkenden Kräfte die Eingangsgrößen sind. Eine der Methoden zur Parametrisierung und Verifizierung solcher Modelle ist daher die Messung von am Fahrelement wirkenden Kräften und Momenten. Darüber hinaus sind diese Messungen bei der Konstruktion von Radaufhängungen und Fahrzeugaufbauten von praktischer Bedeutung [69, 72, 63]. In diesem Abschnitt werden ausgewählte Forschungen zu den Messungen von Kräften, die als Bodenreaktionen auf das Rad wirken, vorgestellt und diskutiert [59]. Es ist zu erwähnen, dass die Kraftmessungen mit der Einzelradmesseinrichtung in der Bodenrinne in Kap. 3 vorgestellt und diskutiert wurden.

10.5.1 Kraftmessungen mit der Radmessnabe am Fahrzeug

10.5.1.1 Umfangskraft am Rad

Eine Radmessnabe ermöglicht die gleichzeitige Messung von sechs Komponenten, einschließlich des Moments um die Querachse M_Y sowie der vertikalen Kraft am Rad F_Z [66, 69] Mit einem solchen Messgerät können die Momentanwerte der Umfangskraft gemäß der folgenden Beziehung bestimmt werden:

$$F_X = \frac{M_Y}{r_0} \tag{10.29}$$

und auch Momentanwerte des Kraftschlussbeiwert:

$$\mu = \frac{F_X}{F_Z} \tag{10.30}$$

Auf diese Weise wird der Einfluss von Unebenheiten und dynamischen Auswirkungen auf das Messergebnis minimiert. Bei dieser Messmethode treten daher die bei der Kraftmessung mit der Schlepp-/Zugmethode auftretenden Ungenauigkeiten nicht auf.

Messungen mit auf einem Testwagen installierten Radmessnaben wurden im Cold Regions Research Engineering Laboratory, New Hampshire, USA, durchgeführt. Das CIV (CRREL Instrumented Vehicle) ist ein Forschungsfahrzeug, das für die Untersuchung der Fahrzeugmobilität entwickelt wurde. Das Fahrzeug basiert auf einem AMC-Jeep Cherokee und ist mit Instrumenten ausgestattet, darunter Geschwindigkeitssensoren, GPS, konfigurierbarem Bremssystem, Beschleunigungsmesser, Neigungssensor usw. Ein wichtiger Vorteil ist die Möglichkeit, aus einem einzigen Testlauf eine Vielzahl von experimentellen Daten zu erhalten. Im CIV-Testwagen sind zwei Radmessnaben in den Vorderrädern eingebaut. Die Möglichkeit des Ein- und Ausschaltens des Vorderradantriebs sowie die unabhängige Steuerung der Vorderachsbremsen ermöglichten Messungen zum Fahren und Bremsen, auch unter kontrollierten Radschlupfbedingungen [28].

Die Technische Universität Lublin, Polen, ist das zweite Forschungszentrum, in dem mit Radmessnaben an einem Testwagen geforscht wird. Der Suzuki-Vitara-Testwagen wurde mit vier Radmessnaben ausgestattet, die auf Straßenrädern montiert waren. Ein weiteres Fahrzeug, mit dem die auf das Straßenrad einwirkenden Kräfte gemessen wurden, ist ein leichter militärischer Rettungswagen AMZ Dzik (Eber), der mit einer Radmessnabe am linken Vorderrad ausgestattet war (Abb. 10.36 und 10.37).

Abb. 10.36 Ein militärischer Rettungswagen AMZ Dzik (Eber) mit der am linken Vorderrad installierten Radmessnabe

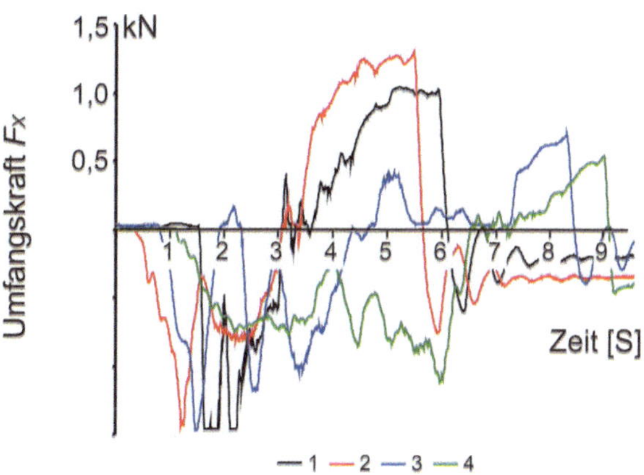

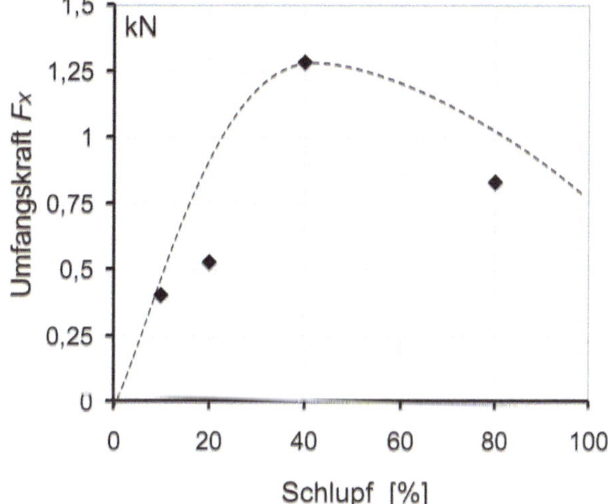

Abb. 10.37 Ergebnisse zur Messung der im Reifen-Lehmboden-System erzeugten Antriebskraft. Grafik A: Zeitverläufe für vier verschiedene Überfahrten mit Radschlupf: 1 – Schlupf ca. 80 %, 2 – Schlupf ca. 40 %, 3 – Schlupf ca. 20 %, 4 – Schlupf ca. 10 %, Grafik B: Beziehung Schlupf-Triebkraft

10.5.1.2 Einfluss von Bodenarten

Shoop (1994) untersuchte die Kräfte, die auf ein Rad wirken, das auf verschiedenen Böden, einschließlich bei Tauwetter, sowie auf Winteroberflächen (Schnee, Eis) angetrieben wird. Dabei wurden unter anderem Traktionskurven für einen typischen Autoreifen auf verschiedenen unbefestigten Oberflächen gewonnen [28, 37].

Die allgemeine Form der Traktionskurve gibt den Versagensmodus der Wechselwirkung zwischen Reifen und Oberfläche an. Loser Sand weist ein kompaktes Versagen auf und die Traktion nimmt mit zunehmendem Schlupf zu. In einem Ton- oder Lössboden folgt auf das Versagen des Dilatationsmittels eine Abnahme der Traktion nach einer anfänglichen Spitze (Maximum), die bei einem Schlupf von etwa 30 bis 40 % auftritt. Adhäsion oder Reibungsverriegelung zwischen Partikeln oder mit dem Reifenprofil verursachen diesen frühen Höhepunkt. Dann kann das Reibungsschmelzen die Traktion bei zunehmendem Schlupf verringern.

Die vom Autor durchgeführten Untersuchungen ergaben einen signifikanten Einfluss des Bodentyps auf die Antriebskraft. Es wurde die Messmethode verwendet, bei der der

Abb. 10.38 Die Radmessnaben am Vitara-Testfahrzeug installiert zur Messung der Rollwiderstandskraft auf einem Grasflugplatz

maximale Kraftwert auf das Rad beim Anfahren bestimmt wurde. Somit lag die Last in Längsrichtung und entspricht dabei der Trägheitskraft. Die Umfangskraft nimmt zu, bis sie ihren Maximalwert erreicht, dann nimmt infolge der Translationsbewegung der Schlupf ab, gewöhnlich nimmt auch der Momentanwert der Umfangskraft ab. Der Verlauf des Umfangskraftwertes hängt von der Bodenart ab:

- Auf sandigem Boden nimmt die Umfangskraft nach dem Durchlaufen des Maximalpunkts leicht ab, möglicherweise liegt das Maximum bei 100 % Schlupf.
- Auf Lössboden oder plastischen Böden, besonders wenn sie feucht sind, kann man eine ziemlich ausgeprägte maximale Umfangskraft bei etwa 20 bis 40 % Schlupf sehen, darüber nimmt sie ab.
- Auf Moschusböden (Muskeg) wurden verschiedene Ergebnisse erzielt, wobei ein starker Zusammenhang zwischen der Antriebskraft und dem Bodenfeuchtigkeitsgehalt besteht. Darüber hinaus füllt Moschus das Profilmuster des Reifens aus, wodurch die Kraft stark abnimmt.

Ein Beispiel für die Ergebnisse von Messungen auf Lehmboden ist in Abb. 10.38 dargestellt.

10.5.1.3 Messung des Rollwiderstands

Bei diesem Verfahren wird der Rollwiderstandskoeffizient unter Verwendung eines instrumentierten Fahrzeugs bestimmt. Zur Bestimmung des Rollwiderstands sind Messungen der Horizontalkraft F_X oder des Moments um die Querachse M_Y sowie der Vertikallast F_Z erforderlich. In einem Beispielexperiment wurde der Dynamometer an einem Vorderrad eines Suzuki VITARA installiert. Das Fahrzeug wurde mit einer Geschwindigkeit von ca. 3 bis 5 km/h über die Grasflugplatzoberfläche gefahren. Höhere Geschwindigkeiten wurden wegen der Oberflächenrauheit nicht verwendet.

Für die Rollwiderstandstests wurde das Fahrzeug im Hinterradantriebsmodus (Frontantrieb ausgeschaltet) gefahren, sodass ein Widerstandsmoment die einzige auf die Vorderräder wirkende Kraft war.

Der Rollwiderstandskoeffizient k_{RW} wurde unter Verwendung von zwei Messwerten bestimmt:

- M_Y = ein Moment, das um die Querachse wirkt
- F_Z = vertikale Kraft

Der k_{RW} wird dann wie folgt berechnet:

$$k_{RW} = \frac{M_Y}{r_0} \times \frac{1}{F_Z} \quad (10.31)$$

Dabei gilt Folgendes: r_0 = Reifenhalbmesser.

Das Moment My wird berechnet, indem ein Teil der gemessenen Daten gemittelt wird. Die Kraft Fz ist auch ein Durchschnittwert der Maximalwerte, die gleichzeitig mit dem Moment My bestimmt werden. Die experimentellen Beispieldaten sind in Abb. 10.39 dargestellt. Bei diesem Verfahren wird ein komplexer Widerstandskoeffizient bestimmt und dieser Wert fasst den Widerstand durch Lagerungsverluste und den Widerstand aufgrund von Reifen- und Bodenverformung zusammen.

Die Ergebnisse sind in Abb. 10.40 und 10.41 dargestellt. Die Werte des k_{RW} reichen von 0,01 bis 0,016. Dies ist viel kleiner im Vergleich zu den im vorherigen Abschnitt und den in der zitierten Literatur angegebenen Werten 1,3, 12–14. Ziel dieser Messungen war es, experimentelle Daten für die Kalibration und Verifikation des Flugzeugfeldleistungsmodells, insbesondere des horizontalen Fahrdynamikmodells, zu erhalten. Diese Werte wurden jedoch für einen Autoreifen bestimmt, der sich von den Flugzeugreifen dadurch unterscheidet, dass er einen höheren Reifendruck aufweist und sich weniger verformt. Die Beziehung zwischen den Werten des k_{RW} ähnelt denjenigen, die bei der Flugtestmethode erhalten und im Abschn. 10.8.7 vorgestellt wurden.

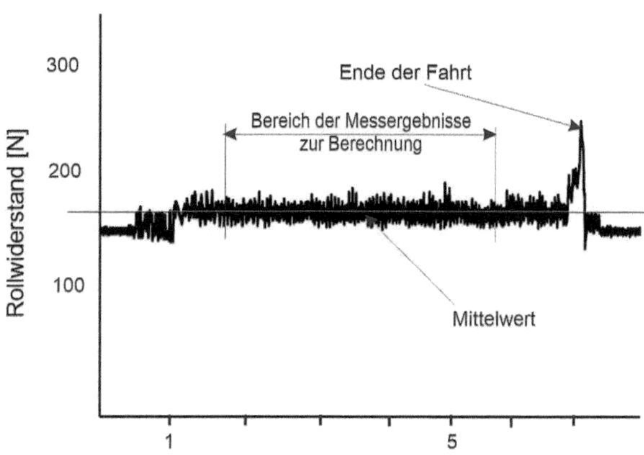

Abb. 10.39 Ein Beispiel für den Verlauf der Rollwiderstandskraft eines Reifens auf einer Grasoberfläche [65]

Abb. 10.40 Wertespanne der Rollwiderstandskraft eines Autoreifens auf verschiedenen Varianten einer Grasoberfläche. (**a**) – weicher Boden, (**b**) – kurzes Gras, (**c**) – mittleres Gras, (**d**) – langes Gras, (**e**) – Modellflugplatz, (**f**) – gehärtetes Grasoberflache, (**g**) – nass gemähtes Gras (mit Schnittgut auf der Oberfläche)

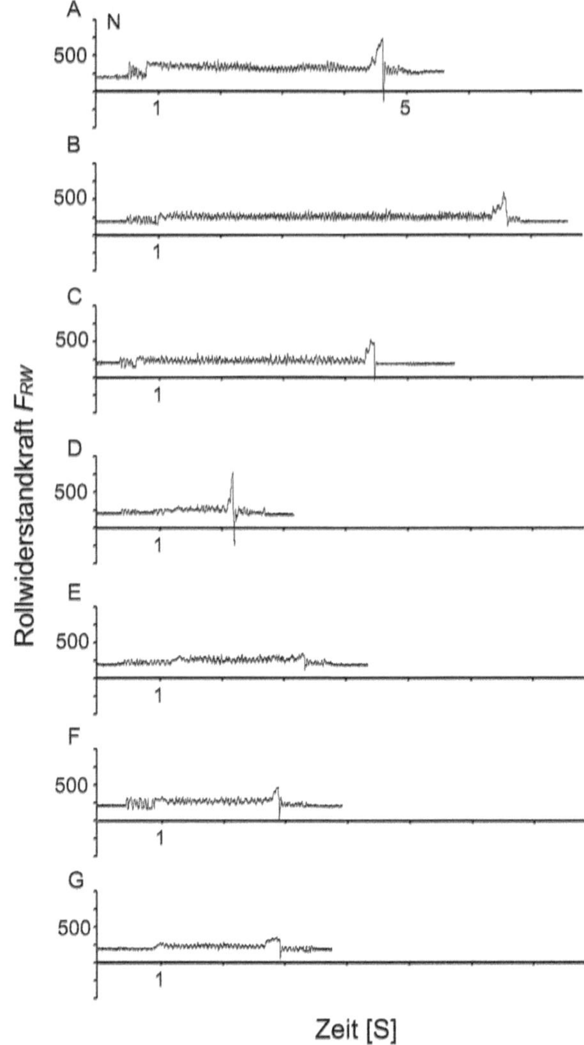

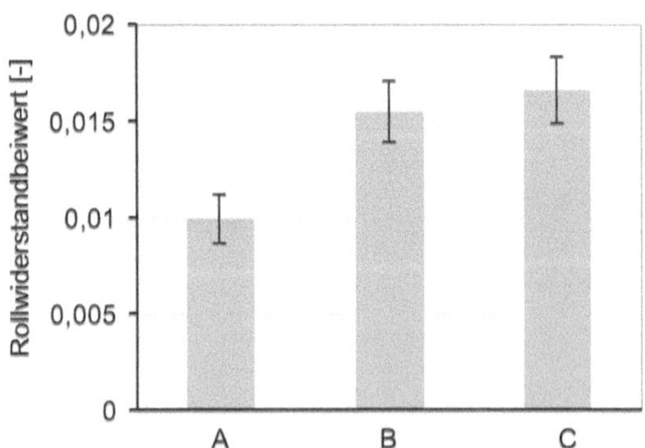

Abb. 10.41 Werte des Rollwiderstandskoeffizienten eines Autoreifens auf der Oberfläche eines Grasflugplatzes. (**a**) – Flughafen für Flugmodelle (5 cm Gras), (**b**) – Grasflugplatz, 15 cm hohes Gras, (**c**) – 20 cm hohes Gras [65]

10.5.1.4 Seitenkraft am Rad

Im Allgemeinen kann die Reifenseitenkraft auf nachgiebiger Fahrbahn durch zwei Methoden bestimmt werden: Labor- und Feldtests. Laborexperimente haben den Vorteil einer besseren Kontrolle der Bodenbedingungen und können folglich wiederholbare und genaue Ergebnisse erzielen. Im Vergleich dazu ergeben die Feldmessungen die Ergebnisse, die näher an der Realität liegen [11, 38, 61].

Labortests werden normalerweise in einer kontrollierten Umgebung einer Bodenrinne durchgeführt. Während für die meisten Straßenanwendungen Flachband- und Großtrommelprüfstände verwendet werden, erfordern die Bedingungen für Off-road-Messungen eine andere Messausrüstung. Zwei Beispiele sind der Einzelradtester der Universität Hohenheim [39–41], bei dem Längslenker das Testrad führen und ein Hydraulikzylinder die Reifenlast aufbringt, und der Harper-Adams-Einzelradtester, der ein Viertelfahrzeug darstellt [42]. Die Einzelradeinrichtung des Harper-Adams-Testers war in einem Parallelgestänge montiert und über einen Federdämpfer mit einem Gewichtsträger verbunden. Ein zwischen dem Tragtraktor und dem Tester montiertes Gelenk erzeugte den Schräglaufwinkel.

Die vielleicht umfangreichsten Laboruntersuchungen zur Reifenseitenkraft auf Bodenoberflächen wurden für landwirtschaftliche Reifen am Institut für landwirtschaftliche Maschinen der Technischen Universität München durchgeführt. Experimentelle Studien unter Laborbedingungen wurden von Schwanghart (1968 und 1981) durchgeführt, der auch Feldmessungen unter Verwendung einer Einzelradeinrichtung am Heck eines Trägerfahrzeugs durchgeführt hatte. Schwanghart maß die Reifenkräfte mit einem Kraftaufnehmer mit sechs Elementen bei verschiedenen Radschlupf-, Schräglaufwinkel- und Fahr-/Bremsmodi. Für die spezifischen Testbedingungen wurden die Ergebnisse der Reifenseiten- und -längskräfte durch lineare oder quasilineare Modelle angenähert [43, 44].

Bei Feldtests werden entweder Einzelradmesseinrichtungen verwendet, die von einem Trägerfahrzeug gezogen werden, oder instrumentierte Fahrzeuge. Ein Beispiel für ein solches instrumentiertes Fahrzeug ist das CIV zur Bestimmung der Reifenseitenkraft bei verschiedenen Schneebedingungen des US Engineer Research and Development Center [28, 37]. Die Messung der Reifenseitenkraft im Winter ist besonders schwierig, da keine Möglichkeit besteht, Experimente in einem Labor durchzuführen. Die Forscher haben den CIV als Schleppsensor verwendet und die Reifenseitenkraft bei niedrigerer Geschwindigkeit gemessen, wobei der Schlupfwinkel von Hand auf eine relativ niedrige Geschwindigkeit (ca. 50°/s) eingestellt wurde, sodass die Ergebnisse für stationäre Bedingungen repräsentativ sind. Diese Tests zeigten, dass die maximale Seitenkraft und die Form der Kraftkurve mit den Schneeeigenschaften und -tiefen zusammenhängen.

Plesser (1997) und Schlotter (2006) führten dynamische Messungen der Reifenseitenkräfte bei einer Dauersinus-Lenkradanregung unter Verwendung großer landwirtschaftlicher Reifen mit der Hohenheim-Einzelradmesseinrichtung durch. Sie zeichneten die Ergebnisse in einem Bode-Diagramm auf und berechneten den Frequenzparameter für das Amplitudenverhältnis und die Phasenverschiebung [39, 45].

Der Lenkwinkelsprung bietet eine weitere Methode zur Reifenerregung bei dynamischen Messungen. Das Einlaufverhalten eines Reifens (die Einlauflänge) kann aus solchen

Experimenten erhalten werden. Per Definition ist dieser Parameter unabhängig von der Fahrgeschwindigkeit [46]. Schlotter und Keen (2003) haben ebenfalls darauf hingewiesen, dass die mit verschiedenen Methoden ermittelte Einlauflänge keinen klaren Trend für den Einfluss der Fahrgeschwindigkeit zeigt [42].

10.5.1.5 Messungen mit dem Testfahrzeug

In diesem Abschnitt wird eine Forschungsstudie vorgestellt, in der ein Geländewagen als mobiler Prüfstand verwendet wird. Der Vorteil eines instrumentierten Fahrzeugs besteht darin, dass es erstens als Sensor zum Erfassen bestimmter Parameter und Größen oder zweitens als Testfahrzeug zum Messen des dynamischen Verhaltens des gesamten Fahrzeugs in Freilauftests verwendet werden kann.

Tests mit einem mit Radmessnaben ausgestatteten Testautos wurden vom Autor auf drei verschiedenen nachgiebigen Fahrbahnen durchgeführt, nämlich auf Sand, lehmigem Boden und Nassschnee. Ziel der Messungen war es, die dynamische Reaktion des Reifen-Boden-Systems in Querrichtung auf unterschiedliche dynamische Lenkradanregungen zu bestimmen.

Das Suzuki-VITARA-Fahrzeug wurde als instrumentiertes Fahrzeug vorbereitet. In den Vorderrädern des Fahrzeugs sind zwei Radmessnaben eingebaut. Die Offroad-Reifen hatten die Größe 195/75/R15 und waren bis zu 190 kPa aufgepumpt. Zusätzlich wurden zwei Anhängerkupplungen an der Vorderseite des Testfahrzeugs zum Abschleppen angebracht. Das Lenksystem des Testfahrzeugs wurde vor den Tests überarbeitet, um die Auswirkungen des mechanischen Spiels auf die Erzeugung der Reifenkraft zu minimieren.

Um bei Anregungen mit schräglaufenden Rädern gerade Fahrten zu gewährleisten, wurde das Messfahrzeug von einem schweren Schleppfahrzeug gerade gezogen. Die beiden Fahrzeuge wurden mittels einer speziell angefertigten Zugstange mit drei Gelenken gekoppelt: (1) ein Hauptkugelgelenk, das seitliche Bewegungen zwischen den beiden Fahrzeugen während der Vorbereitungsmanöver ermöglichte, und (2) zwei einachsige Gelenke, die begrenzte vertikale Bewegungen des Testfahrzeugs zum Ausgleich von Fahrbahnunebenheiten erlaubten. Das Abschleppverfahren wurde von dem von Coutermarsh und Shoop (2009) verwendeten inspiriert [37]. Abb. 10.42 zeigt das Schema und eine Ansicht der die Fahrzeuge verbindenden Zugstange. Um sicherzustellen, dass die instrumentierten Räder des Testfahrzeugs über ungestörten Boden fahren, wurde das Schleppfahrzeug so gewählt, dass die Spurweite größer als die des Testfahrzeugs war.

10.5.1.5.1 Messgeräte des Testfahrzeugs

Zur Messung der Reifenseitenkräfte wurden zwei Radmessnaben verwendet. Diese Geräte wurden in den beiden Vorderrädern des Testfahrzeugs montiert. Das Radmessnabensystem kann drei Kräfte gleichzeitig messen: F_V, F_X und F_Y sowie drei Momente: M_V, M_X und M_Y, die auf ein Rad wirken. Das Testfahrzeug erfordert keine Änderung seiner Struktur, das einzige zu modifizierende Teil ist die Felge. Abb. 10.43 zeigt die am Testfahrzeug angebrachte Radmessnabe. Weitere Details zu dieser Messmethode sind in Kap. 6 zu finden.

Zwei weitere Forschungsgeräte wurden in das Testfahrzeug eingebaut:

- Eine Lenkmaschine
- Ein DGPS-System

Abb. 10.42 Zugstange, die das Testfahrzeug mit einem Schleppfahrzeug verbindet [32]

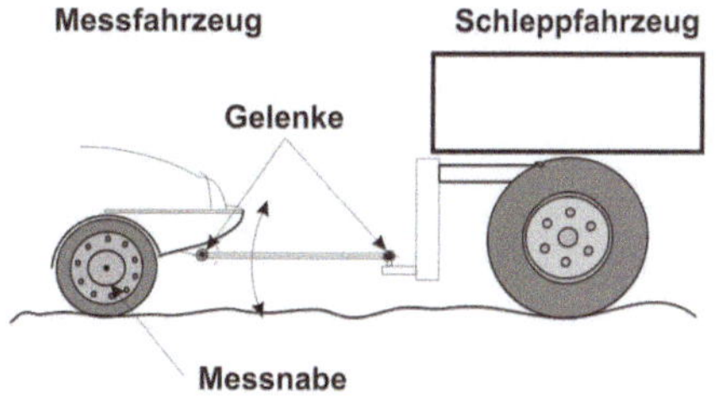

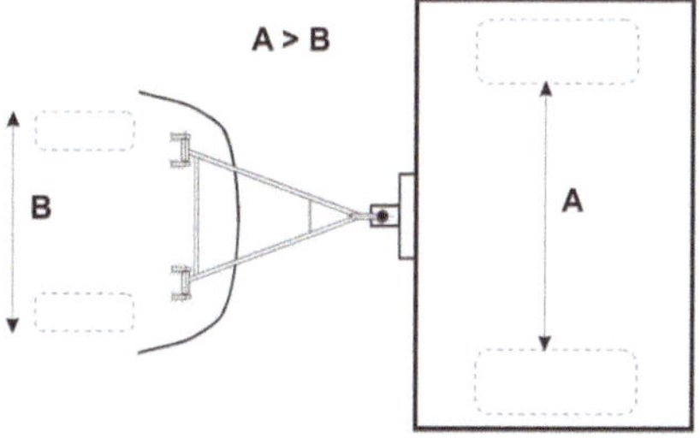

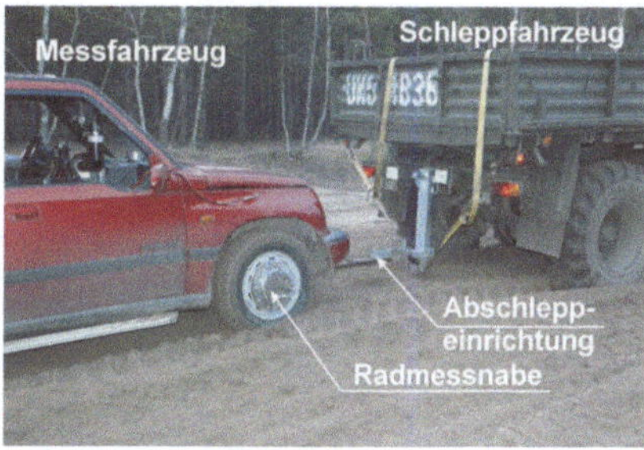

Abb. 10.43 Die Radmessnabe

Das Lenkrobotersystem (Lenkmaschine) bietet präzise, wiederholbare Lenkeinschläge bei einem eingestellten Lenkradwinkel. Das komplette System wurde ohne zusätzliche Änderungen in das Testfahrzeug eingebaut. Vor den Testläufen wurde der Roboter zum typischen Ausrichten und Setzen von Neutralpunkten kalibriert.

Ein DGPS (Differenzial GPS) kann zusammen mit dem Lenkroboter verwendet werden, um das Fahrspurhalten nach ausgewählten Testverfahren durchzuführen. Die Bedienung des Lenkroboters wird von einem typischen PC-Notebook gesteuert. Die Software zeichnet auch Daten auf, die während der Tests erfasst werden.

10.5.1.6 Feldverfahren und Bodenbedingungen

Für die Tests wurden zwei verschiedene Anregungsmethoden der Vorderräder gewählt:

- Eine Trapezlenkradeingabe (Trapezanregung)
- Eine sinusförmige Lenkradeingabe (Sinusanregung)

Es wurden drei Raten der Trapezanregung gewählt: 100, 500 und 1500°/s. Gemäß der Norm ISO 7401 sollte die Lenkradwinkelrate für dynamische Manöver mindestens 200°/s betragen. Die Drehgeschwindigkeit von 100°/s gilt für quasistatische Bedingungen („phlegmatischer Fahrer") und die Drehgeschwindigkeit von 1500°/s wird als eine sehr schnelle Lenkung bewertet. Die Amplitude des Lenkradwinkels wurde auf 180° eingestellt, was zu einem durchschnittlichen Schräglaufwinkel von 10° führte. Die Zeit, für die der Winkel eingestellt wurde, betrug 4 s.

Es wurden drei Frequenzen der Sinusanregung verwendet: 0,5, 1,0 und 2,5 Hz, während die Amplitude des Lenkradwinkels 90° betrug. Mitschke und Wallentowitz (2005) wiesen darauf hin, dass für einen typischen Fahrer Frequenzen zwischen 0 und ca. 1,5 Hz von praktischer Bedeutung sind [3]. Die Dauer der Tests durch Sinuswellenanregung betrug 10 s. Abb. 10.44 zeigt die Zeitkurven des Lenkradwinkels für alle in bei der Untersuchung angewendeten Anregungsmodi.

Für die drei nachgiebigen Fahrbahnen und für jede der Testvarianten wurden mindestens fünf Wiederholungen durchgeführt, um statistisch repräsentative Ergebnisse zu erhalten.

Jeder Testlauf wurde mit einer Vorwärtsgeschwindigkeit von etwa 5 bis 6 km/h durchgeführt. Ein externer Auslöser (Trigger) wurde verwendet, um sicherzustellen, dass der Lenkroboter und die Lenkmaschine gleichzeitig aktiviert wurden. Abb. 10.45 zeigt Probefahrten auf drei untersuchten Fahrbahnen (von oben nach unten): Sand, Lehmboden und nasse Schneeoberfläche.

10.5.1.7 Die Böden

Lehmiger Boden und Sand sind mechanisch entgegengesetzte Bestandteile der meisten Böden. Der Lehmboden zeichnet sich durch eine hohe Kohäsion aus, insbesondere bei hohem Feuchtigkeitsgehalt und relativ geringer innerer Reibung. Im Gegensatz dazu hat der sandige Boden eine geringere Kohäsion, aber seine innere Reibung ist hoch.

Das Testgebiet mit dem Lehmboden befand sich auf einem Acker in Paulinów in der Nähe von Nałęczów im Südosten Polens. Das sandige Bodengebiet war Teil des Testgeländes des Militärinstituts für Fahrzeug- und Panzertechnik in Sulejówek, Polen. Die

Abb. 10.44 Zeitkurven des Lenkradwinkels für Anregungsmodi [35]

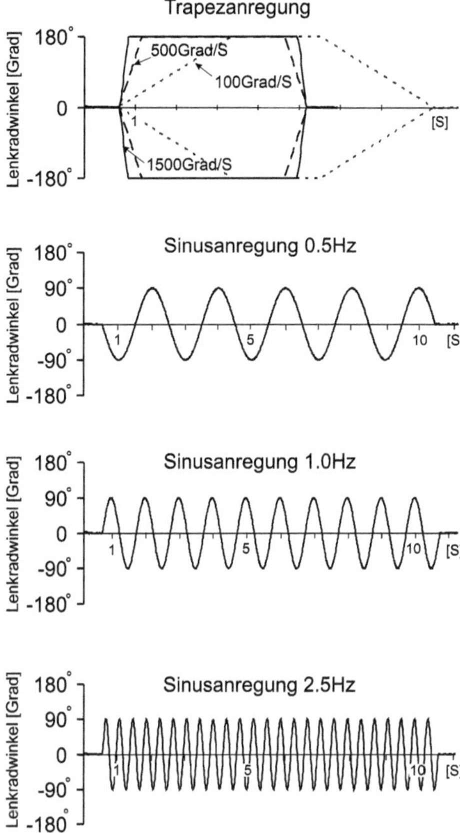

beiden Testbereiche waren ungefähr 15 × 100 m groß. Ein mit einem Horsch ausgestatteter landwirtschaftlicher Traktor bereitete die Testoberflächen vor. Vor jedem Testlauf wurden die Oberflächen der Fahrbahn und die Spurrillen eingeebnet.

Der Feuchtigkeitsgehalt der beiden Bodenoberflächen wurde in 10 bis 15 cm Tiefe mit einem tragbaren TDR-Feuchtemessgerät gemessen. Der Feuchtigkeitsgehalt des Lehmbodens betrug ungefähr 17,5 %, der des Sandes ungefähr 7 %.

10.5.1.8 Nasse Schneefahrbahn

Nasser Schnee kann mechanisch losen Böden ähneln, seine Verformbarkeit ist jedoch viel größer. Darüber hinaus verformt sich nasser Schnee eher durch Kompression als durch Scherung. Unter dem Gesichtspunkt der Reifenkräfte ist es wichtig, dass nasser Schnee aufgrund der großen Wassermenge niedrigere Reibungskoeffizienten aufweist.

Tests auf nasser Schneeoberfläche wurden auf dem Testgelände des Militärinstituts in Sulejówek durchgeführt. Am Tag der Tests (Ende Februar) betrug die Lufttemperatur + 2 °C, die Schneetemperatur + 0,5 °C. Die Schneeoberfläche hatte eine Tiefe von ca. 40 bis 50 cm und musste vor den Tests durch Nivellieren und Verdichten bis zu einer Tiefe von 30 cm vorbereitet werden.

Abb. 10.45 Beispielhafte Probefahrten: (**a**) – Sandboden, (**b**) – Lehmboden, (**c**) – Schnee

10.5.2 Ergebnisse

10.5.2.1 Dateienauswertung

Beispiele für Messergebnisse sind in Abb. 10.46 dargestellt. Die Zeitverläufe der Seitenkraft für jede der Testreplikationen sind, zusammen mit einer als Fettlinie gezeichneten Durchschnittskurve, in dieser Figur für ein Beispiel einer Trapez- und Sinusanregung dargestellt. Für die Trapezanregung wurde die Seitenkraft für zwei Richtungen gemessen: rechts (positive Kraftwerte des Schräglaufwinkels) und links, sodass das obere Diagramm zwei Kurvensätze enthält. Für die weitere Analyse wurden nur Durchschnittskurven des F_Y als repräsentativ genommen, und diese Ergebnisse sind in den Abbildungen grafisch dargestellt: Abb. 10.47, 10.48 und 10.49 – Trapezanregung auf die drei Fahrbahnen, Abb. 10.50, 10.51 und 10.52 für die Sinusanregung.

Der nächste Schritt bei der Dateienauswertung war die Suche nach Spitzenwerten für die Reifenseitenkraft innerhalb der Ergebnisse der Trapezanregung. Für jede Testvariante wurde ein Durchschnittswert für das F_Y berechnet (ein gleitender Durchschnitt von 100 Punkten aus einer Sättigungsstufe), Abb. 10.53 zeigt eine schematische Darstellung davon. Basierend auf diesen Daten wurde ein Spitzenwertenfaktor $F_{Ypeak}/F_{Yaverage}$ bestimmt und in Abb. 10.54 grafisch dargestellt. Abb. 10.53 zeigt auch die Spitzenkraftzeit, ein weiteres Maß, das aus den experimentellen Daten abgeleitet wurde. Analog zur Spitzenreaktionszeit bezeichnet dieser Parameter eine Verzögerung des Lenkrad-Reifen-Boden-Systems [3]. Die Daten wurden in Abb. 10.55 gesammelt.

Basierend auf den experimentellen Daten, die mit dem Sinusanregung erhalten wurden, wurden Bode-Diagramme für die beiden Vorderräder auf den untersuchten nachgiebigen Fahrbahnen erstellt. Diese Diagramme sind in den Abbildungen dargestellt:

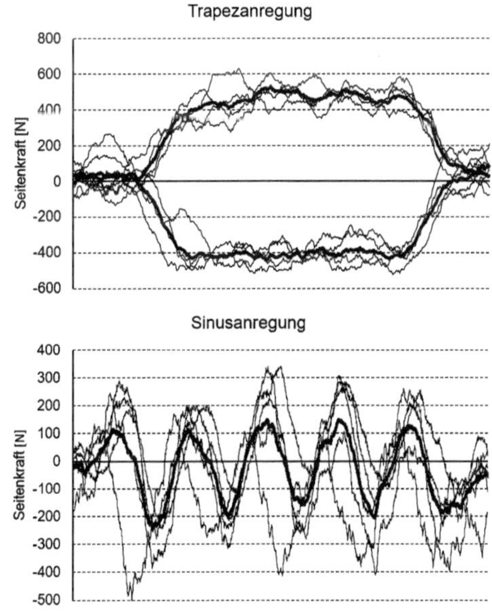

Abb. 10.46 Beispiele für Ergebnisse der Seitenkraftmessung. (**a**) – Trapezanregung 500 Grad/s, (**b**) – Sinusanregung 0,5 Hz, dicke Linie = gemittelter Durchschnitt aus 5 Wiederholungen, R – Rechtskurve, L – Linkskurve

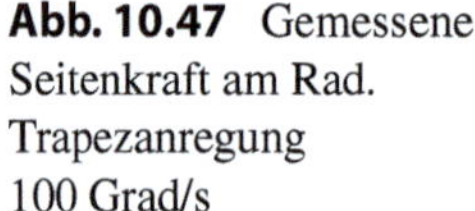

Abb. 10.47 Gemessene Seitenkraft am Rad. Trapezanregung 100 Grad/s

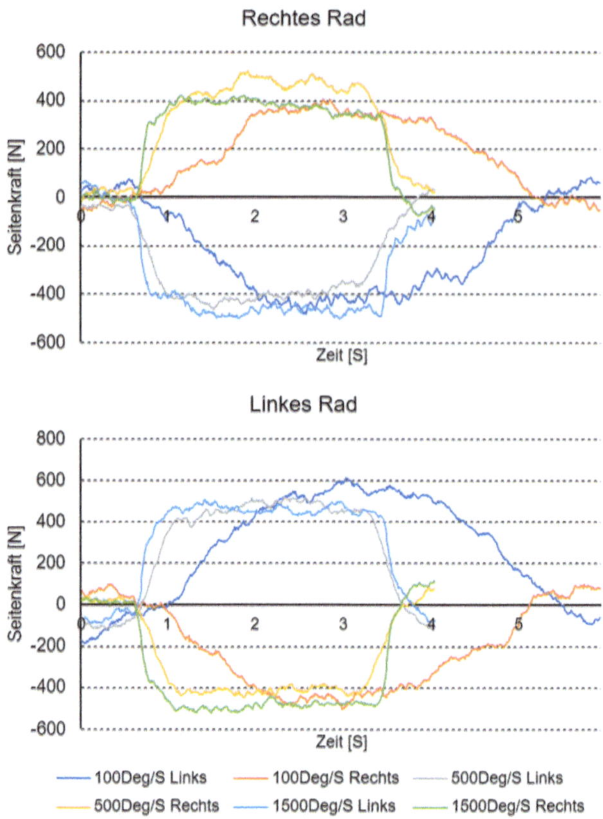

Abb. 10.56 für Lehmbodenfahrbahn, Abb. 10.57 für Sand und Abb. 10.58 für nasse Schneefahrbahn.

10.5.2.2 Ergebnisse

Die ermittelten Zeitverläufe in den Abb. 10.47, 10.48 und 10.49 zeigen einige interessante Trends. Erstens sind die auf dem Lehmboden erfassten Werte der Reifenseitenkraft etwa doppelt so hoch wie auf Sand und nassem Schnee. Dies könnte auf eine hohe Verformbarkeit von Sand und nassem Schnee zurückzuführen sein. Eine typische Rillentiefe in Sand, die vom Testfahrzeug erzeugt wurde, lag bei 170 bis 210 mm, während in Lössboden nur 70 bis 130 mm gemessen wurden. Eine hohe Verformung der Bodenoberfläche führt zu geringen Spannungen und Bodenreaktionen. Hier sollte Bodenverformbarkeit als multidirektional verstanden werden, nicht nur in einer vertikalen Richtung, die eine Rillenbildung verursacht. Boden, der einem komplexen Belastungszustand ausgesetzt ist, wie durch den Schräglauf eines Rades, verformt sich einerseits volumetrisch durch Änderungen seiner Lagerungsdichte, andererseits durch Scheren, was hauptsächlich strukturelle Änderungen des Bodenvolumens verursacht. Die Erzeugung einer Flanke in Spurrillen in sandigem Boden bei hoher vertikaler Verformung führt nicht zu höheren Reifenseitenkräften,

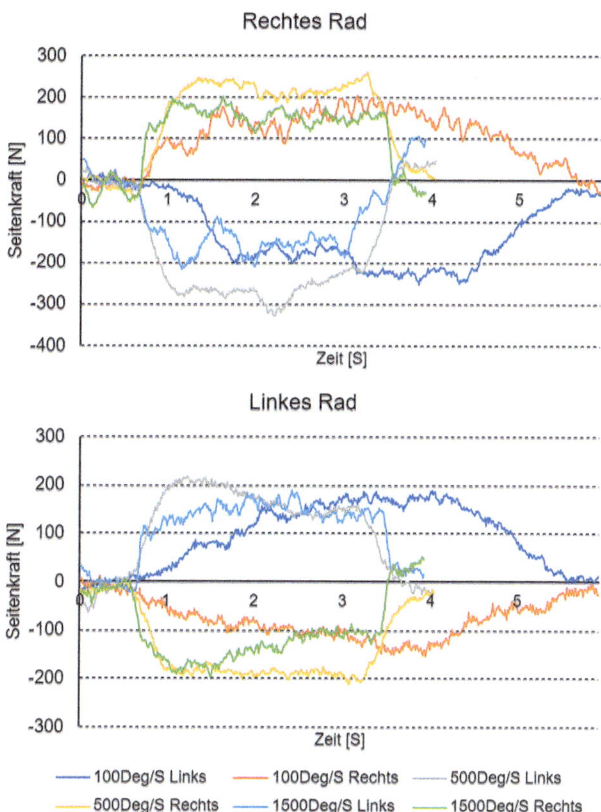

Abb. 10.48 Gemessene Seitenkraft am Rad. Trapezanregung 500 Grad/s

wie dies auf den ersten Blick zu erwarten war. Diese Kräfte können jedoch geringer sein, hauptsächlich aufgrund der hohen Scherverformbarkeit von sandigem Boden. Andererseits kann eine höhere Scherfestigkeit von Lehmboden die Erklärung dafür sein, warum die Reifenseitenkräfte auf dieser Art von Boden doppelt so hoch sind. Diese Trends können durch experimentelle Daten von Bodenspannungen und Verformungen nachgewiesen werden, die bei Tests auf denselben Böden erhalten wurden (siehe Kap. 4). Diese Daten zeigten eine höhere Verformbarkeit des sandigen Bodens, gefolgt von einer geringeren Traktionsleistung dieser Fahrbahn, ausgedrückt in niedrigeren Werten für die Zugkraft.

Es gibt keinen signifikanten Effekt der Lenkwinkelrate auf die Reifenseitenkraft für den Lehmboden. Dieser Effekt ist auf Sand offensichtlich: Die höchsten Werte der F_Y wurden bei 500°/s gemessen. Eine Erklärung hierfür könnte der Effekt einer hohen Lenkwinkelrate sein, die die Erzeugung der Seitenkraft des Reifens aufgrund der Bodenträgheit schwächte.

Eine mögliche Erklärung für einen plötzlichen, enormen Abfall der Reifenseitenkraft auf nassen Schnee war der Effekt von Schneeverformbarkeit und Oberflächenunebenheiten. Die Erzeugung der Reifenseitenkraft auf verformbaren Oberflächen ähnelt eher der

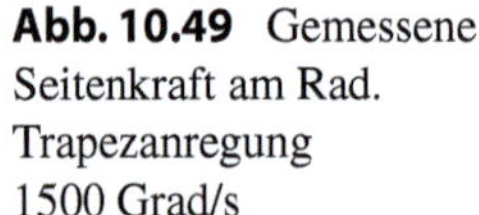

Abb. 10.49 Gemessene Seitenkraft am Rad. Trapezanregung 1500 Grad/s

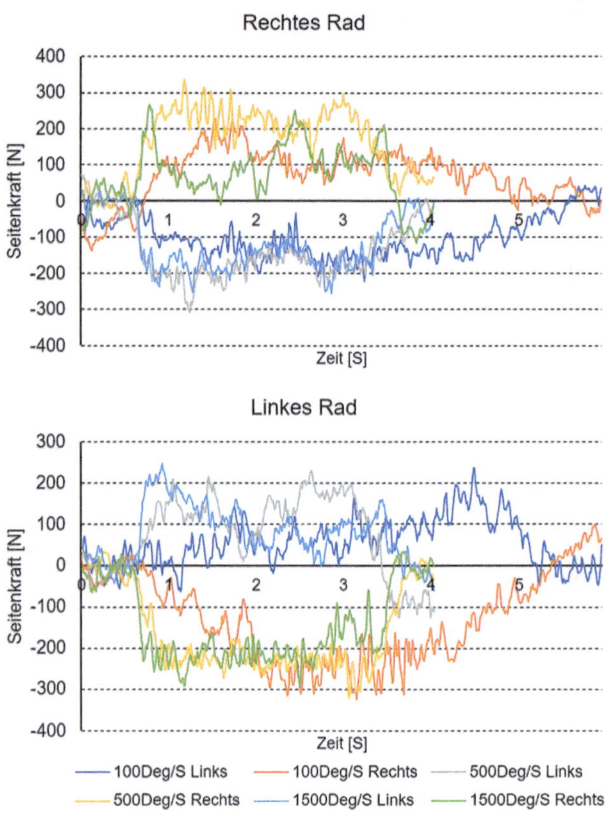

Reaktion der Furchenwand als der Reibung der Reifenoberfläche. Diese Reaktion fiel nach Erreichen eines Spitzenwertes aufgrund von Schneeverformung ab.

Der in Abb. 10.54 gezeigte maximale Seitenkraftkoeffizient $F_{Ypeak}/F_{Yaverage}$ zeigt einen weiteren Unterschied zwischen den drei Oberflächen. Die Werte dieses Koeffizienten sind für den Lehmboden nahezu konstant und gleich 1, während sie für die Erhöhung der Lenkwinkelrate auf sandiger Fahrbahn von etwa 0,9 auf 1,3 ansteigen. Die sandige Bodenoberfläche zeigt eine hohe Verformbarkeit und auf einen signifikanten Spitzenwert bei hoher Lenkwinkelrate folgt ein niedrigerer Wert in der Sättigungsstufe. Dieser Koeffizient erreichte die höchsten Werte für die nasse Schneeoberfläche: in den meisten Fällen zwischen 1,3 und 1,8 und sogar 2,67 für 1500°/s Lenkwinkelrate. Es wurde kein spezifischer Trend beobachtet, die Werte variieren für die drei Lenkwinkelraten. Diese Daten zeigten, dass die Reifenseitenkraft, die auf nassem Schnee charakteristisch ist, die Querdynamik des Fahrzeugs am höchsten beeinflussen kann.

Die in Abb. 10.55 dargestellte Spitzenkraftzeit zeigt die Auswirkung der Fahrbahnart und Lenkwinkelrate auf die Zeitverzögerung des Systems. Der Trend ist für die beiden Böden ähnlich: Die größte Verzögerung trat bei der langsamsten Lenkwinkelrate von 100°/s auf. Dies ist ein unerwartetes Verhalten des Reifen-Boden-Systems, da bei geringer

Abb. 10.50 Gemessene Seitenkraft am Rad. Sinusanregung 0,5 Hz

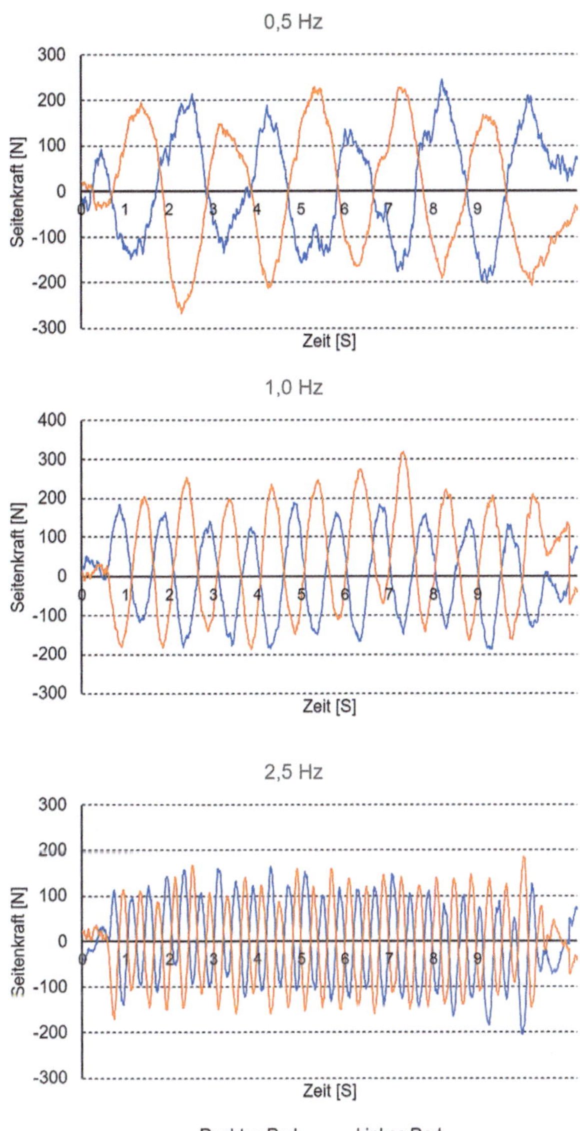

Lenkwinkelrate der Räder ein geringerer Trägheitseffekt auftritt. Andererseits sind die Werte der Spitzenkraftzeit für sandigen Boden größer als für Lehm, was auf eine höhere Verformbarkeit von Sand zurückzuführen ist. Die maximale Spitzenkraftzeit auf nassem Schnee für die langsamste Lenkwinkelrate erreichte negative Werte. Dies bedeutet, dass die Reifenseitenkraft ihr Maximum erreicht hat, bevor das Rad auf den maximalen Schlupfwinkel eingestellt wird. Die Spitzenkraftzeit ist analog zu dem von Mitschke und Wallentowitz (2004) genannten Einlaufweg [3] oder der Relaxationslänge von Schlotter und Keen (2003) [42].

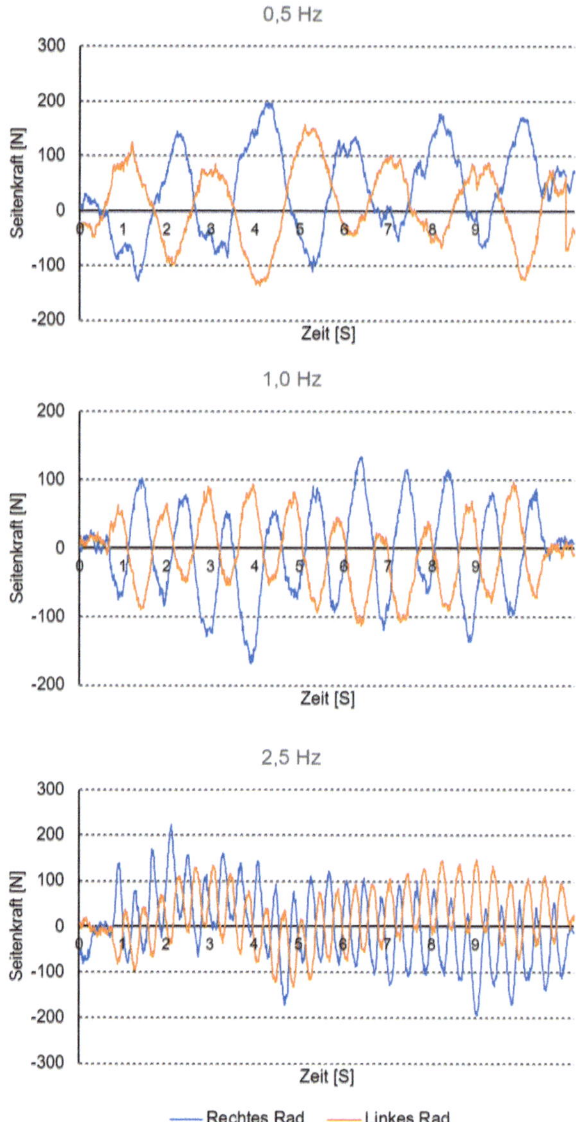

Abb. 10.51 Gemessene Seitenkraft am Rad. Sinusanregung 1,0 Hz

Bei Sinusanregung ist der Unterschied zwischen den drei nachgiebigen Fahrbahnen in der Reifenseitenkraft ähnlich wie bei der Trapezanregung: Die Seitenkraft Fy ist für die Lössbodenoberfläche etwa 1,5- bis 2-mal größer als für Sand und nassen Schnee. Die in den Abb. 10.56, 10.57 und 10.58 gezeigten Bode-Diagramme können zur Beschreibung der Dynamik des Reifen-Boden-Systems verwendet werden. Da die Messungen mit relativ niedriger Geschwindigkeit durchgeführt wurden, erwarteten wir eine Reaktion vom Typ 1. Ordnung, was die Grafik beweist. In den Plots des Amplitudenverhältnisses gibt es einen Übergang zwischen dem proportionalen und dem integrierenden Teil der Kurve.

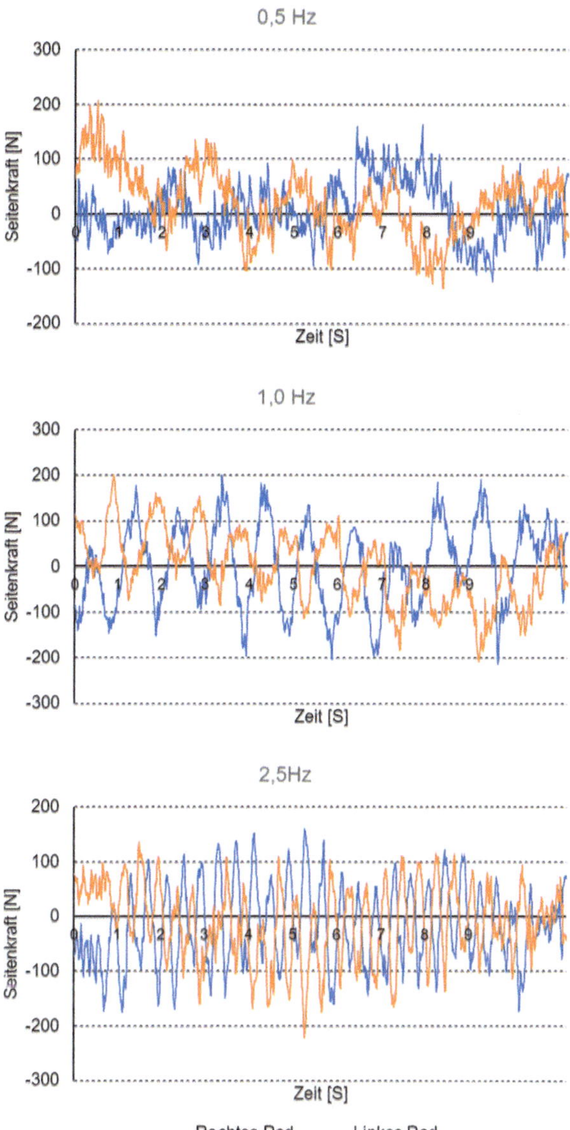

Abb. 10.52 Gemessene Seitenkraft am Rad. Sinusanregung 2,5 Hz

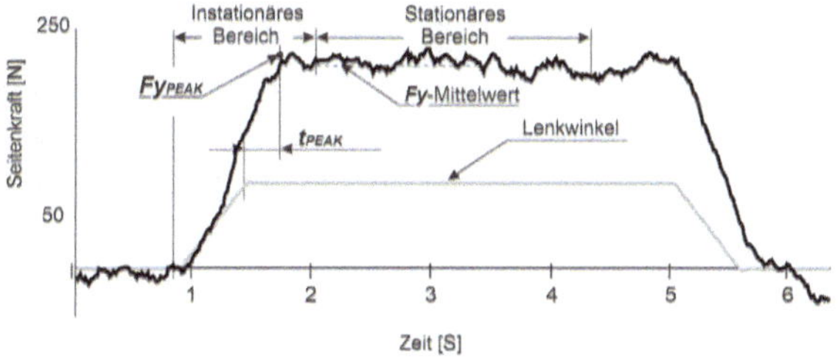

Abb. 10.53 Diagramm der Analyse des Seitenkraftverlaufs für die trapezförmige Anregung

Abb. 10.54 Spitzenwertefaktor $F_{Ypeak}/F_{Yaverage}$

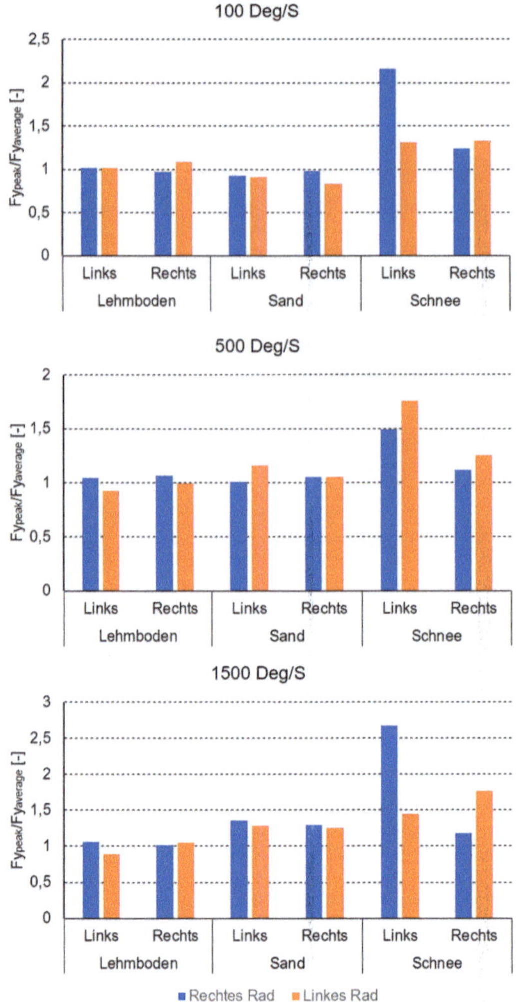

Dieser Übergang bestimmt die Kurvenfrequenz der Systeme: ca. 0,5 Hz für Lehmboden und 0,7 Hz für Sand. Schlotter und Keen (2003) berechneten die Kurvenfrequenz für einen auf 0,8 Bar aufgepumpt 20,8-R38-Reifen, der bei einer Vorwärtsgeschwindigkeit von 10 km/h gemessen wurde, aber die Ergebnisse für das Amplitudenverhältnis und die Phasenverschiebung waren unterschiedlich [42].

Die beiden Reifen-Boden-Systeme sind durch eine Zeitverzögerung charakterisiert, aber die Phasenverschiebungskurven zeigen zwei unterschiedliche Trends. Die auf der sandigen Bodenoberfläche erzeugte Reifenseitenkraft wurde bei ungefähr 60° für 0,5 Hz relativ zum Lenkeingang intensiv zurückgeschoben, dann wurde die Phasenverschiebung bei 15° für 1 Hz positiv und fiel schließlich für ungefähr 2,5 Hz auf ungefähr 7° (negativ) ab. Im Gegensatz dazu war die Phasenverschiebung der Seitenkraft auf der Lehmboden-

Abb. 10.55 Spitzenkraftzeit

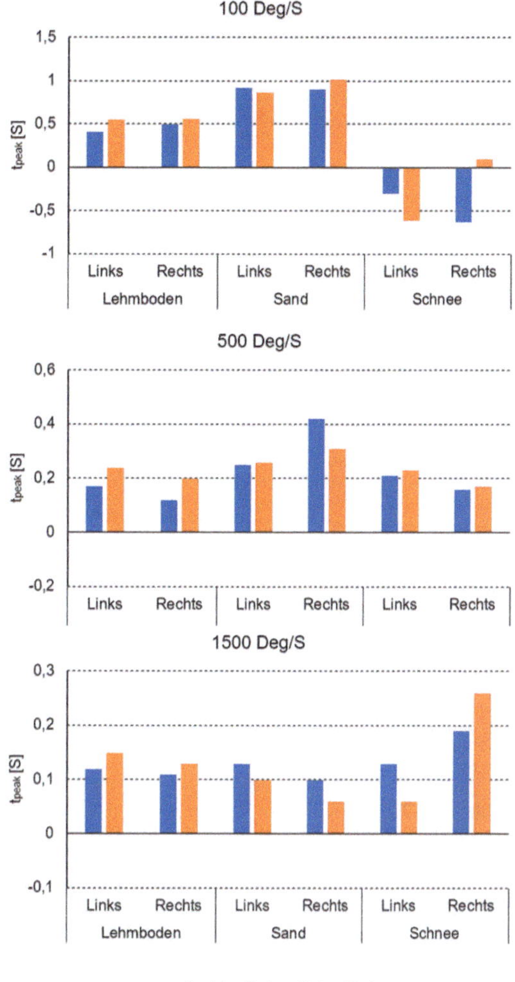

oberfläche bei 17° für 0,5 Hz positiv und fiel dann ab, wobei der Charakter in eine Rückverschiebung geändert wurde und 23 bis 30° (negativ) für höhere Lenkeingangsfrequenzen erreicht wurde. Im Allgemeinen ähneln die Kurven aus dem Diagramm, das für das Reifen-Sand-System erhalten wurde, größtenteils denen für das Lenkmoment, das von Mitschke und Wallentowitz (2005) angegeben wurde. Eine intensive Vorwärtsphasenverschiebung wurde für die nasse Schneeoberfläche bei einer Anregungsfrequenz von 0,5 Hz beobachtet. Dies ist sehr ähnlich zu den Ergebnissen für Rampenanregung bei Schnee mit 100°/s, bei denen die Reifenseitenkraft die Lenkanregung weiterleitete. Bei höheren Frequenzen fiel die Phasenverschiebung auf ca. 20 bis 25°.

Es gibt Bedenken hinsichtlich einiger methodischer Aspekte dieser Forschung. Beispielsweise sollten Messungen von Kräften unter Verwendung der Radmessnaben mit ge-

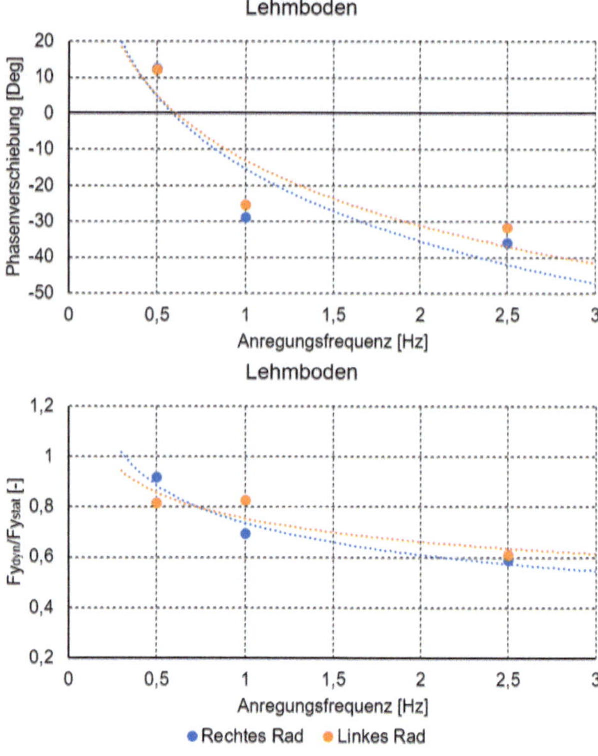

Abb. 10.56 Bode-Diagramm für auf dem Lehmboden gemessene Seitenkraft

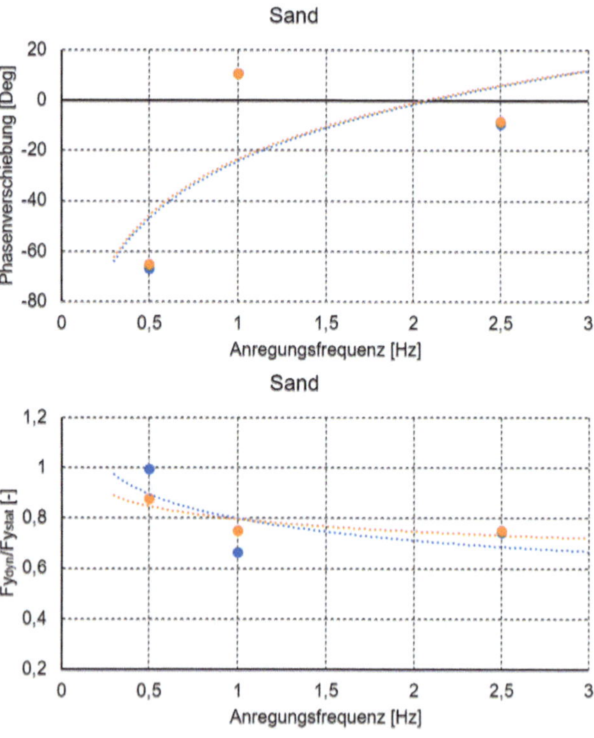

Abb. 10.57 Bode-Diagramm für auf dem Sandboden gemessene Seitenkraft

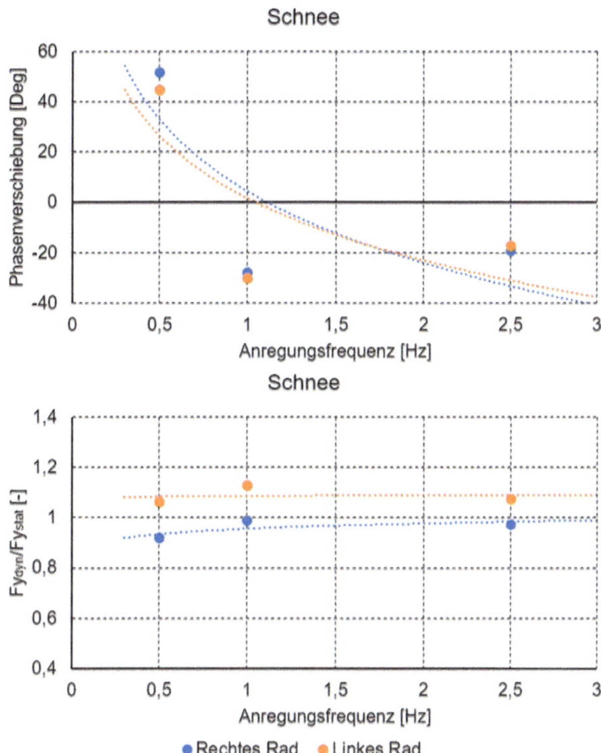

Abb. 10.58 Bode-Diagramm für auf dem nassen Schnee gemessene Seitenkraft

bührender Vorsicht betrachtet werden. Das für den Test verwendete Messgerät gibt die Werte der Radkräfte und nicht der Reifenkräfte an. Wir sind davon ausgegangen, dass diese beiden Maßnahmen nahezu identisch sind, solange die Reifen mit Druckluft gefüllt sind (190 kPa) und die Verformbarkeit der Bodenoberflächen hoch ist. Die gewählten Oberflächen – sandiger Boden und feuchter Lehmboden – können als stark verformbar angesehen werden.

Ein weiteres Problem ist die Auswirkung der Trägheit des Lenksystems. Wenn wir gemessene Kräfte mit dem Schräglaufwinkel in Beziehung setzen, ist es schwierig, die Wirkung des Lenksystems zu unterscheiden, selbst wenn es vor den Tests sorgfältig vorbereitet wurde. Die anderen Ergebnisse, die unter Verwendung gemessener Kräfte, insbesondere der Spitzenkraftzeit, erhalten werden, können stark durch die Trägheit des Lenksystems beeinflusst werden. Daher sind die Ergebnisse dieser Studie von praktischer Bedeutung für die Analyse hauptsächlich des gesamten Systems: Lenksystem-schräglaufende Räder-verformbare Fahrbahn. Eine der Anwendungen hier kann die Analyse einiger Aspekte der Fahrdynamik sein: Fahrzeugstabilität und Lenkbarkeit. Ein Messsystem zur gleichzeitigen Bestimmung des Schräglaufwinkels würde dazu beitragen, Ergebnisse zu erhalten, die für eine spezifischere Analyse der Reifen-Boden-Dynamik geeignet sind.

10.5.3 Kräfte am Rad eines auf der Grasoberfläche rollenden Flugzeuges

10.5.3.1 Einführung

Einer der interessanten Aspekte der Fahrdynamik im Gelände ist das Starten und Landen eines Flugzeugs auf einem Grasflugplatz. Die Grasbahnoberfläche ist bei hoher Bodenfeuchte verformbar und Vegetation führt zusätzlich zu einem Haftungsverlust (Rutschgefahr).

Der Rollwiderstand ist eine Eigenschaft des Reifen-Fahrbahn-Systems und hängt von vielen Faktoren ab, wobei die Straßenoberfläche eine der wichtigsten ist. Für einen typischen Straßenfahrzeugreifen wird der Rollwiderstand mittels eines Trommeltests bestimmt und sein Koeffizient nimmt im Wesentlichen konstante Werte in der Größenordnung von 0,010 bis 0,012 an. Im Falle eines Flugzeugreifens, der mit einer verformbaren Oberfläche wie einer grasartigen Oberfläche in Wechselwirkung tritt, ist der Rollwiderstand schwer zu bestimmen, hauptsächlich aufgrund der sich ändernden Bedingungen der Oberfläche, die in der Einleitung erwähnt wurden. Zusätzlich können die Werte des Rollwiderstandsbeiwerts des Reifen-Gras-Systems um eine Größenordnung variieren, wobei beispielsweise Änderungen der Bodenfeuchtigkeit berücksichtigt werden. Das Vorhandensein von Vegetation (Gras, Wurzeln) sowie die Größe und Masse der grünen Teile der Vegetation sind ebenfalls signifikant.

Der Kraftschluss μ ist ein weiterer wichtiger Faktor. Er bestimmt den Verlauf des Bremsvorgangs und die Landedistanz des Flugzeugs. Im Falle eines auf der Straße rollenden Reifens (Asphalt, Beton) erreicht der Haftungsbeiwert normalerweise Werte zwischen 0,6 und 0,9. Für unbefestigte Oberflächen wie Rasen ist μ normalerweise niedriger und kann zwischen 0,1 und 0,5 liegen. Dann sind die Faktoren, die den μ-Wert beeinflussen, die Graslänge und die Luftfeuchtigkeit: Je länger das Gras und je mehr Wasser es enthält, desto niedriger ist der Reibungskoeffizient.

Bei Kurvenfahrten bewegt sich ein Rad so, dass die Radlängsachse um den Schräglaufwinkel aus der Richtung des momentanen Geschwindigkeitsvektors abgelenkt wird. Die Reaktion eines Luftreifens auf Seitenschlupf besteht darin, ein Moment zu erzeugen, das dazu neigt, diesen Winkel zu verringern. Dieses Moment wird als Rückstellmoment M_Z bezeichnet.

Die Analyse dieser Reifeneigenschaften auf Grasoberflächen kann durch Messung der auf das Radfahrwerk einwirkenden Kräfte und Momente oder der auf das gesamte Flugzeug wirkenden Zugkraft möglich. Beide Methoden werden hier zusammen mit den Beispielergebnissen diskutiert.

10.5.3.2 Kräfte und Momente auf Flugzeugfahrwerkräder

Kräfte und Momente, die auf Flugzeugfahrwerkräder wirken, sind sowohl Auswirkungen der Erdbeschleunigung als auch von Oberflächenreaktionen. Diese Reaktionen sind auf asphaltierten Landebahnen leicht zu erzielen, es treten jedoch Schwierigkeiten auf, wenn ein Flugzeug auf unbefestigten, grasartigen Oberflächen betrieben wird. Aus Sicht der Fahrdynamik sind die Horizontalkraft F_X, die Vertikalkraft F_Z sowie die Momente M_X, M_Y und M_Z. relevant.

Die gemessene Horizontalkraft F_X kann mit dem Biegen oder Scheren der Graspflanzen sowie der Bodenverformung korreliert werden. Das Bremsmoment M_Y kann mit dem

Überrutschen des Grases korreliert werden. Die Vertikalkraft F_Z hängt von der Grasverdichtung ab und kann zur Berechnung der Koeffizienten (Bremsreibung μ und Rollwiderstandskoeffizient k_{RW} sowie Rückstellmoment M_Z) verwendet werden [47].

10.5.3.3 Messungen

Auf der Rasenfläche des Flugplatzes in Rzeszów wurden Radkräfte und -momente gemessen. Die Messungen wurden im Bereich neben der Landebahn durchgeführt, wobei die Oberflächen- und Bodenbedingungen mit jenen auf der Graslandebahn identisch waren. Die Höhe des Grases betrug bei jeder Messung ca. 10 cm.

Für die Tests wurde die in Abschn. 6.4 beschriebene Radmessnabe verwendet, die am Fahrwerk des Flugzeugs PZL-104 Wilga angebracht war (siehe Abb. 10.59).

Die Radmessnabe wurde vor den Messungen im Testflugzeug verbaut. Die Installation erforderte keine Modifikation der Flugzeugzelle oder des Fahrwerks, da das Sensorsystem speziell für dieses Flugzeug entwickelt wurde. Es musste lediglich das Flugzeug nivelliert, das Rad mit der Achse entfernt und die Messnabe installiert werden. Auch die Bremshydraulik musste auf den Sensor umgeschaltet werden, da das F_Y-Radmoment mittels eines in die Radbremse eingebauten Wandlers gemessen wurde.

Ein weiteres Element des Messsystems war die Elektronik, die aus fünf Differenzsignalverstärkern für jeweils einen der fünf Kanäle (zwei Kräfte und drei Momente) sowie einer mikrocontrollergestützten drahtlosen Datenübertragungseinheit bestand (siehe auch Abschn. 7.6). Die Elektronikbox wurde mit Klebeband am Fahrwerk befestigt und der Sensor mit Signalkabeln mit der Elektronik verbunden (siehe Abb. 10.60). Der 7,2 V-800-mAh-NiMH-Akku für die Spannungsversorgung wurde im Cockpit untergebracht.

Die Versuchstage in den Herbst- und Frühlingsmonaten wurden ausgewählt, weil in diesen Zeiträumen eine hohe Wahrscheinlichkeit für steigende Luftfeuchtigkeit und abnehmende Traktionseigenschaften des Grünlands aufgrund von Witterungseinflüssen (Niederschlag, niedrige Temperatur, geringer Sonnenschein) bestand. Es waren der 17. Oktober, der 5. November, der 5. Dezember und der 13. März. Die Tab. 10.1 enthält die Daten, die die atmosphärischen Bedingungen an den Messtagen beschreiben.

Abb. 10.59 Das PZL-104-Wilga-Flugzeug, zur Messung verwendet

Abb. 10.60 Die Elektronikbox (oben) und die Radmessnabe (unten) [47]

Vor den Testläufen wurde auch die Bodenfeuchtigkeit mit einem TDR-Handfeuchtemessgerät gemessen. Der TDR ist eine Abkürzung für Time Domain Reflectometry. Hierbei handelt es sich um eine Technik, bei der das Phänomen der unterschiedlichen elektrischen Permeabilität von porösen dreiphasigen Medien wie z. B. Erde ausgenutzt wird. Das TDR-Messgerät ist sehr einfach zu bedienen. Für die Messung müssen lediglich Testelektroden in den Boden eingeführt werden, und das Instrument liefert schnell Ergebnisse, die in Tab. 10.1 zusammengefasst sind. Abb. 10.61 stellt einen Versuchsingenieur bei der Messung mit dem TDR dar.

Da das Sensorsystem noch nicht für Flugtests zertifiziert wurde, konnten wir nur Bodentests durchführen. In dieser Studie sollten Radkräfte und -momente ermittelt wer-

Abb. 10.61 Messung der Bodenfeuchtigkeit

Abb. 10.62 Messung der Kräfte und Momente am Flugzeugrad auf Grasoberfläche [47]

den, die auf das Rad des Flugzeugs wirken, wenn es mit niedriger Geschwindigkeit über die grasbewachsene Landebahn rollt. Wir haben ein Fahrzeug (ATV) als Zugfahrzeug verwendet und das Flugzeug wurde, wie in Abb. 10.62 gezeigt, mit diesem Fahrzeug verbunden. Wie bereits erwähnt, befanden sich bei allen Tests vier erwachsene Personen im Testflugzeug. Die ungefähre Rollgeschwindigkeit betrug 5 km/h. Das Flugzeug führte die folgenden Manöver durch:

- Beschleunigen aus dem Stand auf die Taxigeschwindigkeit
- Rollen mit konstanter Geschwindigkeit (ca. 20–30 m)
- Nach links oder rechts drehen/wenden
- Vollbremsung, auch mit Blockieren der Räder

Mindestens fünf Wiederholungen aller Manöver bei jeder Messung wurden durchgeführt. Abb. 10.62 zeigt einen Probelauf auf der Grasfläche.

10.5.3.4 Ergebnisse

Die in den Feldversuchen erzielten Ergebnisse umfassen Radkraftverläufe und Momente, die auf das linke Rad des Wilga-Flugzeugs wirken. Daten von vier Messtagen: 17. Oktober, 5. November, 5. Dezember sowie vom 13. März des darauffolgenden Jahres wurden gesammelt und analysiert.

Abb. 10.63 zeigt den zeitlichen Verlauf der auf das Fahrwerksrad wirkenden vertikalen und horizontalen Kräfte. Die F_Z zeigt nahezu konstante Werte mit geringen Schwankungen, wahrscheinlich verursacht durch vertikale Vibrationen des gesamten Flugzeugs, das über die Grasoberfläche rollt, und diese Werte liegen nahe an der Flugzeuggewichtskomponente auf dem Rad. Die Horizontalkraft F_X weist negative Werte auf, da der Sensor eine definierte Orientierung hat und eine Kraft in Rückwärtsrichtung als negativ angezeigt wird. Darüber hinaus zeigt der Verlauf der Horizontalkraft F_X die Auswirkung der Radfunktionsmodi: freies Rollen (die erste Sekunde des Verlaufs), Beschleunigen/Erhöhen der Kraftwerte (zwischen 1. und ca. 4. Sekunde des Verlaufs), Bremsen bis zum Stillstand (5.–9. Sekunde) und erneut Beschleunigung (ab ca. 9. Sekunde der Strecke). Der maximale Spitzenwert der Horizontalkraft F_X erreicht 2,7 kN, der Durchschnittswert ist jedoch viel niedriger.

Ein weiteres beispielhaftes Ergebnis ist in Abb. 10.64 dargestellt, in der die Zeitverläufe der drei auf das Flugzeugrad einwirkenden Momente dargestellt sind. Der Charakter dieser Kurven ist dem der Abb. 10.63 sehr ähnlich. Dies ist eine kurze Zeit des freien Rollens, dann des Beschleunigens, Bremsens und Stoppens und schließlich des erneuten Beschleunigens. Die maximalen Spitzenwerte erreichen 150 Nm für das Moment M_Z,

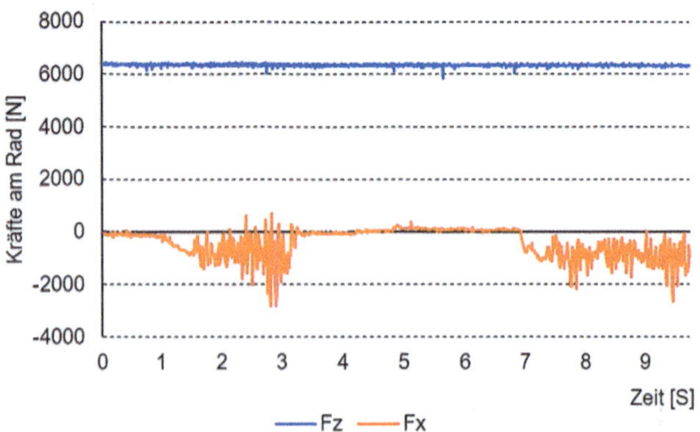

Abb. 10.63 Zeitverlaufe der F_Z- und F_X-Kräfte [47]

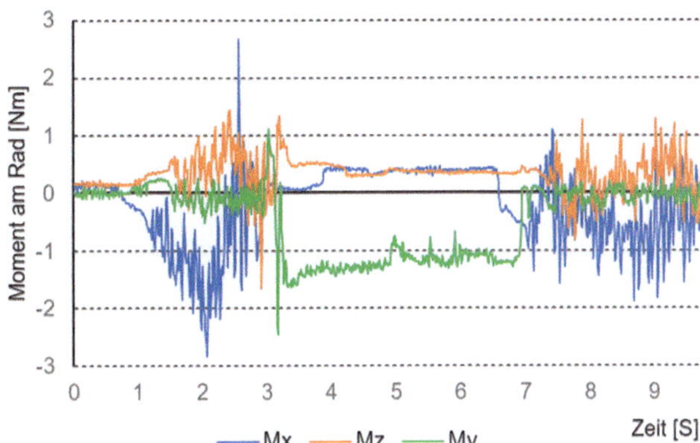

Abb. 10.64 Zeitverläufe der drei Momente: M_Z, M_Y und M_X [47]

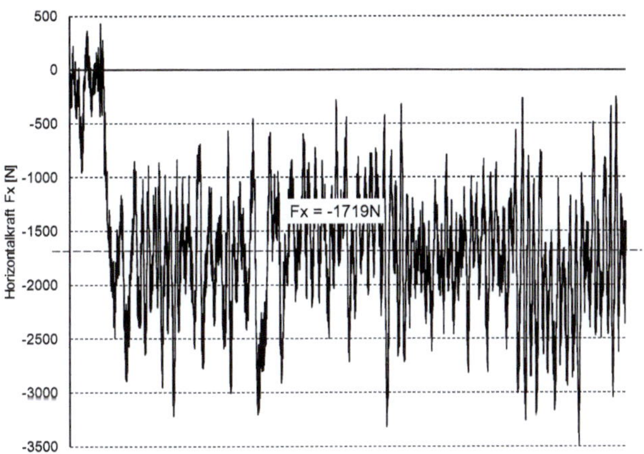

Abb. 10.65 Die Horizontalkraft F_X [47]

280 Nm für den M_X und 250 Nm für das Moment M_Y. Die Werte der auf das Fahrwerkrad wirkenden Momente ändern ihr Vorzeichen jeweils zum Zeitpunkt eines Wechsels zwischen zwei Funktionsmodi, beispielsweise Beschleunigen-Bremsen [47].

In den nächsten Abschnitten wird eine Analyse der gemessenen Kräfte und Momente vorgestellt, um Beiwerte zu bestimmen, die die Reifen-Boden-Wechselwirkungen beschreiben und für die Analyse und Modellierung der Flugleistung eines Flugzeugs auf einem Grasflugplatz von Bedeutung sind.

10.5.3.4.1 Rollwiderstand

Abb. 10.65 zeigt ein Beispiel für die Horizontalkraft F_X, bei der es sich um Eingangsdaten für Berechnungen (oberes Diagramm) und den unter Verwendung von Gl. (10.1) bestimmten Wert des Rollwiderstandsbeiwerts k_{RW} (unteres Diagramm) handelt. Mittelwerte sind in den Diagrammen markiert (F_X = 1719 N und k_{RR} = 0,275). Bei der Bestimmung des k_{RR}-Beiwerts ist es wichtig, den Teil des F_X-Zeitverlaufs korrekt auszuwählen. Es geht nämlich um ein Fragment, bei dem die Wellenform bestimmt wird (in Abb. 10.66 beginnt dieses Fragment nach der ersten Sekunde der Welle).

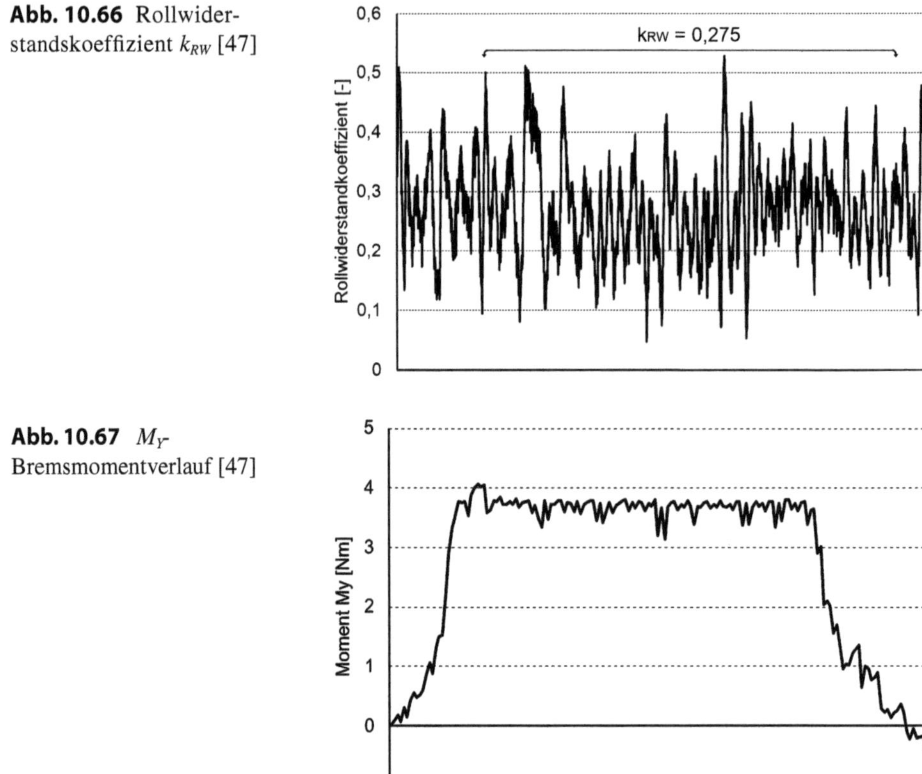

Abb. 10.66 Rollwiderstandskoeffizient k_{RW} [47]

Abb. 10.67 M_Y-Bremsmomentverlauf [47]

Der beispielhafte Wert des k_{RW}-Beiwerts wurde zu 0,275 bestimmt, was im Vergleich zu dem Wert für einen Autoreifen auf einer asphaltierten Straße fast das 25-Fache ist. Dies ist der Effekt einer weichen Oberfläche und eines Niederdruckreifens. Der Einfluss der Wetterbedingungen auf die ermittelten Werte des k_{RR}-Koeffizienten wird im nächsten Abschnitt dargestellt.

10.5.3.4.2 Kraftschlussbeiwert

Abb. 10.67 zeigt beispielhaft den M_Y-Bremsmomentverlauf und Abb. 10.68 den ermittelten Kraftschlussbeiwert μ. Wie zu sehen ist, schwanken μ-Werte um 0,22. Es ist zu beachten, dass sich diese Werte auf das blockierte Rad beziehen, und da der Schlupf nicht gemessen wurde, wurde die Kraftschluss-Schlupf-Kennlinie nicht bestimmt. Somit können die erhaltenen Werte als Gleitbeiwert behandelt werden.

10.5.3.4.3 Rückstellmoment

Der in den Tests verwendete Sensor misst direkt den Wert des Ausrichtmoments, es ist das als M_Z bezeichnete Moment. Abb. 10.69 zeigt den M_Z-Verlauf, der während eines der Wendemanöver aufgezeichnet wurde. Die Bedeutung des M_Z-Moments zeigt sich beim Rollen, insbesondere bei hoher Geschwindigkeit. Je höher der M_Z-Wert, desto einfacher ist es, eine gerade Richtung einzuhalten, während ein zu hohes Stabilisierungsmoment bei Kurvenfahrten, insbesondere beim Rollen mit niedriger Geschwindigkeit, erhebliche

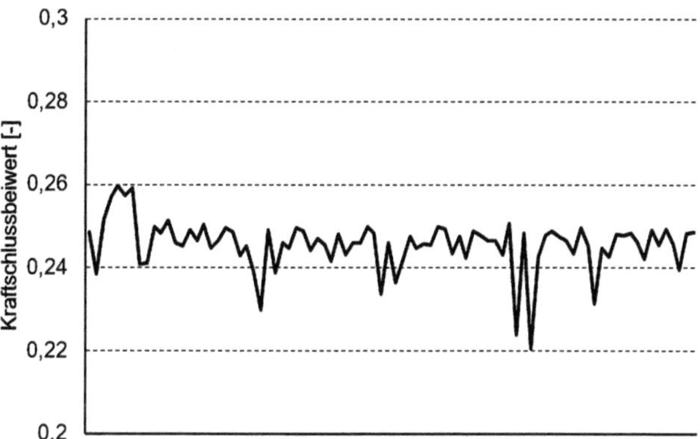

Abb. 10.68 Kraftschlussbeiwert μ [47]

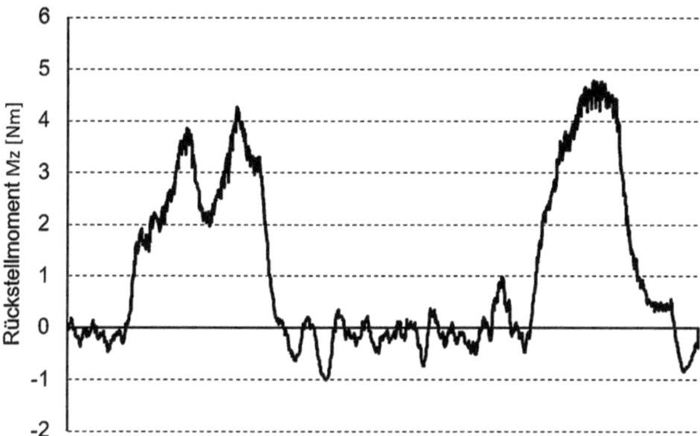

Abb. 10.69 M_Z-Rückstellmomentverlauf [47]

Lenkkräfte verursachen kann. Da der Wert des Schräglaufwinkels unbekannt war, kann nicht vollständig bestimmt werden, ob der erreichte M_Z-Wert für die gegebene Oberfläche der höchstmögliche war. Für jede Messwiederholung wurde ein ähnlicher Kurvenradius verwendet, um die bestmögliche Wiederholbarkeit der Ergebnisse zu erzielen.

10.5.3.4.4 Einfluss der Wetterbedingungen

Wie bereits erwähnt, wurde die Forschung an vier Tagen im Oktober, November, Dezember und März durchgeführt. Ziel dieses Forschungsprogramms war es, zu überprüfen, inwieweit die sich verschlechternde Witterung in Bezug auf die Absenkung der Außentemperatur und die Erhöhung der Luft- und Bodenfeuchtigkeit die gemessenen Werte von Kräften und Momenten sowie die resultierenden Beiwerte beeinflusst. Basierend auf den durchgeführten Messungen wurden Mittelwerte von Wiederholungen (mindestens fünf Wiederholungen für jeden Tag) von Einzelmessungen bestimmt. Eine Sammlung von endgültigen Daten in Form von Balkendiagrammen enthalten die Abb. 10.70, 10.71 und 10.72, in denen die Durchschnittswerte des Rollwiderstandsbeiwerts, des Kraftschlussbeiwerts und des Rückstellmoments für die vier Tage dargestellt sind, die für bestimmte Wetterperioden repräsentativ sind.

Der Rollwiderstandskoeffizient steigt an und dies ist eine signifikante Zunahme. Die Erklärung dafür liegt auf der Hand: Herbst, Spätherbst, Winter und Vorfrühling sind ein

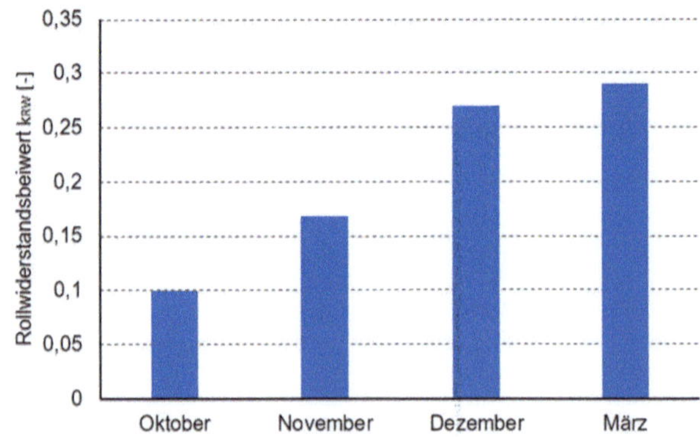

Abb. 10.70 Der Einfluss der jahreszeitbedingten Wetterbedingungen auf den Rollwiderstandsbeiwert des Fahrwerksrads auf einem Grasflugplatz [47]

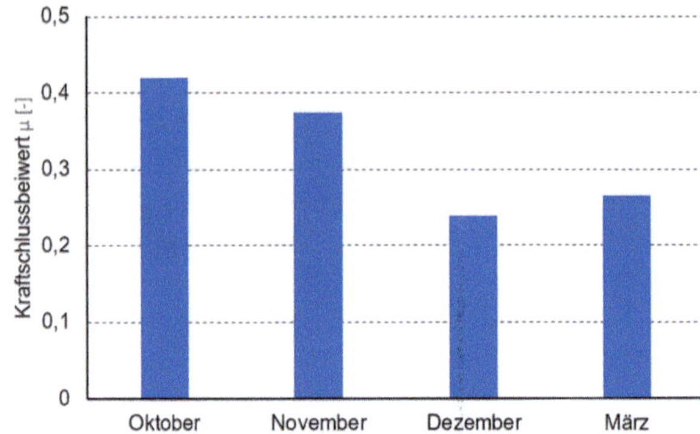

Abb. 10.71 Der Einfluss der jahreszeitbedingten Wetterbedingungen auf den Kraftschlussbeiwert des Fahrwerksrads auf einem Grasflugplatz [47]

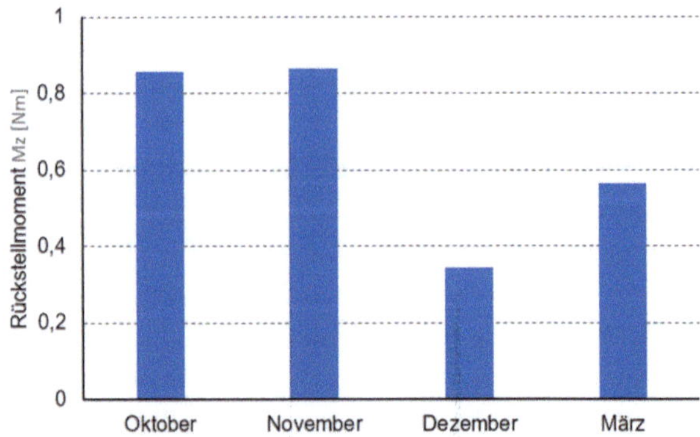

Abb. 10.72 Der Einfluss der jahreszeitbedingten Wetterbedingungen auf das Rückstellmoment des Fahrwerksrads auf einem Grasflugplatz [47]

Tab. 10.4 Wetter- und Bodenbedingungen an den Testtagen [47]

Testtag	Lufttemperatur [°C]	Bodenfeuchtigkeit [%]	Bodentemperatur [°C]
17. Oktober Sonnenschein, Wind 5–7 m/s S, SE	15	8,80	–
5. November Sonnenschein, Wind 10–12 m/s W	12	18,80	18,3
5. Dezember Stark bewölkt, 7/8 Cu, Wind 2–3 m/s W, NW	2,5	23,67	4,6
13. März Bewölkt, bewölkt mit Sonnenpausen	11	22,50	–

allmählicher Anstieg der Luft- und Bodenfeuchtigkeit, der zu einer zunehmenden Verformung der Oberfläche und damit zu einem Anstieg des Rollwiderstands führt.

Aus der Korrelation von Bodenfeuchtewerten (Tab. 10.4) und Rollwiderstandsbeiwert lässt sich ableiten, dass beide Größen zumindest im Rahmen der durchgeführten Messungen eng miteinander korrelieren.

Der zweite Term, der Haftungsbeiwert, zeigt die umgekehrte Beziehung, d. h., er nimmt während des betrachteten Zeitraums ab. In diesem Fall ist die Ursache ähnlich, obwohl die zunehmende Luftfeuchtigkeit etwas anders wirkt, nämlich geringeren Grip (= mehr Rutschgefahr), insbesondere bei grasbedeckten Flächen. Bei der im März durchgeführten Messung wurde ein leichter Anstieg des Haftungsbeiwerts beobachtet. Möglicherweise lag der Grund in einer stärkeren Sonneneinstrahlung, die die Oberfläche, insbesondere das Gras, austrocknete.

Als letzter der analysierten Parameter zeigt das Rückstellmoment eine interessante Tendenz (siehe Abb. 10.72). In den Monaten Oktober bis November ist kein signifikanter Einfluss der Wetterperiode zu beobachten, während im Dezember ein signifikanter Rückgang des M_Z-Momentwerts zu verzeichnen war. Im März stieg der M_Z-Wert gegenüber den Dezembermessungen deutlich an.

10.6 Messung der Kräfte am Fahrzeug

10.6.1 Zugkraft am Fahrzeug – ein militärischer LKW

Militär ist ein Bereich, in dem die Fahrdynamik für direkte Kampfeinsätze, aber auch für Versorgung, Logistik und Kommunikation wichtig ist. Es ist unabdingbar, dass ein Fahrzeug einerseits eine ausreichende Antriebskraft bereitstellt, da die Bodenbedingungen des Schlachtfelds normalerweise unvorhersehbar sind, und andererseits über die Fahrdynamik,

Abb. 10.73 Messung der Zugkraft am Fahrzeug

einschließlich der Zug- und Steigfähigkeit, und die entwickelte Höchstgeschwindigkeit verfügt, um den Erfolg einer bestimmten Operation zu erfüllen oder sogar Leben zu retten. Darüber hinaus sollte berücksichtigt werden, dass sich ein Militärfahrzeug häufig in unebenem Gelände bewegt, z. B. im Gebirge, in dem ein ausreichendes Angebot an Antriebskraft sehr wünschenswert ist.

Das bevorzugte Verfahren zur Bestimmung der Auswirkung des Gesamtgewichts, der Reifen oder des Bodentyps auf die Zugkraft oder den Rollwiderstand sind Feldmessungen unter Verwendung eines Dynamometers.

Zugversuche mit Militärfahrzeugen wurden von Dąbrowski et al. (2006) durchgeführt. Im Versuch wurden zwei Militärlastwagen mit 6 × 6- und 4 × 4-Antrieben eingesetzt. Die Auswirkung der Fahrzeugbeladung wurde für den 6 × 6-LKW untersucht und der zweite Wagen wurde als Bremsfahrzeug benutzt. Die Fahrzeuglast wurde durch Hinzufügen von zunächst 3,6 t und dann weiteren 2,4 t geändert. Die Gesamtlast betrug somit 6,0 t. Darüber hinaus wurden die Messungen auch ohne Last durchgeführt. Die Tests wurden auf Sand- und Lehmböden gefahren. Abb. 10.73 zeigt eine Zugkraftmessung, während die Abb. 10.74 und 10.75 die Ergebnisse, nämlich die Zugkraft-Radschlupf-Kurven, für die zwei Böden darstellen [30].

10.6.1.1 Einfluss von Fahrzeuglast

Das Gesamtgewicht des Fahrzeugs hängt von seinem Eigengewicht sowie den beförderten Personen, der Fracht und den Treibmitteln ab. Sie wirkt sich direkt auf die Belastung der Räder aus, wodurch sich das Gesamtgewicht während des Fahrens nicht ändert, zumindest

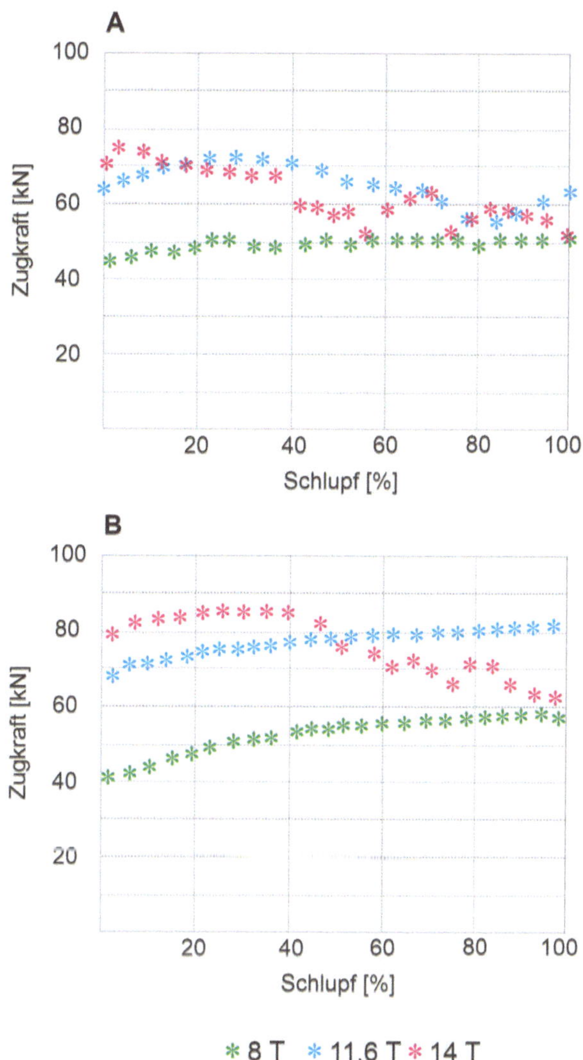

Abb. 10.74 Zugkraft am Fahrzeug gegen Schlupf auf Lehmboden: (**a**) – M + S-Reifen, (**b**) – A/T-Reifen [30]

nicht so dynamisch wie die Radlast (z. B. durch Kraftstoffverbrauch, dann ist die Änderung des Gesamtgewichts im Laufe der Zeit relativ langsam). Somit korreliert das Gesamtgewicht stärker mit den auf das gesamte Fahrzeug einwirkenden Zugkräften.

LKW, die im Logistikbetrieb oder im Baubetrieb eingesetzt werden, bewegen sich mit unterschiedlichem Gewicht, manchmal in sehr weiten Bereichen, vom Eigengewicht bis zum Gesamtgewicht, wobei das Gewicht des Fahrzeugs oft verdoppelt wird. Eine solche große Massenverteilung des Fahrzeugs und die daraus folgenden Einheitsdrücke haben einen wesentlichen Einfluss auf die Leistung des Fahrzeugs auf dem Feld.

Die auf dem sandigen Boden erhaltenen Traktionskurven haben einen ähnlichen Verlauf: Im gesamten Schlupfbereich liegt die Zugkraft in einem engen Bereich. Bei etwa 50 % des Schlupfes gibt es kein sehr klares Maximum, wonach die Kurve leicht abfällt.

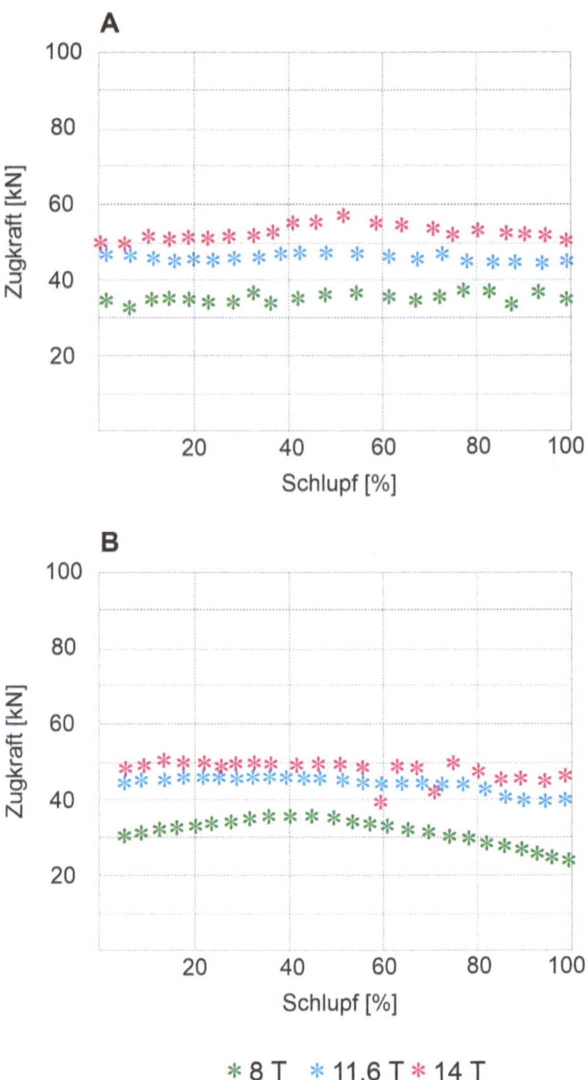

Abb. 10.75 Zugkraft am Fahrzeug gegen Schlupf auf Sandboden: (**a**) – M + S-Reifen, (**b**) – A/T-Reifen [30]

Die Auswirkung der Fahrzeuglast ist signifikant und positiv: Die Zunahme der Last führt zu einer Erhöhung der Zugkraft über den gesamten Schlupfbereich.

Es gibt keinen signifikanten Einfluss des Reifentyps auf den Charakter der Kurven mit Ausnahme des stärker exponierten Extrems bei Universalreifen.

Bei Lössboden ändern sich die folgenden Traktionskurven: Wenn sie für Leer- und Teillast eine Form wie bei Sandboden aufweisen, besteht für das maximale Gewicht für beide Reifentypen ein eindeutiger Kurveneinbruch: Nach Erreichen eines maximalen Wertes bei 10 bis 35 % Schlupf nimmt die Zugkraft bis zum Schnittpunkt mit den Kurven für die kleineren Massen deutlich ab. Außerdem unterschieden sich die Kurven für die zwei Reifentypen mit Leergewicht und Teilbeladung: Bei den Universalreifen sind die Kurven im gesamten Bereich des Radschlupfens monoton, wobei die Steigung nahe an der

Geraden liegt und die Kurven für Offroad-Reifen weisen ein mildes Extrem bei einem Schlupf von ca. 40 % auf.

Der Verlust von Traktion auf dem Lössboden ist ein charakteristisches Phänomen, das die negativen Auswirkungen von Last und Kontaktdruck auf die Kraft zeigt. Eine andere Situation tritt auf, wenn sich das beladene Fahrzeug auf Sandboden bewegt: Hier wirken sich Belastung und Kontaktdruck positiv auf die Zugkraft aus.

Nach den Beobachtungen des Autors ist die Wechselwirkung Reifen-Boden mit dem zunehmenden Gewicht des Fahrzeugs für beide Untergrundarten unterschiedlich. Während der Zugversuche wurden die am Boden arbeitenden Räder gefilmt und anschließend analysiert. Es zeigte sich, dass bei Versuchen auf Sand der Schlupf bereits bei einem leichten Abbremsen des Versuchsfahrzeugs auftrat. Weiteres Bremsen führte zu einer deutlichen Erhöhung des Schlupfes um 100 % (Umdrehungen an Ort und Stelle) und die Räder sanken im Boden ein. Diese Art der Zusammenarbeit fand für alle drei Fahrzeugbeladungen statt. Im Falle von Lössboden verursachte selbst starkes Bremsen bei Leergewicht und Teilbeladung keinen plötzlichen und deutlichen Schlupf. Nach vielen Durchfahrten in der Spur der Räder blieben deutliche Eindrücke des Laufflächenprofils. Mit dem zulässigen Gewicht verursachte der Schlupf jedoch bereits ein leichtes mittleres Abbremsen des Fahrzeugs, während in der Spur nach der Überfahrt der Boden beschädigt wurde (Scherung, Formverformungen).

Die Analyse der Traktionskurven sowie die obigen Ausführungen bestätigen die Zugkraftspitzen, die in Abb. 10.76 dargestellt sind. In der ersten der oben genannten Zeichnun-

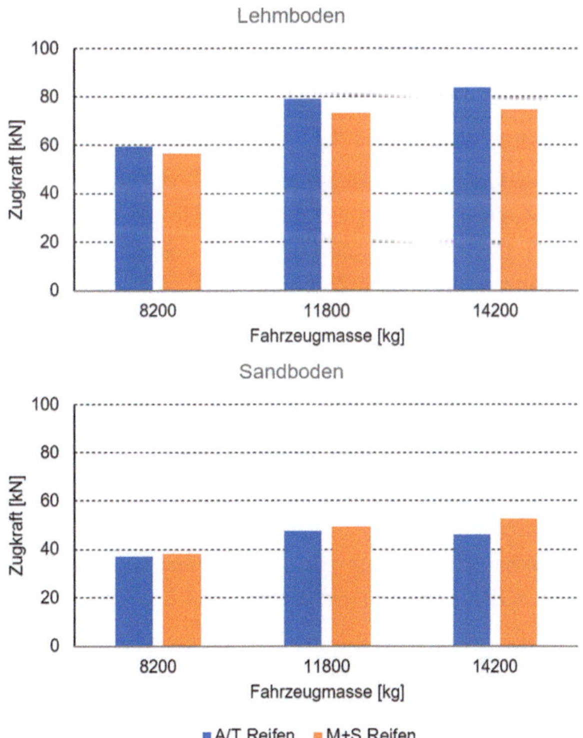

Abb. 10.76 Maximalwerte der Zugkraft [30]

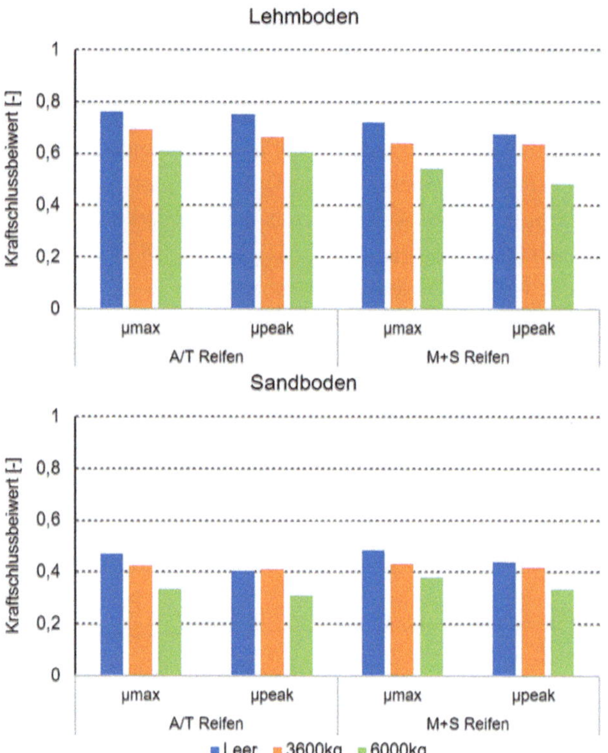

Abb. 10.77 Kraftschlussbeiwert [30]

gen ist deutlich zu sehen, dass die Zugkraft auf dem Sand mit der Massezunahme wächst, während auf dem Lehmboden die Zunahme zwischen der Teilmasse und der zulässigen Masse viel geringer ist als zwischen Leer- und Teilmasse. Außerdem ist zu beachten, dass die Zugfestigkeit bei Lehmboden (für alle drei Fahrzeugmassen) viel höher ist als auf Sand. Die Unterschiede erreichen 37 %. Dies kann wie folgt kommentiert werden. Wie zuvor erwähnt, ist die Zugkraft eine synthetische Größe, die von der Antriebskraft und der Rollwiderstandskraft abhängt, diese hängt wiederum von der Verformung des Bodens und der Tiefe der Furche ab. Da auf dem Sand viel größere volumetrische Verformungen und tiefere Spurrillen erzeugt wurden, ist der Rollwiderstand bei diesem Boden höher. Daher gibt es solche signifikanten Unterschiede in den Werten der Zugkraft.

Die Abhängigkeit des Kraftschlussbeiwerts μ von der Nutzlast ist etwas unterschiedlich (siehe Abb. 10.77). Die Erhöhung der Nutzlast führt zu einer Abnahme des Umfangskraftkoeffizienten: um 29 % auf dem Sand- und 19 % auf dem Lehmboden. Das ist logisch erklärbar. Unabhängig von der Bodenart wurde die Zunahme des μ aufgrund der zusätzlichen Belastung mit einer größeren Masse belegt, auf die die resultierende Kraft wirkt.

Infolgedessen nimmt der μ-*Wert* ab, der die überschüssige Kraft und die Beschleunigungs- oder Steigfähigkeit des Fahrzeugs bestimmt.

Die gemessene Zugkraft hängt von der Beladung des Fahrzeugs ab und variiert je nach untersuchter Bodenart. Je höher die Fahrzeugbeladung war, desto höher war die Zugkraft, aber auf Lössboden wurden insgesamt höhere Werte gemessen. Dies lässt sich durch höhere Bodenverformungen (Spurtiefe auf Sand war größer) und den daraus resultierenden höheren Rollwiderstand erklären, jedoch nicht nur durch diesen. Beim Vergleich der Ergebnisse mit den Handbuchdaten zum Scherverhalten kann man schließen, dass die Scherspannung (oder Scherfestigkeit) für einen typischen Lössboden größer ist als für Sand. Daher kann die Scherreaktion an den angetriebenen Rädern auf der Lössbodenoberfläche höher sein. Eine Varianzanalyse für die beiden Faktoren würde jedoch die endgültige Antwort geben.

10.6.1.2 Einfluss der Reifenbauart

In Abb. 10.74 und 10.75 kann der Einfluss der Reifenkonstruktion auf die Zugkraft analysiert werden, der für beide Bodenarten unterschiedlich ist. Auf sandigem Boden erzeugten Offroad-Reifen (*Mud + Snow Tyres*) eine höhere Zugkraft als Universalreifen (*All Terrain Tires*). Auf dem Lössboden ist das Gegenteil der Fall: Hier haben sich Universalreifen als vorteilhafter erwiesen. Offroad-Reifen zeichneten sich durch einen höheren Rollwiderstand auf dem Lössboden aus. Die Verwendung von Universalreifen ist mit positiven Folgen für den Umweltschutz verbunden und verringert insbesondere die nachteiligen Auswirkungen von Fahrzeugen auf Land-, Boden- und Pflanzenökosysteme. Offroad-Reifen haben ein aggressives Profil mit tiefen Rillen und einem niedrigen Füllfaktor. Dies führt zu hohen Werten lokaler Normalspannungen auf dem Latsch und Tangentialspannungen an den Kanten dieser Vorsprünge. Infolgedessen ist die Zerstörung der Struktur des Bodens, insbesondere an seiner Oberfläche, beträchtlich. Formdeformationen aufgrund von Scherbeanspruchung sind irreversibel und führen zur Verschlechterung des Bodens. Die Rückkehr zu den ursprünglichen Bedingungen erfordert eine Erneuerung der lang anhaltenden Bodenbearbeitungsprozesse. Beschädigter Boden speichert vollständig Wasser, dessen Zugänglichkeit für Pflanzen eingeschränkt wird, da große und mittlere Poren zerstört werden, und Kapillarwasser, das in kleinen Poren (Mikroporen) enthalten und für Pflanzen kaum zugänglich ist. Daher ist die Einführung von Universalreifen mit einem weicheren Profil neben den Vorteilen hinsichtlich der Fahrzeugleistung auch für den Schutz der natürlichen Umwelt von großer Bedeutung.

Die Vorteile von Universalreifen sind neben vergleichbarer Leistung auf unbefestigten Untergründen eindeutig bessere Leistungs- und Traktionseigenschaften auf Straßenbelägen. Erwähnenswert sind hier besserer Kraftschluss, weniger Außengeräusche und Fahrzeugvibrationen sowie besseres Fahrzeughandling. Ein ebenso wichtiger Vorteil ist die Vielseitigkeit eines Fahrzeugs, das mit solchen Reifen ausgestattet ist: Es kann ohne zusätzliche Wartungsarbeiten (Reifenwechsel) auf Straßen und im Gelände betrieben werden und die Leistung wird nicht erheblich beeinträchtigt.

10.6.1.3 Einfluss von Reifeninnendruck

Eine Erhöhung der Zugkraft durch einen niedrigeren Kontaktdruck ist logisch: Reifen werden stärker deformiert und die Kontaktfläche vergrößert sich, sodass Rad-Boden-Wechselwirkungen einfacher sind. Es gibt jedoch auch noch eine andere Erklärung. Reifen mit niedrigem Reifendruck führen zu flachen Spurrillen, sodass der resultierende Rollwiderstand erheblich geringer ist. Das analysierte Maß, die Zugkraft, ist ein kombinierter, synthetischer Wert, der Zugkraft und Rollwiderstand kombiniert. Daher sind wir nicht in der Lage, die Auswirkungen von höherer Scherfläche und flachen Spurrillen voneinander zu unterscheiden. Dies ist auch einer der Nachteile der verwendeten Messmethode.

10.6.1.4 Einfluss des Bodentyps

Abb. 10.78 zeigt die Zugkraftwerte für einen 5,6-t-LKW, die auf drei verschiedenen Böden ermittelt wurden. Wie zu sehen ist, erreicht die Zugkraft die höchsten Werte auf dem Lehmboden, die kleinsten auf dem Sand. Mittlere Werte wurden auf Moschusboden erhalten. In Bezug auf diese Ergebnisse ist zu beachten, dass die Zugkraft eine synthetische Größe ist, da sie zwei Werte erfasst: eine Summe der Antriebskraft an allen Rädern und die Rollwiderstandskräfte. Wie lassen sich Unterschiede in den Zugkraftwerten auf bestimmten Böden erklären? Sowohl hängen die Zugkraft als auch die Antriebskraft von der Größe der Reibungskraft ab, die an der Kontaktfläche des Fahrelements mit dem Boden auftreten kann.

Der Vergleich der Werte für Löss- und Sandboden geht diesem Fall zugunsten des ersteren aus, aber die Unterschiede in der Abb. 10.78 sind unerwartet hoch. Dies wird durch die Ergebnisse der Bodenverformungen erklärt, (die werden im Kap. 4 vorgestellt und diskutiert). Es sei daran erinnert, dass die Verformung des sandigen Bodens in allen Fällen deutlich größer war als die des Lehmbodens. Daher ist der Rollwiderstand, der mit dem Verdichten und Einsinken verbunden ist, auf Sand größer. Infolgedessen ist die Zugkraft, die die Differenz zwischen der Antriebs- und der Rollwiderstandskraft ist, auf sandigem Boden viel geringer.

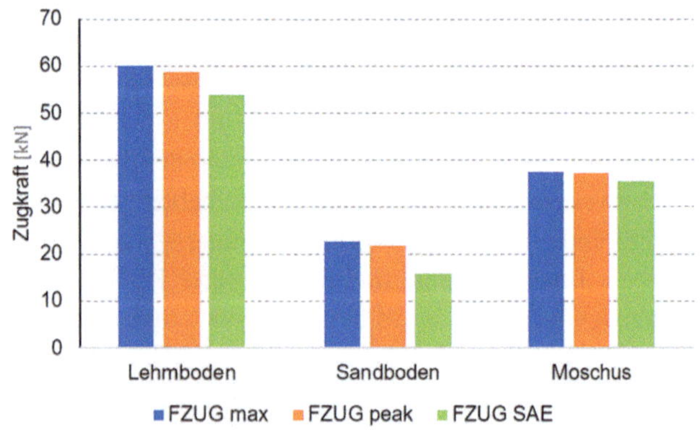

Abb. 10.78 Zugkraftwerte für 5,6-t-LKW für drei Böden

Die Vorhersagen über die Zugkraft im Fall von Moschusboden waren niedriger als die Forschung zeigte. Es wurde erwartet, dass sie noch kleiner ist als auf Sand. Diese Ergebnisse sollten jedoch mit Vorsicht behandelt werden. Die Versuche auf Moschus wurden bei relativ sehr hoher Bodenfeuchtigkeit durchgeführt (in Mai, nach einem Gewitter). Unter diesen Bedingungen hatte der Torfboden eine beträchtliche Kompaktheit, dank der die Kräfte im Reifen-Boden-System hoch waren, was zu erheblichen Zugkräften führte.

Der Vergleich der charakteristischen Zugkraftwerte ist für alle drei Bodentypen ähnlich: Die höchsten Werte erreichen $F_{ZUG\,MAX}$, nacheinander $F_{ZUG\,PEAK}$ und dann $F_{ZUG\,SAE\,12\,\%}$. Die gegenseitigen Verhältnisse sind unterschiedlich, für den sandige Boden sind die Unterschiede am größten, während sie für den Moschus am kleinsten sind. Dies wird auch durch die Form der Traktionskurven bestätigt: Für Sand und Löss sind sie stärker gekrümmt, während für Torf die Kurve nahezu flach ist, zumindest im betrachteten Bereich 28 bis 75 % des Radschlupfes.

10.6.2 Fazit

Die vorgestellten Ergebnisse von Feldmessungen sind ein Beispiel für die Anwendung einer traditionellen Testmethode, bei der das Auto einschließlich Reifen zum Forschungsgegenstand wird. Der Vorteil dieses Ansatzes ist die Fähigkeit, das reale Objekt unter natürlichen Bedingungen zu untersuchen. Der Nachteil ist, dass als Ergebnis nur eine von vielen möglichen Varianten dargestellt wird. Der größte Nachteil ist die Unfähigkeit, verschiedene Effekte zu beseitigen, die sich aus dem komplexen und variablen Zustand der Radbelastung während der Fahrt ergeben. Alle Unebenheiten, Bodenheterogenität und Fahrtechniken beeinflussen die momentanen Werte der Radlast und beeinflussen somit die Erzeugung von Umfangskraft und Zugkraft. Die im nächsten Abschnitt beschriebenen Messungen der Einzelradeinrichtungen, sowohl auf dem Feld als auch im Labor, sind in dieser Hinsicht wesentlich vorteilhafter.

10.7 Rollwiderstand des Fahrzeuges

In diesem Abschnitt werden die Rollwiderstandsmessungen eines Militärlastwagens auf einer nachgiebigen Fahrbahn und eines Flugzeugs auf einem Grasflugplatz vorgestellt und diskutiert. Das zweite Beispiel ist wichtig für die Modellierung der Längsdynamik des Flugzeugs während des Starts und der Landung. Der Rollwiderstand beeinflusst die Start- und Rolllänge des Flugzeugs, was bei kurzen Gras- oder Bodenlandeplätzen für die Sicherheit von großer Bedeutung ist.

Der Rollwiderstand auf ungehärtetem Boden ist normalerweise viel höher als auf einer Straße und dieser Unterschied ist hauptsächlich auf die Bodenverdichtung und die Bildung von Spurrillen unter den Rädern sowie auf den Bulldozing-Effekt zurückzuführen. Bei der festen Fahrbahn hängt der Rollwiderstand hauptsächlich von der Reifenverformung und der Reibung in den Radaufhängungslagern ab. Bei der nachgiebigen Fahrbahn sieht die Situation etwas anders aus. Die Energie, die für die Verdichtung von Boden oder Schnee in einen Zustand verbraucht wird, in dem der Boden eine ausreichende Tragfähigkeit aufweist, entspricht der Arbeit der Rollwiderstandskraft auf einem bestimmten Boden. Mit anderen Worten, die Rollwiderstandsverluste entsprechen der Energie, die für die Verformung des Bodens verbraucht wird, aber die Verformungen des Reifens sollten ebenfalls berücksichtigt werden, obwohl sie in diesem Fall relativ kleiner sind (die Kontaktfläche ist größer).

10.7.1 Schlepptest – ein militärischer LKW

Abb. 10.79 zeigt ein Beispiel für Rollwiderstandskraftverlauf, während die Abb. 10.80 die Endergebnisse enthält. Wie zuvor erwähnt, ist der Rollwiderstand im Sand viel höher als im Löss und dies wird durch die erhaltenen Ergebnisse bestätigt. Zusätzlich sollte beachtet werden, dass, wie vorhergesagt, der Rollwiderstand auf einer nachgiebigen Fahrbahn mit der Zunahme des Gesamtfahrzeuggewichts zunimmt. Eine breitere Diskussion erfordert jedoch den Unterschied zwischen zwei Reifentypen: M/T- und A/T-Reifen. Im vorherigen Abschnitt wurde gezeigt, dass A/T-Reifen bessere Eigenschaften hinsichtlich der Erzeugung von Zugkraft auf Lössboden aufweisen, während sie auf Sand geringer waren. Schauen wir uns nun die Werte der Rollwiderstandskraft an: Diese sind für M/T-Reifen auf Sand viel höher. Aufgrund des hohen Rollwiderstands von M/T-Reifen auf Sand ergibt sich daher ein so großer Unterschied in den Werten der Zugkraft.

Die Werte des dimensionslosen Rollwiderstandsbeiwertes k_{RW}, d. h. das Verhältnis der Rollwiderstandskraft zur Schwerkraft, sind zweckmäßiger. Theoretisch hängt der k_{RW}-Wert nicht vom Fahrzeuggewicht ab, daher sollte er für die drei Laststufen ungefähr gleichbleiben. Es wird jedoch erwartet, dass der k_{RW} von der Art des Bodens und der Art der Reifen abhängt. Abb. 10.81 zeigt die Werte des k_{RW} für beide getesteten Reifentypen und für drei Lasten von 14-t-LKW auf zwei Böden.

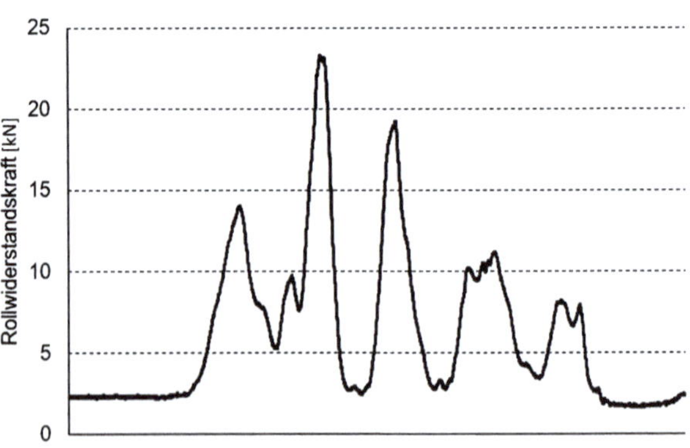

Abb. 10.79 Ein Beispiel Rollwiderstandskraftverlauf. 14-t-LKW auf Lehmboden. Leeres Fahrzeug, unbeladen

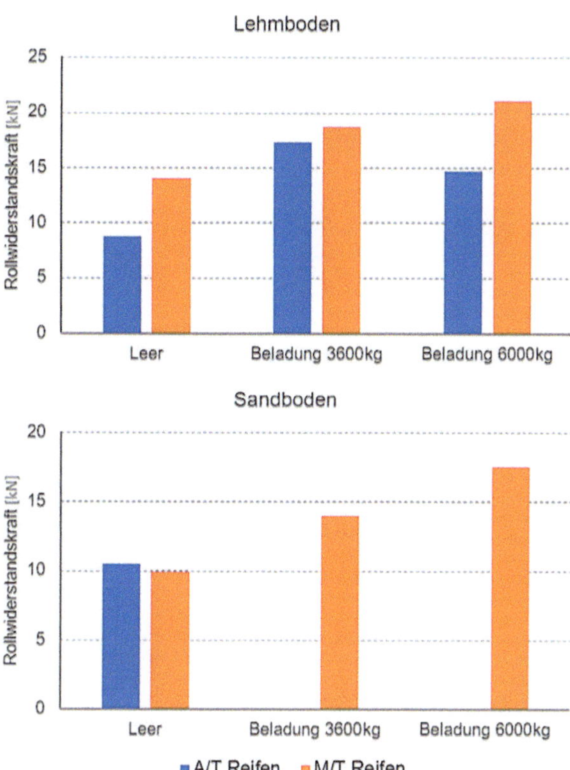

Abb. 10.80 Rollwiderstandskraft des 14-t-LKW

10.7.1.1 Messtechnische Aspekte

Das Verfahren zur Analyse von Rollwiderstandskraftmessungen erfordert ebenfalls eine separate Diskussion. In den dargestellten Diagrammen zeigt die Rollwiderstandskraft große Spreads, der Verlauf ist variabel. Abb. 10.80 enthält die Durchschnittswerte von wenigstens fünf Wiederholungen. Die Mittelung für einen einzelnen Durchgang kann auf verschiedene Verfahren erfolgen:

- Arithmetisches Mittel der in der Wellenform erhaltenen Maximalwerte
- Arithmetisches Mittel der Maxima und Minima der Überfahrt
- Durchschnittswert für ein Verlaufsfragment, bei dem die Rollwiderstandskraft größer als null ist (Integration)

Die Unterschiede zwischen den erhaltenen Ergebnissen in Abhängigkeit von der Mittelungsmethode wurden am Beispiel einer ausgewählten Testfahrt untersucht:

- Mittelwert von Maxima 13,16 kN
- Mittelwert der Maxima und Minima 9,718 kN
- Gesamtmittelwert 7,846 kN

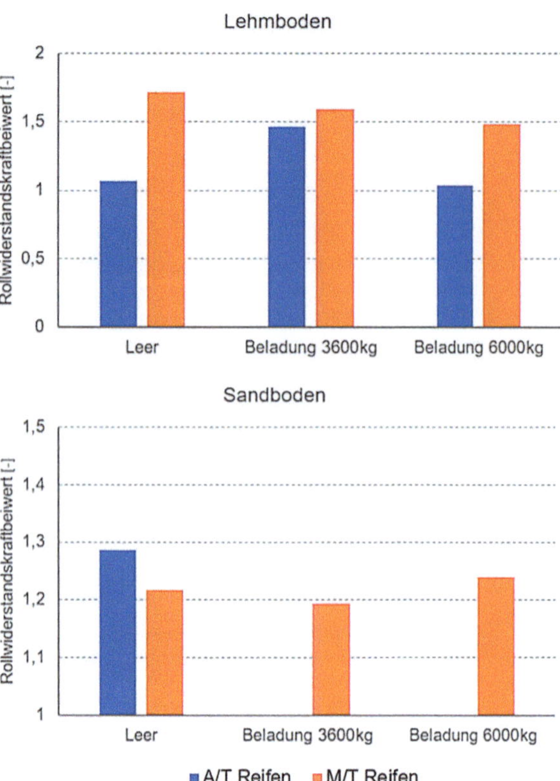

Abb. 10.81 Rollwiderstandsbeiwert k_{RW} für beide getesteten Reifentypen und für drei Lasten von 14-t-LKW auf zwei Böden

Am Ende wurde die zweite Mittelungsmethode gewählt, aber nach Meinung des Autors ist das Problem auch im Hinblick auf den Zugkraftverlauf nicht endgültig gelöst. Basierend auf den Beobachtungen und Analysen von vielen Dutzend Zugkraftmessungen kann festgestellt werden, dass die Mehrdeutigkeit, die sich aus der gewählten Mittelungsmethode ergibt, die Endergebnisse erheblich beeinflussen kann.

Im Allgemeinen erfordert das Zugverfahren unter Verwendung eines elastischen Seils, das das getestete Fahrzeug mit dem Bremsfahrzeug verbindet, eine Vereinheitlichung des Verfahrens zum Analysieren des Verlaufs der gemessenen Kräfte. Der Einfluss der Seilelastizität und ihrer elastischen Energie äußert sich in der variablen Natur der Teststrecke. Die in den Verbindungsseilen angesammelte Energie kann groß genug sein, dass durch ihre Freisetzung eine momentane Kraft erzeugt wird, deren Wert den Durchschnittswert erheblich übersteigt. Dies ist besonders wichtig bei Tests auf verformbarem und unebenem Boden, bei denen lokale Unebenheiten zu Spannungen des Seils führen können. Aus diesem Grund scheint die Radmessnabenmethode vorteilhafter zu sein.

10.8 Rollwiderstand der Flugzeugräder

10.8.1 Einführung

Die Kenntnis des Rollwiderstands der Räder eines Flugzeugs ist wichtig, um die Start- und Landedistanzen zu bestimmen. Im Gegensatz zu den zuvor diskutierten Fällen, in denen der LKW mit niedriger Geschwindigkeit fuhr, muss die Fahrdynamik während des Starts und der Landung den Einfluss der Geschwindigkeit berücksichtigen. In Kap. 2 wurde der Einfluss der Deformationsrate auf die mechanischen Eigenschaften des Bodens erörtert. Die grundlegenden mechanischen Parameter des Bodens wie Elastizitäts- und Viskositätsmodul zeigen die Abhängigkeit von der Deformationsrate. Es ist daher zu erwarten, dass zusätzliche Mechanismen und Phänomene die Leistung des Fahrwerksrades beeinflussen. Während der Vorstellung des GARFIELDS-Systems in Kap. 5 wurden praktische Aspekte erörtert. Erinnern wir uns kurz daran, dass GARFIELDS ein Online-Informationssystem über die Bedingungen auf Grasflughäfen ist [68, 71]. Wir werden unsere Analyse in zwei Teile gliedern, und zwar in Sommerbedingungen, wenn der Flughafen mit Gras bedeckt ist, und in Winterbedingungen, wenn die Landebahn mit einer Schneeschicht bedeckt ist.

10.8.2 Sommerbedingungen – Grasflugplatz

Der Wert des Rollwiderstandskoeffizienten ist abhängig von der Bewegungsgeschwindigkeit und diese Abhängigkeit wird wie folgt beschrieben:

$$k_{RW} = k_{R0} + k_{R1}\frac{V}{100} + k_{R4}\left(\frac{V}{100}\right)^4 \tag{10.32}$$

wobei: k_{R0}, k_{R1}, k_{R4} = experimentell bestimmte Koeffizienten.

Der k_{R0}-Koeffizient beschreibt den Rollwiderstand eines Reifens bei Geschwindigkeiten nahe null, während k_{R1} und k_{R4} die Koeffizienten sind, die eine Erhöhung des Rollwiderstands eines Reifens bei höheren Geschwindigkeiten darstellen: bis zu 100 km/h bzw. über 100 km/h. Dieser Ansatz gilt jedoch nur für Autoreifen auf einer harten Fahrbahn.

Eine typische Oberfläche eines Grasflugplatzes unterscheidet sich von der oben genannten durch eine zusätzliche Widerstandskomponente, die sich im Allgemeinen aus einer Verformung des Bodens ergibt [74]. Für niedrige Geschwindigkeiten kann diese Komponente basierend auf dem Bekker-Modell bestimmt werden, eine genauere Lösung für hohe Geschwindigkeiten erfordert jedoch andere Methoden.

Im Allgemeinen besteht der Rollwiderstand F_{RW}^{S} eines Rades auf einer verformbaren Fahrbahn bei hohen Geschwindigkeiten aus drei Komponenten:

$$F_{RW}^{S} = F_{RW}^{H} + F_{LS}^{S} + F_{HS}^{S} \tag{10.33}$$

wobei: F_{RW}^{H} = Rollwiderstand auf harter Oberfläche, F_{LS}^{S} = Widerstand aufgrund der Verformung des Bodens (oder einer anderen weichen Oberfläche) bei niedriger Geschwindigkeit und F_{HS}^{S} = Widerstand bei höheren Geschwindigkeiten bestehend aus dem Widerstand des Rades durch Bodenverformung sowie durch Luftwiderstand, der durch das Aufwirbeln von losem Boden (oder Schnee) gegen das Flugzeug und das Fahrwerk verursacht wird.

Der Rollwiderstand, der auf eine Bodenverformung bei niedriger Geschwindigkeit zurückzuführen ist, kann in Schlepptests oder unter Verwendung instrumentierter Fahrzeuge bestimmt werden. In ähnlicher Weise kann der Widerstand bei hoher Geschwindigkeit experimentell bestimmt werden. Es gibt dokumentierte experimentelle Daten zum Hochgeschwindigkeitsrollwiderstand verschmutzter oder schneebedeckter Flugplätze. Es fehlen jedoch Daten zum Rollwiderstand auf unbefestigten, grasbewachsenen Flugplätzen unter verschiedenen Bedingungen.

10.8.2.1 Einfluss von Gras

Im Allgemeinen beeinflusst Gras auf einer Bodenoberfläche die Leistung eines Flugzeugfahrwerks, da eine zusätzliche Widerstandskraft beim Rollen auf die Räder wirkt. Dieser Effekt ist auf das Biegen (oder den Bruch) der Grashalme sowie auf die Verdichtung des Grases unter einem rollenden Reifen zurückzuführen. Ein weiterer Effekt ist die geringere Reibung zwischen Reifen und Gras, was zu einer weniger intensiven Bremswirkung führt. Bei der Landung eines Flugzeugs auf einer grasbewachsenen Landebahn bewirkt das Gras eine geringere dynamische Belastung für die Fahrwerksräder und die gesamte Flugzeugstruktur sowie einen geringeren Verschleiß des Reifenprofils. Einfache Simulationsmodelle berücksichtigen Gras als homogene Verunreinigung auf der Landebahnoberfläche und beschreiben dies anhand des Rollwiderstandskoeffizienten oder des Bremsreibungskoeffizienten. Ein wichtiger Faktor ist die Graslänge, ein anderer ist die Feuchtigkeit. Pytka et al. (2017) geben eine Klassifizierung des Grases an und unterscheiden kurzes trockenes und kurzes nasses Gras, langes trockenes und langes nasses Gras, wobei die jeweiligen Werte der Rollwiderstandskoeffizienten angegeben werden. Dieselbe Referenz führt die folgende Graslängenskala wie folgt ein: frisch geschnittener, kurzer, typischer Sommerflugplatz, lang, aber brauchbar; üppig: zu lang mit entsprechenden Längen der Blätter in Zoll (0–2, 2–4, 4–6, 6–10 und 10–12) mit dem Bewusstsein, dass die Länge der Grashalme nicht der Standhöhe entspricht [48]. Es besteht jedoch keine Korrelation mit der Radleistung. Nach landwirtschaftlichen Handbüchern weist Gras messbare physikalische Eigenschaften wie Biege- und Verdichtungsfestigkeit sowie Reibung auf. Für eine bestimmte Grasart besteht eine starke Beziehung zwischen den physikalischen Eigenschaften der Grashalme und ihrer Feuchtigkeit. Diese Eigenschaften sind wichtig für die Konstruktion landwirtschaftlicher Geräte und können wahrscheinlich bei der Vorhersage der Bodenleistung eines Flugzeugs hilfreich sein. Beispielsweise kann nach Kanafojski (1990) die Biegefestigkeit eines einzelnen Grashalms in der folgenden Gleichung bestimmt werden [49]:

$$EJ = \frac{FL^3}{3f} \tag{10.34}$$

wobei: E = Elastizitätsmodul, J = Trägheitsmoment, F = auf einen Grashalm ausgeübte Kraft, L = Abstand zwischen dem Boden und einem Punkt, an dem die Biegekraft angewendet wird, f = Durchbiegung.

Die Werte des EJ in Ncm^2 variieren zwischen $1{,}5 \times 10^2$ und 10^3 für Grasblätter sowie zwischen 10^4 und 10^5 für Grashalme. Kanafojski (1980) gibt auch Stichprobenwerte der Reibungskoeffizienten für Grashalme und verschiedene Materialien (Stahl, Gummi, Holz) sowie für die innere Reibung zwischen Grasarten an. Darüber hinaus wird in derselben Referenz die Auswirkung der Geschwindigkeit auf die Reibung zwischen Gras und Stahl angegeben. Innerhalb des Geschwindigkeitsbereichs von 10 bis 300 mm/s ändert es sich von 0,15 auf 0,30 und die Beziehung ist exponentiell. Diese Daten haben eine grundlegende Bedeutung, während Cenek et al. (2005) Werte für Rad-Gras-Reibungskoeffizienten angegeben haben [50]. Diese Autoren haben zwei Messmethoden verwendet, nämlich Reifenschleppen und Bremsen mit blockiertem Fahrzeug, und die in den beiden Tests erhaltenen Werte von μ variieren signifikant (0,59 gegenüber 0,17 für ein Probengras). Es fehlt eine qualitative Analyse der Länge der Grashalme und der Grasfeuchte. Białczyk et al. (2006) haben die Umfangskraft an einem Gartentraktorrad gemessen, der mit normalen und grasartigen Reifen ausgestattet ist und über Oberflächen von vier verschiedenen Grasarten gefahren wird. Die Ergebnisse des Experiments zeigen, dass die Werte von μ für die untersuchten Grasoberflächen relativ hoch waren (zwischen 0,69 und 0,91). Ein Effekt der verschiedenen Grasarten wurde ebenfalls beobachtet [51].

Nicht nur Gras selbst beeinflusst die Reifenleistung. Unterirdische Teile von Graspflanzen bilden mit ihren Wurzeln eine komplexe und starke Struktur und bilden zusammen mit grünen Teilen einen Rasen (oder eine Grasnarbe). Der Einfluss von Wurzeln auf die Bodenscherfestigkeit wurde mittels eines direkten Schertests untersucht. Es wurde gezeigt, dass Bodenproben mit Wurzeln (Reispflanzenwurzeln) eine viel höhere Scherfestigkeit zeigten als solche ohne Wurzeln. Der ähnliche Effekt wurde bei Proben aus drei verschiedenen Tiefen festgestellt.

10.8.3 Winterbedingungen – schneebedeckter Flugplatz

Die Mechanik des Gleitens von Skiern über eine Schneeoberfläche wurde von Kaps et al. (1996) untersucht. Diese Autoren unterschieden zwei Komponenten der Schneereibung, wobei angenommen wurde, dass ein dünner Wasserfilm mindestens einen Teil der Kontaktfläche bedeckt. Eine Komponente ist auf das Schneeräumen, Scheren und Komprimieren durch den Ski zurückzuführen. Die zweite ist die Reibungswechselwirkung an der Ski-Schnee-Grenzfläche, wo trockene, geschmierte und kapillare Reibungen wichtig sind. Trockenreibung tritt bei niedrigen Temperaturen oder niedrigen Geschwindigkeiten auf, wenn der Wasserfilm nicht ausreicht, um die Kontaktlast zu tragen. Bei einem dicken Wasserfilm gibt es eine Überbrückung zwischen dem Ski oder der Kufe und den Eiskörnern, die keine Last tragen. Dies führt zu einer signifikanten Erhöhung der Reibung. Bei hartem Schnee wird die erste Komponente normalerweise nicht berücksichtigt, obwohl sich die Steifigkeit des Skis auf die Bodendruckverteilung und schließlich auf die resultierende Reibung auswirkt [62]. Die trockene Gleitreibung kann mit Hilfe einer bekannten Coulomb- und Amonton-Gleichung ausgedrückt werden [52]:

$$F = \mu N \tag{10.35}$$

Für die nasse Gleitreibung sollte die Formel eine Relativgeschwindigkeit aufgrund des viskosen Effekts auf die Reibung berücksichtigen:

$$F = \frac{\eta A_c v}{d}$$

In der Regel werden die Dicke des Wasserfilms sowie die Kontaktfläche nicht genau bestimmt. Typische Werte des Reibungskoeffizienten μ liegen im Bereich von 0,005 bis 0,15.

Ein praktischerer Ansatz wurde von Suhani et al. (2012) vorgestellt. Bei einer Methode zur Modellierung des Widerstands von Flugzeugskiern wurde Schnee als dreiphasiges Medium mit Eis als Feststoff, Wasser als Flüssigkeit und Luft als Gas angenommen [53]. Mechanismen, die zum Gleitwiderstand über Schnee beitragen, sind das Pflügen und Verdichten von Schnee vor den Kufen, die Schneeverformung unter den Kufen, die Verformung des Bruchs von Unebenheiten, das Scheren des Wasserfilms, der das Skigewicht trägt, und die Kapillaranziehung durch anderes Wasser in umliegendem Schnee. Es wurde gezeigt, dass die Reibung unter den statischen Wert abnimmt, sobald die Geschwindigkeiten groß genug sind, um etwas Schmierschmelzwasser einzuführen, und dass die Reibung wieder zunimmt, wenn die Geschwindigkeit 2 m/s überschreitet. Die Erhöhung der Reibung bei höheren Geschwindigkeiten ist aufgrund des Ergebnisses der Strömungsdynamik und der Zunahme des durchschnittlichen Wärmeflusses in den Eiskörnern möglich. Das theoretische Modell ging davon aus, dass die Reibungsströmung unter der Kufen-Schnee-Kontaktfläche durch ein zweidimensionales Geschwindigkeitsfeld in der X-Z-Ebene gekennzeichnet ist. Die Strömung ist parallel, ohne vertikale Komponenten, und der Schnee ist mit einer Dichte von etwa 600 bis 800 kg/m^3 nicht komprimierbar. Die Schneebewegungs- (Strömungs-) Gleichungen wurden nach dem Navier-Stokes-Gesetz für eine Newtonsche, inkompressible Flüssigkeit bestimmt. In erster Linie zeigen die Ergebnisse, dass die Druckkraft gegenüber der Scherkraft zwischen Kufen und Schnee dominiert.

10.8.4 Schlepptest

Die Methode zur Messung der Widerstandkraft in einem Flugzeug ist identisch wie beim militärischen LKW (siehe Beschreibung in Punkt 6.3.4). Das Flugzeug wird mit einer geringen Geschwindigkeit in der Größenordnung von 3 bis 5 km/h geschleppt, wobei der Schleppwagen über einen Dynamometer mit dem Flugzeug verbunden ist. Es wird ein Stahlseil oder ein Kunstfaserseil verwendet. Das obere Foto in Abb. 10.82 zeigt im oberen Foto das Schleppfahrzeug und das Flugzeug bei der Messung auf hohem Gras, das untere die Messung des Rollwiderstands bei winterlichen Bedingungen, als die Oberfläche des Flugplatzes mit Schnee bedeckt war.

Die Berechnung des Rollwiderstands aus experimentellen Daten, die im Schlepptest erhalten wurden, war einfach, da das Verfahren Zeitverläufe der Zugkraft liefert, die gleich dem Rollwiderstand ist. Die Werte wurden arithmetisch gemittelt. Bei der Datenreduktion

Abb. 10.82 Schlepptest eines Flugzeuges, im Sommer (oben) und im Winter (unten) [65, 67]

war es wichtig, den richtigen Bereich für die Mittelwertbildung zu wählen: Dieser Bereich sollte nicht am Anfang der aufgezeichneten Messfahrt liegen, sondern in einer Phase, in der die gemessenen Werte des Rollwiderstands stabil sind.

10.8.5 Messungen

Die Messungen wurden in drei verschiedenen Bereichen des Flugplatzes Radawiec in der Nähe von Lublin, Polen, durchgeführt. Es handelte sich um einen Abschnitt mit hohem Gras (ca. 20–25 cm), einen mit niedrigem Gras (10 cm) und um einen separaten Flugplatz für Flugmodelle, auf dem Gras mit einer Höhe von 5 bis 10 cm wuchs. Die Messung auf Schnee wurde bei einer Lufttemperatur von 0 °C während einer Kaltfront mit gelegentlichem Schneefall durchgeführt. Es lag eine 25 bis 30 cm dicke Schneedecke aus frischem, aber nassem, teilweise gefrorenem Schnee. Die Schneedichte betrug 450 kg/m^3.

Nachdem der Rollwiderstand für das gesamte Flugzeug ermittelt und berechnet worden war, musste er auf alle Flugzeugräder verteilt werden. Unter der Voraussetzung, dass die Messfahrten auf einer ebenen Fläche durchgeführt wurden, ist die Rollwider-

Abb. 10.83 Wiegeverfahren für das Testflugzeug

Abb. 10.84 Rollwiderstandskoeffizient von PZL-104-Wilga-Flugzeugrädern auf Rasenflächen

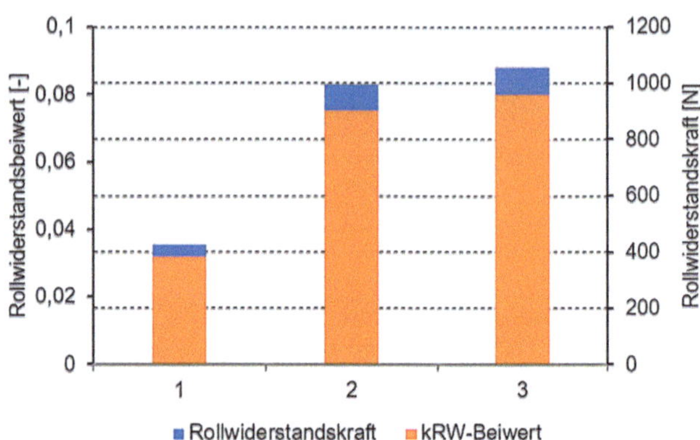

standskraftverteilung über die Räder proportional zur Gewichtsverteilung des Flugzeugs. Um diese Verteilung zu berechnen, musste das Flugzeug gewogen werden. Die Vorgehensweise ist in Abb. 10.83 dargestellt und die Ergebnisse sind wie folgt: Vorderrad rechts 526 kg, Vorderrad links 604 kg, Spornrad 230 kg. Dieses Verfahren liefert einen komplexen Wert der Rollwiderstandskraft sowie ihrer Komponenten über die Räder, falls dies erforderlich ist.

10.8.6 Ergebnisse

10.8.6.1 Messungen auf Gras

Die Ergebnisse der Sommerzeittests sind in Abb. 10.84 grafisch dargestellt (1 = Modellfluglandeplatz, 2 = niedriges Gras, 3 = hohes Gras). Die Werte für k_{RW} liegen zwischen 0,032 für den Modellflugplatz und 0,075 bis 0,08 für die rauen Grasflächen. Der Unterschied zwischen den Extremwerten ist ausgeprägt, aber auch hier scheint der Effekt der

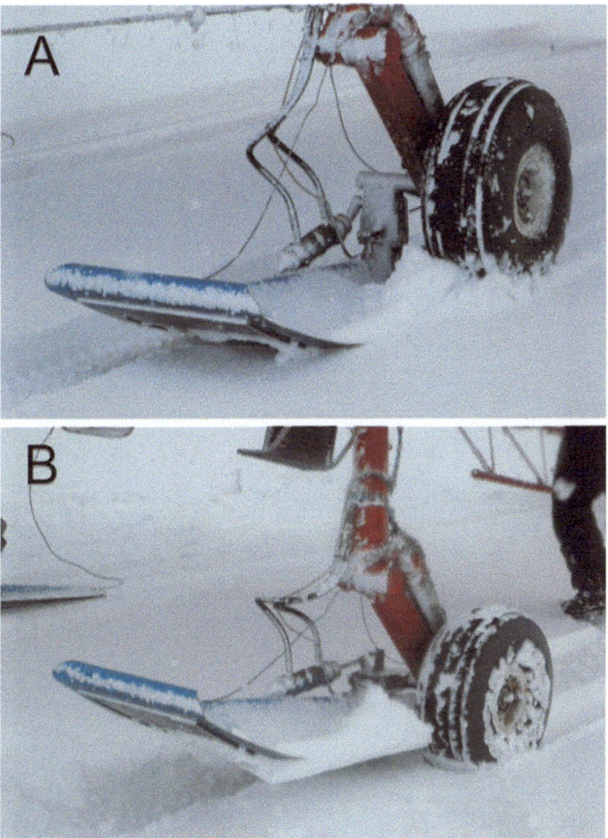

Abb. 10.85 Fahrwerk der PZL-04-Wilga mit Skiern. (**a**) – Ski abgesenkt, (**b**) – Ski angehoben [67]

Graslänge nicht signifikant zu sein. Dies entspricht logischerweise den Ergebnissen der oben beschriebenen Radkraftmethode. Diese Werte sind auch mit denen anderer Forscher vergleichbar.

10.8.6.2 Messungen auf Schnee

Das Wilga-Flugzeug wurde mit einem kombinierten Ski- und Radsystem unter Verwendung der Flugzeugskier vom Typ Federal verwendet. Der Ski für dieses Flugzeug ist 1,75 × 0,50 m (Länge × Breite) groß und an der Radachse montiert, wie in Abb. 10.85 dargestellt. Ein pneumatisches System, das von einem Bordhochdrucksystem angetrieben wird, hebt oder senkt der Ski ferngesteuert. Zusätzlich wurde ein kleiner 0,75 × 0,26 m langer Ski am Spornrad installiert.

Die Ergebnisse für die Winteroberfläche sind in Abb. 10.86 und 10.87 dargestellt. Das obere Diagramm enthält einen Zeitverlauf des Rollwiderstands des Luftfahrzeugs auf Rädern und das untere Diagramm zeigt ihn für das Fahrwerk mit Skiern. Der Unterschied im Widerstand zwischen den beiden Getriebetypen ist nicht signifikant: 0,158 kN mit Skiern gegenüber 0,15 kN auf den Rädern. Wir haben mit den Skiern einen geringeren Gleitwiderstand erwartet,

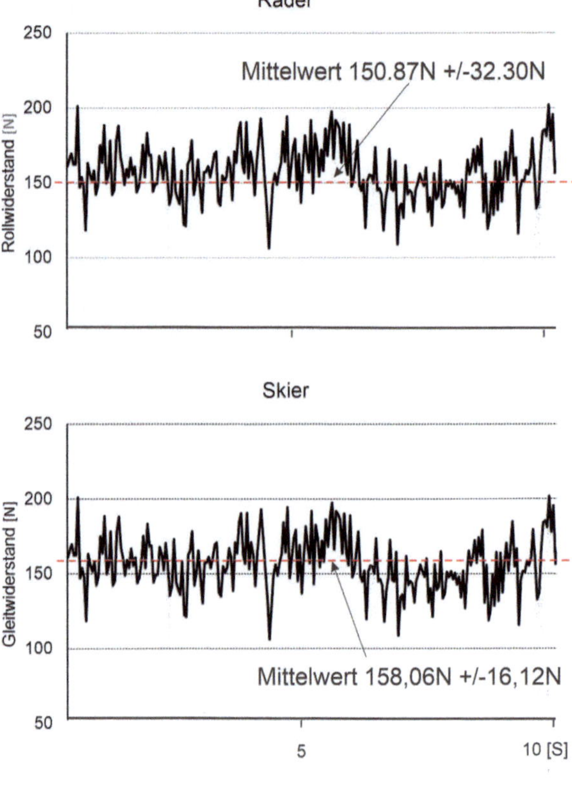

Abb. 10.86 Der Verlauf der Rollwiderstandskraft auf Rädern und Skiern des PZL-104-Wilga-Flugzeugs auf Schnee. (**a**) – Räder, (**b**) – Skier [67]

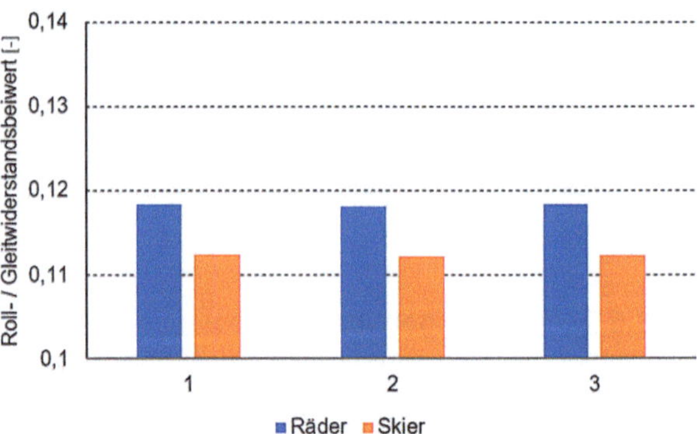

Abb. 10.87 Roll- und Gleitwiderstandsbeiwert des Flugzeugfahrwerks auf Schnee. 1 – linkes Rad/Ski, 2 – rechtes Rad/Ski, 3 – Spornrad/Ski [67]

aber ihre Wirkung könnte durch den flachen und nassen Schnee geschwächt worden sein. Die berechneten Roll- oder Gleitwiderstandskoeffizienten sind in Abb. 10.87 für das Radfahrwerk bzw. die Skier dargestellt [67].

Das Zugtestverfahren ist für verschiedene Oberflächen ohne Einschränkungen geeignet, es ist jedoch nicht möglich, bei hohen Geschwindigkeiten zu testen.

10.8.7 Flugtestmethode

Dieses Verfahren kann zur Identifizierung von Rollwiderstandskoeffizienten für den vollständigen Geschwindigkeitsbereich während eines Starts verwendet werden. Bei diesem Verfahren wurde ein instrumentiertes Flugzeug geflogen, um experimentelle Daten zu sammeln, die für weitere Berechnungen des Rollwiderstands erforderlich waren. Der Grundgedanke der Methode ist, die Geschwindigkeit während des Starts zu bestimmen. Zu diesem Zweck ist eine zusätzliche Instrumentierung erforderlich, da die Bordinstrumente keine präzisen Geschwindigkeitswerte erfassen.

Die Instrumentierung bestand aus dem optischen Sensor Datron CORREVIT L 400 für Bodengeschwindigkeitsmessungen und ein DGPS-Bordinstrument für kinetische und Trägheitsmessungen. Der Correvit-Sensor wurde außerhalb des Cockpits auf einem externen Rahmen montiert (siehe Abb. 10.88 oben). Für Genauigkeit und beste Sensorfunktion muss der Sensor ca. 400 mm über dem Boden platziert werden. Wegen der Möglichkeit, dass sich die Schwerpunkthöhe des Flugzeuges während des Startlaufs ändert, war es sinnvoll, eine spezielle Version des Correvit-Sensors mit der Kennzeichnung 400 L mit einer Toleranz der Montagehöhe von ± 130 mm zu verwenden. Im Cockpit wurden Elektronik, Akku und ein Datenrekorder installiert. Das DGPS wurde ebenfalls im Cockpit installiert und an ein PC-Notebook angeschlossen. Die beiden Messsysteme wurden während der Tests von den beiden Testingenieuren unabhängig voneinander betrieben. Die Flugtests wurden auf einem grasbewachsenen Flugplatz durchgeführt. Dieser Flugplatz ist ungefähr 1 × 1,5 km groß und seine Oberfläche ist unbefestigt. Unsere Tests wurden auf kurzem und langem Gras sowie auf einer ausgewählten Fläche des Flugplatzes mit einer glatten, grasbewachsenen Oberfläche durchgeführt, die für Flugmodelle verwendet wurde. Dieser Bereich ist ungefähr 100 × 150 m groß. Für jeden Fall wurden mindestens fünf Wiederholungen durchgeführt. Während aller Tests pilotierte dieselbe Person das Flugzeug, um eine möglichst ähnliche Pilotentechnik zu erhalten. Für die Tests wurden ruhige Tage gewählt, um den Windeffekt auf die Startgeschwindigkeit zu minimieren (Abb. 10.88 unten).

10.8.7.1 Dateienauswertung

Die Daten vom optischen Sensor wurden vom DAT-Rekorder auf einem PC erfasst und dann ausgewertet. Jede Datei enthielt Zeitverläufe der Geschwindigkeit mit einem Zeitintervall von 0,001 s. Die Dateien wurden für jede Wiederholung separat analysiert und die Endergebnisse wurden gemittelt. Die vom DGPS-System erfassten Daten wurden zur Bestimmung charakteristischer Zeitpunkte (Start eines Startlaufs, Starts usw.) verwendet. Die Kenntnis dieser Zeitpunkte war nützlich, um die richtigen Datenreihen vom optischen Sensor zu finden. Eine Beispielgeschwindigkeitskurve ist in Abb. 10.89 dargestellt. Um den Rollwiderstand zu bestimmen, wurden Geschwindigkeitskurven zum Zeitpunkt des Abhebens hinsichtlich der Fahrgeschwindigkeit analysiert. Der Rollwiderstand wurde durch Lösen einer Differenzialgleichung wie folgt bestimmt:

$$\frac{dV}{dt} = \frac{g}{W}\left[T - D - k_{RW}\left(W - L\right)\right] \tag{10.36}$$

Abb. 10.88 Das Testflugzeug PZL-104-Wilga mit dem Correvit-Sensor

Abb. 10.89 Beispielgeschwindigkeitskurve des Testflugzeugs, gemessen während des Starts [65]

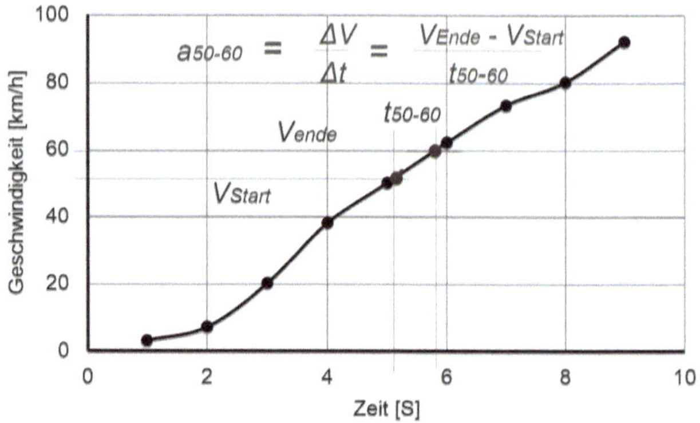

wobei: V = Geschwindigkeit des Flugzeugs, W = Flugzeuggewicht, T = Schubkraft, D = Luftwiderstand, L = aerodynamischer Auftriebskraft, g = Schwerkraftbeschleunigung, 9,81 m/s^2.

Diese Gleichung umfasst sowohl die aerodynamischen Kräfte, den Auftrieb und den Luftwiderstand als auch den Propellerschub. Die aerodynamischen Kräfte wurden mit den klassischen Gleichungen berechnet. Die aerodynamischen Koeffizienten wurden aus experimentellen Daten basierend auf den folgenden Annahmen bestimmt:

- Beim Start, nach dem Abheben, entspricht die aerodynamische Auftriebskraft dem Gewicht des Flugzeugs in Bezug auf den Anstellwinkel:

$$L = \frac{1}{2}\rho V^2 S C_L \tag{10.37}$$

- Der Luftwiderstand entspricht der Propellerschubkraft abzüglich der Längsbeschleunigung des gesamten Flugzeugs:

$$D = \frac{1}{2}\rho V^2 S C_D \tag{10.38}$$

wobei: C_D, C_L = aerodynamische Koeffizienten, S = Referenzfläche, ρ = Luftdichte.

Da das für die Tests verwendete Flugzeug relativ alt und der Motor stark abgenutzt war, kann die tatsächliche Schubkraft von den angegebenen Werksdaten abweichen. Um den Motorpropellerschub zu bestimmen, wurde das Flugzeug mit einem Dynamometer und einem Seil an einem starren Punkt befestigt und der Schub wurde bei der Einstellung der Startleistung gemessen.

Nachdem die tatsächliche Geschwindigkeit des Flugzeugs gemessen und die Luftwiderstands-, Auftriebs- und Schubkräfte bekannt waren, wurde der Rollwiderstandskoeffizient unter Verwendung der invertierten Euler-Methode berechnet. Es wurde angenommen, dass der Anstellwinkel des Flugzeugs konstant war und folglich die aerodynamischen Koeffizienten C_L und C_D während des Startlaufs unverändert blieben. Der Pilot wurde gebeten, einen Start von „drei Punkten" durchzuführen, um dies zu gewährleisten. Mit der Euler-Methode und Gl. 10.36 wurde der Startgeschwindigkeitsverlauf in mehrere kleine Zeitintervalle (d. h. 10) unterteilt, wobei angenommen wurde, dass die Beschleunigung während jedes Intervalls konstant war, und die Rollwiderstandskoeffizienten für das Ende jedes Zeitintervalls erhalten wurden. Es ist zu beachten, dass der bei dieser Methode ermittelte k_{RW} ein zusammenfassender komplexer Wert ist, der alle Komponenten enthält: Luftwiderstand aufgrund hoher Geschwindigkeit, Rollwiderstand aufgrund von Boden- und Reifenverformung und Rollwiderstand aufgrund von Reibung.

10.8.7.2 Ergebnisse

DieErgebnissezudenMessungenvonFlugtestsinFormvonk_{RW}-Geschwindigkeitsbeziehungen sind in Abb. 10.90 für die drei untersuchten Grasoberflächen dargestellt: hohes Gras, niedriges Gras und der Modellflugplatz. Eine allgemeine Form der k_{RW}-V-Kurven ist für alle drei Fälle ähnlich: Abnehmen von einem relativ hohen k_{RW} bei niedrigen Geschwindigkeiten

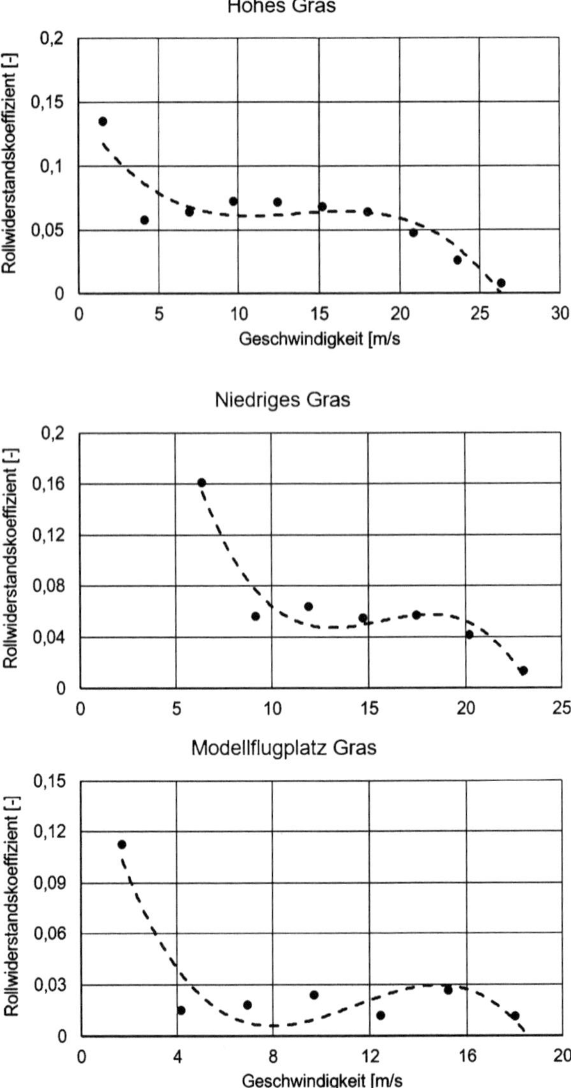

Abb. 10.90 Einfluss der Fahrgeschwindigkeit auf den Rollwiderstandskoeffizienten auf dem Rasenflugplatz [65]

(0–10 m/s) bis zu einem lokalen Minimalpunkt bei etwa 10 m/s, dann ansteigend im mittleren Geschwindigkeitsbereich und schließlich bei höheren Geschwindigkeiten abnehmend. Dies stimmt mit den Ergebnissen von Crehshaw (1972) überein [2]. Es gibt einen kleinen oder keinen Unterschied zwischen den beiden Grasflächen, während sich das glattere Modellflugzeuggras mit einem k_{RW}, der im gesamten Bereich der Bodengeschwindigkeiten viel niedriger ist, erheblich von den anderen unterscheidet. Beide Grasflächen waren rau, während der Modellflugplatz glatt war (dies ist eine subjektive Einschätzung des Autors, die Rauheit der Oberflächen wurde nicht bestimmt). Dies legt nahe, dass der gesamte Rollwiderstand mehr von der Rauheit als von der Länge des Grases abhängt.

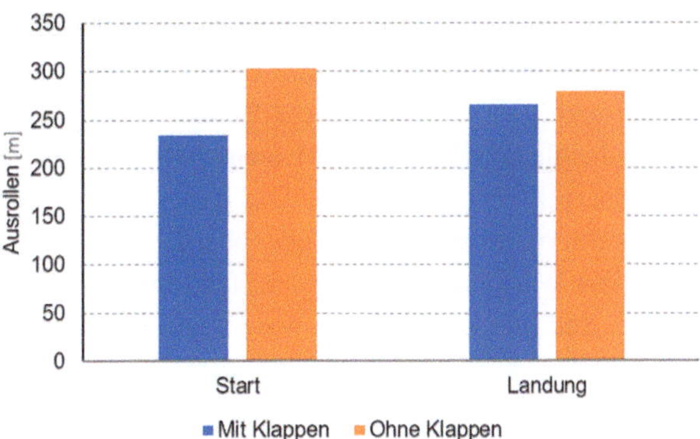

Abb. 10.91 Start- und Landungslauflänge des PZL-104-Wilga-Flugzeuges auf dem Graslandeplatz [75]

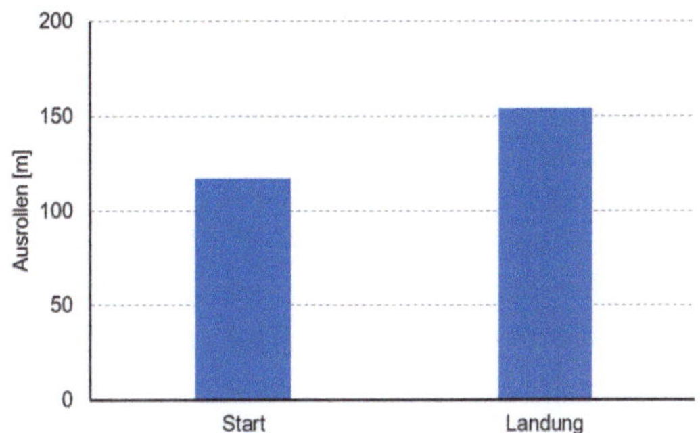

Abb. 10.92 Ausrolllänge bei Start und Landung des PZL-104-Wilga-Flugzeuges auf dem Graslandeplatz [75]

Schließlich werden die Ergebnisse von Messungen der Startlauf- und Ausrolllänge des Wilga-Flugzeugs am Grasflughafen für zwei Fälle gezeigt:

- Hohes Gras, ca. 20 cm, kein Wind (Abb. 10.91)
- Kurzes Gras ca. 12 cm, Start gegen den Wind 5 m/s (Abb. 10.92)

Im Winter, auf schneebedecktem Flugplatz, wurden leider keine Flugtests durchgeführt.

10.9 Experimentelle Forschung der Querdynamik und Fahrstabilität des Fahrzeuges im Gelände

10.9.1 Querdynamik eines Fahrzeuges im Gelände

In diesem Abschnitt werden die Ergebnisse der Forschungen des Autors vorgestellt, die mit einem mit Messgeräten ausgestatteten Geländewagen auf verschiedenen verformbaren Oberflächen durchgeführt wurden. Die Hauptidee bestand darin, die größtmögliche Anzahl von Parametern zu messen, die die Querdynamik unter realen Bedingungen beschreiben. Es war wichtig, die Lenkmaschine zu verwenden, um den Messverlauf unabhängig vom Einfluss des menschlichen Faktors zu machen und die Wiederholbarkeit von Manövern zu erreichen.

10.9.1.1 Feldverfahren und Bodenbedingungen

Die Tests wurden auf drei verschiedenen Fahrbahnen durchgeführt: Sandboden, lehmiger Boden und nasser Schnee. Diese Böden wurden als Testoberflächen ausgewählt, da sie unterschiedliche mechanische Eigenschaften aufweisen: Kohäsion für lehmigen Boden und innere Reibung für Sand. Die Experimente wurden an zwei verschiedenen Orten durchgeführt, an denen die Bodenoberflächen natürlich vorkommen: Sulejówek in der Nähe von Warschau, Zentralpolen, für sandigen Boden, und Paulinów in der Nähe von Lublin, Südostpolen, für Lehmboden. Die Oberflächen wurden nach jeder Überfahrt des Testfahrzeugs homogenisiert. Experimente auf nasser Schneeoberfläche wurden in Sulejówek, in der Nähe von Warschau durchgeführt. Die Schneehöhe betrug ca. 50 cm, die Dichte 500 bis 700 kg/m^3 und die Temperatur – 0,3 °C. Die Teststellen und Boden- (oder Schnee-) Fahrbahnen waren die gleichen wie bei den Reifenseitenkraftversuchen (beschrieben in Abschn. 10.6), da die Messungen zur gleichen Zeit durchgeführt wurden.

Die drei Werte der Lenkwinkelrate für die Trapezanregung betrugen 100, 500 und 1500°/s, während die Amplitude 180° betrug. Die Frequenzen der Sinusanregung betrugen 0,5, 1,0 und 2,5 Hz mit einer Amplitude von 90°. Das Lenkgetriebeverhältnis des für den Test verwendeten Fahrzeugs betrug 1 bis 9.

Das Fahrzeug wurde im 4 × 4-Modus (mechanisch gekoppelter Antriebsstrang, alle vier Räder angetrieben) mit einem Untersetzungsgetriebe gefahren. Die Geschwindigkeit der Testfahrten betrug ungefähr 10 km/h – fast die höchstmögliche Geschwindigkeit auf diesen Fahrbahnen bei Bedingungen mit geringem Schlupf. Für jede Testvariante wurden mindestens fünf Replikationen durchgeführt.

Die Fahrdynamik hinsichtlich Querbeschleunigung, Gierwinkelrate, Seitenschlupfwinkel und Lenkraddrehmoment wurde mittels des DGPS-Systems zusammen mit dem Lenkroboter gemessen. Abb. 10.93 zeigt eine schematische Darstellung des instrumentierten Fahrzeugs und Abb. 10.94 die Instrumentierung.

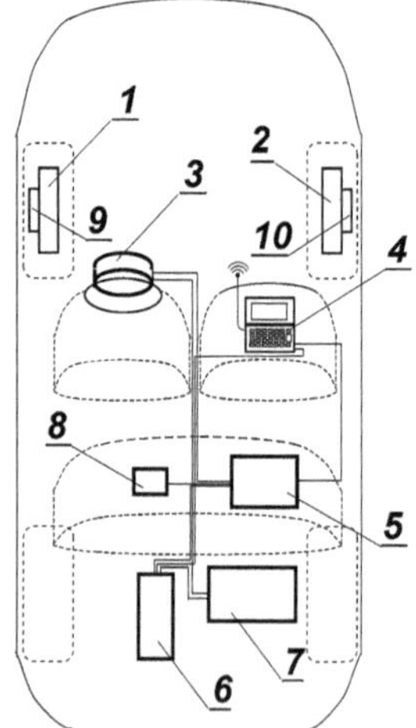

Abb. 10.93 Schema des instrumentierten Testfahrzeugs. 1, 2 – Radmessnaben, 3 – Lenkroboter, 4 – Computer für das Messmanagement, 5 – Powerblock, 6 – DGPS-Empfänger, 7 – Zentralcomputer, 8 – Synchronisierer, 9 und 10 – Telemetrie [35]

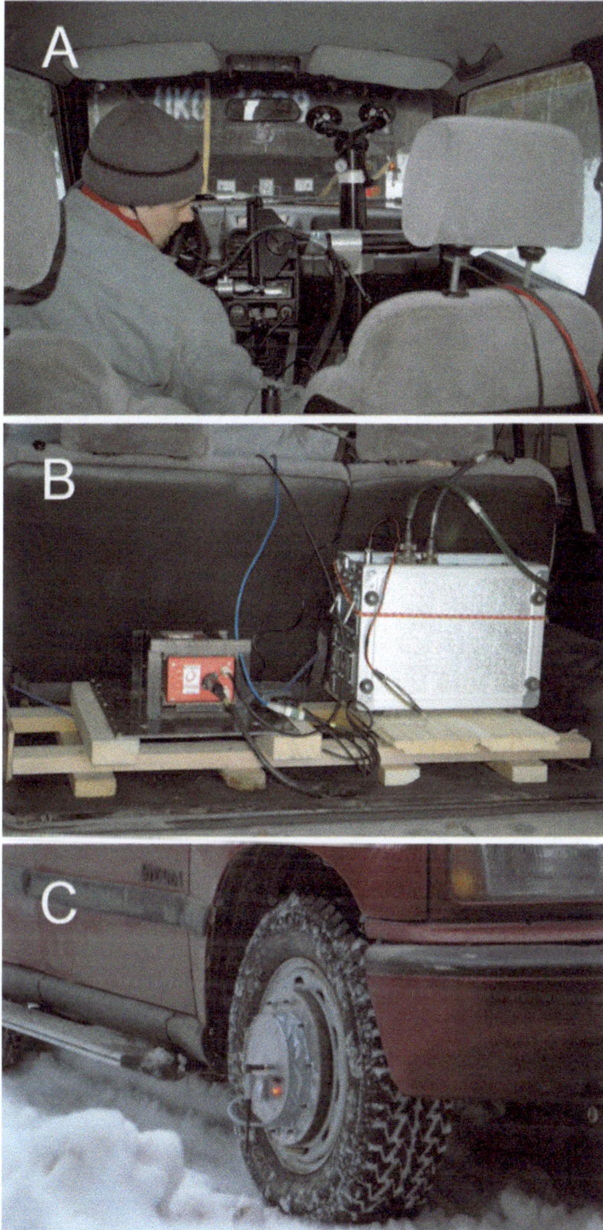

Abb. 10.94 Messgeräte: (**a**) – Lenkroboter, (**b**) – DGPS-Empfänger/Zentralcomputer, (**c**) – Radmessnabe

10.9.1.2 Ergebnisse zu den Messungen

Abb. 10.95 und 10.96 zeigen typische Ergebnissätze. Beide Abbildungen enthalten Zeitverläufe von vier Messwerten, die die dynamische Reaktion des Fahrzeugs auf die Lenkeingabe (Dauersinus- oder Trapezanregung) beschreiben: Querbeschleunigung, Schwimmwinkel,

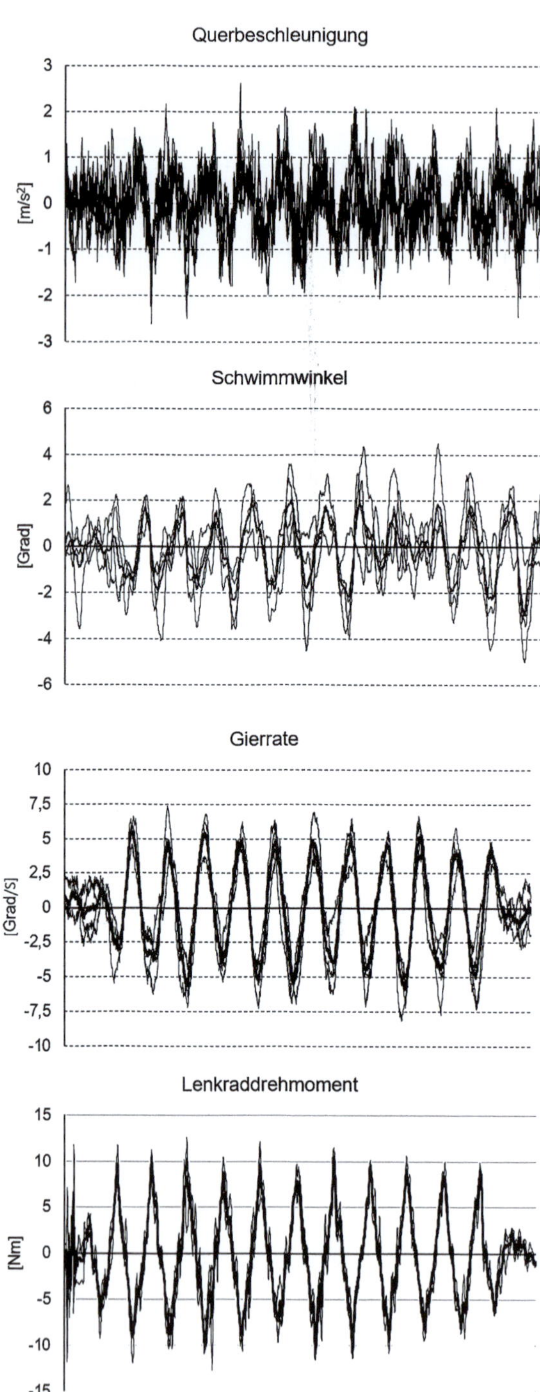

Abb. 10.95 Typische Messergebnisse zur Querdynamikmessungen, Dauersinusanregung

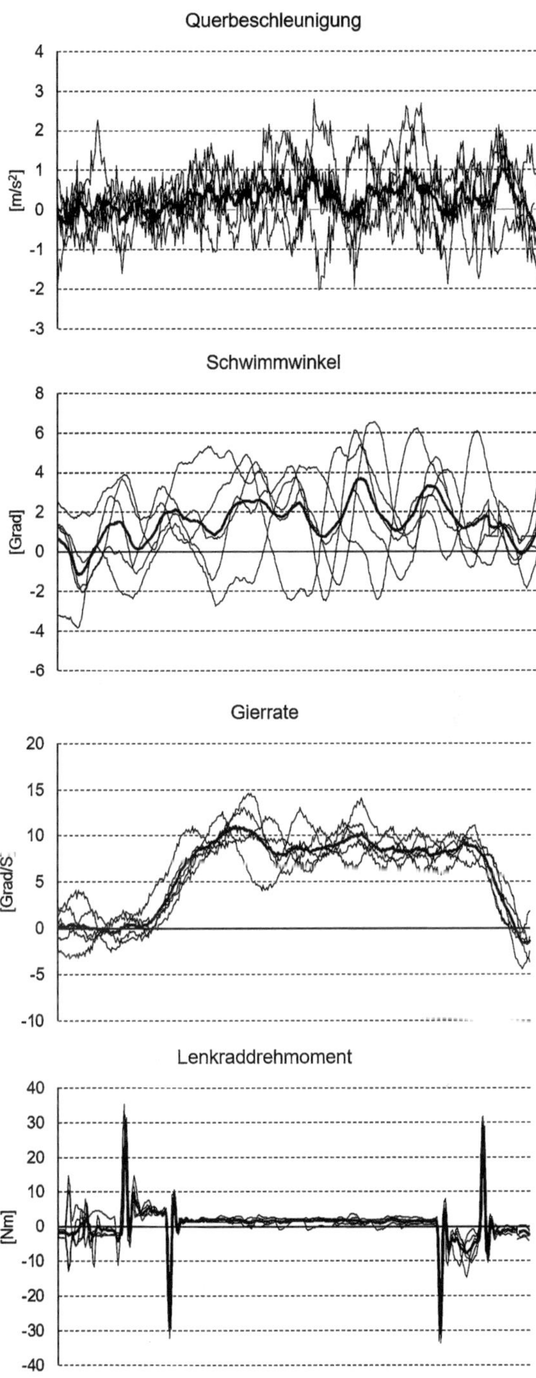

Abb. 10.96 Typische Messergebnisse zur Querdynamikmessungen, Trapezanregung

Gierrate und Lenkraddrehmoment. Jedes Diagramm besteht aus mehreren Kurven, die mit dünnen Linien dargestellt sind, die die getrennten Wiederholungen der Tests darstellen, und einer Kurve mit dicken Linien für die gemittelten Werte. Abb. 10.97, 10.98, 10.99 und 10.100 zeigen Frequenzdiagramme für jede der drei Fahrbahnen, die aus Daten bestehen, die in stationären Tests mit Dauersinussteuerung erhalten wurden.

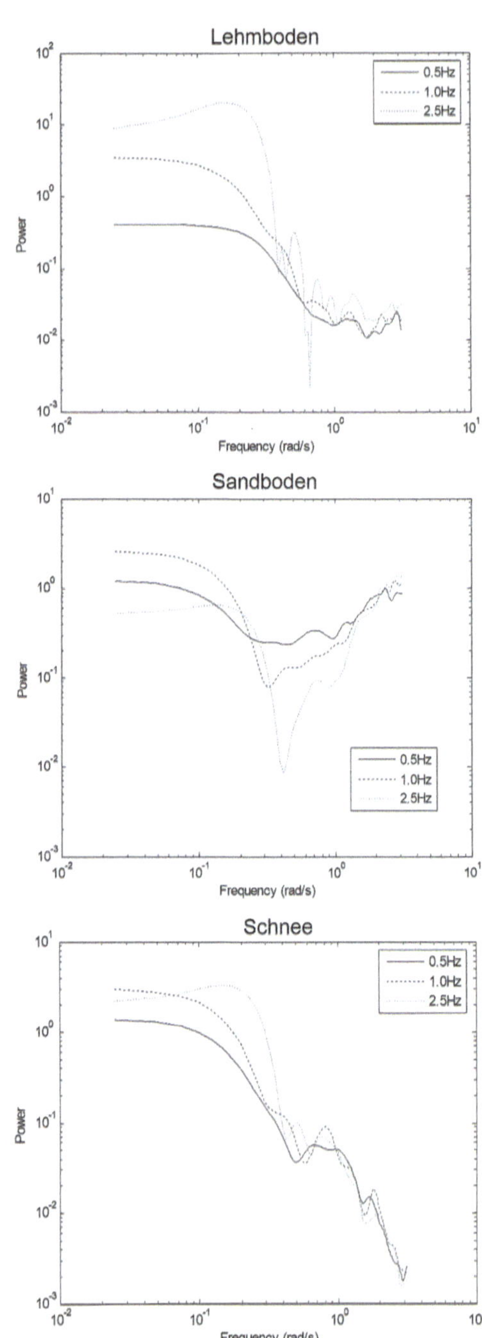

Abb. 10.97 Frequenzdiagramme für Querbeschleunigung des Testfahrzeuges

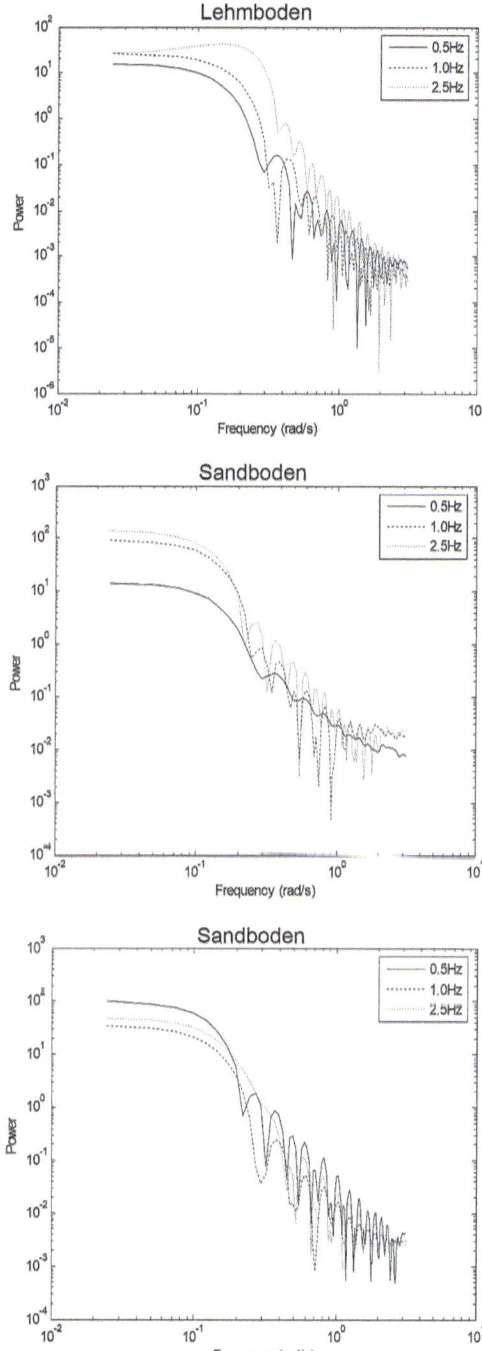

Abb. 10.98 Frequenzdiagramme für Gierwinkelrate des Testfahrzeuges

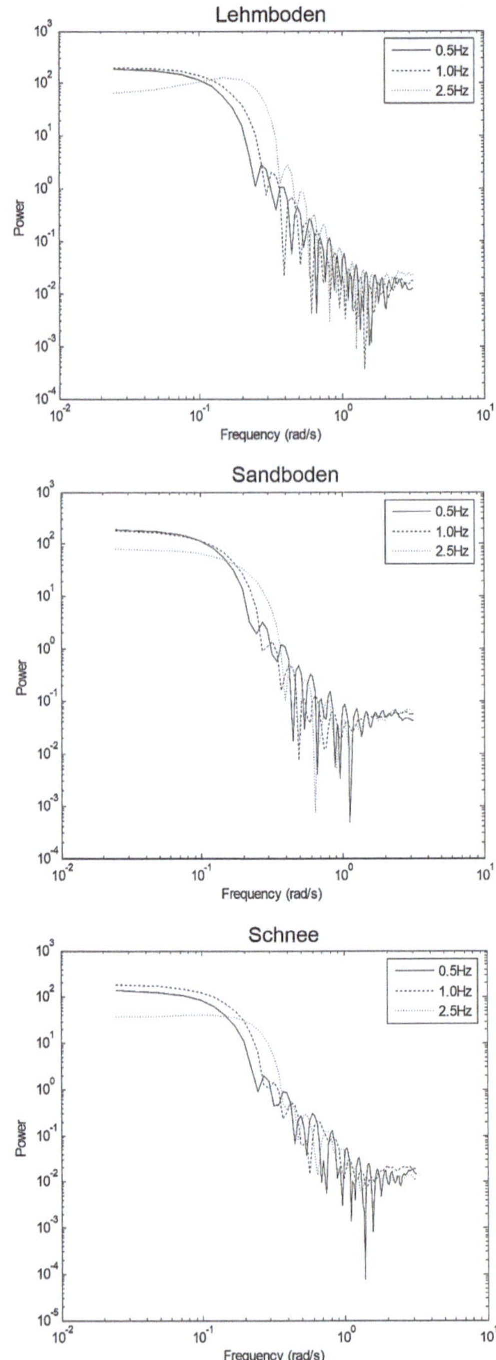

Abb. 10.99 Frequenzdiagramme für Schwimmwinkel des Testfahrzeuges

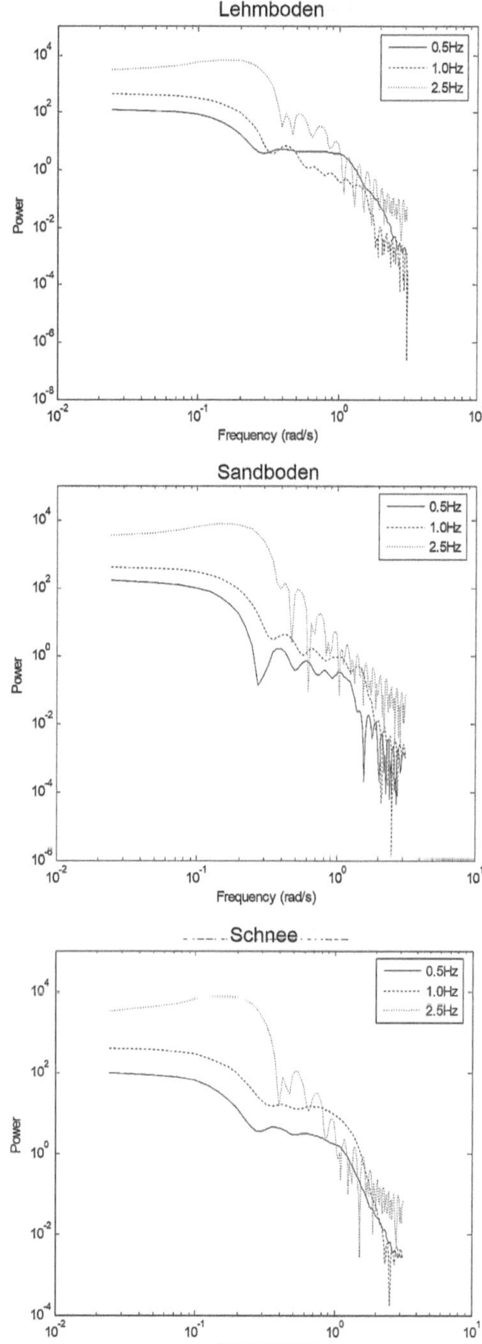

Abb. 10.100 Frequenzdiagramme für Lenkmoment

10.9.1.2.1 Stationäre Querdynamik – Dauersinusanregungsmethode

Bei der Analyse der Frequenzkurven stellen wir die Auswirkung der Bodenart auf die Querbeschleunigung fest: Die Verstärkung für dieses Maß ist bei Lehm bei Frequenzen über 1 Hz (bis zu 0,09) höher als bei Sand und nassem Schnee (0,01 bis 0,04). Die Verstärkung der Querbeschleunigung des Fahrzeugs auf nassem Schnee bei einer Frequenz von 0,5 Hz ist unerwartet hoch (0,45), was der Anforderung des Fahrzeughandlings in kritischen Situationen von Weir DiMarco (1978) widerspricht. Dieses Verhalten ist jedoch möglich, da in den meisten Fällen Fahrzeuge mit Sommerreifen auf Winteroberflächen übersteuern. Deppermann (1988) präsentierte ähnliche Ergebnisse bei der Untersuchung der Querdynamik eines Personenkraftwagens auf einer schneebedeckten Straße. Für das Fahrzeug mit normalen Reifen ohne Schneeketten traten höhere Werte für die Amplitudenverstärkung bei einer Frequenz von 0,3 bis 1,0 Hz auf [23].

Die Gierrate ist ein weiteres wichtiges Maß für die Querdynamik. Der Effekt der Bodenart ist offensichtlich: Für den lehmigen Boden wurden höhere Werte der Amplitudenverstärkung erhalten. Dies könnte auf einen Verlust der Reibung zwischen Reifen und Boden zurückzuführen sein, der für die relativ feuchte Lehmoberfläche erkennbar war. Diese höheren Verstärkungswerte für Lehmboden überschreiten jedoch nicht die von Zomotor angegebene Grenze [8]. Ein sehr ähnlicher Feuchtigkeitsgehalt der sandigen Oberfläche ergab nachteilige Ergebnisse: Die Verstärkung zeigt keine signifikanten Änderungen über den Frequenzbereich für den Sand. Ein typischer sandiger Boden zeigt aufgrund des höheren Feuchtigkeitsgehalts keinen signifikanten Reibungsverlust.

Die Phasenverschiebung der vier Messwerte, die die Fahrzeugreaktion auf die Sinusanregung für die drei verformbaren Fahrbahnen beschreiben, ist typisch und ähnelt den in der Literatur angegebenen Daten. Die größte Phasenverschiebung wurde für die Querbeschleunigung auf Lehm- und nassen Schneeoberflächen (205 und 180°) und für den Schwimmwinkel auf nassem Schnee (185°) erzielt. Phasenverschiebungsdiagramme für Querbeschleunigung, Schwimmwinkel und Gierwinkelrate haben eine ähnliche Form und ähneln einem Trägheitssystem erster Ordnung. Eine signifikante Zunahme der Phasenverschiebung ist bei höheren Frequenzen erkennbar. Das Phasenverschiebungsdiagramm für das Lenkraddrehmoment ist unterschiedlich, mit fast keinem dynamischen Effekt über den Frequenzbereich und nur einem geringfügigen Anstieg der Phasenverschiebung bei höherer Frequenz.

10.9.1.2.2 Instationäre Querdynamik – Trapezanregungsmethode

Die Dateienauswertung wurde mit bestimmenden Faktoren durchgeführt, die die Reaktion eines Fahrzeugs wie folgt beschreiben:

- Verstärkungsfaktor $(\psi/\delta)_{stat}$
- Reaktionszeit für Gierwinkelrate und Querbeschleunigung, $T_{\psi max}$, T_{aymax}, beginnend an einem Punkt, an dem das Lenkrad 50 % des Vollwerts erreicht, bis der maximale Spitzenwert der Gierwinkelgeschwindigkeit oder Querbeschleunigung auftritt
- TB-Faktor, bestimmt aus der folgenden Formel:

$$TB = T_{\psi max}\,\beta_{stat} \tag{10.39}$$

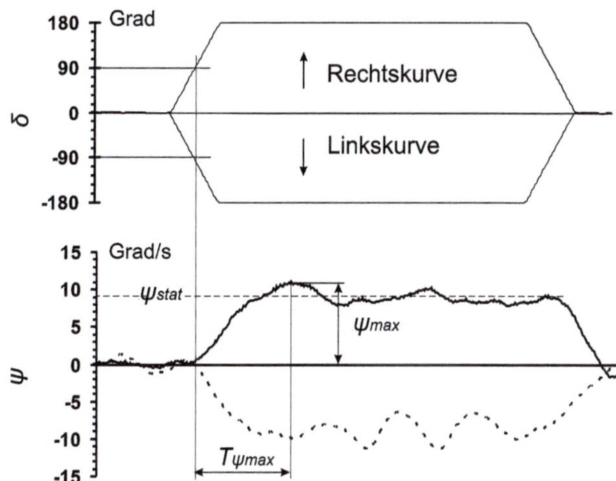

Abb. 10.101 Schema zur Bestimmung der Querdynamikfaktoren

wobei β_{stat} ein konstanter Wert des Schwimmwinkels des Fahrzeugs ist.

- Bezogene Überschwingweite, bestimmt sowohl für die Gierwinkelrate als auch für die Querbeschleunigung, berechnet wie folgt:

$$U = \frac{\dot{\psi}_{\max} - \dot{\psi}_{stat}}{\dot{\psi}_{stat}} \tag{10.40}$$

Abb. 10.101 zeigt ein Schema zur Bestimmung der oben genannten Faktoren aus experimentellen Dateien (Zeitverläufe). Tab. 10.5 enthält Werte der Faktoren, die für die beiden untersuchten Böden bestimmt wurden.

Nach Mitschke und Wallentowitz (2004) sollten folgende Bedingungen erfüllt sein, wenn das Fahrzeug aufgrund der Querdynamik ein gutes Fahrverhalten zeigen soll [3]:

- Der Verstärkungsfaktor $(\psi/\delta)_{\text{stat}}$ sollte hohe Werte erreichen.
- Die Reaktionszeit $T_{\psi\max}$ sollte so kurz wie möglich sein.

Die hier zitierten Autoren geben jedoch keine Grenzwerte oder erforderlichen Werte für diese Faktoren an, da diese Werte für verschiedene Fahrzeuge oder Fahrbedingungen variieren können. Zomotor (1991) hat $T_{\psi max}$-Werte für einen typischen Personenkraftwagen (200–400 ms) angegeben, aber es ist zu beachten, dass die Empfehlung in den 1980er-Jahren aktuell war und sich über vier Jahrzehnte erheblich geändert haben kann [8]. Die typischen oder erforderlichen Werte in der letzten Spalte der Tab. 10.5 gelten für einen Personenkraftwagen. Bei der Analyse der Auswirkungen von den Bodenarten stellen wir fest, dass der Verstärkungsfaktor $(\psi/\delta)_{\text{stat}}$ höhere Werte für den lehmigen Boden erreicht und für die Lenkwinkelgeschwindigkeit zunimmt. Für sandigen Boden zeigt dieser Faktor

Tab. 10.5 Querdynamikfaktoren, die aus einem auf Lehm- und Sandböden durchgeführten Test ermittelt wurden

Lenkwinkel-rate, Grad/s	100		500		1500		Sollwert
Lehmiger Boden							
Kurve	Rechtskurve	Linkskurve	Rechtskurve	Linkskurve	Rechtskurve	Linkskurve	
$a_{y\,max}$, m/s²	1,165	0,88	0,88	0,656	1,185	1,173	
$a_{y\,stat}$, m/s²	0,333	0,345	0,374	0,3924	0,403	0,4484	4
ψ_{max}, °/s	9,662	9,851	12,18	12,54	12,57	12,63	
ψ_{stat}, °/s	8,843	8,523	8,213	8,763	9,832	9,598	
β_{stat}, °	1,406	1,408	1,912	1,907	2,01	2,08	
T_{aymax}, s	1,45	1,23	0,47	0,41	0,28	0,35	0,4–1,0
$T_{\psi max}$, s	1,11	1,03	0,62	0,76	0,82	0,99	0,2–0,5
U_{aymax}, %	2,498498	1,550725	1,352941	0,671763	1,940447	1,615968	0,03–0,14
$U_{\psi max}$, %	0,092616	0,155814	0,483015	0,431017	0,278478	0,315899	0,13–0,27
$(\psi/\delta)_{stat}$, 1/s	0,049128	0,04735	0,045628	0,048683	0,054622	0,053322	0,15–0,3
B, °	1,406	1,408	1,912	1,907	2,01	2,08	
TB, sx°	1,56066	1,45024	1,18544	1,44932	1,6482	2,0592	0,0–2,0
Sandiger Boden							
Kurve	Rechtskurve	Linkskurve	Rechtskurve	Linkskurve	Rechtskurve	Linkskurve	
$a_{y\,max}$, m/s²	1,72	2,03	1,875	1,174	1,36	1,08	
$a_{y\,stat}$, m/s²	0,32	0,3	0,337	0,248	0,417	0,221	4
Ψ_{max}, °/s	8,87	9,11	9,73	8,67	9,25	8,33	
Ψ_{stat}, °/s	7,88	8,13	7,752	6,62	8,7	7,49	
B_{stat}, °	2,24	3,08	3,637	2,973	2,43	2,67	
T_{aymax}, s	1,23	1,13	0,6	0,56	0,27	0,33	0,4–1,0
$T_{\psi max}$, s	1,18	1,08	0,69	0,95	1,27	1,5	0,2–0,5
U_{aymax}, %	4,375	5,766667	4,563798	3,733871	2,261391	3,886878	0,03–0,14
$U_{\psi max}$, %	0,125635	0,120541	0,25516	0.309668	0,063218	0,11215	0,13–0,27
$(\psi/\delta)_{stat}$, 1/s	0,043778	0,045167	0,043067	0.036778	0,048333	0,041611	0,15–0,3
B, °	2,24	3,08	3,637	2,973	2,43	2,67	
TB, sx°	2,6432	3,3264	2,50953	2,82435	3,0861	4,005	0,0–2,0

eine geringe Abhängigkeit von der Lenkwinkelrate. Die Querbeschleunigung erreichte höhere Werte für die sandige Bodenoberfläche (sowohl maximale als auch statische Werte). Die Reaktionszeit für diese Maßnahme ist für die beiden untersuchten Oberflächen ähnlich und nimmt tendenziell ab.

Die Gierwinkelrate ψ zeigt einen geringen Bodenarteffekt und ist auf der Lehmoberfläche etwas höher. Die Reaktionszeit für die Gierwinkelrate erreicht auf dem sandigen Boden höhere Werte, aber der Effekt der Lenkwinkelrate ist für beide Böden ähnlich: eine nicht monotone Funktion mit einem lokalen Minimum bei 500°/s.

Der Schwimmwinkel erreicht höhere Werte für sandigen Boden, aber für beide Böden hängt diese Maßnahme tendenziell zunehmend mit der Lenkwinkelgeschwindigkeit zusammen. Der TB-Faktor ist für sandige Bodenoberflächen signifikant höher (fast doppelt so hoch).

Der Effekt der Bodenart war für die Übersteuerungsfaktoren $U_{\psi max}$ und U_{aymax} offensichtlich. Der Übersteuerungsfaktor für die Gierwinkelrate ist für sandigen Boden höher, während der Faktor für die Querbeschleunigung signifikant höhere Werte für den Lehmboden erreicht.

Die Auswirkung des Bodens wird hauptsächlich durch die Verformbarkeit und folglich durch das Ausbrechen des Rades in einer Kurve verursacht, was zu höherem Schräglaufen, Querbeschleunigung und weniger Gieren führt. Der Gesamteffekt ist eine längere Reaktionszeit und höhere Übersteuerungsfaktoren. Der Feuchtigkeitsgehalt der Lehmbodenoberfläche beeinflusste die Reibung zwischen Reifen und Boden, was zu einem Übersteuerungsverhalten des Fahrzeugs führen kann: höherer Schwimmwinkel und Gierbewegung, kürzere Reaktionszeit.

10.9.1.3 Diskussion

Mitschke und Wallentowitz (2004) schlugen vor, dass die Dauersinusanregungsmethode im Vergleich zur Trapezanregung vorteilhafter ist, dies hauptsächlich, weil weniger Platz für die Durchführung der Tests benötigt wird [3]. Instationäre Querdynamiktests werden entweder auf speziellen Testgeländen mit breiter Fahrbahn oder auf Kreisbahnen oder sogar auf Flugplätzen durchgeführt. Sinusanregungstests sind auf einer typischen Straße möglich, da ein Fahrzeug auf einer einzigen Fahrspur gefahren wird. Eine solche Einschränkung hinderte uns daran, Trapezanregungstests auf nasser Schneeoberfläche durchzuführen, da die von uns benutzte Strecke eng (5 m) und von Bäumen umgeben war. Darüber hinaus behaupten Mitschke und Wallentowitz (2005), dass die Sinuswellenmethode besser für Offroad-Tests geeignet ist, insbesondere für Tests auf weichen, verformbaren Böden oder im Schnee, wo das Fahren mit hohen Geschwindigkeiten unmöglich ist. In unseren Tests schwankte die Fahrgeschwindigkeit innerhalb von 5 bis 10 km/h, meist 7 bis 8 km/h, sie ist zu klein, um die in der ISO-Norm [54] geforderten Testbedingungen zu reproduzieren: Die anfängliche Fahrgeschwindigkeit muss so hoch sein, dass das Fahrzeug einer Querbeschleunigung von 4 m/s^2 ausgesetzt ist. Dauersinusanregungstests können bei niedrigeren Geschwindigkeiten durchgeführt werden. Ein gutes Beispiel dafür ist die Arbeit von Deppermann (1988), der die Quer- und Längsdynamik eines Personenkraftwagens auf einer schneebedeckten Straße mit der Sinuswellenanregungsmethode untersuchte. Die Arbeit konzentrierte sich auf die Auswirkung von Schneeketten auf die Fahrzeugdynamik und das Fahrverhalten [23].

In dieser Studie durchgeführte Tests der Querdynamik eines Geländewagens können eine Pilotarbeit sein, um neue Standards bei der Prüfung von Geländefahrzeugen zu setzen. Obwohl nicht alle Testbedingungen gemäß ISO 7401 erfüllt wurden, sind die erzielten Ergebnisse logisch und entsprechen den Angaben im Handbuch sowie in anderen Forschungsarbeiten.

10.9.2 Modellierung der Querdynamik mittels der Systemidentifikationsmethode

10.9.2.1 Systemidentifikationsmethode

Die Systemidentifikation (SI) ist ein mathematisches Verfahren, bei dem ein Modell und seine Parameter basierend auf experimentellen Daten rekonstruiert werden. Es gibt eine breite Palette von Methoden für SI, von der einfachen Approximation bis zur komplexen statistischen Analyse [5] Die Methode wird häufig zur Modellierung der Dynamik und Steuerung von Maschinen, einschließlich Autos eingesetzt. Auch Modellierungsstudien zur Fahrzeugdynamik wurden mit der SI-Methode durchgeführt [55, 56]. Im Allgemeinen ist der SI-Prozess in fünf Schritte unterteilt: Modell-Postulation, Versuchsaufbau, Datenkompatibilitätsanalyse, Modellrekonstruktion und -verifizierung. Die Modell-Postulation für die Querdynamik eines Fahrzeuges basiert auf dem traditionellen Ansatz und setzt eine Kopplungseingabe (Lenkradeingabe) mit Ausgangssignalen (Querbeschleunigung, Gierwinkelrate und Schwimmwinkel) voraus. Eine solche Modellkonstruktion ermöglicht es, wichtige Eigenschaften eines Fahrzeugs innerhalb der allgemeinen Querdynamik zu analysieren. Der zweite Schritt, die Versuchsplanung, ist ein Verfahren, mit dem Versuchsdaten erfasst werden, die die untersuchten Merkmale eines Fahrzeugs beschreiben. Alle Ein- und Ausgänge müssen einfach gleichzeitig mit einer Rate und Auflösung gemessen werden, die sicherstellen, dass informative Daten erhalten werden. Die Datenkompatibilitätsanalyse ist der nächste Schritt in der SI-Methode und beruht auf Datenverarbeitungs-, Filter- und Überprüfungsverfahren. Dies ist wichtig, da die gemessenen Antwortdaten aufgrund der Eigenschaften der Sensoren oder der Messbedingungen Vorspannungs- und Skalierungsfaktorfehler enthalten können. Der wichtigste Stamm im SI-Prozess ist die Auswahl eines geeigneten Modells oder einer Modellfamilie, die eine Struktur aufweisen sollte, die ausreicht, um die Daten zu charakterisieren und unbekannte Parameter abzuschätzen, und die auch über gute Vorhersagefähigkeiten verfügen sollten. Nachdem ein prospektives Modell der Phänomene ausgewählt wird, sollten Parameter aus den Eingabe- und Ausgabedatensätzen geschätzt werden.

Das Problem der Zustandsschätzung wird normalerweise auf die Integration von Fahrzeugbewegungsgleichungen reduziert, vorausgesetzt, diese Gleichungen stellen ein deterministisches System dar, d. h. ohne Prozessrauschen und ohne zufällige Parameter in den Gleichungen. Schließlich endet das Verfahren mit einem Validierungstest, bei dem das identifizierte Modell nachweisen muss, dass seine Parameter physikalisch vernünftige Werte mit ausreichender Genauigkeit und Vorhersagefähigkeit aufweisen. Die Modellvalidierung kann durch Vergleich von Ausgabedaten mit experimentellen Daten oder mit Ausgabedaten von anderen Modellen mit bekannter Leistung durchgeführt werden. Die Vorhersagefunktionen des Modells können anhand eines Datensatzes überprüft werden, der nicht zur Systemidentifizierung dieses Modells verwendet wird.

10.9.2.2 Rekonstruktion von Querdynamikmodellen nach der Systemidentifikationsmethode

Das Ziel der vorliegenden Studie, die Rekonstruktion autoregressiver Modelle der Fahrzeugdynamik, wurde auf der Grundlage der oben dargestellten und anderer Ergebnisse aus den Feldtests anvisiert. Das Verfahren besteht darin, dass ein Satz von zwei Datenspalten eingefügt wird: Eingabe – das Erregungssignal, Dauersinus- oder Trapezanregung eines gegebenen Parameters, und Ausgabe – gemessene Seitenkraft am Rad oder Querbeschleunigung, Schwimmwinkel, Gierrate und Lenkradmoment. In der SI-Software werden dann vor dem Identifizierungsvorgang die Daten auf Unregelmäßigkeiten, falsche

Punkte usw. überprüft. Dann folgt der wichtigste Schritt – die Modellschätzung, bei der Parameter von Modellen (von Modellfamilien) erhalten werden. Die Modellfamilien werden im folgenden Unterabschnitt allgemein charakterisiert. Nach dem Schätzverfahren können die rekonstruierten Modelle in grafischer Form dargestellt werden, typischerweise in einem Diagramm, das Simulationsergebnisse für mehrere Modelle zusammen mit einem Versuchsergebnis zum visuellen Vergleich enthält. Die Software ermöglicht den Vergleich der geschätzten Modelle basierend auf der Anpassungsregel zwischen simulierten und gemessenen Daten. Diese Anpassung wird anhand der prozentualen Ähnlichkeit quantifiziert, wobei 100 für eine ideale oder vollständige Anpassung steht. Für die vorliegende Studie wurden lineare autoregressive Modelle ausgewählt und die Probenergebnisse des Modell-Experiment-Vergleichs für die beiden Anregungsmodi sind in Abb. 10.102, 10.103, 10.104 und 10.105 dargestellt. Es ist darauf hinzuweisen, dass lineare autoregressive Modelle wahrscheinlich die einfachsten sind und die niedrigsten Rechenkosten erzeugen.

10.9.2.2.1 Modellfamilien

Im Allgemeinen wurden drei Arten von Modellen berücksichtigt:

(1) Lineare parametrische Modelle
(2) Nicht lineare Modelle
(3) Prozessmodelle

Die Familie der linearen parametrischen Modelle besteht aus 32 Modellsätzen. Am häufigsten werden ARX-Modelle (Auto Regression mit eXtra-Inputs), ARMAX-Modelle (Auto Regression Moving Average with eXtra-Inputs), OE-Modelle (Output Error), BJ-Modelle (Box Jenkins) und Zustandsraummodelle (N4S) verwendet. Die ARX ist die einfachste Modellstruktur und oft die erste Wahl. Die Parametrisierung solcher Modelle kann mit der Methode der kleinsten Quadrate durchgeführt werden. Die verschiedenen ARX-Modelle werden als ARX (na, nb, nk) bezeichnet, wobei na und nb Integratoren sind, die die Modellstruktur definieren, na ist die Anzahl der Pole, nb + 1 ist die Anzahl der Zeros und nk ist die reine Zeitverzögerung (Dead Time) im System. Bei Systemen mit mehreren Eingängen sind nb und nk Zeilenvektoren, wobei das i-te Element die Reihenfolge/Verzögerung angibt, die dem i-ten Eingang zugeordnet ist.

Die Familie der nicht linearen Modelle umfasst zwei Arten von Modellen:

(1) Nicht lineare ARX-Modelle (NLARX)
(2) Hammerstein-Wiener-Modelle (NLHW)

Ein nicht lineares ARX-Modell stellt eine parallele Form der Nichtlinearität dar, bei der eine einfache Transformation gemessener Ein- und Ausgänge (Regressoren) in parallelen linearen und nicht linearen Blöcken verwendet wird, um das beobachtete Phänomen zu beschreiben. Ein Hammerstein-Wiener-Modell stellt eine Reihe nicht linearer Formen dar, bei denen die Ein- und Ausgänge eines linearen Ausgangsfehlermodells durch statische Nichtlinearitäten verzerrt sind.

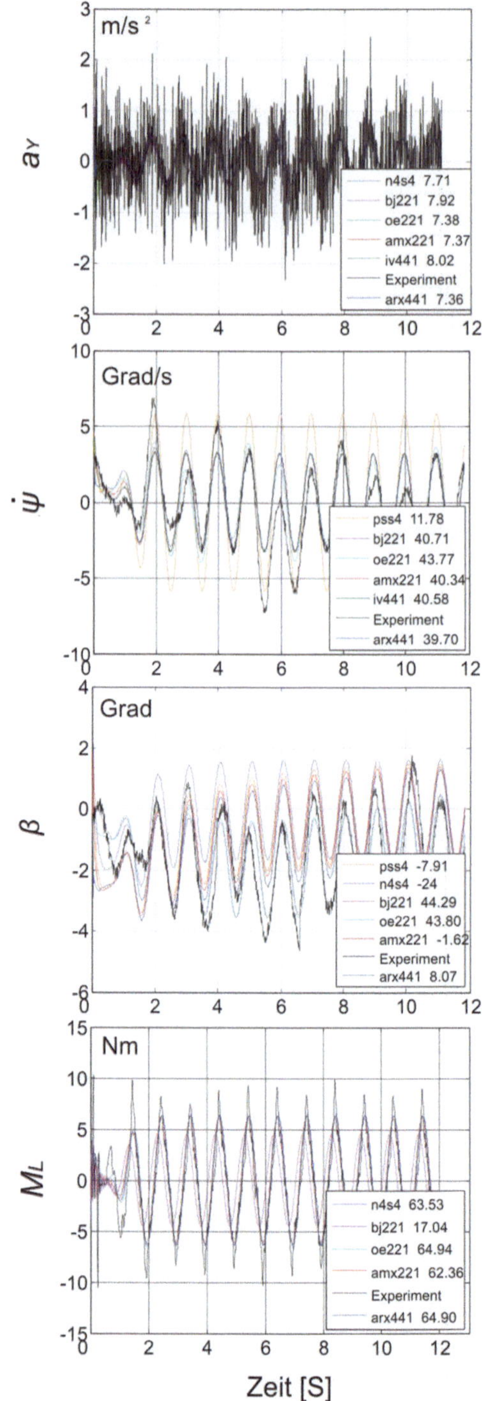

Abb. 10.102 Modelle der Querdynamik für den Dauersinusanregungsmodus. Von oben nach unten: Querbeschleunigung, Gierwinkelrate, Schwimmwinkel und Lenkmoment

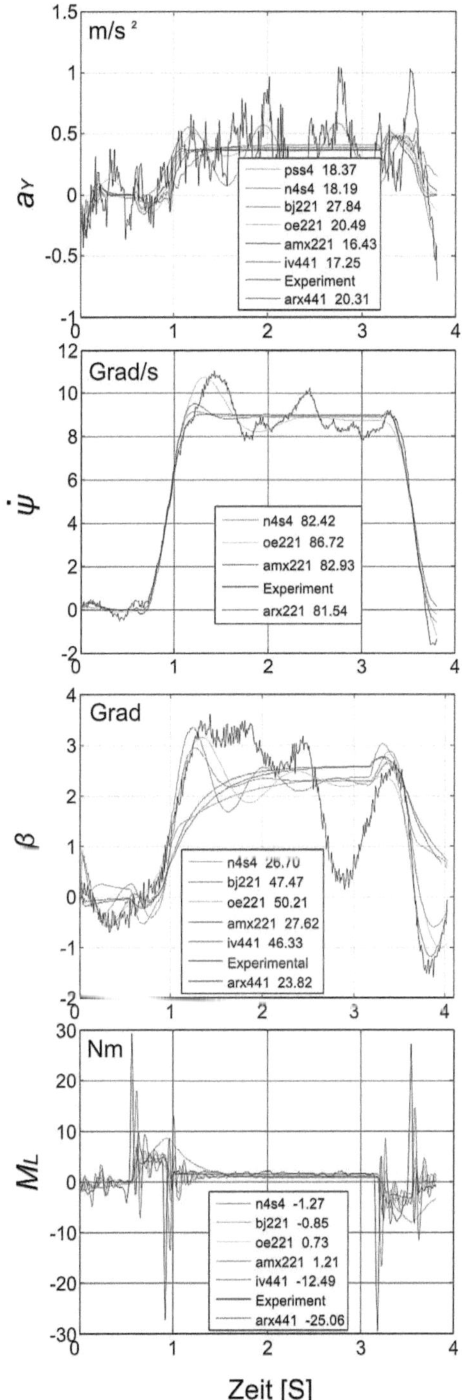

Abb. 10.103 Modelle der Querdynamik für den Trapezanregungsmodus. Von oben nach unten: Querbeschleunigung, Gierwinkelrate, Schwimmwinkel und Lenkmoment

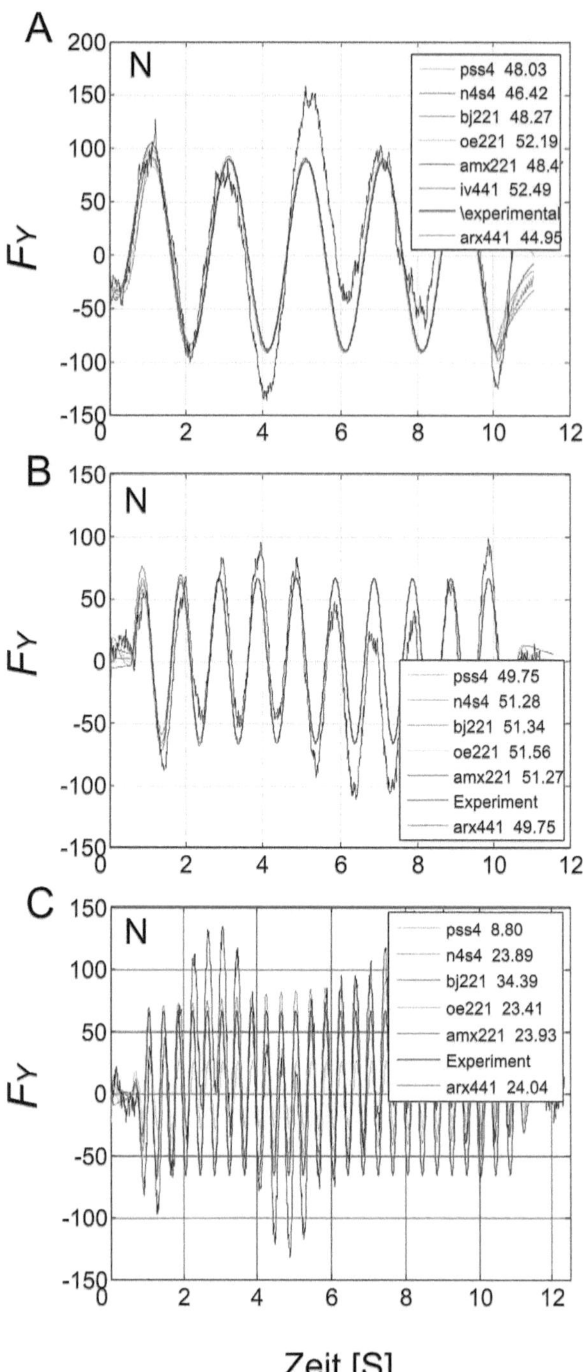

Abb. 10.104 Modelle der Seitenkraft am Rad für den Dauersinusanregungsmodus: 0,5, 10,0 und 2,5 Hz

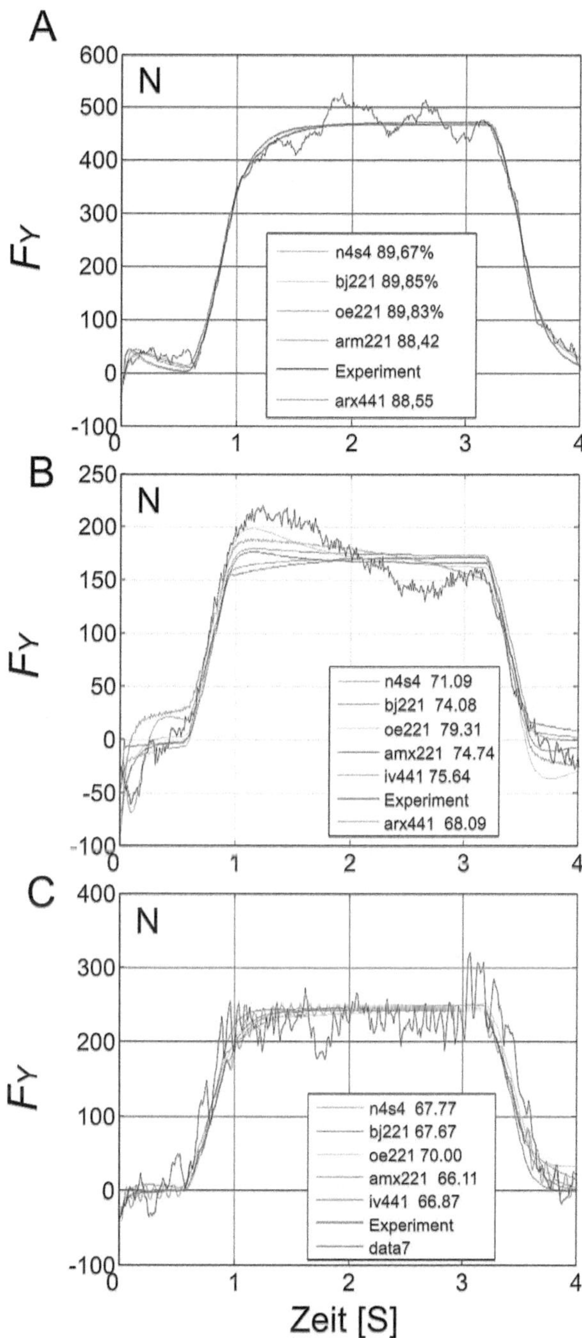

Abb. 10.105 Modelle der Seitenkraft am Rad für den Trapezanregungsmodus

Prozessmodelle sind einfache kontinuierliche Zeitmodelle, die anhand der Hauptzeitkonstanten, der statischen Verstärkung, einer möglichen Dead-Zeit und einer möglichen Prozess-Null (nicht konstanter Zähler) beschrieben werden. Modelle mit mehreren Eingängen können verarbeitet und Rauschbeschreibungen bestimmter Strukturen hinzugefügt werden. Das Akronym für die Modellstruktur verwendet den Buchstaben P, eine Anzahl von Polen und optional: ein D (Delay), ein I (Integrator), ein Z (Zero) und ein U (Underdamped).

Ein typisches solches Modell ist die Übertragungsfunktion:

$$G(q) = \sum_{i=1}^{\infty} g(k) q^{-k} \tag{10.41}$$

10.9.2.2.2 Ergebnisse

Abb. 10.102 enthält Diagramme mit Zeitverläufen von simulierten und gemessenen Daten, die die Querdynamik für Dauersinusanregungsmodi beschreiben, hier für die Anregung mit einer Frequenz von 1,0 Hz. In ähnlicher Weise zeigt Abb. 10.103 die Ergebnisse für den Trapezanregungsmodus, während in Abb. 10.104 und 10.105 Ergebnisse für die Simulation der Seitenkraft am Rad vorliegen. In jedem der Diagramme in den vier genannten Abbildungen befindet sich ein Legendenfeld, in dem sich eine Beschreibung der Diagrammlinien befindet. Hier sind die Akronyme der Modellfamilien aufgeführt, die im vorherigen Abschnitt mit digitalen Daten dargestellt wurden. Diese Daten beschreiben die Übereinstimmung zwischen einem bestimmten Modell und den gemessenen Daten („Experiment"). Im Allgemeinen ist das Modell umso besser, je höher die Zahl ist.

Es ist darauf hinzuweisen, dass die autoregressiven linearen Modelle (ARX) für die Simulation des Schwimmwinkels, des Lenkradmoments und der Gierrate gut geeignet sind, während sie nicht für die Querbeschleunigung des Fahrzeugs geeignet sind, das mit Dauersinusanregungsmodi gesteuert wird. Diese Tendenz wurde für alle drei verformbaren Fahrbahnen, Löss- und Sandböden und nassen Schnee beobachtet (obwohl die hier dargestellten Ergebnisse nicht alle Fälle einschließen).

Für den Anregungsmodus mit Trapezanregung ist die Qualität der Ergebnisse, die anhand des Anpassungsprozentsatzes gemessen werden, weitaus schlechter als bei ARX-Modellen. Nur für die Gierrate haben Simulationen einen akzeptablen Anpassungsprozentsatz in Bezug auf die experimentellen Daten. In den drei verbleibenden fahrzeugdynamischen Messungen haben Modelle Ergebnisse geliefert, die nicht mit den experimentellen Basisdaten übereinstimmen.

Bei Modellen für die Seitenkraft am Rad scheinen lineare autoregressive Modelle eine allgemein gute Wahl zu sein, da die Ergebnisse des Anpassungsprozentsatzes für alle Fälle von Anregungsmodi und -parametern gut oder sehr gut sind.

10.9.2.3 Fazit

In diesem Kapitel wurde eine Studie zur Querdynamik eines auf verformbaren Boden fahrenden Geländewagens vorgestellt. Basierend auf den in den Feldversuchen erhaltenen Ergebnissen wurden autoregressive lineare Modelle der Querdynamik unter Verwendung der Systemidentifikationsmethode rekonstruiert. Die Simulationsergebnisse wurden mit experimentellen Daten verglichen und die Qualität der Modelle, die mit Hilfe des prozentualen Anpassungskoeffizienten gemessen wurden, wurde analysiert. Es war zu folgern, dass einfache und kostengünstige autoregressive Modelle eine gute Lösung für die Modellierung und Simulation der Querdynamik sein können. In Fällen, in denen die ARX-Modelle schlechte Passungen zeigten, könnten wahrscheinlich nicht lineare Modelle eine gute Wahl sein, wenn ihre höheren Rechenkosten kein Problem darstellen würden.

Es wurde der Schluss gezogen, dass das Systemidentifikationsverfahren ein gutes nützliches Werkzeug ist, um Modelle der Fahrzeugquerdynamik zu erhalten. Die Vorteile gegenüber der klassischen Modellierung bestehen darin, dass keine physikalischen Parameter des Systems bekannt sein müssen. Dies ist besonders wichtig für ein physikalisch komplexes System wie das Reifen-Boden-System.

10.9.3 Fahrstabilitätstests nach der Systemidentifikationsmethode

10.9.3.1 Einführung

Stabilität ist die Fähigkeit eines Systems, bestimmte Betriebsbedingungen aufrechtzuerhalten. Die nach Lyapunov ermittelte Stabilität bedeutet [57], dass alle Lösungen, die zu einem bestimmten Zeitpunkt ausreichend nahe beieinanderlagen, als Funktionen der Zeit auch in Zukunft willkürlich nahe bleiben [30]. Stabilität nach Poincare (Orbitalstabilität) bedeutet, dass jede Lösung, die zu einem bestimmten Zeitpunkt einer anderen nahegekommen ist, in Zukunft in der Nähe bleibt. Stabilität nach Lagrange bedeutet, dass ein System stabil ist, wenn seine Lösungen begrenzt sind. Wenn wir das Problem der Fahrdynamik eines Wagens eingrenzen, ist die Stabilität im Sinne der Aufrechterhaltung eines bestimmten Fahrtweges zu verstehen. Bei der Definition nach Lyapunov wird die Fahrstabilität auf die Analyse der Zeitverläufe der ausgewählten Koordinaten des ausgewählten Fahrzeugpunkts (Schwerpunkt, Konturpunkte usw.) reduziert. Die Untersuchung der Fahrstabilität des Fahrzeugs auf der Grundlage der Lyapunov-Theorie weist jedoch einige Einschränkungen auf. Zunächst beschränkt sie den Umfang der Analysen auf Fälle, in denen die Fahrt lange genug dauert. Auf diese Weise kann beispielsweise die Stabilität des Anfahrens hinsichtlich der Beständigkeit gegen Seitenwind oder Straßenunregelmäßigkeiten getestet werden. Die meisten Forschungsprobleme im Zusammenhang mit der Fahrstabilität beziehen sich jedoch auf Prozesse, die relativ kurzlebig sind, häufig vorübergehende Prozesse. Die Stabilität nach Bogusz, auch bekannt als technische Stabilität, betrifft Prozesse, für die der Bereich der Anfangsbedingungen und akzeptabler Lösungen definiert werden kann, die Maximalwerte der Störungen bestimmt werden können und die Dauer des Prozesses begrenzt ist [38].

Ein Beispiel ist die Analyse der Stabilität der Kurvenfahrt bei einer Störung durch Bremsen oder die Analyse der Stabilität der Bewegung nach Überfahrt eines Hindernisses, z. B. einer Unebenheit auf der Straße. In beiden Fällen läuft die analytische Stabilitätsstudie darauf hinaus, die Stabilitätsfahrdynamikgleichung(en) zu untersuchen. Die sogenannte „effektiven Methoden“ bestehen darin, die Spezifität der Koeffizienten der Gleichung zu untersuchen, ohne diese Gleichung lösen zu müssen. In diesen Fällen ist es jedoch erforderlich, den Umfang der Lösungen, die Anfangsbedingungen und die Störungen genau zu definieren, was häufig auf die Durchführung eines vollständigen Experiments oder von Computersimulationen hinausläuft.

Eine sehr wichtige Eigenschaft eines modernen Kraftfahrzeugs ist die Fahrstabilität. Unter Fahrzeugbewegungsstabilität verstehen wir den Widerstand des Fahrzeugs gegen Störungen. Ein stabiles Fahrzeug (in Bezug auf die Querdynamik) ist ein Fahrzeug, das beispielsweise beim Bremsen auf einer heterogenen Oberfläche dem Fahrer kein Problem beim Aufrechterhalten der geradlinigen Bewegungsrichtung verursacht, im Falle eines Fehlers beim Lenken des Fahrzeugs in einer Kurve effektiv auf Korrekturen reagiert, die der Fahrer zum sicheren Durchfahren der gesamten Kurve vorgenommen hat, oder das Fahrzeug trotz eines Seitenwindstoßes der vorgegebenen Fahrspur hält.

10.9.3.2 Die Methode

Die Fahrstabilität des Fahrzeugs kann auf verschiedene Arten getestet werden. Wenn wir davon ausgehen, dass die Grundlage für die Bewertung der Stabilität experimentelle Ergebnisse sind, kann die Analyse darauf abzielen, die Trajektorien der Fahrzeugbewegung zu bestimmen, auf dieser Grundlage kann die Fahrstabilität bewertet werden. Die Beurteilung auf der Grundlage der Untersuchung der Bewegungslinie und insbesondere der visuellen Untersuchung (Form der Linie und ihrer Position in Bezug auf die angenommenen Stabilitätsgrenzen) ist jedoch zum einen nicht sehr genau und zum anderen zeitaufwändig. Subjektive Eindrücke als Ergebnis einer solchen Bewertung können zu falschen Schlussfolgerungen führen. Eine Möglichkeit zur Beurteilung der Fahrstabilität besteht darin, die Stabilität eines mathematischen Fahrdynamikmodells unter bestimmten Bedingungen zu testen. Die Methode zur analytischen Bestimmung der Stabilität des Modells eines bestimmten Objekts besteht darin, die Wurzeln der charakteristischen Gleichung zu untersuchen. Voraussetzung für die Stabilität ist, dass alle Wurzeln der algebraischen Kennliniengleichung in der negativen komplexen Halbebene liegen. Das Stabilitätskriterium basiert auf der Analyse experimenteller Daten, daher kann die Untersuchung der Stabilität des Fahrdynamikmodells auf der Grundlage der erhaltenen experimentellen Ergebnisse durchgeführt werden. Hier kann eine Systemidentifizierungsmethode hilfreich sein, die auf der Rekonstruktion mathematischer Modelle aus experimentellen Daten beruht. Voraussetzung für den Erfolg bei der Anwendung der SI-Methode ist der Zugriff auf experimentelle Daten, die die Eingangs- und Ausgangssignale eines bestimmten Systems beschreiben. Basierend auf den Daten ist es möglich, verschiedene mathematische Modelle zu erstellen, die das Verhalten des getesteten Objekts – eines Autos – beschreiben. Für den Fall, dass das rekonstruierte Modell einen linearen Charakter hat, gibt die oben erwähnte Methode zur Analyse der Wurzeln der charakteristischen Gleichung, die hier als Test von Nullen und Polen bezeichnet wird, eine genaue und eindeutige Antwort auf die Frage, ob ein gegebenes System unter bestimmten Bedingungen stabil ist, und wenn nicht, dann auch, was die Natur der Instabilität ist [58].

Die Stabilität eines gegebenen Systems ist positiv (das System ist stabil), wenn Eigenwerte der folgenden Gleichung innerhalb des Bereichs (– 1; 1) liegen:

$$\ddot{x}(t) + 2\xi\omega_n \dot{x}(t) - \omega_n^2 x(t) = b\,u(t) \tag{10.42}$$

Mit Wurzeln, deren Realteil höher als 1 ist und deren Imaginärteil null ist, ist ein System instabil und wir können über nicht periodische Instabilität sprechen. Wenn sich ein Imaginärteil von null unterscheidet, ist die Instabilität oszillierend. Mögliche Fälle sind in Abb. 10.106 dargestellt. Wenn die Wurzeln nur reale Komponenten haben (es gibt keine komplexen Wurzeln), können wir von einer asymptotischen Stabilität des getesteten Systems sprechen (a). Wenn es solche Wurzeln gibt (komplexe Wurzeln), hat das System einen oszillierenden Charakter (b). Diese Schwingungen würden bei Wurzeln, die außerhalb der imaginären Achse liegen, schneller verschwinden. Wenn eine der Wurzeln genau auf der imaginären Achse platziert ist, hat das System eine marginale Stabilität und die Schwingungen verschwinden nicht. Bei positiven Wurzeln bis zur imaginären Achse ist das System nicht stabil (c und d).

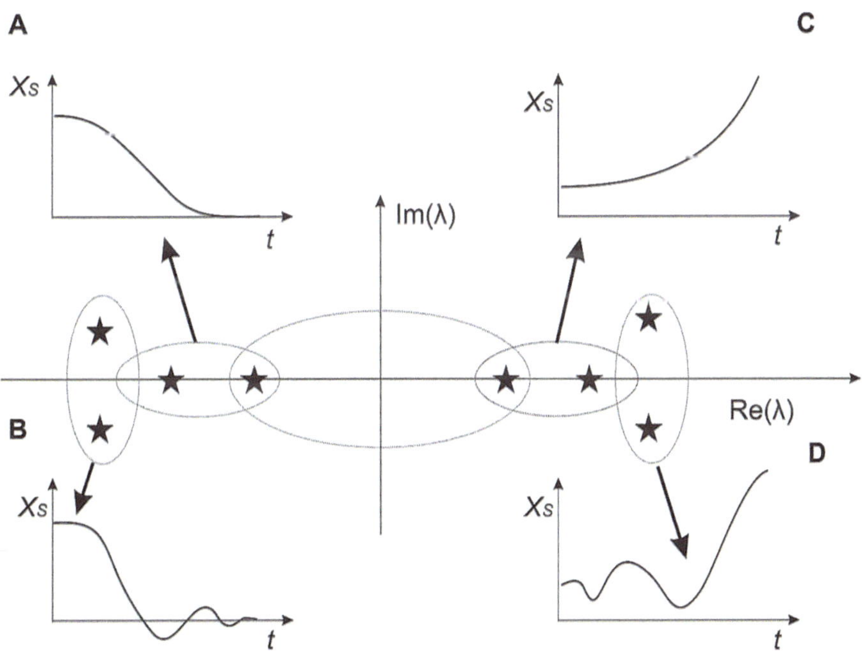

Abb. 10.106 Darstellung möglicher Zustände des getesteten Systems anhand der Analyse der Wurzeln der charakteristischen Gleichung [58]

10.9.3.3 Ergebnisse

Die Abb. 10.107, 10.108, 10.109, 10.110, 10.111, 10.112, 10.113, 10.114, 10.115, 10.116, 10.117, 10.118, 10.119, 10.120 und 10.121 enthalten Ergebnisse von durchgeführten Null- und Poltests für die Modelle der Querdynamik des geländegängigen Fahrzeugs, basierend auf experimentellen Daten, die in den auf zwei verschiedenen Böden und nassem

Abb. 10.107 Wurzelortdiagramm für Querbeschleunigung. Dauersinusanregung, Lehmboden

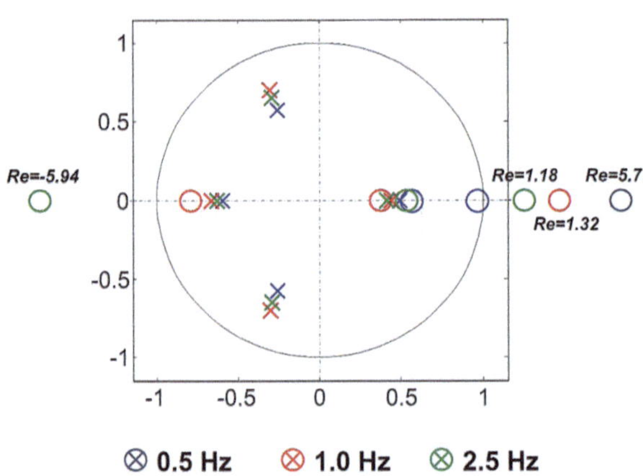

Abb. 10.108 Wurzelortdiagramm für Querbeschleunigung. Dauersinusanregung, Sand

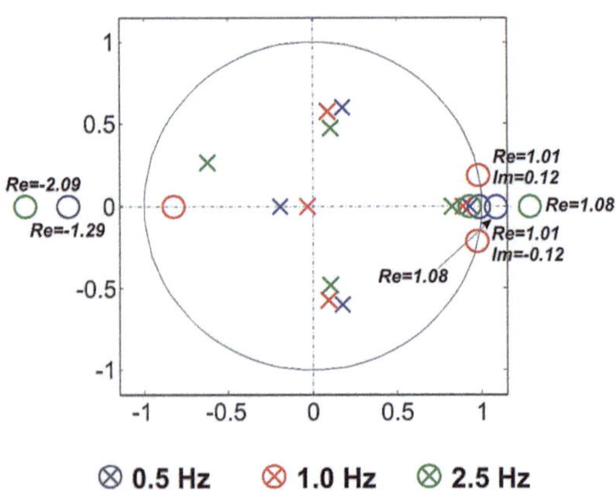

Abb. 10.109 Wurzelortdiagramm für Querbeschleunigung. Dauersinusanregung, nasser Schnee

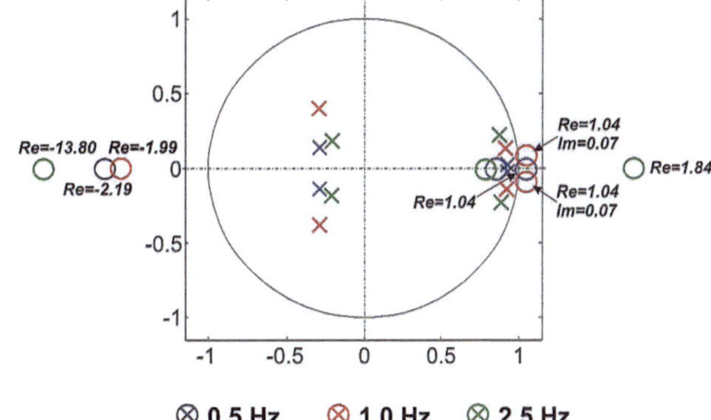

Abb. 10.110 Wurzelortdiagramm für Schwimmwinkel. Dauersinusanregung, Lehmboden

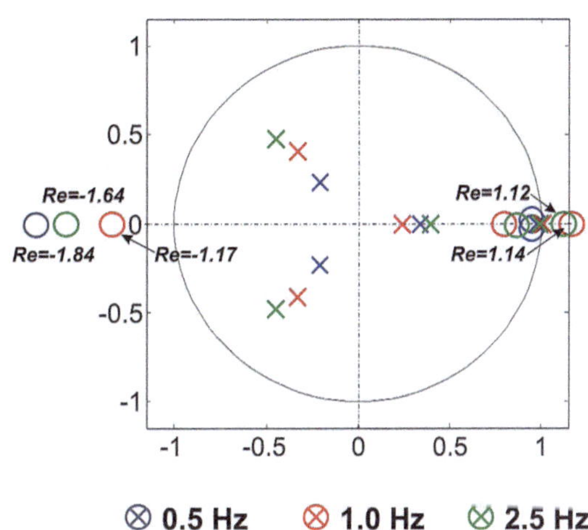

Abb. 10.111 Wurzelortdiagramm für Schwimmwinkel. Dauersinusanregung, Sand

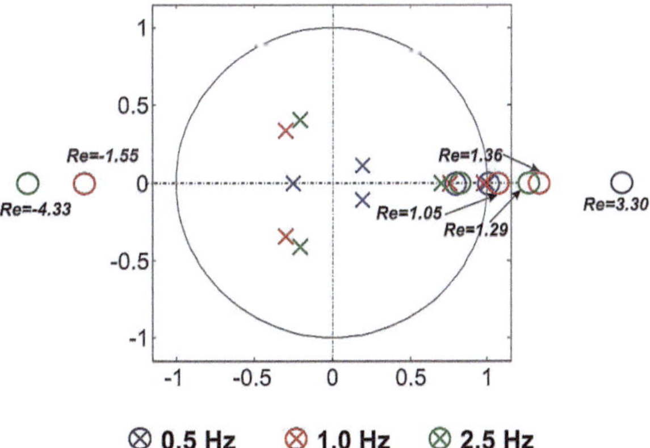

Abb. 10.112 Wurzelortdiagramm für Schwimmwinkel. Dauersinusanregung, nasser Schnee

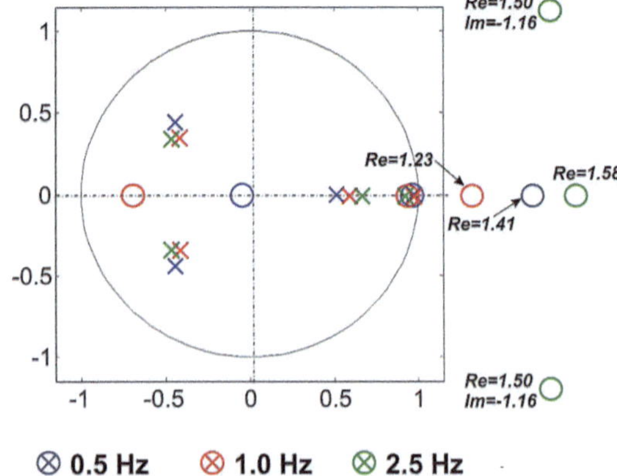

Abb. 10.113 Wurzelortdiagramm für Gierwinkelrate. Dauersinusanregung, Lehmboden

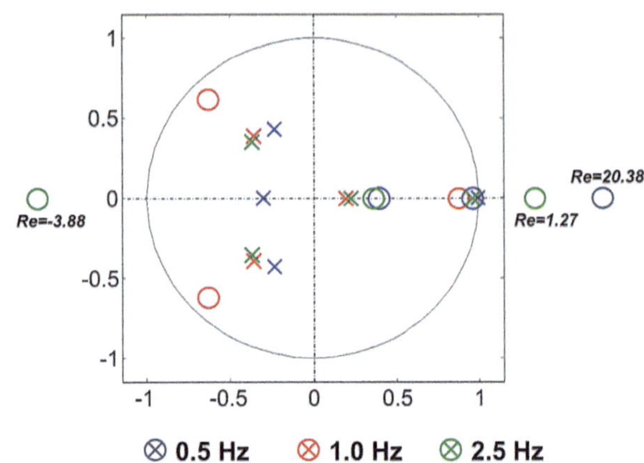

Abb. 10.114 Wurzelortdiagramm für Gierwinkel. Dauersinusanregung, Sand

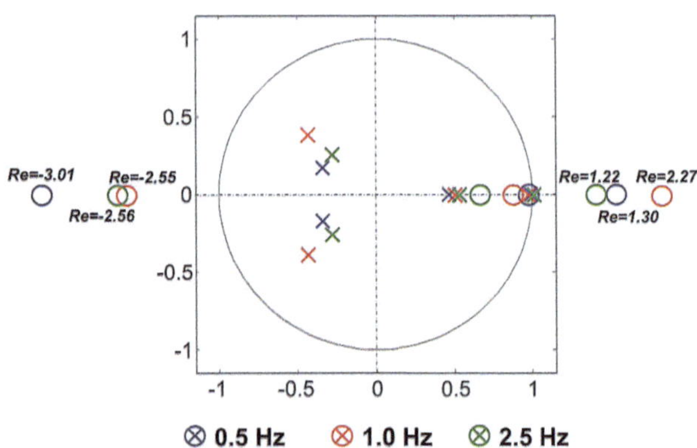

Abb. 10.115 Wurzelortdiagramm für Gierwinkel. Dauersinusanregung, nasser Schnee

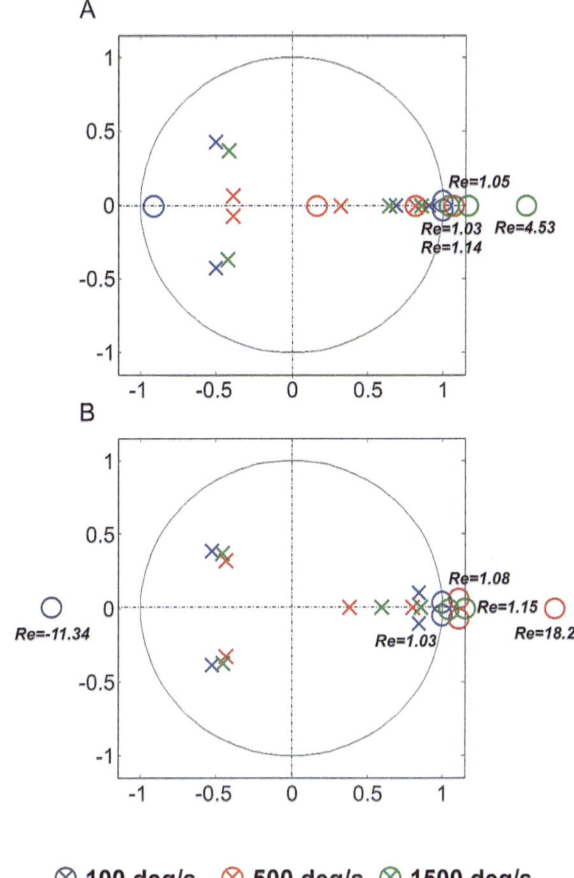

Abb. 10.116 Wurzelortdiagramm für Querbeschleunigung. Trapezanregung, Lehmboden

Schnee durchgeführten Experimenten erhalten wurden. Ergebnisse sowohl für periodische als auch für Spurwechsellenkeingaben sind enthalten.

Basierend auf den Darstellungen in Abb. 10.107, 10.108 und 10.109 wird geschlossen, dass die Stabilitätsbewertung basierend auf Querbeschleunigungsdaten für Lehmboden und nasse Schneeoberflächen bei 1 Hz Anregung positiv ist. Für die verbleibenden Variationen wurde eine negative Bewertung der Fahrzeugstabilität gefunden. Die höchste Instabilität, quantifiziert anhand des realen Komponentenwerts, wurde auf sandigem Boden beobachtet. Dies kann mit einer hohen Verformbarkeit dieses Bodens zusammenhängen, was zu tiefen Spurrillen und folglich zum Auslösen der Straßenräder des Fahrzeugs führt. Dies kann die Ursache für das Überschlagen sein, ein sehr häufiges Unfallszenario beim Verlassen der Straße.

Die drei folgenden Abb. 10.110, 10.111 und 10.112 zeigen die Ergebnisse für das zweite wichtige Maß für die Querdynamik, nämlich den Schwimmwinkel.

Abb. 10.117 Wurzelortdiagramm für Querbeschleunigung. Trapezanregung, Sand

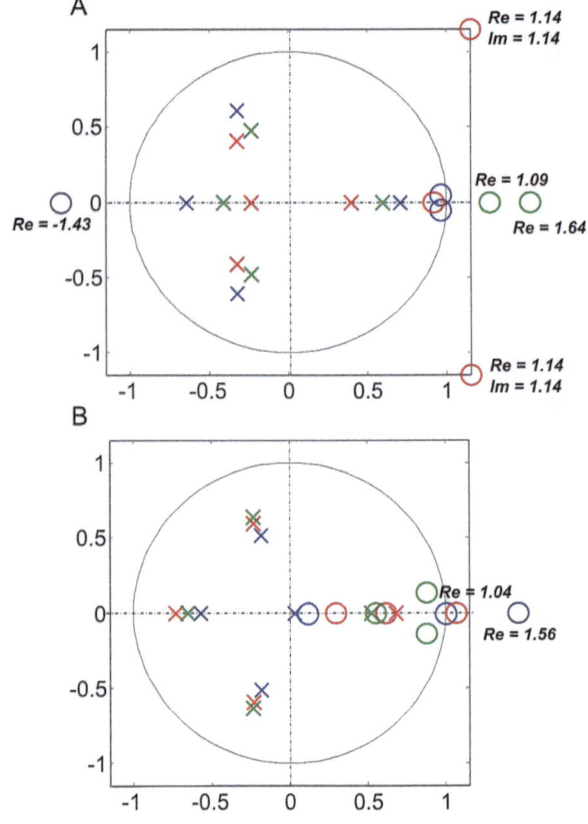

Die Bewertung der Fahrzeugstabilität anhand von Daten zum Seitenschlupfwinkel zeigt einen vielfältigen Trend. Hier tritt eine positive Stabilität nur auf sandiger Bodenoberfläche auf. Es gibt einige, aber nicht zahlreiche Ausnahmen, außerdem liegen diese Wurzeln sehr nahe an den Stabilitätsgrenzen. Physikalisch kann dies wie folgt erklärt werden: Die Räder werden von dem Boden geführt, da die Spurrillen tief sind und keine signifikante Gierbewegung möglich ist. Ein ganz anderer Trend wurde auf der Lehmbodenoberfläche beobachtet. Die Räder sinken nicht tief in den Boden, sodass sie seitlich erheblich verrutschen und folglich die Gierbewegung des Fahrzeugs viel besser sichtbar ist. Eine ähnliche Situation trat bei nassem Schnee auf. Das war ziemlich unerwartet, da tiefe Spurrillen im Schnee letztendlich dazu beitragen könnten, die Spur zu halten, aber eine starke Verringerung der Reibung der Radoberfläche auf nassem Schnee spielte eine wichtigere Rolle.

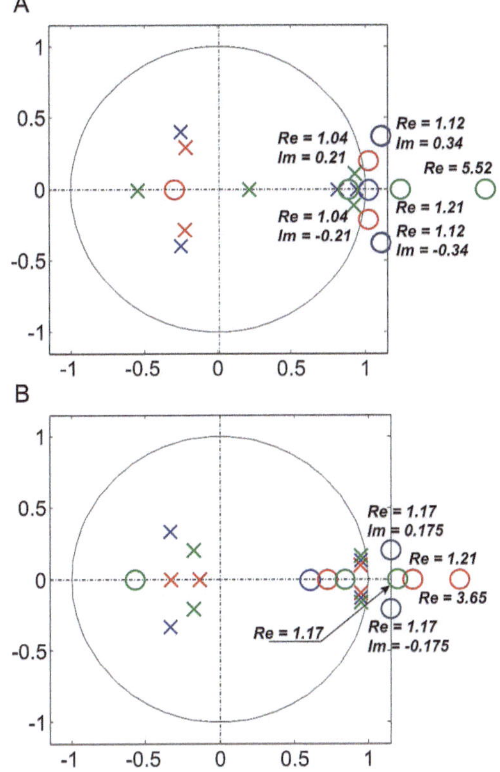

Abb. 10.118 Wurzelortdiagramm für Schwimmwinkel. Trapezanregung, Lehmboden

Abb. 10.113, 10.114 und 10.115 zeigen Wurzelortdiagramme für das dritte Maß, das für die Querdynamik eines Fahrzeugs wichtig ist, nämlich die Gierwinkelrate.

Bei der Analyse dieser Diagramme haben wir festgestellt, dass die Bewegung des Testfahrzeugs am wenigsten stabil ist. Für die Gierrate wurde der höchste Wert des Realteils einer Wurzel beobachtet. Es war 20.38 kalkuliert für Sandboden. Darüber hinaus trat auf allen drei Oberflächen, Lehm, Sand und nassem Schnee, Instabilität auf. Auf der Lehmbodenoberfläche wurde ein Fall von periodischer Instabilität beobachtet. Die einzige stabile Bewegung trat auf sandiger Bodenoberfläche für eine 1,0-Hz-Dauersinusanregung auf.

Ein weiterer Schritt in dieser Studie war eine Analyse der Fahrzeugbewegung auf trapezförmige Lenkanregung. Die Methode der Stabilitätsanalyse war ähnlich der für die Sinuswellenanregung. Autoregressive Modelle wurden aus gemessenen Daten des Lenkradwinkels als Eingangsparameter und für die drei Querdynamikmaße als Ausgangssignale rekonstruiert. Die Abb. 10.116, 10.117, 10.118, 10.119, 10.120 und 10.121 enthalten Wurzelortdiagramme für die beiden Bodenoberflächen (es wurden keine Daten für die nasse Schneeoberfläche gesammelt). Die Stabilitätsbewertung basierend auf der Querbeschleunigung ist in Abb. 10.116 und 10.117 gezeigt.

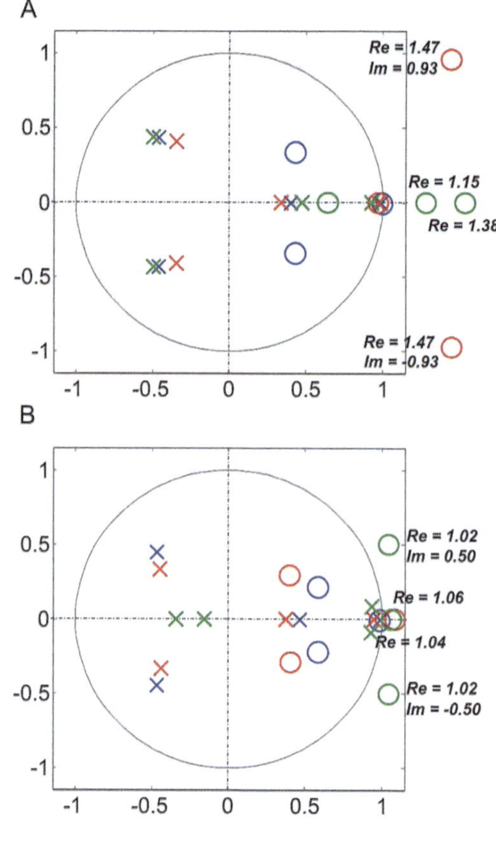

Abb. 10.119 Wurzelortdiagramm für Schwimmwinkel. Trapezanregung, Sand

Die Abbildungen bestehen aus zwei Grafiken, eine für eine Linkskurve und eine für eine Rechtskurve. Wir beobachteten eine Instabilität für die beiden Oberflächen, im Allgemeinen für höhere Werte der Lenkradwinkelgeschwindigkeit (500 und 1500°/s). Im Falle einer sandigen Bodenoberfläche trat eine Instabilität bei der niedrigsten Winkelgeschwindigkeit (100°/s) auf, während bei den verbleibenden höheren Winkelgeschwindigkeiten die Fahrzeugbewegung stabil war. Auf der Lehmbodenoberfläche wurde die höchste Instabilität beobachtet (Re = 18,22 für 500°/s), während auf der sandigen Bodenoberfläche eine periodische Instabilität bei 500°/s beobachtet wurde.

Die Stabilitätsbewertung der auf der Fahrzeugbewegung basierenden Schwimmwinkelwerten und der Gierwinkelrate war ähnlich der, die mit Dauersinusanregungstests erhalten wurde. Abb. 10.118 und 10.119 zeigen Ergebnisse für die Bewertung basierend auf dem Schwimmwinkel. Es wurde eine Instabilität auf Lehmbodenoberfläche für alle drei Lenkradwinkelgeschwindigkeiten festgestellt. Darüber hinaus trat eine periodische Instabilität bei 100°/S auf. Die Ergebnisse für die beiden Lenkrichtungen (nach rechts und nach links)

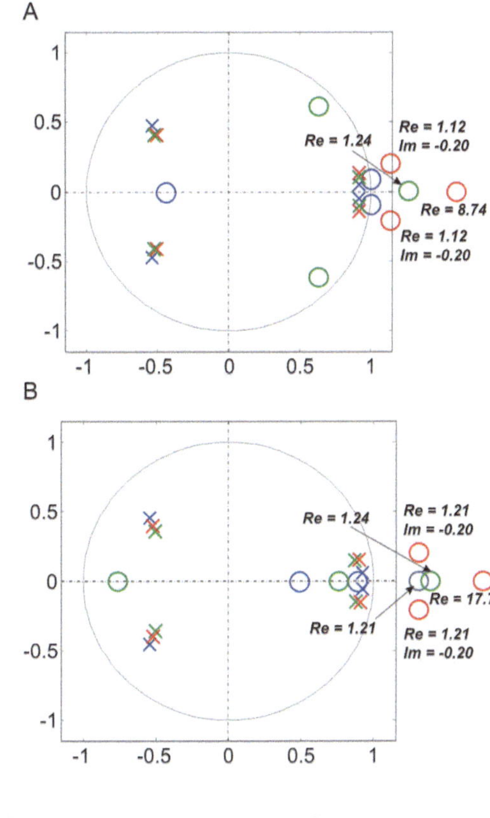

Abb. 10.120 Wurzelortdiagramm für Gierwinkelrate. Trapezanregung, Lehmboden

sind ähnlich. Auf sandigem Boden war die Fahrzeugbewegung nur für die niedrigste Lenkradwinkelgeschwindigkeit stabil. In den übrigen Fällen wurde bei 500 und 1500°/s eine Instabilität festgestellt. Bei einer 1500°/s-Linkskurve und bei einer 500°/s-Rechtskurve wurden starke Schwingungen beobachtet.

Die dritte wichtige Maßnahme zur Bewertung der Fahrstabilität bei trapezförmiger Anregung des Lenkrads war die Gierwinkelrate. Wurzelortdiagramme, die auf der Grundlage der Gierbewegungsanalyse erhalten wurden, sind in Abb. 10.120 und 10.121 dargestellt. In der Rechtskurve auf der Lehmbodenoberfläche war die Fahrzeugbewegung bei 100°/s stabil, für die verbleibenden Anregungen wurde Instabilität beobachtet. Bei der Linkskurve wurde die höchste Instabilität bei 500°/s festgestellt (Re = 17,76). Bei beiden Kurven, rechts und links, trat bei 500°/s eine oszillierende Instabilität auf. Nullpunkt- und Poltests basierend auf Daten, die während Testfahrten über sandigen Bodenoberflächen gesammelt wurden, zeigten Instabilität für alle Fälle von Winkelgeschwindigkeit. Auf der anderen Seite gab es bei diesen Tests keine oszillierende Instabilität.

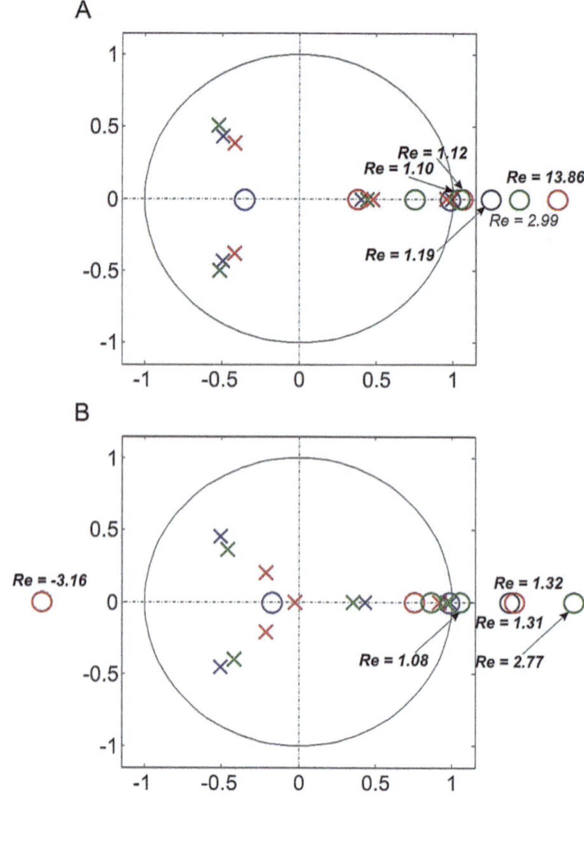

Abb. 10.121 Wurzelortdiagramm für Gierwinkelrate. Trapezanregung, Sand

10.10 Fazit

Dieses Kapitel ist in gewisser Weise eine Zusammenfassung des gesamten Buches. Es behandelt Probleme im Zusammenhang mit der Vielfalt der mechanischen Eigenschaften von Boden oder Schnee, die für das Zusammenspiel von Rädern mit verformbarem Boden wichtig sind. Das interessanteste und wichtigste Ergebnis der terramechanischen Forschung ist schließlich das Fahrverhalten eines Autos oder einer Maschine beim Fahren auf Boden oder Schnee in Bezug auf Sicherheit und Fahrkomfort. Aus technischer Sicht ist die optimale Forschungsmethode im Allgemeinen die Bewegungsdynamik, die im obigen Kapitel auf zwei Arten dargestellt wird:

- Virtuelle Simulationsstudien, die mit einfachen Einspurmodellen möglich sind, bis hin zu den umfangreichsten, z. B. MKS
- Experimentelle Tests, die mit verschiedenen Methoden an Laborständen oder, wie im Fall des Autors, unter Verwendung eines instrumentierten Fahrzeugs unter realen oder nahezu realen Bedingungen durchgeführt wurden

Die vorgestellten Ergebnisse können als Wissensquelle über das getestete Fahrverhalten und dessen Auswirkungen in Form von Fahrdynamikparametern, aber auch als Interpretation der Bewertung des Nutzens einer bestimmten Forschungsmethode verwendet werden.

Es ist der Wunsch des Autors, dass der Inhalt des letzten Kapitels sowie des gesamten Buches eine Ermutigung und Inspiration für seine eigenen Forschungen, Analysen und Versuche sein sollte. Die Terramechanik ist noch ein junges Gebiet mit einer beträchtlichen Anzahl unentdeckter Aspekte.

Literatur

1. DIN 70000:1994-01. *Straßenfahrzeuge; Fahrzeugdynamik und Fahrverhalten; Begriffe* (ISO 8855:1991, modifiziert).
2. Crenshaw, B. M. (1972). Soil/wheel interaction at high speed. *Journal of Terramechanics, 8*(3), 5.
3. Mitschke, M., & Wallentowitz, H. (2004). *Dynamik der Kraftfahrzeuge* (4. Aufl.). Springer.
4. Wulfsohn, D. (1992). Prediction of traction and soil compaction using three-dimensional soil-tyre contact profile. *Journal of Terramechanics, 29*(6), 541–564.
5. Ljung, L. (1998). *System identification: theory for the user* (2. Aufl.). Prentice Hall.
6. Pacejka, H. (2002). *Tyre and vehicle dynamics*. Butterworth-Heinemann Elsevier.
7. Riekert, P., & Schunck, T. E. (1940). Zur Fahrmechanik des gummibereiften Kraftfahrzeugs. *Ingenieur-Archiv, 11*(1940), 210–224.
8. Zomotor, A. (1988). *Fahrverhalten*. Vogel.
9. Fervers, C. W. (2004). Improved FEM simulation model for tire – Soil interaction. *Journal of Terramechanics, 41*(87), 100.
10. Gipser, M. (2005). FTire: A physically based application-oriented tyre model for use with detailed MBS and finite-element suspension models. *Vehicle Systems Dynamics, 43*(Supplement/2005), 76–91.
11. Ferhadbegovic, B., Brinkmann, C., Kutzbach, H. D., & Bottinger, S. (2006). Hohenheim Tyre Model – A transient model for driving dynamics simulation. *Proceedings of the 10th European ISTVS Conference*, 3–6 October 2006, Budapest.
12. Crolla, D. A., & El-Razaz, A. S. A. (1987). A review of the combined lateral and longitudinal force generation of tyres on deformable surfaces. *Journal of Terramechanics, 24*, 199–225.
13. Holzmann, H. (2006). Anwendungsorientierte Übersicht kommerzieller Fahrzeug-Simulations-Systeme. In R. Isermann (Hrsg.), *Fahrdynamik-Regelung*. Vieweg & Sohn.
14. Els, P. S., Theron, N. J., Uys, P. E., & Thoresson, M. J. (2007). The ride comfort vs handling compromise for off-road vehicles. *Journal of Terramechanics, 44*, 303–317.
15. Gibbesch A. (2003) Reifen-Boden-Interaktion von Flugzeugen auf nachgiebigen Landebahnen bei hohen Geschwindigkeiten. *Proceedings of DGLR Luft- und Raumfahrtkongress*.
16. International Standards Organization. *International Standard ISO 4138:2004 Passenger cars – Steady-state circular driving behaviour – Open-loop test methods*.
17. International Standards Organization. *International Standard ISO 15037-1:2006 Road vehicles – Vehicle dynamics test methods – Part 1: General conditions for passenger cars*.
18. International Standards Organization. *International Standard ISO 9816 Passenger cars – Power-off reaction of vehicle in a turn – Open loop test method*.
19. International Standards Organization. *International Standard ISO 7401 Road vehicles – Lateral Transient Response Test Procedure*.
20. Svenson, A., & Hac, A. (1995). *Influence of chassis control systems on vehicle handling and rollover stability*. NHTSA.
21. http://www.nhtsa.gov/.

22. International Standards Organization. *International Standard ISO 3888-1 Passenger cars – Test track for a severe lane-change maneuver – Part 1 Double lane change.*
23. Deppermann, K.-H. (1988). Einfluss von Schneeketten auf die Fahrdynamik allradgetriebener Personenkraftwagen. *ATZ, 90*(4), 209–211. (in German with English summary).
24. Keller, W., Nicklas, S., Zander, T., Keßler, R., Höß, J., & Kobetz C. (2008, September). Extreme Belastungen wirkungsvoll testen. *ATZ Extra*, S. 28–35.
25. „Soft Soil Mobility". (1991, September). Nato Allied Vehicle Testing Publication. (AVTP) 03-100.
26. Data, S., & Frigero, F. (2002). Objective evaluation of handling quality. *Proceedings of the Institution of Mechanical Engineers, Part D: Journal of Automobile Engineering, 216*, 297–305.
27. Uys, P. E., Els, P. S., & Thoresson, M. J. (2006). Criteria for handling measurement. *Journal of Terramechanics, 43*, 43–67.
28. Shoop, S., Young, B., Alger, R., & Davis, J. (1994). Effect of test method on winter traction measurements. *Journal of Terramechanics, 31*(3), 153–161.
29. Barrelmeyer, T. (1996). *Untersuchungen der Kräfte an gelenkten und angetriebenen Ackerschlepperrädern bei Gelände- und Straßenfahrt* (VDI-Fortschrittberichte, Reihe 14: Landtechnik/Lebensmitteltechnik, Nr. 79). VDI Verlag.
30. Dąbrowski, J., Pytka, J., Tarkowski, P., & Zając, M. (2006). Advantages of all-season versus snow tyres for off-road traction and soil stresses. *Journal of Terramechanics, 43*, 163–175.
31. International Standards Organization. *International Standard ISO 15037-2:2002 Road vehicles – Vehicle dynamics test methods – Part 2: General conditions for heavy vehicles and buses.*
32. Pytka, J. A. (2014). Effects of steering dynamics upon tyre lateral forces on deformable surfaces. *International Journal of Vehicle Design, 64*(2/3/4), 170–194.
33. Pytka, J. (2018). Lateral dynamics of a SUV on deformable surfaces by system identification Part I Identification experiment. *IOP Conference Series: Materials Science and Engineering, 421*(2).
34. Pytka, J. (2018). Lateral dynamics of a SUV on deformable surfaces by system identification. Part II Models reconstruction. *IOP Conference Series: Materials Science and Engineering, 421*(2).
35. Pytka, J., Tarkowski, P., Fijałkowski, S., Budzyński, P., Dąbrowski, J., Kupicz, W., & Pytka, P. (2011). An instrumented vehicle for off-road dynamics testing. *Journal of Terramechanics, 48*(5), 384–395.
36. Barz, D., & Drews, R. (2008). Kompatible Messsysteme – Unterschiedliche Fahrdynamiksysteme synchron messen. *ATZelektronik*, 04/2008, Jahrgang 3.
37. Coutermarsh, G., & Shoop, S. A. (2009). Tire slip-angle force measurements on winter surfaces. *Journal of Terramechanics, 46*, 157–163.
38. Karafiath, L. L. (1986). Tire-soil interaction model for turning (steered) tires. *Journal of Terramechanics, 23*, 153–169.
39. Schlotter, V. (2006). *Einfluss dynamischer Radlastschwankungen und Schräglaufwinkeländerungen auf die horizontale Kraftübertragung von Ackerschlepperreifen*. Doctor Thesis, Universität Stuttgart, Shaker Verlag.
40. Witzel, P. (2018). The Hohenheim Tyre Model: A validated approach for the simulation of high volume tyres – Part I: Model structure and parameterisation. *Journal of Terramechanics, 75*(2018), 3–14.
41. Witzel, P. (2018). The Hohenheim Tyre Model: A validated approach for the simulation of high volume tyres – Part II: Validation. *Journal of Terramechanics, 75*(2018), 15–24.
42. Schlotter, V., & Keen A. (2003). The dynamic characteristics of off-road tyres. *Proceedings of the 9th European ISTVS Conference*, Harper Adams, 8–11 September 2003.
43. Schwanghart, H. (1968). Lateral forces on steered tyres in loose soil. *Journal of Terramechanics, 1*, 9–29.

44. Schwanghart, H. (1981). Messungen von Kräften an gelenkten, nicht angetriebenen Reifen. *Proceedings of the 7th ISTVS conference*, Calgary.
45. Plesser, J. (1997). *Dynamisches Verhalten von Ackerschlepperreifen in Vertikal- und Längsrichtung auf fester Fahrbahn* (Reihe 14, Nr. 83). Doctor thesis, University of Stuttgart, VDI Verlag.
46. Weber, R., & Persch H. G. (1976) *Frequency response of tires – Slip angle and lateral force* (SAE Technical Paper Series, Paper No. 760030).
47. Pytka, J., Budzyński, P., Łyszczyk, T., Józwik, J., Michałowska, J., Tofil, A., Błażejczak, D., & Laskowski, J. (2019). Determining wheel forces and moments on aircraft landing gear with a dynamometer sensor, *20*(1), 227.
48. Pytka, J., Tarkowski, P., Budzyński, P., & Józwik, J. (2017). Method for testing and evaluating grassy runway surface. *Journal of Aircraft, 54*(1), 229–234.
49. Kanafojski, C. (1980). *Theory and construction of agricultural equipment* (S. 23–36). PZWRiL.
50. Cenek, P. D., Jamieson, N. J., & McLarin, M. W. (2005). Frictional characteristics of roadside grass types. *International Surface Friction Conference,* 2005, Christchurch.
51. Białczyk, W., Cudzik, A., Czarnecki, J., & Pieczarka, K. (2006). *Analysis of traction properties of grass area* (Zeszyty Naukowe, Wroclaw Agricultural University, No. 545).
52. Kaps, P., Nachbauer, W., & Mössner, M. (1996). Determination of kinetic friction and drag area in Alpine Skiing. In C. Mote, R. Johnson, W. Hauser, & P. Schaff (Hrsg.), *Skiing trauma and safety: Tenth volume* (S. 165–177). ASTM International.
53. Suhani, L., & Nakhla, H. K. (2012). *Modeling of snow friction of an aircraft Ski* (American Institute of Aeronautics and Astronautics, Paper No. AIAA 2010-1279).
54. Bramson, A. (1992). *Die Kunst des Landens. Das Handbuch für perfekte Landung*. Motorbuch Verlag.
55. Klein, V., & Morelli, E. A. (2006). *Aircraft system identification.* Theory and Practice. AIAA Education Series. America Institute of Aeronautics and Astronautics.
56. Pytka, J. (2007). *Modeling and system identification of a wheel-soil system* (SAE Technical Paper Series, Paper No. 2007-01-0482).
57. Lyapunov, A. M. *The general problem of the stability of motion* (In Russian), Doctoral dissertation, Univ. Kharkov 1892 English translations: (1) *Stability of motion*, Academic Press, 1966 (2) *The general problem of the stability of motion* (A. T. Fuller trans.) Taylor & Francis, 1992.
58. Pytka, J., Tarkowski, P., & Kupicz, W. (2013). A research of vehicle stability on deformable surfaces. *Eksploatacja i Niezawodnosc – Maintenance and Reliability, 15*(3), 289–294.
59. Bekker, M. G. (1960). *Off the road locomotion*. The University of Michigan Press.
60. Braess, L., & Heißing, W. (2004). *Subjektive Beurteilung des Fahrverhaltens.* Vogel Verlag Würzburg.
61. Durham, G. M. (1976). Powered wheels in the turned mode operating on yielding soils. USA Waterways E–periment Station. *Technical Report M-76-9.*
62. van Es, G. H. W. (1999). Method for predicting the rolling resistance of aircraft tires in dry snow. *Journal of Aircraft, 36*(5), 762–768.
63. Hüsenmann, T., & Goertz, H. (2005). *The mechatronic tyre for online determination of tyre contact patch forces* (VDI Berichte Nr. 1912, S. 119–152).
64. Lozia, Z. (2008). *Symulatory jazdy samochodem.* WKŁ.
65. Pytka J. (2007). *Identification of rolling resistance coefficients for aircraft tires on unsurfaced airfields. AIAA* (American Institute of Astronautics and Aeronautics, Technical Paper No. 2007-7853).
66. Pytka, J. (2008). *A wheel dynamometer for off-road vehicle testing* (SAE Technical Paper No. 2008-01-0482).

67. Pytka, J., & Lipczak, B. (2014). On the use of skis for aircraft landing gear on shallow snow. *Proceedings of the 18th International Conference of the ISTVS*, Seoul, Korea, 22–25 September 2014.
68. Pytka, J., Budzynski, P., Tarkowski, P., & Piaskowski, M. (2016). A portable wheel tester for tyre-road friction and rolling resistance determination. https://doi.org/10.1088/1757-899X/148/1/012025
69. Pytka, J., Józwik, J., Budzyński, P., Łyszczyk, T., Tofil, A., Gnapowski, E., & Laskowski, J. (2019). Wheel dynamometer system for aircraft landing gear testing. *Measurement, 148*, 106918.
70. Schorn, M. (2006). Modelle zur Beschreibung des Fahrzeugverhaltens. In R. Isermann (Hrsg.), *Fahrdynamik-Regelung*. Vieweg & Sohn/GWV Fachverlage Gmbh.
71. Shoop, S. A., Richmond, P. W., & Eaton, R. A. Estimating rolling friction of loose till for aircraft takeoff on dirt runways. *Proceedings of the 13th international conference of the ISTVS*, Munich, 14–17 September 1999, S. 421–428.
72. Weiblen, W., Kockelmann, H., & Burkard, H. (1999). *Evaluation of different designs of wheel force transducers* (SAE Paper No. 1999-00-1037).
73. Kliza, R. (2018). *Wstępny projekt zawieszenia do terenowego aeromobilu. Diplomarbeit (in Polnisch).* Technische Universität Lublin.
74. Pytka, J., Tarkowski, P., Dąbrowski, J., Bartler, S., Kalinowski, M., & Konstankiewicz, K. (2004). Soil stress and deformation determination under a landing airplane on an unsurfaced airfield. *J. Terramechanics, 40*(2004), 255–269.
75. Pytka, J. A. (2013). *Dynamics of a Wheel-Soil System. A Stress and Deformation Based Approach.* Taylor & Francis.

MIX
Papier aus verantwortungsvollen Quellen
Paper from responsible sources
FSC® C105338

If you have any concerns about our products,
you can contact us on
ProductSafety@springernature.com

In case Publisher is established outside the EU,
the EU authorized representative is:
Springer Nature Customer Service Center GmbH
Europaplatz 3, 69115 Heidelberg, Germany

Printed by Libri Plureos GmbH
in Hamburg, Germany